国家出版基金项目
NATIONAL PUBLICATION FOUNDATION

"十三五"国家重点出版物
出版规划项目

废物资源综合利用技术丛书

WUNI CHULI CHUZHI YU ZIYUAN ZONGHE LIYONG JISHU

污泥处理处置
与资源综合利用技术

蒋自力　金宜英　张　辉　等编著

U0390021

化学工业出版社

·北京·

本书共 9 章，以污泥处理处置与资源化为主题，分析了污泥的产生、特性以及影响因素，讨论了国内外的技术应用情况，分析了国家的相关政策，介绍了污泥处理处置与资源化的技术、工艺和设备以及应用工程案例。具体包括污泥特性和来源、污泥处理处置与资源化现状分析、技术政策法规和标准、污泥浓缩调理和脱水、污泥消化、污泥干化、污泥焚烧、污泥堆肥、污泥建材利用、污泥热能利用以及污泥制备活性炭等其他资源化技术、污泥处理处置与资源化技术工程实例等相关内容。

本书具有较强的技术应用性，可供污泥安全处理处置及资源化等领域的工程技术人员、科研人员和管理人员参考，也可供高等学校环境工程、市政工程及相关专业师生参阅。

图书在版编目（CIP）数据

污泥处理处置与资源综合利用技术/蒋自力等编著. —北京：化学工业出版社，2018.1（2022.4 重印）
（废物资源综合利用技术丛书）
ISBN 978-7-122-30680-7

Ⅰ.①污…　Ⅱ.①蒋…　Ⅲ.①污泥处理 ②污泥利用　Ⅳ.①X703

中国版本图书馆 CIP 数据核字（2017）第 234806 号

责任编辑：刘兴春　刘　婧　　　　　　　　　文字编辑：汲永臻
责任校对：王素芹　　　　　　　　　　　　　装帧设计：王晓宇

出版发行：化学工业出版社（北京市东城区青年湖南街 13 号　邮政编码 100011）
印　　装：天津盛通数码科技有限公司
787mm×1092mm　1/16　印张 42½　字数 1062 千字　2022 年 4 月北京第 1 版第 4 次印刷

购书咨询：010-64518888　　　　　　　　　售后服务：010-64518899
网　　址：http://www.cip.com.cn

凡购买本书，如有缺损质量问题，本社销售中心负责调换。

定　　价：198.00 元

《废物资源综合利用技术丛书》
编 委 会

主　　　任：岑可法

副 主 任：刘明华　陈冠益　汪　苹

编委成员（以汉语拼音排序）：

程洁红　冯旭东　高华林　龚林林　郭利杰　黄建辉

蒋自力　金宜英　梁文俊　廖永红　刘　佳　刘以凡

潘　荔　宋　云　王　纯　王志轩　肖　春　杨　帆

杨小聪　张长森　张殿印　张　辉　赵由才　周连碧

周全法　祝怡斌

《污泥处理处置与资源综合利用技术》
编著人员

编著者（按姓氏笔画排序）：

王　姚　王　娜　王小庆　申维真　任泰峰　刘　红

刘洪伟　李　琳　吴　桐　张　辉　张智杰　张静慧

武志飞　金宜英　骆春晓　赵传军　徐兴华　郭漫宇

高光宇　梁　远　蒋自力

随着我国社会经济的快速发展和城市化水平的不断提高，国内生活污水和工业污水的排放量日益增多，污水处理厂污泥产量和工业污泥产量亦随之增加。污泥含水率很高，成分复杂多变，其中除了含有大量的有机物和丰富的氮、磷等营养物质，还存在各种细菌、病毒和寄生生物等有毒有害成分；同时由于来源的不同，污泥中还可能浓缩着汞、铬、铅和镉等重金属化合物以及难降解的有毒化合物等。若这些污泥得不到妥善处理，就会对生态环境造成破坏，并损害人类健康。然而，我国城市污水处理厂污泥处理起步较晚，与国外发达国家相比，我国的污泥处理处置和资源化利用技术还有一定差距。因此，我国在污水处理事业不断取得进步的同时，将面临巨大的污泥处理处置压力。对污泥进行因地制宜、因时制宜的处理处置与资源化利用技术是贯彻落实环境保护基本国策并推动战略性新兴产业的重要组成部分，是实现可持续发展的重要途径。

《污泥处理处置与资源综合利用技术》是《废物资源综合利用技术丛书》中的一个分册，也是一本专门阐述污泥处理处置与资源综合利用技术的图书，内容主要包括概论、污泥处理处置与资源化法规政策与标准、污泥浓缩和脱水技术、污泥稳定化技术、污泥干化技术、污泥焚烧技术、污泥堆肥与农用技术、污泥建材利用技术、污泥能源利用系统与技术。

本书在编著中非常注重内容的全面性和前瞻性，较系统地介绍了污泥的处理处置与资源综合利用技术；同时还具有理论联系实际的特点，在说明各种技术原理的基础上，结合了污泥处理处置与资源化利用的工程实例，对相关技术进行进一步阐述，具有一定程度的参考借鉴价值，可供从事污泥处理及资源化工程的设计人员、科研人员和管理人员参考，也可供高等学校环境工程、市政工程及相关专业师生参阅。

本书编著具体分工如下：第1章、第2章、第5章、第6章由蒋自力、赵传军、郭漫宇、申维真、李琳、高光宇、武志飞、徐兴华、刘洪伟、骆春晓、任泰峰、王姚、王娜、吴桐、刘红、张智杰（北京京城环保股份有限公司）编著；第3章、第4章由张辉、梁远、张静慧（北京排水集团）编著；第7章由王小庆（中国农业科学院）编著；第8章、第9章由金宜英（清华大学）编著。

此外，本书编著过程中参考和引用了一些科研、设计、教学和生产工作同行撰写的著作、论文、手册、教材和学术会议文集等，在此对所有作者表示衷心感谢。同时，由于目前英国脱欧谈判仍在进行，书中所涉及的关于欧盟各成员国的内容也包括英国。

受编著者学识和编著时间所限，书中疏漏和不妥之处在所难免，殷切希望读者批评指正。

编著者
2017 年 5 月

CONTENTS

目 录

第6章　污泥焚烧技术

第7章　污泥堆肥与农用技术

第8章　污泥建材利用技术

第 9 章 污泥能源利用系统与技术

索引

第1章

概论

　　近年来，随着我国国民经济的迅速发展以及生活水平的持续改善，城市污水和工业废水处理率不断提高，污水中的沉淀物、颗粒物、漂浮物及各种形式的污染物质作为污泥被分离出来，使得污泥的产生量也随之呈明显上升趋势。虽然污泥体积远小于污水，但污泥处理设施的投资相对较高，我国污水厂污泥处理处置费用占到了工程投资和运行费用的24％～45％，而欧美发达国家污泥处理处置费用占污水处理厂总投资的比重甚至达到了50％～70％。此外，污泥成分复杂，含有大量有毒有害物质，如难降解有机物、重金属离子、寄生虫卵、病原微生物及细菌等，若不加以妥善处理与处置，将对堆放和排放区周围的环境造成严重的二次污染；如果将污泥任意施于农业，则会导致农作物污染，土壤受到不可逆转的中毒侵害。与此同时，污泥又含有大量的有用物质，如植物营养素（氮、磷、钾）、有机物和水分等，应当对污泥进行有效利用，以实现污泥处理处置最终资源化的目的。因此，在今后相当长的一段时期内，污泥处理处置与资源化利用技术在环保领域仍将占据十分重要的地位。

1.1　污泥的来源、分类、成分和性质

1.1.1　污泥的来源

　　在污水处理过程中会产生大量固体悬浮物质，统称为污泥固体，其与水的混合物则称之为污泥。污泥固体既有可能产生于废水处理过程中，例如在生物处理和化学处理过程中，由原来的溶解性物质和胶体物质转化而成的悬浮物质；也有可能是以此种形态早已存在于污水中，例如在自然沉淀中截留的各种悬浮物质。由于各类污泥的性质变化较大，其处理处置和资源化的方法也不尽相同，所以划分其来源是非常重要的。

1.1.1.1　污水污泥

　　污水污泥一般指城市污水处理厂处理污水后产生的污泥总称，其性质与污水来源有较大关系。1995年，为了准确反映绝大多数污水污泥具有可资源化的利用价值，世界水环境组织（Water Environment Federation，WEF）将污水污泥（sewage sludge）更名为"生物固体"（biosolids）。美国国家研究委员会（United State National Research Council，USNRC）为了进一步提高污泥利用的科学性和安全性，将"生物固体"的定义重新修订为：经过处理

的，符合 503 号文件中土地利用标准或其他类似标准的污泥。

污水处理厂处理的污水按来源基本分为两大类：一类是工业废水，主要来自城市的工业部门，其污染特性取决于相应产业技术和生产过程；另一类是生活污水，主要来自城乡居民区、商业及服务业等非工业部门，其污染特性与具体的来源关系较小。如果污水处理厂处理的污水中接纳了部分工业污水，则污水污泥中会含有一定比例的有毒有害化学物质，例如可吸收有机卤素（AOX）、阴离子合成洗涤剂（LAS）、多环芳烃（PAH）、多氯联苯（PCB）、氯化二苯并二噁英（PCDD）、氯化二苯并呋喃（PCDF）和一定量的重金属离子等，不仅增加了污泥处置前预处理的成本，也极大地限制了污泥处理处置和资源化利用途径。有关城市污水厂污泥在污水厂中的产生环节与特性[1]见表 1-1。

表 1-1　城市污水处理厂污泥来源与特性

污泥类型	来源	污泥特性
栅渣	格栅	包括粒径足以在格栅上去除的各种有机或无机物，有机物料的数量随不同污水处理厂和不同季节而变化；栅渣量为 $3.5\sim80cm^3/m^3$，平均约为 $20cm^3/m^3$，主要受污水水质影响
无机固体颗粒	沉砂池	无机固体颗粒量约为 $30cm^3/m^3$ 时，其中也可能含有有机物，特别是油脂，其数量的多少取决于沉砂池的设计和运行情况
初次沉淀污泥	初次沉淀池	由初次沉淀池产生的初次沉淀污泥通常为灰色糊状物，其成分取决于原污水的成分，产量取决于污水水质和初沉池的运行情况，干污泥量与进水中的悬浮物（SS）及沉淀效率有关，湿污泥量与 SS、沉淀效率及排泥浓度有关
剩余活性污泥	二次沉淀池	传统活性污泥工艺等生物处理系统中排放的剩余污泥，含有生物体和化学试剂，产生量取决于所采用的生物处理工艺和排泥浓度
化学污泥	化学沉淀池	混凝沉淀工艺中形成的污泥，其性质取决于采用的混凝剂种类，数量取决于原污水中的悬浮物量和投加的药剂量
浮渣	初次沉淀池和二次沉淀池	主要来自初次沉淀池和二次沉淀池，其成分较复杂，一般含有油脂、植物和矿物油、动物脂肪、菜叶、毛发、纸和棉织品等，浮渣量约为 $8g/m^3$

注：引自谷晋川等. 城市污水厂污泥处理与资源化. 北京：化学工业出版社，2008。

1.1.1.2　给水污泥

现代城市使用的大部分水是以管网分配形式供应的，被称为自来水给水。给水污泥来源于原水净化过程中产生的沉淀物和滤除物。原水的净化在专门的给水处理厂即自来水厂完成，主要处理工艺有混凝沉淀和过滤。混凝沉淀是将原水中的颗粒物、胶体和部分可溶态杂质转化为可沉降或可滤除的颗粒或胶体物质，而过滤是与沉淀一同完成对上述颗粒和胶体的最终去除。给水污泥分为沉淀池排出泥和滤池反冲洗水澄清排泥，后者也叫污水沉淀泥，给水污泥在数量上以沉淀池排出泥为主。

沉淀池排出泥按是否加药分为投药沉淀池排泥和不投药沉淀池排泥两种：不投药剂的沉淀池由于处理效果难以满足出水水质的要求，故而现在使用得越来越少，目前只在水处理规模较小的给水厂使用，排泥量通常不大；投药沉淀池排泥又分为石灰-苏打软化污泥和化学凝聚沉淀污泥两种。给水厂污泥分类见表 1-2[2]。

表 1-2　给水厂污泥分类

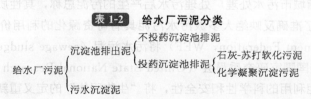

石灰-苏打软化污泥主要来源于地下水的软化过程，主要成分包括占干污泥质量 80%～95% 的碳酸钙、氢氧化镁、淤泥、过剩石灰和有机物等。化学凝聚沉淀污泥主要是向浑浊的地表水中投加以铝盐和铁盐为主的混凝剂而形成，主要成分有原水中的悬浮物、溶解性胶体、微生物、有机物、胶状金属氢氧化物等，是给水厂污泥的主要处理对象。

污水沉淀泥含泥浓度低，含固率为 0.02%～0.05%。由于进入滤池的浊度相对稳定，因此其污水成分变化较小，污水沉淀泥的特性与沉淀池排出泥类似。

1.1.1.3　城市疏浚淤泥

城市水体接收的入水包括城市地表径流、城市废水和工业废水等。这些性质不同的水体都夹带有颗粒物和胶体，在一定的水力、水文条件下成为城市水体的沉淀物；同时，上述水体中的部分可溶物在一定的生物、化学作用过程中也会生成可沉降物，从而沉积于水体中。为了维护城市水体景观、通航等正常功能，城市水体需要进行定期的疏浚以去除水体沉积物，而这些疏浚过程中产生的水体沉积物即为疏浚污泥。

1.1.1.4　城市排水沟道污泥

现代城市排水方式均是以管道化为特征的。城市排水沟道按照排水对象和排水体制的不同，可分为污水管道、雨水沟道和合流制排水沟道三种。无论何种城市排水对象，均不同程度地含有可沉降的颗粒物和胶体等。在一定环境条件及微生物作用下，排水中的某些可溶物均有发生沉淀作用的可能。因此，为了保证城市排水沟道的正常功能，需定期对其进行沉淀物清理工作，此过程中产生的污泥称为排水沟道污泥。

1.1.2　污泥的分类

污水来源及其所采用的污水处理方法各不相同，产生污泥的性质也存在较大差异，导致污泥的分类方法也比较复杂，目前常见的分类方法一般有以下几种。

1.1.2.1　按产生源头分类[3]

(1) 工业废水处理厂污泥（简称工业污泥）

工业废水处理厂污泥是指工业废水处理厂产生的污泥，一般含有较多的无机污泥，由于此类污泥含有工业生产废水中的化学成分，因此属于危废类。工业污泥根据其来源，有着非常大的差异。这些差异主要表现在其黏度、吸湿性、污染物性质、含油率、含水率、有机质比例、无机物比例等多方面。来自化学、制药工业的污泥因其特殊的、高浓度的污染成分，必须妥善处置。来自石油、冶金、制革、发酵、食品、屠宰等行业的污泥均可以分别处理处置并资源化利用。

(2) 自来水厂污泥（简称水厂污泥）

自来水厂污泥主要来自水厂的沉淀池（澄清池）排泥和滤池反冲洗水澄清排泥，其成分主要取决于水厂的水源水质。

(3) 城市污水处理厂污泥（简称污水污泥）

污水污泥是城市污水处理厂污水净化过程的产物。在非特指环境下，污泥一般指污水污泥。

(4) 河道疏浚产生的污泥（简称疏浚污泥）

城镇水体需要进行定期的疏浚以去除水体中的沉淀物，达到维护城市水体景观、航运等正常功能的目的，疏浚过程中产生的水体沉积物即为疏浚污泥。

(5) 城市排水系统通沟污泥（简称通沟污泥）

城镇污水中含有大量悬浮物，其中一部分会在输送过程中由于污水流速的变化而沉淀下来，淤积在用于城镇排水的输送沟道内，从养护沟道系统并维持其正常功能的实际需求出发，需定期从沟道中清除的淤泥即为通沟污泥。

（6）泵站系统栅渣（简称栅渣）

在城镇污水输送过程中会混入一定量的生活垃圾，这些垃圾通过泵站、污水处理厂的格栅拦截而被分离，这些分离物即为栅渣。

在上述各种污泥中，污水污泥产量最大，对环境的不良影响最大，处理处置的难度也最大，也是目前人们最关心的污泥种类。如何更好地实现污水污泥的处理处置和资源化利用已经成为当前污水处理的重点、难点和热点问题。

1.1.2.2　按污泥成分及性质分类

污泥按成分及性质可分为以有机物成分为主的污泥和以无机物成分为主的污泥。

（1）有机污泥

以有机物为主的污泥其有机物含量占 60％以上，生活污水处理过程中产生的混合污泥以及工业废水处理过程中产生的生物处理污泥均属此类。有机污泥的特性是流动性好，便于管道输送，但脱水性能差，易腐败发臭；颗粒细小（0.02～0.2mm），密度小（1.002～1.006g/cm³）；呈胶体结构，含水率高，脱水较困难，是一种亲水性污泥。此外，有机污泥往往含有较多的植物营养素、寄生虫卵、致病微生物、重金属离子和毒性有机物等。

（2）无机污泥（或沉渣）

以无机物为主的污泥特性是有机物含量少，颗粒较粗，相对密度较大，含水率低，易脱水，一般呈疏水性，流动性较差，不宜用管道输送，也不易腐化。以无机物为主要成分的无机污泥往往也被称为沉渣。沉砂池及某些工业废水物理、化学处理过程中的化学沉淀物和混凝沉淀物（如铁屑、焦炭末、石灰渣等）大都属于无机污泥。

1.1.2.3　按污泥从污水中分离的过程分类

按污泥从污水中分离的过程可分为初沉污泥、剩余污泥、消化污泥和化学污泥。

（1）初沉污泥（primary sludge）

初沉污泥又称一次污泥，指污水一级处理过程中（如初次沉淀池）产生的污泥，含水率一般为 96％～98％。初沉污泥的产生量可以通过如下经验公式计算：

$$W_{PS} = Q_i E_{SS} C_{SS} \times 10^{-3} \tag{1-1}$$

式中，W_{PS} 为初沉污泥量（以干污泥计），kg/d；Q_i 为初沉池进水量，m³/d；E_{SS} 为悬浮物 SS 的去除率，％；C_{SS} 为悬浮物 SS 的浓度，mg/L。

（2）剩余污泥（surplus sludge）

剩余污泥指生化处理过程中排放的污泥，含水率一般在 99.2％以上。剩余污泥量的计算公式如下：

$$W_{WAS} = W_i + a W_{VSS} + b BOD_{sol} \tag{1-2}$$

式中，W_{WAS} 为剩余污泥产生量（以干污泥计），kg/d；W_i 为惰性物质（即污泥中固定态悬浮物）的量，kg/d；W_{VSS} 为挥发态悬浮物的量，kg/d；BOD_{sol} 为溶解性生化需氧量（BOD）的量，kg/d；a，b 为经验常数，a 取 0.6～0.8，b 取 0.3～0.5。

（3）消化污泥（digested sludge）

消化污泥指初沉污泥或剩余污泥经消化处理后，其中的有机物大部分被消化分解，达到不易腐败的目的，同时其中的寄生虫卵和病原微生物等也被杀灭，从而实现稳定化和无害化的污泥。

（4）化学污泥（chemical sludge）

化学污泥指化学沉淀法处理污水后产生的沉淀物，例如用混凝沉淀法去除污水中的磷以及投加硫化物去除污水中的重金属离子后产生的污泥。

1.1.2.4 按污泥的产生阶段分类

按污泥产生的阶段可分为生污泥、消化污泥、浓缩污泥、脱水干化污泥、干燥污泥。

1）生污泥 指从沉淀池（包括初沉池和二沉池）排出来的沉淀物或悬浮物的总称。

2）消化污泥 又称熟污泥，指生污泥经厌氧分解后得到的污泥。

3）浓缩污泥 指生污泥经浓缩处理后得到的污泥。

4）脱水干化污泥 指经脱水干化处理后得到的污泥。

5）干燥污泥 指经干燥处理后得到的污泥。

1.1.3 污泥的成分

由于污泥来源繁多，污泥产生的条件也不尽相同，使得污泥中各组分的种类和含量差异很大，固体成分主要包括有机残片、细菌菌体、无机颗粒、胶体及絮凝所用药剂等。概括来说，污泥是一种以有机物为主的，组分复杂的混合物，其中包括有潜在利用价值的营养物质，如氮（N）、磷（P）、钾（K）和多种微量元素，同时也有可能含有大量的病原体、寄生虫（卵）、重金属和多种有毒有害有机污染物，如果不能妥善对其进行处理与处置，势必将给生态环境及人体健康带来巨大的危害。

1.1.3.1 污水污泥

污水污泥主要集中产生在污水处理厂初沉池和二沉池，由多种微生物形成的菌胶团与其吸附的有机物和无机物组成，成分复杂，含有大量水分、有机质和氮磷等营养物质，有机质含量占其干基质量的50%以上，此外还含有难降解有机物、重金属、盐类以及少量的病原微生物和寄生虫等；其中重金属含量主要取决于工业废水排入污水处理厂的情况。由于中国污水中工业废水比重大，故污水厂初沉及二沉污泥重金属含量较高，某些重金属含量严重超标。表1-3所列为城市污水污泥的主要组成[4]。表1-4～表1-6所列分别为城市污水厂污泥基本理化成分、污泥中有机物组成及各性质指标。

表 1-3 城市污水污泥的主要组成

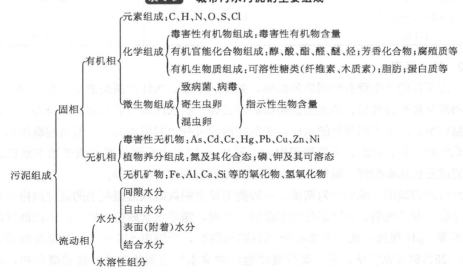

表 1-4 城市污水厂污泥的基本理化成分

项目	初沉污泥	剩余污泥	消化污泥
pH 值	5.0～6.5	6.5～7.5	6.5～7.5
干固体总量/%	3～8	0.5～1.0	5.0～10.0
挥发性固体(以干重计)/%	60～90	60～80	30～60
固体颗粒密度/(g/cm³)	1.3～1.5	1.2～1.4	1.3～1.6
容量/(t/m³)	1.02～1.03	1.0～1.005	1.03～1.04
BOD/VS	0.5～1.1		
COD/VS	1.2～1.6	2.0～3.0	
碱度(以 CaCO₃ 计)/(mg/L)	500～1500	200～500	2500～3500

注：引自张光明等．城市污泥资源化技术进展．北京：化学工业出版社，2006。

表 1-5 污泥中有机物组成

有机物种类	初沉污泥	剩余污泥	消化污泥
有机物含量/%	60～90	60～80	—
纤维素含量(占干重)/%	8～15	5～10	30～60
半纤维素含量(占干重)/%	2～4		8～15
木质素含量(占干重)/%	3～7		
油脂和脂肪含量(占干重)/%	6～35	5～12	5～20
蛋白质(占干重)/%	20～30	32～41	15～20
碳氮比	(9.4～10):1	(4.6～5.0):1	

表 1-6 初沉污泥和剩余污泥性质指标

项目	初沉污泥浓度(干重)	剩余污泥浓度(干重)
总污泥(TS)/%	2.0～8.0	0.4～1.2
总挥发固体(占干重)/%	60～80	60～85
油脂(占干重)/%	5.0～8.0	5～12
氮(占干重)/%	1.5～4.0	2.4～7.0
磷(占干重)/%	0.8～2.8	1.5～3.0
蛋白质(占干重)/%	20～30	32～41
纤维素(占干重)/%	8～15	—
pH 值	5.0～8.0	5.0～8.0

1.1.3.2　给水污泥

水厂污泥量的产生受多种因素的影响，如原水浊度、水体中藻类浓度、水体净化过程中投加的药剂品种和投加量、净水工艺和排泥方式等。给水污泥主要以无机成分为主，而有机成分含量较少。对于不同类型的水厂，其沉淀污泥成分也有所不同，一般由混凝剂形成的金属氢氧化物和泥砂、淤泥、有机物等组成，石灰-苏打软化污泥主要来源于地下水的软化过程，主要成分包括碳酸钙、氢氧化镁、淤泥、过剩石灰和有机物等。

给水污泥的类型及成分分为两类：一种类型是含铝盐或铁盐混凝剂的沉淀池排出泥，主要成分是混凝剂形成的金属氢氧化物和泥砂、淤泥，随原水水质变化较大，沉淀池排出泥生物活性不强，pH 接近中性，含固率 0～5％时呈流态，含固率 8％～12％时呈海绵状，含固率 18％～25％时呈密实状；另一类型是滤池反冲洗水所含固体、铁、锰的截留物，污水沉淀泥含泥浓度低，一般含固率 0.02%～0.05%，浊度相对稳定，污水排放量变化较小，特性基本与沉淀池排出泥相同。

（1）原水中的悬浮物的截留量[2]

$$S_w = QTK \times 10^{-6} \tag{1-3}$$

式中，S_w 为悬浮物固体量，t/d；Q 为沉淀池的处理水量，t/d；T 为进入沉淀池的原水浊度，NTU；K 为原水浊度与悬浮物浓度之间的换算系数。

（2）因投加药剂形成的固体物的流量

通常，给水厂将高分子絮凝剂作为助凝剂使用，它的投加量和混凝剂硫酸铝的加注量呈一定的比例关系，产生的干固体量也可由硫酸铝投加量求出，即

$$C_w = QC_qR_w \times 10^{-6} \tag{1-4}$$

式中，C_q 为药剂注入浓度，mg/L；R_w 为混凝药剂和产生的干固体之间的质量比，如混凝剂为硫酸铝时 $R_w = 0.234$；C_w 为因投加药剂形成的固体物的流量。

在水质净化过程中，如还需加入石灰或其他药剂，则需在由药剂形成固体物时，加入石灰，产生固体物。

1.1.3.3 城市疏浚污泥

随着城镇区位、污染源种类的不同，疏浚污泥含有的污染物也不同。通常疏浚污泥的含固率为 10%～30%，其中有机物的含量为 2.2%～38.4%；污泥脱水后的含固率可高达70%～75%。以上海市苏州河的疏浚污泥为例，污泥的污染指标有 COD_{Cr}、$NH_3\text{-}N$、重金属和有机污染物 4 种。表 1-7 和表 1-8 分别是各取样地点污泥样品的化学成分分析和颗粒粒径分布。

表 1-7　上海市苏州河各取样地点污泥样品的化学成分分析　　单位：mg/L

取样地点	SiO_2/(mg/L)	Al_2O_3/(mg/L)	Fe_2O_3/(mg/L)	K_2O/(mg/L)	MgO/(mg/L)	CaO/(mg/L)	灼烧减量/%	Na_2O/(mg/L)
浙江路桥（表层污泥）	60.32	9.05	3.95	2.06	2.54	5.72	11.31	1.75
浙江路桥（中层砂泥）	65.18	9.65	4.30	1.95	1.92	4.97	7.90	1.41
浙江路桥（下层砂泥）	86.65	2.65	1.05	1.02	1.25	1.61	2.52	1.04
盘湾里	60.12	10.59	4.68	2.25	6.51	4.97	11.97	1.96
古北路桥	50.92	8.50	4.48	1.94	2.55	11.72	14.79	1.75
第一丝绸厂	56.58	9.05	2.91	2.02	2.55	9.24	13.11	1.91
中山路桥	52.46	9.06	4.05	1.89	2.55	12.08	14.28	1.73
北新泾桥	53.00	9.00	3.16	1.94	2.81	10.66	15.18	1.08

表 1-8　上海市苏州河各取样地点污泥样品的颗粒粒径分布　　单位：%

取样地点	颗粒粒径/μm						土样属性
	<5	5～10	10～25	25～50	50～100	>100	
浙江路桥（表层污泥）	10	4	31	20	15	20	砂质粉土
浙江路桥（中层砂泥）	8	2	9	18	46	17	砂质粉土
浙江路桥（下层砂泥）	5	1	2	9	19	64	粉土
盘湾里	10	8	18	27	20	17	砂质粉土
古北路桥	11	7	18	19	20	25	砂质粉土
第一丝绸厂	9	5	16	22	24	24	砂质粉土

取样地点	颗粒粒径/μm						土样属性
	<5	5~10	10~25	25~50	50~100	>100	
中山路桥	10	6	28	29	18	9	砂质粉土
北新泾桥	12	6	21	26	14	21	砂质粉土

1.1.3.4 城市排水沟道污泥

城市排水沟道污泥，也称为通沟污泥，此类污泥中有机质含量较低，一般无机成分远高于挥发性成分。除了砂石以外，塑料、橡胶、织物、玻璃和金属等的碎片也很常见，有机质往往黏附在这些无机成分特别是成团的塑料袋、破布上，腐烂后散发出有害的恶臭气体。通沟污泥产生量与排水管道长度有密切关系（见图 1-1）。据统计，截至 2007 年年底，上海市公共排水管道长度 9208km，其中雨水管道 2698km、河流管道 1295km、污水管道 3411km、连管 1804km，单位长度污泥产生量为 40t/(km·a)[5]。目前上海市长宁区排水管道中清掏的沟道污泥量为 60t/d，2016 年沟道污泥产量约为 75t/d。表 1-9 所列为上海市长宁区排水沟道污泥的主要成分。

图 1-1 1995~2007 年上海市区排水管道设施量和污泥产量对应关系
[该图为市区（除浦东新区）11 个区的总污泥量与管道设施量的对应关系，
2001 年设施量统计数字有误，1999 年、2000 年污泥量未统计。]

表 1-9 上海市长宁区排水沟道污泥的主要成分

密度/(t/m³)	SS/(mg/L)	COD_Cr/(mg/L)	BOD₅/(mg/L)	NH₃-N/(mg/L)	TN/(mg/L)	TP/(mg/L)
1.1~2.0	14132	2128	785	11.58	47.78	6.59

1.1.4 污泥的性质指标

污泥处理过程受污泥的性质的影响很大，污泥的性质指标一般分为物理性指标、化学性指标和生物性指标三类。物理性指标主要有含水率、相对密度、脱水性能、水力特性、热值等；化学性指标包含 pH 值、碱度、有机物含量、植物营养元素含量、有毒有害物质含量等；生物性指标包含生物含量和可生化性两个方面。

1.1.4.1 含水率

污泥含水率是单位质量的污泥所含水分的质量分数。含水率是污泥最重要的物理性质，它决定了污泥的体积。污泥所含的水分通常分为间隙水（又称自由水）、毛细结合水、表面吸附水和内部水（见图1-2）。其中，间隙水是指被污泥颗粒包围的水分，约占污泥水分的70%，间隙水由于不直接与固体结合，所以很容易分离；毛细结合水是在固体颗粒接触面上由毛细压力结合，充满于固体与固体颗粒之间或固体本身裂隙中的水分，占污泥水分的20%；表面吸附水是吸附（黏附）在污泥小颗粒表面上的水分，约占污泥水分的7%；内部水是指微生物细胞内部的液体，约占污泥水分的3%。通常认为，去除污泥中大部分间隙水可以靠重力沉降和浓缩的方法；调节和后续的机械脱水可破坏污泥的胶体结构，从而进一步释放出间隙水，同时还能去除部分毛细结合水；但是由于表面吸附水和内部水与污泥的结合非常牢固，只有热干化和焚烧等手段才可去除。

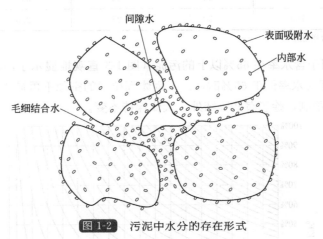

图 1-2 污泥中水分的存在形式

污泥不易实现泥水分离是由于污泥中含有大量的有机物，黏性很高。因此，一般从污水处理过程中分离出来的污泥含水率都很高，其相对密度接近1。污泥中固体的种类和颗粒大小决定了污泥含水率。通常认为，固体颗粒越细小，所含的有机物就越多，污泥的含水率也就越高。

污泥的含水率、固体含量（含固率）和污泥体积可用如下方法计算。

污泥含水率：

$$P_W = \frac{W}{W + S} \times 100\%$$ (1-5)

式中，P_W 为污泥含水率，%；W 为污泥中水分质量，g；S 为污泥总固体质量，g。

固体含量：

$$P_S = \frac{S}{W + S} \times 100\% = 100 - P_W$$ (1-6)

式中，P_S 为污泥中固体含量，%；P_W 为污泥含水率，%。

污泥中水的体积：

$$V_W = \frac{W}{\rho_W}$$ (1-7)

式中，V_W 为污泥中水的体积，cm³；ρ_W 为污泥中水的密度，g/cm³。

污泥中固体的体积：

$$V_S = \frac{S}{\rho_S}$$ (1-8)

式中，V_S 为污泥中固体的体积，cm³；ρ_S 为污泥的密度，g/cm³。

可以用式（1-9）来换算污泥体积、浓度等关系[6]。污泥含水率与体积变化见表1-10。

$$\frac{V_1}{V_2} = \frac{W_1}{W_2} = \frac{1-P_2}{1-P_1} = \frac{C_2}{C_1} \tag{1-9}$$

式中，V_1、V_2分别为污泥变化前后的体积；W_1、W_2分别为污泥变化前后的质量；P_1、P_2分别为污泥变化前后的含水率；C_1、C_2分别为污泥变化前后的浓度（干固体所占质量分数）。

表 1-10 污泥含水率与体积变化

含水率/%	98	96	92	84	68
体积/m³	100	50	25	12.5	6.25

注：污泥固相物质含量2kg。

式（1-9）适用于含水率在65%以上的污泥（图1-3直观地显示了污泥含水率与污泥体积的关系）。当污泥含水率低于65%时，由于固体颗粒间的空隙不再被水填满，污泥的体积受固体颗粒弹性的限制，除了有些固结外，大体保持不变。

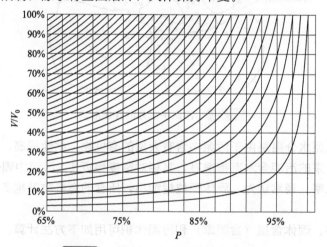

图 1-3 污泥含水率与体积的关系曲线

可见，污泥体积对于含水率极其敏感，因此污泥浓缩脱水、降低污泥的含水率是实现污泥减量化的关键。

（1）污水污泥

污泥的成分、非溶解性颗粒的大小决定了污水污泥的含水率。颗粒越小、有机物含量越高，污泥的含水率也就越高。在污水处理过程不同阶段产生的污泥，其含水率也不尽相同，如表1-11所列。不同含水率下的污水污泥相态不同，如表1-12所列[7]。

表 1-11 城市污泥的含水率

污泥种类		含水率/%
初次沉淀池污泥	原污泥	95.0～97.5
	消化污泥	85.0～90.0
生物滤池污泥	原污泥	90.0～95.0
	消化污泥	90.0～93.0
生物滤池和初沉池污泥	原污泥	94.0～97.0
	消化污泥	93.0

污泥种类		含水率/%
活性污泥	原污泥	99.0～99.5
	消化污泥	97.0～98.0
活性污泥和初沉池污泥	原污泥	95.0～96.0
	消化污泥	92.0～94.0
化学絮凝污泥	原污泥	90.0～95.0
	消化污泥	90.0～93.0

注：引自蒋展鹏．环境工程学．第2版．北京：高等教育出版社，2005。

表 1-12 污水污泥含水率及其相态[2]

含水率	污泥相态	含水率	污泥相态
90%以上	几乎为液体	60%～70%	几乎为固体
80%～90%	粥状物	50%～60%	黏土状
70%～80%	柔软状	—	—

注：引自何品晶等．城市污泥处理与利用．北京：科学出版社，2003。

（2）水厂污泥

水厂污泥的含水率主要与原水的水质、化学药剂的种类和数量、工艺设施类型等因素有关。通常，给水污泥固相中来自原水悬浮固体的比例越大，碳酸钙的含量越高，其含水率越低；铁盐混凝后的污泥含水率低于铝盐混凝污泥的含水率；软化污泥的含水率低于沉淀污泥的含水率。表1-13所列为美国密苏里州给水厂污泥的含水率范围。

表 1-13 美国密苏里州给水厂污泥的含水率范围[8]

调查点	污泥种类	沉淀池污泥含水率/%
希金斯威尔（Higginsville）	铝盐污泥	96.9
马肯（Macon）	铝盐污泥	96.6
马步里（Mulberry）	铝盐污泥	93.7
杰斐逊市（Jefferson City）	石灰和铁盐污泥	81.9
圣路易斯（St. Louis）	铁盐污泥（初沉池）	80.7
圣路易斯县（St. Louis County）	铁盐污泥（二沉池）	78.9
堪萨斯市（Kansas City）	软化污泥	74.7
哥伦比亚（Columbia）	石灰污泥	67.0
梅里柯（Merico）	石灰污泥	46.0

（3）疏浚污泥

城镇疏浚污泥的含水率受到疏浚方式、疏浚机械及疏浚操作的影响，从而影响产生的疏浚污泥的体积。不同疏浚方法产生的疏浚污泥含水率如表1-14所列。

表 1-14 常用疏浚机械产生的疏浚污泥含水率[2]

疏浚机械	疏浚底泥含水率/%	疏浚机械	疏浚底泥含水率/%
抓斗	近似于底泥原地含固率	水平钻具式挖泥船	10～30
吸扬式挖泥船	10～25	反铲式挖泥船	近似于底泥原地含固率
铣轮式挖泥船	10～20	火柴盒式挖泥船	5～15
漏斗式挖泥船	10～20	气提式挖泥船	25～40

疏浚机械	疏浚底泥含水率/%	疏浚机械	疏浚底泥含水率/%
dustpan[①]	10～20	clean-up[①]	30～40
PNEUMA[①]	25～40	refresher[①]	30～40
oozer[①]	25～40	—	—

① 均为国外疏浚机械的名称。

（4）排水沟道污泥

排水沟道污泥的含水率与疏浚污泥基本一致，主要受清理方式的影响。采用水力清理时，污泥含水率一般为80%～95%，采用机械清捞时，污泥含水率一般为40%～60%。另外，机械清捞污泥的含水率与清捞周期和排水体制也有关系。表1-15所列为上海市各区统计的排水沟道污泥典型的含水率。

表 1-15　上海市各区排水沟道污泥典型含水率

地区	闸北区	杨浦区	虹口区	普陀区	静安区	原卢湾区	南市区	黄浦区
含水率/%	51.37	48.06	48.02	50.25	41.16	59.65	40.82	51.21

1.1.4.2　相对密度

湿污泥的质量等于其中所含水的质量与固体质量之和。湿污泥的质量与同体积水的质量之比，称为湿污泥的相对密度。计算如式（1-10）所示[9]。

$$\gamma = \frac{p + (1-p)}{p + \frac{1-p}{\gamma_s}} = \frac{\gamma_s}{p\gamma_s + (1-p)} \tag{1-10}$$

式中，γ 为湿污泥的相对密度；p 为污泥含水率，%；γ_s 为干固体相对密度。

如果污泥干固体物中，挥发性固体所占的百分数为 p_v、相对密度为 γ_v，灰分的相对密度为 γ_f，则干污泥的平均相对密度如式（1-11）与式（1-12）所示：

$$\frac{1}{\gamma_s} = \frac{p_v}{\gamma_v} + \frac{1-p_v}{\gamma_f} \tag{1-11}$$

$$\gamma_s = \frac{\gamma_f \gamma_v}{\gamma_v + p_v(\gamma_f - \gamma_v)} \tag{1-12}$$

挥发性固体相对密度约等于1，固定固体相对密度约为2.5～2.65，以2.5计，则

$$\gamma_s = \frac{2.5}{1 + 1.5 p_v} \tag{1-13}$$

将式（1-13）代入式（1-10），则湿污泥的平均相对密度为：

$$\gamma = \frac{2.5}{2.5p + (1-p)(1 + 1.5 p_v)} \tag{1-14}$$

表1-16所列为污泥不同含水率条件下的湿污泥相对密度。

表 1-16　污泥不同含水率条件下的湿污泥相对密度[3]

污泥含水率/%	70	80	90	95	98	99
湿污泥的相对密度	1.057	1.037	1.018	1.009	1.004	1.002

注：设定挥发性固体占总固体的比例为70%。

1.1.4.3　脱水性能

污泥的含水率一般较高，体积较大，不利于贮存、输送、处理、处置及利用，必须对其

进行脱水处理以减小污泥体积，进而降低后续处理的成本。由于不同性质污泥脱水的难易程度差别很大，故测定污泥的脱水性能对于选择合适的脱水方法具有重要意义。

目前，常用的污泥脱水方法是过滤。过滤的测定方法通常有两种，比阻（r）测定试验和毛细吸水时间（CST）试验。

（1）比阻测定试验

比阻测定试验又称布氏（Buchner）漏斗试验。

比阻的物理意义是单位质量的污泥在一定压力下过滤时在单位过滤面积上的阻力。一般污泥比阻越大，过滤性能越差，越难脱水。根据 Poiseuille 和 D'Arcy 法则，可推导出过滤的基本公式如式（1-15）所示[10]：

$$\frac{dV}{dt} = \frac{PA^2}{\mu(rcV + R_mA)} \tag{1-15}$$

式中，P 为过滤压力（为滤饼上下表面间的压力差），N/m^2；A 为过滤介质面积，m^2；μ 为滤液动力黏度，$N \cdot s/m^2$；r 为比阻，m/kg；c 为单位体积过滤介质上被截留的固体质量，kg/m^3；V 为污泥体积，m^3；R_m 为过滤介质单位面积的阻抗，m^{-1}。

在压力恒定的条件下，将式（1-15）积分，得

$$\frac{t}{V} = \frac{\mu rc}{2PA^2}V + \frac{\mu R_m}{PA} \tag{1-16}$$

由式（1-16）可知，以 t/V 对 V 作图可得一条直线，设该直线的斜率为 b，则

$$b = \frac{\mu rc}{2PA^2} \tag{1-17}$$

$$r = \frac{2bPA^2}{\mu c} \tag{1-18}$$

由式（1-18）可知 r 与 b 成正比，因此在相同的条件下，测定 b 值，根据其值大小也可以比较不同污泥的脱水性能。一般，r 小于 $1.0 \times 10^{11}\,m/kg$ 的污泥脱水容易，而大于 $1.0 \times 10^{13}\,m/kg$ 的污泥则脱水较困难。通常污泥中无机物含量越高，r 越低，因此给水污泥比污水污泥容易脱水。给水污泥 r 与原水水质和使用的混凝剂关系密切，使用石灰的给水污泥 r 通常在 $1.0 \times 10^{11}\,m/kg$ 以下，而铝盐污泥 r 可达 $1.0 \times 10^{12}\,m/kg$。常见的污泥比阻值范围参见表 1-17。图 1-4 为比阻测量装置示意[11]。

表 1-17 常见污泥的比阻值范围

污泥种类	比阻值/（$10^{12}\,m/kg$）	污泥种类	比阻值/（$10^{12}\,m/kg$）
初沉污泥	20～60	厌氧消化污泥	40～80
活性污泥	100～300	污泥机械脱水的要求	1～4

1）水厂污泥　原水水质的季节性变化对水厂污泥的脱水性能影响较大。原水的浊度越高，产生的污泥的脱水性能越强。表 1-18 所列为美国密苏里州给水厂污泥的比阻值。

表 1-18 美国密苏里州给水厂污泥的比阻值[3]

调查点	污泥种类	比阻/（$10^{10}\,m/kg$）
马步里（Mulberry）	铝盐污泥	160
杰斐逊市（Jefferson City）	石灰和铁盐污泥	2.1
圣路易斯（St. Louis）	石灰和铁盐污泥	21

调查点	污泥种类	比阻/(10^{10} m/kg)
圣路易斯县(St. Louis County)	铁盐污泥	150
堪萨斯市(Kansas City)	软化污泥	12

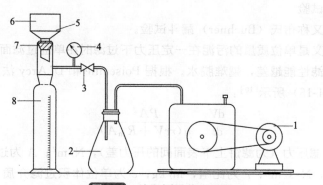

图 1-4   比阻测量装置示意

1—真空泵；2—吸瓶；3—真空阀；4—真空表；5—滤纸；
6—布氏漏斗；7—橡胶塞；8—抽滤瓶

2) 污水污泥   污水污泥为有机污泥，由亲水性带负电荷的胶体颗粒组成，颗粒极不均匀，而且细小，挥发性固体含量高，比阻值较大，脱水性能较差。特别是活性污泥。有机分散系包括平均粒径小于 $0.1\mu m$ 的胶体颗粒，$1.0\sim100\mu m$ 的超胶体颗粒和由胶体聚集的大颗粒。通常有机物含量与污泥的比阻值呈正相关关系，即有机物含量越高，污泥比阻值越大，越难脱水，这一点从表 1-19 不同类型污水污泥的比阻值中也能看出。

表 1-19   不同类型污水污泥的比阻值   单位：10^{10} m/kg

污泥类型	新鲜初次沉淀污泥	新鲜二次沉淀污泥	消化不好的污泥	消化一般的污泥	消化好的污泥	消化很好的污泥
污泥比阻	10~1000	100~1000	50~5000	10~100	5~50	1~10

(2) 毛细吸水时间试验 (capillary suction time，CST)

由于采用布氏漏斗试验测定 r 的结果并不十分精确，重现性差，并且由于人员的操作熟练程度不同，引入的人为误差也较大。基于以上原因，由 Baskerville 和 Gale 提出的毛细吸水时间 (capillary suction time，CST) 便受到了广泛应用[12]。

CST 与污泥的过滤特性和脱水性能存在着密切联系，其意义是污泥与滤纸接触时，在毛细管的作用下，水分在滤纸上渗透 1cm 所需的时间，以 s 计。在一定范围内，污泥的 CST 与其 r 存在一一对应的关系。r 越大，CST 也越大，本质上是由于污泥的胶体性质与污泥的水动力黏度的大小直接相关。一般污泥 CST 的平均值顺序为：消化污泥＞活性污泥＞生污泥＞矿物污泥。由此可见，消化污泥和活性污泥脱水更加困难。

此外，污泥脱水性能的另一个重要影响因素是动电学势能 (electro-kinetic potential)。根据絮凝机理可知，通过添加电解液、聚合电解质等手段改变动电学势能，或采用其他方式如超声波和电磁化等改变污泥中胶体的稳定性，可以改变污泥的脱水性。

CST 测定设备简单，操作方便简洁，目前已制造出相应的测试仪器，可以方便地根据毛细吸水时间的长短来评价污泥的脱水性能，比布氏漏斗试验更方便简洁。

CST 测定仪主要有两部分组成：一是计时器；二是测定器。CST 测定仪有长方形和圆形两种，圆形测定仪如图 1-5 所示。测定原理：当盛有污泥的容器（底部透水）置于覆有一定规格层析滤纸的有机玻璃底板上以后，污泥中的水分即在滤纸上通过毛细吸水现象而扩散，在距污泥容器一定距离处设两电极（电极在径向上距离为 1cm），CST 为水到达内侧电极时间与到达外侧电极的时间之差。

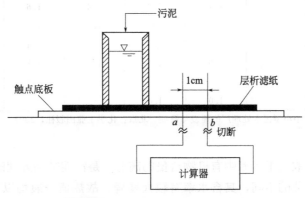

图 1-5 CST 圆形测定仪构造示意

1.1.4.4 水力特性

污泥的水力特性主要是指其流动性和可混合性，受温度、水体水质、流速、黏度等多种因素的影响，其中以黏度的影响为主。

污泥的流动性是指污泥在管道内的流动阻力和可泵性（是否可用泵输送或提升）。通常，当污泥的含固率小于 1％时，其流动性与污水基本一致。对于含固率大于 1％的污泥，当在管道中流速较低时（1.0～1.5m/s），其阻力比污水的大；当在管道内流速大于 1.5m/s 时，其阻力比污水的小。因此，一般污泥在管道内的流速应保持在 1.5m/s 以上，以降低阻力，节省能耗。产生以上现象的原因是含固率大于 1％的污泥是非牛顿型流体，在低流速下，污泥处于层流状态，其流动性受黏度的影响较大；而在高流速下，污泥状态为湍流，污泥的黏滞性会消除由管壁形成的涡流，降低阻力。另外，污泥的流动性不受温度及污泥中有机物含量的影响。一般当污泥含固率大于 6％时，污泥可泵性差，会对实际中用泵输送污泥造成困难。表 1-20 列出了污泥在不同的固体浓度和流速时的阻力增大系数（流体阻力与水的阻力之比）[13]。

表 1-20 不同的固体浓度和流速下的污泥阻力增大系数

流速/(m/s)	固体浓度/(g/L)							
	25	30	35	40	45	50	55	60
0.42	3.0	3.5	4.0	4.5	5.0	5.0	6.0	7.0
0.52	2.5	3.0	3.5	4.0	4.2	4.5	5.2	6.0
0.58	2.0	2.5	3.0	3.4	3.6	4.0	4.6	5.5
0.66	1.7	2.0	2.3	2.7	3.0	3.4	4.0	4.6
0.75	1.3	1.5	1.8	2.1	2.4	2.8	3.4	4.0
0.83	1.2	1.4	1.6	1.9	2.2	2.6	3.1	3.6
0.92	1.1	1.2	1.4	1.7	2.0	2.3	2.8	3.3
1.00	1.0	1.1	1.3	1.5	1.7	2.0	2.5	3.0
1.08	—	—	1.2	1.4	1.6	1.9	2.3	2.8

流速/(m/s)	固体浓度/(g/L)							
	25	30	35	40	45	50	55	60
1.16	—	—	—	—	1.8	2.2	2.2	2.7
1.25	—	—	1.3	1.5	1.7	2.1	2.6
1.33	—	—	1.1	1.2	1.4	1.6	1.9	2.3
1.42	—	—	—	1.3	1.5	1.5	2.1
1.50	—	—	—	—	1.4	1.7	2.0
1.58	—	—	1.0	1.1	1.2	1.3	1.6	1.9
1.66	—	—	—	—	1.2	1.5	1.7
1.75	—	—	1.0	1.0			1.4	1.6

注：引自冯生华.城市中小型污水处理厂的建设与管理.北京：化学工业出版社，2001。

1.1.4.5 热值

污泥的热值主要取决于污泥中有机物含量的高低，是污泥焚烧处理时的重要参数。因污泥产生来源与处理工艺的不同，其含水率有较大差异，故热值一般均以干基（d）或干燥无灰基（daf）形式给出。表 1-21 是各类污泥的燃烧热值[4]。

表 1-21　各类污泥燃烧热值

污泥种类		燃烧热值(以干泥计)/(kJ/kg)
初次沉淀污泥	生污泥	15000～18000
	消化污泥	7200
初次沉淀污泥与腐殖污泥混合	生污泥	14000
	消化污泥	6700～8100
初次沉淀污泥与活性污泥混合	生污泥	17000
	消化污泥	7400
生污泥		14900～15200

1.1.4.6 pH 值

pH 值是反映污泥消化过程的重要指示指标。各种污泥的 pH 值情况参见表 1-22。如果原污泥的 pH 值低于 5.0，应慎重考虑是否向消化池中投加污泥。如果消化后的污泥 pH 值低于 7.0 表示消化过程受到了破坏。碱性消化要求的 pH 值范围是很小的，一般消化池的负荷越高，碱性消化阶段的 pH 值越大。当消化池内 pH 值过高时，NH_3 和 NH_4^+ 的平衡会朝着 NH_3 的方向发展，过多的 NH_3 会对产甲烷菌的活性产生抑制，使消化受到破坏。

表 1-22　不同类型污泥的 pH 值

污泥类型	新鲜初次沉淀污泥	新鲜二次沉淀污泥	消化不好的污泥	消化一般的污泥	消化好的污泥	消化很好的污泥
pH 值	5.0～7.0	6.0～7.0	6.5～7.0	6.8～7.3	7.2～7.5	7.4～7.8

1.1.4.7 碱度

污水处理厂污泥中存在不同的碱度缓冲系统，主要有 CO_2/HCO_3^- 碱度系统、NH_3/NH_4^+ 碱度系统、蛋白质化合物碱度系统等。各种污泥的碱度见表 1-23。在污泥处理过程中，这些碱度系统对于稳定微生物体系的 pH 值具有重要意义。在污泥消化过程中，微生物在降解有机污染物的同时会生成各种的代谢产物如挥发性脂肪酸（VFA），使体系呈现弱酸性，而碱度的存在可以中和生成的有机酸，从而使 pH 值的变化趋于稳定，有利于微生物的正常生理代谢过程。

表 1-23　不同类型污泥的碱度

污泥类型		新鲜初次沉淀污泥	新鲜二次沉淀污泥	消化不好的污泥	消化一般的污泥	消化好的污泥	消化很好的污泥
碱度	mg/L CaCO₃	500～1000	500～1000 有时＜500	1000～2500	2000～3500	3000～4500	4000～5500
	mmol/L CaCO₃	20～40	20～40 有时＜20	40～100	80～1400	120～180	160～220

消化池中的 pH 值和 NH_4^+、CO_2 的关系如式（1-19）所列：

$$pH = 6.31 + lg\{[NH_4^+]/[CO_2]\} \qquad (1-19)$$

1.1.4.8　有机物含量

污泥中含有可生物利用的有机成分，包括纤维素、脂肪、树脂、有机氮、硫和磷等多糖物质，这些物质有利于土壤腐殖质的形成。污泥中含有的有机物质对土壤的物理性质起到很大的影响，如土壤的肥效、腐殖质、密度、聚集作用、孔隙率和持水性等。

有机物含量是污泥最重要的化学性质，同时决定了污泥的热值和可消化性。污泥中的有机物质主要包括蛋白质、碳水化合物和脂肪。通常有机物含量越高，污泥热值也越高，可消化性也越好。污泥中的有机物含量通常用挥发性固体（VSS）表示，另外两项重要指标还有挥发性脂肪酸（VFA）和矿物油。

1.1.4.9　植物营养元素含量

污泥中含有植物所必需的常量营养元素和微量营养元素。常量营养元素中氮、磷、钾在污泥的资源化利用方面起着非常重要的作用，特别是氮的含量，是园林绿化或农用污泥施用量的决定性因素之一。污泥所含的植物营养元素的存在形式见表1-24，不同污泥中含有的植物营养含量情况见表1-25。

表 1-24　污泥中植物营养元素存在形式

元素	符号	离子或分子	元素	符号	离子或分子
氮	N	NO_3^-,NH_4^+	镁	Mg	Mg^{2+}
钾	K	K^+	锰	Mn	Mn^{2+}
磷	P	$H_2PO_4^-$,HPO_4^{2-}	铜	Cu	Cu^{2+}
硫	S	SO_4^{2-}	锌	Zn	Zn^{2+}
钙	Ca	Ca^{2+}	钼	Mo	MoO_4^+
铁	Fe	Fe^{2+},Fe^{3+}	硼	B	H_3BO_3,$H_2BO_3^-$,$B(OH)_4^-$

表 1-25　不同类型污泥植物营养元素含量情况[1]　　　　　　单位：%

污泥类型	总氮(TN)	磷(P₂O₅)	钾(K)	腐殖质	有机质	灰分
初沉污泥	2.0～3.4	1.0～3.0	0.1～0.3	33	30～60	50～75
剩余活性污泥	2.8～3.1	1.0～2.0	0.11～0.8	47	—	—
生物滤池污泥	3.5～7.2	3.3～5.0	0.2～0.4	41	60～70	30～40

污泥中包含的微量营养物质如铁、锌、铜、镁、硼、钼（作为氮固定作用）、钠、钒和氯等，都是植物生长所少量需要的，但它们对微生物的生长同样重要，其中氯具有有助于植物根系生长的作用。

1.1.4.10 有毒有害物质含量

污泥中的有毒有害物质主要是指重金属和有机污染物，目前国内对于污泥中重金属的监测分析较为完善，而关于有机污染物的分析数据较少。

工业废水是污泥中汞、镉、铬等重金属元素的主要来源；家庭生活的管道系统也是铜、锌等一些重金属元素的来源之一。在污水处理过程中，70%～90%的重金属元素通过吸附或沉淀转移到污泥中。当污泥施用于土壤后，重金属将积累于地表层，通过食物链，在植物、动物以及人类体内富集，对人体健康和生物种群安全产生深远影响，成为限制污泥土地利用的重要因素。

重金属元素在污泥中的存在形态不同，其产生的生物有效性亦有所不同。国外根据重金属结合的组分，将重金属在污泥中的存在形态分为五类，分别为可交换态，碳酸盐结合态，铁、锰氧化物结合态，有机质结合态和残渣态，此为五态分类法。表 1-26 为不同重金属污染物特征情况。

表 1-26　不同重金属污染物特征

污染物类型	特征
可交换态	即可交换吸附在固体颗粒物表面的重金属，其对水环境条件的变化最敏感，有效性强，最易被生物吸附
碳酸盐结合态	与碳酸盐发生吸附、沉淀或共沉淀的重金属，对 pH 值的变化最敏感
铁、锰氧化物结合态	与水合氧化铁、氧化锰表面结合，形成配位化合物，或同晶置换铁锰氧化物中的 Mg^{2+}、Fe^{2+} 而存在于它们的晶格中的重金属
有机质结合态	以不同形式进入或吸附在有机物颗粒上，同有机物发生螯合或离子交换的重金属，其相对稳定，不易被生物吸收
残渣态	除以上几种形态外，存在于固体颗粒矿物晶格中的重金属，它是稳定且对生物无效的

污泥中常见的微量有机污染物主要有多环芳烃（PAHs）、氯苯类化合物（CBs）、氯酚（CPs）、多氯联苯（PCBs）、多氯代二苯并二噁英/呋喃（PCDD/Fs）、可吸附有机卤化物（AOX）、直链烷基苯磺酸盐（LAS）、壬基酚（NP）、邻苯二甲酸二（2-乙基己基）酯（DEHP）、邻苯二甲酸酯类（PAEs）等。此外，城市污泥中还含有烷基酚、有机氯农药、硝基苯类、胺类、卤代烃类、醚类等化合物。这些有机污染物绝大部分具有生物放大效应，并有"致癌、致畸形、致突变"的危害。有机污染物含量较高的城市污泥如果进入土壤会给周边环境带来污染。污泥中的有机污染物因污水处理厂污水来源的不同而不同，同一污水处理厂在不同时期产生的污泥，其中有机污染物的种类和含量也有较大差别。目前我国对城镇污水处理厂污泥的研究主要集中在对污泥中重金属、病原菌防控和治理方面，其中的微量有机污染物由于对综合指标贡献较小而较少引起人们的关注。我国对污泥中有关有机污染物的研究还处于起步阶段，缺乏深入，无法为污泥土地利用提供科学的参考。

（1）水厂污泥

水厂污泥中重金属含量较低，一般均能满足我国的《农用污泥中污染物控制标准》（GB 4284—84）。表 1-27 列出了上海市某水厂污泥及其浸出液的重金属含量。

表 1-27 上海市某水厂污泥及其浸出液重金属含量　单位:mg/kg 干污泥

类别	Cr	Ni	Cu	Pb	Cd
污泥	114.0	41.10	61.21	26.76	0.0324
浸出液	0.0511	0.0298	0.0492	0.0293	0.0011
农用标准(pH<6.5)	600	100	800	300	5
农用标准(pH≥6.5)	1000	200	1500	1000	15

（2）污水污泥

污水厂中的重金属以及可能在污泥中存在的极大部分毒害性有机物都来源于污水，而污水的毒害物质主要来源于工业，因此城市污水厂工业废水处理比例和工业废水接入排水管道前的预处理水平成为决定污水厂污泥中毒害性物质含量的关键因素。表 1-28 和表 1-29 列出了上海市和中国香港地区部分污水污泥重金属分析表，其中上海市石洞口污水处理厂的污水中工业废水占近 60%，因此石洞口污水污泥中各种重金属含量均较高，铜、锌、铬、镉、镍均高于污泥农用标准。

表 1-28 上海市部分污水处理厂污泥重金属成分分析[14]　单位:mg/kg

项目	Cu	Zn	Pb	Cd	Cr	Ni	Hg	As
曲阳	350	3740	9.95	0.85	15.77	34.8	1.22	5.68
吴淞	226	149	7.27	0.097	3.74	65.2	1.12	2.32
龙华	101	1370	0.95	0.19	1.13	17.3	0.19	1.51
曹杨	146	147	129	5.55	70	42.9	6.04	15
天山	426	1615	116	1.49	46.6	42.6	7.81	22
闵行	119	1090	76	1.67	53.4	32.2	2.16	7.1
北郊	158	2467	108	2.52	22	44.6	9.25	33.4
竹园	341.5	1072.5	67.3	3.0	74.8	51.0	2.3	14.9
白龙港	478.8	2356.2	46.5	2.4	265.1	70.5	2.8	12.9
石洞口	1469.5	4021.4	155.03	38.24	854.04	164.79	4.78	11.06
东区初沉污泥	211.9	955.4	36.06	3.35	67.07	44.21	0.118	9.25
东区二沉污泥	445.8	2082.7	129.8	2.34	331.9	78.19	0.0019	13.9

注:吴淞污水污泥有机物含量约为 70%。

表 1-29 中国香港地区部分污水处理厂污泥重金属成分分析　单位:mg/kg

厂名	Cu	Pb	Cd	Cr	Ni	Hg	As
石湖墟污水处理厂	565	68.2	1.9	42.5	49.5	4.1	8.2
沙田污水处理厂	242.3	57.4	1	32.9	78.6	3.5	20
西贡污水处理厂	277.3	62.3	1.5	34.2	37.2	4.4	7.4
元朗污水处理厂	274	85.9	0.8	66.0	51.6	1.8	4.6
大浦污水处理厂	434.5	330.3	1.3	71.9	77.4	3.7	3.7
赤柱污水处理厂	154.2	58.6	1.6	33.5	24.5	2	6.2
昂船洲污水处理厂	223.4	54.4	1	75.6	63.1	2.9	1.7

（3）疏浚污泥

疏浚污泥中重金属的含量反映了水体受污染的历史及程度，因此不同水体的疏浚污泥重金属浓度相差较大。表 1-30 列出了上海市苏州河疏浚污泥重金属含量和自然背景值情况[15]。

表 1-30 上海市苏州河疏浚污泥重金属含量和自然背景值　　　单位：mg/kg

项目	Cu	Pb	Cd	Cr	Ni	Hg	As
苏州河	20～200	10～30	0.1～4	30～100	30～50	0.1～0.4	6～20
自然背景	10～20	10～50	0.3～0.5	10～20	10～70	0.05～0.2	3～10

另外，颗粒物上重金属的生物有效性和迁移性与其存在的形态密切相关。Salim 等[16]发现在污染程度比较高的沉积物中，Pb 和 Ni 主要以碳酸盐结合态的形式存在，Cd 主要以可交换态的形式存在。Pardo 等[17]用 Tessier 连续提取法提取了 Pisuerga 河沉积物上的重金属，结果表明 Cd、Pb 主要存在于可交换态和碳酸盐结合态中，Cu、Co 和 Ni 主要存在于铁锰氧化物结合态和有机质结合态中。

（4）通沟污泥

理论上，通沟污泥的重金属和有毒有害物质含量应与污水处理厂污泥类似，表 1-31 列出了上海市通沟污泥重金属的含量情况。从表中看出，不同地区通沟污泥的重金属种类和含量均有差异。

表 1-31 上海市通沟污泥重金属含量　　　单位：mg/kg

地区	Cd	Mn	Pb	Cu	Zn	Cr
闸北区	4.99	110.8	128.5	103.4	149.5	32.1
杨浦区	5.36	248.0	68.6	738.0	155.7	71.6
虹口区	11.11	244.5	122.2	237.1	200.0	121.9
普陀区	17.75	212.1	48.6	162.0	155.3	46.2
静安区	9.16	155.5	48.9	185.1	156.2	6.3
卢湾区	16.36	230.2	68.6	295.1	174.3	93.4
南市区	5.38	177.6	284.1	592.0	187.3	53.5
黄浦区	11.05	203.4	114.9	280.0	161.7	42.6

不同排水体制对通沟污泥的性质也有影响，分流制排水系统的雨水管道通沟污泥的毒害物含量与当地地面沉积物类似，合流制排水系统的管道污泥的毒害物含量介于分流制污水管道和雨水管道之间，同时与雨水管道的水力条件有关。

1.1.4.11　生物含量

大量的细菌、病毒、原生生物、寄生虫卵及其他的微生物存在于污水污泥中，其中部分微生物会对人体健康产生危害。

初沉池污泥中的总大肠杆菌浓度一般在 $1 \times 10^6 \sim 1.2 \times 10^8$ 个/g（以干物质计，下同），噬菌体的浓度为 $10^3 \sim 10^6$ PFU（噬斑单位）/g，两大类病原菌沙门菌和青绿色假单胞菌的浓度比指示细菌的浓度要低得多，平均分别为 4.1×10^2 个/g 和 2.8×10^3 个/g。污泥中，寄生在人体肠道中的鞭虫、寄生在狗肠道内的鞭虫和弓蛔虫的平均浓度分别为 0.1～1 个/g、0.11 个/g、0.2～0.5 个/g，蛔虫卵的浓度最大 0.1～2 个/g。由于污水厂周围有老鼠，因此污泥中发现有寄生在老鼠肠道内的绦虫。

二沉池污泥中微生物的浓度与初沉池污泥中相应的浓度大致相当，总大肠杆菌和粪大肠杆菌的浓度为 $8\times10^6\sim7\times10^8$ 个/g，粪链球菌的浓度为 $10^6\sim10^7$ 个/g，沙门菌和青绿色假单胞菌的浓度分别为 8.8×10^2 个/g、1.1×10^4 个/g；蛔虫卵的平均浓度为 1360 个/kg，寄生在人体肠道内的鞭虫和寄生在狗肠道内的鞭虫的浓度小于 10 个/kg，寄生在老鼠肠道内的绦虫的平均浓度为 20 个/kg。

混合污泥中，总大肠杆菌、粪大肠杆菌、粪链球菌的浓度分别为 $3.8\times10^7\sim1.1\times10^9$ 个/g、$1.1\times10^5\sim1.9\times10^6$ 个/g 和 $1.6\times10^6\sim3.7\times10^6$ 个/g，沙门菌的浓度为 $7.0\sim290$ 个/g，青绿色假单胞菌的平均浓度为 $3.3\times10^3\sim4.4\times10^5$ 个/g；蛔虫卵、弓蛔虫和寄生在狗肠道内的鞭虫的平均浓度分别为 290 个/kg、1300 个/kg 和 140 个/kg。

1.1.4.12 可生化性

一般生物源有机质中约含 50% 的碳（占干重），污泥中含有大量的有机物（见表 1-32），其中的碳水化合物可被微生物利用作为生命活动的碳源和能量，碳水化合物降解的途径和路线如图 1-6 所示。

$$\boxed{碳水化合物}\rightarrow\boxed{有机酸}\rightarrow\boxed{单糖}\rightarrow\boxed{CO_2和微生物多糖及能量}$$

图 1-6　碳水化合物的降解途径和路线

按降解难易程度不同，可将污泥中的有机物分为易生物降解有机物、中等可生物降解有机物和难生物降解有机物（表 1-32），污泥的可生化程度即污泥中可生物降解的有机物含量，污泥生化度 ρ_{VSS} 为

$$\rho_{VSS}=[1-(C_{VSS_1}/C_{VSS_0})]\times100\% \tag{1-20}$$

式中，C_{VSS_0} 为生化处理前挥发性悬浮固体含量，g/L；C_{VSS_1} 为生化处理后挥发性悬浮固体含量，g/L。

一般对污泥厌氧消化而言，生化度为 40%~45%，好氧消化的生化度为 25%~30%。

表 1-32　有机物降解性分类

类型	种类
易生物降解有机物	糖、淀粉、脂肪酸、甘油、酯类和脂肪、氨基酸、核酸、蛋白质
中等可生物降解有机物	半纤维素、纤维素、甲壳质、低分子量有机物
难生物降解有机物	木质素

1.1.4.13 挥发性固体与灰分

生物固体中有机物的含量由挥发性固体表示，又叫灼烧减重。无机物的含量由灰分表示，又叫固定固体。挥发性固体与灰分的测定可以通过烘干、高温（550~600℃）灼烧、称重等方法进行测量。

污泥中挥发性固体含量和灰分含量可用如下方法计算：

$$污泥中挥发性固体含量(\%)=\frac{S_1-S_2}{S_1}\times100\% \tag{1-21}$$

式中，S_1 为干燥污泥质量，g；S_2 为灼烧后灰分的质量，g。

$$污泥中灰分含量(\%)=\frac{S_2}{S_1}\times100\% \tag{1-22}$$

式中，S_1 为干燥污泥质量，g；S_2 为灼烧后灰分的质量，g。

1.2 污泥的危害及处理处置原则

伴随着中国社会经济的快速发展和城市化进程步伐的加速，各地如雨后春笋般建成并投入使用了许多的污水处理厂，这对中国水污染的治理起到了积极的作用。在污水处理过程中，污水中的污染物大量转移到剩余污泥中，从而在水质得到净化的同时将污水中的污染物以污泥形式分离出来。污泥中含有丰富的有益于植物生长的养分和大量的有机物质，是一种十分有效的生物资源。同时，污泥还含有铜、锌、铬、汞等重金属，多氯联苯、二噁英、放射性核素等难降解的有毒有害物质以及大量病原微生物、寄生虫卵，这些物质会对环境和人类健康造成较大的危害。未经恰当处理处置的污泥进入环境后，直接给水体、大气和土壤等环境带来二次污染。另外，由于污泥具有易于腐化发臭、颗粒较细、密度较小、含水率高且不易脱水等特点，因此，必须对这些难以处理、严重污染环境的污泥进行处理处置。但是目前常用的污泥处理处置方法都存在一些问题，有可能造成二次污染，对生态环境和人类的活动构成严重的威胁。

1.2.1 污泥对水体环境的影响

在污泥处理初期，由于不需要花费大量能源且方法简单，所以人们常常将污泥直接排放到河流、湖泊和海洋中，这样不仅污染海洋，还会引起全球环境问题，如美国纽约市曾每年向海区投放 $1.2 \times 10^6 \, \mathrm{m}^3$ 未经消化的污泥，因此造成了感官性污染，海底重金属浓度提高 $100 \sim 200$ 倍，原因就是投海区没有激烈潮流，污泥不能迅速扩散与稀释。现在此方法已受到限制，美国从 1991 年起禁止将污泥排入大海。1998 年欧盟也做了类似的规定。将污泥弃置于水体，会严重危害水生生物的生存条件，使水体直接受到污染，并影响水资源的充分利用。污泥经水体浸泡、溶解，污染物伴随污水流入河道，会污染地表水，并进入地下水。

1.2.1.1 对地下水的影响

污泥中含有大量的氮、磷、有机质等营养元素，因此当污泥施用于土壤中时，氮磷元素的含量会随着污泥施用量的增大而增加。污泥中的无机及有机氮素与土壤胶体间发生各种物理、化学和生物等综合作用，一部分氮素形成氮气、二氧化氮而逸散到大气中，从而污染大气；另一部分经硝化作用而形成硝态氮随水在土壤中移动从而污染地下水。

硝态氮不易被土壤胶体所吸附，且易溶于水，在土壤中随水迁移，因而判断污泥中的氮素是否流失而污染地下水，主要是以硝态氮作为指标。硝态氮迁移有诸多影响因素，如排水量、田间持水量、污泥施入浓度、降雨量等。对于硝态氮在土壤中的行为及污泥氮负荷，由于土壤表层的氧气条件、吸附能力、微生物的活动等均优于底层，因此，土壤表层是含氮化合物迁移、转化较活跃的层次。

1.2.1.2 对地表水的影响

大量施用污泥在降雨量较大且土质疏松的土地上，当有机物分解速度大于植物对氮、磷的吸收速度时，就很可能引起氮、磷随水流失，进入湖泊、水库等缓流水体，造成地表水体的富营养化。水体的富营养化将促进各类水生生物（主要是藻类）的活性，刺激它们异常繁殖，从而造成鱼类死亡、水质恶化等危害。另外，水体富营养化将大大促进湖泊由贫营养湖发展为富营养湖，进一步发展为沼泽地。

1.2.2　污泥对土壤环境的影响

土壤中有许多种类的微生物，如细菌、真菌、放线菌、藻类和原生动物，它们与其周围环境构成一个生态系统，在大自然的物质循环中，担负着碳循环和氮循环的一部分重要任务。从广义上说，污泥无论是对大气还是对水体的影响，最终必然会造成土壤环境的污染和破坏。

污泥中含有大量的 N、P、K、Ca 及有机质，同时污泥中还有许多植物所必需的微量元素，可以缓慢释放，具有长效性。因此，污泥可看作有用的生物资源，并作为土壤改良剂和肥料。据统计，美国城市污泥中平均含有有机质 31%、总氮 3%、总磷 2.5%、总钾 0.4%。

在我国，污泥中有机质的平均含量为 37.18%，总氮、总磷、总钾的平均含量分别为 3.03%、1.52%、0.69%，均超过国家堆肥需要的养分标准，可作为很好的有机肥源。我国部分城市的污泥中主要营养元素见表 1-33。污泥中有机养分和微量元素还具有明显改变土壤理化性质，增加氮、磷、钾含量，改善土壤结构，促进团粒结构的形成，调节土壤 pH 值和阳离子交换量，降低土壤容重，增加土壤孔隙、透气性、田间持水量和保肥能力等作用。此外，城市污泥还可以增加土壤根际微生物群落生物量和代谢强度、抑制腐烂和病原菌。故污泥用作肥料，可以减少化肥施用量，从而减少农业成本和化肥对环境的污染。典型的城市污泥的肥分情况见表 1-34。

表 1-33　我国部分城市污泥营养成分　　　　　单位：%

污泥产地或类型	总氮	总磷	总钾	有机物
上海市东区	3~6	1~3	0.1~0.3	65
天津市南开区	2.2	0.13	1.8	37~38
杭州	1.1	1.15	0.74	31.8
桂林市	4.8	2.1	0.85	39.6
广州大坦沙	1.8	2.24	1.49	31.7
天津纪庄子	3.5	1.3	0.39	40
北京高碑店	3.31	0.275	1.26	35.7
厩肥	0.4~0.8	0.2~0.3	0.5~0.9	15~20

表 1-34　典型城市污泥的肥分（总固体的质量分数）　　　　　单位：%

污泥类型	新鲜初次沉淀污泥	新鲜二次沉淀污泥	消化不好的污泥	消化一般的污泥	消化好的污泥	消化很好的污泥
总氮（以 N 计）	2.0~7.0	1.5~5.0	1.0~5.0	1.0~3.5	0.5~3.0	0.5~2.5
总磷（以 P 计）	0.4~3.0	0.9~1.5	0.3~0.8	0.3~0.8	0.3~0.8	0.3~0.8
总钾（以 K 计）	0.1~0.7	0.1~0.8	0.1~0.3	0.1~0.3	0.1~0.3	0.1~0.3

1.2.2.1　重金属

重金属是限制污泥大规模土地利用的重要因素，污泥因污水的来源不同成分有所差异，但一般都含有一定量的重金属。当前，在污泥施用对土壤污染的研究中，主要集中在汞、镉、铅、铬等生物毒性显著的重金属元素的污染上。重金属污染因其隐蔽性、潜伏性、长期性和不可逆等特性，往往对环境产生严重的影响。一般来说，施用污泥后，重金属绝大部分在耕层聚集，其中相当一部分以有机结合态存在，重金属的含量一旦超过土壤的自净能力，就会破坏土壤的正常机能，从而严重影响农作物的产量和性质。对于施用污泥后，重金属元素在农作物体内富集，蔬菜尤其是叶菜类蔬菜富集重金属的能力较强，而且重金属进入植物体内，主要分布在根系，其次是叶系，果实或籽粒内含量往往最低。因此对果实类蔬菜和大籽粒作物施用污泥相对较安全。

1.2.2.2 **病原菌**

污泥中含有多种致病细菌、原生动物、寄生虫以及病毒等有害物，这些有害物质可以通过各种途径进行传播，污染空气和水源，并通过直接接触或食物链危及人类和畜牧的健康，并且为其他有害生物的滋生提供了场所，也在一定程度上加速植物病虫害的传播。国内污水处理厂污泥卫生指标实测值（以干泥计）：大肠杆菌群约 $2×10^8$ 个/g，细菌总数约 $5×10^8$ 个/g，蛔虫卵 $0.2×10^8$ 个/g。这些病原物质对外界环境具有很强的抵抗能力，常规的灭菌方法只能起到大量减少病原体的作用，不能完全灭活，所以对污泥的土地利用要严格控制。

1.2.3 污泥对大气环境的影响

污泥露天堆放散发出臭气和异味，日晒风吹，堆放的污泥在风干后，其中的细微颗粒、粉尘等可随风飞扬，进入大气，并扩散到很远的地方，人类吸入后，容易引起呼吸道疾病，对人体健康产生极大的危害。另外，污泥中的一些有机物在适宜的温度下还可被微生物分解，释放出有害气体，产生毒气，造成地区性空气污染。而且大量堆积的污泥在一定条件下，还可能厌氧消化产生沼气，从而带来自燃和爆炸等安全隐患。

焚烧是污泥处理处置的一种常用方法，它由于减容快和彻底消灭其中的病菌和微生物等特点，受到国内外的广泛关注。但是焚烧的过程如没有很好地控制，很容易产生二次污染物（如二噁英），焚烧在有些国家已成为大气污染的主要污染源之一。焚烧飞灰是污泥焚烧过程中产生的二次污染物之一，其产生量约为垃圾焚烧量的 3%～5%。由于焚烧飞灰中富集了大量的有害物质，通常焚烧飞灰都必须按危险废物进行特殊管理，但日益增大的污泥产生量和有限的安全处置设施之间存在的巨大矛盾，实际造成了大部分焚烧设施的飞灰未实现安全管理，从而给大气环境带来严重的危害。焚烧污泥过程中又可能产生二噁英，它是一类氯代含氧三环芳香族化合物的总称。该类化合物在自然条件下难以分解，能长距离迁移，易富集在生物体内，且可通过食物链放大并进入人体，对人类健康构成巨大的潜在危害。

1.2.4 污泥的其他潜在环境影响

1.2.4.1 **对生态环境的影响**

生态环境是指由生物群落及非生物自然因素的各种生态系统所构成的整体，完全或主要由自然因素形成，并间接地、潜在地、长远地对人类的生存和发展产生影响。

（1）对生态环境的益处

污泥中含有丰富的有机物质，为土壤微生物和酶提供了充足的养分和能源，加速了微生物的生长和繁殖，不仅提高了它们的数量，而且提高了活性，这在有机质的硫化、营养元素的累计、腐殖质的合成等方面起着重要作用。在微生物的作用下，有机养分不断分解转化为植物能吸收利用的有效养分，同时也能释放出部分固定在土壤中的养分，例如微生物能分解含磷化合物，使被土壤固定的磷释放出来，钾细菌可以提高土壤钾的活性。据分析，土壤里有一万多种微生物，其中有有益菌，也有有害菌，它们的数量不断变化，同时又保持着动态平衡。如果施用含有有益菌的污泥于土壤中，可以增加土壤中有益菌的数量，这样可以抑制有害菌的活动，促进土壤改良和增肥能力。此外，污泥形成和堆放过程中还会不断生成大量微生物、藻类、动物等活性物质，其中有硝化菌、甲烷单胞细菌等污泥中特有的分解有机物的菌种。

此外，污泥还对土壤生态环境的修复起到了一定的作用。土地改良主要用于遭受严重破坏的土壤生态系统，如森林采伐场、森林火灾地、垃圾填埋场、粉煤灰堆积场、采矿后废弃的土地、建筑取土坑及排土场等。这些土地一般已失去土壤的优良特性而无法种植作物。改良这类土壤的目的是恢复植被，防止与避免土壤被进一步冲刷，其目标是建立稳定的自然生态系统。美、英、德等国近二十年来对城市污泥改良土地进行了大量的研究。用污泥对土地进行改良遍及全美国，改良的对象包括酸性露天剥采地、深层采掘无烟煤废弃场、露天采矿场、各种矿区、退化的半干旱草地、褐煤覆盖层区以及铁矿尾渣地等。

（2）对生态环境的害处

对生态环境的危害主要体现在污泥中有各种有害物质，它们通过各种途径进入到生态系统中，从而对人和其他生物造成危害。污泥处理处置不当可能导致污泥中的有害物质如重金属重新溶出，导致地表径流（特别是雨季）中的有害毒素流入附近的河流湖泊，造成严重的水体污染和土壤污染。在水体和土壤中，某些污染物如重金属可在微生物作用下转化为毒性更强的金属化合物如甲基汞，威胁水生动植物（如鱼、虾、贝类等）的生存，从而破坏水域生态系统中的食物链。另外，污染物可以通过食物链进行生物富集。人类处于食物链上的最高级位置，在食用受污染的动植物时，污染物又进一步在人体中积累，往往造成更大的危害。这种恶劣的环境危害效应可以从个体发展到种群，直到生物链的各个环节，导致生态平衡的改变和自然资源的破坏。

1.2.4.2　对环境卫生的影响

近年来，随着污水处理厂建设的增加，污泥产生量随之急剧增多，然而产生的部分污泥只进行简单的脱水就被随意堆放，这样不仅有碍市容，而且会对环境卫生产生危害。环境卫生问题直接关系到人民群众的身体健康和社会经济发展，是公众广泛关注的热点，各国政府历来都对此高度重视。近二十年来，我国污水处理事业有了一定的发展，但污泥的处理还很不完善，而且脱水后污泥的出路也是一个大问题，其中有一部分无处安放的污泥被堆存在城市的角落，严重影响环境卫生，产生"视觉污染"，而且堆放的污泥非常容易发酵腐化，产生恶臭，招引蚊蝇、老鼠等滋生繁衍。由于经济的快速发展，用地形势越来越紧张，加之污水处理厂很难远离人口密集区，产生的湿污泥现在一般只采用简单的浓缩、脱水处理，并未进行无害化处理，脱水后的污泥含水率高达85％，呈胶质状且散发浓烈的臭气，不便于贮存保管，而且在运输途中仍有臭味，对沿途的环境卫生影响也很大。

1.2.5　污泥处理处置与资源化的技术原则

当今国内外对于污泥处理处置与资源化所遵循的原则均是"减量化、稳定化、无害化和资源化"，将"无害化"作为污泥处理要求和最终处置重点，并将"资源化"作为污泥处置的最终目标，以有利于更加有效、彻底地解决污泥的环境污染问题，取得良好的经济效益和环境效益。

与污水处理相比较，我国污泥处理技术相对落后，很大程度上限制了污水处理的有效性和环境状况的迅速改善。纵观国内外污泥处理处置现状，为实现污泥减量化、稳定化、无害化及资源化的目的，主要有以下几方面措施：减少污泥最终处置前的体积，以降低污泥处理及最终处置的费用支出；将容易腐败发臭的有机物质进行稳定处理，使污泥稳定化，最终处置后污泥不再进一步降解，避免二次污染的产生；使有毒有害物质得到妥善处理与利用，达到污泥的无害化和卫生化；充分利用污泥中的有用物质，变废为宝。

1.2.5.1　污泥的减量化

污水生物处理中产生的大量的剩余污泥通常含有相当量的未稳定化的有机物及寄生虫卵、病原微生物、重金属等有毒有害物质，如果不进行妥善的处理处置，将会对环境造成直接或潜在的污染。污泥减量化是 20 世纪 90 年代提出的剩余污泥处理处置新概念，是通过物理、化学和生物等手段，使整个生物处理系统中污泥产量减少的过程。

城市污水处理厂的污泥减量化是在污泥资源化的基础上进一步提出的要求，通过采用过程减量化的方法减少污泥体积，以达到降低污泥处理及最终处置的费用的目的。这主要是因为污水厂污泥体积庞大，对其后续处理造成了诸多困难，并增加了后续处理成本，必须首先对其进行减量化处理。

污泥减量化通常分为质量减少、体积减小和过程减量。质量减少的方法主要是稳定和焚烧，但由于焚烧所需费用很高且存在烟气污染问题，所以主要用于难以资源化利用的污泥。污泥体积的减小则主要通过污泥浓缩、污泥脱水两个步骤来实现。而过程减量可通过膜生物反应器、生物捕食、微生物强化、代谢解偶联、超声波技术、臭氧法及氯化法等方法实现。

1.2.5.2　污泥的稳定化

污泥中的有机物含量为 $60\% \sim 70\%$，在特定的外部环境条件下随着堆积时间的延长，污泥将产生厌氧降解反应，发生腐败现象并产生恶臭，这需要采用生物好氧或厌氧消化工艺，或添加化学药剂等方法，使污泥中的有机组分转化成稳定的最终产物，进一步消解污泥中的有机成分，避免在污泥的最终处置过程中造成二次污染。污泥稳定化就是指降解污泥中的有机物，进一步减少其含水量，杀灭所含的细菌、病原体，消除臭味，使各种成分处于相对稳定状态的一种处理方法。其目的就是通过采用适当的处理技术，使污泥安全、无臭味，实现重金属的稳定，从而得到循环再利用（如水泥熟料、建筑材料、园林土、土壤改良剂等）或以某种不损害环境的形式重新返回到自然环境中。

1.2.5.3　污泥的无害化

污泥无害化处理的目的是采用适当的方法去除、分解或者"固定"污泥中的有毒有害物质（如有机有害物质、重金属等），并进行消毒灭菌，使处理后的污泥不会对环境造成冲击和危害，使其具有突出的安全性和可持续性。

1.2.5.4　污泥的资源化

资源化是指在处理污泥的同时，回收其中的氮、磷、钾等有用物质或回收能源，达到变害为利、综合利用、保护环境的目的，这主要是由于污泥是一种含有大量有机物、热量高，并富含氮、磷、钾等元素的资源，因此其最佳的根本出路是资源化。污泥资源化的特征是环境效益高、生产成本低、生态效益高、能耗低，既符合可持续发展的战略方针，又有利于建立循环型经济。

1.3　污泥排放状况和产量预测

1.3.1　污泥排放状况分析与估算

1.3.1.1　我国污泥排放状况分析与估算

城市污水厂污泥的产生量受污水水质、污水处理量、处理工艺、处理水平、污泥脱水程度等因素影响。根据我国污水处理量，余杰等[18]计算了我国城市污泥产量，具体结果见表1-35。由表1-35可知，到2007年全国污水处理率59.0%，污泥产量为5.111×10^6t（干污泥）/a。污水处理厂排放污泥量体积庞大，而且产量大约以10%的速度在逐年增加。如未对污泥进行合理处理和处置，将会对环境和人体造成严重的污染和危害。因此，如何合理地处理城市污泥及污泥的资源化利用问题显得越发重要和紧迫。

表 1-35 我国城市污水处理厂污泥产量情况

年份	污水年排放总量 /($10^8 m^3$/a)	污水处理量 /($10^8 m^3$/a)	污水处理率 /%	污泥产量/(10^4t/a)	
				含水率为80%	干污泥
1991	299.7	44.5	14.86	445	89
1992	301.8	52.2	17.29	522	104.4
1993	311.3	62.3	20.02	623	124.6
1994	303.0	51.8	17.10	518	103.6
1995	350.3	69.0	19.69	690	138
1996	352.8	83.3	23.62	833	166.6
1997	351.4	90.8	25.84	908	181.6
1998	356.3	105.3	29.56	1053	210.6
1999	355.7	113.6	31.93	1136	227.2
2000	331.8	113.6	31.93	1136	227.2
2001	328.6	119.7	36.43	1197	239.4
2002	337.6	134.9	39.97	1349	269.8
2003	349.2	148.0	42.39	1480	296
2004	356.0	163.0	45.78	1630	326
2005	610.2	295.3	48.40	2953	590.6
2006	399.0	223.5	56.00	2235	447
2007	433.1	255.5	59.00	2555	511

1.3.1.2 国外污泥排放状况分析与估算

西方发达国家的工业化进程较早，经济实力雄厚，其污水处理技术发展也较成熟、先进，污水的处理程度较高，随之而来的即是污水处理厂的后续污泥处理问题。从1875年英国伦敦建立世界第一个污水处理厂以来，污泥处理问题便成为市政管理的重要问题之一，而且欧美发达国家的污泥产量仍以每年5%～10%的速度增长。城市人口的持续增长、市政服务设施的不断完善以及污水处理量的显著增加是导致污泥产量增加的主要因素。

而一些环境政策的实施（如禁止污泥陆地填埋、关注填埋容量、禁止填埋场填埋庭院垃圾等）以及污泥处置费用高昂、污泥产品市场需求等因素却促进了污泥利用量的增加。例如，美国各州以及联邦法令，尤其是503污泥法令自1991年实施以来，已经部分地鼓励了污泥的循环利用，而不仅仅是将污泥进行处理处置。

美国人口和市政污水处理服务设施覆盖的人口数量均不断增加，自从1972年政府颁布水净化条例以来，污泥的产生量亦快速增长。据美国环保署估计，1998年全美干污泥产生量为6.9×10^6t。预计污泥的产量将会继续增加，而且污泥产生量的年增长速率会超过市政所能提供污水处理服务人口的增长速率。1986～1996年期间，美国只经过一级处理的污水流量减少了 4%，而经过二级或更高级处理的污水流量增加了 2%。假设按照这种趋势发展，并根据市政所能提供污水处理服务人口的增长和污水二次处理以及污泥产量的轻微改变进行估算，2005 年美国的干污泥产量约为 7.6×10^6 t，2010 年为 8.2×10^6 t，从 1998 年到 2010 年，污泥产量约增加 19%。表 1-36 是 1998 年以后美国污泥产量和处理状况及估算。

表 1-36 1998 年以后美国污泥产量和处理状况及估算

年份		1998 年	2000 年	2005 年	2010 年
有利利用/10^6 t(干污泥)	土地利用	2.8	3.1	3.4	3.9
	先进处理	0.8	0.9	1	1.1
	其他有利利用	0.5	0.5	0.6	0.7
	小计	4.1	4.5	5	5.7
处置/10^6 t(干污泥)	地表处置/陆地填埋	1.2	1	0.8	10
	焚烧	1.5	1.6	1.5	1.5
	其他	0.1	0.1	0.1	0.1
	小计	2.8	7.1	7.6	8.2
总计/10^6 t		6.9	7.1	7.6	8.2

注：U. S. EPA：Biosolids Generation，Use，and Disposal in the United States. September 1999。

1990 年欧洲干污泥产量为 1.107×10^7 t，到 1999 年干污泥产量达 1.746×10^7 t。到 2005 年，欧洲建立了许多城市污水处理厂，加之污水处理要求的日益严格，城市污泥产生量大幅的增加，估计干污泥产生量由 1992 年的 6.6×10^6 t 增长到 9.4×10^6 t，增幅约为 42%。

1.3.2 影响污泥产量的因素

影响污泥产量的因素有很多：进水水质、排水体制、处理工艺、工艺运行状况、处理程度、运行方式、计算方式等。需要经过理论分析和一定的实测值校核并确定。不同类型污泥的影响因素各不相同，下面将分别进行简要说明。

1.3.2.1 水厂污泥

（1）影响因素

一般构成水厂污泥的主体主要包括原水中的悬浮物质以及投加混凝剂形成的固体。水厂污泥量的大小与水源水质、净水工艺、排泥方法和水厂操作管理水平等因素密切相关。通常污泥量占水厂水量的 1.5‰～4.0‰。污泥量也微受污染原水的预处理及出水的深度处理的影响，原水通过预处理后，悬浮固体得到一定去除，产生一定的污泥量，同时后续工艺的污泥产量也因此而降低；出水的深度处理则是在原有出水的基础上进一步去除浊度，如从 1 度降低至 0.3 度以下，也产生一定的污泥量，但二者的污泥增长量与常规工艺污泥产量相比微乎其微。

（2）计算公式

干污泥的产量可根据投加絮凝剂在混凝过程中的化学反应、原水中悬浮固体对污泥量的贡献及其他污泥成分的来源来近似地计算得出。当硫酸铝用作混凝剂时，化学反应如式（1-23）所示：

$$Al_2(SO_4)_3 \cdot 14H_2O + 6HCO_3^- \Longrightarrow 2Al(OH)_3 + 6CO_2 + 14H_2O + 3SO_4^{2-} \quad (1-23)$$

由式（1-23）可知，氢氧化铝是形成污泥的主要成分。根据方程式的计量关系，投加 1mg/L 的 $Al_2(SO_4)_3 \cdot 14H_2O$ 大约会产生 0.26mg/L 的氢氧化铝沉淀物。由于原水中的悬浮物在混凝过程中不发生化学变化，因此将产生相同质量的干污泥。水处理过程中的高分子絮凝剂或粉末活性炭等其他添加物，亦可认为以 1:1 的比例生成污泥。通过以上分析可以列出干污泥量的计算公式。

此分析过程同样也适用于铁盐作混凝剂的净水工艺。

① 英国水研究中心推荐采用式（1-24）计算水厂干污泥量：

$$S = SS + 0.2C + 1.53A + 1.9F = \alpha T + 0.2C + 1.53A + 1.9F \qquad (1-24)$$

式中，S 为干污泥量，mg/L；SS 为原水中悬浮固体量，mg/L；C 为所去除的色度，度；A 为铝盐的投加量，以 Al_2O_3 计，mg/L；F 为铁盐的投加量，以 Fe 计，mg/L；α 为原水浊度与 SS 的换算系数；T 为原水的浊度，NTU。

② 日本水道协会推荐采用式（1-25）计算水厂干污泥量：

$$S = Q(T\alpha + CE_2) \times 10^{-6} \qquad (1-25)$$

式中，S 为干污泥量，t/d；Q 为自来水厂净水量，m³/d；T 为原水的浊度，NTU；α 为原水浊度与 SS 的换算系数，通常取值 0.5~2.0；C 为铝盐混凝剂投加量，以 Al_2O_3 计，mg/L；E_2 为铝盐混凝剂，以 Al_2O_3 计，换算成干污泥量的系数，取 1.53。

③ 美国 Cornwell[19] 推荐用式（1-26）和式（1-27）分别计算用铝盐和铁盐作混凝剂时的干污泥量：

$$S = 8.34Q(0.26C_{Al} + SS + A) \qquad (1-26)$$

$$S = 8.34Q(1.9C_{Fe} + SS + A) \qquad (1-27)$$

式中，S 为干污泥量，lb/d，（1lb=0.4536kg）；Q 为自来水厂净水量，mgd（1mgd=3.785×10³ m³/d）；C_{Al} 为铝盐混凝剂投加量，以 $Al_2O_3 \cdot 14H_2O$ 计，mg/L；C_{Fe} 为铁盐混凝剂投加量，以 Fe 计，mg/L；SS 为原水总悬浮固体，mg/L；A 为水处理中其他添加剂，mg/L。

同时，Cornwell 推荐采用的原水浊度 T 与 SS 的关系式为：

$$SS = bT \qquad (1-28)$$

式中，b 为 SS 与浊度 T 的相关系数；T 为原水浊度，NTU。

Cornwell 认为，在原水色度较低的情况下，b 将会在 0.7~2.2 之间波动。

根据式（1-24）、式（1-25）和式（1-28）可以看出，SS 的值均由其与原水浊度 T 的关系求得，这主要是因为原水的浊度为常规测定项目之一，而 SS 的测定比较烦琐，故水厂一般不对原水的 SS 做常规分析。

但是，不同地域、不同水源和不同季节的浊度与 SS 的相关关系可能存在较大差异，因此每个水厂都对原水进行浊度与 SS 相关关系的测定，测定的时间应尽可能长（至少要有一年以上的时间跨度）。测定结果可以进行分月、分季度的原水浊度与 SS 相关关系分析。

1.3.2.2 污水污泥

（1）影响因素

当污水处理采用二级生物处理时，污水水质和生物处理系统的运行条件等是污水污泥产量的主要影响因素。污水水质对污泥产量的影响主要体现在进水有机物和进水悬浮固体浓度；生物处理系统的运行条件有污泥龄、负荷、溶解氧等，起关键作用的是污泥龄，污泥龄的长短将影响有机物的生物降解效果和微生物固体的内源衰减量，从而影响污泥的产量。

当污水处理采用化学一级强化工艺时，污水污泥产量影响因素除了进水水质外，还有絮凝剂投加量、絮凝剂种类等。

（2）计算公式

1）美国多数污水处理厂采用初沉池，去除污水中可沉淀的固体　初沉池提供一种较有效的方法，减低进入二级处理程序的 BOD 负荷。初沉池去除的固体量一般与表面溢流率或水力停留时间有关。与水力停留时间有关的初沉干污泥量可由式（1-29）和式（1-30）计算。

$$S_P = QTSS\eta \tag{1-29}$$
$$\eta = T(a+bT) \tag{1-30}$$

式中，S_P 为初沉干污泥产量，kg/d；Q 为污水厂的平均日流量，m^3/d；TSS 为进水总悬浮颗粒浓度，kg/m^3；η 为去除率，%；T 为停留时间，min；a 为常数，取 0.406；b 为常数，取 0.0152。

该公式由美国 18 个大型污水处理厂的曲线数据求出。

2）国内污水污泥产生量的计算　由表 1-37 列出了几种不同的污泥计算方法对污泥量计算的比较。

表 1-37　几种不同的污泥计算方法对污泥量计算的比较

项目	按照美国污泥产生量的计算方法	按照德国污泥产生量的计算方法	由上海排水处统计数据计算
初沉池干污泥产率	150kg 干泥/km³ 污水	45g/（人·天）[水量为 200L/（人·天）]	—
二沉池干污泥产率	85kg 干泥/km³ 污水	80g/（人·天）[水量为 200L/（人·天）]	0.5kg（kg 干泥/kgBOD₅）
初沉池的污泥量	2.94‰Q（含水率 95%）	4.5‰Q（含水率 95%）	3.4‰Q（含水率 96%）
二沉池的污泥量	11.33‰Q（含水率 99.25%）	—	5.63‰Q（含水率 99%）
污泥总量	7.83‰Q（含水率 97%）	10‰Q（含水率 96%）	6.47‰Q（含水率 97%）

注：1. 进水 SS 浓度为 249.5mg/L，进水 COD 浓度为 179.4mg/L，出水 BOD₅ 浓度为 13mg/L，SS 去除率按 55% 计，BOD₅ 去除率按 70% 计。

2. Q 为污水厂的平均日流量，m^3/d。

1.3.2.3 疏浚污泥

城市水体疏浚污泥的产生取决于城市水体沉积物的生成量和疏浚工程计划，故影响城市水体疏浚污泥产生量的因素可以从以下两方面进行分析。

（1）影响城市水体沉积物产生的因素

对于城市水体沉积物的来源分析与排水沟道污泥有类似之处，具体影响因素及其影响分析见表 1-38。

表 1-38　影响城市水体沉积物产生的因素

影响因素	影响分析
工业发展	一般工业发达程度越高,产生的城市水体沉积物量越高
人口数量	人口越密集的城市,其产生的水体沉积物量越高
污水处理率	污水处理率越高,产生的城市水体沉积物量越低
城市环境卫生状况（如地面清扫率、垃圾收集率）	城市环境卫生状况越好,产生的城市水体沉积物量越低
大气污染	大气污染越严重,产生的城市水体沉积物量越高
城市水体水动力条件	城市水体水动力条件越差,产生的城市水体沉积物量越高

（2）疏浚工程

城市疏浚污泥来自对城市水体沉积物进行清理的疏浚工程。疏浚方式、疏浚机械、疏浚操作的不同都会影响疏浚污泥的含固率，从而影响产生的疏浚污泥的体积。

据水资源普查，上海市不同级别河道淤积情况如表 1-39 所列，河道总淤积量 $1.4455 \times 10^8 \, m^3$，开挖土方量 $2.0528 \times 10^8 \, m^3$。

表 1-39   **上海市不同级别河道淤积情况**   单位：$10^4 \, m^3$

分类	河道淤积量	开挖土方量	分类	河道淤积量	开挖土方量
市级河道	2397.82	3686.14	村级河道	4444.09	5784.70
区(县)级河道	2665.71	4867.78	小计	14455.07	20527.81
乡(镇)级河道	4947.45	6189.19			

1.3.2.4 通沟污泥

城市排水沟道污泥的产生量主要受"源"和"沉"两个方面因素的影响："源"是指进入排水管道系统内部的、具有在管道内沉积的可能性的物质的量；"沉"则是指排水管道内的沉积条件。

"源"的因素主要是包括接入管系的排水量和其水质，进入排水管系的水量通常是由排水管系的服务区域和服务人口数量来决定的，单位区域面积产生的径流量与当地的气候条件有关，人均污水排放量则与社会经济状况有关。排水水质中与沟道沉积物产生密切关系的指标是颗粒物浓度和有机物浓度。雨水径流的颗粒物浓度与用地类型（径流下垫面状况）和地面保洁情况等有关；城市污水的颗粒物浓度则与当地居民的生活习俗和污水中的工业废水的种类和数量有关。有机物既可能是经沟道发生生化过程转化为沉积物的污泥源，也具有促进沟道内生物生长、沟道内形成更有利和稳定的沉积条件的作用。

沉积条件方面，对排水管道内颗粒物沉降过程影响最大的沉积条件因素是水流流速。一般而言，管道内流速越大，越不利于沉积物的形成，但不同类型管道的沉积物组成和水流变化条件不同，因此流速对管道污泥产生的影响也因排水管道类型而异。分流制污水管道的沉积物中的有机物含量较高，易受水流影响，水流速度变化幅度较小；分流制雨水管道的流速变化幅度大，沉积物多以无机物为主，雨天期流速升幅很大，沉积物在晴天期和雨天期会产生明显的差异。管道污泥的另外两个沉积条件影响因素是集水构造和污泥清理周期。集水构造是指汇水口或井是否设置格栅和沉降箱，有此构造则有利于一定程度地拦截进入排水管道的沉降性物质，减少管道内污泥的产生量。通常，管道污泥清理周期短，管道的水力条件利于沉积物的悬浮流出，但清理周期短会使更多的沉积物通过清理而转化为通沟污泥。

根据上海市市政工程管理处对各区工务所下水道养护完成情况的统计，近几年上海市通沟污泥产量基本情况如表 1-40 和图 1-7 所示。

表 1-40   **1990～1998[①] 年上海市通沟污泥产量基本情况汇总表**   单位：t

地区	1990	1991	1992	1993	1994	1995	1996	1997	1998
杨浦	5236	6525	3073	3694	—	—		5334	5334
虹口	5074	9012	8026	5598	8466	8278	7806	9322	8472
闸北	3120	3120	4176	2420	3533	3000	2400	2400	2400
黄浦	4040	4704	5249	3830	5919	5260	3590	3898	4000
卢湾	3732	6423	6542	6790	6175	7132	1500	2340	5380
徐汇	19348	17528	16854	11970	12618	7153	5574	6445	7268
南市	8300	8412	10249	10014	8848	5951	7900	7500	7500

地区	1990	1991	1992	1993	1994	1995	1996	1997	1998
静安	3142	3930	3623	4570	5692	6570	5221	3857	4356
长宁	15398	17218	30745	22105	34346	30055	—	—	—
普陀	17490	16138	17039	13995	12622	12447	—	15906	4381
浦东	5993	3837	8893	8879	—	—	—	—	—
吴淞	1430	1170	1810	2260	4036	4649	5066	3022	—
闵行	1757	1172	1025	1570	1245	630	320	3450	3500
江湾	2537	3120	2619	936					
高架						12530	11836	16536	14097
宝山									2388
总计	97497	102309	119923	98601	103500	103665	51213	80010	69076

① 1994 年以后的数据不包括浦东。

图 1-7 上海市 1990～1998 年历年通沟污泥量

1.3.3 污泥产量的预测

污泥产量的预测方法多是对历史统计值某种拟合的外推。其中的定性预测方法和多元回归等模型技术也考虑了未来相关因素可能会造成的影响，而总的研究趋势是提高前期拟合的精度。因此，这类预测方法的实质是认为未来基本上是沿着过去的发展规律而发展的。常规预测方法包括定性预测和定量预测两种。

1.3.3.1 定性预测

定性预测是指预测者在已掌握的历史资料和直观资料的基础上，依靠熟悉业务知识并具有丰富经验和综合分析能力的人员和专家，并运用个人的经验和分析判断能力，对事物的未来发展做出性质和程度上的判断，然后再通过一定形式综合各方面的意见，作为预测未来的主要依据。此类预测特别适合于对预测对象的数据资料（包括历史资料和现实资料）掌握不充分，或影响因素复杂，难以用数字描述，或对主要影响因素难以进行数量分析等情况，主要有部门领导判断法、德尔菲法、对象调查法 3 种定性预测方法。

（1）部门领导判断法

由于居于第一线的部门领导对系统的历史、现状、动态、发展有比较完整的了解，所以请他们做全局预测是十分适当的。他们可以根据上级的指示和部门的实际情况，直接提出某些指示、方向和某些估计、某些要求等定性结论。

（2）德尔菲法

即专家调查法，是根据有专门知识的人员的直接经验，对研究的问题进行判断及预测的一种方法。专家的判断应该具有很大的权威性，除了提供量化值外，还必须提出对这类量化值的论证和比较。这种方法具有反馈性、匿名性和统计性的特点，选择合适的专家是德尔菲法预测的关键环节。为了提高专家判断的科学性，规划人员应组织相应的专家论证会，以博诸家之长。

（3）对象调查法

在所调查的系统中会涉及一些其他非专家人员，他们未必具有深刻的专项知识，但他们对系统的某些环节却是常年接触、常年实践，通过这些实践他们积累了丰富的素材。对象调查法就是采取开调查会、填表调查、回答调查提纲等办法最大限度地把他们熟悉的那部分资料收集起来，从而为定性预测提供一定的依据。

1.3.3.2 定量预测

一般来说，城市污水处理厂污泥产生量的影响因素比较复杂，主要受污泥产生位置、排水体制、污水进出水水质、污水处理工艺、工艺运行状况、污泥龄及污泥处理工艺等因素的影响。污水污泥产生量一般可以通过以下 4 种方法进行预测。

（1）按污泥产生位置，根据进出水浓度（处理程度）进行计算

1）现行设计手册、规范中的污泥量计算方法

① 初沉池污泥量的计算

I.根据原污水悬浮物浓度及沉淀效率计算：

$$W = \frac{C\eta Q}{(1-P_1)\rho} \tag{1-31}$$

式中，W 为初沉污泥量，m^3/d；Q 为污水处理厂平均日流量，m^3/d；C 为进入初沉池污水中悬浮物浓度，g/L；η 为初沉池沉淀效率，$\%$；P_1 为污泥含水率，$\%$；ρ 为初沉池污泥密度，以 $1\times10^3 kg/m^3$ 计。

II.根据设计人口及产泥量标准计算初沉池污泥量：

$$W = \frac{SN}{1000} \tag{1-32}$$

式中，W 为初沉污泥量，m^3/d；S 为每人每日污泥量，$L/(人 \cdot d)$；N 为设计人口。

② 二沉池剩余污泥的计算　二沉池剩余污泥包括生物污泥（由降解有机物所产生的污泥增殖）和非生物污泥（进水中不可降解及惰性悬浮固体的累积）。

I.生物污泥的计算方法有两种。

a.按传统计算方法：

$$\Delta X_1 = Y(S_0 - S_e)Q - K_d V X_v \tag{1-33}$$

式中，ΔX_1 为由降解有机物所产生的污泥增殖，kg/d；Y 为污泥产率系数，即微生物每代谢 1kgCOD 所合成的 MLVSS 千克数；$(S_0 - S_e)Q$ 为每日的有机污染物降解量，m^3/d；K_d 为活性污泥微生物的自身氧化率（或衰减系数），d^{-1}；V 为生物反应池的容积，m^3；X_v 为生物反应池内混合液挥发性悬浮固体平均浓度（按 MLVSS 计），g/L；S_0 为生物反应池进水五日生化需氧量，kg/m^3。

b.按污泥龄计算：

$$\Delta X_1 = \left(\frac{Y}{1 + k_d \theta_c}\right) Q(S_0 - S_e) = Y_{obs} Q(S_0 - S_e) \tag{1-34}$$

式中，θ_c 为污泥龄，d；Y_{obs} 为污泥表观产率或净产率系数。

Ⅱ. 非生物污泥的计算方法有 3 种

a. 第 1 种计算方法：

$$\Delta X_2 = Q(SS_0 - VSS_0) - QSS_e \tag{1-35}$$

式中，X_2 为不可降解的有机悬浮物和无机悬浮物的量，kg/d；SS_0 为生物反应池进水悬浮物浓度，kg/m³；VSS_0 为生物反应池进水挥发性悬浮物的量，m³/d；SS_e 为二沉池出水悬浮物浓度，kg/m³。

b. 第 2 种计算方法：

$$\Delta X_2 = f_p Q(SS_0 - SS_e) \tag{1-36}$$

式中，f_p 为悬浮固体污泥转化率，%。

c. 第 3 种计算方法：

$$\Delta X_2 = Q(1 - f_b f_1)(SS_0 - SS_e) \tag{1-37}$$

式中，f_b 为进水 VSS 中可生化部分的比例；f_1 为进水 SS 中 VSS 所占的比例。

Ⅲ. 剩余污泥量计算：

$$\Delta X = \Delta X_1 + \Delta X_2 \tag{1-38}$$

式中，X 为剩余污泥量，kg/d。

③ 城市污水处理厂总污泥产生量计算

Ⅰ. 第 1 种计算方法：

$$Q_s = W + \frac{\Delta X_1 + \Delta X_2}{X_r} \tag{1-39}$$

式中，Q_s 为每日系统中排出的污泥量，m³/d；W 为初沉污泥量，m³/d；X_r 为回流污泥浓度，g/L。

Ⅱ. 第 2 种计算方法：

$$Q_s = W + \frac{\Delta X_1}{f X_r} \tag{1-40}$$

式中，f 为 MLVSS/MLSS 的值。

由于剩余污泥中挥发性部分所占比例与曝气池中 MLVSS 与 MLSS 的比值大体相当，ΔX_1 可认为是挥发性剩余污泥量（按 VSS 计，kg/d）。有初沉池时，f 一般取 0.7～0.8。

2）基于常规运行数据的污泥量核算方法　现行设计手册及规范中的污泥量计算法是我国为指导污水处理工艺设计而建立的，参数众多、方法复杂，而且核心输入条件是污泥龄或污泥负荷等设计参数而非实际运行参数，因此其污泥量计算值的可信度较低，不能考虑实际水质变化情况。陈中颖等以我国典型样本实测数值为基础，结合模拟试验和理论推算，建立了基于污水处理厂常规运行数据的污泥量核算方法，并测算了相应的系数。典型污水处理厂验证结果表明，该方法的核算误差基本在±30%以内，具有较好的准确性。该成果已应用于第一次全国污染源普查工作。

① 污泥量核算方法。该方法认为初沉池污泥、二沉池剩余污泥和化学污泥的产生量分别与初沉池的悬浮物去除量、生化处理单元的有机物去除量以及化学药剂的使用量密切相关，同时考虑污泥消化等稳定化处理的减量作用，从而建立了污水处理厂的干污泥量计算公

式，如下所示：

$$S_d = (1-\eta)\left(SS + \frac{k_b COD}{f}\right) + \sum k_{ci} C_i \tag{1-41}$$

式中，S_d 为物化单元的悬浮物去除量，t/a；COD 为生化单元的化学需氧量去除量，t/a；C_i 为无机絮凝剂用量（以 Fe 或 Al 计），t/a；k_b 为挥发性污泥表观产率系数（以 COD 计），t/t；k_{ci} 为化学污泥产率系数（以 Fe 或 Al 计），t/t；η 为污泥消化减量系数；f 为曝气池 MLVSS 与 MLSS 的比值（可实测或按现行设计手册来取值）；i 为无机絮凝剂种类，代表铝盐和铁盐。

在式（1-40）中，S_d、COD、C_i 和 f 等输入变量或参数均为污水处理厂的常规监测或运行管理数据，容易通过实际调查或查询排污申报登记而获得。

② 污泥产率系数核算。包括化学污泥产率系数、挥发性污泥表观产率系数和污泥消化减量系数的测算。

I. 化学污泥产率系数。理论上，化学污泥的产生量应与絮凝剂中的金属含量成正比，即某种絮凝剂的化学污泥产率系数 k_{ci} 可表示为：

$$k_{ci} = S_{ci}/C_i \tag{1-42}$$

式中，S_{ci} 为某种絮凝剂产生的化学污泥量，t/a。

在实际污水处理中，S_{ci} 系数受到污水水质特征、处理过程以及使用量等诸多因素的影响。常用絮凝剂的化学污泥产率系数统计结果如表 1-41 所列。

表 1-41 常用絮凝剂化学污泥产率系数(k_{ci})

絮凝剂种类		化学污泥产率系数	
		均值	范围
铁盐	三氯化铁	4.35	3.02~5.97
	硫酸亚铁	4.35	3.46~6.28
	聚合硫酸铁	4.36	3.36~5.82
铝盐	聚合氯化铝	6.31	5.62~7.30
	硫酸铝	5.71	5.31~7.35

II. 挥发性污泥表观产率系数。生化污泥总量可由其挥发性部分根据曝气池的 f 值推算，而挥发性污泥量一般可通过其实际增值量和内源呼吸衰减量计算获得，即式（1-43）中的挥发性污泥表观产率系数 k_b 可表示为：

$$k_b = \frac{Y}{1 + k_d \theta_c} = Y - \frac{k_d}{F_w} \tag{1-43}$$

式中，Y 为挥发性污泥实际产率系数，t/t；k_d 为内源呼吸衰减系数，d^{-1}；θ_c 为污泥龄，d；F_w 为污泥负荷，$t/(t \cdot d)$。

由于挥发性污泥的表观产率系数主要受微生物合成代谢和分解代谢之间关系的影响，而这种关系又受到生化反应中的溶解氧条件、基质条件和传质条件的影响，因此式中的 Y 和 K_d 的取值会因 DO、F_w 和微生物生长状况的不同而不同，而污水处理工艺类型是上述反应条件组合的重要表现形式。基于污水处理工艺分类的挥发性污泥表观产率系数如表 1-42 所列。

表 1-42　挥发性污泥表观产率系数(k_b)

污水处理工艺		挥发性污泥产率系数	
		均值	范围
活性污泥法	高负荷活性污泥法	0.57	0.39～0.86
	普通活性污泥法	0.35	0.24～0.57
	A/O、A²/O 类工艺	0.29	0.16～0.61
	SBR 类工艺	0.26	0.18～0.50
	氧化沟工艺	0.22	0.14～0.42
	其他活性污泥法	0.35	0.19～0.68
生物膜法		0.25	0.14～0.46

③ 污泥消化减量系数。污泥消化减量系数（η）是指污泥消化后干泥量减少的比例，主要与污泥的有机成分含量和消化工艺有关，表示为：

$$\eta = 1 - \frac{S_d}{S_t} \tag{1-44}$$

式中，S_t、S_d 分别为污泥消化前、后的干污泥量，t/d。

污泥消化减量系数参见表 1-43。

表 1-43　污泥消化减量系数(η)

项目		混合污泥	生化污泥
初沉池设置情况		设置	不设
有机成分含量/%		60～80	50～75
有机物分解率/%	厌氧消化	35～40	
	好氧消化	55～60	
厌氧消化减量系数	均值	0.27	0.24
	范围	0.21～0.32	0.18～0.30
好氧消化减量系数	均值	0.41	0.36
	范围	0.33～0.48	0.28～0.45

（2）按人口和人均污染物排放量进行估算

污泥的产生量与人口数量密切相关，对污泥产生量的变化趋势分析可以依靠人均污泥产率。根据所收集到的相关数据，经过计算得出人均污泥产率，再结合相关数据推算出目标年限的人口数量，即可计算污泥产生量。此种方法简便易行，在历史资料数据较为充分的情况下，预测的精确度较高，在实际中已得到广泛应用。例如，某城市 200 万人口，典型人均日产污泥（以干污泥计）55g/(人·d)[水量为 200L/(人·d)]，脱水污泥含固率为 20%，则年产湿泥为（一年以 360 天计）：2000000×55/1000000×360/20% = 198000t/a。

（3）按单位污水处理量的污泥固体产率进行估算

如某城市单位污水处理量的污泥固体产率为 0.03%，日处理量为 50 万吨，脱水污泥含固率为 20%，则年产湿泥饼：500000×0.03%×360/20% = 270000t/a。不同国家或地区部分城市污水处理厂污泥产率统计如表 1-44 所列。

表 1-44　不同国家或地区部分城市污水处理厂污泥产率统计

序号	国家或地区	污水处理规模/(m³/d)	污泥产率(含水率为80%)/(m³/m³)
1	上海	27.2×10^4	6.50×10^{-4}
2	天津	109.0×10^4	7.04×10^{-4}
3	北京	—	7.00×10^{-4}
4	重庆	15.1×10^4	9.24×10^{-4}
5	日本横滨	150.0×10^4	7.35×10^{-4}
平均			7.426×10^{-4}

(4) 利用 GM(1,1) 预测模型进行污泥产生量预测

除了上述三种方法,污泥产生量还可以利用灰色预测模型 GM(1,1) 进行预测。灰色预测就是对灰色系统所做的预测。所谓灰色系统就是介于白色系统和黑箱系统之间的过渡系统,如果某一系统的部分信息已知,部分信息未知,那么这一系统就是灰色系统。灰色系统理论认为,对既含有已知信息又含有未知或非确定信息的系统进行预测,就是对在一定方位内变化的、与时间有关的灰色过程的预测。尽管过程中的现象是随机的、杂乱无章的,但它也是有序的、有界的,因此可以利用数据的潜在规律建立灰色模型。

污泥系统同时存在大量的已知和未知信息,是典型的灰色系统,污泥产生量非负,单调递增,变化率不均匀,符合灰色理论的建模条件。在污泥产生量预测中常用到 GM(1,1) 预测模型,即一阶单变量的微分方程。GM(1,1) 的建模思路是,用数据生成的方式,将杂乱无章的原始数据整理成规律性较强的生成数列,再回代计算值作还原计算,最后对还原值进行精度检验,符合精度要求的模型就可用于预测。这种预测方法需要的原始数据少,预测精度也可以达到要求。下面通过实例来介绍 GM(1,1) 模型在污泥产生量预测中的应用。把镇江市污泥产生量作为一个灰色系统,以 2001~2006 年镇江市污泥产生量作为原生序列,建立 GM(1,1) 模型,预测镇江市 2007~2010 年污泥产生量。

1) 数据生成处理　所谓累加生成就是指将原始数据按时间序列依次累加。在灰色系统建模理论中,这种数据生成处理方法较为普遍。设原始观测数据列为:

$$x^{(0)}(k)=[x^{(0)}(1),x^{(0)}(2),x^{(0)}(3),\cdots,x^{(0)}(n)]$$

其中,$x^{(0)}(k)\geqslant0,k=1,2,3,\cdots,n$。

$x^{(1)}(k)$ 是 $x^{(0)}(k)$ 的 1-AGO 序列:

$$x^{(1)}(k)=[x^{(1)}(1),x^{(1)}(2),x^{(1)}(3),\cdots,x^{(1)}(n)]$$

其中,$x^{(1)}(k)=\sum_{i=1}^{k}x^{(0)}(i),k=1,2,3,\cdots,n$。

$z^{(1)}(k)$ 是 $x^{(1)}(k)$ 的近邻均值生成序列:

$$z^{(1)}(k)=[z^{(1)}(1),z^{(1)}(2),z^{(1)}(3),\cdots,z^{(1)}(n)]$$

其中,

$$z^{(1)}(k)=\frac{1}{2}[x^{(1)}(k),z^{(1)}(k-1)],k=2,3,\cdots,n \tag{1-45}$$

2) 构造数据矩阵 $\boldsymbol{H}$ 和数据向量 $\boldsymbol{Y_n}$　将数据代入灰色微分方程 $x^{(0)}(k)+az^{(1)}(k)=b$,写成矩阵形式为 $\boldsymbol{Y_n}=\boldsymbol{H\theta}$:

$$\boldsymbol{Y_n} = \begin{bmatrix} x^{(0)}(2) \\ x^{(0)}(3) \\ M \\ x^{(0)}(n) \end{bmatrix} \qquad \boldsymbol{H} = \begin{bmatrix} -z^{(1)}(2) & 1 \\ -z^{(1)}(2) & 1 \\ M & M \\ -z^{(1)}(2) & 1 \end{bmatrix} \qquad \boldsymbol{\theta} = \begin{bmatrix} a \\ b \end{bmatrix}$$

3）确定参数 a 和 b　采用最小二乘法对待定系数求解，则有：

$$\boldsymbol{\theta} = (\boldsymbol{H}^T\boldsymbol{H})^{-1}\boldsymbol{H}^T\boldsymbol{Y} \tag{1-46}$$

4）预测模型的建立　GM(1,1) 预测模型的一般形式微分方程：

$$\frac{\mathrm{d}x^{(1)}}{\mathrm{d}t} + ax^{(1)} = b$$

其离散时间相应序列为：

$$\hat{x}^{(1)}(k+1) = \left[x^{(1)}(0) - \frac{b}{a} \right] e^{-ak} + \frac{b}{a} \tag{1-47}$$

其中，$k = 0,1,2,\cdots,n-1$

还原值为：

$$\hat{x}^{(0)}(k+1) = \hat{x}^{(1)}(k+1) - \hat{x}^{(1)}(k) \tag{1-48}$$

其中，$k = 1,2,3,\cdots,n$

5）模型精度检验　计算残差为：

$$\zeta(k) = x^{(0)}(k) - \hat{x}^{(0)}(k) \tag{1-49}$$

其中，$k = 1,2,3,\cdots,n$

相对误差 $r(k) = \dfrac{\zeta^{(0)}(k)}{x^{(0)}(k)} \times 100\%, k = 1,2,3,\cdots,n$；一般误差 $r(k) < 5\%$ 时，认为模型残差检验合格。

关联度检验是分析系统中各因素关联程度的方法。

关联度为：

$$\Psi = \frac{1 + |s| + |\hat{s}|}{1 + |s| + |\hat{s}| + |s - \hat{s}|} \tag{1-50}$$

后验差检验包括残差的方差比 c 和小误差概率 P：

$$c = \frac{s_2}{s_1} \tag{1-51}$$

$$P = p\{ |\zeta(k) - \overline{\zeta}| < 0.6745 s_1 \} \tag{1-52}$$

检验结果判断标准见表 1-45。

表 1-45　后验差检验判断标准

P	c	等级精度
＞0.95	＜0.35	一（好）
＞0.80	＜0.50	二（合格）
＞0.70	＜0.65	三（勉强合格）
≤0.70	≥0.65	四（不合格）

6）模型应用　以 2001～2006 年镇江市污泥产生量（见表 1-46）作为原始数据。

年份	污泥产生量/(t/a)	年份	污泥产生量/(t/a)
2001	7442.45	2004	10833.31
2002	8492.46	2005	12627.50
2003	9173.95	2006	14582.34

表 1-46 位于表格上方标题：**表 1-46** 2001～2006 年镇江市污泥产生量

从而可以得到：

$$\boldsymbol{Y_n}=\begin{bmatrix} 84.9246 \\ 91.7395 \\ 108.3331 \\ 126.2750 \end{bmatrix} \qquad \boldsymbol{H}=\begin{bmatrix} -116.8869 & 1 \\ -205.2191 & 1 \\ -305.2555 & 1 \\ -422.5595 & 1 \end{bmatrix}$$

由式（1-45）可以求得 $\boldsymbol{\theta}=\begin{bmatrix} -0.13923028 \\ -66.272852 \end{bmatrix}$

得到 $\hat{x}^{(1)}(k+1)=550.4173\mathrm{e}^{0.13923028}-475.9928, k=0,1,2,\cdots,n-1$

由式（1-46）可得到新数列：

$\hat{x}^{(1)}=\{74.4252, 156.6507, 251.1605, 359.7890, 484.6454, 628.1539, 793.1010,$
$\qquad 982.6892, 1200.6001, 1451.0642\}$

对新数列做累减生成，得到预测数列如下：

$\hat{x}^{(0)}=\{74.4252, 82.2262, 94.5098, 108.6285, 124.8564, 143.5085, 164.9471,$
$\qquad 189.5884, 217.9107, 250.4541\}$

7）残差检验

由 $\zeta(k)=\{0,2.6984,-2.7703,-0.2954,-1.4186\}$

$\quad r(k)=\{0,0.03177,-0.0302,-0.00273,0.011234\}$

则平均相对误差 $\bar{r}=\dfrac{1}{5}\displaystyle\sum_{k=1}^{5}r(k)=0.002017$

根据 $r(k)<0.01$，可知所建立的预测模型精度为一级。

8）关联度检验 计算 x 与 $\hat{x}$ 的关联度：

$$|s|=\sum_{k=2}^{4}[x^{(0)}(k)-x^{(0)}(1)]+\frac{1}{2}[x^{(0)}(5)-x^{(0)}(1)]=87.6489$$

$$|\hat{s}|=\left|\sum_{k=2}^{4}[\hat{x}^{(0)}(k)-\hat{x}^{(0)}(1)]+\frac{1}{2}[\hat{x}^{(0)}(5)-\hat{x}^{(0)}(1)]\right|=87.3070$$

$$|s-\hat{s}|=\left|\sum_{k=2}^{4}\left\{[x^{(0)}(k)-x^{(0)}(1)]-[\hat{x}^{(0)}(k)-\hat{x}^{(0)}(1)]\right\}+\right.$$

$$\left.\frac{1}{2}\left\{[x^{(0)}(5)-x^{(0)}(1)]-[\hat{x}^{(0)}(5)-\hat{x}^{(0)}(1)]\right\}\right|$$

$$=0.342$$

$$\Psi=\frac{1+|s|+|\hat{s}|}{1+|s|+|\hat{s}|+|s-\hat{s}|}=0.998>0.90$$

9）均方差比

$\bar{x}=\dfrac{1}{5}\displaystyle\sum_{k=1}^{5}x^{(0)}(k)=97.1394,\ s_1^2=\dfrac{1}{5}\displaystyle\sum_{k=1}^{5}[x^{(0)}(k)-\bar{x}]^2=333.700366,\ s_1=40.8473;$

$$\overline{\zeta} = \frac{1}{5}\sum_{k=1}^{5}\zeta(k) = -1.98604, \quad s_2^2 = \frac{1}{5}\sum_{k=1}^{5}[\zeta(k) - \overline{\zeta}]^2 = 4.793975, \quad s_2 = 2.1895;$$

$$c = \frac{s_2}{s_1} = 0.054 < 0.35, \text{ 则均方差比值为一级}.$$

10) 小误差概率 因 $0.6745s_1 = 2755.15$，$P = p\{|\zeta(k) - \overline{\zeta}| < 0.6745s_1\} = 1 > 0.95$，则小误差概率为一级。

以上误差检验都在允许范围内，说明所建立的预测模型具有可信性，因此该模型可以用于预测。

通过对 2001～2006 年的实际数据和预测值进行比较，得出预测值可以作为参考依据的结论，并对 2001～2006 年的原始值和预测值做拟合曲线，如图 1-8 所示。从图 1-8 可以发现，原始值和预测值的曲线高度吻合，进一步证实了模型的可信性。最后，通过采用该预测方法得出 2007～2010 年的镇江污泥产生量预测结果，见表 1-47。

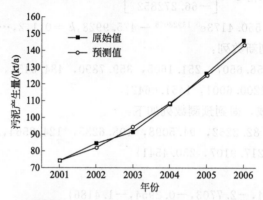

图 1-8　灰色预测值和原始值的曲线拟合

表 1-47　2007～2010 年镇江市污泥产生量预测值　　　　　单位：kt/a

年份	污泥产生量
2007	164.9471
2008	189.5884
2009	217.9107
2010	250.4541

另外，在进行污泥量的计算时，还应考虑到污泥量的单位。例如，污泥处置选择填埋时，应考虑需占用的地理空间，应按照污泥体积进行计算；若考虑污泥运输成本，则应该按照污泥量来进行计算。

1.4　污泥处理处置与资源化的基本方法

当今国内外污泥处理处置所依循的原则均是"减量化、稳定化、无害化和资源化"。处理要求是最终处置时对环境无害。污泥按照最终处置的要求，需要经过浓缩、稳定、调理、脱水、灭菌、干化、堆肥、焚烧等一个或者多个处理手段组合的处理，可根据污泥的类型、性质和处置方式的不同，选择不同的污泥处理处置工艺。各种污泥处理处置工艺的说明如表 1-48 所列。污泥调理中增加用水调理，有利于消化污泥农用，降低污泥中的盐分。

表 1-48　各种污泥处理处置说明

处理方法	目的和作用	说明
污泥浓缩		
重力浓缩	缩小体积	利用重力作用的自然沉降分离方式,不需要外加能量
气浮浓缩		与重力浓缩相反,是依靠大量微小气泡附着在污泥颗粒的周围,减小颗粒的密度而强制上浮
机械浓缩		利用机械设备浓缩污泥,如离心浓缩、转鼓浓缩等
污泥稳定		
加氯稳定	稳定	利用高剂量的氯气与污泥接触以对其进行化学氧化
石灰稳定		将足够量石灰加入到污泥中,使 pH 值维持在 12 或者更高,以此破坏导致污泥腐化的微生物的生存条件
厌氧消化	稳定,减少质量	利用厌氧微生物的作用,在无氧和一定的温度条件下,使部分有机物分解生成沼气等产物,达到稳定的目的
好氧消化		利用剩余污泥的自身氧化作用,类似于活性污泥法,采用较长的污泥龄,但提供氧的动力费用高
污泥调理		
化学调理	改善污泥脱水性质	在脱水前向污泥中投加化学药剂,改善污泥的颗粒结构,使其容易脱水
加热调理	改善污泥脱水性质及稳定和消毒	将污泥在一定压力下加热,使固体凝结,破坏胶体结构,降低污泥固体和水的亲和力,不加化学药剂就可使污泥易于脱水,同时,污泥也被消毒,臭味几乎消除。由于得到的污泥水是高度污染的,可根据情况在预处理后或直接回流至污水处理系统中,一般直接回流可使污水生物处理的负荷增加 25%
冷冻调理		在污泥冷冻过程中,所有固体从冰晶网格中分离出来
辐射法调理	改善污泥脱水性质	采用放射性物质的辐射来改善污泥的脱水性质,实验室证明是有效的,但用于实际尚需进一步降低成本
污泥消毒		
消毒	消毒灭菌	当污泥进行利用时,从公共卫生角度出发,要求与各种病原体接触最少。主要方法有加热巴氏灭菌、加石灰提高 pH 值($>$12)、长期贮存(20℃,60d)、堆肥($>$55℃,30d)、加氯或其他化学药品。厌氧和好氧消化后未脱水的污泥宜采用巴氏灭菌法或长期贮存法,脱水后的污泥宜采用长期贮存法或堆肥方法灭菌
污泥脱水		
自然干化	缩小体积	如污泥干化场
机械脱水		如板框压滤机、真空脱水机、带式压滤机、离心脱水机等
贮泥池	贮存,缩小体积	在蒸发率高的地区可代替污泥干化场
污泥干化		
机械加热干化	降低质量,缩小体积	在机械干化装置中,通过提供补充热量以增加污泥周围空气的含湿量,并提高蒸发的潜热。干化后的污泥含水率可降至 10% 以下,这对于污泥焚烧和制造肥料非常有利。主要干化机械有急骤干化器、转动干化器、多层床干化器等,热源可以用湿污泥厌氧消化后的沼气

处理方法	目的和作用	说明
污泥堆肥		
污泥堆肥	回收产物,缩小体积,提高污泥用于农业的适用性	堆肥是将干污泥中的有机物进行好氧氧化和降解形成稳定的、类似腐殖质最终产物的过程。堆肥后的污泥可用作土壤的改良剂。堆肥过程所需的氧气可以通过定期机械翻动混合堆肥和强制通风的措施来实现。污泥可以单独堆肥,也可和木屑或城市垃圾一并堆肥
污泥焚烧		
污泥焚烧	缩小体积	如果污泥肥效不高或存在有毒的重金属,不能保证用于农业,污泥可以焚烧。焚烧污泥一般是未经好氧或厌氧消化处理而直接脱水后的污泥,这种污泥热值较高。主要焚烧设备形式有回转窑炉、多段焚烧炉、流化床焚烧炉等
污泥最终处置		
卫生填埋	接纳处理后的污泥,解决处理后污泥的最终出路	可以和城市垃圾一起在垃圾填埋场进行卫生填埋,要求处理的污泥体积尽可能小,且有较高的承载能力
农业利用	接纳处理后的污泥,充分利用污泥的肥分,改良土壤,解决处理后污泥的最终出路	处理后的污泥应具有较高的肥分,重金属和有毒有害物质的含量达到农用标准
建材利用	接纳处理后的污泥,利用污泥的土质成分,烧制砖瓦等,解决处理后污泥的最终出路	烧制砖瓦、制造轻骨料等需要处理后的土质污泥,而利用玻璃体骨料技术则可接纳处理后的污水污泥

1.4.1　国内外污泥处理处置与资源化技术介绍

污泥处理一般包括浓缩、脱水、稳定(厌氧消化、好氧消化、堆肥)和干化、焚烧等,是对污泥进行稳定化、减量化处理的过程。污泥浓缩、脱水、干化主要目的是降低污泥水分,干固体没有发生减量变化;污泥稳定主要是分解降低干固体中的有机物数量,水分几乎没有变化;污泥焚烧是完全消除有机物、可燃物质和水分,是最彻底的稳定化、减量化。

1.4.1.1　污泥浓缩

污泥浓缩主要是去除污泥颗粒间的间隙水,浓缩后的污泥含水率为 95%～98%,污泥仍然可保持流体特性。

污泥的浓缩可分为重力浓缩、气浮浓缩、机械浓缩等。其中重力浓缩应用较为广泛。我国过去的一些污水处理厂常采用重力浓缩池进行污泥浓缩,兼顾污泥匀质和调节,重力浓缩电耗低、无药耗,运行成本低,但重力浓缩时间长、易释磷,重力浓缩池上清液回流至进水,增加污水处理的磷负荷,因此,随着脱氮除磷要求的提高,新建污水处理厂大部分采用机械浓缩,有些小型污水处理厂采用更简便的浓缩脱水一体机。

在选择浓缩的方法时,除了各种方法本身的特点外,还应考虑污泥的性质、来源、整个污泥处理流程及最终处置方式等。例如重力浓缩用于浓缩初沉污泥和剩余活性污泥的混合污泥时效果较好;单纯的剩余活性污泥一般用气浮浓缩。

1.4.1.2　污泥脱水

污泥浓缩主要是针对间隙水,经浓缩后的污泥含水率为 90% 以上,呈流动状态,体积仍然很大,故而需要进行脱水。污泥脱水的目的是将污泥中的毛细结合水分离出来。

污泥脱水的方法主要有自然干化、机械脱水及热处理法。在污泥脱水的方式中，自然干化的占用面积大，卫生条件相对较差，易受天气状况的影响。与加热脱水相比，机械挤压的能量消耗相对较低，20MPa的能量相当于70kJ/kg，汽化热为2200kJ/kg，因此，机械脱水被广泛应用于污泥脱水中。机械脱水后的污泥含水率为65%～80%，呈泥饼状。

污泥脱水可大大减少污泥填埋时污泥的堆积场地，节约运输过程中产生的费用；在对污泥进行堆肥处理时，污泥脱水能保证堆肥顺利进行（堆肥过程中一般要求污泥有较低的含水率）；如若进行污泥焚烧，污泥脱水率高可大大减少热能消耗。

但是，污泥成分复杂、相对密度较小、颗粒较细，并往往是胶态状况，决定了其不易脱水的特点，所以到目前为止，污泥脱水程度的进一步提高是国内外研究的热门课题。

目前使用比较普及的污泥脱水机有三种，即板框式压滤机、带式压滤脱水机与离心脱水机。

带式压滤脱水机电耗低，板框式压滤机滤饼含水率低，离心脱水机对污泥流量波动的适应性强、密封性能好、处理量大、占地小。我国新建污水处理厂大多采用离心脱水机、带式压滤脱水机和板框式压滤机，小型污水处理厂一般采用浓缩脱水一体机。

1.4.1.3 污泥干化

污泥干化的目的主要是去除污泥颗粒间的表面吸附水和内部水，干化后的污泥呈颗粒状或粉末状。干化不仅能使污泥显著减容，使污泥达到无臭且无病原生物的安全稳定状态，而且干化污泥的用途广泛，例如用作肥料、土壤改良剂、替代能源等。

污泥干化的方法主要分为自然干化和机械干化。

自然干化由于占用较多土地，而且受到气候条件影响大、散发臭味，在污水处理厂污泥处理过程中已不多采用。

机械干化主要是利用热能进一步去除脱水污泥中的水分，是污泥与热媒之间的传热过程。根据污泥与热媒之间的传热方式，污泥机械干化又分为对流干化、传导干化和热辐射干化。在污泥干化行业主要采用对流和传导两种方式，或者两者相结合的方式。另外，对流形式的干化机由于热媒与蒸发出的水汽、副产气一同排出干化机，排出气体量大，容易增加后续处理负担。污泥含水率在40%～50%时，污泥流变学特性发生显著变化，污泥的黏滞性较强，导致输送性能很差。在干化过程中，污泥逐步失去水分而形成颗粒状，在低含水率时具有较大的表面积。当污泥逐步形成颗粒时，表面比内部干燥，内部水的蒸发越发困难，随着含水率的降低，蒸发效率也逐渐降低。

1.4.1.4 污泥稳定

污泥稳定是指去除污泥中的部分有机物质或将不稳定的有机物质转化为较稳定的物质，使污泥中的有机物含量减少40%以上，并不再散发异味，即使污泥以后经过较长时间的堆置，其主要成分也不再发生明显的变化的处理方法。

污泥稳定的方法包括厌氧消化、好氧消化和堆肥等方法。

厌氧消化是在无氧条件下，污泥中的有机物由厌氧微生物进行降解和稳定的过程。为了减少工程投资，通常将活性污泥浓缩后再进行消化，在密闭消化池内的缺氧条件下，一部分菌体逐渐转化为厌氧菌或兼性菌，降解有机污染物，污泥逐渐被消化掉，同时放出热量和甲烷气体。经过厌氧消化，可使污泥中部分有机物质转化为甲烷，同时可消灭恶臭及各种病原菌和寄生虫，使污泥达到安全稳定的程度。在污泥厌氧消化工艺中，以中温消化（33～35℃）最为常用。

污泥好氧消化是微生物通过其细胞原生质的内源或自身氧化取得能量的一种方法。在此过程中，细胞物质中可生物降解的组分被渐渐氧化为二氧化碳、水和氨，然后氨被进一步氧化为硝酸盐。影响污泥好氧消化的因素主要有：a. 特定污泥的品种（类型）和特征；b. 污泥的氧化速率；c. 污泥泥龄；d. 污泥负荷率；e. 温度；f. 需氧量。大体来说，好氧消化中大多数挥发性固体的消化将发生在最初的 $10\sim15d$ 内，不同的污泥，消化的难易程度有所不同，纸浆和造纸厂污泥最难消化（由于纤维素和木质素含量较高）。

污泥堆肥法是指在人工控制下，在一定的水分、C/N 和通风条件下，通过微生物的发酵作用，将污泥中的有机物转变成腐殖质残渣（肥料）的过程。在堆肥过程中，有机物由不稳定状态转化为稳定的腐殖化残渣，不再对环境尤其是土壤环境造成危害。根据堆肥过程中起主要作用的微生物对氧气要求的不同，可分为好氧堆肥法和厌氧堆肥法两种。前者是在有氧存在的条件下利用好氧微生物来实现有机物的降解。由于好氧堆肥温度一般在 $50\sim60℃$，极限可达 $80\sim90℃$，故也称高温堆肥。后者是在无氧或缺氧的条件下利用厌氧及兼性厌氧微生物发酵转化有机物的过程。

在欧洲和北美洲的污水处理厂，污泥厌氧消化的成功案例较多。在我国，杭州四堡污水处理厂、北京高碑店污水处理厂、天津东郊污水处理厂和上海市白龙港污水处理厂采用中温厌氧消化。

1.4.1.5 污泥焚烧

污泥焚烧可破坏全部有机质，并杀死一切病原体，最大限度地减少污泥体积，以含水率约为 75% 的污泥为例，焚烧残渣仅为原污泥体积的 10% 左右。当污泥自身的燃烧热值较高，或城市卫生要求较高，或污泥有毒物质含量高而不能被综合利用时，可采用焚烧处置方法。在焚烧前，一般应先进行污泥脱水处理和热干化，以减少负荷和能耗。但是该方法也存在缺点，主要在于其处理设施投资大，处理费用高，有机物焚烧会产生二噁英等剧毒物质。但总体来说，污泥焚烧在技术上是可行的，并已经达到了工业规模的程度，应用较为普遍。

污泥的焚烧基本上有 4 种方法。

（1）利用现有垃圾焚烧炉

现在垃圾焚烧炉大都采用了先进的技术，配有完善的尾气处理装置，可以在垃圾中混入 30% 的污泥一起焚烧。

（2）利用现有工业用炉焚烧污泥

主要利用沥青或水泥的焚烧炉。焚烧干化后的污泥，甚至是污泥的无机部分（灰渣）也几乎可以完全地被利用于产品之中。通过温度高达 $1200℃$ 的高温焚烧，污泥中有害的有机物质被完全分解，同时在焚烧中产生的细小水泥悬浮颗粒还可以吸附有毒物质，从而使污泥灰一并熔融入水泥产品之中，加入的干污泥量通常低于正常燃料的 15%。

（3）在火力烧煤发电厂焚烧污泥

经过对发电厂焚烧污泥的研究证明，当污泥占耗煤总量的比例不超过 10% 时，对发电厂尾气净化以及发电站的正常运转没有不利影响。

（4）污泥单独焚烧

污泥单独焚烧设备有多段炉、回转炉、流动床炉、喷射式焚烧炉、热分解燃烧炉等。

焚烧处理的特点包括：大幅减少污泥体积和质量；杀死一切病原体；污泥处理速度快，不需要长期贮存；可以回收能量。但是有利必有弊，其较高的焚烧成本和烟气处理问题却是制约污泥焚烧工艺大规模应用的主要因素。

当用地紧张或污泥中有毒有害物质含量较高，无法采用其他处理方式时，可以考虑污泥干化焚烧。在污水污泥中重金属和有毒有害物质含量超标（如上海市桃浦污水处理厂和石洞口污水处理厂），污泥不适合土地利用，则焚烧处理是一种有效的处置技术。

1.4.1.6　土地利用

污泥的土地利用是将污泥作为肥料或土壤改良材料，用于园林、绿化、农业或者林业等领域的处置方式。

污泥中含有丰富的腐殖质、有机物及 N、P、K、Ca、Cu、Mg、Fe、Zn、S 等植物所需的各种营养元素，不仅能够为植物的生长提供营养物质，提高土壤肥度，还能改良土壤结构，改善土壤的导电率和物理化学性质。

污泥土地利用需要具备的一个重要条件是其所含有的有害成分不超过土壤环境的承受范围。因此，污泥土地利用的风险主要在于污泥中存在许多有毒有害物质，会在土壤中累积，对植物产生毒害作用。其中，重金属会随雨水或自行迁移到土壤深层，不仅污染土壤环境，还造成地下水污染。污泥中含有的大量营养元素若不能被植物及时吸收，随雨水径流进入地表水会导致水体富营养化，进入地下水会引起硝酸盐污染，过高的盐分还会破坏养分之间的平衡并抑制植物对养分的吸收。此外，污泥中含有的病原菌和寄生虫卵可通过各种途径传播，造成环境污染。污泥中有许多有毒害的有机物一般难以完全降解，亦会产生一定的危害。因此，在污泥土地利用的时候应当严格控制这些风险，避免污泥土地利用对周围环境的二次污染，并减缓对人体食物链造成的负面影响。

1.4.1.7　污泥填埋

污泥填埋是指运用一定工艺技术和工程措施将污泥埋于天然或人工坑地内的处置方式。城镇污泥的填埋主要分为三种，分别为传统填埋、卫生填埋及安全填埋。

传统填埋是将污泥集中堆置在坑、塘和池等低洼处，由于不加掩盖，故特别容易对水源和大气造成污染，并不可取。卫生填埋始于 20 世纪 60 年代，即通过填充、堆平、压实、覆盖、再压实和封场等工序使污泥得到最终处置，渗滤液必须收集并处理。此类填埋方式规定必须按一定的工程技术规范和卫生要求进行，防止对周边环境产生危害和污染。而安全填埋是一种改进的卫生填埋方法，主要用来进行危险废物的处理和处置。

总体而言，填埋方式具有投资少、处理量大、效果明显的污泥处理优势，并且由于其对污泥的卫生学指标和重金属指标要求比较低，因此操作简单。但也存在场地选址困难、填埋容量有限、大量占地、有害成分渗漏造成地下水污染、填埋场卫生防治、臭气污染大气、影响景观等一些问题。

根据我国国情和现有的经济条件，在相当长的一段时间内脱水污泥填埋仍将是一种不可或缺的过渡性处置途径。非卫生填埋方式会给环境带来严重危害，正逐渐被摒弃，目前我国的填埋形式一般采用污泥与城市生活垃圾混合的卫生填埋方式。北京高碑店污水处理厂将脱水污泥运到生活垃圾填埋场与垃圾混合填埋，但由于污泥的含水率较高，给填埋作业带来很多困难。污泥单独卫生填埋方式在国内应用不是很多，如 1991 年上海市桃浦地区建成了第一座污泥卫生试验填埋场，将曹杨污水处理厂污泥脱水后运至填埋场填埋处置，该场填埋占地 $3500m^2$；2004 年上海白龙港污水处理厂建成了污泥专用填埋场，占地 $43km^2$[20]。

1.4.1.8　污泥建材利用

污泥建材利用是指将污泥作为制作建筑材料的部分原料从而应用于沥青、制砖、水泥、陶粒、活性炭、混凝土、熔融轻质材料以及生化纤维板等生产的处置方式。

（1）污泥制沥青

目前，石灰石粉末一般多用作细骨料，从 1997 年日本就开始了用污泥灰作为细骨料的可行性研究。经试验分析，加入了污泥灰的沥青混合物，其各方面性能与传统的材料制成的混合物相同，甚至在黏度、耐久性和稳定性方面还可以得到加强。

（2）污泥制砖

污泥制砖形式一般有干化污泥制砖和焚烧灰渣制砖两种。当用干化污泥直接制砖时，应通过对污泥成分的适当调整使其与制砖黏土的化学成分相当。当污泥与黏土按 1：10 的质量比例进行配料时，污泥砖可达到普通红砖的强度。当利用污泥焚烧灰渣制砖时，灰渣的化学成分与制砖黏土已经较为接近，因此可以通过两种途径实现烧结砖制造，一种是与黏土等掺合料混合烧砖，一种是不加掺合料完全利用单独污泥焚烧灰渣烧砖。

（3）污泥制陶粒

陶粒是由泥质岩石（板岩、页岩等）、黏土、工业废料（煤矸石、粉煤灰）等为主要原料，加工熔烧而成的具有内部多孔结构的粒状陶质物，具有强度高、密度小、防火、防冻、耐酸蚀和抗震等优点，经济效益和环保效益突出，在建筑业、农业和环保业有着广泛应用。目前，污泥制陶粒的工艺主要有两种：一种是直接以脱水污泥为原料制陶粒；另一种是利用生污泥或厌氧发酵污泥的焚烧灰制陶粒。

（4）污泥制生态水泥

利用城市污水处理厂产生的脱水污泥为原料制造的水泥，其大约 60％ 的原材料为废料，实现了污泥的资源化利用，且水泥烧成温度为 1000～1200℃，从而降低了燃料用量和二氧化碳的排放量，因此又被称为"环保水泥"。

（5）污泥制混凝土

污泥焚烧灰也可以作为混凝土的细填料，代替部分水泥和细砂等。研究表明，污泥灰替代混凝土细填料的比例甚至可高达 30％，具有较高的商业价值，应对作为混凝土填料用的污泥焚烧灰进行筛分和粉磨预处理，并对焚烧灰的有机质残留量进行控制，以保证生产混凝土的原料污泥灰达到一定的粒径配比，并确保污泥混凝土成品的质量。

（6）污泥制吸附剂

污泥制吸附剂指利用污泥中的有机物对污泥进行热解制成的含炭吸附剂，目前该技术已经在污泥的热解炭化和所得材料的应用方面获得了几项专利，如美国的关于污泥热解炭化制备含炭吸附剂的专利等。污泥制备吸附剂的研究重点主要集中在制备的中间过程、方法的改进及化学活化剂的选择方面。影响吸附剂性质的主要因素有活化剂种类（$ZnCl_2$、H_2SO_4、H_3PO_4、KOH 等）、热解温度、浓度、活化温度、热解时间等，由于不同的污泥所制取的吸附剂亦具有不同的性质和用途，所以其也是影响吸附剂性质的因素之一。

1.4.1.9 污泥的能源利用

污泥的能源利用是指通过生物、物理或热化学的方法把污泥转变成为较高品质的能源产品，同时可杀灭细菌、去除臭气。污泥可以看作是污水处理过程中剩余的微生物残体，含有大量的有机物和一定的纤维木质素，具有一定的热值，可视为生物质能源存在的一种形式。目前，常见能源利用方法包括污泥制油技术、污泥制沼气技术、污泥制燃料技术、污泥焚烧发电等。

（1）污泥低温制油技术

污泥低温制油技术是在 300～500℃、常压或高压缺氧条件下，借助污泥中所含的重金属和硅酸铝，尤其是铜的催化作用将污泥中的蛋白质和脂类转变成烃类化合物，最终产物为炭、油、非冷凝气体和反应水，从而回收能源的污泥热化处理技术。

（2）污泥制沼气技术

污泥通过厌氧消化产生以甲烷为主要成分的沼气。现代工艺是在电脑化控制的反应器内，根据处理物的各种不同条件随时对容器里的厌氧环境进行调节，使自然界普遍存在的微生物充分参与有机物逐级发酵降解（水解、酸化、气化），最终实现甲烷化。发酵产物（沼气）的主要成分是气态的甲烷和二氧化碳，将其收集后用作清洁燃料。由于同样为温室气体的甲烷其温室效应是 CO_2 的 22 倍，所以利用含甲烷达 50% 左右的沼气而避免其排放的做法除了具有一定的经济效益外，对减轻温室效应还有重大意义。厌氧消化后排出的残渣中富含环状化合物的聚合物腐殖酸，故可作为城市绿化的基肥、土料。厌氧发酵制沼气生产环境好，臭气产生量少，故对大气造成的污染小，无酸性物质、二噁英、粉尘产生，但其最突出的优点是实现了较高的污泥资源化程度，不但可以产生高热值沼气，同时也产生了有机肥料。

（3）污泥燃料化利用

城市污泥中含有大量的有机物（约占 70%～80%），因此脱水污泥的发热量很高。目前污泥燃料化包括污泥能量回收系统和污泥燃料。其中，污泥能量回收系统是将初沉池污泥和剩余活性污泥分别进行厌氧消化、混合消化，使污泥含水率降至 80%，加入轻溶剂油，变成流动性浆液，送入四效蒸发器蒸发，脱除清油（含水率 2.6%），含油污泥经机械脱水后，加入重油制成流动性浆液，最后将该浆液送至四效蒸发器进行蒸发、脱油，制成含水率为 5%、含油率为 10% 以下的污泥燃料。而对于污泥燃料，其燃烧热值较高、性质比较稳定、控制方便，若用于发电、厂区水泥生产，不仅可以减少燃煤量，缩减燃料成本并节约煤炭资源，燃烧的污泥还可以作为生产水泥的原料。污泥燃料还可作为纸浆造纸厂的生产用能，有利于降低造纸厂的能耗。

1.4.2 国内污泥处理处置的基本方法

我国污水处理行业已经取得了较大的发展，但是受长期以来污水处理行业"重水轻泥"观念的影响，污水处理厂往往只关注污水处理是否达到应有效果，最终出水是否符合相关排放标准，而污泥的处理和处置问题却一直未得到重视，一般仅仅在设计中提到将脱水污泥外运和综合利用，尚未实现真正的无害化处置。国内污泥处理处置由于起步较晚，城市污泥处理处置问题直到 20 世纪 90 年代才被提上议事日程。

随着我国城市化步伐的加快，城市生活污水的处理能力和污泥的产生量急剧增长。我国城镇污水处理厂每年排放的污泥量（干重）大约为 $1.3×10^6$ t，而且年增长率大于 10%，特别是在我国城市化水平较高的城镇和地区，污泥出路问题已经十分突出。如果城镇污水全部得到处理，则将产生污泥量（干重）为 $8.4×10^6$ t，湿污泥量占我国总固体废弃物的 3.2%（以 80% 含水率计）[21]。总体来说，我国大规模污泥的处置问题仍停留在技术研究的层次。目前国内污泥综合利用的实例不多，而以填埋、农业使用为主。此外，虽然国内对利用污泥堆肥、生产复合肥的研究不少，但生产规模都较小。但是，不论对于何种处理处置方法，减小体积、提高含固率都是污泥处理处置必须解决的重要环节。

我国污泥处理与处置尚处于起步阶段，拥有污泥稳定处理设施的现有污水处理厂不到总数的 1/2，处理工艺和配套设备较为完善的更是不足 1/10，而其中能够正常运行的更少，随着我国城市化进程的加快和污水处理率的提高，污泥的处理处置已经成为我国环境保护过程中面临的紧迫问题。

从我国已建成的污水处理厂来看，污泥处理工艺大致可归纳为 18 种，如表 1-49 所列。表 1-50 所列为上海市城市污水处理厂污泥状况。

表 1-49 中国已建污水处理厂污泥处理工艺[①]

编号	污泥处理工艺	应用比例/%
1	浓缩池—最终处置	21.63
2	双层沉淀池污泥—最终处置	1.35
3	双层沉淀池污泥—干化场—最终处置	2.70
4	浓缩池—消化池—湿污泥池—最终处置	6.76
5	浓缩池—消化池—机械脱水—最终处置	9.46
6	浓缩池—湿污泥池—最终处置	14.87
7	浓缩池—两相消化池—湿污泥池—最终处置	1.35
8	浓缩池—两级消化池—最终处置	2.70
9	浓缩池—两级消化池—机械脱水—最终处置	9.46
10	初沉池污泥—消化池—干化场—最终处置	1.35
11	初沉池污泥—两级消化池—机械脱水—最终处置	1.35
12	接触氧化池污泥—干化场—最终处置	1.35
13	浓缩池—消化池—干化场—最终处置	1.35
14	浓缩池—干化场—最终处置	4.05
15	初沉池污泥—浓缩池—两级消化池—机械脱水—最终处置	1.35
16	浓缩池—机械脱水—最终处置	14.87
17	初沉池污泥—好氧消化—浓缩池—机械脱水—最终处置	2.70
18	浓缩池—厌氧消化—浓缩池—机械脱水—最终处置	1.35

① 未注明的污泥均为活性污泥。

注：数据引自文献（尹军，谭学军，廖国盘等．我国城市污水污泥的特性与处置现状．中国给水排水，2003. Vol. 19：21～24），可能与实际情况存在偏差。

表 1-50 上海市城市污水处理厂污泥状况表

编号	厂名	污泥量（干重）/(t/d)	年污泥量（干重）/t	污泥处理方式	污泥出路
1	白龙港	210	76650	离心脱水	填埋
2	竹园一厂	245	89425	离心脱水	填埋
3	石洞口	48	17520	压滤脱水＋干化焚烧	
4	曲阳	11.25	4106	脱水	外运
5	天山	11.25	4106	重力浓缩	外运
6	龙华	15.75	5749	离心脱水	外运
7	闵行	7.5	2738	重力浓缩	外运
8	泗塘	3	1095	重力浓缩	外运
9	吴淞	6	2190	带机脱水	外运
10	长桥	3	1095	重力浓缩	外运
11	桃浦	12	4380	焚烧	
12	莘庄	4.5	1643	重力浓缩	外运
13	南桥	1.5	548	厌氧消化＋带机脱水	集中堆放,少量作肥料
14	朱泾	2.55	931	重力浓缩	外运

编号	厂名	污泥量(干重)/(t/d)	年污泥量(干重)/t	污泥处理方式	污泥出路
15	嘉定	4.5	1643		外运作农肥、填河
16	安亭	3.75	1369	重力浓缩	外运
17	松江	10.2	3723	厌氧消化＋脱水	农用或填埋
18	周浦	1.875	684	重力浓缩	外运
19	周清	2.25	821	重力浓缩	外运
	合计	603.9	220416		

我国应用最为广泛的污泥处理处置技术是污泥浓缩、污泥脱水和污泥稳定技术。由于污泥中有机物含量较低，且受到经济条件的限制，因此重力浓缩仍将是今后主要的污泥减容手段，我国污水处理厂采用的污泥浓缩方式如图 1-9 所示。对于污泥脱水，我国主要是机械脱水方式，自然干化场由于受到各地区实际条件的限制而采用较少。

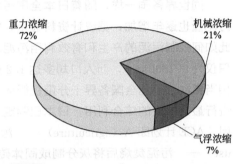

图 1-9 几种污泥浓缩法在我国所占的比例

国内目前常用的污泥稳定方法是厌氧消化和好氧消化。污泥堆肥方法正处于不断研究阶段，也有实际采用。而热解和化学稳定方法由于技术和投资、能耗等原因而很少被采用。上述几种污泥稳定方法在我国所占的比例如图 1-10 所示。由图 1-10 可见，我国有 56% 的城镇污水污泥没有经过任何稳定处理，对环境造成了严重的危害。

厌氧消化后的污泥具有易脱水、性质稳定等优点，所以今后污泥稳定仍将以厌氧消化方式为主。而污泥好氧堆肥是利用微生物进行好氧发酵，将污泥转化为类腐殖质的过程，堆肥后污泥稳定化、无害化程度提高，是经济简便、高效低耗的污泥稳定化无害化技术，在我国具有广阔的应用前景。

我国污泥最终处置主要方法有农业利用、园林绿化、填埋等，其各自所占比例见图 1-11。

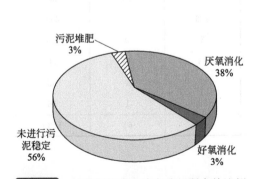

图 1-10 几种污泥稳定法在我国所占的比例

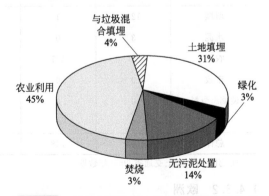

图 1-11 几种污泥处置方法在我国所占的比例

1.4.3　国外污泥处理处置的基本方法

随着全球经济的持续发展和人口的不断剧增，市政污水处理厂的建设规模与处理程度也在不断扩大和提高，从而导致污泥的产生量也与日俱增。在全球普遍倡导可持续发展的大背景下，污泥作为一种可以回收利用的资源与能源的载体，其处理处置方式也正朝着"无害化、减量化、稳定化、资源化"的方向发展。

不同国家或地区的相关工艺技术成熟度、经济社会发展需要和现有水平各不相同，并制定了适合自身发展的环境保护法规，因此，对污泥处理处置方法的采用也应有所不同。但全球污泥处理处置共识已经达成，即应结束污泥粗放或简单的任意排放局面，以避免对环境和人体健康造成的不利影响；应有效地进行污泥的综合利用，以达到可持续发展的目的。

1.4.3.1　日本

同世界各国一样，随着日本全国污水管道的不断铺设以及污水处理量的不断增加，污水污泥量也逐年增加，据统计资料显示，2000 年日本污水污泥量达到 1.98×10^6 t（干重）。因此如何控制污泥的产生和有效利用污泥，亦成为其研究的一大课题。日本人多地少，国土面积仅为 377800km^2，而人口却多达 1.2 亿，人均土地能源资源量较少，加之各类自然资源也相当稀缺，因此全国各界十分重视循环经济的发展和推进，因此在污水污泥方面亦讲求对其进行最大限度的综合利用。日本已制定了 ACE 计划以助于大规模污泥的处理处置和资源利用。ACE 计划即 A（agriculture）——污泥无害化后用于农业、园林或绿地；C（construction use）——污泥焚烧后将灰分制成固体砖或其他建筑材料；E（energy recovery）——利用污泥发电、供热。

堆肥方面，日本农民已经了解和接受了动物粪便堆肥后作为肥料在市场上所具有的竞争力，因此，堆肥将在今后日本的污泥处理处置方式中占相当份额，然而采用这种方法还存在重金属残留、土壤二次污染等一些难以解决的问题。目前，日本焚烧灰分利用率已经达到污泥总使用率的 27%，并呈现继续增长的趋势。污泥用作发电厂燃料也具有应用前景。据 2000 年的统计资料显示，全日本约有 37% 的污水污泥以填埋作为最终处置，有效利用率可高达 60%，污水污泥处理的基本情况见表 1-51。近年来，日本污泥填埋处置量仍在不断减少，有效利用的百分比亦在稳步提高。

表 1-51　日本污泥处理处置工艺[1]　　　　　单位：10^3 t

项目	脱水污泥	堆肥	干化	灰渣	熔融污泥	总计
填埋	120	1	11	757	10	899
水泥	3	0	2	406	7	418
农用	20	187	15	5	0	227
市政	0	0	0	33	43	76
玻璃态骨料	0	0	0	63	0	63
制砖	0	0	0	55	1	56
总计	143	188	28	1319	61	1739

① 引自日本国土交通省 2000 年数据。

1.4.3.2　欧洲

欧盟国家通常实施对废弃物（包括污泥）消纳的层次化管理原则，即循环利用优先于焚烧，焚烧又优先于填埋等。欧盟最初的废物处理法令（86/278/EEC）只要求将废物处理分为 3 个等级，即再使用、再循环与土壤恢复，为了更能满足环境保护的需要，欧盟于 2006 年把此法令的 3 个等级增加到 5 个等级，即环境保护、再使用、再循环、土壤恢复和最终处置，并制定了相应严格的标准，以最大限度降低污泥填埋对地表水、地下水、土壤、空气和公众健康的负面影响。同时，此标准明确了废物的划分种类，即将废物分为市政废物、危险废物、无危险废物和难降解废物四种，并且对废物处置地点和填埋方式进行了规范。

欧盟各主要成员国所采用的污泥处理处置的方法差别很大，其污泥处理处置发展历程如表 1-52 所列。

表 1-52　欧洲污泥处理处置工艺采用情况及污泥处理量(干泥)　　单位:10³t/a

年份	处置	比利时	丹麦	德国	希腊	法国	爱尔兰	卢森堡	荷兰	奥地利	葡萄牙	芬兰	瑞典	英国	合计
1992	水体消纳						14							282	296
	循环利用	17	110	1018	1	402	4	5	134	63	38	87		472	2351
	填埋	34	25	846	65	131	16	4	177	58	75	63		130	1624
	焚烧		40	274		110			12	66				90	592
	其他	8		70		3		1	3		13			24	122
	合计	59	175	2208	66	643	37	9	324	190	126	150	243	998	5228
1995	水体消纳						15							267	282
	循环利用	22	120	1151	1	489	7	7	95	63	44	86	120	648	2853
	填埋	39	25	857	65	114	14	3	192	58	88	72	106	114	1747
	焚烧		40	411		161			56	66				110	844
	其他	17		93		4			23	3	15		11	19	185
	合计	78	185	2512	66	764	40	10	366	190	147	158	237	1158	5911
1998	水体消纳													240	240
	循环利用	33	125	1270	4	572	25	9	100	68	74	85		672	3037
	填埋	37	25	744	82	92	17	1	108	58	147	65		118	1494
	焚烧	11	50	558		214		3	150	66				144	1196
	其他	32		89		1			23	4	25			19	193
	合计	113	200	2661	86	878	43	13	381	196	246	150		1193	6160
2000	水体消纳														0
	循环利用	40	125	1334	6	640	65	9	110	68	104	90		1014	3605
	填埋	43	25	608	90	71	35	1	68	58	209	60		111	1379
	焚烧	11	50	732		269		3	200	66				326	1657
	其他	37		62					23	4	35			19	180
	合计	131	200	2736	96	980	100	13	401	196	348	150		1470	6821
2005	水体消纳														0
	循环利用	47	125	1391	7	765	84	9	110	68	108	115		1118	3947
	填埋	40	25	500	92		29	1	68	58	215	45		114	1187
	焚烧	14	50	838		407		4	200	65				332	1910
	其他	58		58					23	4	36			19	198
	合计	159	200	2787	99	1172	113	14	401	195	359	160		1583	7242

1.4.3.3　美国

在美国，1998 年全国产生干污泥 6.9×10^6 t，其中 60% 得到了有效利用，利用方式包括直接土地施用、经堆肥等稳定化处理后施用和其他有效利用，如作为垃圾填埋场的日覆土、最终覆土，建筑材料等中的骨料等。在之后的 5 年内，污泥的有效利用量逐年增长，至 2010 年达到了 70%，同时，污泥填埋和焚烧的采用比例则逐年下降。1998 年、2000 年、2005 年和 2010 年美国的污泥处理与利用情况见表 1-53。

表 1-53	1998 年、2000 年、2005 年、2010 年美国的污泥处理处置与利用情况			单位：10^6 t	
年份		1998	2000	2005	2010
有效利用（干污泥）	土地利用	2.8	3.1	3.4	3.9
	先进处理	0.8	0.9	1	1.1
	其他有益利用	0.5	0.5	0.6	0.7
	小计	4.1	4.5	5	5.7
处置（干污泥）	地表处置/陆地填埋	1.2	1	0.8	10
	焚烧	1.5	1.6	1.5	1.5
	其他	0.1	0.1	0.1	0.1
	小计	2.8	2.7	2.4	11.6
总计		6.9	7.2	7.4	17.3

参 考 文 献

[1] 谷晋川，蒋文举，雍毅. 城市污水厂污泥处理与资源化[M]. 北京：化学工业出版社，2008.

[2] 何品晶，顾国维，李笃中. 城市污泥处理与利用[M]. 北京：科学出版社，2003.

[3] 张辰，王国华，孙晓. 污泥处理处置技术与工程实例[M]. 北京：化学工业出版社，2006.

[4] 张光明，张信芳，张盼月. 城市污泥资源化技术进展[M]. 北京：化学工业出版社，2006.

[5] 庄敏捷. 上海市区排水管道通沟污泥处理处置探讨[J]. 上海环境科学，2010(2)：85-88.

[6] 金儒霖，刘永龄. 污泥处置[M]. 北京：中国建筑工业出版社，1982.

[7] 蒋展鹏. 环境工程学[M]. 第 2 版. 北京：高等教育出版社，2005.

[8] Isaac R A, Boothroyd Y. Beneficial use of biosolids：Progress in controlling metals[J]. Water Science and Technology，1996，34(3-4)：493-497.

[9] 张自杰，林荣忱，金儒霖. 排水工程（下）[M]. 北京：中国建筑工业出版社，2000.

[10] 赵庆祥. 污泥资源化技术[M]. 北京：化学工业出版社，2002.

[11] 中华人民共和国住房和城乡建设部，中华人民共和国国家发展和改革委员会. 城镇污水处理厂污泥处理处置技术指南（试行）[S]. 2011.

[12] Gale R S, Baskerville R C. Capillary suction method for determination of the filtration properties of a solid/liquid suspension[J]. Chem. Ind，1967，9：355-356.

[13] 冯生华. 城市中小型污水处理厂的建设与管理[M]. 化学工业出版社，2001.

[14] 邓晓林，王国华，任朝云. 上海城市污水处理厂的污泥处置途径探讨[J]. 中国给水排水，2000，16(5)：19-22.

[15] 徐世远，陈振楼，俞立中，等. 苏州河底泥污染与整治[M]. 北京：科学出版社，2003.

[16] Salim I A, Miller C J, Howard J L. Sorption isotherm-sequential extraction analysis of heavy metal retention in landfill liners[J]. Soil Science Society of America Journal，1996，60(1)：107-114.

[17] Pardo R, Barrado E, Lourdes P, et al. Determination and speciation of heavy metals in sediments of the Pisuerga river [J]. Water Research，1990，24(3)：373-379.

[18] 余杰，田宁宁，王凯军. 我国污泥处理、处置技术政策探讨[J]. 中国给水排水，2005(8)：84-87.

[19] Cornwell D A, Westerhoff G P. Management of water treatment plant sludges[J]. Sludge and Its Ultimate Disposal, Ann Arbor Science，1981.

[20] Jessica. 上海市白龙港污水处理厂污泥专用填埋场工程[EB/OL]. http://www.lanbailan.com/aboutus/contactus.html.

[21] 杨虎元. 我国城市污水污泥处理现状[J]. 北方环境，2010(1)：79-80.

第2章
污泥处理处置与资源化法规政策与标准

2.1 国外污泥处理处置与资源化法规政策与标准

为了避免污水处理厂污泥对环境产生二次污染，各国政府均对污泥的处理和最终处置问题给予了充分的重视。在一些经济发达的国家和地区，其污水处理技术发展较先进，相应的污水处理程度也较高，但是由于不同的国家和地区又会受到各自不同的地理条件和经济状况的限制，所以对污泥进行处理、处置的法规政策与标准各不相同，即使地理环境相近的国家，其采用的污泥处理处置方式也会因国情的不同而做出调整。

2.1.1 欧盟及其成员国

欧盟的污泥管理可分为三个层次，即制定法律法规、编制标准、出台政策及管理措施，并通过这三个污泥管理体系来实现污泥的减量化、无害化、资源化。

欧盟及成员国污泥管理的法规体系是由多项立法构成的综合体系（见图2-1），旨在严格控制与废弃物有关的活动，以保护欧洲水系免受这些活动的危害。这些法规包括城市污水处理法规、污泥农用法规、填埋法规、废弃物管理法规、地下水法规等，该法规体系对污水污泥的产生、循环利用和处置均有明显的影响。

欧洲的污泥标准化工作主要体现在CEN/TC308计划的制定。该计划分别由3个工作组完成：第1组制定污泥物理参数、化学参数、生物参数三个部分的标准化规范；第2组制定污泥处理处置方法的指导准则，主要包括相关术语、污泥土地利用、污泥稳定、污泥焚烧、污泥填埋等内容；第3组预测未来污泥量等污泥相关数据及管理需求，研究污泥处理处置趋势及技术路线。

2.1.1.1 污泥农用相关标准法规

为了避免或减轻污泥在农用时对土壤、植物、动物和人类健康产生的不良影响，欧盟制定了《欧洲议会环境保护、特别是污泥农用土地保护法令》（86/278/EEC），该法令对污泥农用的准入条件（主要包括污泥前处理、污泥重金属含量、施用污泥的土壤重金属的含量以

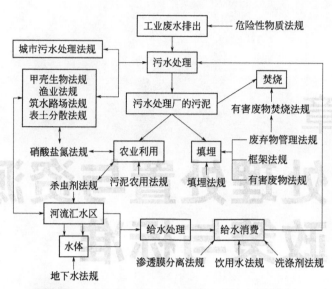

图 2-1 欧盟与污水处理厂污泥相关的指令法规体系

及土壤的 pH 值、微污染物含量、种植的作物选择等）以及污泥施用（主要包括单位土地面积和时间施用污泥的量、单位面积土地施用污泥的重金属含量、加入土壤营养物的质量等）都做了明确的规定。该法令实际上仅是一个条例大纲，供欧盟各成员国作为参考，各国再根据自身原有的环保法规予以调整补充，制定出本国的污泥农用标准。

（1）污泥重金属浓度限值

欧盟所有成员国都必须遵守《欧洲议会环境保护、特别是污泥农用土地保护法令》的相关规定，该法令还指出，如果污泥的重金属浓度超过规定标准，污泥将禁止用于农业，而如果土壤本身的重金属浓度超过法案所规定的标准值，则污泥农用后必须保证重金属浓度不超过相关的标准。因此，欧盟各成员国都十分重视污泥农用的安全性，制定了相关的标准，规定了污泥重金属浓度限值（见表 2-1）[1]。由表 2-1 可以看出，各成员国规定的污泥重金属浓度限值都接近于或严于欧盟的标准。其中，丹麦、荷兰、芬兰、瑞典及比利时等国家对重金属浓度限值的规定最为严格，而希腊、卢森堡、爱尔兰、意大利及西班牙等国对重金属浓度限值的规定与欧盟的《欧洲议会环境保护、特别是污泥农用土地保护法令》中的规定一致。英国通过计算出土壤中由于污泥施用而增加的对环境产生负面作用的重金属的浓度，设置一个安全系数，制定了污泥中重金属的土地利用限制标准，控制污泥的土地施用而可能产生对土壤生物、植物和动物的负面影响，是欧盟唯一一个不规定污泥中重金属浓度而直接限定污泥农用对土壤重金属影响限值的国家。

表 2-1 欧盟及其各成员国干污泥农用重金属浓度限值　　　　单位：mg/kg 干污泥

欧盟及其各成员国	镉	铬	铜	镍	铅	锌	汞
欧盟	20～40	—	1000～1750	300～400	750～1200	2500～4000	16～25
欧盟（计划的）	10	1000	1000	300	750	2500	10
丹麦	0.8	100	1000	30	4000	60～120	0.8
荷兰	1.25	75	75	30	300	100	0.75
芬兰	1.5	300	600	100	100	1500	1

欧盟及其各成员国		镉	铬	铜	镍	铅	锌	汞
瑞典		2	100	600	50	100	800	2.5
比利时 弗兰德斯		6	250	375	100	300	900	5
瓦垄		10	500	600	100	500	2000	10
波兰		10	500	800	100	500	2500	5
奥地利		10	500	500	100	200	2000	10
德国		5~10	900	800	200	900	2000~2500	8
法国		20	1000	1000	200	800	3000	10
希腊		20~40	—	1000~1750	300~400	750~1200	2500~4000	16~25
卢森堡		20~40	1000~1750	1000~1750	300~400	750~1200	2500~4000	16~25
爱尔兰		20	—	1000	300	750	2500	16
意大利		20	—	1000	300	750	2500	10
葡萄牙		20	1000	1000	300	750	2500	16
西班牙	土壤 pH<7	20	1000	1000	300	750	2500	16
	土壤 pH>7	40	1750	1750	400	1200	4000	25
爱沙尼亚		15	1200	800	400	300	2900	16
拉脱维亚		20	2000	1000	300	750	2500	16

（2）土壤重金属浓度限值和重金属极限负荷

《欧洲议会环境保护、特别是污泥农用土地保护法令》规定重金属会通过作物对植物和人类健康产生危害，必须强制限制其在土壤中的含量。因此，《欧洲议会环境保护、特别是污泥农用土地保护法令》规定了污泥的年最大施用量或以每10年为基准来规定土壤中允许进入的重金属含量限值。欧盟一些成员国还按照pH值不同，规定了土壤中重金属含量限值。欧盟及其成员国施用污泥的土壤重金属浓度限值和每年允许进入土壤的重金属极限负荷分别见表2-2和表2-3。由表2-2及表2-3可以看出，各成员国关于污泥农用土壤中的重金属浓度限值都接近或略严于欧盟《欧洲议会环境保护、特别是污泥农用土地保护法令》的规定。而荷兰、丹麦等国家的标准要比欧盟标准严格得多，这主要是由于荷兰、丹麦等国的砂质土壤具有的高渗透性，极易造成土壤及地下水污染，故要采取更加严厉的防范和打击手段[2]。《德国污泥条例》中还规定了污泥撒播量、撒播次数以及相应的监察方法。

表 2-2 **欧盟及其各成员国施用污泥的土壤重金属浓度限值**

单位：mg/kg 干污泥

欧盟及其各成员国	镉	铬	铜	镍	铅	锌	汞
欧盟 6<pH<7	1~3	—	50~140	30~75	50~300	150~300	1~1.5
欧盟（计划的） pH>5	0.5~1.5	30~100	20~100	15~70	70~100	60~200	0.1~1
丹麦	0.8	100	36	35	85	140	0.3
荷兰	0.5	40	40	15	40	100	0.5
芬兰	0.5	200	100	60	60	150	0.2
瑞典	0.4	60	40	30	40	100~150	0.3

欧盟及其各成员国		镉	铬	铜	镍	铅	锌	汞
比利时 弗兰德斯		0.9	46	49	18	56	170	1.3
瓦垄		2	100	50	50	100	200	1
波兰		0.4	60	40	30	40	100~150	0.3
奥地利	下奥地利州	1.5	100	60	50	100	200	1
	上奥地利州	1	100	100	60	100	300	1
	布尔根兰州	2	100	100	60	100	300	1.5
	福阿尔贝格州	2	100	100	60	100	300	1
	施泰尔马克州	2	100	100	600	100	300	1
	克恩顿州	0.5~1.5	50~100	40~100	30~70	50~100	100~200	0.2~1
德国[①]		1.5	100	60	50	100	200	1
法国		2	150	100	50	100	300	1
希腊		1~3	—	50~140	30~75	50~300	150~300	1~1.5
卢森堡		1~3	100~200	50~140	30~75	50~300	150~300	1~1.5
爱尔兰		1	—	50	30	50	150	1
意大利		1.5	—	100	75	100	300	1
葡萄牙	pH<5.5	1	50	50	30	50	150	1
	5.5<pH<7	3	200	100	75	300	300	1.5
	pH>7	4	300	200	110	450	450	2
西班牙	pH<7	1	100	50	30	50	150	1
	pH>7	3	150	210	112	300	450	1.5
	pH<5.5	3	—	80	50	300	200	1
英国	5.5<pH<6	3	—	100	60	300	250	
	6<pH<7	3	—	135	75	300	300	
	pH>7	3	—	200	110	300	450	
爱沙尼亚		3	100	50	50	100	300	1.5
拉脱维亚		1~3	50~100	25~75	20~50	40~80	80~100	0.8~1.5

① 表中数值为 pH>6 的土壤。pH 值为 5~6 的土壤，镉和锌的浓度限值分别为 1.0mg/kg 干污泥和 150mg/kg 干污泥。

表 2-3 欧盟及其各成员国每年允许进入土壤的重金属极限负荷　　　　　单位:kg/(hm²·a)

欧盟及其各成员国	镉	铬	铜	镍	铅	锌	汞
欧盟	0.15		12	3	15	30	0.1
欧盟(计划的)	0.03	3	3	0.9	2.5	7.5	0.03
丹麦	0.01	—	—	—	0.4	—	—
荷兰	0.02	1	1.2	0.2	1	4	0.02
瑞典	0.3	0.015	1	3	0.008	0.5	10
德国	0.0167/0.008[①]	1.5	1.333	0.333	1.5	4.167/3.33[②]	0.0133
法国	0.06	3	3	0.6	2.4	9	0.03
英国	0.17	33	9.3	2.3	33	19	0.07
瑞士	0.83	0.017	1.33	1.33	0.017	0.165	3.33
奥地利	0.024	1.2	1.2	0.24	1.2	5	0.024

① 适于黏土含量 5%，pH 值为 5~6 的松软土壤。
② 对于牧场其值减半。

（3）污泥中病原体的限值

欧盟的《欧洲议会环境保护、特别是污泥农用土地保护法令》没有规定农用污泥中病原体的浓度。但是，为了减少病原体带来的健康风险，法国、意大利、卢森堡、波兰等一些成员国根据实际情况规定了各自在污泥农用时的病原体浓度要求（见表2-4）。以上这些国家对病原体浓度的规定中最常见的病原体指标是沙门菌和肠道病毒。另外，丹麦法规中规定对病原体的控制主要是通过高端的污泥处理技术，污泥处理后必须达到无沙门菌要求，且排泄物中链球菌数量少于100个/g。

表 2-4　欧盟成员国污泥农用病原体浓度的限值

国家	沙门菌	其他的病原体
法国	8MPN/10g TS(干污泥)	肠道病毒：3MPCN/10g TS(干污泥)； 蠕虫卵：3MPCN/10g TS(干污泥)
意大利	1000MPN/g TS(干污泥)	—
卢森堡	—	肠道病毒：100MPCN/g TS(干污泥)； 蠕虫卵：无传染性的蠕虫卵
波兰	若污泥中含有沙门菌,不能进行农用	寄生虫：10MPCN/kg TS(干污泥)

注：MPN为最大或然数；MPCN为最大亲细胞的或然数。

（4）污泥中有机化合物的限值

《欧洲议会环境保护、特别是污泥农用土地保护法令》没有规定农用污泥中有机化合物的浓度。但奥地利、丹麦、法国及德国等国规定了农用污泥中的有机化合物的浓度（见表2-5）。

表 2-5　欧盟成员国污泥农用有机化合物浓度的限值

国家	项目							
	PCDD/PCDF /(ng/kg 干污泥)	PCBs /(mg/kg 干污泥)	AOX /(mg/kg 干污泥)	DEHP /(mg/kg 干污泥)	LAS /(mg/kg 干污泥)	NPE /(mg/kg 干污泥)	PAH /(mg/kg 干污泥)	Toluen /(mg/kg 干污泥)
奥地利	100	0.2	500	—	—	—	6	—
丹麦	—	—	—	100 50 50	2600 1300 1300	50 30 10	6 3 3	—
法国	—	—	0.8	—	—	—	2～5 1.5～4	—
德国	100	0.2	500	—	—	—	—	—
瑞典	—	0.4	—	—	—	100	3	5

（5）其他规定

欧盟《欧洲议会环境保护、特别是污泥农用土地保护法令》第六章规定污泥生产者要根据相关标准为污泥使用者提供相关数据；还规定经过处理后的污泥才能用于农田，对有些未经过处理的不会对人类和动物健康产生危害的污泥，各成员国可在特定条件下将其注入土壤中以改善土壤肥力。该法令定义"处理后的污泥"为经过生物、化学、热处理、长期贮存或运用其他适当的方法从而大大减少了其危害性的污泥。大部分欧盟成员国的法规都有类似的规定，但对未经处理的污泥的规定存在差异。

第七章规定了禁止施用污泥的土地类型：a. 处于放牧期的草地或处于收获期的饲料作物农田，欧盟成员国必须根据自己国家的地理和气候条件确定放牧期或收获期，通常不少于3周；b. 处于生长期的水果和蔬菜农田，果树农田除外；c. 与土壤直接接触能生吃的水果和蔬菜用地，作物收获前10个月及收获期的农田。丹麦禁止将污泥用于森林的土地。《德国污泥条例》规定污泥不能用于花园或农业土壤，永久绿地、林地、景观保护地及水果蔬菜种植地，水域保护地带，重金属和有害物质超标的地上。

第八章规定各成员国必须在考虑植物营养需求且不危害土壤、地表水和地下水的情况下使用。当污泥用于pH值小于6的土壤时，各成员国必须考虑重金属流动性和可利用性的提高，有必要时降低欧盟《欧洲议会环境保护、特别是污泥农用土地保护法令》中规定的标准值。

第十章规定各成员国必须保证对近期的污泥使用数据做出统计报告，其内容包括：a. 污泥产生量及污泥农用的量；b. 污泥的组成及与相关标准相应的理化性质；c. 污泥的处理方式；d. 污泥使用者的姓名、住址及使用地点。

德国《肥料法》和《肥料条例》都是关于控制农田肥料的质量和使用的法律。《肥料法》中规定了污泥只允许经过专门检查后才能作为肥料使用；《肥料条例》中详细规定了污泥作为肥料使用时重金属及有害物质的临界值，以及污泥作为肥料使用时应满足的前提条件。欧盟各成员国还规定了污泥施用量限值，见表2-6。

表 2-6　各成员国污泥施用量限值

国家	连续施用量/[t/(hm²·a)]	可连续施用年限/a	一次性最大施用量/(t/hm²)
丹麦	10	10	100
荷兰	1~10	1	1~10
瑞典	1	5	5
德国	0.33	3	1
法国	3	10	30
瑞士	1.66	3	5
芬兰	1	1	1
比利时	1~4	1	3~12
爱尔兰	2	1	2
意大利	2.5~5	3	7.5~15
卢森堡	3	1	3

2.1.1.2　污泥填埋相关标准法规

在污泥填埋方面，欧盟标准将污泥填埋等同于普通的填埋，且为了保障污泥填埋不产生污染，于1999年颁布了《固体废弃物土地填埋法令》（1999/31/EC），该法令要求各成员国用于填埋的固体废弃物中的有机物含量必须逐年减少。污泥是一种富含有机物的固体废弃物，也必须遵守上述法令，但作为土壤改良或堆肥之用的污泥则不受此限制。这一准则同样仅为各成员国提供一个技术性框架，内容包括厂址选择、流程管理、污染控制、关场程序、预防性与保护性的措施（特别是针对渗滤液对于地下水的污染），其内容与美国环保局503条例有许多类似之处。

在污泥填埋方面，法国从2002年起就禁止对非最终处置状态的废物进行填埋，且填埋污泥的含固率必须大于30%；德国2000年规定废物填埋需满足严格的废物技术指标，填埋污泥的含固率不小于35%，有机物含量小于5%；德国的《土地保护法》及《垃圾排放法》规定从2005年6月1日开始实施。不符合《垃圾堆放条例》的没有预处理过的污泥禁止填埋；荷兰1993年制定的《环境管理法》对废物填埋许可证制度的相关内容进行了说明，并规定进行填埋处理的污泥必须经过稳定和脱水处理，含固率必须大于35%，且剪切力必须大于10kPa；意大利也颁布了相关规定，要求污泥须经过稳定、脱水后方能与城市生活垃圾进行混合填埋。

2.1.1.3 污泥焚烧相关标准法规

为了确保污泥在焚烧过程中不造成污染，欧盟制定了《废弃物焚烧法令草案》（94/08/20），该法令针对各种污染物设定了固定排放浓度标准值。欧盟在焚烧方面，不同于美国环保局503条例依据进料污泥的情形设定排放标准，欧盟标准对各种污染物排放浓度设定了固定源排放标准（见表2-7）。

表 2-7　欧盟及其成员国固定源污染物排放标准（标准状况）　　单位：mg/m³

污染物	欧盟	德国	荷兰	瑞士	奥地利	瑞典
TSP	10	10	15	10	15	30
HCl	10	10	10	20	10	50
HF	1	1	1	2	0.7	2
SO₂	50	50	40	50	50	50
NO+NO₂（按NO₂计）	200	200	70	80	100	—
CO	100	50	50	50	50	100
Cd	0.05	0.5	0.05	0.1	0.05	0.1
Hg	0.05	0.05	0.05	0.1	0.05	0.2
Ti	0.5	0.5	1	1	2	1
As	0.5	0.5	1	1	2	1
Pb	0.5	0.5	1	1	2	1
Cr	0.5	0.5	1	1	2	1
Co	0.5	0.5	1	1	2	1
Cu	0.5	0.5	1	1	2	1
Mn	0.5	0.5	1	1	2	1
Ni	0.5	0.5	1	1	2	1
V	0.5	0.5	1	1	2	1
Sn	0.5	0.5	1	1	2	1
二噁英类化合物/(ng/m)	0.1	0.1	0.1	0.1	0.1	0.1

对于污泥焚烧的处置方式，德国主要针对其尾气排放和剩余物质的处置制定了相关的法律条文。《大气污染控制标准》和《有害物质侵入保护法》中规定了污泥燃烧时的尾气排放应达到的标准，如气体排放、焚烧固体剩余物和烟道气的净化（污泥灰）、烟道气净化产生的废水（洗涤器水）、灰贮存的滤出液；并且规定了污泥焚烧必须得到环境行政部门的批准。《垃圾堆放条例》和《垃圾排放条例》规定污泥焚烧后的剩余物质可以填埋处理。

2.1.1.4 污泥管理政策

（1）用户付费政策

用户付费政策即向废弃物产生者征收一定的费用以使其承担排放废弃物的社会责任。收费方式主要有两种：一种是基于废弃物的体积进行收费；另一种是基于废弃物的重量进行收费。该政策从源头上对废弃物的产生加以控制，是使废弃物产生量实现最小化的重要经济政策，同时也促进了公众参与废弃物循环计划的实施。

（2）填埋费用政策

欧盟填埋费用政策规定的填埋费用包括填埋费和填埋税。

1）填埋费　填埋费是填埋场的工作人员在处理填埋场废弃物的过程中所负担的运行成本，它是填埋场维持运行的基础。其目的是反映废弃物处理长期成本的填埋费，可保证废弃物产生者为处理这些废弃物支付全部的长期成本。填埋的处理成本包括四个部分：直接运行成本、因填埋场地开发而需要投入的借贷资本费用、土地占用的资本费用和为填埋场地关闭与关闭后场地恢复、养护所需的储备金。西班牙的污泥处理处置方式主要依赖填埋，但90％的填埋场不符合欧洲标准，对填埋处置污泥采用收费政策，但污泥的填埋费较低，仅相当于意大利的1/2，大约30欧元/t。

2）填埋税　填埋税由政府强制征收，其目的是刺激废弃物产生者主动削减待处理的废弃物数量，促使废弃物的处置方式由填埋转变为其他在"废物管理层次"中处于较高地位的管理方式。

征收填埋税的经济学方面的主要理由是将填埋运行中的外部成本内部化。欧洲等西方国家采用填埋税制度的目的都是将废弃物的填埋处置转变为优先度最低的废弃物管理方式，英国是唯一的将废弃物填埋引起的外部成本作为税收基础的国家。在1994年的预算中，英国首次公布废物管理的填埋税计划。最初的计划是根据填埋处置成本按值计税，但遭到反对，后来改为根据废弃物的重量来征税。英国实施的双轨税制，即对难以发生反应的废弃物和有机废弃物征收不同的税率。1996年10月，英国开始实行填埋税制度，填埋税由海关与国家税务部征收，适用于在环境法规允许下的填埋场废弃物。

（3）循环利用和循环垫付政策

循环利用包括对废弃物进行加工以生产出一种有用的原材料或产品等过程。

在决定采用最适合的废弃物管理政策时，人们已经习惯仅仅考虑填埋和焚烧的运行成本，所以只有当循环利用的边际成本等于其产生的边际收入时，循环利用措施才会被采用。而循环垫付政策可以促使用户对废弃物进行循环利用，有2种手段：a. 提高填埋和焚烧费用，一般通过强制执行更加严格的环境标准来实现，该方法已经在欧盟国家得到了很好的应用，一些成员国还对填埋和焚烧实行了特殊的税制；b. 支持从事废弃物循环利用的加工性企业，主要通过提供免税、低息贷款或循环垫付支付方式来实现，以促进其发展壮大。

（4）鼓励能源再利用政策

由于能源供应日益紧张，一些成员国采用鼓励能源再利用政策，如西班牙将污泥列为替代能源之一，并在2010年前建设成总量达1800MW的生物能利用设施。为此，西班牙政府制定并实行了减免增值税、补贴、国家投资等一系列鼓励政策，同时，还对企业废能的回收比例设置了合理的技术准入门槛，在废热回收上能够达到67％以上的企业，则允许在能源采购价格中免除20％的增值税。

2.1.2　美国

在美国，最主要的污泥法规是1993年2月颁布的《污水污泥处置与利用标准》，是美国联邦法规的第40章第503部分，一般称为40 CFR Part 503（503条例）。在503条例制定过程中，美国国家环保局（EPA）对污泥资源化的风险进行了大量的研究，经 11 年的调查，共花费了 1500 万美金。1992 年 EPA 得出的结论认为，正确的污泥资源化，其风险可忽略不计。这项研究完成之后，EPA 才被允许制定对人类和环境健康具有保护性的污泥标准，包括总体要求、污染物限值、管理条例、报告制度、记录制度、监测频率、运行标准，其组织结构如图 2-2 所示。

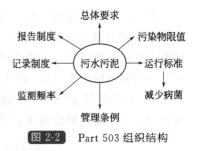

图 2-2　Part 503 组织结构

2.1.2.1　《污水污泥处置与利用标准》土地利用相关标准

（1）污染物浓度限值

在土地利用方面，40 CFR Part 503 对污泥质量的规定主要包括重金属和病原菌两项指标。尤其对重金属浓度的控制更是严格，不仅设置了最高浓度限值，还设定了月平均浓度限值、累积负荷限值和年污染负荷，如表 2-8 所列。具体内容有：a. 当直接利用的污泥或装入袋中或其他容器中用来销售或运输后利用的污泥中重金属污染物含量超过最高浓度限值时，则不能用于农业用地；b. 如果污泥用于农业用地、林地、公共场所用地以及填海工程中，则必须满足下列两个条件中的其中一个，即各种污染物的累计负荷不得超过规定的累积污染负荷限值或各种污泥污染物不得超过规定的月平均浓度限值；c. 如果污泥用于草坪或私人花园的土壤中，则污泥中污染物的浓度不能超过月平均浓度限值；d. 如果污泥用袋装或其他的容器出售用于农业用地，则必须满足以下两个条件之一，即污泥中各种污染物的含量不得超过月平均浓度限值或者污泥中总的污染物在土壤中的残留量和年污泥最高允许使用量都不得超过规定的年污染物负荷值。

表 2-8　美国《污水污泥处置与利用标准》污泥土地利用相关标准值

重金属	项目			
	最高浓度限值[1][2]/(mg/kg)	累积污染负荷限值/(kg/hm)	月平均浓度限值[3]/(mg/kg)	年污染物负荷/[kg/(hm²·s)]
砷	75	41	41	2.0
镉	85	39	39	1.9
铜	4300	1500	1500	75
铅	840	300	300	15
汞	57	17	17	0.85
钼	75	—[4]	—[4]	—[4]
镍	420	420	420	21
硒	100	100	100	5.0
锌	7500	2800	2800	140
适用范围	所有污泥	直接利用或袋装利用污泥	直接利用	袋装利用[5]

① 干基。
② 所有污泥利用必须满足的最高浓度限值。
③ 与 EPA 优质污泥（EQ）中重金属浓度限值相同。
④ EPA 正在重新制定此项标准。
⑤ 指污泥装入袋中或其他容器中用来销售或运输后利用。

在《污水污泥处置与利用标准》的有机固体废弃物（污泥部分）处置部分中，根据各类有毒有害物含量将污泥分为 A、B 两类：A 类是经灭菌处理，细菌或病毒无法检出，且达到环境允许标准的污泥，可用作肥料、园林植土、生活垃圾填埋坑覆盖土等用途，其土地利用病原体控制指标见表 2-9。而 B 类污泥规格较低，其含有细菌或病毒，粪大肠菌群浓度一般小于 $2×10^6$ MPN/gTS（干质量）或小于 $2×10^6$ CFU/gTS（干质量），不会对公众和环境造成影响，故只能作林业用土，不能用于改良粮食作物耕地。

表 2-9　美国 A 类污泥土地利用病原体控制指标

限制项目	限制值
有机物减量/%	>38
单位质量 TS 粪大肠菌群/(MPN/g)	<1000
单位质量 TS 沙门菌/(MPN/g)	<3
单位质量 TS 肠道病毒/(斑形成单位/g)	<1/4
单位质量 TS 寄生虫卵/(个/g)	<1/4

（2）管理条例

《污水污泥处置与利用标准》规定了污泥土地利用的管理条例，主要包括了以下内容：

① 污泥不能用于美国相关规定的濒临灭绝的或受到危害的生物栖息地，否则可能对这些物种的生存产生影响；

② 污泥不能用于美国相关标准规定的淹没地区、冰冻地区或者被大雪覆盖地区的农业用地、林地、公共场所用地或填海工程，有《清洁水法》402 或 404 部分条款规定的许可证的除外，否则会对湿地或地表水产生污染；

③ 污泥不能用于距离水源地 10m 以内的农业用地、林地或填海工程，美国相关权威部门另外规定的除外，否则会对美国相关标准规定的水源造成潜在的危害；

④ 污泥在农业用地、林地、公共场所用地或填海工程中的总利用率必须等于或小于污泥的农艺利用率，在填海工程中，美国相关权威部门另外规定的除外；

⑤ 污泥用于农业用地、林地、公共场所用地或填海工程，必须记录相关的信息，包括污泥出售方的负责人姓名及地址；记录污泥每年的施用率，以保证污泥施用不会超过规定的年污染负荷。

（3）监测频率

在污泥质量监测方面，不仅对分析手段进行了具体的规定，还对污泥中的重金属含量、土壤中的累积污染物浓度值、污泥中病原体等监测指标的监测频率进行了说明，见表 2-10。按照表 2-10，根据不同的产生量，监测频率要求不同，对污泥监测两年后，经过相关部门的许可，可减少对污泥中重金属和病原体密度的监测频率。

表 2-10　美国《污水污泥处置与利用标准》中污泥质量监测的监测频率

农用污泥质量①/(t/a)	监测频率
0～290	一年一次
290～1500	一季度一次（一年 4 次）
1500～15000	60 天一次（一年 6 次）
≥15000	一个月一次（一年 12 次）

① 污泥产生量以干污泥质量计。

2.1.2.2 《污水污泥处置与利用标准》污泥填埋相关规定

污泥填埋是现阶段一种主要的处理处置方式，有单独填埋和混合填埋两种。混合填埋是污泥进入垃圾填埋场，其必须满足垃圾卫生填埋的相关法规 40 CFR Part 258 的要求。对于污泥单独填埋，《污水污泥处置与利用标准》主要从总体要求、污染物浓度限值、监测频率、管理条例、记录和报告制度等内容进行了详细规定。

（1）污染物浓度限值

《污水污泥处置与利用标准》对污泥填埋重金属浓度限值的规定见表2-11，并对没有渗滤液收集系统的活性污泥填埋地点进行了要求：

① 在确定填埋地点是否可行之前，操作者需要得到权威机构的论证许可，权威机构根据填埋地点的污染物浓度决定是否适合填埋污泥；

② 对于没有衬层和渗滤液收集的填埋系统，污染物的浓度不能超过相关的规定；

③ 若污泥填埋地点距离填埋场边界小于150m，则按下列要求进行：放置污泥的位置到填埋场边界的距离必须进行测量；污泥中各种污染物的浓度不得超过如表2-12所列的规定。

表 2-11　《污水污泥处置与利用标准》中污泥填埋的重金属浓度限值

污染物	浓度限值（按干质量计）/(mg/kg)
砷	73
铬	600
镍	420

表 2-12　《污水污泥处置与利用标准》距离填埋场边界小于150m的重金属浓度限值

距离/m	浓度限值（按干质量计）/(mg/kg)		
	砷	铬	镍
0～25	30	200	210
25～50	34	220	240
50～75	39	260	270
75～100	46	300	320
100～125	53	360	390
125～150	62	450	420

（2）管理条例

《污水污泥处置与利用标准》规定，所有污泥填埋场必须达到本规定内容的要求，否则不能建立污泥填埋场。要求包括以下内容。

① 污泥不能填埋于可能威胁到濒临灭绝的物种的场地。

② 污泥填埋场不能位于洪水冲刷地。

③ 当填埋场位于地震影响区域，活性污泥填埋场必须满足最大的横向地面水平加速度。

④ 填埋场必须距离断层60m以上。

⑤ 活性污泥填埋场不能建立在不稳定的区域。

⑥ 活性污泥填埋场不能靠近湿地，且要符合《清洁水法》中的402或404的部分条款。

⑦ 对活性污泥填埋场流出物的规定，流出物必须进行收集，并根据国家污染物处理处置的要求和其他相关要求进行处理；流出物的收集系统必须保证可以运行25年，且每天

24h 不间断运行。

⑧ 渗滤液收集系统必须在污泥开始填埋到填埋场完全关闭后 3 年内一直保持运行。

⑨ 渗滤液收集系统必须达到相关的标准。

⑩ 当活性污泥铺上覆盖层后，填埋场上部空气中的甲烷气体的浓度不得超过最低爆炸极限浓度的 25%，这一监测必须从填埋开始到填埋场关闭 3 年后才能停止，或者得到相关权威部门的许可方可停止。

⑪ 污泥填埋场禁止种植农作物、饲料作物及纤维作物以及放牧等，除非得到权威部门的许可方可实行。

⑫ 填埋场运行及关闭后 3 年内，禁止公众进入填埋场地。

⑬ 污泥填埋过程中必须保证不污染土壤的蓄水层；必须邀请相关的权威部门对填埋场附近的地下水进行检测，以保证污泥填埋没有污染到地下蓄水层。

（3）监测频率

对污泥填埋过程中污染物的监测包括填埋污泥的监测及填埋场地上空大气的监测两个部分。填埋污泥的监测指标包括对污泥中重金属含量及病原体等的监测，其监测频率符合表 2-13 所列的规定。与污泥土地利用的相同，按照表 2-8 中的要求对污泥监测两年后，经过相关部门的许可，可减少对污泥中重金属和病原体密度的监测频率。对填埋场的大气监测，规定要经常对污泥填埋场上空及填埋场周围的空气中的甲烷气体进行监测。当填埋的活性污泥上覆盖了土壤或其他的材料，且污泥填埋场已关闭 3 年以上时可以适当减少监测频率。

表 2-13　美国《污水污泥处置与利用标准》中填埋污泥的监测频率

填埋污泥质量[①]/(t/a)	监测频率
0～290	一年一次
290～1500	一季度一次（一年 4 次）
1500～15000	60 天一次（一年 6 次）
≥15000	一个月一次（一年 12 次）

① 污泥质量以干污泥质量计。

2.1.2.3 《污水污泥处置与利用标准》污泥焚烧相关规定

在污泥焚烧方面，《污水污泥处置与利用标准》的相关内容包括总体要求、污染物限值、管理条例、监测频率、记录和报告制度这几个部分。

（1）污染物浓度限值

《污水污泥处置与利用标准》对重金属浓度限值进行了如下的规定。

① 在污泥焚烧炉中，焚烧污泥必须符合美国国家排放标准中关于铍和汞的要求。

② 污泥焚烧炉每天焚烧的污泥中铅的平均浓度不得超过下式计算出的值：

$$C = \frac{0.1 \times C_{NAAQS} \times 86400}{F_{DF}(1-E_{CE})m_{SF}} \tag{2-1}$$

式中，C 为污泥铅的日平均值；C_{NAAQS} 为国家环境空气质量标准中每 $1m^3$ 空气中铅的含量，mg/m^3；F_{DF} 为扩散系数，$mg/(m^3 \cdot g \cdot s)$；E_{CE} 为污泥焚烧炉中铅的焚烧效率，%；m_{SF} 为污泥日焚烧量（按干污泥计），t/d。

式（2-1）中的扩散系数 F_{DF} 值要根据大气扩散模型来决定，当污泥焚烧炉烟囱高度不大于 65m 时，直接将污泥焚烧炉烟囱的实际高度代入大气扩散模型中计算；当污泥焚烧炉烟囱高度大于 65m 时，污泥焚烧炉烟囱的可信高度得根据美国相关要求进行计算后代入大气扩散模型中计算。焚烧效率 E_{CE} 值需要通过对焚烧炉内的燃烧情况进行监测后才能加以确定。

③ 污泥焚烧炉每天焚烧的污泥中的砷、镉、铬及镍的平均浓度不得超过下式计算出的值：

$$C = \frac{C_{RSC} \times 86400}{F_{DF}(1 - E_{CE})m_{SF}} \qquad (2\text{-}2)$$

式中，C 为污泥砷、镉、铬、镍的日平均值；C_{RSC} 为砷、镉、铬、镍在每 $1m^3$ 空气中的安全值，mg/m^3；F_{DF} 为扩散系数，$mg/(m^3 \cdot g \cdot s)$；E_{CE} 为污泥焚烧炉中砷、镉、铬、镍的焚烧效率，$\%$；m_{SF} 为污泥日焚烧量（按干污泥计），t/d。

式（2-2）中砷、镉、镍的安全值 C_{RSC} 规定见表 2-14。

表 2-14 污泥焚烧砷、镉、镍的安全值 单位：mg/m^3

重金属	安全值 C_{RSC}
砷	0.023
镉	0.057
镍	2.0

铬的安全值 C_{RSC} 见表 2-15 的规定，还可以通过式（2-3）计算：

$$C_{RSC} = \frac{0.0085}{r} \qquad (2\text{-}3)$$

式中，C_{RSC} 为铬安全值，mg/m^3；r 为在焚烧炉内监测到的六价铬在总铬浓度中所占的百分比，$\%$。

表 2-15 污泥焚烧铬的安全值 单位：mg/m^3

焚烧炉类型	安全值 C_{RSC}
带湿式除尘器的流化床	0.65
带湿式除尘器及电除尘器的流化床	0.23
带湿式除尘器的其他种类焚烧炉	0.064
带湿式除尘器及电除尘器的其他种类焚烧炉	0.016

（2）操作标准

焚烧产生的烟气控制应按美国烟气污染控制法规的控制标准执行，《污水污泥处置与利用标准》对总烃 THC 含量也做了规定。

① 污泥焚烧炉所排放的气体中的 THC 含量必须换算成空气湿度为零时的浓度，即用 THC 浓度乘以以下校准因子：

$$校准因子（湿度）= \frac{1}{1 - X} \qquad (2\text{-}4)$$

式中，X 为污泥焚烧炉中空气的湿度百分比，$\%$。

② 将焚烧炉排放的气体中 THC 的含量换算成氧气体积分数为 7% 情况下的浓度值，需要乘以以下校准因子：

$$氧气校准因子 = \frac{14}{21 - Y} \qquad (2\text{-}5)$$

式中，Y 为污泥焚烧炉内气体中氧气的干体积分数，$\%$。

通过上面两个式子的校准后，污泥焚烧炉排放烟气中 THC 的月平均浓度不得超过 10^{-5} 的体积比。

（3）管理条例

《污水污泥处置与利用标准》对污泥焚烧做了如下的规定。

① 必须安装一个持续监测并记录焚烧炉烟囱排气口中 THC 浓度的装置，装置上必须装有荧光离子探测器，能够一直维持在 150℃以上的高温下取样，且必须每 24h 用丙烷校准至少一次。

② 必须安装分别持续监测并记录焚烧炉烟囱排气口中氧气浓度、气体湿度及燃烧温度的装置。

③ 污泥焚烧炉操作时，燃烧温度的变化幅度不能超过 20%以上。

④ 必须根据污泥焚烧炉类型建立大气污染控制装置，且装置的操作参数必须满足装置的适当运行，焚烧炉及大气污染控制装置的操作条件必须满足国家环境空气质量标准的规定。

⑤ 如果污泥焚烧会对美国相关标准规定的濒临灭绝的或受到危害的生物产生影响，则应禁止污泥焚烧。

（4）监测频率

污泥焚烧所需监测的内容包含以下 3 个部分。

1）污泥焚烧指标的监测 对污泥焚烧炉焚烧污泥中铍和汞的监测频率必须满足国家排放标准中的规定，砷、镉、铬和镍的监测频率按表 2-16 所列的规定进行。与污泥土地利用和污泥填埋相同，按照表 2-8 中的要求对污泥监测两年后，经过相关部门的许可，可减少对污泥中重金属和病原体密度的监测频率。

2）THC 浓度、氧浓度、湿度以及焚烧温度的监测 对焚烧炉排气烟囱口的 THC 浓度、氧气浓度和焚烧时炉内温度变化值及湿度值的相关参数进行连续监测。

3）大气污染指数的监测 为确保排放气体达到国家环境空气质量标准的要求，要对焚烧炉排放的气体进行相关的监测，对大气污染指数规定的参数必须每天监测。

表 2-16 美国《污水污泥处置与利用标准》中焚烧污泥的监测频率

填埋污泥质量①/(t/a)	监测频率
0～290	一年一次
290～1500	一季度一次（一年 4 次）
1500～15000	60 天一次（一年 6 次）
≥15000	一个月一次（一年 12 次）

① 污泥质量以干污泥质量计。

2.1.2.4 其他法律法规、政策措施

① 污泥作为日覆盖材料。美国的联邦法规和大部分州的法规均要求对填埋固体废弃物实施日覆盖，这为污泥作为日覆盖材料提供了法律依据；同时，美国联邦和各州的城市固体废物卫生填埋场法规均要求对最终容量届满的填埋场进行最终覆盖，即封场，并进行植被恢复，使得污泥作为最终覆盖成为可能。

② 污泥土地利用的经营许可证。美国缅因州规定政府首先必须在弄清楚污泥中的污染物浓度和污泥的拟利用方式的基础上，确定污泥是否适合于土地利用。如果污泥用于农艺利用，政府将颁发经营许可证。在许可证上，政府评估了土地利用的效益，土地利用对公众健

康和环境的潜在风险，还规定了适当的选址和运行标准以防止所确定的风险。

③ 为了在国家水平上提高公众认识并促进污泥资源化，美国成立了国家污泥合作组织（NBP），并在议会的支持下与风险承担者共同组建污泥环境管理系统（EMS）。

2.1.3 其他国家

2.1.3.1 日本处理处置与利用污泥的相关标准法规

日本建设省等部门制定了多部与污泥有关的法律法规、管理办法、操作标准，主要包括《污泥绿农地使用手册》《污泥建设资材利用手册》《推进形成循环型社会基本法》《促进资源有效利用法》《食品循环资源再生利用促进法》《建筑工程材料再资源化法》《废弃物处理法》《化学物质排出管理促进法》等。

出于地少人多、资源稀缺的国情考虑，日本一向对资源的循环再利用给予充分的关注，对于污泥也同样如此，因此出台了多项促进废物综合利用的政策法规。其中由建设省编制的《污泥绿农地使用手册》主要用于促进污泥农业和景观利用，1999 年日本就已约有 60.0％的污泥用于农业和景观，同时，日本还制定了严格的重金属限值标准，以规范污泥的农业用途，控制由不当的污泥农用引起的二次污染。

日本是全世界利用焚烧炉灰渣和熔融渣进行回收再利用最早的国家，于 1991 年建设省就已编制了《污泥建设资材利用手册》，以推广污泥焚烧灰渣和熔融渣的回收再利用工作，其中灰渣广泛地利用在填埋场作为覆盖材料，而灰渣与聚合物混合亦可作为生产陶瓷产品、砖瓦等的原料，空气冷却熔渣使用在道路基层材料上和作为轻质骨料。同时日本详细制定了有关利用污泥焚烧灰制砖对大气污染、噪声、震动方面以及对环境影响的综合性评价指标（见表 2-17、表 2-18）。

表 2-17 日本污泥焚烧灰制砖大气污染项目及规定值

项目	报告下限值
灰分(标准状况)	$0.001g/m^3$
硫氧化物	0.1×10^{-6}
氯化氢	0.2×10^{-6}
氮氧化物	—
镉及其化合物(标准状况)	$0.002mg/m^3$
汞及其化合物(标准状况)	$0.01mg/m^3$
铜及其化合物(标准状况)	$0.008mg/m^3$
铅及其化合物(标准状况)	$0.02mg/m^3$
镍及其化合物(标准状况)	$0.008mg/m^3$
砷及其化合物(标准状况)	$0.0003mg/m^3$
锰及其化合物(标准状况)	$0.004mg/m^3$

注：灰分、镉、铜、铅、镍、砷、锰及其化合物的报告下限值是标准状况吸引干气量 $1m^3$ 时的数值。

表 2-18 日本污泥焚烧灰制砖规划用地的噪声规定值

项目	时间的区分	
	昼间	夜间
噪声值	65dB 以下	55dB 以下

对于污泥填埋，日本对填埋污泥中污染物限值的规定极其严格，包括重金属、烷基汞化合物、苯、多种有机物指标。日本污泥处理设施设备向集中化发展，除此之外，日本下水道工程局自 1986 年起兴建区域性污泥处理厂，以使处理厂的规模经济有效，同时经整合规划后，建立垃圾和污水污泥共同混烧的系统。

2.1.3.2　加拿大处理处置与利用污泥的相关标准法规

加拿大农业部规定了污泥重金属最高允许浓度以及进入土壤的重金属的最高允许浓度，见表 2-19。

表 2-19　污泥重金属最高允许浓度以及进入土壤的重金属的最高允许浓度　单位：mg/kg

重金属	污泥重金属最高允许浓度	进入土壤的重金属的最高允许浓度	重金属	污泥重金属最高允许浓度	进入土壤的重金属的最高允许浓度
As	75	15	Mo	20	4
Cd	20	4	Ni	180	36
Cu	150	30	Se	14	2.8
Pb	500	100	Zn	1850	370
Hg	5	1			

另外，加拿大部分省自身制定了重金属浓度限值，见表 2-20。

表 2-20　加拿大部分省污泥重金属浓度限值　单位：mg/kg

重金属	新斯科舍	安大略	阿尔伯塔	不列颠哥伦比亚
Cd	1.6	3	2	2.6
Cu	100	60	80	100
Cr	210	50	100	210
Pb	150	150	50	150
Hg	0.83	0.15	0.2	0.83
Ni	50	60	32	50
Zn	315	500	120	315

2.2　我国污泥处理处置与资源化法规政策

多年来，在城镇污水厂污水污泥引发的环境风险下，为寻求最佳的可行技术，我国各级政府及相关部门不断做出努力和尝试，同时也出台了一套以法律法规、标准体系和技术政策为主的保障体系，主要包括以下几个方面。

2.2.1　法律法规

2.2.1.1　《宪法》

《宪法》是整个环境法体系的基础和核心。《宪法》第二十六条规定："国家保护和改善生活环境和生态环境，防治污染和其他公害"。这一规定是国家关于环境保护的总政策。它说明国家把环境保护作为一项基本职责，它为国家环境保护活动和环境立法奠定了基础，提供了指导原则和立法依据。

2.2.1.2　环境保护基本法

《中华人民共和国环境保护法》（2014 年修订版）是中国环境保护的基本法，此法不仅对环境保护的基本原则和制度、环境监督管理体制、保护环境和防治污染的基本要求以及法律责任作了相应规定，而且明确了环境保护的任务和对象，是环境保护工作及制定其他单行环境法律法规的基本依据。其中第四十九条规定：禁止将不符合农用标准和环境保护标准的固体废物、废水施入农田。第五十一条规定：各级人民政府应当统筹城乡建设污水处理设施及配套管网，固体废物的收集、运输和处置等环境卫生设施，危险废物集中处置设施、场所以及其他环境保护公共设施，并保障其正常运行。

2.2.1.3 环境保护单行法规

环境保护单行法规是针对特定的环境要素、污染防治对象或环境管理的具体事项制定的单项法律法规。环境单行法由于可操作性强、有针对性、数量众多，往往是环境管理和解决环境纠纷的最直接的依据，是处理环境事务的行为准则。

2.2.1.4 其他相关法律规定

其他相关法律规定包括以下几个方面。

（1）环境保护的行政法规

这些法规通常是对环境管理机构的设置、职权、行政管理程序、行政管理制度以及行政处罚程序等作出规定。

（2）其他部门法中关于环境保护的法律规定

专门环境立法虽然数量众多，但仍不能全面调整涉及环境的社会关系。因此在其他部门法如民法、刑法、经济法、劳动法、行政法中，也包含了关于环境保护的法律法规。

（3）环境保护地方法规

地方法是各省、各自治区、直辖市根据中国环境法律法规，结合当地实际情况而制定并经地方人大审议通过的法规。地方法规中既有综合性的立法，也有针对特定环境要素、污染物或环境管理事项的专门立法，此外还有各种地方性的环境质量标准和污染物排放标准。地方法规是中国环境保护法规体系的重要组成部分，它突出了环境管理的地域性，有利于因地制宜地加强环境管理。

（4）签署并批准的国际环境公约

中国本着对国际环境与资源保护事物积极负责的态度，参加或者缔结了数十个环境与资源保护国际公约和条约。另外，中国还积极支持了有关国际环境与资源保护的许多重要文件，并把这些国际法文件的精神引入到中国的法律和政策之中。

2.2.2 法令条例、管理办法

（1）《中华人民共和国企业所得税法实施条例》

《中华人民共和国企业所得税法实施条例》（中华人民共和国国务院令 第 512 号）是根据《中华人民共和国企业所得税法》的规定制定的，于 2007 年 11 月 28 日国务院第 197 次常务会议通过，2007 年 12 月 6 日中华人民共和国国务院发布，自 2008 年 1 月 1 日起施行。其中涉及污泥的条款如下。

该实施条例第八十八条规定：企业所得税法第二十七条第（三）项所称符合条件的环境保护、节能节水项目，包括公共污水处理、公共垃圾处理、沼气综合开发利用、节能减排技术改造、海水淡化等。项目的具体条件和范围由国务院财政、税务主管部门同国务院有关部门制订，报国务院批准后公布施行。

企业从事前款规定的符合条件的环境保护、节能节水项目的所得，自项目取得第一笔生产经营收入所属纳税年度起，第一年至第三年免征企业所得税，第四年至第六年减半征收企业所得税。

（2）《城镇排水与污水处理条例》

《城镇排水与污水处理条例》（中华人民共和国国务院令 第 641 号）于 2013 年 9 月 18 日国务院第 24 次常务会议通过，自 2014 年 1 月 1 日起施行。其中涉及污泥的条款如下。

该条例第六条规定：县级以上人民政府鼓励、支持城镇排水与污水处理科学技术研究，推广应用先进适用的技术、工艺、设备和材料，促进污水的再生利用和污泥、雨水的资源化利用，提高城镇排水与污水处理能力。

该条例第七条规定：城镇排水主管部门会同有关部门，根据当地经济社会发展水平以及地理、气候特征，编制本行政区域的城镇排水与污水处理规划，明确排水与污水处理目标与标准，排水量与排水模式，污水处理与再生利用，污泥处理处置要求，排涝措施，城镇排水与污水处理设施的规模、布局、建设时序和建设用地以及保障措施等；易发生内涝的城市、镇，还应当编制城镇内涝防治专项规划，并纳入本行政区域的城镇排水与污水处理规划。

该条例第三十三条规定：污水处理费应当纳入地方财政预算管理，专项用于城镇污水处理设施的建设、运行和污泥处理处置，不得挪作他用。污水处理费的收费标准不应低于城镇污水处理设施正常运营的成本。因特殊原因，收取的污水处理费不足以支付城镇污水处理设施正常运营的成本的，地方人民政府给予补贴。污水处理费的收取、使用情况应当向社会公开。

该条例第五十三条规定：违反本条例规定，城镇污水处理设施维护运营单位或者污泥处理处置单位对产生的污泥以及处理处置后的污泥的去向、用途、用量等未进行跟踪、记录的，或者处理处置后的污泥不符合国家有关标准的，由城镇排水主管部门责令限期采取治理措施，给予警告；造成严重后果的，处 10 万元以上 20 万元以下罚款；逾期不采取治理措施的，城镇排水主管部门可以指定有治理能力的单位代为治理，所需费用由当事人承担；造成损失的，依法承担赔偿责任。违反本条例规定，擅自倾倒、堆放、丢弃、遗撒污泥的，由城镇排水主管部门责令停止违法行为，限期采取治理措施，给予警告；造成严重后果的，对单位处 10 万元以上 50 万元以下罚款，对个人处 2 万元以上 10 万元以下罚款；逾期不采取治理措施的，城镇排水主管部门可以指定有治理能力的单位代为治理，所需费用由当事人承担；造成损失的，依法承担赔偿责任。

（3）《中华人民共和国循环经济促进法》

《中华人民共和国循环经济促进法》（中华人民共和国主席令 第四号）由中华人民共和国第十一届全国人民代表大会常务委员会第四次会议于 2008 年 8 月 29 日通过，自 2009 年 1 月 1 日起施行。其中涉及污泥的条款如下。

该法第四十一条规定：县级以上人民政府应当支持企业建设污泥资源化利用和处置设施，提高污泥综合利用水平，防止产生再次污染。

（4）《污水处理费征收使用管理办法》

2014 年 12 月 31 日，财政部、国家发展改革委、住房城乡建设部下发了《关于印发污水处理费征收使用管理办法的通知》（财税〔2014〕151 号），并印发了根据《水污染防治法》《城镇排水与污水处理条例》而制定的《污水处理费征收使用管理办法》，其中涉及污泥的条款如下。

该管理办法第三条规定：污水处理费是按照"污染者付费"原则，由排水单位和个人缴纳并专项用于城镇污水处理设施建设、运行和污泥处理处置的资金。

该管理办法第十二条规定：污水处理费的征收标准，按照覆盖污水处理设施正常运营和污泥处理处置成本并合理盈利的原则制定，由县级以上地方价格、财政和排水主管部门提出意见，报同级人民政府批准后执行。污水处理费的征收标准暂时未达到覆盖污水处理设施正常运营和污泥处理处置成本并合理盈利水平的，应当逐步调整到位。

该管理办法第二十一条规定：污水处理费专项用于城镇污水处理设施的建设、运行和污泥处理处置，以及污水处理费的代征手续费支出，不得挪作他用。

该管理办法第二十三条规定：服务费按照合同约定的污水处理量、污泥处理处置量、排水管网维护、再生水量等服务质量和数量予以确定。

该管理办法第三十条规定：城镇排水主管部门应当根据城镇排水与污水处理设施的建设、运行和污泥处理处置情况，编制年度城镇排水与污水处理服务费支出预算，经同级财政部门审核后，纳入同级财政预算报经批准后执行。

2.2.3　行业政策

2000年5月29日，国家环保总局、建设部和科技部联合发布了《城市污水处理及污染防治技术政策》，提供了污泥管理的宏观指导方针，提出城市污水处理应考虑与污水资源化目标相结合，积极发展污水再生利用和污泥综合利用技术。该技术政策规定城市污水处理产生的污泥，应采用厌氧、好氧和堆肥等方法进行稳定化处理，也可采用卫生填埋方法予以妥善处理。经过处理后的污泥，达到稳定化和无害化要求的可农田利用，否则应按有关标准和要求进行卫生填埋处置。

2007年11月22日，国务院下发了《关于印发国家环境保护"十一五"规划的通知》（国发［2007］37号），并印发了国务院同意环保总局、发展改革委制定的《国家环境保护"十一五"规划》。其中明确要切实重视污水处理厂的污泥处置，实现污泥稳定化、无害化。强化直接排海工业点源控制和管理，确保稳定达标排放，强化对污泥和垃圾渗滤液的处置，防止产生二次污染，继续在沿海地区深入开展禁磷工作。对于城市污水处理工程，规定要配套污泥安全处置和再生水利用。另外，本规划还明确规定"污泥稳定化与资源化"为"十一五"环保产业优先发展的领域之一。

2008年初，《城市污水处理厂污水污泥处理处置最佳可行技术导则》（征求意见稿）发布，该导则有利于防治城镇污水处理厂产生的污水污泥对地表水环境、地下水、土壤、大气等污染，引导并规范城镇污水处理厂污水污泥处理处置技术应用和发展，为相关管理和应用部门提供决策参考和依据。

2009年2月18日，住房和城乡建设部、环境保护部和科学技术部联合制定了《城镇污水处理厂污泥处理处置及污染防治技术政策（试行）》（建城［2009］23号文件），这是我国首次从国家层面上出台污泥处理处置政策。其内容包括总则、污泥处理处置规划和建设、污泥处置技术路线、污泥处理技术路线、污泥运输和贮存、污泥处理处置安全运行与监管、污泥处理处置保障措施七个部分，该技术政策规定了污泥处理处置的保障措施；提出了污泥处理处置的投融资机制，有利于污泥市场的发展。

2010年2月，为贯彻执行《中华人民共和国环境保护法》等法律法规，加快建设环境技术管理体系，推动城镇污水处理厂污泥处理处置污染防治技术进步，增强环境管理决策的科学性，引导环保产业发展，环境保护部组织制定并出台《城镇污水处理厂污泥处理处置污染防治最佳可行技术指南（试行）》（第26号公告）（HJ—BAT—002），筛选出了污泥处理处置的最佳可行技术。技术政策和最佳可行技术指南的出台给我国城市污水处理厂污泥处理处置指明了方向，在很大程度上将促进我国污泥处理处置的发展。

2010 年 4 月 16 日，环境保护部下发了《关于污（废）水处理设施产生污泥危险特性鉴别有关意见的函》（环函 [2010] 129 号），对在公共污水处理设施污泥的危险特性判定中的固体废物采样和鉴别方法进行了相关规定。明确指出：专门处理工业废水（或同时处理少量生活污水）的处理设施产生的污泥，可能具有危险特性，应按《国家危险废物名录》《危险废物鉴别技术规范》（HJ/T 298—2007）和《危险废物鉴别标准》的规定，对污泥进行危险特性鉴别。以处理生活污水为主要功能的公共污水处理厂，若接收、处理工业废水，且该工业废水在排入公共污水处理系统前能稳定达到国家或地方规定的污染物排放标准的，公共污水处理厂的污泥可按照第一条的规定进行管理。但是，在工业废水排放情况发生重大改变时，应按照第二条的规定进行危险特性鉴别。企业以直接或间接方式向其法定边界外排放工业废水的，出水水质应符合国家或地方污染物排放标准；废水处理过程中产生的污泥，属于正在产生的固体废物，对其进行危险特性鉴别，应按照《危险废物鉴别技术规范》的规定，在废水处理工艺环节采样，并按照污泥产生量确定最小采样数。

2010 年 11 月，环境保护部印发《关于加强城镇污水处理厂污泥污染防治工作的通知》，要求各级地方政府加快污泥处理设施建设，并明确：污水处理厂应对污水处理过程产生的污泥（含初沉污泥、剩余污泥和混合污泥）承担处理处置责任，其法定代表人或其主要负责人是污泥污染防治第一责任人。

2011 年 3 月 3 日，国家发改委和住建部联合发布《关于进一步加强污泥处理处置工作组织实施示范项目的通知》（发改办环资 [2011] 461 号文件），要求各地有关部门高度重视污泥处理处置工作。并提出"提高认识，高度重视污泥处理处置工作"，并在统筹规划、技术选择、设施建设、运营管理、监督检查等方面提出要求。

2011 年 3 月 14 日，国家发改委和住建部联合发布《城镇污水处理厂污泥处理处置技术指南（试行）》（建科 [2011] 34 号文件），针对我国城镇污水处理厂污泥大部分未得到无害化处理处置，资源化利用相对滞后的现状，借鉴日、德、英、美、法等国的经验，对污泥处理处置的技术路线与方案选择、污泥处理的单元技术、污泥处置方式及相关技术、应急处置与风险管理等问题进行了深入剖析。

2011 年 12 月 15 日，国务院下达了《关于印发国家环境保护"十二五"规划的通知》（国发 [2011] 42 号），并印发了《国家环境保护"十二五"规划》，规划中明确说明："十二五"期间，需推进污泥无害化处理处置和污水再生利用；开展工业生产过程协同处理生活垃圾和污泥试点，并将污泥处理处置确定为"十二五"环境保护重点工程之一。此外，在财税方面，对污水处理、污泥无害化处理设施、非电力行业脱硫脱硝和垃圾处理设施等企业实行政策优惠。全面落实污染者付费原则，完善污水处理收费制度，收费标准要逐步满足污水处理设施稳定运行和污泥无害化处置需求。

2012 年 5 月 4 日，国务院正式发布由国家发改委、住房和城乡建设部、环境保护部共同编制的《"十二五"全国城镇污水处理及再生利用设施建设规划》，明确"十二五"期间各项基础设施的建设目标。据估算，其中污泥处理处置设施建设投资 347 亿元，新增城镇污泥年处理处置规模约 5×10^6 t 干污泥（约合 2.5×10^7 t 湿污泥）。城市污泥无害化处置率达到 70%，其中 36 个大中城市达到 80%。县城、建制镇污泥无害化处置率达到 30%，而在投资主体、付费机制方面还有待进一步明确。

2012 年 8 月，国务院发布《全国地下水污染防治规划（2011~2020）》（国函［2011］119 号），要求未经稳定化且含水率超过 60% 的城镇污水厂污泥不得进入生活垃圾填埋场。

2012 年 8 月 6 日，国务院下发了《关于印发节能减排"十二五"规划的通知》（国发［2012］40 号）通知中明确了：以城镇污水处理设施及配套管网建设、现有设施升级改造、污泥处理处置设施建设为重点，提升脱氮除磷能力。到 2015 年，城市污水处理率和污泥无害化处置率分别达到 85% 和 70%。

2013 年 1 月 23 日，国务院办公厅下发了《关于印发近期土壤环境保护和综合治理工作安排的通知》（国办发［2013］7 号）其中规定：规范处理污水处理厂污泥，完善垃圾处理设施防渗措施，加强对非正规垃圾处理场所的综合整治。禁止在农业生产中使用含重金属、难降解有机污染物的污水以及未经检验和安全处理的污水处理厂污泥、清淤底泥，尾矿等。

2013 年 1 月 23 日，国务院下发了《国务院关于加快发展节能环保产业的意见》（国发［2013］30 号），其中明确将污泥减量化、无害化、资源化技术装备确定为节能环保产业重点发展的技术装备之一。同时，还提出完善污水处理费和垃圾处理费政策，将污泥处理费用纳入污水处理成本的发展计划。

2013 年 9 月，国务院发布《国务院关于加强城市基础设施建设的意见》，其中在城市污水厂污泥处理设施建设方面，要求以设施建设和运行保障为主线，加快形成"厂网并举、泥水并重、再生利用"的建设格局，并按照"无害化、资源化"要求，加强污泥处理处置设施建设，城市污泥无害化处置率达到 70% 左右。

2014 年 5 月 15 日，国务院办公厅下发了《关于印发 2014~2015 年节能减排低碳发展行动方案的通知》（国办发［2014］23 号），并印发了《2014~2015 年节能减排低碳发展行动方案》，明确指出了要落实燃煤机组环保电价政策，完善污水处理费政策，并将污泥处理费用纳入污水处理成本。

2014 年，中共中央、国务院印发了《国家新型城镇化规划（2014~2020 年）》，文中提出：加强城镇污水处理及再生利用设施建设，推进雨污分流改造和污泥无害化处置。

2015 年，新《环境保护法》与"水十条"相继颁布实施，其中对污泥处置工作的规定也更加完善、严格，对非法排污企业加大惩罚力度。许多企业开始进行污泥处置工作，或者升级原有的污泥处理设施，让污泥处理更趋于减量化、无害化、稳定化、资源化。

2015 年 4 月 2 日，国务院下发了《关于印发水污染防治行动计划的通知》（国发［2015］17 号），并印发《水污染防治行动计划》，即"水十条"。文件规定：推进污泥处理处置，污水处理设施产生的污泥应进行稳定化、无害化和资源化处理处置，禁止处理处置不达标的污泥进入耕地；非法污泥堆放点一律予以取缔；现有污泥处理处置设施应于 2017 年年底前基本完成达标改造，地级及以上城市污泥无害化处理处置率应于 2020 年年底前达到 90% 以上。将污泥处理处置作为地方各级人民政府重点支持的项目和工作。完善标准体系，制修订有关污泥处理处置的污染物排放标准，同时，完善收费政策，城镇污水处理收费标准不应低于污水处理和污泥处理处置成本。

2015 年 6 月 12 日，财政部、国家税务总局下发了《关于印发＜资源综合利用产品和劳务增值税优惠目录＞的通知》（财税［2015］78 号），并印发了《资源综合利用产品和劳务增值税优惠目录》，该目录中列出了针对污水处理后产生的污泥、油田采油过程中产生的油污泥（浮渣）、化工废渣等多种类型污泥的综合利用产品和劳务增值税优惠条件和标准，规范和优化了资源综合利用产品和劳务增值税政策，推动了资源综合利用和节能减排。

2.3 我国污泥处理处置与资源化标准

2.3.1 我国现有的污泥标准概况

要想指导污泥的无害化与资源化，使之有章可循、有法可依，就必须建立一套较为健全、科学的法规与标准体系。在我国标准规范体系中，2007 年之前涉及污水污泥处理处置的内容非常有限，仅有《农用污泥中污染物控制标准》（GB 4284—84）、《城镇污水处理厂污染物排放标准》（GB 18918—2002）两项参照执行的标准规范。

2007 年以后，国家对污泥处理处置的管理力度进一步加大。国家环境保护总局启动"环境技术管理体系建设"，并将污水污泥列入首批试点的六大行业之一。为了尽快规范污泥处理处置行为，相关部门分别下达了国家和行业标准制定、修订计划，截至 2015 年 10 月，我国已经颁布制定了一系列污泥处理处置相关的国家和行业标准，如表 2-21 所列。

表 2-21　污泥处理处置相关标准汇总

序号	标准编号	标准名称	发布部门	实施/发布日期
1	GB 4284—84	农用污泥中污染物控制标准	原中华人民共和国城乡建设环境保护部	1985-03-01
2	GB 18918—2002	城镇污水处理厂污染物排放标准	国家环境保护总局	2003-07-01
3	GB/T 23484—2009	城镇污水处理厂污泥处置 分类	国家质量监督检验检疫总局、中国国家标准化管理委员会	2009-12-01
4	GB/T 23485—2009	城镇污水处理厂污泥处置 混合填埋用泥质	国家质量监督检验检疫总局、中国国家标准化管理委员会	2009-12-01
5	GB/T 23486—2009	城镇污水处理厂污泥处置 园林绿化用泥质	国家质量监督检验检疫总局、中国国家标准化管理委员会	2009-12-01
6	GB 24188—2009	城镇污水处理厂污泥泥质	国家质量监督检验检疫总局、中国国家标准化管理委员会	2010-06-01
7	GB/T 24600—2009	城镇污水处理厂污泥处置 土地改良用泥质	国家质量监督检验检疫总局、中国国家标准化管理委员会	2010-06-01
8	GB/T 24602—2009	城镇污水处理厂污泥处置 单独焚烧用泥质	国家质量监督检验检疫总局、中国国家标准化管理委员会	2010-06-01
9	GB/T 25031—2010	城镇污水处理厂污泥处置 制砖用泥质	国家质量监督检验检疫总局、中国国家标准化管理委员会	2011-05-01
10	GB/T 27857—2011	化学品 有机物在消化污泥中的厌氧生物降解性 气体产量测定法	国家质量监督检验检疫总局、中国国家标准化管理委员会	2012-08-01
11	GB/T 27860—2011	化学品 高效液相色谱法估算土壤和污泥的吸附系数	国家质量监督检验检疫	2012-08-01
12	CJ/T 221—2005	城市污水处理厂污泥检验方法	原中华人民共和国建设部	2006-03-01
13	CJ/T 309—2009	城镇污水处理厂污泥处置 农用泥质	中华人民共和国住房和城乡建设部	2009-10-01
14	CJ/T 314—2009	城镇污水处理厂污泥处置 水泥熟料生产用泥质	中华人民共和国住房和城乡建设部	2009-12-01

序号	标准编号	标准名称	发布部门	实施/发布日期
15	CJ/T 362—2011	城镇污水处理厂污泥处置 林地用泥质	中华人民共和国住房和城乡建设部	2011-06-01
16	CJJ 131—2009	城镇污水处理厂污泥处理技术规程	中华人民共和国住房和城乡建设部	2009-10-01
17	CJ/T 3014—1993	重力式污泥浓缩池悬挂式中心传动刮泥机	原中华人民共和国建设部	1993-12-01
18	HJ/T 242—2006	环境保护产品技术要求 污泥脱水用带式压榨过滤机	环境保护部(原国家环境保护总局)	2006-06-01
19	HJ/T 335—2006	环境保护产品技术要求 污泥浓缩带式脱水一体机	环境保护部(原国家环境保护总局)	2007-04-01
20	HJ 2013—2012	升流式厌氧污泥床反应器污水处理工程技术规范	环境保护部	2012-06-01
21	JB/T 11245—2012	污泥堆肥翻堆曝气发酵仓	工业和信息化部	2012-11-01
22	JB/T 11247—2012	链条式翻堆机	工业和信息化部	2012-11-01
23	JB/T 11824—2014	污泥深度脱水设备	工业和信息化部	2014-10-01
24	JB/T 11825—2014	城镇污水处理厂污泥焚烧炉	工业和信息化部	2014-10-01
25	JB/T 11826—2014	城镇污水处理厂污泥焚烧处理工程技术规范	工业和信息化部	2014-10-01
26	JB/T 11832—2014	污水处理厂鼓式螺压污泥浓缩设备	工业和信息化部	2014-10-01
27	JB/T 12578—2015	叠螺式污泥脱水机	工业和信息化部	2016-03-01
28	SY/T 6851—2012	油田含油污泥处理设计规范	国家能源局	2012-03-01
29	CECS 250—2008	城镇污水污泥流化床干化焚烧技术规程	中国工程建设标准化协会	2009-03-01
30	DB31/T 403—2008	城镇污水厂污泥应用于园林绿化的技术要求	上海市质量技术监督局	2009-05-01
31	DB44/T 717—2010	再生环保燃料 污泥衍生清洁燃料	广东省质量技术监督局	2010-05-01
32	DB33/T 891—2013	污泥土地利用技术规范	浙江省质量技术监督局	2013-05-19
33	DB23/T 1413—2010	油田含油污泥综合利用污染控制标准	黑龙江省质量技术监督	2011-01-28
34	DBJ/T45-003—2015	广西城镇污水处理厂污泥产物土地利用技术规范	广西住房和城乡建设厅	2015-08-03
35	DB13/T 2301—2015	市政污泥超临界水氧化处理技术规程	河北省质量技术监督局	2016-02-01

2.3.1.1 污泥排放标准

污泥排放标准主要包括《城镇污水处理厂污染物排放标准》（GB18918—2002）、《农用污泥中污染物控制标准》（GB 4284—84）等，对污泥中各项污染物指标提出了控制要求。

（1）《城镇污水处理厂污染物排放标准》（GB 18918—2002）[3]

该标准主要规定了污泥的排放控制标准，规定内容主要有以下几点。

① 城镇污水处理厂的污泥应进行稳定化处理，稳定化处理后应达到表 2-22 所列的规定。

表 2-22 污泥稳定化控制指标

稳定化方法	控制项目	控制指标
厌氧消化	有机物降解率/%	＞40

稳定化方法	控制项目	控制指标
好氧消化	有机物降解率/%	>40
好氧堆肥	含水率/%	<65
	有机物降解率/%	>50
	蠕虫卵死亡率/%	>95
	粪大肠菌群值/(个/g)	<0.01

② 城镇污水处理厂的污泥应进行污泥脱水处理,脱水后污泥含水率应小于80%。

③ 处理后的污泥进行填埋处理时,应达到安全填埋的相关环境保护要求。

④ 在处理后污泥的农用方面,设定了14项控制指标,前11项沿用《农用污泥中污染物控制标准》(GB 4284—84)中的控制指标,后增加了3项有机物控制指标,同时铜和锌的控制标准也有所放宽。排放污泥中的污染物含量应满足表2-23所示的要求,并且其施用条件必须符合《农用污泥中污染物控制标准》(GB 4284—84)的有关规定。

(2)《农用污泥中污染物控制标准》(GB 4284—84)[4]

1984年5月18日,中华人民共和国城乡建设环境保护部发布了我国最早的污泥农用标准《农用污泥中污染物控制标准》(GB 4284—84),对重金属含量及施用管理进行了限定和规范。本标准规定了适于农田施用的城市污水处理厂污泥以及江、河、湖、库、塘、沟、渠中的沉淀污泥所含污染物的控制标准,见表2-23。

表 2-23 农用污泥中污染物控制标准值   单位:mg/kg

项目	最高允许含量	
	在酸性土壤上/(pH<6.5)	在微酸性、中性和碱性土壤上/(pH≥6.5)
镉及其化合物(以 Cd 计)	5	20
汞及其化合物(以 Hg 计)	5	15
铅及其化合物(以 Pb 计)	300	1000
铬及其化合物(以 Cr 计)①	600	1000
砷及其化合物(以 As 计)	75	75
硼及其化合物(以水溶性 B 计)	150	150
矿物油	3000	3000
苯并[a]芘	3	3
铜及其化合物(以 Cu 计)②	250	500
锌及其化合物(以 Zn 计)②	500	1000
镍及其化合物(以 Ni 计)②	100	200

① 铬的控制标准适用于一般含六价铬极少的具有农用价值的各种污泥,不适用于含有大量六价铬的工业废渣或某些化工厂的沉积物。

② 暂作参考标准。

该标准进行了其他规定,如下所述。

① 施用符合本标准的污泥时,一般每年每亩农田的污泥用量不超过2000kg(以干污泥计)。污泥中任何一项无机化合物的含量接近本标准规定限值时,在同一块土壤上不得连续施用超过20年。对于含无机化合物较少的石油化工污泥,连续施用可超过20年。而当隔年

使用时，矿物油和苯并［a］芘的标准可适当放宽。

② 为了防止对地下水的污染，饮水水源保护区不得施用污泥，而砂质土壤和地下水水位较高的农田不宜施用污泥。

③ 生污泥须经高温堆腐或消化处理后方能进行农田施用，可用于大田、园林和花卉地，而在蔬菜地和当年放牧的草地则不宜施用。

④ 在酸性土壤实施污泥施用时，除了必须遵循在酸性土壤上污泥的控制标准外，还应该同时施用石灰以中和土壤的酸性。

⑤ 对于同时含有多种有害物质且含量都接近本标准限值的污泥，应酌情减少施用量。

⑥ 出现因施用污泥而影响农作物生长、发育或农产品超过卫生标准限值的情况时，应该停止施用污泥，并立即向有关部门报告，同时积极采取措施予以缓解，例如施用石灰、过磷酸钙、有机肥等减少农作物对有害物质的吸收，或进行深翻或用客土法进行土壤改良等。

但是《农用污泥中污染物控制标准》（GB 4284—84）距今已有 33 年，随着时代的进步和国内污染控制技术的发展，其中的许多污染物指标已不符合当今的实际情况，例如该标准对病原菌指标的规定呈现空白，具体的操作规范和管理措施欠缺，已经不能满足现实的使用需要，重金属指标亦需要重新研究。

2.3.1.2 污泥处理处置分类标准

2009 年 4 月 13 日，国家质量监督检验检疫总局与国家标准化管理委员会正式发布了《城镇污水处理厂污泥处置 分类》（GB/T 23484—2009）标准[5]，明确了"污泥土地利用""污泥填埋""污泥建筑材料利用"等术语的定义。该标准还按照污泥的最终消纳方式将污泥处置方法分为四大类，并计划按国内相关部门的安排，逐步制定各项相应的标准，从而规范我国的污泥处理处置工作，使城镇污水处理厂污泥得到更为稳妥的处理处置，避免或减轻由其引起的环境污染，如表 2-24 所列。

表 2-24　城镇污水处理厂污泥处置分类

序号	分类	范围	备注
1	污泥土地利用	园林绿化	城镇绿化系统或郊区林地建造和养护等的基质材料或肥料原料
		土地改良	盐碱地、沙化地和废弃矿场的土壤改良材料
		农用①	农用肥料或农田土壤改良材料
2	污泥填埋	单独填埋	在专门填埋污泥的填埋场进行填埋处置
		混合填埋	在城市生活垃圾填埋场进行混合填埋(含填埋场覆盖材料利用)
3	污泥建筑材料利用	制水泥	制水泥的部分原料或添加料
		制砖	制砖的部分原料
		制轻质骨料	制轻质骨料(陶粒等)的部分原料
4	污泥焚烧	单独焚烧	在专门污泥焚烧炉焚烧
		与垃圾混合焚烧	与生活垃圾一同焚烧
		污泥燃料利用	在工业焚烧炉或火力发电厂焚烧炉中作燃料利用

① 农用包括进食物链利用和不进食物链利用两种。

2.3.1.3 污泥泥质标准

（1）《城镇污水处理厂污泥泥质》（GB/T 24188—2009）[6]

本标准规定了城镇污水处理厂污泥中污染物的控制项目，分为基本控制项目和选择性控制项目两类，基本控制项目包括 pH 值、含水率等四项，如表 2-25 所列。选择性控制项目主要是重金属等污染物，并规定了以上污染物控制项目的限值，如表 2-26 所列。从表 2-25可知，城镇污水处理厂污泥的含水率必须小于 80%，这对于目前一些城镇污水处理厂来说是一项挑战，故必须对脱水工艺技术进行整改，最大限度地降低含水率。从表 2-26 的污泥泥质选择性控制项目和限值来看，较《农用污泥中污染物控制标准》（GB 4284—84）有所变化，主要是对总铜和总锌两项指标进行了适当的调整。

表 2-25　污泥泥质基本控制项目和限值

序号	控制项目	限值
1	pH 值	5~10
2	含水率/%	<80
3	粪大肠菌群菌值/[个/g(mL)]	<0.01
4	细菌总数/(MPN/kg 干污泥)	<10^8

表 2-26　污泥泥质选择性控制项目和限值

序号	控制项目	限值/(mg/kg 干污泥)
1	总镉	<20
2	总汞	<25
3	总铅	<1000
4	总铬	<1000
5	总砷	<75
6	总铜	<1500
7	总锌	<4000
8	总镍	<200
9	矿物油	<3000
10	挥发酚	<40
11	总氰化物	<10

（2）《城镇污水处理厂污泥处置　混合填埋用泥质》（GB/T 23485—2009）

鉴于我国的经济发展状况，污泥填埋方式在未来相当长的一段时间里仍会存在。目前我国城镇污水处理厂污泥填埋一般采用与生活垃圾混合卫生填埋的方式，但由于污泥的黏度大、含水率高，致使填埋机械在作业中经常打滑和深陷，给填埋作业带来诸多困难，同时污泥的流变性也常使填埋体发生变形和滑坡，给填埋场带来巨大的安全隐患，故出于以上考虑，制定了本标准。《城镇污水处理厂污泥处置　混合填埋用泥质》（GB/T 23485—2009）由北京市市政工程设计研究总院负责起草，分别从基本指标和安全指标（或卫生学指标）两方面对混合填埋污泥泥质和用作覆盖土的污泥泥质进行了污染物浓度限值，同时还规定了城镇污水处理厂污泥进入生活垃圾卫生填埋场进行混合填埋处理和用作覆盖土时应满足的取样与监测等技术要求。

对于混合填埋污泥中的污染物浓度限值，从基本指标和安全指标 2 个方面进行了规定。

① 基本指标应满足表 2-27 所列的要求。

表 2-27　进行混合填埋处理的污泥基本指标

序号	控制项目	限值
1	污泥含水率/%	≤60
2	pH 值	5~10
3	混合比例/%	≤8

注：表中 pH 值指标不限定采用亲水性材料（如石灰等）与污泥混合以降低其含水率。

② 污泥用于混合填埋时，其污染物指标及限值有 11 项，与《城镇污水处理厂污泥泥质》（GB 24188—2009）中的选择性控制指标及限值相同。

该标准对于用作覆盖土的污泥泥质也提出了相应的基本指标和卫生学指标。其选择性污染物指标及限值与《城镇污水处理厂污泥泥质》（GB 24188—2009）中的选择性控制指标及限值相同，其基本指标应满足表 2-28 所列的要求。此外，其生物学指标还需满足 GB 18918—2002 中的指标要求。同时，不得检测出传染性病原菌。

表 2-28　用作垃圾填埋场覆盖土的污泥基本指标

序号	控制项目	限值
1	含水率/%	<45
2	臭气浓度	<2 级（六级臭度）
3	横向剪切强度/(kN/m²)	>25

（3）《城镇污水处理厂污泥处置　单独焚烧用泥质》（GB/T 24602—2009）[7]

当污泥不符合卫生要求，有毒有机质含量高，不能作为农副业利用时一般可以考虑采用焚烧的方法处理处置污泥。以焚烧为核心的污泥处置方法是最彻底的处理方法。但在焚烧污泥时不可避免地会产生恶臭气体和废水，烟气需进行洗涤，废水需氧化、脱色、脱臭和过滤后才能达到排放标准。该标准规定了污泥用于单独焚烧时的外观、理化指标以及污染物指标，同时规定了焚烧产生的二次污染应执行的标准。

1）外观　污泥用于干化焚烧或不经干化直接焚烧时，其外观呈泥饼状。

2）理化指标　污泥用于单独焚烧时，理化指标应满足表 2-29 所列的要求。

表 2-29　理化指标

类别	控制项目			
	pH 值	含水率/%	低位热值/(kJ/kg)	有机物含量/%
自持焚烧	5~10	<50	>5000	>50
助燃焚烧	5~10	<80	>3500	>50
干化焚烧①	5~10	<80	>3500	>50

① 干化焚烧含水率（<80%）时指污泥进入干化系统的含水率。

3）污染物指标　污泥用于干化焚烧时，按照 HJ/T 299—2007 制备的固体废物浸出液最高允许浓度指标应满足表 2-30 所列的要求。

表 2-30　浸出液最高允许浓度指标　　　　单位：mg/L

序号	控制项目	限值
1	烷基汞	不得检出①
2	汞（以总汞计）	≤0.1

序号	控制项目	限值
3	铅(以总铅计)	≤5
4	镉(以总镉计)	≤1
5	总铬	≤15
6	六价铬	≤5
7	铜(以铜总计)	≤100
8	锌(以锌总计)	≤100
9	铍(以铍总计)	≤0.02
10	钡(以钡总计)	≤100
11	镍(以镍总计)	≤5
12	砷(以砷总计)	≤5
13	无机氟化物(不包括氟化钙)	≤100
14	氰化物(以 CN⁻ 计)	≤5

① "不得检出"指甲基汞 <10μg/L,乙基汞 <20μg/L。

污泥焚烧过程中污泥所含重金属的残渣和排放的气相成分是污泥焚烧的主要污染物,其污染程度取决于污泥中重金属的含量。污泥中如大量含有汞、镉、铬、铅、铜、锌等重金属,在高温焚烧时,必须控制污染物的浓度。如汞是易蒸发的重金属,在常温下就会蒸发,汞蒸气对人的大脑伤害是极其严重的;镉是熔点较低的金属,在 324℃ 就会熔化散发出剧毒的镉气体;铬金属大都以三价形式存在,少量为六价铬,三价铬污水中盐类在高温条件下发生化学反应,生成铬酸钠,铬酸钠是极易溶于水的致癌物质。

4)其他规定

① 城镇污水厂污泥采用焚烧时,考虑燃烧设备的安全性和燃烧传递条件的影响,腐蚀性强的氯化铁类污泥调理剂应慎用。

② 污泥焚烧的烟气排放控制,应满足 GB 16297—1996 的要求,二噁英控制应达到 GB 24602—2009 的要求。

③ 污泥焚烧炉大气污染物排放标准应符合表 2-31 所列的规定。

表 2-31　焚烧炉大气污染物排放标准

序号	控制项目	单位	数值含义	限值①
1	烟尘	mg/m³	测定均值	80
2	烟气黑度	林格曼黑度	测定值②	Ⅰ级
3	一氧化碳	mg/m³	小时均值	150
4	氮氧化物	mg/m³	小时均值	400
5	二氧化硫	mg/m³	小时均值	260
6	氯化氢	mg/m³	小时均值	75
7	汞	mg/m³	测定均值	0.2
8	镉	mg/m³	测定均值	0.1
9	铅	mg/m³	测定均值	1.6
10	二噁英类	TEQng/m³	测定均值	1.0

① 本规定的各项标准限值,均以标准状态下含 $11\%O_2$ 的干烟气作为参考值换算。

② 烟气最高黑度测定时间,在任何 1h 内累计不超过 5min。

④ 污泥焚烧厂恶臭厂界排放限值：氨、硫化氢、甲硫醇和臭气浓度厂界排放限值根据污泥焚烧厂所在区域，分别按照 GB 14554—93 相应级别的指标执行。

⑤ 污泥焚烧厂工艺废水排放限值：污泥焚烧厂工艺废水必须由水处理系统进行处理，处理后的水应优先考虑循环再利用；若必须排放时，允许排放的废水中污染物浓度的最高值执行 GB 8978—1996。

⑥ 焚烧残余物的处置要求焚烧炉渣必须与除尘设备收集的焚烧飞灰分别收集、贮存和运输。焚烧炉渣按一般固体废物处理，焚烧飞灰应按危险废物处理。其他废气净化装置排放的固体废物应按 GB 5085—2007 判断是否属于危险废物；当属于危险废物时，则按危险废物处理。

⑦ 污泥焚烧厂噪声控制限值按现行国家标准 GB 12348—2008 执行。

5）监测频率　该标准规定监测频率为每季度一次，二噁英类可根据需要进行监测。

(4)《城镇污水处理厂污泥处置　土地改良用泥质》(GB/T 24600—2009)[8]

本标准规定了用于土地（包括盐碱地、沙化地和废弃矿场土壤）改良的污泥泥质指标，规定了土地改良污泥使用时的技术要求和注意事项。所以本标准除用于城镇污水处理厂污泥外，也适用于与城镇泥质相类似的污水污泥，如城镇下水道通沟污泥等。规定如下。

1）稳定化要求　污泥土地改良利用前，应满足 GB 18918 的稳定化控制指标。

2）外观　有呈泥饼形感观，无明显臭味。

3）理化指标及养分指标　污泥用于土地改良时，其理化指标及养分指标应满足表 2-32 所列的要求。

表 2-32　理化指标及养分指标

序号	控制项目	限值
1	pH 值	5.5～10
2	含水率/%	<65
3	总养分[总氮(以 N 计)＋总磷(以 P_2O_3 计)＋总钾(以 K_2O 计)]/%	≥1
4	有机物含量/%	≥10

4）污染物指标和生物学指标　污泥用于土地改良时，其污染物浓度限值应满足表 2-33 所列的要求，其生物学指标应满足表 2-34 所列的要求。

表 2-33　污染物浓度限值

序号	控制指标	限值/(mg/kg 干污泥)	
		酸性土壤 (pH<6.5)上	微酸性,中、碱性土壤 (pH≥6.5)上
1	总镉	5	20
2	总汞	5	15
3	总铅	300	1000
4	总铬	600	1000
5	总砷	75	75
6	总硼	100	150
7	总铜	800	1500
8	总锌	2000	4000

序号	控制指标	限值/(mg/kg 干污泥)	
		酸性土壤 (pH<6.5)上	微酸性,中、碱性土壤 (pH≥6.5)上
9	总镍	100	200
10	矿物油	3000	3000
11	可吸附有机卤代物 AOX(以 Cl^- 计)	500	500
12	多氯联苯	0.2	0.2
13	挥发酚	40	40
14	总氰化物	10	10

表 2-34　生物学指标

序号	控制项目	指标
1	粪大肠菌群菌值/[个/g(mL)]	>0.01
2	细菌总数/(MPN/kg 干污泥)	<10^8
3	蛔虫卵死亡率/%	>95

不同种类的污泥其性质和成分差异很大,而且污泥施用对象不同,其土壤条件对污泥污染物具有不同的环境容量,不同的植物种类对污泥的适宜施用量也不同,因此应该根据污泥性质、成分、植物种类、季节、土壤条件及承受能力来合理地进行污泥农用,以使生态风险降至最小,而经济效益达到最大。

(5)《城镇污水处理厂污泥处置　制砖用泥质》(GB/T 25031—2010)[9]

利用污泥制砖是一条低成本、无害化的污泥处置途径,比较适合我国的国情,社会经济效益较为明显。除了有机物外,污泥中往往还含有 20%～30% 的无机物,主要包含硅、铝、铁和钙等成分,与许多建筑材料常用的原料成分及化学特性接近,因此,可以分别利用污泥中的无机成分和有机成分制造建筑材料。在制砖方面,污泥焚烧灰成分中,除二氧化硅含量比制砖黏土偏低外,其余均满足制砖要求,因此,当利用干污泥或污泥焚烧灰制砖时,应添加适量的黏土或硅砂,以提高二氧化硅含量,并且这种污泥用于制砖或制作釉陶管,性能也比较好。作为目前我国专门在污泥建材利用方面制定的唯一标准,它规定了污泥制砖用的基本指标、特色指标、污染物浓度限值、卫生学指标等,其主要内容如下。

1)基本指标　污泥制砖利用时,其基本指标见表 2-35 所列。

表 2-35　基本指标

序号	控制项目	限值
1	pH 值	5～10
2	含水率	≤40%

2)特色指标　污泥制砖利用时,其特色指标见表 2-36 所列。

表 2-36　特色指标

序号	控制项目	限值(干污泥)
1	烧失量	≤50%
2	放射性核素	$I_{Ra}≤1.0, I_r≤1.0$

3）污染物浓度限值　污泥制砖利用时，污染物浓度限值的规定基本与《城镇污水处理厂污泥泥质》（GB 24188—2009）相同，见表2-26，但是其对于总汞、总铅等项目的要求更加严格，单位干污泥中的总汞含量小于5mg/kg，而总铅小于300mg/kg。

4）卫生学指标　污泥制砖利用时，卫生学指标见表2-37。

表 2-37　卫生学指标

序号	控制项目	指标
1	粪大肠菌群菌值/[个/g(mL)]	＞0.01
2	蛔虫卵死亡率/%	＞95

5）大气污染物排放指标　污泥在运输、贮存和用于制烧结砖的过程中，大气污染物排放最高允许浓度应满足表2-38的限值要求。标准分级、取样与监测需满足GB 18918的规定。

表 2-38　厂界（防护带边缘）废气排放最高允许浓度　　　　单位：mg/m³

序号	控制项目	一级标准	二级标准	三级标准
1	氨	1.0	1.5	4.0
2	硫化氢	0.03	0.06	0.32
3	臭气浓度（无量纲）	10	20	60
4	甲烷（厂区最高体积浓度）/%	0.5	1	1

2.3.2　污泥处理处置及资源化利用标准

目前，污泥处理处置所依循的原则均是"减量化、稳定化、无害化和资源化"，需要根据污泥的类型、性质、经济能力以及最终处置要求，采用一种或者多种处理手段组合来实现。目前，污泥处理处置与资源化技术主要有浓缩、脱水、填埋、干化、焚烧、厌氧或好氧处理后进行土地利用、生产建材等，相关标准有《重力式污泥浓缩池周边传动刮泥机》（CJ/T 3043—1995）、《环境保护产品技术要求 污泥浓缩带式脱水一体机》（HJ/T 335—2006）、《污泥深度脱水设备》（JB/T 11824—2014）、《污泥堆肥翻堆曝气发酵仓》（JB/T 11245—2012）、《城镇污水污泥流化床干化焚烧技术规程》（CECS 250—2008）、《城镇污水处理厂污泥焚烧炉》（JB/T 11825—2014）和《城镇污水处理厂污泥处理技术规程》（CJJ 131—2009）等。

参 考 文 献

[1] 马士禹，唐建国，陈邦林. 欧盟的污泥处置和利用[J]. 中国给水排水，2006(4)：102-105.
[2] 姚刚. 德国的污泥利用和处置（I）[J]. 城市环境与城市生态，2000(01)：43-47.
[3] GB 18918—2002.
[4] GB 4284—1984.
[5] GB/T 23484—2009.
[6] GB 24188—2009.
[7] GB/T 24602—2009.
[8] GB/T 24600—2009.
[9] GB/T 25031—2010.

3) 污泥稳定化程度。…（GB 24188-2009）规定：堆肥后…含量应小于…

第3章

污泥浓缩和脱水技术

3.1 污泥中水的存在形式及去除方式

污泥含水率的降低是进行污泥处理处置与资源化再利用的关键所在，因此，污泥的浓缩和脱水作为去除污泥中水分的重要手段而在污泥领域占据着至关重要的位置，其作用是将污泥的含水率从 99.3% 左右降至 60%～80%，体积降至原体积的 1/10～1/15，使之有利于贮存、运输和后续处理。而为了保证污泥浓缩和脱水效果，通常需要对污泥进行调理，以提高其浓缩和脱水性能。一般来说，浓缩是脱水的预处理，脱水是最终污泥处理处置与资源化的预处理，而污泥调理则可以看作是污泥浓缩和脱水操作的预处理。

根据污泥中所含水分与污泥的结合方式，可以将污泥中的水分分为间隙水、毛细结合水、表面吸附水和内部水。

（1）间隙水

间隙水是存在于污泥颗粒间隙中的游离水，又称自由水，约占污泥总水分的 70%。由于间隙水不直接与固体结合，所以作用力弱，很容易分离，分离过程可借助重力沉淀（浓缩压密）或离心力进行。间隙水是通过污泥浓缩的方法来降低含水率的主要去除对象。污泥浓缩处理之后，大部分间隙水得以去除。通常认为，污泥的调理技术和后续机械脱水破坏了污泥胶体结构，从而可以进一步释放出间隙水。

（2）毛细结合水

毛细结合水是在高度密集的细小污泥颗粒周围的水，由于产生毛细管现象，既可以构成在固体颗粒的接触面上由于毛细压力的作用而形成的楔形毛细结合水，又可以构成充满于固体本身裂隙中的毛细结合水，由毛细现象而形成的，约占污泥总水分的 20%。由于这部分水是结合力大、结合紧的多层水分子，仅靠重力浓缩不易使其脱出，可通过人工干化、电渗力或热处理加以去除，也可施加与毛细水表面张力方向相反的外力，如离心力、负压力抽真空等，从而破坏毛细管表面张力和凝聚力而使水分分离。在实际应用中，常用离心机、真空过滤机或高压压滤机来对此部分水分加以去除。此外，污泥的调理技术和后续机械脱水除了可以进一步降低间隙水的含量，还可以去除部分毛细结合水。

（3）表面吸附水

表面吸附水是在污泥颗粒表面附着的水分，常在胶体状颗粒和生物污泥等固体表面上出现，约占污泥水分总量的 7%。表面张力较大，附着力较强，去除较难，不能用普通的浓缩或脱水方法去除。通常可以在污泥中加入电解质絮凝剂，采用絮凝方法使胶体颗粒相互絮凝，从而使污泥固体与水分分离而排除附着表面的水分，也可以采用热干化和焚烧等热力方法去除。

（4）内部水

内部水是污泥颗粒内部或者微生物细胞膜中的水分，包括无机污泥中金属化合物所带的结晶水等，约占污泥中总水分的 3%。由于内部水与微生物紧密结合，因此去除较困难，一般用机械方法不能脱除，但可采用生物技术使微生物细胞进行生化分解，或采用热干化和焚烧等热力方法对细胞膜造成破坏而使其破裂，从而使污泥内部水扩散出来后再加以去除。

3.2 污泥的调理技术

除了少量尺寸较大的固体悬浮杂质外，污水处理厂产生的污泥中固体物质主要是胶质微粒，其与水的亲和力很强，可压缩性和过滤比阻抗值均较大。一般认为，对比阻抗值在 $0.1 \times 10^9 \sim 0.4 \times 10^9 \, \text{s}^2/\text{g}$ 的污泥进行机械脱水较为经济。但通常各种污泥的比阻抗值均大于以上比阻抗值范围的最大值，因而过滤脱水性能较差，浓缩和脱水非常困难。而在污泥浓缩和脱水前通过采取各种措施对污泥进行预处理可以改变污泥的结构，调整污泥胶体粒子群的排列状态，克服存在于其间的典型排斥作用和水合作用，从而增强污泥胶体粒子的凝聚力并减小其与水的亲和力，增大颗粒粒度，进而改善污泥的沉降性能以及脱水性能等物化特性，提高后续的污泥浓缩和脱水效果，这个过程称为污泥的调理或调质。调理方式对脱水效果影响情况见表 3-1。

表 3-1 调理方式对脱水效果影响[1,2]

序号	调理方式	带式压滤脱水机或者离心脱水机		板框压滤机	
		含固率/%	能否满足垃圾填埋场的承载能力要求	含固率/%	能否满足垃圾填埋场的承载能力要求
1	采用有机高分子药剂	22～30	一般不能	35～45	一般可以
2	采用无机金属盐药剂	一般不采用	—	30～40	经常可以
3	采用无机金属盐药剂和石灰	一般不采用	—	35～45	经常可以
4	高温热工调理	40～50	一般不能	>50	一般不能

污泥调理方法的分类方式有很多种。

按处理方式分类，污泥调理技术可分为冷处理技术和热处理技术。其中冷处理技术处理过程不需要外加热源，主要包括化学调理技术、超声波调理技术、机械撞击调理技术、磁场调理技术、臭氧调理技术、微生物调理技术等。而热处理技术需要热源，主要包括热水解技术、微波调理技术等。

按处理对象分类，污泥调理技术可分为浓缩预处理技术、消化预处理技术和脱水预处理技术。浓缩预处理技术主要采用通过添加化学药剂的化学调理技术，通过化学药剂的投加，改变污泥絮体结构，提高浓缩性能。消化预处理技术的目的是提高污泥的可降解性，从而提高污泥在消化池的消化效率，因此大多采用能够实现污泥解絮、断链、大分子分解成小分子的预处理方式。脱水预处理技术依据脱水机类型不同，其调理技术也不同，主要采用化学调理技术。

按调理机制分类，可分成化学法、物理法、生物法[1]，这也是最为常见的一种污泥调理技术的分类方式。

（1）化学法

化学调理即加入一定量的化学药剂以促进污泥浓缩或脱水性能，因其具有效果可靠、设备简单、操作方便、节省投资和运行成本等优点而得到国内外最为广泛的应用。最初，国内外主要采用以石灰、铁盐、铝盐等无机絮凝剂为添加剂的化学法，而近些年来，由于有机絮凝剂技术的快速发展，高分子絮凝剂也得到了较为普遍的应用。但化学调理同样具有比较明显的缺点，主要在于絮凝剂投加量多、产泥量大，并且调理后产生的化学污泥不易为生物所降解，进而限制了污泥的后续处理和利用。

（2）物理法

物理法泛指通过外加能量或应力以改变污泥性质的方法，如淘洗法、冷冻熔融处理、加热处理、超声波处理、微波、高压及辐射处理等。其中，污泥淘洗调理工艺开发和使用较早。而当将污泥作为肥料进行再利用时，为了不使其有效成分分解、破坏，一般采用冷冻熔融法，当存在可供回收再利用的废热时，则采用冷冻熔融法更为适宜。加热处理技术已经发展成熟，并已经在国内外出现了较多的工程案例。对于超声波调理技术，国内外在近几年开展了大量的研究，并已形成了少量的工程案例。而微波调理等其他几种技术目前还处于实验室研究阶段。

（3）生物法

生物法调理主要是指利用生物絮凝剂或污泥的好氧或厌氧消化过程，在这些过程中，好氧或厌氧菌群利用废弃污泥中的碳、氮、磷等成分作为生长基质，以达到污泥减量与破坏污泥高孔隙结构的目的。

以上污泥调理技术均具有一定的环境效益和经济效益，并在实际中都有工程应用实例，但由于化学调理方法操作简单，调理效果较稳定，是目前比较合理的方法，因此得到了最为广泛的采用。在选择污泥调理工艺时，应立足于当地的实际情况，并从污泥性状、脱水的工艺、污泥调理剂的种类、价格和投资及运行成本、有无废热可回收利用等方面进行综合考虑决定。

3.2.1 化学调理技术

3.2.1.1 化学调理基础研究

（1）化学调理定义和主要作用方式

化学调理方法也称加药调理法，是指通过向污泥中添加适量的化学药剂，使其在污泥胶质微粒表面起化学反应，中和污泥胶质微粒的电荷或改变胶体的立体结构，促使污泥微粒凝聚成大的颗粒絮体而发生沉淀，从而达到改善污泥脱水性能的目的。化学调理技术是传统的污泥调理技术，经济实用、简单方便，可以增加污泥胶体颗粒体积，大幅地降低其比表面积，改变污泥表面与内部的水分分布状况，减少水分的吸附，同时使水从污泥颗粒中分离出来，最终使污泥的脱水性能得到有效地提高。

一般认为，污泥化学调理影响污泥脱水性能的作用方式主要包括压缩双电层、吸附架桥和网捕3个方面。

1）压缩双电层作用　双电层即扩散层和吸附层的合称。由于污泥胶体颗粒本身带负电荷，离子间存在静电斥力，因此可以使污泥长时间的保持较为稳定的胶体分散状态。当双电层被压缩时，污泥胶体颗粒间的静电斥力就会减小，污泥胶体的稳定状态被打破，从而导致胶体颗粒的聚集，并形成絮团。

当向污泥中加入大量的阳离子电解质时，阳离子就会涌入扩散层甚至吸附层，增加其中的阳离子浓度，使扩散层或吸附层变薄，从而削弱胶核表面的负电性，并降低胶粒间静电斥力。当大量阳离子涌入吸附层而导致扩散层完全消失时，胶体颗粒间的静电斥力就会消失，此时胶粒间最容易发生互相碰撞并产生较大的絮凝体。一般来说，絮凝剂所带的电荷量越多，达到同样絮凝效果时所消耗的絮凝剂的量就会越少。但是，絮凝剂的添加量不能过大，当添加量过大时，胶体颗粒表面的电荷就会发生逆转，从而导致胶体颗粒间静电斥力的恢复，并使已脱稳胶体又重新处于稳定的胶体分散状态，脱水性能恶化，如铝盐和铁盐以及一部分有机高分子絮凝剂均会导致这种情况的发生。

2）吸附架桥作用　吸附架桥是指当高分子絮凝剂浓度较低时，其分子链上的—COO—、—CONH$_2$、—NH—等活性基团可以产生氢键、范德华力、配位键等而与污泥颗粒发生作用，使吸附在污泥颗粒表面上的高分子长链还能同时被吸附在另一颗粒的表面，从而实现"架桥"。通过这种架桥方式可以将两个或更多的污泥胶体颗粒吸附在一起，使颗粒逐渐增大，或在同电性的污泥胶体之间通过异电性的高分子将其连接起来，形成质量和体积较大的胶团，从而导致污泥絮凝。一般认为，高分子絮凝剂在污泥胶体表面的覆盖率为33.3%～50%时即为絮凝剂的最佳投加量，而当覆盖率增加至90%时，已脱稳的胶体会发生再悬浮或产生胶体保护作用。絮凝剂的最佳浓度与其分子量的大小无关，而主要取决于其所含官能团的数量与极性，因此最佳的絮凝效果发生于胶体颗粒电位为零的附近，但凝聚速度会随着分子量的增加而变快。

3）网捕作用　当以铝盐或铁盐为絮凝剂投加到污泥溶液中时，此类阳离子型高分子絮凝剂会发生水解，形成溶解的单聚、二聚和多聚的羟基配合物离子水合物，进而产生水合金属氢氧化物沉淀。由于这类氧化物表现为巨大的网状表面结构，并且带一定正电荷量，具有一定静电黏附能力。因此在胶体粒子生成水合金属氢氧化物沉淀的过程中，此类沉淀会对带负电荷的胶粒产生吸附、集卷和网捕作用，从而进一步促进了絮凝状沉淀的形成。

（2）影响化学调节絮凝效果的因素[3]

影响化学调节絮凝效果的因素主要有以下几方面。

1）絮凝剂　絮凝剂种类不同，其性能也不同，其化学调节絮凝效果也各不相同。其中，无机絮凝剂所形成的絮体密度较大，达到同样絮凝效果所需要的药剂量较少，适合于对活性污泥进行调理，但是会增加污泥脱水设备的容量和泥饼的产生量；而有机高分子絮凝剂具有投加量少、不会增加泥饼量的优点，而且由此类药剂絮凝而成的絮体质量大、强度高、不易破碎，但有机高分子絮凝剂价格昂贵，有些单体具有较强的毒性，会对其广泛应用造成一定的局限性。

无论是无机絮凝剂还是有机絮凝剂均存在最佳投加量，小于或大于最佳投加量絮凝效果都不好。此外，当需要投加多种絮凝剂时不同的投加顺序对絮凝效果也有影响。

2）有机物和无机物的比例　污泥中所含有机物和无机物的比例对于化学调节絮凝效果存在较大影响，随着有机物含量的增加，高分子絮凝剂的投加量通常也会按比例增加。

3）温度　对无机絮凝剂来说，温度的波动对其絮凝效果影响较大。当温度适度的增高时，有利于强化无机絮凝剂的絮凝作用。而温度对有机絮凝剂的絮凝效果影响较小。

4）pH 值　悬浮液的 pH 值影响絮凝效果的主要原因在于其对无机絮凝剂和阳离子型高分子絮凝剂的水解动力学和水解组分形态产生显著影响。在不同的 pH 值条件下，污泥最终产生的水解、络合产物亦不相同。当 pH 值处于较低水平时，以产生低电荷高聚合度的无机高分子电解质为主。

3.2.1.2　化学调理剂介绍

目前，化学调理剂主要分絮凝剂、助凝剂两大类。

其中，助凝剂是指本身不起絮凝作用，而其作用仅在于调节污泥的 pH 值，改变污泥的颗粒结构，破坏胶体的稳定性，提高絮凝剂的絮凝效果，增强絮体强度，较适合于生污泥的调理与稳定化。同时，由于其可以使污泥的 pH 值提高到 11.1 以上，从而还能显著降低由沙门菌、绦虫卵、孢囊线虫和许多其他病原物所造成的潜在危害。目前，常用的助凝剂主要包括石灰、水泥窑灰、污泥焚烧灰、电厂粉尘、硅藻土、酸性白土、珠光体等惰性物质，进入 20 世纪 90 年代以来，欧美等国开始采用添加助凝剂的方法对污泥进行调理，省去脱水风干、干燥等环节，具有重要的开发价值和应用前景。但是，相对于絮凝剂来说，助凝剂作为污泥的化学调理剂的应用并不普遍。

絮凝剂在污泥化学调理中的应用更加广泛，是污泥调理的主流化学药剂。絮凝剂分为无机絮凝剂和有机絮凝剂两大类，以下将分别针对这两类絮凝剂进行介绍。

（1）无机絮凝剂

无机絮凝剂由无机组分组成，有时又被称为无机混凝剂，具有价格低廉、使用简单等优点，但同时也存在消耗量大、絮凝效果低、腐蚀性强的缺点。其对污泥的调理机理在于絮凝剂溶解于污泥后，增加了污泥颗粒的碰撞概率，使污泥在一定条件下发生水解、附聚、成核、架桥絮凝等一系列反应，形成可沉降的或可过滤的絮凝物。

无机絮凝剂的分类方式多种多样，按阴离子的种类，无机絮凝剂可分为盐酸盐系和硫酸盐系；按分子量的大小，可分为普通无机盐和高分子系两大类；按金属盐的类别，可分为铝盐系及铁盐系两类。以下将遵循铝盐系及铁盐系的分类方式进行介绍。

1）传统铝盐系絮凝剂　铝盐产生絮凝作用的机理在于，其溶于水后在一定条件下会发生水解、聚合及沉淀等一系列化学反应。因铝盐的水解程度不同，反应中一般可产生四种水解产物：未水解铝离子 Al^{3+}、单核羟基化合物 $[Al(OH)]^{2+}$、多羟基化合物如 $[Al_2(OH)_2]^{4+}$ 和 $[Al_{13}O_4(OH)_{27}]^{4+}$，反应过程式为：

$$Al^{3+} + 3HCO_3^- \Longrightarrow Al(OH)_3 \downarrow + 3CO_2 \uparrow$$

此外，还会出现作为最终产物的无定形氢氧化物沉淀 $Al(OH)_3$，反应式如下[1]：

$$x\,Al^{3+} \xrightarrow{yOH^-} Al_x(OH)_y^{(3x-y)+} \xrightarrow{zOH^-} Al_xO_z(OH)_y^{(3x-2z-y)+} + \cdots Al(OH)_3$$

但在碱性条件下，将会产生带负电荷的单核羟基离子化合物 $[Al(OH)_4]^-$，这会导致污泥脱水性能的恶化。

目前，传统的铝盐系絮凝剂包括氯化铝（$AlCl_3$）、硫酸铝 $[Al_2(SO_4)_3 \cdot 18H_2O]$ 及明矾 $[Al_2(SO_4)_3 \cdot K_2SO_4 \cdot 2H_2O]$ 等。

① 硫酸铝。硫酸铝是一种重要的无机絮凝剂，其含有不同数量的结晶水，分子式为 $Al_2(SO_4)_3 \cdot nH_2O$，其中 $n=6$、10、14、16、18 和 27，工业上常用的是十八水硫酸铝，即 $Al_2(SO_4)_3 \cdot 18H_2O$。$Al_2(SO_4)_3 \cdot 18H_2O$ 外观为白色片状、粒状或块状，是无毒且有光

泽的结晶，相对密度为 1.61，不易风化而失去结晶水，比较稳定，加热会失水，当加热至 770℃ 开始分解为氧化铝、三氧化硫、二氧化硫和水蒸气。

硫酸铝溶于酸和碱，不溶于乙醇。硫酸铝在纯硫酸中不能溶解（只是共存），而在硫酸溶液中与硫酸共同溶解于水，所以硫酸铝在硫酸中的溶解度就是硫酸铝在水中的溶解度。硫酸铝极易溶于水。室温时，其在水中的溶解度约为 50%，在沸水中的溶解度提高至 90% 以上。硫酸铝的水溶液呈酸性，pH 值在 2.5 以下。硫酸铝水解后生成氢氧化铝絮凝沉淀。硫酸铝的絮凝反应式如下：

$$Al_2(SO_4)_3 + 3Ca(HCO_3)_2 \Longrightarrow 2Al(OH)_3\downarrow + 3CaSO_4 + 6CO_2\uparrow$$

当水温低时硫酸铝水解困难，形成的絮体较松散。硫酸铝絮凝效果较好，不会给处理后的水质带来不良影响。而且硫酸铝使用便利，可干式或湿式投加。湿式投加时一般采用 10%～20% 的浓度。硫酸铝使用时水的有效 pH 值范围较窄，约在 5.5～8 之间，其有效 pH 值随原水的硬度而异。对于软水，pH 值在 5.7～6.6；中等硬度水的 pH 值为 6.6～7.2；硬度较高的水 pH 值则为 7.2～7.8，在控制硫酸铝剂量时应考虑上述特性。硫酸铝在我国使用最为普遍，大都使用块状或粒状硫酸铝。根据其中不溶于水的物质的含量，可分为精制和粗制两种。粗品为灰白色细晶结构多孔状物。硫酸铝水溶液长时间沸腾可生成碱式硫酸铝。工业用的碱式硫酸铝为灰白色，因含低铁盐而带淡绿色，又因低价铁盐被氧化而使表面发黄。

② 氯化铝。氯化铝化学式 $AlCl_3$，呈无色透明晶体或白色而微带浅黄色的结晶性粉末，有强腐蚀性。密度为 $2.44g/cm^3$，在 2.5atm 的条件下熔点为 190℃，沸点为 182.7℃，在常压下于 177.8℃ 升华而不熔融。氯化铝的蒸气或溶于非极性溶剂中或处于熔融状态时，都以共价的二聚分子 Al_2Cl_6 形式存在。氯化铝可溶于许多有机溶剂，例如乙醚、氯仿、硝基苯、二硫化碳和四氯化碳等。当氯化铝溶于水、乙醇和乙醚的同时放出大量的热，甚至会发生爆炸。氯化铝极易吸湿，在空气中极易吸收水分并部分水解放出氯化氢而形成酸雾。氯化铝易溶于水并强烈水解，水溶液呈酸性。

氯化铝作为絮凝剂具有以下优点：a. 净化后的水质优于硫酸铝絮凝剂，净水成本与之相比低 15%～30%；b. 絮凝体形成快、沉降速度快，比硫酸铝等传统产品处理能力大；c. 消耗水中碱度低于各种无机絮凝剂，因而可不投或少投碱剂；d. 原水 pH 值在 5.0～9.0 的范围内均可凝聚；e. 腐蚀性小，操作条件好；f. 溶解性优于硫酸铝；g. 处理水中盐分增加少，有利于离子交换处理和高纯制水。

③ 明矾。明矾学名为十二水合硫酸铝钾，又称白矾、钾矾、钾铝矾或钾明矾。明矾溶于水，不溶于乙醇，密度为 $1.757g/cm^3$，熔点为 92.5℃，其在 64.5℃ 时即可失去 9 个分子结晶水，在 200℃ 时失去 12 个分子结晶水。明矾是含有结晶水的硫酸钾和硫酸铝的复盐，呈无色立方晶体，外表常呈八面体，或与立方体、菱形十二面体形成聚形，有时以 ｛111｝面附于容器壁上而形似六方板状，属于 α 型明矾类复盐，有玻璃光泽。明矾可用于制备铝盐、发酵粉、涂料、鞣料、澄清剂、媒染剂、纸、防水剂等。

明矾是一种较好的净水剂，民间以往经常采用明矾净水的方法，它的原理是硫酸铝钾是由两种不同的金属离子和一种酸根离子组成的化合物，它在水中能电离产生两种金属阳离子和硫酸根离子，反应如下：

$$KAl(SO_4)_2 \longrightarrow K^+ + Al^{3+} + 2SO_4^{2-}$$

而 Al^{3+} 很容易水解，Al^{3+} 与水电离产生的 OH^- 结合生成了氢氧化铝，氢氧化铝胶体粒子带有正电荷，与带负电的泥沙胶粒相遇，彼此电荷被中和。失去了电荷的胶粒，很快就会聚结在一起，粒子越结越大，生成胶状的氢氧化铝 $Al(OH)_3$。

$$Al^{3+}+3H_2O \Longleftrightarrow Al(OH)_3+3H^+ \quad (可逆)$$

氢氧化铝胶体的吸附能力很强，可以吸附溶液里悬浮的杂质，并形成沉淀，使之干净澄清。

2) 传统铁盐系絮凝剂　铁盐在一定条件下也能发生水解、聚合、成核以及沉淀等一系列化学反应，形成铁的不同水解产物。Fe^{2+} 的水解产物均为单核组分，Fe^{2+} 的水解产物为多核的报道尚未出现。当 pH 值位于 7～14 之间时，其可以逐步转化生成 $[Fe(OH)]^+$、$Fe(OH)_2$（溶解态）、$[Fe(OH)_3]^-$ 以及 $[Fe(OH)_4]^{2-}$。而 Fe^{3+} 的水解能力较 Fe^{2+} 大得多，只要 pH 值大于 1，Fe^{3+} 便会生成单核羟基配合离子。酸性条件下，可以形成 $[Fe(OH)]^{2+}$、$[Fe(OH)_2]^+$ 两种单核配合物及 $[Fe_2(OH)_2]^{4+}$、$[Fe_3(OH)_4]^{5+}$ 等两种多核组分。如果 pH 值继续增大时，其水解产物将会形成无定形的 $Fe(OH)_3$ 而沉淀。Fe^{2+} 和 Fe^{3+} 可以相互转化，但尽管如此，由于 Fe^{2+} 和 Fe^{3+} 在较宽的 pH 值范围内均可以保持稳定，因此铁离子不同价态间的转化并不会增加铁离子水解组分的复杂程度[1]。

目前，传统铁盐系絮凝剂主要有氯化铁（$FeCl_3$）、氯化亚铁（$FeCl_2$）、硫酸亚铁（$FeSO_4 \cdot 7H_2O$）、硫酸铁 $[Fe_2(SO_4)_3]$ 等。

① 硫酸亚铁。硫酸亚铁易溶于水，在水温 20℃ 时溶解度为 21%。溶解度为 10% 的水溶液对石蕊呈酸性（pH 值约为 3.7），但不溶于乙醇。硫酸亚铁的结晶水合物分子式为 $FeSO_4 \cdot 7H_2O$，是半透明的绿色结晶体，又称绿矾、青矾、皂矾。加热至 70～73℃ 时会失去 3 分子水，至 80～123℃ 时失去 6 分子水，至 156℃ 以上转变成碱式硫酸铁。

硫酸亚铁离解出的 Fe^{2+} 只能生成简单的单核络合物，因此，不如三价铁盐那样有良好的絮凝效果。残留于水中的 Fe^{2+} 会使处理后的水带色，当水中色度较高时，Fe^{2+} 与水中有色物质反应，从而生成颜色更深的不易沉淀的物质（但可用三价铁盐除色）。而且，硫酸亚铁具有还原性，在潮湿空气中易氧化成难溶于水的棕黄色碱式硫酸铁。因此，使用硫酸亚铁时应将 Fe^{2+} 先氧化为 Fe^{3+}，然后再起絮凝作用。当水的 pH 值在 8.0 以上时，加入的亚铁盐的 Fe^{2+} 易被水中溶解氧氧化，失电子成为 Fe^{3+}。当水中没有足够溶解氧时，则可加氯或漂白粉予以氧化。

② 氯化亚铁。在污水处理领域，氯化亚铁可以作为还原剂和媒染剂，简化污水处理工艺，缩短污水处理周期，降低污水处理成本，对污水中各类重金属离子的去除率接近100%，对各类污水如电镀、皮革、造纸废水有明显的处理效果。由于其具有突出的脱色能力，因而尤其适用于染料、染料中间体、印染、造纸污水的处理，能产生良好的环境效益和经济效益。

以氯化亚铁处理印染废水为例，其处理流程是首先在印染废水中添加极性介质以改变电离度，然后用 $FeCl_2$ 处理，再调节 pH 值，进行凝聚沉淀，实现固液分离。经过以上一系列处理后，废水的 COD 去除率≥50%，色度去除率约为 70%～90%，并节省废水处理成本30% 左右。

③ 氯化铁。氯化铁是一种常用的絮凝剂，形成的矾花密度大，沉淀性能好，适宜的 pH 值范围也较宽，缺点是溶液具有强腐蚀性，处理后的水的色度比用铝盐高。其结晶水合物是黑褐色的结晶体，分子式为 $FeCl_3 \cdot 6H_2O$，有强烈吸水性，极易溶于水，其溶解度随温度上升而增加，处理低温水或低浊水效果比铝盐好。我国供应的氯化铁有液体无水物、结晶水

合物。由于液体、晶体物或受潮的无水物腐蚀性极大，因此调制和加药设备必须考虑用耐腐蚀器材。氯化铁加入水后与天然水中的碱度起反应，形成氢氧化铁胶体，水处理中配制的氯化铁溶液浓度宜高，可达46%。其主要的反应式如下：

$$FeCl_3 + 3NH_4HCO_3 \longrightarrow Fe(OH)_3 \downarrow + 3CO_2 \uparrow + 3NH_4Cl$$

$$2FeCl_3 + 3Ca(HCO_3)_2 \longrightarrow 2Fe(OH)_3 \downarrow + 3CaCl_2 + 6CO_2 \uparrow$$

以上反应式只是一个粗略的表示方法，实际上要复杂得多，当被处理水的碱度低或其投加量较大时，在水中应先加适量的石灰。

④ 硫酸铁　硫酸铁常被用作水处理行业的混凝剂和污泥的处理剂。化学式为$Fe_2(SO_4)_3$，为灰白色粉末或正交棱形结晶流动浅黄色粉末。对光敏感，应密封于阴凉干燥处避光贮存。硫酸铁易吸湿，在水中溶解缓慢，但在水中有微量硫酸亚铁时溶解较快，微溶于乙醇，几乎不溶于丙酮和乙酸乙酯。密度为$3.097g/cm^3$，含9分子结晶水的，175℃失去7分子结晶水，加热至480℃分解。

与其他无机絮凝剂相比，硫酸铁絮凝剂的优越性主要有以下几方面：絮凝矾花密实、沉降速度快，成本低廉，处理费用可节省20%～50%；适用水体的pH值范围宽（为4～11，最佳pH值范围为6～9），pH值与总碱度变化幅度小，对处理设备腐蚀性也较小；硫酸铁絮凝剂中无铝、氯及重金属离子等有害物质，亦不存在铁离子的水相转移，对微污染、含藻类、低温低浊原水净化处理成效显著，对高浊度原水净化效果尤佳。

硫酸铁絮凝剂的使用方法及投加量因原水性质不同而有所差异，视矾花形成情况来获得可以达到最理想处理效果的最佳使用条件和最佳投药量。在同等条件下固体硫酸铁与固体聚合氯化铝的用量大体相当，为固体硫酸铝用量的1/4～1/3。若使用液体硫酸铁时，水厂可配成2%～5%的硫酸铁溶液进行投加，工业废水处理配成5%～10%的硫酸铁溶液投加。使用时，将上述配制好的药液泵入计量槽，通过计量投加药液与原水混凝。当配药使用自来水时，稍有沉淀物属正常现象。一般情况下当日配制当日使用。

根据混凝过程中水力条件和形成矾花的状况，可以将整个混凝过程分成3个阶段。

a. 凝聚阶段。凝聚阶段是药液与原水快速混凝并在极短时间内形成微细矾花的过程。该阶段的水流为湍流。在烧杯实验中，宜以250～300r/min的速度快速搅拌10～30s，一般不宜超过2min。

b. 絮凝阶段。该阶段要求满足适当的湍流程度和足够的停留时间（一般为10～15min），后期有大量矾花聚集下沉，原水表面形成清晰层。在烧杯实验中，先以150r/min左右的速度搅拌6min，再以60r/min左右的速度搅拌4min至呈悬浮态。

c. 沉降阶段。粒径和密度较小的矾花则一边缓缓下降，一边继续相互碰撞并结大，至后期余浊基本不变。其烧杯实验的操作流程是，先以20～30r/min的速度慢慢搅拌5min，再静沉10min。

目前，硫酸铁絮凝剂已较广泛地应用于环保、工业废水处理，对高色度，高COD、BOD的原水处理效果明显，若辅以助剂则效果更佳。

3）无机高分子絮凝剂　20世纪60年代后期，在基于传统的铝盐、铁盐絮凝剂的基础上，一些新型的无机高分子絮凝剂也不断被开发出来。

无机高分子絮凝剂分子量大，拥有多核络离子结构，不仅具有低分子絮凝剂的特征，而且电中和能力好、吸附架桥作用明显。与传统絮凝剂相比，无机高分子絮凝剂能成倍地提高效能，产品质量稳定。无机高分子絮凝剂能够提供大量的络合离子，且能够强烈吸附胶体微粒，通过吸附、架桥、交联作用而使胶体凝聚。胶体凝聚的同时还将发生物理化学变化，胶体微粒及悬浮物表面的电荷得以中和，从而降低了 ζ 电位，使胶体微粒由原来的相斥变为相吸，进而胶团的稳定性被破坏，使胶体微粒之间更易发生相互碰撞而形成絮状絮凝沉淀。絮凝沉淀的表面积可达 $200\sim1000m^2/g$，吸附能力极强，可进一步促进胶体的凝聚沉淀。由于此类无机高分子絮凝剂经济高效，所以得到了越来越广泛的应用，并有逐步成为主流药剂的趋势，目前其产量已占絮凝剂总产量的 $30\%\sim60\%$，并已在日本、西欧、俄罗斯及中国等国家和地区达到了工业化、规模化和自动化的生产水平。

这类无机高分子絮凝剂主要是聚合氯化铝（PAC）、聚合硫酸铝（PAS）、聚合氯化铁（PFC）以及聚合硫酸铁（PFS）等铝盐和铁盐的聚合物，主要由以下几种。

① 阳离子型无机高分子絮凝剂。阳离子型无机高分子絮凝剂主要包括聚合氯化铝（PAC）、聚合硫酸铝（PAS）、聚合硫酸铁（PFS）、聚合氯化铁（PFC）、聚合硫酸氯化铁铝（PAFCS）、聚合氯化硫酸铁（PFCS）和聚磷氯化铁（PPFC）等。

a. 聚合氯化铝（PAC）。又名聚氯化铝，简称聚铝。聚合氯化铝是一种多羟基、多核络合体的阳离子型无机高分子絮凝剂，其化学分子式应表示为 $[Al_2(OH)_nCl_{6-n}]_m$（式中，$1\leqslant n\leqslant5$，$m\leqslant10$）。这个化学式实际指 m 个 $Al_2(OH)_nCl_{6-n}$（称羟基氯化铝）单体的聚合物。聚合氯化铝是由氢氧化铝粉与高纯盐酸经喷雾干燥加工而成的一种白色或乳白色奶粉状精细粉末，裸露在空气中极易融化，易溶于水。聚合氯化铝固体有较强的架桥吸附性，在水解过程中伴随电化学、凝聚、吸附和沉淀等物理化学变化，最终生成 $[Al_2(OH)_3(OH)_3]$，从而达到净化目的，与碱式聚合氯化铝、喷雾干燥聚合氯化铝同属于相关类净水药剂。

聚合氯化铝可直接加入被处理的水中，也可用水稀释后加入水中。聚合氯化铝作为絮凝剂处理水时，有下列优点：与普通聚铝相比，聚合氯化铝中 Al_2O_3 含量高，碱化度低，仅有 50%，不溶于水的物质含量少，约为 0.3%；而普通聚铝的碱化度为 90% 左右，不溶于水的物质含量在 2% 以上；聚合氯化铝作为水处理剂对各种水质适应性强，对污染严重或低浊度、高浊度、高色度的原水都可达到好的絮凝效果，对于高浊度水絮凝沉淀效果尤为显著；对原水温度的适应性强，优于硫酸铝等无机絮凝剂，水温低时，仍可保持稳定的絮凝效果，最低析出温度为 $-18℃$，因此在我国北方地区更适用；操作条件好，能改善投药工序的操作条件和劳动强度；矾花形成快；聚合氯化铝溶解性好，活性高，吸附能力强，在水体中凝聚形成的矾花大而重，沉淀性能好，因此比其他无机絮凝剂净化能力大 $2\sim3$ 倍，从而药剂的投加量小，进而降低处理成本。与硫酸铝等无机絮凝剂相比，实现相同的净水效果时，成本与之相比低 $15\%\sim30\%$；受水体 pH 值的影响小，因此适宜的 pH 值范围较宽，pH 值在 $5.0\sim9.0$ 内均可凝聚，当过量投加时也不会像硫酸铝那样造成水浑浊的反效果，最佳适用 pH 值为 $6.5\sim7.6$；处理水中盐分较少，有利于离子交换处理和高纯水的制备；其碱化度比其他铝盐、铁盐为高，因此药液对设备的腐蚀性小，且处理后水的 pH 值和碱度下降较小。

聚合氯化铝的絮凝机理与硫酸铝相同，包括开始的铝离子，最后的氢氧化铝胶体和其中间产物（各种形态的水解聚合物）的作用。对于水中负电荷不高的黏土胶体，最好利用正电荷较低而聚合度大的水解产物，而对于形成颜色的有机物，则以正电荷较高的水解产物发挥作用为宜。聚合氯化铝可根据原水水质的特点来控制制造过程中的反应条件，从而制取所需要的最适宜的聚合物，当投入水中，水解后即可直接提供高价聚合离子，达到较好的絮凝效果。聚合氯化铝中 OH^- 与 Al^{3+} 的比值对絮凝效果有很大的影响，一般可用碱化度 B 表示：例如 $n=4$ 时，一般要求碱化度 B 为 $40\%\sim60\%$。

聚合氯化铝可应用于生活用水、工业用水的净化，城市污水、工业废水和污泥的处理以及某些渣质中有用物质的回收等，尤其是对某些处理难度大的工业污水效果十分显著。20世纪 60 年代，日本在其制造与应用方面做了大量工作，有逐步取代硫酸铝的趋势。我国也对聚合氯化铝提高了重视，并在 1973 年的全国新型絮凝剂技术经验交流会上提出了聚合氯化铝的产品质量要求，包括含氧化铝 10% 以上，碱化度在 50%～80% 内，不溶物含量需在 1% 以下等。

b. 聚合硫酸铝（PAS）。其是复合型高分子聚合物，分子结构庞大，吸附能力强，投入原水后形成的絮凝体大，沉淀速度快，活性高，过滤性好，且聚合硫酸铝碱化度为 25%～45%，pH 值为 3～3.5，净水效果优于所有传统的无机絮凝剂。

聚合硫酸铝对各种原水的适应性强，无论原水浊度高低、废水污染物浓度大小，其净化效果显著。pH 值对絮凝效果的影响较小，在 4.0～11.0 的范围内均可絮凝。用量少，操作方便，对设备、管道腐蚀性小，净化成本低。

c. 聚合硫酸铁（PFS）。分子式为 $[Fe_2(OH)_n(SO_4)_{3-n/2}]_m$，呈淡黄色无定形粉状固体，极易溶于水，质量分数为 10% 的水溶液为红棕色透明溶液，具有吸湿性，是一种新型、优质、高效铁盐类无机高分子絮凝剂。根据国家标准《水处理剂　聚合硫酸铁》（GB 14591—2006）的相关规定，聚合硫酸铁产品按用途可以分为用于饮用水的 I 类以及用于工业用水、废水和污水的 II 类，可用于饮用水、工业用水、各种工业废水、城市污水、污泥脱水等的净化处理。

其性能指标应符合国家标准《水处理剂　聚合硫酸铁》（GB 14591—2006）的相关规定，见表 3-2。

表 3-2　聚合硫酸铁性能指标

项目	指标			
	I 类		II 类	
	液体	固体	液体	固体
密度(20℃)/(g/cm³)	≥1.45	—	≥1.45	—
全铁质量分数/%	≥11.0	≥19.0	≥11.0	≥19.0
还原性物质(以 Fe^{2+} 计)质量分数/%	≤0.10	≤0.15	≤0.10	≤0.15
碱化度/%	8.0～16.0	8.0～16.0	8.0～16.0	8.0～16.0
不溶物质量分数/%	≤0.3	≤0.5	≤0.3	≤0.5
pH 值(1% 水溶液)	2.0～3.0	2.0～3.0	2.0～3.0	2.0～3.0
镉(Cd)质量分数/%	≤0.0001	≤0.0002	—	—
汞(Hg)质量分数/%	≤0.00001	≤0.00001	—	—
铬[Cr(VI)]质量分数/%	≤0.0005	≤0.0005	—	—
砷(As)质量分数/%	≤0.0001	≤0.0002	—	—
铅(Pb)质量分数/%	≤0.0005	≤0.001	—	—

与其他无机絮凝剂相比，聚合硫酸铁具有的特点主要有：絮凝性能优良，矾花密实，沉降速度快；由于不含铝、氯元素及重金属离子等有害物质，亦无铁离子的水相转移，故使用安全可靠，对环境无毒无害，不会造成二次污染；不仅可以显著去除水中 COD、BOD，还具有较强的除浊、脱色、脱油、脱水、除菌、除重金属、除臭、除藻能力，净水效果好，出水水质佳，对微污染、含藻类、低温低浊原水净化效果显著，尤其是对高浊度原水的净化效

果更佳；适于采用聚合硫酸铁的水体 pH 值范围较宽（一般为 4～11，最佳 pH 值为 6～9），故适用范围广，并且净化前后的原水 pH 值与总碱度变化幅度小，不会造成过于严重的设备腐蚀；投药量少，成本较低，处理费用一般可节省 20％～50％。

聚合硫酸铁使用方法与硫酸铁相似。

根据混凝过程中水力条件和形成矾花的状况，可以将整个混凝过程分成凝聚、絮凝、沉降 3 个阶段。

在凝聚阶段，药液注入絮凝池与原水快速絮凝，在极短时间内形成微细矾花，此时水体变得更加浑浊。该阶段要求水流能产生激烈的湍流。烧杯实验中宜快速（250～300r/min）搅拌 10～30s，一般不超过 2min。

在絮凝阶段前一阶段微细矾花不断地成长变粗。该阶段要求适当的湍流程度和足够的停留时间（10～15min），至后期可观察到大量矾花聚集缓缓下沉，形成表面清晰层。进行烧杯实验时，先以 150r/min 左右的速度搅拌约 6min，再以 60r/min 左右的速度搅拌约 4min 至呈悬浮态。

而沉降阶段是在沉降池中进行的絮凝物沉降过程。该阶段要求水流缓慢，为提高效率一般采用斜管（板式）沉淀池，并且最好采用气浮法对絮凝物进行分离，大量的粗大矾花被斜管（板）壁阻挡而沉积于池底，上层水为澄清水，剩下的粒径小、密度小的矾花一边缓缓下降，一边继续相互碰撞结大，至后期余浊基本不变。其烧杯实验的操作流程是，先以 20～30r/min 的速度慢慢搅拌 5min，然后静沉 10min。

d. 聚合氯化铁（PFC）。又称碱式氯化铁，固态产品为棕褐色、红褐色粉末，极易溶于水，而液态产品为褐色或黑褐色透明液体。

聚合氯化铁的水解速度快，水合作用弱，形成的矾花密实，不但沉降速度快，受水温变化影响小，还可以满足在流动过程中产生剪切力的要求，能有效去除原水中的铝离子以及铝盐混凝后水中残余的游离态铝离子。聚合氯化铁的适用范围广，可用于生活饮用水、工业用水、生活用水净化，而且在生活污水方面以及石化、印染、造纸、制革、冶金、电力、洗煤、食品等工业废水上也得到了广泛应用，一般用于污水处理、油水分离以及油田回注水的净化等。特别是对有浊度的原水、工业废水的处理优于其他絮凝剂，对水中各种有害元素都有较高的去除率，COD 去除率达 60％～95％，且具有用药量少、处理效果好的特点，比其他絮凝剂节约 10％～20％费用。

e. 聚合硫酸氯化铁铝。铝盐和铁盐的共聚物不同于两种盐的混合物，它是一种更有效地综合了铝盐和铁盐的优点，增强了去浊效果的絮凝剂。而且生产原料廉价，生产工艺简单，有利于开发利用。其中，聚合硫酸氯化铁铝（PAFCS）有效铁铝含量（Al_2O_3 + Fe_2O_3）大于 22％，产品吸湿性强。在饮用水及污水处理中，有着比明矾更好的效果；在含油废水及印染废水中 PAFCS 比 PAC 的效果更优，且脱色能力也优；絮凝物密度大、絮凝速度快、易过滤、出水率高；其原料均来源于工业废渣，成本较低，适合工业水处理。

② 阴离子型无机高分子絮凝剂。阴离子型无机高分子絮凝剂主要指聚硅酸（PSAA）絮凝剂，是一种新型的无机高分子絮凝剂。此种絮凝剂虽然稳定性差，但具有较高的分子量和较长的分子链，在结构上类似有机高分子絮凝剂，具有较强的吸附、架桥和卷扫作用，絮凝效果良好，对油田稠油采出水的处理具有更强的除油能力。同时，聚硅酸絮凝剂具有原料来源广泛、制备方法简便、生产成本低廉、使用无毒无害等优点，引起了水处理界的极大关注，成为国内外无机絮凝剂研究的一个热点，具有极大的开发价值及广泛的应用前景。

③ 复合型无机高分子絮凝剂　复合型无机高分子絮凝剂是以聚硅酸与无机铁铝盐絮凝剂为原料进行复合，从而制备出的一系列性能稳定的新型无机高分子絮凝剂。聚硅酸与无机铁铝盐絮凝剂之间具有协同增效作用，因此此类絮凝剂既能发挥聚硅酸的优势，又能弥补铝铁絮凝剂自身的不足，改善了絮凝效果。此外，无机絮凝剂中引入阴离子如硫酸根离子、磷酸根离子也能起到增聚作用，提高絮凝效果。

复合型无机高分子絮凝剂主要包括聚硅铝絮凝剂、聚硅铁絮凝剂、聚硅铁铝絮凝剂、聚合铝铁絮凝剂等。

人们发现高度聚合的硅酸与金属离子一起可产生良好的絮凝效果，将金属离子引到聚硅酸中，得到的聚硅酸硫酸铁（PFSS）絮凝剂其平均分子量高达 2×10^5，有可能在水处理中取代部分有机合成高分子絮凝剂。

聚硅酸铁（PSF）絮凝剂它不仅能很好地处理低温低浊水，而且比硫酸铁的絮凝效果有明显的优越性，如用量少，投料范围宽，矾花形成时间短且形态粗大易于沉降，可缩短水样在处理系统中的停留时间等，因而提高了系统的处理能力，对处理水的 pH 值基本无影响。

总体而言，与有机絮凝剂相比，无机絮凝剂形成的矾花大小和强度均较小，适用于板框脱水方式的前处理。近几年，带式脱水和离心脱水逐渐成为主流脱水工艺，而这两种工艺均对矾花大小和矾花强度有要求，致使有机絮凝剂开始取代无机絮凝剂应用于污泥脱水过程。而且，与采用有机絮凝剂相比，无机絮凝剂用量更大。脱水后，污泥中无机组分的含量增加会提高后续处理的成本。无机絮凝剂一般都有适宜使用的 pH 值范围和离子强度范围。在无机化学药剂使用过程中，常需要添加一定量的苛性物质如石灰等，以便调节污泥的 pH 值、硬度，并在污泥脱水过程中形成能承受高压的骨架结构，为污泥的机械处理提供脱水通道。更重要的是，Al^{3+} 对环境污染和人体健康的危害受到越来越多的关注。因此，以上因素共同限制了无机絮凝剂的使用。

（2）有机絮凝剂

由于无机絮凝剂在应用过程中存在多种限制因素，促使有机絮凝剂自 1960 年开始投入使用以来就获得了迅速发展，逐渐取代无机絮凝剂应用于污泥脱水和浓缩过程，目前已逐步占领了污泥絮凝剂 90% 以上的市场份额。有机絮凝剂指能产生絮凝作用的天然的或人工合成的有机分子物质。其中，天然有机絮凝剂为蛋白质或多糖类化合物，如淀粉、蛋白质、动物胶、藻朊酸钠、羧甲基纤维素钠等；合成有机絮凝剂有聚丙烯酰胺、聚丙烯酸钠、聚乙烯吡啶盐、聚乙烯亚胺等。有机絮凝剂都是水溶性线性高分子物质，其链状分子可以产生黏结架桥作用，分子上的荷电基团对胶团的扩散层起电中和压缩的作用。有机絮凝剂在水中大部分可电离，为高分子电解质。根据其可离解的基团特性，有机絮凝剂可分为阴离子型、阳离子型、非离子型及两性型等。

与无机絮凝剂相比，达到同样效果，有机絮凝剂添加量较少，不会改变泥饼和滤液的pH 值；使用有机絮凝剂不会增加污泥泥饼的无机物含量而降低其燃烧热值，因而有利于采取污泥焚烧的最终处置方式；同时，可以迅速形成高强度的大矾花，在脱水过程中可以得到更高的固体回收率，并产生高固体含量的泥饼。

无机絮凝剂类型和结构较为单一，而有机絮凝剂则较复杂，可以分为许多具有不同化学组成、有效官能团的不同类型。其中，有机高分子絮凝剂因其较强的亲水性能和对污泥胶体粒子表现出来的较强的黏合力，使它既可以溶于水相，又能被吸附到污泥胶体颗粒表面。非离子型、阴离子型和阳离子型高分子絮凝剂在水溶液中基本能保持各自的化学性质，但当溶液中的 pH 值改变时，其离子性能可能也会随之发生变化。例如，非离子型聚丙烯酰胺中的酰氨基在碱性溶液中会发生水解反应，生成阴离子型的聚丙烯酰胺。另外，除分子重复单元的化学组成外，整体几何构型也会对其絮凝性能产生很大的影响。其中，决定分子构型的主要因素是带电单元在分子中的位置和电荷量大小，同时带电单元之间存在的斥力作用也有利于有机高分子絮凝剂分子的线性展开。目前常用有机高分子絮凝剂种类如表 3-3 所列。

表 3-3　常用有机高分子絮凝剂的种类[1~3]

聚合度	离子型	絮凝剂名称
低、中聚合度 （分子量为 1000～ 数十万）	阴离子型	藻朊酸钠（SA）、羧甲基纤维素（CMC）等
	阳离子型	水溶性苯胺树脂、聚硫脲、聚乙烯亚胺、阳离子化氨基树脂、苯胺树脂盐酸盐等
	两性型	动物胶、蛋白质等
	非离子型	淀粉、水溶性蛋白、水胶、水溶性尿素树脂等
高聚合度（分子量为 1×10^6～1×10^7）	阴离子型	水解聚丙烯酰胺、聚丙烯酸钠、聚苯乙烯磺酸、羧甲基 F691 等
	阳离子型	聚丙烯氨基阳离子变性物、聚乙烯吡啶盐、聚乙烯亚胺等
	非离子型	聚丙烯酰胺、聚氧化乙烯、环氧乙烷聚合物、聚乙烯醇等

有机絮凝剂在污泥脱水中的应用越来越普遍，但影响其性能及应用的因素却很多，如絮凝剂用量，当用量过少时，不足以使污泥形成絮团，脱水效果不好；用量过大时会起分散作用，絮体不结实，也不利于污泥脱水。此外，pH 值、分子量、阴阳离子度以及絮凝剂混合搅拌机转速等也会影响有机絮凝剂的脱水效果，对各个因素及其对脱水效果的影响进行深入研究将是今后有机絮凝调理的主要课题。

常用于污泥脱水处理的有机絮凝剂主要有天然高分子改性型絮凝剂和合成型有机絮凝剂两大类。

1）天然高分子改性型絮凝剂　天然高分子改性型絮凝剂主要是指以天然高分子链为主链，运用各种聚合方法接枝上丙烯酰胺类物质，并引入阳离子基团等从而实现改性处理的絮凝剂，主要包括藻朊酸钠、羧甲基纤维素等纤维素衍生物、羧甲基淀粉等水溶性淀粉衍生物、改性植物胶 CGA 等植物胶衍生物、壳聚糖衍生物以及蛋白质的衍生物等。天然高分子改性型絮凝剂一般属于无毒性产品，适于用作饮用水源水和食品行业等强化固液分离助剂。

其中最有发展潜力的是水溶性淀粉衍生物、纤维素接枝共聚物和多聚糖改性絮凝剂。这类絮凝剂不但有利于原材料的充分利用，工艺简单，反应条件温和，适应能力强，絮凝性能好，价格低廉，而且一般属于无毒性产品，还可实现二次降解，从而避免了对环境的二次污染，适于作为饮用水处理和食品行业等强化固液分离助剂。

目前，国外在这方面的研究较多，如 Cai 等以高锰酸钾为引发剂，用淀粉或微晶态纤维素作为主链，与丙烯酰胺接枝共聚，进行共聚物水解后与烷基氨基甲醇反应，最终成功制得一种絮凝性能良好的絮凝剂。

2）合成型有机絮凝剂　随着污泥脱水絮凝剂合成技术的发展，合成型絮凝剂的品种也越来越繁多，是目前市政污水处理厂污泥处理主要使用的有机絮凝剂。合成型絮凝剂的分类方法很多，按其合成方法，可分为溶液聚合、乳液聚合、反相乳液聚合和分散聚合等；按可离解基团电离出的电荷类型，可分为非离子型、阴离子型、阳离子型和两性型；按产品规格，可分为粉末状、粒状、球状和薄片状。其中，以电荷类型为原则的分类方法较为常用，其技术指标对比情况如表 3-4 所列。

表 3-4 各类合成型絮凝剂技术指标

有机絮凝剂	外观	分子量/×10⁴Da	含固量/%	离子度或水解度/%	残余单体/%	使用范围
阴离子型有机絮凝剂	白色颗粒	300～2200	≥88	水解度 10～35	≤0.1	水的 pH 为中性或碱性
阳离子型有机絮凝剂	白色颗粒	500～1200	≥88	离子度 5～80	≤0.1	带式机离心式压滤机
非离子型有机絮凝剂	白色颗粒	200～1500	≥88	水解度 0～5	≤0.1	水的 pH 为中性或碱性
两性型有机絮凝剂	白色颗粒	500～1200	≥88	离子度 5～50	≤0.1	带式机离心式压滤机

由于阳离子型絮凝剂可中和污泥颗粒携带的负电荷从而使其絮凝沉淀，因此阳离子型絮凝剂的脱水效果更好，成为主流的污泥处理絮凝剂，而阴离子型、非离子型絮凝剂脱水性能较差，故实际应用也相应较少。随着人们对不同种类的阳离子型絮凝剂脱水性能的深入研究。处理污泥所用的阳离子型絮凝剂也逐渐由单一的阳离子均聚物转向几种阳离子单体的共聚物或它们的复合物，如采用阳离子纤维素衍生物和含季铵基的阳离子型絮凝剂共同处理污泥。采用共聚物或复合型絮凝剂可以有效地提高脱水效率，其原因可能是不同结构的阳离子基团，吸引负电荷的能力不同，因此，合成型阳离子型絮凝剂以其多重的阳离子基团有效地吸附带电量不同的各类污泥粒子，从而改善了絮凝、脱水的效果，此外，絮凝剂成本也得以降低。

在合成的高分子絮凝剂产品中，聚丙烯酰胺（PAM）及其衍生物占绝大部分。此外，聚乙烯亚胺、聚苯乙烯磺酸、聚乙烯吡啶等均有一定的市场应用份额。

① 聚丙烯酰胺

Ⅰ. 聚丙烯酰胺的性质及应用。聚丙烯酰胺（PAM）为水溶性高分子聚合物，不溶于大多数有机溶剂，可以降低液体之间的摩擦阻力。颗粒状聚丙烯酰胺的目数为 20～80 目，即其粒径大小在 0.2～0.85mm 之间，而粉状聚丙烯酰胺的粒径更小，可控制在 100 目左右，目数越大，就越容易溶解。

PAM 具有絮凝性、黏合性、降阻性、增稠性等特性。絮凝性指 PAM 能使被絮凝物通过电中和、架桥吸附作用，产生絮凝效果。黏合性指 PAM 能通过机械、物理和化学作用，起黏合作用。降阻性指其能有效地降低流体的摩擦阻力，例如水中加入微量 PAM 就能达到 50%～80% 的降阻效果。增稠性指 PAM 在中性和酸性条件下均具有增稠作用，PAM 呈半网状结构时，增稠将更明显。而当 pH 值在 10 以上时，PAM 则较易水解。

相应的，PAM 的水净化原理也主要包括絮凝作用、吸附架桥、表面吸附和增强作用这几方面的作用。由于 PAM 具有良好的絮凝性，因此国内外在 PAM 方面的研究进展和应用很快，PAM 已成为目前市场上产量最大、应用最广泛的产品，约占整个高分子絮凝剂产量的 80%。在我国，PAM 年产量相当巨大，将近万吨。污泥含固量高时，PAM 的用量也较大，一般为污泥量的百万分之一至百万分之二。PAM 一般都需配制成 0.1%～0.5% 的稀释溶液备用，在使用之前还需要近一步稀释成 0.01%～0.05% 的溶液，可以更有助于絮凝剂在悬浮体系中的分散，降低用量，而且絮凝效果更好。

PAM 可以应用于各种污水处理（针对生活污水处理使用聚丙烯酰胺一般分为两个过程：一是高分子电解质与粒子表面的电荷中和；二是高分子电解质的长链与粒子架桥形成絮团）。絮凝的主要目的是通过加入 PAM 使污泥中细小的悬浮颗粒和胶体微粒聚结成较粗大的絮团。随着絮团的增大，沉降速度逐渐增加。从而可以更好地通过压滤机压泥，进而达到环保处理的要求，干泥外运进行焚烧处理。PAM 为分子量几百万至几千万的高分子水溶性有机聚合物，可在颗粒间形成更大的絮体及由此产生巨大的表面吸附作用。在污泥脱水处理工艺中，应根据污泥的具体性质选用相应型号的 PAM 对污泥进行絮凝。

使用过程中应注意以下几个方面。

a. 应保持适宜的絮团大小。絮团太小会影响排水的速度，絮团太大会使絮团约束较多水而降低泥饼含固量。经过选择聚丙烯酰胺的分子量能够调整絮团的大小。

b. 絮团应具有足够的强度。应保证絮团在剪切作用下稳定而不破碎。絮团强度的提高可以通过增加聚丙烯酰胺分子量或者选择适宜的分子构造。

c. 选择具有适宜离子度的聚丙烯酰胺。针对脱水的污泥，经过小试，选择不同离子度的絮凝剂。既能够获得最佳絮凝剂效果，又可减少加药量，节约成本。

d. 良好的溶解度。溶解良好才能充分发挥聚丙烯酰胺的絮凝作用。

Ⅱ. 聚丙烯酰胺的类型。聚丙烯酰胺主要是由人工合成的，种类繁多。按照分子量的大小，可分为超高分子量聚丙烯酰胺、高分子量聚丙烯酰胺、中分子量聚丙烯酰胺和低分子量聚丙烯酰胺四类。按离子特性的差异进行分类，聚丙烯酰胺又可分为阴离子型聚丙烯酰胺、阳离子型聚丙烯酰胺、非离子型聚丙烯酰胺和两性型聚丙烯酰胺四类。一般而言，阳离子型聚丙烯酰胺常用于有机污泥或强碱性污泥的净化处理，而对于无机污泥则通常会采用阴离子型聚丙烯酰胺絮凝剂进行处理，处理强酸性污泥时也不宜采用阴离子型聚丙烯酰胺。

a. 阳离子型聚丙烯酰胺。阳离子型聚丙烯酰胺（CPAM）分子量一般为 800 万～1200万，分子式见图 3-1。

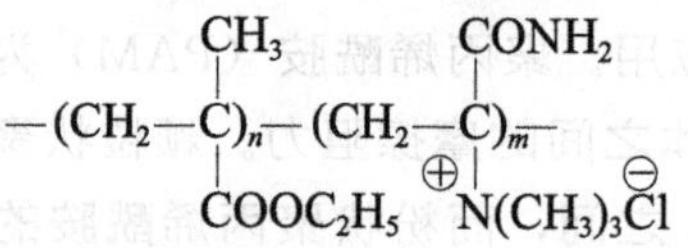

$$-(CH_2-\underset{\underset{COOC_2H_5}{|}}{\overset{\overset{CH_3}{|}}{C}})_n-(CH_2-\underset{\underset{\overset{\oplus}{N}(CH_3)_3Cl^{\ominus}}{|}}{\overset{\overset{CONH_2}{|}}{C}})_m-$$

图 3-1　阳离子型聚丙烯酰胺分子式

CPAM 外观呈现白色粉粒状，对水溶液介质中的各种悬浮微粒都有极强的絮凝沉降效能，广泛用于增稠、粘接、增黏、絮凝、稳定胶体、减阻、阻垢、凝胶、成膜等方面，是目前应用最广、效能最高的高分子絮凝剂，用于处理电厂用水、工业用水、工业废水及市政污水的絮凝澄清净化处理。由于 CPAM 具有高聚合物电解质的特性，适用于净化处理那些带有负电荷的胶体溶液以及富含有机物的污水和污泥。

CPAM 的一般制备流程为：首先采用氧化还原反应体系、偶氮化合物和辅助引发剂组成的复合引发体系，以丙烯酰胺（AM）与丙烯酰氧乙基三甲基氯化铵（或 DMC、DMAAC）为原料，通过水溶液自由基共聚合，合成 CPAM。在反应器内加入一定量的丙烯酰胺、丙烯酰氧乙基三甲基氯化铵、尿素和去离子水，搅拌均匀后，用 2mol/L 的 H_2SO_4 调节 pH 值至要求值，通入 N_2 鼓泡 30min，加入一定量的 $(NH_4)_2S_2O_8$、$CH_3NaO_3S \cdot 2H_2O$ 和偶氮类化合物引发聚合反应，当反应液黏稠时停止通 N_2，继续反应 2h 后得到白色透明胶体，将胶体于 60℃下干燥至恒重，粉碎，即得阳离子型聚丙烯酰胺絮凝剂。

b. 阴离子型聚丙烯酰胺。阴离子型聚丙烯酰胺（APAM）外观为白色粉粒，分子量在600 万～2500 万范围内，其化学分子式如图 3-2 所示。

阴离子

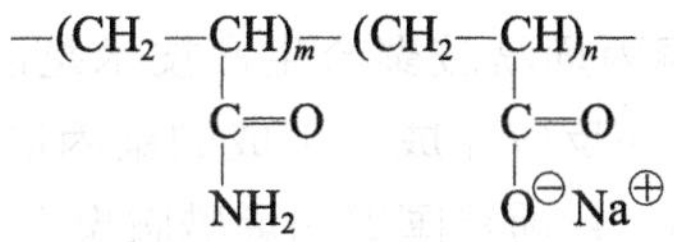

$$-(CH_2-CH)_m-(CH_2-CH)_n-$$
$$\quad\quad\quad\;\; C=O \quad\quad\quad\;\; C=O$$
$$\quad\quad\quad\;\; NH_2 \quad\quad\quad\;\; O^{\ominus}Na^{\oplus}$$

图 3-2　阴离子型聚丙烯酰胺

APAM 与 CPAM 类似,同样属于水溶性的高分子聚合物,不溶于有机溶剂,但水溶解性很好,能以任意比例溶解于水。该类絮凝剂的适用 pH 值为 7～14,在中性及碱性介质中具有高聚物电解质的特性,对盐类电解质敏感,易与高价金属离子交联成不溶性凝胶体。由于其分子链中含有一定数量的极性基团,故能吸附悬浮液中的固体粒子,其通过粒子间架桥或电荷中和使悬浮液中粒子凝聚成质量和体积均较大的絮凝物,从而促进了粒子的沉降,加快了溶液的澄清。而且,APAM 性能稳定,具有黏度高、韧性强、易燃无(少)烟、燃烧无异味、无毒等特点,对环境无污染,可满足绿色环保方面对产品的要求。

APAM 以其显著的优越性在多个行业得到了大规模应用,目前主要用于工业废水的絮凝沉淀及脱水处理,在市政污水处理、高浊度水净化、河水泥浆沉降、饮用水澄清和净化处理方面亦得到了普遍应用,并达到了非常显著的絮凝和处理效果。一般投加量是无机絮凝剂的 1/50,但效果是无机絮凝剂的几倍。

c. 非离子型聚丙烯酰胺。非离子型聚丙烯酰胺(NPAM)分子量一般为 800 万～1500 万,是具有高分子量的低离子度的线性高聚物。它具有絮凝、分散、增稠、粘接、成膜、凝胶、稳定胶体的作用。NPAM 适用于悬浮颗粒较粗、浓度高、带阳离子电荷、水的 pH 为中性或碱性的污水。当悬浮性污水显酸性时,采用 NPAM 起吸附架桥作用,使悬浮的粒子产生絮凝沉淀,达到净化污水的目的。尤其是和无机絮凝剂配合使用,在水处理中效果最佳。

NPAM 已在自来水净化领域得到了实际应用,并实现了很好的处理效果,在钢铁厂废水、冶金废水、洗煤废水等工业废水的处理方面也得到了广泛运用,同时该类絮凝剂对钻井泥浆、废泥浆有显著的净化处理效果。

d. 两性型离子聚丙烯酰胺。两性型高分子絮凝剂是由乙烯酰胺和乙烯基阳离子单体、丙烯酰胺单体水解共聚而成,是高分子链节上同时含有正、负两种电性电荷基团的两性离子不规则水溶性聚合物。适用于处理带有不同电荷的污染物,该类絮凝剂具有 pH 值适应范围宽、抗盐性好、絮凝沉降脱水能力强等优点。

Ⅲ. 聚丙烯酰胺合成技术。虽然完全聚合的聚丙烯酰胺没有毒性,但其聚合单体丙烯酰胺却具有强烈的神经毒性,并且还是强致癌物,所以其生产使用过程中单体的残留问题给环境造成的二次污染以及对人类健康造成的威胁仍应引起人们的重视。一般来说,聚丙烯酰胺合成途径有以下 3 条[1]。

a. 丙烯酰胺单体生产技术。丙烯酰胺单体生产时以丙烯腈为原料,在催化剂作用下水合生成丙烯酰胺单体的粗产品,经闪蒸、精制后得精丙烯酰胺单体,反应后滤去催化剂,回收未反应的丙烯腈。此单体即为聚丙烯酰胺的生产原料。以其为原料,利用各种聚合方式得到不同分子量及不同形态的聚丙烯酰胺,通过 Mannich 反应进行胺甲基化反应,再通过季铵化反应得到阳离子型聚丙烯酰胺。该法工艺流程简单,丙烯酰胺的选择性和收率可达 98% 以上。这种得到聚丙烯酰胺的合成途径的缺点是 Mannich 反应中引入了甲醛等容易残留在聚合物中的杂质物质,降低了聚合物的纯度和质量,而且不易对反应得到的聚合物的阳离子度进行把握和控制。该法工艺流程为:

丙烯腈＋（水催化剂/水）→水合→丙烯酰胺粗品→闪蒸→精制→精丙烯酰胺

b. 聚丙烯酰胺聚合技术。聚丙烯酰胺聚合生产技术是以丙烯酰胺水溶液为原料，在引发剂的作用下，进行聚合反应，在反应完成后生成的聚丙烯酰胺胶块经切割、造粒、干燥、粉碎，最终制得聚丙烯酰胺产品。目前我国聚丙烯酰胺聚合用的引发剂有无机引发剂、有机引发剂和无机-有机混合体系3种类型。关键工艺是聚合反应，在其后的处理过程中要注意机械降温、热降解和交联，从而保证聚丙烯酰胺的分子量和水溶解性。该法工艺流程为：

丙烯酰胺＋水（引发剂/聚合）→聚丙烯酰胺胶块→造粒→干燥→粉碎→聚丙烯酰胺产品

聚丙烯酰胺生产技术除了单元操作外，在工艺配方上还有较明显的差别，比如目前生产超高分子量聚丙烯酰胺的生产工艺，同样是低温引发，就有前加碱共水解工艺和后加碱后水解工艺之分，两种方法各有利弊，前加碱共水解工艺过程简单，但存在水解传热易产生交联和分子量损失大的问题，后加碱后水解虽然工艺过程增加了，但水解均匀不易产生交联，对产品分子量损失也不大。

c. 接枝共聚生产技术。接枝共聚是指大分子链上通过化学键结合适当的支链或功能性侧基，从而将两种性质不同的聚合物接枝在一起，形成性能特殊的接枝物的反应。所形成的产物称作接枝共聚物，性能取决于主链和支链的组成、结构、长度以及支链数，例如如果接枝物支链长，则其性质类似共混物，若支链短而多，接枝物的性质则类似无规共聚物。

其反应过程为：首先要形成活性接枝点，各种聚合的引发剂或催化剂都能为接枝共聚提供活性种，而后产生接枝点。当活性点处于链的末端时，聚合后将形成嵌段共聚物；而当活性点处于链段中间时，聚合后方能形成接枝共聚物。目前，聚合物的接枝改性技术已成为扩大聚合物应用领域，改善高分子材料性能的一种简便易行、科学高效的方法。

② 聚乙烯亚胺。聚乙烯亚胺又称聚氮杂环丙烷，分子式为 $(CH_2CHNH)_n$，呈无色或淡黄色黏稠状液体，有吸湿性，溶于水和乙醇，不溶于苯，是一种水溶性高分子聚合物。

聚乙烯亚胺目前较多的用于造纸工业，这主要是由于聚乙烯亚胺有较高的反应活性，能与纤维素中的羟基反应并交联聚合，使纸张产生湿强度，并具有干增强作用，因此可用作未施胶的吸收性纸（如滤纸、吸墨水纸、卫生纸等）的湿强度剂，但其损纸较难处理，而且任何酸、碱和硫酸铝的存在，均将影响其湿强度和留着率。聚乙烯亚胺能加快纸浆滤水，使白水中细小纤维易于絮凝，对酸性染料有较强的结合力，可用作酸性染料染纸时的固色剂。利用聚乙烯亚胺处理玻璃纸，可以使纸减少润湿变形。此外，聚乙烯亚胺还可用于纤维改性、印染助剂、离子交换树脂及凝聚与沉降（金属的捕集、废水处理）等。

在一定条件下，聚乙烯亚胺固体材料可以大量吸收潮湿空气中的二氧化碳，不但可以永久地将二氧化碳封存在聚乙烯亚胺固体材料中，也可以将其分离出来用于其他领域。分离过程简单方便，因此聚乙烯亚胺能够重复使用，且始终保持超高吸收效能。

3.2.1.3 化学药剂联用

几种常用化学絮凝剂的适用范围、使用量、处理效果各有不同，单独使用一种絮凝剂容易出现投加量过大导致脱水效果急剧下降，而对絮凝剂进行合理的联用则可避免这种情况的发生。几种常用化学絮凝剂的应用状况如表3-5所列。

表 3-5　几种常用化学絮凝剂的应用状况[2]

絮凝剂	铝盐	铁盐	聚丙烯酰胺
应用范围	生活饮用水为主	饮用水、工业用水	工业用水、特种污水、污泥

絮凝剂	铝盐	铁盐	聚丙烯酰胺
用量/(mg/L)	5～20	5～200	0.5～10
处理效果	好	较好	优
环境影响	富集毒性,在环境中积累	难生物降解,在环境中积累单体	有毒性,难生物降解,沉淀物污染环境

由于药剂的联用比单一药剂调理所取得的效果要好,因此近年来逐渐引起了国内外研究人员的关注,并开展了大量的研究。

日本专利 JP58-51988 和 JP56-16599 分别用一种无机絮凝剂(聚合硫酸铁)加入一种高分子有机絮凝剂,以及无机絮凝剂中加入两性型高分子絮凝剂的方法来对污泥进行絮凝脱水处理。此外,日本的另一项专利 JP11-156400 开发了一种新的污泥脱水剂,主要成分为一种两性高聚物,是由一种阳离子单体、阴离子单体、一种水溶性非离子单体和一种溶解度不超过 1g 的疏水性丙烯酸衍生物共聚反应制备而成的。

美国专利 US200502300319 发明了一种新型水溶性共聚物,它是由一种水溶性单体与一种端基带有乙烯类不饱和基的聚环氧烷低聚物共聚而成,该聚合物具有极佳的絮凝特性,对各种类型的污泥均有良好的脱水性能,解决了在单体聚合过程中产生的凝胶现象。

LEE 等研究人员对阳离子型有机絮凝剂和非离子型有机絮凝剂联合调理污泥的效果进行了研究。在试验中,先加入阳离子型聚合物,使其吸附在污泥表面并形成初级絮体,然后加入非离子型聚合物,通过水的亲和力和范德华力吸附在之前的初级絮体上,形成更大的絮体。形成的混合聚合物的吸附层更加密集、更加扩展,各类聚合物之间的接触产生了更强的"架桥"作用,从而强化了絮体强度,加强了絮凝作用,改善了脱水效果。

国内的研究人员也分别对利用药剂联用法处理污泥进行了相关研究。章继龙等研究人员利用粉煤灰改善精对苯二甲酸(PTA)对化工废水剩余污泥的性质进行了研究,结果表明,絮凝剂 PAM、粉煤灰与干污泥的最佳投放量(质量比)为 1:125:300,且污泥的絮凝沉降性能和在带式压滤脱水机上的助滤效果得到了有效提高。污泥 30min 沉降比由原来的 98% 下降到 40%,浓缩后的污泥质量浓度由原来的 5g/L 提高到 25g/L,上清液 COD_{cr} 的质量浓度由原来的 1500～2000mg/L 降至 200mg/L 左右,泥饼含水率不大于 85%,产泥量由原来的 30～50kg/h 增加到 1000kg/h。

宋宪强等采用三种常见化学药剂复合配制了新型絮凝剂——FO 絮凝剂,并通过污泥沉降性能和过滤性能试验,确定了其中三种药剂的最佳投配比例为 1:2:0.05,而且当固体药剂质量占干污泥质量的比例为 9.15% 时,可使污泥的比阻值由 $2.03 \times 10^9 \, s^2/g$ 下降到 $0.29 \times 10^9 \, s^2/g$,脱水性能得到了很大的提高。由随后的中试结果,在投加最佳配比的 FO 絮凝剂时,污泥经压滤脱水后的泥饼含水率可降低到 73.21%,固体回收率接近 95%,而湿泥的药剂处理费用仅为 1.95 元/t。

综上所述,尽管化学调理工艺已经引起了国内污泥处理处置领域的重视,研究人员亦开展了一系列化学调理剂的改进和开发工作,但是一些问题仍然存在,有待深入探索,主要集中在以下几方面。

① 目前,国内在调理工艺对污泥脱水性能方面的研究较多,并且取得了相当多的研究成果,但在调理工艺对改善污泥的再利用性能方面则研究较少,应大力开展此类研究,以提高脱水污泥的再利用性能,促进其大规模的资源化利用,并拓宽其应用领域。

② 相当数量的有机高分子调理剂的生产原料的单体有毒，会对生态环境造成污染，给人类健康带来威胁。然而，国内在调理剂、脱水污泥、污泥脱水滤液等因素对生态环境和人类健康造成影响的重视不够。今后，应加强对调理剂安全性的研究工作，降低其在生产和使用过程中的危害性，削弱其对最终污泥产品的负面影响。

③ 一些高分子絮凝剂对污泥的调理效果好，但是价格昂贵，经济适用性差。而目前较为常用的低成本调理剂，由于要达到较高的调理效果，在使用过程中往往需要较大的投加量，可能会对脱水污泥的后续处理处置和资源化利用造成影响，并且可能带来潜在的环境危害。

④ 目前，国内在化学调理剂联用以提高污泥脱水性能方面的基础性研究较多，但是对化学调理剂联用时的组合和配比等与生产实践联系紧密的问题却相对研究不多，难以为实际生产提供理论指导和技术支撑，致使在实际的生产使用过程中，调理剂联用一般采用经验性的组合和配比数值，进而影响了调理效果。

3.2.2 物理调理技术

物理调理泛指通过外加能量或应力以改变污泥性质的方法。传统物理调理主要包括热处理调理法、冷冻熔融调理法和污泥淘洗法。此外，对污泥超声波调理技术、微波调理技术、磁场调理技术以及电离辐射调理技术的研究也在进行中，但目前正处于实验室研究阶段，尚未发展成熟。

3.2.2.1 热处理调理技术

进行污泥热处理调理的原理是污泥中的固体颗粒由亲水性胶体粒子组成，其内部含有大量的水分，通过对污泥加热可加速粒子的热运动，提高污泥胶体粒子之间的碰撞和结合频率，增加了胶体粒子间相互凝聚概率，而且，加热破坏了污泥胶体结构，进而失稳，释放出大量内部结合水，同时实现污泥粒子的凝聚沉淀，改善污泥脱水性能，提高污泥可脱水程度。另外，污泥中的糖类和脂类等有机物在通常情况下较容易降解，而受到细胞壁保护的蛋白质却不能参与酶水解。但是，热处理会使污泥细胞体在受热的条件下膨胀而破裂，形成细胞膜碎片，同时释放出胞内蛋白质、胶质和矿物质。热处理对于脱水性能很差的活性污泥效果尤其显著。对热处理污泥进行机械脱水后，泥饼含水率可降到30%～45%，泥饼体积减小为单纯施以浓缩和机械脱水得到泥饼的1/4。Haug等的研究表明，相对于无前处理过程的常规消化法，预先经过热处理的污泥再经消化作用，其能量能够减少25%。

在污泥的焚烧与堆肥处置中，热处理比加药处理更为适合。该法适用于初沉池污泥、消化污泥、活性污泥、腐殖污泥及它们的混合污泥。污泥热处理法的主要缺点是污泥分离液浓度很高，回流处理将大大增加污水处理构筑物的负荷，有臭气，设备易腐蚀，需要增加高温高压设备、热交换设备及气味控制设备等，费用很高，这些条件通常限制了热处理法优点的充分发挥，因此难以普及。

污泥热处理法主要分为高温法和低温法两种[1]。其中，高温热处理是指污泥在1.8～2.0MPa的压力条件和180～200℃的高温条件下加热1～2h，使其胶体结构遭到破坏，细胞内水分释放，从而达到改善污泥脱水效果的目的。对预先经过高温热处理的污泥进行浓缩，其含水率可降低至90%以下，如果再通过机械脱水方法进一步处理，含水率可降低到45%～55%范围内。但高温能耗较高，加热处理会导致臭气问题的加剧，增加了尾气处理的技术难度。会使污泥中的有机物质溶出，进而导致分离液COD、BOD浓度升高，色度大，使后续的分离液处理过程提高了复杂程度和处理费用。

而低温热处理对温度的要求较低，一般控制在135～165℃之间，不得高于175℃。采用低温热处理方法时，有机物含量在50％～70％效果较好。较之高温热处理法，污泥采用低温热处理时，能耗较低，且分离液中BOD浓度较低，一般约低40％～50％。锅炉容量可减少30％～40％。污泥经热处理后，不仅脱水性能得以有效改善，臭味和色度明显降低，污泥中可溶性物质的含量也有所提高，有利于污泥消化过程的进行。但当温度升至175℃以上时，将会引起热处理设备的结垢，导致传热效率降低。

高温法和低温法热调质脱水工艺流程如图3-3所示。

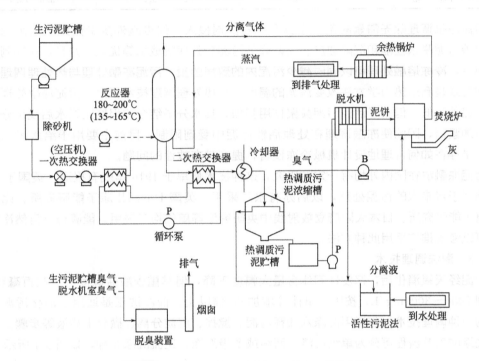

图 3-3　高温法和低温法热调质脱水工艺流程[1]

3.2.2.2 冻融调理技术

冷冻熔融处理法是先将污泥冷冻到−20℃，之后再对其进行加热融化，以提高污泥沉降性能和脱水性能的一种污泥调理方式。大幅度的温度变化使污泥胶体颗粒脱稳凝聚，颗粒失去了毛细状态，同时细胞壁破裂，胶体结构被彻底的不可逆的破坏，细胞内部水分变成自由水分而更易失去，从而有利于污泥颗粒的沉降和脱水的进行。由于细胞壁破裂，胶体性质被彻底改变，即使再用机械脱水或水泵搅拌也不会重新成为胶体，因而污泥颗粒凝聚沉降的速率加快，一般可提高2～6倍，同时过滤产率比与冷冻前相比可提高数十倍，甚至可以不添加絮凝剂而直接进行自然过滤脱水，节省了药剂费用。此外，采用冻融调理还有助于得到较高含固率的脱水污泥，如污泥冻融后再进行真空过滤脱水，得到的泥饼含固率可达30％～50％，而在真空过滤脱水处理前采用化学调理方式得到的泥饼含固率仅为15％～30％。

对不同种类污泥分别采用冻融调理与化学调理进行预处理，其脱水效果见表3-6。

污泥种类	原污泥含水率/%	真空过滤泥饼含水率/%	
		冻融调理后	化学调理后
电镀污泥	92.5～98.2	54.6～69.3	78.7～87.4
酸洗污泥	97.5	47.0	78.3
炼铁污泥	97.2	55.2	85.1
自来水厂污泥	89.8～95.1	47.7～56.2	72.1～88.5
造纸厂污水污泥	95.1～96.2	52.9～65.2	73.8～79.4

表 3-6 污泥冻融调理与化学调理脱水效果对比[1,2,4]

污泥冻融调理除无需絮凝剂，还具有节省药剂投入、促进胞外多聚体集中从污泥中释放、改善污泥脱水性能和沉降速度、大幅降低污泥后处理的成本等优点。并且，在控制良好的情况下，冷冻熔融处理可以同时减少污泥内的致病菌量。污泥冻融处理与热处理调理技术的共同之处是利用热力学方法改变污泥的温度，与热处理调理技术相比，污泥冻融处理的热能消耗显著降低。但由于活性污泥凝聚作用强烈，其水分子结合的程度比脱水后残余分子结合得更加紧密，因此使冻融调理在处理活性污泥中受到限制，目前主要用于给水污泥的调质，但是存在如何合理地设计机械冷冻设备，提高其有效性的问题。

污泥冻融法在国内外均有一定的研究，这种技术最早于 1916 年就有报道，英国于 1961年开始用于自来水的污泥处理，以后亦有水厂采用。英国 Harwell 原子能研究所、比利时Mol 原子能研究所、日本大阪府立放射线中央研究所等单位均有采用。能够进行自然冷冻的地区可以考虑推广采用此种方法。

3.2.2.3 淘洗调理技术

污泥经厌氧消化后，挥发性固体含量大幅度下降，但其重碳酸盐碱度可由数百毫克/升增加到 2000～3000mg/L，按固体量计算增加 60 倍以上。而淘洗正是适用于消化污泥这种特性的一种调理技术，包括用洗涤水稀释污泥、搅拌、沉淀分离、撇除上清液等步骤。

洗涤的工艺流程可分为单级洗涤、两级或多级洗涤、逆流洗涤 3 种，如图 3-4 所示。

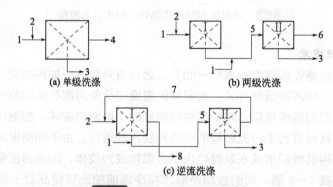

图 3-4 污泥洗涤工艺流程[4]

1—洗涤水；2—消化污泥；3—洗涤后污泥；4—上清液；5—Ⅰ级洗涤后的污泥；
6—Ⅱ洗涤上清液；7—洗涤上清液回流；8—洗涤后上清液至初次沉淀池

该法在污泥加药处理前，用水淘洗污泥，降低消化污泥的重碳酸盐碱度，同时还可洗去部分颗粒很小、相对表面积很大的胶体颗粒。洗涤后污泥的碱度、COD、NH$_3$-N、pH 值也有不同程度的变化，其大致变化情况如表 3-7 所列。

表 3-7　洗涤后污泥的碱度、COD、NH₃-N、pH 值的大致变化情况[1,4]

洗涤次数	1次	2次	3次	洗涤后的水
碱浓度/(mmol/L)	17.6～27.6	9.3～14.3	6.25～7.65	1.67～6.5
COD/(mg/L)	1006～2707	593～1142	439～886	201～394
NH₃-N/(mg/L)	210～322	115.5～199.5	133	59.5～119
pH 值	7.34～8.05	7.25～8.05	7.5～8.05	7.1～8.02

　　淘洗调理技术具有操作简单、节约药剂、提高污泥过滤脱水效率、降低机械脱水运行费用的优点，而且淘洗用水来源范围广，可以是自来水、河水，甚至是污水处理厂出水。

　　但淘洗法也有其不足之处，主要表现在洗涤过程中，会逐渐富集污泥中的有机物微粒，但其中的氮素被洗涤水带走，从而降低污泥肥效，因此当污泥用作土壤改良剂或肥料时不适宜进行淘洗调理，此外该法对经浓缩的生污泥的调理效果也较差。而且淘洗调理需要增设淘洗池及搅拌设备，增加了资金投入和处理成本。鉴于淘洗调理技术的以上缺陷，加之目前高效絮凝剂品种的不断开发，因此淘洗调理法目前已逐渐被淘汰。

3.2.2.4　超声波调理技术[1,3]

　　超声波是指频率为 $2\times10^4\sim10^7$ Hz 的声波，20 世纪 70 年代，人们逐渐认识到超声波在污水和污泥处理中的应用潜力，研究人员开始通过利用超声波提取细胞壁上的聚合物来研究污泥中微生物的表面特性。直到 20 世纪 90 年代，超声波技术被引入污泥处理研究中。超声波处理反应条件温和，污泥降解速度快，应用范围广，并且工艺简单灵活，可与其他技术结合使用，且对环境几乎无任何负面影响。污泥本身的性质如比阻、含水率等对超声波的作用效果会产生影响。通常情况下，一次污泥比较容易脱水。

　　超声波调理污泥的机理主要是基于超声波的空化效应，由于空化效应发生时间极短，仅介于几纳秒至微秒之间，因此气泡内的气体受压后会急剧升温，在其周期性震荡特别是崩溃过程中，会产生很强的流体剪切力，气泡中温度和压力分别激增为极大的瞬态高温和高压，而溶液温度却几乎仍然维持在室温。这种极大瞬态高温和高压条件使气泡内气体和液体界面的介质裂解，从而破坏污泥的絮凝结构而释放出有机物质，并可破坏穴气泡内的化合物，同时产生高活性的自由基（·OH 和 ·H 等），自由基的存在又可促进化合物的分解。超声波频率不同，对污泥沉降性能和脱水性能产生影响的程度也不同。

　　当频率增大时，污泥沉降性能明显下降，滤饼含水率和 VFA（指挥发性脂肪酸）浓度都比较高，而上清液 COD 值有所下降。空化作用随着超声波频率的升高愈加难以发生，一般来说，频率在 10^5 Hz 以内的超声波空化效应比较明显，尤其在 $2\times10^4\sim4\times10^4$ Hz 时发生最为频繁。在高频下，超声波主要发生自由基效应，会使得某些物质发生裂解，可能释放更多的有机酸，所以 VFA 浓度会变大。而且相对于低频作用，在高频下污泥中有机物从固相中转移到液相的难度增加，从而使得上清液中 COD 浓度增加。所以，低频时比高频时脱水性能要好，上清液 COD 值也较低。

　　超声波调理技术具有能量密度高、分解污泥速度快等特点，但是超声波功率以及作用时间的选择会直接影响调理效果。低功率、短时间的超声波调理可改善脱水性能，而高功率、长时间的超声波调理不仅不会改善污泥的脱水性能，反而会对污泥脱水性能有负面影响。有研究表明，在超声波功率为 44W 的条件下，处理时间为 90s 时，污泥脱水效果最好，污泥的含水率可以降至最低，约为 85%，当功率小于 44W 或大于 44W 时，污泥含水率均上升，脱水效果变差。此外，有研究显示，超声波处理和絮凝剂添加方法的协同作用可以显著改善污泥的沉降性能和脱水性能，大幅降低污泥滤饼的含水率。这是因为超声波的作用导致了聚合电解质内部结构的变化，缩短了空间链结构，这并不改变其分子量，而且这些短链比长的支链更有效，这些变化都加强了电解质对污泥的活性。因此，用超声波可以大大减小絮凝剂的用量，换句话说，加入絮凝剂可以强化超声波处理效果，对污泥脱水有一定的帮助，但在超声波功率为 44W 时几乎无影响。因此，选用合适功率的超声波，就可以少加或者不加絮凝剂，缩减投入药剂成本。

超声波可以使污泥中的有机物从固相中转移到液相中，这种作用在一定范围内与时间成正比。一般来说，超声作用时间越长，污泥释放的有机物越多，大多数释放的有机物是被污泥絮凝物和隐藏在污泥微生物内的细胞外聚合物吸附的有机胶体。然而吸附后的胞外聚合物的大量损失不利于形成新的絮凝物，悬浮胞外聚合物的增加导致了过滤黏度的上升、上清液中的 COD 提高、沉降性和过滤性的降低，脱水难度也就越大。可见，上清液 COD 的逐渐增大往往伴随着污泥脱水性能的下降。VFA 的变化趋势与 COD 一致，这是因为超声波在释放有机物的同时也将有机酸从固相中转移到液相中，因此液相中 VFA 基本增加，且与 COD 趋势一致。当超声作用时间较短时，COD 和 VFA 的增大并不明显。间歇式处理通常可以改善超声波的生物效应，但是延长了总时间，间歇长短和间歇/连续操作时间比的选择应根据具体情况而定。

除了改变污泥性质，研究表明，超声波还能加快微生物生长，提高其对有机物的分解吸收能力，而且促进效应在超声波停止后数小时内依然存在。

虽然，Mohammed Reza Salsabi、Tiehm A、Xin Feng、X. Yin、杨金美等国内外专家都对该技术进行了相关研究，但该技术在超声波与阳离子聚合电解质的联合应用效果等一些方面还未达成一致意见，需要深入的研究。总而言之，超声波调理技术是改善污泥脱水性能的一种有效的预处理方法，因此其在污泥脱水处理领域将会引起人们越来越多的关注。

3.2.2.5 电离辐射调理

电离现象是电离辐射与物质相互作用的主要物理现象。电离辐射可以使污泥的比阻减少，例如经电离辐射调理的污泥的比阻为经巴氏热处理消毒的污泥比阻的 1/4，大大改善污泥的工艺性能，特别是对污泥的过滤性能和脱水性能有相当显著的改善效果。其作用机理主要是污泥胶粒所带的负电荷，由于重带电粒子辐射减少，因此使污泥的比阻减少，从而提高了污泥的过滤性能和脱水性能。

早在 20 世纪 60～70 年代国外就开始着手这方面的研究，经过几十年的研究和发展，电离辐射调理污泥技术已经比较成熟，处理费用也较低，德国、日本等发达国家还建立了工业化生产装置，目前运行良好。但是电离辐射调理的处理装置一次性投资比较大，而且由于存在核辐射，因此对安全装置的要求高。尽管如此，电离辐射技术作为一项效果显著的污泥调理技术仍值得参考借鉴。

3.2.2.6 磁场调理

磁场对胞外聚合物（EPS）也有影响，能显著改善污泥的脱水性能，该结论已通过国内外的研究加以证实。与国外相比，目前国内在磁场调理污泥方面的研究较少，仅有少量报道。

根据国内外的研究结论，磁场形式、磁场强度、磁化时间均对污泥的比阻有影响。在相同条件下，较之垂直磁化，平行磁化条件下的污泥比阻和污泥颗粒表面电极电位降低幅度更大。磁场强度与污泥比阻之间呈非线性关系，污泥比阻不会随磁场强度的增大而降低，而且在不同的磁场强度作用下，比阻随着磁化时间的延长均表现出先降低后升高并不断波动的共性。在较短的磁化时间内，污泥颗粒的电极电位和比阻波动较小，这是因为在磁化初期，污泥菌胶团迅速收缩放出间隙水，污泥颗粒变大，促使污泥比阻迅速降低，此时磁场尚未对污泥颗粒的双电子层产生较大影响，电极电位也没有迅速降低。根据李帅、边炳鑫、周正对原污泥和磁化后污泥性质的对比试验研究，在磁化 30min 时，由于磁场能量的长时间放射，污泥颗粒的双电子压缩电极电位迅速降低，并达到最低值。但是总体而言，该技术在磁场与药剂联用方面还存在很多需要解决的技术问题。

3.2.2.7　微波调理技术

微波调理引入污泥的处理始于 20 世纪 90 年代初，在本质上是加热调理污泥，是从各方向均衡地穿透材料均匀加热，而非仅仅从物质材料的表面开始加热。将污泥进行适宜时间的微波辐射可明显改善污泥的絮体结构和胞外聚合物（EPS）的组分、提高其过滤性能和脱水性能、降低污泥比阻、加快沉降速度、减小污泥沉降比（SV），与未经微波处理的污泥相比，经真空抽滤后的滤饼含水率也明显下降。污泥结构破坏是改善污泥脱水性的重要因素，但过量的微波辐射因破坏了污泥的细胞壁结构，从而导致胞内物质大量溢出，污泥黏度增加，脱水性能反而会恶化。

由于微波穿透介质的深度有限，所以用微波处理污泥时要注意污泥量的控制，同时微波对人体有害，调理时还要注意密封性。尽管微波技术在污泥处置方面的应用尚存在不足与未知，但大量研究已经证明，采用微波技术调理污泥具有加热速度快、热效高、设备体积小、易于控制、节省能量等特点，是一项非常具有发展潜力的污泥调理技术，W. E. Eva、田禹等很多国内外的专家学者也进行了大量的研究，但若要实现工业化应用，尚需进行深入的研究。

3.2.3　生物调理技术

生物调理技术是利用微生物进行污泥调理的技术，是国内外研究的热点，也是将来污泥调理技术的主流发展方向之一。生物调理技术主要包括两类，其中一类为直接利用微生物细胞提取物质和微生物细胞的代谢产物作为微生物絮凝剂。其中，微生物细胞的代谢产物主要是指利用某些微生物在适宜的生长条件（如营养物质、温度等）下，把糖类等转化为糖胺聚糖——微生物胶（即微生物分泌的高分子物质）而得到的一种生物调理剂，因此，这类微生物絮凝剂主要成分为糖蛋白、糖胺聚糖、蛋白质、纤维素和 DNA。另一类为通过特定厌氧消化和好氧消化工艺，实现污泥特性的改变，从而提高浓缩脱水效率。

3.2.3.1　微生物絮凝调理技术

（1）微生物絮凝剂定义及分类

微生物絮凝剂是一类由细菌、真菌等微生物或其分泌物在适宜的温度、pH 值、营养物质等培养条件下，生长到一定阶段而产生的具有絮凝功能的高分子有机代谢产物，例如多聚糖、糖蛋白、糖胺聚糖、蛋白质、纤维素、核酸等高分子化合物，其中以多聚糖和糖蛋白类物质所占比例最大。

从化学成分上讲，微生物絮凝剂主要是微生物代谢产生的具有絮凝活性的蛋白质、多糖类物质，有些絮凝剂中还含有无机金属离子。从空间结构上看，已知的微生物絮凝剂微观立体结构有纤维状结构和球状两种。从来源上看，微生物絮凝剂也属于天然有机高分子絮凝剂，分子量较大，一般在 10^5 以上。

（2）絮凝剂产生菌[5~8]

能产生微生物絮凝剂的微生物种类很多，大量存在于土壤、活性污泥和沉积物中。具有分泌絮凝剂能力的微生物称为絮凝剂产生菌。Butterfield 于 1935 年从活性污泥中筛选得到了最早的絮凝剂产生菌。在对微生物絮凝剂的研究中，比较有代表性的主要有：1976 年，J. Nakamura 等从霉菌、细菌、放线菌、酵母菌等菌种中筛选出了 19 种具有絮凝能力的微生物，其中以酱油曲霉（*Aspergillus souae*）AJ7002 产生的絮凝剂效果最好；1985 年，H. Takagi 用拟青霉（*Paecilomyces* sp. 1-1）生产出了絮凝剂 PF101，对啤酒酵母、血红细胞、活性污泥、纤维素粉、活性炭、硅藻土和氧化铝等具有良好的絮凝效果；1986 年，R. Kurane 等利用红平红球菌（*Rhodococcus erythropolis*）研制成功了微生物絮凝剂 NOC-1，对大肠杆菌、酵母、泥浆水、河水、粉煤灰水、活性炭粉水、膨胀污泥和纸浆废水等均有极好的絮凝和脱色效果，是目前发现的絮凝效果最好的微生物絮凝剂。

（3）絮凝机理

微生物絮凝剂是通过微生物发酵、提取、精制而获得的具有生物分解性和安全性的新型水处理剂。在利用微生物絮凝剂对给水或生活污水、工业废水的处理过程中，若对微生物絮凝剂的净水机理缺乏正确认识，则很可能会造成许多不必要的损失。

由于絮凝反应是多种作用共同产生的结果，形成过程非常复杂，任何某种机理均不能独立解释清楚所有的现象。以下将分别对比较具有代表性的吸附架桥学说、电性中和学说等进行介绍。

1）吸附架桥机理　虽然微生物絮凝剂的种类和性质各不相同，但均可通过离子键、氢键等作用与液体中悬浮的胶体颗粒相结合。由于在低浓度微生物絮凝剂环境中，呈链状结构的微生物絮凝剂可以同时附着在多个胶体微粒的表面，致使由微生物絮凝剂分子与胶体颗粒的结合物之间再通过细胞外聚合物进行搭桥相连，形成一种"胶体颗粒-微生物絮凝剂高分子物质-胶体颗粒"的三维网状聚合物，从而削弱了胶体的稳定性，聚合成较为紧密的絮凝体，并在重力的作用下从液体中沉淀分离出来。这就是利用微生物絮凝剂的吸附架桥作用来实现絮凝的过程。微生物絮凝剂的吸附架桥机理如图 3-5 所示。

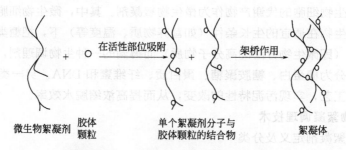

微生物絮凝剂　胶体颗粒　　单个絮凝剂分子与胶体颗粒的结合物　　絮凝体

图 3-5　微生物絮凝剂的吸附架桥机理[9]

在通常情况下，微生物絮凝剂的絮凝效果随着该絮凝剂分子量的增加而加强，即分子量增加，絮凝效率亦随之提高；在架桥的过程中，倘若出现了微生物絮凝剂链段间的重叠，则亦会产生一定的排斥作用，在这种情况下，过高的絮凝剂分子量会削弱架桥作用，并最终降低絮凝剂的絮凝效果。相反，当用微生物絮凝剂处理相反电性的胶体颗粒时，则往往会加大微生物絮凝剂的解离程度，造成絮凝剂电荷密度的增加，有利于微生物絮凝剂分子的扩展，进而增强其架桥作用。例如，Lee 等通过吸附等温线和 ζ 电位的测定研究表明，在利用由环圈项圈藻 PCC-6720 所产生的微生物絮凝剂对膨润土进行絮凝处理的过程中，絮凝机理即是以架桥作用为基础的。

2）电性中和机理　在通常情况下，水体中以絮凝稳定性存在的胶体颗粒带有负电荷，所以当带有一定量正电荷的微生物絮凝剂链状高分子或其水解产物靠近胶体颗粒时，两者各自携带的正负电荷将会相互抵消，从而使胶体颗粒表面电荷密度减小而出现脱稳状态，这时胶体颗粒之间以及胶体颗粒与絮凝剂之间的自由碰撞将会加剧，并在分子间力的作用下充分接近并结合成一个结构紧密的整体，最终在重力作用下从水中沉淀分离出来。因此，在污水处理前需明确微生物絮凝剂和污水胶体颗粒的带电性，两者带有相同电荷时，不仅不能取得理想的絮凝处理效果，还会造成絮凝剂的浪费。

3）卷扫作用机理　"卷扫"主要是一种机械作用，指当投加微生物絮凝剂到一定量且可形成小粒聚体时，可以在重力作用下迅速卷扫、网捕水中胶粒，并产生沉淀而将其从水体中分离，即"卷扫作用"或"网捕作用"。

4）化学反应机理　絮凝效率与温度关系的研究试验显示，在 30℃条件下，微生物的絮凝效率可达到 85.2%；相比之下，在 15℃条件下，却只有 42.1%的絮凝效果。试验研究表明，温度对微生物絮凝剂的作用主要是通过影响其活性基团，进而影响其化学反应，最终起到对微生物絮凝效果的促进或抑制作用。

高分子微生物絮凝剂中存在一定数量的活性基团，其对微生物絮凝过程起着十分重要的作用。研究显示，微生物絮凝剂中的某些活性基团可与胶体表面的相应基团进行化学反应而凝聚成体积较大的颗粒物质，最终在重力的作用下从水体中沉淀分离出来。此外，当对微生物絮凝剂进行一定的改性、处理，使某些活性基团发生添加、减少或是改变，这时微生物絮凝剂的絮凝效果也将会出现很大程度的变化。

总体而言，由于微生物絮凝剂的絮凝过程极为复杂，因此要明确其作用机理，还需要对微生物絮凝剂及胶体颗粒的组成、结构、电荷等方面进行深入研究。

（4）絮凝效果影响因素

从微生物絮凝剂种类的多样性及其在水处理过程中表现出的广谱性作用可以看出，絮凝沉淀的形成是一个极其复杂的过程，故微生物絮凝剂絮凝特性及效果的影响因素有很多，主要包括以下 3 个方面。

1）微生物絮凝剂本身特性的影响　在微生物絮凝剂本身的特性对絮凝效果造成的影响中，絮凝剂的分子量、分子形状与结构及其基团等因素均对絮凝剂的活性有影响而引起絮凝效果的变化。

微生物絮凝剂分子量大小对其絮凝效果的影响很大，在通常情况下，微生物絮凝剂的絮凝效果随着该絮凝剂分子量的增加而提高，所以，当絮凝剂的分子量因蛋白质成分降解而减小后，絮凝活性就会明显下降。通常而言，分子形状呈线性结构的絮凝剂活性较高，而分子中所带支链或支链结构越多，絮凝效果就越差。

微生物絮凝剂的主要成分中含有氨基、羟基、羧基等亲水的活性基团，故其絮凝机理与有机高分子絮凝剂相同，即利用其线性分子的特点起到一种粘接架桥作用而使颗粒絮凝。基团的亲水性越差而疏水性越强，其絮凝活性也就越高，这也就是处于培养后期的絮凝剂产生菌能产生较高活性絮凝剂的原因。

2）胶体颗粒表面电荷的影响　从"架桥作用"理论和"电荷中和"的絮凝机理可知，微生物絮凝剂分子借助离子键、氢键和范德华力的作用同时吸附多个胶体颗粒，从而在胶体颗粒之间产生"架桥作用"，使其形成一种三维网状结构而沉淀，进而从水体中分离出来。由此可见，处理水体中胶体颗粒的表面结构与其所携带电荷的电性均对絮凝效果有重要影响。

3）反应条件的影响　除了微生物絮凝剂本身特性和胶体颗粒表面电荷对絮凝效果的影响以外，絮凝效果还受拟处理水体的 pH 值、温度、微生物培育时期、絮凝剂投加量以及其中所含的阳离子种类和浓度的影响。

在一定的 pH 值范围内，微生物絮凝剂均能表现出良好的絮凝活性，而絮凝活性会随pH 值的变化而变化，因此调理水体的 pH 值可对微生物絮凝剂的处理效果产生一定的促进或抑制作用。这主要是由于酸碱度的变化会对微生物絮凝剂及其胶体颗粒表面的带电性、带电状态及其中和电荷的能力造成影响。同种微生物絮凝剂处理不同的胶体颗粒时，要求的pH 初始值不同，并且 pH 值的变化对不同微生物絮凝剂的影响程度也有差异。

温度对微生物絮凝剂产生作用主要通过影响其活性基团来对其化学反应造成影响，最终实现温度对微生物絮凝效果的促进或抑制作用。在微生物的耐受范围内，适当的提高温度可提高絮凝效率。根据对絮凝效率与温度之间关系的研究试验，在 30℃ 条件下，微生物的絮凝效率可达到 85.2%，而在 15℃ 条件下，絮凝效果却仅有 42.1%。当温度超过微生物的耐受范围时，微生物的生命活动会被抑制，进而对絮凝活性和絮凝效果造成影响，而影响程度随微生物絮凝剂种类的不同而不同。由糖类构成的絮凝剂属热稳定，对温度变化的敏感性较差，因此此类微生物絮凝剂的活性不会随温度的改变而发生较大改变，或者不发生改变。而由蛋白质或肽链构成的微生物絮凝剂一般都呈现热不稳定性，高温可使这些高分子物质的空间结构发生较大改变，导致变性而降低絮凝活性，例如由微生物红平红球菌（R.erythropolis）产生的微生物絮凝剂，将其置于 100℃ 的水中并加热 15min 之后，其絮凝活性将会下降 50%。

微生物絮凝剂的形成与微生物的代谢活性有关。大多数絮凝微生物在生长后期才会出现絮凝活性，这种絮凝活性与微生物生长后期的代谢变化或自身溶解等因素有关。因此，最大的絮凝剂产量一般发生在微生物对数生长期的中后期或静止期早期，此后，絮凝活性即使不下降也不会再有提高。

每一种微生物絮凝剂都存在一个能使絮凝效果达到最好的最佳投加剂量，研究人员通常认为，该值约是胶体颗粒表面对大分子微生物絮凝剂进行吸附的程度达到 1/2 饱和时的吸附量，此时大分子在胶体颗粒上产生"架桥作用"的概率最大，投加过多或过少时均会降低絮凝效果。

水体中所含阳离子的种类和浓度对微生物絮凝剂也有较大影响。微生物絮凝剂不同，其对阳离子种类的使用情况也就会不同，目前国内外对阳离子影响微生物絮凝剂的研究主要集中在二价离子中的 Ca^{2+}、Mg^{2+}、Mn^{2+} 等以及三价离子中的 Al^{3+}、Fe^{3+} 等方面。例如在使用微生物絮凝剂对水体进行处理的过程中，水体中的阳离子，尤其是 Ca^{2+}、Mg^{2+} 的存在将会大幅减小胶体表面的负电荷，促进"架桥"形成，从而使絮凝效果得到加强，同时还能加大沉降速度。并且高浓度 Ca^{2+} 的存在还对絮凝剂有保护作用，使其免受降解酶的破坏。有的研究人员发现，向水体中加入盐会降低微生物的絮凝活性，这可能是由于 Na^+ 的加入阻碍了微生物絮凝剂分子与胶体颗粒之间氢键的形成，因而降低絮凝效果。适当浓度的阳离子可以促进微生物絮凝剂分子与胶体颗粒以离子键结合，从而提高絮凝活性。但是，当阳离子的浓度过高时，微生物絮凝剂分子的活性位置会被大量阳离子占据，从而把絮凝剂分子与胶体颗粒隔离开，进而抑制絮凝的发生。

此外，水体水质、碳源、氮源以及处理过程中的搅拌速度等多种反应条件也会对微生物絮凝剂的合成产生重要影响。

(5) 微生物絮凝剂的特点

微生物絮凝剂属于天然有机高分子絮凝剂，优点包括以下几方面。

1) 絮凝范围广泛　微生物絮凝剂的应用范围广泛，能被其絮凝的物质种类很多，包括各种生活污水、工业废水、活性污泥、泥浆、底泥、土壤固体悬液、高岭土、粉煤灰、活性炭粉末、微生物培养基、微囊藻、血细胞、硅胶粉末、氧化铝和纤维素粉等，其中对生活污水和工业废水具有非常显著的絮凝效果；对大肠杆菌、酒精酵母等微生物及有混合培养系的活性污泥处理效果良好。

2) 高效性　微生物絮凝剂具有高效的絮凝和脱色效果，在同等投加量的条件下，微生物絮凝剂对活性污泥产生絮凝的速度更快，产生的污泥絮体更加密实，且更容易沉淀分离而从混合液中除去。

3) 使用条件宽松　由于微生物絮凝剂具有较高的絮凝活性，故使用条件较为宽松，大多不受离子强度、pH 值及温度的影响。

4) 可生物降解性　由于微生物絮凝剂的主要成分为高分子物质，如糖蛋白、糖胺聚糖、蛋白质、纤维素、核酸等，这些物质均具有可生物降解性，不会对环境造成二次污染。

5) 安全无毒性　微生物絮凝剂是一类天然无毒的有机高分子化合物，不但絮凝效果优良，而且使用安全可靠，可以用于食品、医药等行业的发酵后处理。

(6) 微生物絮凝剂的用途

微生物絮凝剂已广泛应用于给水、生活污水和工业废水的净化处理中。微生物絮凝剂用途主要涉及以下几个方面。

1) 给水　与传统的无机及有机絮凝剂相比，微生物絮凝剂去除给水中的 SS、有毒有机物、病原菌等污染物指标的效率更高，药剂用量更少，絮凝沉淀物的沉降性能和过滤性能也更优，更适合作为饮用水的净化药剂。研究显示，与海藻酸钠、明胶絮凝剂相比，利用含有糖醛酸、中性糖和氨基糖的多糖絮凝剂处理河水水源时产生的絮团大、沉降快、上清液浊度低，而且处理后 COD 值更小，可见其絮凝效果更好。

2) 城市生活污水　微生物絮凝剂处理城市生活污水并且已实现了较理想的 SS、COD、BOD、TP、NH_3-N、浊度等指标的去除效果，并具有显著的水体臭味抑制作用。微生物絮凝剂与其他絮凝剂联用的处理效果同样引人注目，例如杨开等通过微生物絮凝剂普鲁兰（Pullulan）和聚合氯化铝复合絮凝的方法，对我国南方低浓度城市污水进行了强化一级处理试验研究。研究结果表明，在最佳复配比和最佳絮凝动力学条件下，复合絮凝剂表现出了较好的污泥沉降与脱水性能，浊度降低程度超过了 95%，COD、TP、NH_3-N 等污染物指标的去除率也分别达到了 58%、91%、15% 以上，而且处理费用较低。

3) 工业废水　下面分别介绍几种常见工业废水。

① 建筑材料加工废水。建筑材料加工废水中的 SS 含量较高，较难处理，而微生物絮凝剂能实现其有效治理。例如，大连轻工业学院的马希晨等开展了利用 MF 微生物絮凝剂处理陶瓷废水的试验研究，使陶瓷废水中的坯体废水的光密度（OD）由 1.3 下降到 0.051，去除率为 96.1%，而釉药废水的光密度由 16.7 下降到 0.49，去除率为 97.1%；添加由 R. erythropolis 产生的絮凝剂 5min 后，坯体废水的 OD660 由 1.40 降为 0.043，釉药废水的

OD660 从 17.20 降为 0.35。

② 印染废水。印染废水因其色度高、组分复杂、COD 高、而 B/C 值较小，可生化较差，是国内工业废水治理上的几大难题之一。处理印染废水关键在于脱色，但目前还未出现十分有效的脱色方法，尤其是可溶性色素更加难以去除。在各种处理方法中，絮凝法因其具有脱色率较高的优点而被广泛应用于以往的印染废水处理过程。自从微生物絮凝剂引起水处理行业的重视后，用其处理印染废水的研究报道很多。多项研究显示，与传统絮凝剂相比，微生物絮凝剂不仅具有良好的絮凝沉淀性能，而且可以达到十分显著的脱色效果，适合于去除水体中的可溶性色素，处理后上清液呈无色透明，在印染废水处理中有着传统絮凝剂不具有的优势。

例如，李智良等用微生物絮凝剂对纸浆黑液和氯霉素等色度较大的废水进行脱色处理试验，其脱色率分别达到了 95% 和 98% 以上。南开大学的庄源益等进行了大量的利用生物絮凝剂对水中染料的脱色试验，并筛选出 6 株对水中染料有较好的絮凝作用的菌株（NAT-1 到 NAT-6），试验表明，在含有 Ca^{2+} 的条件下，利用筛选出的菌株直接处理黑染料生产废水稀释液，其脱色率可达 60%。

③ 食品工业废水。微生物絮凝剂在食品废水处理中得到越来越普遍的使用，并达到了较好的处理效果。如用微生物絮凝剂普鲁兰（Pullulan）处理味精废水，其 COD 和 SS 的去除率均可达到 40% 左右，其浊度去除率甚至可高达 99%。邓述波等用微生物絮凝剂处理淀粉厂的黄浆废水，SS、COD 的去除率也均高于传统的化学絮凝剂 PAM，此外还可回收未受到金属离子污染的蛋白质成分，将其作为动物饲料从而实现废物的循环再利用。

④ 塑料工业废水。由于有机物邻苯二甲酸酯常被作为一种增塑剂而广泛应用于塑料生产和加工过程中，因此塑料工业废水中含有较高含量的邻苯二甲酸酯，处理难度也较大。而许多微生物却能有效地降解有机物，从而实现良好的塑料工业废水处理效果。例如 *Rhodoccocusn erythropolis* 能在以邻苯二甲酸酯为碳源的培养基上生长并合成某种酶，并同时产生絮凝剂，这种酶能将含有不同支链的邻苯二甲酸酯降解成邻苯二甲酸及乙醇，达到有机物降解和生成微生物絮凝剂的双重目的。

⑤ 其他工业废水。此外，在微生物絮凝剂处理其他工业废水方面，也开展了相关的研究和应用。比如鞣革工业废水中加入 C-62 菌株产生的絮凝剂，浊度去除率可达 96%。田小光等以硫酸盐还原菌培养液为净化剂进行了处理电镀废水的试验研究，研究表明，可使废水中的 Cr^{6+} 含量由 44.11mg/L 下降为 $5.365\mu g/L$。柴晓利等利用筛选到的氮单细胞菌属（*Azomonas sp.*）的发酵液对皮革废水进行的试验研究也同样证实了，微生物絮凝剂处理污、废水具有非常明显的脱色效果。

4）畜禽废水　畜禽废水含有的 COD、BOD 和 TN 较高，属于高浓度有机废水，比较难以处理。采用微生物絮凝剂加 Ca^{2+} 处理猪粪尿废水，经过 10min 后，TOC 由处理前的 8200mg/L 降低至 2980mg/L，浊度也由 15.7 降低为 0.86，向畜牧废水中加入浓度为 1% 的含 Ca^{2+} 溶液和 *R. erythropolis* 的培养物，可以分别使 TOC 和 TN 从 1420mg/L 和 420mg/L 降至 425mg/L 和 215mg/L，并且废水的 OD660 值亦从 8.6 降为 0.02。

5）活性污泥　活性污泥处理系统中容易发生污泥膨胀的现象，这时其沉降性能降低，而污泥的处理效率常因其沉降性能的变差而降低，若在活性污泥中加入微生物絮凝剂时，可迅速降低其污泥体积指数（SVI），防止污泥解絮，消除污泥膨胀现象，最终使活性污泥沉降性能得以改善，实现污泥减量化，并提高整个系统的处理效率。马希晨等向已发生膨胀的活性污泥中添加 MF 微生物絮凝剂，可使处理后的污泥 SVI 从 281 下降到 54，处理率为 80.8%。此外，张娜等利用由酱油曲霉产生的微生物絮凝剂对城市污水处理厂浓缩污泥进行了调理，絮凝液投加体积分数为 6%～8%、调理温度为 28～32℃、pH 值为 6～7 时，然后将调理后的污泥在 3000r/min 的离心作用下处理 9min，此时污泥的脱水率可高达 82.7%，污泥脱水后体积减至原体积的 1/5，滤饼含水率可降至 77.3%，可见，污泥的脱水性能达到了一定的改善效果。

6）发酵产品的固液分离　利用微生物絮凝剂的絮凝作用可以提高去除固体物的效率，并且可以利用对细胞的优良沉降性能来去除发酵液中的菌体，操作和管理简便，缩短了处理时间，有助于降解不稳定生物物质，大幅降低能耗、节省成本。例如在酿酒工业中，利用具有絮凝性能的酵母替代不具有絮凝性能的酵母可以酿出质量更好的啤酒。此外，在生物乙醇和面包发酵酵母的生产中，微生物絮凝剂也具有较高的应用价值。

（7）微生物絮凝剂的研究应用现状

虽然酵母、细菌等一些微生物的细胞絮凝现象很早就已被研究人员所发现，但一直未引起重视，仅是将微生物的细胞絮凝作为细胞富集的一种方法。而较系统的对微生物絮凝剂进行研究开始于 20 世纪 70 年代。随着生物技术和基因工程技术的发展，微生物絮凝剂的研究工作已由最初的对微生物进行发酵、抽提、提纯逐渐进入到采用培育、接种、筛选、改性和调理变异等技术来获得优良菌种，从而以较低成本得到高效絮凝剂的研究。近年来，美国、日本、英国、法国、德国、芬兰、韩国以及我国均对微生物絮凝剂研究做了大量的工作，取得了一定的成绩，微生物絮凝剂正成为当今世界絮凝剂方面的重要研究课题和开发热点。

Ryuichiro Kurane、杨阿明、赵继红等国内外研究人员和企事业单位均开展了相关的研究，研究内容主要为微生物絮凝剂产生菌的筛选、微生物絮凝剂的制备，经过不断的探索，已经卓有成效，开发出了具有良好污泥脱水性能改善作用的复合型微生物絮凝剂及微生物絮凝剂与高分子有机、无机絮凝剂复配药剂。虽然在国外市场上已出现了微生物絮凝剂商品，但微生物絮凝剂制备成本较高，导致絮凝剂商品价格昂贵，而且其针对性不强，处理过程需要消耗的絮凝剂量非常大，所以使其在工业上的应用受到很大限制。目前，微生物絮凝剂在给水、屠宰、焦化、陶瓷、含油、制药及食品废水的处理方面都开展了成功的试验，并得到了较广泛的应用，而在污泥调理方面主要是和传统絮凝剂联用。

（8）主要研究内容及方向

由于微生物絮凝剂的独特优越性，今后由它取代传统的絮凝剂是一个技术可行和环境友好的发展趋势。但国内外对该技术的研究总体水平仍较低，要实现其工业化利用，还需要攻克一系列制约性的技术难题。具体来说，今后仍需进行深入研究的内容主要集中在以下方面。

① 加强对微生物絮凝剂种类、结构、成分、理化特性、作用机理与适用范围等方面的基础性研究，并探索其最佳应用条件。

② 自然界的微生物很多，根据目前的方法，从中找出能生产絮凝剂的菌种较为困难，效率很低，因此研究高效的寻找、筛选并确定絮凝剂产生菌的方法势在必行。

③ 从现代分子生物学的角度明确微生物絮凝剂的遗传基因，并进行微生物絮凝剂的基因控制与表达、絮凝质粒的提取与组合研究，探索用基因工程技术生产微生物絮凝剂的方法。

④ 微生物絮凝剂的生产成本主要由微生物培养基的成本来决定，而目前微生物培养基

的成本普遍较高。因此，今后该领域的一项重要工作就是寻找、开发低成本的微生物絮凝剂培养基，并加强对低生产费用的微生物絮凝剂的研究开发，提高微生物絮凝剂生产率，为实现大规模工业化生产奠定基础。

⑤ 改善其絮凝性能，开展对其用途的研究，拓宽其应用领域的范围，促进其在各种类型的污水及污泥处理中的应用推广。

尽管微生物絮凝剂存在种种不足，但作为一种具有多项优点的新型污泥调理技术，微生物絮凝调理技术的发展潜力和市场应用前景将十分广阔。

3.2.3.2 污泥消化调理技术

消化过程对污泥脱水性能也具有较大的影响，但目前业内对这种影响是否有利于污泥的后续处理存在多种认识。一些研究者认为消化一般可以改善污泥脱水性能，而另一些研究者却认为消化过程会降低污泥的脱水性能。Houghton 等研究发现，污泥消化后胞外聚合物含量比消化前平均降低了 25％，胞外聚合物组成中蛋白质所占比例增加，从而使污泥脱水性能变差。Lawler 在研究厌氧消化对污泥脱水性能的影响时提出，厌氧消化改变了污泥的粒径分布，当消化过程运行好时，能减少小颗粒的比例，改善脱水性能；当消化过程运行不好时，大颗粒会破碎，增加小颗粒的含量，从而使脱水性能恶化。

但一般观点认为，适当的厌氧消化和好氧消化均可视作生物调理污泥的手段，其目的是将污泥中的高分子物质降解为低分子氧化物，降低污泥以碳水化合物、蛋白质、脂肪形式存在的高能量物质的含量，同时改善污泥的脱水性能、减少病原菌和产生异味物质的含量。

（1）厌氧消化调理技术

厌氧消化是国外运用最多的调理方法。目前新型厌氧消化及其预处理手段的出现，使得厌氧消化作为能量回收手段得到了极大的重视，而其对污泥的调理则是一项有利于污泥后续处理的附加作用，可以使污泥实现有效的稳定化，且使污泥减量 30％～40％。但由于设备复杂、运行不便、投资成本高，故国内采用的不多。常用的污泥厌氧消化工艺有以下几种，由于将在文中其他章节对厌氧消化进行详细说明，故此处仅做简单介绍。

1）厌氧塘　厌氧塘处理污水的原理与污水的厌氧生物处理相同。有机物的厌氧降解分为水解、产酸和产甲烷三个步骤。在厌氧状态下，进入厌氧塘的可生物降解的颗粒性有机物，首先被胞外酶水解成可溶性的有机物，溶解性有机物再通过产酸菌转化为乙酸，接着在产甲烷菌的作用下，将乙酸和氢转变为甲烷和二氧化碳。虽然厌氧降解机理是有顺序的，但是，在整个系统中，这些过程则是同时进行的，见图 3-6。厌氧塘全塘大都处于厌氧状态。厌氧塘除对污水进行厌氧处理以外，还能起到污水初次沉淀、污泥消化和污泥浓缩的作用。

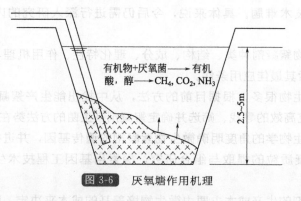

图 3-6　厌氧塘作用机理

厌氧塘可用于处理屠宰废水、禽蛋废水、制浆造纸废水、食品工业废水、制药废水、石油化工废水等，也可用于处理城市污水。这种系统在美国、印度和其他热带地区曾经非常流行，主要由于土地价格低。在所有的系统中低负荷的厌氧塘经常采用，设计从非常简单的厌氧塘的形式到设计非常考究的系统。

厌氧塘的最大问题是无法回收甲烷，产生臭味环境效果较差。影响厌氧塘处理污水效率的因素有气温、水温、进水水质、浮渣、营养比、污泥成分等。其中，气温和水温是影响厌氧塘处理效率的主要因素。另外，厌氧塘工艺是不能将水力停留时间与固体停留时间相分离。因此，厌氧塘需要足够长的水力停留时间和固体停留时间，使得生物得以生长，并进行有机物的降解。

2）厌氧消化池　厌氧消化工艺是最古老的生物处理工艺之一，1911年美国Manyland的巴尔的摩建立了第一座单独的污泥厌氧消化装置。从1920～1935年期间厌氧消化得到很大的发展，开发了加热形式的消化池。但是，从20世纪40～50年代之后，厌氧消化工艺从本质上讲没有取得很大的进展。并且，由于厌氧消化池较差的混合和反应特性，有机物在其中的降解效率较差，一般的分解率很难达到40%。

将厌氧消化池污水或污泥定期或连续地加入消化池中，经消化后的污泥从消化池底部排出，污水从上部排出，产生的沼气则从顶部排出。进行中温和高温发酵时，为了使发酵料液满足反应温度的要求，常需对其进行加热，一般采用蒸汽直接加热或池外设热交换器间接加热两种方式。为了使进料和厌氧污泥密切接触而通常设有搅拌装置，每隔1～4h搅拌一次。当排放消化液时，一般需要停止搅拌，待沉淀分离后从上部排出上清液。污泥传统厌氧消化池如图3-7所示。目前，消化工艺被广泛地应用于城市污水污泥的处理上。

3）厌氧接触反应器　厌氧接触工艺排出的混合液，首先在沉淀池中进行固液分离或气浮分离。污水由沉淀池上部排出，而沉在底部的污泥则回流至消化池，在避免污泥的流失的同时还能提高消化池内污泥的浓度，在一定程度上提高了设备的有机负荷率和处理效率。传统厌氧接触工艺见图3-8。

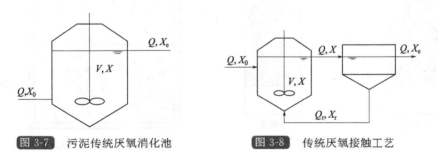

图 3-7 污泥传统厌氧消化池　　　　**图 3-8** 传统厌氧接触工艺

与普通消化池相比，厌氧接触反应器的水力停留时间可大大缩短。由于厌氧污泥在沉淀池内继续产气所以其沉淀效果不佳，该工艺和消化工艺一样属于中低负荷工艺，系统需要庞大的体积。但一些具有高BOD的工业废水可采用厌氧接触工艺处理得到很好的稳定效果，厌氧接触工艺处理在我国成功地应用于酒精糟液的处理上。

4）厌氧滤池（AF）　厌氧滤池（以下简称AF）是在早期Coulter等工作的基础上，于1969年由Young和McCarty重新开发的。AF装置内填充了卵石、炉渣、瓷环、塑料等各种类型的固体填料，废水向上流动通过反应器的厌氧滤池，称为上流式厌氧滤池；此外还有废水向下流动通过反应器的装置形式，称为下流式厌氧滤池。两种厌氧滤池的示意图如图3-9

所示。

细菌生长在填料上，不随出水流失。厌氧细菌在填料上生长并保持有一定数量，污水在流动过程中与填料相接触，即可获得较长的污泥龄，平均细菌停留时间在100d以上。厌氧滤池容积负荷可达5～10kgCOD/(m³·d)，是公认的早期的高效厌氧生物反应器。AF的发展大大提高了厌氧反应器的处理速率，使反应器容积大大减少。AF作为高效厌氧生物反应器地位的确立，在于它采用了生物固定化的技术，使污泥在反应器内的停留时间（SRT）极大地延长。20世纪80年代以来，厌氧滤池在美国、加拿大等国已被广泛应用于各种不同类型的废水，包括生活污水及COD浓度300～24000mg/L不等的工业废水，其处理厂规模也不同，最大的厌氧滤池容积达12500m³。

5）升流式厌氧污泥床反应器（UASB）　升流式厌氧污泥床反应器（以下简称UASB）是Lettinga于20世纪70年代首先开发的污水处理系统，典型的UASB反应器包括进水和配水系统、反应器的池体和三相分离器（GLS）三部分。

在UASB反应器中，废水从反应器底部向上运行通过包含颗粒污泥或絮状污泥的污泥床。厌氧反应发生于废水与污泥颗粒的接触过程，在厌氧状态下产生的沼气（主要是甲烷和二氧化碳）引起了内部混合，此混合过程有利于形成和维持颗粒污泥。在污泥层产生的一些气体会附着在污泥颗粒上，随着气体上升到表面的颗粒碰击气体发射板的底部，引起附着气体从污泥絮体表面释放，释放气体后的污泥颗粒沉淀回到污泥床的表面，而包含一些剩余固体和污泥颗粒的液体则经过分离器缝隙进入沉淀区。UASB系统在形成沉降性能良好的污泥凝絮体的基础上，使气相、液相和固相三相得到分离。UASB反应器工艺见图3-10。

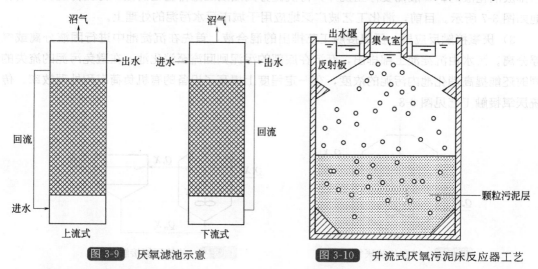

图 3-9　厌氧滤池示意　　　　图 3-10　升流式厌氧污泥床反应器工艺

UASB反应器最大的特点是通常能形成和保持沉降性能良好的污泥，这些污泥既可以是絮状污泥也可以是颗粒形污泥，从而在没有填料和载体的情况下也能实现生物相的固定，节省了装载填料和载体的空间和费用，同时使反应器内的水力停留时间与污泥停留时间得以分离，促进了在反应器内维持较高浓度污泥的实现，这也是UASB系统良好运行的根本点。根据废水性质的不同，反应器内污泥浓度可达到20～40gVSS/L，因此UASB反应器可以达到较高的处理能力和效率，容积负荷可达到5～15kgCOD/(m³·d)。

6）厌氧流化床（FB）　厌氧流化床系统（以下简称FB）是由Jeris于1982年开发的一种反应器，该反应器中含有比表面积大的惰性载体颗粒，从而实现厌氧微生物在其上的附着及生长。在流化床系统中，厌氧污泥的保留依靠在惰性载体微粒表面附着并形成的生物膜来实现，由于流化床使用了比表面积很大的载体，因此可以达到很高的厌氧微生物浓度，液体与污泥的混合、物质的传递则依靠这些带有生物膜的流态化惰性载体微粒来实现，而反应器内载体颗粒流态化的实现则依靠一部分出水回流以及具有较大高径比的反应器结构两方面。一般通过调节流速大小和控制颗粒膨胀程度，可使流化床载体达到完全流化状态。流化床一般按 100％的膨胀率运行。厌氧流化床反应器工艺流程见图 3-11。

载体的选择对 FB 反应器的运行效果至关重要。厌氧流化床反应器最初采用的载体是砂砾，为了使其保持流化和膨胀状态，就需要回流大量的出水，从而增加了运行能耗和费用。随后采用煤和塑料等低密度载体，以减小为了保持载体流化和膨胀而所需的液体上升流速，从而减小了回流出水量，使能耗和费用得以降低。造成 FB 反应器推广应用的一大障碍是其气固液三相的分离，尤其是固液分离更加困难，因此要求 FB 反应器具有较高的运行和设计水平。

7）厌氧接触膜膨胀床反应器（AAFEB）　无论是好氧生物膜系统还是厌氧生物膜系统的研究，均表明生物膜法可使设备内单位体积保持较高生物量，高的生物浓度形成高的效率。但是高生物浓度会在生物膜上引起传质条件差的问题，比较有效的解决办法就是采用流化床或膨胀床的概念，即在反应器中利用小颗粒的惰性载体，采用上升流形式。

在 20 世纪 70 年代末，美国康乃尔大学 Jewell 开发了一种非常有吸引力的生物固定化工艺——厌氧接触膜膨胀床反应器（以下简称 AAFEB），见图 3-12。

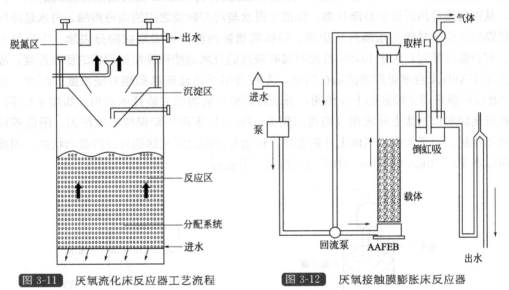

图 3-11　厌氧流化床反应器工艺流程　　　　图 3-12　厌氧接触膜膨胀床反应器

Jewell 等首先利用人工合成的污水进行了 AAFEB 性能的研究，用厌氧污泥和牛瘤胃液接种，然后逐渐连续加入合成污水，在 30℃下启动。经过 9 个月运行积累生物量，实验初步表明，AAFEB 工艺是一种可在低温（10～20℃）下处理低浓度溶解性污水（COD≤600mg/L）的高效工艺。在较短的水力停留时间（几小时）和较高的有机负荷［高达 8kgCOD/(m³·d)］下，能够达到很高的有机物去除效果，去除率可达 80％以上。有机物的去除效率是污水停留时间和有机负荷的函数，不受进水浓度和温度的影响，这是因为在低温下，系统内载体大的比表面积形成高的污泥浓度，在反应器中污泥浓度高达 30g/L。通过增加污泥浓度使系统的处理能力得到补偿，而使整个处理效果无显著地下降。

由于 Jewell 等的研究成果显示了厌氧处理的巨大潜力，流化床和膨胀床工艺的差别在于膨胀率的差别，一般流化床的膨胀率在 100% 以上，而膨胀床的膨胀率一般只有 10%～20%。从应用角度讲，AAFEB 的研发并没有形成任何有实用意义的成果，因此也未引起足够重视。直到后来对膨胀颗粒污泥床工艺的成功应用，这种高效工艺才又重新引起了人们的关注。

8）厌氧生物转盘反应器　厌氧生物转盘与好氧生物转盘类似，微生物亦是在反应器中的惰性（塑料）介质上附着并生长，最后剩余污泥和处理后的出水从反应器排出。介质可部分或全部浸没在废水中，当介质在废水中转动时，可实现对生物膜厚度的适当限制。厌氧生物转盘如图 3-13 所示。

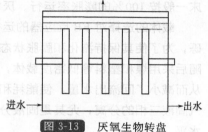

图 3-13　厌氧生物转盘

9）厌氧内循环反应器（IC）　厌氧内循环反应器（以下简称 IC）是在 UASB 反应器颗粒化和三相分离器概念的基础上改进而成的新型反应器，沼气的分离过程在反应器内分为底部和上部两个部分，其中底部处于极端的高负荷，上部处于低负荷。简而言之，IC 反应器就是由两个 UASB 反应器单元相互重叠而成的装置，包括四个具有不同功能的组成部分，即混合部分、膨胀床部分、精处理部分和回流部分，见图 3-14。

10）厌氧颗粒污泥膨胀床反应器（EGSB）　荷兰 Wageningen 农业大学首先对厌氧颗粒污泥膨胀床反应器（以下简称 EGSB）开展了相关研究。EGSB 反应器运行在高的上升流速下，从而使颗粒污泥处于悬浮状态，保证了进水与污泥颗粒之间的充分接触，进水悬浮固体通过颗粒污泥床并随出水离开反应器，胶体物质被污泥絮体吸附被部分去除。当沼气产率低、混合强度低时，由于 EGSB 反应器具有较高的进水动能和颗粒污泥床的膨胀高度，故能获得比 UASB 反应器更理想的运行结果，尤其适用于处理低温和相对低浓度的污水。但是 EGSB 反应器采用了较高的上升流速，所以对颗粒有机物的去除并不适用。如图 3-15 所示。它在极高的水和气体上升流速（均可达到 5～7m/h）下产生和保持颗粒污泥，所以不用采用载体物质。由于液体和气体上升速度快，进水和污泥之间能达到良好的混合状态，因此系统可以在 15～30kgCOD/(m³·d) 的高负荷条件下运行。

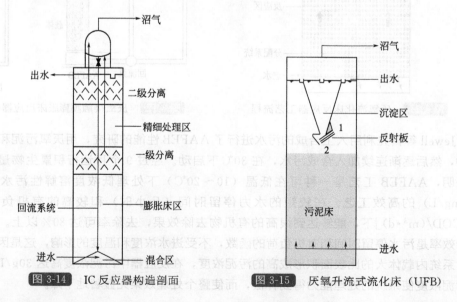

图 3-14　IC 反应器构造剖面　　　　图 3-15　厌氧升流式流化床（UFB）

11）厌氧折流反应器（ABR） 厌氧折流反应器（以下简称 ABR）是由美国 Stanford 大学的 McCarty 等于 20 世纪 80 年代初提出的一种高效厌氧反应器，见图 3-16。在 ABR 反应器中，折板对水流的阻隔作用使污水上下折流穿过污泥层，造就了反应器推流前进的独特性质，厌氧反应中产酸相和产甲烷相沿程得到分离，由各个折板隔开的每一反应单元就相当于相对独立的上流式污泥床，而 ABR 反应器的整体性能就相当于分级多相厌氧处理系统。ABR 反应器的分格式结构及推流式流态使得每个反应单元中均可驯化培养出与流至该反应单元中的污水水质以及环境条件相适应的微生物群落，而废水中的有机基质通过与微生物充分接触而得到去除。借助于废水流动和沼气上升的作用，反应室中的污泥上下运动。由于折板的阻挡和污泥自身的沉降性能，污泥在水平方向没有混掺，从而使大量活性污泥被截留在每个反应室中。

12）厌氧复合床反应器（UBF） 许多研究人员为了充分发挥 UASB 反应器与 AF 反应器的优点，采用了将两种工艺相混合的反应器结构，被称为厌氧复合床反应器（以下简称为 UBF）。UBF 反应器的结构一般是将 AF 反应器置于 UASB 反应器上部，可充分发挥 AF 反应器和 UASB 反应器两者的优点并改善反应器处理废水的运行效果。厌氧复合床反应器见图 3-17。

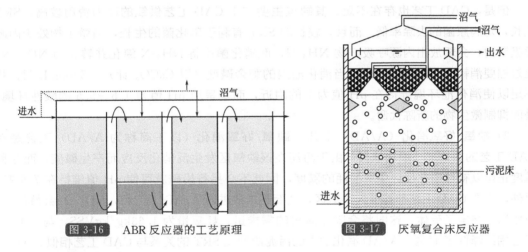

图 3-16 ABR 反应器的工艺原理　　　图 3-17 厌氧复合床反应器

（2）好氧消化调理技术[2] 及其他技术

污泥好氧消化包括常温好氧消化和高温好氧消化（50～60℃）两类。高温好氧消化技术由于杀菌消毒效果好，近几年得到了越来越多的研究和应用。常用的污泥好氧消化工艺有如下几种。

1）传统污泥好氧消化工艺（CAD） 传统污泥好氧消化工艺（以下简称为 CAD）主要通过曝气使微生物在进入内源呼吸期后进行自身氧化。内源呼吸是指微生物在外界没有供给能源的条件下，利用自身内部贮存的能源物质进行呼吸，从而实现自身的氧化降解，最终达到污泥减量化的目的。CAD 工艺在本书第 4 章有详细介绍，其工艺流程亦可参见图 4-33。

传统好氧消化池的构造及设备与传统活性污泥法（以下简称为 CAS）相似，但污泥停留时间较长，并具有工艺流程简单、基建费用低、运行方便、易于操作等优点。常用的 CAD 工艺主要有间歇进泥和连续进泥两种。对于小型污水处理厂来说，一般采用间歇进泥好氧消化工艺，该种工艺不能连续运行，而需在运行过程中进行定期的进泥和排泥操作。对于大中型污水处理厂，采用连续进泥方式的好氧消化池较为常见。该好氧消化池的运行与

CAS 曝气池相似，即消化池后设置有二沉池，并使一部分浓缩污泥回流到消化池中，另一部分浓缩污泥外排或作进一步的处理处置，而上清液回流至污水处理厂的原污水进口处，与其混合后进行循环再处理。

CAD 消化池内的污泥浓度、污泥停留时间（SRT）与污泥的来源有关。在温度为 20℃ 的条件下，如果消化池进泥仅为剩余污泥，则污泥浓度一般为 $(1.25\sim1.75)\times10^4 mg/L$，SRT 一般为 12~15d；如果进泥为初沉污泥和剩余污泥的混合泥，污泥浓度为 $(1.5\sim2.5)\times10^4 mg/L$，SRT 为 18~22d；如果进泥为初沉污泥，则污泥浓度为 $(3\sim4)\times10^4 mg/L$，而 SRT 在三种污泥中最长，这主要是由污泥中有机物类型的差异造成的。由于初沉池污泥的主要成分是可降解的颗粒有机物，这部分有机物是微生物进行合成代谢以形成新的细胞物质的首要原料，然后微生物进入内源呼吸阶段。同时，好氧消化的温度也对 SRT 有影响，在微生物的耐受温度范围内，适当的升高温度可加强其代谢能力，进而缩短所需的 SRT。

美国环保局（EPA）在污泥好氧消化动力理论的基础上提出了污泥好氧消化设计曲线，横坐标为温度与 SRT 的乘积，纵坐标为污泥的 VSS 去除率。根据该设计曲线，当温度与 SRT 的乘积为 400~500℃·d 时 VSS 去除率最为理想。

但是，CAD 工艺也存在不足。其缺点主要在于 CAD 工艺供氧的动力费用较高，SRT 较长，对病原菌的去除率低。而且，较长的 SRT 有利于硝化菌的生长，当微生物处于内源呼吸期时，会释放出内源呼吸产物 NH_3-N，而硝化菌可将 NH_3-N 氧化并转化为 NO_3^--N，此过程要消耗消化池内的碱度。当消化池内的剩余碱度（以 $CaCO_3$ 计）$<50 mg/L$ 时，将不足以使消化池环境维持在 pH 值为 7 的附近，而是呈现 pH 值为 4.5~5.5 的酸性环境，进而抑制微生物的新陈代谢。

2) 缺氧/好氧消化（A/AD）工艺　缺氧/好氧消化（以下简称为 A/AD）工艺是在 CAD 工艺的前端加一段缺氧区，由于污泥在该缺氧区发生反硝化反应而产生碱度，而这种碱度正可以补偿硝化反应中所消耗的碱度，因此不必另行投碱就可使 pH 值维持在 7 左右。另外，当在 CAD 工艺前端植入缺氧区，从而将其改进为 A/AD 工艺后，NO_3^--N 会替代 O_2 而作为最终电子受体，这时将会降低对氧的需求量，耗氧量为 1.63kg/kgVSS，与原 CAD 工艺相比降低了 18%。A/AD 消化池内的污泥浓度及 SRT 的关系与 CAD 工艺相似。A/AD 工艺常见流程有三种，并在本书第 4 章有详细介绍，其工艺流程见图 4-34。

工艺（a）采用间歇进泥方式，通过采用间歇曝气而产生好氧期和缺氧期，并在缺氧期进行搅拌而使污泥处于悬浮状态，以助于使污泥进行充分的反硝化反应。工艺（b）和（c）均采用连续进泥方式，并将消化液回流至污泥进口处与进泥混合后再次进入处理过程。其中，工艺（c）在好氧消化池后设置有浓缩池，浓缩污泥一部分外排；另一部分回流污泥进口处与进泥混合，浓缩后的上清液另做处理。与 A/AD 工艺类似，CAD 工艺同样具有供氧动力费用高、SRT 较长、病原菌去除率低的不足。

3) 好氧-沉淀-厌氧工艺（OSA）　在厌氧、好氧交替变化的环境下，微生物的表观产率系数减少。这是因为好氧微生物在好氧段所产生的三磷酸腺苷（ATP）不能立即用于合成代谢，而是在底物缺乏的厌氧段作为维持其生命活动的能量被消耗，从而达到降低污泥产量的目的，这正是好氧-沉淀-厌氧工艺（以下简称为 OSA）的作用机理。简单来说，OSA 工艺是在传统活性污泥工艺（CAS）的污泥回流过程中插入一个厌氧池，为微生物提供一个好氧环境和厌氧环境交替改变的场所。Westgarth 等首次报道了这种 OSA 工艺，并发现可将剩余污泥减少为原来的一半。随后，Chudoba 等也对 OSA 工艺进行了大量研究，发现在 CAS 工艺中插入厌氧段后，泥产率从 CAS 工艺中的 $0.28 \sim 0.47 kgSS/kgCOD_{Cr}$ 降低到 $0.13 \sim 0.29 kgSS/kgCOD_{Cr}$，降低了 20%～65%，而且污泥体积指数也低于 CAS 工艺，从而有效地改善了污泥的沉降性能。

4）自动升温好氧消化（ATAD）工艺　自动升温好氧消化（以下简称为 ATAD）工艺的设计理念来源于好氧堆肥工艺，所以又被称为液态堆肥。ATAD 消化池一般由两个或多个反应器串联而成，反应器内配备搅拌设备并设排气孔。ATAD 工艺在本书第 4 章有详细介绍，其工艺流程见图 4-35。

该工艺的反应器内的需氧量（DO）浓度一般在 1.0mg/L 左右，并且可根据进泥负荷采取序批式或半连续流的进泥方式，操作比较灵活。该工艺正确的进泥次序是先将第二个反应器内的泥排出，然后由第一个反应器向第二个反应器进泥，最后再从浓缩池向第一个反应池进泥，这就是保证实现较高病原菌灭活率的关键。

由于 ATAD 工艺利用活性污泥微生物自身氧化分解时释放出的热量来达到好氧消化反应器内的要求温度，因此首先要对进泥进行浓缩处理，使 VSS 浓度至少提高到 $2.5 \times 10^4 mg/L$ 后才能产生足够的热量。同时，可以通过采用封闭式反应器和高效氧转移设备，以减少各种热损失，使其在不外加热源的情况下仍可保持较高温度。以两个反应器串联为例，第一个反应器和第二个反应器内的温度范围分别为 35～55℃ 和 50～65℃，两个反应器内的 pH 值分别在 7.2 以上和在 8.0 左右，这时消化和升温过程主要发生在第一个反应器内。

由于 ATAD 反应器内温度较高，因此具有以下优势：不需要接种其他消化种泥就可启动，且启动速度非常快；灭菌能力较强，可将粪便大肠杆菌、沙门菌、蛔虫卵降低到未检出水平，将粪链球菌降至较低水平，使其在对处理后污泥中病原菌的数量有严格法律规定的欧美备受青睐；微生物代谢速度较快，污泥停留时间短，一般为 5～6d，但对有机物的去除率高，在 SRT 为 7d 的情况下，有机物去除率一般为 45%，甚至可高达 70%；抑制了硝化反应的发生，因此 NH_3-N 浓度较高，可将 pH 值保持在 7.2～8.0 内，同 CAD 工艺相比，既能节省化学药剂的消耗量和费用，又可节省 DO。

5）两段高温好氧/中温厌氧消化（Aer-TAnM）工艺　两段高温好氧/中温厌氧消化（Aer-TAnM）工艺结合了 ATAD 工艺和中温厌氧消化两种工艺的优点，并在提高污泥消化能力和病原菌去除能力的同时还实现了对生物能的回收。其中，好氧消化池的构造与完全混合式活性污泥法曝气池相似，主要包括好氧消化室、泥液分离室、消化污泥排泥管、曝气系统等组成部分。其中曝气系统用于提供氧气并起搅拌作用，主要包括压缩空气管、中心导流管等构成部分。消化池底的坡度一般不小于 0.25，水深取决于鼓风机风压的大小，通常在 3～4m 之间。同时，厌氧消化段将产酸反应阶段和产甲烷反应阶段分在两个不同的反应器内进行，使两种反应在各自适宜的反应条件和反应器内部环境下进行，从而有效地提高了反应速率，因此，与单相中温厌氧消化工艺比较，Aer-TAnM 工艺提高了 VSS 去除率和产甲烷率，并在改善污泥脱水性能方面有一定优势。

Aer-TAnM 工艺将 ATAD 工艺作为中温厌氧消化的预处理工艺，因此该工艺可利用高温好氧消化产生的热来维持中温厌氧消化的温度，从而实现了能源的循环利用，减少了外加能源消耗和费用。其中 ATAD 预处理段的 SRT 一般为 1d，温度为 55～65℃，DO 维持在 (1.0 ± 0.2) mg/L，后续厌氧中温消化温度为 (37 ± 1)℃。几乎所有的 Aer-TAnM 工艺运行经验及实验室研究都表明，该工艺可显著提高对病原菌的去除率和后续中温厌氧消化运行的稳定性，消化出泥达到美国环保局（EPA）规定的 A 级要求。目前，Aer-TAnM 工艺已在欧美等国污水处理厂得到了较广泛的采用。

3.2.3.3 人造生态系统

从生态学角度讲，系统食物链越长，能量损失越多，可用于生物体合成的能量就越少。活性污泥可看成一个人造生态系统，因此，可通过延长食物链或强化食物链中微型动物的捕食作用来使污泥在该生态链或生态系统中各种生物的协同作用下实现自身的氧化降解，减少污泥量，并改善污泥的沉降和脱水性能，从而达到对污泥的调理目的。

一个稳定的人造生态系统应具有较长的污泥停留时间，从而使污泥龄得以延长，有助于原生动物和后生动物的生长，强化其捕食作用，进而更加有效地调理污泥并减少污泥的产量。

例如利用由蚯蚓和微生物共同组成的人工生态系统对污水处理厂剩余污泥进行脱水和稳定处理，结果表明，该生态系统通过蚯蚓和微生物的作用将污泥浓缩、调理、脱水、稳定、处置和综合利用等多种功能有机结合起来。另外，利用蠕虫生长代谢的人造生态系统也可达到类似效果。

3.2.4 其他污泥调理技术

3.2.4.1 臭氧处理技术

臭氧是一种具有强氧化性的物质，早在 20 世纪 90 年代，臭氧处理技术就开始应用于饮用水领域，现已在工业废水处理方面得到了实际应用，最近研究人员还提出了将臭氧应用于城市污泥处理的想法。

臭氧调理污泥的作用机理主要在于强氧化性的臭氧一旦溶于水，即可与许多有机化合物反应，反应方式主要有下列两种：一种是臭氧分子与有机化合物进行直接反应；另一种是通过二次氧化剂如自由激进基进行间接反应。通过以上反应使污泥的稳定性能、过滤性能和脱水性能得以改善。但是臭氧用量对污泥的稳定性能、过滤性能和脱水性能有很大影响，根据 Young 等研究人员用臭氧调理活性污泥的经济可行性分析，当臭氧用量低于 0.2g，污泥的过滤性能反而降低，但是在低臭氧浓度下加入化学调理剂即可提高污泥的过滤性能，同时臭氧对污泥的部分氧化和增溶作用能够改善污泥的生物降解性能，并去除或溶解污泥中有机物质总量的 2/3，从而有效地消减剩余污泥量，适用于小型污水处理厂的污泥处理。

3.2.4.2 湿式氧化调理技术

湿式氧化技术适于在高温（临界温度为 150～370℃）和一定压力下处理高浓度有机废水和生物处理效果不佳的废水。由于剩余污泥的物质结构与高浓度有机废水相似，因此也可以采用湿式氧化法来处理，即先将剩余污泥置于密闭反应器中，然后在高温、高压条件下向反应器通入空气或氧气作为氧化剂，使污泥中的有机物氧化分解并将其转为无机物。全过程包括水解、裂解和氧化三个步骤，污泥的结构与成分在该过程中被改变，脱水性能显著提高，同时对污泥中固体的去除效果也很好，可氧化分解剩余污泥中 80%～90% 的有机物，故湿式氧化又称为部分焚烧或湿式焚烧。

3.2.4.3 加惰性骨粒调理

惰性骨粒在污泥压滤脱水过程中可以起到骨架作用，抵抗污泥滤饼的压缩并维持污泥中较大的孔隙度和渗透性能，从而为压滤脱水提供充足的通道。因此，在污泥中加入惰性骨粒的调理技术也可提高污泥的脱水效果。目前研究较多的是褐煤作为惰性骨粒，并与聚合高分子电解质联合应用于污泥脱水中，例如 K. B. Thapa 等研究人员对褐煤作骨料与聚合电解质絮凝剂联用处理污泥的研究，均证明了加入惰性骨粒对改善污泥脱水性能的影响。除了褐煤之外，其他的含碳物质，如木炭和煤炭等也常作为骨粒；此外，生活垃圾焚烧飞灰、水泥炉灰渣、石膏、甘蔗渣和木屑等惰性物质作为污泥骨料的应用也有报道。

3.2.4.4　污泥调理联用技术

由于各项调理技术单独使用时均存在一定的缺陷，因此为了更好地达到调理效果和效率，近年来出现了联用技术。污泥调理技术的联用能融合各项调理技术的优点，取长补短，例如物理调理和化学调理技术的联用技术，与单独采用物理调理技术相比，能耗更低，而与单独采用化学调理技术时相比，化学药剂使用量更省，并且更有利于降低环境污染；将微生物絮凝剂与化学絮凝剂联合使用，不仅能获得更好的净化效果，而且可大大降低絮凝剂使用量。

在联用技术中，研究人员对超声波与其他调理技术联用的研究较多。超声波与电解联用调理污泥与超声波单独调理相比，不仅可加速污泥水解，还可节省超声波能耗。根据 Watanabe 的研究结果，如果在进行超声波与电解联用调理前，先进行短时间的电解调理，更能有效加速污泥溶解性化学需氧量（SCOD）的释放和进一步减少超声波能耗；超声波与复合絮凝剂的联用也可以促进剩余生物污泥的脱水，这主要是由于小功率超声波可促进污泥中小团块的碰撞，增加污泥的絮凝性。朱书卉等的试验研究表明，复合絮凝剂中 PAM 和 PAFC 的投加质量比为 1∶1、投加量为污泥干基的 0.7% 时，其絮凝效果优于单一絮凝剂，再经 20kHz、400W/m^2 超声处理 2.5min 后，污泥体积缩小 86% 左右，含水率可降至 79%，污泥干基含水率约减少 7%，污泥絮体比未加超声波时团聚性增强，孔洞增大，脱水性能更佳。超声与碱（NaOH 和 CaO）联合调理剩余污泥可明显改善污泥絮体，使其更为紧密，这点结论可从尹军等的试验研究中就可得出，研究结果表明，在超声处理 30～120min 内，超声波加碱处理可使污泥上清液中氧化还原电位（ORP）明显下降；超声波加碱处理可明显提高污泥上清液中的 SCOD 释放量，且加 NaOH 比加 CaO 更为明显；NaOH 加超声处理可促进污泥中 TP 的释放，但 CaO 加超声处理则与此相反；无论是否加碱，超声处理对污泥上清液中 NH$_3$-N 的释放影响较小。

尽管国内外研究人员已经对技术联用进行了大量的探索，但由于一些污泥调理技术的机制还未完全清晰，因此联用技术的作用机理也有待进一步的探究，致使目前在国内应用还是比较少。

3.2.5　发展趋势

总的来说，提高污泥的调理效果，降低成本，减少其对环境的危害是污泥调理技术今后发展的主要方向。其发展趋势有以下几点。

① 致力于对各项调理技术机制的研究，同时大力探索经济、高效、环保的污泥调理联用技术，并推进其在实际工程中的应用。

② 在物理调理方面，应研究并推广低能耗的物理调理技术，并对其调理机制作进一步的研究。

③ 采用化学调理和化学药剂联用调理技术时，应选用无二次污染的化学药剂，并针对污泥的物化性质，做出药剂投加顺序和投加比例的定量研究和分析。

④ 在微生物絮凝调理技术方面，今后的研究将是进一步提高微生物絮凝剂的絮凝性能，降低生产成本，并对其种类、成分与所适用的污泥类型之间的关系做深入研究。

⑤ 对于还处于实验室研发阶段的新兴污泥调理技术，今后应加快其研究步伐，为其尽快应用于实际提供可靠的技术支撑。

3.3　污泥浓缩技术概况

污泥浓缩去除的主要对象是间隙水，浓缩后含水率约降低为 95%，近似糊状，污泥体积减小，不仅实现了污泥减量化，还达到了方便后续处理处置与资源化利用并降低后续构筑物建设费用或处理成本、节省能源的目的。

目前，在所有污泥浓缩方法中，以重力浓缩应用最为广泛，适于处理浓缩初沉污泥和剩余活性污泥的混合污泥，许多污水处理厂均采用此方法来处理剩余污泥，但是实践证明，通过浓缩方法得到的污泥含固率一般不会超过 4%，且存在富磷污泥的二次释磷等问题，处理效果并不理想。而采用离心浓缩、带式浓缩机等机械浓缩方法可以达到良好的污泥浓缩效果，不仅可以用于新建污水处理厂，也可以用于替换已建污水处理厂中的重力浓缩池。在选择浓缩方法时，应综合考虑污泥的来源、性质、污泥处理流程及最终处置方式等。

3.3.1　污泥浓缩效果的测定

浓缩池作为污泥浓缩操作的主要设施，在对其的运行管理中，应经常对浓缩效果进行综合评价，一般通过浓缩比、固体回收率和分离率这 3 个指标来实现[1]，并根据评价结论予以调节。

3.3.1.1　浓缩比

浓缩比是指排出污泥浓度与入流污泥浓度的比值。一般来说，当对初沉污泥以及由初沉污泥与活性污泥组成的混合污泥进行浓缩时，浓缩比均不应小于 2。如果小于该数值，则应检查进泥量控制是否合适、固体表面负荷调节是否合理以及温度等因素是否对浓缩效果造成了影响等，并分析出现浓缩比过小情况的原因。

3.3.1.2　固体回收率

固体回收率是指浓缩污泥固体量与流入污泥固体量的比值。该指标也是评价浓缩效果优劣的重要工艺参数，因为如果固体随溢流水流出而导致固体回收率下降，则即使浓缩后的污泥达到了很高的固体浓度水平，也不能表示浓缩设备具有优异的浓缩性能。固体回收率的计算公式可用式（3-1）表示：

$$\eta = \frac{Q_u \rho_u}{Q_f \rho_f} \times 100\% = \frac{Q_f \rho_f - Q_0 \rho_0}{Q_f \rho_f} \times 100\% \tag{3-1}$$

式中，η 为固体回收率，%；ρ_f 为流入污泥质量浓度，kg/m^3；Q_f 为给泥量，m^3/d；ρ_u 为浓缩污泥质量浓度，kg/m^3；Q_u 为浓缩污泥量，m^3/d；Q_0 为溢流水量，m^3/d；ρ_0 为溢流水污泥质量浓度，kg/m^3。

一般来说，正常运行的浓缩池，其固体回收率 η 在 90%～95% 范围内。当对初沉污泥进行浓缩时，固体回收率 η 应大于 90%；当对由初沉污泥和活性污泥组成的混合污泥进行浓缩时，固体回收率 η 应大于 85%。

3.3.1.3 分离率

分离率是指浓缩池的上清液溢流量占污泥流入量的百分比，其计算公式可用式（3-2）表示：

$$F = \frac{Q_0}{Q_f} \times 100\% \qquad (3-2)$$

式中，F 为分离率，%；Q_f 为给泥量，m^3/d；Q_0 为溢流水量，m^3/d。

一般来说，当对由活性污泥与初沉污泥组成的混合污泥进行浓缩时，分离率应大于 85%。

3.3.2 重力浓缩技术

重力浓缩技术发展至今已有 50 多年的历史，是目前主流的同时也是应用最多的污泥浓缩技术，不需要外加能量，在所有浓缩方法中最为节能。但重力浓缩法并非对任何污泥种类都适用，仅适用于质量较重的初沉池污泥，而对于活性污泥等一些相对密度接近于 1 的轻质污泥，其重力沉降效果不好。此外，如果采用重力浓缩法处理生物除磷剩余污泥时，污泥中的磷会大量释放，因此对上清液还需要进行除磷处理。

3.3.2.1 重力浓缩原理及影响因素

（1）重力浓缩原理

重力浓缩法的原理是利用污泥中固体颗粒的重力作用进行自然沉降与压密，从而形成高浓度污泥层，达到浓缩污泥的目的。不需要外加能量，是一种最节能的污泥浓缩方法。重力浓缩本质上是一种沉淀工艺。根据悬浮物质的性质、浓度及絮凝性能，沉淀可分为以下 4 种类型。

1）自由沉淀 当固体颗粒浓度不高时，颗粒在沉淀过程中相互之间不发生碰撞，而表现为单颗粒状态并各自独立地进行沉淀，可用牛顿第二定律及斯托克斯公式加以描述。沉降的粒子与上清液之间不形成清晰的界面，但可以见到澄清区域。不过，所含胶体粒子如果不失稳，还是得不到澄清的上清液。粒子的沉降速度不受固体颗粒浓度的影响，而决定于粒子的大小和密度。比较具有代表性的自由沉淀是沉砂池中的砂粒沉淀以及初沉池中的低悬浮物浓度污水沉淀。

2）絮凝沉淀 也称干涉沉淀，即当固体颗粒浓度范围介于 50～500mg/L 时，颗粒在沉淀过程中可能互相碰撞从而产生絮凝作用，使颗粒的粒径与质量逐渐加大，沉淀速度不断加快，故实际的絮凝沉淀速度很难用理论公式计算，主要靠试验测定。具有代表性的絮凝沉淀例子是二沉池中的活性污泥沉淀。

3）区域沉淀 又称拥挤沉淀或成层沉淀，即当固体颗粒浓度大于 500mg/L 时，在沉淀过程中，相邻的颗粒之间会发生相互干扰和妨碍，沉降速度大的颗粒无法超越沉降速度小的颗粒，因而被迫保持相对不变的位置，并在聚合力的作用下结合成一个整体向下沉淀的颗粒群，与澄清水之间形成清晰的液-固界面，此类沉淀表现为界面下沉。具有代表性的区域沉淀有二沉池下部的沉淀过程及浓缩池在开始阶段的沉淀等。

4）压缩沉淀 由于污泥固体颗粒的集结，上一层的污泥颗粒在重力作用下压缩下一层的污泥颗粒，而下一层的污泥颗粒又会对上一层的污泥颗粒起到支承作用，从而使污泥固体颗粒相互之间接触得更加紧密而挤出下层污泥中的间隙水，并不断提高固体浓度而使污泥得到浓缩。此类沉淀可以看作是区域沉淀的延续。

在重力浓缩池的实际运行过程中，以上 4 种类型的沉淀过程均依次存在，只是沉淀进行的时间不同，并在重力浓缩池中形成以下 4 个基本区域。

① 澄清区。为固体浓度极低的上层清液。

② 阻滞沉降区。在该区悬浮颗粒以恒速向下运动，一层沉降固体开始从区域底部形成。

③ 过渡区。其特征是固体沉降速率减小。

④ 压缩区。在该区上一层的污泥颗粒在重力作用下压缩下一层的污泥颗粒，从而使污泥颗粒之间的间隙水被排挤出来，直至达到所要求的底流污泥浓度并最终从底部排出。

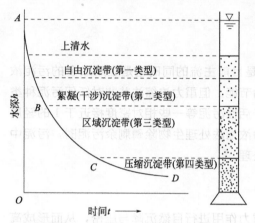

图 3-18 污泥在二沉池中的沉淀过程[1]

活性污泥在二沉池中的沉淀曲线如图 3-18 所示。

（2）重力浓缩的影响因素

污泥重力浓缩效果的影响因素主要有悬浮物浓度、温度、搅拌强度和设备结构等。

1）悬浮物浓度　因污泥颗粒沉降而被置换出来的液体的上升速度随孔隙率减小而增大，会阻碍污泥颗粒的沉降。此外，如果污泥中悬浮物浓度增大，污泥颗粒与污泥中所含液体间的表观密度差减小，而且污泥的表观黏度会增大，流体力学条件也会随之发生变化，因此，污泥的沉降速度与其中悬浮物的浓度成反比。污泥种类和重力浓缩池类型确定后，给泥量应控制在一个最佳范围之内。当给泥量过低时，不但重力浓缩池得不到充分利用，从而影响其处理量，还会导致浓缩池中的污泥上浮，浓缩效果变差；当给泥量过大且超过重力浓缩池的浓缩能力时，会导致上清液固体浓度过高，而排泥浓度过低，浓缩效果同样也会变差。

污泥的悬浮物浓度与水力学条件有关，对其进行核算应主要考虑两方面因素：一是污泥固体表面负荷；二是水力停留时间。

固体表面负荷 q_s 的大小与污泥种类、浓缩池结构和温度有关。初沉污泥的浓缩性能较好，其固体表面负荷一般可控制在 90～150kg/(m²·d)。活性污泥的浓缩性能较差，一般在 10～30kg/(m²·d) 内。国内进行重力浓缩的常见污泥形式是初沉污泥与活性污泥的混合污泥，其 q_s 一般控制在 60～70kg/(m²·d)，具体取值取决于两种污泥的比例。

水力停留时间一般控制在 12～30h，水力停留时间的长短与温度密切相关。温度高时，停留时间短一些为宜，以防止污泥上浮；温度低时，停留时间则要相应延长。

2）搅拌强度　适宜的搅拌强度有利于促进污泥颗粒的凝聚，增大其沉降速度，但搅拌强度过大，则会破坏已凝聚的固体或者是絮凝沉淀法生成的沉淀物的凝聚状态，减小沉降速度。

由于污泥颗粒的凝聚状态的变化会改变压缩脱水的机制，因此搅拌对于污泥重力浓缩的影响较为复杂。在重力浓缩过程中，当悬浮液中粒子的容积百分率达到 40% 左右时，常发生沟流现象，主要表现为，从区域沉降状态至压缩沉降状态之间，常会在浓缩泥层中形成一些小通道，下方泥层中的液体经过这些小通道，直接到达泥层表面，因此会在泥层表面见到一些小突起，产生沟流后溶液直接通过这些小通道到达表面，界面的沉降速度急剧增大，致使沉降速度与浓度不成函数关系。沟流现象目前还缺乏定量的描述，成为沉降浓缩理论的一个盲点。

3）温度 温度也是影响污泥重力浓缩效果的重要因素之一，具有双向影响污泥重力浓缩效果的作用。当温度升高时，一方面，温度的升高会使污泥黏度降低，污泥中的间隙水更容易分离出来，从而加快污泥颗粒的沉降速度，改善重力浓缩效果。但另一方面，污泥更容易水解酸化，可导致污泥上浮，降低浓缩效果。此外，在温度升高的条件下，再加上重力浓缩池壁的冷却作用，池内的污泥会形成对流，同样也会影响污泥颗粒的沉降速度。当温度降低时，污泥浓缩效果的变化情况相反。

3.3.2.2 重力浓缩的设备及工艺过程

根据运行情况，重力浓缩池可以分为间歇式和连续式两种。当污泥量较少时，可采用间歇式浓缩池，这种形式的浓缩池运行管理较容易；当污泥量较多时，排泥池中的污泥连续排出，可采用连续式浓缩池。间歇式浓缩池主要用于小型污水处理厂等污泥量小的处理系统，连续式常用于大、中型污水处理厂。

（1）间歇式重力浓缩池

间歇式重力浓缩池一般为圆形或矩形水池，底部有污泥斗，其基本结构如图 3-19 所示。

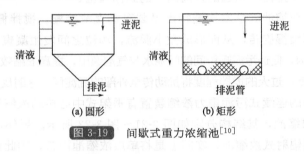

图 3-19 间歇式重力浓缩池[10]

间歇式重力浓缩池工作时，先将污泥充满全池，待静置沉降后，污泥颗粒将进行浓缩压密，这时池内将从上至下分为上清液、沉降区和浓缩后的污泥层 3 层。上清液从位于池侧面的分层导流管定期排出，导流管的位置可随污泥固体物质的沉淀而不断下降，直至污泥不再继续浓缩。污泥层的浓缩污泥位于最底部的泥斗，可将其吸出并进行后续处理处置。浓缩池一般不少于两个并交替使用，一个正常工作，另一个用于进泥。

（2）连续式重力浓缩池

连续式重力浓缩池可采用沉淀池的形式，分为竖流式和辐流式两种。按污泥浓缩池的横断面形状，可分为矩形和圆形两种。相较于矩形浓缩池，圆形浓缩池的土地使用效率虽然较低，但是其结构简便，采用钢结构以及混凝土结构均可，而且排泥问题也已基本得到解决。再加上矩形浓缩池易积泥，设备也易发生损坏，故浓缩池通常设计为圆形。

以圆形池为例，连续式重力浓缩池如图 3-20 所示。

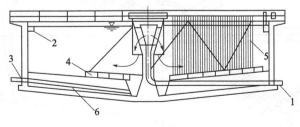

图 3-20 圆形连续式重力浓缩池[10]

1—中心进泥管；2—上清液溢流堰；3—底泥排出管；4—刮泥机；5—搅动栅；6—钢筋混凝土池体

在圆形池中，水流通常从中心配水部分呈辐射状流至外围的出水堰，由于在此过程中的辐射面积越来越大，很难保持均匀，故圆形池的效率有时会低于预期。为了有利于浓缩污泥的收集，池底通常设计为倾角较小的圆锥形，并设有刮泥机以将泥刮向中心的污泥井，底部带污泥刮削机械或设有漏斗，这样可将污泥刮入靠近底部的排泥管且还可防止污泥板结。

在通常情况下，剩余活性污泥经从圆形连续式重力浓缩池的中心管流入，一般用 Q_0、C_0 分别表示入流污泥的流量及其固体浓度。浓缩池中存在着 3 个区域，从上至下分为澄清区、阻滞区、压缩区。澄清区的上清液由溢流堰溢出，称为出流，其流量与固体浓度分别以 Q_e、C_e 表示。如果忽略上清液所含的固体重量，则单位时间内进入浓缩池的固体重量与排出浓缩池的固体重量相等。在阻滞区，当连续排入污泥时，固体浓度基本保持恒定不变，这时不起任何浓缩作用，但该区的高度将影响下部压缩区污泥的压缩程度。在压缩区，浓缩污泥从池底排出，即为底流，其流量与固体浓度分别以 Q_u、C_u 来表示。通过浓缩池任一横断面的固体通量均由两部分组成：一部分是污泥在重力作用下压密而引起的固体通量；另一部分是因浓缩池底部连续排泥而引起的方向向下的固体通量。

圆形连续式重力浓缩池的基本构造特点是装有垂直搅拌栅。搅拌栅以 2～20cm/s 的圆周速度与刮泥机一起缓慢旋转，从而形成微小涡流，颗粒之间发生凝聚作用并造成空穴，从而破坏污泥的网状结构，促进污泥颗粒间的间隙水与气泡逸出，提高浓缩效果达 20% 以上。但应控制搅拌栅的搅拌程度，过大的搅拌程度将扰动传至外部的沉淀区，这时反而会影响浓缩效果。

目前，应用最多的连续式污泥重力浓缩装置有垂架式中心传动浓缩池、周边传动浓缩池和悬挂式中心传动浓缩池，其结构分别如图 3-21～图 3-23 所示。另外，为了节省设备的占地面积，开发了多层辐射式浓缩池，实际上是将单层浓缩池重叠，因此其大体结构与单层浓缩池相同，见图 3-24。

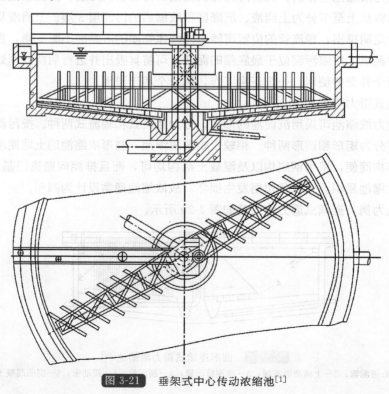

图 3-21　垂架式中心传动浓缩池[1]

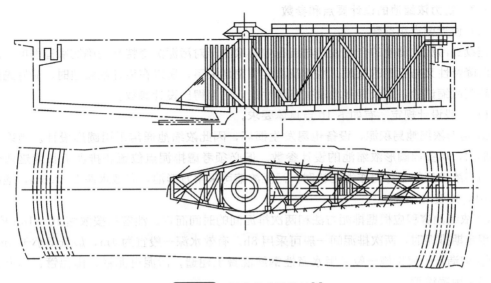

图 3-22 周边传动浓缩池[1]

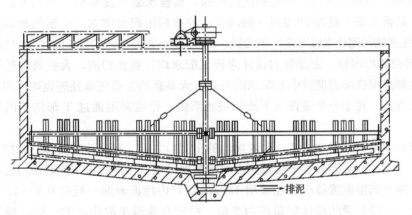

图 3-23 悬挂式中心传动浓缩池[1]

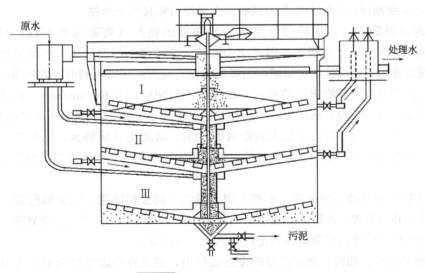

图 3-24 多层辐射式浓缩池[1]

3.3.2.3 重力浓缩池的设计要点和参数

（1）设计要点和参数

连续式污泥浓缩池的合理设计与运行效果取决于对污泥沉降特性的确切掌握程度，而污泥的沉降特性又与污泥的来源、性质及浓度有密切关系，所以在设计浓缩池时，最好先进行污泥静沉浓缩试验，最大限度地掌握沉降性能，进而得出设计参数。

1）一般设计规定　有如下 10 点具体要求。

① 矩形浓缩池易积泥，设备也易发生损坏，因此浓缩池通常采用圆形设计。当采用矩形池形时，可参照圆形浓缩池的设计参数。但必须考虑排泥点位置和排泥机长度这两个因素。当将浓缩后的湿污泥作为肥料时，污泥浓缩可采用方形池，有效水深 1~1.5m，池底坡度 0.01，并坡向一端。

② 浓缩池容积应根据排泥方法和两次排泥间的时间而定。池容积按浓缩 10~16h 核算。当采用定期排泥时，两次排泥间一般可采用 8h。有效水深一般宜为 4m，最低不小于 3m。

③ 构造及附属设施一般采用水密性钢筋混凝土建造，污泥进泥管、排泥管、排上清液管一般采用铸铁管。

④ 含水率。进泥含水率：当为初次污泥时，其含水率一般为 95%~97%；当为剩余活性污泥时，其含水率一般为 99.2%~99.6%。浓缩后污泥含水率：由曝气池后二次沉淀池进入污泥浓缩池的污泥含水率当采用 99.2%~99.6%时，浓缩后污泥含水率宜为 97%~98%。

⑤ 进泥管和排泥管。进泥管的设计应保证配水均匀避免短流，大多数处理城镇污水的圆形浓缩池都采用底部进泥管中心配水的方式。大多数的工业废水处理也可采用一些其他的配水构造和方式。对于一个垂直向下流的进水系统，管道采用通过 T 形结构的切线或反切线进水。

排泥管必须设置于泵站进泥口和浓缩池的出泥口之间，其设计长度越小越好，但必须有足够的清洗空间，这是因为对于含石灰污泥的浓缩处理，排泥管应采用清洗措施以避免其堵塞。重力浓缩池的排泥管最小管径采用 150mm，管内污泥流速一般在 0.5~1.5m/s，由于水头损失较大，排泥管的设计数量应为 2 根。排泥泵应设于浓缩池的一侧以便于运行和维护，并宜设置于污泥液面以下的位置，泵自身管路也要设计合理。

⑥ 重力浓缩池应设置撇渣设备和挡板以去除浮渣和其他漂浮物。

⑦ 刮泥设备的设计。刮板通常是由一定角度的铁片或管道排列而成，间距 150~460mm，高度 0.6~2m，刮板能在污泥层中运转。在较薄的污泥区中，刮泥机也能提供同样有效的搅拌作用。在单管或类似结构的吸泥机中，采用刮板可收到很好的效果。

刮泥机的转速取决于浓缩池的直径，线速度一般保持在 4.6~6m/min。此外，为了克服阻力，刮泥设备的结构、驱动设备的传动装置以及电机功率均必须满足足够的转矩要求。浓缩池运行的正常转矩不应大于最大转矩值的 10%。转矩设计足够大，当需要时可以转动设备。其中连续式重力浓缩池需要更好的设备，因为设备的负荷会大大缩短齿轮和轴承的使用寿命。

⑧ 应在重力浓缩池不同深度、不同方向上设置上清液排除管，以便运行时排除浓缩池中的上清液，并应使浓缩池的上清液重新回流至初沉池或调节池，进行重新处理。上清液的数量和其中有机物的含量可根据参与全厂的物料平衡计算。

⑨ 在撇渣设备、挡板、刮泥设备的设置过程中，应充分考虑并避免由于该类设备震动造成的污泥飞溅问题，从而影响浓缩效果。

⑩ 污泥重力浓缩池一般均会散发臭气，要采用防臭和除臭等控制措施，并安装臭气探测装置。防臭和除臭措施可以从封闭、吸收和掩蔽三方面考虑。封闭指加盖或用设备封住臭气发生源以防止臭气外逸，吸收指用化学药剂或生物方法氧化或净化臭气，掩蔽指采用掩蔽剂使臭气暂时不向外扩散。

2）间歇式重力浓缩池　对于间歇式重力浓缩池，其主要设计参数是水力停留时间。如果水力停留时间过短，重力浓缩就达不到理想效果，特别是当存在营养物质时，经除磷富集的多聚磷酸盐会从积磷菌体内分解释放到污泥中，这部分富含磷元素的水与浓缩污泥分离后将回流到污水处理流程中，从而增加了污水处理除磷的负荷与能耗。反之，如果水力停留时间过长，不仅会占用大量土地，还可能造成有机物的厌氧发酵，从而破坏浓缩过程。因此，水力停留时间应该适中。

3）连续式重力浓缩池　对于连续式重力浓缩池而言，其主要设计参数有固体通量和水力负荷等。

① 连续式重力浓缩池的固体通量指单位时间内通过浓缩池任一断面的干固体量，单位是 $kg/(m^2 \cdot h)$ 或 $kg/(m^2 \cdot d)$。固体通量是主要的控制因素，浓缩池的体积依据固体通量进行计算。一般情况下，重力浓缩池的固体通量为 $30 \sim 60 kg/(m^2 \cdot d)$。当为初次污泥时，污泥固体负荷宜采用 $60 kg/(m^2 \cdot d)$；当为剩余法泥时，污泥固体负荷宜采用 $30 kg/(m^2 \cdot d)$。

② 水力负荷指单位时间内通过单位浓缩池表面积的上清液溢流量，单位是 $m^3/(m^2 \cdot h)$ 或 $m^3/(m^2 \cdot d)$。

③ 当连续式重力浓缩池较小时，可采用竖流式设计，一般不设刮泥机，污泥池的截锥体斜壁与水平面所形成的角度不应小于 $50°$。中心管的设计参数按污泥流量进行计算。沉淀区按浓缩分离出来的污泥流量设计。竖流式有效水深采用 $4m$，并按沉淀部分的上升流速不大于 $0.1 mm/s$ 进行复核。池容积按浓缩 $10 \sim 16 h$ 核算。定期排泥时的两次排泥间隔可取 $8h$。

④ 若连续式重力浓缩池采用辐流式设计，当不设刮泥设备时，池底一般应设置泥斗，泥斗与水平面的倾角不应小于 $50°$。当设置刮泥设备且刮泥设备选用吸泥机时，池底坡度可采用 0.003；当选用刮泥机时，池底坡度不宜小于 0.01。刮泥机的回转速度为 $0.75 \sim 4 r/h$，吸泥机的回转速度为 $1 r/h$，其外缘线速度一般宜为 $1 \sim 2 m/min$。同时，在刮泥机上还可安设栅条，以便提高浓缩效果，在水面设除浮渣装置。

重力浓缩池的设计参数一般通过污泥静沉试验取得，在无试验数据时也可根据污泥的种类采用表 3-8 中的数据。

表 3-8　重力浓缩池设计参数

污泥种类	进泥浓度/%	出泥浓度/%	水力负荷 /[m³/(m²·d)]	固体负荷 /[kg/(m²·d)]	固体捕捉率 /%	溢流 TSS /(mg/L)
初次污泥	1.0～7.0	5.0～10.0	24～33	90～144	85～98	300～1000
滴滤池生物膜	1.0～4.0	2.0～6.0	2.0～6.0	35～50	80～92	200～1000
剩余活性污泥	0.2～1.5	2.0～4.0	2.0～4.0	10～35	60～85	200～1000
初次污泥与剩余活性污泥的混合污泥	0.5～2.0	4.0～6.0	4.0～10.0	25～80	85～92	300～800

（2）设计计算

1）浓缩池面积 A 的相关计算　浓缩池总面积的计算方法见公式（3-3）：

$$A = QC/M \tag{3-3}$$

式中，Q 为污泥量，m^3/d；C 为污泥固体浓度，g/L；M 为浓缩池污泥固体量，$kg/(m^2 \cdot d)$。

则其单池面积 A_1 为：

$$A_1 = A/n \tag{3-4}$$

式中，n 为浓缩池数量，个。

同时，也可计算出浓缩池单池的直径 D，公式为：

$$D = 2(A_1/\pi)^{\frac{1}{2}} \tag{3-5}$$

2）浓缩池高度 H 的相关计算　由已知的污泥量 Q 和公式（3-3）计算得到的浓缩池总面积 A 可以计算浓缩池工作部分高度，计算方法见公式（3-6）：

$$H_1 = TQ/(24A) \tag{3-6}$$

式中，T 为设计浓缩时间，d。

则浓缩池的总高度 H 为：

$$H = H_1 + H_2 + H_3 \tag{3-7}$$

式中，H_1 为工作部分高度，m；H_2 为超高，m；H_3 为缓冲层高度，m。

3）浓缩后污泥体积 V_2　浓缩后污泥体积 V_2 的计算方法见公式（3-8）：

$$V_2 = V_1(1 - P_1)/(1 - P) \tag{3-8}$$

式中，P_1 为进泥浓度，%；P 为浓缩后污泥含水率；V_1 为浓缩前污泥体积。

4）浓缩池表面积 F 的相关计算　连续式重力浓缩池表面积 F 的确定方法如下：选定固体通量，计算并得出浓缩池表面积 F_s，将其与用水力负荷计算得出的浓缩池表面积 F_w 进行比较，取较大者即可。

按固体通量计算浓缩池表面积，见公式（3-9）：

$$F_s = Q\omega/q_s \tag{3-9}$$

式中，Q 为污泥量，m^3/d；ω 为污泥含固量，kg/m^3；q_s 为选定的固体通量，$kg/(m^2 \cdot d)$。

按水力负荷计算浓缩池表面积，见公式（3-10）：

$$F_w = Q/q_w \tag{3-10}$$

式中，Q 为污泥量，m^3/d；q_w 为水力负荷，$m^3/(m^2 \cdot d)$。

则

$$F = \max(F_s, F_w) \tag{3-11}$$

5）有效容积 W 的相关计算　根据由以上步骤已经确定的浓缩池表面积 F 计算浓缩池的有效容积 W，再通过 W 来复核污泥在池中的停留时间 t。若 t 大于 $10 \sim 16h$，则应对固体通量进行修订，重新计算并最终确定浓缩池表面积 F、有效容积 W 和停留时间 t 等各值。

$$W = Fh_2 \tag{3-12}$$

式中，h_2 为有效水深，m。

停留时间 t 的复核方法，见公式（3-13）：

$$t = W/Q \tag{3-13}$$

6）刮泥设备转矩　典型浓缩池所需要的刮泥设备转矩一般由公式（3-14）来计算：

$$T = KD^2 \tag{3-14}$$

式中，T 为转矩，$kgf \cdot m$；K 为常数，kgf/m；D 为浓缩池的直径，m。

参数设计根据每个浓缩池所处理的污泥的不同而变化。重力浓缩刮泥设备的设计标准如表 3-9 所列。

表 3-9	重力浓缩刮泥设备的设计标准[10]		
污泥类型	直径/m	常数 K/(kg/m)	溢流率/[m³/(m²·d)]
初沉污泥	3～24	11	33
初沉＋剩余污泥	3～21	7	33
剩余污泥	3～15	4	33
初沉＋剩余热处理污泥	3～18	15	16
加 $CaCO_3$ 污泥	3～30	22	41
金属氢氧化物污泥	3～21	15	16
纸浆和造纸污泥	3～30	22～30	33
重力贮存污泥	3～30	30～45	根据应用变化

3.3.3 气浮浓缩技术

3.3.3.1 气浮浓缩原理

气浮浓缩最早出现于 1957 年的美国，目前，已得到越来越广泛的应用。该浓缩手段一般适用于活性污泥（相对密度为 1.005）和生物过滤法污泥（相对密度为 1.025）等颗粒相对密度接近或小于 1 的轻质污泥。

气浮浓缩利用固体与水的密度差而产生浮力，使固体颗粒在此浮力作用下上浮，从而使其从水体中分离，达到污泥浓缩的目的。通常固体颗粒与水的密度差越大，浓缩效果越好。对于密度小于 $1g/cm^3$ 的固体颗粒可以直接进行上浮分离。对于密度大于 $1g/cm^3$ 的固体颗粒则可以通过采取改变密度的方法使其小于 $1g/cm^3$。在改变固体密度的方法中，将空气附着在固体颗粒的表面的方法最为经济，该法可以改变固体密度，产生上浮动力。空气从水中释放的过程中会形成许多微细的气泡，活性污泥虽然是亲水性的，但由于能形成絮体，絮体的捕集作用和吸附作用使污泥颗粒周围附着大量气泡，所以污泥颗粒的密度降低，从而强制上浮，完成污泥的浓缩过程，这就是气浮浓缩污泥的原理。一般认为，固体负荷是影响浮泥浓度的主要因素，而且对于活性较强、沉降性能和压缩性能较好的污泥，其相应的气浮浓缩性能也较好。

相对于重力浓缩法来说，气浮浓缩法的优势在于其占地面积较省，固液分离效果较好，得到的浓缩污泥含水率较低，可以使活性污泥的含水率从 99％以上降低到 94％～97％，从而达到较高的固体通量。此外，气浮浓缩的水力停留时间较短，一般为 30～120min，而且由于浓缩池中的污泥处于好氧环境，避免了厌氧腐败和放磷的问题，因而分离液中含固率和磷的含量都比重力浓缩低，但气浮浓缩池的污泥贮存能力较小、动力消耗大，操作要求也比重力浓缩高，而且浮渣中有 10％～20％的空气，需要有脱气措施，才能不影响输送设备和计量设备的工作。该法适合于人口密度高、土地稀缺的地区。

气浮浓缩时可采用絮凝剂，以利于在水中形成易于吸附或俘获空气泡的表面及构架，改变气体-液体界面、固体-液体界面的性质，使其易于互相吸附，提高气浮浓缩的效果。由于絮凝剂会影响曝气池中活性污泥的正常处理，因此如果气浮浓缩后的污泥用于回流曝气池时，则不宜采用絮凝剂。絮凝剂可选用铝盐、铁盐、活性二氧化硅等无机絮凝剂，亦可选用聚丙烯酰胺（PAM）等有机高分子聚合电解质絮凝剂。所使用的絮凝剂种类和用量宜通过试验决定。

3.3.3.2 气浮浓缩的设备及工艺过程

根据气泡的形成方式,气浮浓缩可以分为压力溶气气浮、生物溶气气浮、真空气浮、化学气浮、电解气浮等几种工艺类型。其中,压力溶气气浮、生物溶气气浮和涡凹气浮工艺在污泥浓缩方面已出现了不少研究或实际应用的报道,而其他几种气浮工艺正在研究探索中。

(1) 压力溶气气浮浓缩

压力溶气气浮(DAF)是基于在一定温度下空气在水中的溶解度与压力成正比的亨利定律而开发出的一种气浮工艺。其具体操作是先在一定的压力条件下使空气溶解在水中,再使压力降低,当压力恢复到常压时,溶解在水中的过饱和空气就会从水中释放出来,产生大量直径仅有 $10\sim100\mu m$ 的微气泡,从而达到固液分离的效果。此类气浮工艺的污泥浓缩效果好,效率高,在不投加调理剂的情况下亦可使污泥的含固率增加到 3% 以上,如果在气浮浓缩前投加调理剂,则污泥的含固率可以达到 4% 以上。

压力溶气气浮装置一般由 3 部分组成,分别为压力溶气系统、溶气释放系统及气浮分离系统。压力溶气气浮浓缩装置如图 3-25 所示。

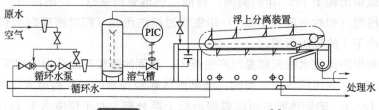

图 3-25　压力溶气气浮浓缩装置[1]

其中压力溶气系统主要包括压力溶气槽、空压机、水泵及其他辅助设备。溶气释放系统功能是将压力溶气水通过消能、减压的方式,使溶入水中的气体以微气泡的形式释放出来,并迅速又均匀地附着到污泥絮体上,其主要构成部分为溶气释放器(或穿孔管、减压阀)及溶气水管路。气浮分离系统一般可分为平流式和竖流式两种类型,其中平流式加压气浮浓缩装置如图 3-26 所示。

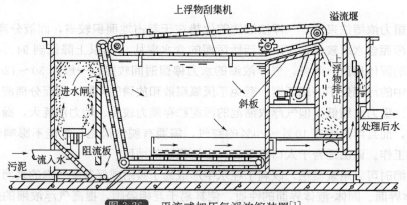

图 3-26　平流式加压气浮浓缩装置[1]

在平流式加压气浮浓缩装置中,污泥和压力溶气水在位于气浮浓缩池一端的进水室内混合,压力溶气水释放出来的微气泡附着在污泥颗粒上,使其上浮至池上部,并以平流方式流入分离池,然后在分离池中澄清液与固体得到分离。上浮到表面的浮渣用刮泥机去除并送至浮渣室。在分离池中沉淀下来的污泥将被集中到污泥斗之后排出。澄清液则通过设置在池底部的集水管汇集，越过溢流堰，经处理后排出。

竖流式加压气浮浓缩装置如图 3-27 所示，在浓缩装置的中间设置圆形进泥室，安装在中心旋转轴上，用于对流入污泥所具有的能量进行衰减，此外进泥室还对流入污泥起均化作用。压力溶气水与污泥悬浮液一同进入进泥室，释放出的微气泡附着在污泥絮体上后，污泥絮体上浮，然后借助刮泥板把浮渣收集排出。未上浮而沉淀下来的污泥依靠旋转耙收集起来，从排泥管排出。澄清液则从底部收集后排出。刮泥板、旋转耙也同进泥室一样，安装在中心旋转轴上，依靠中心轴的旋转以同样的速度旋转。

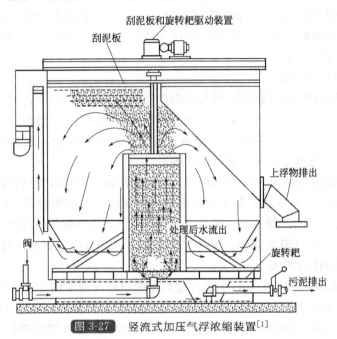

图 3-27 竖流式加压气浮浓缩装置[1]

在压力溶气气浮浓缩污泥时，较多采用出水部分回流的设计。通过气浮浓缩工艺处理后的澄清液悬浮物浓度不超过 0.1%，部分澄清液回流，并在溶气罐中压入压缩空气，从而进行新一轮的气浮浓缩过程。其工艺流程如图 3-28 所示。

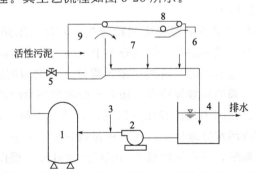

图 3-28 出水部分回流的压力溶气气浮浓缩工艺流程[10]

1—溶气罐；2—加压泵；3—压缩空气；4—出流；5—减压阀；6—浮渣排除；
7—气浮浓缩池；8—刮渣机械；9—进泥室

利用压力溶气气浮浓缩法对剩余活性污泥进行浓缩处理时具有占地面积小、卫生条件好、浓缩效率高等优点，并且通过在浓缩过程中充氧还可以避免富磷污泥释磷现象的发生，但该工艺所需设备多，维护管理复杂，运行费用高，这是对其大规模应用的主要障碍。最早的压力溶气气浮主要应用于采矿工业，从20世纪20年代开始在工业废水处理领域投入使用，随后又逐渐开始了将其应用于城市污水处理厂的污水处理和污泥浓缩领域的新尝试，目前已广泛用于剩余活性污泥浓缩中，并以其突出的优越性成为最常采用的污泥气浮浓缩工艺。在我国，对利用压力溶气气浮浓缩法处理城市污水处理厂剩余污泥的研究始于20世纪80年代，截至目前已获得了一系列的工艺参数。例如，上海北郊污水处理厂以剩余污泥为对象，进行了溶气气浮浓缩技术的小试和中试研究，主要设计和运行参数分别为气固比 A_s 为 0.01～0.025，溶气压力为 0.25～0.35MPa，固体负荷为 350～450kg/(m²·d)。成都三瓦窑污水处理厂也采用了压力溶气气浮浓缩二沉池剩余污泥，主要设计和运行参数分别为进泥含水率为99.4%，出泥含水率为96%，溶气压力为0.5MPa，气固比为0.015，负荷为50kg/(m²·d)，水力负荷为 1.1m³/(m²·h)。

（2）生物溶气气浮浓缩

生物溶气气浮浓缩利用了污泥的自身反硝化能力，主要操作是在污泥中加入硝酸盐，污泥进行反硝化作用，产生气体并附着于污泥颗粒表面，使污泥在气体浮力作用下上浮，进而实现浓缩。生物溶气气浮工艺的污泥浓缩效果受多种因素的影响，主要有硝酸盐浓度、温度、碳源、初始污泥浓度、泥龄、运行时间等。

该法最终得到的浓缩污泥中所含气体少，并且污泥浓缩后可以达到较高的含固率，污泥浓度是重力浓缩法的 1.3～3 倍，甚至对膨胀污泥也有较好的浓缩效果，以利于污泥的后续处理。此外，相比于重力浓缩工艺和压力溶气气浮工艺，生物溶气气浮浓缩法的日常运行费用较低、能耗较小，而且设备简单、操作管理方便，但水力停留时间（HRT）比压力溶气气浮工艺长，且需消耗硝酸盐。

1983年，瑞典 Simona Cizinska 开发了生物溶气气浮污泥浓缩工艺，经过多年的研究及发展，该气浮工艺在污泥浓缩领域已有实际应用，比如，捷克的 Pisek、Milevsko 污水处理厂和瑞典的 Bjornlunda 污水处理厂开展了生物溶气气浮污泥浓缩生产性试验，结果显示，通过浓缩处理后，试验样品的 MLSS 分别从 6.2g/L、10.7g/L 和 3.5g/L 浓缩到 59.4g/L、59.7g/L 和 66.7g/L，浓缩过程每增加 1g/L 浓度的 MLSS，将消耗 NO_3^- 分别为 17.2mg、16.7mg 和 29.7mg，浓缩时间为 4～24h。目前在我国，生物溶气气浮浓缩也已有应用。

（3）涡凹气浮浓缩（CAF）

涡凹气浮系统的显著特点是不需要预先进行溶气，而是利用涡凹曝气机直接将"微气泡"注入水中，散气叶轮把"微气泡"均匀地分布于水中，再通过涡凹曝气机的抽真空作用实现污水回流，具有污泥停留时间短、污泥浓缩效果好、浓缩污泥脱水性能好、设备简单、操作方便、费用低、污泥无磷的释放等特点，适宜于低浓度剩余活性污泥的浓缩。

目前，该气浮浓缩工艺在国内也已有相关研究，如胡锋平等进行了基于 CAF-5 型涡凹气浮设备处理南昌市朝阳洲污水处理厂剩余污泥的浓缩试验。在应用方面，自 1997 年 3 月引进了首台涡凹气浮浓缩系统，并在昆明第二造纸厂废水处理工程投入运行以来，系统运行正常。但总的来说，涡凹气浮浓缩在国内污泥处理领域的应用还不多。

3.3.3.3 气浮浓缩设备的设计要点和参数

气浮浓缩池的设计内容主要包括溶气比、回流比、气浮浓缩池表面积、表面水力负荷。此外，还有深度、空气量、溶气罐压力等。

（1）溶气比的确定

气浮时有效空气质量与污泥中固体物质量之比称为溶气比或气固比，用 A_a/S 表示，计算公式如下：

无回流时，用全部污泥加压：

$$\frac{A_a}{S} = \frac{S_a(fP-1)}{C_0} \tag{3-15}$$

有回流时，用回流水加压：

$$\frac{A_a}{S} = \frac{RS_a(fP-1)}{C_0} \tag{3-16}$$

式中，$\frac{A_a}{S}$ 为气浮时有效空气总质量与入流污泥中固体物总质量之比，即溶气比，一般为 $0.005 \sim 0.060$ 之间，常用 $0.03 \sim 0.04$，或通过气浮浓缩试验确定；A_a 为气浮池充入气体量，mg/h；S 为入流污泥固体量，mg/h；S_a 为常压（1atm，0.1MPa）条件下空气在水中的饱和溶解度，mg/L，其值等于在 0.1MPa 下空气在水中的溶解度（以容积计，单位为 L/L）与空气密度（mg/L）的乘积，参考数值见表 3-10；P 为溶气罐压力（绝对压力），取值范围一般为 $0.2 \sim 0.4$MPa，当用上述两式时，以 $0.2 \sim 0.4$MPa 代入；R 为回流比，等于压力溶气水的流量与入流污泥流量 Q_0 之比，$R \geqslant 1$，取值范围一般为 $1.0 \sim 3.0$；f 为空气在回流水中的饱和浓度，%，在气浮系统中，取值范围一般为 $50\% \sim 80\%$；C_0 为入流污泥固体浓度，mg/L。

气浮效果随溶气比的增加而提高，一般以 $0.03 \sim 0.1$ 为宜（质量比）。

上述两式的等式右侧分子是空气的质量浓度，mg/L；分母是固体物质量浓度，mg/L；式中的 "-1" 是由于气浮是在大气压下操作。

表 3-10　空气溶解度及密度参考值[1]

气温/℃	溶解度/(L/L)	空气密度/(mg/L)
0	0.0292	1252
10	0.0228	1206
20	0.0187	1164
30	0.0157	1127
40	0.0142	1092

（2）回流比 R

溶气比确定以后，根据上述方程式可计算出 R 值。无回流时，不必计算 R。

（3）气浮浓缩池的表面积

气浮浓缩池的表面积 A 可根据下式计算：

无回流时：

$$A = \frac{Q_0}{g} \tag{3-17}$$

有回流时：

$$A = \frac{Q_0(R+1)}{q} \tag{3-18}$$

式中，A 为气浮浓缩池的表面积，m²；q 为气浮浓缩池表面水力负荷，参见表 3-11，m³/(m²·d) 或 m³/(m²·h)；Q_0 为入流污泥量，m³/d 或 m³/h。

表面积 A 求出后，需用固体负荷校核。如不能满足，则应采用固体负荷求得的面积。

（4）气浮浓缩池表面水力负荷及表面固体负荷

气浮浓缩池表面水力负荷及表面固体负荷可参考表 3-11。

表 3-11　气浮浓缩池表面水力负荷及表面固体负荷[1]

污泥种类	入流污泥固体质量分数/%	表面水力负荷/[m³/(m²·h)]		表面固体负荷/[kg/(m²·h)]	气浮污泥固体质量分数/%
		有回流	无回流		
活性污泥混合液	<0.5			1.04～3.12	
剩余活性污泥	<0.5			2.08～4.17	
纯氧曝气剩余活性污泥	<0.5	1.0～3.6	0.5～1.8	2.50～6.25	3～6
初沉污泥与剩余活性污泥的混合污泥	1～3			4.17～8.34	
初次沉淀池污泥	2～4			<10.8	

3.3.4　离心浓缩技术

离心浓缩工艺最早始于 20 世纪 20 年代初，该工艺占地小，不会产生恶臭，可以避免富磷污泥中磷元素的二次释放，提高污泥处理系统的总除磷率，虽然设备造价较低，但是运行费用和机械维修费用较高，能耗也较高，故总体来说经济性较差。该工艺在处理生活污泥、淀粉生化污泥中得到了广泛的应用，主要适用于剩余活性污泥等难脱水、含固量低的污泥浓缩以及一些污水量大或场地狭小的场合，一般很少用于污泥浓缩。

3.3.4.1　离心浓缩原理

离心浓缩工艺的原理是由于污泥中固体、液体之间存在密度差及惯性差，因此在离心力场内受到的离心力也不同，从而实现污泥中固体、液体的分离，而污泥则被浓缩。因为离心力远远大于重力或浮力，一般是重力的 500～3000 倍，因此分离速度快，浓缩效果好。与离心脱水必须加絮凝剂进行调质的要求不同，离心浓缩通常不需加入絮凝剂调质，只有当待浓缩污泥的含固率高于 6% 时，才需要加入少量絮凝剂。

3.3.4.2　离心浓缩的设备及工艺过程

经过多年的发展和更新换代，离心浓缩机机型和工艺日渐成熟。目前，常用的离心浓缩机有卧螺式离心浓缩机和笼形立式离心浓缩机两种。

在所有离心浓缩机类型中，卧螺式离心浓缩机采用最为普遍，对污泥的浓缩分离因数 G 为 1000～3000。卧螺式离心浓缩机以污泥供给管为中心，外筒和内筒分别旋转，并保持一定的转速差，从而发生螺旋输送作用，一般内筒的转速低于外筒，污泥则通过污泥供给管连续输送到高速旋转的外筒内，由于离心力的作用，污泥絮体在外筒内壁沉降堆积，内筒中设置有螺杆，将堆积在外筒内壁的污泥向左推进，作为浓缩污泥排出。上清液从外筒侧面的排出口溢流出来。其构造如图 3-29 所示。

笼形立式离心浓缩机结构如图 3-30 所示。在笼形立式离心浓缩机中，圆锥形笼框内侧铺上滤布，驱动电机通过旋转轴带动笼框旋转。污泥从笼框底部流入，其中的水分通过滤布进入滤液室，然后排出。污泥中的悬浮固体则被滤布截留，从而实现固液分离，浓缩的污泥沿笼框壁向上移动，从上端进入浓缩室，再通过集泥管排出。该种离心浓缩机由于具有离心和过滤的双重作用，因此大幅提高了过滤效率，实现了浓缩装置小型化，减少占地面积。

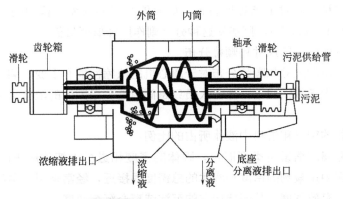

图 3-29　卧螺式离心浓缩机[1]

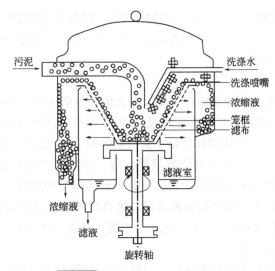

图 3-30　笼形立式离心浓缩机[1]

3.3.4.3　离心浓缩设备的设计要点和参数

离心浓缩机设计要点由于机型的不同有相当大的差别。离心浓缩设备的主要设计及运行参数有污泥固体浓度、固体回收率、进料中固体颗粒的尺寸和颗粒分布、污泥固体的密度和进料中液体所占的比例、高分子聚合物的投加量等。

（1）污泥固体浓度

污泥固体浓度是一个重要参数，它既决定着污泥浓缩后固体的输出体积，又决定着离心浓缩机的具体的输入负荷、离心机的浓缩性能，对决定合适的机器设计参数相当重要，也能帮助操作管理人员调整设备和工艺参数，以平衡负荷需求。污泥浓缩固体浓度可以通过调节一些变量来达到所要求的值，包括进料流量、转筒和输送器的速度差值、化学药剂的品种和使用量等。

（2）固体回收率

通过进料流量、转筒和输送器的速度差值、化学药剂的品种和使用量等变量的调节，固体回收率可以达到所要求的值。

当不同的进料固体成分的特性有相当大的变化时，离心机可能会起分级器的作用。这里的"分级"指在对带离心清液的丝状微生物的选择性再循环的过程中正常微生物与腐败产品的典型的分离，这种分离对工艺过程有害。如果能在离心浓缩过程中把固体回收率保持在85%以上（最好是90%以上），则能使这种分级副作用降低至最低限度。

（3）进料中固体颗粒的尺寸和颗粒分布

进料中固体颗粒的尺寸和颗粒分布对于离心机的浓缩性能有重要影响，但是这特性很难进行精确的测量，大多数情况下，操作人员只是简单地测量固体的浓度，而不是固体颗粒的尺寸和密度。

（4）污泥固体的密度和进料中液体所占的比例

对所有固液分离浓缩设备类型而言，固体的密度和进料中液体所占的比例是特别重要的，通常活性污泥中絮凝物的密度与液体的总密度很接近，经常采用化学药剂调理的方法来增加絮凝聚合体的有效密度，从而增加它的沉淀或离心沉淀速度。

（5）污泥泵

污泥泵要求 1.5in（1in＝2.54cm）口径或以上，扬程视现场情况而定。使用带流量控制的可调式进料泵，并尽量保持污泥性质流量的相对一致性，因此，贮泥池内通常设置搅拌机，使污泥尽量保持一致性。

（6）聚合物添加系统

对于某一特定的固体进料物质而言，加入聚合物可以增加离心机允许的水力负荷，同时又保持固体回收和浓缩固体的工艺性能特性，可以把固体回收率提高至90%，甚至高于95%的水平。而且在污泥高 SVI 期间，添加聚合物还有助于把固体回收率保持在95%以上。

将聚合物粉体制成 0.1%～0.3% 的絮凝剂乳液，采用人工投加机械搅拌或自动定量投加系统，制备熟化时间在 30min 或以上为佳。要求自动或手动搅拌，容积 500L 或以上，视污泥量和设备大小情况而定。加药泵将制备好的聚合物药液计量投加到污泥调理槽或管道静态混合器中，药液流量在 200L 或以上，视离心浓缩设备大小情况而定。

（7）安全性和合理性设计

适当考虑结构设计的安全性和合理性，包括离心机的静态和动态载荷，隔离振动，需要提供一定的设备维护装置。在地震多发地区，还需考虑振动隔离机构、管道及与辅助设备的连接中的缓冲器等。设备材质要求防腐蚀。

如果污水的格栅过滤或除砂不充分，则应当在离心浓缩机的进料前设置粉碎机，以避免堵塞问题。

保证离心机能放空，并考虑气味控制的需要；当离心机停机时提供离心机冲洗水。

3.3.5 转鼓浓缩技术

3.3.5.1 转鼓浓缩原理

转鼓式浓缩机的大体构造为一个以水平或者以较小倾角安装的圆柱形转鼓，工作原理是将经过化学絮凝后的污泥通过螺旋推进和挤压的作用去除其中水分。工作时转鼓可缓慢转动，转鼓内设有螺旋线，属螺旋推进型。当预先经过化学絮凝剂调理后的污泥进入缓慢转动的转鼓内后，污泥被转鼓中的滤网包裹，并沿着螺旋线从转鼓一端被推进至另一端。在转鼓缓慢转动的作用下，污泥絮体及颗粒间互相作用，造成转鼓滤网中污泥结构的变化，从而促使其水分的释放，有助于固液分离。转鼓式浓缩机主要用于浓缩脱水一体化设备的浓缩段。在运行时，转鼓浓缩脱水机的转速可独立调节。转鼓式浓缩机工作系统如图 3-31 所示。

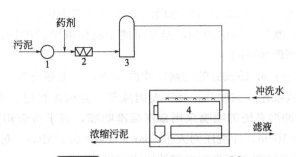

图 3-31 转鼓式浓缩机工作系统[2]

1—污泥泵；2—混合器；3—贮泥斗；4—转鼓式浓缩机

3.3.5.2 转鼓浓缩的设备及工艺过程

转鼓式浓缩机主要由转鼓、滤网、冲洗系统、框架、滤液收集槽和驱动装置等组成。滤网包裹于转鼓外壳，滤网表面有冲洗水装置，冲洗系统由冲洗水泵、截止阀、电磁阀和带喷嘴的管道组成，用滤液收集槽中的滤液作为冲洗水，并且在转鼓式浓缩机内装有易于移动的保护钢板。

转鼓式浓缩机进行污泥浓缩的工艺过程为：污泥在进入转鼓式浓缩机之前通过加药系统将高分子絮凝剂打入混合反应罐中与污泥充分混合，污泥在高分子絮凝剂的作用下由微细颗粒迅速絮凝成为具有网状结构的大团絮凝体，再将经过以上调理的污泥送入转鼓式浓缩机。浓缩机在一定的旋转转速下均匀转动，污泥在滤网内随着转鼓的转动被移动到转鼓滤网末端，在转鼓内行进过程中，污泥释放出水分（滤液）并由转鼓表面滤网的过滤作用而去除，从而实现污泥的浓缩。通过滤网分离出的水分（滤液）进入收集容器中，而在转鼓滤网末端即可得到良好浓缩的污泥。

转鼓式浓缩机的优点主要有以下几点：a. 转鼓式浓缩机结构紧凑、节省占地、坚固耐用；b. 操作和维修方便，滤网更换简单，并且可以每天 24h 连续运行，大修周期在 3 年以上；c. 使用范围广，对化学制浆、半化学制浆中黑液提取和漂白后的浓缩过程尤其适用，耗电少，一般为 $0.2 \sim 0.4 kW \cdot h/m^3$（干污泥）；d. 浓缩效率高，其对于剩余污泥浓缩后污泥的含固率可达 $4\% \sim 8\%$，体积约为浓缩前的 1/10，固体回收率可高达 99% 以上，因此经过转鼓式浓缩机分离后得到的滤液外观澄清，可作为滤网的冲洗水，从而减少对清洁冲洗水的消耗。

而转鼓式浓缩机的缺点主要在于其运行效果依赖于浓缩前投加的化学药剂，投加量一般为 5kg 药剂/t（干污泥）；而且滤网需要用压力水定时进行冲洗，以防止滤网网孔堵塞。

3.3.5.3 转鼓式浓缩机的设计要点和参数

转鼓式浓缩机的设计要点和工艺参数如下。

① 污泥转鼓式浓缩机整体采用全封闭结构，所有零部件将经检验合格后方才进行装配，所有电机、轴承、开关均为防水设计，所配仪器仪表完善齐全，指示准确，安全装置灵敏可靠。

② 转鼓：a. 转鼓采用低转速设计，一般为 $2 \sim 12 r/min$，可选有手动无级调速或变频无级调速；b. 转鼓跳度应不大于 0.02，制作精度应符合 ISO 27681-M 标准，设备运行平稳，不会有冲击、振动和不正常的响声。

③ 滤网：a. 滤网网孔直径一般约为 0.5mm；b. 滤网采用高强度聚酯尼龙，采用螺旋状编织结构，具有质量轻、耐腐蚀、强度高的特点，滤网表面光滑和具有适当的网孔直径、孔隙率、透气率，固体回收率高；c. 滤网使用寿命应大于 20000h。

④ 连接和焊接：a. 污泥的进出口和滤后水排放接口均为标准法兰连接，在运行状况下不会有污泥、絮凝剂、水或气味的泄漏，但又可便于机械维护时的拆卸；b. 焊接件各部分焊缝平整光滑，无任何焊接缺陷。

⑤ 滤网反冲洗系统：a. 设独立的滤网反冲洗系统，由电磁阀控制，能够自动对转鼓式浓缩机滤带进行间歇式或连续式冲洗，其主要组成部分为输水管路、电磁阀、管道过滤器、喷嘴等；b. 其中，反冲洗系统的喷嘴采用扇形标准喷嘴，易于检查和更换，喷嘴角度不大于 75°，可冲洗距离为 10cm，冲洗压力大于 5bar（1bar＝0.1MPa），每个喷嘴的流量应大于 4.5L/min；c. 冲洗水水质要求至少为二沉池出水（过滤）。

⑥ 控制柜。单机配有单独的控制柜，用以检测和控制转鼓式浓缩机的运行，接受系统停机信号和急停信号停机，并对以下信号进行检测报警：a. 冲洗水压力不足；b. 电机过载、过热。并可对滤带冲洗时间间隔进行调整。

⑦ 整个系统所用的材料均应具有较强的耐腐蚀性，其中钢板应均采用不锈钢材质或其他防腐材料，框架选用不锈钢或热镀锌钢材质。

3.3.6 其他浓缩技术

3.3.6.1 带式浓缩机

带式浓缩机是一种可连续运行的污泥浓缩机械，根据预期达到的污泥浓缩效果调节进泥量、滤布走速、泥耙夹角和高度等运行参数。带式浓缩机主要由框架、进泥配料装置、脱水滤布、滤布承托、进料混合器、可调泥耙、泥坝、冲洗和纠偏装置等部分组成，并一般配备有自动监控设备，在故障时可报警和自动切断电源。

将经过化学调理的污泥通过机械进料分配器均匀地分布在循环运动的滤带上，形成一层薄污泥层，由于化学药剂对污泥产生的絮凝作用，泥层污泥中大量的自由水在重力作用下而分离出来。同时，在泥耙双向搅动的作用下污泥絮体及颗粒间相互发生作用，从而改变了污泥结构，以利于污泥中水分的释放，最终使污泥得到浓缩。污泥水（滤液）在滤带水平运动过程中穿过滤带的空隙而被除去，而污泥固体颗粒则被滤布截留，并随着滤带的移动运至浓缩污泥收集系统中。带式浓缩机的工作原理如图 3-32 所示。

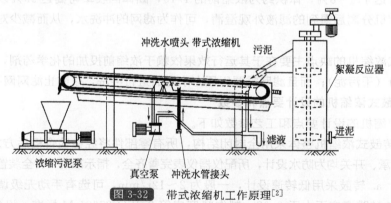

图 3-32 带式浓缩机工作原理[2]

带式浓缩机的关键运行参数主要是水力负荷，普通浓缩机水力负荷一般为 20～30m³/（m 带宽·h），有些可以达到 50～60m³/（m 带宽·h），甚至更高。在缺乏详细的泥质分析资料的情况下进行设计和选型时，水力负荷可按 40～45m³/（m 带宽·h）进行考虑。

带式浓缩机主要用于污泥浓缩脱水一体化设备的浓缩段，可以和转鼓式浓缩机组合使用，亦可以和其他脱水机械组合在一起，从而得到较好的浓缩和脱水效果。该类浓缩设备存在的不足主要是应用范围较窄，仅适用于进泥含水率低于99.5％的情况，而且较常发生滤带跑偏、污泥外溢及滤带起拱等故障，进而影响带式浓缩机的运行和环境。

3.3.6.2 螺旋式浓缩机

螺旋式浓缩机的大体构造、工作原理、浓缩效果与转鼓式浓缩机类似，螺旋式浓缩机外壳上覆有滤网，污泥在浓缩机内行进过程中释放出的水分（滤液）通过滤网而得到分离，并进入收集容器中，浓缩后的污泥从浓缩机出口排出。

其与转鼓式浓缩机的不同之处在于其圆柱体外壳固定不动，而在内部设置可转动的螺旋推进器，在螺旋推进器缓慢转动的作用下浓缩机内的污泥结构发生变化，从而促使其实现固液分离，达到污泥浓缩效果的目的。如图3-33所示。

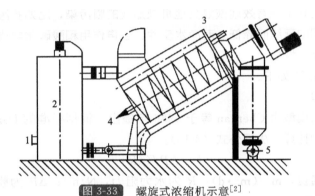

图 3-33 螺旋式浓缩机示意[2]

1—污泥进口；2—絮凝反应器；3—螺旋式浓缩机；4—滤液排出口；5—浓缩污泥泵

目前国外螺旋式浓缩机主要参数见表3-12。

表 3-12 国外螺旋式浓缩机主要参数

参数指标	单位	参数取值范围
额定处理能力	m³/h	8～50
额定固体物流量	kg/h	40～750
浓缩机长度	mm	1200～1750
浓缩机直径	mm	300～700
螺旋推进器转速	r/min	1～12

螺旋式浓缩机以30°倾斜安装，运行时可根据污泥的性质和预期的浓缩要求来调节螺旋推进器的转速。

3.3.6.3 膜污泥分离技术研究[10]

随着膜技术研究的深入和实际应用的推广，膜分离在污水污泥处理领域中的应用也日趋成熟，膜污泥分离技术成为了近年来迅速发展起来的一项新技术，并成为污泥浓缩技术的一个重要研究方向。

J Benitez、A. L. Lim 和 Renbi Bai 等国内外的多位研究人员均分别开展了相关研究，研究证明利用膜分离技术处理污泥可以进行固液分离，大大浓缩污泥，提高污泥的含固率，从而有利于后续的消化和其他处理处置方式。目前膜分离技术在水污染治理中的研究热点主要集中在膜污染的原理与清洗方面。

在膜污染方面，根据 A. L. Lim、Renbi Bai 和 R. Bai 等对利用微滤处理活性污泥的研究表明，在膜污染机制中微滤膜孔堵塞和泥饼形成污染占主导作用。其中在微滤操作初期，膜孔堵塞为膜污染的主要因素，它使渗透通量随时间急剧降低；污泥颗粒的尺寸及其分布在膜的膜孔污染中占主要角色，小颗粒导致的膜污染要比大颗粒严重，膨胀污泥导致的污染要比颗粒污泥严重。在微滤操作的后期，泥饼形成的污染为主要因素，这导致随时间的延长渗透通量也会大幅衰减。此外，P. Le-Clech 等的研究表明，仅仅在较低膜孔径或较低悬浮固体浓度（MLSS）水平下可观察到膜孔径对于临界通量 J_c 存在影响，而且 MLSS 对于 J_c 的影响是曝气影响的 2 倍左右，通过对一系列压力相关临界参数的临界数值的计算，表明较大的膜孔径能够降低短期膜污染，但是却存在内部膜污染。

在膜清洗方面，A. L. Lim 和 Renbi Bai 等通过利用中空纤维微滤膜处理活性污泥混合液的试验证明，周期性的超声作用能够有效地清除膜表面的泥饼污染，因此能够极大地恢复膜通量，但是超声作用并不能有效地恢复其他机制造成的膜污染，比如孔污染，因此超声作用的效果随着清洗周期的延续而降低。而净水反冲、超声作用和酸碱化学清洗的联合作用几乎能够取得膜通量的完全恢复。

膜污泥分离原理[10]如下。

（1）膜阻力模型

膜分离最常用的模型由 Chergan 等于 1986 年提出。根据标准的 Darcy 定律过滤模型，膜的溶剂透过速率的计算方法见公式（3-19）：

$$J = \Delta P/(\mu R) \tag{3-19}$$

式中，J 为膜通量，$m^3/(m^2 \cdot d)$；R 为水力阻力，N/m^2；ΔP 为膜两侧压力差，Pa；μ 为流体黏度系数，$Pa \cdot s$。

将膜应用于污泥处理中时，阻力不仅仅只有膜阻力，还有其他的阻力，此时的水力阻力主要包括清洁膜阻力、极化层阻力、外部以及内部的污染阻力，其计算方法如下：

$$R = R_m + R_p + R_f \tag{3-20}$$

$$R_f = R_{ef} + R_{if} \tag{3-21}$$

式中，R_m 为清洁膜阻力，N/m^2；R_p 为极化层阻力，N/m^2；R_f 为膜污染阻力，N/m^2；R_{ef} 为外部污染阻力，N/m^2；R_{if} 为内部污染阻力，N/m^2。

（2）泥饼阻力模型

在污泥浓缩中，泥饼阻力是构成膜阻力的要素，因此泥饼阻力的形成和变化就决定了膜运行过程的通量变化。泥饼阻力模型如图 3-34 所示。

该模型最初是从死端过滤发展而来的，它认为泥饼层中泥饼的增长是由液料主体中颗粒的无损转移所引起的。

根据物质守恒，污泥泥饼的增长可以表达为公式（3-22）：

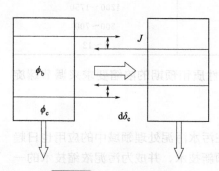

图 3-34　泥饼阻力模型

$$\left(J + \frac{d\delta_c}{dt}\right)\varphi_b = \varphi_c \frac{d\delta_c}{dt} \tag{3-22}$$

式中，J 为膜通量，$m^3/(m^2 \cdot d)$；δ_c 为泥饼厚度，m；φ_b 为料液主体颗粒物体积比（即料液主体中颗粒物占溶液的体积比）；φ_c 为膜面颗粒物体积比（即在膜表面处颗粒物占溶液的体积比）。

而从膜阻力模型可知，在阻力构成主要是清洁膜阻力和污泥阻力的情况下，通量的计算公式为：

$$J = \frac{\Delta P}{\mu(R_\mathrm{m} + R_\mathrm{c})} = \frac{\Delta P}{\mu(R_\mathrm{m} + \hat{R}_\mathrm{c}\delta_\mathrm{c})} \tag{3-23}$$

式中，R_c 为泥饼阻力，N/m^2；ΔP 为膜两侧压力差，Pa；$\hat{R}_\mathrm{c}$ 为泥饼阻力系数（$\hat{R}_\mathrm{c}\delta_\mathrm{c} = R_\mathrm{c}$，$\delta_\mathrm{c}$ 为泥饼厚度）。

将式（3-22）、式（3-23）联立，解得：

$$\delta_\mathrm{c}(t) = \frac{R_\mathrm{m}}{\hat{R}_\mathrm{c}}\left[\left(1 + \frac{2tR_\mathrm{c}\varphi_\mathrm{b}\Delta P}{(\varphi_\mathrm{c} - \varphi_\mathrm{b})\mu R_\mathrm{m}{}^2}\right)^{\frac{1}{2}} - 1\right] \tag{3-24}$$

$$J(t) = J_0\left[1 + \frac{2t\hat{R}_\mathrm{c}\varphi_\mathrm{b}\Delta P}{(\varphi_\mathrm{c} - \varphi_\mathrm{b})\mu R_\mathrm{m}^2}\right]^{-\frac{1}{2}} \tag{3-25}$$

对于金属网平板膜，其膜孔径较大，其本身并不能截留住污泥，但是能通过动态微网滤膜的原理实现污泥的过滤和浓缩，即该类型的膜在运行时水通量极大，污泥会在渗流力的作用下迅速在膜表面形成一层泥饼，金属网平板膜正是利用了这层泥饼的过滤阻截性能，从而达到了固液分离效果。

金属平板膜通量的初始值趋于无穷大，而在泥饼形成后，通量完全取决于泥饼的厚度和比阻，其通量的计算公式为：

$$J = \frac{\Delta P}{\mu\hat{R}_\mathrm{c}\delta_\mathrm{c}} \tag{3-26}$$

结合泥饼阻力模型得：

$$\delta_\mathrm{c} = \sqrt{\frac{2\Delta P\varphi_\mathrm{b}}{\mu\hat{R}_\mathrm{c}(\varphi_\mathrm{c} - \varphi_\mathrm{b})}t} \tag{3-27}$$

$$J(t) = \sqrt{\frac{\Delta P(\varphi_\mathrm{c} - \varphi_\mathrm{b})}{2\mu\hat{R}_\mathrm{c}\varphi_\mathrm{b}} \times \frac{1}{t}} \tag{3-28}$$

取 $\dfrac{2\mu\hat{R}_\mathrm{c}\varphi_\mathrm{b}}{\Delta P(\varphi_\mathrm{c} - \varphi_\mathrm{b})} = k$，得：

$$\frac{1}{J^2(t)} = kt \tag{3-29}$$

用式（3-29）即可对数据进行线性拟合。A. L. Lim、张鹏等分别对该模型进行了研究，均得出了该模型对于短期膜分离的模拟是有效结论。

（3）浓差极化模型

浓差极化模型如图 3-35 所示。

由料液主体进入极化层的颗粒物的量等于由极化层往料液主体迁移的颗粒物的量时，形成稳定的极化层。

使颗粒物朝膜迁移的力主要是渗流力，在极化层的某点上，朝膜迁移的颗粒物的量 $X_\mathrm{f} = J_\mathrm{c}$。

当由膜表面极化层返回的颗粒物数和由料液主体进入极化层的颗粒数达到平衡时，稳定的极化层便形成了。膜通量 J 的计算公式如下：

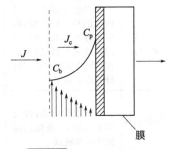

图 3-35　浓差极化模型

$$J = \frac{D}{\delta} \ln \frac{C_p}{C_b} \tag{3-30}$$

式中，δ 为极化层厚度，可由边界层理论计算得到，mm；C_p 为极化层浓度，mg/L；C_b 为料液主体浓度，mg/L。

3.3.7 常用浓缩技术对比及发展趋势

重力浓缩法、气浮浓缩法和机械浓缩法（离心浓缩法、带式浓缩法、转鼓机械浓缩法）是目前最常用的几种污泥浓缩方法，其对比情况如表 3-13 所列。重力浓缩法虽然具有操作管理简便、节能及维修费用低的优点，但其占地面积大，浓缩效果不好，卫生条件差，特别是对于低浓度活性污泥的浓缩，不能有效地去除污泥中的水分。另外，对于磷元素含量较高的污泥来说，由于污泥在重力浓缩池停留时间较长，易在浓缩池中形成厌氧环境，因而富磷污泥在浓缩过程中释磷现象严重，使整个系统的除磷效果变差。而机械浓缩、气浮浓缩工艺由于停留时间较短，可以克服以上缺点，并能实现较好的浓缩效果，因而在污水处理厂的污泥处理领域中有逐渐取代重力浓缩工艺的趋势。

表 3-13　常用污泥浓缩法特点对比[1～5,10,11]

浓缩方法	优点	缺点	适用范围	处理剩余活性污泥效果及能耗	
				浓缩后含固率/%	比能耗/(kW·h/tTDS)
重力浓缩法	贮泥能力强，动力消耗小；工艺简单；运行费用低，操作简便	占地面积大；浓缩效果较差，浓缩后污泥含水率高，并且对于某些污泥处理效果不稳定；停留时间较长时易发酵产生臭气	主要用于浓缩初沉污泥、化学污泥和生物膜污泥	2～3	4.4～13
气浮浓缩法	占地面积小；浓缩效果较好，操作简便；浓缩后污泥含水率较低；能同时去除油脂，臭气较少	运行中同样有一定臭味，动力费用高，对污泥沉降性能敏感	适用于浓缩密度接近于 1g/cm³ 的污泥，主要是初沉污泥、初沉污泥与剩余活性污泥的混合污泥，尤其是对于浓缩过程中易发生污泥膨胀、发酵的剩余活性污泥和生物膜法污泥	3～5	100～240
离心浓缩法	占地面积很小；处理能力大；操作简便；浓缩后污泥含水率低，全封闭，无臭气	要求专用的离心机；投资和动力费用较高，其中电耗是气浮法的 10 倍；维护复杂；操作管理要求高	适用于生物污泥和化学污泥，主要用于难浓缩的剩余活性污泥，场地小、卫生要求高、浓缩后污泥含水率很低的场合	5～7	200～300
带式浓缩法	占地面积很小；工艺性能的控制能力强；投资和能耗较低；浓缩后污泥含水率较低；添加很少聚合物便可获得较好的浓缩效果	依赖于添加聚合物；存在潜在的臭气污染和设备腐蚀问题；会产生现场清洁问题；操作管理要求高	适用于各种生物污泥	3～5	30～120
转鼓机械浓缩法	占地面积很小；投资和能耗较低；浓缩后污泥含水率较低	依赖于添加聚合物；存在潜在的臭气污染和设备腐蚀问题；会产生现场清洁问题；操作管理要求高	—	—	—

典型城市污水处理厂初沉污泥的含水率一般为 95%～97%，二沉污泥含水率一般为 99.2%～99.6%。而各类污泥浓缩设备均对进泥含水率有一定要求，故大力开发低浓度剩余活性污泥浓缩新技术及相关设备也是未来浓缩技术的发展方向之一。

3.4 污泥的脱水技术

污泥浓缩技术去除的对象主要是间隙水，污泥经过浓缩处理后体积仍然很大，因此需要进一步去除污泥中的水分，提高泥饼的含固率，使其转化为半固态或固态泥块，以利于污泥的运输和后续处理，这就要借助污泥脱水技术来实现。脱水就是将污泥的含水率降低到 85% 以下的操作，可以脱除吸附水和毛细水，污泥体积得到极大降低，一般可减少为原来的 1/10。

污泥脱水的方法主要有自然干化及机械脱水。自然干化占用面积大，卫生条件相对较差，易受天气状况的影响。与依靠加热脱水的方法相比，机械脱水方法中挤压的能量消耗相对较低，因此，一般大中型污水处理厂均采用机械脱水。因此，本节重点讲解机械脱水。常用的机械脱水方法有带式压滤、板框压滤、螺旋压榨、离心法和真空过滤法。脱水效果因污泥性质和脱水设备效能的差异而不同，含水率可降低到 55%～85%。不同的污水处理厂在做污泥脱水方法选择时，应从污泥特性、运行状况、人员素质、对泥饼的要求以及资金、成本等几个方面综合考虑，才能做出相对合理的选择。

3.4.1 污泥脱水性能的评价指标和影响因素

3.4.1.1 污泥脱水性能的评价指标

目前评价污泥脱水性能的指标有很多，主要有污泥比阻、毛细吸水时间、离心后上层清液的体积、离心后上层清液的浊度、烧杯对倒次数、自由滤水时间和滤液浊度等。因污泥比阻和毛细吸水时间两个指标的检测更方便，经常用来表征泥饼的脱水情况，有条件时检测脱水泥饼的含固率是最直接准确的。

(1) 比阻 r 和压缩系数 s

比阻指单位过滤面积上的单位质量干污泥所受到的过滤阻力，反映了水分通过由污泥颗粒所形成的泥饼层时所受到的阻力，其值的大小取决于污泥的性质，与污泥中有机物含量及其成分有关，指标值越大，其过滤性能和脱水性能越差，是评价污泥脱水性能最常用的指标。一般来说，当污泥比阻小于 1×10^{11} m/kg 时较易脱水，而比阻大于 1×10^{13} m/kg 的污泥较难脱水。污泥的可压缩性能可用压缩系数 s 来衡量，此外，其值的大小与过滤压力以及过滤面积的平方成正比，与滤液的动力黏滞度及滤饼的干固体质量成反比。

比阻的计算方法见公式 (3-31):

$$r = \frac{2bPA^2}{\mu c} \tag{3-31}$$

式中，P 为过滤压力（为滤饼上下表面间的压力差），N/m^2；A 为过滤介质面积，m^2；μ 为滤液动力黏滞度，$N \cdot s/m^2$；r 为比阻，m/kg；b 为与污泥性质有关的常数，s/m^6；c 为单位过滤介质上被截留的固体质量，kg/m^3。

将压力和比阻试验值绘制在双对数坐标上（压力为横坐标，比阻为纵坐标），其直线的斜率即为污泥的压缩系数，其公式如下：

$$s = \ln\frac{r_2}{r_1} \times \left(\ln\frac{P_2}{P_1}\right)^{-1} \qquad (3-32)$$

式中，s 为压缩系数；r_2 为过滤压力为 P_1 时的比阻，m/kg；r_2 为过滤压力为 P_2 时的比阻，m/kg。

污泥的压缩系数可用来评价污泥压滤脱水性能，指标值越大，其表现出的压滤脱水性能越好。一般情况下，压缩系数大的污泥宜采用真空过滤（负压过滤）或离心脱水的方法脱水，而压缩系数小的污泥宜采用板框压滤机或带式压滤机脱水。

污水污泥的比阻和压缩系数如表 3-14 所列。

表 3-14 污水污泥的比阻和压缩系数[10]

污泥种类	比阻/(10^9 m/kg)	压缩系数	备注
初沉污泥	4.7	0.54	
消化污泥	13～14	0.64～0.74	
活性污泥	29	0.81	均属生活污水污泥
调理后的初沉污泥	0.031	1.00	
调理后的消化污泥	0.1	1.20	

（2）毛细吸水时间

毛细吸水时间（以下简称为 CST）指污泥在吸水滤纸上渗透一定距离时所需要的时间。在一定范围内，污泥的 CST 与其比阻存在一一对应关系，即 CST 越大，则比阻也越大，这时污泥的脱水性能越差，反之 CST 越小，比阻也就越小，则脱水性能越好。与比阻值的测定过程相比，测定 CST 所需的设备简单、操作简单、方便快捷，尤其适用于调理剂的选择和剂量的测定。

（3）离心后上层清液的体积

对于离心后上层清液的体积指标，目前一般的测试操作方法是使污泥在一定转速下发生离心脱水后，再凭借肉眼判断离心后上层清液的体积，比较适用于选择调理剂和测定剂量的情况。加入不同体积助凝剂溶液后，为了使结果不致被稀释作用所影响，试验结果用上清液比率这一净余上清液体积指标来表示。上清液比率 r_{SUP} 的计算公式为：

$$r_{SUP} = \frac{V_{SL} - (V_{SUP} - V_{SOL})}{V_{SL}} \qquad (3-33)$$

式中，r_{SUP} 为上清液比率；V_{SL} 为污泥体积，mL；V_{SUP} 为离心后上清液体积，mL；V_{SOL} 为所使用的助凝剂的体积，mL。

（4）离心后上层清液的浊度

一般来说，如果离心后上层清液的浊度越低，则说明絮体对细小颗粒的捕获程度越彻底，反之，浊度越大则说明絮凝效果差，并最终将影响污泥的脱水效果，固体回收率低，因此可作为最优加药量的评价指标。在最优加药量的情况下，离心后上层清液澄清透明，其浊度接近零。该指标也没有标准的测试方法，通常采用的测试方法与离心后上层清液体积百分比相类似，但增加了浊度值参数，使得结论更趋于合理精确。

（5）烧杯对倒次数

烧杯对倒次数即将污泥与絮凝剂混合后，用两支烧杯进行交替对倒，记录絮体成形时对倒次数；继续交替对倒，直到絮体破碎为止，记录絮体破碎时的对倒次数。成形时对倒次数越小，絮凝效果越好。破碎时对倒次数与成形时对倒次数差值越大，说明絮体结合越紧密，脱水性能越好。

(6) 自由滤水时间

自由滤水时间是在烧杯对倒基础上发展起来的。其操作方法为将絮凝剂和污泥混合好后，放入自由滤水漏斗，计量得到 100mL 滤液所需的时间。时间越短，絮凝效果越好，脱水性能也就越高。

3.4.1.2 影响污泥脱水性能的因素

污泥脱水性能的影响因素有很多，包括水分的存在方式、粒径大小及分布、污泥颗粒的密度、胞外聚合物、消化方式、pH 值、泥龄、阳离子种类及含量、絮凝剂的种类和投加量、污泥的 ζ 电位、污泥输送泵的影响等。污泥脱水性能是多种因素协同作用的结果。

(1) 水分的存在方式

根据污泥中所含水分与污泥的结合方式，其存在方式分为间隙水、表面吸附水、内部水和毛细结合水。间隙水环绕在固体四周，不直接与污泥固体颗粒结合，所以很容易通过重力沉淀（浓缩压密）或离心力进行分离。表面吸附水是在污泥颗粒表面附着的水分，附着力较强，去除较难，不能通过普通的浓缩或脱水方法去除。内部水是污泥颗粒内部或者微生物细胞膜中的水分，与微生物结合得很紧，用机械方法很难去除，需要破坏细胞膜并使内部水扩散出来才能得以去除。污泥颗粒比表面积较大并拥有高度的亲水性，因而带有大量毛细结合水。1994 年，Vesilind 把结合水定义为污泥中不能通过机械方法而去除的水量，由于毛细结合水与固体颗粒之间存在着键结，结合力大，活性较低，仅靠重力浓缩不易使其脱出，需借助机械力或化学反应的手段方能除去，故结合水的含量可视为机械脱水的上限，可以理解为结合水量越大污泥脱水就越困难。结合水含量虽然被普遍认为与污泥机械脱水有密切关系，但还有许多其他的影响污泥机械脱水的因素，如可压缩性、尺寸、结构、黏性、表面特性（主要是表面电荷和憎水性）等，所以结合水含量不能作为表征污泥脱水性能的相关物理指标。

(2) 粒径大小及分布

污泥颗粒的粒径大小及其粒径分布对污泥的脱水性能有较大影响，其中针对粒径分布通常考虑粒径的级配分布。一般来说，由于污泥颗粒越小，相应的总体比表面积就越大，这时其水合程度也就越高，污泥颗粒自身带有负电荷，颗粒之间互相排斥，在水合作用下颗粒表面附着了一层或几层水层，进一步阻碍了污泥颗粒之间的结合，并最终形成一个稳定的胶状絮体分散系统，细小污泥颗粒所占的比例越大，污泥的平均粒径越小，脱水性能就越差。而且对于滤布过滤，因细小颗粒能阻塞泥饼和过滤介质，从而使过滤比阻增大，浓缩、脱水性能变差。

滤网的孔径在 $1.0 \sim 100 \mu m$ 内，污泥的 $1.0 \sim 100 \mu m$ 的超胶体颗粒通过滤网，而大于 $100 \mu m$ 的胶体大颗粒被截留。不同种类的污泥，其粒径的差异也较大，当污泥超胶体颗粒比例增加时，过滤脱水性能变差，污泥固体回收率降低，单位固体浓度对应的最优加药量增加，同等加药量调理后的污泥比阻值也上升。如图 3-36 所示，超胶体颗粒质量分数与污泥比阻之间具有很大的相关性。超胶体颗粒所占比例增大，比阻值随着增加，脱水性能变差。

由于实际中的污泥颗粒形状不规则，因此其粒径的确定较困难，其中无机颗粒相对稳定，粒径容易测定，而对于有

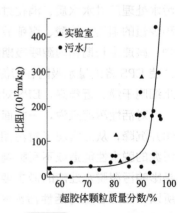

图 3-36 超胶体颗粒质量分数与污泥比阻的关系[2]

机颗粒，由于其易于分解的性质，因而很难测定其原始粒径。而且随测量方法的不同，测得的粒径分布也会有所差异。目前，在实验室和工程应用中，测量污泥的粒径分布的常用方法有沉降速度计算法、湿式筛分析法、显微镜法、图像分析法和激光粒度测定法。

若采用的是离心脱水，可以用 Stokes 公式（3-34）来计算离心速度，从而表现细小颗粒对污泥脱水性能的影响：

$$u = (\rho_S - \rho_W)ad^2/18\mu \tag{3-34}$$

式中，u 为离心速度，r/min 或 r/s；ρ_S 为污泥颗粒的密度，kg/m^3；ρ_W 为水的密度，kg/m^3；a 为离心加速度，r/min 或 r/s；d 为污泥粒径，mm；μ 为液体的黏滞度，$N \cdot s/m^2$。

通常用的是污泥的有效粒径 ρ_c 即 $\rho_S - \rho_W$（物理意义同上）。

被普遍认为的是 ρ_c 与粒径 d 存在下面的经验关系式：

$$\rho_c = Ad^{-n} \tag{3-35}$$

式中，A 和 n 都是常数。

Meakin 从粒径和有效密度出发推导出了絮体质量 m_s 与粒径成正比关系的结论，关系式见公式（3-36）：

$$m_s \propto d^{D_F} \tag{3-36}$$

式中，m_s 为絮体质量，kg；d 为粒径，mm；D_F 为分形尺寸。

D_F 描述了颗粒在团块中的集结方式。该参数是絮体结构的量化表示，最大值为 3，一般当分形尺寸值越大时，絮体集结得就越紧密，越容易脱水。

（3）污泥颗粒的密度

污泥颗粒的密度是单个颗粒质量与体积的比值，有容积密度（容重）和颗粒密度两种表达方式。

污泥的容积密度是指单位体积污泥的质量，用以描述污泥颗粒群体的质量与体积之比。由于压实和有机物的降解作用，沉积时间长的污泥颗粒密度高，容积密度大。

一般而言，初沉污泥主要由所谓的有机碎屑和无机颗粒物组成，颗粒密度较大，浓缩和脱水性能较好；而剩余污泥是由多种微生物形成的菌胶团与其吸附的有机物和无机物共同组成的集合体，颗粒密度较小，浓缩和脱水性能较差。

（4）胞外聚合物

胞外聚合物（以下简称为 EPS）是微生物在一定环境条件下分泌所产生的，其组成受到污水处理厂进水水质、消化过程的影响，其中高分子聚合物主要包括多糖、蛋白质、DNA和少量的脂类、核酸、腐殖酸等，例如微生物在加速生长期排泄的 EPS 主要为低分子聚合物，减速生长期和内源呼吸期排泄的 EPS 主要为高分子聚合物，而以上亲水性物质的存在会使 EPS 将大量水吸附在污泥絮体中，并在一定程度上增强污泥胶体颗粒的束水性能，阻止细胞干燥。近年来，EPS 对污泥沉降性能的影响逐渐引起了研究人员的注意。

对活性污泥来说，一方面，EPS 在污泥絮凝过程中可以连接细胞和胶体颗粒，形成絮体并沉降，从而实现了对污泥絮凝脱水的促进作用；另一方面，EPS 的高度水合作用也给污泥的脱水性能造成不利影响。当 EPS 含量越高时，污泥的沉降脱水性能就越差，被认为是影响污泥脱水性能的最主要因素之一，剩余污泥脱水困难的特性正是由于 EPS 的存在。所以，EPS 含量对活性污泥脱水是先有利后有害，存在一个最佳含量的问题。二价离子，尤其是 Ca^{2+}、Mg^{2+}，在 EPS 之间及 EPS 与细菌之间起架桥作用，和 EPS 的相互作用导致了活性污泥中絮体的形成和沉降，在絮体稳定中起重要作用。但是，过量的单价金属离子会对污泥的絮体结构造成破坏，从而降低其脱水性能和沉降性能，因此可以将污泥中一价金属离子和二价金属离子的比值作为一项判断污泥脱水性能的指标。

影响 EPS 含量的因素包括污泥来源与种类、污泥负荷、细菌生长特征等。周健的研究表明，污水处理负荷决定了 EPS 含量的高低及生污泥的沉降性能，随着负荷降低，EPS 含量增加，SVI 增加，沉降性能恶化。

（5）消化方式

消化方式的选择也会对污泥的脱水性能造成一定影响。

厌氧消化会提高污泥的脱水性能，主要原因有以下方面：一是 EPS 可以被污泥中的酶降解，从而使污泥的结构得到改变，并使水分的存在方式向有利于脱水的方向变化；二是当厌氧消化过程运行良好时，厌氧消化过程可以改变污泥的粒径分布，使细小污泥颗粒的比例降低，减小污泥的比表面积，减弱污泥颗粒和水的结合程度，从而达到改善污泥脱水性能的目的。但是，在厌氧消化过程中，污泥停留时间、碱度、搅拌方式等因素都会对污泥脱水性能产生直接或间接的影响。具体说来，当污泥停留时间达到某个特定值时，脱水性能达到最佳状态，当停留时间不足，消化过程运行不佳时，由于水解酸化使污泥大颗粒破碎，所以增加了细小污泥颗粒的数目，致使污泥脱水性能变差；但当超过该值时，脱水性能则不再发生明显的变化。对于消化污泥的碱度，在该值超过 2000mg/L 的条件下进行化学调节时，如果采用的絮凝剂为无机盐絮凝剂，则需先中和其碱度才能起到絮凝作用，因此若想达到相同的脱水效果就需要加入过量的絮凝剂，导致药剂用量增加。

然而好氧消化通常会导致污泥脱水性能的急剧恶化，原因主要有两方面：一方面，好氧消化过程使污泥的生物细胞数量增加，由于这些生物细胞对水具有强烈的吸附作用，因而可以使大量水分以吸附水和内部水的形式存在于细胞内部和细胞之间，而根据前文叙述，这些水分很难通过脱水而去除；另一方面，在好氧消化过程中，一些细菌会在内源呼吸的作用下解体为细小的絮体，这些絮体在好氧稳定阶段则很难被降解，故而以悬浮状态存在于污泥中。可见，好氧消化通过减小污泥的平均粒径而造成了污泥脱水性能的降低。

（6）泥龄

污泥因泥龄的不同其沉降性能不同并呈现一定的规律性，即泥龄越高，污泥的脱水性能就越好。这主要是由于污水处理出水标准的不断提高，除磷和脱氮已是污水处理的主要目标。然而进行生物脱氮时需要的污泥泥龄比仅去除有机物质时更长，这意味着污泥容积负荷的减少会使污泥中有机成分进一步减少，矿化度升高，污泥的脱水性能得以改善。污水处理厂若采用化学除磷措施，含有化学除磷药剂的污泥在沉降、浓缩和脱水性能方面均会有不同程度的下降。

（7）pH 值

污泥的表面性质在酸性条件下会发生变化，其脱水性能也会随之发生变化，并呈现一定的规律性，通常 pH 值越低，脱水的效率越高。

（8）阳离子种类及含量

污泥中所含阳离子的种类及含量也是污泥脱水性能的影响因素之一。大量的一价阳离子的存在会使活性污泥脱水性能恶化，而二价阳离子的增加会使污泥的脱水性能得到改善。并且当一价离子浓度超过二价离子浓度的 2 倍时，污泥的脱水性能恶化。

（9）絮凝剂的种类和投加量

絮凝剂的种类和投加量也将直接影响污泥的脱水效果。在进行絮凝剂种类选择时，需要根据污泥特性、污泥脱水的目标值和脱水机的类型进行选择，如聚丙烯酰胺（PAM）絮凝剂适合采用带式脱水机、离心脱水机进行脱水，无机絮凝剂适合用于板框脱水的过程。

（10）污泥的ζ电位

ζ电位又称ζ电势或zeta电位，是指剪切面（shear plane）的电位，是表征胶体分散系稳定性的重要指标。ζ电位是连续相与附着在分散粒子上的流体稳定层之间的电位差。它可以通过电动现象直接测定。ζ电位是对颗粒之间相互排斥或吸引力的强度的度量。分子或分散粒子越小，ζ电位（正或负）越高，体系越稳定，即溶解或分散可以抵抗聚集。反之，ζ电位（正或负）越低，越倾向于凝结或凝聚，即吸引力超过了排斥力，分散被破坏而发生凝结或凝聚。ζ电位与体系稳定性之间的关系如表3-15所列。

表 3-15 ζ电位与体系稳定性之间的大致关系 单位：mV

ζ电位	胶体稳定性
0～±5	快速凝结或凝聚
±10～±30	开始变得不稳定
±30～±40	稳定性一般
±40～±60	较好的稳定性
超过±61	稳定性极好

目前测量ζ电位的方法很多，主要有电泳法、电渗法、流动电位法以及超声波法等，其中以电泳法的应用最为广泛。通常ζ电位越高，污泥颗粒本身负电荷之间的排斥力也就越大，就更能对污泥颗粒之间的结合造成阻碍，最终形成的污泥胶状系统就越稳定，从而也就越不利于脱水。ζ电位可以用来推测加药后的絮体结构，作为最优加药量的评价指标。普遍认为ζ电位等于零时的加药量为最优加药量。

（11）污泥输送泵的影响

在污泥输送过程中，污泥泵的剪切力也可以改变污泥结构，从而增加污泥中细小颗粒所占的比例，降低其平均粒径，同时还会升高ζ电位，从而使污泥的沉降浓缩性能和脱水性能恶化。

3.4.2 自然干化技术

3.4.2.1 自然干化脱水原理

污泥的自然干化是一种历史悠久、简便易行的污泥脱水方法，其原理是利用自然力（如太阳能）去除污泥中的水分。

污泥自然干化方式主要有污泥干化床或污泥塘、冰冻-解冻床和脱水礁湖[3]。其中以污泥干化床最为常用，适用于小型污水厂。此外，国外近些年出现了一种通过种植芦苇等沼生植物来实现污泥干化的新方法，其优点是不需电能也不需化学物质，可视作一种可持续运转的人造生态系统，可使污泥固体含量由1%增加到40%，还可富集过量的重金属。但其缺点也较为突出，主要在于该法占地面积大，并对地下水环境造成潜在威胁。

3.4.2.2 污泥自然干化设施的基本构造和工艺过程

（1）干化床[3,10]

传统的污泥自然干化一般均采取干化床的形式，利用该种方法干燥后的污泥含固率较高，可达25%～35%，但是其占地面积大、卫生条件差、铲运装卸劳动强度大，因此适用于气候比较干燥、蒸发率相对较高、土地使用不紧张并且环境卫生条件允许的地区。干化床最初用于污水厂的生物污泥处理，而发展至今也用于水厂污泥脱水。

一般来说，常规的干化床在下部一般铺一层砂，也可在砂下再加一层砾石，污泥进入干化床后，通常依靠蒸发、渗透和溢流这3种脱水机理来实现其水分的去除。其中蒸发是其最主要的脱水机理，用于去除渗透和溢流后剩余的污泥水分。蒸发效果取决于日照量与日照时间，因此干化场方式仅适合于日照强烈、蒸发率较高的干旱地区。在干化床中，污泥的自由水在重力的作用下从泥层中脱离，其中一部分自由水从底部渗入砂层，然后由收集系统汇集并排除；另一部分形成上清液层，通过溢流而去除。此外，降落于干化床的降水也同样由溢流管排出。

而在实际应用中的干化床的形式主要有以下几种。

1) 太阳能干化床 太阳能干化床的中心有一层脱水砂层，底部设有垫层或由混凝土浇筑而成，垫层中可埋设风管，为抵御雨水冲袭可设保护层。整个底部为不透水的封闭设计，故仅有少量或根本没有渗透排水，污泥的干化依靠溢流和蒸发作用来完成。由于底部封闭，因此此类干化床亦无需设置排水暗渠，节省了建设和维护费用，其最大的特点是不需要换砂，从而降低了修护和清理成本。

2) 由边墙、一层砂层或碎石层和地下排水管组成的干化床 此类干化床主要由边墙、一层砂层或碎石层和地下排水管构成，并根据具体情况考虑是否在顶部设绿化层。在蒸发、渗透和溢流3种脱水机理的基础上实现污泥干化。

3) 楔入金属网间隔层的干化床 在该类干化床中设置有金属网间隔层，以便渗透液的排出。操作过程中，为了便于控制泥饼的形成过程和机械清泥，先用一层薄薄的水层将干化床淹没，再在其上注入液体污泥，使污泥处于水层之上。

(2) 冰冻-解冻床[3]

由于冰晶具有高度规则的结构，在没有外力作用时很难容纳其他原子、分子和杂质。因此生长过程中的冰晶在与污泥颗粒等原子、分子和杂质接触时，将会排挤这些物质，从而使所有水分子聚集、冻结在一起，同时也使这些原子、分子和杂质集合起来，进而将水和其他物质分离开来，此为冰冻-解冻方法的作用机理。

通过冰冻解冻和蒸发后，污泥颗粒粒径变大且依然能保持絮凝状态，即使经强烈搅拌后也不会破碎，污泥体积会下降而含固率上升，若再伴随有蒸发作用，则其体积的下降将超过70％，含固率可高达80％。通常，该法适合较寒冷的地带使用。

(3) 脱水礁湖[3]

脱水礁湖的污泥干燥原理与太阳能干化床如出一辙，构造也相似，同样具有溢流结构和排水暗渠。完全充满脱水礁湖所需的时间很长，一般长达3～12个月，因此其工作期也较长，到另一个礁湖被充满的这段时间之内均可对污泥进行脱水、干化，这就使其具有较高的污泥负荷水平，并可以削减峰值。

目前，一些寒带地区的水厂开始了利用冰冻-解冻原理来对脱水礁湖工艺进行改进的尝试。其中一项技术就是先将脱水礁湖中的表层水溢流排出，而将剩余的污泥置于冬季的空气中冰冻，从而去除其中的水分。另一项技术是在冬季时用泵将脱水礁湖中的一小部分污泥抽至干化床或池塘，使其结冰进而脱水。相比之下，第二种技术更易于使污泥完全冰冻，也可较好地保证对污泥脱水的实施效果。

3.4.2.3 污泥自然干化设施的设计要点和参数

（1）干化床[3,10]

一般情况下，设施完备、构造齐全的常规污泥干化床主要由围堤、底部排水系统、砾石层、砂滤层、内部隔墙、撒水系统、污泥分配渠、通道及坡道等结构组成，如条件允许，还设有顶盖。污泥干化床的结构如图 3-37 所示。

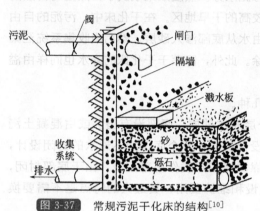

图 3-37 常规污泥干化床的结构[10]

按自然条件和污泥干化床特征，干化时间、清泥周期由数周至数月不等，若想达到较好的污泥干化脱水效果，其关键是需要对污泥干化床进行合理的设计。干化床的设计和建设应因地制宜，必须考虑地势、地形、土壤性质和操作条件等因素对干化床选址和功能的影响。

1）污泥干化床的有效面积 A 蒸发所需的时间是决定干化床面积的控制因素，同时，干化床面积还需要考虑污泥产量和蒸发次数来确定。目前，我国干化床的有效面积设计主要基于经验数据的选取。例如对于絮凝污泥，有效面积一般在 50～150kg/(m² • a) 的经验数据内选择，其中单床污泥负荷为 5～20kg/m²，而石灰污泥的干化床负荷设计值为 20～100kg/m²。

此外，还可以采用几个数学模型对污泥干化床运行时复杂的关系进行描述。尽管早期的模型大都是靠经验的，但它们也广泛地应用于污泥干化床的设计。例如 Rolan 利用合理的工程设计方法代替经验数据开发出了一系列反应式，不但确定了污泥干化床的设计标准，还确定了其最佳运行条件。计算污泥干化床有效面积主要有以下方法。

采用人均面积设计污泥干化床的方法主要基于 Imhotf 和 Fair 在 20 世纪初对初沉污泥所做的经验研究，即根据污泥干化床应用的污泥类型及固体浓度，推荐的人均占有污泥干化床面积的经验数据为 0.1～0.3m²/人，再根据服务区内的总人数计算得出污泥干化床的面积。而目前普遍处理的是初沉和二沉混合污泥，含水率更高，这就要求更大的干化床面积。因此英国建议人均面积应不少于 0.35～0.50m²/人。

目前采用的固体负荷设计污泥干化床面积的方法要基于经验数据的获取。与根据人均面积的方法相比，该法较为精确。敞开式干化床的设计值在 50～125kg/(m² • a) 内，封闭式干化床的设计取值为 60～200kg/(m² • a)。

2）围堤 砂滤层面上部的构筑物包括围堤或竖墙，其高度高出砂滤层 0.5～0.9m，围堤的材质可以是混有草皮的黏土、经过防腐烂处理的厚木板、混凝土板，也可以在砂滤层顶部周围设预应力混凝土或混凝土块石，其高度可延伸至滤层下部的砾石层以防止草籽的侵入。

3）底部排水系统 底部排水系统用于收集和输送沿砂石渗透出来的自由水，如果干化床设有溢流，则溢流液将和渗透液在排水系统中汇合。为避免地下水污染，可根据需要在排水管下铺设不透水的黏土层或衬层。排水系统一般由多孔塑料管或釉陶土管组成，排水支管坡向排水总管或出口。排水总管管径不得小于 DN100mm，坡度不小于 1%，两排管的中心距为 2.5～6m，且应满足排泥机械工作时的最小距离。接入排水总管的支管间距的设计范围应为 2.5～3m，并满足距离最短的要求。排水管周围采用粗砾石回填土，防止管道的破损。

除非满足荷载要求，底部排水系统安装完毕后禁止停放重型设备。对于地下水环境敏感的地区，需经当地部门允许后设置不透水底板。

4）砾石层　砾石层材料一般选用直径为 3～25mm 的粗矿渣、砾石等，总高度为 200～460mm。

5）砂滤层　砂滤层选用的砂滤料直径为 0.3～0.75mm，其均匀系数不超过 4.0，最好在 3.5 以下，并要求外观清洁、坚硬、强度高，不含有黏土、土壤、粉尘或其他异物。有时可采用压碎至粒径为 0.4mm 的砂砾和无烟煤来代替砂滤层，但由于净水用的石英砂等滤料缺乏摩阻力，易造成泥饼装卸机下陷而引发生产事故，故不宜采用。砂滤层高度一般为 200～460mm，但为了保证处理效果及降低因滤层清洗带来的滤料流失，建议其高度应不小于 300mm。

6）隔墙　由于污泥干化床经常采用轮式前置装卸机进行排泥，因此为了加快装卸机的清理速度，干化床内应至少设置一个隔墙。隔墙可以采用土堤、混凝土墙、预应力混凝土墙、木板隔墙或木板和启口连接的支撑柱等。隔墙的设置应满足机械排泥设备的要求。其中采用木板隔墙时，木板应延伸至砂滤层顶面以下 20～100mm。采用支撑柱时，支撑柱一般是由预应力混凝土板嵌入预应力混凝土支撑柱的启口中，并应延伸至砾石层底部以下 0.6～0.9m。

7）撇水系统　为了连续或间断性地撇除从污泥脱出的上清液及雨水，有效地缩短脱水干化时间，应在围堤的一定高度上设置撇水设备。撇水系统特别适用于相对稀释的二沉池剩余污泥及加入聚合物调理后的污泥。撇水系统结构示意如图 3-38 所示。

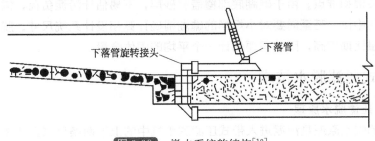

图 3-38　撇水系统的结构[10]

8）污泥分配渠　液态的污泥输入污泥干化床分区内的渠道有多种，可以是封闭的渠道或压力管路，也可以是设置侧壁闸门或手动切门的开放式渠道。其中开放式渠道比较易于清洗。无论采用何种输入方式，均应设置混凝土溅泥板，一般为 130mm 厚、0.9m 宽的立方体，用于接纳下落的污泥和防止砂滤层表面的腐蚀。

（2）冰冻-解冻床[3]

① 只有当前一层污泥完全冰冻后下一层才开始冰冻，因此尽量使污泥分几个薄层冰冻而不是单独的一厚层，可使能冻结的污泥总厚度最大。

对于冰冻期很长的地区，冰冻床控制厚度可由污泥冰冻厚度来确定。计算公式如下：

$$D(z) = \frac{t(f)(T_f - T)}{\rho_f F\left[\dfrac{1}{h} - \dfrac{d(z)}{2k}\right]} \tag{3-37}$$

式中，$D(z)$ 为可冰冻的污泥总厚度，m；T_f 为冰点温度，℃，一般取 0℃；T 为外界平均温度，℃；$t(f)$ 为冰冻时间，h；ρ_f 为冰冻污泥密度，kg/m^3，一般取 917kg/m^3；

F 为潜在的熔解热，W·h/kg，一般取 93W·h/kg；$d(z)$ 为污泥层厚度，m；h 为对流系数，W/(m²·h)，一般取 7.5W/(m²·h)；k 为传导系数，W/(m·℃)，一般取 2.21W/(m·℃)。

由于这些参数中大多数是已知的或是常数，Vanderneyden 等推导出公式（3-38）：

$$D(z) = \frac{-t(f)T}{11.371 + 19.294d(z)}$$

（3-38）

② 冰冻-解冻床需设顶盖，以防止雨雪等降水进入冰冻床而减缓污泥的冻结速度。顶盖应为透明，以便可以透过太阳光，从而利用太阳辐射来实现污泥解冻和干化。

③ 冰冻-解冻床的两边应敞开以保证自由通风，但需设一堵半墙或通风墙避免降雪进入冰冻床。

④ 在冰冻-解冻床的一端应设有坡道以便运输机械运送污泥，并防止卸泥时对床内已有污泥产生较大的扰动，另一端应配备溢流闸门和排水阀以便于排出解冻后的上清液。

⑤ 冰冻-解冻床的底部应设置金属网间隔层或砂层以排出渗透液，渗透液和溢流液均贮存在集水坑内，再由泵打回到污水处理厂。

（3）脱水礁湖[3]

要确定礁湖的面积必须选择在一个填充周期期间投配到礁湖中的污泥总量，即脱水礁湖满载时的污泥量。用于不同沥干污泥固体含量的礁湖面积的计算公式如下：

$$脱水礁湖面积 = \frac{污泥质量}{深度 \times 排水后污泥固体含量}$$

（3-39）

利用以上公式计算时，需要对脱水礁湖满载时沥干污泥的固体含量值进行估计，此为确定礁湖面积的关键和难点。由于礁湖底部覆盖有砂层，不易估计污泥负荷，需要精心设计能计算脱水体积的中试，甚至需要对小规模的礁湖精确计算和设计系统尺寸。脱水礁湖内污泥底层的固体含量比顶部高，因此需要估计一个平均的固体含量。

3.4.3　带式压滤脱水技术

3.4.3.1　带式压滤脱水原理

带式压滤的脱水原理是污泥进入带式压滤脱水机中的上下两条呈张紧状态且连续转动的滤带中后，将从一连串规律排列的辊压筒之间呈 S 形穿过，依靠滤带自身的张力来产生对污泥层的压力和剪切力，挤压出污泥层中的毛细结合水，从而获得含固量较高的泥饼，最终实现污泥的脱水过程。

采用带式压滤脱水机的最终出泥含水率较低，污泥负荷范围大，且受负荷波动的影响较小、工作稳定、操作便捷、管理控制相对简单，对运转人员的素质要求不高，而且该工艺易于实现密闭操作，故不产生噪声和振动，还具有能耗少的特点，适用于城市生活污水处理厂和工业废水产生的活性污泥和有机亲水污泥的脱水。带式压滤脱水机进入国内市场较早，加之其具有工作稳定、操作简单、管理方便等优点，因而受到了业内的青睐，国内新建的污水处理厂大多采用这种类型的脱水机。目前我国已出现了相当数量的生产厂家，生产的型号较多。目前市场上常见的主要有通用型带式污泥脱水机、强力型带式污泥脱水机、超强力型带式污泥脱水机、用于工业生产的重型带式污泥脱水机 4 类。主要有压辊-压辊挤压式和转筒-压辊挤压式：压辊-压辊挤压式带式压滤脱水机的型号有日立克莱因型、SKW 型、MRP 型、Unimat 型、旋转式、塔式；转筒-压辊挤压式带式压滤脱水机的型号有固液分离器、浓缩聚凝物挤压式、RF 脱水机、栅状皮带压滤器、温克勒压滤器、SSP 皮带过滤器、三级皮带压滤器等。

但是随着国内污水处理厂污泥中有机质含量的提高，带式压滤脱水机的处理效果也不再能满足污泥处理的实际需要，因此离心脱水机或板框压滤脱水机逐渐取代了带式压滤脱水机在改扩建或新建污水处理厂污泥处理中的地位。

3.4.3.2　带式压滤脱水机基本构造和工艺过程

带式压滤脱水机的构成部分一般有辊压筒、滤带、滤带张紧系统、滤带调偏系统、滤带冲洗系统和滤带驱动系统等，其大体结构如图 3-39 所示。

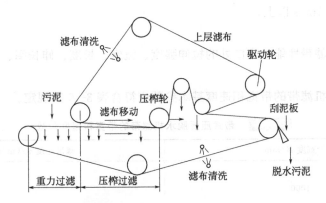

图 3-39　带式压滤脱水机的结构[1]

带式压滤脱水机利用辊压筒的压力和滤布的张力在滤布上榨去污泥中的水分。滤布用水清洗以防止堵塞，影响过滤速度。采用带式压滤脱水机时，只需加入少量高分子絮凝剂，便可使污泥脱水后的含水率降到 75%～80%，不增加泥饼质量。

3.4.3.3　带式压滤脱水设备的设计要点和参数

带式压滤脱水机的设计元素主要包括生产能力、加药调理系统、进泥泵、进泥管、滤带设计、污泥脱水技术性能要求、驱动装置、安全保护装置、平面布置等。

（1）生产能力及流量限制

生产能力是确定带式压滤脱水机脱水设施尺寸大小的首要参数，而对大多数市政污水处理而言，生产能力受污泥负荷限制。带式压滤脱水机的流量限制因素是沉淀池或浓缩池及相关泵的回收容量等。尽管速率很高，但仍能达到满意的处理效果。一般单位滤带宽度的进泥速率是 $10.8～14.4\mathrm{m}^3/(\mathrm{m \cdot h})$。

（2）加药调理系统

典型的加药调理系统由药品计量泵、贮药罐、混合设备、混合池和控制设备等组成。药剂类型、注射点、溶解时间和混合力的大小都是影响脱水耗费成本的变量。设计中应考虑的因素如下。

① 对于小一些的设备，可以直接将药剂投加于辊筒内，不再需要混合调节池以及进料泵。对于大的设备，药剂贮存装置应考虑批量投加。

② 计量泵应是可调节式。

③ 驱动装置应提供可变输出功率，通过控速或定位器来进行人工或自动调整。

④ 混合设备可据所选的固态或液态高分子聚合物、污泥黏度以及污泥特性而定。在上流式进水管和混合装置中，应设有多个旋塞或线轴。

⑤ 在连接混合池出水口处能够进一步稀释聚合物溶液，可使质量比降到 0.1%，并且把高分子聚合物充分地混合到污泥中。

（3）进泥泵和进泥管

进泥泵把污泥打入带式压滤脱水机，是常开且流量可调的泵。进泥泵一般使用螺杆泵而不使用离心泵，因为离心泵有可能破坏形成的絮状物，并且如果采用变口混合器，很难保持恒定的进泥速率。使用多台压滤机时，应将管道和阀门相互连接以保证进泥可靠。进泥管应考虑压力、流速以及堵塞。管壁应平滑，可以采用玻璃软管或钢管，为避免污泥沉积和阻塞。流速应保持在 1m/s 以上。

（4）滤带设计

设计中应考虑滤带性能、接口处的拉伸强度、宽度、长度、伸长率、使用寿命、带速等因素。

带式压滤脱水机滤带的带宽和速度基本参数应符合表 3-16 的规定。

表 3-16　带式压滤脱水机滤带的带宽和速度参数

滤带宽度 B/mm	滤带速度 v/(m/min)
500 1000 1500 2000 2500 3000	0.5~6

（5）污泥脱水技术性能要求

当采用带式压滤脱水机进行城市污水处理厂污泥脱水时，其技术性能参数如表 3-17 规定；当用于其他污泥脱水时，其技术性能应通过试验确定。

表 3-17　污泥脱水技术性能参数

污泥种类	进泥含水率/%	干泥产量 /[kg/(m·h)]	滤饼含水率/%	消耗干药量 /(kg/t 干泥)
初沉污泥	96~97	120~300		
活性污泥	97~98	80~150	75~80	1~5
混合污泥	96~97.5	120~300		
消化后混合污泥	96~97.5	110~300		

（6）安全保护装置

① 空运转连续运行时间不少于 2h，并且电机、减速器、联轴器、链条等转动及传动部件，压力表、注油器、减压阀、换向阀等各气动元件或液压元件，以及污泥和药液混合搅拌装置运转应平稳，无异常现象；各电气开关、按钮应安全可靠；调速器的数字指示值应和实际转数相符；管路及各接头连接处，不得漏气或漏油。

② 当气源压力或液压系统的压力不足，不能保证主机正常工作时，当水压不足、冲洗水系统不能正常工作时应自动停机。

③ 辊压筒的调偏系统一般通过气动装置完成，运转中当滤带偏离中心位置超过 40mm 时，应自动停机。

④ 带式压滤脱水机有限制和调节泥层厚度的功能，进泥控制一般是与压滤机的主控制台相互结合。

⑤ 机台采用 SUS304 不锈钢材质。

（7）驱动装置

设计中应考虑的因素如下。

① 选择合适的调理搅拌槽电机进行搅拌，从而促进絮凝剂与浓缩污泥完全混合；

② 滤布驱动采用上、下滤布同步驱动的方式；

③ 带式压滤脱水机由电机进行驱动，输出转速应具有可调节性，所有可运动部件的运转应平稳正常，并没有冲击、振动和异常声响，噪声≤65dB(A)；

④ 机械的速度应能平稳调速，其系统指示应和机械实际速度相符。

（8）冲洗系统

污泥脱水时，尤其是对二沉池的活性污泥和浮渣进行脱水时，这些污泥和浮渣会很快阻塞滤布，必须进行冲洗，需设一套冲洗装置。滤布冲洗水可以是自来水、二沉池出水，过滤后的水也可循环使用，但采用清洁的水效果较好。设计中应考虑的因素如下。

① 清洗装置由喷淋管及喷雾嘴组成，喷射范围应覆盖整个滤布宽度，并且每个喷雾嘴应可更换；

② 冲洗水量占进泥量的 50%～100%，压力通常为 700kPa，有时需要用调压泵，但泵的结构形式及性能可满足清洗滤布的需要；

③ 清洗装置应具有良好的封闭性，并便于维护和清理，冲洗水不会飞溅而打湿泥饼。

（9）平面布置

设计中应考虑的因素如下。

① 控制面板应靠近压滤机，最好放在能观察到重力挤出区的地方；

② 压滤机四周边缘应设置凸起的边以防止周围地面被溅湿；

③ 为便于清洁，应在压滤机四周设大的斜坡和排水沟，另外一边需要大量的水龙带及带钩；

④ 为便于操作者对所有的轴承加以润滑，压滤机应架起来；

⑤ 为便于拆卸单个的滚轴，压滤机之间应有足够大的空间；

⑥ 上部设置吊起装置、起重机或者便携式提升装置，大小应能提升压滤机的最大的滚轴；

⑦ 为便于操作者观察到压滤机的重力区，应提供操作平台或走道板，其结构大小应允许从中取出滚轴和轴承；

⑧ 冲洗时可能会溅水，因而仪表板不应安装在压滤机框架上；

⑨ 有可能产生地震的地方，压滤机、溶药罐、贮药池以及管道系统都应有防震锚固。

3.4.4 板框压滤脱水技术

3.4.4.1 板框压滤脱水原理

在密闭状态下，经过高压泵打入的污泥经过板框式污泥脱水机中板框的挤压，操作压力一般为 0.3～1.6MPa，特殊的可达 3MPa 或更高。使污泥内的水通过滤布排出，达到脱水目的，这就是板框压滤脱水机的工作原理。

板框式压滤机设备重量与体积大，而该类型的污泥脱水机采用间断运行方式，时产

50kg/h固体。板框压滤脱水机的优点表现为过滤面积选择范围灵活，且单位过滤面积占地较少，过滤推动力大，污泥滤饼的厚度还可通过改变滤框厚度的方式来调节，最终得到的滤饼厚度均一。与其他类型脱水方式相比，板框压滤脱水机的生产率相对较小，但是脱水率较高，泥饼含水率可达70%～85%，最低可达50%，如果从减少污泥堆置占地的角度加以考虑，则板框压滤脱水机应作为首选方案。板框压滤脱水机对物料的适应性强，适用于各种污泥。此外，板框压滤脱水机滤材使用寿命长、结构较简单、不易发生故障、操作便捷、运行稳定。

但是，板框压滤脱水机的缺陷也同样突出。相较于其他形式的脱水机，板框压滤脱水机最大的缺点就是占地面积较大。此外，板框压滤脱水机不能连续运行，处理量小，滤框给料口容易发生堵塞，滤饼也不易取出，同时在压滤过程中存在二次污染，导致操作间的工作环境较差，滤布消耗大，因此适合于中小型污泥脱水处理的场合，在欧美早期的污泥脱水项目上应用很多，而在国内大型污水处理厂中的实际应用较少。但近年来，针对以上缺陷，国内外针对板框压滤脱水机和污泥调理配方开展了大量的研究工作，使其性能得到了较大的改进。而且板框压滤脱水机的自控程度也有所提高，其进料、滤板的移动、滤布的振荡、压滤、压缩空气的提供、刮泥、滤布冲洗等操作过程全部可通过PLC远端控制来实现，大幅降低了劳动强度。由于国内目前对泥饼含水率要求的大幅提高，使板框压滤脱水泥饼含水率低的优越性逐渐显现出来，市场应用也不断增加。目前运行良好的工程主要有厦门的$FeCl_3$加CaO的污泥调质后板框脱水项目、苏州工业园的PAM调质后板框脱水项目等。

3.4.4.2 板框压滤脱水机基本构造和工艺过程

板框压滤脱水机主要由固定板、滤框、滤板、压紧装置、压紧板、自动-气动闭合系统、测板悬挂系统、滤板振动系统、滤布高压冲洗装置以及光电保护装置等组成。其中滤框采用中空结构，多块滤板、滤框平行交替排列，在滤板和滤框中间布置过滤介质（如滤布）。滤框和滤板通过两个支耳架在水平的两个平等横梁上，一端是固定板，另一端是压紧板，通过压紧装置压紧或拉开。板框压滤脱水机结构如图3-40所示。

其工作时，用压紧板把滤板和滤框压紧，从而在滤框与滤框之间形成压滤室。

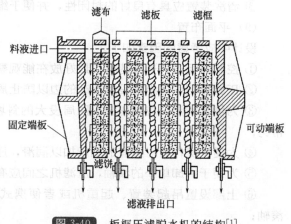

图3-40　板框压滤脱水机的结构[1]

污泥从进液口流入，在滤布上过滤出滤饼，滤饼在框内集聚，通过放松滤板和滤框使泥饼剥落。而从污泥中压滤出的压滤机滤液的排出方式有明流和暗流两种，通过在板、框角上作为排液通路的通道或板、框两侧伸出的挂耳通道加料和排出滤液。

3.4.4.3 板框压滤脱水设备的设计要点和参数

设计应考虑的主要因素为备用能力、平面布置、防腐处理、污泥调节系统、预膜系统、进料系统、冲洗系统、泥饼排放等内容。

（1）运行参数

板框压滤脱水机适合的悬浮液的固体颗粒浓度一般为10%以下，滤饼的含水率一般要求为45%～80%，其中初沉池污泥为45%～65%，活性污泥为75%～80%，混合污泥为55%～65%。当板框压滤脱水机的脱水处理对象为城市污泥时，过滤能力一般为2～10kg干泥/（m²·h）；当为城市消化污泥时，投加 $FeCl_3$ 量为 4%～7%，CaO 为 11%～22.5%，过滤能力通常为 24kg 干泥/（m²·h），过滤周期为 1.5～4h。应设置备用的板框压滤脱水机。

（2）污泥调节系统

大部分的板框压滤脱水机采用 CaO 或 $FeCl_3$ 对污泥进行调节，所需装置包括石灰熟化器、石灰输送泵、$FeCl_3$ 输入设备和调节池等。当采用高分子聚合物时，污泥调节系统相对简单，由于高分子聚合物为连续添加，并应和进泥相匹配，因此需要相应的计量控制仪表。

（3）进料系统

进料系统应能在不同的流量和运动情况下将调节后的污泥送入板框压滤脱水机。每台板框压滤脱水机应单独配备一台污泥泵。污泥通过污泥罐而压入过滤机的方式有两种：一是高压污泥泵直接压入，常用的高压污泥泵有离心式或柱塞式，当采用柱塞式污泥泵时应设减压阀及旁通回流管；二是通过压缩空气压入污泥。

进料方法有两种，每个进料系统在设计时需同时具备进行这两种进料方式的功能，应用时再根据实际情况进行选择。

第一种是通过设计使进料系统在 5～15min 内将系统压力提高至 0.07～0.14MPa 以完成初始进料过程，并且使泥饼形成的不均匀性降到最小。初始进料阶段完成后，泥饼形成，压滤阻力增加，这就要求进料在更高的压力下进行，并保持一个相对稳定的高的进料速率，直至达到系统最大设计压力。当系统压力达到设计值时，进料速率下降以维持稳定的系统压力。

第二种方法进料较慢。进料泵开始以低流速运行，通常小于进料泵负荷的 1/2，当压力达到操作压力的 1/2 时进料泵开始满负荷运行，此时由系统压力控制。为了防止第一种方法在初始高流量时发生的滤布堵塞问题，第二种方法使用粗滤布。

（4）过滤面积及板框设计

过滤面积可以随所用的板框数目增减。板框通常为正方形，滤框的内边长为 200～2000mm，框厚为 16～80mm，过滤面积为 1～1200m²。板和框用木材、铸铁、铸钢、不锈钢、聚丙烯和橡胶等材料制造。

（5）泥饼剥离

污泥压滤后需用压缩空气来剥离泥饼，所需的空气量按滤室容积每平方米需气量 2m³/（m²·min）计算，压力为 0.1～0.3MPa。同时，设计合理的滤布振荡装置，以使滤饼易于脱落。

为了促进泥饼脱落并防止滤布堵塞，可设置预膜系统。常用的预膜方法有两种：干法预膜和湿法预膜，其中干法预膜更适合用于连续运行的大型系统中。在每个压滤周期前，将预膜材料薄薄地附在滤布表面，预膜时间应设计在 3～5min。在干法预膜方式中，预膜材料可选用飞灰、炉灰、硅藻土、石灰、煤、炭灰等，取值范围为 0.2～0.5kg/m²，通常设计时取 0.4kg/m²。

（6）冲洗系统

应设置冲洗系统，用于去除正常滤饼排放的残留物、进入板框间未经脱水的原始污泥、滤布中残留的固体物质及乳状物和滤布背面排水沟表面积累的污泥等，从而防止滤布堵塞、保持滤布与滤液间的压力平衡。

板框压滤脱水机的冲洗方法有水洗和酸洗两种。一般情况下，由于两种冲洗设备用来冲洗的对象不同，因此均应安装。

其中水洗常用来冲洗滤布中的固体残余物。最常用的水洗方法为便携式冲洗设备，该设备由贮水箱、高压冲洗泵及冲洗管组成，水压力为 13.8MPa，可以用来冲洗较大的板框，但是高压水流由操作者控制，劳动强度较大。此外还有一种自动水洗系统，该系统由板框移动总量及位于上部的冲洗装置组成，可对整个滤布表面进行冲洗。高压水泵将水加压，可以对滤布进行完全、高效、经常的冲洗，且劳动强度不大，价格较贵。

酸洗系统为间歇性工作，用于冲洗水洗无法去除的物质。酸洗系统主要由下列部分组成：酸洗贮池、酸泵、稀释设施、稀酸洗贮池、冲洗泵、阀门及管道等。可对滤布进行现场冲洗，和板框挤在一起时，盐酸稀溶液泵入板框间循环或积于板框间，进行冲洗。

（7）控制及安全

为了减轻操作人员劳动强度，要求滤板的移动方式采用液压-气动装置全自动或半自动方式。板框压滤脱水机中常用的安全设施为电子光带，如果光带在压滤机运行时遭到干扰，系统则会停止运行直到干扰消失。此外，压滤机一侧还设有手动装置，以供操作者对压滤机进行手动控制。

（8）防腐处理

板框压滤脱水机的框架、滤板及滤布的材质要求具有耐腐蚀性，且滤布还要具有一定的抗拉强度。污泥及化学药剂贮存和调节设备也容易被腐蚀，应采取防腐措施。管路系统也需做防腐处理。一般情况下，为了防止腐蚀及便于冲洗，地面及墙面采用陶瓷材料。

（9）平面布置

压滤机房的面积和布置应考虑板框压滤脱水机及其周围泥饼外运、板框移动、日常清扫所需的空间，并应考虑增加设备的可能性，应考虑固定端、移动端、板框支撑杆等配件维护、检修、拆卸时所需空间，还应为外运泥饼所需的运输工作及其情况考虑足够的空间，还应满足卡车进出所需的空间。

一般来讲，板框压滤脱水机一侧需有一个平台，供泥饼排除及检修时用，通常如果压滤机不会提升至压滤机所在平台以上高度，那么使用压滤机本身的平台即可。该平台应具有足够尺寸以供滤布及其他配件的贮存。压滤机之间需要 2～2.5m 的空间，两端至少需要 1～2m 的清扫空间。应该考虑压滤机在建筑物内的安装和移动问题，可以在压滤机一边装设滑轨，以便于滤布的移动和更换。

应配备用于提升最重配件和移动替换板框所需的桥式吊车，并且压滤机房高度应能满足使用桥式吊车吊运板框的需要。

3.4.5　螺旋压榨脱水技术

3.4.5.1　螺旋压榨脱水原理

螺旋压榨脱水机的脱水原理是向圆锥状螺旋轴与圆筒形的外筒形成的滤室里压入污泥，利用螺旋轴上螺旋齿叶从污泥投入侧向排泥侧传送，在沿着泥饼出口方向容积逐渐变小的滤室内使脱水压力连续上升，从而实现对污泥的压榨脱水。

螺旋压榨脱水机最突出的优势在于其能耗和运行成本比其他污泥脱水机型均较低。由于该机型采用耐磨损无需保养的不锈钢筛网而非滤布，因此不易堵塞，而且不需要频繁更换，易于操作、维护和清洗，不需要在每次运转后清除设备内的饼渣。此外，它还具有占地面积较小、结构简单、可连续运行、清洗用水少、噪声或者震动较少、无臭气外逸等优点，并能通过调节螺旋旋转的速度来调节滤饼的含湿量和处理量。螺旋压榨脱水机虽然已广泛应用于食品和养殖行业，但用于污泥处理领域却属于新兴技术，目前还没有过多的污泥脱水工程验证，其应用效果还有待进一步考证。

3.4.5.2 螺旋压榨脱水机基本构造和工艺过程

（1）螺旋压榨脱水机基本结构

螺旋压榨脱水机可分为单螺杆和双螺杆两大类，其主体构造均是由圆筒状的金属制筒屏外套及其装配于内部的圆锥状螺旋轴组成，并通过改变螺杆杆距或螺杆直径等方法对进入的物料施加压力，来挤出其中的水分，减小其体积。螺旋压榨脱水机主要结构包括筒屏外套、螺旋轴、螺旋叶片、螺旋驱动装置、压榨机、清洗装置等，如图 3-41 所示。

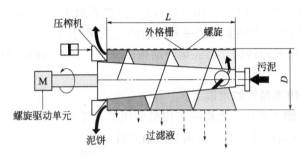

图 3-41 螺旋压榨脱水机结构图[10]

筒屏外套由耐高压金属制成的筒屏和用于支撑筒屏的外壳组成。筒屏的圆孔尺寸从入口到出口由小变大。螺旋叶片分布于螺旋轴周围，其直径从入口到出口逐渐增大，通过对污泥施加推动力而完成其在螺旋与筒屏间的压榨过滤工作。螺旋驱动装置是一个变速分级马达，并且通过手动杆可以调节螺旋的旋转速度，转速的一般取值范围为 $0.5 \sim 2r/min$。由于转速很低，从而避免了噪声或者震动的产生。压榨机是一个由气缸控制的可移动挤压板，通过控制空气压力来自动调节压榨机周围的空间。清洗装置主要用于冲洗筒屏外套，为一排含喷嘴的冲洗管，由于筒屏外套可旋转，因此对冲洗喷嘴的需要量不大。

（2）螺旋压榨脱水工艺过程

料浆被送入一个直径逐渐减小、压力逐渐增加的螺旋输送结构中，螺杆在一个圆筒形的筛网中慢速度旋转。物料从螺旋轴一端进入，在螺旋叶片的推动力下向另一端输送的同时，还会受到螺旋与筒屏间的挤压力，从而完成物料的压榨脱水，被挤压出来的滤饼通过出口锥排出，通过压力调节装置调节出不同脱水程度的滤饼；同时，通过操作螺旋回转数和选用不同锥形的螺旋叶片也可调整泥饼含水率。

（3）螺旋压榨脱水设备的设计要点和参数

1）脱水性能　螺旋压榨脱水机的脱水性能以每外屏径的每 1h 的处理固体物量和泥饼含水率来表示。

2）加药设备　加药设备应根据加药率作为基础而计算得出。螺旋压榨脱水机将高分子絮凝剂作为基本的污泥调理药剂，且高分子絮凝剂的溶解浓度为 0.2%。

3）固体物回收率　当螺旋压榨脱水机处理不同种类的污泥时，规定的固体物回收率对照标准值也不同，与混合生污泥和厌氧性消化污泥对应的固体物回收率标准值为 95%，与 OD 法浓缩剩余污泥对应的固体物回收率标准值为 90%。

4）供泥泵和加药泵　有如下几点内容。

① 对应每台脱水机均应分别设置一台供泥泵和一台加药泵，泵型式均以一轴螺丝式泵作为参考标准。

② 根据污泥和药剂的压入压力来决定泵的全扬程。

③ 供泥泵吐出量采用其对应的一台螺旋压榨脱水机处理量的 0.5~1.5 倍可变的容量；加药泵吐出量采用对一台螺旋压榨脱水机的加药量的 0.5~1.5 倍可变的容量。

5）清洗水泵　有如下几点注意事项。

① 清洗方式有标准式和高压清洗式，标准式清洗时水压为 0.29MPa，高压清洗按装配脱水机的升压泵来进行，水压为 1.96MPa，但无论采用哪种清洗方式，其水泵全扬程均应选 30m。

② 标准式清洗的设计时间为 5~10min，高压清洗式为 10~30min，但是当计算脱水时间时，应该从运转时间扣除包括实际清洗时间的清洗工程时间。

③ 当脱水机仅在白天运转时，每天运转结束时清洗一次；当脱水机 24h 运转时，每 6~8h 清洗一次。

④ 清洗水的水质应该是过滤水以上。

6）空气压缩机　螺旋压榨脱水机的压榨机使用的压缩空气的压力为 0.29MPa，由空气压缩机提供，所需空气量由外屏直径所需空气量来确定。

3.4.6　离心脱水技术

3.4.6.1　离心脱水原理

离心脱水是利用离心力代替重力和压力进行污泥脱水的操作，适用于黏度小、沉降速度较大、浓度较高的悬浮液和泥浆的分离和洗涤。其基本原理是以过滤介质两面的压力差作为推动力，固体颗粒被截留在过滤介质上，形成滤饼，而污泥中的水分被通过过滤介质，形成滤液。主要有 4 种方法可以形成作为推动力的压力差：a. 依靠污泥本身厚度的静压力，如干化床脱水；b. 在过滤介质的一面造成负压，如真空吸滤脱水；c. 加压污泥把水分压过介质，如压滤脱水；d. 造成离心力，如离心脱水。

离心脱水离心分离操作的效果一般用分离因数来表示，即离心力与重力之比。其关系式表示如下：

$$Z = \frac{m\omega^2 r}{mg} = \frac{\omega^2 r}{g} \approx \frac{N^2 r}{900} \qquad (3-40)$$

式中，Z 为分离因数；m 为物体质量，kg；ω 为旋转角速度，r/min 或 r/s；r 为旋转半径，m；g 为重力加速度，9.8m/s²；N 为离心机转速，r/min 或 r/s。

当 Z 为 1000~1500 时，为低速离心机；Z 为 1500~3000 时，为中速离心机；Z 超过 3000 时，为高速离心机。

离心脱水机为全封闭设计，运行中没有恶臭气味，可以改善操作人员的工作环境。

3.4.6.2　离心脱水机基本构造和工艺过程

污泥离心脱水机有多种类型，实际工艺中常用到的为卧螺式离心机、碟片式离心机和叠螺脱水机。

（1）卧螺式离心机

在机壳内有两个装在主轴承上的同心回转部件，外部件称为转鼓，内部件称为螺旋输送器，转鼓和螺旋输送器是离心脱水机最主要的组成部分。电动机通过皮带轮带动转鼓旋转，转鼓通过前轴承处的空心轴与差转速器的外壳相连，螺旋输送器与差转速器相连，在差转速器的调节下转鼓与螺旋输送器作转速不同的同向转动。卧螺式离心机结构如图 3-42 所示。

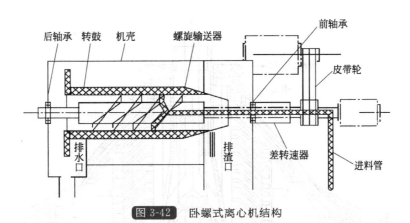

图 3-42 卧螺式离心机结构

卧螺式离心机可以实现连续工作。在运转时，由一根静置的进料管将已添加絮凝剂的污泥送入转鼓，由于高速旋转和摩擦，物料在机器内部被加速并且沿转轴形成一定厚度的污泥料液层。由于污泥颗粒和水的密度不一样，在高速旋转产生的离心力作用下，形成固液分离。由于转鼓和螺旋输送器有相对差转速，一般相差 0.2%～3%，会对转鼓内壁的污泥固体产生一个向圆锥推进的输送力，在离心力的作用下使其在螺旋输送器的缓慢推动下到达转鼓的锥端，由转鼓周围的排出口连续飞散排出。液体则由堰口连续"溢流"排至转鼓外，汇集后排出脱水机。卧螺式离心机的脱水效果如表 3-18 所列。

表 3-18 卧螺式离心机的脱水效果

污泥种类	泥饼含水率/%	SS 回收率/%	絮凝剂投加量/%
初沉污泥	65～70	＞98	0.4～1.0
活性污泥	78～83	＞98	0.6～1.2
混合污泥	70～80	＞98	0.4～1.2
厌氧消化污泥	70～82	＞98	0.4～1.2
好氧消化污泥	75～83	＞98	0.6～1.2

（2）碟片式离心机

碟片式离心机的结构如图 3-43 所示。

碟片式离心机的处理能力通常为 120～10000L/h，沉降距离较小的悬浮颗粒容易被捕捉，通过转筒上的细孔连续排出，其密度浓缩 5～20 倍。由于转筒上细孔的直径为 1.27～2.54mm，因而该离心机对污泥的浓度和粒径有一定要求。碟片式离心机（分离板型离心机）的 Z 一般大于 3500，甚至达到 10000，主要用于密度非常接近的液体、细微粒径的乳浊液或悬浊液等高度分散液体的固液分离，由于这些液体中的颗粒组成相近、粒径小、沉降速度低，因而需分离因数高的离心机才能将其分开。碟片式离心机也可以进行固体、油、水 3 种物质的分离。其脱水能力不是很强，目前主要用于分离一般离心机难分离的悬浊液或者三相分离的物质。

（3）叠螺脱水机

叠螺脱水机的螺旋主体由固定环和游动环相互层叠而成，螺旋轴贯穿其中。前段为浓缩部，后段为脱水部。从浓缩部到脱水部，固定环和游动环之间形成的滤缝以及螺旋轴的螺距逐渐变小，在推动污泥从浓缩部输送到脱水部的同时，旋转的螺旋轴也不断带动游动环清扫滤缝，防止堵塞。叠螺脱水机的结构如图 3-44 所示。

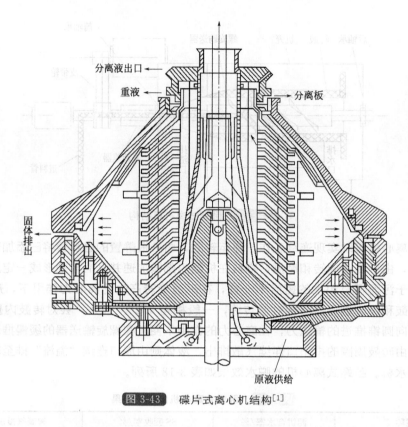

分离液出口

重液

分离板

固体排出

原液供给

图 3-43 碟片式离心机结构[1]

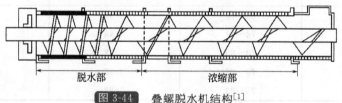

脱水部

浓缩部

图 3-44 叠螺脱水机结构[1]

叠螺脱水机运转时，污泥在浓缩部经过重力浓缩后被运输到脱水部，在前进过程中随着滤缝及螺距的逐渐变小，容积不断缩小，再加上背压板的阻挡作用，从而产生极大的内压，达到充分脱水的目的。

3.4.6.3 离心脱水设备的设计要点和参数

离心脱水机的设计应考虑进料及预处理设计、转鼓设计、材质选择、转速、差转速选择、安全及控制系统、离心脱水机房设计等内容。

（1）进料及预处理设计

① 进料前，应考虑在离心机前设置粉碎装置，以使颗粒尺寸减少到 6～13mm。直径为 760～1800mm 的离心机，一般都能毫无困难地处理大颗粒物质。

② 进料时，表征离心机进料速率的参数主要有水力负荷和污泥负荷。水力负荷影响澄清能力，增加水力负荷，离心液的澄清度降低，化学药剂的消耗也会增加。而污泥负荷则影响传送能力，污泥负荷改变时，应相应改变差转速。

（2）转鼓设计

① 转鼓是离心脱水机最关键的部件，形状有圆柱形、圆锥形、柱锥结合形。圆柱形有

利于固相脱水，圆锥形有利于液相澄清，柱锥结合形兼有两者特点。

② 转鼓全长同直径的比值对分离效果有很大的影响，越难分离的物料需要的比值设计应越大，脱水处理能力随转鼓直径的增加而增加，但制造及运行成本也同样提高。污泥的含固率与转鼓的长度有关，并随转鼓长度的增加而提高，但转鼓长度过大，会导致性价比的下降。

③ 为了减少筒壁的磨损和防止沉渣打滑，通常在转鼓内表面焊有筋条或锉上沟槽。

④ 转鼓的锥角对物料的输送起重要作用，越难输送的沉渣对应的转鼓锥角设计应越小，这样能避免发生回流现象，便于排渣，但转鼓锥角越小沉降面积也就越小，使用效率就越低。

（3）材质选择

转轮或螺旋的外缘极易磨损，因而对其材质要有特殊要求。新型离心脱水机螺旋外缘大多做成便于更换的装配块，材质一般为碳化钨。

（4）转速

离心脱水机运行的关键是通过控制转鼓的转速，以便获得较高的含固率又能降低能耗。由于转速增大，污泥在离心机内的停留时间就会缩短，对液环层的扰动加大，所以污泥固体回收率和泥饼含固率都降低。目前，离心机转鼓多采用较低转速。

（5）差转速选择

转鼓与螺旋输送器之间的差转速决定着处理量和分离效果等，是影响污泥渣含水率的关键因素。

① 该参数应可调，以免固体流量增加时差转速不能改变，物料不能及时排出而造成堵塞。

② 一般情况下，若想得到较低含水率的泥饼，就应选择较低的差转速。低差转速还可以使污泥固体在转鼓内停留更长时间，更容易被沉降到鼓壁上进而被分离，对液环层的扰动减轻，污泥回收率和泥饼含固率都提高，同时，采用较低的差转速时，对螺旋输送器的磨损减少，从而延长其使用寿命，但离心机的处理能力降低。

③ 当差转速增大时，螺旋输送器的输渣量将增大，可提高离心机的处理能力，但差转速过大，会使转鼓内流体的搅动加剧且缩短污泥固体在干燥区的停留时间，因而增大分离液中的含固量，并增大沉渣的含水率，而差转速过小，会减小螺旋输送器的输渣量，同时明显增大差转速器的扭矩。

因此，在处理易分离物料时，差转速可适当增大。处理难分离物料时，差转速过高会使分离液中含固量明显增加，并且在进泥量一定的条件下差转速不能太低，否则将由于污泥在机内积累过量，使固环层大于液环层，电机过载而损坏离心机。

（6）安全及控制系统

① 在进泥控制开始工作之前，离心机驱动电机应能全速运转，如果离心机中出现错误动作，控制回路就停止离心机的工作，同时关闭进泥。

② 离心机上应设有超载转矩装置，并应与主驱动开关控制和进泥系统开关控制互为联锁，超载延迟开关和进行回路中的电流计只能启动实心斗离心机。离心机关掉之前，电机荷载达到高值时，进泥应该停止，并使机器能够自清，若离心机包括油循环系统，则该系统也应与主驱动电机联锁，以避免因油量小或油压低而引起电机损坏。

③ 驱动电机中应包括热保护装置并与启动装置联在一起，如果电机温度过高或超负荷，应马上关闭离心机。

④ 反向驱动系统也应联锁，若使用特殊的反向驱动，应从离心机生产商获得有关建议，

通常当离心机负荷增大时，为排走更多污泥，应增大反向驱动速度。

⑤ 此外，整个离心脱水处理的控制系统还应包括一些其他部分，如主轴承温度、振动、化学调节和泥饼处理系统的联锁控制、转轴速度等的探测和记录。

（7）离心脱水机房设计

脱水机房除了考虑离心机本身所需要的空间外，还应考虑脱水污泥传送设备和管道、高分子聚合物调制及投料设备和管道、冲洗水泵、油润滑系统的水冷泵、起重机、吊起设备、通风管道和气味控制系统的所需空间，以及进行正常维护、检修、清洗所需要的空间。并考虑日后由于生产规模扩大而导致的相关设备增加的可能。

3.4.7 真空过滤脱水技术

3.4.7.1 真空过滤原理

真空过滤机是根据污泥的真空过滤特性来降低污泥含水率的一种过滤脱水装置。大小形状均匀、粒径较大的污泥颗粒孔隙率大，不易板结，过滤性能好。而大小形状不均匀、颗粒较细的污泥过滤性能差。通常污泥消化后，其中的纤维组织和颗粒物质被分解为类胶体、胶体和溶解性物质，填在小颗粒物质的孔隙中，从而影响其过滤脱水性能。因此，污泥的腐败变质也是影响其脱水性能的因素之一。此外，污泥浓度也会影响其过滤特性。不同污泥的真空过滤特性如表 3-19 所列。

表 3-19　污泥真空过滤特性对比[1]

污泥种类	供给污泥浓度/%	调理药剂量/%		过滤速度 /[kg/(m²·h)]	泥饼含水率 /%
		FeCl₃	CaO		
二沉池污泥	2.0～2.5	9～10	—	17.0～22.0	15～20
浓缩污泥	3.5～4.5	10～12	—	22.0～25.4	13～15
二沉池污泥	1.3～1.8	5～10	—	7.3～88	18～24
二沉池污泥	2.0～2.7	7～10	—	11.2～15.1	20～30
二沉池污泥	2.9～3.6	6～10	—	9.8～11.7	14～18
混合污泥	6.4	4.4	13.3	20.0	29.0
初沉和消化污泥	5.3	2.5	7.6	35.2	26.4

真空过滤机有多种形式，其差异在于泥饼的剥离方式不同，目前常用的是转鼓式真空过滤机和履带式真空过滤机两种。

转鼓式真空过滤机一般是由一部分浸在污泥中并不断旋转的圆筒转鼓构成。转鼓被分割成许多小室，并分为过滤区段和干燥区段两部分。过滤面分布在转鼓周围。滤鼓和滤布被抽成真空，污泥在过滤区段和干燥区段进行过滤，泥饼被截留在滤布上，而污泥中的水分被滤出。而履带式真空过滤机滤布的大部分并没有紧包在转鼓上，而是随转鼓的旋转而离开转鼓表面并绕到直径较小的滚筒上，之前过滤得到的泥饼由于曲率和运动角速度剧增而从滤布上剥离下来。随着脱水的进行，污泥的浓度增大，泥饼的产生量增大，产生单位质量泥饼的滤液量减少，需要对真空过滤机的运行参数进行调整。

3.4.7.2 真空过滤脱水机基本构造和工艺过程

转鼓式真空过滤机如图 3-45 所示。

转鼓式真空过滤机的圆筒内表面设置有滤材，圆筒兼作母液槽。圆筒不断旋转，滤材随之进入母液中，借助减压过滤作用形成滤饼。然后对滤饼依次进行脱水和洗涤。滤饼转到料斗上方时，靠滤材反面吹入空气或脉冲吹入压缩空气，从而将滤饼剥离，然后经皮带运输机或螺旋输送机排出。转鼓式真空过滤机有效过滤面积较小，由于滤布紧贴在转鼓上，因此容易发生堵塞，影响过滤效率，适用于沉降速度较大的母液，不适用于滤饼易脱落或是必须洗涤的场合。

履带式真空过滤机的滤布没有完全紧贴于转鼓表面，而是随着旋转离开转鼓并卷到直径较小的滚筒上。在此过程中，之前过滤得到的污泥滤饼由于曲率和运动角速度的剧增而从滤布上剥离下来。相对于转鼓式真空过滤机来说，履带式真空过滤机脱水性能较好，最终得到的泥饼含水率一般为70%～75%，适用范围较广。履带式真空过滤机的结构如图3-46所示。

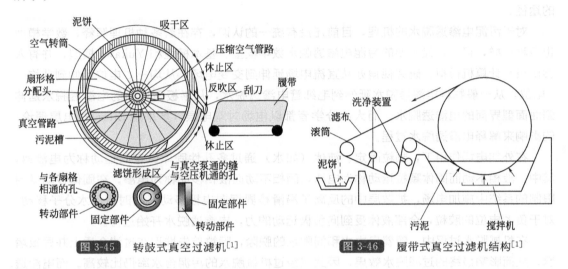

图 3-45　转鼓式真空过滤机[1]　　　图 3-46　履带式真空过滤机结构[1]

3.4.7.3　真空过滤脱水设备的设计要点和参数

（1）真空度

泥饼阻力随着真空度的增加而增大，因此要保持一定的真空度，通常为50.66kPa。

（2）转鼓浸入率

对于浓度过低的污泥，增大转鼓的浸入深度，延长污泥的抽吸时间，泥饼的厚度增加，同时含水率也增加，可以通过延长过滤周期，留有足够的水分干燥时间，降低泥饼的含水率，但这种方式降低了真空过滤机的效率。通常，转鼓浸入率是转鼓总面积的15%～25%。

（3）含水率与固体浓度

泥饼的含水率一般为70%～80%。液体中固体的浓度一般为500～1000mg/L。当原液中10%～20%的固体进入滤液中时，需要对滤液进行循环过滤，长此以往会导致固体的累积，影响处理设备的过滤性能。因此，液体中的固体浓度应尽量保持较低水平。

（4）滤布

真空过滤机的滤布种类很多，实际应用中应根据污泥和调理药剂的性质进行选择，最好首先进行滤布实验，将滤布洗涤3～5次以便于发现问题。

（5）搅拌装置

滤液和悬浮液的黏度、固体颗粒在液体中的分散度也影响污泥的脱水性能。因此，过滤槽中搅拌装置的速度应可调以防止浓度不均或者发生沉淀。

（6）过滤速度

过滤速度指过滤机出口处单位时间单位过滤面积上的滤饼的干重。在实际操作中，可采用在污泥中投加炭粉、硅藻土、木屑等来增加孔隙率，提高透水率，以克服由污泥的可压缩性而导致的污泥颗粒板结和堵塞现象，从而提高过滤速度。该指标需要经常测定。

3.4.8　电渗透脱水技术

3.4.8.1　电渗透脱水原理

电渗透脱水是一种新兴的污泥脱水技术，它将固液分离技术和污泥自身具有的电化学性质的物理化学处理技术有机地结合起来，利用外加直流电场增强污泥的脱水性能，并实现污泥的脱水，具有多种脱水处理技术所没有的许多特点，为污染控制和资源回收提供了一种新的途径。

对于污泥电渗透脱水的机理，目前还没有统一的认识，存在着多种机理解释，数学模型也多种多样，目前，最主要的污泥电渗透脱水数学模型有基本模型和 Yukawa 模型，并有人尝试进行计算机模拟，研究视角亦从直流电场延伸到交变电场，从均一 ζ 电位延伸到非均一 ζ 电位，从一般物料电渗透脱水延伸到毛细管电渗透脱水，从平板型界面的电渗透脱水延伸到曲面型界面的电渗透脱水。而大部分学者都以电场对双电层（多采用 Stern 双电层理论）的影响来解释电渗透脱水过程。

在外加电场作用下，颗粒固定、液体（如水）通过多孔性固体做定向运动称为电渗透，其中，液相不动而固体颗粒运动称为电泳，固相不动而液相移动称为电渗。在固体移动受到限制的系统中施加电场，扩散层中的反离子沿滑移界面向电极移动，同时带动水分子移动。对于负 ζ 电位的胶粒，全部液体受到向负极运动的力，电渗透脱水开始进行。

在机械脱水过程中，随着自由水和间隙水的脱除，颗粒首先堆积在过滤介质上并导致堵塞，从而影响最终的过滤脱水效果，因此仅经过机械脱水的污泥含水率仍比较高。而电渗透脱水过程中水的脱除发生在每一个絮凝体颗粒的内、外表面，毛细管水、间隙水和自由水同时被脱除，颗粒密度均匀地增大，因此该技术的污泥脱水性能优于机械方法，可使剩余活性污泥的含水率降到 60% 以下，脱水率高，减量化效果非常明显。此外，电渗透脱水设备配套灵活，操作简便，无需任何化学药剂，脱水时不必施加高压力，还可以有效减少污泥中的病原菌及恶臭物质，控制污泥对环境的二次污染。在污水深度净化方面具有广谱性，适合对各种类型的污水和污泥进行深度脱水处理。

该技术具有以上多方面的优越性，因此得到了国内外的普遍关注，例如北京市肖家河污水处理厂的污泥电渗透脱水工程就是较具有代表性的典型案例。然而，该技术的能耗较大，而且受电渗透脱水工作原理的限制，因而难以在原理上降低能耗，制约了其在污泥脱水中的进一步推广应用。

3.4.8.2　电渗透脱水设备基本构造和工艺过程

对于污泥来说，电渗透脱水是给污泥施加一定的直流电压，利用污泥粒子和水分子相互向相反的极性方向分离移动的现象进行脱水。水分的移动量与施加的电流量成正比。为了有效地利用电渗透力，在实际应用中，电渗透脱水大多是在传统的机械脱水工艺中引入直流电场，利用机械压榨力和电场作用力两种结合的方式进行深度脱水。

目前，较为成熟的电渗透脱水方法有串联式和叠加式。

串联式电渗透脱水系统处理污泥的主要工艺过程是先将污泥经机械脱水后，再将脱水絮体加直流电进行电渗透脱水。该脱水系统主要分为凝聚混合部、机械脱水部和电渗透脱水部3部分。加入絮凝剂的污泥在凝聚混合部进行混合，以改善污泥的脱水性能，提高后续的脱水效果，包括凝聚混合容器、机械脱水装置、脱水污泥供给装置、加压装置、阳极板、直流电源装置、阴极板和滤布等构件。在机械脱水部，采用简单的机械增压脱水机构，除去污泥中的大量水分，使其成为高浓度污泥。然后，在电渗透脱水部采用电渗透力进行深度脱水。该系统的内部结构见图 3-47。

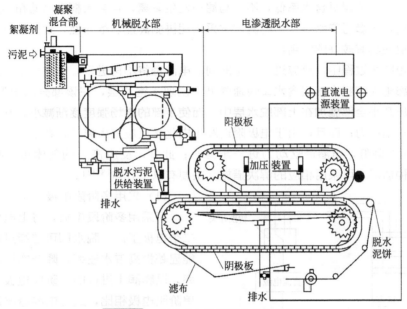

图 3-47　串联式电渗透脱水机结构[3,12]

叠加式电渗透脱水机处理污泥的主要工艺过程是将机械压力与电场作用力同时作用于污泥上进行脱水。叠加式电渗透脱水机主要由滤板（包括普通板和压榨板）、电极板、压榨膜、滤布、污泥入口、滤液出口、压缩空气入口等部分组成，其内部结构如图 3-48 所示。

影响电渗透脱水过程的因素主要有外加电压、污泥的 pH 值、是否投加絮凝剂等几方面。

（1）外加电压

随着外加电压的升高，电场强度增大，污泥的电渗透流量随之增加，进而加快其电渗透脱水速率。

（2）污泥的 pH 值

污泥的 pH 值一般为 7.2～7.3，会影响污泥中细菌蛋白质氨基酸的电离，由此影响到污泥颗粒的 ζ 电位，pH 值升高或降低均会导致污泥颗粒的 ζ 电位绝对值的减小。由于电渗透脱水速率与 ζ 电位直接相关。因此，ζ 电位绝对值减小，电渗透的驱动力减小，进而降低了污泥的电渗透流量，使脱水效果变差。

（3）是否投加絮凝剂

加入絮凝剂促使污泥颗粒聚集成为更大的、较紧密的絮凝体，一部分水从毛细结构中释放出

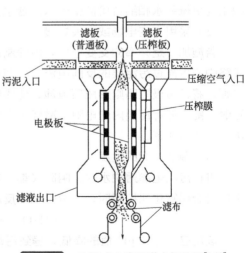

图 3-48　叠加式电渗透脱水机结构[3,12]

来变成自由水，从而显著提高电渗透脱水速率。

3.4.8.3　电渗透脱水设备的设计要点和参数

在电渗透脱水装置中，电极材料和形状的选择至关重要。尤其是通电后，在电极阳极上电解消耗和脱水的使用条件非常苛刻，因此阳极的设计就更应提起注意，应选择电阻低、耐压、耐摩擦、不易破损、易加工成不同形状、无重金属溶出的材料。根据吉田裕志对各种电极进行的评价，不锈钢和碳素钢电极最为实用。

电渗透脱水后的泥饼含水率低，不易与滤布发生剥离，且会大幅升高滤布温度，造成滤布损毁，因此，电渗透脱水装置中的滤布宜采用泥饼剥离性、绝缘性、耐热性好的材料，一般认为耐热尼龙具有较好的实用性。

在电渗透脱水过程中，反应进行一定时间后电渗透将不再进行，这主要由 3 方面原因造成：接近上部电极的脱水床层含水率快速降低，出现不饱和层，在该部分的电阻急剧增加，致使外部电压几乎全部施加在上部脱水层中，而使下部的电场强度逐渐减小，从而减小下部电渗透脱水的驱动力；而且，由于电极附近发生电化学反应产生离子，在下部电极处离子浓度增高，ζ 电位降低，电渗透驱动力进一步减小；此外，反应产生的气体也影响脱水的进行。针对这种情况，可采用相应的解决措施，主要有以下几点[3,12]。

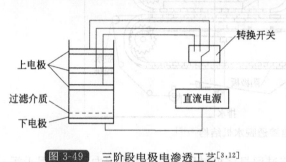

上电极
过滤介质
下电极
转换开关
直流电源

图 3-49　三阶段电极电渗透工艺[3,12]

（1）采用多阶段电极

可采用多阶段电极，将上电极切换到第二个电极工作，脱水即可继续进行，该方法能显著提高脱水速率，降低物料的最终含水率。以膨润土进行的三阶段电极为例，其与单阶段电极相比，最终电渗透流量大约是单阶段电极的 3 倍。三阶段电极电渗透工艺如图 3-49 所示。但是，在实际应用过程中中间电极的装卸比较困难。

（2）电渗透脱水与机械脱水相结合

采用电渗透对污泥脱水时，床层内上部的污泥含水量低于下部；而采用真空或压滤等机械脱水时，床层内污泥含水量上部高于下部，情况正好与电渗透脱水相反。因此，将电渗透脱水与机械脱水相结合可使整个床层含水量变得均匀，从而提高最终脱水速率。

（3）采用交变电场或电极短接

若施加一定频率的交变电场，可强制反向电流流过污泥层。将电极短接的目的同样是使线路中产生流过污泥层的反向电流。所谓电极短接就是在电渗透进行一定时间后，间断直流电源，将正负极短路则形成原电池，使线路中出现微弱的反向电流。当污泥层有反向电流流过时，能降低污泥层内的电阻，减轻电极的电化学反应，降低或消除 ζ 电位梯度，进而提高电渗透脱水速率。

（4）调节污泥的性质

进行污泥电渗透脱水时，阴阳极都会发生电解反应，其中在采用非贵金属阳极或电极上未镀贵金属氧化保护膜时，会发生如下反应：

$$6H_2O \longrightarrow O_2 + 4H_3O^+ + 4e$$

该反应会导致 pH 值的降低，导致污泥颗粒的 ζ 电位绝对值的减小，削弱电渗透力，进而降低了污泥的电渗透流量。为了保持阳极上始终存在较高的 pH 值和 ζ 电位，可以不断地向阳极区加入少量碱液或采用 $HCOO^-$、CH_3COO^-、CH_3OH、C_6H_5OH 等有机氧化剂。此外，向阳极区加入去极化剂，使之在阳极上优先被氧化，也可以稳定电极电位，保证污泥的电渗透流量。

3.4.9 污泥脱水技术发展趋势

3.4.9.1 积极推进污泥浓缩脱水一体化技术及相关设备的研究

污泥浓缩脱水一体化技术是将过滤浓缩和压榨脱水技术二者有机地结合起来，它将传统的污泥浓缩池用污泥浓缩机来代替，并与带式压滤脱水机组合为一体，形成一体化设备，是目前污泥浓缩和脱水处理的重要发展方向之一。污泥浓缩主要依靠一条绕在辊筒上的滤带形成比较长的重力浓缩区。经过加药调理并絮凝后的污泥进入滤带上部，滤液在重力作用下通过滤带向下排，过滤后的污泥进入布料区。布料区设有高效翻转装置，以保证浓缩后的污泥可以自由进入带式压滤脱水机。在脱水机阶段，通过对浓缩后的污泥进一步压滤脱水，形成泥饼并外运。

在理论上污泥浓缩脱水一体化技术可以快速地完成污泥浓缩脱水过程，并具有工艺简单、操作方便、运行连续、适用范围广等优点，并且其自动化控制程度高、过程可调节性强，用于处理 SBR 和 A^2/O 法等产生的活性污泥也能有良好效果。因此，该技术获得了国内外越来越多的好评，特别是得到了中小城市污水处理厂的关注，目前已在国内多个污水处理厂的污泥处理中得到实际应用。

但是根据各污泥浓缩脱水一体化设备生产厂家的介绍，其产品一般仅适用于含水率在99.5%以下的污泥，含水率高于99.5%的污泥需要先经过其他浓缩方法浓缩。各污水处理厂在采用污泥浓缩脱水一体化机的工程中，污泥进入污泥浓缩脱水一体化设备前均先经过贮泥池或均质池，其实质上相当于浓缩池，其停留时间甚至比重力浓缩池停留时间更加长，工艺流程比传统的污泥处理工艺更加复杂。

3.4.9.2 立足成熟可靠的污泥脱水技术，大力研发新型工艺

由于污泥特性不同，所采用的机械脱水方式也各不相同，常用的污泥机械脱水方式有带式压滤、板框压滤、离心脱水和螺旋压榨式脱水。

各种常用脱水法的对比情况如表 3-20 所列。

表 3-20 脱水法对比[1-5,10,11]

比较项目	带式压滤法	板框压滤法	螺旋压榨脱水法	离心法
优点	机器制造容易，附属设备少，投资、能耗较低；连续操作，管理简便，脱水能力大	滤饼含固率高；固体回收率高；药品消耗少，滤液清澈	占地小，可连续运行，电耗小，高性能，低能耗；连续操作，压榨力大；重量轻，结构简单，易于操作和维护；基本无噪声；不用滤布，而采用耐磨损无需保养的不锈钢筛网；大部分设备是封闭的；设备清洗水量少，泥饼的含湿量和处理量都可以校正	基建投资少，占地少；设备结构紧凑；不投加或少加化学药剂；处理能力大且效果好；总处理费用较低；自动化程度高，操作简便、卫生
缺点	聚合物价格贵，运行费用高；脱水效率不及板框压滤法	间歇操作，过滤能力较低；基建设备投资大	脱水设备费用较高	国内目前多采用进口离心机，价格昂贵；电力消耗大；污泥中含有砂砾，易磨损设备；有一定噪声

比较项目	带式压滤法	板框压滤法	螺旋压榨脱水法	离心法
适用范围	特别适合于无机性污泥的脱水；不适宜对有机黏性污泥进行脱水	其他脱水设备不适用的场合；需要减少运输、干燥或焚烧费用或降低填埋用地的场合		不适于对密度差很小或液相密度大于固相的污泥进行脱水
脱水装置	滚压带式压滤脱水机	板框压滤机	螺旋压榨脱水机	离心机
实际设备运行需换磨损件	滤布	滤布	基本无	基本无
脱水方式	机械挤压	液压过滤	机械挤压	离心力作用
维修管理	操作时间长	操作时间长		操作时间长
操作环境	开放式	开放式	封闭式	封闭式
运行状态	可连续运行	间歇式运行	可连续运行	可连续运行
进泥含固率要求/%	3～5	1.5～3	0.8～5	2～3
污泥黏性要求	要求高	要求低	要求高	中等
是否使用絮凝剂	是	是	是	是
脱水后含水率/%	78～86	45～80	75	80～85
脱水后状态	泥饼状	泥饼状	泥饼状	泥饼状
污泥处理率/%	90～95	85～95		90～95
是否可24h无人连续运行	不可以	不可以	不可以	不可以
是否可脱水低浓度污泥	不可以	不可以	不可以	不可以
脱水设备部分配置	进泥泵、带式压滤脱水机、滤带清洗系统(包括泵)、卸料系统、控制系统	进泥泵、板框压滤机、冲洗水泵、空压系统、卸料系统、控制系统	进泥泵、螺杆压榨脱水机、冲洗水泵、空压系统、卸料系统、控制系统	进泥螺杆泵、离心脱水机、卸料系统、控制系统
脱水设备费用	低	高	较高	较高
脱水设备占地	大	大	紧凑	紧凑
能耗/(kW·h/t干固体)	5～20	15～40	3～15	30～60
冲洗水量	大	大	很少	少
噪声	小	较大	基本无	较大

在常规的污泥脱水技术中，带式压滤脱水机和板框压滤机由于能获得含水率低的污泥滤饼，因此得到了较为广泛的应用；卧螺离心机具有自动连续操作、对污泥流量的波动适应性强、密闭性能好、单位占地面积的处理量大等优点，故应用正在逐步增加；而真空过滤机的使用数量正在下降。

新型污泥脱水技术基本还处于研发中试阶段，一些技术问题还有待解决，如电渗析脱水虽然在北京有一个厂在应用，但较高的投资和能耗是该项技术的瓶颈；生物沥浸配合板框脱水是板框脱水的范畴，可以大幅降低污泥含水率，但该技术的基础研究和生物调质的不稳定性是影响其推广的障碍。这就需要国内立足成熟可靠的污泥脱水技术，大力研发新型工艺，积极推进具有示范作用的工程建设，促进其在实际污泥脱水项目中的推广应用。

污泥脱水的效率与污泥的性质、脱水机械等直接有关，具体选择何种类型的脱水机械，应综合考虑污泥的沉降性质、脱水性能、污泥粒径分布、技术成熟及掌握情况、运行稳定程度、初始投资和运行成本、脱水条件、环境要求、污泥的最终处置类型等因素，进行合理的选择。但目前，污水处理厂一般倾向于选择稳定可靠的成熟技术，新技术的推广还要有一个循序渐进的过程。

3.5 工程实例

3.5.1 上海市石洞口污水处理厂污泥机械浓缩及脱水处理工程

3.5.1.1 应用工程简介

上海市石洞口污水处理厂设计处理规模为 $4 \times 10^5 m^3/d$，目前实际处理量为 $3.2 \times 10^5 \sim 3.3 \times 10^5 m^3/d$，服务面积 $150 km^2$，服务人口 70 万人，处理对象为城市污水（其中含有大量以化工、制药、印染废水为主的工业废水），污水处理采用一体化活性污泥法脱氮除磷工艺，实际排泥量为 $33 \sim 36 tDS/d$。

3.5.1.2 应用工程的处理流程

污泥处理工艺采用机械浓缩及机械脱水处理、脱水污泥料仓贮存及干化、焚烧处置工艺，实现污泥处置的资源化及减量化。

污泥的浓缩及脱水效果的优劣是决定整个石洞口污泥处理处置过程的重要环节。污泥的浓缩及脱水采用螺压式污泥浓缩机，污泥脱水采用板框压滤机、滤带式压滤脱水机和离心脱水机。工艺流程如图 3-50 所示。

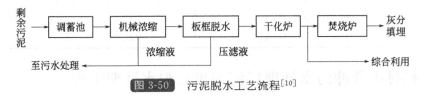

图 3-50 污泥脱水工艺流程[10]

考虑到污泥干化焚烧处置系统对脱水泥饼含水率要求较高，因此新增了离心脱水机系统，部分调试试验结果如表 3-21 所列。应根据实际运行情况，对离心脱水机的工艺参数进行调试，以保证整个系统的正常运转。

表 3-21 离心脱水机调试数据[10]

序号	转速 /(r/min)	差转速 /(r/min)	污泥流量 /(m³/h)	稀释浓度 /‰	加药流量 /(m³/h)	扭矩 /(N·m)	加药量 /(kg/tDS)	总电流/A	干粉投加频率 /Hz	分离液 /(mg/L)	泥饼含水率/%	进泥含水率/%
1	1900	12	39.5	2.3	2.0	58	—	60.1	41	—	—	96.4
2	1900	14.6	40.1	2.3	2.1	56	—	60.5	41	—	—	96.4

序号	转速 /(r/min)	差转速 /(r/min)	污泥流量 /(m³/h)	稀释浓度 /‰	加药流量 /(m³/h)	扭矩 /(N·m)	加药量 /(kg/tDS)	总电流/A	干粉投加频率 /Hz	分离液 /(mg/L)	泥饼含水率/%	进泥含水率/%
3	1900	24.5	39.9	2.3	2.1	57		59.2	41			96.4
4	1890	14.5	40.3	2.3	2.1	58	3.32	59.0	41	3656	81.8	96.4
5	1890	13.1	39.9	2.3	2.1	60	3.32	56.5	41	2648	82.1	96.4
6	1900	10.9	35.4	2.3	2.1	65	—	52.1	41	—	—	96.4
7	1890	10.9	35.4	2.3	2.1	67		55.4	41			96.4
8	1890	10.0	35.7	2.3	2.1	66	3.75	57.5	41			96.4
9	1900	11.0	35.3	2.3	2.1	67		56.6	41			96.4
10	1900	10.8	35.8	2.3	2.1	69	—	55.4	41			96.4
11	1890	9.3	35.8	2.3	2.1	68	3.77	54.1	41			96.4
12	1900	7.7	35.8	2.3	2.1	82	4.35	46.5	41	570	79.5	96.4
13	1890	6.4	31.1	2.3	2.1	87	4.31	49.8	41	1256	79.8	96.4
14	1890	8.0	31	2.3	1.4	86	—	51.2	41			96.9
15	1890	5	30.8	2.3	1.4	104		51.4	41			96.9
16	1890	5	30.8	2.3	1.6	95		50.2	41			96.9
17	1890	5	31	2.3	1.8	95	4.30	51.4	41	5538	78.5	96.9
18	1890	12	39.9	2.7	2.1	60		59.3	41			96.9
19	1890	12	39.9	2.7	2.1	60		58.2	41			96.9
20	1890	12	39.7	2.7	2.1	59	4.60	59.3	41	4026	82.47	96.9
21	1890	12.5	40.1	2.7	2.1	66	4.56	57.2	41	1326	81.7	96.9
22	1900	10.1	35.2	2.7	2.1	63	—	54.6	41			96.9
23	1900	10.1	35.4	2.7	2.1	64	5.10	55.1	41	1206	81.0	96.9
24	1800	6.1	35.6	2.7	2.1	94	5.14	51.7	41	6766	79.1	96.9
25	1900	3.7	30.7	2.7	1.8	98	5.10	51.7	41	6308	78.2	96.9
26	1900	9.2	30.9	2.7	1.8	79		51.8	41	3706	80.7	96.9
27	1900	5	31.1	2.7	1.8	92		48.8	41	—		96.9

3.5.2 桂林市北冲污水处理厂污泥离心脱水处理工程

3.5.2.1 工程简介

桂林市北冲污水处理厂采用 A^2/O 活性污泥法处理工艺对污水进行处理，设计处理量为 $3 \times 10^4 \, m^3/d$。自 2005 年 4 月投产试运行以来，随着当地市政管网的不断完善，该厂的污水处理规模也在逐年上升，同时污泥的处理量亦随之增加。数据显示，2009 年桂林市北冲污水处理厂的实际平均污水处理量已达 $2.5 \times 10^4 \, t/d$，干泥处理量则约为 3t/d。

离心脱水机能得到高干度的脱水泥饼，污水处理所产生的剩余污泥含水率约为 98%，经过脱水处理，当含水率降至 80% 左右时，进行外运处置。在污泥处理过程中能耗及药耗低、臭气不外逸、污水不外流、污泥不落地，自动化程度高，便于连续运行，也能解决噪声问题、磨损问题等，实现了污水处理工艺所产生剩余污泥的及时处理与污泥处理系统的正常运行。

3.5.2.2 应用工程的处理流程

(1) 机组构成及工艺流程

脱水机组中设置的 2 台 ALDEC408 型卧螺离心脱水机，是机组的核心部分，由高速旋转的转鼓、与转鼓转向相同但转速略低的内置螺旋输送器、进料管、排渣口、排液口、驱动装置、润滑装置、差转速控制器等部件组成，主要作用是把固体从液体中分离出来。ALDEC408 型卧螺离心脱水机采用单电机驱动主转鼓产生转动，通过电磁涡流差转速器产生转速差，能耗低，便于管理控制。此外，机组还配备有 TOMAL 型全自动絮凝剂制备投加装置、污泥破碎切割机、单螺杆污泥输送泵、加药泵、流量计和全自动控制系统等部分。

ALDEC408 型卧螺离心脱水机工作流程如图 3-51 所示。

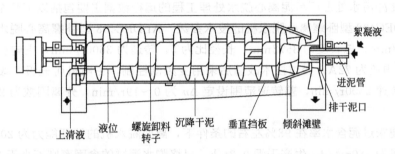

图 3-51 ALDEC408 型卧螺离心脱水机工作流程[11]

脱水机组的工艺流程为：泥泵及加药泵将含水率较高的污泥和高分子絮凝剂通过进料管泵入离心机圆锥体转鼓腔后，高速旋转的转鼓产生强大的离心力，污泥颗粒和水由于密度不同而受到不同大小的离心力，污泥被甩贴在转鼓内壁上，形成固环层，而密度较小的水受到的离心力也小，在固环层内侧形成液环层。沉积在转鼓内壁的污泥由于螺旋和转鼓存在的转速差，而被推向转鼓小端出口处排出，分离出的水从转鼓的另一端排出。

(2) 运行数据及分析

根据离心机对进泥的要求以及 ALDEC408 型卧螺离心脱水机的技术参数，立足于桂林市北冲污水处理厂的实际情况，从而确定出该厂污泥离心脱水处理工程的运行数据。离心机进泥要求和 ALDEC408 型卧螺离心脱水机的技术参数分别见表 3-22 和表 3-23。

表 3-22 离心机进泥要求[11]

离心机进泥		泥饼含水率/%
进泥量/(m³·h)	进泥含水率/%	
10	98.5	81.3
11	98.5	81.9
10.5	98.5	81.8
12	98.5	82.9
11.5	98.5	82.5
13	98.5	82.8
15	98.5	83.9
14	98.5	83.1

表 3-23　ALDEC408 型卧螺离心机技术参数[11]

频率/Hz	转鼓转速/(r/min)	差转速/(r/min)	扭矩/(kN·m)	主电机电流/A
34.43	2500	6.0	0.65	29.55
34.44	2500	6.0	0.67	29.96
34.45	2500	6.0	0.70	30.15
34.44	2500	6.0	0.71	32.88
34.46	2500	6.0	0.64	29.23
34.43	2500	6.0	0.63	29.09
34.44	2500	6.0	0.71	30.07
34.46	2500	6.0	0.65	29.16

桂林市北冲污水处理厂污泥离心脱水处理工程的运行数据主要包括以下几个方面。

1) ALDEC408 型卧螺离心脱水机的技术参数　ALDEC408 型卧螺离心脱水机的转鼓内径为 353/198mm，总长度为 3572mm，长径比为 5，转速为 3600r/min，主电机额定功率为 37kW，额定电流为 72A，经过技术改造后采用变频器控制，主电机可无级多段速调节，实际运行转鼓转速 2500r/min，差转速范围设定 Δn 为 $0\sim19$r/min，分离因数为 2557G，噪声控制在 85dB 以下。

脱水机要求进泥含水率在 98% 左右的条件下，离心脱水机的处理能力为 20m³/h，单机最大日处理量为 480m³/d，生产干泥 0.2t/h，最终脱水泥饼的含固率则不小于 20%。

2) 脱水机的能耗数据　ALDEC408 型卧螺离心脱水机的实际频率为 25Hz，功率约为 26kW，实际电流为 34A，实现每小时节电 11kW。

3) 絮凝剂的消耗数据　根据污泥性质和设备特点，选择适用的进口高分子聚合物，在离心脱水机的进料口处，污泥和絮凝剂是同时进入转鼓腔，每吨干泥耗药量约为 4.2kgDS/t。

（3）运行中遇到的问题及其处理

① 机组启动时频繁出现振动预报警而无法开机。针对此问题，分析是否由于转鼓内腔污泥未冲洗干净，则应先进水冲洗后，再进行开机。如果转鼓内腔污泥已经冲洗干净，但仍不能开机，则应进行变频低速启动，检查振动开关、减震器，并听主电机皮带罩和主轴承的响声，检查主轴承温度、磨损和润滑情况，检查皮带松紧程度。

② 机组过载停机。先对控制系统进行复位，重新启动前分析进泥流量、差转速值、扭矩值的情况。发生机组堵塞时，应检查离心机排出口是否有泥堵塞，堵塞严重时必须打开罩壳清理，手动转动转鼓，注水甩掉沉积物。此外，还应对过载原因进行排除。

③ 当污泥性质变化，存在较多密度较小的有机污泥颗粒时，离心脱水机无法将其分离出来，随水排出而造成上清液的浑浊现象。可以通过分析污泥性质及污泥浓度、改变转鼓转速和加药泵流量、调节出水口堰板等手段加以缓解。

④ 絮凝剂溶解液放置时间不宜过长，否则其絮凝性吸附颗粒的功能变差，不宜使小颗粒的粒径增大，进入离心机后使泥水不易分离，分离效果变差。

3.5.3　石家庄第八水厂污泥浓缩及脱水处理工程

3.5.3.1　应用工程简介

石家庄第八水厂日产净水为 3.0×10^6 m³/d。在净水生产过程中，对反应池和沉淀池产生的污泥进行定期排放，排泥水的总量约为 9000m³/d。该水厂不仅有一套先进的水处理工艺系统，而且有一套完整的排泥水处理工艺系统，该排泥水处理系统由四部分组成：调节、浓缩、脱水和泥饼处置，总投资 640 万元，其中包括 45 万美元的国外进口设备，使该厂成为国内最早建成投产的对污泥资源进行资源回收再利用的水厂。

3.5.3.2　应用工程的处理流程

排泥水处理工艺流程如图 3-52 所示。

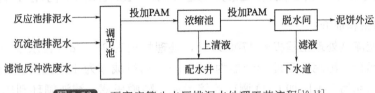

图 3-52　石家庄第八水厂排泥水处理工艺流程[10,13]

石家庄第八水厂污泥浓缩池为钢筋混凝土结构的重力浓缩池，其设计尺寸为直径 18m，总高度 6m，面积 254m²，泥水停留时间为 12h，上清液收集后回流到集水井内，通过集水井内的两台潜水泵将上清液回流至厂前区的配水井，随原水进行再处理。池内的单臂机械刮泥机将浓缩污泥刮进池底泥斗内，再经流量为 25m³/h、扬程为 12m 的螺杆泵送入脱水间。

在脱水间内设置一台 YC-SP 型双滤布压滤脱水机，该脱水机带宽为 3m，处理量为 12～15t/d，污泥产率为 250kg 干泥/(m·h)。

综合考虑处理效果、最佳投加率、溶解性、产品质量、单体含量（国家标准要求小于 0.5%）、价格等方面，该排泥水处理工程更适合采用 AN910 PWG 阴离子型 PAM 絮凝剂，且投加率在 1.0% 左右时絮凝调理效果最佳。该类絮凝剂平均分子量在 1000 万～1500 万，与其配药时溶液较均匀，不易造成加药管滤网的堵塞，也降低了人工清理配药箱的频率。而且当采用同样的絮凝剂投加率时，AN910 PWG 阴离子型 PAM 絮凝剂所获得泥饼的脱水效果更好，泥区可连续运行，大部分生产废水能够回收利用。两种 PAM 絮凝剂的对比情况如表 3-24 所列。

表 3-24　两种 PAM 絮凝剂对比情况[10,13]

投加率/%（相对于干污泥量）	投加量/mL	絮凝剂种类	絮体大小	固液分离	沉降速度	上清液浊度/NTU
0.03	1.5	FJ-02 型	极细小	不分离	极慢	—
		AN910 PWG 型	细小	较好	慢	—
0.06	3.0	FJ-02 型	细小	不分离	慢	—
		AN910 PWG 型	较大	好	较快	2.7
0.10	5.0	FJ-02 型	微小	一般	稍快	2.4
		AN910 PWG 型	较大	好	快	2.4
0.15	7.5	FJ-02 型	较大	较好	较快	2.9
		AN910 PWG 型	大	好	快	2.9
0.20	10	FJ-02 型	较大	好	快	3.1
		AN910 PWG 型	粗大	好	快	4.1

在工程运行时，该厂选用引自澳大利亚的专业设备进行 PAM 的调配。浓缩阶段，在浓缩池入口处的管道中加入浓度为 0.02% 的 AN910 PWG 阴离子型 PAM 絮凝剂，投加量通常

为 0.015%～0.02%（相对于干污泥量），加药浓缩后的污泥含固率在 3%～5% 范围内浮动，上清液浊度约为 5NTU。在脱水阶段，污泥进入带式压滤脱水机之前，也需投加该类絮凝剂，投加浓度为 0.25%，投加量 0.15%～0.25%（相对于干污泥量），加药后可获得具有较大质量和体积的絮体和清澈的间隙水，脱水后的泥饼含固率为 25%～50%。泥饼由室内的固定式皮带运输机转运至室外的移动式皮带运输机，再装车外运进行填坑处置。

3.5.4 厦门市城市污泥深度脱水处理和资源化处置利用工程

3.5.4.1 应用工程简介

厦门市污泥深度处理工程投资 1700 万元，处理规模为 350t/d（含水率 80%），于 2009 年 6 月份投入运行。污泥处理处置价格为 28 元/t，运行成本为 124 元/t。该深度处理工程采用的主要技术包括 $FeCl_3$ 加 CaO 调理浓缩污泥、隔膜压滤、滤液循环利用、深度脱水泥饼土地利用、粉碎和 pH 调节技术。该技术申请了国家发明专利，专利公开号为 CN 101691272 A。

3.5.4.2 应用工程的处理流程

厦门市污泥深度处理工程工艺流程见图 3-53。

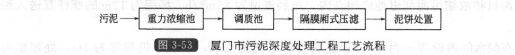

污泥 ⟶ 重力浓缩池 ⟶ 调质池 ⟶ 隔膜厢式压滤 ⟶ 泥饼处置

图 3-53 厦门市污泥深度处理工程工艺流程

该工程采用重力浓缩池直接对含水率为 98% 的二沉池剩余污泥进行处理，而不需要采用聚丙烯酰胺进行预先处理。然后，污泥被潜污泵输送至调质池中，采用电子计量装置定量投加 $FeCl_3$、CaO 对污泥进行调理，破除细胞壁，释放结合水、吸附水和细胞内水，改善污泥的脱水性能。除了调理作用之外，$FeCl_3$、CaO 还能杀菌除臭。调理剂种类单一，便于生产应用与管理。将已经在调质池中均匀搅拌的污泥通过隔膜泵或螺杆泵注入经过改进的高压隔膜厢式压滤机，压滤脱水至含水率小于 60%。

污泥深度脱水工艺的减量化效果明显，自然放置 7d 后，含水率可进一步降至 45% 左右，而且泥饼粪大肠菌群数为 0，且污泥实现污泥无害化处理，且基本没有臭味，对污水处理厂周边的环境基本不会产生影响，满足与后续污泥处置衔接的要求。当对泥饼采用填埋处置时，基本符合垃圾填埋场的准入条件；焚烧时具有一定的热值；制砖时，砖体满足烧结普通砖的标准；园林绿化利用时，基本能满足园林绿化土的准入条件。

3.5.5 广州市南洲水厂污泥浓缩及脱水处理工程

3.5.5.1 应用工程简介

广州市南洲水厂的原水取自顺德水道西海段，净水供水量为 $1.0 \times 10^6 m^3/d$。该水厂配套设置的排泥水处理工程采用了国产离心脱水设备进行脱水处理，于 2005 年 4 月投入试运行，是目前国内净水厂中采用离心脱水工艺进行污泥脱水的规模最大的应用工程。

3.5.5.2 工艺流程和参数

排泥水处理工艺流程如图 3-54 所示。

若再细化，污泥脱水工艺流程可分为进料、投药、脱水、污泥收集和供压力水 5 部分，如图 3-55 所示。

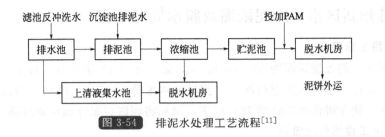

图 3-54 排泥水处理工艺流程[11]

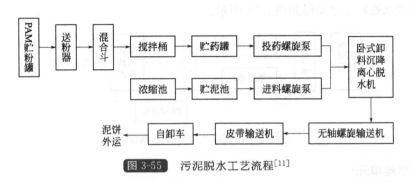

图 3-55 污泥脱水工艺流程[11]

（1）进料系统

带变频装置的螺杆泵与电磁流量计是该系统的主要组成部分，其中螺杆泵可根据污泥浓度自动调速改变流量大小。

（2）投药系统

投药系统主要包括螺旋送粉器、贮粉罐、混合斗、搅拌桶、贮药罐、负压装置、带变频装置的投药螺杆泵、流量计、混合器等部分。通过螺旋送粉器，贮粉罐内的 PAM 粉剂被计量后，送进混合斗与压力水混合，然后通过水射器送入搅拌桶，溶解搅拌成质量分数为 0.3％的 PAM 溶液并送进贮药罐备用。根据絮凝剂投加量的大小，螺杆泵从贮药罐抽吸 PAM 溶液送进离心脱水机。为保证药液的良好流动性，在投加管上计量加注压力水，以将药液稀释成浓缩和脱水过程所需要的不同浓度。

（3）脱水系统

脱水系统主要由卧式螺旋卸料沉降离心机与配套的机旁液压站组成。进料螺杆泵用于将分别抽吸的污泥和 PAM 溶液计量送向离心机处运送，两者在离心机进口处混合均匀后，一同进入离心机内，并通过离心脱水机的 24h 连续运行，以实现泥水分离。待脱水的污泥含固率为 3％～5％，若按 4％计算，则每天产生的脱水污泥量 2590m³/d，干污泥量 103.6t/d。脱水泥饼含固率为 30％～35％，固相平均回收率不小于 95％。

（4）污泥收集系统

污泥收集系统包括全密封型无轴螺旋输送器与皮带运输机，其主要工作是收集从离心机固相排口排出的泥饼，再通过螺旋输送器运送至用于水平双向输送物料的皮带运输机，然后通过自卸车实现泥饼的外运。

（5）管道系统

该工程的管道系统用于溶解稀释 PAM、清洗进料螺杆泵及为离心机提供压力水，并为离心机的液压站提供冷却水，其选材为镀锌钢管，直径根据用途的不同在 15～150mm 内取值。

3.5.6 苏州新区水厂污泥浓缩及脱水处理工程

3.5.6.1 应用工程简介

苏州新区水厂的处理规模为 $30 \times 10^4 \text{m}^3/\text{d}$，该厂于 2001 年进行了技术改造，将絮凝反应池和平流沉淀池的排泥水先进行浓缩，使其含水率降至 95% 后再通过带式压滤脱水机进行进一步脱水，使泥饼含水率降到 70% 以下，最后将泥饼装车外运至填埋场。

3.5.6.2 应用工程的处理流程

其污泥脱水处理工艺流程如图 3-56 所示。

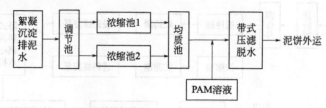

图 3-56 污泥脱水处理工艺流程[11]

（1）调节池单元

调节池作用是使后续的污泥浓缩池均衡运行，其中安装有搅拌机以防排泥水的沉淀。搅拌机在潜水泵启动前 5min 先行启动，将调节池中的泥水搅拌均匀，在低液位时停止搅拌。潜水泵启动的同时，将质量分数为 0.05%（干粉/干泥）的 PAM 絮凝剂溶液投加至潜水泵吸水口，在潜水泵的搅拌作用下，PAM 絮凝剂和排泥水混合均匀，随后送至浓缩池。

（2）浓缩池单元

浓缩池采用辐流式重力浓缩池设计，浓缩后的污泥通过池底中心泥斗中的排泥管，以重力流的形式进入均质池。如果浓缩池为间歇进水，则每隔 6h 向均质池排泥一次；如果浓缩池为连续进水，则每隔 4h 排泥一次。开启电动阀门进行排泥 15s 后，通过污泥浓度计来检测管道中流过污泥的含水率。当含水率超过 95.5% 时，阀门自动关闭停止排泥。

（3）均质池单元

均质池的作用是调节污泥浓度和在带式压滤脱水机停运期间贮泥，池内装有搅拌机。通过液位控制污泥脱水系统开停和浓缩池排泥，通过均质池内配备超声波液位计自动检测并获取液位信号。中高液位时，提前 5min 开动搅拌机将污泥搅拌均匀，然后启动污泥脱水系统，低液位时则停止搅拌。

（4）絮凝剂稀释配制单元

絮凝剂采用浓度为 3% 的胶状聚丙烯酰胺，经机械提升后被倒入贮液池。贮液池内装有超声波液位计，出口管道上设有气动阀门。设置两个絮凝剂溶液池，并均装有超声波液位计，通过采集溶液池液位计信号，控制相应管道上的气动阀门，实现胶状 PAM 絮凝剂进料和稀释用自来水的进水，两者在溶液池内混合成浓度为 0.2% 的溶液，由电动慢速搅拌机搅拌均匀。当其中一个溶液池运行至次低液位时，开始配制另一个溶液池的絮凝剂溶液；当溶液池内液位继续降低至低液位时，此时系统则会自动切换至另一个溶液池，如此交替运行，自动化程度较高。

（5）污泥压滤脱水单元

向浓缩污泥中投加已经调配成适宜浓度的 PAM 絮凝剂溶液，再经絮凝器搅拌，小颗粒污泥形成团状絮凝体，然后进入带式压滤脱水机。

该工程选择带式压滤脱水机来实现污泥的脱水处理，形成含水率为 $65\% \sim 70\%$ 的泥饼。当均质池达到高液位并且絮凝剂溶液配制完成时，带式压滤脱水机进入开机程序，由于脱水后泥饼的外运仅在白天进行，因此带式压滤脱水机不需要全天连续运行。

当均质池处于低液位或两个絮凝剂溶液池都处在低液位时，带式压滤脱水机进入关机程序。在自动纠偏功能失效而使滤带接触到停机位置时，系统进入紧急停机程序并发出报警信号。

3.5.7 河南许昌污水处理厂污泥浓缩脱水一体化处理工程

3.5.7.1 应用工程简介

河南许昌污水处理厂设计规模为 $16 \times 10^4 t/d$，一期工程的设计规模为 $8 \times 10^4 t/d$，而实际处理量为 $6 \times 10^4 t/d$ 左右，所进污水中生活污水约占 52%，已于 2000 年年底竣工投产，其正常运行时的负荷为 $0.07 \sim 0.10 kgBOD/(kgSS \cdot d)$。进水和出水水质对比情况见表3-25。

表 3-25 进水和出水水质对比[11]　　　　　　　　　　单位：mg/L

项目	COD_{Cr}	BOD_5	SS	NH_3-N
进水水质	$273 \sim 356$	$98 \sim 150$	$200 \sim 300$	$15 \sim 20$
出水水质	$23 \sim 42$	$5 \sim 11$	$10 \sim 20$	$2 \sim 4$

由表可以看出，出水水质明显优于设计标准。

3.5.7.2 应用工程的处理流程

污水处理工艺为卡罗塞尔氧化沟，具体流程为：原污水——→回转式粗格栅——→潜污泵——→阶梯式细格栅——→旋流沉砂池——→配水井——→氧化沟——→二沉池——→出水，污水工艺流程见图3-57。

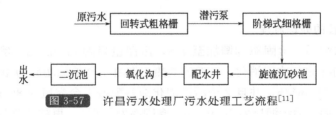

图 3-57 许昌污水处理厂污水处理工艺流程[11]

污泥处理流程见图3-58。

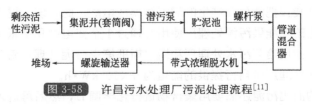

图 3-58 许昌污水处理厂污泥处理流程[11]

许昌污水处理厂污泥浓缩脱水选用德国 Klein 公司的 KS200 浓缩脱水机，包括浓缩脱水机 1 台、螺杆泵 1 台，文丘里管道混合器 1 台，全自动干粉投药装置 1 套、螺旋输送器 1 套。一期安装了 2 台，带宽 2000mm，浓缩段滤带面积为 8m²，运行带速为 $10 \sim 13 m/min$，浓缩段处理能力为 $40 \sim 60 m^2/h$，进泥含水率要求低于 99%。该工程在实际运行中的带式污泥浓缩机主要参数有：单机处理量 48～52m³/h、浓缩段带速 12～14m/min、PAM 投加量 0.20%～0.26%、进泥含水率 98.2%～98.8%、泥饼含水率 78%～81%。

浓缩段实际处理量为 48～52m³/h，最终出泥含水率为 78%～81%。主机运行与自控调节平稳可靠，噪声小于 76dB(A)，与重力浓缩池相比，在同等浓缩效果时，节省占地 300m²，节省用电设备负荷 35kW，更是免除了浓缩池及刮泥装置的维护。但干粉投药系统和其自控常需人工操作，应注意调整好浓缩段带速、耙式分料器（角度、高度、距离），每次运行后滤带需清洗干净，否则易造成严重跑料，导致脱水段固体回收率下降。

3.5.8 荷兰斯鲁斯耶第克污泥处理厂浓缩处理工程

3.5.8.1 应用工程简介

荷兰斯鲁斯耶第克污泥处理厂的污泥来自距其 600m 的代哈芬污水处理厂，并通过埋在斯鲁斯耶第克堤坝下的两根地下管道进行污泥的输送。

斯鲁斯耶第克污泥处理厂对污泥进行浓缩处理，该处理工程包括以下几个部分：2 个污泥浓缩池、1 个贮气罐、污泥消化池 2 套、2 个污泥漏斗等。

初级浓缩池 2 个：直径 23.6m，池深 3m，污泥固体负荷 40kg/m³，泥量 870m³/d，含固率 4%。

污泥消化池 2 套：直径 22m，高 23m，停留时间 20d，温度 33℃，处理后泥量 860m³/d，含固率 2%。

沼气贮罐：直径 16m，高 14m，调节容量约 4h。

后浓缩池 2 个：直径 19.5m，池深 5.75m，停留时间 4d，泥量 560m³/d，含固率 4%。

离心机 2 套：单机的进泥量 40m³/h，操作时间 16h/d，工作时间 72h/周。

污泥漏斗 2 个：容积为 150m³/个。

此外，还应包括 3 个沼气交流发电机组、1 个生产用水装置、1 个通风建筑、1 个烟囱、1 个气体洗涤装置。

3.5.8.2 应用工程的处理流程

污泥经初级浓缩后，含固率约增加至 4%，污泥量降为 870m³/d，然后送至中温消化池，在 31℃的条件下进行中温消化。污泥的加热工作由 4 台单机功率为 400kW 的热交换器完成，循环率为 4×60m³/h，并且 2 个污泥消化池各配备 1 台容量为 800m³/h 的沼气压缩机进行充分搅拌。消化后污泥量为 860m³/d，含固率为 2.6%，再被送至深 5.57m 的后浓缩池进一步除去水分。经过后浓缩后，污泥量降为 560m³/d，含固率约为 4%。

热量和能量综合装置把消化池产生的沼气转换成电能，此外该工程还可以从冷却水和排气中回收热量。产生的电能供污泥处理厂使用并通过 1 个变电站和 2 根 10kV 高压电缆供给代哈芬污水处理厂。使代哈芬污水处理厂和斯鲁斯耶第克污泥处理厂每年总能耗约为 1.6×10⁷kW·h，其中污泥处理厂可自行提供的能量为 5×10⁶kW·h。

经二次浓缩后的消化污泥还需要用聚合物进行化学调节，然后再进入脱水系统。该系统的关键设备采用离心脱水机。离心脱水机占地少，还能防止臭气散发，易于实现自动化。而两台离心机的容量分别以每周 80h 和 72h 的有效工作时间为基础来确定，其中有效工作时间按每周 5 个工作日计算，并应包括启动、工作、清洗、停机等组成部分。含固率约为 20% 的脱水污泥被输送至单个容量为 150m³ 的 2 个污泥漏斗中。

然后，在卸料场内将污泥漏斗中的脱水污泥转移到运泥卡车中，再运到 Hartelmond 污泥处置场自然风干，且卸料场和运泥卡车均应为密闭结构。每个工作日内脱水污泥的输送量约为 200m³/d。在 4～9 月份时，把污泥放在架子上，借助机械装置不断的翻动污泥，加速其干燥。1～2 个月后，污泥含固率从 10%～20% 上升到 35%～40%，在此风干过程中，由于污泥中含的聚合物也被分解，因此污泥不再呈糊状而变成可以倾倒的泥块。

在通风建筑中，被该过程重度污染的通风空气约 7200m³/h，经两个单机容量为 3600m³/h 的 4 级化学湿式器清洗，轻度污染空气为 5400m³/h，均经烟囱排放。

3.5.9 芝加哥市 Stickney 污水处理厂污泥离心脱水处理工程

3.5.9.1 应用工程简介

Stickney 污水处理厂位于美国伊利诺伊州西塞罗市，服务范围覆盖了总面积为 673km² 的芝加哥市区和郊区的 43 个居住区。该污水处理厂采用传统的活性污泥工艺对污水进行处理，设计污水处理能力约为 $5.6×10^6$ m³/d，实际处理量约为 $3.0×10^6$ m³/d。先对污泥进行消化处理后再进行脱水，每年可产生消化、脱水后的干污泥量约为 65000t。

3.5.9.2 应用工程的处理流程

该厂采用的污泥脱水设备是离心机。离心机进泥是初沉污泥和剩余污泥的混合泥，比例约为 4:6，含固率约 3%～4.5%。污泥脱水后的平均含固率 32%，泥饼输出量为 46.5t/d，污泥回收率 97%。离心机运行结果如表 3-26 所列。然后再对脱水污泥进行空气干燥，使其含固率达到 60%。

表 3-26 干污泥负荷与离心机运行情况[10]

干污泥负荷/(t/d)	转速/(r/min)	含固率/%	回收率/%
26.92	1.66	30.2	94.25
34.94	1.98	30.2	96.38
41.00	2.16	30.3	96.39
51.76	2.88	30.3	97.35
58.14	3.3l	30.4	96.60

该污泥脱水工程投资和处理处置费用主要为总投资和运行维护费，包括设备费、设备安装费、土建费、药剂费、运输费、能耗费和人员工资等。总费用估算如表 3-27 所列。

表 3-27 总费用估算表[10]

费用项目	费用估算
投资额/(美元/t 干泥)	7.01
土建费用/(美元/t 干泥)	13.09
操作与维护费用/(美元/t 干泥)	57.73
运输费用/(美元/t 干泥)	14.87
药剂用量/(lb/t 干泥)	379
药剂费用/(美元/t 干泥)	20.66
其他费用/(美元/t 干泥)	8.76
总计/(美元/t 干泥)	122.12

注：1lb=0.45kg。

3.5.10 德国明斯特污水处理厂污泥机械浓缩处理工程

3.5.10.1 应用工程简介

明斯特污水处理厂位于德国北莱茵州，采用生物除磷硝化反硝化活性污泥法对污水进行处理，污水处理能力为 50000m³/d，其中 95％的污水来自生活污水。

在污水污泥处理方面，该厂原设计的污泥浓缩方法为重力浓缩，即剩余污泥和初沉污泥一起在初沉池中混合浓缩后，含固率约为 3％～5％，然后经污泥浓缩泵送入厌氧消化池进行稳定化处理，最后消化污泥被送入压滤脱水机进一步降低水分含量，每天将产生脱水污泥1800～2400t/d。

但是由于采用活性污泥法对污水进行处理，因此该污水处理厂产生的污泥中会产生大量丝状菌，降低了污泥的沉降性能和脱水性能，从而影响了污泥的浓缩脱水效果。为了解决以上问题，明斯特污水处理厂改进了污泥处理技术，将原有的重力浓缩替换为机械浓缩工艺。

3.5.10.2 应用工程的处理流程

在改进污泥浓缩工艺过程中，为了确定最佳的污泥浓缩工艺，选择工艺较先进、性能较好、运行费用较低的污泥浓缩机，污水处理厂对几种机械浓缩机进行了两个阶段的对比试验。明斯特污水处理厂的污水、污泥处理工艺流程见图 3-59。

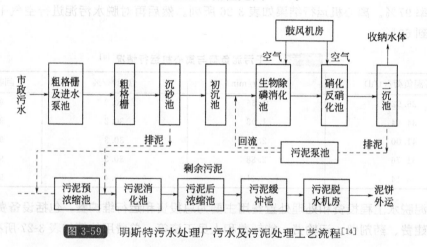

图 3-59 明斯特污水处理厂污水及污泥处理工艺流程[14]

（1）试验方法[14]

明斯特污水处理厂委托专业研究所进行了两个阶段的试验。

第一阶段，对螺旋式浓缩机 A、离心式浓缩机 B、转鼓式浓缩机 C、离心式浓缩机 D、带式浓缩机 E（处理量分别为 42m³/h、40m³/h、30m³/h、35m³/h、55m³/h）5 种不同的污泥浓缩机进行测试，得出性价比最好的污泥浓缩机类型。

第二阶段，对性价比最好的同种污泥浓缩机进行测试。

（2）结果与讨论

1）不同类型的污泥浓缩机的性能比较 第一阶段测试结果表明，5 种浓缩机的最佳絮凝剂均为液体高分子絮凝剂，因为螺旋式浓缩机和转鼓式浓缩机对污泥絮团的要求很高，因此加药量相对较大。5 种浓缩机的运行结果见表 3-28。

表 3-28　污泥浓缩机的运行结果[14]

项目	螺旋式浓缩机 A	离心式浓缩机 B	转鼓式浓缩机 C	离心式浓缩机 D	带式浓缩机 E
絮凝剂消耗(按 DS 计)/(kg/t)	7.9	2.9	7.1	0.7	3.0
处理量/(m³/h)	43.4	39.2	30	36	51.9
进泥含固率/%	0.57	0.57	0.58	0.71	0.54
污泥干固量/(kg/h)	248	223	175	256	282
出泥含固率/%	4.7	4.1	6.2	5.4	6.6
滤液固体浓度/%	0.2	0.21	0.23	0.6	0.17
固体回收率/%	96.7	97.1	96.2	92.6	97.5
能耗(按 DS 计)/(kW·h/kg)	0.014	0.13	0.034	0.116	0.025

由表 3-28 可知，离心式浓缩机 D 的药耗最低为 0.7kg/tDS，螺旋式浓缩机 A 的药耗最高为 7.9kg/tDS；转鼓式浓缩机 C 对污泥的处理量最低为 30m³/h，带式浓缩机 E 的最高为 51.9m³/h。综合比较后，选择运行效果最好的带式浓缩机继续进行第二阶段试验。

第二阶段，为了确定带式浓缩机 E 是否为最适合该厂的污泥浓缩设备，再选择两种其他品牌的带式浓缩机 F 和 G（处理量均为 40.7m³/h）进行第二阶段的试验。3 种污泥带式浓缩机的运行结果见表 3-29。

表 3-29　污泥带式浓缩机的运行结果[14]

项目	带式浓缩机 E	带式浓缩机 F	带式浓缩机 G
絮凝剂消耗(按 DS 计)/(kg/t)	3.0	5.1	6.0
处理量/(m³/h)	51.9	40.7	40.7
进泥含固率/%	0.54	0.61	0.64
污泥干固量/(kg/h)	282	250	258
出泥含固率/%	6.6	5.1	5.8
滤液固体浓度/%	0.17	0.23	0.33
固体回收率/%	97.5	96.8	95.1
能耗(按 DS 计)/(kW·h/kg)	0.025	0.019	0.020

由表 3-29 可知，在 3 种带式浓缩机中，带式浓缩机 E 单位时间的处理量最高的药耗最小、固体回收率最高、能耗略高于带式浓缩机 F 和 G。综合以上运行结果，带式浓缩机 E 的性价比最高。

2）经济指标分析[14]　经济指标主要有工艺投资费用、设备运行费用、设备维护保养和备品备件费用三大部分。

工艺投资费用包括设备采购费和土建费。设备工作寿命为 10 年。根据厂家提供的设备尺寸图纸，脱水机房的占地面积最小应为 8m×12m，该规模的脱水机房的土建费用计入总投资费用中，连同设备的投资费用、维护保养和备品备件费用，按照 10 年的使用年限等值分摊到每年的总费用中。

设备运行费用包括电耗、药耗、水耗及人工费等。价格基准为电费为 0.07EUR/(kW·h)，絮凝剂费为 5.00EUR/kg，水费为 1.50EUR/m³，人工费为 35000EUR/(人·a)。

设备维护保养和备品备件费用为 3% 的投资费。

根据以上运行费用的价格基准和各浓缩设备的性能参数，得出各浓缩设备处理费用：螺旋式浓缩机 A 为 68.3EUR/tDS，离心式浓缩机 B 为 49.7EUR/tDS，转鼓式浓缩机 C 为 53.8EUR/tDS，离心式浓缩机 D 为 41.8EUR/tDS，带式浓缩机 E 为 36EUR/tDS，带式浓缩机 F 为 44.9EUR/tDS，带式浓缩机 G 为 43.6EUR/tDS。由此可知，带式浓缩机 E 的处理费用最低，另外，带式浓缩机 E 完全可以将自身的滤出液回用作为滤带冲洗水，不需要耗费清洁水。

综上所述，该污水处理厂最终选择了带式浓缩机 E 对剩余污泥进行浓缩处理，处理量 100m³/h，带宽为 2200mm，尺寸为 3200mm×3900mm×1800mm，药耗约为 2.5g/kgDS，电耗约为 0.12kW·h/m³。

参 考 文 献

[1] 李兵，张承龙，赵由才. 污泥表征与预处理技术[M]. 北京：冶金工业出版社，2010.

[2] 王绍文，秦华. 城市污泥资源利用与污水土地处理技术[M]. 北京：中国建筑工业出版社，2007.

[3] 张光明，张信芳，张盼月. 城市污泥资源化技术进展[M]. 北京：化学工业出版社，2006.

[4] 周少奇. 城市污泥处理处置与资源化[M]. 广州：华南理工大学出版社，2002.

[5] 马希晶，韩铁民，谭凤芝，等. MF 微生物絮凝剂的制备与应用[J]. 环境保护科学，2002，(4)：13-14.

[6] 邓述波，胡荭敏，罗茜. 微生物絮凝剂处理淀粉废水的研究[J]. 工业水处理，1999，19(5)：8-10.

[7] 邓述波，等. 微生物絮凝剂 MBFA9 的絮凝机理研究[J]. 处理技术，2001，27(1)：22-25.

[8] 庄源益，等. 生物絮凝剂对水中染料絮凝效果探讨[J]. 水处理技术. 1997，23(6)：349-353.

[9] 樊栓春，林波. 微生物絮凝剂絮凝机理研究进展[J]. 江西化工. 2006(3)：1-4.

[10] 张辰，王国华，孙晓. 污泥处理处置技术与工程实例[M]. 北京：化学工业出版社，2006.

[11] 曹伟华，孙晓杰，赵由才. 污泥处理与资源化应用实例[M]. 北京：冶金工业出版社，2010.

[12] 孙路长，张书廷. 生物污泥的电渗透脱水[J]. 中国给水排水，2004，20(5)：32-34.

[13] 陈艳萍，李立芳，杜风燕. 石家庄市第八水厂污泥处理简介[J]. 中国给水排水，2000，26(2)：35-37.

[14] 胡伟，边靖，周玉文. 德国某污水厂浓缩工艺选型案例分析[J]. 中国给水排水，2009，25(15)：43-45.

第4章

污泥稳定化技术

4.1 污泥稳定化技术概述

根据《城镇污水处理厂污染物排放标准》（GB 18918—2002）的规定：城镇污水处理厂的污泥应进行稳定化处理。

污水污泥中有机物的含量通常在50%以上，若不进行稳定化处理，极易腐败并产生恶臭。目前常用的稳定化工艺有好氧消化、厌氧消化、好氧堆肥、干化稳定和碱法稳定等。

好氧消化、厌氧消化和好氧堆肥这三种方式是利用微生物将污泥中的有机组分转化成稳定的最终产物；碱法稳定是通过添加化学药剂来达到污泥稳定化，如投加石灰等，但是通过碱法稳定，污泥pH值会逐渐下降，微生物逐渐恢复活性，最终使污泥再度失去稳定性；干化稳定则是通过高温杀死微生物，低含水率也能使污泥稳定。

针对具体工程实践，选择污泥稳定化工艺时，需要考虑的重要影响因素是后续污泥处置方式。表4-1列出了几种污泥稳定化工艺的衰减效果，表4-2列出了几种污泥稳定化工艺的优缺点，从两个表的比较可以看出，对稳定化要求越高，所需要的投资和运行费用也相对较高。

表 4-1 几种污泥稳定化工艺的衰减效果[1]

工艺	衰减程度			工艺	衰减程度		
	病原体	腐败物	臭味强度		病原体	腐败物	臭味强度
厌氧消化	中	良	良	石灰稳定	良	中	良
好氧消化	中	良	良	干化稳定	优	良	良
好氧堆肥	中	良	良				

为了选择污泥稳定化工艺及优化工艺运行，需要确立评价污泥稳定程度的一系列参数和指标体系。该评价指标应该可以正确反映污泥的稳定程度，并具有测定简单、经济、重现性好等特点。由于污泥生物稳定过程是一个逐步完成的过程，因此在实践中不会存在具有明确临界值的参数指标。因此，一些常用的评价污泥稳定程度的参数指标值也仅具有相对意义。尽管目前通过查阅文献，可获得污泥稳定的评价参数有50余个，但只有为数不多的具有真正的实用价值。这种现实状况的客观存在，给污泥稳定工艺的设计和运行带来相当大的不便。由于在污泥厌氧消化和好氧稳定过程中，微生物对有机物的降解途径、最终产物的能量

水平、污泥进一步堆置时的介质变化等都不同，因此评价污泥稳定化程度的指标和参数必须与所采用的污泥稳定工艺及运行方式结合起来考虑。

表 4-2　几种污泥稳定化工艺比较[1]

工艺	优点	缺点
厌氧消化	良好的有机物降解率(40%~60%)；如果气体被利用，可降低净运行费用；应用性广，生物固体适合农用；病原体活性低；总污泥量减少，净能量消耗低	要求操作人员技术熟练；可能产生泡沫；可能出现"酸性消化池"；系统受扰动后恢复缓慢；上清液中富含COD、BOD 和 SS 及氨；清洁困难(浮渣和粗砂)；可能产生令人厌恶的臭气；初期投资较高；有鸟粪石形成(矿物沉积)和气体爆炸的安全问题
好氧消化	特别是对小厂来说初期投资低；同厌氧消化相比，上清液少，操作控制较简单；适用性广；不会产生令人厌恶的臭味；总污泥量有所减少	高能耗；同厌氧消化相比，挥发性固体去除率低；碱度和 pH 值降低；处理后污泥较难使用机械方法脱水；低温严重影响运行；可能产生泡沫
好氧堆肥	高品质的产品可农用，可销售；可与其他工艺联用；初期投资低(静态堆肥)	要求脱水后的污泥含水率降低；要求填充剂；要求强力透风和人工翻动；投资随处理的完整性、全面性而增加；可能要求大量的土地面积；产生臭气
石灰稳定	低投资成本，易操作，作为临时或应急方法良好	生物污泥不都适合土地利用；整体投资依场而定，需处置的污泥量增加；处理后污泥不稳定，若 pH 值下降，会导致臭味
干化稳定	大大减少体积，可与其他工艺联用，可快速启动；保留了营养成分	投资较大，产生的废气必须处理

目前，污泥稳定化评价体系并没有统一的规定，但随着污泥处置尤其是污泥土地利用要求的不断提高，对污泥稳定化处理的要求也必将日益正规和严格。

污泥生物稳定程度常用的评价指标和参数参见表 4-3。

表 4-3　评价污泥稳定程度常用的指标和参数[1]

序号	方法	好氧消化(堆肥)	厌氧消化	备注
1	1gMLSS 的耗氧速率	≤1mg/h	不适用	需注意测定的温度条件，一般需结合其他参数综合考虑
2	BOD_5/COD	≤0.15 基本稳定 ≤0.10 稳定程度高	运用经验较少	是一个较好的评价参数，但是需注意 BOD_5 测定的准确性
3	1gMLSS 的油脂含量	<65mg	较少应用	一般需结合其他参数综合考虑
4	脱氢酶活性(TTC 试验)	1gMLSS 形成的福尔马林含量 ≤10mg 基本稳定 ≤5mg 稳定程度高	不适用	是一个较好的评价参数
5	堆置试验(堆置 10d 后1g MLSS 中乙酸的含量)	35mg≤HAC_{10}≤45mg 基本稳定 HAC_{10}≤35mg 稳定程度高		
6	VSS/SS	不适于作为独立的评价指标	45%±5%	一般需结合其他参数综合考虑
7	有机物含量	不适用	100~300mg/L	是一个较好的参数

4.2　污泥厌氧消化技术

厌氧消化又称为厌氧发酵，普遍存在于自然界，最初被人类利用是基于利用 CH_4 的燃烧特性。厌氧消化制 CH_4 技术诞生于 18 世纪 80 年代，法国发明家 Mouras 发明了人工沼气发生器，开启了人类利用沼气的历程。我国于 20 世纪 20 年代开始推广应用沼气。新中国成立后，我国政府多次大力推广厌氧消化制沼气技术。到了 20 世纪 60～70 年代，我国开始了兴建沼气工程的热潮，全国兴建了 600 万座沼气池，主要以农村家用沼气为主。可见，厌氧消化产沼技术具有很悠久的发展历史。

污泥厌氧消化在进行有机污染物降解的同时产生沼气。因此，厌氧消化技术还广泛应用于处理城市污水和污水处理厂污泥。厌氧消化是一个低能耗的处理工艺且可以产出能源，在全球能源危机日趋严重的今天，厌氧消化技术得到大力发展，先后出现了一批现代高速厌氧消化反应器，如升流式厌氧污泥床（UASB）反应器、厌氧滤池（AF）等。高速厌氧消化反应器的出现，使厌氧消化水力停留时间大大缩短，有机负荷大大提高，处理效率也大大提高。

在具体的工程实践中，消化工艺的选择要因地制宜，根据污泥处理量、处理场地、管理水平等情况进行综合考虑。通过消化工艺，污泥中的有机污染物进一步降解、稳定和利用，污泥不但实现了稳定化，而且实现了减量化和资源化。

与其他稳定化工艺相比，污泥厌氧消化工艺可以达到以下效果：a. 产生沼气，变污泥处理为能源产生过程；b. 实现减量化，污泥体积减小 30%～50%；c. 在厌氧消化完全时，可以有效消除恶臭；d. 实现稳定化，有机物得以分解稳定，可杀死病原微生物，特别是高温消化时。

随着污泥问题的严峻和社会可利用能源的短缺，污泥厌氧消化不仅现在是而且未来仍将是应用最为广泛的污泥稳定化工艺。

4.2.1 厌氧消化的原理

4.2.1.1 厌氧消化阶段理论

厌氧消化过程是一个非常复杂的生物处理过程，其中涉及的微生物种群颇多，因此厌氧消化过程可分为若干阶段，国际上比较流行的厌氧消化阶段理论可分为两阶段、三阶段和四阶段理论。

（1）两阶段理论

厌氧消化是一种在厌氧条件下的生物处理技术，有机物在厌氧消化中得到分解并产生 CH_4 和 CO_2。"两阶段理论"流行于 20 世纪 30～60 年代，认为厌氧消化过程可分为产酸阶段和产甲烷阶段。在产酸阶段，有机物在产酸细菌的作用下，分解成脂肪酸及其他产物，并合成新细胞；在产甲烷阶段，脂肪酸在专性厌氧菌——产甲烷菌的作用下转化为 CH_4 和 CO_2。但是，酸性发酵阶段的最终产物事实上不仅仅是酸，且发酵产生的气体也并不都是从甲烷发酵阶段产生的，因此，两阶段过程相对恰当的提法为非产甲烷阶段和产甲烷阶段。如图 4-1 所示。

1）非产甲烷阶段　在非产甲烷阶段，污泥中含有的淀粉、纤维素、烃类和多糖等大分子有机物在兼性厌氧菌胞外酶的作用下进行水解和液化，然后再进入细胞体内，在胞内酶的作用下转化为挥发性有机酸（甲酸、乙酸、丙酸、

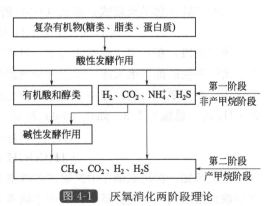

图 4-1　厌氧消化两阶段理论

丁酸）和硫化物。在该阶段主要参与反应的微生物统称发酵细菌或产酸细菌，其具有生长速率快，对温度、pH 值等环境条件适应性强等主要特点。在这一阶段，污染物会发生以下变化：

① 由于有机物酸化的作用而导致 pH 值降低；

② 在酸化过程中，发生有机物的脱氢反应，会有 H_2 产生；

③ 由于在水解酸化过程主要是有机物形态的变化，因此 BOD 和 COD 变化不明显；

④ 在兼性厌氧菌分解有机物的过程中，产生的能量几乎全部被消耗作为有机物发酵所需的能源，仅有少部分合成新细胞，细胞没有增殖。一般产酸菌能够很好地适应温度、pH 值的快速变化。

2）产甲烷阶段　在产甲烷阶段，第一阶段产生的甲酸、乙酸、甲胺、甲醇等小分子有机物在经过产甲烷菌的作用下转化为 CH_4，厌氧消化体系的 pH 值上升至 7.0～7.5，因此，又称为碱性发酵阶段。该阶段主要参与反应的微生物是产甲烷菌（*Methane producing bacteria*），其具有生长速率慢，世代时间长，对温度、pH 值、绝对厌氧、抑制物等环境条件极为敏感等主要特点。这一阶段具有以下特征：

① 由于第一阶段产生的中间产物和代谢产物均被产甲烷菌利用而分解成二氧化碳、甲烷和氨，导致 pH 值上升；

② 由于构成 BOD 或 COD 的有机物多以 CO_2 和 H_2 的形式逸出，所以 BOD 和 COD 明显降低；

③ 产甲烷细菌把甲酸、乙酸、甲胺、甲醇等基质转化为甲烷，其中最主要的基质为乙酸。产甲烷菌对环境条件要求较高且繁殖速度慢，因此产气阶段是厌氧消化的限速关键。

（2）三阶段理论

随着对厌氧消化微生物不断深入的研究，厌氧消化过程中产甲烷细菌和不产甲烷细菌之间的相互关系更加明确。1979 年，根据微生物种群的生理分类特点，伯力特等提出了厌氧消化三阶段理论。

第一阶段，在水解与发酵细菌作用下，蛋白质、碳水化合物与脂肪等有机物经水解和发酵转化为单糖、脂肪酸、氨基酸、甘油、二氧化碳和氢等。

第二阶段，在产氢产乙酸菌的作用下，第一阶段的水解产物转化成氢、二氧化碳和乙酸。如戊酸的转化化学反应式，如式（4-1）所示：

$$CH_3CH_2CH_2CH_2COOH + 2H_2O \longrightarrow CH_3CH_2COOH + CH_3COOH + 2H_2 \qquad (4-1)$$

丙酸的转化化学反应式，如式（4-2）所示：

$$CH_3CH_2COOH + H_2O \longrightarrow CH_3COOH + 2H_2 + CO_2 \qquad (4-2)$$

乙醇的转化化学反应式，如式（4-3）所示：

$$CH_3CH_2OH + H_2O \longrightarrow CH_3COOH + 2H_2 \qquad (4-3)$$

第三阶段，在产甲烷菌的作用下，氢和二氧化碳转化为甲烷或对乙酸脱羧产生甲烷。产甲烷阶段产生的能量绝大部分用于维持细菌生存，只有少量用于合成新细菌，因此细胞的增殖很少。在厌氧消化的过程中，由乙酸转化形成的 CH_4 约占总量的 2/3，由 CO_2 还原形成的 CH_4 约占总量的 1/3，如式（4-4）和式（4-5）所示：

$$4H_2 + CO_2 \longrightarrow CH_4 + 2H_2O \qquad (4-4)$$

$$CH_3COOH \longrightarrow CH_4 + CO_2 \qquad (4-5)$$

由上可知，在厌氧消化中产氢产乙酸细菌具有极为重要的作用，它在水解与发酵细菌及产甲烷细菌之间的共生关系中，起到了联系作用，通过不断地提供大量的 H_2，作为产甲烷

细菌的能源和还原 CO_2 生成 CH_4 的电子供体。

消化三阶段的模式如图 4-2 所示。

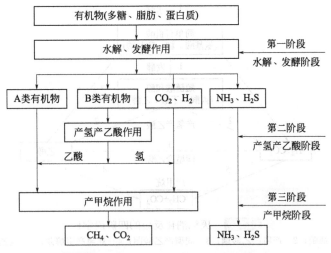

图 4-2 有机物厌氧消化三阶段理论模式

总之，厌氧消化过程中产生 CH_4、CO_2 与 NH_3 等的计量化学反应方程式为：

$$C_n H_a O_b N_d + \left(n - \frac{a}{4} - \frac{b}{2} + \frac{3}{4}d\right) H_2O \longrightarrow$$

$$\left(\frac{n}{2} + \frac{a}{8} - \frac{b}{4} - \frac{3}{8}d\right) CH_4 + d NH_3 + \left(\frac{n}{2} - \frac{a}{8} + \frac{b}{4} + \frac{3}{8}d\right) CO_2 + 能量 \tag{4-6}$$

当 $d = 0$ 时，为不含氮有机物的厌氧反应通式，即伯兹韦尔（Buswell）和莫拉（Mueller）通式：

$$C_n H_a O_b + \left(n - \frac{a}{4} - \frac{b}{2}\right) H_2O \longrightarrow$$

$$\left(\frac{n}{2} + \frac{a}{8} - \frac{b}{4}\right) CH_4 + \left(\frac{n}{2} - \frac{a}{8} + \frac{b}{4}\right) CO_2 + 能量 \tag{4-7}$$

（3）四阶段理论

"四阶段理论"与"三阶段理论"几乎同一时间出现，在该理论中参与厌氧消化过程的微生物可以分为五大类：水解酸化细菌（第一阶段）、产氢产乙酸菌（第二阶段）、同型产乙酸菌（第三阶段）、耗氢产甲烷菌（第四阶段）、耗乙酸产甲烷菌（第四阶段）。图 4-3 为厌氧消化反应的四阶段理论模式[2]。

在"三阶段理论"的基础上，"四阶段理论"增加了同型产乙酸菌，可将产氢产乙酸细菌产生的 H_2 和 CO_2 合成乙酸。

总体来讲，"三阶段理论"和"四阶段理论"是目前公认的对厌氧消化机理较为全面的描述。

根据厌氧消化的特征，通常可以将厌氧消化分为部分厌氧消化和完全厌氧消化。如果产甲烷菌仅利用了第一阶段水解酸化产生的乙酸、甲酸、甲醇和甲胺等小分子有机物，则称为不完全厌氧消化或部分厌氧消化；如果产氢产乙酸菌继续将不能被产甲烷菌直接利用的乳酸、丙酸、丁酸、乙醇等有机物转化为氢气和乙酸，进而被产甲烷菌利用，则称为完全厌氧消化。

碳水化合物、蛋白质和脂肪这三大类有机基质厌氧消化过程分述如下。

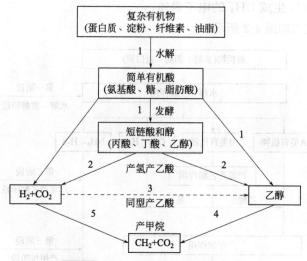

图 4-3 厌氧消化反应的四阶段学说

1—水解酸化细菌；2—产氢产乙酸菌；3—同型产乙酸菌；4—耗氢产甲烷菌；5—耗乙酸产甲烷菌

1）碳水化合物的厌氧分解 所谓碳水化合物，是指淀粉、纤维素、葡萄糖等糖类，其分子式一般为 $C_m(H_2O)_n$。在生活污水的污泥中，碳水化合物约占 20%。在消化过程第一阶段，在胞外酶的作用下，碳水化合物（多糖）首先水解成单糖并渗入细胞，在胞内酶的作用下，进一步转化为乙醇等醇类和乙酸等酸类。第一阶段产生的醇类和酸类物质在第二阶段被分解成甲烷和二氧化碳。1g 可分解的碳水化合物的产气约为 790mL，其组成为 50%CO_2 和 50%CH_4。

2）蛋白质的厌氧分解 在消化过程第一阶段，具有解朊酶（proteolytic）的菌能分泌出使蛋白质水解的酶，将蛋白质的大分子分解成简单的组分，形成各种氨基酸、二氧化碳、尿素、氨、硫化氢、硫醇等。尿素则在尿素酶的作用下迅速地全部分解成二氧化碳和氨。在第二阶段，氨基酸进一步分解成甲烷、二氧化碳和氨。1g 蛋白质的平均产气量约为 704mL，其成分为 29%CO_2 和 71%CH_4。

在 1963 年，MeCarty 和 Jeris 曾用原子示踪法研究了污泥消化过程中 CH_4 的形成，其形成的百分率如图 4-4 所示。

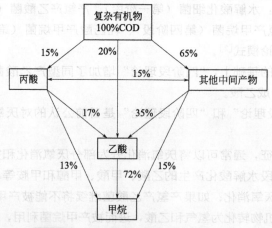

图 4-4 厌氧消化中甲烷的形成过程[1]

3）脂肪的厌氧分解　在脂肪分解的第一阶段，在解脂菌或脂酶的作用下，脂肪水解成为脂肪酸和甘油。随后在酸化细菌的作用下，进一步转化为醇类和酸类。在第二阶段二者进而分解成 CO_2 和 CH_4。1g 脂肪的平均产气量为 1250mL，其主要成分为 22%CO_2 和 68%CH_4。

4.2.1.2　厌氧消化微生物学原理

在厌氧消化过程中，参与反应的细菌分为两大类：一类是产氢产乙酸菌、水解酸化菌和同型产乙酸菌等非产甲烷菌；另一类是产甲烷菌。由于微生物种群之间的生态平衡关系是支配厌氧消化过程的本质规律，所以在本节中着重介绍厌氧消化过程微生物的种类、特性及其相互代谢关系。

（1）厌氧消化过程微生物种类

1）非产甲烷菌

① 水解发酵菌（产酸细菌）。主要的发酵产酸细菌包括梭菌属、拟杆菌属、丁酸弧菌属、双歧杆菌属等。其主要功能是水解和酸化作用。水解——在胞外酶的作用下，将不溶性大分子有机物水解成可溶性有机物；酸化——将可溶性大分子有机物转化为乙酸、丙酸、丁酸、戊酸等有机酸及醇类等。水解发酵细菌的水解过程较缓慢，并受 SRT、pH 值、有机物种类等多种因素的影响，但产酸反应的速率较快。发酵产酸细菌可以按功能分为蛋白质分解菌、半纤维素分解菌、淀粉分解菌、纤维素分解菌、脂肪分解菌等。

② 产氢产乙酸。该类细菌的主要功能是将各种高级脂肪酸和醇类氧化分解为乙酸、CO_2 和 H_2，为产甲烷阶段提供合适的基质，在厌氧系统中常常与产甲烷细菌处于共生互营关系。主要的产氢产乙酸反应有：

乙醇　　　　$CH_3CH_2OH + H_2O \longrightarrow CH_3COOH + 2H_2$ 　　　　　　　(4-8)

丙酸　　　　$CH_3CH_2COOH + 2H_2O \longrightarrow CH_3COOH + 3H_2 + CO_2$ 　　(4-9)

丁酸　　　　$CH_3CH_2CH_2COOH + 2H_2O \longrightarrow 2CH_3COOH + 2H_2$ 　　(4-10)

只有在乙酸浓度和系统中氢分压很低时上述反应才能顺利进行，因此，产氢产乙酸反应的顺利进行，常常需要后续产甲烷反应能及时将其主要的两种产物乙酸和 H_2 消耗掉。主要的产氢产乙酸细菌多数是专性厌氧菌和兼性厌氧菌，包括互营杆菌属、互营单胞菌属、梭菌属、暗杆菌属等。

③ 同型产乙酸菌。在"三阶段理论"的影响下，人们将注意力集中在产氢产乙酸菌与产甲烷菌等的互营作用上，并将其归入产甲烷相进行研究，却忽略了产酸菌、产氢产乙酸菌与同型乙酸菌之间的相互作用。值得一提的是，同型产乙酸菌在厌氧产酸过程中，具有特殊作用，它可以将二氧化碳和氢气转化为乙酸，在氢分压高时，它的作用增强；在氢分压低时，它的作用减弱，起到了一个平衡器的作用。但在一般厌氧消化器中，同型产乙酸菌所产的乙酸不到 4%。尽管人们对自然生态系统中同型产乙酸菌对碳循环的重要贡献有较深入的认识，但却没能在人工厌氧产酸系统中充分发挥同型产乙酸菌的作用。

2）产甲烷菌（*Methanogens*）　产甲烷菌是产甲烷阶段的主要细菌，属于严格的厌氧菌，主要代谢产物是甲烷。主要可分为两大类：乙酸营养型产甲烷菌和 H_2 营养型产甲烷菌。

产甲烷细菌的主要功能是将产氢产乙酸菌的产物——乙酸和 H_2/CO_2 转化为 CH_4 和 CO_2，使厌氧消化过程得以顺利进行。一般来说，在自然界中，乙酸营养型产甲烷菌的种类较少，只有产甲烷八叠球菌（*Methanosarcina*）和产甲烷丝状菌（*Methanothrix*），但这两种产甲烷细菌在厌氧反应器中居多，特别是后者，因为在厌氧反应器中，乙酸是主要的产甲烷基质，一般来说，有70％左右的甲烷是来自乙酸的氧化分解[2]。

典型的产甲烷反应有：

$$CH_3COOH \longrightarrow CH_4 + CO_2 \tag{4-11}$$

$$4H_2 + CO_2 \longrightarrow CH_4 + 2H_2O \tag{4-12}$$

$$4CO + 2H_2O \longrightarrow CH_4 + 3CO_2 \tag{4-13}$$

$$4CH_3OH \longrightarrow 3CH_4 + HCO_3^- + H^+ + H_2O \tag{4-14}$$

$$CH_3OH + H_2 \longrightarrow CH_4 + H_2O \tag{4-15}$$

根据产甲烷菌的形态和生理生态特征，可将其进行分类，如图4-5所示。

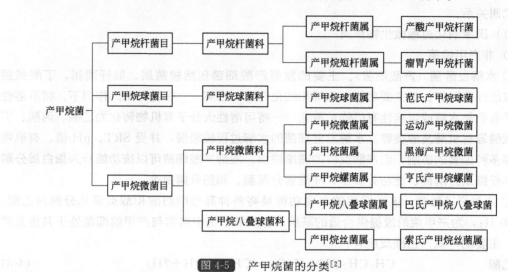

图 4-5 产甲烷菌的分类[2]

迄今为止，可分离鉴定的产甲烷菌达到70余种，分属于3个目，7个科，19个属。产甲烷菌有各种不同的形态，我们常见的产甲烷菌有产甲烷杆菌、产甲烷球菌、产甲烷螺旋菌、产甲烷八叠球菌四类。表4-4列示了几种主要产甲烷菌种属及其分解的底物。

表 4-4 产甲烷菌主要种属及其分解的底物

产甲烷菌种属	分解的底物	产甲烷菌种属	分解的底物
马氏甲烷球菌（Methanococcu smazei）	乙酸盐、甲酸盐	甲烷杆菌（Methanobacterium pro-prionicum）	丙酸盐
产甲烷球菌（Methanococcu suanniel）	氮、乙酸盐	孙氏甲烷杆菌（Methanobacterium shgenu）	乙酸盐、甲酸盐
甲烷八叠球菌（Methanosaricina barkeru）	乙酸盐、甲醇	甲烷杆菌（Methanobacterium suboxydans）	乙酸盐、甲酸盐、戊酸盐
甲烷杆菌（Methanobacterium formicicum）	乙酸盐、二氧化碳、氢	甲烷杆菌（Methanobacterium formicicum）	乙酸盐
奥氏甲烷杆菌（Methanobacterium omeliansku）	乙醇、氢		

厌氧消化过程中产甲烷菌的生长情况直接关系到甲烷的产量，其能分解的物质均是由大分子有机物分解生成的小分子中间产物，本身并没有直接分解大分子有机物的能力。

产甲烷菌是通过细胞分裂进行繁殖。下面两种物质可以大大促进这一细胞分裂作用，有助于产甲烷菌的繁殖，但是，这二者之间又存在着相互排斥的作用。

① 滤泡激素（follicular hormone，follikehoron）：公马或妊娠的母马尿中得到的激素。

② 细菌酶（bacteriozym）：从酶细胞中得到的植物性提取物。

无论哪一种产甲烷菌的生存时间都不少于几个星期，因此，一个新建或者一度停用的消化池，会需要很长的启动时间。但是，通过良好的消化污泥进行定期接种，也可在短时间内最大限度地发挥细菌的作用。

产甲烷菌由于具有某种性质的生物排他性，因此，在产甲烷菌大量繁殖的地方，其他微生物的种类和数量就受到抑制。

细菌的生长和繁殖，通常是依靠同化作用和异化作用这两种不同的代谢活动来维持的。与其他植物一样，细菌对养分的吸收与代谢产物的排出，是通过细胞膜的渗透作用进行的。一般来讲，细菌体内的代谢产物浓度高于周围液体的浓度时，由于渗透压的作用，细菌将从周围吸收水分。但是，细胞膜弹性产生的渗透压与反渗透压达到平衡时，细菌便膨大而处于正常状态。但是，随着代谢产物的增加，细菌体内的浓度低于周围液体的浓度时，渗透压则起反作用，从细菌体内夺走水分，导致原生质（protoplasm）萎缩，即使周围还有水，细菌的生命也将就此终止，为促进消化过程而进行的搅拌就是要避免产生这种情况。只要存在养分并具备必要的生活条件，细菌就能不断地进行吸收养分与代谢作用。

对于产甲烷菌来讲，最重要的养料是碳和氮，但其他有机物和无机物对其生存也有影响。有机的有效物质是酶和维生素。酶大致可以分为以下几种。

① 氧化还原酶类　氧化还原酶类大致可以分为脱氢酶和氧化酶两种。脱氢酶可以活化底物上的氢，并使它转移到另一种物质上，使底物因脱氢而氧化，不同的底物将由不同的脱氢酶进行脱氢作用。氧化酶能将分子氧（空气中的氧）活化，从而作为氢的受体而形成水或催化底物脱氢，并氧化生成过氧化氢。

② 转移酶类　转移酶类能催化一种化合物分子的基团转移到另一种化合物分子上。

③ 水解酶类　水解酶类能催化大分子有机物的水解作用及其逆反应。

④ 裂解酶类　裂解酶类能催化有机物碳链的断裂，产生碳链较短的产物。

⑤ 异构酶类　异构酶类能催化同分异构化合物之间的相互转化，即分子内部基团的重新排列。

⑥ 合成酶类　合成酶类能催化有三磷酸腺苷参加的合成反应，这类酶关系着很多重要生命物质的合成。

在无机的有效物质中，在数量上比较主要的是磷酸（P_2O_5）和钾（灰分）（K_2O）。此外，铁、钠、镁、铜、硫、钼、钴、锡、钯等痕量元素对产甲烷菌的生长也有影响。少量的硫化氢有助于细菌繁殖，但浓度一高就成为有害物质。

另外，必须创造一个弱碱环境，最佳 pH 值应保持在 7.0～7.5，有机酸浓度应在 2000～3000mg/L 以下。这一容许浓度将根据氨和其他阳离子存在的情况稍有变动。有机酸浓度是通过迪克洛（Duclaux）法以乙酸的含量测定的，其值与 pH 值无关。有机酸浓度如果在 2000～3000mg/L 以上，产甲烷菌的活动能力将逐渐减弱，消化速度也慢了。可通过停止供给生污泥、降低污泥含固率、投入消石灰等方法予以解决；但是，如果适应产甲烷菌生活的条件不能恢复，污泥就将开始酸性发酵。当有机酸浓度在 5000mg/L 以上，这些处理措施几乎无效。另一方面，最佳碱度的上限，换算成 $CaCO_3$ 为 2000mg/L 左右。

在生物分类学上，产甲烷菌（*Methanogens*）属于古细菌（*Archaebacteria*），大小、外观上与普通细菌（*Eubacteria*）相似，但实际上，其细胞成分特殊，特别是细胞壁的结构较特殊。产甲烷菌在自然界的分布，一般可以认为是栖息于一些极端环境（如地热泉水、深海火山口、沉积物等）中，但实际上其分布极为广泛，如污泥、瘤胃、昆虫肠道、湿树木、厌氧反应器等。产甲烷菌是严格的厌氧细菌，氧和氧化剂对其有很强的毒害作用，要求氧化还原电位在$-400 \sim -150 \mathrm{mV}$。产甲烷菌的增殖速率很慢，繁殖世代时间长，可达$4 \sim 6 \mathrm{d}$。产甲烷菌的生存温度为$0 \sim 80 ℃$，低温、中温、高温细菌的最佳温度分别为$15 ℃$、$30 ℃$、$55 ℃$左右。与兼性厌氧菌比较，产甲烷菌更为敏感。但是，如果给产甲烷菌创造了最佳生活条件，就会得到良好的消化污泥。图4-6为非产甲烷菌与产甲烷菌群理论。

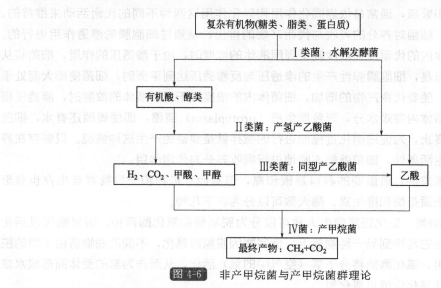

图 4-6　非产甲烷菌与产甲烷菌群理论

（2）厌氧消化过程中微生物的代谢关系

厌氧消化是一个多菌群共同代谢的过程，各类菌群之间的代谢作用相辅相成。在整个厌氧代谢过程中，产甲烷菌并不是孤立进行的，它周围众多的菌群先于产甲烷菌代谢，以此提供产甲烷菌正常代谢的条件。从物质代谢转化的角度来看，首先，有机物的大分子水解，把纤维素、半纤维素、果胶、淀粉、脂类和蛋白质等物质，经水解发酵生成水溶性糖、醇、酸等分子较小的化合物；然后，微生物进一步把较小分子的化合物降解形成产甲烷菌可直接利用的底物，主要是乙酸盐、H_2和CO_2等；最后，产甲烷菌才能利用极简单的小分子化合物代谢产生CH_4和CO_2。有机物质在经过厌氧生物转化为甲烷的过程中，涉及一系列微生物菌群代谢，它们的底物和特性完全不同。整个转化过程可以描述为许多种不同微生物类群的直接和间接的共生联合关系。确定的9个步骤分别由专门的菌群调节代谢，这9个步骤分别为：a. 有机聚合物水解成有机单体，如糖、有机酸和氨基酸等；b. 有机单体转化成氢、重碳酸盐、乙酸、丙酸和丁酸以及其他有机产物如乙醇、乳酸等；c. 产氢产乙酸菌对还原性有机物具有氧化作用，能生成氢气、重碳酸盐和乙酸；d. 同型乙酸菌对重碳酸盐的产乙酸呼吸作用；e. 硝酸盐还原菌（NRB）和硫酸盐还原菌（SRB）对还原性有机物的氧化作用生成重碳酸盐硼乙酸；f. NRB和SRB对乙酸的氧化作用，生成重碳酸盐；g. NRB和SRB对氢气的氧化作用；h. 裂解乙酸的甲烷发酵；i. 重碳酸盐的产甲烷呼吸作用。

在厌氧消化过程中，微生物的相互作用实质上是各类微生物在代谢上的相互影响。每一种微生物都有其自身的代谢途径，它们可以在特定的环境中单独行使其代谢功能。因此，研究它们的代谢条件和代谢途径是非常有用的。但在厌氧消化反应器这样一个杂居的环境中，各类型的微生物生活在一起，各自进行自身特有的代谢，并形成各自的代谢产物，彼此之间的相互作用，使它们能正常进行生命活动，然而它们所形成的代谢产物可能引起如下后果：a. 产物累积引起的反馈抑制效应；b. 代谢产物被其他菌群利用，促进其生长；c. 抑制其他菌群；d. 造成有利或不利于其他菌群的生态环境。

这些问题在厌氧消化反应器中都有可能出现，而在厌氧消化正常运行或运行失败时，代谢产物的种类及其浓度都有很大的差别，代谢产物引发的问题和后果也完全不同。在正常的厌氧消化过程中，各种微生物代谢过程发生相互偶联，产物得到协调，整个消化过程达到平衡。相反，任何一个代谢过程的失调都有可能引发整个过程的破坏，使厌氧消化过程失衡。因此，研究厌氧消化微生物的相互关联性是一个重要且复杂的内容。

（3）甲烷发酵过程微生物的代谢关联性

对厌氧消化过程中发酵液和气体成分进行分析，特别是将一些功能菌的代谢产物进行分析，就不难发现微生物之间的代谢关系。

1）水解酸化菌与产甲烷菌之间的相互关系　图4-7所示为某反应器内污泥厌氧消化过程中挥发酸和日沼气产量的关系。在厌氧消化开始后的初期阶段，反应器内大量产酸，挥发酸的浓度最高可达4000mg/L，此时反应器内以水解酸化过程为主，此后，反应过程逐渐过渡到产甲烷阶段。反应器内水解酸化阶段和产甲烷阶段是两个无法在绝对意义上分开的过程，这主要是由产酸过程和产甲烷过程没有达到代谢平衡所致。由于产酸菌的繁殖速率较高，在厌氧消化开始初期就大量繁殖，产生较大量的挥发酸，而产甲烷菌的繁殖速率较慢，因此，水解酸化细菌代谢产生的挥发酸不能及时地被产甲烷菌利用，故此阶段主要表现为挥发酸的积累。当产甲烷菌数量增加、微生物区系相对完善后，挥发酸很快被消耗，产甲烷则成为主要特征。由于在挥发酸增强的同时，产甲烷菌的数量不断增加，沼气产量也随之增加，此时水解酸化阶段和产甲烷阶段构成一个连续的过程。因此可以采用增加接种物的办法缩短这两个阶段之间的时间差，使产甲烷阶段提前。研究人员曾在污泥厌氧消化试验中，在反应器内接种容积量35％的厌氧消化液作为启动微生物，此时反应器在第2日即可正常产气，第4日即可达到产气高峰，而接种反应器容积量15％的厌氧消化液时，产气高峰出现在第9日，这说明增加接种物的用量可以较好地保证反应器的正常启动，也说明水解酸化阶段和产甲烷阶段是可以人为调控的[2]。

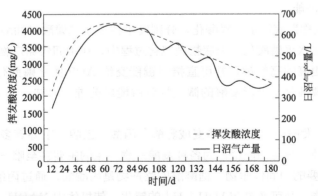

图 4-7　污泥厌氧消化过程挥发酸和日沼气产量的相互关系

2）水解酸化菌之间相互关系　在污泥厌氧消化过程中，运行正常的消化罐内挥发酸的乙酸浓度最高，为200～1500mg/L；丙酸浓度较低，为300～1000mg/L；丁酸浓度最低，在 100mg/L 以下，有时其浓度低于检测线。这几种挥发酸中乙酸的浓度波动是最明显的。当乙酸浓度降到比丙酸低的时候，特别是乙酸浓度低于 200mg/L 时，丙酸、丁酸的浓度均有明显的下降。在中温发酵过程中，挥发酸的变化趋势也较为近似。上述这些结果表明，在厌氧消化过程中，产酸菌主要以产乙酸菌为主，产丙酸菌次之，产丁酸菌最少。丙酸、丁酸不能被产甲烷菌直接利用，它们在被进一步降解为乙酸后才能转化为甲烷。因此，丙酸和丁酸浓度的下降显然说明了与产乙酸菌的密切关系，这充分说明它们之间有相互依赖的关系和种群消长关系，这种关系无论在常温还是中温消化过程中都比较稳定。

3）产氢和产甲烷菌的相互关系　自 20 世纪 80 年代奥氏甲烷杆菌被分离后，产氢菌和产甲烷菌之间的共生关系才为人所知。此后，这一关系又为其他许多学者所证实。在餐厨垃圾与污泥的混合消化过程中也发现这一现象[2]。在污泥的厌氧消化过程中，当产甲烷过程进行正常（甲烷浓度 60%～70%）时，向反应器中加入反应器容积 20% 的餐厨垃圾，当 pH 值降低至 6.0 时，氢气浓度出现明显上升，当 pH 值降低至 5.0 时，氢气浓度达到最大，浓度峰值为 50%～55%。氢气浓度在达到峰值后出现下降的现象，此时 pH 值也随之上升，甲烷浓度也逐步上升。由此可看出，产氢微生物和产甲烷菌两者间有明显的共生关系，沼气中氢气浓度的上升和下降反映了厌氧消化过程中产氢菌和产甲烷菌在代谢上的相互偶联。当反应器的环境更有利于产氢菌繁殖时，产甲烷菌的活性则不断下降，此时氢气浓度最高时可达 60%。

4.2.1.3　厌氧微生物的产能代谢

厌氧微生物的产能代谢主要包括两种类型，即发酵和无氧呼吸。

（1）发酵

发酵（fermentation）是某些厌氧微生物在生长过程中获得能量的一种方式，以有机物氧化分解的中间代谢产物为最终电子受体的氧化还原过程。在发酵过程中，可被利用的底物通常为单糖或某些双糖，亦可为氨基酸等。其最终产物是有机酸、醇、CO_2、H_2 及能量[3]。

1）糖酵解途径　糖酵解（embdem-meyerhof-parnas，EMP）主要分为 2 个步骤。步骤 1 包括一系列不涉及氧化还原反应的预备性反应，主要是通过加入能量使葡萄糖活化，并将六碳糖分解为三碳糖，其结果是生成一种主要的中间产物 3-磷酸甘油醛，并消耗 2molATP；步骤 2 是通过氧化还原反应，产生 4molATP、2molNADH＋H^+ 和 2mol 丙酮酸。

糖酵解途径具有以下重要意义。

① 微生物发酵产能

Ⅰ. 其产能方式称为底物水平磷酸化，分别发生在 1,3-二磷酸甘油酸与 2-磷酸烯醇式丙酮酸两处。所谓底物水平磷酸化是指底物被氧化过程中，在中间代谢产物分子上直接形成比高能焦磷酸键含能更高的高能键，并可直接将键能交给 ADP 使之磷酸化，生成 ATP 的这一过程。底物水平磷酸化是进行发酵的微生物获取能量的唯一方式。1mol 葡萄糖经酵解后净产 2molATP。

Ⅱ. 微生物通过发酵可将葡萄糖转变成乳酸、丙酸、乙醇、丁醇等多种代谢产物，糖酵解是产能的主要途径，产生的能量作为各种发酵产物产生的主要甚至唯一的能量来源。

② 丙酮酸是重要的中间代谢物　糖酵解的终产物是丙酮酸，通过丙酮酸的进一步发酵，可产生各种发酵产物，并可通过 NADH＋H^+ 的氧化，使机体内 NADH＋H^+ 含量保持在一定范围内，从而保证发酵的正常进行。

2）主要发酵类型　微生物发酵形式多样，普遍存在的是以糖酵解为主体的分解代谢，其末端产物则各不相同，发酵类型是根据主要末端产物命名的。微生物机体内调控某一发酵类型中末端产物种类及数量的原因主要有两点。其一，氧化反应必须与另一个还原反应相偶联，从而维持 $NADH+H^+/NAD^+$ 在一定范围内，这种偶联是通过辅酶在两者之间反复地还原和氧化，不断周转而完成的；其二，发酵产能是微生物的目的所在，微生物可根据能量需求状况来调整高产能发酵产物的转化率。表 4-5 为碳水化合物发酵的主要类型。

表 4-5 碳水化合物发酵的主要类型[3]

分类	主要末端产物	典型微生物
丙酸发酵	丙酸、乙酸、CO_2	丙酸杆菌属、梭状芽孢杆菌属
丁酸发酵 丙酮丁醇发酵	丁酸、乙酸、H_2、CO_2、丁醇、丙酮	丁酸梭状芽孢杆菌、丙酮丁醇梭菌、多黏芽孢杆菌
（同型）乳酸发酵	乳酸	乳酸杆菌属、链球菌属
（异型）乳酸发酵	乳酸、乙酸、乙醇、CO_2	明串珠菌属、埃希菌属
混合酸发酵	乳酸、乙酸、琥珀酸、H_2、CO_2、甲酸、乙醇	大肠埃希菌、假单胞菌属、变形菌属
乙醇发酵	乙醇、CO_2	酵母属、曲霉属

发酵在废水和污泥厌氧消化过程中起着非常重要的作用，甚至此过程比产甲烷过程更为关键。国内外的研究表明，在厌氧消化过程中主要存在丙酸型发酵和丁酸型发酵两种类型。这两种发酵类型的分类与生物化学中的分类有一定联系，但也有所差别。

① 丙酸发酵。丙酸发酵以糖酵解产生的丙酮酸为起点，其中包括部分 TCA 循环。主要参与的细菌是丙酸杆菌属。此类型发酵的特点是气体（CO_2）产量很少，甚至有时无气体产生，主要发酵末端产物为丙酸和乙酸。总反应式如式（4-16）所示：

$$1.5\ 葡萄糖 \longrightarrow 2\ 丙酸 + 乙酸 + CO_2 + 6ATP \qquad (4-16)$$

在废水厌氧处理过程中，含氮有机化合物（如明胶、酵母膏、肉膏等）和难降解碳水化合物（如纤维素）常呈丙酸型发酵（末端产物与丙酸型发酵类似）。丙酸型发酵在厌氧生物处理过程中不够理想，这是因为末端产物丙酸不易转化为可被产甲烷菌利用的底物，易出现丙酸积累。当丙酸出现大量的积累，会导致厌氧反应器内的 pH 值的大幅度下降，从而因产甲烷菌失去活性而导致厌氧反应器的运行失败。

② 丁酸发酵。丁酸的循环机制起着重要作用，一方面使糖酵解途径及产乙酸过程中释放的 $NADH+H^+$ 通过与丁酸产生相偶联而得以氧化；另一方面还可以减少酸性末端。解糖梭状芽孢杆菌进行此类反应。总反应式如式（4-17）所示：

$$2.5\ 葡萄糖 \longrightarrow 2\ 丁酸 + 乙酸 + 5CO_2 + 5H_2 + 8ATP \qquad (4-17)$$

尽管如此，当 pH 值降至 4.5 以下时，丁酸循环机制被阻断，转为形成中性末端产物的丙酮丁醇发酵。

该发酵类型与废水厌氧生物处理过程中的丁酸型发酵类似，许多研究结果表明，含可溶性碳水化合物（如葡萄糖、蔗糖、淀粉、乳糖等）废水的发酵常出现丁酸型发酵，发酵中主要的末端产物为丁酸、乙酸、二氧化碳、氢和及少量丙酸。当运行管理不当时，丙酸含量显著增加，甚至有可能转化为丙酸型发酵。

③ 混合酸发酵。由于在发酵产物中存在许多有机酸，因此称为混合酸发酵。进行该类型发酵的主要是一些肠道细菌，如志贺菌属、埃希菌属等。这些细菌是一些兼性厌氧菌，在有氧情况下进行呼吸，在缺氧情况下进行发酵。

埃希菌由于存在甲酸氢解酶，可将甲酸分解为氢和二氧化碳，因此，大肠杆菌可以产气，而志贺菌等由于不存在甲酸氢解酶，故不能将甲酸分解为氢和二氧化碳，因此不产气。可以通过产酸产气试验将一些不产酸以及产酸不产气的细菌区分开来。

有些细菌如产气肠杆菌在发酵时，除了将一部分丙酮酸按混合酸发酵的类型进行外，大部分丙酮酸先通过两个分子的缩合成为乙酰乳酸，再脱羧为 3-羟基丁酮，然后再还原为丁二醇。

3-羟基丁酮在碱性条件下被空气中的氧气氧化为乙二酰。根据乙二酰能与胍基作用生成红色化合物的特点，可以测定 3-羟基丁酮的存在，这就是 V. P. 试验为阴性，而产气肠杆菌 V. P. 试验为阳性。此外，大肠杆菌由于产酸较多，所以 pH 值低于 4.5，用甲基红作指示剂可显出，而产气肠杆菌的产物丁二醇是中性化合物，因此通过 V. P. 试验和甲基红试验可对两种细菌进行鉴别。

④ 乙酸发酵 进行乙酸发酵的微生物主要是酵母菌，如酿酒酵母，其发酵葡萄糖的末端产物仅有乙醇和 CO_2。

有些厌氧细菌亦可进行乙酸发酵，但其代谢途径和酵母菌不同。例如螺旋体属发酵碳水化合物，在代谢中与梭状芽孢杆菌属类似。发酵葡萄糖生成的主要末端产物为乙酸、乙醇、氢和二氧化碳。螺旋体属为专性或兼性厌氧微生物，存在于废水和活性污泥中。

乙醇型发酵与细菌性乙醇发酵相似，主要终产物为乙酸、乙醇、丁酸、氢、二氧化碳及极少量的丙酸，其试验结果的总反应式如式（4-18）所示：

$$葡萄糖 \longrightarrow 乙醇 + 乙酸 + 2CO_2 + 2H_2 + 3ATP \tag{4-18}$$

乙醇型发酵的末端产物极为理想，丙酸产物很少，且乙醇很容易转化为产甲烷菌可利用的底物（乙酸、CO_2 和 H_2）。

（2）无氧呼吸

进行无氧呼吸的厌氧微生物生活在河、湖、池塘底部淤泥等缺氧环境中，以 NO_3^-、CO_3^{2-}、SO_4^{2-} 等作为最终电子受体的氧化还原过程，进行有机物的生物氧化。最终产物是 N_2、H_2S、CH_4、CO_2、H_2O 及能量[3]。

1）硝酸盐呼吸 硝酸盐呼吸也称异化型硝酸盐还原。缺氧条件下，有些细菌能以有机物为供氢体，以硝酸盐作为最终电子受体，这类细菌称为硝酸盐还原菌。不同的硝酸盐还原菌将 NO_3^- 还原的末端产物不同，如 N_2（包括 N_2O、NO）、NH_3 和 NO_2^-。

通过硝酸盐呼吸将 NO_3^- 还原为气态 N_2（包括 N_2O、NO）的过程称为反硝化作用。能够进行反硝化作用的细菌称为反硝化细菌，主要有反硝化假单胞菌、铜绿假单胞菌、施氏假单胞菌、地衣芽孢杆菌、反硝化副球菌等，其中某些菌可兼性好氧。这些细菌可将有机底物彻底氧化为 CO_2，同时伴随脱氢反应，如式（4-19）所示：

$$CH_3COOH + 2H_2O + 4NAD^+ \longrightarrow 2CO_2 + 4NADH + H^+ \tag{4-19}$$

$NADH + H^+$ 经电子传递体系将最终电子受体 NO_3^- 还原为 N_2，同时伴随能量的产生。因而有式（4-20）：

$$5CH_3COOH + 8NO_3^- \longrightarrow 10CO_2 + 6H_2O + 4N_2 + 8OH^- + 能量 \tag{4-20}$$

亚硝酸对细菌来说是毒性物质，因此它的积累不利于细菌生长。对于大多数细菌来说，亚硝酸盐还原酶是一个诱导酶，亚硝酸盐的产生将诱导产生亚硝酸盐还原酶，并迅速将亚硝酸盐还原产生末端产物，如反硝化副球菌将 NO_2^- 转化为 N_2；而大肠埃希菌将 NO_3^- 转化为 NH_3。对于无亚硝酸盐还原酶合成机制的硝酸盐还原细菌则只能在有限的亚硝酸盐浓度范围内利用硝酸盐。

硝酸盐还原作用给农业生产带来较大的损失。一般情况下，施入水稻田里的氮肥由于硝酸盐还原作用而损失 1/2。但是，从自然界物质循环角度考虑，硝酸盐还原作用是有利的。在废水处理中，为降低水中含氮量所采取的生物脱氮法就是基于反硝化作用原理。

2）硫酸盐呼吸　硫酸盐呼吸常称为异化型硫酸盐还原或反硫化作用。参与细菌主要为无芽孢的脱硫弧菌属和形成芽孢的脱硫肠状菌属，均为专性厌氧、化能异养型细菌。大多数硫酸盐还原菌不能利用葡萄糖作为能源，而是利用丙酮酸和乳酸等其他细菌的发酵产物。乳酸和丙酮酸等作为供氢（电子）体，经无 NAD^+ 参与的电子传递体系将 SO_4^{2-} 还原为 H_2S。

3）碳酸盐呼吸　碳酸盐呼吸即异化型碳酸盐还原，亦可称作产甲烷作用，过去人们常误称作甲烷发酵。进行碳酸盐还原的细菌称为产甲烷细菌。

产甲烷菌专性厌氧，仅能以甲酸、甲醇、甲胺、乙酸和 H_2/CO_2 作为底物（供氢体）。产甲烷菌不含 N-乙酰胞壁酸和 N-乙酰葡萄糖胺组成的肽聚糖，对青霉素（可阻止细胞壁合成）不敏感。因而在产甲烷菌的分离中，可利用这一特性抑制非产甲烷菌的生长，达到分离产甲烷菌的目的。

产甲烷菌除存在于缺氧的沼泽地以及河、湖、池塘的淤泥中外，在反刍动物的瘤胃中也含有。产甲烷菌在废水、污泥厌氧生物处理中起重要作用，底物经发酵细菌转化为乙酸、甲酸、甲醇、甲胺及 H_2/CO_2 后，在产甲烷菌的厌氧呼吸下生成 CH_4 和 CO_2。在废水厌氧生物处理中常见的产甲烷菌有产甲烷八叠球菌属、产甲烷杆菌属、产甲烷短杆菌属、产甲烷球菌属、产甲烷螺菌属及产甲烷丝菌属等。

4.2.2　厌氧消化工艺

完整的厌氧消化系统包括预处理、厌氧消化反应器、消化气净化与贮存、消化液与污泥的分离、处理和利用。采用不同的消化反应器时，可组成多种厌氧消化工艺。厌氧消化工艺类型较多，按消化温度、运行方式、反应器型式的不同划分为几种类型。

（1）按温度分类

根据消化温度，厌氧消化工艺可分为高温消化（50～55℃）工艺和中温消化（30～35℃）工艺两种。有研究表明，当温度处于 35℃ 或 55℃ 附近时，消化菌较为活跃，消化效率较高。其中在 35℃ 附近活跃的是中温厌氧消化菌，在 55℃ 附近活跃的是嗜热消化菌。因此，在实际的工程应用中多将反应温度控制在这两个温度区间[4]。

1）高温消化工艺　高温消化工艺的有机物分解旺盛，发酵快，物料在厌氧池内停留时间短，非常适合有机污泥的处理。其工艺过程如下。

① 高温消化菌的培养。一般是将采集到的污水池或地下水道有气泡产生的中性偏碱的污泥加到备好的培养基上，进行逐级扩大培养，直到消化稳定后即为接种用的菌种。

② 高温的维持。高温消化所需温度的维持，通常是在消化池内布设盘管，通入蒸汽加热料浆。我国有城市利用余热和废热作为高温消化的热源，是一种技术上十分经济的方法。

③ 原料投入与排出。在高温消化过程中，原料的消化速度快，因而要求连续投入新料与排出消化液。其操作有两种方法：一种是用机械加料出料；另一种是采用自流进料和出料。

④ 消化物料的搅拌。高温厌氧消化过程要求对物料进行搅拌，以迅速消除邻近蒸汽管道区域的高温状态和保持全池温度的均一。

2）中温消化工艺　中温消化（30～35℃）运行相对稳定，不过两种厌氧消化工艺的消化菌均较为活跃，但在实际运行中还是有较大差别的。在停留时间方面，中温厌氧消化一般为 20～30d，而高温厌氧消化一般为 10～15d，这是因为持续的高温加速了有机物的降解，进而加快了厌氧消化总体速度。停留时间的缩短直接反映在处理能力上的提升，高温厌氧消化相对中温消化处理能力提高 2～3 倍。在对病原菌的去除方面，高温厌氧消化对寄生虫卵的杀灭率可达 95％，大肠菌指数可达 10～100 个/gDS，能满足卫生要求（卫生要求对蛔虫卵的杀灭率 95％以上，大肠菌指数 10～100 个/gDS）。而中温消化的温度因与人体温接近，对寄生虫卵及大肠杆菌的杀灭率相对较低。在产气率方面，由于易于降解有机物所以没有随温度变化而大幅增加，因此高温消化比中温消化的产气率水平没有显著提高。在能耗方面，高温消化所需的温度远高于中温消化，能耗也远大于中温消化，有研究表明，高温消化增加的沼气产量不足以弥补其高能耗，同时在对高温的控制方面要难于对中温的控制。

因此，两类厌氧消化各有优劣。中温消化运行较为稳定，运行费用低；高温消化效率高，消化池投资费用省，卫生学指标好。在国内众多的厌氧消化应用案例中多采用稳定的中温厌氧消化，国外采用高温厌氧消化的案例也较少，可能大多数的运营公司更加看重系统的稳定。

（2）按运行方式分类

按照运行方式分类，可分为一级消化和两级消化。一级消化指污泥厌氧消化是在一个消化池内完成；两级消化指污泥厌氧消化在两个消化池内完成，第一级消化池设有加热、搅拌装置及气体收集装置，不排上清液和浮渣，第二级消化池不进行加热和搅拌，仅利用第一级的余热继续消化，同时排上清液和浮渣。

设置两级厌氧消化的目的是为了节省污泥加热和搅拌所需的能量。这是因为，一般认为中温消化前 8d 产生的沼气量约占全部产气量的 80％，而中温消化的全周期需要 20～30d，如果对已经产生大量沼气的污泥继续进行加热和搅拌，将使大部分能耗用于产出不到 20％的沼气上。而如果将消化工艺设计成两级，对第一级消化进行加热、搅拌，同时收集沼气，然后将污泥送入第二级，第二级消化池不设加热和搅拌，仅依靠余热继续消化，并最终使污泥达到厌氧消化稳定的要求，同时第二级消化还起到污泥脱水前的浓缩和调节作用。

尽管两级消化有上述优点，但两级消化工艺的土建费用较高，运行操作比一级消化复杂，在有机物的分解率方面略有提高，产气率比一级消化约高 10％，目前在国内及国外用的相对较少。国内在北京高碑店污水处理厂采用了两级厌氧消化工艺，运行近 20 年，目前运行良好。两级消化是在损失少量运行能力的前提下，节省了大量因加热和搅拌而产生的能耗，同时达到厌氧稳定的要求的一种工艺。

（3）按相分类

单相消化和两相消化是基于厌氧消化原理进行的分类。其中单相消化工艺指把产酸菌和产甲烷菌这两大类菌群放在一个消化池内进行厌氧消化；两相消化工艺指将水解酸化和产甲烷两个过程分离，在不同的消化池进行，这样能够使产酸菌和产甲烷菌均可以在适合自身的环境条件下生长。

之所以称为分相，是因为从生物学的角度来看，发酵菌和产氢产乙酸细菌是共生互营菌，因此将这一类划为一相，为产酸相；把产甲烷菌划为另一相，为产甲烷相。一般产酸菌生长快，对环境条件变化不太敏感；而产甲烷菌则恰好相反，对环境条件要求苛刻，繁殖缓慢，这也是两相工艺的理论依据。产酸相的主要作用是提高物料的可生化性，即乙酸化，以便于产甲烷相降解，BOD 和 COD 的去除也主要在产甲烷阶段。

两种工艺各有优劣，如单相消化系统耐冲击负荷较差，但运行较为简单；两相消化系统可以充分发挥各反应阶段的作用，进而提高效率，节省投资等，但运行难度较大，这也是目前国内外很少采用该工艺的原因之一。国内仅在宁波有采用分级分相厌氧消化工艺处理污泥、粪便和餐厨的工程案例。

（4）按反应器型式分类

厌氧消化反应器的主体结构为顶盖、筒体和搅拌设备，因此可按照这三部分的差异进行分类。

按照顶盖型式分为固定盖、浮动盖和膜式盖，三种型式的顶盖主要对池容是否变化产生影响，其中固定盖顾名思义为盖固定不动，为定容式；浮动盖和膜式盖顶盖随池内沼气压力的高低变化而上下浮动，属于变容式。

按照筒体型式分为平底圆柱形、锥底圆柱形和卵形。平底圆柱形在欧洲应用较为普遍，其高度：直径＝1。这种平底对循环搅拌系统要求较为单一，多采用在池内多点安装的悬挂喷入式沼气搅拌技术。锥底圆柱形在我国应用较多，其中部高度：直径＝1，上下皆为圆锥体，下底坡度 1.0～1.7，顶部坡度 0.6～1.0，这类消化池有利于内循环，热量损失相对于平底圆柱形要小，搅拌系统可选择性好，存在的缺点是底部容积较大，易堆埋砂料，需要定期进行清理。另外从结构上看，圆锥部分难以施工，且受力集中，需要特殊处理。卵形消化池是在锥底圆柱形的基础上进行的改进，该池形相对于上两类消化池有很多优点，如搅拌效果好，池底不容易板结；一定池容条件下，池体总表面积小，热量损失少；池顶部表面积小，易于去除浮渣和易于沼气收集；从结构上看，卵形结构受力好，节省建材。

按照搅拌方式分为气体搅拌、机械搅拌（提升式、叶桨式等搅拌机械）和污泥循环搅拌三大类。在气体搅拌中又分为蒸汽搅拌和沼气搅拌。蒸汽搅拌的特点是热效率高，但会增大污泥量；沼气搅拌是将沼气经压缩机压缩后，再经消化池内的喷嘴或喷管从消化池底部喷入池内来实现搅拌。机械叶轮搅拌（叶桨式）有涡轮桨叶搅拌和直板桨叶搅拌。污泥循环搅拌是一种在池中间带垂直导流管式机械搅拌的系统，消化污泥可以在导流管内外向上或向下混合流动，特点是搅拌效果好，池面浮渣和泡沫少。

在实际情况中有 4 种常用的厌氧消化工艺。

1）常规中温厌氧消化工艺　此种工艺也成为普通或标准厌氧消化工艺，如图 4-8 所示。脱水污泥无需预热直接进入间歇式消化池内，系统通常不另设搅拌装置，而采用沼气搅拌。由于搅拌不够充分，消化池内的污泥分为三层漂浮污泥层、中部液体层和下部污泥层。由于消化池总体积仅很小一部分含有活性消化污泥，因此若要取得良好的污泥消化效果，需要很大的池容。此外，由于在消化池内环境条件不易控制，消化过程不稳定，效率低。因此，这一工艺几乎不用于初沉污泥的稳定化[5]。

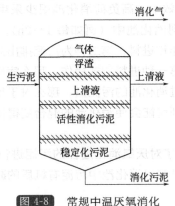

图 4-8　常规中温厌氧消化

无加热和没有搅拌的低负荷消化池有时用于高负荷消化池之后，用于脱水前的污泥浓缩。在这种工艺中，初沉污泥被厌氧消化，二级消化池中发生显著的污泥浓缩现象。如果二级处理厂的剩余污泥与初沉污泥混合在一起消化，二级消化池固液分离效果很差。若初沉污泥与剩余污泥混合消化，在消化之前把污泥浓缩至 4%～6%，二级消化池内的重力浓缩通常也非常困难。由于这些原因，目前多数设计者避免在剩余污泥消化后用二级消化池来浓缩消化污泥。

2）高负荷厌氧消化工艺　高负荷厌氧消化是在研究证实可以控制消化池内环境条件的优点后发展起来的。其工艺见图 4-9。高负荷消化池的特征是进料含固率高，具有加热和搅拌装置，进料速度稳定，消化稳定性高。高负荷消化池的消化时间为 10～15d，约为常规中温厌氧消化时间的 1/3，固体负荷提高 4～6 倍，通过合理的设计和操作，消化池容积可减少 30%。

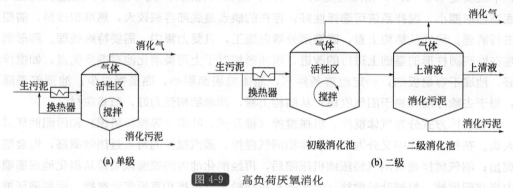

图 4-9　高负荷厌氧消化

高负荷消化池既可用于中温消化过程也可用于高温消化过程，大部分消化池在中温条件下操作，需要的热能较少，过程稳定性更好。如存在难于消化的固体或油脂含量高，可采用高温消化。在高温操作条件下，可提高消化速率、减少消化池体积、增加病原微生物的杀灭率，但工艺稳定性变差，控制较困难。

高负荷消化通常设置有搅拌装置，以便达到规定百分比的活性（工作）体积，维持消化池内稳定的环境条件，避免冲击负荷和营养过剩与营养不足，改善消化过程的稳定性和消化效率。工作体积定义为消化池总体积减去用于砂石、浮渣积累和超高的体积余量。典型设计要求的工作体积为消化池总体积的 85%～95%（即污泥占总体积的 85%～95%）。

均匀的搅拌有助于维持消化池内稳定的环境条件，避免冲击负荷和"营养过剩与营养不足"，改善过程的稳定性和消化效率。高负荷消化池很少采用连续进料，通常的做法是把污泥按一定的时间间隔间歇投加到消化池中（例如每 1～2h）。其进料方式有两种：第一种为在消化污泥排出之前短时间搅拌和进料；第二种为污泥排出后进料和搅拌。如果消化池以第二种进料方式操作，而不是以第一种进料方式操作，那么病原微生物的杀灭效果就会显著的改善。污泥浓缩则可以减少通过消化池的污泥量，那么对于给定的停留时间可以采用体积更小的消化池体积。但过分浓缩则可能会使消化池的混合变得困难，对毒物或负荷引起的冲击更加敏感[6]。

3）两级厌氧消化工艺　为了对厌氧消化过程的污泥进行重力浓缩，在一级厌氧消化工艺的基础上引入二级消化。在第二级消化池中污泥有机质的减量和产生气体均很少，但是出泥体积降低很多。

在第一消化池消化 7～12d 左右，然后将污泥排入第二消化池继续消化，在第二消化池依靠剩余热量继续消化，不加热、不搅拌，消化温度 20～26℃，消化时间 15d 左右。每立方米污泥可利用热量 $8×10^3$kcal/d（1cal＝4.18J）。若以每日 100m³ 新鲜污泥计，共可利用 $8×10^5$kcal/d，相当于 160kg 烟煤的发热量（烟煤热值以 7000kcal/kg，燃烧效率以 70％ 计）。在第二消化池，由于不搅拌，还可起浓缩污泥的作用。二级消化池的污泥相对稳定，也较容易脱水。池中不同深度处污泥含水率与有机物含量见表 4-6。通过两级消化过程可以减少消化池总体积，但基建费用和操作费用会有所增加。

表 4-6　第二级消化池不同深度污泥性质

深度/m	1	2	3	4	5	6	7
含水率/％	99.80	99.60	99.50	99.58	98.65	95.28	91.02
有机物/％	54.48	54.38	53.34	55.10	45.01	35.85	29.59

污泥的面层为浮渣，主要成分是纤维素、油脂及果壳等；中层为澄清液，约占总深度的 40％；下层为浓缩污泥，约占总深度的 50％，因此，可在面层下约 40％ 深度的范围内设置澄清液排出管道。

两级消化池的总容积可按定容式消化池计算，然后按消化时间分成两个池子。加热所需的总热量与搅拌装置都要比定容式省，消化池的集气管尺寸要保证要求，否则排气不畅，池内气压增加，导致污泥气外泄。

如果第二级消化池有集气罩，则每立方米新鲜污泥可回收污泥气 2m³ 左右，污泥气的组成见表 4-7。

表 4-7　第二级消化池污泥气成分

成分	CH_4	CO_2	C_mH_n	H_2	CO	N_2	O_2
含量/％	55.1	28.1	0.78	5.41	1.23	8.41	0.97

4）中温/高温两相厌氧消化工艺　两相消化工艺是根据厌氧消化过程分为产酸和产甲烷两阶段原理开发的，具体见图 4-10。

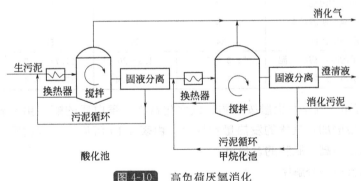

图 4-10　高负荷厌氧消化

此工艺的基本特点是沼气消化过程中的产酸和产甲烷过程分别在不同的装置中进行，并分别给出最适条件，实行分步的严格控制，以实现沼气消化过程的最优化，因此单位产气率及沼气中的甲烷含量较高。两个阶段在两个反应器中进行。第一个反应器的功能是水解和液化固态有机物为有机酸；缓冲和稀释负荷冲击与有害物质，并截留难降解的固体物质。第二个反应器的功能是保持严格的厌氧条件和 pH 值，以利于产甲烷菌的生长；消化、降解来自前段反应器的产物，把它们转化成甲烷含量较高的消化气，并截留悬浮固体、改善出料性质。因此，此工艺可大幅度地提高产气率，气体中甲烷含量也有提高。同时实现了渣和液的分离，使得在固体有机物的处理中，引入高效厌氧处理器成为可能。

此工艺的特点是在中温厌氧消化工艺前加设高温厌氧消化工艺，其中污泥进泥的预热温度为 $50\sim60℃$，在前置高温段中污泥停留时间为 $1\sim3d$，而后续厌氧中温消化工艺时间可从 20d 减少到 12d 左右，总停留时间为 15d 左右。此工艺可同时增加有机物去除率及产气率，并完全杀灭病原菌[7]。

4.2.3　厌氧消化主要影响因素

4.2.3.1　污泥成分

（1）有机物的成分与产气量

城市污水处理厂的污泥的主要成分有碳水化合物、蛋白质和脂肪等三类有机物质，污泥产生的沼气量及其中甲烷的含量会随着污泥的种类不同而发生较大变化。污泥的组成一般决定着污泥产生量的大小。德国采用污泥中的脂肪含量作为气体产生量的指标。表 4-8、表 4-9 表示污泥成分与气体产生量之间的关系。

表 4-8　分解 1kg 有机物的沼气产量及其甲烷含量

有机物质分类	沼气发生量及其组成			甲烷发生量/L
	体积/L	CH$_4$/%	CO$_2$/%	
碳水化合物	790	50	50	395
脂肪	1250	68	32	850
蛋白质	704	71	29	500

表 4-9　中国、德国的污泥成分及沼气产量的比较

国别	污泥种类	成分/%			分解 1kg 有机物的沼气产量/(L/kg)
		碳水化合物	脂肪	蛋白质	
德国	含有大量脂肪的污泥	12	50	38	1020
	含有中等数量脂肪的污泥	15	44	41	980
	含有少量脂肪的污泥	24	26	50	880
中国	天津纪庄子污水厂初沉污泥	52.3~57.1	1.3~20	27.7~29.7	805~1092
	天津纪庄子污水厂剩余污泥	34.3~61.3	0.9~9.4	37.8~56.4	

由表 4-10 可知，气体发生量按脂肪、碳水化合物、蛋白质的顺序由大到小。一般脂肪增多，气体发生量增加，气体的发热量也提高。由表 4-10 可见，与发达国家相比，我国污泥的碳水化合物含量高，脂肪的含量低。

（2）有机物含量与分解率

在污泥厌氧消化过程中常用有机物的分解率作为消化过程的性能和气体发生量的指标。图 4-11 表示在中温消化过程中生污泥的有机物含量与分解率的关系。在消化温度、有机物负荷都正常的情况下，有机物分解率受污泥中有机物含量的影响，所以，要增加消化时的气体发生量，重要的是使用有机物含量高的污泥。

（3）碳氮比（C/N）

碳作为能量供给的来源，氮则作为形成蛋白质的要素，对微生物来说都是非常重要的营

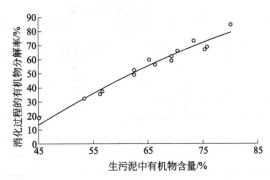

图 4-11　中温消化中生污泥中有机物含量与分解率的关系

养素。厌氧菌的分解活动受被分解物质的成分，尤其是 C/N 值的影响很大。用含有葡萄糖和蛋白胨的混合水样所做的消化试验表明，当被分解物质的 C/N 值为 12～16 时，厌氧菌最为活跃，单位质量的有机物产气量也最多。如果 C/N 值太高，消化液缓冲能力低，pH 值容易降低。C/N 值太低，pH 值可能上升到 8.0 以上，铵盐要积累，抑制消化过程。各种污泥的碳氮比如表 4-10 所列。通过将贫氮原料与富氮原料进行适当的配合来形成有适宜碳氮比的混合原料[8]。

表 4-10　厌氧消化污泥中底物含量及其碳氮比

底物	污泥种类		
	初次沉淀污泥	活性污泥	混合污泥
碳水化合物(质量分数)/%	32.00	16.50	26.30
脂肪、脂肪酸(质量分数)/%	35.00	17.50	28.50
蛋白质(质量分数)/%	39.00	66.00	45.20
碳氮比(C/N)	(9.40～10.35):1	(4.60～5.04):1	(6.80～7.50):1

充足的原料是产生甲烷的物质基础，在厌氧消化工艺中，产酸细菌和产甲烷菌生长所需营养由污泥提供。根据实际观察，蛋白质含量多的污泥与碳水化合物含量多的菜屑、落叶等混合一道消化时，比它们分开单独消化时的产气量显著增加，这可能是因为 C/N 值低的污泥与 C/N 值高的有机物混合后，使厌氧菌获得了最佳 C/N 值的缘故。生物处理过程中产生的污泥，尤其是剩余活性污泥，如果单独进行消化是非常困难的，这种消化过程通常只能得到初沉污泥一半的产气量。难于消化的原因是这些污泥已经受过一次好氧微生物的分解，其 C/N 值大约只有 4.8，这个数值大大低于最佳值。但是将这些污泥与初沉污泥混合在一起则易于消化，估计就是因为 C/N 值上升的缘故。

（4）污泥种类

污水处理厂所产生的污泥有初沉污泥和剩余污泥。

1）初沉污泥　初沉污泥是污水进入曝气池前通过沉砂池时，非凝聚性粒子及相对密度较大的物体沉降、浓缩而形成的。作为基质来讲，同生物处理的剩余污泥有很大的区别。初沉污泥浓度通常高达 4%～7%，浓缩性好，C/N 比在 10 左右，是一种营养成分丰富，容易被厌氧菌消化的基质，气体发生量也很大。表 4-11 表明，与剩余污泥相比，初沉污泥容易消化基质的含量多，所以有机物分解率高，气体发生量大。这说明初沉污泥所含的有机物组成与剩余污泥不同，而与表 4-9 所列脂肪多的污泥接近。

表 4-11　初沉污泥的消化

有机负荷/[kg/(m³·d)]	4.68		3.14	
污泥种类	投入污泥	消化污泥	投入污泥	消化污泥
总固体/(g/L)	58.0	30.5	38.1	25.9
有机物/(g/L)	46.8	21.9	31.4	17.5
无机物/(g/L)	11.2	8.6	6.7	8.4
消化率/%	39.1		55.5	
投入有机物量/%	8.42		5.65	
分解有机物量/g	3.29		3.14	
生成气体量/mL	3060		3410	
分解单位有机物生成的气体量/(mL/g)	920		1087	

2）剩余污泥　最终沉淀池的剩余污泥是以好氧细菌菌体为主，作为厌氧菌营养物的 C/N 比在 5 左右，所以有机物分解率低，分解速度慢，气体发生量特别少。

（5）有毒物质

污泥中含有毒物质时，根据其种类与浓度的不同，会给污泥消化、堆肥等各种处理过程带来不同影响。由于处理厂的污泥数量与成分经常变化，为了及时发现有毒物质的危险含量，必须进行长期的观察。对于有毒物质的容许限度有很多不同看法，如有毒物质的容许限度是指由一种物质，还是同时存在几种毒物或是这些毒物混入的频度来决定。

单纯的生活污水污泥，其特殊的有毒物质含量不会超过危险限度。但是，由于汽车数量的急剧增加和采暖设备用油，致使一般生活污水中的含油量或含油物质增加。消化池中含油分的物质产生浮渣、泡沫，容易使运行操作出现故障。通常，流入处理厂污水中的合成洗涤剂约有 10% 与污泥一道进入消化池，这不仅会产生泡沫，而且还会妨碍污泥的生物消化作用。

单纯的工业废水污泥，通常只要从废水的来源就很容易知道是否含有有毒物质。但是，困难在于城市污水污泥中多少含有一些工业废水污泥的时候，特别是从许多小型企业排出的废水或污泥中有毒物质不易确定。这时，不仅要确定有毒物质是否存在，而且要查清这种有毒物质的来源，从而防止其排放。为此，需要进行系统的调查。当污泥中有有毒物质存在时，有毒物质会抑制甲烷的形成，导致挥发性酸的积累和 pH 值的下降，严重时会使消化池无法正常操作。

所谓"有毒"是相对而言，事实上任何一种物质对甲烷消化作用都有两方面的作用，既存在产甲烷细菌生长的促进作用，也存在产甲烷细菌的抑制作用，其关键在于浓度的界限（毒阈浓度）。表 4-12 列出了常见无机物对厌氧消化的抑制浓度，而表 4-13 则列出了使厌氧消化活性下降 50% 的一些有毒有机物浓度。

表 4-12　污泥厌氧消化时无机物的抑制浓度

物质名称	中等抑制浓度/(mg/L)	强烈抑制浓度/(mg/L)	物质名称	中等抑制浓度/(mg/L)	强烈抑制浓度/(mg/L)
Na	3500~5500	8000	Cu	—	50~70(总铜)
K⁺	2500~4500	12000	Cr(Ⅵ)	—	3.0(溶解)
Ca²⁺	2500~4500	8000			200~250(总铬)
Mg²⁺	1000~1500	3000	Cr(Ⅲ)	—	180~420(溶解)
NH₃-N	1500~3000	3000			

物质名称	中等抑制浓度/(mg/L)	强烈抑制浓度/(mg/L)	物质名称	中等抑制浓度/(mg/L)	强烈抑制浓度/(mg/L)
			Ni	—	2.0
硫化物	—	200			30.0(总解)
Cu	—	0.5(溶解)	Zn	—	1.0(溶解)

表 4-13　有毒有机物对厌氧消化活性的影响

化合物	活性下降50%的浓度/(mmol/L)	化合物	活性下降50%的浓度/(mmol/L)
1-氯丙烯	0.1	乙烯基乙酸	8
硝基苯	0.1	乙醛	10
丙烯醛	0.2	乙烷基乙酸	11
1-氯丙烷	1.9	丙烯酸	12
甲醛	2.4	邻苯二酚	24
月桂酸	2.6	苯酚	26
乙苯	3.2	苯胺	26
丙烯腈	4.0	间苯二酚	29
丁烯醛	6.5	丙醇	30

1）重金属离子对甲烷消化的抑制作用　在消化液中添加少量的钾、钠、钙、镁、锌、磷、锰等元素能促进厌氧反应的进行，主要是因为钙、镁、锰等二价金属离子是酶活性中心的组成成分，其中锰、锌离子还是水解酶的活化剂，能提高酶活性，促进反应速度，有利于纤维素等大分子化合物的分解。但过量的金属离子对甲烷发酵有抑制作用，主要表现在如下2个方面。

① 与酶结合，产生变性物质，使酶的作用消失。如与酶中的硫基及氨基、羟基、含氮化合物相结合时，使酶系统失去作用：

$$R—SH+Me^+ \Longleftrightarrow R—S—Me+H^+ \tag{4-21}$$

式中，Me^+ 为重金属离子。

② 重金属离子及氢氧化物的絮凝作用，使酶沉淀。但其毒性可以用络合法降低，如锌 Zn 的浓度为 1mg/L 时，加入 Na_2S，产生 ZnS 沉淀，毒性即可被降低。反应方程式如式 （4-22）所示：

$$Zn^{2+}+Na_2S \longrightarrow ZnS\downarrow+2Na^+ \tag{4-22}$$

多种金属离子共存时，毒性有拮抗作用，忍受浓度可提高。如 K^+ 与 Na^+ 共存时，可提高 Na^+ 的临界浓度，当 K^+ 浓度达到 3000mg/L 时，Na^+ 的临界浓度可提高 80%，从 7000mg/L 达到 12600mg/L。重金属的毒性可以用硫化物络合法降低，例如锌浓度过高时，可加入 Na_2S，产生 ZnS 沉淀，毒性即降低。

2）阴离子的毒害作用　主要是 S^{2-}。S^{2-} 的来源有两种。

① 由无机硫酸盐还原而来

$$SO_4^{2-}+8H^++8e \longrightarrow S^{2-}+4H_2O \tag{4-23}$$

$$SO_3^{2-}+6H^++6e \longrightarrow S^{2-}+3H_2O \tag{4-24}$$

硫酸盐氧化时作为氢受体释放出 S^{2-}。当硫酸盐浓度超过 5000mg/L 时，即有抑制作用。从反应方程式可知：1份SO_4^{2-}还原时用去8个H^+，减少2份CH_4；1份SO_3^{2-}还原时用去6个H^+，减少1.5份CH_4。

② 由蛋白质分解释放出S^{2-}低浓度硫是细菌生长所需要的元素，可促进消化反应进程，且硫可与重金属络合形成硫化物沉淀。若重金属离子较少，则消化液中过多的H_2S将被释放进消化气中，降低沼气质量并腐蚀金属设备（管道、锅炉等），降低CH_4的产量。

3）氨的毒害作用 氨的存在形式有NH_3（氨）与NH_4^+（铵），两者的平衡浓度取决于pH值。

$$NH_3 + H_2O \Longrightarrow NH_4^+ + OH^- \tag{4-25}$$

$$K_1 = \frac{[NH_4^+][OH^-]}{[NH_3]} = 1.85 \times 10^{-5} \ (35℃) \tag{4-26}$$

$$K_2 = \frac{[H^+][OH^-]}{[H_2O]} = 2.09 \times 10^{-14} \ (35℃) \tag{4-27}$$

两式相除可得：

$$[NH_3] = 1.13 \times 10^{-9} \frac{[NH_4^+]}{[H^+]} \tag{4-28}$$

有机酸积累，pH值降低，平衡向右移动，NH_3离解为NH_4^+，当NH_4^+浓度超过150mg/L时消化反应受抑制。

4.2.3.2 温度

温度影响主要是通过厌氧微生物细胞内某些酶的活性而影响微生物的生长速率和微生物对基质的代谢速率，从而影响厌氧消化的效果和反应器所能承载的有机负荷。

根据对温度的适应性，产甲烷菌可分为两类，即中温产甲烷菌（适应温度区为30～38℃）和高温产甲烷菌（适应温度区为50～55℃）。

根据厌氧消化温度的不同，可把消化过程分为常温消化（自然消化）、中温消化（28～38℃）和高温消化（48～60℃）。常温消化也称自然消化、变温消化，其主要特点是消化温度随着自然气温的四季变化而变化，但常温消化过程的甲烷产量不稳定，转化效率低。一般认为15℃是厌氧消化在实际工程应用中的最低温度。在中温消化条件下，温度控制恒定在28～38℃，此时甲烷产量稳定，转化效率高。但因中温消化的温度与人体温接近，故对寄生虫卵及大肠菌的杀灭率较低。高温消化的温度控制在48～60℃，因而分解速度快，处理时间短，产气量大，并且能有效杀死寄生虫卵。高温对寄生虫卵的杀灭率可达99%以上，大肠菌指数为10～100，能满足卫生要求（卫生要求对蛔虫卵的杀灭率应达到95%以上，大肠菌指数为10～100）。但高温消化需加温和保温设备，对设备工艺和材料要求高。消化时间指产气量达到产气总量的90%时所需时间。中温消化时间约为20d，高温消化约为10d。

产甲烷菌对温度的剧烈变化比较敏感，因此，厌氧消化过程要求温度相对稳定。中温或高温厌氧消化允许的温度变化范围为±（1.5～2.0）℃。当变化范围达到±3℃时，就会抑制消化速度；变化范围达到±5℃时，就会停止产气，使有机酸大量积累。

消化温度与消化时间及产气量之间的关系分别如图4-12和表4-14所示。

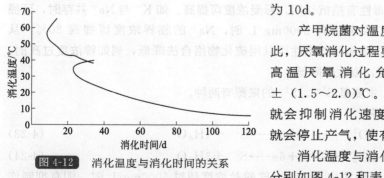

图4-12 消化温度与消化时间的关系

表 4-14 不同消化温度与时间及产气量的关系

消化温度/℃	10	15	20	25	30
通常采用的消化时间/d	90	60	45	30	27
有机物的产气量/(mL/g)	450	530	610	710	760

大多数厌氧消化系统设计在中温范围内（35℃左右）操作，但也有少数系统设计在高温范围内操作。不过由于高温操作费用高，且涉及更高的压力而对设备结构要求高，因此高温消化应用较少。

4.2.3.3 pH 值和碱度

在厌氧消化过程中，水解菌与产酸菌对 pH 值有较大范围的适应性，可以在 pH 值为 5.0～8.5 范围生长良好。而产甲烷菌对 pH 值的变化较敏感，应维持在 6.5～7.8 范围内，最宜 pH 值范围是 7.0～7.3，pH 值发生较大变化时，会引起细菌活力的明显下降。由于产甲烷菌和非产甲烷菌对 pH 值的不同适应性，应特别注意反应器内 pH 值的控制，若 pH 值变化幅度过大会导致反应器内有机酸的积累、酸碱平衡失调，这将使产甲烷菌的活性受到更大抑制，最终导致反应器的运行失败。在传统厌氧系统中，通常维持一定的 pH 值，使其不限制产甲烷菌生长，并阻止产酸菌（可引起挥发性脂肪酸累积）占优势，因此，必须使反应器内的反应物能够提供足够的缓冲能力来中和任何可能的挥发性脂肪酸积累，这样就阻止了在传统厌氧消化过程中局部酸化区域的形成。而在两相厌氧系统中，各相可以调控不同的 pH 值，使产酸过程和产甲烷过程分别在最佳的条件下进行。

消化液的碱度通常由其中氨氮的含量决定，它能中和酸而使消化液保持适宜的 pH 值。在消化系统中，NH_3 和 CO_2 反应生成 NH_4HCO_3，使消化液具有一定的缓冲能力，一定范围内避免了 pH 值的突然降低。缓冲剂是在有机物分解过程中产生的，消化液中有 H_2CO_3、氨（NH_3 和 NH_4^+）和 NH_4HCO_3 存在，HCO_3^- 和 H_2CO_3 组成缓冲溶液。该缓冲溶液一般以碳酸盐的总碱度计。当溶液中脂肪酸浓度在一定范围内变化时，不足以导致 pH 值变化。在消化系统中，应保持碱度在 2000mg/L 以上，使其有足够的缓冲能力。在消化系统管理过程中，应经常测定碱度。氨有一定的毒性，一般以不超过 1000mg/L 为宜。氨的存在形式有 NH_3 和 NH_4^+，两者的平衡浓度决定于 pH 值。当 pH 值降低时，NH_3 解离为 NH_4^+，NH_4^+ 浓度超过 150mg/L 时，消化过程一般受到抑制。

4.2.3.4 污泥接种

消化池启动时，把另一消化池中含有大量微生物的成熟污泥加入其中与生污泥充分混合，称为污泥接种。好的接种污泥大多存在于最终消化池的底部。接种污泥应尽可能含有消化过程所需的兼性厌氧菌和专性厌氧菌，而且污泥中有害代谢产物越少越好。

消化池中消化污泥的量越多，有机物的分解过程就越活跃，单位质量有机物的产气量便越多。表 4-15 反映了接种量对消化时间和产气量的影响。

表 4-15 生污泥与消化污泥的混合比对消化天数的影响

消化污泥比生污泥	消化天数/d	最终消化日的分析结果/%		每克挥发性物质的气体发生量			相对比率/%	
		挥发性物质含量	固体物量	总气体量/mL	CH₄		总气体量	CH₄
					/mL	/%		
0.5:1	26.3	4.96	45.23	490	300	65	100	100
1:1	8.5	4.88	45.02	595	375	63	121	117

消化污泥比生污泥	消化天数/d	最终消化日的分析结果/%		每克挥发性物质的气体发生量			相对比率/%	
		挥发性物质含量	固体物量	总气体量/mL	CH₄		总气体量	CH₄
					/mL	/%		
2:1	11.0	5.67	43.52	640	425	66	131	133
4:1	15.5	6.16	43.04	715	490	68	146	163
5:1	14.1	6.05	42.19	725	490	68	148	154

由表 4-15 可见,消化污泥与生污泥质量之比为 0.5:1(以有机物计)时,消化天数要 26d,随着混合比增加,气体发生量与甲烷气含量增多,混合比达到 1:1 以上,8.5d 左右即可得到很高的消化率。

在污泥消化过程中,产气量曲线与微生物的理想生长繁殖曲线相似,呈 S 形曲线。在消化作用刚开始的几天,产气量随消化时间的增加而缓慢增加,这说明污泥的消化存在诱导期(或延滞期)。但如果把活性高的消化污泥与生污泥先充分混合再投入到消化池中(即进行接种),在投入的过程中就发生了消化作用,从而使诱导期消失,消化时间缩短。由此可见,污泥接种可以促进消化。相关研究表明,接种污泥的量一般以生污泥量的 1~3 倍最为经济。

4.2.3.5 污泥浓度

污泥浓度在实施气体发电的欧洲各污水处理厂里,投入消化池的污泥浓度一般为 4%~6%。在日本,多数污泥浓度在 3% 左右,特别是污泥中有机物的含量增加以后,污泥浓度下降到 2.5%,与欧洲相比要低,这是气体发生率小的原因之一。提高污泥浓度使消化池有机负荷在适当的范围,有助于气体发生量的增加。在消化天数一定时,在消化池内种污泥充分存在的条件下,只要提高投入污泥的浓度,气体发生量就会有显著的增加。提高污泥浓度具有以下优点。

① 消化天数一定,随着投入污泥浓度的提高,消化池体积缩小,设备费用降低。表 4-16 所列为间歇试验的剩余污泥的消化。

表 4-16 剩余污泥的消化(间歇试验)

污泥种类	投入污泥	消化污泥	投入污泥	消化污泥	投入污泥	消化污泥
投入污泥固形物浓度/(g/L)	38.6		28.9		19.3	
总固体/(g/L)	38.6	37.1	28.9	34.8	19.3	31.5
有机物/(g/L)	31.4	25.9	23.5	24.6	15.7	22.2
无机物/(g/L)	7.2	11.2	6.7	10.2	3.6	9.3
消化率/%	47.0		44.6		45.3	
投入有机物量/%	1193		8.93		5.97	
分解有机物量/g	5.6		3.98		2.70	
生成气体量/mL	4250		3120		2070	
分解单位有机物生成的气体量/(mL/g)	759		784		767	

② 投入消化池的污泥量减少,污泥加热用的能源也可节约。但是随着污泥浓度的提高,需要注意如下问题。a. 污泥浓度提高污泥黏度也增加,消化池内的混合容易变得不充分,所以搅拌装置和消化池形状的选择必须重新考虑。b. 到目前为止的消化工艺都把第一消化池作为生物反应池,第二消化池作为固-液分离池。在第二消化池固-液分离后,浓的厌氧菌体返回第一消化池,确保第一消化池必需的菌体浓度。污泥浓度过高,第二消化池固-液分

离难以进行，发生污泥洗出现象，将失去第二消化池的作用，从而使第一消化池必需的污泥浓度难以确保，第一消化池的功能急剧降低。

4.2.3.6 污泥龄和负荷

厌氧消化效果的好坏与污泥龄，即生物固体停留时间（solid retention time，SRT）有直接关系，对于无回流的完全混合厌氧消化系统，SRT 等于水力停留时间（hydraulic retention time，HRT）。污泥龄的表达式与定义是：

$$\theta_c = M_t / \varphi_e \tag{4-29}$$

式中，θ_c 为污泥龄，d；M_t 为消化池内的总生物量，kg；φ_e 为消化池每日排出的生物量，$\varphi_e = M_e / t$；M_e 为排出消化池内的总生物量（包括上清液带出的），kg；t 为排泥时间，d。

由于产甲烷菌的增殖较慢，对环境条件的变化十分敏感，因此污泥消化系统需要保持较长的污泥龄。消化池的容积设计应按有机负荷污泥龄或消化时间设计，只要提高进泥的有机物浓度，就可以更充分地利用消化池的容积。

水力停留时间的延长，有机物降解率和甲烷产率得到提高，但提高的幅度与污泥性质、温度条件、有无有毒物质等因素相关。

另外，厌氧消化的效果还取决于有机负荷的大小，有机负荷是消化工艺设计的重要参数。污泥厌氧消化的有机负荷一般以容积负荷表示，容积负荷表示单位反应器容积每日接受的污泥中有机物质的量（可按 VS 计或按 COD 计），其单位可用 $kg/(m^3 \cdot d)$ 表示。有机负荷过高，可能影响产甲烷菌的正常生理代谢，pH 值下降，污泥消化不完全；有机负荷过低，污泥消化较完全，但消化周期长，基建费用增高。

消化池的有效容积为：

$$V = S_V / S \tag{4-30}$$

式中，S_V 为新鲜污泥中挥发性有机物质量，kg/d；S 为挥发性有机负荷，$kg/(m^3 \cdot d)$，中温消化 $0.6 \sim 1.5 kg/(m^3 \cdot d)$，高温消化 $2 \sim 2.8 kg/(m^3 \cdot d)$；$V$ 为消化池的有效容积，m^3。

投配率是消化池设计的重要参数。投配率系指每日加入消化池的新鲜污泥体积与消化池体积的比率，以百分数计。投配率增大，可降低所需消化池的容积，但可能导致有机物的分解程度减少；投配率减小，污泥中有机物分解程度提高，但所需要的消化池容积增大，基建费用增加。对已建成的消化池，如投配率过大，池内有机酸将会大量积累，pH 值和池温降低，产甲烷细菌生长受到抑制，可能破坏消化正常进行。中温消化的生污泥投配率以 6%～8% 为好。设计时生污泥投配率可在 5%～12% 之间选用，要求产气量多，采用下限，如以处理污泥为主采用上限。

4.2.3.7 搅拌

有效的搅拌不仅能使投入的生污泥与熟污泥均匀接触，加速热传导，把生化反应产生的甲烷和硫化氢等阻碍厌氧菌活性的气体赶出来，也能起到粉碎污泥块和消化池液面上的浮渣层的作用。充分均匀的搅拌是污泥消化池稳定运行的关键因素之一。表 4-17 所列为搅拌对产气量的影响。由表可见，搅拌比不搅拌产气量约增加 30%。

表 4-17　搅拌对产气量的影响

投配率/%		2	3	4	5	6	7	8	9	10	11
产气量 /(m³/m³)	搅拌	29.71	20.34	17.42	14.81	13.95	12.06	10.65	9.93	8.48	7.86
	不搅拌	18.60	13.85	11.60	10.20	9.16	8.70	8.15	7.75	7.30	7.01

一般情况下，厌氧消化装置需要设置搅拌设备。搅拌的目的是使消化原料分布均匀，增加微生物与消化基质的接触，也使发酵的产物及时分离，从而提高产气量，加速反应，充分利用厌氧消化池的体积。若搅拌不充分，除了会引起代谢率下降外，还会引起反应器上部泡沫和浮渣层，以及底部沉积固体物的大量形成。混合搅拌的方法随消化状态的不同而异，对于液态发酵用泵喷水搅拌法；对于固态或半固态用消化气循环搅拌法和机械混合搅拌法等。因此，适当的搅拌是工艺控制的重要组成部分。

实际采用的搅拌方法有机械搅拌、泵循环和沼气搅拌，早期的消化池以机械搅拌为主，现已逐步被沼气搅拌所代替。与机械搅拌相比，沼气搅拌的主要优点是机械性磨损低、池内设备少、结构简单、施工维修简便；搅拌效果好、效率高，即使池内污泥量波动变化，也能保持稳定的混合效果，运转费用低。不仅如此，沼气搅拌还能为产甲烷菌提供氢源。由于上述优点，沼气搅拌已经发展成为主流，为大多数国家所采用，如美国、日本、英国、法国、瑞士等发达国家都是用沼气再循环来进行气体搅拌。

4.2.3.8 其他因素

（1）丙酸

丙酸是厌氧生物处理过程中一个重要的中间产物。有研究指出，在城市污水处理剩余污泥的厌氧消化中，系统甲烷产量的35%是由丙酸转化而来。同其他的中间产物（如丁酸、乙酸等）相比，丙酸向甲烷的转化速率是最慢的，有时丙酸向甲烷的转化过程限制了整个系统的产甲烷速率。丙酸的积累会导致系统产气量的下降，这通常是系统失衡的标志。

研究表明，通过加入苯酚造成系统中丙酸浓度增加（苯酚厌氧降解产生丙酸）时，丙酸浓度最高积累至2750mg/L，同时pH值低于6.5，在此条件下未观察到对底物葡萄糖产甲烷的抑制作用，因此有人认为，丙酸的高浓度并不意味着厌氧消化系统的失衡。从以上的分析可以看出，系统失衡时常常伴随着丙酸的积累，但是丙酸积累可能只是系统失衡的结果，并不是原因[9]。

控制厌氧消化系统中的丙酸积累，应当从减少丙酸产生和促进丙酸转化两方面控制。首先，可以采用两相厌氧消化工艺，通过相分离可以有效地为两类微生物提供优化的环境条件。通过控制产酸相的pH值从而抑制丙酸的产生，在产甲烷相中，由于较低的氢分压以及产甲烷菌的存在，丙酸被有效转化，从而提高反应器效率和系统稳定性。

（2）挥发性脂肪酸

挥发性脂肪酸是厌氧消化过程中重要的中间产物。厌氧消化过程中，负荷的急剧变化、温度的波动、营养物质的缺乏等均会造成挥发性酸的积累，从而抑制产甲烷菌的生长。在正常运行的中温消化池中，挥发性脂肪酸质量浓度一般在200~300mg/L之间。对于挥发性脂肪酸是否是毒性物质，行业内一直存在争议。部分研究人员认为，当有机酸浓度超过2000mg/L时就对厌氧消化不利。而麦卡蒂等则认为，在pH值正常的情况下产甲烷菌能够忍受高达6000mg/L的有机酸浓度。

（3）氧化还原电位

厌氧环境是厌氧消化过程正常进行的最基本条件。厌氧环境的主要标志是厌氧消化液具有较低的氧化还原电位（oxidation reduction potential，ORP），其值应为负值。

不同的厌氧消化系统和厌氧微生物对ORP的要求并不相同。研究表明，高温厌氧消化系统适宜的氧化还原电位为$-600 \sim -500$mV；而中温厌氧消化系统及浮动温度厌氧消化系统的氧化还原电位应低于$-380 \sim -300$mV。不同厌氧微生物对ORP的要求也不同，产甲烷菌对氧化还原电位的要求严格，要求氧化还原电位为$-350mV$或更低；而产酸菌对氧化还原电位的要求不严格，甚至可以在$-100\sim100mV$的兼性条件下生长繁殖。

4.2.4 厌氧消化过程的理论模型

4.2.4.1 污泥厌氧消化产甲烷动力学原理

（1）概述

污泥的厌氧消化过程是污泥所参与的、以微生物（包括水解菌、产酸菌及产甲烷菌等这些微小的生物体）为主体所催化的生化反应过程。厌氧消化过程有以下主要特征。

1）微生物是反应过程的主体　首先，微生物是反应过程的催化剂，它摄取了原料中的养分，通过微生物内特定的酶系统进行复杂的生化反应，把污泥转化为有用的产品（生物能）；同时，它又如同微小的反应器，原料中的反应物通过渗透作用经由微生物细胞壁和细胞膜进入到微生物体内，在酶的作用下进行催化反应，把反应物转化为产物，接着产物又被释放出来。

2）厌氧消化过程的本质是复杂的酶催化反应体系　这一复杂的反应体系就是通过微生物的代谢作用来维持微生物内物质和能量的自身平衡的。一方面，微生物通过同化作用将外界摄取的营养物质转化为自身的组成物质；另一方面，又将微生物内的组成物质不断地分解排出，这称为异化作用。

3）厌氧消化过程是动态的　即在反应进行的同时，微生物也得到生长，其形态、组成、活性都处在一个动态变化的过程。从微生物的组成分析，它包含蛋白质、脂肪、碳水化合物等，这些成分的含量也随着环境的变化而变化。微生物能通过代谢机制进行定量调节以适应外界环境的变化[2]。

以上这些因素，再加上实际操作中有机类物质的来源不同，造成了厌氧消化过程描述和控制的复杂性。

针对不同的厌氧消化设备和消化工艺，在做出必要的简化和合理假设的条件下，依据经验、理论和对试验结果的分析，运用适当的数学工具能定量描述整个厌氧消化过程各参数的特性变化。

模型建立后，模型参数估值成为解决问题的关键。参数估值的合理性和准确性关系到模型的可靠性和实用性。本章将简单介绍厌氧消化的一些基本理论，然后重点介绍厌氧消化过程建模和模型参数求解的常用方法。

（2）厌氧消化动力学原理

微生物的生长、繁殖代谢是一个复杂的生物化学过程，既包括微生物体内的生化反应，也包括微生物体内和体外的物质交换，同时还包括微生物体外的物质传递和反应。每个微生物都经历着生长、成熟和衰老的过程，同时伴随有变异和退化。该体系具有多相、多组分、非线性的特点，要对这样一个反应过程进行准确的描述几乎是不可能的。因此，建立过程的数学模型，首先要进行合理的简化。模型假设有以下几点：a. 微生物反应动力学是对微生物群体动力学行为的描述，而不是对单一微生物进行描述；b. 不考虑微生物之间的差别，认为其内部结构是一致的；c. 微生物为单组分，有确定的化学方程式描述；d. 发酵罐内基质（污泥）的物性认为是均匀一致的。

1）厌氧消化过程计量学方程及产率系数　反应计量学是对反应物的组成和反应转化程度的数量化研究。对厌氧消化过程而言，由于众多组分参与反应和代谢途径的错综复杂，同时在微生物生长的过程中还伴随着代谢产物生成的反应，因此，需要通过一些特殊的方式加以简化处理。

为了表示消化过程中各物质和各组分之间的数量关系，最常用的方法是建立各元素之间的原子衡算方程式。建立原子衡算方程式首先要确定微生物的元素组成及其分子式。不同的微生物，其组成是不一样的，即便是同一微生物，所处生长阶段不同，其组成也不一样。在实际中，常采用平均微生物组成，并给出了经验分子式。一般将微生物的分子式定义为 $C_\alpha H_\beta O_\delta N_\gamma$，忽略像 P、S 和灰分等微量元素或成分。为此，周少奇[10]根据生化反应电子流守恒原理，建立了有机类垃圾厌氧消化过程的生化计量学方程。根据计量方程式，我们就可以对初始有机物、中间产物、终产物以及微生物之间的关系进行定量描述。该计量方程式将蛋白质、死菌体和其他动植物残渣归结为含氮有机物（$C_a H_b O_c N_d$），将淀粉、纤维素和木质素归结为烃类化合物（$C_\alpha H_\beta O_\gamma$），中间产物为乙酸（$CH_3COOH$）、丙酸（$C_2H_5COOH$）和丁酸（$C_3H_7COOH$），终产物为 H_2、CH_4 和 CO_2。在应用计量方程定量描述之前，需要阐明一下产率系数的概念。

产率系数分宏观产率系数和理论产率系数。假定发酵过程中所消耗的基质总量为 ΔS_T，用于微生物生长的基质数量为 ΔS_G，用于生成代谢产物的量为 ΔS_R。若定义 $Y_{x/s}=\Delta x/-\Delta S_T=\Delta x/-(\Delta S_G+\Delta S_R)$，此时，求得的对基质的微生物产率系数称为宏观产率系数；若定义 $Y_{x/s}=\Delta x/-\Delta S_R$，此时，求得的对基质的微生物产率系数为理论产率系数。在实际中，用于微生物生长的量很难准确测量，而这个值和用于生成代谢产物的量相比又很小。因此，通常采用理论产率系数的简化式（忽略 ΔS_G）来求解产率系数。我们仅以水解阶段的计量方程式为例，说明各参数之间的定量关系。

$$C_6H_{10}O_5 \cdot nNH_3 \longrightarrow y_e C_6H_{10}O_5+(1-y_e)C_6H_{10}O_5 \cdot mNH_3+[n-m(1-y_e)]NH_3$$

此计量方程式是污泥（$C_6H_{10}O_5 \cdot nNH_3$）水解为可溶有机物（$C_6H_{10}O_5$）和不可溶有机物（$C_6H_{10}O_5 \cdot mNH_3$）以及氨氮的表达式。通过此方程式，可以计算出可溶性有机物的产率系数为 $1/y_e$；也可以计算不可溶有机物的产率系数为 $1/(1-y_e)$；氨氮的产率系数为 $1/[n-m(1-y_e)]$，其中 y_e 为污泥中的可降解系数。

2）污泥厌氧消化微生物生长动力学模型　厌氧消化过程，包括微生物的生长、基质的消耗和代谢产物（氢气、甲烷）的生成，要定量描述厌氧消化过程的速率，显然微生物生长动力学是其核心。

① 微生物比生长速率和浓度表达式。不同的污泥厌氧消化工艺有一个共同的特点，就是都必须经过水解、酸化过程才能将污泥降解并产生生物气体。对于水解过程，用 Monod 模型来表述；对于接下来的几个消化过程，常采用形式较复杂的 Haldane 模型来阐述厌氧菌的生长，即对于仅受基质限制的微生物，其生长动力学模型通常采用 Monod 模型来描述；对于同时受基质限制和基质抑制的微生物，采用反竞争性抑制模型来表达。图 4-13 所示为 Monod 模型和反竞争性抑制模型的比生长速率对比。

从图 4-13 可以看出，在反竞争抑制模型中，当基质浓度低时，微生物比生长速率（μ）随基质浓度的提高而增大，并达到最大值；当基质浓度继续提高时，μ 反而会降低。底物的抑制作用影响因子可以采用以下方程形式来表述：

$$f=\frac{K_I}{K_I+C} \tag{4-31}$$

式中，K_I、C 分别表示底物（或产物）对厌氧菌的抑制系数和底物（产物）浓度。

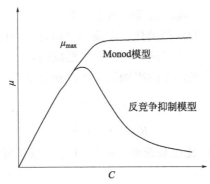

图 4-13   Monod 模型和反竞争性抑制模型的比生长速率对比[2]

水解菌的比生长速率表达式如下：

$$\mu_h = \mu_{hmax} \frac{C_S}{K_{SS} + C_S} \tag{4-32}$$

式中，μ_h 为水解菌比生长速率，d^{-1}；μ_{hmax} 为水解菌最大比生长速率，d^{-1}；C_S 为挥发性固体浓度，g/L；K_{SS} 为挥发性固体的半速率系数，g/L。

产酸菌的比生长速率表达式如下：

$$\mu_2 = \frac{\mu_{2,max} S_2}{K_{S,2} + S_2 + K_{I,S_2 \to m_2} S_2^2} \tag{4-33}$$

式中，μ_2 为产酸菌的比生长速率，d^{-1}；$\mu_{2,max}$ 为产酸菌的最大比生长速率，d^{-1}；S_2 为挥发性脂肪酸浓度，g/L；$K_{S,2}$ 为挥发性脂肪酸的半速率系数，g/L；$K_{I,S_2 \to m_2}$ 为产酸菌生长抑制系数，g/L。

产甲烷菌的比生长速率表达式如下：

$$\mu_3 = \frac{\mu_{3,max}}{1 + \dfrac{K_{S,3}}{S_3} + K_{I,S_3 \to m_3} S_3 + K_{I,NH_3 \to m_3} c(NH_3)} \tag{4-34}$$

式中，μ_3 为产甲烷菌或产氢菌的比生长速率，d^{-1}；$\mu_{3,max}$ 为产甲烷菌或产氢菌的最大比生长速率，d^{-1}；S_3 为乙酸浓度，g/L；$K_{S,3}$ 为乙酸的半速率系数，g/L；$K_{I,S_3 \to m_3}$ 为产甲烷菌或产氢菌的生长抑制系数，$K_{I,NH_3 \to m_3}$ 为氨氮的抑制系数，g/L。

水解菌浓度变化速率为：

$$\frac{dX_h}{dt} = \mu_h X_h - K_{dh} X_h \tag{4-35}$$

式中，K_{dh} 为水解菌的比死亡速率，d^{-1}；X_h 为水解菌浓度，g/L。

产酸菌浓度变化速率为：

$$\frac{dX_a}{dt} = \mu_a X_a - K_{da} X_a \tag{4-36}$$

式中，K_{da} 为产酸菌衰亡速率系数，d^{-1}；X_a 为产酸菌浓度，g/L。

产甲烷菌和产氢菌浓率变化速率用相同表达式表述如下：

$$\frac{dX_m}{dt} = \mu_m X_m - K_{dm} X_m \tag{4-37}$$

式中，K_{dm} 为不同过程相应厌氧菌的衰减常数。

② 系统 pH 值和温度的影响因子。在污泥厌氧消化过程中，维持微生物生长需要适宜

的环境条件，其中 pH 值和温度是最重要的两个因素。

根据温度，厌氧消化常分为常温消化、中温消化和高温消化 3 种。当温度偏低时，微生物的生长缓慢；随着温度升高，生长速率变大；当温度超过一定范围时，可能导致微生物热死亡。通常，温度对微生物生长速率的影响因子可以通过下面的关系式来表达：

$$\mu = \mu_0 e^{-\frac{E_a}{RT}} \tag{4-38}$$

$$K_d = K_{d_0} e^{-\frac{E_a}{RT}} \tag{4-39}$$

式中，μ_0 为某一温度下的比生长速率，d^{-1}；K_{d_0} 为细菌死亡速率，d^{-1}；E_a 为细菌活化能，$kJ/kmol$。

随着厌氧消化过程的进行，生成有机酸和氨氮，系统 pH 值会产生变化。正常情况下，微生物在生长阶段，pH 值有上升或下降；在产物生成阶段，pH 值趋于稳定；在细胞自溶阶段，pH 值会上升。微生物本身具有调节 pH 值的能力，但当外界条件变化剧烈时，微生物失去调节能力，pH 值就会发生波动。

pH 值对微生物生长速率的影响因子可用式（4-40）描述：

$$F(\text{pH}) = \frac{1 + 2 \times 10^{0.5(\text{p}K_L - \text{p}K_H)}}{1 + 10^{(\text{pH} - \text{p}K_H)} + 10^{(\text{p}K_L - \text{pH})}} \tag{4-40}$$

③ 氨氮的抑制模式及影响因子。在厌氧消化过程的研究中，氨氮抑制产气的过程普遍存在四阶段模式，该四阶段模式如下：

$$0 < c(\text{NH}_3) < 1.10, \ f = 1.0 \tag{4-41}$$

$$1.10 < c(\text{NH}_3) < 1.16, \ f = \frac{1.0}{-12 + c(\text{NH}_3)/0.128} \tag{4-42}$$

$$1.16 < c(\text{NH}_3) < 1.34, \ f = 0.67 \tag{4-43}$$

$$c(\text{NH}_3) < 1.34, \ f = \frac{1.0}{-12 + c(\text{NH}_3)/0.095} \tag{4-44}$$

随着游离氨浓度的增加，f（抑制因子）呈现不同形式的下降。当游离氨的浓度为 1.1mg/L 时，f 是稳定的；当浓度从 1.1mg/L 增加到 1.16mg/L 时，f 从 1.0 降到 0.67；当浓度持续增加到 1.34mg/L 时，f 保持稳定下降。非离子化 NH_3 的浓度主要取决于 3 个因素，即总氨氮浓度、温度和 pH 值。pH 值对游离氨所占的比例有很大影响，当 pH 值上升到 8 时，游离氨仅占总氨氮的 0.1% 左右。

3）污泥厌氧消化中底物消耗动力学　污泥的消耗速率可以通过微生物的比生长速率和产率系数联系起来，污泥的降解速率可以通过式（4-45）～式（4-47）表达：

$$\frac{dS_h}{dt} = -\frac{\mu_h X_h}{Y_h} \tag{4-45}$$

式中，μ_h 为水解菌的比生长速率，d^{-1}；X_h 为水解菌的浓度，g/L；Y_h 为 S_h 的产率系数（水解菌/基质）。

$$\frac{dS_a}{dt} = \frac{\mu_h X_h}{Y_{vh}} - \frac{\mu_a X_a}{Y_a} \tag{4-46}$$

式中，μ_a 为产酸菌的比生长速率，d^{-1}；S_a 为产酸菌的基质浓度，g/L；X_a 为产酸菌的浓度，g/L；Y_a 为 S_a 的降解系数（产酸菌/基质）；Y_{vh} 为 S_a 的产率（产酸菌/基质）。

$$\frac{dA}{dt} = \frac{\mu_a X_a}{Y_{va}} - \frac{\mu_m X_m}{Y_m} \tag{4-47}$$

式中，X_m 为产甲烷菌质量浓度，g/L；μ_m 为产甲烷菌的比生长系数，d^{-1}；A 为系统乙酸总质量浓度，g/L。

4）产物生成动力学　污泥厌氧消化过程的甲烷生成速率表达式如下：

$$\frac{dc(CH_4)A}{dt} = V_{mmax}X_m \left(\frac{A_u}{A_u + K_m}\right)\left(\frac{K_{im}}{K_{im} + A_u}\right) \tag{4-48}$$

式中，V_{mmax} 为标准状态下（0℃，1.1325×10^5 Pa）CH_4 的体积。

氢气生成速率表达式如下：

$$\frac{dc(H_2)A}{dt} = V_{hymax}X_{hy}\left(\frac{A_u}{A_u + K_m}\right)\left(\frac{K_{im}}{K_{im} + A_u}\right) \tag{4-49}$$

式中，V_{hymax} 为标准状态下（0℃，1.1325×10^5 Pa）H_2 的体积。

根据 Keshtkar 的理论，在厌氧过程，只有水解阶段生成氨氮，但整个过程都会消耗氨氮，因此氨氮浓度随时间的变化可表示为：

$$\frac{dc(NH_3)}{dt} = \mu_h X_h Y_{NH_3} - [(\mu_h - K_{dh})X_h + (\mu_a - K_{da})X + (\mu_x - K_{dx})X_x]Y_N \tag{4-50}$$

当 $\mu_i - K_{di} \leqslant 0$，$Y_N$ 为 0。

$$c(NH_3) = c(NH_{3(u)}) + c(NH_4^+), \quad c(NH_4^+) = \frac{c(NH_{3(u)})c(H^+)}{K_N M_{NH_3}} \tag{4-51}$$

式中，M_{NH_3} 为 NH_3 的摩尔质量，17g/mol；$c(NH_4^+)$ 表示氨离子浓度，g/L。

污泥厌氧消化过程伴随着生物反应热现象，是致使系统温度改变的重要因素之一，它的存在造成保温过程中温控的复杂性。在发酵系统保温装置的设计中，为了简化设计，常常忽略生物反应热的影响，但是，由于温度是影响污泥厌氧消化过程的最重要的调控参数之一，所以在实际发酵中，通常要求温差控制在 $\Delta T \leqslant 1℃$。因此，对污泥厌氧消化过程中生物反应热的计算需引起一定的重视。

微生物参与的发酵过程的产热速率，可用与生成产物相似的方程来进行处理。若采用比产热速率概念，则有式（4-52）：

$$q_{Hv} = \frac{1}{C_X}\frac{dH_v}{dt} = \frac{1}{Y_{X/Hv}}\mu + \frac{\mu_a X_a}{Y_{P/Hv}}q_P + m_{Hv} \tag{4-52}$$

式中，q_{Hv} 为比产热速率，$W/(d \cdot g)$；$Y_{X/Hv}$ 为微生物热产率系数，W/g；$Y_{P/Hv}$ 为产物热产率系数，W/g；m_{Hv} 为细菌维持能，$W/(d \cdot g)$。

5）发酵系统内的相平衡　厌氧消化系统中的二氧化碳、甲烷等实际气体可视作理想溶体，描述其气相和溶解平衡的经验性公式可由亨利定律来表达。

亨利定律表述为稀薄气体的蒸气分压正比于其液相浓度。因此，我们可以用式（4-53）来描述二氧化碳、甲烷气体在液相的浓度和相应蒸气分压的关系：

$$c(CO_2) = \frac{P_c}{H_c}, \quad c(CH_4) = \frac{P_m}{H_m} \tag{4-53}$$

式中，H_c、H_m 分别为二氧化碳和甲烷的亨利常数；P_c、P_m 分别为二氧化碳和甲烷的蒸气分压。

在厌氧消化过程中，伴随有甲烷的产生和逸出，还存在二氧化碳的消耗。它们的蒸气分压随时间的变化规律用式（4-54）来表示：

$$\frac{dP_c}{dt} = \frac{RT}{V_g}\left(\frac{N_c}{44} - \frac{P_c}{P}F_t\right)$$

$$\frac{\mathrm{d}P_m}{\mathrm{d}t} = \frac{RT}{V_g}\left(\frac{N_m}{44} - \frac{P_m}{P}F_t\right)$$

$$F_t = \frac{N_c}{44} + \frac{N_m}{16} \tag{4-54}$$

式中，F_t 为在厌氧消化过程中产生的气体压力，忽略水蒸气分压力影响；R 为气体常数；T 为厌氧消化温度；V_g 为消化罐内液体容积。

6）发酵系统内的液相电离平衡　厌氧消化系统液相内存在离子的电离平衡，例如二氧化碳和水可以形成弱碱根离子 HCO_3^- 和氢根离子 H^+，氨根离子电离可以形成氨氮和氢离子。这些物质的电离，将会影响系统的 pH 值，进而影响整个发酵过程的进行。简化后的电离平衡总方程式如下：

$$c(H^+) + c(NH_4^+) = c(OH^-) + c(HCO_3^-) + c(CO_3^{2-}) + c(Ac^-) \tag{4-55}$$

式中，$c(Ac^-)$ 为乙酸根离子浓度。

相关组分的电离方程及平衡常数如式（4-56）～式（4-59）所示：

$$CO_2 + H_2O \Longrightarrow HCO_3^- + H^+ \qquad k_1 = \frac{c(HCO_3^-)c(H^+)}{c(CO_2)} \tag{4-56}$$

$$HCO_3^- \Longrightarrow CO_3^{2-} + H^+ \qquad k_2 = \frac{c(CO_3^{2-})c(H^+)}{c(HCO_3^-)} \tag{4-57}$$

$$HAc \Longrightarrow HAc^- + H^+ \qquad k_3 = \frac{c(CO_3^{2-})c(H^+)}{c(HAc)} \tag{4-58}$$

$$NH_4^+ \Longrightarrow NH_3 + H^+ \qquad k_4 = \frac{c(NH_3)c(H^+)}{c(NH_4^+)} \tag{4-59}$$

式中，$k_1 \sim k_4$ 为对应组分的电离平衡常数。

污泥厌氧消化工艺可分为单相和两相工艺。在两相工艺中，实现相分离的途径有化学法、物理法和动力学控制方法。目前常用的是动力学控制法。该方法利用产酸菌和产甲烷菌生长速率上的差异，控制两个反应器的有机负荷率（OLR）、水力停留时间等参数来实现相的分离。这种相的分离不是绝对的，只是在发酵的不同阶段，系统中的优势菌群不同。

产酸相和产甲烷相的分离是通过控制两相的水力停留时间来实现的。定义一个参数 R，该参数跟进料间隔时间 t_R 和水力停留时间 t_{HR} 相关。令 $t_{HR} = t_R(R+1)$，从而得到：$R = t_{HR}/t_R - 1$，该参数将被应用于确定新的循环状态变量的求解中。

对半连续操作而言，假设物料在发酵罐内停留时间 t_R，到达一定时间后，体积为 V_s 的发酵液排出系统，随后，同体积的新鲜物料加入反应罐，最后充分混合。新循环状态变量的确定可以通过以下方程来计算，用 C_{Af} 表示进料状态，用 C_{Ae} 表示出料状态，那么对于下一个 t_R 而言，新循环状态变量的确定方式如下：

$$C_{Al} = \frac{C_{Af} + RC_{Ae}}{R+1} \tag{4-60}$$

4.2.4.2　污泥厌氧消化模型的参数求解

（1）模型参数求解的方法

模型参数的估算关系到数值模拟的准确性和可靠性，是模型能否推广应用的重要影响因素，因此，需要对模型参数进行准确求解和优化。对实际的发酵过程，其动力学方程参数必须辅以实验方法来确定。

动力学参数的求解方法很多，常用的有微分法、积分法、回归法、神经网络法以及遗传算法等。积分法受方程积分难易程度影响，只应用于最简单的动力学形式。微分法是依据不同实验条件下的反应速率，直接由反应速率方程来估计参数值，结合线性化作图更方便。随着计算机技术的进步发展起来的回归法（常用的是最小二乘法），因为不受参数数目多少的限制，又不受动力学方程的形式和实验方法的约束，具有普遍的适用性，其缺点是往往只能得到局部最优解。遗传算法可以计算得到目标函数的全局最优解，且不受初始值的限制，其除了具有非线性回归方法的优点外，还具有更大的优势。本节中动力学参数的估值将采用微分法和遗传算法，对便于通过实验数据求取的动力学参数采用微分法，其余的参数通过遗传算法求解。因此，重点对以上两种方法的原理和步骤进行介绍[2]。

（2）微分法求解动力学参数

对于幂函数型动力学，例如 $r_s = k_r C_s^n$，两边取对数，则有 $\ln r_s = \ln k_r + n \ln C_s$，根据实验数据，以 $\ln r_s$ 对 $\ln C_s$ 作图，可确定参数 k_r 和 n 的值。图 4-14 为微分法求解动力学参数的示意图，函数 $f(C)$ 代表模型中假设的函数关系。

下面以 Monod 模型参数的求解为例，说明微分法的具体用法。微生物的比生长速率可在一定时间范围内直接用图解微分法求解：

$$\frac{1}{\mu} = \frac{1}{\bar{C}_X} \frac{\Delta C_X}{\Delta t} \tag{4-61}$$

式中，$\bar{C}_X$ 为测定时间区间 Δt 内微生物浓度的平均值。根据 Monod 模型的 μ-S 关系式可以得到式（4-62）：

$$\frac{1}{\mu} = \frac{K_S}{\mu_{max}} \frac{1}{C_S} + \frac{1}{\mu_{max}} \tag{4-62}$$

以 $\frac{1}{\mu}$ 对 $\frac{1}{C_S}$ 作图，可确定动力学参数。从试验数据的获取到动力学参数的求解，整个过程表示在图 4-15 中。

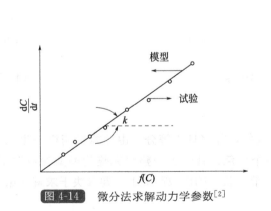

图 4-14　微分法求解动力学参数[2]

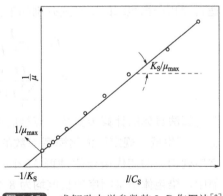

图 4-15　求解动力学参数的 L-B 作图法[2]

当然，除了图 4-15 提到的 L-B 作图法外，根据不同的线性化方法，可以采用 E-H 作图法及 Langmuir 作图法等以外的求解方法，它们的计算过程类似，但计算的精度有所不同，具体求解过程这里不再详述，可参见文献。

（3）遗传算法在求解动力学参数中的应用

1）遗传算法简介　现存的生命是经过漫长的岁月，在适应了地球上各种各样的环境条件，逐渐进化和发展起来的。更确切地说，正是由于突然变异和种群交配，才使得更适合自然环境的种群和个体得以生存下来。近几十年来，随着计算机技术的不断发展，研究者们开始利用计算机来仿真生物的遗传和进化过程，后来即发展演变成非常著名的"遗传算法"。遗传算法（genetic algorithm，GA）就是通过模仿生物进化过程而开发出来的一种概率探索、自我适应、自我学习和最优化的方法。现在，遗传算法已经广泛应用于许多领域，如过程模型参数的确定、过程的最优化控制、系统工程中的优化求解等。

遗传算法最主要的应用就是对特定的过程和系统进行优化。该法具有计算精度高、收敛速度快等优点。使用遗传算法得到的全局最优解一般不受初始条件的影响和限制，特别适合具有复杂和高度非线性化特性的生物过程。遗传算法在生物过程中的应用主要包括过程的最优化控制——求解最优化轨道（最优温度轨道、最优 pH 值轨道等）、优化发酵培养基、确定生物反应模型的参数等。

2）遗传算法在求解动力学参数中的应用　遗传算法的计算方法多种多样，这里，以单纯的遗传算法（simplegeneticahhorithm，SGA）来介绍其求解动力学参数的具体方法。生物体的特征是由基本构成单位——基因（gene）所组成的染色体又称个体（chromosome）来加以显示的。而生物体本身又是由多个这样的染色体所形成的集团或种群（population）所构成的。每个染色体由多个基因构成，每一个基因所处的位置被称为基因座（10cus）。染色体的数量则称为种群数（populationsize）。所形成的生物体要通过其在外界环境下生存的适合度（fitness）来进行评价、筛选和生存竞争，即按照"优胜劣汰、适者生存"的原则来实现种群的选择。另外，染色体中的一部分基因还要经过突然变异（mutation）而发生变化。不断地重复上面的操作保证了生物个体进化的不断进行，而操作循环的次数被称为传代数（generation）。下面详细介绍遗传算法求解模型参数的具体步骤。

定义如下的目标函数：

$$J_i = \sum_j (x_j - x_j')^2 \tag{4-63}$$

式中，x_j 和 x_j' 分别为模型参数的计算值和对应发酵时刻的实测值。

适合度和选择概率的定义式分别如下：

$$f_i = \frac{1}{1 + J_i} \quad (0 \leqslant f_i \leqslant 1) \tag{4-64}$$

$$S_i = \frac{f(i)}{\sum\limits_{i=1} f(i)} \quad (0 \leqslant S_i \leqslant 1) \tag{4-65}$$

遗传算法具体的计算步骤及计算规则如下。

① 基因生成。规定待优化模型参数的最大值，并将其 4 等分，由计算机随机产生二进制文字序列构成的初代染色体种群 M 个。每个染色体就代表一整套完整的模型参数向量。在本节中，染色体中基因序列长度均为 8 个字节，长度的选取原则上主要取决于求解变量的计算精度、总的计算量和收敛速度。

② 染色体各基因序列的解码化。依据图 4-16 所示的方式，将各染色体的各段基因序列由二进制文字序列转变为十进制的数字序列。

③ 计算目标函数值。将解码后的染色体代入建立的模型中迭代求解，然后代入目标函数公式，计算目标函数值。

④ 求解适合度。根据上一步计算得到的 J，代入上面适合度的定义式，计算染色体对应的适合度。

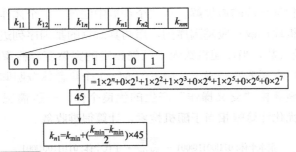

$=1 \times 2^n + 0 \times 2^1 + 1 \times 2^2 + 1 \times 2^3 + 0 \times 2^4 + 1 \times 2^5 + 0 \times 2^6 + 0 \times 2^7$

45

$k_{n1} = k_{min} + (\dfrac{k_{min} - k_{min}}{2}) \times 45$

图 4-16　染色体的构成以及染色体中各基因序列的解码化

⑤ 计算选择概率。计算出染色体适合度之后，根据选择概率的定义式，计算选择概率。

⑥ 选择染色体种群——Roulett 圆盘选择法。在求出所有 M 个染色体的选择概率之后，利用 Roulett 圆盘选择法来确定进入下一代的染色体种群，见图 4-17。

在圆盘上标记上各染色体的选择概率 S 以及对应的面积，将圆盘按逆时针方向旋转。将圆盘旋转 M 次，可以得到 M 个进入下一代的染色体种群。很显然，适合度高的染色体进入下一代的可能性较大，适合度较低的可能性较小，但也不是绝对没有可能。这种种群选择的方法充分体现了"优胜劣汰，适者生存"的原则。在进行个体交叉和突然变异等"遗传操作"时，个体很容易受到破坏而消失。

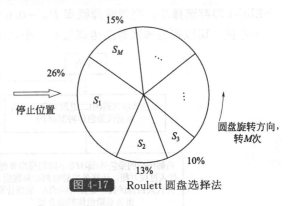

图 4-17　Roulett 圆盘选择法

为了防止适合度高的染色体 i 在下一步的遗传操作中被破坏，常采用 E. litist 保存选择方法对种群进行选择。该选择法是将种群中适合度最高的个体保留，让其无条件地进入下一代的种群中去。在一般情况下，遗传算法中常常结合这两种方法来对种群进行选择。

⑦ 交叉操作。从所选定的 M 个染色体种群中任选两个个体作为亲本交配个体，然后在其中一个亲本个体的基因序列中随机地选择一点或多点作为交叉操作的交叉点（cross-overpoint）。按照图 4-18 的方式，在交叉点处亲本个体的基因序列进行交换，当各随机数小于预先设定的交叉概率 P 时，交叉操作进行，否则交叉操作不进行。同样，剩下的 $M-2$ 个个体也按照同样的步骤进行交叉操作。交叉方式主要有"一点交叉"（one-pointcrossover）或"多点交叉"（multi-pointcrossover）两种。

亲本个体 1: 00110|00101　　单点交叉　　子代个体 1: 00110|11001
亲本个体 2: 01010|11001　　————→　　子代个体 2: 01010|00101

亲本个体 1: 001|10001|011　　多点交叉　　子代个体 1: 001|01110|011
亲本个体 2: 010|01110|000　　————→　　子代个体 2: 010|10001|000

图 4-18　遗传算法交叉操作

⑧ 突然变异操作。从优化计算的角度来看，交叉操作不可能寻找到复杂函数和系统的全局最优解，反而可能会使优化求解陷入局部最优解之中。突然变异操作可避免"交叉操作"导致的"近亲繁殖"的不良后果。突然变异操作按照图 4-19 进行，在染色体的某一基因序列上，用与其对立的基因序列与原有的基因序列进行置换，从而产生了完全不同于原有种群的新的个体。正是由于突然变异操作的存在，保证了利用遗传算法进行复杂函数或系统

的优化计算时可以寻找到全局的最优解。从整个种群中任选一个个体作为亲本变异个体，然后在该亲本个体中随机地选取一段基因序列，用与其对立的基因序列进行置换，再由计算机产生 $[0,1]$ 范围的随机数，当该随机数大于预先设定的突然变异概率的 P_m 时，该变异操作不进行；反之，进行上面的变异操作。剩下的 $M-1$ 个染色体按照同样的步骤，由计算机来完成操作。为了不破坏由"交叉操作"产生的优良个体，一般情况下 P_m 应该小于 P_c，如果 P_m 选择过大，优化计算就相当于随机搜索，计算很难收敛。

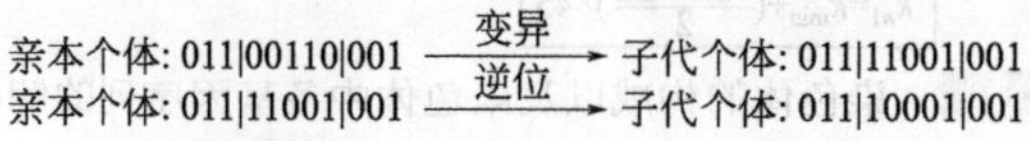

亲本个体: 011|00110|001 ——变异逆位——→ 子代个体: 011|11001|001
亲本个体: 011|11001|001 ——变异逆位——→ 子代个体: 011|10001|001

图 4-19　遗传算法突然变异操作

⑨ 重复②～⑧步骤，直到达到预先设定的最大传代数。计算中，种群数 $M=20$，最大传代数 1000，交叉方法为两点交叉，交叉概率 $P_c=1.0$，种群的选择方式为 Roulett 圆盘法＋Elitist 保存选择法，突然变异概率 $P_m=0.07$。图 4-20 给出了遗传算法求解模型参数的简单示意图，可以通过该图对遗传算法有一个总体的认识和了解。

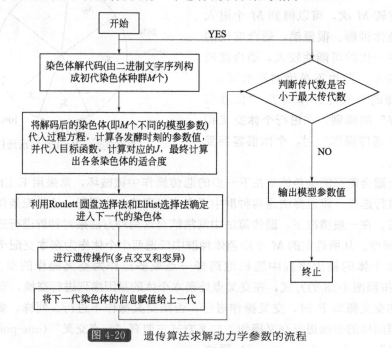

图 4-20　遗传算法求解动力学参数的流程

4.2.5　厌氧消化的工艺设计

为了保证厌氧消化池在后期运行过程中具有良好的消化功能，消化池的工艺设计应满足以下要求：a. 适宜的池形选择；b. 最佳的设计参数；c. 节能、高效、易操作维护的设备；d. 良好的搅拌设备，使池内污泥混合均匀，避免产生水力死角；e. 原污泥均匀投入并及时与消化污泥混合接种；f. 最小的热损失，及时地补充热量，最大限度避免池内温度波动；g. 消化池产生的沼气能及时从消化污泥中疏导出去；h. 具有良好的破坏浮渣层和清除浮渣的措施；i. 具有可靠的安全防护措施；j. 可灵活操作的管道系统。

污泥消化池工艺设计中需要谨慎选择的几个因素为满足上述要求，在污泥消化池的工艺设计中需选择、确定好很多的问题，如：a. 厌氧消化的方式；b. 消化池池形选择；c. 设计参数的选定；d. 消化池中污泥的混合搅拌方式确定；e. 污泥加热方式的确定；f. 污泥投配方法的确定；g. 污泥及沼气排放方式的确定；h. 浮渣及上清液的排除方法；i. 安全防护措施的保证；j. 监测和控制方法的确定；k. 其他附属装置的选用[11]。

4.2.5.1 设计参数确定

厌氧消化池设计的必要资料包括待消化进料污泥的数量、性质、总固体量、挥发性固体百分含量和初沉污泥与剩余污泥的比例等。可以运用固体平衡进行理论计算，或者从污水厂实际的运行数据中推测得到 TS 产率。总固体含量和挥发性固体比例既可估计，也可以由实验分析决定。在消化池内，一旦粗砂积累势必会减小消化池的有效容积，因此粗砂含量也值得注意。

给定污泥的总固体，可以由下列公式来计算相关的容积：

$$V_S = W_S/(K'S_g f) \tag{4-66}$$

式中，V_S 为污泥体积，L/d；W_S 为产生的干固体质量，kg/d；K' 为水的单位质量；S_g 为污泥的相对密度；f 为固体的质量分数。

相对密度可利用给定污泥的质量分数和污泥量运用下列公式求算：

$$L/S_g = W_w/S_{gw} + W_f/S_{gf} + W_v/S_{gv} \tag{4-67}$$

式中，S_{gw} 为水的相对密度（1.0）；S_{gv} 为污泥的相对密度（大约 1.03）；S_{gf} 为特定固体的相对密度；W_w 为水的质量分数；W_f 为特定固体的质量分数；W_v 为污泥的质量分数。

另外，相对密度可按下式估计：

$$S_g = 1.0 + 0.005TS \tag{4-68}$$

式中，S_g 为相对密度；TS 为总固体百分含量，%。

厌氧消化池的设计由固体停留时间（SRT）、有机负荷率（单位体积挥发性固体量 VSS）等手段确定，低负荷和高负荷消化池的典型设计参数详情见表 4-18。在没有操作数据的情况下，生活污水处理厂进料体积的估算，可利用人均体积指标。一般低负荷消化池有机负荷为 $0.5\sim1.5$kg/(m^3VSS·d)。带有加热和搅拌的高负荷消化池有机负荷在 $2\sim3$kg/(m^3VSS·d)。中温消化的 SRT 典型值，低负荷消化是 $30\sim60$d，高负荷消化是 $15\sim20$d。可将 SRT 定义成总污泥质量与每天排出的污泥质量之比。对两相消化而言，SRT 是指第一反应器的固体停留时间；对于没有内循环的厌氧消化池，其 SRT 和 HRT 是相等的；在回流污泥的情况下，SRT 会增至高于 HRT，这一循环特征也是厌氧接触或两相消化工艺的特点。

表 4-18 **低负荷和高负荷消化池典型的设计参数**

参数	低负荷	高负荷
固体停留时间/d	30～60	15～20
挥发性悬浮固体负荷/[kg/(m^3·d)]	0.64～1.6	1.6～3.2
混合初沉＋剩余生物污泥进料浓度/%	2～4	4～6
消化池下向流期望值浓度/%	4～6	4～6

厌氧消化过程必须保证最小 SRT，才能确保必需的微生物增长速率同每日消耗速率相同，而这一临界 SRT 又因不同成分而不同。脂肪代谢的细菌增长最慢，因而需要较长的 SRT，而对于纤维代谢的细菌却需要较短的 SRT。如图 4-21 所示。

当 SRT 在临界时间以下时，系统会冲洗掉产甲烷菌群体而操作失败，劳伦斯发表了几种给定基质降解的最小 SRT 值，见表 4-19。这些 SRT 是温度的函数，对氢来说还不到 1d，

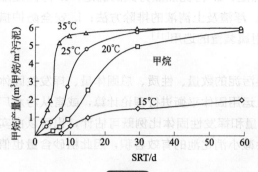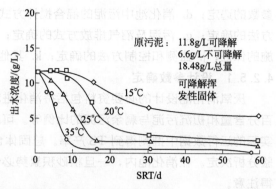

图 4-21　SRT 和温度对甲烷生产模式及挥发性固体降解的影响

而对污水污泥来说是 4.2d。最佳运行的必要 SRT 会随温度升高而缩短。同时，随温度升高产气量也会增加。高负荷中温消化池一般至少为 10d，然而为了控制粗砂积累、浮渣和搅拌不良等和保持稳定性，消化池的运行停留时间大多数在 15d 以上。

表 4-19　不同基质厌氧消化固体停留时间最小值　　　　　单位:d

基质	35℃	30℃	25℃	20℃	基质	35℃	30℃	25℃	20℃
乙酸	3.1	4.2	4.2		长链脂肪酸	4.0	—	5.8	7.2
丙酸	3.2	—	2.8		氢	0.95[①]			
乳酸	2.7	—			污水污泥	4.2[②]	—	7.5[②]	10

① 为 37℃。

② 为计算值。

1980 年，本尼菲尔德（Benefield）和兰德尔（Randall）发表了无循环完全混合反应器反应动力学模型。由此模型可以估算临界 SRT：

$$1/\theta_c^m = \frac{Y_t k S_0}{k_s} + S_0 - K_d \tag{4-69}$$

式中，θ_c^m 为临界 SRT，d；Y_t 为产率系数；k 为给定底物最大消耗效率，d^{-1}；S_0 为进料底物浓度，单位体积质量；k_s 为饱和常数；K_d 为降解系数，t^{-1}。

劳伦斯（1971）给出的市政污泥的产率系数和降解系数分别为 $0.04d^{-1}$ 和 $0.015d^{-1}$，1968 年欧拉克（O'Rourke）给出的值是 35℃ 以 COD 计，k 为 $6.67d^{-1}$，k_s 为 2224mg/L，k 和 k_s 值在 35℃ 以下必须加以校正。

当临界 SRT 求得之后（或由实验而得），设计用 SRT（θ_c^m）还需有一个合适的安全因子（SF）：

$$SRT = SF \times SRT \tag{4-70}$$

或

$$\theta_a^m = SF \times \theta_c^m$$

劳伦斯和麦卡蒂（1974）推荐的安全因子 SF 是 2～10，根据高峰负荷和设计的粗砂和浮渣积累而变化，小的消化池应该使用较高的 SF。

一个选择设计 SRT 的可挑选的方法是利用小试或中试研究考察具有代表性的进料以及使用合适的动力学方程求算常数。当在工业污染物含量很大时就应采用此方法。工业废弃物对厌氧消化具有潜在的影响，因而须预先对待定污染物的污染特性进行测定。

选好合适的 SRT 之后，由日常流量可计算消化池容积，如：

$$V_R = V_S \theta_d^m \tag{4-71}$$

式中，V_R 为消化池容积，m^3；V_S 为每日污泥负荷，m^3/d。

对于循环消化池，侧面水深可能是 8～12m，横断面面积和直径可由此计算。

4.2.5.2 消化池尺寸设计

消化池尺寸确定的关键参数是 SRT。对于无循环的消化系统而言，HRT 与 SRT 无甚区别。VS 负荷率使用也较频繁，VS 负荷率直接与 HRT 或 SRT 相关，一般认为 SRT 是更为基本的参数。确定消化池的尺寸还应该兼顾浮渣、固体产率变化和粗砂积累等影响。

（1）固体停留时间

目前设计最小 SRT 的选择一般还是根据经验确定的，典型值是低负荷消化池 30～60d，高负荷消化池 10～20d。设计者在确定合适的 SRT 标准时必须考虑到污泥生产过程的条件范围。

帕金（Parkin）和欧文（Owen）提出了一个更为合理的选择设计 SRT 的方法，尽管它使用的数据很有限。这种方法是采用安全系数 SF 进行 SRT 修正，从而得出一个设计 SRT。如果以给定的消化效率为依据而且假定消化池采用完全混合方式运行，则这一修正 SRT 如式（4-72）所示：

$$SRT_{min} = \left[\left(\frac{YkS_{eff}}{K_c + S_{eff}} \right) - b \right]^{-1}$$
$$S_{eff} = S_0(1-e) \tag{4-72}$$

式中，SRT_{min} 为消化池运行要求的修正 SRT；Y 为厌氧微生物的产率，$gVSS/gCOD$；k 为给定基质最大消耗速率，$gCOD/(gVSS \cdot d)$；S_{eff} 为消化池内消化污泥中可生物降解基质的浓度，$gCOD/L$；S_0 为进料污泥中可生化降解基质浓度，$gCOD/L$；e 为消化效率，%；K_c 为进料污泥中可生化降解基质的半饱和浓度，$gCOD/L$；b 为内源衰减系数，d^{-1}。

式（4-72）中的常数的建议值，一般是针对市政初沉污泥在温度 25～35℃（77～95℉）而言。下列建议值是基于试验所得：

$$k = 6.67 \times 1.035^{T-35} \ gCOD/(gVSS \cdot d)$$
$$K_c = 1.8 \times 1.112^{35-T} \ gCOD/L$$
$$b = 0.03 \times 1.035^{T-35} \ d^{-1}$$
$$Y = 0.04 gVSS/gCOD$$

式中，T 为温度，℃。

消化池运行使用修正 SRT 来计算，其厌氧消化过程的 SF 可按如下计算：

$$SF = SRT 实测值/SRT_{min} \tag{4-73}$$

表 4-20 总结了有关厌氧消化设施的调查数据。SRT 的平均值大约为 20d。运用式（4-73），进料污泥可生化降解 COD 浓度给定为 19.6g/L，消化效率为 90%，设计温度 35℃，得出的最小 SRT 是 9.2d。这种情况，20d 的设计 SRT 其安全系数为 2.2。这意味着短期负荷增加导致实际消化池 SRT 减少至低于设计 20d 的 50%，会产生消化池效率下降的后果，可能会造成消化池内的扰动。

表 4-20　厌氧消化设施的调查数据

SRT/d	每一范围设施百分比/%		SRT/d	每一范围设施百分比/%	
	仅有初沉污泥	初沉污泥+剩余污泥		仅有初沉污泥	初沉污泥+剩余污泥
0～5	0	9	11～15	0	9
6～10	0	15	16～20	11	12

SRT/d	每一范围设施百分比/%		SRT/d	每一范围设施百分比/%	
	仅有初沉污泥	初沉污泥+剩余污泥		仅有初沉污泥	初沉污泥+剩余污泥
21~25	45	25	41~45	0	0
26~30	11	3	46~50	22	0
31~35	11	15	超过50	0	6
36~40	0	6	污水处理厂数量/个	12	132

注：数据来源于美国土木工程协会，厌氧消化运行调查，纽约，1983。

对于包含大量难降解物质（尤其是脂肪）的污泥，其常数值就不再适用。在这些情况下，或者在需要持续保持较高VS去除率的地方，很难保证高的VS去除率，表4-20中对于更长的设计SRT或许是合适的。对于已降解的污泥（如一般不含生物固体的初沉污泥），比表4-20列出数值稍低的设计SRT值可能是更合适的。为了将消化池扰动的可能性降至最小，应在考虑一些不利运行情况的基础上选择设计SRT值，例如短时间的高污泥负荷、粗砂和浮渣在消化池的积累以及消化池停止运行等。

（2）挥发性固体负荷

挥发性固体负荷是指消化池每天投加的挥发性固体的量被消化池工作体积相除的量。一般负荷标准是基于持续的加载条件下，同时避免短时间的过高负荷。通常设计的持续高峰挥发性固体负荷率是$1.9 \sim 2.5 kgVS/(m^3 \cdot d)$。一般挥发性固体负荷率的上限由有毒物质积累速率、氨或甲烷形成的冲击负荷来决定，$3.2 kgVS/(m^3 \cdot d)$是常用的上限值。

在设计中采用过低的挥发性固体负荷，如小于$1.3 kgVS/(m^3 \cdot d)$，可能会导致基建投资和操作费用的增加。基建费增加是因为需要提供大的消化池容积而操作费用增加，可能的原因是气体产生速率小，不能满足维持消化池操作温度所需能量的要求。

在峰值负荷下维持最小SRT（或HRT）是消化池成功操作的关键。为了确定临界峰值负荷，考虑采用每月或每周最大可能的固体产率是必要的，同时需要考虑季节性变化。估计污泥负荷的峰值时应根据废水的BOD和TSS负荷来计算污泥的产量，同时还应该预料到在峰值负荷期间上游污泥浓缩过程工作状况的变化。此外，在设计多个消化池时，还应该预料到最大的消化池在峰值负荷条件下可能会停止工作的情况，基于上述假设进行的设计，可能过于保守。然而，厌氧消化对超负荷相当敏感，一个不正常操作的消化池可能要花几周才能恢复。在一个不正常消化池恢复正常操作之前，除非有其他替代措施可用于污泥稳定化，否则超出上述假设进行设计时，应当非常谨慎。

（3）固体产率

在高峰负荷条件下，对运行成功的消化池来说保持最低HRT（或SRT）是危险的。为了识别临界高峰负荷，设计者必须考虑到高峰周和高峰月的最大固体产量，此外季节的变化也需要考虑在内。设计者还必须对短期的固体产量增加对SRT的影响进行估计，这可从短期产率增加引起SRT安全系数变化方面考虑。

高峰污泥负荷的估算要包括进厂污水中BOD和总悬浮物（TSS），并以此为基础计算污泥量。估算还必须预见高峰负荷时期浓缩不理想的情况。此外，多个消化池的设计要预见到高峰负荷时最大的消化池不工作的情况。设计时必须提供这些时段继续保持污泥稳定的方案。

（4）挥发性固体去除率估算

VS可由前文述及的数据（40%~60%）估计或者根据VS与停留时间的关系式来估算。

对一个一般性负荷的系统，也可运用式（4-74）估算。

$$V_d = 30 + t/2 \tag{4-74}$$

式中，V_d 为挥发性固体去除率，%；t 为消化时间，d。

对高负荷消化系统

$$V_d = 13.7\ln\theta_d^m + 18.94 \tag{4-75}$$

准确估计进入两相消化系统二级消化池的污泥，可按式（4-79）估算。

$$污泥量 = TS - (A \times TS \times V_d) \tag{4-76}$$

式中，TS 为进入消化池总固体量，kg/d；A 为挥发性固体去除率，%；V_d 为初沉消化池去除的挥发性固体去除率，%。

系统的挥发性固体去除率也可参照表 4-21 所列。

表 4-21　挥发性固体去除率

项目	消化时间/d	挥发性固体去除率/%	项目	消化时间/d	挥发性固体去除率/%
高负荷 （中温范围）	30	65.5	低负荷	40	50.0
	20	66.0		30	45.0
	15	56.0		20	40.0

式（4-76）可用于 TS 进入第二消化池时确定两相消化池的尺寸，确定固体浓缩的百分比以及最终处置要求的贮存周期。然而，在很多情况下二级消化池容积设计与初沉消化池相同。

（5）气体产量和质量

气体是厌氧消化池中污泥稳定化后的最终产品。可以运用关系式来进行气体产量估算，在 SRT 充足和搅拌良好的情况下，油脂含量越高，产气量越高。这是因为油脂成分代谢缓慢，总气体产量如式（4-77）所示：

$$G_V = G_{sgp}V_S \tag{4-77}$$

式中，G_V 为气体生产的总体积，m^3；V_S 为 VS 去除量，kg；G_{sgp} 为给定气体产率，$m^3/kgVSS$，一般取值 $0.8 \sim 1.1 m^3/kgVSS$。

甲烷总产量可根据每天有机物的去除量来计算，关系式为：

$$G_m = M_{sgp}(\Delta O_R - 1.42\Delta X) \tag{4-78}$$

式中，G_m 为甲烷产量，m^3/d；M_{sgp} 为给定单位质量有机物甲烷产率，按 BOD 或 COD 去除率计，m^3/kg；ΔO_R 为每日有机物去除量，kg/d；ΔX 为产生的生物量，kg/d。

由于消化气体中约有 2/3 是甲烷，消化池气体总量按下式：

$$G_T = G_m/0.67 \tag{4-79}$$

式中，G_T 为总气体产量，m^3/d。

消化气的组成随污泥浓度而改变，表 4-22 列出了消化气主要气体成分的典型组成。

表 4-22　消化气组成

组分	浓度范围/%	组分	浓度范围/%
CH_4	55~75	N_2	2~6
CO_2	25~45	H_2	0.1~2
H_2S	0.01~1		

消化气的主要的气体成分是 CH_4、H_2、CO_2 和 H_2S。CH_4 和 H_2 大体上决定了气体的热值，CO_2 是稳定化了的碳，所以若 CO_2 含量反常，表示过程可能受到了影响。H_2S 大体

上决定了气体腐蚀性和臭气的强度。消化气中 H_2S 浓度高，最普遍的原因是废水中硫酸盐含量高。铁盐与 H_2S 形成不溶性的硫化铁，常被用于控制消化气中 H_2S 的浓度。但必须注意，把铁盐加到热的污泥管中，可能会引起结垢。不同消化池内 CH_4 浓度在 $45\% \sim 75\%$ 内变化，CO_2 浓度在 $25\% \sim 45\%$ 内变化。若存在 H_2S 必须对任何工业污染源或盐水渗入系统来源调查清楚。消化气热值是 $24MJ/m^3$，而甲烷热值大约是 $38MJ/m^3$。

4.2.5.3 工艺要求

（1）搅拌系统

近年来对消化池搅拌方法进行了大量研究，但仍不是很成熟。解决搅拌系统的设计和应用问题，既需要试验也需要经验。

1）搅拌要求 消化池搅拌的根本目的一是维持消化过程，二是避免砂石和浮渣积累。要维持消化过程，消化池内的物料必须充分的循环以免在消化池内出现过大的温差和浓度差。为避免砂石和浮渣积累，消化池内物料必须充分的混合。研究显示为避免砂石和浮渣积累所需的搅拌能量是维持过程进行所需能量的 $5 \sim 10$ 倍。

厌氧消化池可以采用机械搅拌、气体搅拌（机械叶轮搅拌、机械提升循环搅拌）以及污泥循环搅拌。不同的搅拌方式有着不同的优缺点。选择搅拌方式依据是成本、维护要求、格栅、进料的粗砂、浮渣含量和工艺构筑物型式等。确定消化池搅拌系统规模，建议的参数包括单位能耗、速率梯度、单元气体流量和消化池翻动时间等。输入功率（kW/m^3 消化池体积）是建立在对搅拌效率和输入功率密切相关的基础上的。然而，这一关系主要取决于搅拌系统的实际构造及所提供的功率在整个消化池体积中的有效分布。输入功率的典型值是 $0.005 \sim 0.008kW/m^3$，这种水平的输入功率通常可以避免砂石和浮渣的过度积累。满足过程要求的搅拌，对某些体系来说输入功率低至 $0.001\ kW/m^3$ 也可以达到，然而在某些情况下输入功率即使高达 $0.02\ kW/m^3$ 也不能达到充分混合。

早在 20 世纪 40 年代，坎伯（Camp）和史泰因（Stein）就把速度梯度的概念用作搅拌系统设计和评价的基础。它可以如式（4-80）表示：

$$G = (W/\mu)^{1/2} \tag{4-80}$$

式中，G 为速度梯度的平方根，s^{-1}；W 为单位容积消耗的能量，$Pa \cdot s$；μ 为绝对黏度，$Pa \cdot s$（水，$35^\circ C$ 时为 $720Pa \cdot s$）。

$$W = E/V \tag{4-81}$$

式中，E 为能量；V 为池容积，m^3。

能耗可以从下列方程求定

$$E = 2.40P_1Q\ln(P_2/P_1) \tag{4-82}$$

式中，Q 为气体流量，m^3/s；P_1 为液体表面绝对压力，Pa；P_2 为气体注入深度绝对压力，Pa。

这些公式可以计算必要的能量需求，压缩机气流流量以及注气系统的动力。黏度是温度、VS 浓度、TS 浓度的函数。温度升高，黏度下降。固体浓度增加，黏度增加。另外，VS 增加 3% 以上，黏度才会增加。速度梯度的平方根的恰当值是 $50 \sim 80s^{-1}$。

较低的值用于只有一个出气孔和油类、脂类及浮渣造成潜在故障的系统。

重新组织上述公式，单位气体流量与速度梯度平方根之间的关系可用式（4-83）表示：

$$\frac{Q}{V} = \frac{G^2\mu\ln\dfrac{P_2}{P_1}}{P_1} \tag{4-83}$$

对免提升系统气流量/池容积的建议值是 $76\sim83\mathrm{mL/m^3}$，吸管式系统的建议值是 $80\sim120\mathrm{mL/m^3}$。

翻动时间是消化池容积除以气管内气体流速。一般这一概念仅用于通气管气体和机械泵送循环系统。典型的消化池翻动周期为 $20\sim30\mathrm{min}$。

2）搅拌系统工作状况 有关"适当的消化池搅拌"的专门定义尚未有定论，但有多种方法，如固体浓度断面剖析、温度特点分析、痕量分析研究等已被用于评价搅拌系统的工作情况。

固体浓度断面剖析法是从消化池内部中央深度（通常每隔 $1\sim1.5\mathrm{m}$ 设置取样口）取样然后分析总固体浓度。当消化池整个深度内测得浓度与消化池平均浓度的差别不超过给定值（5%～10%）时，那么可以认为搅拌良好。浮渣层和底部污泥层可以容许较大的偏差。这种方法的缺点是，对初沉污泥或初沉污泥与剩余污泥混合的消化系统来说，它们即使不搅拌也不会产生很大的层叠作用。因此，搅拌不充分不能仅仅由固体浓度断面剖析来表达。

温度分析也是评价搅拌效果的方法。描述温度特征的方法有着与固体浓度分析方法相类似之处。温度读数是从消化池内不同深度处获得的。如果任何点的温度都不偏离平均值或者与其相差在 $0.5\sim1.0\mathrm{^\circ C}$ 之内，则可以认为搅拌充分。温度分析的缺点就是在搅拌不足的情况下，通过足够的热扩散也能保持相对均匀的温度特征，尤其是在消化池 SRT 较长时是如此。

目前痕量分析方法是评价搅拌效果最为可靠的方法。该方法是将痕量物质（如锂）注入消化池，然后分析其仍保存在池内的痕量物浓度。连续进料法也可使用但实际上办不到，这是由于在测试过程历时较长的情况下会用掉大量的痕量物质。消化污泥样品收集后分析痕量物含量，对于一个完全混合的理想消化池，滞留在消化池的痕量物质浓度可按式（4-84）给出：

$$C=C_0^{-t/\mathrm{HRT}} \tag{4-84}$$

式中，C 为 t 时刻痕量物浓度，$\mathrm{mg/L}$；C_0 为 t 为 0 时刻，理论初始痕量物浓度（注入的痕量物总量/消化池总容积），$\mathrm{mg/L}$；t 为自加注痕量物之后的延续时间，h；HRT 为消化池水力停留时间，h。

以自然对数替换，上述公式可以转化为式（4-85）：

$$\ln C=\ln C_0(-V/V_0) \tag{4-85}$$

式中，V 为 t 时刻进料的污泥体积，$\mathrm{m^3/h}$；V_0 为消化池总容积，$\mathrm{m^3}$。

采用此种方法估计搅拌效果是最为准确的方法。然而，由于这种方法要求对消化池进料和排放速率进行仔细监测以及要求大量分析消化池内痕量物浓度，它比其他任何讨论过的方法都昂贵得多。

（2）浮渣、砂粒、碎屑和泡沫聚集的控制

浮渣、砂粒和泡沫等物质会降低消化池的有效容积，破坏搅拌和加热，影响气体的生成和收集，它们也会带来运行管理上的问题，造成消化过程失败。

通过在厌氧消化处理前的沉淀阶段可以减弱浮渣积累，如旋转式格栅。通过对进水含油量的分析可以获得浮渣形成的趋势。粗砂可在进厂之前的沟渠系统中得到去除。通过充分搅拌和加热维持完全混合，可以避免在消化池内形成浮渣层和粗砂层。通过有效地搅拌可以使其悬浮在整个池中，但过度搅拌会带来泡沫问题。形成的浮渣和泡沫可以通过安装在顶部的锁嘴来纠正。暖式喷洒对消泡除渣尤其有效，这是通过降低黏度和增加搅拌分散效果来实现的。市场上销售的除渣和消泡药剂等化学物质会使上清液的 COD 浓度增加，而且很难对封闭容器内喷洒设备进行维护。

通过提高底板坡度可以去除消化池内的碎屑、粗砂，通过排放口的设置来进一步强化，当消化池位于地面以上时，可在贴近地面的地方设置供人进出的开口，这有助于在清洗消化池时清除砂粒。采用切线式搅拌系统则会在消化池的中部积砂。

采用蛋（卵）形构造的消化池是一个以容器构造来实现清除积砂积渣很好的例子。其边壁陡峭坡向顶部迫使浮渣集中在有限的区域，此构造既有利于搅拌打碎成液状，也利于清除。其陡峭的底坡也使砂粒碎屑更加集中，便于清除。

（3）浓缩

厌氧消化过程可以采用预先浓缩，这样可减少厌氧反应池体积以及反应器尺寸。由于一般在二沉池内生物污泥的浓缩性能不是很好，在消化前预先浓缩则会使消化池尺寸更经济。不过 4% 以上的浓缩会造成搅拌的困难。

（4）加热系统

温度的快速变化可能会对过程产生严重影响，维持恒定的消化温度可改善过程操作状况。把温度控制在接近最佳值使消化速率达到最大，从而使所需消化池体积最小。尽管目前消化池均设置了污泥加热装置，但加热系统及温度控制问题仍是厌氧消化工艺最普遍的操作问题。

当控制温度在最优值附近时能使消化速率达到最高，使池容积最小。为了保持消化池温度恒定在最优点，必须通过加热升温投配污泥以弥补消化池的热量损失。式（4-86）给出了对投配污泥加热升温所需要的热量：

$$Q_1 = W_f C_p (T_2 - T_1) \tag{4-86}$$

式中，Q_1 为热量需求，kJ/d；W_f 为投配量，kg/d；C_p 为水的热值，4.2kJ/(kg·℃)；T_2 为进入消化池的污泥温度，℃；T_1 为离开消化池的产物温度，℃。

弥补消化池热损失所要求的加热量可以按式（4-87）估算：

$$Q_2 = UA(T_2 - T_1) \tag{4-87}$$

式中，Q_2 为弥补消化池热损失要求的加热速率，kg·cal/h；U 为换热系数，kg·cal/(m²·h·℃)；A 为损失热量的消化池表面积，m²；T_2 为消化池内污泥温度，℃；T_1 为环境温度，℃。

一般分别计算消化池底板、贴土的墙、暴露于空气的墙和顶盖等各表面的热损失，然后通过累加得到消化池总热量损失。在计算时，消化池内及周围环境温度必须已知或能估算出。

表 4-23 和表 4-24 可用于计算消化池各部分的热损失。表 4-23 列出的是不同结构材质的换热系数；表 4-24 描述的是不同部位的换热系数。

表 4-23 不同结构材质换热系数

材质＼单位	kg·cal·m/(m²h·℃)①	Btu·in/(h·ft²·℉)②	材质＼单位	kg·cal·m/(m²·h·℃)①	Btu·in/(h·ft²·℉)②
混凝土,不绝热	0.25~0.35	2.0~3.0	材料间夹气空隙	0.02	0.17
钢,不绝热	0.65~0.75	5.2~6.0	干土	1.2	10
矿物棉	0.032~0.036	0.26~0.29	湿土	3.7	30
砖,绝热	0.35~0.75	3.0~6.0			

① 除以厚度（以 m 计），得 kg·cal·m/(m²·h·℃)。
② 除以厚度（以 in 计），得 Btu·in/(h·ft²·℉)。
注：数据来源 Bau meister 1978,1974 年手册,美国环保局。

表 4-24 消化池不同部位换热系数

池部位	典型换热系数	
	kg·cal·m/(m²·h·℃)	Btu·in/(h·ft²·℉)
固定式钢盖,6mm(0.25in)	100~200	20~25
固定式混凝土盖,280mm(9in)	1.0~1.5	0.20~0.30
暴露在空气中	0.7~1.2	0.15~0.25
加 25mm(1in)空气间隙和 100mm(4in)砖	0.3~0.5	0.07~0.10
暴露于干土 3mm(10ft)	0.3	0.06
暴露于湿土 3mm(10ft)	0.5	0.11

注：小的数值代表着高的绝热能力。

当壁或顶由两种以上材质做成时，有效换热系数可由下式计算：

$$1/U_e = 1/U_1 + 1/U_2 + \cdots + 1/U_n \tag{4-88}$$

式中，U_1，$U_2 \cdots U_n$ 为各独立材质的有效换热系数；U_e 为有效换热系数。

在计算热损失时，一般假定消化池的所有内容物（气体和污泥）温度均相同。环境温度 T_2 是指消化池附近空气和与其接触的土的温度。

一般计算热量需求时，必须考虑到可能的操作条件变化范围。换热系统的加热能力需考虑到最低温度条件可能的最大污泥投配率的情况。一般来讲，是根据最低温度周的最大产泥量来进行计算的。加热系统配备足够的切换设施可在最小需热量和平均需热量之间切换。换热要求还需包括换热器的热效率，其可能的变化范围是 60%~90%。

对于环境温度，设计者必须考虑消化池换热受风的影响情况。风可以加大消化池的热损失，这一点可以通过增大换热系数来进行估计。

（5）药剂要求

碱度、pH 值、硫化物或重金属浓度的变化须投药剂加以调节，主要投加的药剂有明矾、硫酸铁、氯化铁、石灰和碳酸氢钠等。在开始阶段，可以暂不安装泵和其他化学加药设备，但必须预留接口，如管嘴和空法兰。

（6）消化对脱水及脱水循环液的影响

厌氧消化可以减少脱水污泥量，但经厌氧消化后的产物比未经厌氧消化的更难于脱水，其原因主要是厌氧消化降低了絮凝性能，同时增加了非絮凝分散颗粒物的浓度。

污泥经过厌氧消化后脱水产生高浓度的循环液体，在液体中需要进一步处理的是其含有的大量总凯氏氮（TKN），其次是 H_2S。污泥经厌氧消化能将其中 50%~60% 的颗粒 TKN 转化成氨，而这些氨的多数存在于污泥脱水过程产生的液体中，这会显著影响废水处理工艺设计和操作（特别是在工厂对氨和氮的去除有要求时）。

循环液中 H_2S 会使得下游生物处理单元出现运行故障，对于污水厂的固定膜系统尤为明显，当存在大量厌氧消化循环水流时会导致硫氧化细菌的过度繁殖。

4.2.5.4 消化池设备及池型设计

对于消化工艺构筑物而言，消化池设备的选择在很大程度上受可使用的土地面积或物理空间影响。对于不同的空间设计要求，可采用的消化池结构及几何外形也有所不同。圆柱形水池占地面积较大。对于蛋（卵）形消化池及其变种，其在土地面积有限或地价相对较贵时是比较经济的选择，但是筒形和蛋（卵）形消化池在设计建造时其构筑物相对复杂。

（1）消化池顶罩

消化池的顶罩的作用在于气体收集、减少臭气、保持内部恒温、维持厌氧条件。此外，罩子还可支撑搅拌设备，深入水池内部。消化池顶罩有固定罩、浮动罩和浮动集气罩 3 种基本形式。

固定罩可使消化池维持恒定的容积，并使消化池体积获得最大的利用，同时可简化搅拌系统的设计和操作。固定罩对于消化池内液体体积和气体压力变化的适应性较差，在设计时必须有所考虑，以便使压力升降最小。混凝土墙的破裂及气体在固定罩与消化池墙体界面处的泄漏是相当普遍的，这类问题通常是由于安全阀失灵，压力变化失控引起的。

消化池固定罩及其附属物（见图 4-22）由钢筋混凝土或钢制成穹顶状或扁平状。钢筋混凝土顶罩一般内衬钢板或 PVC 以利于气体贮存。固定罩易引入空气形成爆炸性气体，或在池内形成正压或负压。

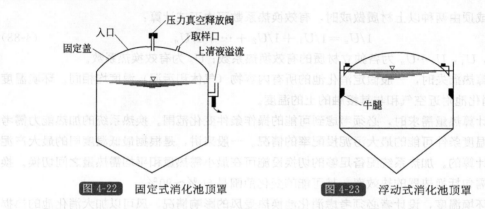

图 4-22　固定式消化池顶罩　　　　图 4-23　浮动式消化池顶罩

浮动罩即消化池的罩子浮于污泥表面上，消化池内污泥体积发生变化时，罩子会上下浮动，从而使消化池内工作压力保持不变。

浮动罩可以分为停留于液体表面和停留于壁边缘浮于气体之上两类。在浮动罩的设计中，采用了垂直和螺旋形的引导系统。采用垂直引导系统，可限制轴承的水平运动，而螺旋引导系统会使罩子的垂直运动和旋转运动同时进行。垂直引导系统相对简单，但螺旋引导系统会对罩子的不均匀垂直运动造成较大的阻力。当风载荷相对明显时，应考虑风的重要影响。

套式浮动罩（见图 4-23），在液相表面占用较大的面积便于气体收集。为此，浮力作用于罩子外边缘使之成为一个浮筒，通过增加下降式浮动罩的罩与液相表面的接触以减少液相上方的占用空间，附加的重物用来增加顶罩的浮力抵消气压或平衡在罩子上安装设备造成的荷载。在一级消化池普遍使用浮动罩。浮动罩的优点是控制方便，可以进行进料和排放分开操作，将浮渣压入液相使之得以控制。浮动罩的缺点是搅拌系统的设计很复杂，在泡沫严重时会出现倾斜，且其基建费用通常要比固定罩高。

浮动集气罩和浮动罩相类似，许多设计原则基本相同。集气罩提供了延伸的边缘供集气用。浮动集气罩的顶罩通常是浮在气垫上而不是直接浮在污泥上，是经改进的浮动罩（见图 4-24），其改进措施包括增长的利于贮气的边缘和一个使罩子稳定地浮于气相之上的特殊导引系统。当顶罩下气体的体积变化时，顶罩会按比例升降。顶罩下压力的微小变化，体积就会作相应的变化。浮动集气罩的设计可以增加气体贮存空间，气体贮存空间允许产气量和污水厂运行负荷的变化。

在设计时，浮动集气罩应当考虑到侧面风荷载以及由此导致的翻转力量。近年来发展的浮动集气罩是膜式罩（见图 4-25），此种顶罩由弹性气膜和中央小型集气穹顶支撑结构组成，鼓气系统通过打入空气至两膜间的空隙来改变贮气空隙体积，随着产气体积的增加，通过释放空气使空气体积减小，随着产气体积的减小，利用鼓风机向空隙补充空气，仅气膜和中央贮气穹顶与消化池内部接触，其中气膜由类似珊瑚礁类内衬物质的弹性聚酯纤维制成。

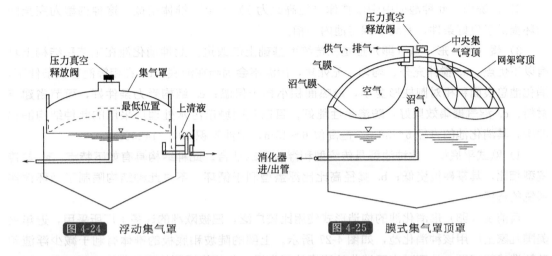

图 4-24　浮动集气罩　　　　　　　图 4-25　膜式集气罩顶罩

不论使用什么形式的顶罩，都必须要安装压力阀、真空阀和火焰报警器，同时应避免将空气吸入消化池，因为空气和甲烷混合气是爆炸性的。因此，在顶罩下必须维持一个小的正压（通常为 $100\sim250\text{mmH}_2\text{O}$，$1\text{mmH}_2\text{O}=9.80665\text{Pa}$）。对于浮动罩，吸入空气的可能性很小，但对固定罩这种可能性要大得多。若使用固定顶罩，可以考虑用一些外部的惰性气体源（如二氧化碳和丙烷等）来维持所要求的正压。

在消化池的盖子上应开设 2 个人孔，最小直径 0.7m 的人孔便于设备的保养。安装 2 个 200mm 的气密性好、带盖的取样管。此外，还应在几个不同位置开设视镜，供观察、检查表面搅拌效果和浮渣积累。

（2）池型和构造

厌氧消化池外形有方形、矩形、蛋（卵）形、圆柱形等。目前应用最为广泛的集中池型见图 4-26。其中在现场条件受限的情况下，一般采用矩形消化池，其造价最省，但它搅拌不均易形成死区导致操作困难。以前普遍使用低圆柱形带圆锥底板的构造形式，一般该圆形消化池由钢筋混凝土制成，垂直边壁高度 6～14m 不等，直径约 8～40m；圆锥形底便于清扫，底板坡度为（1∶3）～（1∶6）；尽管底坡大于 1∶3 时利于砂粒清理，但难于建造和清扫。根据需要，有些圆柱形消化池采用砖砌外表，中间含空气夹层，内填土、聚苯乙烯塑料，绝热板材料和玻璃纤维等[7]。

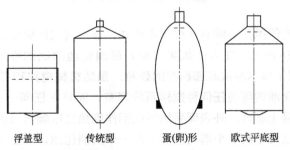

浮盖型　　　传统型　　　蛋(卵)形　　　欧式平底型

图 4-26　污泥消化池基本池型

1) 浮盖型　此种池型一般径高比大于1，底部和顶部的锥形梯度相对较小。该池型可通过气体搅拌的方式达到消化池内污泥的充分混合，但污泥沉积的问题未得到有效解决。一般每2~5年需要放空清理一次，这将对池体结构产生不利影响。

2) 传统型　此种池型由中部柱体（径高比为1）和上下锥体组成，这种构型为完全内循环提供了良好条件，有利于保持池内均相。

3) 蛋（卵）形　蛋（卵）形是在传统型基础上的改进。此种消化池在工艺和结构上具有以下优点：a. 搅拌充分、均匀、无死角，污泥不会固结在池底；b. 在相等池容积条件下，消化池总表面积相对圆柱形要小，散热面积小易于保温；c. 结构受力条件好，可节省建筑材料；d. 沼气聚集效果好，防渗水性能好。目前我国城市污水处理厂采用的此种结构消化池中，其消化池的直径6~38m，池高位6~45m，单池容积300~14200m³。

4) 欧式平底型　此种池型是传统型和浮盖型的结合。此种结构具有如下特点：a. 与传统型相比，其基建投资低；b. 其径高比比浮盖型利于循环。不过此种结构限制了循环搅拌系统的选择。

目前蛋（卵）形消化池的构造形式使用比较广泛，已被欧洲的许多工厂所采用，近年来美国几家工厂用该种消化池，如图4-27所示。上部的陡坡和底板的锥体有利于减少浮渣和砂粒造成的问题，从而减少了消化池清掏的工作量。与传统矮圆柱形池相比，蛋（卵）形消化池的搅拌要求相对较少，传统矮圆柱形池大部分的搅拌能量用于维持砂粒悬浮及控制浮渣的形成。蛋（卵）形池的主要缺点是基建费较高（因为复杂的墙体和很大的基础），此外，蛋（卵）形消化池没有供气体贮存的空间。

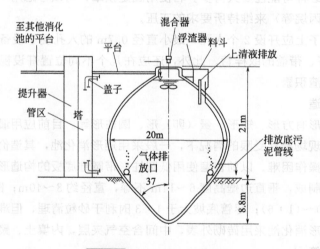

图 4-27　蛋（卵）形消化池

蛋（卵）形消化池的搅拌系统有3种基本形式：非定向气体搅拌、机械式通气管搅拌和泵循环搅拌，如图4-28所示。在大多数蛋（卵）形消化池池底的锥形部分备有气体"刀"和水力"喷头"，有利于偶尔冲洗底部积存的砂粒。虽然机械搅拌和气体搅拌同时使用的可能性不大，但一个消化池内可能任何种搅拌系统都有，而且在任何一天都能操作。蛋（卵）形消化池可由钢筋混凝土制成，外表面采用氧化铝作绝热层以起到保护或绝热作用。

一个工厂往往建造两个或多个消化池而不是一个大消化池，以便于操作的灵活性。利用两个或多个消化池进行消化，可以允许一个池子停止工作而进行保养。

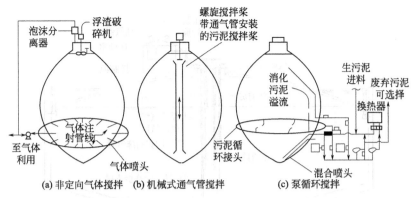

图 4-28 蛋（卵）形消化池的搅拌系统[1]

（3）水泵和管路系统形式

在进行污泥输送泵选择时，考虑的一个重要因素是泵内外的结构材质。其内部结构材质必须耐腐蚀、耐磨、耐穿孔。通常采用性能良好的镍铬叶轮和泵壳。往复泵的静态材料可采用聚合及其他塑料，转轴可采用工具钢。其外部需涂涂料以防止腐蚀。另一个选泵的重要因素是使用是否简便以及是否易于清除泵内累积碎屑。

在管路系统的设计时必须在进料、循环、排放固体等方面考虑其最大的灵活性。管路系统的安排须考虑进料、上清液排放和固体排放等多个接口。污泥泵因其本身的低速特点会导致管路系统的淤积，设计方案中要考虑清洗或冲洗（尽可能使用经处理的废水）。在选择阀门及阀门位置时也必须慎重考虑。阀门的设置必须便于接近及手动操作。出于安全性和维护的需要，设计方案中还应考虑到所有的消化池子和泵能够隔离开。

对于两相消化系统管线系统的布置需要满足以下操作要求：通过重力流将一级的生物污泥输送至第二级；一个消化池的污泥可送至另一消化池，上清液有多只排放口，循环系统有多只进出口，备用泵具有配套的管路系统。

（4）搅拌方式及设备

厌氧消化是菌体与底物的接触反应，在反应过程中需要使两者充分混合，因此搅拌就变得十分重要。通过设计合理的搅拌方式，达到以下目标：a. 使新鲜污泥与富含消化菌的消化污泥充分混合，加快反应速率；b. 使气体顺利与污泥分离，溢出液面；c. 使系统温度和pH值保持均匀，避免消化菌受温度和pH值变化的影响；d. 防止池内产生大量浮渣。

消化池搅拌系统有以下四类：定向气体注射系统、水泵搅拌系统、不定向气体注射系统、机械搅拌系统。在搅拌器的设计选择上，要综合考虑消化池池形、容积、投资费用和运行管理要求等。

普遍采用的搅拌系统是使用排气管作为定向气体注射的系统。它可以实现足够的搅拌，以确保混合完全。一系列注入消化池的大口径管道组成了排气管气循环系统，它使得生物污泥得以上升混合到达液相的表面。根据消化池大小而确定排气管的数量。一般情况下，消化池的直径在18m以上时，排气管就需要一根以上，从顶部的释放口或沿底部侧壁压缩后的气体进入排气管，可以采用支架将单管排气系统固定在池底部，由压缩机和控制仪供气和控制。常用的压缩机有螺旋泵式、转叶式和液环式三种。排气管一般都采用钢板制作，典型尺寸：直径0.5～1.0m（20～40in），其外圈可装加热夹套供搅拌的同时加热用，如图4-29所示。

机械搅拌系统采用旋转的螺旋桨对消化池内容物进行搅拌。搅拌机可以是安装在排气筒

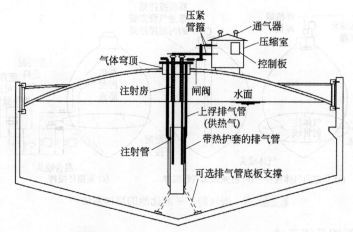

图 4-29　带加热夹套的单排气管搅拌机[1]

内的高速桨叶或低速涡轮，可以选择在消化池的内部或者外部安装排气筒。水泵搅拌和机械搅拌系统的流动方向均是从池顶到池底。与之相反，气体搅拌系统从池底到池顶。机械搅拌系统存在对液位敏感、搅拌桨易被碎屑和碎纤维阻碍的缺点。

在水泵搅拌系统中，安装在池外的水泵从顶部中央位置吸取生物污泥，然后通过喷嘴以切线方向从池底注入至消化池。液相表面通过安装破碎浮渣用的喷嘴可间断地破碎积累的浮渣。低水头高流量输送"污泥"的水泵有轴流泵、离心螺旋泵和混流泵。泵通常以传送带驱动，可根据消化池内固体浓度变化而进行调节。

多点喷射气体循环系统由分布于整个池内的多根喷射管组成，是一种常用的不定向系统。气体可经旋转阀门有序地从一根管换至另一根管，或者经过所有的管子达到连续排放。一般情况，旋转阀门按预先设定的定时器自动控制操作。喷气管安装在距消化池中心约 2/3 处。为保证中心部位的有效混合，会增设一根喷枪于距中心几米处的位置。此外，系统还要有压缩机及控制设备。

多点顺序喷气系统的剖面如图 4-30 所示。气体排放管的直径在 50mm 及以上，设计方案时须尽可能地使气体排放管集中。喷枪的淹没深度是决定气体流量的一个重要因素。图 4-31 是喷枪系统的平面图，13～15m 直径的消化池中装备有 6 支喷枪。

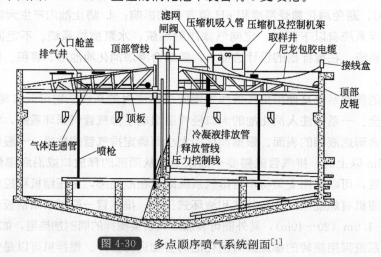

图 4-30　多点顺序喷气系统剖面[1]

另外一种不定向气体喷射系统是由安装在池底部布置成环形的扩散器盒组成。其被安装在混凝土短柱上，扩散器盒的个数根据消化池的容积和大小而定。各个扩散器可通过独立的气管供给来自压缩机的压缩气体。与其他喷射系统相比，该搅拌系统的几何特性与浮动罩的高度无关。这些设备永久地固定于池底，因此，搅拌系统的维护相对困难。

搅拌系统最常见的问题是堵塞，进行频繁的清洗或增加碾磨、筛分等工序，是设计者和操作者经常采用的防堵塞方法。其次是机械问题和搅拌不充分，通过仔细选择和设计出合理的搅拌设备，并向操作人员提供纠正问题的方法。

（5）加热方式及热源

1）加热方式　表4-25列出了美国污泥厌氧消化所使用的加热方法及工厂操作者的实际经验。由表可见，最普遍的加热方法是外部热交换法，外部加热要优于其他加热方法，因为它操作和保养相对容易。尽管直接蒸汽喷射排除了污泥和水之间的热交换，但它存在一些潜在的问题，如水蒸气凝结

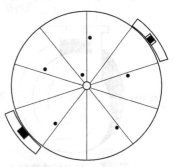

图4-31　顺序操作下降式喷枪的相对位置[1]

后会稀释污泥，消化池中产生局部过热。直接燃烧加热（污泥管子与火焰接触）可能导致局部过热和管内结焦。

表 4-25　污泥厌氧消化池加热方法

加热方法	工厂总数/个	效果好的百分数/%	效果差的百分数/%
外部换热器	35	76	24
水浴	30	76	24
套管	16	80	20
螺旋板	9	64	36
内部换热器	3	25	75
蒸汽喷射	3	75	25
直接火焰	5	75	25
其他			

为了保持恒定的操作温度，会在系统外部或内部安装加热设备。老式的消化池通常采用内部有热水循环的固定在边壁上的内部加热盘管。这些盘管容易受损并导致换热效率的下降。这些盘管的维修需要操作人员关闭消化池以清空内容物。带有加热夹套的排气筒式搅拌器也可以在内部对污泥进行加热，然而由于维护困难而很少使用内部加热系统。

水浴式、套管式和螺旋板式三种外部热交换器可用于厌氧消化。

在水浴换热器中，一个热水浴安装于锅炉旁边，污泥加热管置于水浴中。污泥采用泵循环送至水浴加热换热器，利用循环泵使水在锅炉和水浴之间循环，并控制加热速率。使用水浴热交换器与使用其他形式热交换器相比，精确控制向污泥的传热速率可能更困难。

套管式换热器由两根同心管组成（一根装热水，另一根装生物污泥）逆向流动的双层流体。螺旋板式换热器和套管式换热器在设计上是具有相似性的。

螺旋板式换热器（图4-32）是由两根长条形板相互包裹形成的两个同轴通道组成，污泥和热水在两个旋转通道内逆向流动。在设计其内层板时，需考虑让其尽可能地便于清洗和辅助维护。水温须保持在68℃以下以防止结块。螺旋板换热器的主要优点是换热器单位体积

内的传热面积大，且不易堵塞。

根据生物污泥中的固体含量，外部换热器的换热效率在 $0.9 \sim 1.6 kJ/(m^2 \cdot ℃)$，内部盘管式换热效率在 $85 \sim 450 kJ/(m^2 \cdot ℃)$ 变化。

图 4-32 螺旋板式换热器

目前常用的热源是采用锅炉加热循环水的方式。一般将消化池产气作为锅炉的专用能源，不过在设计方案时也应将天然气、燃料、油等辅助燃料考虑在内。

2）热源 厌氧消化池最普遍的热源是燃烧消化气。当以消化气为燃料时，锅炉的热效率取决于锅炉性能、气体质量及锅炉操作的温度等，一般为 $70\% \sim 80\%$。

用消化气发电和供消化池加热的方式，已经变得越来越普遍，所发的电用于补充工厂外部供电或销售给电网，来自发电机冷却系统及烟道气系统的废热用作系统本身的热源。但在加热所需热量多的期间，必须用辅助锅炉燃烧部分或全部消化气，甚至用外部燃料补充。

由于热效率取决于消化气质量，所以燃烧之前对消化气进行净化是必要的，主要是除去硫化氢。燃烧含有高浓度硫化氢（约大于 $100 cm^3/m^3$）的气体会导致锅炉和发动机的严重腐蚀，特别是当这些设备在低负荷（导致低温）条件下操作时，腐蚀更为严重。因此，任何设计都要考虑在消化气中硫化氢浓度的控制。

在多数情况下需要辅助燃料作为气体产率低或要求高热能供应阶段的补充。至少在消化池启动阶段需要辅助燃料，因为在消化池达到稳定操作之前，消化气的产量是很低的。发电和消化池加热联合系统的经济效益取决于多个因素，这包括可利用的消化气量、消化气的质量及电力的价格。

（6）药剂投配系统

消化池加药系统与整个污水厂加药系统的设备一同布置是比较理想的做法。由于消化池加药系统不需要每天使用，因此这将有利于设备安装的优化组合。

消化池配备加药系统主要有两个目的，控制抑制物/毒性物质和 pH/碱度控制。碳酸钠、碳酸氢钠、石灰是常用的碱。硫酸铁、氯化铁和铝盐等可用于抑制物质的共聚或沉淀以及对消化气中的硫化氢含量的控制。

化学加药设施主要包括加药工具、卸载和贮存设备、溶解/稀释设备、计量和传输设备。一般情况下，供货商提供的详细清单会注明化学药剂的相关要求，包括在不同浓度时所用工具的材料、处置方法、通风、安全、贮存过程、再利用、温度、应急设备等要求。

通常卸载设备可能包括磅秤、水龙带、大漏斗、斜槽、空气压缩或真空泵、卸料泵等。

采用流量调节设备（此设备可保证操作人员给定的化学药剂与用水量的比例）来完成溶解/稀释化学药剂对应的使用浓度。

采用计量泵进行化学计量，将贮存的药剂以恒定速度输送以实现计量，是最易实现的操作。根据预期的消化池设备的效率和沉淀反应动力学，在必要时须附加搅拌，以提高化学药剂的使用效率。

（7）气体收集和贮存

污泥通过厌氧消化产生的气体可以在消化反应器液面上方得到收集，并且释放。产生的气体可以用来使用，也可通过燃烧以避免气味产生。通过污泥气利用设备污泥气可进行发电或加热，也可以通过贮气装置将污泥气贮存以备后用，或者将污泥气直接输送至废气燃烧炉进行燃烧。

当污泥气中混入空气且其混合气的甲烷浓度达 5%～20% 时就存在爆炸的可能性，为了防止污泥气因不小心混入空气而发生爆炸，必须在系统维持正压条件下进行污泥气的收集、转输。污泥气的贮存、运输及阀门的布置应满足设计要求，即当厌氧消化污泥的体积发生改变时，污泥气（不是空气）应当被抽回到消化池中而不是被其他气体所替代。

一般情况下，消化系统的运行压力<3.5kPa（压力以 mmH_2O 来表示），因操作压力较小，沿程损失，应对泄压阀装置的设计及控制设备管理维护都加以考虑以确保系统正常运转。

一般由消化反应器出来的集气总管直径≥65mm，而污泥气的进口处高度应在消化池上部污泥浮渣层最高液面至少 1.2m 处。为了减少泡沫和固体颗粒进入集气管路，应适当放大这段距离。对于相对较大的消化气体收集系统，其集气管的直径应≥200mm。由于启动气体混合系统时，总气量是设计最高月产气量与循环气量之和，因此应根据总产气量来确定消化池排气管的大小。

集气管的坡降为 20mm/m，且输送浓缩气体的管道坡降应≥10mm/m。为了保持管路压力损失适当，防止存水弯处产生湿气对仪表、阀门、压缩机、电机和其他设备产生腐蚀作用，气体在消化池管路中的最大流速应限制在 3.4～3.5m/s。应当确保有足够的管路支撑设施，以防止因不恰当的安装、内部压力以及由地震所造成的破坏性作用。应有柔性接头于管路与设备之间，埋地管线应特别注意。

4.2.5.5 设计要考虑的其他问题

（1）方便消化池的清洗

含有砂石或其他无机物质的污泥消化时，通常消化池中会发生这些物质的积累。有些消化池，例如卵形消化池和具有强烈搅拌的消化池，可使积累量最小。但是，在多数情况下设计者应考虑为砂石清洗提供方便。

合理的设计应设置便于进入圆形消化池进行清洗的入口；池内构件尽可能采用可拆结构；消化池周围有供排水和排泥的出口；附设一个高压（大约 700kN/m^2），高流量（大约 60L/s）供水（供冲洗用）系统。

通常，在清洗消化池时，首先应尽可能多地排出消化污泥，然后把重的沉积物从消化池内排出（通常用人工）。有的工厂用贮存塘放置重的消化污泥，使液体和固体在塘中获得分离，液体通常返回到污水处理设备，而固体脱水后处置。通常为这一目的而设计的贮存塘的体积为消化池最大体积的 20%～40%。

另一种清洗消化池的方法是把重物料泵入一个机械脱砂装置，砂石收集在另一个容器中进行处置，分出的污泥和液体返回到消化池。这种方法减少了臭气，但要有专用的机械设备。

（2）结构的合理性

消化池结构设计中需要重点考虑的是设备寿命和热损失。城市污水处理厂的设备，通常的设计寿命为 40～50 年，而工业废水处理厂的设备，设计寿命可能只有 15 年。

消化池内物料的温度与外部环境温度差会影响消化池的结构。因此对设计者来说消化池的操作温度和当地气候是结构设计中的重要因素。大多数厌氧消化池在中温范围操作，但在设计消化池结构时可能希望其能在高温区操作。

设计者首选的消化池池形是圆形，因为方形或矩形池混合不均匀，浮渣和砂石的积累多，转角处压力大，因此，至少靠近矩形池转角附近要求更厚的墙体。而卵形池墙体弯曲，结构复杂，其造价通常要比圆形池高得多。

若采用混凝土固定消化池盖，一般将其设计成平板形，因为这样建造起来最容易。钢制固定盖常设计成圆锥形，并带有框架支柱。混凝土和钢制固定盖均在工程实际中得到了广泛应用。

在易于发生地震的地方，消化池结构需要做特殊的考虑。在地震期间及地震后，结构的损坏导致消化池内液体的外泄，浮动盖的铸件和轴承特别容易损坏。管路连接应当灵活，允许不同方向的运动。

（3）腐蚀控制

腐蚀是厌氧消化池系统的普遍问题，主要原因是消化过程中会产生高浓度硫化氢。因此，在设计和建造过程中要仔细选材和喷涂防腐层。涂层包括热浸镀锌和熔融胶合环氧树脂，有时也采用阴极保护法来保护消化池、掩埋在地下的钢制部件及管子的外表面。为了把腐蚀速率控制在最小，所有焊接点和金属切口都要磨光洁。

（4）结垢

消化池内常常有玻璃状结晶（$MgNH_4PO_4$）形成。加入化学药剂，如铁盐，可减少溶液中 PO_4^{3-} 的浓度（这种情况下 Fe^{3+} 与 PO_4^{3-} 形成磷酸盐沉淀）而减少结垢。但把铁盐加到热的污泥中可能会形成蓝铁矿 $[Fe_3(PO_4)_2]$，玻璃状结晶和蓝铁矿两者都极硬，难以去除。

4.2.6　气体收集与处置

污泥厌氧消化产生的气体是一种能源，它可以收集利用。本节概括性介绍关于气体收集与处置设计上需要考虑的一些问题。

4.2.6.1　气体收集与贮存[6]

污泥消化过程产生的消化气可收集起来供燃烧使用，但要避免散发臭气和产生爆炸。消化气收集和分配系统必须维持正压，以避免消化气与周围空气混合引起爆炸。空气与消化气混合物，含甲烷浓度在 5%～20% 时有爆炸性。所设计的气体贮槽、管路和阀门等，在消化污泥体积变化时，应能使消化气被吸入而不会被空气置换。

（1）收集系统

大多数消化系统在压力低于 3.5kPa 下操作，由于操作压力低，因此对管路压头损失、减压阀的安装及控制装置等必须做特别考虑，这些因素对确保气体收集系统成功操作都是非常重要的。

通常用于收集消化气的主管线最小直径为 65mm，气体入口至少应位于消化池最高液位以上 1.2m，采用更大的距离有利于减少固体和泡沫进入消化气管路系统。对大型消化系统来说，气体收集系统可能要求管子直径为 200mm，甚至更大，具体的尺寸可由消化池流出的总气体流量而定。在使用气体搅拌的场合，循环气体流量必须估计在日产气量峰值中。

气体管路坡度的推荐值为 20mm/m，而允许的最小坡度为 10mm/m，以便排除冷凝水。消化气在管内的流速应限制在 3.4m/s 或 3.5m/s 以下，这种低流速对维持可接受的管路压力损失及防止夹带过多的水分是必须的。水分可能损坏仪表、阀门、压缩机、电机及其他设备。管子与设备之间的连接要有柔性，埋于地下的管线要特别小心。

（2）贮存

厌氧消化过程产生气体的速率是波动的，因此，当消化气被用作工厂的燃料时，通常必须要有一定的气体贮存能力，来平衡消化气的供应与需求。即要求具有调节能力的贮气装置，为气体使用设备提供均匀的气压。

贮存气体的能力至少是产气量的25％～33％（6～8h），复杂的气体利用系统可能要求更大的贮气量。

常用的两种类型贮气柜是重力形柜和压力形柜。低压、浮动集气盖采用重力形气柜，该气柜被设计成全部浮在所产生的气体上。这种变体积、恒压力气柜盖子内设有滑动导轨和止动装置，使得摩擦阻力最小，并对向上运动起限制作用。

压力形气柜常为球形，所贮气体的压力为140～700kN/m²，平均为140～150kN/m²。气体由消化气压缩机压入压力贮气柜。

4.2.6.2　气体利用

污泥消化气用途广泛，除了可回用于消化池搅拌外，更是一种经济的能源，可用作热水锅炉、内燃机及焚烧炉的燃料。消化气经过提纯净化后，也可作为天然气出售，售给当地公用系统。为了确定消化气回收利用在经济上的可行性，通常要计算各工厂能量需求，并评价产生的消化气总量的能量价值。这通常包括热平衡、气体回收和利用设备的主要能耗。

（1）搅拌

通常消化气首先用于搅拌初级消化池中的污泥。循环搅拌是一种非消耗利用，不会影响总气体的产量。气体搅拌系统包括一个正位移压缩机及压力控制系统，后者控制气体压力，防止压缩机过压或消化池内抽真空。

（2）加热

用消化气加热与用天然气或商业气体加热相似。消化气可为本厂锅炉或换热器提供燃料加热污泥或取暖，而更普遍的用途是部分或全部作为内燃机燃料，驱动发电机或工厂其他设备。未净化消化气中的硫化氢有潜在的腐蚀性，即二氧化硫和三氧化硫（硫化氢燃烧产物）在废气中凝结成酸，引起腐蚀。有两种方法解决这个问题：一是在燃烧之前从气体中除去硫化氢；二是把未净化气体的温度保持在100℃以上，防止产生冷凝液。锅炉要尽量避免频繁开关，因为每次关闭时都会发生冷凝。

（3）污泥干燥和焚化

消化气也可用作燃料加热干燥机械脱水的污泥及作为污泥、浮渣或砂砾焚化的补充燃料。通常，污泥在焚烧前脱水至能量平衡点，大致足以维持燃烧，当需要外加能量时（或者连续或者在启动期），可以使用消化气。

（4）消化气用于发电

消化气常用作内燃机或气体透平发电机的燃料，用于输送废水和污泥，驱动鼓风机、压缩机和发电机。除去硫化氢可使发电机免遭腐蚀。硫化氢的浓度超过大约$100cm^3/m^3$，需要考虑增设硫化氢去除设备。去除硫化氢的另一个目的是控制二氧化硫的排放，消化气中的硫化氢是燃烧气中二氧化硫的主要来源。

4.2.6.3　硫化氢的去除

消化气中H_2S浓度的范围为$150～3000cm^3/m^3$或更高，这取决于污泥组成。消化气中的H_2S是由消化池中的厌氧微生物还原硫酸盐形成的，对消化气进行净化，除去H_2S对减少锅炉和其他设备的腐蚀是必需的。H_2S也是一种有毒空气污染物，并具有恶臭，燃烧含

高浓度 H_2S 的消化气,会导致空气污染。因此,必须去除 H_2S,使燃烧后的烟气达到空气质量标准。

洗涤法是除去消化气中 H_2S 的常用方法之一。除了去除 H_2S 外,有些洗涤技术还能减少消化气中 CO_2 含量,产生高质量的消化气。洗涤消化气的设备称为洗涤塔,它分为干式和湿式两种。有多种化学药剂可用于洗涤塔中,以除去 H_2S,在常用的干式洗涤塔中一般装填有饱和 Fe_2O_3 的木片,俗称"海绵铁"。H_2S 与 Fe_2O_3 反应生成元素 Fe、元素 S 和 H_2O,通过除去硫并把 Fe 氧化成 Fe_2O_3,海绵铁即得到了再生,不过在对海绵铁进行再生时,Fe 的氧化速度不能太快,否则可能会引起自燃。海绵铁法主要用于需要处理的气体量相对较小的场合。

在湿式洗涤塔中一般用碱性液体来吸收 H_2S,吸收液中可以加入一种化学氧化剂来减小吸收剂的处置问题,并延长使用寿命。最常用的氧化剂是次氯酸钠,其次是高锰酸钾。消化气通过喷嘴或扩散板(后者需要定期清洗)进入洗涤塔的底部,与吸收剂逆流接触,然后从塔顶排出。离开洗涤塔的消化气,湿度很高,需要冷凝除去水分。对低压消化气来说,湿式洗涤塔所造成的压头损失很大,因此,常常需要在消化气进入洗涤塔之前,对它进行压缩。

作为气体洗涤的替代方法,有些工厂直接把铁盐加到消化池中,Fe^{2+} 与 H_2S 反应生成不溶性 FeS。但应避免把铁盐加到热的污泥管中,因为这可能会导致污泥管内很快结垢(形成蓝铁矿)。另外使用铁盐可能会使消化池内碱度下降,必须仔细监测和控制铁盐的浓度和加入量,避免消化池内 pH 值降低。

4.2.7 消化系统的运行管理与维护

4.2.7.1 产甲烷细菌的培养与驯化

污泥厌氧发酵中产甲烷细菌的培养与驯化:如已有消化池在运行,则产甲烷细菌可以直接进行接种,接种量最好为消化池有效容积的 95% 以上;如无上述条件,培养的方法可分逐步培养法和一次培养法两种。

(1)逐步培养法

将每日排放的初次沉淀污泥或浓缩后的剩余活性污泥投入消化池。然后通入蒸汽,升温速率控制在每小时 1℃。当升高到消化温度时,可减少蒸汽量,维持温度不下降。然后逐日加入新鲜污泥,直至达到设计液面时,停止加泥,通入少量蒸汽维持消化强度。污泥中的有机物经水解、液化到气化阶段约需 30~40d,待污泥成熟后方可投配新鲜污泥。

(2)一次培养法

将池塘污泥投入消化池内,投加量约占消化池有效容积的 1/10,以后逐日将新鲜污泥加入消化池直到设计液面,然后通入蒸汽,控制升温速率为每小时 1℃,最后达到消化温度。如污泥呈酸性,可人工加碱(如石灰水)调整 pH 值,使之为 6.5~7.5,稳定 3~5d,污泥可提前成熟,再投配新鲜污泥。此法对小型消化池或试验池较为适合,但对大型池组每小时升温 1℃,需热量较大,锅炉供应不上。

对于工业废水污泥消化,产甲烷细菌种最好引自同种污泥。若无同种污泥,必须经一定的驯化后方可使用。

高温消化的产甲烷细菌,不能由中温消化的熟污泥直接接种,但可驯化,驯化时的升温速率需保持 1℃/h,最后达到约 53℃。用人工加碱的方法控制 pH 值为 6.5~7.5;原因在于当温度超过38℃后，中温产甲烷细菌受到抑制并大量死亡，污泥极易变酸，如继续保持1℃/h的温升，仅需12h左右即可达到53℃，使污泥中的高温产甲烷细菌芽孢发育，没有死亡的中温菌株也可发育，如果升温速度太慢，则升温到53℃所需时间太长，有机酸过量积累，高温产甲烷细菌芽孢不易发育，即使温度达到53℃，也难以进行正常的高温消化。

（3）厌氧消化菌培养驯化中应注意的几个问题

1）关于气体置换问题　消化池运转以前，消化池的气室、气体管路、贮气柜中均有空气，为了整个消化系统迅速启动和整个系统的安全，防止空气中的氧对厌氧微生物的毒害作用和系统中的甲烷气体浓度达到极限浓度，遇明火发生爆炸，有条件的厂家可参照城市水煤气系统的标准和方法进行气体置换，即可以采用氮气置换的方法、蒸汽置换的方法，没有条件的厂家也可采取边运转、边置换的方法，即用污泥产生的沼气将系统中的空气置换出来。采用这种方法时，特别要做好防火措施，以防发生事故。另外，在空气（主要是氧气）被彻底置换之前不得启动沼气搅拌设备，只可使用泵循环搅拌或其他搅拌方式。我国已有用这种方法启动消化池成功的案例。

2）关于污泥搅拌问题　消化池在启动期间，必须进行污泥搅拌。搅拌的目的在于为厌氧微生物创造适宜和均匀的条件，加速微生物培养驯化增殖的过程，缩短启动即培养驯化的时间。

搅拌的次数强度也是从少到多、从弱到强。下面是天津市纪庄子污水处理厂驯化厌氧微生物污泥搅拌的数据和经验。

初始阶段：第1～5日，可以不搅拌；第6～10日，每天搅拌1次。

培养中期：第11～30日，每天搅拌3～4次。

培养后期：第30～40（或50）日，可达到最大搅拌强度。

厌氧污泥（主要是产甲烷细菌）培养的程度除了用以上介绍的指标评价和控制以外，也可以控制消化污泥的挥发性脂肪酸在100～200mg/L以下。

4.2.7.2　污泥消化池的运行管理指标

（1）微生物的管理

正在进行消化的污泥中，微生物主要是细菌，所以不能像好氧处理中作为指标生物的各种微型动物那样，依靠镜检来判定污泥的活性。为此，目前是采用最敏感的指示微生物代谢影响的指标来间接地反映微生物的活性，与此同时，必须研究出一种能迅速掌握消化池内生物量的测定法，并能控制厌氧细菌浓度和数量，其中之一就是DNA和ATP，不过它并没有发展到普遍使用的阶段。为了掌握消化状态而作为消化池的管理指标来使用的指标有消化气产生量、消化污泥中的有机物含量、挥发性酸浓度、pH值、碱度等。

最敏感地反映消化抑制过程的是气体产生量，气体产生量减少就是消化作用开始受到抑制的征候，因此必须每天测定气体的产生量，pH值降低会引起有机酸的积累，因而它是抑制气化的证据，在污泥消化中，如消化正常则pH值很少在7.0以下。在消化顺利进行的大多数情况下，挥发性酸为300～500mg/L；碱度为2000～2500mg/L的范围。

（2）重金属对消化的抑制

为了降低重金属的毒性，提高pH值，在消化池中投加熟石灰、液氨和硫化钠等。

（3）挥发性酸积累对消化的抑制

在消化池的管理上，最重要的是避免超负荷投加以及不使消化温度降低。超负荷和温度对厌氧消化的影响比对好氧处理的影响更为显著。而且与活性污泥等相比，其停留时间明显加长，恢复要很长时间。因此一旦消化出现了被抑制的征候就必须迅速采取对策。当挥发性酸浓度高时，加氨调节 pH 值必须要慎重进行。氨达到 $1500\sim3000mg/L$ 时就能使消化作用受到抑制，如果在正常操作的消化池中，出现消化抑制时其原因有可能是掺入了有害物质和超负荷等。

一般认为，一级消化池的污泥停留时间需要 10d 以上。如果少于 10d，则消化池内的生物累积率比微生物增长速度增大，因而，微生物被挟走致使消化作用恶化，如果挥发性物质的负荷在 $3.0kg/(m^3 \cdot d)$ 以内，则消化仍然可以进行，但一旦超过 $3.0kg/(m^3 \cdot d)$ 以上时，则就不能使消化正常进行。

4.2.7.3　污泥消化池的运行管理与维护[12]

处理城市污水污泥的消化池，凡能满足下列各项条件，其操作可以说是顺利的：a. 消化污泥呈深灰色或黑色；b. 消化污泥没有臭味，只有橡胶或焦油气味；c. 消化污泥呈中性或弱碱性，pH 值为 $7.0\sim7.5$；d. 消化污泥含水率较低，约 $90\%\sim95\%$；e. 生污泥中有机分分解比较稳定，消化污泥中有机物占 55% 以下、无机物占 45% 以上；f. 消化污泥脱水性能好。

为了达到上述目的，必须加强消化池的运行、维护和管理。现在，以天津市纪庄子污水处理厂消化池几年运行、管理的经验和教训为主进行介绍。

（1）污泥消化池的运行与操作

污水处理厂污泥消化处理系统正常运转，达到预期效果，除了要求设计合理，土建施工、设备安装质量良好以外，很大程度取决于日常的运行管理和维护。因此必须严格执行操作规程，并经常监督检查。

由于各地区、各污水厂的地区差别、工艺各异、情况不同，很难将污泥消化操作人员的工作全部包括进来，只能将最基本的工作给以归纳。

① 定期、准确地投泥、排泥，投泥可用容积法计量投泥量，排泥可用溢流方式或用泥位计控制排泥量。污水厂正常运转以来，要总结规律，尽量减少冲击负荷。

② 要按时观测消化池污泥、热交换器进出水、温度等消化池运转工艺参数的变化，并根据要求进行污泥加热，经常保持污泥温度为 $33℃\pm1℃$。

③ 要按时进行污泥搅拌操作。

④ 要按时记录消化池沼气产量。

⑤ 要及时收集整理消化池监测数据，如进出泥有机成分、含水率、pH 值、脂肪酸、总碱度等，并经常计算污泥分解率、产气率和污泥负荷、停留时间等工艺参数。

⑥ 要与运行调度、锅炉房、化验室保持密切、及时的联系，随时协调工作中的情况和问题。

⑦ 认真做好运行记录，做好交接班工作，出现异常时总结分析。

（2）消化池的检修和清扫

消化池一般运转 $5\sim10$ 年排空一次，进行检修或清扫。其周期由污水厂的运行方式、污水种类等条件决定，如消化池主要管道、闸门堵塞或浮渣太厚，不能用一般方法来解决，或消化池内部设备发生故障，都需要检修，即使没有故障，最好也要进行周期性的检修和清扫。清扫消化池所需的时间，由工作项目的多少、工程难易程度和操作方法而决定，一般为 $1\sim4$ 周左右。清扫消化池最重要的安全问题主要有：a. 防火防爆技术安全；b. 防有毒有害气体对人身毒害的技术安全；c. 高空作业，操作人员的安全；d. 在沼泽般污泥中工作，防止人员陷落的技术安全等。

（3）污泥消化池的故障排除

经常运转和操作的消化池有时也会出现一些故障和问题，操作人员应掌握预防措施及排除故障的方法。

1）防止浮渣的形成和浮渣去除　生污泥中含有油脂、碎木片等漂浮物，可能在消化池内形成很厚的浮渣层。

浮渣层的成分由污水水质来决定。屠宰场、造纸厂、纤维工厂等工业废水大量排入城市下水道系统时，由纤维物质组成的浮渣量显著增加。浮渣逐渐增厚就会变硬，不仅使热效率降低，同时严重地影响污泥搅拌混合，防止浮渣的形成对气体的收集也有好处，有资料证明，有效地防止形成浮渣，可增加10％的产气量。

由于悬浮物在静止状态相互聚集并黏附在一起，所以污泥的混合搅拌装置同时起着防止浮渣形成和一定破碎浮渣的作用。一旦浮渣已经形成，可用下列方法破碎浮渣：a. 向下部压入沼气，将大量沼气压入限面以下不仅起搅拌作用，而且能起破碎浮渣的作用；b. 机械破碎。在消化池内安装螺旋桨式破碎机，可能将浮渣打碎；c. 喷入压力时，用消化池分离液喷入消化池浮渣层，可以打碎浮渣，与喷入自来水相比，还可以防止消化池污泥温度降低；d. 喷入污泥，将生污泥或搅拌用的循环污泥喷到消化池表面上，使污泥保持湿浸状态，可以防止形成浮渣。

如有条件，将破碎的浮渣和污泥一起及时排出消化池池外。

2）防止酸性发酵　正常运行的污泥消化池，自然而然地保持最适宜厌氧微生物生长的碱性条件，不会出现酸性条件。酸性发酵主要归于操作问题。处于酸性发酵状态的污泥，消化池内发泡严重、污泥和分离液分离不好、浮渣增多、污泥分解不充分、消化污泥不仅难于脱水或干化处理，而且发出恶臭，调整 pH 值是一个有效的措施。调整方法主要有 3 种：a. 使消化池得到充分的搅拌和混合，使消化池各处 pH 值均匀化；b. 利用自来水或污水稀释污泥；c. 投入熟石灰 $[Ca(OH)_2]$。

由于酸过多而对产甲烷菌已经表现出毒性时，加入熟石灰不但不起作用，有时反而有害。在这种场合只有稀释才有效果。光有熟石灰并不能使纯粹的酸性发酵转化为甲烷发酵。加入熟石灰只是暂时的应急措施。但是，在生污泥已经呈酸性或对新建的消化池难于进行熟污泥的接种时，投入熟石灰有缩短启动时间的效果。与稀释法相比，这种方法有危险性，因为熟石灰本身就是一种杀虫剂，浓度高时能杀死细菌。应正确决定投药量，并应经常进行调整。投药量由污泥中的液体含量和 pH 值所决定，投药后的 pH 值达 7.3 就可以了。

3）产气量低或者不产气　使消化池的产气量低甚至不产气的因素很多，如漏气、污泥过热、新鲜污泥含水率高、有毒物质含量高、消化温度降低或突然降低（这种情况一般发生在冬季）、投配率太大而加热量供应不上时等，都可使产气量降低。具体来说，如中温消化温度超过 38℃，产甲烷细菌大量死亡，产气量会降低到正常时的 1/3～1/4。蒸汽竖管直接加热，若搅拌配合不上，造成局部过热（温度最高处可达 60～70℃），破坏蛋白质及脂肪，使产甲烷细菌养料不足，产气量也会降低。当新鲜污泥含水率超过 98％时，产气量仅为含水率 95％时的 40％。

视具体情况，一般可采用停止投配、加温、加碱调节 pH 值，提高缓冲能力等办法解决。

4）消化池内出现负压　池内正常气压为 $40\sim100\mathrm{mmH_2O}$。若排泥量大于产气量、搅拌时排泥管闸门未关严、污泥从溢流管中溢出、消化池或污泥管道破裂、污泥气综合利用时，由于鼓风机或压缩机抽送造成排气量大于产气量等情况，都可造成负压，使池内真空度达到 $100\sim200\mathrm{mmH_2O}$，因而空气大量渗入池内，破坏消化工况，造成污泥气不纯。为避免出现负压，操作应特别认真，在排泥时可由贮气罐回供污泥气或缓慢排泥。

5）污泥气燃烧不着或经常熄火　污泥气中甲烷含量低于 30%，不易燃烧。此外，污泥气气压低于 40mm 水柱时燃烧不稳定。出现以上情况，可采取改善消化进程办法解决。

（4）污泥消化池的运行管理应注意的问题

1）运行管理　a. 必须有规律地向消化池内投配新鲜污泥，并排放消化后污泥，池内温度必须保持 $34℃\pm1℃$（恒温无大波动）；b. 新鲜污泥投到消化池后，应及时加以充分搅拌；c. 消化池的上清液必须按设计要求定时排放；d. 消化池的溢流管必须通畅，保证其水封设计高度；e. 生物处理过程产生的污泥或剩余活性污泥严禁单独投入消化池进行处理；f. 控制室内的各种机电设备、设施应保持清洁；g. 消化池污泥处理设施、设备运转时，操作人员应经常巡视，发现问题及时处理；h. 污泥控制室内的各种仪器、仪表应灵敏可靠、外观清洁；i. 沼气管路内的冷凝水应定期排放；j. 操作人员应对消化池污泥的投配、加温、搅拌、排放、产气量等运行参数认真记录；k. 污泥池排上清液切忌产生负压。

2）安全操作　a. 投泥前，应按工艺要求，检查闸门启闭是否正常，投泥时注意观察消化池和贮泥池的液位；b. 消化池内泥温达到正常运行要求，应停止加热；c. 对污泥控制室的所有机电设备应按要求进行操作；d. 应定期对消化池的避雷装置进行检查和测试；e. 消化池的放空清理应制定严格的安全操作防护守则；f. 操作人员工作时应穿戴齐全防静电的劳保用品。

3）维护保养　a. 对消化池池体、沼气管道、蒸汽管道、热水管道、热交换器、闸门等设施，应定期检查、维护；b. 对运行中的消化池每隔 $5\sim15$ 年应清理、检修一次；c. 寒冷地区冬季应对消化池溢流管的水封采取防冻措施；d. 消化池的机电设备应定期按要求检修；e. 污泥消化系统的检测仪表和计量仪表，应定期校验和检定；f. 污泥消化系统的闸阀应定期维护保养；g. 消化池铁梯、护栏等防护设施应定期进行强度检查和防腐处理。

4）技术指标　消化池正常运行工艺参数见表 4-26。

表 4-26　消化池正常运行的工艺参数

序号	项目	工艺参数
1	投配率/%	$4\sim6$
2	含水率/%	$94\sim97$
3	有机负荷/[kg VSS/($\mathrm{m^3 \cdot d}$)]	$0.5\sim1.0$
4	固体负荷/[kg VSS/($\mathrm{m^3 \cdot d}$)]	$1.0\sim2.0$
5	pH 值	$6.5\sim7.5$
6	最佳温度/℃	34 ± 1
7	脂肪酸/(mmol/L)	<8.3
8	总碱度/(mmol/L)	>25
9	氨氮/(mg/L)	$500\sim1000$
10	产气率/($\mathrm{m^3}$ 气/$\mathrm{m^3}$ 泥)	$6\sim10$

序号	项目	工艺参数
11	有机物分解率/%	30～50
12	脂肪酸（总碱度）	0.2～0.5
13	氧化还原电位/V	-0.2～-0.3

4.2.7.4 污泥搅拌系统的运行管理与维护

（1）运行管理

① 搅拌设备应在 2～5h 之内将全池污泥搅拌一次；

② 消化池的搅拌不得与排泥同时进行；

③ 消化池的搅拌应单池进行；

④ 消化池内压力超过设计值时应停止搅拌；

⑤ 操作人员应对搅拌过程中的运转状况定时进行巡视，并做好有关数据的记录；

⑥ 当消化池搅拌时，如发现搅拌设备有异常的噪声、温升、振动及漏油、漏气等，应立即停机；

⑦ 搅拌设备表面应保持清洁无垢；

⑧ 利用沼气搅拌消化池，在产气量不足或在启动期间搅拌无法充分进行时应用辅助设备搅拌。

（2）安全操作

① 消化池正常运行时可连续搅拌也可间歇搅拌；

② 采用螺旋桨搅拌器或射流器搅拌的消化池应将进泥前筛网处杂物及时清除，用气体除污器（计量前）；

③ 对于刚启动的消化池搅拌时间和次数可适当减少，对于运行数年的消化池，搅拌次数和时间可适当增多和延长；

④ 搅拌设备运转前，应检查机电设备、工艺管道及设施是否正常；

⑤ 检测室内沼气浓度、检修仪表，事故时紧急通风，严禁烟火明火。

（3）维护保养

① 消化池内搅拌设施应定期做好防腐处理；

② 搅拌设施的附属设备应按产品使用说明书中的规定进行维护保养；

③ 冬季特别在寒冷地区，应将停用机组中的冷却水放空，以防冻坏设备；

④ 应及时紧固搅拌设备各连接部位的螺栓；

⑤ 搅拌设施的配电装置应定期检查清扫。

（4）技术指标

沼气搅拌的供气量应为 10～20m³/(m 圆周长·h)，搅拌次数宜为 4～5 次/d，搅拌时间宜为 30～60min/次。

4.2.7.5 污泥加热系统的运行管理与维护

（1）运行管理

① 污泥中温厌氧消化的加热过程，必须保持泥温的恒定，每间隔两小时对加热系统的各测温点巡检记录一次；

② 用池外加温的消化池，投配污泥时应与循环搅拌同时进行；

③ 池外蒸汽预热和采用热交换器加温的消化池，应随环境温度的变化及热源的温度变化，调整控制加热时间；

④ 各种加温设施均应定期除垢（泥垢和水垢）；

⑤ 当热交换器停止使用时，必须关闭通往消化池的进泥闸门，并将热交换器的污泥放空。加热管道在加热前必须排除管道冷凝水。

（2）安全操作

① 加热系统各种管路、闸阀应有明显标志，以防误操作；

② 必须按程序操作电器设备；

③ 应随时调整各组热交换器出水温度，以平衡各组热交换器出泥温度；

④ 在检修和维护加热设施时，操作人员应采取防护措施。

（3）维护保养

① 污泥加热系统的各种测温装置应定期清洗或更换，温度计、巡检仪等应定期校验和检定；

② 应定期检修各种闸阀及热交换器密封材料；

③ 蒸汽管道的止回阀必须经常检修；

④ 通入消化池内的蒸汽管应定期检修、清洗、更换，定期清洗热交换器；

⑤ 蒸汽直接加热时如采用低压蒸汽喷射法，应对污泥的射液器定期检修；

⑥ 应定期对防爆装置进行检查。

（4）技术指标

① 污泥厌氧中温消化，最佳池温应在 $34℃±1℃$；

② 用热交换器加温的热水温度应为 $70\sim90℃$；

③ 经热交换器加温出泥温度应大于 $34℃$；

④ 蒸汽预热加温的污泥应达 $37℃$。

4.2.7.6 浓缩池的运行管理与维护

（1）运行管理

①重力浓缩池可连续运行，也可间歇运行；

② 宜将初沉污泥与剩余活性污泥进行混合浓缩；

③ 重大浓缩池的出水堰应保持清洁，池内不得掉进异物；

④ 连续运行的重力浓缩池如采用间歇排泥方式，其间歇时间可为 $6\sim8h$；

⑤ 重力浓缩池的运行必须保持好氧状态；

⑥ 浓缩池刮泥机不得长时间停机；

⑦ 重力浓缩池刮泥机轨道应保持平整、光滑；

⑧ 应定期向刮泥机运转部位加注润滑油；

⑨ 刮泥机不得超载或超负荷运行；

⑩ 当刮泥机设备中的电机、减速机、中心支座及行走机构等部位，有异常振动、噪声、温升或行走轮有损坏等现象，必须立即停机检修；

⑪ 应定期检查，清扫刮泥机的电器控制柜；

⑫ 应保持刮泥设备及池体的清洁卫生；

⑬ 应定时巡视浓缩池的运行情况，并做好运行记录。

（2）安全操作

① 重力浓缩池排泥时，应根据污泥体积比决定排泥量，并注意观察贮泥池液位和排放污泥的浓度；

② 刮泥机在长时间停机再开启刮泥机时，应先点动，后开动；

③ 对刮泥机电气设备的绝缘电阻应定期进行测试；

④ 刮泥机的桁架，池体的铁梯、护栏等应定期进行强度检查；

⑤ 上池操作，必须有两人，其中一人负责监护，并穿戴整齐劳保服装，配备必要的保护用具；

⑥ 雨天或冬季的冰雪天气，操作人员巡视或操作时，应注意防滑。

（3）维护保养

① 进、排泥闸门的丝杠应经常加注润滑油；

② 应经常检查和紧固设备各部分螺栓，保证其不松动，不脱落；

③ 刮泥机一般情况每运行两年应全面检修一次；

④ 应定期检修刮泥机的电路及控制开关，检修中心支座集电装置。

（4）技术指标

重力浓缩池浓缩各类污泥所允许的固体负荷和含水率应符合《给排水设计手册》中的有关规定，如表 4-27 中所列。

表 4-27　浓缩池的污泥固体负荷及浓缩前后的污泥含水率

污泥类型	污泥固体负荷/[kg/(m³·d)]	污泥含水率/%	
		浓缩前	浓缩后
初沉污泥	30～120	95～97	94～96
剩余活性污泥	20～30	9.2～99.6	97.5
初沉污泥与剩余污泥污泥的混合污泥	50～75	98.1～98.3	93.8～94.8

注：1. 初沉污泥与剩余活性污泥的混合比为 1∶1。此行的参数是按该比例效应计算的。
2. 浓缩池的污泥体积比宜为 0.5～2.0d。

4.2.7.7　贮泥池的运行与管理

南方一般无消化池，设贮泥池是敞开式，不测 H_2S 等。

（1）运行管理

① 贮泥池贮放污泥不得超过允许的最高液位，放泥（消化池投泥）时，不得低于最低液位；

② 当初沉污泥不经浓缩直接排入贮泥池时，初沉污泥与浓缩的剩余活性污泥的比例宜为(2～3)∶1；

③ 贮泥池进泥口的格栅杂物，必须及时清捞并清运；

④ 操作人员应定时做好贮泥池运行的各项记录；

⑤ 贮泥池应定期放空清理一次。

（2）安全操作

① 贮泥池的闸门（电动或手动），应按其安全操作程序操作；

② 贮泥池放空清理时，应将 H_2S、HCN、SO_3 的含量分别控制在 6.6mg/L、0.25mg/L、5.5mg/L 以内，含氧量及可燃气体分别控制在 20% 及 5% 以下；

③ 清池过程中，严禁吸烟，并禁止明火作业；

④ 上池巡视或操作时，必须有两人，其中一人负责监护并穿戴整齐劳保用品。

（3）维护保养

① 贮泥池闸门的丝杠应经常加注润滑油；

② 贮泥池上安装的一次测量仪表，应定期保养，更换易损元件，对二次仪表应定期进行校验和检定；

③ 贮泥池周围的护栏，应定期进行强度检查，并做好防腐处理。

（4）技术指标

① 贮泥池污泥含水率宜为 94%～97.5%；

② 贮泥池贮泥停留时间不宜超过 2～3h。

4.2.7.8 沼气柜的管理与维护

（1）运行管理

① 对低压浮盖式沼气柜的水封，夏季应保持水封高度，冬季应有防冻措施；

② 气柜周围 30m 以内严禁明火；

③ 沼气除充分利用外，需放散时应设安全火炬（依据当地环保部门的有关规定）；

④ 操作人员每班对沼气柜的贮气量和压力应认真记录。

（2）安全操作

① 每天应定时对沼气柜及周围环境进行巡视；

② 操作人员上下气柜巡视时，必须穿防静电的工作服和胶鞋；

③ 操作人员遇天气恶劣巡视时应注意雷击、防摔、防滑；

④ 维修沼气柜时，必须制定安全保护措施；

⑤ 气柜不能负压（发电抽气或抽气供民用时抽空后负压）。

（3）维修保养

① 沼气柜的柜顶和外侧应涂饰反射性色彩的涂料；

② 沼气柜运行 3～5 年应进行维修；

③ 对气柜升降的螺旋钢轨滚动轴及润滑部位应定时加油润滑；

④ 在寒冷地区冬季前应对沼气柜加热设施进行检修，对水封要有防护措施；

⑤ 计量沼气柜气体流量和压力的仪表，应定期检修、校验；

⑥ 沼气柜水封罐应经常贮水，保持设计水封高度，满足压力需要；

⑦ 沼气柜闸门室严禁烟火，闸门丝杆应按期上油润滑。

（4）技术指标及注意事项

① 气柜中 CH_4 含量应＞50%；

② 沼气柜进气的气水分离器要定期放冷凝水；

③ 气柜中的水要定期排放；

④ 泄压管要定期检查；

⑤ 应设置避雷针。

4.2.8 厌氧消化的优缺点

污泥厌氧消化比其他生化方法的优势介绍如下。

① 污泥厌氧消化可以达到很好的稳定效果，这是其他生化处理工艺无法比拟的，可以

最大限度地降解污泥中的有机物。大量的运行经验表明，相对好氧消化工艺，中温厌氧消化后残余的污泥量减少约 20%。

② 工艺能耗相对低，在工艺过程中，利用工艺产生的高能沼气可以降低 50% 污水处理厂能耗。

③ 虽然污泥中温厌氧消化不能保证完全杀灭污泥中的病原菌，但与在常温条件下的好氧稳定工艺（如污泥稳定塘工艺）相比，其对病原菌也具有一定的杀灭作用（见表 4-28），因此有利于减少污泥土地利用过程中疾病传播的可能。

表 4-28　厌氧消化池中杀灭病原菌的情况

病原菌名称	未稳定液态污泥/(个/100mL)	厌氧消化污泥/(个/100mL)
病菌	2500~70000	100~1000
粪大肠杆菌	1×10^9	$3 \times 10^4 \sim 6 \times 10^6$
沙门菌	8000	3~62
蛔虫卵	200~1000	0~1000

④ 厌氧消化污泥的脱水性能好。

污泥厌氧消化工艺的局限性在于其工艺复杂、操作难度大、停留时间长和设备单位投资相对较高。

4.2.9　厌氧消化经济性分析

采用厌氧消化技术处理污泥在经济性方面的体现有两个：一是产生沼气，可以资源化利用；二是减少污泥总量，降低后续处理处置费用。

按照一个日处理 100t 污泥（含水率 80% 计）的厌氧消化项目进行数据分析。基础资料为进泥有机物含量 60%，经过厌氧消化有机降解率为 50%，消化后脱水泥饼含水率 78%，后续深度处理采用热干化工艺。

（1）沼气发电经济效益分析

一般降解 1kg 有机物可产生沼气 $0.7 \sim 0.9 m^3$（本案取 0.8），则该厂可日产沼气：

$$100 \times (100\% - 80\%) \times 60\% \times 50\% \times 0.8 \times 1000 = 4800 (m^3)$$

沼气中甲烷含量 65%，甲烷低位热值为 $35.8 MJ/m^3$，每千瓦时电能能量为 3.6MJ，沼气发电机组的发电效率 40%，则该厂日可发电：

$$35.8/3.6 \times 65\% \times 40\% \times 4800 = 1.24 \times 10^4 (kW \cdot h)$$

如果发电量用于抵消工业用电，工业电价 0.8 元/(kW·h)，该项目日可节省电费：$1.24 \times 0.8 = 0.99$（万元）

如果发电量用于上网销售，生物质发电上网电价 0.75 元/(kW·h)，该项目可创造经济价值 $1.24 \times 0.75 = 0.93$（万元）。

为了将沼气发电而建设的项目包括厌氧消化、沼气发电设备等。按照行业经验估算，建设一个 100t/d 处理规模的厌氧消化项目，约需投入资金 1500 万元。实际运行中，用于厌氧消化的直接运行费用约为 60 元/t 泥饼，大修维护费用按照投资额的 10%，折旧计提为 20 年，不计财务费用。则年运行费用为：

$$60 \times 100 \times 330 \div 10000 + 1500 \times 10\% + 1500 \div 20 = 423 （万元）$$

（2）减少污泥量经济效益分析

污泥减少来自两部分：一是厌氧消化过程中通过有机物的降解减少污泥的干物质量；二是脱水性能的改善，降低泥饼含水率，进而减少最终处置的污泥量。

以本文中 100t/d 处理规模的项目为例。在消化池降解的有机物量为：

$$100 \times (100\% - 80\%) \times 60\% \times 50\% = 6(t)$$

消化污泥脱水后污泥量为：

$$\{100 \times (100\% - 80\%) - 6\} \div (100\% - 78\%) = 63.6(t)$$

可见，经过厌氧消化和脱水使原本 100t 污泥减少到 63.6(t)。

如果后续处理技术为热干化，热干化处理目标为 20%，节省费用如下计算：

原 100t 含水率 80% 污泥需要蒸发水分 $100 - 100 \times (100\% - 80\%) \div (100\% - 20\%) = 75(t)$；

减量后 63.6t 含水率 78% 的污泥需要蒸发水分 $63.6 - 63.6 \times (100\% - 78\%) \div (100\% - 20\%) \approx 46(t)$；

可见减少热干化蒸发量 $75 - 46 = 29(t)$。

按照热干化运行费 240 元/t 计算，则蒸发 1t 水的运行费用为 320 元，减少 29t 蒸发水折算为经济费用为：$29 \times 320 = 9280$(元)

热干化投资按照 43 万/吨蒸发量计算，减量后投资费用节省：$29 \times 43 = 1247$(万元)。

（3）总结

设置厌氧消化设施的经济必要性和投资回报期计算如下：

污泥减量年可节省运行费用：$0.93 \times 330 = 306.9$（万元）

发电年可创造收益：$0.99 \times 330 = 326.7$（万元）

投资回报期：$1500 \div (326.7 + 306.9 - 423) = 7.1$（年）

可见，通过设置厌氧消化，产生沼气可用于发电创造经济效益，同时污泥在消化池降解，减少了污泥总量，然后通过改善脱水，节省了后续处置费用和后续设备投资。

4.3 污泥好氧消化技术

污泥好氧消化是在延时曝气的基础上发展起来的，其目的主要是减少生物固体量达到稳定化以适用于各种处置手段，稳定化是指生物固体特别是病原菌减少到可以使用或者进行处置时对环境不会产生明显的负效应。一般情况下，好氧消化后挥发性悬浮固体（VSS）可去除 35%～50%，不过具体情况将随污泥的特性而异。

污泥好氧消化法特别适用于中小型污水处理厂的污泥处理，具有稳定、灭菌、运行管理方便、基建费用低、最终产物无臭以及上清液 BOD_5 浓度低等优点。其在 20 世纪 60 年代及 70 年代初非常盛行，最初主要用于小型污水处理厂，后来逐渐扩展到中型和大型污水厂。由于能源费用迅速上涨及该工艺对病原菌的去除效果不如厌氧消化法，到 20 世纪 70 年代中期，其应用逐渐减少，不过在小型污水厂仍比较受欢迎。为了提高处理效果，很多中、小型污水处理厂开始采用高温好氧消化工艺，该工艺具有较高的污泥稳定性和灭菌效果。美国、日本、加拿大等发达国家有不少中、小型污水处理厂采用好氧消化处理污泥，丹麦大约有 40% 的污泥使用好氧法进行污泥稳定化处理，加拿大某省有 20 个小型污水处理厂采用好氧消化工艺。近几年，高温好氧消化又开始被用作中温厌氧消化的预处理工艺。

4.3.1 好氧消化的原理及工艺

4.3.1.1 好氧消化的原理

污泥好氧消化的基本原理是使微生物处于内源呼吸阶段，以自身生物体作为代谢底物来获得能量和进行再合成，实际上是活性污泥法的继续。好氧氧化分解过程是一个放热反应，因此在工艺运行中会产生并释放出热量。由于代谢过程存在物质和能量的散失，细胞物质被分解的量远大于合成的量，通过强化这一过程达到污泥减量化的目的。在理论上，尽管厌氧消化反应已经终止，仅有 75%～80% 的细胞组织发生氧化，剩余的 20%～25% 的细胞组织包括不可生物降解有机物和惰性物质。经过消化反应以后，剩余产物的能量水平极低，因此在生物学上相对稳定，适用于污泥各种最终处置途径。

污泥的好氧消化过程包括如下 2 个步骤：a. 可生物降解有机物氧化合成为细胞物质；b. 细胞物质的进一步氧化。其过程可用式 (4-89) 和式 (4-90) 表示为：

$$有机物 + NH_4 + O_2 \xrightarrow{细菌} 细胞物质 + CO_2 + H_2O \tag{4-89}$$

$$细胞物质 + O_2 \xrightarrow{细菌} 消化污泥 + CO_2 + H_2O + NO_3 \tag{4-90}$$

随着有机物氧化的继续，底物供应受到限制，微生物进入衰亡期，好氧速率也随之下降。当供应的底物耗尽时，将迫使微生物依靠内部贮存的能源，于是微生物进入内源代谢和内源呼吸阶段。如式 (4-89) 所示，液相有机物通过氧化生成细胞物质。如式 (4-90) 所示，是一个典型的内源呼吸过程，细胞物质进一步消化氧化成稳定化生物固体，是好氧消化系统的主要反应。

好氧消化过程需要将反应维持在内源呼吸阶段，因此此工艺适用于剩余污泥的稳定。由于初沉池污泥中含有少量的细胞物质，因此混合污泥的处理将会包括反应 (4-89) 的转化过程，初沉池污泥中的颗粒物质和有机物是活性污泥中微生物的食物来源，导致曝气池中具有较高的底物与微生物量，因此需要较长的停留时间以进行细胞代谢和生长反应，之后再进入内源呼吸阶段。

若以 $C_5H_7NO_2$ 代表微生物细胞物质，好氧消化过程的化学计量学可由式 (4-91) 和式 (4-92) 表示：

$$C_5H_7NO_2 + 5O_2 \longrightarrow 5CO_2 + 2H_2O + NH_3 + 能量 \tag{4-91}$$

$$C_5H_7NO_2 + 7O_2 \longrightarrow 5CO_2 + 3H_2O + NO_3^- + H^+ + 能量 \tag{4-92}$$

如式 (4-91) 所示，这种情形存在于高温好氧消化过程，硝化系统设计为抑制硝化的工艺形式，氮以氨态存在。如式 (4-92) 所示为硝化反应的消化工艺系统设计，其中氮以硝态氮的形式存在。

理论上讲，由于硝化反应而消耗的碱度可由反硝化补充约 50%，若 pH 值下降明显，可以投加石灰或者通过间歇反硝化的方式来控制。

如式 (4-92) 所示，在好氧消化过程中，硝化反应会产生 H^+，若污泥的缓冲能力相对不足，pH 值则会降低。根据式 (4-91) 和式 (4-92)，在理论上，在非硝化系统中，每 1kg 的微生物活细胞需要消耗 1.5kg 的氧气，而在硝化系统中，每 1kg 的微生物活细胞需要 2kg 的氧气，在实际运行中的需氧量还受如初沉池污泥的加入、操作温度、SRT 等其他因素的影响。

对二沉污泥来说，其好氧消化过程中底质与微生物之比相当低，并很少发生细胞合成。

主要的反应是氧化作用和使细胞组分破坏的细胞溶解和自身氧化呼吸。微生物的细胞壁由多糖类物质组成，具有相当大的耐分解能力，使好氧消化法排出物中仍有挥发性悬浮固体存在，而这一残留挥发部分是很稳定的，对此后的污泥处理或土壤处置，不会产生影响。

一般情况下，常温消化系统（温度在 20~30℃）在以空气作为氧源的条件下运行，其中决定消化系统设计的因素包括 VSS 设计去除率、操作温度、进泥的质和量、氧传质和混合要求、运行方式、池体积、停留时间等，甚至要对病原菌灭活以及蚊蝇孳生进行考虑。

污泥好氧消化过程，微生物处于内源呼吸阶段，反应速率与生物量遵循一级反应模式。目前，最常用的模型是 Adams 等建议采用的模型。该模型假定如式（4-93）所示：

$$\frac{d(X_0 - X)}{dt} = k_d X \tag{4-93}$$

式中，X_0 为进水中 VSS 浓度，kg/m^3；X 为在时间 t 时的 VSS 的浓度，kg/m^3；k_d 为反应常数。

由于好氧消化池采用连续搅拌，污泥池内完全混合，因此池内挥发性固体的去除量（稳态）是在单位时间内，进入池内的挥发性固体减去出池的挥发性固体的差值。即：

$$QX_0 - QX = \frac{d(X_0 - X)}{dt} = k_d XV \tag{4-94}$$

式中，Q 为污泥流量，m^3/h；V 为消化池容积，m^3。

对上式变形后有：

$$t = (X_0 - X)/(k_d X) \tag{4-95}$$

$$t = V/Q \tag{4-96}$$

如果 VSS 中存在不可生物降解成分 n，则：

$$t = (X_0 - X)/[k_d(X - X_n)] \tag{4-97}$$

4.3.1.2 好氧消化工艺

污泥好氧消化包括常温好氧消化和高温好氧消化（50~60℃）两类，其中高温好氧消化技术因为消毒杀菌效果良好而获得越来越多的研究和应用。目前，常用的好氧消化工艺有如下几种。

（1）传统污泥好氧消化（CAD）工艺

传统的污泥好氧消化工艺主要通过采用曝气的方式，使微生物在进入内源呼吸期后进行自身氧化，以实现污泥减量。传统污泥好氧消化工艺设计简单、运行简便、易于操作、基建投资较少。传统好氧消化池的构造及设备与传统活性污泥法相似，但污泥停留时间很长，其常用的工艺流程主要有连续进泥和间歇进泥两种，如图 4-33 所示[3]。

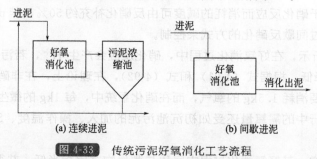

（a）连续进泥 （b）间歇进泥

图 4-33 传统污泥好氧消化工艺流程

在大中型污水处理厂中，好氧消化池通常采用连续进泥的方式，运行方式与活性污泥法中曝气池相似。在消化池后设置浓缩池，其中一部分浓缩污泥回流到消化池，另一部分被排走（进行污泥处置），其上清液被送回至污水处理厂前端与原污水一同处理。而在小型污水处理厂中，通常采用间歇进泥的方式，在运行过程中需要定期进泥和排泥（1次/d）。

在好氧消化系统中，既要满足微生物好氧消化所需的氧源（消化池内DO浓度＞2.0mg/L），又要使污泥处于悬浮状态以达到搅拌混合要求，因此在保证不增加运行费用的前提下，曝气量显得很重要。

根据实际运行经验，CAD消化池内的污泥浓度和污泥停留时间与污泥来源相关。在温度为20℃时，消化池进泥为剩余污泥，则污泥浓度为 $(1.25\sim1.75)\times10^4$ mg/L，SRT为12~15d；若进泥为初沉污泥和剩余污泥的混合污泥，则污泥浓度为 $(1.5\sim2.5)\times10^4$ mg/L，SRT为18~22d；若仅是初沉污泥，则污泥浓度为 $(3\sim4)\times10^4$ mg/L，需要较长的停留时间。因为初沉池污泥以可降解的颗粒有机物为主，微生物首先要利用有机物进行合成代谢，形成新的细胞物质，然后再进入内源呼吸阶段。在温度相对高时，微生物代谢能力较强，降低所需的SRT。美国EPA结合污泥好氧消化动力学提出了污泥好氧消化的设计曲线，当好氧消化的温度（℃）与SRT（d）的乘积（横坐标）为400~500℃·d时，即可获得较理想的VSS去除率。

在CAD工艺中，微生物进入内源呼吸期会释放出产物 $NH_3\text{-}N$，而相对较长的污泥停留时间有利于硝化菌的生长，可进一步将 $NH_3\text{-}N$ 转化为 $NO_3^-\text{-}N$，这一反应过程需要消耗碱度，以 $CaCO_3$ 计，当消化池内剩余碱度＜50mg/L时，难以维持pH值在7左右（pH值可降至4.5~5.5），使得微生物的新陈代谢受到抑制，有机物的去除率降低。

CAD工艺具有运行简单、管理方便、基建费用低等优点。其缺点是需长时间连续曝气，运行费用较高；受气温影响较大，低温时处理效果变差；对病原菌的灭活能力较低。另外，CAD工艺中会发生硝化反应，一方面消耗碱度，引起pH值下降，另一方面由于硝化反应要消耗氧气而提高了供氧的动力费用，为此在对传统好氧消化工艺进行改造的基础上，提出了缺氧/好氧消化工艺（A/AD）。

（2）缺氧/好氧消化（A/AD）工艺

缺氧/好氧消化工艺（anoxic/aerobic digestion，A/AD）是指在CAD工艺的前端加一段缺氧区，利用污泥在缺氧区发生反硝化反应产生的碱度来补偿硝化反应中所消耗的碱度，因此无需另行投碱即可使pH值维持7左右。另外，在A/AD工艺中 $NO_3^-\text{-}N$ 替代 O_2 作最终电子受体，使得耗氧量比CAD工艺节省了18%（仅为1.63kgO₂/kgVSS）[1]。常见的A/AD工艺流程如图4-34所示。工艺（a）采用间歇进泥，通过间歇曝气产生好氧和缺氧期，并在缺氧期进行搅拌而使污泥处于悬浮状态以促使污泥进行充分的反硝化。工艺（b）、

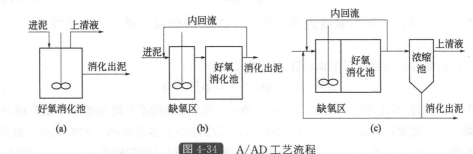

图 4-34　A/AD工艺流程

(c) 为连续进泥且需要进行硝化液回流，工艺（c）的污泥经浓缩后部分回流至好氧消化池。A/AD 消化池内的污泥浓度及污泥停留时间等与 CAD 工艺的相似。

上述两种工艺（CAD 和 A/AD）均属于常温好氧消化，工艺主要缺点是供氧的动力费均相对较高，污泥停留时间较长，特别是对病原菌的去除率低，其反应器的基本设计参数如表 4-29 所列。

表 4-29　20℃ 左右好氧消化反应器设计标准参数[3]

参数	数值	参数	数值
水力停留时间/d		混合需要的能量	
剩余污泥	12～15	机械曝气/(kW/10^3m^3)	20～40
不设初沉池的污水厂的剩余污泥	12～18	扩散空气混合/[kW/(m^3·h)]	1.2～2.5
混合污泥	18～22	液相残余 DO/(mg/L)	1～2
固体负荷/[kg/(m^3·d)]	1.5～4.5	VSS 去除率/%	40～50
需氧量/(kgO$_2$/kg 固体分解)			
细胞组织	约 2.3		
初沉污泥中的 BOD$_5$	1.6～1.9		

(3) 自动升温高温好氧消化（ATAD）工艺

自动升温高温好氧消化工艺（autothermal aerobic digestion，ATAD）的设计思想来源于堆肥工艺，因此又被称为液态堆肥。随着欧美各国对污泥中病原菌数量的限制越来越严格，ATAD 工艺因其具有较高的灭菌能力而得到重视。

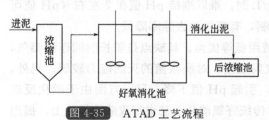

图 4-35　ATAD 工艺流程

ATAD 工艺流程见图 4-35，其消化池一般由两个或多个反应器串联而成，反应器内设搅拌设备并设排气孔，可根据进泥负荷采取半连续流或序批式的灵活进泥方式，反应器内溶解氧浓度一般控制在 1.0mg/L 左右。消化及升温主要在第一个反应器内发生（60%），其温度为 35～55℃，pH≥7.2；第二个反应器温度为 50～65℃，pH 值约为 8.0。系统进泥前，首先将第二个反应器内的污泥排出，之后第一个反应器向第二个反应器进泥，最后由浓缩池向第一个反应池进泥，通过这种进泥方式确保灭菌效果。ATAD 工艺利用活性污泥微生物本身氧化分解所释放的热量（14.63J/gCOD）来提升好氧消化反应器的温度。

此工艺的一个主要特点是依靠 VSS 生物降解产生的热量来升温反应器，将温度升高至高温范围内（45～60℃）。在大多数生物反应系统中，增加温度意味着反应速率的增加，在工程上这就相对减少了反应器容积，反应速率和温度的关系可由式（4-98）表示：

$$k_{T_1} = k_{T_2} \Phi^{T_2 - T_1} \tag{4-98}$$

式中，k_{T_1}、k_{T_2} 分别为温度为 T_1 和 T_2（℃）时的反应速率；Φ 为常数，一般为 1.05～1.06。

但是，温度过高则会抑制生物活性，由下式表示：

$$k_{T_1} = k_{T_2}(\Phi_1^{T_2 - T_1} - \Phi_2^{T_2 - T_1}) \tag{4-99}$$

式中，T_3 为抑制出现的温度上限；Φ_1、Φ_2 分别为增加速率和降低速率的温度指数。

根据公式当温度从常温上升至 45～60℃ 时，反应速率会迅速提高，如果继续升高温度，反应速率将会下降。目前没有一个速率下降的精确温度，据以前的研究表明，当温度上升至

65℃以上时，反应速率则会迅速降低到0。

在ATAD工艺进泥时，首先要经过浓缩，将VSS浓度至少提高到$2.5×10^4$ mg/L或MLSS浓度达到$(4～6)×10^4$ mg/L，这样才能保证产生足够的热量。同时，可以通过采用封闭式反应器（采取隔热措施）和高效氧转移设备，以减少各种不必要的热损失，有时甚至采用纯氧曝气。通过采取上述措施，甚至在冬季外界温度为-10℃、进泥温度为0℃的条件下，无需要外加热源仍可使反应器温度保持高温（45～65℃）。各种不同类型的物料分解释放的热量见表4-30。

表 4-30　不同废弃物中每1kgVSS去除释放的热量

物料	释热/(kJ/kgVSS去除)	资料来源	物料	释热/(kJ/kgVSS去除)	资料来源
城市固体废弃物有机部分	29500～30900	Wiley,1957	污水污泥	约23000	Haug,1993（计算值）
蘑菇堆肥基质	15400～22000	Harper et al,1992	污水污泥	21000	Andrews and Kambhus, 1973（估计值）

ATAD反应器内温度相对较高，因此具有以下优势：硝化反应被抑制，pH值可保持在7.2～8.0；与CAD工艺相比，既节省了化学药剂费又节省30%的需氧量；有机物的代谢速率较快、去除率相对高；污泥停留时间短（5～6d）；NH_3-N浓度相对较高，因此对病原菌灭活效果好；ATAD工艺启动非常快，无需接种其他消化种泥即可启动。ATAD工艺具有运行稳定、易于管理、操作简单、消化出泥的脱水性能好的优点。

在ATAD工艺的设计中需要注意以下问题。

1) 曝气　ATAD工艺中对曝气的控制非常重要，曝气量过大既增加运行费用，又会因剩余气体排出（向外散热）而使反应器温度降低。曝气量太低则会造成反应器内溶解氧不足，影响好氧消化效率，还会产生臭味。因此一般应选择氧转移率大于15%的曝气系统，这样不仅可减少能量消耗，还可降低因供氧造成的热能损失。

2) 泡沫　由于ATAD的进泥浓度及反应器温度均相对较高，因此有泡沫产生。因此，在ATAD设备中应提供相应的泡沫控制设备以保留0.5～1.0m的泡沫层。

3) 气味　国外运行经验表明，当ATAD工艺DO浓度过低、搅拌不完全、第二个反应器温度高于70℃或有机负荷过高时会产生臭气。进泥阶段出现短期的气味问题，可在排气口安装臭气过滤器来加以控制。

污泥的性质对ATAD工艺系统的处理能力也有较大的影响，大规模ATAD工艺系统中对不同来源的污泥的VSS去除率效果见表4-31。

表 4-31　在大规模ATAD工艺系统中对于不同来源的污泥的VSS去除率[1]

污泥来源	VSS去除率/%	资料来源	污泥来源	VSS去除率/%	资料来源
延时曝气	25～35	Schwinning and Cantwell,1999	初沉污泥＋剩余污泥＋滴滤池污泥	43～66	Schwinning and Cantwell,1999
初沉污泥＋剩余污泥	30～56	Schwinning and Cantwell,1999	剩余污泥	25～40	US EPA,1990

因此，ATAD工艺反应器系统组成需要有隔热保温反应器、泡沫控制设施、曝气设施以及尾气处理装置。经ATAD工艺反应器处理的污泥需用泵输送到污泥贮池冷却及进一步

浓缩脱水前的调蓄贮存。一般该工艺出泥脱水相对较难，需要适当增加混凝剂的投加量，这也是在进行工艺选择时需要重点考虑的问题。

（4）两段高温好氧/中温厌氧消化（AerTAnM）工艺

近几年发展起来的 AerTAnM 工艺，它以 ATAD 作为中温厌氧消化的预处理工艺，并结合了两种消化工艺的优点，在提高污泥消化能力和病原菌去除能力的同时回收生物能。其中预处理 ATAD 段的 SRT 一般为 1d（有时采用纯氧曝气），温度为 55～65℃，DO 维持在 (1.0±0.2)mg/L。在后续厌氧中温消化的温度为（37±1）℃。为了提高反应速率，此工艺将产酸阶段和产甲烷阶段分置在两个不同反应器内进行，同时，为了节约能源费用，采用好氧高温消化产生的热量来维持中温厌氧消化温度。

目前，AerTAnM 工艺已广泛应用到欧美等国的污水处理厂中，具体的应用实践经验表明，该工艺对病原菌的具有明显的去除率（消化出泥达到美国 EPA 的 A 级要求）和后续中温厌氧消化运行的稳定性（低 VFA 浓度，高碱度）。AerTAnM 工艺在提高 VSS 的去除率、产甲烷率和污泥的脱水性能方面与单相中温厌氧消化工艺相比，具有相对优势。

（5）深井曝气污泥好氧消化（VD）工艺

VD 工艺技术是一种高温好氧污泥消化技术，该工艺的核心是深埋于地下的井式高压反应器，反应器深一般是 100m，井的直径通常是 0.5～3m，所占面积仅为传统污泥消化技术的一小部分。

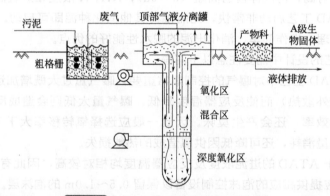

图 4-36　VD 工艺反应器构造及流程[1]

此工艺将 3 个独立的功能区放置在 1 个反应器内进行。井筒的最上部是第一级反应区，包括同心通风试管和用于混合液体循环的再循环带。在第一级反应区的下部是混合区，空气注入该区域，为空气循环提升提供动力。井筒的底部是第二级反应区域。该井式高压反应器井径为 3m，井深一般约 100m。

根据图 4-36，具体工艺流程如下。

VD 工艺起始阶段，空气通过入流管进入混合区，升起的气泡产生一个密度坡度使得空气在氧化区内循环。循环建立并稳定后，空气注入点转移至混合区下部。未经处理的污泥通过入流管在混合区空气注入点的同等高度处进入系统，开始液体循环。此工艺系统氧气传导速率高，混合溶液溶解氧量高。氧化区内相对高的反应速率确保有机物能够在垂直循环圈上部被生物氧化。再循环液体通过井筒竖壁到达上部箱体，并在此处释放废气，防止了废气重新回到系统内影响空气动力效率。第二级反应区溶解氧含量极高、污泥停留时间较长，混合液中比例较小的一部分从混合区进入第二级反应区，污泥中有机物在此区域被高度氧化，温度不断升高。消化后的污泥以极快的速度到达地表产物箱，在混合液体行至上表面过程中，快速的减压可以使得固体物质从液体中分离。

与传统的厌氧及好氧污泥处理工艺相比，VD污泥处理技术具有以下优势：a. 系统结构紧凑、占地小、投资省；b. 与传统高温好氧消化相比，其运行费用减少一半以上；c. 处理效果好，经处理后的挥发性固体减少40%～50%，处理后污泥达到美国EPA污泥A级标准，可直接用作土壤肥料；d. 改善脱水效果，仅需投加少量的有机絮凝剂就可使消化后的污泥含水率降至65%～70%；e. 在恶劣的气候或对环境有特殊需要的条件下，便于将该系统置于封闭的建筑之内；f. 异味气体和挥发性有机物的排放很少，对环境影响小；g. 管理、维修方便，可实现无人值守、自动控制。

VD工艺的主要技术经济指标：a. 占地面积为传统污泥消化工艺的10%～20%；b. 处理后的挥发性固体至少降低40%；c. 离心脱水后含水率可降低到70%以下；d. 去除每1kg挥发性固体耗电小于1.4kW·h，对于城市污水而言，相当于每1m³水耗电0.06kW·h；e. 氧传质效率约50%。

污泥好氧消化主要工艺各有优缺点，具体情况如表4-32所列。

表 4-32 污泥好氧消化主要工艺比较

工艺	优点	缺点
CAD	工艺成熟 机械设备简单 操作运行简单 能够在一池中同时实现浓缩和污泥稳定 上清液BOD含量低	动力费用高 对病原菌的灭活率低 需要相当长的SRT 相当大的反应器体积，由于硝化作用使pH值下降 消化污泥的脱水性能差
A/AD	提供pH值控制 其他同CAD	工艺较新,运行经验少 动力费用仍较高,其他同CAD
ATAD	SRT短、反应器体积小 抑制硝化作用,需氧量相对少 没有pH值下降 对病原菌的杀灭效果好 比CAD、A/AD能耗低 脱水性能可能优于CAD及A/AD	机械设备复杂 泡沫问题 新工艺,经验少 动力费仍旧相当高 需增加浓缩工序 进泥中应含有足够的可降解固体

污泥好氧消化工艺各有优缺点，在具体应用时应综合考虑，根据实际情况选择。其中A/AD工艺比CAD节约能耗，且具有运行管理简单、操作方便的优点，便于在原有CAD设施的基础上进行改造，在今后可更多采用。另外，在合理设计的基础上，可实现CAD和A/AD工艺自动加热，在改善处理效果的同时仍保留其自身简单、灵活的优点，是进一步推广好氧消化技术的一条途径。近年来，随着污泥资源化利用时对病原菌的控制标准日益严格，ATAD工艺以及高温好氧与中温厌氧结合新工艺会在今后有长足的发展。

4.3.2 好氧消化主要影响因素

好氧消化工艺受污泥性质、污泥浓度、温度、停留时间、碳氮比、碳磷比、pH值等因素影响。

（1）温度

温度对好氧消化的影响很大，温度高时，微生物代谢活性强，即衰减速率较大，达到要求的有机物 VSS 去除率所需 SRT 短；当温度降低时，为达到污泥稳定处理的目的，则要延长污泥停留时间。温度对反应速率的影响可用以下公式表示：

$$k_2/k_1 = \theta(T_2 - T_1)$$

式中，k_1、k_2 分别为温度 T_1、T_2 时的反应速率；T_1、T_2 为温度，℃；θ 为温度系数（有研究者认为 θ 为常数，$\theta = 1.058$）。

（2）停留时间 SRT

VSS 的去除率随着 SRT 的增大而提高，但是相应的处理后剩余物中的惰性成分也不断增加，当 SRT 增大到某一个特定值，即使再增大 SRT，VSS 的去除率也不会再明显提高。对消化污泥的比好氧速率（SOUR）也存在着相似的规律，SOUR 随 SRT 的增大而逐渐下降，当 SRT 增大到某一个特定值，即使再增大 SRT，SOUR 也不会有明显下降。一般温度为 20℃时，SRT 为 25～30d。

（3）pH 值

污泥好氧消化的速率在 pH 接近中性时最大，当 pH 值较低时，微生物的新陈代谢受到抑制，有机物的去除率随之降低。在 ATAD 中，由于高温抑制了硝化细菌的生长繁殖，一般不会发生硝化反应，需氧量会比 CAD 大大降低，pH 值通常可以达到 7.2～8.0。而在 CAD 工艺中，会发生硝化反应，引起 pH 值下降至 4.5～5.5，因此一部分 CAD 工艺需添加化学药剂来调节 pH 值。

（4）曝气与搅拌

在好氧消化中，确定恰当的曝气量是很重要的。一方面要为微生物好氧消化提供充足的氧源（消化池内 DO 浓度大于 2.0mg/L），同时满足搅拌混合的要求，使污泥处于悬浮状态。另一方面，若曝气量过大则会增加运行费用，造成能源浪费。好氧消化曝气方式有鼓风曝气和机械曝气，在寒冷地区从保温的角度考虑，宜采用淹没式的空气扩散装置，而在温暖地区则可采用机械曝气。

（5）污泥类型

CAD 消化池内污泥停留时间与污泥的来源有关。一般认为，CAD 技术适用于处理剩余污泥，而对初沉污泥，则需要更长的停留时间。

进入 ATAD 的污泥均应先进行浓缩，一般污泥经过重力浓缩即可满足要求。污泥浓缩后再进入 ATAD 系统，一方面可以减少反应器的体积，降低搅拌和曝气能耗；另一方面可为系统提供足够的热量，使反应器温度达到高温范围。

污泥负荷为 $F:M = 0.1 \sim 0.15 \text{kgBOD}_5/(\text{kgVSS} \cdot \text{d})$ 的污泥适合用 ATAD 法处理。

4.3.3 好氧消化操作的控制参数

（1）温度

好氧消化受温度的影响较大，当温度升高时，微生物代谢能力强，达到要求的有机物（VSS）去除率所需的 SRT 较短；当温度降低时，需要延长 SRT 以实现污泥的稳定处理。但是，当 SRT 增加到某一特定值时，有机物的去除率不会随着 SRT 的继续增加而有明显的提高。这个特定值与进泥的性质及其所含的可生物降解有机物的含量相关。

在不导致微生物变性的前提下，污泥活性随着温度的升高而增高，其消化效果越好。因此，在一定初始污泥浓度条件下，一般温度每增加 10℃，达到一定消化效率所需的时间将会缩短 1/2。

由于好氧消化属于生物过程，因此温度的影响可由下式进行评估：

$$(K_d)_T = (K_d)_{20} q^{T-20} \tag{4-100}$$

式中，K_d 为反应速率常数；q 为温度常数；T 为温度，℃。

式中，反应速率常数随着温度的升高而增加，由此反映了消化速率的提高。

（2）pH 值

在污泥消化过程中，系统的 pH 值会随着含氮有机物的氨化作用和氨态氮的硝化作用而上下波动。图 4-37 反映了消化时间对好氧消化过程中 pH 值的影响。从图上可以看出，pH 值随着消化时间的延长，呈现"上升—下降—接近平稳"的变化趋势。在消化开始的 3～5d 内达到峰值，然后开始逐渐下降，在好氧消化进行到 15d 以后，pH 值趋于平稳，在 4.8～5.1。

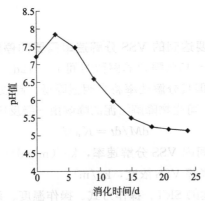

图 4-37 好氧消化过程中 pH 值随污泥消化时间的变化

（3）污泥特性

好氧消化的进泥的要求与活性污泥系统相似，特别是当采用预沉淀工艺产生的初沉池污泥，当 pH 值大于 7 时，污泥中含有相对较多的有毒重金属在消化中有可能溶出，从而对消化过程产生影响。

进泥的浓度对好氧消化设计和操作十分重要。当进泥浓度相对较高时，单位体积需要输入更多的氧气，以延长 SRT，缩小消化池体积，简化操作控制（放空量少），从而增加 VSS 去除率。

在实际运行中，通过污泥浓缩池虽然可以减少一半污泥体积，但是相应的此消化池的去除量并没有得到充分发挥而导致高浓度和低浓度消化时的综合运行费用相差不大（不考虑辅助搅拌设备），但若考虑污泥的充分搅拌，则其投资费用和运行费用将会有较大的差别，在低浓度时的费用较低。因此，在设计好氧消化工艺时，建议选择低污泥浓度（浓度系指直接从二沉池及初沉池排出的污泥浓度）进行，既便于管理操作，又节省基建和运行投资费用，消化时间 1 周左右。

（4）传质、供氧及混合

在好氧消化工艺中，需要有足够的氧源以维持微生物的内源呼吸作用，当混入初沉污泥时还要考虑将有机物转化为胞内物质的需氧量。在系统操作的同时要考虑物料的混合，以确保微生物、有机物与氧气的充分接触。一般情况下，在供氧的同时也提供了混合的能量。一般在剩余污泥处理的消化系统中，混合是控制因素，而对于加入初沉污泥的情况下，供氧往往是控制因素。一般单位容积所需的混合能量随着池型、混合设备类型而变化。

理论上，系统氧化单位细胞物质需要 1.4～1.98 单位的氧气供给，其随着硝化作用是否受到抑制而发生变化。用于生物稳定的最小设计值宜为 2.0。当有混入初沉污泥时，单位 VSS 转化为细胞物质并内源呼吸达到稳定则需要再额外供给 1.6～1.9 单位的氧气。对于剩余活性污泥而言，好氧消化系统的需氧量相当于空气流量为 0.25～0.33L/(m³·s)，当混入初沉污泥时，流量增加为 0.4～0.5L/(m³·s)。消化池中的 DO 最好维持在 2.0mg/L，当氧利用率＜20mg/(L·h)时，这一数值可适当地降低。在对混合需求值和氧传质需求值分别进行计算以后，取其中大者。为了进行优化设计，当混合需求值远远大于供氧需求时，应增加辅助机械混合设施，对于因此而带来的能耗、投资可做相应的平衡分析。

好氧消化是悬浮生长或者固定化生物膜反应器的延续，因此根据主体处理系统的处理程度而变化，同时也包括进水水质。因此，在消化池中常常会有氨化作用、消化作用等反应，从而增加供氧。

（5）停留时间

好氧消化池容积根据所要达到的 VSS 分解速率需要的停留时间来进行控制。在温度 20℃左右时，VSS 去除 40%～45% 需要的停留时间 10～12d。在水力停留时间延长后，虽然 VSS 的分解会继续进行，但其分解速率将会明显降低，超过某一特定的停留时间后将会显得不经济。在消化过程中，可生物降解污泥的降解由一级反应动力学控制：

$$dM/dt = K_d M \tag{4-101}$$

式中，dM/dt 为单位时间内 VSS 分解速率，kg/(m³·d)；K_d 为反应速率常数，d⁻¹；M 为 t 时刻时残留的可生物降解 VSS 浓度，kg/m³。

式中，时间为好氧消化池的 SRT。操作方式、操作温度、系统 SRT 会导致时间因子≥系统理论 HRT。

连续流好氧消化反应池容积可根据下述公式确定：

$$V = \frac{Q_i(X_i + YS_i)}{X(K_d P_v + 1/SRT)} \tag{4-102}$$

式中，V 为好氧消化池的有效容积，L；Q_i 为平均进泥流量，L/d；X_i 为进泥 SS，mg/L；Y 为进水 BOD 中的初沉池污泥部分，%；S_i 为进泥 BOD₅，mg/L；X 为消化池 SS，mg/L；K_d 为反应速率常数，d⁻¹；P_v 为消化池 SS 中的挥发分，%；SRT 为固体停留时间，d。

在没有混入初沉污泥时，YS_i 可以省略。当消化池中有明显的硝化作用发生时上式不再适用。Benefield 和 Randall 通过研究，将消化池水力停留时间方程进一步优化，此方程结合动力学和消化工艺而得出，并充分考虑 VSS 中的一部分为不可能生物降解部分，一部分不可挥发性固体由污泥中微生物细胞的溶解而成。

$$t_d = \frac{X_i - X_e + YS_a}{K_d D X_{oad} X_i} \tag{4-103}$$

式中，t_d 为消化池停留时间，d；X_i 为进泥中的 TSS 浓度，mg/L；X_e 为出泥中的 TSS 浓度，mg/L；Y 为初沉污泥中的有机合成常数；S_a 为消化池中的初沉污泥 BOD 浓度，mg/L；K_d 为活性污泥微生物中的可生物降解部分的反应速率常数，d⁻¹；D 为出泥中的微生物可生物降解部分，%；X_{oad} 为出泥中的微生物可生物降解部分，%。

4.3.4　好氧消化稳定性的评价指标

污泥需要达到的稳定程度主要由污泥最终处置的方式决定，且与国家相关的环境法规密切相关。污泥稳定的最初目的和意义是防止和避免污泥在农用或其他最终处置过程中产生和散发臭味，同时可达到减少病原菌的数量，减少污泥量，改善污泥脱水性能的效果。一般当污泥中有机物的含量下降到一定程度时，在后续处理和处置过程中污泥散发臭味的可能性就大大降低，因此污泥稳定可以理解为将污泥中的有机物质进一步去除或将不稳定有机物质转化成较稳定物质。

污泥好氧消化稳定性的评价指标应能准确反映污泥的稳定程度，并具有测定简单、重现性好、经济等特点。由于污泥生物稳定过程是一个循序渐进的过程，在实践中不会存在具有明确临界值的参数指标，因此，一些常用的评价污泥稳定化程度的参数指标也仅具有相对意义。

（1）氧利用率（OUR）

根据美国环保局（USEPA，1989）规定，当污泥比氧利用率（SOUR）$\leqslant 1\text{mgO}_2/(\text{h}\cdot\text{g})$时达到稳定。不同浓度剩余污泥好氧消化过程中的 OUR 与 TTC-脱氢酶活性（TTC-DHA）的历时曲线见图 4-38 和图 4-39。如图所示，OUR 与 TTC-DHA 均随着好氧消化时间的延长而逐渐降低，在消化开始 15d 以后保持在一个相对较低的水平上。OUR 与 TTC-DHA 的变化情况与剩余污泥 VSS 的降解过程一致，在好氧消化的前几天，污泥中 OUR 与 TTC-DHA 水平相对较高，VSS 快速去除；而在消化到 15d 以后，OUR 与 TTC-DHA 水平也相对较低，VSS 的降解出现"平台期"。OUR 与 TTC-DHA 历时曲线形态上的相似性，预示着两者之间可能存在良好的相关性。因为在 OUR 与 TTC-DHA 活性参数的测定中，测定 OUR 所消耗的溶解氧和测定 DHA 所选用的 TTC，均在微生物好氧呼吸过程中扮演着最终受氢体的"角色"。因此，从理论上讲，OUR 与 TTC-DHA 在微生物呼吸的生化本质方面，可以反映出共同的问题。在好氧消化过程中，具有较高浓度的污泥之所以 VSS 去除量较大，可以根据它们所具有的 OUR 或 TTC-DHA 水平较高来加以解释。

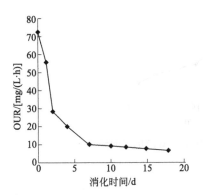

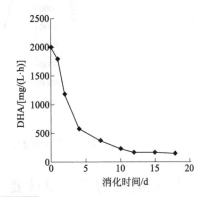

图 4-38　污泥好氧消化中 OUR 历时曲线　　图 4-39　污泥好氧消化中 DHA 历时曲线

（2）消化污泥活性参数（DHA）

剩余污泥好氧消化的本质：微生物有机体的氧化分解。这一过程是在微生物酶的催化下进行的，因此，可以通过测定过程中各生物学活性参数予以确定其反应速率与降解规律，为工程设计和运行控制提供理论依据。

DHA 与 OUR 显著相关（$r=0.9814$，$n=9$），且 DHA 与 MLVSS 间的相关性（$r=0.9698$，$n=8$）也优于 OUR 与 MLVSS 间的相关性（$r=0.9304$，$n=8$）。因此，在实践中 OUR 可能成为污泥好氧消化运行控制中的最佳活性参数。

根据 DHA 与 MLVSS 间的显著相关性，在实践中，可以把 DHA 与 MLVSS 相关数据进行线性回归分析，确定剩余污泥中非降解性 MLVSS 浓度，可缩短传统的污泥好氧消化研究实验周期。

在实践中，完全有可能利用 DHA 与 OUR 所具有的良好线性相关性关系，由其中的一种试验数据推测另外一种活性参数。方便剩余污泥好氧消化研究和运行控制。

（3）其他

剩余污泥好氧消化中 MLVSS 降解历时曲线如图 4-40 所示，其他指标及其适用条件简要列表，见表 4-33。

表 4-33　污泥好氧消化的稳定性评价指标

指标	参数	备注
BOD_5/COD	≤0.15，基本稳定 ≤0.10，稳定程度高	是一个较好的评价参数，但需注意 BOD_5 的准确性
1gMLSS 的油脂含量	<65mg	一般需结合其他参数综合考虑
堆置试验（堆置 10d 后 1gMLSS 中乙酸含量）	35mg≤HAC_{10}≤45mg 基本稳定 HAC_{10}≤35mg 稳定程度高	
VSS/SS	不适于独立评价	宜结合其他参数综合考虑
VSS 降解率	>38%[①]	宜结合其他参数综合考虑

①引自美国 EPA 标准中的标准值，我国标准中该指标值为 40%。

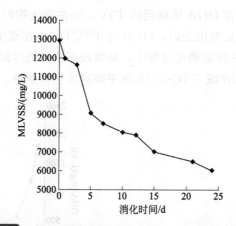

图 4-40　剩余污泥好氧消化中 MLVSS 降解历时曲线

4.3.5　好氧消化的工艺设计要点

一个有效的 ATAD 设计，需使用一套完整的污泥处理方法，包括提供性质恰当的进料，保证自热平衡反应的合适环境，以及处理后污泥的冷却。这些特征均可应用于现有设施的改造或新的 ATAD 系统的设计中。

（1）预浓缩系统

以最少的搅拌能耗获得有效的运行，当进料的 COD≥40g/L 时，通过 ATAD 进料前的浓缩，固体浓度至少可达 3%。在预浓缩池中，也可将初沉污泥与剩余污泥混合。预浓缩可采用机械或重力的方法来实现。

（2）反应器

一般情况下，一个系统中有至少两个绝热反应器，每一个反应器都具备曝气、搅拌和泡沫控制设施。在单级系统中，可获得与多级系统相似的 VS 去除率。但是，由于单级系统存在短流的可能而导致病原体的去除率相对较低。三级及四级系统可灵活用于附加过程，其产气排放至脱臭系统。

（3）后冷却及浓缩

在 ATAD 过程以后，有时需进行冷却以达到有效浓缩和提高上清液质量。冷却时间一般推荐 20d。

（4）进料特征

对 ATAD 系统的成功运行来讲，其进料特征是一个非常关键的因素。在进入 ATAD 系统之前，最好先将污泥加以混合。当污泥投配浓度<3％时，水分含量较多，难以实现自热平衡。当污泥投配浓度>6％时，难于进行有效的搅拌和曝气。在进料时，应满足 COD 浓度≥40g/L，VS 浓度≥25g/L。VS 浓度过低将难以达到自热平衡。ATAD 系统可以允许 $F:M$ 较低的污泥进料，但要求进料污泥浓度很高。即，若污泥热值相对较低，则在反应器内要求有外加热交换器加热。

原生污水和污泥都要经过细格栅（栅条间隙 6～12mm）除去惰性物质、塑料以及来自反应池的碎屑等。在使用换热器的场合，破碎方法可作为预筛分设备良好的补偿。有效地去除水中的砂粒以达到减少曝气设备的磨损和抑制反应器内砂粒的累积。

（5）停留时间

与普通好氧消化相比，ATAD 系统要达到类似的污泥稳定程度，其操作温度高于 45℃，HRT 不超过 5d。根据病原菌去除要求，德国的设计标准 HRT 是 5～6d。文献报道的 HRT 从 4～30d 不等。

（6）进料循环

在 ATAD 系统进行连续进料时，污泥以连续或半连续方式进入第一反应器。在第一反应器内的污泥允许溢流至第二反应器以及从第二反应器流进贮存池。若采用吸气式曝气器，要求必须保持反应器内物料高度恒定，以使曝气器始终浸没其中。其他曝气系统并没有严格的进料高度限制。

ATAD 系统的间歇进料在设计时，一般在 1h 之内向反应器加入 1d 所需的体积，为病原菌的去除预留 23h 的停留时间。

（7）曝气和搅拌

曝气和搅拌是 ATAD 系统能否高效运行的关键因素。高效的曝气搅拌设备要求满足工艺的需氧量，在系统运行时须加以充分搅拌以使污泥完全稳定。

ATAD 系统采用的曝气搅拌设备有多种样式，包括呼吸曝气器，组合式循环泵/文丘里管以及涡轮和空气扩散器。其中最广泛采用的是吸气式曝气器。一般在每个反应器的边壁上至少安装 2 个曝气器。稍大的装置可能在中央曝气单元或者沿切线安装的曝气单元增加第三个曝气器。曝气器的安装角度可促使反应器由内流体形成垂直向下的搅拌和水平旋流。

ATAD 系统采用组合式循环泵/文丘里管时，经压力调节器和气体流量计将压缩空气送入文丘里管。其中压缩空气采用纯氧时氧利用率只有 50％～90％，而采用空气时氧利用率达 100％。这是因为泡沫层和氧气的利用之间存在着一定的联系，厚厚的泡沫可以改善空气利用效率。当使用纯氧时，厚厚的泡沫层散开，则氧利用率下降。此种形式曝气器的主要优点是循环泵和文丘里管都位于消化池外。不过，采用泵式搅拌机的磨损相对较高，而且有可能导致泵的堵塞，针对这一问题需要指定使用合适的泵内衬合金。

涡轮式曝气机是一种吸气式曝气机，由加拿大开发并在萨蒙阿（Salmon Arm）、不列颠哥伦比亚（British Columbia）等地应用过。此种设备在应用初期功率为 $190W/m^3$，当进料浓度低于 $3\%\sim4\%$ 时，会出现冲刷现象，导致温度下降。随后，建造了一个三级反应器以增加 HRT 至 10d 以上，此时系统功率是 $105W/m^3$，污泥流动的能耗是 $100MJ/m^3$。

（8）温度和 pH 值

在一个典型的二级 ATAD 系统中，第一反应器的操作温度是 $35\sim50℃$，第二反应器的操作温度是 $50\sim60℃$。在设计时，第二反应器使用的平均温度是 $55℃$。在反应过程中，如果没有严重的问题，第二反应器的温度一般会达到 $65\sim80℃$。在进料过程中，第一反应器会出现温度的下降，其下降幅度与进料和温度相关，如果采用吸气式曝气装置，一般其恢复速度是 $1℃/h$。实际温度恢复速度与入口温度、进料特点、功率及曝气器的效率相关。为了防止生物适应性的问题的出现，第一段反应器温度不允许下降至 $25℃$ 以下。

一般情况下，无需控制 pH 值调节系统的运行。根据德国经验，当进料 pH 值为 6.5 时，第一反应器的 pH 值就接近 7.2，而到达第二反应器之后就升至 8.0。

（9）泡沫控制

在 ATAD 系统中，对泡沫的控制有着重要的作用。泡沫层会影响氧传质效率，并增进生物活性。如果不加以控制，则会形成超厚的泡沫层，导致泡沫从反应器中流失。系统的高效运行有必要对泡沫控制以让其适度增长。

在设计时，可以在装置上设计 $0.5\sim1.0m$ 的超高作为泡沫的增长和控制空间。控制是指通过采用机械式水平杆削泡刀来将大气泡破碎变成小气泡，形成稠密的泡沫层。其他的泡沫控制方法有垂直式搅拌机和喷洒系统，也有采用化学消泡方法进行泡沫控制。一般可根据反应器几何特性和搅拌方式进行方法的选取。

（10）后浓缩和脱水

一般冷却和浓缩需要 20d 以上的停留时间。许多德国设施使用具有撇水能力的顶部开放（无需曝气和搅拌）的混凝土池。一般通过重力浓缩，经 ATAD 系统处理后的生物污泥含固率达 $6\%\sim10\%$，也有达到 $14\%\sim18\%$ 的报道。目前关于 ATAD 系统污泥脱水性能的数据非常有限。但根据可获得的数据可知其脱水与厌氧消化后的污泥相类似。如表 4-34 所列，数据是来源于加拿大的三家厂的带式滤机脱水的典型数据。

表 4-34　自热平衡高温好氧消化工艺比较

生化污泥类型	地点	干污泥投配率/%	干燥剂/(g/kg 干污泥)	泥饼含固率/%
自热高温好氧消化	不列颠哥伦比亚维斯勒①	5	$3\sim8$	25
自热高温好氧消化	不列颠哥伦比亚雷迪斯密②	$3\sim7$	<1	$12\sim15$
自热高温好氧消化	不列颠哥伦比亚萨蒙阿②	$3\sim5$	25	30
厌氧消化后	典型值	$3\sim6$	$3\sim8$	$20\sim25$

① 带式滤机。
② 螺旋压榨机。

（11）结构特点

在德国，ATAD 反应器一般建造成圆柱形、具环氧树脂壳层、钢制扁平低的池。池顶和边壁采用 100mm 涂有聚亚胺酯的矿质木材绝热，池底板采用泡沫板绝热。采用铝质或钢制的护套进行绝热保护。在反应器的顶部预留入口。在地面上建造整个反应器，下有混凝土基础。

一般曝气机的高深比例要依据达到良好搅拌而使用的曝气机形式而定（一般是 $0.5\sim$ 1.0）。换热器对于系统来讲不是必需的，但考虑能量回收和第一反应器之前进行进料预热，一般换热器是结合在某些装置中。热交换是通过安装在反应器壳层的热交换器以污泥冷却或水冷却的方式进行的。

4.3.6 好氧消化的优缺点

当处理厂规模较小，污泥数量少，综合利用价值不大时，也可考虑采用污泥好氧消化。

(1) 污泥好氧消化的优点

污泥好氧消化产生的最终产物在生物学上相对稳定，稳定产物无气味，其反应速率快，构筑物结构相对简单，因此好氧消化池的基建费相对厌氧消化池低。对于生物污泥来讲，好氧消化与厌氧消化所能达到的挥发性固体去除率大体相同。一般好氧消化上清液中的 BOD_5 浓度为 $50\sim500mg/L$，低于厌氧消化（高达 $500\sim3000mg/L$），其运行操作比较简单，操作方便，处理过程中需排出的污泥量少。污泥好氧消化产生的肥料价值比厌氧消化高，系统运行稳定，对毒性不敏感，环境卫生条件相对好。

(2) 污泥好氧消化的缺点

由于要依靠动力供氧，因此好氧消化池的运行费用相对较高。固体去除率随温度的变化明显，冬季效率相对较低。好氧消化后的重力浓缩通常会导致上清液中固体浓度较高，一些经过好氧消化的污泥难于用真空过滤脱水，不会产生有价值的甲烷等产物。

4.3.7 好氧消化费用分析

污泥好氧消化的处理费用主要包括污泥处理的动力费用、人工费用和设备维护费用等。

污泥好氧消化处理的动力费用可根据污泥负荷和曝气所需要的电能进行计算。通过好氧消化处理，污泥的体积大幅度减少，进而减少了污泥脱水、运输和填埋等费用。以上海某污水处理厂为例，表 4-35 是污泥好氧消化的设计参数，表 4-36 是污泥先进行好氧消化再脱水填埋的工艺与直接脱水后填埋工艺的投资及运行费用比较。其计算依据：混合污泥量 $250m^3/d$，含水率 97%；经过好氧消化后，SS 的去除率达 50%，两种工艺污泥脱水后含水率均达 80%，好氧消化的供气量为 $0.03m^3$ 空气/($m^3\cdot min$)，运行费用每吨污泥为 5.81 元；污泥运输费按 1.2 元/($t\cdot km$)左右；填埋费每吨污泥 13 元；污泥脱水按污水厂以离心脱水运行计费，每吨污泥 9.94 元。根据表 4-36 可知，每年可省运行费用 83.4 万元。

表 4-35　污泥好氧消化的设计参数[1]

项目	水力停留时间($T=20℃$)	项目	水力停留时间($T=20℃$)
剩余活性污泥	$12\sim15d$	所需空气	$1.6\sim1.9$ kg/(kgBOD·min)
剩余活性污泥（或生物滤池）+初沉污泥	$18\sim22d$	用机械曝气器混合所需要电能	$20\sim40$ kW/(10^3m^3 污泥)
污泥负荷	$1.6\sim4.8$ kg 挥发固体/($m^3\cdot d$)	空气混合所需氧气	$20\sim40$ m^3/(10^3m^3 污泥·min)

表 4-36　两种污泥处置工艺的经济性对比[1]

项目	好氧消化费用 /(元/d)	污泥脱水费用 /(元/d)	污泥运输费用 /(元/d)	污泥填埋费用 /(元/d)	运行费用合计 /(元/d)	运行一年总投入/万元
好氧消化+脱水+填埋	1453	1243	2250	244	5190	189.4
直接脱水+填埋	—	2482	4500	488	7470	272.7

4.4 碱法稳定

各种化学药剂在污泥处置中的应用已有多年，污水污泥处置通常使用的化学药剂列于表4-37中。其中，石灰和氯是最为广泛研究和使用的主要药剂。氯作为一种强氧化剂，可灭活和消灭致病微生物，然而，使用成本较高，安全方面也需要有足够的重视。石灰的处理效果不如氯，但优点是安全、经济和使用方便。

表 4-37 污水污泥处置所使用的化学药剂

序号	化学试剂	分子式	主要应用
1	生石灰	CaO	调节 pH 值、臭味控制、巴氏杀菌、消毒、稳定、调质
2	熟石灰	$CaOH)_2$	调节 pH 值、稳定、调质
3	白云石灰	$CaO \cdot MgO$	臭味和 pH 值控制
4	高锰酸钾	K_2MnO_4	臭味控制
5	三氯化铁	$FeCl_3$	臭味控制、调质
6	硫酸铁	$Fe_2(SO_4)_3$	调质、混凝
7	硫酸铝	$Al_2(SO_4)_3 \cdot 18H_2O$	调质、混凝
8	臭氧	O_3	消毒
9	氯气	Cl_2	消毒
10	次氯酸钠	$NaClO$	臭味控制中的氧化剂
11	硫酸或磷酸	H_2SO_4, H_3PO_4	臭味控制中的 pH 值调节
12	高分子絮凝剂	复杂的有机组成	调质

在污水污泥的各种稳定化技术中，碱法稳定化有助于实现污泥的资源化。在碱法稳定化应用方面，国内外的许多污水处理厂主要使用石灰和含石灰的物料来作为处理药剂，除了石灰之外，水泥窑灰（CKD）和石灰窑灰（LKD）、燃烧木材和石油燃料的飞灰（fly ash）、烟道气脱硫副产物和饮用水处理的污泥等其他物料也开始应用于污水污泥的稳定化资源化处理。

最早的石灰应用在厕所中以减少臭味，把死于疾病的动物尸体埋于生石灰中也可以减少传染的危险。

1740 年左右，巴黎最先试用化学处置污水污泥，但直到 1860 年才有一些进展。从 19世纪 90 年代开始，英国就在污水处理中使用石灰。实际上，污水脱臭和消毒的问题在此之前就已经进行了深入的研究。1871 年英国的一份专利介绍了将一种粉末物质用于旧式厕所中，并描述了这种类似于石灰的粉末如何与粪便混合在一起，来生产农业上使用的产品。

1910 年，英国有数座城市使用石灰来沉淀污水中的固体。1915 年石灰的应用被积极推动。在那段时间里，主要进展是排放污水质量的提高和石灰化被证明是一种经济有效的方法。大约在生物处理被发明的 70 年前，石灰已经常用于处理污水了。在砂床上经石灰干化处理的污泥可减少臭味，从而使干化污泥在农业上得到了应用。

真空过滤前预石灰化污泥也成为一种可接受的去除固体的方法。在 1942～1967 年期间，石灰化应用研究主要集中在 pH 值调节效果、细菌存活温度和时间方面。1974 年，Farrell等发表了石灰稳定方面的一个重要研究结果。石灰稳定的主要研究工作是在 1975 年和 1989年之间开展的。

1967 年，瑞典的一项专利因首先深化了碱法稳定工艺而受到资助。在 1978 年，德国出现了类似的专利，这些专利的优越性在于它们工艺温度较低，一般 58℃ 就能达到灭菌效果。其他欧洲碱法稳定工艺和专利也得到了发展。

在瑞典 20 世纪 70 年代早期，污泥排海就被碱法稳定工艺所取代，并生产出农业上可使用的资源化产品。其方法是把熟石灰投加到液态污泥中产生絮凝，把生石灰加入到脱水污泥中产生热量来消毒杀菌和促进干化。所得产品用袋子装上在农业生产方面进行出售。第一个比较大的污水污泥处理厂是 Gothenburg-Rya，它用生石灰稳定法来代替污泥好氧或厌氧消化工艺。

甚至在 18 世纪，农民就知道使用粪便和生石灰来提高农作物产量的益处。美国宾罗法尼亚洲记载了在 1974 年第一次用生石灰来提高土地生产能力的做法。被称为美国土壤化学之父的 Edmund Ruffin，1918 年发表了一篇论文，称南方土地由于单一作物和不良耕作使得土地酸化而不肥沃，使用生石灰来降低土壤酸性，可提高农作物的产量。

美国东南部的马里兰州和纽约的农民也有使用生石灰及石灰化方面的实践。20 世纪之前，机械设备不能将石灰石磨成我们今天在农业上使用的石灰石。20 世纪之后石灰石经煅烧形成松软多孔的可直接用于土壤的材料。

由于费用低、易于获得，粉状石灰石成为在农业受到欢迎的石灰品种，然而，从 1912 年以来许多研究表明，任何形式的石灰在土壤处理上的使用价值只取决于它的氧化钙和氧化镁的含量。如果在土壤上使用的细微粉末含有等量的石灰氧化物，那么各品种的石灰化合物就具有同样的农作物增产价值。应用石灰石和生石灰处理土壤时，土壤中的氮和有机物含量较处理前没有显著地变化，但在生石灰用于粪便处理时差别则很明显。

"稳定的（stabilized 或 stable）"污泥有不同的界定，评价污泥稳定性的标准尚不统一。致病微生物含量、挥发性固体含量和臭味强度经常作为污泥稳定性的指数。消化、堆肥和碱处理是通常使用的污泥稳定化方法。美国 1993 年 2 月颁布的 EPA40CFR（503）法案，通过建立致病微生物和带菌体的数量确定了污泥稳定性的标准。

碱法稳定工艺通过低温杀菌和 pH 值调节能达到美国 EPA40CFR（503）法案规定的致病微生物方面的 A 类标准。在 503.32（a）（4）款中详尽指明了所需时间、温度和干化的标准，例如 N-ViroSoil 工艺满足 503.32（a）（4）款的要求，BIO * FIX 工艺和 RDPEn-Vessel 巴氏杀菌工艺满足低温杀菌的要求。

为了达到 B 类（PSRP）的要求，应用碱（石灰）稳定工艺时，应把足够量的石灰加入到污水污泥中，2h 接触后污水污泥 pH 值提高到 12。另外，A 类和 B 类碱法稳定工艺都要求达到带菌体数量减少的标准。

近年来随着工艺的改进，碱法稳定技术得到了发展，包括碱性药剂的多样性和设备性能方面的提高，这些使得终产品在许多方面得以使用。主要资源化应用有有机肥料或土壤改良剂；农用石灰化药剂；结构填充材料；垃圾填埋厂的日常使用和最后覆盖物；腐蚀控制或坡度稳定。

碱法稳定方案的选择取决于许多经济和市场因素，但其产物必须符合最终使用的要求。对各种性质的污泥，碱法稳定都是一种有效处理工艺。根据最终的使用要求，经化学处理过的污泥必须是稳定的、无害的、无传染物质的、没有臭味、在物理和化学方面适宜的。

在美国和欧洲，虽然碱法稳定工艺已经应用了许多年，但其在微生物学上的灭菌效果是有限的。虽然通过保持 pH 值在 12 以上 2h，可使病毒和细菌部分失活，但还需要附加处理来灭活病原微生物，从而达到 A 类标准。

在设计石灰稳定化设施中，有 pH 值、接触时间和石灰用量 3 个参数必须考虑。对于具体的污泥应当进行试验后确定。

通过投加石灰的传统的碱法稳定工艺实际已经应用许多年，根据美国 EPA 调查的结果

（1989），有 250 家 POTWs 使用石灰来稳定污水污泥。石灰稳定在中小型处理厂最受欢迎。目前新型的碱法稳定工艺得到了发展和使用。这些技术需投加碱性材料，如水泥窑灰（CKD）、石灰窑灰（LKD）、波特兰（Portland）水泥、淋洗灰（scrubber ash）、飞灰（fly ash）等，同时还需要特殊设备或处理步骤。

调整传统的碱处理工艺可生产不同物化性质的产品或根据使用目的来设计产物，同时更加符合致病微生物、带菌体减少和臭味控制的要求。通过改变工艺参数、运行方式、投碱量、混合结构、加热、风干和干化等，可增加碱法稳定工艺的多样性和机动性以满足城市污泥处理的需要。

根据碱性物料的投加位置，一般石灰稳定工艺有两种基本类型：预石灰稳定（脱水前进行石灰稳定）、后石灰稳定（脱水后进行石灰稳定）。

拥有美国专利的深度后石灰稳定工艺包括 BIO*FIX 工艺、N-Viro's 深度碱法稳定工艺（带有快速干燥技术）、RDPEn-Vessel 巴氏杀菌工艺、Chemfix 工艺和 LeopoldWillotech 工艺等。随着美国 EPA（503）法案的实施和终产品应用机会的增加，强化碱法稳定工艺和设施的数量将会持续增加。

4.4.1 预石灰稳定和后石灰稳定

石灰稳定法是一种简单的方法，可提高污泥脱水性能，并可用于臭味控制、杀菌、消毒、pH 值调节。采用此法会增加污泥的体积，因此其最终处置费用一般比其他稳定方法要高。此法的目的主要是稳定污泥，杀灭和抑制污泥中的微生物；调质污泥，提高其脱水性能并抑制臭味，所需的基建费用不高。

4.4.1.1 预石灰稳定

许多年来，使用碱（石灰）稳定技术从液态污泥中生产资源化的物料，在许多污水处理厂得到普遍应用，在小型污水处理厂应用更是普遍（<5m³/d）。液态污水残留物可以通过投加生石灰或熟石灰来提高 pH 值，使之不低于 12，然后在土壤上使用。在某种情况下，这是一种相当经济的污泥处理方式。预石灰稳定工艺一般产生符合美国 B 类的标准液态产品。对于符合 B 类液态污泥的平均石灰投加比见表 4-38。

表 4-38　预石灰稳定的石灰投加比[3]

污泥类型	含固率/%	平均石灰投加比	pH 值
初沉污泥	3～6	0.12	12.7
活性污泥	1～1.5	0.3	12.6
厌氧消化污泥	6～7	0.19	12.4

随着美国 EPA（503）法案的通过，预石灰稳定工艺应满足新的致病微生物和带菌体数量的要求，见表 4-40。

对于预石灰稳定工艺的应用还有一些附加的限制条件，如公众评价、监测和记录、农作物类型等。按照石灰投加比，预石灰稳定污泥的 pH 值下降。在高投加量情况下（石灰投加比为 0.3），pH=12 可以保持数天甚至于几个星期；但在石灰投加比小于 0.15 情况下，pH 值下降速度很快（几小时或几天）。目前其他碱性药剂也在预石灰稳定工艺得到应用，但尚缺乏对环境和健康的影响以及经济分析方面的数据。符合美国 B 类标准的碱法稳定污泥工艺的致病微生物和带菌体减少的要求见表 4-39。

表 4-39　**关于致病微生物和带菌体数量要求的 B 类标准要求**

规定项目	标准
(1)致病微生物的减少； (2)带菌体的减少	接触 2h 后,pH 值升高到 12 符合以下条件之一： (1)挥发性有机物(VOCs)至少减少 38%； (2)升高 pH 值至少到 12(25℃),pH12;保持 2h 或 pH≥11.5、保持 22h 以上； (3)土地利用 1h 后,土地表面基本未检出； (4)利用时,6h 内与土壤混合

4.4.1.2　后石灰稳定

脱水污泥的碱处理在美国 20 世纪 80 年代后期到 20 世纪 90 年初期受到了广泛的欢迎，其主要原因有 503 法案的颁布；工艺简单；成本低；得到许可和建设较快。由于美国的法院下令停止污泥排海并提出更为严格的处理要求，因此碱法稳定工艺对市政机构有特别的吸引力。

后石灰稳定的目的在于减少 B 类或消除 A 类的致病微生物，以满足减少带菌体数量的要求，并降低臭味，以最小化成本生产有市场应用前景的产品。后石灰稳定的污泥大多数用于土地整治或用作垃圾处理场覆盖材料的替代物，后石灰稳定处理主要生产下列资源化产物：对于 B 类（PSRP）产物在特定允许地点用作土壤肥料；A 类（PFRP）产物可用作农业石灰化药剂；符合垃圾填埋场要求的产物可用作覆盖物，它既可以是 A 类产物，还可以是 B 类产物。

研究表明，污泥碱处理达 pH 值等于 12 后，可使致病微生物大量减少。在降低大肠杆菌和链球菌方面，后石灰稳定工艺与预石灰稳定工艺、嗜温好氧消化、厌氧消化、嗜温堆肥相比具有同样或更好的效果。

如果投加足量的石灰，生石灰的热反应能产生 A 类标准的污泥，即能达到巴氏杀菌效果（70℃持续 30min 以上）。外部加热也可以达到巴氏杀菌的效果，并可以减少 CaO 耗量。

CaO 使用量（t）/污泥固体干重（t）可以方便地表达石灰的投量（石灰投加比）。pH 值大于 12 和温度大于 70℃时的石灰投加比一般在 0.3～2.5，主要取决于污泥固体成分，石灰投加比见图 4-41。然而，在实际工程应用中经常需要更大的投量来满足一些特殊要求，如干化程度、粒度、延展度、压实度和营养成分等。

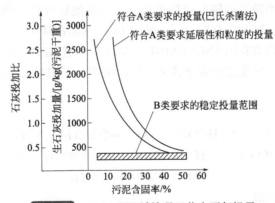

图 4-41　BIO*FIX 碱处理工艺生石灰投量

预石灰稳定和后石灰稳定的主要优点：能满足 EPA（503）法案要求的致病微生物和带菌体数量减少的要求，对小型 POTWs 不用生物处理就能经济有效地达标；减少臭味。

缺点：碱法稳定污泥市场潜力有限，尤其对于液态污泥的预石灰稳定；由于季节性和市场波动影响导致贮量大；预石灰稳定（液态污泥碱法稳定）仅能达到 B 类（PSRP）要求。

4.4.2 工艺基本原理

在石灰稳定工艺中有大量化学反应发生，主要是 CaO 和 H_2O 反应生成 $Ca(OH)_2$，同时产生热量。主要的反应过程如下：

$$CaO + H_2O \longrightarrow Ca(OH)_2 + 热量 \tag{4-104}$$

1gCaO 的水合作用需要 0.32g 的自由水，形成大约 $1.32gCa(OH)_2$。$Ca(OH)_2$ 不易溶于水，离解形成均衡的 pH 值为 11.3～12.53 时，CaO 浓度对应如表 4-40 所列。

表 4-40 CaO 浓度与 pH 值的关系

CaO/(g/L)	0.064	0.122	0.164	0.271	0.462	0.710	1.027	1.160
pH 值(25℃)	11.27	11.54	11.66	11.89	12.10	12.31	12.47	12.53

1.160g/L $Ca(OH)_2$ 溶液在 pH=12.53 时是饱和的。温度升高，CaO 溶解度下降，导致 pH 值下降。应坚持在 25℃时测定 pH 值，以便比较。

pH 值表示的是 H^+ 的强度，即溶液的酸、碱强度：

$$pH = -lg[H^+] \tag{4-105}$$

纯水离解产生浓度为 $10^{-7}mol/L$ 的 H^+，因此纯水的 pH 值为 7。同时纯水也产生 $10^{-7}mol/L$ 的 OH^-，所以纯水是中性的（$H_2O \longrightarrow H^+ + OH^-$）。投加 $Ca(OH)_2$ 等碱性物质会减少 H^+ 的数量，从而提高了 pH 值，这是因为多余的 OH^- 中和了 H^+。通过石灰调节 pH 值要经过两个步骤的反应：首先 CaO 与污泥中的水反应生成 $Ca(OH)_2$；其次由于 $Ca(OH)_2$ 的存在能提高污泥的 pH 值。如果存在足够的水，CaO 的水合反应是很快的，大约 1～1.5min。污泥中自由水的含量是一个重要影响因素，总的来说，脱水污泥含水越多，反应就越快，如果污泥较干（TS≥30%），就需要更长的停留时间来完成水合反应和提高温度；其他影响因素是石灰的活性和粒径，总的来说，石灰粒径越小，石灰的效果就越好。

在碱法稳定中，pH 值保持在较高水平的时间必须要足够长，从而能够抑制或阻止臭素和细菌污染源产生的微生物反应，使污泥中的微生物群体失活。

污泥碱法稳定工艺所使用的碱性材料也包含一些其他碱性化合物，如方解石（$CaCO_3$、石灰石）、K_2O、白云石 $[CaMg(CO_3)_2]$、Na_2CO_3（水泥窑灰中）、硅酸盐（飞灰中）和一些金属氧化物。这些化合物在污泥中与水的反应影响 pH 值的改变和热量的释放。污泥碱法稳定过程中发生的化学反应还没有完全弄清。在污泥中，石灰与有机、无机离子可能发生的反应主要为：

与无机组分有关的反应

$$Ca^{2+} + 2HCO_3^- + CaO \longrightarrow 2CaCO_3 + H_2O \tag{4-106}$$

$$2PO_4^{3-} + 6H^+ + 3CaO \longrightarrow Ca_3(PO_4)_2 + 3H_2O \tag{4-107}$$

$$CO_2 + CaO \longrightarrow CaCO_3 \tag{4-108}$$

与有机组分有关的反应

$$RCOOH + CaO \longrightarrow RCOOCaOH \tag{4-109}$$

$$脂肪 + CaO \longrightarrow 脂肪酸 \tag{4-110}$$

通过上述反应污泥降低了终产物中有机物和磷的含量。若投加石灰不足，可能导致 pH 值降低。因此，要求石灰过量。在理论上，能够计算出为升高 pH 值到目标值的石灰量，但这些计算结果通常并不可靠，同时，加入石灰还会发生其他反应。

（1）臭味物质分解

污泥中的臭味物质通常包括含氮、含硫的有机化合物、无机化合物和某些挥发性烃类化合物，污泥中含氮的化合物包括溶解性的氨（NH_4^+）、亚硝态氮、有机氮和硝态氮等。总氮可以用总凯氏氮分析表示。

在碱性条件下，NH_4^+ 被转化为氨气（NH_3），pH 值越高，碱法稳定处理污泥中所释放出的 NH_3 就越多。

$$NH_4^+ + OH^- = NH_3 \uparrow + H_2O \tag{4-111}$$

如果不加以控制，就会产生大量的气味。相对较高的 pH 值基本上能去除 H_2S 引起的臭味和其他含硫的臭味污染物。

这一现象表明了为何碱法稳定化污泥主要表现出基于氨的臭味物质，而其他严重的臭味污染物大体上被消除或受到抑制。相对高的 pH 值基本上能达到灭活或破坏污泥分解的微生物，进而抑制臭味。然而，已检测到的含氮有机化合物臭味物质甚至在高 pH 值条件下仍持续存在，这些物质是有机物分解的产物，这些物质包括胺类，甚至有三甲胺（TMA），也可能有尸胺等。

（2）中和酸性土壤

经碱法稳定化处理的污泥可作为农用石灰的替代品，用于调节土壤的 pH 接近中性，进而提高土壤的生产能力。

当用石灰稳定后的污泥施用在酸性土壤中（pH 值为 4.5～5.5），初步的酸性中和反应是：

$$Ca(OH)_2 + 2H^+ (土壤) = Ca^{2+} (土壤) + 2H_2O \tag{4-112}$$

使用石灰石（$CaCO_3$）进行酸性土壤中和的反应是：

$$CaCO_3 + 2H^+ (土壤) = Ca^{2+} (土壤) + CO_2 \uparrow + 2H_2O \tag{4-113}$$

由以上两个反应式可见，土壤中两个 H^+ 被转换为一个 Ca^{2+}，从而降低了 H^+ 浓度，提高了土壤的 pH 值。

熟石灰 [$Ca(OH)_2$] 的溶解度是石灰石（$CaCO_3$）的 100 倍，因此，熟石灰的反应比石灰石的反应要快得多。熟石灰 [$Ca(OH)_2$] 比石灰石（$CaCO_3$）在降低土壤酸性上更有效。

石灰药剂的酸性中和能力可通过酸式滴定来确定，然后以等量的 $CaCO_3$（CCE）来表达，CCE 表示相对于纯的 $CaCO_3$ 时某种药剂的酸性中和能力。50% 的 CCE 值表示要达到纯 $CaCO_3$ 石灰化土壤的要求时，需使用 2 倍的该药剂。

碱性材料的类型和用量决定了终产品的残余碱度和形式 [$Ca(OH)_2$ 或 $CaCO_3$]。多数情况下，水中 pH=12.5 时，是 $Ca(OH)_2$ 的平衡点，而 $CaCO_3$ 的平衡点大约是 pH 值=8.2。通常，$Ca(OH)_2$ 决定终产品的 pH 值。

（3）同化重金属

污泥碱法稳定的高 pH 值可导致水溶性金属离子转化成不溶性金属氢氧化物（钼和硒除外）。

$$Me^+ + 2OH^- = Me(OH)_2 (Me 表示金属) \tag{4-114}$$

当金属氢氧化物从土壤溶液中沉淀下来时，基本上不为植物所吸收，同时金属的流动性也会降低。金属的固化是一个复杂过程，它包括矿物表面的吸附、以碳酸盐形式沉淀或有机物络合等。

（4）产热

生石灰的水合作用是最大的放热反应。如果将生石灰加入污泥，它首先同水发生水合作用，释放热量约 1142J/g。在有硅土、铝和铁的氧化物存在时，这些物质也会和石灰发生放热反应。通过这些反应产生凝硬性的复杂氢氧化物。

$$CaO + Fe_2O_3 + Al_2O_3 + (n+1)H_2O == Ca(OH)_2 \cdot Al_2O_3 \cdot Fe_2O_3 \cdot nH_2O \qquad (4-115)$$

$$2Ca(OH)_2 + (n-1)H_2O + Al_2O_3 == CaO \cdot Al_2O_3 \cdot Ca(OH)_2 \cdot nH_2O \qquad (4-116)$$

$$Ca(OH)_2 + SiO_2 + (n-1)H_2O == CaO \cdot SiO_2 \cdot nH_2O \qquad (4-117)$$

污泥分解产生的和空气中的 CO_2 与生石灰之间的反应也是放热的，释放约 $4.33 \times 10^4 cal/(g \cdot mol)$ 的热量。

$$CaO + CO_2 == CaCO_3 + 热量 \qquad (4-118)$$

生石灰与 CO_2 的反应属于高热反应，不过由于 CO_2 在污泥和空气中的浓度较低，其反应速率要比石灰和 H_2O 慢得多。干的生石灰与空气中的 CO_2 反应可逐步导致石灰在贮存的过程中失活。

4.4.3 碱性物质材料

4.4.3.1 石灰

石灰（lime）有各种形式，如生石灰和熟石灰。石灰是主要的、最经济的碱性物质。它是生产量第二大的化学试剂（第一是硫酸）。1993 年，美国消耗了 1870 多万吨石灰，全球消耗 13700 多万吨石灰。石灰在生活污水处理和工业废水处理中是消耗量吨位最大的化学药品。近年来，石灰也是发电厂和工业煮沸厂烟道气脱硫的主要化学试剂。

石灰（CaO）主要是通过煅烧石灰石（$CaCO_3$）获得。早在 1661 年普罗维登斯（Providence）就用石灰石来生产生石灰了。石灰是一个通用的词，但通过严格的定义，它仅表示生石灰、熟石灰和水硬性石灰。污泥处理中特别受欢迎的是生石灰，其次是熟石灰。石灰石（$CaCO_3$）会被错误地用石灰（CaO）表达。

石灰石（$CaCO_3$）、石灰（CaO）和 $Ca(OH)_2$ 已被广泛用于农业上的酸性土壤中和。

1912 年以来的研究表明，各种石灰的农业使用价值没有显著差别，如在土壤应用中使用同等纯度的等量石灰氧化物，其增产效果基本相同。

在污水处理工艺中，各种石灰被用来做酸性中和。常见的石灰产品的基本物化性质见表 4-41。

表 4-41　石灰产品的基本物化性质

生石灰	高钙质	镁质
主要成分	CaO	CaO 和 MgO
相对密度	3.2～3.4	3.25～3.45
堆密度(碎石灰)/(kg/m³)	882～962	882～962
比热容(100°F)/(Btu[①]/lb[②])	0.19	0.21
休止角(碎石灰)/(°)	50～55	50～55

熟石灰	高钙质	镁质
主要成分	Ca(OH)$_2$	Ca(OH)$_2$ 和 MgO
相对密度	2.3～2.4	2.7～2.9
堆密度/(kg/m³)	400～560	480～641
比热容(100°F)/(Btu/lb)	0.29	0.29
休止角/(°)	70	70

石灰石	高钙质	镁质
主要成分	$CaCO_3$	$CaCO_3$ 和 $MgCO_3$
相对密度	2.65~2.75	2.75~2.90
堆密度/(kg/m³)	1395~1523	1395~1523
比热容(100℉)/(Btu/lb)	0.21	0.21

① 1Btu=1055.06J，下同。

② 1lb=0.45359kg。

在一定的反应时间内生石灰提高温度的能力和商用生石灰的百分比是影响碱法稳定工艺的重要因素。径粒分布是影响石灰效果的另一重要因素。

(1) 生石灰

生石灰是煅烧石灰石的产品，主要是由镁和钙的氧化物组成。根据其化学成分，生石灰可以分为3类：a. 高钙生石灰，主要成分是CaO，MgO含量不足5%；b. 镁质生石灰，含有5%~35%的MgO；c. 白云生石灰，含有35%~40%的MgO。

生石灰一般的尺寸形式如下：a. 块石灰最大直径可达8in (1in=2.54cm)，最小的2~3in，在垂直窑中生产；b. 碎石灰最常见的尺寸为 (1/4)~2in，在多数窑中均可生产；c. 粒石灰尺寸范围，100%通过8#筛，100%不能通过80#筛(无灰产品)；d. 细碎石灰是研磨较大尺寸石灰经筛分所得，一般尺寸为基本全部通过8#筛，40%~60%通过100#筛；e. 粉石灰是剧烈研磨较大尺寸石灰所得，一般尺寸为基本全部通过20#筛，85%~95%通过100#筛；f. 球粒石灰将生石灰压碎成1in尺寸的小球或砖状物。

主要的筛网尺寸见表4-42。

表 4-42　主要的筛网尺寸(ASTM)

名义孔径	网眼大小/目	孔径/in(mm)	金属丝直径/in(mm)
1(in)		1.00(25.4)	0.156(3.96)
1/2(in)		0.500(12.7)	0.108(2.74)
1/4(in)	3	0.250(6.35)	0.073(1.85)
3/16(in)	4	0.187(4.16)	0.055(1.41)
5/32(in)	5	0.157(4.00)	0.048(1.23)
1/8(in)	6	0.132(3.36)	0.043(1.09)
2000(μm)	10	0.079(2.00)	0.033(0.84)
1000(μm)	18	0.039(1.00)	0.021(0.52)
500(μm)	35	0.020(0.50)	0.012(0.32)
250(μm)	60	0.010(0.25)	0.007(0.19)
149(μm)	100	0.006(0.15)	0.0044(0.111)
105(μm)	140	0.004(0.11)	0.0030(0.075)
74(μm)	200	0.003(0.074)	0.0021(0.053)
44(μm)	325	0.0017(0.044)	0.0014(0.036)

注：1in=0.0254m，下同。

生石灰可以用大货车、卡车或多层纸袋装运；块石灰、碎石灰和球粒石灰很少用纸袋装运，大都使用大货车装运；较细尺寸的石灰，如细碎石灰、粉石灰、粒石灰易于使用大货或卡车装运。生石灰的贮存要避免与水接触的可能性。

石灰活性的可利用率和它的活性水平是影响碱法稳定工艺的重要因素。CaO 的活性因供应商不同而变化。碱法稳定工艺所使用的生石灰，特别是需要其放热反应的热量时，活性是至关重要的，是决定其消化的质量因素。生石灰应易于消化，易于转化为沉淀，应在预定时间内达到要求的温度增量 [40℃(72℉)]。

CaO 活性的 3 个主要类型如下：a. 高活性 CaO，3min 内使温度升高 40℃，10min 内完成反应；b. 中等活性 CaO，3～6min 内使温度升高 40℃，10～20min 内完成反应；c. 低活性 CaO，6min 以上时间才能使温度升高 40℃，20min 以上完成反应。

生石灰比熟石灰在贮存中易于损坏。在较好的贮存条件下，用多层防潮袋生石灰可贮存 6 个月，但一般来讲，不应贮存超过 3 个月。

（2）熟石灰

熟石灰是在水合作用下，为充分满足生石灰对水的亲水力，生石灰与水反应的产物。

熟石灰的化学组成基本上反映了其母体生石灰的化学组成。高钙生石灰将形成高钙熟石灰，其 CaO 的含量在 72%～74% 之间，与 CaO 结合的水占 23%～24%。镁质生石灰将形成镁质氢氧化物。在正常的水合条件下，镁质生石灰的 CaO 可全部成为水合物，但仅有一小部分镁的氧化物（5%～20%）成为水合物。镁质氢氧化物的一般组成是 46%～48% 的 CaO、33%～34% 的 MgO 和 15%～17% 的结合水。

特殊的或含水的镁质石灰几乎全部（>92%）形成氢氧化物。熟石灰经空气流分类形成不同细度的产品来满足使用者的需要。对于化工使用目的熟石灰分级是 75%～95% 或更多的通过 200# 筛，而对于特殊用途的熟石灰要求 99.5% 通过 325# 筛。熟石灰可用纸袋装成净重 23kg 的包裹用货舱运输。

4.4.3.2 其他碱性物料

（1）窑灰

窑灰是水泥或石灰生产的副产品。水泥窑灰（CKD）在美国每年产量超过 $1.2×10^6$ t。窑灰是通过机械气旋、布袋过滤和干式电工沉积器（ESP）等各式系统来收集的。

CKD 大约 64% 循环回生产制造工艺；大约 7% 的 CKD 被售出用以他用，其多数用于废物稳定剂或石灰化药剂。窑灰用于污泥稳定处理成本低，这就为替代使用比较贵的生石灰提供了另一种选择。CKD 的基本化学组成见表 4-43。为了在污泥稳定工艺中获得应有的效果，窑灰应含有足够的活性 CaO(25%～40%)，并且其重金属含量应严格控制。

表 4-43 水泥窑灰(CKD)的基本化学组成及性质

成分及性质	含量	组成	含量/[mg/kg(干基)]
CaO/%	25～40	As	1～80
SiO₂/%	14～15	Hg	1～5
Al₂O₃/%	5～6	Cd	1～45
Fe₂O₃/%	1～2	Ni	3～60
MgO/%	1～2	Cu	500～1000
SO₃/%	6～7	Pd	5～2620
K₂O/%	4.0～4.5	Cr	5～100
粒径	75%未通过 200 目	Zn	500～1000
密度/(kg/m³)	886～930	Fe	3000～8000
总固体/%	100	Se	1～103
		Ag	1～40
		Sr	150～300

因原料、燃料的类型不同及生产工艺的不同等，CKD 和石灰窑灰（LKD）的化学成分变化很大，一些水泥生产商使用废弃物，甚至用有毒害的材料来补充燃料，因此当使用窑灰

稳定处理污泥时，质量控制是很重要的。

1995 年 2 月 7 日，为了防止废弃物处理带来的公众健康危险和环境破坏，美国 EPA 对水泥窑灰（CKD）的使用和处置制定了一系列标准。

(2) 飞灰和烟道气脱硫灰

由于煤炭在电力生产中的大量使用，产生了几百万吨的飞灰（fly ash）和烟道气脱硫（FGD）灰，这些灰分含有植物所必需的营养成分。一些研究已评价了这些灰分在土地施用和污泥处理中的效果。这些灰分的成分变化很大，总的来说，飞灰和 FGD 灰富含有 Ca、Mg，因此，可用作单独的石灰药剂或用于碱处理污泥中。飞灰和 FGD 灰与污泥混合可提高土壤持水性。如果使用量不大，其对土壤微生物活性的影响可以忽略不计。

应仔细分析测定灰分中痕量重金属以防止对农作物产生负面影响。FGD 灰的 Ca、Mg 等化学成分见表 4-44。

表 4-44　烟道气脱硫（FGD）灰的化学组成

序号	组成	钙质灰（质量分数）/%	镁质灰（质量分数）/%
1	CaO	40~45	1.0~1.5
2	MgO	6~10	32.0~35.0
3	SiO_2	10~15	3.0~3.5
4	SO_3	12~23	12.0~17.0
5	$MgSO_3$	0	42.0~46.0
6	Fe_2O_3	1.5~5.0	0.3~0.4
7	Al_2O_3	4.5~7.0	0.5~0.7
8	P_2O_3	0.1~0.2	0.0
9	K_2O	0.6~1.0	0.4~0.45
10	Na_2O	0.15~0.25	0.0~0.1
11	pH 值	12.4	9.65
12	密度/（kg/m³）	962~1282	850~962

含有 Ca、Mg 的 FGD 灰可用于污泥碱法稳定处理。Mg 主要以 $MgSO_3$ 的形式存在，其中可与水发生放热反应提供额外的热量。Mg 和 S 是植物重要的营养成分，用含镁的灰分处理的污泥可提高其农业价值。含有活性 CaO 的 FGD 灰可用作热源和膨胀剂。FGD 灰中重金属应严格监测和控制。

4.4.3.3　碱性药剂的输送和贮存

在美国石灰和其他碱性药剂输送的主要形式是风力卡车（pneumatlctic trucking）。风力卡车有 20~140m³ 的分离罐（后者可装运高达 20t 的熟石灰或 24t 的碎石灰）。鼓风空气由装在拖车上的鼓风机提供。虽然 1in 是最大的参考尺寸，但能从风力卡车上有效泵出的最大碎石灰是 1.25in。碎石灰可以被输送垂直高 30m 和沿程 46mft（1ft＝0.3048m，下同）；熟石灰可被轻易吹至沿程 91m，通常，风力卡车在大约 60min 内完成卸载。

空气流卡车也可用于石灰的输运，特别适于细粉状石灰产品（如熟石灰和粉状生石灰）。这些卡车是用低压空气驱动石灰流动，以略微倾斜的趋势输到卡车排放口，再经分离传输系统把石灰传送至贮存场所。安装在卡车上的分离风扇提供流动的空气压力。

覆盖式铁轨漏斗汽车可拖运 100t 生石灰或 50t 熟石灰。石灰被排至暗道漏斗，然后，经螺旋传输机或吊桶提升机运至工厂贮存或空气卸载。

最新式的铁轨汽车是风力式的，有压力差动式和空气流汽车，分别对应于鼓风和空气流卡车。在使用前，贮存容器用来搬运和贮存石灰。

除了空气动力传输外，还有机械式和真空式两种。使用机械式传输设备及类似设备，基本上是排入漏斗，然后经传输机或吊桶提升机升入贮藏仓；盘式和拖式传输机适于较大尺寸的生石灰和比较长的距离；带式传输机因灰尘问题所以不易传递石灰；螺旋传输机和提升机的传输能力估算见表 4-45 和表 4-46。

表 4-45　螺旋传输机传输能力

螺旋尺寸/in	转数/(r/min)	石灰吨数/(t/h)	螺旋尺寸/in	转数/(r/min)	石灰吨数/(t/h)
6	50	2～2.5	12	50	15～20
9	50	7～8	16	50	45～50

表 4-46　提升机传输能力

吊桶尺寸/in	吊桶间隔/in	速度/(ft/min)	石灰吨数/(t/h)
6×4	13	225	8～10
8×5	16	230	15～20
10×6	18	270	30～35
12×7	18	305	58～65
14×7	19	260	50～60

石灰和其他碱性药剂具有腐蚀性，因此常用碳钢或不多见的混凝土箱式贮藏仓用以贮存使用。贮藏仓必须是防水和不透气的，常见的直径 12ft，贮藏仓的贮藏能力及结构见表 4-47 和图 4-42。

表 4-47　贮藏仓的贮藏能力

高度/ft(m)	容积/ft³(m³)	生石灰/t	熟石灰/t
20(6.1)	1525(43)	40	22
25(7.6)	2090(59)	55	30
30(9.1)	2650(75)	70	38
35(10.1)	3215(91)	85	46
40(12.2)	3780(107)	100	55

注：贮藏仓的贮藏时间 12h，堆体温度 60℃。

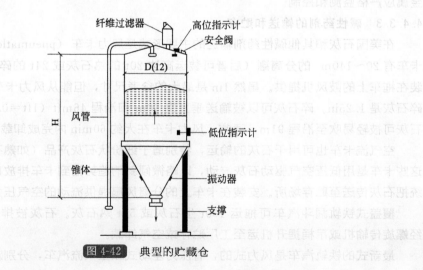

图 4-42　典型的贮藏仓

贮藏仓的尺寸和数量由日消耗量、使用的碱药剂种类、输送类型、发展目标等因素决定。

为保证充足的石灰供应，总贮存能力至少应大于输送能力的一半。在稳定的日消耗量下，最好有至少保证一个星期的供应的贮存能力。贮藏仓的选用包括形状、可运输性、高与直径比、堆体底部的倾斜率和类型、振荡器或空气缓冲器（提高流动性、防止板结）、排放装置类型、集灰等方面的考虑因素。块状生石灰比粒状生石灰流动性好，而粉状生石灰、熟石灰和精细物料流动性不好。

生石灰易于吸湿，形成黏饼导致板结。熟石灰易于形成鼠洞、小坑或成块，原因是其松软的质地，也可能是静电荷的原因。

因石灰固有的流动性问题，设计时应考虑促进其易于卸载，这包括贮藏结构的特殊设计、外部振荡器和空气缓冲器的使用、内部抗板结设备和箱底部。贮藏仓内墙不应粉刷，应该保持尽可能的光滑，没有可限制物料流动的螺钉、焊接隆起、连接键等。在某些情况下，塑料物质可用来覆盖漏斗底部来减少摩擦和提高流动性。2.5～4.0 的高与直径比是最合适的漏斗，贮藏仓底部应有至少（相对于水平）60°的坡度，对于熟石灰应有较大的坡度。安装在贮藏仓外部的电磁振动器是提高流动性最受欢迎的设备，因振荡易于使熟石灰成团，使其更适于生石灰。对于块石灰，在排料时振动器可持续运行，振动器以柔性连接安装在漏斗上可获得最好的效果，为防止阻塞，漏斗开始运行时振动器就应运行。

贮藏仓的几个内部装置也可用来防止板结，其中一个是双端堆体漏斗，其他装在圆锥形漏斗的底部。这样的漏斗减少了在排放口处物质的压力，这有助于减少阻塞和板结。

空气喷射和振动空气缓冲器也用于贮藏仓来促进熟石灰的流动。通常，由于空气中的湿度可引起石灰空气潮解，所以不易用于生石灰。每一个贮藏仓都应有一排气孔，并安装灰尘收集设备。

早期设计中，小的旋风收集器就可以满足需要，但现在，在卡车卸载时，需要用更有效的袋式收集器来净化空气。

石灰给料口通常设在贮藏仓底部，通过重力流石灰就可直接排至传输机，对于多个贮藏仓贮存，机械式或空气动力传输器被用于传输石灰至给料漏斗。

空气动力传输系统由压力式（高、低）、真空式（低、中、高）和它们的组合而组成，低压空气动力系统是石灰传输最受欢迎的系统。

4.4.4　碱法稳定工艺

通常根据石灰的投加位置，石灰稳定基本工艺有两种类型，预石灰稳定工艺（脱水前进行石灰稳定）、后石灰稳定工艺（脱水后进行石灰稳定）；根据投加石灰的形态，将石灰稳定工艺分为液体石灰（石灰）预稳定工艺和干石灰稳定工艺。

（1）液体石灰（石灰）预稳定工艺

对于以污泥土地利用（如注入农业用地地表以下）为最终处理目的时，通常将石灰加注到浓缩后的污泥中。一般此种方式限用于小厂或土地利用拖运距离相对较近的地方。

（2）干石灰稳定工艺

干石灰稳定工艺包括向脱水泥饼投加干石灰或水合石灰，自 20 世纪 60 年代以来，污水厂中干石灰稳定就已有应用。

在石灰与泥饼混合时，通常采用的装置有叶片式混料机、带式混合器、犁式混合机、螺旋输送机、浆式搅拌机以及类似的设备。典型的带有气动输送的干石灰稳定系统工艺流程见图 4-43。

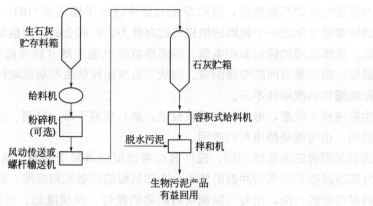

图 4-43 典型干石灰稳定系统工艺流程[1]

干式石灰稳定的药剂可采用熟石灰、生石灰以及其他干碱性材料。在小型装置中，限制使用熟石灰。生石灰易于装卸，且其费用相对熟（水合）石灰低。在向脱水泥饼中投加生石灰时，会发生消解并释放热量，会增进病原体去除。

目前常用的工艺有 BIO*FIX 工艺、RDP En-Vessel 巴氏杀菌工艺、N-Viro Soil 工艺和 Chenfix 工艺等。

4.4.4.1 BIO*FIX 工艺

BIO*FIX 工艺是由 Wheelabrator 净水公司 BIO GRO 分公司推向市场的专利碱法稳定工艺。这个工艺在污泥资源化之前，使用生石灰来处理污泥，并满足美国 EPA（503）法案关于致病微生物和带菌体数量减少的要求以及其他一些关于终产品使用的要求。BIO*FIX 工艺的终产品可以用作肥料、农用石灰替代品、土壤改良剂和垃圾填埋场日常使用及最后覆盖物。

在这一工艺中，将生石灰（以及其他物料）以合适的比率与污泥混合在一起，生产符合 A 类（PFAP）或 B 类（PSAP）标准的污泥产品。通过巴氏杀菌（70℃、30min），BIO*FIX 工艺就能生产致病微生物减少的 A 类标准产品。生石灰与污泥中水的放热反应可使温度快速升高。温度升高，再加上 pH 值提高可以破坏致病微生物和去除带菌体。对致病微生物减少的 B 类标准产品，可通过投加足量的石灰，接触 2h 后提高污泥 pH 值到 12 来完成。

BIO*FIX 工艺关于满足 A 类带菌体数量减少的要求是通过 pH 值≥12 保持 2h 以上或 pH 值≥11.5 保持 22h 来完成的，后者要求挥发性固体应至少减少到 38%。

生产 A 类和 B 类标准产品的工艺差别主要是不同的石灰比率。石灰比率表示在处理过程中每吨干污泥所使用的生石灰量。生产 A 类标准产品比生产 B 类标准产品需要更高的石灰比率。

BIO*FIX 工艺优点：同一装置中可生产多用途产品；能有效控制空气挥发物和臭味；固定重金属并降低其浓度；可自动控制；占地面积小；成本低。

BIO*FIX 工艺缺点：增加了重量/体积比（相对于进入的脱水污泥，重量提高了 15%～30%）；当产品满足 A 类标准时，生产费用相对较高。

BIO*FIX 工艺 A 类标准产品可稳定保存数月，基本上不会产生臭味问题或吸附带菌体。这种稳定性是由于污泥中残余的碱度和挥发性固体减少的结果。BIO*FIX 工艺的高

pH 值使得污泥中痕量重金属成不溶状态，防止其被植物吸收或转移进入地下水。投加碱性药剂稀释了终产品中的痕量重金属，使其浓度减至原浓度的 $1/(2\sim2.5)$。

研究表明，与 CKD、LKD、飞灰等其他碱性药剂相比，生石灰是在有市场潜力的 A 类标准产品生产中，特别是 B 类标准产品生产中经济有效的添加剂。

BIO*FIX 工艺 A 类标准产品是含有有机物、钙和微量营养成分的类似于泥土、应用上无臭味的材料。这些产品相当干燥（50%～60%TS）、颜色上呈现淡灰色、易碎并且易于延展。

BIO*FIX 工艺产品的足够干燥和良好的延展性使其成为垃圾填埋场覆盖物的替代品。终产品主要参数见表 4-48。

表 4-48　BIO*FIX 工艺终产品主要参数

序号	项目	A 类标准产品	B 类标准产品
1	含固率/%	50～60	22～40
2	总挥发固体/%	5～15	50～60
3	总氮/%（干基）	0.3～1.0	2～5
4	磷和钾/%	因污染不同而异	因污泥不同而异
5	钙/%（干基）	30～40	0.5～1.0
6	痕量金属/(mg/kg)（干基）	含量减少并被固定	因污泥不同而异
7	pH 值	11.5 可保持几个月	11～12 可保持 24h
8	等量 $CaCO_3$/[(CCE)/%]	70～95	5～10
9	堆密度/(kg/m³)	830～930	930～962
10	物理性质	类似于土壤,几乎无味、易碎、延展性好、易贮存	潮湿、黑褐色、延展性好
11	应用范围	石灰消化剂,垃圾填埋	土壤改良,肥料

作为农用石灰化学剂，BIO*FIX 工艺 A 类产品应用有场所地点的限制。BIO*FIX 工艺 B 类产品一般可用于农业土壤、土地改造工程和类似地方。

BIO*FIX 工艺设施一般每天可处理 40t 干污泥（20%～24%TS），能保证每天 235t 的 A 类产品资源化使用，可大部分用于垃圾填埋场的覆盖物。

（1）工艺描述

典型的 BIO*FIX 碱法工艺流程见图 4-44。通过输送机或泵，脱水污泥被输入接收漏斗（收集箱）。在漏斗的底部，变速螺旋进料输送机把污泥送入混合器。混合器是一个双轴、犁形、高速（60～100r/min）的设备。按照终产品的要求，生石灰和其他材料用气力输送机

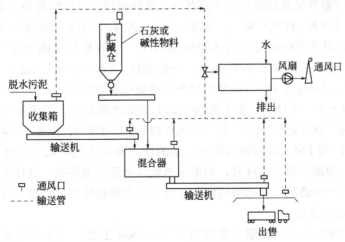

图 4-44　BIO*FIX 碱法稳定工艺流程

输运并贮存在贮藏仓内。这些材料一般经变速空气阀和螺旋输送机送给混合器。从混合器排放出的终产品经螺旋输送机直接装入汽车，然后送至使用地点或贮存起来待售。输送设备、混合器和负载区都是封闭的，并具有轻微的负压以减少臭味的扩散。这个装置使用过的空气在排入大气前一般经过湿式多级淋洗。感应风扇提供足够的空气流来为所有的工艺设备和负载区通风，经处理后通过烟道向大气中释放干净、无臭味的空气。基于微处理器的自动控制系统控制着整个工艺[3]。

通过改变碱性药剂的输入和传送到混合器的速度，上述系统既可生产符合 A 类标准的产品，又可生产符合 B 类标准的产品。

该系统可通过手动或自动模式来运行。在自动模式中，依据混合器产生的温度来自动调节进料。混合器内产生的温度随着入流污泥量和污泥湿度的变化而变化。与温度变化相适应，石灰进料量将自动调整，来保持稳定的工艺温度，保证终产品的质量恒定和符合标准要求。

控制系统检测和记录着碱料和污泥的进入量、终产品的温度、系统运行状态和变化。

混合器能力 2.0t（干重）/h 的典型 BIO * FIX 工艺设备参数见表 4-49。

表 4-49　典型 BIO * FIX 工艺设备参数

序号	项目单位	A 类	B 类
1	设计能力/(t/h) 干重/(t/d)	2.0~2.5 50~55	4.0~5.0 80~90
2	终产品/(t/h) 湿重/(t/d)	12~15 280~300	20~25 450~480
3	终产品干化程度(含固率)/%	52~65	16~28
4	石灰投加比/[t/t(干)]	0.8~2.0	0.15~0.3
5	功率/kW	65	50
6	用水量/(L/min)	190	190
7	建筑尺寸($L×W×H$)/m(m^2)	21.4×6.0×5.2(130)	

（2）环境控制

BIO * FIX 工艺（符合 A 类标准）是以快速提高 pH 值和温度为特点的。其结果是污泥中的 NH_4^+ 被迫以 NH_3 的形式释放。释放出 NH_3 的数量取决于污泥氨氮浓度、工艺提供的 pH 值和温度。某些有机氮也可能被矿化并且部分转变为气体 NH_3。

NH_3 的释放主要产生在封闭的工艺设备中，这就保证在臭味物质带来麻烦前就被收集、减量和控制起来。由于高 pH 值环境，其他的如 H_2S、硫醇、有机硫臭味物质被大部分抑制掉了。

在 A 类标准产品生产中主要的臭味物质是 NH_3。被收集起来的 NH_3 经过湿式多级固定床淋洗来进行处理，去除率不小于 99%，一般 NH_3 浓度在 5~10mg/L 内（人体以能察觉的浓度一般在 3~15mg/L 内）。因有机氮产生的臭味也有发生。

某些挥发性有机物（VOCs）在工艺温度 80℃时就能挥发出。如果在入流污泥中含这些 VOCs，可以通过化学淋洗氧化加以控制。在 BIO * FIX 工艺温度内，金属不能被挥发释放出来。

为了去除 NH_3 和 PM，可以使用两种类型的湿式淋洗系统，即非循环式和循环式淋洗系统。如果用水方便就采用非循环式，如果用水紧缺就采用循环式，这样可以减少用水消耗和污水排放。在后一种情况下，硫酸或磷酸常用以控制淋洗液的 pH 值，促进 NH_3 去除。

4.4.4.2　N-Viro Soil 工艺

使用石灰和窑灰的后石灰稳定工艺称为 N-Viro Soil 工艺，这个工艺是在 20 世纪 80 年代后期由美国俄亥俄州的 N-Viro Soil 能源公司开发和申请专利的。它是采用相对低温、高

pH 值和干燥化联合处理来达到满足美国 EPA A 类标准产品要求的。其终产品相当干燥，使用时无臭味，是颗粒状物质。N-Viro Soil 工艺产品的资源化应用包括石灰化药剂、垃圾填埋覆盖物和土壤补充剂。N-Viro Soil 工艺有 3 个运行方式[13]。

① 脱水污泥、石灰和窑灰的混合物在 pH 值保持 12 以上且持续时间至少 7h 的条件下被干燥。产品必须保存至少 30d，直到固体含量大于干重的 65％为止。在最初 7d 处理过程中，外界温度必须在 5℃以上。由于所需要的场地大和处理时间较多，所以这一方式不太受欢迎。

② 脱水污泥、石灰和窑灰的混合物在 pH 值大于 12 的条件下被加热，热源来自生石灰和窑泥中碱性材料的放热反应。物料必须以一种方式贮存，以此来维持至少在 12h 内一致的最小温度 52℃。热量波动（升高到 52℃）是 CaO 含量变化所致。对窑灰中 CaO 含量变化要求进行调整来防止产品温度过高或过低。随着热量的波动，产品可以进行通风干燥，pH 值要保持 12 以上至少 3d，直到固体含量大于质量的 50％，这一方式没有外界温度的要求。

③ 与方式②相同，只是取消通风干燥，改为加热干燥。N-Viro Soil 工艺装置大多数采用方式②，也称之为深度碱稳定加速干燥工艺（AASSAD）。典型的 N-Viro Soil AASSAD 流程见图 4-45。

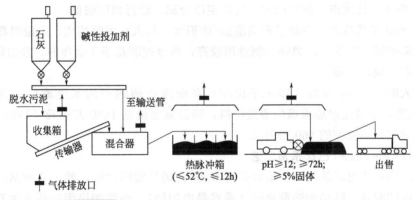

图 4-45 N-Viro Soil AASSAD 污泥处理工艺流程[3]

含 18％～40％ TS 的原污泥、活性污泥或消化污泥在单轴混合器内与石灰和窑灰混合。混合器是封闭的以防止灰尘扩散和允许对含 NH_3 的使用过的空气进行处理的装置，窑灰和 CaO 投加量主要取决于入流污泥干燥情况和窑灰中 CaO 含量。当窑灰中活性石灰的含量不足以提高所需要的温度时，就要投加 CaO。

窑灰是水泥或石灰生产的副产品。N-Viro 工艺可使用 CKD 和高钙石灰窑灰（LKD）。窑灰中活性 CaO 含量对工艺运行是很重要的，同时须严格控制窑灰中痕量金属（Ca、Pb、Hg、Cu、Zn、Be 等）的含量。

N-Viro 工艺所使用的碱性药剂贮存在贮藏仓中，通过气力输送机或螺旋输送机从贮藏仓传送至混合器。传输器是封闭的，以防止灰尘和臭味的扩散。

混合的物料必须在热脉冲容器、贮存箱或封闭环境内熟化至少 12h，此时的温度应保持在 52～62℃之间。热脉冲之后，物料被风干。物料被氧化和间歇地风干 3～7d，直到固体含量大于 50％TS，这期间 pH 值保持在 12 以上。进一步风干可使物料体积减少至 60％～65％TS。

在采用其他碱法稳定工艺时，臭味控制是相当重要的。N-Viro Soil 工艺的熟化和空气干燥需要较大的空间和相对较长的时间，这样就使更多的臭味物质被释放出来。长期的臭味控制可通过异养微生物降解和稳定有机物来维持。工艺温度和压力要足以杀死致病微生物，但是不能破坏更加普遍存在的异养微生物，这些微生物可持续降解有机物，这样使得 N-Viro Soil 工艺在时间上更加稳定。在 N-Viro Soil 工艺风干中可出现严重的臭味问题，这是由于氨气和诸如三甲胺（TMA）等有机氧化物的释放所致。为了控制臭味，热脉冲箱和熟化设备应该密闭或辅以臭味控制设备。N-Viro 污泥处理工艺产品的有关参数见表 4-50。

表 4-50　N-Viro 污泥处理工艺产品有关参数

序号	项目	参数	序号	项目	参数
1	含固率(重量比)/%	50～60	9	等量 $CaCO_3$/%	50～80
2	总挥发固体(有机物)(重量比)/%	9.3	10	CKD 含量(重量比)/%	35
3	总氮(干基)/%	1～1.5	11	痕量金属(干基)/(mg/kg)	取决于污泥和混合物含量
4	P(重量比)/%	0.39	12	pH 值	11～12
5	K(重量比)/%	1.0	13	堆密度/(kg/m³)	800～994
6	Ca(重量比)/%	20.0	14	物理性质	类似于土壤,几乎无味,粒状,延展性好,稳定性好
7	Mg(重量比)/%	1.0	15	应用范围	石灰消化剂,垃圾填埋覆盖物料
8	Na(重量比)/%	0.2			

N-Viro Soil 工艺优点：质量稳定；可固定重金属；运行费用较低。

N-Viro Soil 工艺缺点：提高了产品重量/体积比，与入流污泥相比，重量提高了 50%～70%；干化需要较大的空间；臭味控制费用较高；温度控制是手工操作的，经常采用碱来调整需要的温度；成本较高。

美国最大的 N-Viro 设施（190t 干重/d）在新泽西州的一污水处理厂。该设施采用 AASSAD 工艺，主要生产垃圾填埋覆盖物料，该设施造价是 1680 万美元（1992 年），这里面包括用于空气污染控制的 860 万美元。

4.4.4.3　RDP En-Vessel 巴氏杀菌工艺

RDP En-Vessel 巴氏杀菌工艺是由美国 RDP 公司开发研制的，此工艺有两部分：生石灰与脱水污泥的混合；辅助加热混合物（通常是电加热）。外部加热用以补充生石灰与水反应放出的热量，以减少石灰使用量。

其典型的工艺流程如图 4-46 所示。终产品满足 A 类标准的要求。

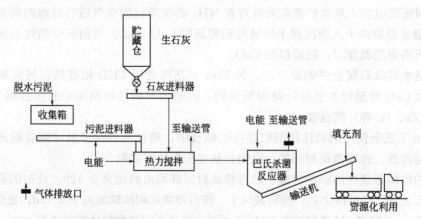

图 4-46　RDP En-Vessel 巴氏杀菌工艺流程[3]

此系统有脱水污泥进料器、双轴热混合器、带有变速石灰进料器的石灰贮存箱和巴氏低温杀菌容器。热混合器把石灰与污泥混合起来，并加热混合物至大约 70℃。用电加热污泥进料器和混合器，并绝缘隔离巴氏低温杀菌容器。为满足巴氏低温杀菌的要求，加热的混合物在容器内保存不少于 30min 并不低于 70℃。

4.4.4.4 Chenfix 工艺

Chenfix 工艺使用石灰、波特兰（Portland）水泥和溶解性硅酸钠凝硬性化合物。这项技术在 20 世纪 70 年代申请了专利，其用于工业和城市废物的处理。第一个 Chenfix 工艺装置出现过严重的问题（臭味、固体含量低等）。在 20 世纪 90 年代早期，改进型工艺被开发出来，其称为 Chenpost 工艺。

通过使用石灰和特殊设计的化学药剂，Chenpost 工艺利用加热和提高 pH 值来满足生产 A 类标准产品的要求，只是其处理时间较短，在 3～6h 内，就能生产出碱法稳定污泥。

新型的 Chenpost 系统流程见图 4-47。脱水污泥经变速进料器进入第一个混合器，在这里专利干化试剂从贮藏仓被投加进来；贮藏仓中专利液体试剂也可被投加进来从第一个混合器排入第二个混合器，在这里干、湿两种试剂被同样投加进来；然后混合物被传输到热传输器，在这里保留一定的时间；经过热传输器后，混合物被分解成颗粒状，并被排入脱气器，在脱气器氮气被去除，产生蒸汽和其他气体。Chenpost 产品的温度能达到 90℃。终产品的干化程度要求 2～3h 内达到 55％～60％的含固率；24h 内达到 60％～65％的含固率。终产品的剩余碱度可保持几个月（pH 值为 11～12）。由于费用较高、药剂特殊和工艺相对复杂，Chenpost 工艺系统的处理能力被限制在每天至少 25～35t 湿污泥的处理能力。据报道，运行管理费用每吨干重为 150～250 美元。

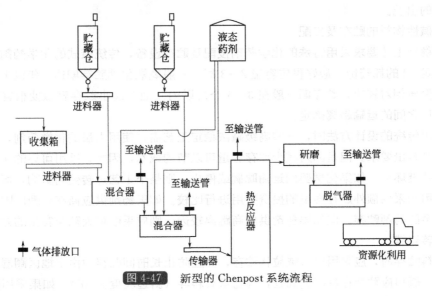

图 4-47 新型的 Chenpost 系统流程

4.4.5 碱法稳定工艺的控制参数

在碱法稳定设施设计中，应重点考虑 pH 值、接触时间和碱性物料剂量 3 个因素，具体数值则应根据不同的污泥进行试验后确定。由于在碱法处理过程中反应的复杂性，设计中应进行 3 个参数的试验，实际工作与经验数值差距太大时尤其应进行试验。

为了保证足够的碱度和杀死病原菌，保证即使不立即对污泥进行最终处置和利用，也不至于二次发生腐败现象，必须保持 pH 值在 12 以上 2h，在 pH 值在 11 水平上维持几天。为了达到上述控制目的，对碱性物料剂量的控制非常重要。碱性物料的剂量取决于污泥的种类。若碱性物料采用石灰，对于 3%～6% 含固率的初沉污泥，其初始 pH 值大约为 6.7，为使其 pH 值达到 12.7 左右，$Ca(OH)_2$ 的平均量应为干固体的 12%；对于剩余污泥，固体的含量在 1%～1.5% 之间，起始 pH 值约为 7.1，投加 $Ca(OH)_2$ 量为干固体的 30%，可使 pH 值达 12.6；对于经厌氧消化的混合污泥，含固率为 6%～7%，起始 pH 值为 7.2，投加 $Ca(OH)_2$ 量为干固体的 19%，可使 pH 值达到 12.4。在以上的投加量条件下，可使所达的 pH 值保持在 12 以上 2h。

4.4.6 碱法稳定工艺的设计要点

（1）污泥装卸及投配

脱水泥饼的装卸设备主要包括带式和螺旋式输送机及泵。一般带式输送机水平安装或与水平面之间稍有倾角。通常普通带式输送机存在着小范围漏溅、打滑和轴承连接件等经常性的维护问题。在碱法稳定过程中，可采用螺旋输送机输送脱水污泥饼至混合装置或贮存料斗中。螺旋输送机有可能将泥饼及化学药剂混合物滚成球状，而泵可将脱水泥饼压实成长条状，因此在混合阶段需要进行破碎处理。

碱法稳定工艺相对简单，但对其进行常规的检查和维护工作是必需的。必须经常对输送系统和其他活动部件进行监测以确定是否磨损。在向碱法稳定工艺进料时，若仅采用一条输送设备进料，则对该设备的定期检查、维护和校准工作显得十分重要。输送系统的停机则会造成稳定工艺的中断或拖延。如果系统采用多级序列，则应设置超越管线及交叉线路以防止过多停机的出现。

（2）碱性物料的贮存及投配

碱法稳定工艺要求采用特殊的化学药剂投配及贮存设备，传统碱式的化学药剂贮存容量应至少满足 7d 的耗药量，最好供应容量 2～3 周。一般氢氧化钙贮存期达 1 年以上，而生石灰由于其变质相对较快，贮存期一般在 3～6 个月以内。绝对最小贮存容量要根据药剂供应商和处理厂之间的运输距离确定。

在采用传统的设计方法时，一些高级碱法稳定工艺需要使用大量的化学药剂，这会带来巨大的贮存容量要求。但是因为减少贮存容量可以节约成本，因此，采用可靠的化学药剂运送渠道是关键环节。如果化学药剂运输耽搁或停止，则整个工艺运转受到影响，可将每日药剂运输费用和采用额外贮存容量的投资费用进行比较。如果药剂供应商在处理厂附近，则不必进行多余的药剂贮存。但如果药剂供应商距离较远，则应采取扩大贮存容量的方式以保证工艺的运转连续。

在碱料贮存时，应采用堆状或粒状贮存，并应防止长时间贮存时由于地区潮湿而引起的化学反应。碱料应贮存在钢制的筒仓，筒仓带有料斗（斜边坡度≥60°）。如果采用药品日贮箱或堆状贮存筒仓，需要设置活底料箱及除尘装置，空气衬垫或料斗搅拌装置用以协助卸料和降低阻塞或分流。

在贮存时，石灰会与 CO_2 发生反应生成碳酸钙，覆盖于石灰颗粒表面，并降低石灰活性。而生石灰及其他碱料易与空气中的湿气发生反应，并形成块状阻碍进料和消解。因此，应在干燥设施中贮存防止潮解。潮解系放热反应，因此贮存生石灰不能与易燃材料接近。

如果药剂投配点和药剂贮存筒仓之间的距离较近，既可通过螺旋输送机运输干燥碱料，也可通过气力输送（有压状态或真空状态均可）。不同的气力输送方式有其各自特点，例如，在真空状态下，输送可以解决飞灰问题；在压力状态下，可以进行大块体积物料的输送。应预先对气力输送用的压缩空气进行干燥,以减少水合作用和其他涉及潮湿相关的问题。气力输送系统同时存在着诸如当采用不同的碱性物质时,难以保持均一的化学药剂堆密度等问题。

化学药剂投加设备有许多种样式,包括旋转式气锁进料器、容积式螺旋进料器及重力式计量进料器。其中容积式进料器是以恒定体积投加碱料无需考虑进料密度,重力式计量进料器是以恒定质量投加碱料,控制更加准确,但价格相对较贵。在实际应用时,应根据特殊用途来对二者进行评估。

一般情况下,药剂投配系统会存在粉尘问题。其主要来源是滑动门的安装不良和进料装置的泄漏。针对这一问题,可通过降低或封闭位于进料装置和混合器之间的垂直距离来减少粉尘的产生。

(3) 液态石灰药剂装卸及混合要求

石灰投至湿污泥中,一般会以石灰乳的形态出现。而干石灰粉由于会产生结块而不能有效地投加到湿污泥中。

在混入泥浆后,氢氧化钙和水化生石灰在溶解后化学成分是一样的,因此可选择相同的投配工艺。石灰乳的制备可以采用间歇或连续的方式进行。

石灰乳贮存池可以采用压缩空气、水射器或机械搅拌机等方式搅拌,然后根据要求输送至混合池。在制备用水中的碳酸氢根可与石灰乳发生反应,并结合大气中的 CO_2 生成碳酸钙沉淀,造成管线堵塞。其堵塞程度与输送距离及与石灰乳接触的 HCO_3^- 或 CO_2 的量相关。因此,为了避免由于串联堰及其他设施造成的扰动,石灰乳贮存池应尽量与混合池接近。

在采用生石灰进行湿污泥稳定时,需采用消解设备。消解反应可以间歇或连续地进行,其中间歇方法更适用于小规模处理厂,但规模较小的处理厂在采用生石灰时,一般不具有明显的优势。消解反应包括溶解生石灰产生石灰膏或石灰乳(水:生石灰=2:1或石灰乳:生石灰=4:1产生石灰膏)。在制备石灰膏时,需停留约5min以保证在消解池内水解反应完全进行。而在制备石灰乳时应停留30min。升高温度有助于水解反应(放热反应)的发生,但存在沸腾及飞溅等潜在的危险。在消解完成后,投加石灰膏至稀释池中并稀释至所需浓度,同时去除颗粒物。

在连续消解反应中,自动设备要根据石灰和水的比例来选择合适的类型。其合适比例也受石灰的类型及使用的设备决定。因此,当进行消解系统设计时应结合考虑石灰和设备的类型。

为了确保氢氧化钙和水中的溶解固体完全反应,稳定池应位于消解池的下游方向。在消解池中的石灰乳应尽可能直接排放到稳定池,稳定池停留时间≥15min。此时要充分搅拌以保证颗粒处于悬浮状态并防止短流的发生。对于圆柱形池来讲,其高度和直径之比是1:1,相应的最小功率要求见表 4-51。

表 4-51 湿污泥与石灰乳混合的最小功率要求[1]

乳液浓度/(lb/gal)①	最小功率/(hp/1000gal)②
1	0.25
2	0.50
3	1.00

① lb/gal×0.1198=kg/L。
② 1hp/1000gal×197.3=kW/m³。

在进行搅拌设备的选取时，为了防止产生旋涡，挡板应根据池型设计以防止造成角落里固体堆积。

应设置采用通过稀释的盐酸来清除泵及管道中碳酸钙沉积的清洗系统，要求泵及管道的材质可承受酸和碱性介质。

为了便于去除沉淀物，石灰乳的输送应尽量采用弹性管道或敞口渠道。石灰乳具有磨损性，因此，若输送低等级砾石状石灰，则应相应选择合适的管（渠）道材质和设备。

设置混合池的主要目的：为原投配污泥与石灰乳提供充分的搅拌和接触时间。一般建议接触时间为当 pH 值达 12.5 后约 30min。混合时间的标准视具体情况而定，必要时应根据小试或中试确定。

混合池可为碳钢材质，其尺寸决定于混合方式（间歇混合或连续混合）。

一般间歇混合池用于小型处理厂，由于许多小型处理厂实行单班制，因此应按照一个处理周期处理一天的污泥产量来确定混合池的尺寸。如果池子容量充足，这些间歇反应池可成功地在稳定后进行污泥的重力浓缩，当有此功能时，必须设置相应浓缩污泥排出设备。

在连续混合设施中，pH 值及物料的体积是一定的，这种系统需设置安装石灰乳自动投加装置。连续混合相对间歇混合的优势是需要较小的池体积。运行时，应随时监测混合物料，以确保混合后至少 2h 内 pH 值大于 12。

混合系统应进行充分的搅拌，以确保污泥颗粒处于悬浮状态，并使石灰乳有效地分布。其中两种最常用的混合系统分别是机械混合和空气扩散混合。其中空气扩散系统应用最为广泛。

空气扩散系统与机械混合系统相比存在 2 大优势：a. 可增加曝气，在间歇混合工艺中石灰乳投加之前可以保证原污泥的新鲜；b. 减小了设备堵塞的可能性。但是，空气扩散混合系统也存在着一些缺点：氨气释放十分危险，且释放氨气会出现臭味同时降低产品肥效，因此，系统要具有足够的通风；混合物会吸收 CO_2，因此为了保证 pH 值需要增加石灰的投加量（部分石灰与 CO_2 发生反应）；系统必须封闭，且排出气体必须经过处理才能最终排放。

当采用空气扩散系统进行混合时，其扩散器的形式应采用粗泡式。一般扩散器安装于沿池体一侧的池壁上，以形成螺旋状的流态进行有效的混合，一般其空气速率为 $0.3 \sim 0.5 L/(m^3 \cdot s)$ 当搅拌浓缩的进料污泥时需加大空气量。

在混合池中对投配物料进行调质（浓缩或脱水之前）时，应进行合理设计混合以防止絮体破碎。

（4）干式碱法稳定工艺脱水泥饼/化学药剂的混合

干式碱法稳定工艺的关键是化学药剂与脱水泥饼的搅拌混合。搅拌的目的是将泥饼与药剂完全混合，完成泥-药混合物整体 pH 值的调节，以防止由于不充分的泥-药混合而出现的不完全稳定、臭味和粉尘问题。

此工艺的混合步骤一般采用机械搅拌机来完成，如犁形混料机、叶片式混料机和双螺杆搅拌机。典型的犁式混料机及双螺杆搅拌机见图 4-48 和图 4-49[1]。脱水泥饼和药剂一起加入到搅拌机的前端。搅拌机的工作可以采用间歇或连续的方式运行，其中泥饼与药剂投加比例的确定非常关键。

由于影响泥饼和药剂混合过程的因素有很多，因此其产生的生物污泥产品的特性也不大相同。一般根据以往的经验及研究试验来选择搅拌机。一些搅拌机制造商拥有移动式全规模研究试验装置，可以用于恰当有效的搅拌设备的评估及选型。表 4-52 为液体石灰稳定法的机械搅拌机参数。

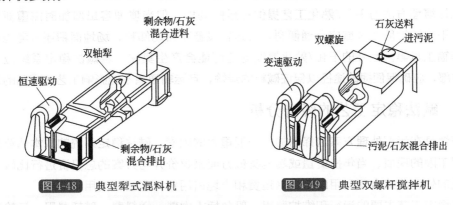

图 4-48 典型犁式混料机　　　图 4-49 典型双螺杆搅拌机

表 4-52　液体石灰稳定法机械搅拌机参数[1]

尺寸/m³	池子直径/m	电机功率/kW	转速/(r/min)	涡轮直径/m	尺寸/m³	池子直径/m	电机功率/kW	转速/(r/min)	涡轮直径/m
19	2.9	6	125	0.8	284	7.1	75	100	1.6
		4	84	1.0			56	68	1.9
		2	56	1.1			45	56	2.0
57	4.2	15	100	1.1			37	45	2.2
		11	68	1.3	380	7.8	93	84	1.8
		7	45	1.6			75	68	2.0
114	5.2	30	84	1.5			56	45	2.4
		22	68	1.6					
		19	56	1.7					
		15	37	2.1					

　　脱水泥饼的混合特性根据污泥浓度、脱水前用来调质的聚合物、温度、混合强度、化学药剂的种类及投加量、接触泥饼每单位体积需要搅拌设备的表面积以及混合停留时间的不同而发生变化。在进行搅拌设备选择时，应考虑运行时间、最大及最小的泥饼产量及其他操作条件等。为了适应上述不同的混合特性和条件，可在搅拌设备上安装变速电机、堰板、可调式桨叶以及其他可以调节混合强度和停留时间的装置。

　　在碱法稳定工艺中，其产品的物理特性受到混合反应中搅拌参数的影响。在工艺中，混合阶段的目的是使产品特性与最终用途或下一步处理过程相适应。在搅拌阶段以后的几天，碱性污泥产品的特性会随着温度及其他因素所造成的化学反应而发生变化。

　　(5) 空间要求

　　由于工艺类型、污泥总量及场地的限制，在碱法稳定过程中，所需的场地一般相对较小，所选择的工艺设备可适应不同的场地要求。由于其工艺过程操作简单，且无需繁琐的稳定设备，因此可在相对较小的占地面积上短时间内完成。可采用移动式设备用于紧急情况或展览之中以提高客户对产品的兴趣。碱法稳定工艺的处理厂在空间布置上需要对污泥处理工艺区、干化区（如必要）及产品贮存区等加以考虑。其占地面积的大小取决于所采用的工艺、污泥的数量、种类、特点以及现场因素等。物料干化及熟化的场地也具有较高的场地特殊性，且依赖于干化/熟化、物料的数量及采用的干燥方法等。一般干化/熟化的面积要求为

$25 \sim 34 m^2/mg$ 湿泥饼。当增加碱性药剂投加量或采用机械方式进行污泥干化时，则场地面积可明显地下降。当在处理场地没有足够空间来贮存产品时，必须将产品移出贮存区域。一般采用土地填埋方法为干化/熟化工艺提供充足的场地。但当填埋容量增加时需重新选择贮存场地。干化场地所在区域应交通便利，且运输设备可自动卸料，场地面积还应考虑现场备用交通运输工具等。室外的干化/熟化填埋场地可能会产生臭味。若碱法稳定系统位于污水处理厂内部，应确保便捷的途径以保证碱料的运输，且运输通道不能影响工艺或产品的外运。

4.4.7 碱法稳定工艺的经济分析

经济性是在污泥处理方案选择时的一个很重要的因素。碱法稳定系统的成本估算应从其有效使用年限的现值、当年投资量或其他类似方面来评价并与方案的总投资进行比较。一般须将产品的处置费或合理利用的费用（运费和土地占用费）包括在费用分析中。

碱法稳定工艺主要的运行和维护费用一般包括人力费、燃料费、碱耗费用、运输费、公用设施费及维护费等。其他的年费还包括开发产品市场费、公共培训及相关费用、土壤及农作物试验及分析的费用等。可借鉴其他处理设施年费的经验数据，费用中还包括一些现场因素如当地的人力费用及电费等，且在合同上明确的最少污泥产量也影响着年总投资额。

现场的一些特定因素（包括平面布置，进料类型特点，产品的用途及当地法规等）给投资带来了影响，并且给经济性分析及比较也带来诸多困难。另外，有一些碱法稳定系统是现存的设备经过改造后应用于碱法稳定工艺中。

在污泥处理方案评价时，需要将碱法稳定工艺的适应性、灵活性与现存处理工艺的应用相比较。如果现有设备是工艺的一部分，则市政部门应充分利用现有设备以达到节省投资的目的。

对于污泥的资源化，特别是当终产品能够被经济使用时，碱法稳定工艺有了一个可行的处理方案。一般情况下，碱耗、运输和资源化使用费用占总运行费用的 $70\% \sim 80\%$。另外，在工艺评估时资金摊销费用也应该考虑进去。

（1）碱耗费

生石灰的费用因运输费用的不同而不同，在美国一般为每吨 $55 \sim 90$ 美元。各种诸如CKD、LKD、FGD 和飞灰等副产物（碱性添加剂）的费用主要取决于运输费用，一般每吨 $10 \sim 30$ 美元。

（2）终产品的运输与使用费用

运输至使用地点和土地使用的费用占总费用相当大比例（$30\% \sim 50\%$）。这些费用因应用地的不同而不同。碱法稳定污泥几乎没有销售收益。表 4-53 是碱性添加剂和入流污泥（20% TS）每吨干重终产品的运输费用，以 BIO* FIX 和 N-Viro Soil 两工艺在技术经济方面进行对比。

表 4-53　碱稳定工艺技术经济比较（每吨干重脱水污泥，含固率 20%）

项目	BIX* FIX 工艺（A 类）	N-Viro Solid 工艺
碱性添加剂（AA）/(t/t 干污泥)		
CaO	1.5	0.25
窑灰		2.50
小计	1.5	2.75

项目	BIX*FIX工艺(A类)	N-Viro Solid工艺
终产品		
含固率/%	55～56	56～58
质量/(t/t干重)	5.35	6.70
重量升高/%	33～34	65
碱性添加剂(AA)费用		
CaO/(美元/t)	105.00	17.50
窑灰/(美元/t干重)		65.00
小计	105.00	82.50
终产品的运输费/(美元/t)	64.20	80.40
专利使用费、管理费/(美元/t)	0	8.0
总计/(美元/t干重)	170.7	173.65

注：1. 劳工费、使用费、维护费、终产品贮存和处置费、运行管理费、融资费以及其他费用不包括在内。
2. 与入流污泥相比，湿重4.0t。

石灰、窑灰和终产品运输至应用地的运输费用估计分别为每吨70美元、26美元和12美元。

从表4-53可以看出，对于这两个工艺，碱性药剂的用量和终产品运输费用是两个主要的支出。对所有的碱法稳定工艺人工、运行维修等费用大致相等。

随着入流污泥干化程度的提高，碱性药剂的用量和费用急剧下降，运输至使用地点的费用也随之下降。

使用外部加热（RDP En-Vessel巴氏杀菌工艺）有助于减少碱性添加剂的费用，特别对于湿污泥（12%～20%TS）。

对于一个中型碱法稳定装置（15～30t干重/d），加上人工、运行维护、使用或处置费用一般每吨干重费用在190～220美元内，不包括资金摊销费。对于污泥处理和资源化利用，碱法稳定工艺是可行的、经济有效的方案。

从技术经济分析角度而言，今后应在使用寿命内和现费用、年费用、奖金费用及其他费用等方面，对碱法稳定工艺费用进行全面的评价。

当评价潜在的污泥管理方案时，碱法稳定工艺的机动灵活性和现有使用工厂也是重要的因素。碱法稳定工艺不是劳动或设备密集型的，而是依据产品市场和使用计划来定，是经济有效的。一般来说，位置选择的费用不大。这些工艺的优点是在短时间内就可以启动运行。由于它们成本低、机动灵活、易于启动，所以碱法稳定技术是有效的污泥处理方案。

在美国，一些公司拥有一些可移动设备，这些设备可备用或用于紧急情况，也起到了广告和宣传作用。

4.5　工程实例

4.5.1　北京小红门厌氧消化项目（卵形消化）

4.5.1.1　应用工程概况

小红门污水处理厂污泥厌氧消化工程，坐落于北京南四环外小红门污水处理厂北区。其主体构筑物包括 5 座消化池、污泥泵房、沼气柜、脱硫塔、废气燃烧装置、沼气锅炉房等。每座消化池容积为 12300m³，满负荷进泥量为每日每池 600m³，5 座消化池满负荷运行每日可产沼气 30000m³，污泥在消化池中停留 20d，采用中温一级厌氧消化工艺，消化温度控制在 35℃，使用沼气搅拌和污泥循环搅拌，进泥方式为顶部连续进泥，排泥方式为溢流排泥。该工程由北京市市政设计研究总院设计，北京市市政四建设工程有限责任公司施工，北京城市排水集团有限责任公司负责运营。资产隶属北京国有资产管理委员会，行业主管是北京水务局。项目开工时间 2005 年 10 月，投入运行时间是 2008 年 11 月 12 日。

4.5.1.2 应用工程的处理流程

（1）设计规模及泥质

工程设计处理含水率 97％的污泥 3000m³/d，污泥来源于小红门污水处理厂产生的初沉污泥及浓缩后的剩余污泥，折合成含水率 80％的污泥为 450t。

（2）设计进、出泥泥质

设计消化进泥为初沉污泥和浓缩后的剩余污泥，含水率平均值 97％，有机分含量 60.3％，排泥含水率 98％，有机分 45.2％。

（3）工艺流程及参数

初沉污泥及浓缩后的剩余污泥进入消化污泥贮泥池，采用连续投泥的方式，用 5 台转子泵泵向各自对应的消化池，由顶部进泥，消化池温度控制在 35℃左右，采用沼气循环搅拌法对污泥进行搅拌，经过 20d 的消化周期后，污泥由静压溢流排泥的方式排出。产生的沼气用于拖动厂内鼓风机及消化池加热，冬季供沼气锅炉为厂内建筑物供暖。工艺流程见图 4-50。

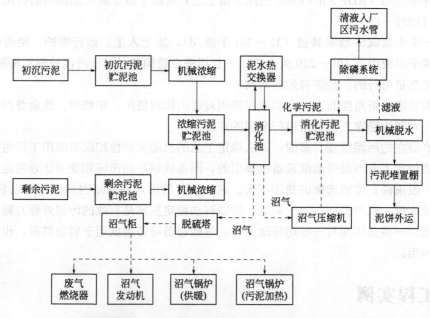

图 4-50　北京小红门污泥厌氧消化处理工艺流程

消化池进泥有机分在 50％～75％，进泥含水率为 97％左右，消化系统有机物分解率为 50％～60％，分解每千克有机物的沼气产量为 0.75～1.12m³。

4.5.1.3 实际运行情况

（1）持续运营时间

小红门污泥厌氧消化项目从 2008 年 11 月 12 日开始投入运行，2009 年 1 月消化池运行逐渐趋于稳定，各消化池进泥量也逐渐达到满负荷运行。沼气拖动鼓风机于 2009 年 3 月完成调试工作，投入使用。消化系统至今已经连续运行近 9 年。

（2）日均处理处置量

日均处理含水率 97％的湿污泥将近 3000m³（折含水率 80％的污泥 450t/d）。

（3）实际进、出泥泥质

小红门污泥厌氧消化系统实际进泥泥质与设计有所不同，设计进泥泥质为机械浓缩后的初沉污泥和剩余污泥，实际进泥泥质为初沉污泥，进泥有机分随着季节有些波动，为 50％～75％；消化后污泥含水率有所增加，一般在 97.5％～98.5％之间，消化后污泥有机分在 40％～45％。

（4）主要运行参数

小红门污泥厌氧消化系统，采用工艺是国际先进卵形消化池型，采用连续进泥和连续排泥的单级消化技术。搅拌方式采用沼气压缩机气体搅拌，同时辅助泵循环搅拌。

消化系统工作温度为 35℃±1℃，消化时间为 20d，污泥投配率为 5％，有机物分解率为 50％～60％，分解每千克有机物沼气产量为 0.75～1.12m³，沼气中甲烷含量一般为 65％～70％。污泥消化加热来自沼气拖动鼓风机的余热，冬季时由沼气锅炉补充部分热量。

（5）沼气利用情况

小红门污泥厌氧消化系统沼气采用两级脱硫，采用串联方式，先是通过喷淋塔将沼气进行碱洗，然后再通过干式脱硫塔进行精脱硫。沼气中硫化氢含量降至 100mL/m³ 以下，能够满足后继设备——沼气拖动鼓风机和沼气锅炉的使用要求。

4.5.2 大连夏家河厌氧消化项目（柱形利浦消化）

4.5.2.1 应用工程概况

大连东泰夏家河污泥处理厂是国内第一座以 BOT 方式建设的污泥处理厂，设计规模为处理含水率 80％的污泥 600t/d，项目总投资 15000 万元，占地 2.47hm²，政府支付给企业的补贴 135 元/t。该项目于 2007 年开建，2009 年 4 月正式投产运行，2009 年 12 月沼气脱碳及天然气并网一次试车成功，可日产沼气 27600m³（其中甲烷含量≥60％），同时年产 $6×10^4$t 腐殖土，年减排二氧化碳 10^5t，2009 年温家宝总理将此项目作为中国治理污染节能减排的典型案例带到了哥本哈根联合国气候变化大会上。该项目既治理了环境污染，又实现了节能减排，其建设方式、技术水平引起了建设部和环保部的高度重视，为我国的城市市政污泥的处理起到了良好的示范作用。

4.5.2.2 应用工程的处理流程

（1）工艺流程

夏家河污泥厌氧消化处理工艺流程见图 4-51。

（2）主要参数

工程主要参数如表 4-54 所列。

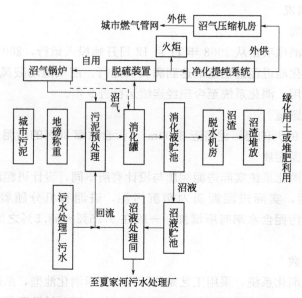

图 4-51 大连夏家河污泥厌氧消化处理工艺流程

表 4-54 大连夏家河污泥厌氧消化处理工程主要参数

项目	内容	项目	内容	项目	内容
建设地点	辽宁-大连	建设性质	新建	规模	600t/d
建成时间	2009-03	工程投资	15000 万元	政府补贴	135 元/吨
运行成本	130~150 元/t	项目模式	BOT	发酵温度	35℃
消化温度	35℃	产生沼气量	27600m³	搅拌方式	机械搅拌辅助水射
处理处置前含水率	80%	处理处置后含水率	70%~75%	污泥处理处置	厌氧消化、污泥稳定、土地利用

4.5.2.3 实际运行情况

（1）运行参数

污泥投配率为 4.5%，消化停留时间为 22d，消化池温度维持在 35℃±1℃。

（2）沼气处理与利用

项目产沼气中甲烷含量 60%、CO_2 含量 39%、其他 1%，沼气经处理后利用。利用方式有两种，其中约 20% 的沼气经过脱硫用于系统自身的加热，其余 80% 经脱硫净化提纯后送入城市煤气制气管网，可供 3 万用户使用。经提纯后的甲烷气热值较高，约为 3500kcal（1kcal＝4.1868kJ），出售价格为 3.5 元/m³。沼气处理过程中的硫化氢含量较低，为 1500~2000mg/L，主要通过化学法去除。提纯中的脱碳工艺采用弱碱液吸附解析的方式，脱除的 CO_2 直接排放。表 4-55 所列为提纯甲烷气指标。

表 4-55 提纯甲烷气指标

项目	CH_4/%	H_2/(mg/m³)	TS/(mg/m³)	CO_2/%	高位热值/(MJ/m³)
二类天然气	—	<20	<200	<3	>31.4
提纯后甲烷气	>92	0	0	<3	>36.6

（3）沼液组分和处理

沼液中氨氮含量为 1000mg/L，采用普拉克公司的厌氧氨氧化技术进行处理；沼液中磷含量较低，仅为 40mg/L，因此并没有设置磷回收装置。

实际运行中由于污泥集中在白天进厂，而消化液缓冲池较小，造成瞬时消化液流量过大，使消化液的处理效果不佳。

（4）沼渣含水率

设计处理后泥饼含水率为 70%～75%，但实际泥饼含水率为 75%～80%，脱水方式为离心脱水。存在问题与沼液问题相似，离心机处于超负荷状态运行，影响了污泥脱水效果。表 4-56 为沼渣肥效成分分析。

表 4-56　沼渣肥效成分分析

项目	有机质/%	全氮/%	全磷(P_2O_5)/%	全钾(K_2O)/%	含水量/%	pH
有机肥	>30		>4.0		<20	5.5～8.0
沼渣	42.97	3.86	4.09	0.8	70～75	7.5

4.5.3　北京方庄石灰稳定干化项目

4.5.3.1　应用工程概况

方庄污水处理厂于 20 世纪 90 年代初期建设完成，处理规模为 $4×10^4t/d$，污泥产量约 $20m^3/d$（含水率 75%）。污泥包括初沉池的初沉污泥、生物处理段的剩余污泥和高效反应池的化学污泥。2008 年 1 月，该厂采用石灰干化法对厂内脱水污泥进行干燥，干燥后的污泥含水率可降低到 30% 以下，实现了污泥的稳定化处理。

4.5.3.2　应用工程的处理流程

（1）工艺流程

污泥石灰稳定干化系统主要由污泥干化热反应系统、添加剂上料系统、处理后污泥输送系统和除尘系统四部分组成。污泥和 20%～25% 的生石灰通过上料系统进入污泥干化热反应系统（转鼓干燥机）进行干化，在转鼓干燥机内，采用"回转筒内螺旋扬料"混合方式，外筒旋转，内壁用螺旋式扬料板将污泥与添加剂混合、扬起、挤出，使进出料顺畅、混合均匀，热交换完全，并利用其混合反应放热，使污泥干燥、脱水。转鼓干燥机内混合物温度可迅速升温，pH 值达 12 左右。干化稳定后的污泥通过带式输送设备运往室外堆置棚进行堆置贮存。图 4-52 为北京方庄污泥石灰稳定化工艺流程。

（2）主要参数

表 4-57 所列为工程主要参数。

表 4-57　工程主要参数

项目	内容	项目	内容	项目	内容
建设地点	北京	建设性质	新建	规模	30t/d
建成时间	2008.01	工程投资	881 万元	石灰投加	30%
运行成本	90 元/吨	运营单位	北京排水集团	设计单位	北京市市政设计院
处理处置前含水率	75%～80%	处理处置后含水率	30%～40%	污泥处置	建材利用

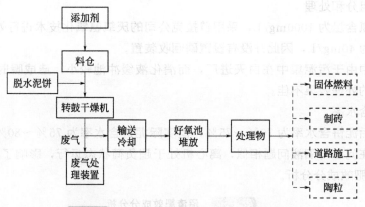

图 4-52 北京方庄污泥石灰稳定化工艺流程

4.5.3.3 实际运行情况

（1）减量化效果

方庄污水处理厂离心脱水后污泥的含水率约为 65%，通过添加 25% 的生石灰，脱水污泥与石灰添加剂在转鼓式干化机中充分混合，温度迅速升高，10min 内最高温度可达到 100℃，温度上升幅度约为 70℃。按照日产污泥 30t，含水率 80%，石灰投加率 30%（石灰含水率忽略），石灰干化处理后污泥含水率 40%，进行减量水平计算：

最终污泥产量：{30×(1-80%)+30×25%}/(1-40%)=22.5t

减量率：(30-22.5)/30=25%

（2）稳定化、无害化效果

污泥中有机物组分大量减少，TN 有所降低，堆置 5d 后大肠杆菌和粪大肠杆菌经测定也未检出。

参 考 文 献

[1] 张辰，王国华，孙晓. 污泥处理处置技术与工程实例[M]. 北京：化学工业出版社，2006.

[2] 王星，赵天涛，赵由才. 污泥生物处理技术[M]. 北京：冶金工业出版社，2010.

[3] 尹军，谭学军. 污水污泥处理处置与资源化利用[M]. 北京：化学工业出版社，2005.

[4] 曹伟华，孙晓杰，赵由才. 污泥处理与资源化应用实例[M]. 北京：冶金工业出版社，2010.

[5] 王绍文，秦华. 城市污泥资源利用与污水土地处理技术[M]. 北京：中国建筑工业出版社，2007.

[6] 赵庆祥. 污泥资源化技术[M]. 北京：化学工业出版社，2002.

[7] 李科. 剩余污泥高温-中温两相厌氧消化试验研究[D]. 北京：中国工程物理研究院，2007.

[8] 张光明，张信芳，张盼月. 城市污泥资源化技术进展[M]. 北京：化学工业出版社，2006.

[9] 赵杰红，张波，蔡伟民. 厌氧消化系统中丙酸积累及控制研究进展[J]. 中国给水排水，2005，21(3)25-27.

[10] 周少奇. 城市污泥处理处置与资源化[M]. 广州：华南理工大学出版社，2002.

[11] 徐强，张春敏，赵丽君. 污泥处理处置技术及装置[M]. 北京：化学工业出版社，2003.

[12] 建设部人事教育司. 污泥处理工[M]. 北京：中国建筑工业出版社，2005.

[13] 谷晋川，蒋文举，雍毅. 城市污水厂污泥处理与资源化[M]. 北京：化学工业出版社，2008.

第5章

污泥干化技术

5.1 污泥干化技术概述

5.1.1 污泥干化技术概述

随着城市化进程的加快和人们生活水平的不断提高，人均用水量和城市化人口数量都在迅猛增长，生活污水排放总量正以每年 $1.0 \times 10^9 t$ 的速度持续增加。污泥作为污水处理的必然产物，其产量亦在不断增加，由此产生的污泥的安全处理处置问题已经成为公众关注的主要问题之一。

城市污水厂污泥含水量高，并含有铜、锌、汞等重金属以及大量病原菌、寄生虫，易腐烂，有强烈的臭味，对周围环境及人体健康会造成不同程度的危害。如果处理处置不当，甚至任意排放，必然会对周边环境造成严重的二次污染。经过机械脱水后污泥具有较高的含水量（一般≥80%），仍然存在着大量的病原菌、寄生虫卵以及有机污染物，二次污染发生的可能性依然很大。

目前污泥的处置和资源化利用方法主要为安全填埋、土地利用、焚烧、建材利用等，由于污泥在不同含水率时需采取的最终处置工艺不同，因此污泥含水率是制约污泥处置和利用的关键，但无论采取何种处置方式，污泥的干化都是对其进行预处理的至关重要的一步。

5.1.2 污泥干化技术的基础原理

污泥干化是为了去除或减少污泥中的水分。干化过程中污泥的形态主要分为三个阶段：第一，湿区，处于该阶段的污泥含水率较高，大于 60%，具有很好的自由流动性，因此可以很容易地流入干化装置；第二，黏滞区，处于该阶段的污泥含水率略有降低，在 40%～60%，具有一定的黏性，不易自由流动，该区域是污泥干化处理过程中需要避免的区域；第三，粒状区，此阶段的污泥含水率降至 40%以下，污泥呈现颗粒状，极易与湿污泥或其他物质混合。

污泥水分的脱除过程主要分为两个阶段，即污泥表面水分的汽化蒸发过程和污泥内部水分的扩散过程。

1）蒸发过程　物料表面的水分汽化，由于物料表面的水蒸气压低于介质（气体）中的水蒸气分压，水分从物料表面移入介质。

2）扩散过程　是与汽化密切相关的传质过程。当物料表面水分被蒸发掉，形成物料表面的湿度低于物料内部湿度，此时，热量的推动力将水分从内部转移到表面。

上述蒸发过程和扩散过程持续、交替进行，基本反映了干燥的机理。

在热力干化过程中，污泥中部分可挥发性物质被热量分解，形成臭气。该过程形成的臭气具有污染性，需对其进行处理，达标后排放。一般工程上采用生物过滤器进行除臭或作为助燃空气直接烧掉。蒸发形成的水蒸气一般采用冷凝形式捕集，这一过程产生一定量的废水（约 $20\sim25kg/kg$ 蒸汽）。废水 COD 的浓度增加约 $200\sim4000mg/L$，SS 的浓度增加约 $20\sim400mg/L$。废水需要进一步处理后达标排放。使用化石燃料的污泥干化设施会产生一定量的烟气排放，且泥质、燃料、焚烧炉型的不同，会对产生的烟气组分造成较大差异。

5.1.2.1　污泥含水率

被干燥的污泥通常是由污泥干基和水分组成的含水率在 $70\%\sim80\%$ 的湿污泥，不同含水率的湿污泥具有不同的物理、化学和生物化学等性质。污泥自身的物化性等工艺参数都会对干燥过程产生影响，但是最重要的影响因素是污泥的含水率。

污泥含水率有两种定义方法：干基含水率和湿基含水率。

1）干基含水率（x）　是指湿污泥中水分的质量与湿污泥中绝干污泥的质量之比。

$$x = \frac{G_w}{G_d} \tag{5-1}$$

2）湿基含水率（ω）　是指湿污泥中水分的质量与湿污泥的总质量之比。

$$\omega = \frac{G_w}{G_m} = \frac{G_w}{G_w + G_d} \tag{5-2}$$

式中，G_w 为湿污泥中水分的质量，g；G_d 为湿污泥中绝干污泥的质量，g；G_m 为湿污泥的总质量，$G_m = G_w + G_d$，g。

干基含水率和湿基含水率之间可相互换算，其转换关系为：

$$x = \frac{\omega}{1 - \omega} \tag{5-3}$$

$$\omega = \frac{x}{1 + x} \tag{5-4}$$

通常情况下的污泥含水率指的是湿基含水率，以下简称含水率，其值一般都很大，所以污泥的密度一般为 $0.9\sim1.3kg/m^3$。污泥含水率主要取决于污泥中固体的种类及其颗粒的大小。通常，固体颗粒越细小，其所含有机物越多，污泥的含水率越高。

5.1.2.2　污泥中的水分状态

在污泥的干燥过程中，干燥速率不仅取决于干燥介质的性质，还取决于污泥中水分的状态。因此，通过了解污泥中的水分状态可以采用恰当的方法去除污泥中的水分。

污泥中含有的水分按其存在形式可以分为间隙水、毛细结合水、表面吸附（黏附）水和内部水 4 种。所谓间隙水是指存在于污泥颗粒间、被大小污泥颗粒包围的水，又称为游离水，约占污泥水分的 70%。这部分水不直接与固体结合，因而很容易分离，一般可借助外力与污泥颗粒分离。毛细结合水是指在固体颗粒接触面上的由毛细压力结合或充满于固体与固体颗粒之间或充满于固体本身裂隙中的水分，约占污泥水分的 20%，也有可能用物理方法分离出来。表面吸附水是指黏附于污泥小颗粒表面的附着水，约占污泥水分的 7%；内部水是指存在于生物细胞内的水，约占污泥水分的 3%，无法利用机械方式脱除。一般情况下，表面吸附水和内部结合水需通过热力干化方式进行脱除。

5.1.3 污泥干化技术的分类

根据污泥与加热介质的接触方式不同，污泥干化技术可以分为直接加热式、间接加热式、热辐射加热式以及几种干化技术的整合应用。

直接加热式是指污泥与加热介质直接进行接触混合，使污泥中水分蒸发，污泥得以干燥，属于对流干化技术。直接加热方式又可分为转鼓式、传送带式、气动传输式、其他间歇式。

间接加热式是指加热介质先把热量传递给第三介质——加热器壁，加热器壁再将热量传递给湿污泥，使污泥中水分蒸发，污泥得以干燥，属于热传导干化技术。间接加热式只有依靠有效的热传导，才能获得较高的热效率。间接加热方式又可分为转盘式、桨叶式、薄层式、流化床式、涡轮薄层式。

"直接-间接"联合式即"对流-传导"技术的结合，"两段式污泥干化工艺"是"直接-间接"联合式的典型。

热辐射加热式中，热传递是由电阻元件来提供辐射能以完成干燥。电阻元件包括燃气的耐火白炽灯、红外灯等。

按设备形式的不同，污泥干化技术可以分为转鼓式、转盘式、带式、桨叶式、离心式、流化床、多重盘管式、螺旋式、薄膜式等多种形式。

按干化设备进料方式和产品形态的不同，污泥干化技术可以分为干污泥返混式和湿污泥直接进料式。干料返混是指湿污泥在进料前先与一定比例的干泥混合，然后再进入干燥机，干化后的产品为球状颗粒，是一种集干化和造粒于一体的工艺。湿污泥直接进料式是指湿污泥直接进入干化装置，干化后的产品多为粉末状。

按最终获得的污泥产品的含水率的不同，污泥干化技术可以分为半干化和全干化。半干化工艺是指将污泥干燥至湿区的底部，全干化工艺是指将污泥含水率降至 15% 以下。在全干化过程中，为了使混合后的污泥越过黏滞区的固态污泥（干燥率大约为 65%），采用再循环混合技术，选取合适的比例将再循环混合污泥与湿污泥进行混合，一般情况下，再循环污泥的量要大于欲混合的湿污泥的量。

根据干化后污泥是否需要返回工艺中进行混合和造粒以及返回的位置，污泥干化技术又分为前返混、后返混和无返混型。

根据对系统进行惰性化的介质使用情况，污泥干化技术分为蒸汽自惰性化、烟气惰性化、氮气补充型等。惰性介质不同，惰性化性质和成本会有差异。

5.1.4 污泥干化技术的国内外研究及应用现状

污泥干化技术是污泥进行焚烧或综合利用的前处理工艺，可以实现污泥的大幅减量化，并提高污泥热值，同时杀死微生物及病原体等危害成分，为资源利用创造条件。

污泥干化技术包括传统的热力干化技术和新兴的水热干化技术等工艺。污泥通过热力干化处理，含水率从 80% 降低至 50% 时，体积将减少 60%，而污泥含水率越低，热值相对越高，越适于作为固体燃料进行焚烧。干化消耗热量，但同时也产生废热，在寒冷地区或有污泥厌氧消化的项目上，回收干化废热，可使污泥干化项目具有更好的经济效益。

当前，热力干化技术比较成熟，主要是通过对污泥进行加热，将污泥中的水分蒸发出来并带走，从而达到干化污泥的目的。热源可以来源于化石类燃料，也可以来自工业的余热、废热，其形式可以是烟气、蒸汽、导热油等多种。应用较为广泛的干化技术主要有转鼓干化技术、桨叶式干化技术、盘式干化技术、带式干化技术和流化床干化技术等。具有代表性技术、设备的厂家有奥地利 Andritz（转鼓、流化床、带式工艺）、意大利 Vomm（涡轮薄层工艺）、比利时 Keppel Seghers（圆盘工艺）、德国 Atlas Stord（转盘工艺）、法国 Degremont Innoplana（薄膜-带式组合工艺）、德国 Huber（带式工艺）、德国 Siemens USFilter/Sernaggiotto（转鼓工艺）、荷兰 Vandenbroek（转鼓工艺）、法国 Veolia Kruger（带式工艺）、美国 Komline～Sanderson（空心桨叶工艺）、日本 Tsukishima（空心桨叶工艺）、日本 Nara（空心桨叶工艺）、日本 Okawara（回转热管工艺）等（以技术商国籍为准）。已在国内实施的进口工艺案例有上海石洞口污泥干化焚烧项目、天津市咸阳路污泥处理工程项目、北京市清河污水处理厂污泥干化工程等；国外已实施案例达数百个，其中数量最多的为转鼓、涡轮薄层、转盘工艺等，装机量均超过百台套。其主流工艺一般以传导、对流为手段，工艺之间相差较大，根据边际条件（如热能类型、温度、项目规模等）的不同，又使得不同工艺在实施的处理效果差异较大。江阴市长泾镇康源印染有限公司、江阴康顺热电厂采用多级低温转鼓工艺，日处理印染污泥约 100t；低温带式工艺有多个国外案例，但日处理量均不超过 50t。直接干化工艺适合于非含硫燃料的废热烟气利用，转鼓干燥机本质上适合采用更高的烟气温度。

此外，国外还有诸如微波、红外、气流、太阳能等干化技术，国内已有转鼓、空心转盘、空心桨叶等多种工艺。

一种适合的污泥干化工艺的选择，需要综合考虑其发展成熟程度、技术先进性、运行稳定性、可靠性、热效率损失以及维护操作的简便性、友好性等。目前国内应用最多的是间接加热干化，该技术能有效地防止了加热介质被污染，有利于加热介质的循环再利用，其中桨叶式干化技术应用较为广泛，上海竹园污泥处理处置项目、温州 240t/d 污泥集中干化焚烧工程等都采用了桨叶式干燥机进行干化，涡轮薄层式干化技术、流化床干化技术在国内也有成功应用。上海石洞口污泥处置项目采用循环流化床锅炉和配套的污泥全干化设施，利用焚烧炉的烟气换热导热油进行干化。

污泥干燥还分为半干化工艺和全干化工艺，其区别在于干燥产品最终的含水率不同，根据污泥处理的最终目的不同，可以选择不同的干化工艺。由于全干化的单位蒸发量热能能耗高于半干化，因此，目前世界上在干化焚烧工艺中多采用半干化工艺和焚烧。

5.2 直接加热转鼓干化技术

自 20 世纪 40 年代以来，欧美和日本等国就开始利用直接加热式转鼓干燥机（也称为滚筒干燥器）来干化污泥，具有代表性的技术或设备的厂家有奥地利 Andritz 集团、美国 Wheelabrator Technologies Inc. 下属的 Bio Gro、英国的 Swiss Combi、瑞士 SC Technology GmbH（SCT）和日本 Okawara MFG. Co. Ltd. 其中 Okawara MFG. Co. Ltd. 的干燥机在转鼓里采用高速刮刀刮泥饼，以形成随意移动的产物；而其余的厂家均需要在干化前，用干物料与湿污泥进行一定比例的混合，并形成含固率 60%～70% 的球状物，这些球状颗粒可以在转鼓里随意转动。最初，所有的转鼓式干燥机都使用一次通过性空气系统，能量利用效率低，且产生大量需要进一步处理的废气。后来随着技术和设备的不断优化，大部分厂商开始采用封闭循环式干燥机，此类干燥机不但节省了能源，还可以减少剩余空气的排放量。

5.2.1 直接加热转鼓式干燥机的基本结构和工作原理

转鼓式干燥机是一种转动干燥设备，在干燥过程中，转鼓内通入加热介质，通过转鼓的转动，物料缓慢地向出料口方向移动，在移动过程中，物料与加热介质直接接触，去除物料中的水分，达到所要求的含水率。该设备可连续操作，主要应用于液态物料、带状物料、膏状及黏稠状物料的干燥。

直接加热转鼓式干燥机中污泥与加热介质在干燥机中直接接触，以接触传热的方式进行干燥。按加热介质与污泥的流动方向可分为并流式和逆流式，图 5-1 所示的为逆流式的直接转鼓干燥机，污泥从进料口进入干燥机中，在重力、推力和转鼓转动力的作用下向前移动，加热介质则从加热介质进口处经加热器加热后进入干燥机中，在转筒内与污泥接触，进行传质和传热，使污泥中的水分蒸发，从而达到干燥污泥的目的。

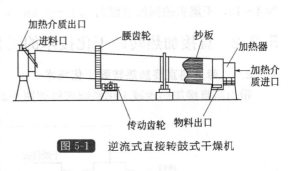

图 5-1 逆流式直接转鼓式干燥机

该设备的主体部分为与水平线呈 3°～4°倾角的倾斜旋转圆筒，湿污泥从转筒的进料口端送入，在转速为 5～8r/min 的转筒（内装抄板）翻动下与加热介质进口端进入的热气流接触混合，经过 20～60min 的处理，最终得到合格的干燥产品[1]。

直接加热转鼓式干燥机主要是对流干燥，传质传热同时进行。热能以对流方式由加热介质传递给湿污泥表面，再由表面传至污泥内部，这是一个传热过程。水分从污泥内部以液态或气态扩散到表面，然后水汽通过污泥表面的气膜扩散到加热介质的主体，这是一个传质过程。因此干燥是由传热和传质两个过程所组成，且两者之间是相互联系的。干燥过程得以进行的条件是必须使污泥表面所产生水汽或其他蒸气的压力大于加热介质中水汽或其他蒸气的压力，压差越大，干燥过程进行得越迅速。为此，加热介质需及时地将汽化的水汽带走，以保证湿污泥内的水分源源不断地进入加热介质中，使污泥得以干燥。所以，在直接转鼓式干燥机中一般设有鼓风机或引风机。

湿物料和加热介质按相互间的流向可分为并流和逆流两种。

（1）并流

湿污泥移动方向与加热介质流动方向相同。其特点是推动力沿污泥移动方向逐渐减少，即干燥过程中高含水率的污泥与温度高、含湿量低的加热介质在进口端相遇，干燥推动力大；而在出口端，含水率低的半干污泥和含湿量较大的载热体接触，干燥推动力小。由于在干燥的最后阶段，干燥推动力已降至很小，因而干燥速度亦会减少到很慢，从而影响干燥机的干燥能力。

当物料在湿度较大且允许快速干燥而不会发生裂纹或焦化现象时，或干燥后的物料吸湿性很小，否则干燥后的物料会从载热体中吸回水分从而会使产品质量降低时，又或干燥后物料不能耐高温，即产品遇高温会发生分解、氧化等变化时，适合采用并流方式。

（2）逆流

湿污泥移动方向与加热介质流动方向相反。其特点是干燥机内各部分的干燥推动力相差不大，分布比较均匀，即在湿污泥入口处，高含水率的污泥与湿度大、温度低的加热介质接触，在湿污泥出口处，湿度低的物料与温度低、湿度小的加热介质接触。由于在入口处的物料湿度较低，而加热介质湿度很大，因此两者相接触时，加热介质中的水汽会冷却并冷凝在物料上，使物料湿度增加，从而干燥时间延长影响干燥能力。

当干燥后的物料具有较大的吸湿性时，或干燥后的物料耐高湿，不会发生分解、氧化等现象时，又或物料在湿度较大，且不允许快速干燥，否则容易引起物料发生龟裂等现象时，适合采用逆流方式。

常规直接加热转鼓式干燥机的筒体直径一般为 0.4～3m，筒体长度与筒体直径之比一般为 4～10，干燥机的圆周速度为 0.4～0.6m/s，空气速度在 1.5～2.5m/s 内[1]。

5.2.2 直接加热转鼓干化技术的工艺及设计要点

5.2.2.1 带返料直接加热转鼓干化技术

带返料直接加热转鼓干化系统流程如图 5-2 所示，此系统由 Andritz 集团开发。

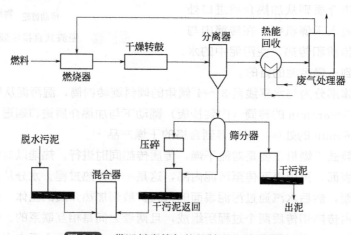

图 5-2 带返料直接加热转鼓干化系统流程

脱水后的污泥先进入污泥漏斗贮存，在螺旋输送机的作用下进入混合器，按一定的比例与已经被干化的污泥充分混合，使干湿混合的污泥含固率达到 60%～70%，然后经螺旋输送机运到三通道转鼓式干燥机中。三通道转鼓由带 1 个公用轴的 3 个圆筒组成，当干燥转鼓慢慢转动时，颗粒经由热气流带动下传送至内圆筒并且最终送入外圆筒，在此过程中颗粒也进行悬浮状滚动以形成稳态颗粒。这些颗粒在转鼓内与同一端进入的流速 1.2～1.3m/s、温度 700℃左右的热气流接触，混合集中加热，约经过 25min，污泥烘干后被带计量装置的螺旋输送机送到气/固分离器中，在分离器中，干燥机排出的湿热气体被输送到换热器中进行热能回用，然后有污染性的恶臭气体被送到废气处理器中处理，以达到符合环保要求的排放标准；从分离器中排出的干污泥其颗粒度可以被控制，再经过筛分器将满足要求的污泥颗粒送到贮藏仓收集处理，干化的污泥含固率可达 92% 以上，干燥的污泥颗粒直径可控制在 1～4mm 范围内，可作为肥料或用于园林绿化。细小的干燥污泥被送到混合器中与湿污泥混合送至转鼓式干燥机，以避免高黏附性污泥黏结到转鼓表面或产生结块。对于加热转鼓干燥机的燃烧器，可使用沼气、天然气或热油等作为燃料。分离器将干燥污泥和水汽进行分离，此时这些水汽几乎携带了污泥干燥时所耗用的全部热量，随后再进入冷凝器。一般情况下，冷凝器冷却水入口温度为 20℃，而出水温度为 55℃，蒸发的水在此被析出，从而实现对水汽携带热量的充分回收利用。干燥的空气（循环气）被送回燃烧器重新加热达到工艺温度进行二次燃烧。经过冷凝器后，很少部分空气与循环气流分离形成废气，达标排放[1]。

为了确保颗粒的形成，供应给干燥转鼓的污泥含固率必须保持在 65% 左右，因此必须对干污泥进行循环使用，加强造粒效果。

该干化技术的特点是在湿污泥干燥过程中不产生灰尘，干化污泥呈颗粒状，粒径可以控制，高速空气在转鼓旋转过程中推动颗粒通过转鼓，直到污泥被烘干，而且烘干后质量减轻被提升，并通过气动被传递到转鼓以外，重复干燥→提升→干燥→提升的循环，伴随以烘干/重力为基础的滞留时间可以确保颗粒不会被过分干燥，从而避免在加工气流中产生不必要的高气味负荷。

5.2.2.2 三级转鼓干燥机开放式循环直接加热干化技术[2]

三级转鼓干燥机开放式循环直接加热干化技术能够避免物料在干燥机中过黏，对干物质进行循环使用，同时更利于造粒。图 5-3 为三级转鼓干燥机开放式循环直接加热干燥系统的示意。

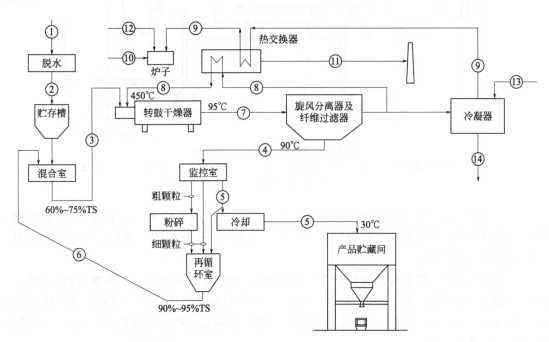

图 5-3 三级转鼓干燥机开放式循环直接加热干燥系统
1—污泥液；2—脱水后的污泥；3—混合后的污泥；4—干燥产物；5—合格的颗粒产品；
6—再循环的已干燥物质；7—干燥机尾气；8—再循环的干燥介质；9—干净的干燥介质；
10—燃料；11—燃烧产物；12—燃气；13—冷却水；14—冷凝物

该系统的工艺流程如下：湿污泥经脱水处理后进入贮存槽，然后进入混合室中与含固率 90%~95% 的污泥按一定的比例进行混合，使混合后的污泥的含固率达到 60%~75%，混合后的污泥在转鼓干燥机内与 450℃ 的干燥介质接触，混合集中加热，干燥机出来的尾气约

95℃，这些尾气随后进入旋风分离器及纤维过滤器，将尾气中的水分和水汽进行分离，分离后的污泥颗粒进行检测，比较粗的颗粒进行粉碎，然后进入再循环室，合格的颗粒中，一部分颗粒冷却到30℃后进入产品贮藏间，另一部分则进入再循环室，进入再循环室的污泥颗粒含固率为90%～95%，这些污泥颗粒则进入混合室与脱水后的污泥混合。经分离后的尾气一部分进入冷凝器中与冷却水接触后，去除气体中的剩余颗粒和部分水汽，然后进入热交换器与经分离的另一部分尾气进行热交换，交换后干净的干燥介质与燃气混合进入炉子中焚烧，热交换后的尾气温度达到450℃，进入干燥机中与混合后的污泥混合加热。热交换器中的燃烧产物经烟囱进入大气。

该系统的关键设备为三级转鼓干燥机，其结构如图5-4所示。

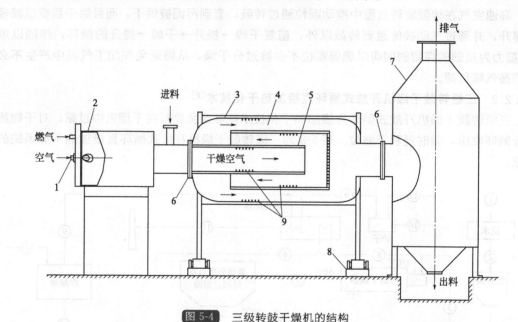

图 5-4　三级转鼓干燥机的结构

1—燃烧器喷嘴；2—炉子；3—绝热套管外层；4—二级转鼓；5—内层转鼓；6—密封垫圈；
7—气/固分离器；8—传动轴基座；9—支撑滚轴支座

如图5-4所示，空气经燃烧器加热后，与湿污泥在干燥机中混合，混合后先后经过套管、内层转鼓和二级转鼓，在移动过程中进行传质传热，干化后的污泥与尾气最后进入气/固分离器中进行分离。

表5-1给出了不同型号的三级转鼓干燥机的技术参数。由表可知，根据转筒直径的不同，其转速一般在5～25r/min，物料投加量占整个圆筒体积的10%～20%，停留时间为10～25min，转鼓尺寸越大，干燥能力越强，所需的干燥空气的量也就越多，从而干燥污泥所需的费用也就越多。

表 5-1　三级转鼓干燥机技术参数

型号 \ 项目	转鼓尺寸 ($D×L$)/m	蒸发能力 /(kg/h)	设计能力 /(t 干物质/d)	干燥空气流量 /(m³/min)	能量需求 /(kcal/h)
SD75	2.29×6.71	2000	12.0	355	1.76
SD85	2.83×8.33	2500	15.0	400	3.75
SD90	3.0×10.0	3250	20.0	510	4.9

型号＼项目	转鼓尺寸 ($D×L$)/m	蒸发能力 /(kg/h)	设计能力 /(t 干物质/d)	干燥空气流量 /(m³/min)	能量需求 /(kcal/h)
SDS105	3.5×10.67	4650	27.5	800	7.0
SD100	3.67×11.3	6500	40.0	1050	9.75

5.2.2.3 西门子 CTD 转鼓干化技术

西门子 CTD 转鼓干化（convective thermal dryer，CTD）是一种全能的热对流直接干燥工艺。干燥机由三个同心圆筒构成，称为三通道转鼓。湿污泥与经燃烧炉加热的热气流直接混合干燥，干燥后的干污泥与工艺气体经气/固分离器分离，从而得到均匀的颗粒状干燥污泥成品，粉尘含量很小[3]。

CTD 系统主要包括 5 个部分，即混合、干燥、气固分离、尾气处理、筛分颗粒。典型的工艺流程如图 5-5 所示。

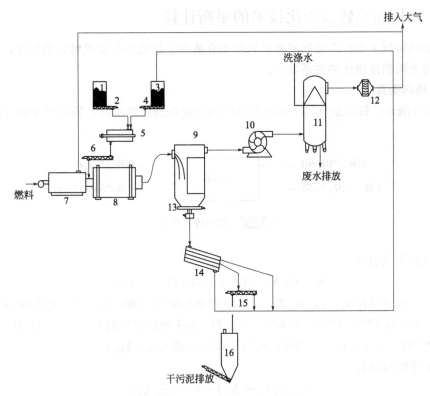

图 5-5　CTD 转鼓干燥机的结构

1—湿污泥仓；2—湿污泥螺旋机；3—返料仓；4—返料螺旋机；5—混合机；6—喂料螺旋机；7—带燃烧器的炉子；8—转鼓干燥机；9—气/固分离器；10—工艺风机；11—洗涤冷凝塔；12—液滴分离器；13—干污泥排出螺旋；14—振动筛；15—螺旋输送机；16—干污泥贮仓

湿污泥和循环干污泥在混合机中混合产生 1～4mm 的颗粒小球，该颗粒小球的中心是干核，周围是薄层湿污泥；混合好的半干污泥导入来自燃烧炉的高温热空气流中，在一个三通道转鼓干燥机中通过与热空气强烈的热对流作用进行干燥；干燥后产生的工艺尾气和干燥产品一起从转鼓干燥机进入气/固分离器，首先在预分离器中依靠重力作用进行分离，把粗大颗粒分离出来，然后再通过多级旋风分离从气流中去除细小颗粒；工艺尾气在工艺风机的作用下进入冷凝洗涤塔中冷却并冷凝空气中的水蒸气，经液滴分离器去除空气中的水分，产生的干空气大约90%返回到燃烧炉中用作工艺空气，剩下大约10%的空气通过排放风机排放到除臭系统中处理后再排到大气中；分离器中产生的固体颗粒经干污泥排出螺旋进入振动筛中筛分为细小颗粒、产品颗粒和大颗粒，产品颗粒（1～4mm）通过颗粒冷却器进行冷却后进入干污泥贮存仓，大颗粒进行破碎后随同细小颗粒一起进入循环污泥料仓。

　　CTD转鼓干化工艺的特点有：a. 蒸发能力1000～10000kg/h，适合于大中型干化厂；b. 可将含水率70%～80%的脱水污泥干燥至含水率10%；c. 最终产品呈粒径1～4mm的均匀干燥颗粒，符合EPA40 CFR50"A"级产品要求，且不合格的产品颗粒可回流使用；d. 可简单的贮存、输送、使用或处置最终产品；e. 系统灵活、简单、运行安全，自动化程度高，可完全自动化运行；f. 启动和停车时间短；g. 可设置热量回收系统，能源需求低，工艺气体循环率高，可达90%以上，因此需要处理的尾气量小；h. 由于大部分工艺尾气和部分颗粒循环使用，可实现低排放，对环境影响轻微；i. 操作环境良好。

5.2.3　直接加热转鼓干化技术的平衡计算

　　直接加热转鼓干化技术是指湿物料与加热介质在干燥机中直接接触传质传热，因而物料与加热介质之间的传质传热关系如下。

5.2.3.1　物料衡算

　　如图5-6所示，假设空气与干燥产品之间的传质介质只有水分，则物料平衡计算公式如下所述。

新鲜空气(L, H_1)　　　　　干燥器　　　　　新鲜空气(L, H_2)
干燥产品(G_2, X_2, G)　　　　　　　　　　干燥产品(G_1, X_1, G)

图5-6　物料传质示意

　　（1）水分蒸发量W

$$W = G_1 X_1 - G_2 X_2 = L(H_2 - H_1) \tag{5-5}$$

　　式中，L为空气流量，kg/s；X_1为干燥前物料的含水率，%；X_2为干燥后物料的含水率，%；H_1为干燥前空气的含水率，%；H_2为干燥后空气的含水率，%；G_1为物料进入干燥机前的流量，kg/s；G_2为物料离开干燥机后的流量，kg/s。

　　（2）绝干物料量G

$$G = G_1(1 - X_1) = G_2(1 - X_2) \tag{5-6}$$

　　（3）干燥后产品量G_2

$$G_2 = \frac{G_1(1 - X_1)}{1 - X_2} \tag{5-7}$$

　　（4）干空气的消耗量L

　　由公式$LH_1 + G_1 X_1 = LH_2 + G_2 X_2$可得：

$$L = \frac{G_1 X_1 - G_2 X_2}{H_2 - H_1} = \frac{W}{H_2 - H_1} \tag{5-8}$$

　　或

$$l = \frac{L}{W} = \frac{1}{H_2 - H_1} \tag{5-9}$$

式中，l 为单位蒸汽消耗量，每蒸发 1kg 的水所需干空气的量，与空气的初、终温度有关。

鼓风机所需风量根据湿空气的体积流量 V 而定，湿空气的体积流量可由干空气的流量 L 与湿比容的乘积来确定，即：

$$V = Lv_H = L(0.773 + 1.244H)\frac{t+273}{273}$$

式中，空气的湿度 H 和温度 t 与鼓风机所安装的位置有关。例如，鼓风机安装在干燥机的出口，H 和 t 就应取干燥机出口空气的湿度和温度。

5.2.3.2 热量衡算

图 5-7 为干燥机中传热示意。

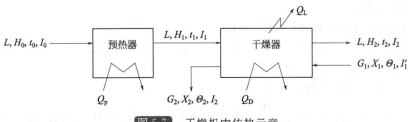

图 5-7 干燥机中传热示意

（1）干燥系统消耗的总热量

忽略预热器的热损失，以 1s 为基准，对预热器列焓衡算：

$$LI_0 + Q_p = LI_1 \tag{5-10}$$
$$Q_p = L(I_1 - I_0) \tag{5-11}$$

式中，Q_p 为空气经预热器后增加的热量，kJ；I_0 为空气预热前的焓值，kJ/kg；I_1 为空气预热后的焓值，kJ/kg。

对干燥机列焓衡算，以 1s 为基准，则：

$$LI_1 + GI_1' + Q_D = LI_2 + GI_2' + Q_L \tag{5-12}$$

式中，Q_D 为干燥机内物料增加的热量，kJ；Q_L 为干燥机内损失的热量，kJ；I_1' 为干燥机进口处污泥的焓值，kJ/kg；I_2' 为干燥机出口处污泥的焓值，kJ/kg；I_2 为干燥机出口处空气的焓值，kJ/kg。

单位时间内向干燥机补充的热量为：

$$Q_D = L(I_2 - I_1) + G(I_2' - I_1') + Q_L \tag{5-13}$$

单位时间内干燥系统消耗的总热量为：

$$Q = Q_p + Q_D = L(I_2 - I_0) + G(I_2' - I_1') + Q_L \tag{5-14}$$

此公式为连续干燥系统热量衡算的基本方程式。

假设：

① 新鲜干空气中水汽的焓等于离开干燥机后废气中水汽的焓，即

$$I_{V0} = I_{V2} \tag{5-15}$$

② 湿物料进出干燥机时的比热取平均值 c_m

空气进出干燥机时的焓分别是：

$$I_0 = c_g t_0 + I_{V0} H_0$$
$$I_2 = c_g t_2 + I_{V2} H_2$$

$$I_2 - I_0 = c_g(t_2 - t_0) + I_{V2}(H_2 - H_0)$$
$$= c_g(t_2 - t_0) + (r_0 + c_{02}t_2)(H_2 - H_0)$$
$$= 1.01(t_2 - t_0) + (2490 + 1.88t_2)(H_2 - H_0) \tag{5-16}$$

式中，c_g 为空气进出干燥器时的比热取平均值；I_{V0} 为新鲜干空气中水汽的焓值，kJ/kg；r_0 为定值 2490；c_{02} 为定值 1.88；t_0 为预热前空气的温度，℃；t_2 为干燥机出口空气的温度，℃。

物料进出干燥机时的焓分别是：
$$I_1' = c_{m1}\theta_1$$
$$I_2' = c_{m2}\theta_2$$
$$I_2' - I_1' = c_m(\theta_2 - \theta_1) \tag{5-17}$$

$$Q = Q_p + Q_D$$
$$= L(I_2 - I_0) + G(I_2' - I_1') + Q_L$$
$$= L[1.01(t_2 - t_0) + (2490 + 1.88t_2)(H_2 - H_0)] + Gc_m(\theta_2 - \theta_1) + Q_L \tag{5-18}$$

式中，$L = \dfrac{W}{H_2 - H_1} = \dfrac{W}{H_2 - H_0}$

所以 $Q = 1.01L(t_2 - t_0) + \dfrac{W}{H_2 - H_0}[(2490 + 1.88t_2)(H_2 - H_0)] + Gc_m(\theta_2 - \theta_1) + Q_L$

$$= 1.01L(t_2 - t_0) + W(2490 + 1.88t_2) + Gc_m(\theta_2 - \theta_1) + Q_L \tag{5-19}$$
$$c_m = c_s + Xc_w$$

式中，θ_1 为干燥机入口处物料的温度，℃；θ_2 为干燥机出口处物料的温度，℃；c_s 为绝干物料的比热容，kJ/（kg 绝干物料·℃）；c_w 为水的比热容，取为 4.18kJ/(kg 水·℃)。

由公式可知，向干燥系统输入的热量主要用于加热空气、加热物料、蒸发水分、热损失。

（2）干燥系统的热效率

即绝热蒸发过程用的热量占供应给干燥机的总热量的百分比。

干燥系统的热效率公式如下：

$$\eta = \frac{蒸发水分所需的热量}{向干燥系统输入的总热量} \times 100\% \tag{5-20}$$

其中蒸发水分所需要的热量为：

$$Q_V = W(I_{V2} - I_{w1}')$$
$$= W(r_0 + c_{02}t_2) - Wc_w\theta_1$$
$$= W(2490 + 1.88t_2) - 4.187\theta_1 W \tag{5-21}$$

式中，I_{w1}' 为物料中水分带入的焓。

忽略物料中水分带入的焓，则：

$$Q_V = W(2490 + 1.88t_2) \tag{5-22}$$

所以，热效率计算公式为：

$$\eta = \frac{W(2490 + 1.88t_2)}{Q} \times 100\%$$
$$= \frac{W(2490 + 1.88t_2)}{Q_p + Q_D} \times 100\% \tag{5-23}$$

一般情况下，废气温度低而湿度高时，干燥系统的热效率就高。但 t_2 应比 t_{as} 高 20～50℃，以保证在干燥后不致返潮。

根据公式可知，提高热效率的方法有以下几种。

① 降低废气的温度，可以提高热效率，但会造成干燥速率下降，干燥时间加长，设备容积增大，并且若废气温度过低，还会出现返潮现象。

② 提高空气的预热温度，可以提高热效率，但温度过高会使得物料受热分解。

③ 减少干燥过程的各项热损失，做好干燥设备和管道的保温工作，防止干燥系统的渗透，从而提高热效率。

④ 采用部分废气循环操作。该方法的弊端在于干燥速率降低，干燥时间增加，装置费用增加。存在一个最佳废气循环量，一般废气循环量为总气量的 20%～30%。

5.2.4 直接加热转鼓干化技术的经济性分析

自 20 世纪 40 年代以来，日本、欧洲和美国就采用直接加热转鼓干燥机用于污泥的干化，直接加热转鼓干化技术应用范围广，适应性强，广泛使用于冶金、建材、轻工等部门，其特点如下[4]。

① 在无氧环境中操作，不产生灰尘。

② 热效率高，由于污泥与干燥介质直接接触干燥，减少了热传导过程中的能量消耗，另外干燥时间短，降低了热量的辐射消耗；

③ 污泥干化能力强，干化程度在 90% 以上，颗粒直径控制在 1～4mm，防止污泥过度干化，可用作肥料或园林绿化；

④ 工艺气体循环率高，可达到 90% 左右，因而有害气体排放低，对环境影响轻微，同时减少了有害气体的处理成本；

⑤ 细小的干燥污泥被送到混合器中与湿污泥混合送入转鼓式干燥机，以避免高黏附性导致污泥黏结转鼓表面或产生结块；

⑥ 对于加热转鼓干燥机的燃烧器，可使用沼气、天然气或热油等作为燃料，厂家可根据自身情况选择合适的燃料来加热转鼓干燥机；

⑦ 干燥机特殊的三通道结构，能够最有效地利用热能和结构空间，这就使得设备的体积小，干燥能力强；

⑧ 直接加热转鼓干化技术中设置了能量回收系统，减小了热能的消耗，降低了污泥干化的成本。

三级转鼓干燥机干燥能力比较大，充分利用干燥机的内部空间，干燥效果好，不同型号下设备的干燥能力及能量需求详见表 5-1。

此外，直接转鼓式干燥机还具有液体阻力小、操作上允许波动范围较大、操作方便等优点；设备复杂庞大、一次性投资大、占地面积大、填充系数小、热损失较大成为直接加热转鼓干化技术的弊端[5]。

5.3 间接加热转鼓干化技术

间接加热转鼓干化技术是指干燥机为一种内加热传导型转动干燥设备。在干燥过程中，转鼓内通入加热介质，通过转鼓的转动，物料在转鼓表面形成一层薄膜，热量由鼓内壁传到鼓外壁，再传到料膜，将附在转鼓筒体外壁上的物料进行干燥，达到所要求的含水率。间接加热转鼓干化技术主要应用于液态物料、带状物料、膏状物料和黏稠状物料的干燥。如在转鼓内通入冷却介质，可成为转鼓结片机，用于熔融物料的冷却结晶制片。

5.3.1　间接加热转鼓干化技术的基本结构和工作原理

污泥间接转鼓干化技术中载热体不直接与污泥接触，而干燥所需的全部热量都是经过传热壁传递给污泥。

该技术的干燥机理是湿污泥以薄膜状态覆盖在转鼓表面，在转鼓内通入高温蒸汽，加热筒壁，使蒸汽的热量通过筒壁传导至料膜，并按"索莱效应"，引起料膜内水分向外转移，当料膜外表面的蒸汽压力超过环境空气中蒸汽分压时，则引起蒸汽扩散作用。转鼓在连续转动的过程中，每转一圈所黏附的料膜，其传热和传质作用始终由里向外，朝同一个方向进行，从而达到了干燥的目的。

在湿污泥干燥过程中，料膜的干燥可分成预热、等速、降速三个阶段。筒壁浸于料液中的成膜阶段是预热段，蒸发作用在此阶段并不明显。在料膜脱离料液后，干燥作用开始，料膜表面湿污泥中的水分汽化，并维持恒定汽化速度。当料膜内水分扩散速度小于表面汽化速度时，则进入干燥过程的降速阶段。随着料膜内的水分降低到污泥干燥的设定含水量时，由刮刀在某一特定位置将转鼓壁上的干污泥刮出。

间接加热转鼓干化技术中所用到的转鼓干燥机主要由转鼓，包括圆筒体、端盖、端轴及轴承等；布膜装置，包括料槽、喷溅器或搅拌器及膜厚控制器等；刮料装置，包括刮刀、支撑架及压力调节器等；传动装置，包括减速器、电机等；加热介质的加热与进气装置；冷凝液的排放装置；热量回收装置；产品输送装置；废气处理装置等。

5.3.1.1　间接加热转鼓干燥机的特点

间接加热转鼓干燥机的特点如下[6]。

① 干燥热效率高，可达 70%～90%。这是因为转鼓干燥的传热机制属热传导，传热方向在整个操作周期中始终保持一致，除端盖散热和热辐射损失外，其余的热量都用在转鼓外壁料膜的水分脱除上。

② 投资和操作费用低，从图 5-8 中可明显看出转鼓干燥机的操作费小于喷雾干燥机，约为喷雾干燥机的 1/3。从图 5-9 中可以看出，在投资费用上，相同蒸发量的条件下，转鼓干燥机投资费用要比其他两种干燥机小。

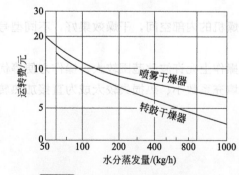

图 5-8　两种干燥设备运转费对比　　　图 5-9　不同干燥机价格对比

③ 蒸发强度大，速率高，由于薄膜很薄，且传热传质方向一致，料膜表面的气化强度一般可达 30～70kg 水/(m²·h)。动力消耗也小，蒸发 1kg 水分消耗的能量为 0.02～0.05kW。

④ 干燥时间短，转鼓外壁上的被干燥物料在干燥开始时所形成的湿料膜一般为 0.5～

1.5mm，整个干燥周期仅需要 5～30s，特别适用于热敏性物料的干燥。湿物料脱除水分后，用刮刀卸料，所以转鼓干燥机仅适用于黏稠的浆状物料。此类物料的干燥用其他干燥设备是比较困难的，置于减压条件下操作的转鼓干燥机可使物料在较低温度下实现干燥。因此，转鼓干燥机在食品干燥中有着广泛的应用。

⑤ 适用范围较广，可用于溶液、非均相的悬浮液、乳浊液、溶胶等，以及纸张、纺织物、赛璐珞等带状物。

⑥ 操作简单，清洗方便，更换物料品种容易。

⑦ 操作弹性大。在影响转鼓干燥机的诸多因素中改变其一，此时其他的因素不会对干燥操作产生影响。例如，影响转鼓干燥的几个主要因素有加热介质温度、物料性质、料膜厚度、转鼓转速等，如改变其中任意一个参数都会对干燥速率产生直接影响，而诸因素之间却没有牵连，这给转鼓干燥的操作带来了很大的方便，使之能适应多种物料的干燥和不同产量的要求。

⑧ 转鼓干燥机的缺点是单机传热面小，一般不超过 $12m^2$。生产能力低，料液处理量为 50～2000kg/h。产品含水率较高，一般为 3%～10%。刮刀易磨损，使用周期短。开式转鼓干燥机环境污染严重。

5.3.1.2　间接加热转鼓干燥机的分类

间接加热转鼓干燥机按鼓数可分为单鼓干燥机、双鼓干燥机和多鼓干燥机。其中双鼓干燥机按照双鼓的转动方向和进料方式可分为双鼓和对鼓两种形式。根据物料特性的不同可分为常压型和真空型两种。根据进料的方法可分为双鼓浸液式（下部进料）、双鼓浸液式（中心进料）、单鼓搅拌浸液式、对鼓喷溅式、单鼓喷溅式、单鼓泵输送浸液式、单鼓辅辊布膜式、组合复式浸液布膜式、单鼓侧向式[7]。图 5-10 为不同进料的方法分类。

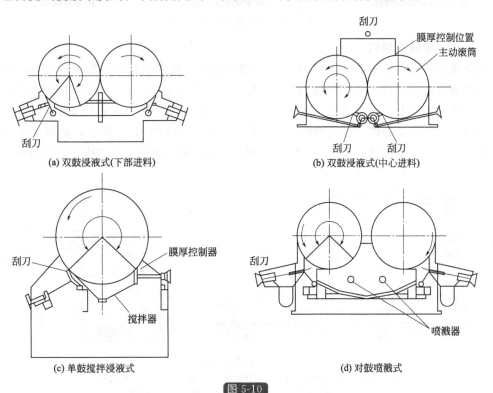

(a) 双鼓浸液式(下部进料)　　(b) 双鼓浸液式(中心进料)

(c) 单鼓搅拌浸液式　　(d) 对鼓喷溅式

图 5-10

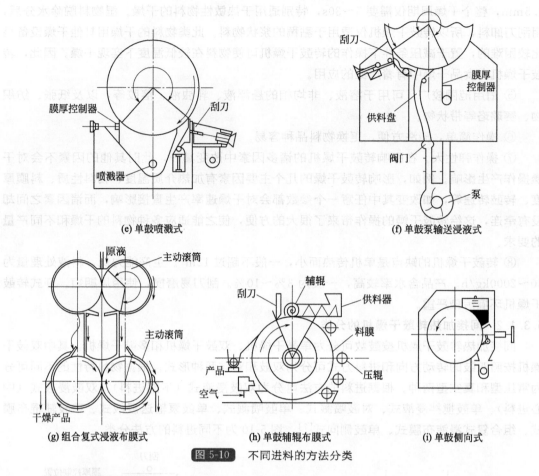

(e) 单鼓喷溅式

(f) 单鼓泵输送浸液式

(g) 组合复式浸液布膜式

(h) 单鼓辅辊布膜式

(i) 单鼓侧向式

图 5-10   不同进料的方法分类

（1）单鼓干燥机

常压单鼓干燥机结构如图 5-11 所示，适用于溶液或稀浆状悬浮液物料的干燥，布膜方式常为浸液式或喷溅式，料膜厚度为 0.5～1.5mm，转鼓转速为 2～10r/min，筒体内蒸汽压力为 0.2～0.6MPa，筒体直径大多在 0.6～1.8m 范围内。负压单鼓干燥机是将转鼓置于全密闭罩，进行负压操作。带压辊的单鼓干燥机，其结构如图 5-12 所示，多用于干燥薄而密实的片状制品，如膏状、含淀粉或食品类物料。转鼓和压辊的组合结构可以使得被干燥物

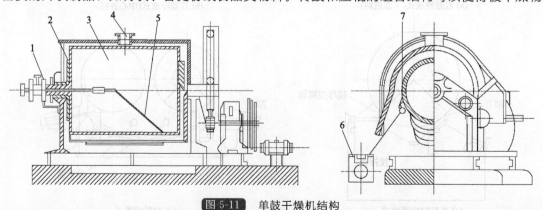

图 5-11   单鼓干燥机结构

1—热介质出口旋转接头；2—料液贮槽；3—旋转筒体；4—排气管；
5—排液缸吸管；6—传动装置；7—刮刀及调节装置

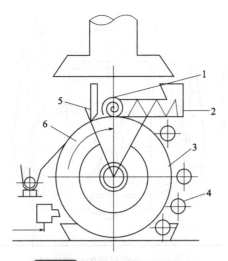

图 5-12　带压辊的单鼓干燥机

1—辅辊；2—进料器；3—料膜；4—压辊；5—刮刀；6—转鼓

料在转鼓表面成膜均匀，压辊还可以使物料层和转鼓筒体的外壁接触良好，降低传热热阻，减少热量消耗，提高干燥效率[7]。普遍使用的转鼓干燥机为 HG 型常压单鼓干燥机系列，其技术参数见表 5-2。负压单鼓干燥机的技术参数见表 5-3。

表 5-2　HG 型常压单鼓干燥机技术参数[7]

型号	鼓径×鼓长/mm	有效干燥面积/m²	干燥能力/[kg/(m²·h)]	蒸汽耗量/(kg/h)	电机功率/kW	外形尺寸长×宽×高/mm	质量/kg
HG-600	600×800	1.12	40～70	100～175	2.2	1700×800×1500	850
HG-700	700×1000	1.65	60～90	150～225	3	2100×1000×1800	1210
HG-800	800×1200	2.26	90～130	225～325	4	2500×1100×1980	1700
HG-1000	1000×1400	3.30	130～190	325～475	5.5	2700×1300×2250	2100
HG-1200	1200×1500	4.24	160～250	400～625	7.5	2800×1500×2450	2650
HG-1400	1400×1600	5.28	210～310	525～775	11	3150×1700×2800	3220
HG-1600	1600×1800	6.79	270～400	675～1000	11	3350×1900×3150	4350
HG-1800	1800×2000	8.48	330～500	825～1250	15	3600×2050×3500	5100
HG-1800A	1800×2500	10.60	420～630	1050～1575	18.5	4100×2050×3500	6150

表 5-3　负压单鼓干燥机技术参数[7]

鼓径×鼓长/mm	设备尺寸/mm			干燥面积/m²	质量/kg
	长	宽	高		
500×600	2745	1220	1830	1	3500
1000×1200	3355	3050	3960	3.9	14000
3600×1500	5790	2440	2745	17.5	34000

（2）对鼓干燥机

对鼓干燥机结构如图 5-13 所示，适合于有沉淀的泥浆状或黏度较大物料的干燥，两个转鼓筒体的间隙一般在 0.5～1mm 内，由一对节圆直径与筒体外径一致或相近的啮合齿轮控制。对鼓转动时，当咬入角位于料液端时，料膜的厚度由两转鼓之间的间隙控制；当咬入角位于反方向时，料膜的厚度由设置在筒体长度方向上的堰板与筒体之间的间隙控制[7]。常压对鼓干燥机的规格见表 5-4。

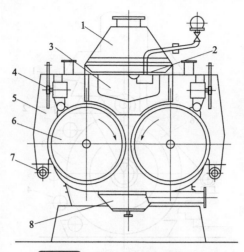

图 5-13 带密封罩的对鼓干燥机

1—罩子；2—原料加入装置；3—加料器；4—刀机械；
5—侧罩；6—转鼓；7—成品输送器；8—底罩

表 5-4 常压对鼓干燥机技术参数[7]

鼓径×鼓长 /mm	设备尺寸/mm			干燥面积 /m²	质量 /kg
	长	宽	高		
450×300	1780	915	1170	0.9	825
600×600	3505	2055	2285	2.3	3900
900×600	3810	2055	2440	3.5	4200
1200×800	5485	2515	2795	9.3	8300
2500×800	6250	2515	2795	13	9300
2500×1050	6705	2970	3050	17	15500
3000×1050	7215	2970	3050	20.4	17000
3600×1500	7925	4115	4265	35	27000

（3）双鼓干燥机

双鼓干燥机由同一套减速传动装置，经相同模数和齿数的一对啮合的齿轮作用，使两个直径相同的转鼓相对转动。双鼓干燥机多为浸液式或喷溅式进料，其结构如图 5-14 所示，物料可以从不同方向进入干燥机中，由两鼓之间的间隙控制料膜厚度，一般在 0.5～1mm 内；转筒直径比较小，一般在 0.5～1m，长径比为 1.5～2，传动频率接近单鼓干燥机的两倍。负压操作的转鼓干燥机双鼓置于全密闭罩内，结构较复杂，一般应用于价值较高的产品[7]。常压双鼓干燥机规格见表 5-5，负压双鼓干燥机的规格见表 5-6。

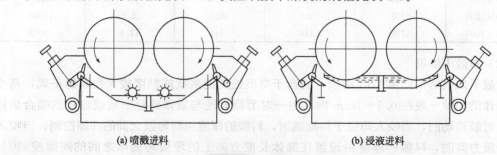

(a) 喷溅进料　　　　　　　　　　　　　(b) 浸液进料

图 5-14 双鼓干燥机

表 5-5 常压双鼓干燥机技术参数[7]

鼓径×鼓长 /mm	设备尺寸/mm			干燥面积 /m²	质量 /kg
	长	宽	高		
450×300	1525	915	1420	0.9	750
600×600	3505	2055	2285	2.3	3850
900×600	3810	2055	2440	3.5	4200
1200×800	4115	2135	2745	4.7	4500
1800×800	5485	2515	2795	9.3	8500
2500×800	6250	2515	2795	13	9500
2500×1050	6705	2970	3050	17	15500
3000×1050	7215	2970	3050	20.4	17000
3600×1500	7925	4145	4265	35	27000

表 5-6 负压双鼓干燥机技术参数[7]

鼓径×鼓长 /mm	设备尺寸/mm			干燥面积 /m²	质量 /kg
	长	宽	高		
300×450	1675	1220	1980	0.9	1650
600×600	3050	2440	2745	2.3	7000
1200×600	3660	2440	2745	4.7	9000
1500×600	4270	2440	2745	5.8	11000
1800×800	4725	2895	3050	9.3	19000
3000×1050	6400	3960	4265	20.4	40000

(4) 多鼓干燥机

多鼓干燥机常应用于干燥带状物，如纺织品、纸张等的干燥，其工作原理和结构与单鼓、双鼓干燥机基本相同，仅转鼓转速较高，可达 30~50r/min。蒸汽压力一般为 0.1~0.3MPa。由于带状物料的干燥还需控制外形，因此转鼓采用滚动轴承，以减少阻力，防止在干燥过程中被拉伸变形。对于纸张等对表面光洁度有一定的要求的物料，转鼓表面要光滑和平整[7]。

转鼓由传动装置驱动，一般为 2~10r/min。布膜到干燥、卸料，一般可在 5~30s 完成。加热介质常采用 0.2~0.6MPa 水蒸气，其温度为 120~150℃[7]。

5.3.1.3 间接加热转鼓干燥机工作原理

以单鼓干燥机为例，其筒体砌在炉内，筒内设置一个同心圆筒，烟道气进入外壳和炉壁之间的环状空间后，穿过连接管进入干燥筒内的中心管，从而实现用烟道气对外壳的加热。如图 5-15 所示。

工作原理：通过转盘边缘推进搅拌器的作用，投入机体的脱水污泥由装在转轴上的圆盘进行搅拌干燥，并使污泥均匀缓慢地通过整个干燥机，装在圆盘上的搅拌翼在将污泥搅拌均匀的同时，使得导热面处于不断更换的状态，提高了蒸发能力；干燥后的污泥通过圆盘的运送机排到机体外部。高温加热蒸汽均匀地通过转轴及各圆盘的内部，机体的夹层中也有蒸汽通过，各圆盘内部蒸汽凝结后的水分，通过转轴内部由凝结水排出口排出。在干化过程中，热蒸汽冷凝在转盘腔的内壁上而形成冷凝水，随后其通过一根管子被导入中心管，最终通过导出槽导出干燥机。污泥在干燥机内部的输送由推进搅拌器实现，为防止污泥黏附在转盘上，在转盘之间装有刮刀，刮刀固定在外壳（转子）上[1]。

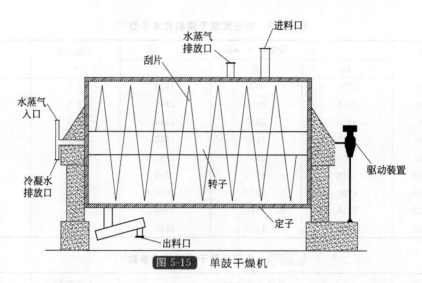

图 5-15 单鼓干燥机

筒壁当与气流接触时被加热，而与污泥接触时被冷却，但由于变化周期较短，故筒壁温度变化幅度很小。此外，由于污泥对筒壁的传导给热系数大于气体对筒壁的对流给热系数，故筒壁温度实际上更接近于污泥温度。加之污泥只有很薄的一层，所以污泥层中心的温度比较稳定，变化极小。

5.3.1.4 转鼓干燥机的结构

转鼓干燥机的结构形式[6]如下。

(1) 热介质进出口旋转接头

其主要部件有空心轴、三通、壳体、端盖、轴承、密封件、波纹管等。旋转接头是将流体介质（导热油、空气、水、蒸汽等）从静止的管道输入到旋转或往复运动设备中的一种连接密封装置。它是一个独立的单体产品，一端与静止的管道连接，另一端与旋转的转鼓连接，介质从管道通过旋转接头进入转鼓内。该产品的优点在于采用机械密封，不需要填料，彻底解决了流体跑、冒、滴、漏等问题；可手动调节，自动补偿，摩擦系数小，使用寿命长，节省能源，减少维修工作量，降低了生产成本，是理想的密封产品。

(2) 转鼓筒体

转鼓结构包括筒体、端盖、轴及轴承，按加热介质不同可分为以下 3 种。

① 用水蒸气作为加热介质的光筒筒体，其结构见图 5-16。

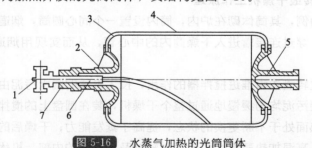

图 5-16 水蒸气加热的光筒筒体

1—进气头；2—主动端轴；3—椭圆形封头；4—筒体；5—从动端轴；6—虹吸管；7—填料函

② 用导热油、热水作为加热介质的带有螺旋导流板夹层结构的筒体，其结构见图 5-17。

③ 特别适合某些膏糊状的物料及需要成型的物料的一种带环形沟槽的筒体，使干燥与造粒相结合，其结构见图 5-18。

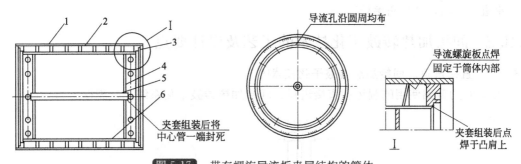

图 5-17 带有螺旋导流板夹层结构的筒体

1—手孔；2—从动端轴；3—封板；4—保温层；5—筒体；6—主动端盖

筒体材质可根据被干燥物料介质的种类及性能分为碳钢、不锈钢、铜等材料。加工方法为铸造和焊接两种。

Ⅰ.铸造转鼓：筒体、端轴均分别由铸件经加工和热处理后组装而成，见图 5-19，这类转鼓筒体壁厚为 15～32mm。具有热容量大、传热稳定、良好的耐磨性和刚性等优点；缺点是质量大，热阻大，导热性差，传热速率低，干燥能力差。目前使用的场合比较少。

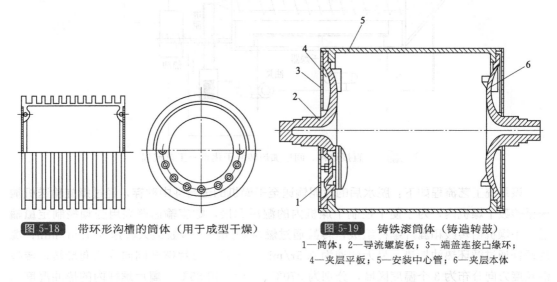

图 5-18 带环形沟槽的筒体（用于成型干燥）

图 5-19 铸铁滚筒体（铸造转鼓）

1—筒体；2—导流螺旋板；3—端盖连接凸缘环；
4—夹层平板；5—安装中心管；6—夹层本体

Ⅱ.焊接转鼓：筒体由具有焊接性能的板材卷焊加工成型，焊接筒体具有壁薄（8～15mm）、导热性好、加工方便、传热性能好、筒体直径与长度范围广、干燥能力强等特点，为各类转鼓干燥机所常用的筒体形式。在筒体卷焊加工过程中，尽量使筒体厚度均匀、椭圆度小，以保证筒壁各部分受热均匀，温差小，同时保持布料装置与布料调控装置与圆筒之间的相对位置恒定不变，防止铺在滚筒上的物料厚度不均匀或物料层不完全，从而产生温度差或部分部位过热等现象，直接影响产品质量。对转鼓干燥机来讲，圆筒加工的好坏，将决定设备的干燥能力及干燥产品的好坏。为了在不同蒸汽压力和进风温度等条件下，转鼓表面不凹曲，需要有较高的制造精度和承压能力，故筒体要按压力容器规范来制造和验收。

（3）刮刀及调节装置

刮刀装置包括刮刀刀片、支撑架、支轴和压力调节器等部件。刮刀装置按传递方式可分为直接式和杠杆式两种形式，按压力调节器作用的传递方式又可分为弹簧式（弹性）和螺杆式（刚性）两种形式。刮刀材料主要考虑耐磨性、耐腐蚀性以及筒体表面的硬度，刀刃刃口保证平直、光洁，并作研磨处理。

5.3.2 间接加热转鼓干化技术的工艺及设计要点

5.3.2.1 直接进料、间接加热转鼓干化技术[8]

图 5-20 为普遍使用的湿污泥直接进料、间接加热转鼓干化系统工艺流程。

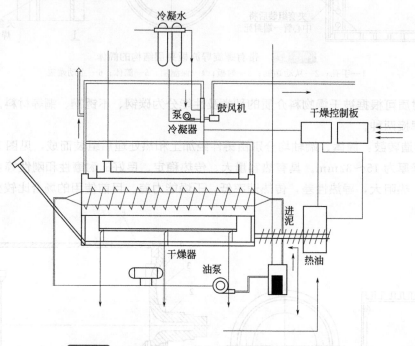

图 5-20 直接进料、间接加热转鼓干化系统工艺流程

该系统工艺流程如下：脱水后的污泥输送至干燥机的进料斗中贮存，经过螺旋输送机输送至转鼓干燥机内，为了便于控制干燥机内的湿污泥量，螺旋输送器采用变频控制定量输送。干燥机由转鼓和翼片螺杆组成，转鼓通过燃烧炉加热，转鼓最大转速为 1.5r/min；翼片螺杆通过循环热油加热，最大转速为 0.5r/min。转鼓和翼片螺杆同向或反向旋转，转鼓沿长度方向分布为 3 个温度区域，分别为 370℃、340℃和 85℃。翼片螺杆内的热油温度为315℃。由于转鼓经风机抽风，其内部为负压，故水汽和尘埃无法外逸。污泥在经转鼓和翼片螺杆推移以及加热过程中被逐渐干化并磨成颗粒状，并在转鼓干燥机后端的低温区经过 S形空气止回阀由污泥螺杆输送机送至贮存仓。而污泥蒸发的水汽通过系统抽风机送至冷凝和洗涤吸附系统进行处理，达到国家排放标准后排入大气中。

间接加热转鼓的干化流程简单，干燥机终端污泥产物为粉末状，且干度可控，由于所需辅助空气少，故尾气处理设备小。但其缺点也较明显，设备占地较大；处理蒸发水量较小，一般小于 3t/h；进泥含水率高时容易黏附在壁上，如果外鼓不转，容易在底部沉积而燃烧；转动部件需要定期维护；需设置单独的热媒加热系统，能耗较高。

5.3.2.2 蒸汽间接加热型三菱污泥干燥机转鼓干化技术[9]

图 5-21 为蒸汽间接加热型三菱污泥干燥机的工作流程，可分为与污泥焚化炉组合使用和直接单独使用两种方式。

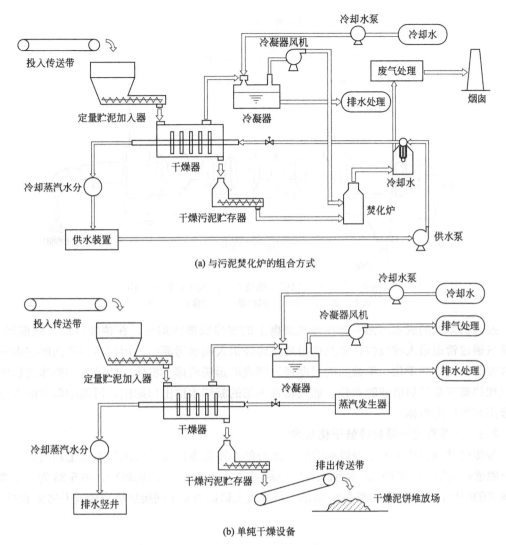

(a) 与污泥焚化炉的组合方式

(b) 单纯干燥设备

图 5-21 蒸汽间接加热型三菱污泥干燥机的工作流程

图 5-21（a）图为干燥机与污泥焚化炉组合在一起的工作流程，脱水污泥经传送带进入定量贮泥加入器中，以一定的流量进入干燥机壳体中，与进入转鼓内的水蒸气进行换热干燥，干燥后的污泥颗粒进入贮存器中，随后进入焚化炉中进行焚烧。干燥机中形成的载气进入冷凝器中，与冷却水泵送来的冷凝水进行传质传热，产生的污水经处理后进行排放，剩余的气体在风机的作用下进入焚化炉中焚烧。水蒸气经干燥机后形成冷凝水经水泵进入某一换热装置中，与焚化炉产生的高温尾气进行换热，再次变成水蒸气进入干燥机中干燥污泥。高温尾气冷却后经废气处理，去除有害物质，经烟囱排入大气中。

图 5-21（b）为单纯干燥机的工作流程，脱水污泥经传送带进入定量贮泥加料器中，以一定的流量进入干燥机壳体中，与进入转鼓内的水蒸气进行换热干燥，干燥后的污泥颗粒进入贮存器中，经传送带排到干燥泥饼堆放场内。水蒸气冷凝形成冷凝水排放到水井中，干燥机形成的载气进入冷凝器中，与冷却水泵送来的冷凝水进行传质传热，产生的污水经处理后进行排放，剩余的气体经风机进行排气处理。

图 5-22 为蒸汽间接加热型三菱污泥干燥机，使用蒸汽对黏稠状污泥进行干燥。

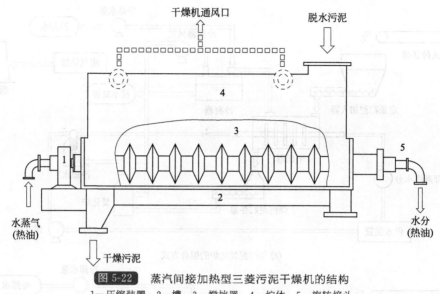

图 5-22   蒸汽间接加热型三菱污泥干燥机的结构

1—压缩装置；2—槽；3—搅拌器；4—炉体；5—旋转接头

投入机体内的脱水污泥由装在转轴圆盘上的搅拌翼搅拌均匀，在转鼓转动下向前运动，水蒸气通过管道进入转鼓内，蒸汽热量通过转鼓进入脱水污泥中，污泥在与蒸汽的逆向移动中吸收热量而不断干化；干燥后的污泥通过圆盘的运送机排出机体。转鼓内和壳体夹层中的高温加热蒸汽凝结后形成的水分，通过转轴内部的凝结水排出口排出，污泥中蒸发的水分通过吸出装置排出机体。

5.3.2.3   三菱真空干燥机转鼓干化技术

液体的沸点会随压力的降低而降低，水分的蒸发也会加速。日本三菱重工利用低压、低沸点原理研制了真空干燥机，特别适合中小规模（1～10t/d）的污泥处理。图 5-23 为三菱真空干燥机的结构，工作流程如图 5-24 所示，从本质上讲仍然属于间接加热型转鼓干化技术[9]。

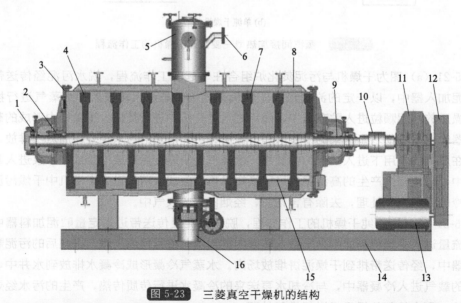

图 5-23   三菱真空干燥机的结构

1—轴承；2—密封件；3—端盖；4—左耙齿；5—加料口；6—抽气口；7—右耙齿；8—干燥机壳体；
9—主轴；10—联轴器；11—减速机；12—皮带轮；13—电机；14—机架；15—敲击棒；16—出料口

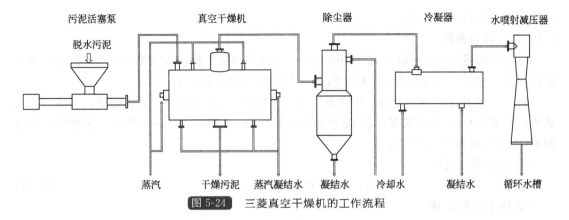

图 5-24　三菱真空干燥机的工作流程

该技术的工艺流程如下：脱水污泥经活塞泵进入真空干燥机，在减压容器内间接加热进行干燥。在干燥机内通过水减压器减压，在 40～50℃ 的温度下蒸发水分。采用将 1d 的处理污泥全部加入，直至干燥机结束后方才取出的蒸发式处理。干燥所使用的蒸汽通过干燥机外壁夹层和搅拌翼，在冷凝器内凝结成水，送回到水处理工序作为循环水再利用。通过水喷射器和冷凝器的水，作为水处理工序的处理水被再利用。

该技术的核心设备为耙式真空干燥机。利用物料中的水分或溶剂等在真空状态下沸点降低的特点来进行干燥为其工作原理。该设备采用蒸汽夹套间接加热的方式，加热介质可选蒸汽、导热油、热水，污泥中的水分受热蒸发并被及时去除。在干燥机壳体内部，耙齿通过传送带带动，耙齿端与轴线设计有一定的夹角，主轴通过正向反向转动使污泥沿轴向移动以利于干燥及出料，壳体内部可设置两根或四根敲击棒，以利于污泥的快速干燥及粉碎。敲击棒选用与壳体等长的空心厚壁不锈钢管，其在壳体内部不断敲击，使污泥不断被粉碎，从而促进干燥过程，提高成品质量。

真空干燥机具有以下特点。

① 轴采用实心设计，其原因在于污泥在干燥过程中形态变化较为复杂，且在干燥过程中变得黏稠，实心轴的良好刚性有助于充分保证主轴两端的真空密封。

② 筒体选用较厚的钢板，正常夹套设计压力为 0.5MPa。

③ 进出料口设计人性化，出料方便、操作简便、出料口底部无存料、出料时装袋方便。

④ 维修方便、运行可靠、干燥速度快。

⑤ 应用广泛，由于耙式真空干燥机利用夹套加热，较高真空排气，故几乎适用于所有不同性质和状态的物料，尤其适用于黏稠状的物料。

⑥ 产品质量好，干燥过程耙齿不断正反转动，被干燥物料搅拌均匀，由于产品粒度细，不需要粉碎操作即可包装。

⑦ 处理每千克成品蒸汽消耗量小。

⑧ 易于操作，劳动强度低，由于物料外溢损失减少，所以改善了环境卫生。

⑨ 该技术的干燥机无法避免底部漏料问题，出料时其底部的物料无法排干净。干燥机清洗不方便，不适用于需经常更换物料的场合。

5.3.3　间接加热转鼓干化技术的平衡计算

该技术之所以被称为间接加热转鼓干化技术，主要体现在湿污泥与加热介质在干燥机中不直接接触，而是通过金属壁进行换热，和列管式换热器的传热方式一样，物料与加热介质之间的传质传热关系如下。

5.3.3.1 物料衡算

由于是间接加热，所以污泥与加热介质之间没有传质现象，所以加热介质的流量、含水率没有发生变化。在物料侧，物料中的部分水分蒸发变为水蒸气。

如图 5-25 所示，流量为 G，含水率为 X_0 的湿物料经干燥机后分为两部分，一部分为水蒸气，流量为 G_1，含水率 X_1（因是水蒸气，所以 $X_1 = 100\%$），另一部分为干物料，流量为 G_2，含水率为 X_2。所以：

① 水分蒸发量 G_1

$$G_1 = G - G_2 = GX_0 - G_2 X_2 \tag{5-24}$$

② 绝干物料量 W

$$W = G(1 - X_0) = G_2(1 - X_2) \tag{5-25}$$

③ 干燥后的产量 G_2

$$G_2 = G - G_1 = \frac{G(1 - X_0)}{1 - X_2} \tag{5-26}$$

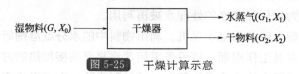

湿物料(G, X_0) → 干燥器 → 水蒸气(G_1, X_1) / 干物料(G_2, X_2)

图 5-25 干燥计算示意

5.3.3.2 能量衡算

间接加热转鼓干燥机的传热类似于管壳式换热器的换热，可借鉴管壳式换热器的传热计算公式来推导转鼓干燥机的传热公式[10]。

物料与加热介质之间采用逆流的形式进行换热，其相关参数如图 5-26 所示。

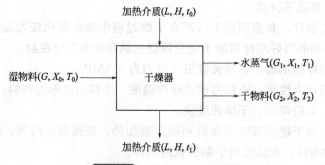

加热介质(L, H, t_0)

湿物料(G, X_0, T_0) → 干燥器 → 水蒸气(G_1, X_1, T_1) / 干物料(G_2, X_2, T_2)

加热介质(L, H, t_1)

图 5-26 干燥机传热示意

（1）热平衡方程式

热平衡方程式是反映设备内被加热介质的吸热量与加热介质的放热量之间的关系式，设定设备的热散失系数为 1，计算时不考虑散热损失，则被加热介质的吸热量与加热介质的放热量相等，所以热平衡方程式为：

$$Q = Lc_{p0}(t_1 - t_0) = G_1 c_{p1}(T_1 - T_0) + G_2 c_p(T_2 - T_0) + G_1 \gamma \tag{5-27}$$

其中：$c_p = c_{p1}X_2 + c_{p2}(1 - X_2)$

式中，L 为加热介质的流量，kg/s；c_{p0} 为加热介质的定压比热容，kcal/(kg·℃)；t_0 为加热介质的进口温度，℃；t_1 为加热介质的出口温度，℃；G_1 为水蒸气的流量，kg/s；

c_{p1}为水蒸气的定压比热容，kcal/(kg·℃)；T_1为水蒸气的出口温度，℃；T_2为物料的进口温度，℃；G_2为出口处物料的流量，kg/s；c_p为出口处物料的定压比热容，kcal/(kg·℃)；c_{p2}为绝干物料的定压比热容，kcal/(kg·℃)；X_2为出口物料的含水率，%；γ为水的汽化潜热，J/kg。

（2）传热系数

间接加热转鼓干化技术的传热方式与管壳式换热器的传热方式类似，其传热系数的计算公式如下：

$$K = \frac{1}{\frac{1}{\alpha_1} + R_1 + \frac{\delta}{\lambda} + R_2 + \frac{1}{\alpha_2}} \tag{5-28}$$

式中，α_1为加热介质的热导率，W/(m²·K)；α_2为物料的热导率，W/(m²·K)；R_1为加热介质的污垢热阻，m²·K/W；R_2为物料的污垢热阻，m²·K/W；δ为管的厚度，m；λ为管的热导率，W/(m²·K)。

对于加热介质和物料的热导率α_1、α_2的计算公式，我们做如下假设：a. 雷诺数$Re >$ 10000，即流体是充分湍流的；b. $0.7 < Pr < 160$（一般流体皆可满足，不适用于液体金属）；c. 流体是低黏度的（不大于水黏度的2倍）；d. $l/d > 30 \sim 40$，即进口段只占总长的很小一部分，而管内流动是充分的。

基于上面的假设，我们可推导出热导率的计算公式如下：

$$Nu = 0.023Re^{0.8}Pr^b \tag{5-29}$$

或

$$\alpha = 0.023 \frac{\lambda}{d} \left(\frac{\rho du}{\mu}\right)^{0.8} \left(\frac{c_p \mu}{\lambda}\right)^b \tag{5-30}$$

其中：当流体被加热时，$b = 0.4$；当流体被冷却时，$b = 0.3$。

式中，λ为流体热导率，W/(m·℃)；d为管内径，m；ρ为流体密度，kg/m³；u为流体流速，m/s；μ为流体黏度，N·s/m²；c_p为流体比热容，J/(kg·℃)。

5.3.3.3 传动装置功率

转鼓干燥的传递功率主要由刮刀作用在筒体上的阻力、进气头密封装置阻力以及轴承阻力所决定。一般对成膜过程中的物料黏滞阻力可忽略不计。对双滚筒或多滚筒干燥机，均由主动滚筒经相对啮合的齿轮传递功率，只设一套传动装置。驱动功率的计算可按以下状况分别确定，并以此为依据，确定电机功率[6]。

辅助装置单独转动时的转鼓驱动功率N_1(kW)

$$N_1 = \frac{M_4 M_0 M_3}{9550 \times 10^3} \times n \tag{5-31}$$

式中，M_4为刮刀装置的阻力矩，N·mm；M_0为填料函的摩擦阻力矩，N·mm；M_3为轴承阻力矩，N·mm。

辅助装置由滚筒主动轴承传递功率时的滚筒驱动功率N_1(kW)

$$N_1 = \frac{n(M_4 + M_0 + M_3)}{9550 \times 10^3} + \frac{N_G}{\eta_G} + \frac{N_S}{\eta_S} \tag{5-32}$$

式中，N_G为搅拌器或喷溅器的轴功率，kW；N_S为螺旋输送轴的消耗功率，kW；η_G为搅拌器或喷溅器的效率，%，一般为80%～90%；η_S为螺旋输送轴的效率，%，一般为80%～90%。

滚筒驱动功率的经验估算方法。在进行滚筒干燥机结构设计之前，可按照下列公式进行估算。

$$N_1 = 0.735 mDL_y n_4 \alpha \tag{5-33}$$

式中，m 为滚筒数量；D 为滚筒外径，mm；L_y 为滚筒长度，mm；n_4 为滚筒转速，r/min；α 为比例系数，一般为 0.15～0.35。

双滚筒干燥机并带有螺旋输送装置时，主动滚筒的驱动轴功率 N_1（kW）

$$N_1 = \left(N_A + \frac{N_{SA}}{\eta_{SA}}\right) + \left(\frac{N_B}{\eta_B} + \frac{N_{SB}}{\eta_{SB}}\right) \tag{5-34}$$

式中，N_A 为主动滚筒（由刮刀、填料函和轴承阻力矩构成）所消耗的功率，kW；N_{SA} 为主动滚筒相对应的螺旋输送器的轴功率，kW；N_B 为从动滚筒所消耗的轴功率，可按式（5-24）计算，kW；N_{SB} 为从动滚筒相对应的螺旋输送器的轴功率，kW；η_{SA} 为主动滚筒相对应的螺旋输送器的传动功率，kW；η_B 为主动滚筒和从动滚筒相对啮合齿轮的传动效率，%；η_{SB} 为从动滚筒相对应的螺旋输送器的传动功率，kW。

电机功率 N_D，在确定滚筒功率（N_1）后可按下式计算：

$$N_D = \frac{KN_1}{\eta_\varepsilon} \tag{5-35}$$

式中，K 为电机功率贮备系数，可取 $K = 1.5 \sim 2$；η_ε 为滚筒干燥机的传动装置总传动效率，%。

5.3.3.4 其他计算

（1）料膜厚度

转鼓干燥实际生产中湿物料的料膜厚度可由物料衡算求得，其计算公式如下

$$\delta = \frac{G_1}{60\rho An} \tag{5-36}$$

式中，δ 为湿物料成膜时的膜厚，m；G_1 为物料处理量，kg/h；ρ 为物料密度，kg/m³；A 为有效干燥面积，m²；n 为转鼓转速，r/min。

（2）有效干燥面积

按照转鼓的旋转方向，转鼓离开物料后，转鼓干燥开始，这时物料在转鼓上开始布膜，直至刮刀点的位置，转鼓旋转了 θ 角，转鼓在 θ 角范围内的面积为转鼓优先干燥面积 A，在其余的（360°－θ）浸液范围内，转鼓处于被加热介质加热的状态，所以此段范围内的物料属于预热段[6]。

故而有效干燥面积可由下式求得：

$$A = \frac{\pi dL\theta}{360} \tag{5-37}$$

式中，d 为转鼓外径，m；L 为转鼓上料膜的实际宽度，m；θ 为料膜自离开物料至刮料点的弧中心角，(°)。

（3）平均干燥速率

对于干燥速率在 6～15kg/(m²·h) 内的带状物料或湿织物，可由以下经验式求得

$$R_{av} = 0.053\sqrt{u\rho}(t_d - t_w) \tag{5-38}$$

式中，R_{av} 为 θ 范围内平均干燥速率，kg/(m²·h)；u 为环境空气气流速度，m/s；ρ 为环境空气密度，kg/m³；t_d 为环境空气干球温度，K；t_w 为环境空气湿球温度，K。

对于液态物料，可按下列经验式计算

$$R_{\mathrm{av}} = 4.075 \times 10^{-3} u^{0.6} \Delta p \qquad (5\text{-}39)$$

式中，Δp 为料膜表面蒸汽压和环境中湿分蒸汽压差，Pa。

5.3.4 间接加热转鼓干化技术的经济性分析

间接加热转鼓干化技术既适用于污泥半干化工艺，又适用于污泥全干化工艺。

就该技术的核心装置间接转鼓式干燥机来说，设备处理能力大、燃料消耗少、干燥成本低。干燥机具有耐高温的特点，能够使用高温热风对物料进行快速干燥。可扩展能力强，设计考虑了生产余量，即使产量小幅度增加，也无需更换设备。设备采用调心式拖轮结构，拖轮与滚圈的配合好，降低了磨损及动力消耗；专门设计的挡轮结构，降低了由于设备倾斜工作所带来的水平推力；抗过载能力强，筒体运行平稳，可靠性高。

间接加热转鼓式干燥机水分蒸发能力一般为 $30 \sim 80 \mathrm{kg/(m^3 \cdot h)}$；随加热介质温度的提高而提高，并随物料的水分性质而变化。它比闪急干燥、喷雾干燥的蒸发强度高。热效率一般在 $40\% \sim 70\%$。其具备以下特点[1]。

(1) 热效率高

由于干燥机传热方式为热传导，传热方向在整个传热周期中基本保持一致，所以，滚筒内供给的热量，大部分用于污泥的湿分汽化，热效率达 $80\% \sim 90\%$。

(2) 干燥速率大

筒壁上污泥的传热和传质过程，由里至外，方向一致，温度梯度较大，使污泥表面保持较高的蒸发强度，一般可达 $30 \sim 70 \mathrm{kg/(m^2 \cdot h)}$，因而污泥的干燥速率比较大。

(3) 产品的干燥质量稳定

由于供热方式便于控制，筒内温度和间壁的传热速率相对稳定，使料膜在相对稳定的传热状态下干燥，产品的质量可保证。

(4) 热源种类多

热源可为导热油，也可为蒸汽和高温烟气，当热量需求比较小时，还可以用热水作为热源。以蒸汽作为导热介质，饱和蒸汽一般是用 $(4 \sim 11) \times 10^2 \mathrm{kPa}$ 的饱和蒸汽；采用导热油作为导热介质时，进油温度介于 $180 \sim 220 ℃$，出油温度要低于 $40 ℃$ 左右。

(5) 其他

半干化（干化后干固体含量小于 50%）时，干污泥无需回流。尾气可直接冷凝而无需除尘。半干化干燥机一般都与焚烧炉结合，因可达到能量的自给自足，无需添加辅助热源，从而降低运行费用。干燥机内污泥载荷大，便于控制。

干燥机在负压（$-400 \sim -200 \mathrm{Pa}$）状态下运行，避免了尾气泄漏，部分尾气循环利用，降低了尾气处理成本；设备设计紧凑，传热面积大，设备占地面积与厂房空间和其他干燥机相比为最小；维修少，持续运行性好，可昼夜连续运转，保证每年运行 8000h。

间接加热转鼓式干燥机的缺点是由于滚筒的表面温度较高，因而对一些制品会因过热致变或呈不正常的颜色。

5.4 流化床干燥技术

5.4.1 流化床干燥机的工作原理和基本结构

干燥操作在化工、食品、造纸和医药等许多工业领域都有应用。借助于固体的流态化来实现某种处理过程的技术称为流态化技术。流态化技术已广泛应用于固体颗粒物料的干燥、混合、煅烧、输送以及催化反应过程中。目前绝大多数工业应用都是气-固流化系统。流化干燥就是流态化技术在干燥上的应用[11]。

5.4.1.1　流化床干燥技术的基本概念

（1）流化现象

在一个干燥设备中，将颗粒物料堆放在分布板上，气体由设备下部通入床层，当气流速度增大到某种程度时，固体颗粒在床层内就会出现沸腾状态，这种床层就称为流化床，而采用这种方法完成的干燥过程称为流化床干燥。根据床层的几何尺寸、固体颗粒物料特性以及气流速度等因素的不同，流化可存在三种阶段。

1）第一阶段——固定床　当流体速度较低时，在床层中的固体颗粒虽与流体相接触，但颗粒间的相对位置不发生变化，这时固体颗粒的状态称为固定床。若对流体通过床层的总压力损失 ΔP 测定，对流体空塔速度 v_0（v_0 为体积流量除以空床横截面积）在双对数坐标纸上进行标绘，则 ΔP 和 v_0 之间的关系如图 5-27 所示的 AB 段那样，ΔP 随 v_0 上升，成一倾斜直线的关系。

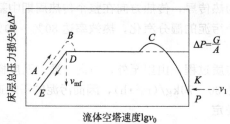

图 5-27　流体通过固体颗粒层 ΔP 和 v_0 之间的关系

2）第二阶段——流化床　当处于固定床阶段的流体流速继续增加，达到 B 点并超过 B 点以后，各固体颗粒之间就会产生位置移动，若流体速度还继续增加，而床层的压力损失保持不变，固体颗粒在床层中就会发生不规则运动，此时床层就处于流态化，即为流化床。固体颗粒运动的剧烈程度随着流体流速的增加而增加，在流速的一定范围内，固体颗粒仍停留在床层内而不被流体所带走。如图 5-28 所示它是不定型的，能随着容器的形状而改变，具有液体的流动性。在固体颗粒物料的特性、床层的几何尺寸和流速一定时，则该系统有确定的性质，如密度、导热性、比热容和黏度。而随流速的增大，床层的高度和空隙率也随之增大，但流体通过床层的压力损失 ΔP 的大小却与床层中固体颗粒的质量保持相当，基本上不随流速的增大而发生变化，这时在床层中能保持一个能见到的固体颗粒界面。

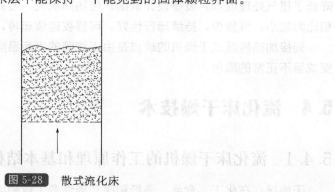

图 5-28　散式流化床

固体颗粒在床层中开始蠕动，刚刚出现流化的一点（即图 5-28 中的 B 点）称为临界流化点。而 B 点是 ΔP 和 v_0 关系的转折点，若再提高流速，其压力损失基本上保持一定值 ΔP_{mf}，直到 C 点。

若从流化状态开始降低流体流速，直到 D 点，床层就会转变为固定床。D 点和 B 点的差别甚小，这是由于经过流态化后，固体颗粒重新排列而较为疏松。若继续降低流体流速，则遵循 DE 线的关系而变化。故通常把对应于 D 点的流速称为临界流速 v_{mf}。从工程上应用方便起见，可认为 D 点同 B 点是重合的。而 DC 是相当宽的流速范围，在这一范围内，固体颗粒在床层总是保持着流化状态，当然，流体与固体颗粒运动的剧烈程度是随流速的大小而不同。流化床与固定床阶段相比，床层明显地膨胀。常以空隙率 ε 表示床层膨胀程度。

$$\varepsilon = \frac{床层体积 - 固体颗粒实际占有的体积}{床层体积} = \frac{V - V_s}{V} \tag{5-40}$$

式中，ε 的值小于 1。

流体流速由固定床阶段到临界流化的流速 v_{mf}，其床层的空隙率保持在 ε_{mf}，而 ε_{mf} 值随固体颗粒的粒度、形状而不同，一般 $\varepsilon_{mf} = 0.4 \sim 0.7$；但在流化床阶段，其 $\varepsilon > \varepsilon_{mf}$。以在床层内固体颗粒实际所占的空间为换算基准，可得床层膨胀与空隙率之间的关系：

$$H_{mf}A(1 - \varepsilon_{mf}) = HA(1 - \varepsilon) \tag{5-41}$$

式中，H_{mf} 为临界流化及流化后的床层高度，m；A 为空床的横截面积，m^2。

则

$$\frac{H_{mf}}{H} = \frac{1 - \varepsilon}{1 - \varepsilon_{mf}}$$

$$\varepsilon = 1 - \frac{H_{mf}}{H}(1 - \varepsilon_{mf}) \tag{5-42}$$

床层在流化阶段，固体颗粒处于浮动状态，这是造成流体通过床层阻力的主要原因。

所以，流体通过床层的压力损失等于床层横截面上单位面积所承受的固体颗粒的平均质量。

床层在流化阶段，固体颗粒处于浮动状态，这是造成流体通过床层阻力的主要原因。所以，流体通过床层的压力损失等于床层横截面上单位面积所承受的固体颗粒的平均质量。

即：

$$\Delta P = \frac{m}{A} \tag{5-43}$$

而

$$m = H_{mf}A(1 - \varepsilon)(\rho_s - \rho_g)g$$

式中，ρ_s、ρ_g 为固体颗粒及干燥气体的密度。

则

$$\Delta P = H_{mf}(1 - \varepsilon)(\rho_s - \rho_g)g \tag{5-44}$$

式中，m 为床层内固体颗粒的总质量，kg。

由式（5-43）中可以看出，ΔP 与气流速度无关。但图 5-27 中，DC 段并非一条平行于 $\lg v_0$ 坐标的平行线，而是一条倾斜线，这说明当气流速度相当高时，其 ΔP 略大于 m/A。其原因是流速增高后，可使固体颗粒相互间的碰撞、摩擦加剧，因而消耗了更多的能量，同时流体与器壁的摩擦阻力也相应略有增加。但略的增高是有限的，从工程上计算方便起见，可把 DC 段看作一条水平直线。

3）第三阶段——气流输送　在流化床内，若流速超过了图 5-28 中的 C 点，即流体流速大于固体颗粒的沉降速度 v，此时固体颗粒就会被气流带出容器，而不能继续停留在容器内，这就是第三阶段——气流输送。从分布板上方直到流体出口处，整个容器充满着固体颗粒，它们相互间的碰撞和摩擦较小，而是以一个向上的净速度运动。床层也失去了界面，而床层的迅速下降，ε 增大，床层内的固体颗粒密度降低，此状态也称为稀相流化床。

（2）散式流态化和聚式流态化

可用 F_r 加以区分：

$F_r < 1$ 为散式流态化；$F_r > 1$ 为聚式流态化。

$$F_r = -\frac{v_0^2}{g d_p} \tag{5-45}$$

式中，v_0 为流化床内流体空塔速度，m/s；d_p 为固体颗粒的平均直径，m；g 为重力加速度，m/s^2。

1）散式流态化　较理想的流态化表现为固体颗粒在床层内均匀分散、平稳沸腾。此类流态化在液-固系统中常见，在气-固系统中，当流速超过临界流速 v_{mf} 或接近沉降速度 v_t 时，同样也会出现散式流态化。图 5-28 为散式流化床。

2）聚式流态化　固体颗粒不以单个的形式出现，而以颗粒团形式出现，识别不出颗粒的平均自由行程，此为聚式流化床。这时流体常以气泡的形式通过床层并上升，气泡在上升过程中慢慢长大、合并或有少数破裂现象，最后到达床层界面时会发生破裂，床层压力损失波动，从外观上看床层好像沸腾的液体。当在气泡中夹带有少量固体颗粒时，称为气泡相，气泡相中平均含有 0.2%～1% 的固体颗粒。而当气泡周围存在大量固体颗粒时，则称为乳化相。

气泡相和乳化相组成不均匀的聚式流化床（图 5-29）。一般，固体颗粒和流体密度相差较大的流化系统多趋于聚式流态化；反之，固体颗粒和流体密度相差较小的流化系统多趋于散式流态化。在流化床干燥机中，由于干燥介质的流体密度较小（如热空气、烟道气、惰性气体），其固体颗粒密度和流体密度相差较大，故在流化床干燥中所遇到的流化状态大都是聚式流态化。

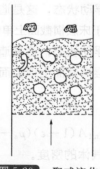

图 5-29　聚式流化床

气泡本身的上升速度 v_{br} 和固体颗粒的沉降速度 v_t 相比较，可得出气泡的稳定性条件：$v_{br} < v_t$，稳定气泡；$v_{br} = v_t$，稳定气泡的最大尺寸；$v_{br} > v_t$，不稳定气泡，易破裂。

（3）聚式流化床中常见的几种不正常现象

1）沟流　在流体通入固定床层时，由于各种原因导致流体在床层中分布不均匀，在床层的局部地方产生了短路，使相当多的流体通过短路流过床层，此时即使通过床层的气流速度大于临界速度，床层却也不会发生流化，见图 5-30。在流化床干燥机中若产生沟流，会使干燥介质与被干燥的污泥接触不良，从而降低干燥效率。若要使其发生流化，流体流速就必须比临界速度大很多，才能使料层"开锁"。此"开锁"点即为图 5-31 中的 K 点，此时床层开始沸腾流化，床层压力突然下降，即由 K 点降到 C 点。此后压力损失可能随着流速的增加而出现回升，但达不到理论的压力损失值。

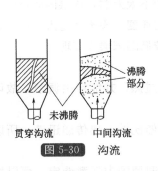

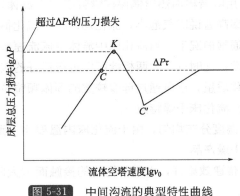

| 图 5-30 | 沟流 | 图 5-31 | 中间沟流的典型特性曲线 |

产生沟流的原因一般有：a. 物料潮湿，易结块，在床层中料层厚薄不均匀，从而在床层薄、结块少的局部产生沟槽；b. 料层颗粒度的分布不均，其中细小颗粒含量过高，且流体流速较低；c. 由于气体分布板设计不合理或孔板上的开孔数较少，故气体分布不均匀。

欲消除沟流现象，一般必须增加流速或改善分布板设计，而且污泥不能太湿，必要时可在床层内加设搅拌装置。在工艺操作上，可以采用先送气后加料的方式。

2）腾涌　在流化床内固体颗粒大小分布不均匀、气体通过分布板不均匀、流化床的高度与直径比值较大等因素，会使床层内的气泡汇合长大，直至气泡直径大到接近于床层内径时，由于气速较大，固体颗粒在床内就会形成活塞状向上运动，当气泡在密相界面上破裂时，颗粒会被向上抛出很高，小颗粒被气流所夹带，然后较大的颗粒纷纷落下，如此往复循环，就会使固体颗粒与干燥介质流体接触不良，干燥效率降低，这种现象即称为腾涌，见图5-32。

在流化床干燥中，腾涌会使床层受到较大的冲击，从而损坏床内构件。而且腾涌常会使污泥固体颗粒加剧磨损，大量的污泥细粉被气流带出，需要避免腾涌现象的产生。而要避免腾涌现象，可将流化床干燥机的高度适当地加高，直径适当地加大，并且使 $H/L<1$，必要时可在床层内加设挡板或挡网等内部构件，以破坏腾涌的产生。

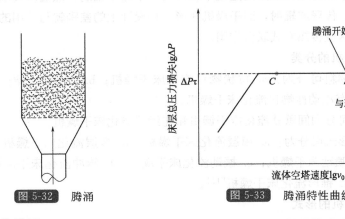

| 图 5-32 | 腾涌 | 图 5-33 | 腾涌特性曲线 |

（4）流化质量

在气-固两相的流化床干燥机中如图 5-33 所示，流化质量的好坏可从以下几个方面进行鉴别。

① 流化质量好时，床层压力损失波动一般小于±3％。若压力损失波动超过±10％，则是不正常流化。

② 流化质量好时，床层温度（轴向、径向）分布均匀，温差一般小于2℃。

③ 用听音棒沿热电偶保护管听床层内流体及固体颗粒流动的声音或用仪器测定起泡频率，频率高者说明气泡小，流化均匀。当流化很差时，设备和支架会出现明显的振动。

在通常情况下，当流化床中流体空床流速超过临界流速不太大时，床层内可产生较为剧烈的搅动，此时气、固两相就可以进行良好的接触，故流化速度一般不宜过大。此外，为了改善流化质量，还可通过选取较宽的固体颗粒粒度范围和较低的床层来实现。

（5）流化床干燥特点

① 温度分布均匀，由于流化床内温度均一避免了局部过热，并能自由调节，故可得到均匀的干燥产品。

② 传递效果好，由于与物料的接触面积大同时物料不停搅拌，热传递迅速，所以处理能力大。

③ 停留时间可调节，由于滞留时间可在几分钟到几小时范围内任意选定，可以按需调节，控制物料的含水率。

④ 处理容易，因流化床具有相似于液体的状态和作用，所以处理容易，物料输送简单。

⑤ 设备结构简单，便于制造和维修，并易于根据工程实际进行放大。

⑥ 在同一设备内，既可进行连续生产操作，又可进行间歇生产操作。

5.4.1.2　流化床干燥技术的原理

湿分以松散的化学结合或以液态溶液存在于固体中或积集在固体的毛细微结构中。而干燥过程就是将热量加于湿物料并排除其挥发湿分（一般是水），从而获得一定湿含量固体产品的过程。

对湿物料进行热力干燥时会发生两个过程。

过程一：能量（一般为热量）从周围环境传递至物料表面使湿分蒸发。

过程二：内部湿分传递到物料表面，随后通过过程一而蒸发。

干燥时，以上两个过程相继发生，并先后控制干燥速率。在大多数情况下，热量先传到湿物料表面，然后传入物料内部，但是介电、射频或微波干燥时供应的能量在物料内部产生热量后传至外表面。干燥速率由以上两过程中较慢的一个速率控制。热量从周围环境传递到湿物料的方式有对流、传导或辐射，而干燥机在形式和设计上的差别就与采用的传热方法有关。在某些情况下由这些传热方式联合作用。

5.4.1.3　流化床干燥机的分类

（1）按被干燥的物料可分为：a. 粒状物料流化床干燥机；b. 膏状物料流化床干燥机；c. 悬浮液和溶液等具有流动性物料流化床干燥机。

（2）按操作情况可分为间歇式流化床干燥机和连续式流化床干燥机。

（3）按设备结构形式可分为：a. 单层流化床干燥机；b. 多层流化床干燥机；c. 卧式多室流化床干燥机；d. 喷动床干燥机；e. 振动流化床干燥机；f. 脉冲流化床干燥机；g. 惰性粒子流化床干燥机；h. 锥形流化床干燥机[11]。

5.4.1.4　流化床干燥机的形式

（1）单层圆筒流化床干燥机

单层圆筒流化床干燥机工艺流程如图 5-34 所示，其工艺流程为湿物料由皮胶带输送机送到抛料机的加料斗上，再经抛料机送入流化床干燥机内。空气经过过滤器由鼓风机送入空气加热器，加热后的热空气进入流化床底部分布板，干燥物料。干燥后的物料经溢流口由卸料管排出。干燥后空气夹带的粉尘经旋风除尘器分离后，由引风机排出。

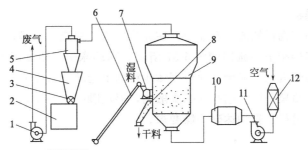

图 5-34 单层圆筒流化床干燥机工艺流程

1—引风机；2—料仓；3—卸料器；4—积灰斗；5—除尘器；6—给料皮带；7—抛料机；
8—卸料器；9—流化床；10—加热器；11—鼓风机；12—过滤器

（2）多层流化床干燥机

如图 5-35 所示为多层流化床干燥机的工艺流程。湿料由料斗送入气流输送干燥机上部，由上溢流而下，干燥后的合格产品由出料管卸出。空气经过滤器，由鼓风机送入电加热器，加热后从干燥机底部进入，将湿料沸腾干燥。为了提高利用率，可将部分气体循环使用。多层流化床干燥机，各层气体分布板用自动液压翻板式结构。这种结构的特点是先从流化床干燥机最下层气体分布板通过自动液压翻板卸下干燥度合格的物料后，恢复气体分布板至原状，再逐层通过翻板卸下物料，直至最上层气体分布板翻下物料恢复原状后，再加入新的湿物料进行下一次的干燥循环。在正常生产情况下，每一次的干燥循环周期可按照预先规定的时间进行，其优点是可以完全保证物料干燥度的要求。

（3）卧式多室流化床干燥机

如图 5-36 所示为卧式多室流化床干燥机的工艺流程。

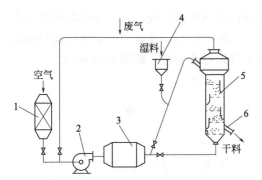

图 5-35 多层流化床干燥机工艺流程

1—过滤器；2—鼓风机；3—加热器；
4—料斗；5—流化床；6—卸料口

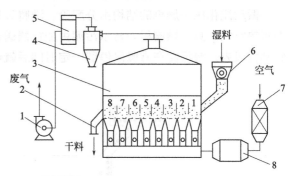

图 5-36 卧式多室流化床干燥机工艺流程

1—抽风机；2—卸料管；3—干燥机；4—旋风除尘器；
5—袋式除尘器；6—摇摆颗粒机；
7—空气过滤器；8—加热器

干燥机为一长方形箱式流化床，底部为多孔筛板，筛板的开孔率一般为 4%～13%，孔径为 1.5～2mm。筛板上方设置有竖向挡板，每块挡板可上下移动，以调节其与筛板的间距。竖向挡板将流化床分隔成 8 个小室，每一小室的下部有一进气支管，支管上有调节气体流量的阀门。湿物料由摇摆颗粒机连续加料于干燥机的第 1 室内，再由第 1 室逐渐向第 8 室移动。最后干燥后的物料从第 8 室卸料口卸出。而空气经过滤器到加热器加热后，分别从 8个支管进入 8 个室的下部，通过多孔板进入干燥室，流化干燥物料。其废气由干燥机顶部排出，经旋风除尘器、袋式除尘器，由抽风机排到大气。

（4）喷动床干燥机

由于颗粒和易黏结物料的流化性能差，在流化床内不易流化干燥，故对其的干燥可采用喷动床干燥机，其结构和干燥流程如图5-37所示。喷动床干燥机底部为圆锥形，上部为圆筒形。高速气体从锥底进入，夹带一部分固体颗粒向上运动，从而形成中心通道。最后颗粒从床层顶部中心好似喷泉一样喷出并向四周散落，沿周围向下移动，到锥底又被上升气流喷射上去，此过程循环进行，直到达到干燥要求。

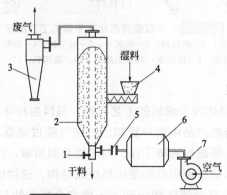

图 5-37 喷动床干燥机工艺流程

1—放料阀；2—喷动床；3—旋风分离器；4—加料器；5—蝶阀；6—加热炉；7—鼓风机

（5）振动流化床干燥机

振动流化床干燥机是近年来发展的新设备，适合于干燥颗粒太粗或太细的易黏结而不易流化的物料。此外还对于有特殊要求的物料干燥（如砂糖干燥要求晶形完整、晶体光亮、颗粒大小均匀）也可以采用此种干燥机。

振动流化床干燥机的结构由分配段、沸腾段和筛选段三部分组成，分配段和筛选段下面都有热空气。其干燥流程为含水污泥由加料器送进分配段，由于平板振动，使物料均匀地加到沸腾段去。湿污泥在沸腾段停留一定时间后就可干燥至符合要求，如图5-38所示。

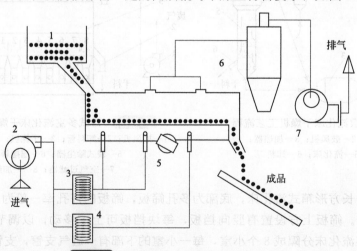

图 5-38 振动流化床干燥机的结构和流程

1—湿料仓；2—送风机；3—加热器；4—除湿器；5—振动电机；6—除尘器；7—引风机

（6）脉冲流化床干燥机

针对不易流化的或有特殊干燥要求的物料，也可采用脉冲流化床干燥机，其结构和流程如图 5-39 所示。

在脉冲流化床干燥机下部均布几根热风进口管，每根管上又装有快开阀门，这些阀门按一定的频率和次序进行开关。进行脉冲流化干燥时，气体突然进入时产生脉冲，此脉冲很快在颗粒间传递能量，随着气体的进入，继而在短时间内达到剧烈的沸腾状态，使气体和物料进行强烈的传热传质。此沸腾状态在床内扩散，并向上运动。当阀门很快关闭后，沸腾状态在同一方向逐渐消失，物料又恢复固定状态，如此循环往复。快开阀门开启时间的长短，与床层的物料厚度和物料特性有关，一般为 0.08~0.2s。而阀门关闭时间的长短应能保证放入的那部分气体完全通过整个床层，物料处于静止状态，颗粒间密切接触，以使下一次脉冲能在床层中有效地传递。进风管最好按圆周方向排列 5 根，其顺序按 1、3、5、2、4 方式轮流开启。这样，每一次进风点都可与上一次进风点拉开较远距离。脉冲流化床干燥机每次可装料 1000kg，间歇操作，既可将物料干燥成粒度超过 4mm 的干燥物料，也可以干燥成粒度小于 10μm 的细粉。

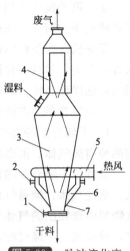

图 5-39 脉冲流化床干燥机的结构和流程
1—插板阀；2—快开阀门；3—干燥室；4—过滤器；5—环状总层管；6—进风管；7—导向板

为了适应工艺要求，还有许多形式的流化床干燥机。诸如惰性粒子流化床干燥机可以将溶液、悬浮液或膏糊状物料干燥；振动流化床干燥机、脉冲式流化床干燥机适用于处理不易流动以及有特殊要求（如保持晶形完整，晶体闪光度好）的物料；新开发的高湿物料的低温干燥，可采用内热构件流化床干燥机；离心流化床干燥机除去表面水分的干燥速率是传统流化床干燥机的 10~30 倍，对于被干燥物料的粒度、含湿量及表面黏结性的适应能力很强。

5.4.2　流化床干化技术工艺及设计要点

干燥机的设计是在设备选型和确定工艺条件基础上，进行设备工艺尺寸计算及其结构设计。不同物料、不同操作条件、不同型式的干燥机中气固两相的接触方式差别很大，对流传热系数 α 及传质系数 k 不相同，目前还没有通用的求算 α 和 k 的关联式，干燥机的设计仍然大多采用经验或半经验方法进行。

（1）确定设计方案

包括干燥方法及干燥机结构型式的选择、干燥装置流程及操作条件的确定。确定设计方案时应遵循如下原则。

① 满足生产工艺的要求并且要有一定的适应性，保证产品质量能达到规定的要求，且质量稳定。装置系统能在一定程度上适应不同季节空气湿度、原料含湿量、颗粒粒度的变化。

② 经济上的合理性，使得设备费与操作费总费用降低。

③ 安全生产，注意保护劳动环境，防止粉尘污染。

（2）干燥机主体设计

包括工艺计算、设备尺寸设计。

（3）辅助设备的计算与选型

各种结构型式的流化床干燥机的设计步骤和方法基本相同。

（4）流化床干燥机干燥条件的确定

干燥机的设计依据是物料衡算、热量衡算、速率关系和平衡关系四个基本方程。设计的基本原则是物料在干燥机内的停留时间必须等于或稍大于所需的干燥时间。

干燥机操作条件的确定与许多因素（如干燥机的形式、物料的特性及干燥过程的工艺要求等）有关，并且各种操作条件之间又是相互关联的，应予以综合考虑。有利于强化干燥过程的最佳操作条件，通常由试验测定。

干燥操作条件的选择原则如下。

1）干燥介质的选择　干燥介质的选择，决定于干燥过程的工艺及可利用的热源，基本的热源有热气体、液态或气态的燃料以及电能。

此外，干燥介质的选择还应考虑其经济性及来源。在对流干燥中，干燥介质可采用空气、惰性气体、烟道气和过热蒸汽。热空气是最廉价易得的热源，但对某些易氧化的物料或从物料中蒸发出的气体易燃、易爆时，则需采用惰性气体作为干燥介质。由于烟道气温度高，故可强化干燥过程，缩短干燥时间，适用于高温干燥，但是被干燥的物料需要满足不怕污染且不与烟气中的 SO_2 和 CO_2 等气体发生作用的要求。

2）流动方式的选择　气体和物料在干燥机中的流动方式一般可分为并流、逆流和错流。

并流方式中，物料的移动方向与介质流动方向相同。物料一进入干燥机就与高温、低湿的热气体接触，传热、传质推动力都较大，干燥速率也较大。但沿着干燥机内物料的移动方向，干燥推动力下降，干燥速率降低。由于并流时前期干燥速率较大，而后期干燥速率较小，难以获得含水量很低的产品，因此适用于当物料含水量较高时允许进行快速干燥而不产生龟裂或焦化，或干燥后期不耐高温即干燥产品易变色、氧化或分解的情况。

逆流方式中，物料移动方向和介质的流动方向相反，整个干燥过程中的干燥推动力变化不大，适用于在物料含水量高时不允许采用快速干燥，或在干燥后期物料可耐高温，或要求干燥产品的含水量很低的情况。若气体初始温度相同，并流时物料的出口温度比逆流时低，被物料带走的热量就少，就干燥经济性而论，并流优于逆流。

错流方式中，干燥介质与物料间运动方向相互垂直。各个位置上的物料都与高温、低湿的介质相接触，因此干燥推动力比较大，而且该方式中还可采用较高的气体流速，所以干燥速率很高，适用于物料无论在高或低的含水量时都可以进行快速干燥且可耐高温或因阻力大或干燥机构造的要求不适宜采用并流或逆流操作的情况。

3）干燥介质进入干燥机时的温度　提高干燥介质进入干燥机的温度可提高传热、传质的推动力，因此，在避免物料发生变色、分解等理化变化的前提下，干燥介质的进口温度可尽可能高一些。对于同一种物料，允许的介质进口温度随干燥机型式不同而异。

4）物料离开干燥机时的温度　物料离开干燥机时的温度，即物料出口温度 θ_2，与物料在干燥机内经历的过程有关，主要取决于物料的临界含水量值 X_c 及干燥第二阶段的传质系数。若物料出口含水量高于临界含水量值 X_c，则物料出口温度 θ_2 等于与它相接触的气体湿球温度；若物料出口含水量低于临界含水量值 X_c，则值越低，物料出口温度 θ_2 也越低；传质系数越高，θ_2 越低。目前还没有计算 θ_2 的理论公式。有时按物料允许的最高温度估计，即

$$\theta_2 = \theta_{max} - (5 \sim 10) \tag{5-46}$$

式中，θ_2 为物料离开干燥机时的温度，℃；θ_{max} 为物料允许的最高温度，℃。

显然这种估算是很粗略的，因为它仅考虑物料的允许温度，并未考虑降速阶段中干燥的特点。

若<0.05kg/kg绝干料时，对于悬浮或薄层物料可按下式计算物料出口温度，即

$$\frac{t_2-\theta_2}{t_2-t_{w2}}=\frac{r_{tw2}-(X_2-X^*)-c_s(t_2-t_{w2})\left(\dfrac{X_2-X^*}{X_c-X^*}\right)^{\frac{r_{tw2}(X_c-X^*)}{c_s(t_2-t_{w2})}}}{r_{tw2}(X_c-X^*)-c_s(t_2-t_{w2})}\tag{5-47}$$

式中，t_{w2} 为空气在出口状态下的湿球温度，℃；r_{tw2} 为在 t_{w2} 温度下水的汽化热，kJ/kg；X_c-X^* 为临界点处物料的自由水分，kg/kg 绝干料；X_2-X^* 为物料离开干燥机时的自由水分，kg/kg 绝干料。

利用式 (5-47) 求物料出口温度时需要试差。

必须指出，上述各操作参数互相间是有联系的，不能任意确定。通常物料进出、口的含水量 X_1、X_2 及进口温度 θ_1 是由工艺条件规定的，空气进口湿度 H_1 由大气状态决定，若物料的出口温度 θ_2 确定后，剩下的绝干空气流量 L，空气进出干燥机的温度 t_1、t_2 和出口湿度 H_2（或相对湿度 φ_2）这四个变量只能规定两个，其余两个由物料衡算及热量衡算确定。至于选择哪两个为自变量需视具体情况而定。在计算过程中，可以调整有关的变量，使其满足前述各种要求[12]。

5.4.3 流化床干燥机的平衡计算及参数控制

5.4.3.1 干燥系统的物料衡算

如图 5-40 所示是一个连续逆流干燥的操作流程，气、固两相在进出口处的流量及含水量均标注于图中。通过对此干燥系统的物料衡算，可以计算出以下 3 个量：a. 水分蒸发量；b. 空气消耗量；c. 干燥产品的流量[12]。

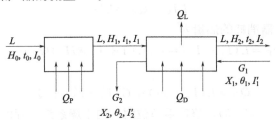

图 5-40　连续逆流干燥操作流程

H_0、H_1、H_2 为湿空气进入预热器、离开预热器（即进入干燥机）及离开干燥机时的湿度，kg/kg 绝干气；I_0、I_1、I_2 为湿空气进入预热器、离开预热器（即进入干燥器）及离开干燥机时的焓，kJ/kg 绝干气；t_0、t_1、t_2 为湿空气进入预热器、离开预热器（即进入干燥器）及离开干燥机时的温度，℃；L 为绝干空气流量，kg/s；Q_P 为单位时间内预热器消耗的热量，kW；G_1、G_2 为湿物料进入和离开干燥机时的流量，kg/s；θ_1'、θ_2' 为湿物料进入和离开干燥机时的温度，℃；X_1、X_2 为湿物料进入和离开干燥机时的干基含水量，kg 水/kg 绝干料；I_1'、I_2' 为湿物料进入和离开干燥机时的焓，kJ/kg；Q_D 为单位时间内向干燥机补充的热量，kW；Q_L 为干燥机的热损失速率，kW。

（1）水分蒸发量 W

围绕图 5-40 中干燥机作水分的物料衡算，以 1s 为基准，设干燥机内无物料损失，则

$$LH_1+GX_1=LH_2+GX_2$$

或

$$W=G_1-G_2=G(X_1-X_2)=L(H_2-H_1)\tag{5-48}$$

式中，W 为单位时间内水分的蒸发量，kg/s；G 为单位时间内绝干物料的流量，kg/s。

（2）空气消耗量 L

由式（5-48）得

$$L = \frac{G(X_1 - X_2)}{H_2 - H_1} = \frac{W}{H_2 - H_1} \tag{5-49}$$

式（5-49）的等号两侧均除以 W，得

$$l = \frac{L}{W} = \frac{1}{H_2 - H_1} \tag{5-50}$$

式中，l 为单位空气消耗量，kg 绝干气/kg 水分，即每蒸发 1kg 水分时，消耗的绝干空气量。

（3）干燥产品流量 G_2

由于假设干燥机内无物料损失，因此，进出干燥机的绝干物料量不变，即

$$G_2(1 - w_2) = G_1(1 - w_1) \tag{5-51}$$

解得：

$$G_2 = \frac{G_1(1 - w_1)}{1 - w_2} \tag{5-52}$$

式中，w_1 为物料进干燥机时的湿基含水量；w_2 为物料离开干燥机时的湿基含水量。

应予指出，干燥产品 G_2 是指离开干燥机的物料的流量，其中包括绝干物料及仍含有的少量水分，与绝干物料 G 不同，实际是含水分较少的湿物料[7]。

5.4.3.2 干燥系统的热量衡算

（1）热量衡算的基本方程

围绕图 5-40 作热量衡算。若忽略预热器的热损失，以 1s 为基准，则得：

对预热器

$$LI_0 + Q_P = LI_1 \tag{5-53}$$

故单位时间内预热器消耗的热量为

$$Q_P = L(I_1 - I_0) = L(1.01 + 1.88H_0)(t_1 - t_0) \tag{5-54}$$

对干燥机

$$Q_D = L(I_2 - I_1) + G(I_2' - I_1') + Q_L \tag{5-55}$$

联立式（5-54）及式（5-55），整理得单位时间内干燥系统消耗的总热量为

$$Q = Q_P + Q_D = L(I_2 - I_0) + G(I_2' - I_1') + Q_L \tag{5-56}$$

其中物料的焓 I' 包括绝干物料的焓（以 0℃ 的物料为基准）和物料中所含水分（以 0℃ 的液态水为基准）的焓，即

$$I' = c_s\theta + Xc_w\theta = (c_s + 4.187X)\theta = c_m\theta \tag{5-57}$$

$$c_m = c_s + 4.187X \tag{5-58}$$

式中，c_s 为绝干物料的比热容，kJ/(kg 绝干料·℃)；c_w 为水的比热容，kJ/(kg 水·℃)，取为 4.187kJ/(kg 水·℃)；c_m 为湿物料的比热容，kJ/(kg 绝干料·℃)。

为了便于应用，可通过以下分析得到更为简明的形式。

加热干燥系统的热量 Q 部分被用于将新鲜空气 L（湿度为 H_0）由 t_0 加热至 t_2，所需热量为

$$Q' = L(1.01 + 1.88H_0)(t_2 - t_0) \tag{5-59}$$

原湿物料 $G_1 = G_2 + W$，其中干燥产品 G_2 从 θ_1 被加热至 θ_2 后离开干燥机，所耗热量为 $Gc_m(\theta_2 - \theta_1)$；水分 W 由液态温度 θ_1 被加热并汽化，至气态温度 t_2 后随气相离开干燥系统，所需热量为 $W(2490 + 1.88t_2 - 4.187\theta_1)$。干燥系统损失的热量 Q_L。

因此，

$$Q = Q_P + Q_D = L(1.01 + 1.88H_0)(t_2 - t_0) + Gc_m(\theta_2 - \theta_1) + $$
$$W(2940 + 1.88t_2 - 4.187\theta_1) + Q_L \tag{5-60}$$

若忽略空气中水汽进出干燥系统的焓的变化和湿物料中水分带入干燥系统的焓，则式(5-60) 简化为

$$Q = Q_P + Q_D = 1.01L(t_2 - t_0) + Gc_m(\theta_2 - \theta_1) + W(2940 + 1.88t_2) + Q_L \tag{5-61}$$

（2）干燥系统的热效率

干燥系统的热效率定义为

$$\eta = \frac{\text{蒸发水分所需的热量}}{\text{向干燥系统输入的总热量}} \times 100\% \tag{5-62}$$

即

$$\eta = \frac{W(2940 + 1.88t_2)}{Q} \times 100\% \tag{5-63}$$

热效率越高表明干燥系统的热利用率越好。提高干燥机的热效率，可以通过提高 H_2 而降低 t_2；提高空气入口温度 t_1；利用废气（离开干燥机的空气）来预热空气或物料，并回收被废气带走的热量，从而提高干燥过程的热效率；采用二级干燥；利用内换热器。此外还应注意干燥设备和管路的保温隔热，减少干燥系统的热损失。

5.4.3.3 流化床干燥机操作流化速度的确定

要使固体颗粒床层在流化状态下操作，必须使气速高于临界气速 v_{mf}，而最大气速又不得超过颗粒带出速度，因此，流化床的操作范围应在临界流化速度和带出速度之间。确定流化速度有多种方法，现介绍工程上常用的两种方法。

（1）临界流化速度 v_{mf}

对于均匀球形颗粒的流化床，开始流化的空隙率 $\varepsilon_{mf} = 0.4$。

1）李森科方法（$Ly\text{-}Ar$ 关联曲线法）　根据 $\varepsilon_{mf} = 0.4$ 及算出 Ar 的数值，从图 5-42 中查得 Ly_{mf} 值，便可按下式计算临界流化速度，即

$$v_{mf} = \sqrt[3]{\frac{Ly_{mf}\mu\rho_s g}{\rho^2}} \tag{5-64}$$

式中，v_{mf} 为临界流化速度，m/s；Ly_{mf} 为以临界流化速度计算的李森科数，无量纲；μ 为干燥介质的黏度，Pa·s；ρ_s 为绝干固体物料的密度，kg/m³；ρ 为干燥介质的密度，kg/m³。

2）关联式方法　当物料为粒度分布较为均匀的混合颗粒床层，可用关联式法进行估算。

当颗粒直径较小时，颗粒床层雷诺数 Re_b 一般小于 20，根据经验，得到起始流化速度的近似计算式为：

对于小颗粒

$$u_{mf} = \frac{d_p^2(\rho_s - \rho)}{1650\mu} \tag{5-65}$$

对于大颗粒，Re_b 一般大于 1000，得到近似计算式为：

$$u_{mf}^2 = \frac{d_p^2(\rho_s - \rho)g}{24.5\mu} \tag{5-66}$$

式中，d_p 为颗粒直径。非球形颗粒时用当量直径，非均匀颗粒时用颗粒群的平均直径。

（2）带出速度

颗粒被带出时，床层的空隙率 $\varepsilon \approx 1$。根据 $\varepsilon = 1$ 及 Ar 的数值，从图 5-41 中查得 Ly 值，

便可按下式计算带出速度，即

$$u_t = \sqrt[3]{\frac{Ly\mu\rho_s g}{\rho^2}} \qquad (5\text{-}67)$$

式中，Ly 为以带出流化速度计算的李森科数，无量纲；u_t 为带出速度，m/s。

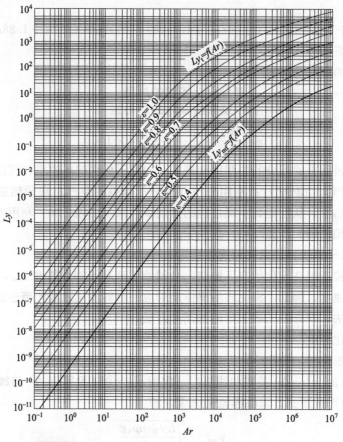

图 5-41　李森科数 Ly 与阿基米德数 Ar 之间的关系

上式适用于球形颗粒。对于非球形颗粒应乘以校正系数，即

$$u_t' = c_t u_t \qquad (5\text{-}68)$$

式中，u_t 为非球形颗粒的带出速度，m/s；c_t 为非球形颗粒校正系数。

式（5-68）中 c_t 的值由下式估算：

$$c_t = 0.8431g\frac{\varphi_s}{0.065} \qquad (5\text{-}69)$$

式中，φ_s 为颗粒的形状系数或球形度。

式（5-69）中 φ_s 可按下式计算：

$$\varphi_s = \frac{s}{s_p} \qquad (5\text{-}70)$$

式中，s_p 为非球形颗粒的表面积，m²；s 为与颗粒等体积的球形颗粒的表面积，m²。

颗粒带出速度即颗粒的沉降速度，也可根据沉降区选用相应式子计算。

值得注意的是，计算 u_{mf} 时要用实际存在于床层中不同粒度颗粒的平均直径 d_p，而计算 u_t 时则必须用最小颗粒直径。

（3）流化床的操作范围

流化床的操作范围，可用比值 u_t/u_{mf} 的大小来衡量，该比值称为流化数。

对于均匀的细颗粒：
$$u_t/u_{mf}=91.7 \tag{5-71}$$

对于大颗粒：
$$u_t/u_{mf}=8.62 \tag{5-72}$$

研究表明，上述两个上下限值与试验数据基本相符，u_t/u_{mf} 值常在 $10\sim90$。u_t/u_{mf} 值是表示正常操作时允许气速波动范围的指标，大颗粒床层的 u_t/u_{mf} 值较小，说明其操作灵活性较差。实际上，不同生产过程的流化数差别很大。有些流化床的流化数高达数百，远远超过上述 u_t/u_{mf} 的高限值。

对于粒径大于 $500\mu m$ 的颗粒，根据平均粒径计算出粒子的带出速度，通常取操作流化速度为 $(0.4\sim0.8)u_t$。

另外，一般流化床干燥器的实际空隙率 ε 在 $0.55\sim0.75$，可根据选定的 ε 和 Ar 值，用 $Ly\text{-}Ar$ 关系曲线计算操作流化速度。

5.4.4　流化床干燥机主体工艺尺寸的计算

（1）流化床干燥机底面积的计算[12]

1）单层圆筒流化床干燥机　单层圆筒流化床干燥机截面积 A 由下式计算

$$A=\frac{\nu L}{3600u} \tag{5-73}$$

式中，L 为绝干气的流量，kg/h；ν 为气体在温度 t_2 及湿度 H_2 状态下的比体积，m^3/kg 绝干气。

$$\nu=\frac{(0.772+1.244H_2)(273+t_2)}{273}\times\frac{1.013\times10^5}{P} \tag{5-74}$$

式中，P 为干燥机中操作压力，Pa。

若流化床设备为圆柱形，根据 A 可求得床层直径 D；若流化床采用长方形，可根据 A 确定其长度 l 和宽度 b。

2）卧式多室流化床干燥机　物料在干燥机中通常经历表面汽化控制和内部迁移控制两个阶段，床层底面积等于两个阶段所需底面积之和。

① 表面汽化阶段所需底面积 A_1

$$\alpha_a Z_0=\frac{(1.01+1.88H_0)L}{\left[\dfrac{(1.01+1.88H_0)LA_1(t_1-t_w)}{G(x_1-x_2)\gamma_{t_w}}-1\right]} \tag{5-75}$$

式中，Z_0 为静止时床层厚度，m，一般可取 $0.05\sim0.15m$；L 为干空气的质量流速，kg 绝干气/$(m^2\cdot s)$；A_1 为表面汽化控制阶段所需的底面积，m^2；t_1 为干燥机入口空气的温度，℃；t_w 为入口空气的湿球温度，℃；γ_{t_w} 为在温度 t_w 时水的汽化潜热，kJ/kg；α_a 为流化床床层的体积传热系数或热容系数，$kW/(m^3\cdot℃)$。

$$a=\frac{6(1-\varepsilon_0)}{d_m}\quad\text{或}\quad a=\frac{6\rho_b}{\rho_s d_m} \tag{5-76}$$

式中，a 为静止时床层的比表面积，m^2/m^3；ρ_b 为静止床层的颗粒堆积密度，kg/m^3；ε_0 为静止床层的空隙率；d_m 为颗粒平均粒径，m。

$$\alpha=4\times10^{-3}\frac{\lambda}{d_m}(Re)^{1.5} \tag{5-77}$$

式中，α 为流化床床层的对流传热系数，kW/(m²·℃)；λ 为气体的热导率，kW/(m³·℃)；Re 为雷诺数。

由式（5-75）～式（5-77）可求得 α_a 或 A_1。

② 物料升温阶段所需底面积 A_2。在流化床干燥机中，物料的临界含水量一般都很低，故可认为水分在表面汽化控制阶段已全部蒸发，在此阶段物料由湿球温度升到排出温度。对干燥机微元面积列热量衡算和传热速率方程，经化简、积分、整理得物料升温阶段的所需底面积 A_2 计算式：

$$\alpha_a Z_0 = \frac{(1.01 + 1.88 H_0)L}{\left[\dfrac{(1.01 + 1.88 H_0)LA_2}{Gc_{m2}} \Big/ \ln \dfrac{t_i - \theta_1}{t_1 - \theta_2} - 1\right]} \qquad (5\text{-}78)$$

式中，c_{m2} 为干燥产品的比热容，$c_{m2} = c_s + 4.187 X_2$，kJ/(kg 绝干料·℃)；A_2 为表面汽化控制阶段所需的底面积，m²。

$$\text{流化床床层总的底面积 } A = A_1 + A_2 \qquad (5\text{-}79)$$

③ 卧式多室流化床干燥机的宽度和长度　在流化床床层底面积确定之后，设备的宽度和长度需进行合理的布置。其宽度的选取，以保证物料在设备内均匀散布为原则，通常不超过 2m。若需设备宽度很大，在物料分散性不良情况下，则应该设置特殊的物料散布装置。设备中物料前进方向的长度受到热空气均匀分布的条件限制，一般取 2.5～2.7m 为宜。在设计中，往往需要反复调整。

（2）物料在流化床中的平均停留时间

$$\tau = \frac{Z_0 A \rho_b}{G_2} \qquad (5\text{-}80)$$

式中，G_2 为干燥产品的流量，kg/s；ρ_b 为颗粒的堆积密度，kg/m³；Z_0 为静止床层高度，m；τ 为物料停留时间，s。

需要指出，物料在干燥机中的停留时间必须大于或至少等于干燥所需时间。

（3）流化床干燥机的高度

流化床的总高度分为密相段（浓相区）和稀相段（分离区）。流化床界面以上的区域称为稀相区，而以下的区域则称为浓相区。

1）浓相区高度　当气流速度大于临界流化速度时，床层开始膨胀，气速越大或颗粒越小，床层膨胀程度越大。由于床层内颗粒质量是一定的，对于床层截面积不随床高而变化的情况，浓相区高度 Z 与起始流化高度 Z_0 之间有如下关系：

$$R_c = \frac{Z}{Z_0} = \frac{1 - \varepsilon_{mf}}{1 - \varepsilon} \qquad (5\text{-}81)$$

R_c 称为流化床的膨胀比。床层的空隙率 ε 可根据流化速度 u 计算的 Ly 数和 Ar 数，从图 5-42 查得，或根据下式近似估算：

$$\varepsilon = \left(\frac{18Re + 0.36 Re^2}{Ar}\right)^{0.21} \qquad (5\text{-}82)$$

式中

$$Re = \frac{du p}{\mu}$$

2）分离区高度　流化床中的固体颗粒都有一定的粒度分布，而且在操作过程中也会因为颗粒间的碰撞、磨损而再产生一些细小的颗粒，因此，这些颗粒中会有一部分细小颗粒的沉降速度低于气流速度，在操作中会被带离浓相区，经过分离区而被流体带出干燥机外。另外，气体通过流化床时，随着气泡在床层表面上的破裂，一些固体颗粒会被抛至稀相区，这些颗粒中的大部分的沉降速度大于气流速度，因此它们到达一定高度后又会落回床层，这样就使得固体颗粒的浓度随着离床面距离的加大而变小。固体颗粒的浓度在离开床层表面一定距离后则基本不再变化。固体颗粒浓度开始保持不变的最小距离称为分离区高度。床层界面之上必须有一定的分离区，以使沉降速度大于气流速度的颗粒能够重新沉降到浓相区而不被气流带走。分离区高度的影响因素比较多，操作条件、系统物性及设备均会对其产生影响，尚无适当的计算公式。

为了进一步减小流化床的粉尘带出量，可以在分离段高度之上再加一扩大段，降低气流速度，使固体颗粒得以较彻底的沉降。扩大段的高度一般可根据经验视具体情况选取。

5.4.5 流化床干燥机的结构设计

在结构设计中，主要讨论分布板、隔板和溢流堰的设计[12]。

（1）分布板

在流化床中，分布板的作用除了支撑固体颗粒、防止漏料外，还有分散气流使气体得到均匀分布的作用。但一般分布板对气体分布的影响通常只局限在分布板上方不超过 0.5m 的区域内，床层高度超过 0.5m 时，必须采取其他措施，改善流化质量。

设计良好的分布板，应对通过它的气流有足够大的阻力，从而保证气流均匀分布于整个床层截面上，也只有当分布板的阻力足够大时，才能克服聚式流化的不稳定性，抑制床层中出现沟流等不正常现象。试验证明，当采用某种致密的多孔介质或低开孔率的分布板时，可使气固接触非常良好，但同时气体通过这种分布板的阻力较大，会大大增加鼓风机的能耗，因此通过分布板的压力降应有个适宜值。据研究，适宜的分布板压力降应等于或大于床层压力降的 10%，并且其绝对值应不低于 3.5kPa。床层压力降可取为单位截面上的床层重力。

工业生产用的气体分布板形式很多，常见的有直流式、侧流式和填充式等。直流式分布板如图 5-42 所示。单层多孔板结构简单，便于设计和制造，但气流方向与床层垂直，易使床层形成沟流；小孔易于堵塞，停车时易漏料。多层孔板能避免漏料，但结构稍微复杂。凹形多孔分布板能承受固体颗粒的重荷和热应力，还有助于抑制鼓泡和沟流。侧流式分布板如图 5-43 所示，在分布板的孔上装有锥形风帽（锥帽），气流从锥帽底部的侧缝或锥帽四周的侧孔流出。目前这种带锥帽的分布板应用最广，效果也最好，其中侧缝式锥帽采用最多。填充式分布板如图 5-44 所示，它是在直孔筛板或栅板和金属丝网层间铺上卵石-石英砂-卵石。这种分布板结构简单，能够达到均匀布气的要求。

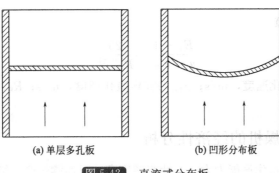

(a) 单层多孔板   (b) 凹形分布板

图 5-42　直流式分布板

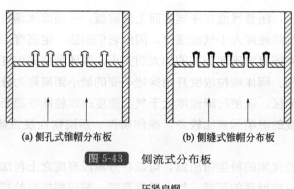

(a) 侧孔式锥帽分布板　　　　(b) 侧缝式锥帽分布板

图 5-43　侧流式分布板

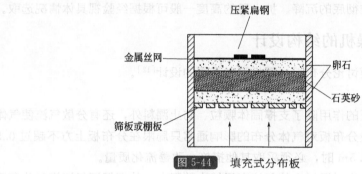

图 5-44　填充式分布板

（2）隔板（分隔板）

为了改善气固接触情况和使物料在床层内停留时间分布均匀，对于卧式多室流化床干燥机，常常采用分隔板沿长度方向将整个干燥室分隔成 4～8 室（隔板数为 3～7 块）。隔板与分布板之间的距离为 30～60mm。隔板为上下移动式设计，以方便其与分布板之间距离的调节。

（3）溢流堰

为了保持流化床层内物料厚度的均匀性，物料出口通常采用溢流方式。溢流堰的高度可取 50～200mm，其值可用下式计算，即：

$$\frac{2.14\left(Z_0 - \dfrac{h}{E_v}\right)}{\left(\dfrac{1}{E_v}\right)^{\frac{1}{3}}\left(\dfrac{G}{b\rho_b}\right)^{\frac{2}{3}}} = 18 - 1.52\ln\left(\frac{Re}{5h}\right) \tag{5-83}$$

式中，h 为溢流堰高度，m；ρ_b 为颗粒的堆积（表观）密度，kg/m^3；Re 为对应于颗粒带出速度的雷诺数；b 为溢流堰的宽度，m；G 为绝干物料流量，kg/s；E_v 为床层膨胀率，无量纲。

E_v 值可用下式计算：

$$\frac{E_v - 1}{u - u_{mf}} = \frac{25}{Re_t^{0.44}} \tag{5-84}$$

式中，u 为操作流化速度，m/s；u_{mf} 为临界流化速度，m/s；Re_t 为颗粒带出速度的雷诺数。

5.4.6　流化床干燥机的经济性分析

流化床干燥系统具备生产能力大、灵活兼容度高、可连续生产、结构简单、制造维修方便等诸多优点，具体说来，有如下几方面[13]：a. 流化床床层温度均匀，体积传热系数大，一般为 2300～7000W/(m³·℃)；b. 生产能力大，可在小装置中处理大量的物料；c. 物料干燥速度快，在干燥机中停留时间短，并且物料在床内的停留时间可根据工艺要求任意调节；d. 设备结构简单，可动部件少，故制造、操作和维修方便；e. 造价低；f. 在同一设备内，既可进行连续操作又可进行间歇操作。

5.5 桨叶式干化技术

5.5.1 桨叶式干燥机的工作原理和基本结构

在干燥机内设置各种结构和形状的桨叶以搅拌被干燥物，使物料在搅拌桨叶翻动下不断与干燥机的传热壁面或载热体接触，进行热交换蒸发掉物料中的湿分，从而达到干燥的目的，这类设备称为桨叶式干燥机或搅拌型干燥机[14]。

由于固体物料自身没有流动性，在干燥机内的固体物料的流动要完全依靠自身重力和桨叶推动的联合作用，因此要实现干燥机内部固体物料的全部流动，就要设置较多的桨叶，并且设备本身要设定一定的倾斜角度。多数桨叶式干燥机采取卧式放置，被干燥物料从一端加入，而干燥后的物料从另一端排出，从而实现物料停留时间分布的可调节，并能减少返混，有利于物料的均匀干燥。

为了满足各种物料特性和干燥工艺条件，桨叶式干燥机的结构和形式很多，根据设备结构和热载体的不同，桨叶式干燥机主要分为如下 3 类：a. 间接加热桨叶式干燥机；b. 热风式桨叶式干燥机；c. 真空桨叶式干燥机。

而且现在仍不断有新型机出现，或直接在传统干燥机中再设置搅拌桨叶从而得到桨叶式干燥机的变种，如在流化床干燥机中再设置可通入热载体的空心桨叶轴和空心桨叶，可增加干燥机内传热面积，减少流化空气量，提高热量利用率。

5.5.1.1 间接加热桨叶式干燥机

间接加热桨叶式干化处理方式为：通过蒸汽、热油等介质传递，加热器壁，从而使器壁另一侧的湿物料受热、水分蒸发而加以去除，这是传导干化技术的应用。

桨叶式干燥机工作示意如图 5-45 所示。

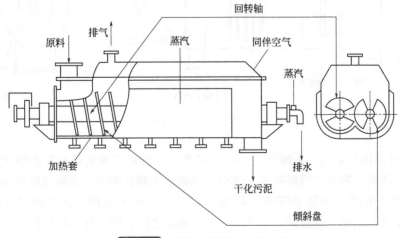

图 5-45 桨叶式干燥机工作示意

典型的间接式桨叶式干燥机的结构特征是由带有夹套的壳体和带有桨叶的轴及传动装置组成。干燥水分所需的热量由带有夹套的 W 形槽的内壁传导给物料。物料连续定量地由加料口加入到干燥机内，在桨叶轴搅拌、混合与分散的同时受到来自夹套的加热作用，从而实现对物料的干燥、蒸发，干燥合格的物料由桨叶轴输送至出料口并排出机外。热载体可采用导热油、蒸汽、水等，热载体直接进入外壳夹套内。

桨叶式干燥机的性能特点有以下几方面。

① 干燥机内物料存留率很高，停留时间通过加料速率、转速、存料量等条件的调节，可在几分钟到几小时之间任意设定，因此对易干燥和不易干燥的物料均适合。

② 干燥机内虽有许多搅拌桨叶，但物料在干燥机内基本上从加料口向出料口呈活塞流流动，停留时间较长，产品干燥均匀。

③ 由设备结构可知，桨叶式干燥机依靠夹套壁面间接加热，因此干燥过程可不用或仅用少量气体以携带物料蒸发的湿分，热量利用率高。

④ 干燥过程用气量少、流速低，被气体带走的粉尘少，因此干燥后气体粉尘回收方便，而且回收设备简单，节省设备投资。

⑤ 对于有溶剂回收的干燥过程，可提高气体中溶剂的浓度，使溶剂回收设备减小或流程简化。

间接加热桨叶式干燥机可以分为以下两类。

(1) 低速搅拌型

1) 楔形桨叶式干燥机　这种干燥机是本章的重点，下节重点叙述。

2) 空心圆盘干燥机　如图 5-46 所示，由于盘片间距较小因而可排布较多的圆盘，也就增加了单位传热面积，对于松散的物料，可节约设备投资。

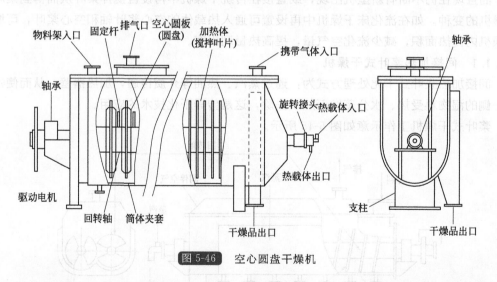

图 5-46　空心圆盘干燥机

3) 带搅拌桨的空心圆盘干燥机　如图 5-47 所示，这种干燥机是在空心圆盘干燥机的外圆加上轴向搅拌桨，增加对物料的搅拌作用，此类型干燥机的动力要求有所增加。

4) 带固定杆的空心圆环干燥机　如图 5-48 所示，由于这种干燥机的桨叶是空心环状的，在上盖上装有固定杆垂直插入桨叶之间，当轴旋转时，固定杆可将叶片之间与叶片和轴之间的物料拨动，达到清理和搅拌作用，适用于黏性物料。

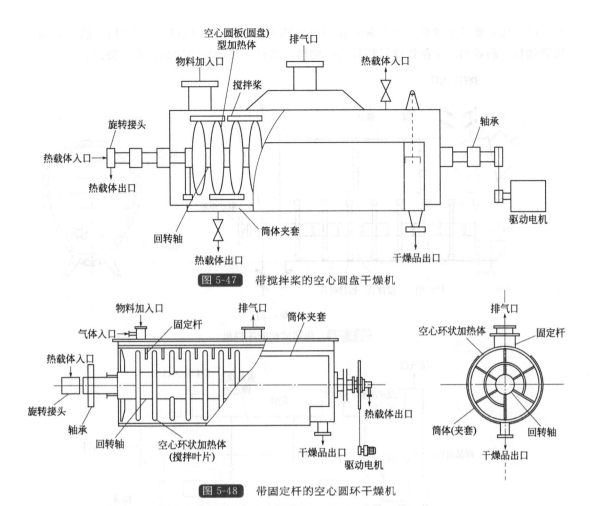

图 5-47 带搅拌桨的空心圆盘干燥机

图 5-48 带固定杆的空心圆环干燥机

（2）高速搅拌型

如图 5-49 所示，壳体夹套是加热面，轴体及叶片不是加热面。由于桨叶高速搅拌（外援速度 5～15m/s），使物料高速与夹套加热面接触，达到强化换热的目的。此类型干燥机适用于松散物料的干燥。

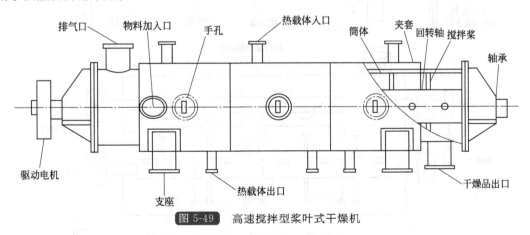

图 5-49 高速搅拌型桨叶式干燥机

5.5.1.2 热风式桨叶干燥机

由于桨叶的高速搅拌（外援速度 5～15m/s），湿物料与热风能良好接触。主要有两种类型，即热风式桨叶干燥机（图 5-50）和带返料的热风式桨叶干燥机（图 5-51）；前者适用于松散物料，后者适用于黏性物料和高含湿物料，通过工艺调整可使操作弹性提高。

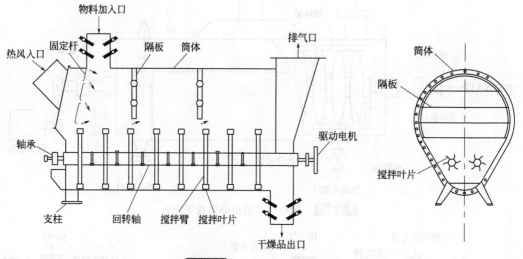

图 5-50　热风式桨叶干燥机

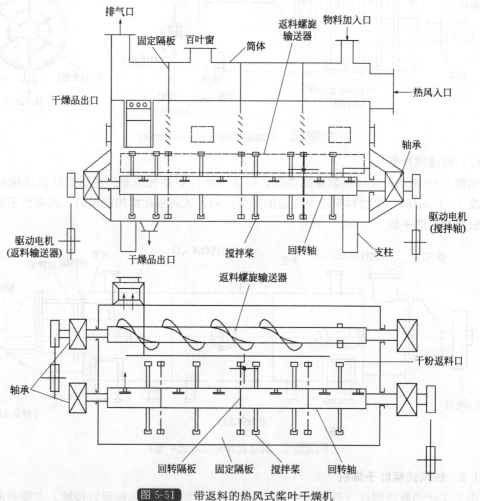

图 5-51　带返料的热风式桨叶干燥机

350　污泥处理处置与资源综合利用技术

5.5.1.3 真空桨叶式干燥机

真空桨叶式干燥机的性能特点有以下几方面。

① 对干燥物料的适应性强,应用广泛。真空干燥可以在较低的温度下进行,适用于热敏性物料。由于真空操作,不需要外界输入干燥气体,故而可在与空气隔绝的情况下操作。对于含有易燃易爆气体及需要回收溶剂的物料的干燥特别合适。

② 真空桨叶式干燥机中物料不断受到桨叶搅拌,干燥物料混合均匀,避免了物料过热。同时块状和团状物料不断被桨叶打碎,增大颗粒表面积,加快湿分汽化和提高干燥效率。

③ 真空桨叶式干燥机中由于增加了桨叶和真空表面的传热,使设备传热面积增加,提高了设备生产能力。另外,由于桨叶等的传热面安置在设备内,没有向周围环境散热,从而减少了这部分的热损失,使热量利用率得以提高。

④ 通常的真空干燥均为间歇操作,真空桨叶式设备除用作间歇操作外,也可以用于连续操作。当连续操作时,在干燥机前后要设置若干真空度与干燥机相同的加料斗和出料槽,用旋转阀或换向阀定量和连续的加料和排料。此外,为了确保物料干燥所需的停留时间,搅拌桨叶和排料口堰板应适当设置。

真空桨叶式干燥机的形式有以下 3 种。

(1) 真空耙式干燥机

图 5-52 是传统的真空耙式干燥机,加热由夹套完成,轴上的耙齿在旋转时对物料起到搅拌和破碎的作用。

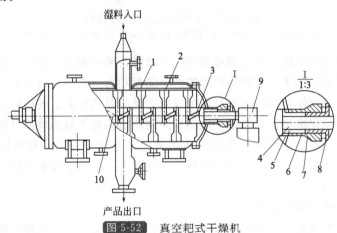

湿料入口

产品出口

图 5-52 真空耙式干燥机

1—壳体;2—夹套;3—耙齿;4—旋转轴;5—压紧圈;6—封头;
7—填料;8—压盖;9—轴承;10—除尘器

(2) 双螺旋真空干燥机

图 5-53 是双螺旋真空干燥机,它的搅拌桨是两个旋向相反的螺带,当轴旋转时,两个反向螺带对物料起搅拌和剪切作用,强化了物料与壁面的传热。

(3) 内热式真空耙式干燥机

图 5-54 是内热式真空耙式干燥机。它的主要特点是:a. 采用半管夹套加热;b. 转轴及桨叶均为传热面,加大了传热面,使设备的效率提高;c. 采用专有密封加工技术,使密封可靠,而且不污染物料。

5.5.1.4 楔形桨叶式干燥机

在众多的桨叶式干燥机中,应用最广的是楔形桨叶式干燥机。它广泛应用于污泥处理工

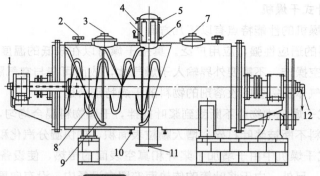

图 5-53 双螺旋真空干燥机

1—蒸汽入口；2—蒸汽入口；3—供料口；4—蒸汽入口；5—排气口；6—排空口；
7—清扫口；8—螺带；9—螺带；10—排空口；11—排料口；12—排空口

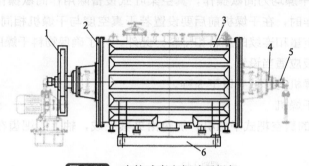

图 5-54 内热式真空耙式干燥机

1—传动系统；2—端板；3—筒体；4—搅拌轴；5—旋转接头；6—机架

程中，其桨叶结构非常特殊，空心的扇形桨叶一端宽，另一端呈尖角，其投影像楔子，故名为楔形桨叶式干燥机。该类型干燥机桨叶的两个侧面均为具有一定斜度的斜面，这种斜面随轴转动时，既可以使固体物料对下面有撞击作用，又可以使斜面上的物料便于自动清除，不断更新传热表面，强化换热。此设备干燥物料所需热量不是依靠热载体（加热气体）直接与物料接触加热，而是向空心桨叶和夹套输入热载体，通过热传导的方式给干燥过程提供热量，它降低了用气体加热时被出口气体所带走的热损失，提高了设备的热量利用率，是一种高效节能的干燥设备。

（1）楔形桨叶式干燥机的结构

此类干燥设备的基本结构是由带夹套的槽形壳体、上盖、空心热轴和焊接在控制中心轴上的楔形叶片，以及与热载体相连的旋转接头和传动装置等组成，如图 5-55 所示。该类干燥器有三种类型，即单轴、双轴、四轴。

1）壳体　壳体是由设备内壳和外夹套组成，为了防止物料在搅拌时有死区，内壁底部用两个圆弧组成，成 ω 形。为了提高传热效果，设备夹套可根据长度分割为几个室。

2）热轴　热轴是楔形桨叶式干燥机的关键部件。ω 形设备有两根空心轴，两轴的旋转方向相反，均从上部向着设备中心线的方向旋转，借助于桨叶上的辅助搅拌桨叶把物料从中心推向壁面，再从壁面将物料提升，越过空心轴挤到设备中央。在轴两端各连接一个旋转接头，热载体从进料口的旋转接头接入，而从出料口另一侧的旋转接头排出。也可以采用一端同时进出的方式。轴的外表面在干燥机内也有一定的传热作用，材料的选用和结构的设计应有利于传热的进行。通入轴内的热载体可以是蒸汽、热水或者导热油，根据干燥温度确定。通常尽量用蒸汽加热，因为蒸汽是最容易得到的热源，并且蒸汽冷凝潜热大。

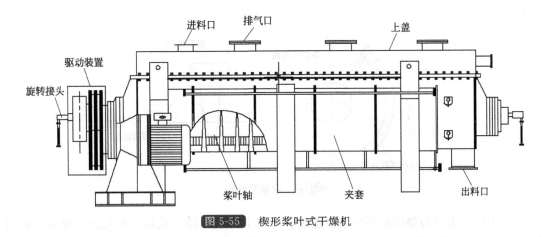

图 5-55　楔形桨叶式干燥机

　　根据通入热轴内的热载体是液体还是气体，热轴分为液体（L）型和气体（G）型两种结构，见图 5-56。G 型热轴见图 5-56（b），由于蒸汽的冷凝给热系数大，空心轴壁面的传热由壁面热传导和固体物料侧的颗粒运动控制，不考虑提高热轴内蒸汽侧的冷凝给热系数，所以两根空心轴内腔设计成空的，结构较简单。为了让轴和桨叶之间的蒸汽和冷凝液流动顺畅，在每个叶片内腔与轴内腔之间有两根长短不一的短管连接。在较长的管子内通蒸汽，为了防止轴内冷凝液由这根管子流向叶片或叶片内冷凝液由这根管子流向轴，进而阻塞蒸汽的正常流动，这根管子一端伸入轴内，一端伸出轴外。其中伸入轴内和伸出轴外的程度分别根据轴内可能积存的冷凝液深度和叶片旋转一周所能产生的冷凝液量来确定，以保证冷凝液不淹没管口。较短管的作用是及时将桨叶内的冷凝液排入轴腔，管子的一端与轴外表面齐平，从而使叶片内一有冷凝液就能及时排掉，另一端伸入轴内一定长度，这是为了防止轴内冷凝液倒灌入桨叶片内，从而造成蒸汽无法进入叶片。因此，这两根管子使蒸汽和冷凝液各行其道，从而保证了桨叶的传热作用。

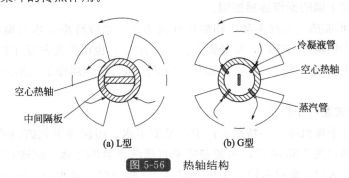

图 5-56　热轴结构

　　当用热水或导热油等液体做载热体时，空心轴应采用 L 形结构，见图 5-56（a），轴内设置中间隔板，以隔开进入空心轴的热流体与释放热量后降温的冷流体，以保证两者不相混合。这样轴和桨叶之间的流体流通就变得简单，只要在轴上开孔就行。

　　3）叶片　楔形桨叶式干燥机的主要传热面是焊接在两根空心轴上的许多空心桨叶，其结构如图 5-57 所示。叶片的组成部分由 5 块薄板制成，分别是两片扇形斜面的侧板，一个三角形圆弧盖板和一个三角形底部的矩形后盖板，以及与矩形后盖板相连接的辅助搅拌叶片等。其中，前 4 块薄板是主要传热壁面。楔形空心型叶片的两块扇形斜板的倾斜角度相同，方向相反，对称于轴法线。叶片在干燥机内主要起到搅拌和传热作用，不对物料起输送作用。

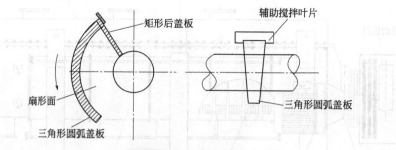

图 5-57 楔形桨叶构造

4）上盖　上盖与筒体用条形法兰连接。在盖上除设有排气孔和加料孔外，通常还设置有人孔。有些物料容易造成桨叶面结垢，需要经常清洗，需要设置多个清理人孔，定期把桨叶面上的污垢清除掉，否则，会因结垢而影响桨叶的传热。此外，在有些干燥过程中，被旋风除尘器捕集的物料需要返混回到干燥机内，也需要另外单独开孔。所以上盖的结构设计应根据处理物料和干燥工艺要求而定。

（2）热风式桨叶干燥机的性能特点

① 设备结构紧凑，占地面积小。

② 热量利用率高，干燥所需热量不是靠热气提供，减少了热气体带走的热损失。由于设备结构紧凑，且辅助设备少，散热损失也减少。热量利用率可达 80%～90%。

③ 楔形桨叶相互啮合具有自清能力，可提高桨叶传热作用。

④ 气体量减少，可减少或省去部分辅助设备。

⑤ 物料适用性广，产品干燥均匀。

⑥ 操作方便，前已述及楔形桨叶式干燥机可通过多种方法来调节工艺，而且操作要比流化床干燥、气流干燥的操作容易控制。

⑦ 用作冷却和加热，当向夹套内和旋转轴内输送冷水或冷冻盐水之类的冷却剂时，通过壁面可向设备内物料输送冷料，降低设备内物料温度，也可作为产品干燥后的冷却设备。同样不向干燥机内输送气体时，对夹套和桨叶内送热载，可以用作加热器或用作食品高温杀菌消毒。

5.5.1.5　倾斜盘式桨叶干燥机

倾斜盘式桨叶干燥机是一种特别适合于高黏度下水、污泥等干化的间接加热型干燥机，其结构及其横断面如图 5-58 所示，主要包括带有蒸汽夹套的壳体、回转轴及与轴相连的倾斜盘，并配有原料入口、蒸汽入口、干化污泥出口、排气口、排水口。该干燥机以其转盘略倾斜而不垂直地安装在转轴上为特征，亦是其名称的来源。

倾斜盘式桨叶干燥机的性能特点有以下几方面。

① 设备结构紧凑，装置占地面积小，满足现有厂房的空间布置要求。由设备结构可知，干燥所需热量主要是由密集地排列于空心轴上的许多空心桨叶壁面提供，而夹套壁面的传热量只占少部分。所以单位体积设备的传热面大，可节省设备占地面积，减少基建投资。

② 热量利用率高，减少蒸汽的消耗量。干燥所需热量不是靠热气体提供，减少了热气体带走的热损失。由于设备结构紧凑且辅助装置少，散热损失也减少。热量利用率可达90%以上。

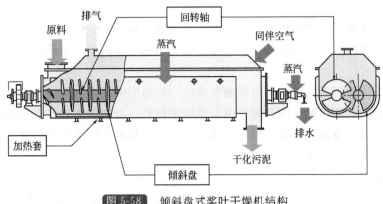

图 5-58 倾斜盘式桨叶干燥机结构

③ 由于桨叶结构特殊，物料在干燥过程中交替受到挤压和松弛，强化了干燥。另外，桨叶间相互啮合设计，使其具有自清洁作用，能有效阻止黏性很大的污泥的胶黏、粘壁、抱轴等现象，因此对黏性和膏状物料能很好地适应。

④ 气体用量少，减少载气的处理设备及成本，使得系统结构简单，能耗少，节省设备投资和运行成本。由于不需用气体来加热，因此极大地减少了干燥过程中气体用量。由于气体用量少，干燥器内气体流速低，被气体夹带出的粉尘少，省去干燥后系统的气体粉尘回收装置，节省设备投资。

⑤ 物料适应性广，干燥均匀。停留时间可调节，以适应难干燥物料和高水分物料的干燥要求。此外，根据不同物料还可调节加料/出料速度、轴的转速和热载体温度等，在几分钟与几小时之间任意选定物料停留时间。因此对于易干燥和不易干燥物料均适用。另外，干燥器内虽有许多搅拌桨叶，能使物料混合均匀，但是，物料在干燥器内从加料口向出料口流动基本呈活塞流流动，停留时间分布窄，产品干燥均匀。

5.5.2 桨叶式干化技术工艺及设计要点

（1）溢流堰板的设置

物料在干燥机内从加料口向出料口的移动呈活塞流形式，要使物料获得足够的干燥时间，并且换热表面得到充分利用，必须使物料充满干燥机，即物料盖过桨叶的上缘。在干燥机启动运行时，预先设置溢流堰板的高度，待到物料干燥从排出口排出后，对干燥后的物料进行确认，根据设计要求对溢流板的高度也就是物料的停留时间进行调节以达到工艺要求。

（2）加热轴类型

设备的加热介质既可以用蒸汽，也可用导热油或热水，但加热轴的结构会随着热载体相态的不同而不同。由于蒸汽具有释放潜热的特点，因此用蒸汽作为加热介质的热轴管径小，结构会相对简单；用热水或导热油作为加热介质的加热轴结构则要比较复杂，因轴内载热体达到一定的流速和流量，轴径就要变大，旋转接头及密封的难度就越大。因此，通常采用蒸汽作为热载体。

另外，加热轴具有桨叶支撑、热流体输送、传热换热等多项功能，此外还需克服物料的黏滞力搅拌并输送物料，而这些都会造成物料与加热轴间的磨损。在设计时，既要保证其工艺需求，还要保证其力学性能。

（3）干燥时间

空心桨叶式干燥机的物料停留时间是可通过调节加料速率、转速、溢流堰板高度而设定在几十分钟到几小时之间的任意值。调节溢流堰是改变干燥机内污泥滞留量的主要方式。

（4）磨损

空心桨叶干燥机属于典型的传导接触型换热，而污泥中又含有磨蚀性颗粒，金属与磨蚀性颗粒进行反复、长期接触，因此对于空心桨叶干燥机，金属磨蚀是可以预见的。因此要对易磨损的桨叶轴进行金属表面强化处理，常采用的方法有碳化钨热喷涂处理等，同时还要控制物料干化程度尽可能减少污泥的过度干燥。

（5）换热系数

空心桨叶干燥机桨叶轴换热面与物料的径向混合充分，物料与换热面的接触频率较高，停留时间长，从而得到了较好的换热效果，综合传热系数可达到 $80 \sim 300 W/(m^2 \cdot K)$。在污泥干化应用方面，换热系数会因污泥的特性和对干化产品工业含水率要求的不同而不同。

（6）传热面积

热轴上的桨叶和主轴是主要加热面，换热面积占总换热面积的 70% 以上。在国内污泥干化领域，目前最大装机换热面积约 $200 m^2$，蒸发能力为 3000kg/h。

（7）蒸发速率

传导型干燥机的蒸发能力一般以每平方米每小时的蒸发量来衡量，在理论上可达到 $10 \sim 60 kg/(m^2 \cdot h)$。而在污泥干化实践中，根据世界上主要空心桨叶制造商的产品和业绩情况，空心桨叶干燥机的蒸发能力设计值一般在 $6 \sim 24 kg/(m^2 \cdot h)$，而处于 $14 \sim 18 kg/(m^2 \cdot h)$ 范围内的最多。

（8）产品出口温度

污泥在干燥机内停留时间长，污泥在离开干燥机时的出口温度较高，一般为 $80 \sim 100℃$。由于物料温度高，因此产品在筛分以及输送（包括返混）过程中，需要考虑温度的因素。

（9）桨叶顶端刮板

桨叶顶端刮板都是有公差间隙的，而污泥在一定含固率下又具有黏性，因此污泥在这些间隙之间可能造成粘壁。污泥在热表面上的任何黏结都将导致换热效率的降低，这就需要在位于桨叶顶端处设置刮板，以对黏结的污泥进行机械刮削，从而避免污泥垢层的加厚。

（10）处理高含水率、高流动性脱水污泥时的操作条件

在处理高含水率、高流动性脱水污泥时，湿污泥进料须在干燥机已有一定量干"床料"的条件下才能进行，这样才能避免湿泥进去就流向出口侧不能充分干燥的问题。因此，典型的做法是，在干燥系统启动时，先加一定量的污泥之后停止供泥，在之前加入的污泥干燥后再连续供给污泥。

（11）烟气循环控制

空心桨叶干燥机的传热和蒸发是靠热壁实现的，属于典型的传导型。由于干燥过程产生的水蒸气需要及时离开干燥机，且污泥干化产生恶臭，为防止臭气溢出而污染环境，所以需要采用抽取微负压的方式来实现。干燥机内抽出烟气经过洗涤塔去除所含水分后返回干燥机内，控制干燥机的烟气进出量使之达到负压，虽然从干燥机和回路的缝隙中（湿泥入口、干泥出口、溢流堰密封等）进入回路，但不会影响干燥机干燥性能。

5.5.3　桨叶式干燥机的平衡计算及参数控制

5.5.3.1　传热模型

（1）干燥过程分析

干燥过程如图 5-59 所示，可分为 3 个阶段，即：a. 壁面与物料的热传导；b. 物料层内部的热传导；c. 物料和周围空气的对流换热。

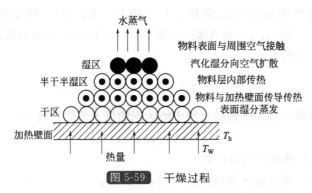

图 5-59　干燥过程

干燥速率受到热量供给和水分蒸发的双重影响。传热过程包括互相耦合、相互制约，整个干燥过程要克服的传递阻力包括散热传递阻力——物料底层与盘面的接触热阻 $1/\alpha_{ws}$、料层热阻 $1/\alpha_{wb}$ 和物料颗粒内部传质阻力 $1/\beta_b$。

E. U. Schlunder 对静止状态散料堆料层的试验研究表明，由于物料中颗粒间存在着间隙，湿分蒸汽可以通过这层间隙扩散出来，因而料层的传质阻力 $1/\beta_b$ 很小。另外，搅拌物料床层中，由于物料不断地被搅拌翻动而使其新的湿表面不断暴露于空气中，从而使湿分的蒸发更加容易，因而料层的传质阻力 $1/\beta_b$ 可以忽略不计。又根据假设，颗粒内部的传质阻力 $1/\beta_b$ 为零。因此，传质阻力可以不考虑。其次，对于细颗粒物料，任何颗粒物料形成的传热阻力对于整个料层的传热阻力也十分小，同时可以忽略不计。

这样，在搅拌床层的干燥过程中，应考虑的阻力只剩下两个热阻，即物料底层与盘面的热阻 $1/\alpha_{ws}$ 和料层热阻 $1/\alpha_{wb}$。

（2）传热分析

对于空心桨叶式干燥机，由于其壁面的长、宽均大于壁厚的 10 倍，因而其传热过程可看作"大平壁"的热处理。

加热介质传来的热量经壁面传给湿物料后，物料层温度升高而蒸发出来水分，蒸发出来的水分被载气带走。根据傅立叶定律，经过此"大平壁"系统的稳定传热的传热系数可按下式进行计算：

$$\frac{1}{k_\zeta} = \frac{1}{\alpha_h} + \frac{\delta_w}{\lambda_w} + \frac{\delta_a}{\delta_b} + \frac{1}{\alpha_e} \tag{5-85}$$

式中，k_ζ 为加热介质至加热壁面的传热系数，$W/(m^2 \cdot K)$；λ_w 为传热系数；α_h 为加热壁面的厚度，m；δ_w 为加热壁面的热导率，$W/(m^2 \cdot K)$；δ_a 为料层厚度，m；δ_b 为料层的有效热导率，$W/(m^2 \cdot K)$；α_e 为在沸点时湿表面湿分蒸发给热系数，$W/(m^2 \cdot K)$。

因辐射给热系数对此种干燥影响较少，因此可忽略不计。

（3）传热模型

赵旭等根据 E. U. Schlunder 的传热模型得出壁面与单个颗粒之间可达到的最大传热系数为：

$$h_p = 4 \frac{\lambda_g}{d_p} \left[\left(1 + \frac{2\sigma}{d_p} \right) \ln\left(1 + \frac{d_p}{2\sigma} \right) - 1 \right] \tag{5-86}$$

式中，h_p 为壁面与单个颗粒之间的传热系数，W/(m²·K)；λ_g 为气体热导率，W/(m²·K)；d_p 为颗粒直径，m；σ 为转换因子。

$$\sigma = 2 \times \frac{2-r}{r} \sqrt{\frac{2\pi RT}{M}} \frac{\lambda_g}{p(2c_g - R/M)} \tag{5-87}$$

式中，R 为理想气体状态方程常数；T 为温度，K；M 为气体相对分子质量，kg/kmol；p 为系统压力，MPa；c_g 为气体比热容，J/(kg·K)；r 为调节系数。

可用下式计算空气的 r 值：

$$\lg\left(\frac{1}{r}\right) - 1 = 0.6 - \left(\frac{1000}{T} + 1\right) / 2.8 \tag{5-88}$$

壁面与相接触的第一层固体颗粒之间可能达到的最大传热系数为

$$h_s = \varphi h_p \tag{5-89}$$

式中，φ 为颗粒对壁面的覆盖系数。

假定固体颗粒在壁面上呈三角形排列，则 $\varphi = 0.91$。

固体颗粒层传热系数按照渗透模型是

$$h_c = \sqrt{\frac{\lambda_e c_s \rho_s}{\pi \tau}} \tag{5-90}$$

式中，c_s 为固体比热容，J/(kg·K)；ρ_s 为固体密度，kg/m³；λ_e 为固体有效热导率，W/(m²·K)；τ 为时间，s。

由于颗粒运动的复杂性，颗粒运动引起热对流，目前还不能正确描述。Schlunder 指出，当颗粒混合很好时，则其对总的传热影响可以忽略。

如此，固体颗粒与桨叶表面只需要考虑壁面到固体颗粒的传热阻力和颗粒层的热阻相叠加，可得瞬时传热系数：

$$h_i = \frac{1}{\dfrac{1}{h_c} + \dfrac{1}{h_s}} \tag{5-91}$$

式中，h_s 为第一层颗粒与壁面之间的传热系数。

可以得到壁面与固体颗粒之间的平均传热系数

$$h = \frac{2h_c \left[\sqrt{\pi \tau^2} - \ln\left(1 + \sqrt{\pi \tau^2} \right) \right]}{\pi \tau^2} \tag{5-92}$$

式中，τ^2 为修正的接触时间。

可以用下式表示

$$\tau^2 = \frac{h_s^2 \tau}{\lambda_s C_s \rho_s} \tag{5-93}$$

楔形桨叶式干燥机的传热面由两部分组成，其中旋转的空心桨叶表面与颗粒之间的传热可直接应用上述公式，但夹套面与颗粒表面之间的传热因桨叶与夹套之间有一道间隙 δ，在这间隙区要考虑如图 5-60 所示的运动颗粒在夹套表面上的速度分布。

Schlunder 等假定在这间隙区有一定厚度 δ_e 的虚拟颗粒静止层，其热阻为 δ_e/λ_e，它与在 δ 宽度中有一定的速度分布的颗粒层的热阻等同，于是夹套与固体颗粒层之间的传热系数为：

$$h_{\mathrm{wi}} = \left(\frac{1}{h_s} + \frac{1}{h_c} + \frac{\delta_e}{\lambda_e} \right) \tag{5-94}$$

再假定接触时间等于桨叶扫过夹套壁面的时间，则其平均传热系数为

$$h_w = \frac{2h_s\lambda_e}{\lambda_e + \delta_e h_s} \left[\frac{\sqrt{\pi\tau_0} - \ln(1 + \sqrt{\pi\tau_0})}{\pi\tau_0} \right] \tag{5-95}$$

其中

$$\tau_0 = \frac{h_s^2 \lambda_e \tau}{(\lambda_e + \delta_e h_s)^2 c_s \rho_s} \tag{5-96}$$

$$\tau = \frac{\tau(d - 2\delta)}{u} \tag{5-97}$$

式中，u 为桨叶尖端旋转线速度，m/s；δ 为桨叶叶尖与夹套之间的间隙，m；d 为桨叶叶片直径，m。

显然，虚拟精致层的厚度 δ_e 主要取决于间隙距离 δ、固体颗粒直径 d_p、固体颗粒的休止角 μ、搅拌桨的厚度 I 和宽度 W、桨叶的叶尖速度 u 和固体颗粒在桨叶表面的相对速度 u_b 等项，即：

$$\delta_e = f(\delta, \ d_p, \ \mu, \ I, \ W, \ u, \ u_b) \tag{5-98}$$

通常 I 和 W 对 δ_e 的影响并不显著，u_b 与 u 的关系如图 5-61 所示。

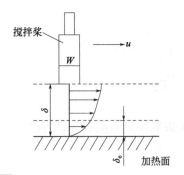

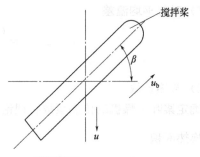

图 5-60　在 δ 间隙区固体颗粒的运动速度分布　　　图 5-61　u_b 与 u 的关系

Ohmori 等假定：

$$0 \leqslant \frac{\delta}{d_p} \leqslant 1 \quad \delta_e = 0 \tag{5-99}$$

$$\frac{\delta}{d_p} > 1 \quad \frac{\delta}{d_p} = 1 / \left(\frac{1}{\xi} + \frac{d_p}{\xi} \right) \tag{5-100}$$

$$\xi = \frac{a\left(\frac{\delta}{d_p} - 1 \right)^b}{(u_e + du_b^e)} \tag{5-101}$$

式中，a、b、e 是需用时间数据确定的常数。对于楔形结构桨叶，$\beta = 0$，即 $u_b = 0$。

5.5.3.2　传热计算

（1）蒸发水分量的计算 W

$$W = G_C(x_1 - x_2) \tag{5-102}$$

式中，G_C 为绝干物料的产量，kg/h；X_1、X_2 分别为进出口物料的干基湿含量。

$$G_C = G_2(1 - \omega_2) \tag{5-103}$$

$$x_1 = \frac{\omega_1}{1-\omega_1} \tag{5-104}$$

$$x_2 = \frac{\omega_2}{1-\omega_2} \tag{5-105}$$

式中，ω_1、ω_2 分别为进出口物料的湿基湿含量。

由此得
$$W = G_C(x_1 - x_2) \tag{5-106}$$

（2）干燥所需热量 Q

干燥过程中消耗的热量由蒸发水分消耗的热量 Q_1、干燥产品带走的热量 Q_2、载气带走的热量 Q_3 和设备热损失 Q_4 四部分组成。在桨叶干燥过程中，进入干燥机内的载气量很少，因此，在工程计算中，其带走的热量可忽略不计，即 $Q_3 = 0^{[8]}$。

由于热轴是主要的换热表面，而热轴与外界隔离这部分的传热面没有热损失，因此在热液干燥机的干燥过程中，设备表面散热少，一般取 Q_4 为其中 Q_1 和 Q_2 热量的 5%。由此得

$$Q = Q_1 + Q_2 + Q_3 + Q_4 = Q_1 + Q_2 + (Q_1 + Q_2) \times 5\% \tag{5-107}$$

$$Q_1 = W[r_i + (T_2 - T_1)c_i] \tag{5-108}$$

$$Q_2 = G_2(T_2 - T_1)[(1-\omega_2)c_s + \omega_2 c_i] \tag{5-109}$$

$$Q_3 = 0$$

$$Q_4 = (Q_1 + Q_2) \times 5\% \tag{5-110}$$

（3）计算传热面积

1）对数平均温差

$$\Delta T_m = \frac{(T-T_1) - (T-T_2)}{\ln \dfrac{T-T_1}{T-T_2}} \tag{5-111}$$

2）传热系数

确定桨叶干燥机的传热系数有理论计算、经验关联和试验测定 3 种方法。

换热面积
$$A = \frac{Q}{K\Delta T_m} \tag{5-112}$$

5.5.3.3 传质计算

（1）传质过程分析

传质，即质量传递，是当系统中存在浓度差时，系统中的组分从一个区域向另一个区域转移的现象。正如温度差是热量传递的推动力那样，浓差度是质量传递的推动力。在没有浓度差的二元均匀混合物中，如果存在着压力梯度或者温度梯度，将会引起压力扩散或热扩散，从而引起相应的浓度扩散——传质。传质一般可以分为两种方式，即分子扩散传质和对流传质。在静止的流体或垂直于浓度梯度方向作层流流动的流体中的传质，由微观分子运动来完成，称为分子扩散，其机理类似于热传导。在流动的流体中由于对流掺混引起的质量传递，成为对流传质，它和热交换中的对流换热相类似。

在空心桨叶干燥机中，水分由料层内部扩散至料层表面，然后随载气排出，湿分和空气之间发生对流传质。在研究对流传质时发现，当热扩散率 α 和传质扩散 β 之比（刘易斯数 $Le = \alpha/\beta$）等于 1 时，热交换系数和传质系数存在着简单的换算关系。已知换热系数的计算式就可方便地求出传质系数，大多数气体在另一种气体中扩散是因为刘易斯系数 Le 和施密特系数 Sc 都具有 1 的数量级，因此可以近似的采用 $Le = 1$ 简化结果。

当水蒸气在空气中扩散时，施密特数 $Sc = 0.60$，而空气的普朗特数 $Pr \approx 0.72$，于是，

$Le = Pr/Sc = 0.72/0.6 \approx 1.20$，接近于 1。因而可以采用传质的刘易斯关系式，即：

$$\beta = \frac{\alpha}{n_g c_{pm}} = \frac{\alpha}{n_g M_{Air} c_{pa}} \tag{5-113}$$

式中，α 为对流换热系数；β 为传质系数，m^2/s；n_g 为空气的当量密度，mol/m^3；c_{pm} 为空气的摩尔热容，J/mol；c_{pa} 为空气的定压比热容，20℃时其值为 $1005J/(kg \cdot K)$；M_{Air} 为空气的分子量，kg/mol。

（2）干燥速率计算

从干燥动力学的观点来看，对干燥过程速率强化的研究是人们最关注的问题之一。在干燥过程中，物料层自由表面向周围空气的传质量，即摩尔干燥速率 n_v 为：

$$n_v = n_g \ln \frac{p - p_g}{p - p_s} \tag{5-114}$$

而质量干燥速率 $m = n_v M_{H_2O}$，把上式及 β 代入该式并整理得

$$m = \frac{\alpha}{c_a} \times \frac{M_{H_2O}}{M_{Air}} \ln \frac{p - p_g}{p - p_s} \tag{5-115}$$

式中，p 为总压力（大气压），$101325Pa$；p_s 为水蒸气的饱和压力，Pa；p_g 为水蒸气的分压力，Pa；c_a 为空气的比热容；M_{H_2O} 为水的分子量，kg/mol；M_{Air} 为空气的分子量，kg/mol。

p_s 由 Antonie 方程计算，计算表达式为 $\lg p_s = A - \dfrac{B}{C+1}$，对于水蒸气，式中各系数为 $A = 7.07$，$B = 1657.46$，$C = 227.02$，式中压力单位为 kPa[14]。

5.5.4 空心桨叶式干燥机结构设计

（1）热轴

热轴的强度设计除考虑加热介质的最高工作压力外，搅拌物料载荷及物料对轴管的腐蚀及磨损的联合作用也属于考虑范畴，对于细长轴还要考虑其刚性。

（2）桨叶

在确定设计压力的情况下，矩形后盖板按平板设计，扇形面板按平板设计，三角形圆弧板按圆筒设计。各部位厚度要考虑腐蚀余量及磨损余量。

（3）壳体

在设计压力确定后，直板按平板设计，ω形板按圆筒设计。

（4）夹套

在设计压力确定后，直板按平板设计，ω形板按圆筒设计。当设备较大时，夹套可采用蜂窝结构，这样可以提高壳体及夹套的刚度和强度，同时可以节省材料。

（5）上盖

上盖与筒体用条形法兰连接。在上盖上设有排气口、加料口、人孔。

（6）轴承座和填料箱

旋转轴的密封采用方形填料。

（7）溢流堰板

在干燥机的出口处，设有放料板和溢流堰板。干燥机外设有操作杆，操控杆可以安置在设备两侧或上盖上。放料板设置在旋转轴下面，干燥机运行时关闭，组织物料流出，使干燥

机内积存一定量的料层。停车时打开排空干燥机存料。由于放料板上部设置有溢流堰板，可以使干燥机内积存更多的料层，并增加物料在干燥机内的停留时间。溢流堰板的高度可调节，以满足不同的工艺条件[14]。

5.5.5 桨叶式干燥机的经济性分析

桨叶干燥系统具备能耗低、安全可靠、灵活兼容度高、设备占地与投资省以及运行维护费用低等诸多优点，具体有以下方面。

（1）能耗低

桨叶干燥机的热效率高可达90%，但能耗仅为气流干燥及旋转闪蒸干燥等热风型干燥机的30%。

（2）灵活度及兼容度高

桨叶干燥机在应用中灵活度高。实践证明，对于我国物化特性变化较大的市政污泥，桨叶干燥机依然具有高适应性；另外对于运行过程中频繁变化的复杂工况（黏度、含固率等）以及运行过程中出现的一些故障，桨叶干燥机也具有很高的兼容度。

（3）设备占地小，投资省

与其他污泥干燥工艺相比，桨叶干燥工艺附属设施设备少，系统布置集约化程度高，故占地面积小，有利于节省系统总投资。

（4）运行维护费用低

由于桨叶干燥工艺系统设计的集约化程度高，因此其尾气处理也很简单，进而节省了尾气处理费用。另外，桨叶干燥机部件生产容易，有些已经普及，维护费用可以接受与控制。

5.6 带式干化技术

带式干燥机由若干个独立的单元段组成，每个单元段均包括加热装置、循环风机、单独或共用的新鲜空气补充系统和尾气排出系统。带式干燥机可对透气性较好的片状、条状、颗粒状和部分膏状物料进行干燥，尤其适合含水率高、有热敏性的材料如中药饮片等，对于脱水污泥泥饼的膏状物料，其经造粒或制成棒状后亦可利用带式干燥机干燥。此类干燥机作为一种连续式干燥设备，具有干燥速率高、蒸发强度高、产品质量好等优点，可用于大规模干燥生产，已在工业上得到广泛应用，目前主要用于干燥小块的物料及纤维质物料。

在烘干脱水污泥时，根据烘干温度的不同可采用以下两种带式烘干装置：低温烘干装置和中温烘干装置。低温烘干装置的环境温度为65℃；中温烘干装置的环境温度在110～130℃。低温烘干过程主要利用自然风的吸水能力对脱水污泥进行风干处理。若自然风干能力不够，必须额外注入热能，提高空气温度进行烘干处理，这就是中温烘干。

5.6.1 带式干化技术的工作原理和基本结构

5.6.1.1 工作原理

脱水污泥铺设在透气的烘干带上后，被缓慢输入干燥机内。因为在干化过程中，污泥不需要任何机械处理，可以平稳地经过"黏滞区"，不会产生结块烤焦现象。此外，烘干过程基本没有粉尘。通过多台鼓风装置进行抽吸，使烘干气体穿流烘干带，并在各自的烘干模块内循环流动进行污泥烘干处理。污泥中的水分被蒸发，随同烘干气体一起被排出带式干燥机。整个污泥烘干过程可通过以下 3 个参数进行过程控制：a. 输入的污泥流量；b. 烘干带的输送速度；c. 输入的热能。

烘干污泥以颗粒状态出料。在部分烘干时，如果出泥颗粒的含固率在 60%～85% 之间，则出泥颗粒中灰尘含量很少。当全部烘干时含固率大于 85%，粉碎后颗粒粒径范围在 3～5mm，粉尘含量（粒径 0.3mm 以下）重量比最大不超过 1%（干污泥料仓中）。

5.6.1.2 基本结构

带式干燥机基本结构见图 5-62。

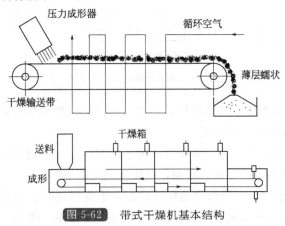

图 5-62　带式干燥机基本结构

带式干燥机由若干个独立的单元段组成。每个单元段包括循环风机、加热装置、单独或公用的新鲜空气抽入系统和烟气排出系统，每一单元热风独立循环，部分烟气由专门排湿风机排出，废气由调节阀控制。物料由加料器均匀地铺在 12～60 目不锈钢丝网带上，网带由传动装置拖动在干燥机内移动。热气由下往上或由上往下穿过铺在网带上的物料，使污泥与热气发生接触传热，从而将污泥中的水汽蒸发带出。网带缓慢移动，网带运行速度可根据物料温度自由调节，干燥后的成品连续落入收料器中。

带式干燥机操作灵活可靠，对干燥介质数量、温度、湿度和烟气循环量等操作参数，可进行独立控制，从而保证带式干燥机操作条件的优化。干燥过程完全在密封箱体内进行，避免了粉尘的外泄[14]。

（1）加料装置　加料装置的作用是在带式干燥机入口处向输送带上供料，使之薄厚均匀，并可在加料装置内加装成型装置，对泥浆物料进行成型加工，有利于后续干燥阶段的进行。若输送带上的料层厚薄不均，将引起干燥介质短路，使薄料层过于干燥，而厚料层干燥不足，严重影响产品质量。如图 5-63 所示，加料装置分为料斗加料器、辊式加料器、气动加料器、摇摆式造料机、螺旋挤出造粒机及带沟槽滚动造粒机。

图 5-63（a）～（c）一般用于一定强度的已成形的被干燥物料，图 5-63（d）～（f）用于泥浆状等含水量高的物料。

如图 5-63（a）所示的料斗加料器适用于颗粒状、块状等有流动性的物料。料斗下料口的宽度与输送带的宽度相等，并在下料口装有闸板和小输送带，以调节和均匀加料量。

如图 5-63（b）所示的辊式加料器，与料斗加料器相似，采用辊式结构，引导物料以一定宽度定量均布在输送带上。

如图 5-63（c）所示为气动加料器，用于有一定强度的已成形物料，采用气动控制吹动物料，以松散状加料，有利于提高干燥速率。

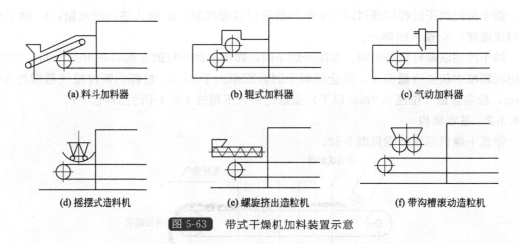

(a) 料斗加料器　　　　(b) 辊式加料器　　　　(c) 气动加料器

(d) 摇摆式造料机　　　(e) 螺旋挤出造粒机　　　(f) 带沟槽滚动造粒机

图 5-63　带式干燥机加料装置示意

如图 5-63 (d) 所示为摇摆式造料机，其有一对能来回摆动的升降的滚筒。料斗固定在两滚筒之间，常在料斗内设有搅拌器。

如图 5-63 (e) 所示为螺旋挤出造粒机，用于泥浆、滤饼等高水分物料的成形供料，可调节螺旋挤出造粒机的转速，控制加料量，并可实现定量加料。

如图 5-63 (f) 所示为带沟槽滚动造粒机，适用于膏状物料。膏状物料在两滚筒之间利用沟槽被挤压成厚度为 3～8mm 的条状物料，均匀布置在输送带上。对于需要预热的湿糊状物料，可在滚筒内通入蒸汽，达到加热成形加料。钛白粉、瓷土及碳酸钙等无机物多采用此类加料器。

（2）输送带

带式干燥机的输送带分为板式和网带式两种，一般板式输送带由厚度为 1mm 的不锈钢薄板制作，板上有 1.5mm×6mm 长条形冲孔，开孔率为 6%～45%。网带式输送带常用不锈钢丝缠绕编织。网带传送带上节与下节之间由不锈钢丝串接。在干燥细小物料时，网带可由两层金属网组成，上层用网目小的，下层用网目大的，以防止漏料并提高网带的使用寿命。

料层厚度通常是数十到数百毫米，由于物性不同，也有几毫米到 1m 的，负荷一般不超过 600kg/m²；干燥介质穿流流速为 0.25～2.5m/s；通过输送带和物料层的总阻力不超过 250～500Pa，以避免单元段间的泄漏；输送带宽度为 1.0～4.5m，长度相应为 3～60m。国内有宽度为 1.2m、1.6m、2.0m，国外有 2.0m、2.5m、3.2m 的系列产品。

输送带的承重段按一定间隔，需设置一滚动的托辊，两托辊之间有一角钢，网带在其滑道上；另外，需设置输送带的张紧机构。

（3）风机

根据循环风量和干燥系统阻力选用循环风机和排风机，通常选用中压或高压离心式风机。这种类型风机最大的优点是效率较高和运行时噪声较小。当要求风量大、压力小时可选用轴流风机。尾气排风机也采用后弯叶片轮型离心风机。

一般设计，每 2.5～4m² 输送带面积设置一台循环风机。整个干燥系统设置一台排风机，排送干燥机的全部尾气。

（4）操作调节

① 干燥介质经箱体侧进风口，与部分尾气混合后通过加热装置被加热后，穿过网带与

物料接触。穿经网带前的干燥介质温度由蒸汽流量控制。

② 根据干燥介质穿过物料层的阻力降控制网带运行速度，以便在投料量变动时，阻力降能保持恒定。

③ 由尾气湿度或其湿球温度调节尾气排放量。

④ 当设备或操作发生事故时，事故停车系统确保以挤压成形装置——→输送带——→循环风机尾气排风机的顺序停车。

（5）自动控制系统

中温带式烘干装置通过过程控制进行全自动操作。此全自动操作是为每天 24h 工作而设计的。任何时候都可以按顺序进行烘干操作。因为装置结构和操作方式十分简单，所以装置便于自动进行启动和停机。在自动操作过程中，可自动监视烘干污泥的含固量，从而保证出泥的干度。通过可编程逻辑控制系统（programmable logic controller，PLC），可保证不断地对烘干过程进行优化处理。

该带式干燥装置的机械结构简单，保养工作量较少。机械操作/保养时间主要用于目视检查各装置组成部件的功能。

（6）废物和废气处理利用系统

该污泥干化系统需要对以下各类废弃物或废气进行处理和利用。

1）冷凝水　因为干燥机在处理过程中不会产生粉尘，冷凝水中也不含有粉尘。另外，整个工艺过程均在低温下进行，污泥中含氮的物质成分未被蒸发到水汽中，因而也不会出现在冷凝水中。这样，在处理过程中产生的冷凝水可直接回流到污水处理厂的进水端进行处理，而不需要另行处理。

2）排放空气　空气在干化系统中低温密闭的状态下循环，可有效控制产生的臭气量。但是，为了控制硫化氢等污染物的浓度，需要对空气进行部分更新处理。

3）清洗水　该装置在停机维修的过程中必须进行清洗，可利用污水处理厂的处理出水。

4）冷却水　为冷却带式干燥机最后传送带上的污泥颗粒，通常利用污水处理厂处理出水的交换器来给空气降温。污泥颗粒可被冷却到 40℃。

（7）安全防护系统

烘干过程中，污泥不需要进行机械性翻滚处理，产生的粉尘含量仅约 $3mg/m^3$，因此该处理工艺无需防爆措施或防爆设备。

5.6.2　带式干化技术分类

5.6.2.1　单级带式干燥

被干燥物料经加料器，由进料端以一定的厚度被均匀分布到输送带上。输送带通常由穿孔的不锈钢薄板或金属网制成，由电机变速箱带动，且速度可以调节。一般单级带式干燥机宽度为 400～2700mm，长度为 10～60m。最为常用的干燥介质是空气，空气用循环风机由外部经空气过滤器抽入带式干燥机内部，被加热的空气经气流分布板由物料层的下部垂直上吹。物料中的水分汽化，空气增湿，温度降低。部分湿空气排出箱体，一部分则在循环风机吸入口前与新鲜空气混合再行循环，由循环风机从物料层上部下吹，使物料层干燥均匀，干燥产品经外界空气或其他低温介质直接接触冷却后，由出口端卸出。图 6-64 所示为单级带式干燥机结构。

干燥机箱体一般被分为几个单元，有利于相对独立地控制运行参数，优化操作。

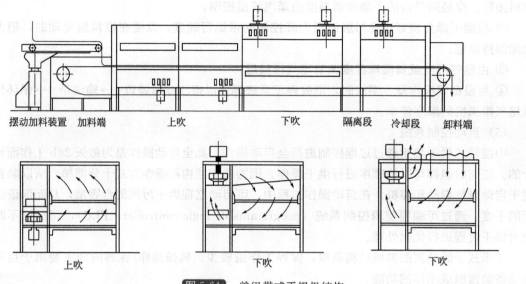

摆动加料装置　加料端　　　　上吹　　　　　　　　下吹　　　　隔离段　冷却段　　卸料端

上吹　　　　　　　　　　　下吹　　　　　　　　　　　下吹

图 5-64　单级带式干燥机结构

5.6.2.2　多级带式干燥

多级带式干燥机可以看作是数台单级带式干燥机的串联，其操作原理与单级带式干燥机基本相同。同时，与单级带式干燥机相比，其干燥室是一个不隔成独立单元段的加热箱体。在传送较易堆积到积压带而影响干燥介质穿流的物料时，多采用多级带式干燥机。处理过程中，在前后两台带式干燥机的卸料和进料过程中，物料得到松动，进而孔隙度随之增大，通过物料层的干燥介质流量增大，使干燥机的干燥效率和处理能力得到提高。结构示意见图 5-65。

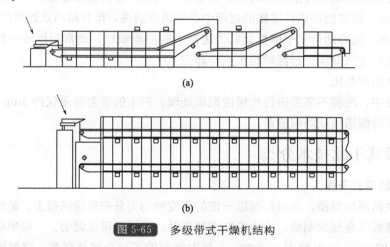

(a)

(b)

图 5-65　多级带式干燥机结构

5.6.2.3　低温带式干化工艺

带式干化依靠大量工艺气体的流动，将污泥中的水分带走。带式干燥机采用对流型干燥方式，利用热空气以提高对流气体的水蒸气压差，从而有利于水分从污泥向气体中转移。低温带式工艺，干空气温度低于 50℃，运转时需要吸入大量环境空气，干化空气不经加热或采用低温废热进行加热。低温带式干化装置结构简单，但占地面积较大，需要干化风量较多。深圳南山电厂的污泥干化项目采用的就是低温带式干化工艺。

5.6.2.4　中温带式干化工艺

带式干化工艺中，以中温带式干化工艺为主流，此类干燥机的一些干化带相互之间上下叠加布置，安装在一个保温外壳之内，与低温带式干燥机相比，结构紧凑，占地面积小。

中温带式干化工艺的大多数干化工艺空气是在干化装置内循环流动，干化空气温度在80～130℃之间。鼓风机以上穿流或下穿流方式将热空气穿越干化带和其上的污泥层，当热空气接触污泥的同时会带走其中的水分，空气温度下降，同时空气中的湿度上升，污泥逐渐变热变干，可干化至含水率为7%～40%，成品含水率根据所设置的干化温度和污泥停留时间来调节。而温度下降、湿度上升的工艺空气被送至冷凝装置内被冷却处理，经过冷凝脱水后以冷凝液形式排出装置，而环流空气通过热交换器重新被加热，并重新作为干化空气使用。工艺空气的加热可以通过在干燥装置内设置燃气炉来实现，或者输入热气体来加热干化装置内的循环工艺空气。同时，利用热能回收系统将丢失的热能重新回收利用。

循环气流中的一小部分气体通过鼓风机抽排出系统，以保证整个干化装置内部始终处于低压状态，从而防止干化空气、臭味和水蒸气的外泄。排出的废气首先在水洗塔经过冷却处理，温度降至40℃以下后再吹入生物滤床进行除臭。与此同时，等量的环境空气进入干化装置。这些空气在进入干化装置之前，也可采用从排气中回收的热能来进行预加热。中温带式干化工艺排风量很少，因此除臭系统相对简单。

5.6.3　带式干化技术工艺及设计要点

目前带式污泥干化工艺大体相同，只在细节上有区别，如有无干泥返混或挤压造粒、工艺气体温度、换热器内置或外置、网带材质、带宽、层数等[9]。

一般的工艺流程为烘干输送带将脱水污泥送入烘干装置。在烘干装置内，烘干气体穿流脱水污泥，污泥中的水分被带走，烘干气得以冷却。通过一台抽风装置，烘干气体被抽吸送到焚烧炉中焚烧。因为烘干装置处于负压状态，所以不会产生并向外界传播臭味。具有操作简单安全、连续性操作、控制过程简单、全自动化等特点，其干化过程避开了污泥"黏结区域"，并且出泥含固率可以较大范围的自由设置。下面分别以德国 Sevar、奥地利 Andtriz 和德国 Huber 公司的典型带式干化工艺为例对带式干化工艺进行详细说明。

5.6.3.1　德国 Sevar 公司带式干化工艺

以德国 Sevar 公司的 BT3000 型带式干化工艺为例对带式干化工艺进行详细说明。

BT3000 型带式干燥机按功能主要分为污泥分配和定量给料单元、污泥压出机和带式干燥机。

（1）污泥分配和定量给料过程

泥饼通过传送带进入干燥机分配漏斗（一个内部摇篮架装置）将物料均匀地分配到整个容器里。泥饼的含固率可为 18%～35%。分配漏斗也可作为一个小型中间贮存器来运行，通过一个超声高度探测器来控制高度。

泥饼通过一个定量给料器从定量给料单元卸入污泥压出机。通过改变定量给料单元的速度，可以调节干燥机的生产量。污泥给料过程见图 5-66。

（2）污泥压出成形

压出机是用于将面糊状的原料挤压成形，使得物料的堆积高度一致，降低流阻，获得有利的表面与体积比率。

压出单元主要由箱式框架、拉模板、尾架、压力轴和驱动单元组成。拉模板位于箱式框

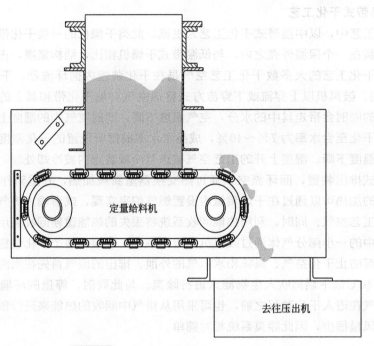

图 5-66　带式干燥机前端——污泥给料过程

架的底部。它由一块钢板组成，钢板是根据原料来成形加工，有不同的孔径和斜度。压出单元的两个尾架构成了压力轴的支座，用于支持驱动单元，并同时担当支撑结构的功能。压力轴位于减摩轴承上，在箱式框架的外部运行，在轴的出口上有可调节密封管。驱动装置由一个液压旋转驱动器组成。有了这个液压系统，压力和流动可以根据要求的水平来调节。污泥压出成形过程见图 5-67。

需要处理的物料被均匀地铺在压出单元的整个工作宽度上。通过模具的挤压和压实，物料的形状得以改变。依靠十字头的旋转运动，在十字头做反向运动之前，可在短时间内，在模具、箱壁和压力轴之间附上一定体积的原料。然后旋转运动减速，附上的原料体积减小，并通过模具被压成"细面条"状。在反向旋转运动之后，十字头运动再次加速直到与相对的箱壁产生同样的挤压动作。

（3）污泥干化

干燥机传送带由带长孔的不锈钢板组成，由一个单独的发动机驱动，并分别配置了一个旋转传感器。在上层传动带的末端（在旋转仓内）物料落在下层传送带上，并返回穿过干化仓，来到入口仓，落入一个卸料螺旋传送带里。干化区分成 10~16 个独立的干化模块，在每个干化模块中都有热干燥气流通过物料。干燥空气被吹到物料上并与物料的流动方向相反。

需要干化的泥饼小球（直径 8mm 左右）以相同的堆积高度从压出机不断地进入干燥机，并用热空气干化，同时在两条传送带上移动通过干燥机，物料停留时间约 60min。污泥小球在顶部传送带上通过每一个干化仓，并且温度逐渐上升，加热至预期的温度后实现水分的蒸发。然后污泥直接落在第二个传送带上，在这里蒸发过程已经完成，污泥在通过前方舱室的时候逐渐冷却。干燥的产品最终温度低于 45℃，由一个卸料传送带运至最终产品处理装置，可以安全地贮存在筒仓内。

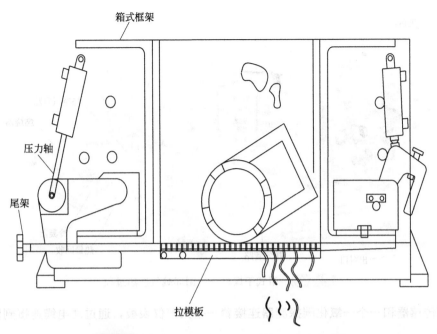

箱式框架

压力轴

尾架

拉模板

图 5-67 带式干燥机前端——污泥压出成形过程

此外，通过一个已安装的工具可在线测量最终产品的含固率。如果含固率降到设置的警报点之下，警报将会响起。

污泥带式干燥机结构见图 5-68。

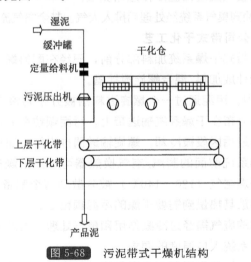

湿泥

缓冲罐

干化仓

定量给料机

污泥压出机

上层干化带

下层干化带

产品泥

图 5-68 污泥带式干燥机结构

（4）循环载气换热

循环载气换热过程见图 5-69。

通过入口鼓风机预热的空气被补给到干燥机的干化仓内。内部热交换器重复加热干化仓中的循环空气，其热源为饱和蒸汽。干燥机加热器需要的热油量由 PLC 来控制，它可以改变热气的温度。

循环鼓风机使热空气循环，并维持每个干化仓中必需的温度，保证空气流以大约 1m/s 的均匀速度穿过干化带。

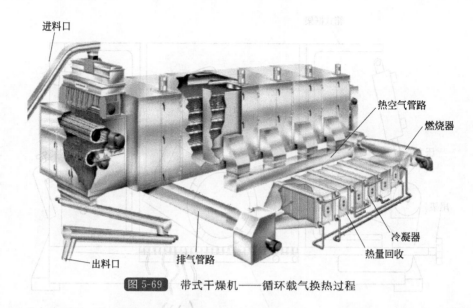

进料口

热空气管路

燃烧器

冷凝器

热量回收

出料口　　排气管路

图 5-69 带式干燥机——循环载气换热过程

温度传感器和一个一氧化碳探测器连接着一个火警仪表板，通过硬电缆连接到紧急冷却水电磁阀。

为了使废气量减到最少，空气流主要在系统里循环流动，只有与进入干燥机系统的新鲜空气等量的剩余废气排出干燥机才可以。

温热潮湿的空气（75～80℃）通过干化仓离开干燥机，并通过排气鼓风机吹过加热交换器进入冷凝器。干燥机的废气温度由温度传感器测量。

鼓风机将剩余尾气流抽到臭气系统经处理后排入大气。其余空气流将回到干燥机循环利用。

5.6.3.2 奥地利 Andtriz 公司带式干化工艺

脱水后湿污泥在进入带式干燥系统加料部分前，已经在配料螺旋里和干物料混合形成易流动材料。配料螺旋被设计成加料/混合螺旋搅拌器。

工艺流程见图 5-70[15]。污泥通过一个螺旋进料器被分布到整个宽度的输送带上。高度可调卷轴确保物料层平均分布在干燥系统输送带上。污泥颗粒在通过干燥系统时，在输送带前端被干燥并在输送带的最后区段被冷却。螺旋输送器排出经干燥和冷却的成品并将之运送到成品仓。位于带式干燥系统前面的蒸汽/空气换热器可加热干燥空气。0.5MPa 的蒸汽可提供能量资源。高温的干燥空气（120～140℃）被分散到两个配备温度调节装置的加热区，通过干燥输送带的气流释放其热量到需要干燥的污泥颗粒上。

小部分离开干燥工序的废气需经过冷凝作用和尾气处理。大部分的废气进入一个热交换器经过再次加热达到干燥系统入口温度的要求。

在输送带的最后区段，抽吸作用和室内空气使成品降温。一部分陆续离开干燥系统的循环空气/蒸汽混合物要求通过表面冷凝器或喷射式冷凝器，循环空气含水率随冷却过程以及冷凝液形成而减少。

5.6.4 带式干化技术主要控制参数

污泥干化是指通过蒸发的方法将污泥中的水分除去。影响除湿效果的条件有很多，如污泥颗粒的孔隙率、气量、气体干度、温度等。干泥返混或面条挤压的目的就是为了增加孔隙率，使污泥获得一种结构，在同等风量下（就单位颗粒而言）得到最大的换热比表面积。

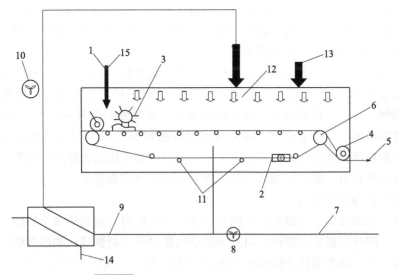

图 5-70　安德里茨带式干燥系统工艺流程

1—污泥加料部分；2—配料螺旋；3—高度可调卷轴；4—卸料螺旋；5—产物排出口；6—主传送带辊；
7—废气；8—皮带清理装置；9—循环空气/闭合环路；10—主风机；11—支撑辊；12—鼓风装置；
13—冷却空气＋抽吸空气；14—热能回收（蒸汽、热水、其他）；15—后部混合供料

对带式干化技术这种纯对流工艺来说，污泥中水分的蒸发是通过污泥颗粒表面与工艺气体主体的水蒸气压差来实现的，压差越大，说明干燥的推动力越大，反之则越小。反映这种干燥推动力的最主要参数就是气体含湿量（相对湿度），它是解读带式干化运行状况的钥匙，而温度的高低又是间接影响气体含湿量的重要因素。以下将干化系统分为各个小系统单元对带式干化技术的控制参数进行分析。

（1）湿污泥进料的干泥返混与成形

中温带式干化若要保证干燥效果，就必须使物料获得适合蒸发的孔隙结构和透气性，有两种解决措施：干泥返混或"挤面条"。其中干泥返混方式最为简单高效，污泥由此获得的孔隙率高、流动性好，有利于实现更快、更好的干燥效果。

（2）工艺气体温度与直接循环比例

带式干化的第一个重要参数就是工艺温度，它决定了气体量以及能耗。

工艺气体温度的变化，对工艺气体量和热能消耗的影响非常大。温度降低，气体量会大幅度增加，能耗也上升，但出口气体的相对湿度降低，干燥推动力增加，对蒸发有利。温度升高，则能大幅度减少气体搬运量，且能耗也有明显下降，显然，理论上高温路线对蒸发最有利。但实际工程中，带式干化却采用较低的工艺气体温度。一种说法是，气体温度太高，则可能使污泥表面结痂，不利内部水分的蒸发；另一种说法是，过高的相对湿度，会失去干燥推动力。干燥推动力不足，产品的干度可能难以保证。

在工艺气量略有上升的前提下，出口气体湿度可降，但能耗会有很大幅度的上升。带式干化要维持较低的能耗水平，减少冷凝、换热环节的投资和能耗支出，最佳方法是维持较高的直接循环气体比例。实际工程中，带式工艺一般倾向于采用较低的工艺气体温度和较大的直接循环量，原因就在于此。

（3）排气量

干燥形成的蒸发水分需及时离开干燥机，以降低干燥机的含湿量。除湿有两种办法：一

是对离开干燥机的循环工艺气体进行冷凝，降低含湿量；二是引入环境空气，一方面冷却产品，另一方面也起到降低系统含湿量的作用。干化废气因易被污泥中的污染物污染，需要及时处理，气体的排放量理论上是越低越好。

减少直接循环气量，加大冷凝气量，理论上可以实现低气体排放量，仅需要一定的额外热能支出。但是存在两个问题：一是回路的压力，所有干化工艺都是在微负压状态下运行的，带式机的气量巨大，只抽取很少的气量排放，是否能做到臭气不外溢，需要实践证明；二是产品冷却的冷源，一些干化项目需要将干泥冷却到 40～50℃ 以下才能安全存放，为此单独投资一个颗粒冷却装置理论上不经济，由于过程中需要用到大量环境空气，其除臭排放不可避免。从这两点看，带式机维持一定比例的排放是非常必要的。

（4）热能能耗与余热利用

带式工艺干化温度低、气量大，干燥后的废气中还带有一定量的多余热能，因此中温带式干化一般将大部分气量直接循环，只对少部分气量进行冷凝循环，与排放结合，实现回路的除湿，从而达到节能和简化干燥机内气体分配的目的。而且，为了进一步减少热能消耗，冷凝前还可以进行一次废热回收，这部分回收的废热用于对冷凝后的再循环气体预热。

（5）蒸发强度

根据资料，在工业干燥领域，带式干燥机的蒸发强度在 $6～3024kg/(m^2 \cdot h)$，一般为 $10～20kg/(m^2 \cdot h)$，而目前市场上各带式干燥机生产厂家在此项参数上的差距较大。

（6）水系统

1）冷却水　采用套管式冷凝器，冷却水可在一个独立的循环系统中流动，只需补充因为蒸发作用消耗的水量。因此冷却水消耗量很少，也不会产生废水。

2）污泥压出机反冲洗水　系统配有反冲洗水泵，每个月对挤压板进行清洗。

3）冷却螺旋冷却水　用于将产品泥温度冷却至小于 45℃。

4）喷淋系统用水　干化仓内温度达到设定临界温度时启动。

（7）安全控制

为防止粉尘爆燃等问题，任何干化系统均应配备安全控制系统。带式干燥机安全控制系统见图 5-71。

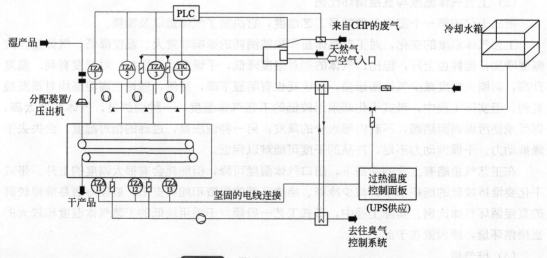

图 5-71　带式干燥机安全控制系统

1）温度检测仪　每一个干化仓模块均设有温度检测装置，干燥机的运行温度最高为140℃，当温度达到155℃时装置发出警报。

2）过热开关　具有检测温度和停止热量输入的功能。并与喷淋系统相连接，当温度达到170℃时，停止热量输入（污泥在180℃才会发生焖烧）。探头对临界温度进行检测，当内部温度达到178℃时，过热开关就会停止热量的输入，同时打开电磁阀（UPS供电），将冷却水从高位贮水池喷洒进干燥机里。

3）喷淋系统　在干化仓的上部每隔1m有可活动的喷水器，喷水器喷淋范围可覆盖整条带。

4）一氧化碳传感器　监测干化仓内循环气体和冷凝后循环气体的一氧化碳浓度水平，当一氧化碳浓度超过100mg/kg时启动报警。

5.7　污泥水热干化技术

水热干化技术是一种污泥处理领域的新型技术。利用水热干化技术能够破碎污泥中的细胞质，从而解决了污泥难脱水的技术难题，同时还可以提高脱水泥饼的热值，水热干化还能够改善污泥厌氧消化性能，从而达到灭菌、分解有机物、降低污泥中有害物含量的目的。与其他技术相比，水热干化技术是一种低能耗、脱水效果好、环保的污泥干化处理技术，是国内污泥干化技术领域的重要发展方向，同时也是我国环保部门2007年推荐使用的污泥处理新技术。

5.7.1　水热干化设备的工作原理和基本结构

污泥的水热反应是在密闭容器内进行的，主体设备为水热反应釜，其结构如图5-72所示。其原理是向密闭水热反应釜中加入含水率75%~85%的脱水污泥，并通入150~300℃、1.5~3.0MPa的饱和蒸汽，通过低温热解使污泥中的黏性有机物水解，颗粒碰撞加剧，而颗粒间的碰撞则有利于胶体结构和毛细结构发生破坏，从而改变污泥中固体颗粒的表面性质以及污泥中水与固体颗粒的结合形态，进而使胞内水、毛细水、结合水和表面吸附水被大量释放，达到改善污泥脱水性能的目的。

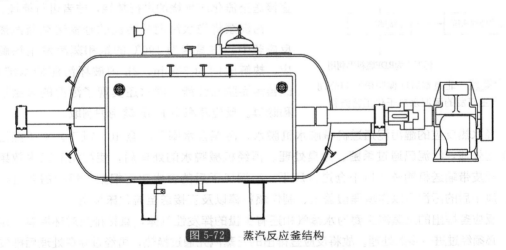

图 5-72　蒸汽反应釜结构

污泥在热水解过程中，其有机物发生变化。首先是污泥的固体有机物不断溶解、液化；其次，部分溶解性的大分子有机物进行水解，变成了小分子物质，解决了污泥厌氧消化过程中有机物水解限速的难题，从而改善了污泥的厌氧消化性能，提高了污泥的厌氧消化效率。

同时，经过水热反应处理后，污泥中有大量的 K、N、P 等成分溶解到液体中，所以湿污泥中间贮仓中的渗透液中含有大量的 K、N、P 等有机成分，可以将渗透液稀释后用作有机氮复合肥料，并有助于物种的生长。

5.7.2 水热干化技术工艺及设计要点

水热干化的一般流程如图 5-73 所示。

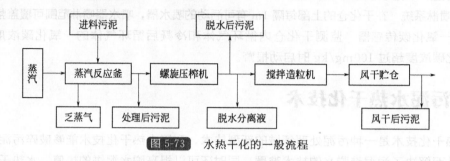

图 5-73 水热干化的一般流程

水热处理后，污泥的物理结构发生了改变，由原来的多孔隙棉絮状结构变为排列整齐的海绵状结构，大幅度改善污泥脱水性能，有利于水分的脱除。除改善脱水性能之外，水热反应还有灭菌除臭的效果，为反应生成物的资源化创造了条件。

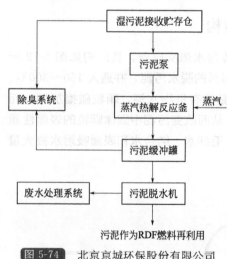

图 5-74 北京京城环保股份有限公司
自主研发的污泥水热干化工艺流程

北京京城环保股份有限公司自主研发了适合我国污泥处理处置的污泥水热干化系统，革新污泥干化传统工艺，降低污泥干化耗能，使得干化处理后的污泥可作为 RDF 燃料进行再利用。其工艺流程如图 5-74 所示。

污泥水热干化工艺路线包含蒸汽热解反应釜、板框压榨脱水、干燥段尾气处理系统、除臭系统和供热系统；处理后的污泥可以制作成 RDF 燃料或者直接送至流化床焚烧炉进行焚烧，或者进行填埋。

污泥泵将脱水污泥从污泥贮仓输送至蒸汽热解反应釜中，与温度为 190℃ 的饱和蒸汽发生热解反应，热解时间为 30min，2h 内破坏污泥持水结构，改善污泥脱水性能，同时还实现了污泥的杀菌消毒和除臭。反应蒸汽由 RDF 焚烧炉制取。

经水热反应的湿污泥通过机械脱水机脱水，污泥含水率可降至 40% 以下。由于经过水热干化处理，污泥已通过杀菌、除臭处理。再经机械脱水的处理后，使污泥的脱水效果明显。经皮带输送机输送至风干仓进行风干。污泥风干后的含水率可根据工程的需要进行调节。风干后的污泥可以作填埋覆盖土、制作燃料棒以及直接送至流化床焚烧。

反应釜排出的乏蒸汽主要为水蒸气和还有少量的挥发性气体，直接排放对环境有一定污染，必须经过进一步的处理。故将反应釜排出的乏蒸汽先通过换热，再经过除臭处理后排放。

经机械脱水后的脱出液，由于经过水热反应处理后的污泥的持水结构发生改变，所以黏度降低，脱水性能获得改善。同时大分子有机物被水解，降低了生物处理的难度。考虑可以通过高效厌氧对脱出液进行厌氧消化，利用 UASB 整套工艺进行处理，COD 去除率达

$60\%\sim80\%$。生物质能可以以沼气的形式被高效回收利用。再经过好氧处理后达标排放。

蒸汽热解反应釜的供汽系统采用 RDF 锅炉，风干后的污泥，经 RDF 给料螺旋输送机输送至 RDF 锅炉进行焚烧；由水泵送至 RDF 锅炉的水制备的蒸汽由蒸汽管道输送至蒸汽热解反应釜中与污泥进行反应，达到了资源的循环利用。RDF 锅炉中设有沼气喷枪，在 UASB 处理工艺过程中产生的沼气可以经喷枪喷入锅炉里进行焚烧利用，同时锅炉设有天然气预留器，供起炉时使用。污泥焚烧后，灰渣经炉底的落渣口收集，再进行填埋。

5.7.3 水热干化技术的平衡计算及控制参数

5.7.3.1 平衡计算

污泥水热干化技术的物料及能量平衡计算如图 5-75 所示。

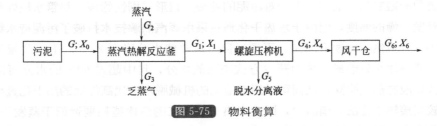

图 5-75 物料衡算

如图 5-75 所示，流量为 G，含水率为 X_0 的湿污泥经蒸汽反应釜以后流量为 G_1，含水率 X_1，进入蒸汽反应釜的蒸汽流量为 G_2，流出蒸汽反应釜的蒸汽流量为 G_3。经螺旋压榨机处理后的污泥流量为 G_4，含水率为 X_4，脱水分离液的流量为 G_5，风干后污泥的流量为 G_6，含水率为 X_6。所以，假设干燥过程中无蒸汽损失，则物料平衡计算公式如下。

1）污泥含有水分的增加量

$$W = G_1 X_1 - G X_0 \tag{5-116}$$

2）进入蒸汽反应釜的蒸汽流量 G_2

$$G_2 = W + G_3 \tag{5-117}$$

3）脱水分离液的流量 G_5

$$G_5 = G_1 - G_4 \tag{5-118}$$

4）风干后污泥的流量 G_6

$$G_6 = \frac{G_4(1 - X_4)}{1 - X_6} \tag{5-119}$$

5.7.3.2 控制参数

污泥水热干化工艺的控制参数有反应温度、反应压力、反应时间、反应泥质 4 项。

（1）反应温度

水热干化反应系统中，反应温度对污泥的调质解调过程有决定性的影响，作为热源，蒸汽的工艺参数对水热干化反应起到了至关重要的作用。蒸汽的用途一方面提供污泥干化的热源，保证反应温度，另一方面对干化后乏蒸汽的出口设备进行吹扫，以防止设备堵塞而带来的反应容器压力骤升。工程应用上，一般反应温度在 $170\sim220℃$ 范围内取值，根据现场的情况变化而进行联动调整。

（2）反应压力

污泥在反应设备中进行调质解调的过程中，为了保证反应的稳定及均匀性，需要保证反应容器维持稳定的压力和温度，一般工程运用上水热反应压力为 2.0～3.0MPa。

（3）反应时间

一般在工程运用上，设定污泥在水热反应设备中的停留时间为 0.5～1h，以充分进行调质解调。

（4）反应泥质

由于污泥成分的复杂性，导致不同地区的污泥泥质差异巨大，成分各异，在进行处理前需要做污泥的泥质分析工作，以确保系统的稳定以及后续烟气排放的处理。一般工程运用上，接收的来自污水处理厂的污泥含水量为 80%～84%，中国污泥普遍含砂量较高。

5.7.4 水热干化技术的经济性分析

能源资源的短缺与价格不断上涨对污泥的处理处置形成刚性约束。尽管水热处理的反应温度高于蒸发干燥的温度，但由于水热干化通过采用蒸汽热解技术打破了污泥持水结构，所以，污泥中水分自然蒸发速度加快，可通过自然蒸发使水分降至 20% 以下，改善了污泥的脱水性能，使得原来只能通过热力蒸发方式脱除的水分，其中超过 60% 的水分可以借助机械分离方式以液态形式脱除，从而可以用低能耗的机械脱水取代高能耗的热干化过程，使水分蒸发量较直接热干化法大幅减少，因此水热干化工艺的总体能耗要远低于蒸发干燥工艺，进而大幅降低了污泥脱水能耗和污泥处理成本，这一点是水热干化技术实现系统节能的核心。从运行成本看，普通热力干化直接运行成本为 250～300 元/t，而水热干化仅为 100～120 元/t。

同时，污泥干化过程中必须减少对资源消耗的要求，而且不能为了污泥整体的减量消耗大量的能源，反而提高了二氧化碳的排放。在传统热力干化中，每蒸发 1t 水需消耗 1t 热值 5000kcal 的原煤，约排放 2t 温室气体。而水热干化是依靠污泥自身热量达到热平衡，避免了添加辅助燃料，减少了温室气体排放。

可见，水热干化污泥处理技术的经济适宜性较高。

5.8 转盘干化技术

转盘干化是根据其典型的机械构造形式而命名的一种干燥机，最早由瑞典 Stord Bartz 公司于 1956 年发明。迄今为止，转盘式连续干燥机已有几十年的发展历史，目前在日本、德国、俄罗斯和美国等国家都有专门的公司进行研发制造，其中德国 Krauss-Maffei 公司历史较久，研发较成功。十几年来，国内也开展了很多关于转盘式连续干燥机的研究，并取得了一定的进步。河北工业大学、核工业总公司第四研究设计院、上海化工装备研究所、石家庄工大化工设备有限公司等一些公司和设计院均取得了一系列的成果[14]。

5.8.1 转盘干化技术的工作原理和基本结构

5.8.1.1 转盘式干燥机的工作原理

在转盘式干燥机中，大、小干燥盘上下交替依次排列，耙臂作回转运动使耙叶连续地翻炒物料。干燥盘为中空结构，干燥盘内通入饱和蒸汽、热水、导热油或高温熔盐等加热介质，由干燥盘的一端进入，从另一端导出。待干燥物料连续地加到干燥机上部第一层干燥盘上，物料沿指数螺旋线流过干燥盘表面，在小干燥盘上的物料被移送到外缘，并在外缘落到下方的大干燥盘外缘，而在大干燥盘上的物料向里移动，并从中间落料口落到下一层小干燥盘中。然后再重复上述过程，从而使物料得以连续地流过整个干燥机。干燥后的物料从最后一层干燥盘落到壳体的底层，最后被耙叶移送到出料口并排出。从物料中蒸发的湿分（一般为水）由设在顶盖上的排湿口排出。而对于真空型盘式干燥机，湿分由设在顶盖上的真空泵口排出。

5.8.1.2 转盘式干燥机的基本结构

转盘式干燥机是转盘干化工艺的核心，是一种高效节能的传导型连续干燥设备。该设备主要包括壳体、框架、大小空心加热盘、主轴、耙臂及耙叶、加料器、卸料装置、减速机和电动机等部件。其总体结构如图5-76所示。

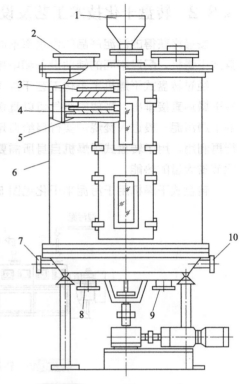

图 5-76　转盘式连续干燥机结构
1—物料进口；2—废气出口；3—耙臂；4—耙叶；5—加热盘；6—外壳；7—蒸汽进口；8,9—成品出口；10—冷凝水出口

空心加热盘是该干燥机的主要部件，加热盘分大盘和小盘且成对配置。其内部通以饱和蒸汽、热水或导热油作为加热介质。故加热盘实际是一个压力容器。因此在其内部以一定排列方式焊有折流隔板或短管，一方面增加了加热介质在空心盘内的扰动，提高了传热效果；另一方面增加了空心盘的刚度并提高了其承载能力。每个加热盘上均有热载体的进出口接管。各层加热盘间保持一定间距，水平固定在框架上。

每层加热盘上均装有十字耙臂，上下两层加热盘上的耙臂呈45°角交错固定在主轴上。每根耙臂上均装有等距离排列的耙叶若干个，上下两层加热盘（小盘和大盘）的耙叶安装方向相反，以保证物料的正常流动。电机通过减速机带动干燥器主轴转动。物料由干燥机上方的加料口进入，经各层加热盘干燥后由下部出料口排出。干燥机最外面是一壳体，使整个干燥过程在一密闭空间内进行。

转盘式干燥机外壳形似一个圆柱体，一般采用不锈钢制造，可设用于保温的夹套，其内壁焊接有挡料板，挡料板纵向深入到两个盘片之间，用于防止物料随转子而转动，起到搅拌物料的作用。

转盘式干燥机具有热效率高、干燥时间短、能耗低、调控性好等特点，具体如下。

① 能耗低。以某公司产品为例，加热盘直径1500mm，14~16层加热盘加热干燥面积为19~22m²，其驱动电机功率仅为3.0kW；直径3000mm，14~16层加热盘，加热干燥面积达84~96m²，其驱动电机功率只有11kW。

② 热效率高、干燥时间短。转盘式连续干燥机是一种热传导式干燥设备，不存在热风干燥中由热风带走大量热量的弊端。污泥在耙叶的机械作用下不断被翻炒、搅拌，从而使料层热阻降低，提高了干燥强度，其热效率可达60%以上。干燥时间与物料初始湿含量及物料的性质有关，一般在5~80min；污泥含水量的不同，单位蒸汽耗量也不同，为1.3~1.6kg蒸汽/kg水。

③ 调控性好。通过调整主轴转速，可精确控制物料停留时间，每层加热盘均可单独通

入加热介质,有利于准确控制物料的温度。并且调整加热盘上料层厚度、主轴转速、耙叶形式和尺寸等均可改善干燥效果,使干燥达到理想效果。

④ 环境整洁。由于是密闭式操作,无粉尘飞扬,改善了劳动环境,有利于操作人员的健康。

⑤ 运转平稳、无振动、低噪声、设备直立安装、占地面积小。

5.8.2 转盘干化技术工艺及设计要点

按最终获得的污泥产品的含水率不同,污泥干化技术可以分为半干化和全干化。通过转盘式干燥机,配以不同的辅助设备和电控制系统可以分别实现污泥的全干化与半干化。

经过转盘式干燥机半干化工艺干燥得到的污泥一般含水率大于 50%,干燥污泥被一次性干燥后直接排出,排放的废气可以直接进入尾气冷凝液化站,无需进行除尘处理。被排出的干燥污泥一般进入焚烧炉实行自给自足的燃烧,不需要辅助热源,其燃烧产生的热能可进行再利用,用于转盘式干燥机自身所需要的热量的供给,以达到热能的平衡和最佳利用。因此节省大量的热能。

转盘式干燥机用于污泥半干化见图 5-77。

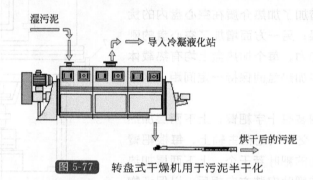

图 5-77 转盘式干燥机用于污泥半干化

在转盘式干燥机全干化工艺中,部分已被烘干的含水率小于 10% 的污泥被回流到干燥机的入口,与湿污泥混合形成含水率低于 30% 的污泥混合物后再进入干燥机。全干化工艺排出的尾气一般需要经过除尘处理后再进入尾气冷凝液化站。由于全干化工艺的空气量较少,其含氧量也很少,一般约为 2%,也就是说转盘全干化工艺本身能很好地防止粉尘爆炸。

转盘式干燥机用于污泥全干化见图 5-78。

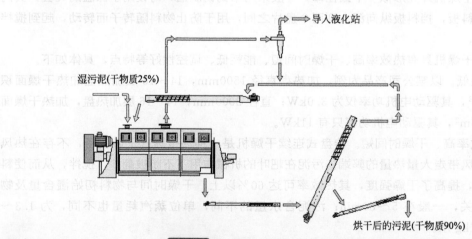

图 5-78 转盘式干燥机用于污泥全干化

5.8.2.1 Atlas-Stord 公司的 Rotadisc® 卧式转盘式干燥机

阿特拉斯-斯道特（Atlas-Stord）公司的 Rotadisc® 卧式转盘式干燥机应用于污泥干化领域已经有 20 多年了，并获得了专利，主要是由定子（外壳）、转子（转盘）和驱动装置组成，如图 5-79 所示。

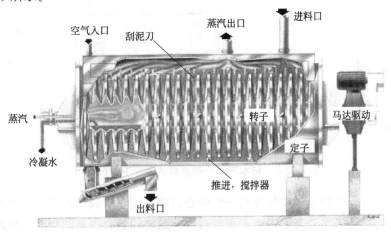

图 5-79 卧式转盘式干燥机

（1）定子

转盘式干燥机的定子即干燥机外壳，一般采用不锈钢制造，形似圆柱体，其上部高起，空出容纳污泥废蒸汽的空间，且设有废蒸汽出口。废蒸汽圆顶出口装有检修盖板，以方便检修。定子端板采用法兰安装，便于检修，同时端板也用于固定转子的轴承。

（2）转子

转盘式干燥机的转子即加热盘，而转子的中心轴是干化转盘的承载部件，所有的转盘都焊接在这个中心轴上。中心轴为中空结构，且中空轴内腔与所有转盘内腔相连通。空心转盘内腔分布着许多支撑杆，支撑杆两端支撑着左右两个圆盘，从而提高了转盘的坚固性。每片转盘由两个对扣的圆盘焊接而成。

根据污泥的含水率的不同，转盘可以采用不同的材质进行制造，如低碳钢、不锈钢或特殊合金钢等。安装在转盘边缘的推进/搅拌器既可以推进、输送污泥，又可以搅拌、混合污泥，推进器的切斜角度也是可以调整的。导热油或高压热水传递干化产品所需热量，转盘的内腔可以通入中低压蒸汽（最大 12atm）。

（3）驱动电机

整个驱动装置由电机、嵌入式减速箱、耦合器和皮带传动等组成，用于驱动转子旋转。

（4）推进/搅拌器

推进/搅拌器使污泥被均匀缓慢地输送通过整个干燥机，并通过与转盘的热接触被干化。在每两片转盘之间装有刮刀，刮刀固定在外壳（定子）上。刮刀可以疏松盘片间的污泥，有利于干化过程的进行。

5.8.2.2 日本三菱公司全套的圆盘式污泥干燥技术

在日本，圆盘式污泥干化技术发展已经相当成熟，工程应用亦很稳定可靠，资料显示该技术在日本的使用覆盖率已超过 60%，设备最长使用寿命可达 30 年，并且设备运行良好，至今仍在使用。其中，日本三菱的圆盘式污泥干燥设备构造简单、检修便利、使用能耗低、日产量稳定、COD相对较低利于处理也是它的几大亮点，其结构如图5-80所示。

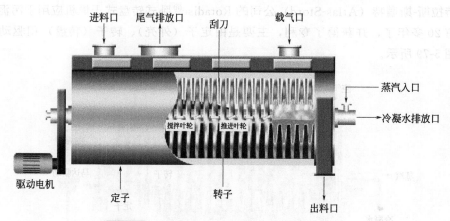

图 5-80　日本三菱公司圆盘式污泥干燥机结构

图中标注：进料口、尾气排放口、刮刀、载气口、蒸汽入口、冷凝水排放口、驱动电机、定子、转子、出料口、搅拌叶轮、推进叶轮

圆盘干燥机由一个圆筒形的外壳和一组中心贯穿的圆盘组成。外壳是不动的，它容纳污泥和污泥蒸发的水蒸气。外壳的内壁上在每两片转盘之间装有固定的刮刀，刮刀固定在外壳上，刮刀很长，伸到圆盘之间的空隙，可以疏松盘片间的污泥，防止有大块污泥固结在盘片上，而且通过转盘边缘的叶轮起到推进器/搅拌器的作用。整个推进和搅拌过程依靠转盘边缘的叶轮进行，维护成本低。由于盘片本身不承担切割和推进的作用，所以对干燥机基本不产生磨损，适合用于含沙量较高的污泥干燥。

干燥机的圆盘组是中空的，热介质从这里流过，把热量通过圆盘间接传输给污泥，污泥在圆盘和外壳间通过，接收圆盘传递的热量，使水分蒸发。污泥水分蒸发形成的水蒸气聚集在圆盘上方的穹顶里，被少量的通风带出干燥机。在干化过程中，热蒸汽冷凝在转盘腔的内壁上而形成的冷凝水将通过管子被导入中心管，最终由导出槽导出。

干燥机中的圆盘有两个作用：一是给污泥提供足够大的传热面积；二是在圆盘缓慢转动的同时，其上面的小推进器推动污泥向指定的方向流动并起到很好的搅拌作用。干燥机利用每个圆盘的双面传热，可以在很小的空间中提供很大的换热面积，使得结构紧凑。圆盘的转动可以变频调节，转速约为5r/min，磨损小。干燥机上还设计了多个检修窗口，所以检修方便直观。

圆盘污泥干燥机占地面积小，换热面积大（最大可达411m²）。因为污泥经破碎和搅动后，成均匀颗粒状，所以便于对其进行进一步的处置和资源化利用。

日本三菱公司圆盘干化工艺流程如图5-81所示。此工艺单台设备日处理量为100t/d，采用0.5MPa、152℃的低品位饱和水蒸气，蒸汽需要量2.7t/h，装机额定功率为90kW，产生的冷凝水可以循环使用。

5.8.3　转盘式干燥机的平衡计算及参数控制

在转盘式干化工艺中，需要控制的参数一般有以下几个。

（1）干泥返混比例

据Stord的技术方案可知，转盘式干燥机在进行全干化（含固率大于90%）时则需要干泥返混，入干燥机的平均含固率为65%～75%；进行低干度半干化（含固率小于45%）时无需干泥返混。而如果要进行含固率低于85%的高干度半干化时，需要用全干化污泥与湿

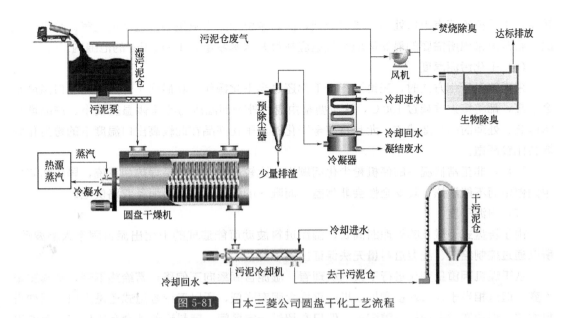

图 5-81　日本三菱公司圆盘干化工艺流程

泥进行混合获得。

在 Stord 于 1996 年申请的一项专利中，谈到的黏性区在含固率 45％～70％。在低干度半干化（低于 45％）时，当污泥尚未形成所说的胶黏相即已离开了干燥机，此时干化是可行的。当含固率超过 70％时也可行。但由于物料流量（也即干泥返混）方面的问题，所建议的干泥含固率都会大于 85％。

因此，在转盘式干化工艺中需要控制好干泥返混的比例，以实现相应的污泥干化的目标。

（2）转子负荷

增加换热面积，就需要增加盘片数量。然而盘片数量的增多的同时会增加金属用量，这就会造成在高热环境下的金属变形量及其机械负荷的明显增加。

转盘式干燥机配有计量称重控制装置，以控制湿泥流量，污泥称量范围为 0～50t，称重传感器精度为 0.03％，系统称重精度为 0.1％。然而配置计量称重控制装置并不能解决因污泥黏性造成的转子过载，因此为了保护电机和干燥机主轴，以避免应力损坏，还需在传动装置上配置过载安全销。

由此可见，控制好转子的负荷关系到转盘式干燥机设备的自身安全。

（3）换热工质的选择

从通入换热工质流体角度分析，需要得到的是最佳的流体输入输出。考虑到高温工质管线在穿过旋转接头时应具备最起码的隔热和支撑，所以作为换热工质，蒸汽要优于导热油。

从制造角度分析，由于饱和蒸汽的温度低（0.9MPa 时仅 175℃），明显低于导热油的200℃，因此其造成的干燥机热形变也较小。而且，从转盘式干燥机的自重特征分析，主轴挠度、应力分布等是最核心的设计难题，而采用蒸汽则可解决以上难题。

（4）蒸发强度

根据转盘式干燥机厂家的公开资料，其蒸发强度统计如下：低干度半干化时，设计蒸发强度 10～14kg/(m²·h)；全干化时，设计蒸发强度 10～12kg/(m²·h)（有干泥返混时）。

（5）含氧量

从安全性层面看，转盘式干燥机存在较大问题，究其原因主要在于其含氧量这一指标。

转盘式干燥机废蒸汽出口处的含氧量最低，而其余位置的含氧量则接近环境空气。转盘干化时，将蒸汽带出所需要的最低环境空气量应在每升水蒸发量 0.1～0.3kg 的范围内。

（6）干化污泥温度

采用转盘干化方式时，无论进行全干化还是半干化操作，其最终干燥产品的出口温度都会很高，都将接近或超过 100℃，这主要是由盘片外表面温度与热流体温差较小、产品堆积密度高、处理时间长造成的。尤其是在全干化时，干化产品在此较高出口温度下的粉尘化倾向会比较严重。

而且，非正常情况下的停机粉尘化问题也会比较严重。如果是导热油系统，导热油如果也因停电而不能散热，其安全性会非常差，而唯一的解决办法就是配备双路供电。

（7）出泥干度

由于转盘式干燥机的处理时间长，湿泥进料波动可能造成的干化出泥含固率大幅波动，所以通过控制给热、湿泥进料量无法保证出泥干度。

从干燥机因重量变化进行干预的机理看，湿泥含固率向下偏移，若给热不变，则蒸发量不变，但这相当于入口水量增加，机内平均含固率降低，所以无论容量式还是重量式何种进料方式，都会造成干燥机总重增加，但只有超过一定区间，喂料设备才会有所反应。而如果湿泥含固率发生正偏移，则出泥干度就会过高，继而引起粉尘问题。可见，干燥机称重对控制出泥干度亦无作用。

（8）干泥堆密度

由于脱水污泥中有机质含量会随着污水处理工艺的不同而不同，所以污泥的堆密度亦会存在较大差异。而转盘式干燥机在处理较低堆密度的污泥时可能存在物流上的问题。

此外，当某一时刻污泥堆密度瞬间大幅度降低时，而转盘式干燥机前端喂料尚未采取措施，将会造成污泥料位上升，从而挤占蒸汽罩空间，造成剩余空间内的粉尘密度大幅度增加，并可能引发粉尘爆炸。

5.8.4　转盘式干燥机的经济性分析

目前国内的污泥处理与处置主要采用填埋的方法，其污泥每吨处理费用大致在 200 元。经过转盘干化工艺干化处理的污泥可以有多种用途加以再利用，可以用于农业，直接通过焚烧炉焚烧，还可以在垃圾焚烧站、火力发电厂和水泥厂的现有焚烧炉中和垃圾等燃料混合进行焚烧，这样直接节省了土地填埋的费用，还达到了环保的要求。干化后的污泥保存了污泥原有 100％ 的热值，每吨干污泥所产生的热量相当于 1/3 吨标准煤所产生的热量。由此看来，干化后的污泥资源化利用直接产生了经济效益。

转盘干化工艺简单，设备数量少，因此电能消耗小，低于其他传导型干化工艺，加之其热效率高，运行成本低，以燃煤为例，转盘式干燥设备约是欧美引进同类处理能力技术设备投资的 30％ 左右。此外，转盘式干燥机可干燥膏糊状和热敏性物料，能方便地回收溶剂，进一步提高其经济性。

5.9　薄层干化技术

薄层干化技术是干燥机利用薄膜的原理，在真空条件或在惰性气体中通过干燥机中的旋转刮刀将湿物质以薄膜形式分布于接触面，形成几毫米厚的薄膜层，同时使湿物质沿轴线向前运动，完成湿物质干燥的过程。

薄层干化技术应用很广泛，在高真空条件或惰性气体条件下，从黏性物质（如污泥）的干燥到颗粒物的干燥。薄膜干燥机可以通过控制物料的停留时间以便适用于更多的物料，例如聚合物、颜料、金属氧化物和纤维素等。

5.9.1 涡轮薄层干化技术的工作原理和基本结构

涡轮薄层干燥机（turbo thin film dryer）的主体构造为一个卧式的圆柱状干燥机。在圆柱状干燥机内，设置有与之同轴的转子，并在转子的不同位置上配备有不同曲线的桨叶。在处理器外电机驱动下，转子带动桨叶快速旋转，从而形成高速的涡流。薄层蒸发器的外部结构如图 5-82 所示。

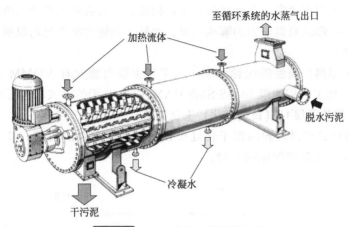

图 5-82　薄层蒸发器的外部结构

湿泥通过定量上料装置与经过加热的工艺气体（蒸汽或空气）在同侧进入卧式的圆柱状干燥机，污泥在高速涡流的作用下，通过离心作用在处理器的内壁上形成以一定速率从处理器的进料端向出料端做环形螺旋移动的污泥薄层。因为污泥薄层仅有几毫米厚，使污泥颗粒获得极为分散和动态的分布，从而获得较高的换热比表面积，并在薄层内不断地与热壁接触、碰撞，从而实现污泥的热传导换热。此外，该工艺在污泥进入的同时，还通入了经过预热的工艺气体对污泥进行换热干燥处理。工艺气体与污泥的运动方向一致，在处理器的内部与高速涡流共同作用下，推动污泥沿内壁向出口方向做螺线运动，污泥颗粒在工艺气体的反复包裹、携带和穿流下，实现强烈的热对流换热。在热传导和热对流的共同作用下，达到污泥干燥、灭菌的目的。干燥后的物料与蒸发所形成的湿分裹挟在干燥气体中一起离开干燥机，经过旋风分离和冷却，得到干燥的产品。气体经除尘和冷凝，绝大部分加热后回用，少量不可凝气体经处理排放。

涡轮薄层干燥技术在于成功利用了热传导和热对流的原理，即换热过程一部分是通过与物料有接触的工艺气体实现，而大部分是通过位于干燥机夹套中的热介质（导热油或蒸汽）加热金属壁而形成的热传导来实现的。其中热对流占换热总量的 40% 左右，热传导占 60% 以上。

5.9.2 涡轮薄层干化技术工艺及设计要点

涡轮薄层干燥工艺使用相当于普通热对流工艺不到 1/2 的气量，起到物料搬运的作用，并配合热传导，形成最佳的蒸发效率。可以很好地实现污泥减量化，干燥后的污泥含水率＜5％，体积仅为处理前脱水污泥（含水率为70％～80％）的20％～25％，减量率＞70％。该干燥工艺可将污泥均匀加热到巴氏消毒温度并保持一定的时间，可以保证对微生物及病菌的彻底消灭，而且干燥后污泥的含水率（＜5％）低于微生物生存所需的含水率（≥23％）要求，因此在干燥污泥进一步处理、贮存和运输过程中不会产生腐化、发臭等问题，达到污泥无害化和稳定化的目的。该工艺彻底取消了干泥的返混，使得工艺简洁，设备数量减少，易磨损金属件数量和范围极为有限，因此该技术使用寿命长，整体可靠性高。利用涡轮薄层干燥技术干化时间短，仅为2.5～3min，同时利用蒸汽的表面保护作用，避免污泥颗粒的过热，进而减少了粉尘问题。由于处理时间大大缩短，单位时间里系统内的物料极少，因此停机所需时间短，紧急停机情况下的清理量极小。在干燥过程中，利用高速涡轮产生的涡流形成搅拌，使得物料不但不会黏附在金属热壁上，相反，有着强烈的自清洁效果。可以采用各种廉价能源或废热，形成有竞争力的解决方案。此外，涡轮洗涤工艺可以有效解决燃煤利用中的高效脱硫问题。

目前，国际上最具代表性的涡轮薄层干燥工艺主要有意大利VOMM公司的涡轮薄层NI（自惰性化）干化工艺和德国BUSS-SMS-CANZLER公司的卧式薄层污泥干化工艺。

5.9.2.1　VOMM涡轮薄层NI（自惰性化）干化工艺

意大利VOMM公司是世界污泥干化处理设备方面的重要供应商，其开发的涡轮薄层NI（自惰性化）干化工艺流程见图5-83。

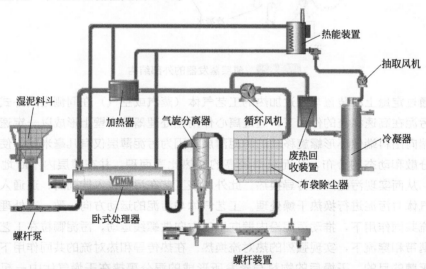

图5-83　涡轮薄层NI（自惰性化）干化工艺流程

经过机械脱水处理的污泥（含固率15％～35％）贮存在一个湿泥料斗中，通过螺杆泵将污泥定量喂入一个卧式处理器，该处理器的衬套内循环有温度高达280～300℃的热油，使反应器的内壁得到均匀有效的加热。

干燥系统的回路内循环有温度超过120℃的工艺气体，这部分气体主要是由蒸汽构成（重量的86％以上），为彻底惰性化环境。与圆柱形反应器同轴的转子在不同位置上装配有不同曲线的桨叶，含水污泥在并流循环的热工艺气体带动下，经高速旋转的转子带动桨叶所形成的涡流的作用在反应器内壁上形成一层物料薄层，该薄层以一定的速率从反应器进料一侧向另一侧移动，从而完成接触、反应和干燥。

固态物料、蒸汽和其他气态物质被涡流带入气旋分离器进行气固分离，并经过一个布袋除尘器，固态物质（即干燥后的污泥）被分离出来，由带有冷水套的螺杆装置冷却并排出。

经过除尘的蒸汽被循环风机抽取，经过加热器加热，重新回到系统。

相当于蒸发量的部分蒸汽被抽取风机抽取，经过冷凝器，进行混合冷凝，冷凝后的少量气体经生物过滤器除臭（或引至热能装置烧掉）后排放。

干化系统所需热能的60%以上可以通过在冷凝器前安装的废热回收装置进行回收，回收得到温度为85℃以上的热水，这部分热能可以用于污泥的高温消化、民用取暖，或用于对浓缩污泥的加热调理，以提高污泥的脱水含固率，进一步优化干化设施的运行成本。

冷凝器中沉降下来的冷凝水被收集起来再利用或回到污水处理厂进行处理。

工艺为间接加热形式，因此可以采用各种来源的能源加热导热油，包括废热烟气、废热蒸汽、燃煤、沼气、天然气、重油、柴油等，介质为耐高温油品。导热油作为热媒在涡轮干燥机的外套内循环，同时也通过热交换器对工艺气体进行加热。

污泥产品的含固率在60%～95%之间可调。系统具有自清空的特点，工作环境宽松友好，涡轮转子沿预制的滑轨整体抽出进行保养，所有的维护工作均在地面进行，十分便捷和安全。系统全自动化运行，无需人员值守，采用典型的PC/PLC级管理方式。

5.9.2.2 德国 BUSS-SMS-CANZLER 薄层干化工艺

德国 BUSS-SMS-CANZLER 公司的卧式薄层污泥干化工艺流程如图 5-84 所示。

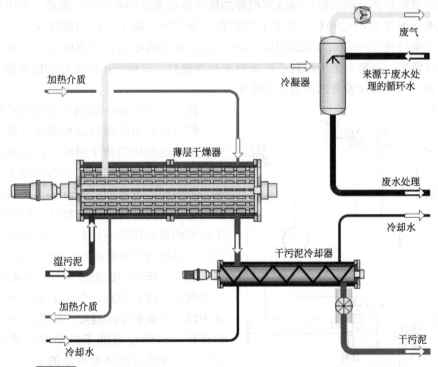

图 5-84 德国 BUSS-SMS-CANZLER 公司的卧式薄层污泥干化工艺流程

该系统设备主要是指卧式薄层干燥机。卧式薄层干燥机由带加热层的圆筒形壳体、壳体内转动的转子和转子的驱动装置三部分组成。其中加热层采用内衬耐磨耐高温合金钢 Naxtra 70 的碳钢结构，其他与污泥接触部分采用 DIN1.4404 或同等材质。进入卧式薄层干燥机中的污泥被转子涂布于加热壁表面，转子上的桨叶在对加热壁表面的污泥反复翻混的同时，向前输送到出泥口。在此过程中，污泥中水分被蒸发。污泥在干燥机内停留时间在10min左右，因此可实现快速起停和排空，对工艺控制反应迅速。

卧式薄层干燥机可干燥出任何含固率的污泥产品。其薄层干化技术可直接跨越"塑性阶段"，这意味着：不需要返混及其相应的料仓、输送设备、计量、监测和控制系统等。转子上的每片桨叶由螺栓固定，其配置可方便调整以适应来泥性状和处理量的变化。分段组合的干燥机可根据需要划分为两个或多个加热区域，并可以独立控制、调整温度甚至关闭。

自卧式薄层干燥机中产出的污泥产品进入卧式线性冷却器。污泥产品通过流动于冷却器壳体内的冷却水进行冷却。当污泥干化与焚烧、热解等工艺结合时，可直接将带温污泥送入焚烧/热解系统，而省略该系统。

5.9.2.3 西门子 Ecoflash 薄层干化工艺

西门子 Ecoflash 薄层干化工艺是一种间接干化工艺，通过在夹套中通入导热油或蒸汽作为加热介质来进行热传导，从而蒸发污泥中的水分。该系统中循环有少量的工艺气体，主要是为了带出干燥过程蒸发的水分，以保证干燥机的持续、高效进行。

Ecoflash 薄层干燥工艺的主要设备有 Ecoflash 薄层干燥机、污泥缓冲仓、污泥泵、冷凝洗涤塔、工艺风机、排气风机、气水分离器、热交换器、干污泥料仓、干污泥输送机等。供热部分包括导热油炉、热油循环泵、油气分离器、贮罐和高位槽、油路系统等。其中核心设备 Ecoflash 薄层干燥机的组成部分主要有定子、转子和带支撑架的基座。定子为带有加热夹套的圆筒形外壳，通过导热油或蒸汽等加热介质在夹套中流动进行换热。其中使用导热油时的温度一般在 240～280℃。转子上安装有许多桨叶，转子较高的转速保证了桨叶前端的切线速度维持在 30～35m/s 范围内，从而产生足够的离心力，而这些桨叶的方向和与壁的间距可以调节。基座上定子和转子的支撑架相互独立，以保证不同部分的热膨胀和收缩不会损坏设备，从而提高设备的密封性和寿命。

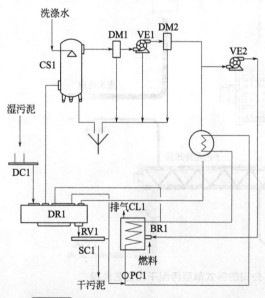

图 5-85 西门子 Ecoflash 薄层工艺流程
DC1—湿污泥仓；DR1—干燥机；CS1—冷凝洗涤塔；
DM1—除雾器；VE1—工艺风机；DM2—除雾器；
VE2—排气风机；CL1—导热油炉；BR1—燃烧机；
RV1—出料阀；SC1—排除螺旋机；PC1—循环泵

西门子 Ecoflash 薄层工艺流程见图 5-85。脱水污泥由污泥输送泵输送至薄层干燥机中，被高速旋转的转子带动，污泥在离心力的作用下不断地被抛洒到定子的内壁上又被刮下来，反复形成厚度 3～5mm 的污泥薄层，进而被干燥。同时，转子上的桨叶连续推动污泥从干燥机的进料侧移向出料侧，在此过程中，污泥在干燥机内的停留时间约为 1min。

薄层干燥机中的湿污泥依靠热媒的传热和工艺气体的传质作用，将污泥进行一次性的连续干燥，干燥机中的温度一般在 90～95℃，而最终呈均匀颗粒状的干燥产品温度通常低于 90℃。干燥机内循环有少量的工艺气体，其与污泥逆向流动，用以将从污泥中蒸发出的水蒸气从湿污泥入口一侧排出 Ecoflash 薄层干燥机。由于工艺气体气量少、流速低，所以带出的粉尘量极少。可通过冷凝洗涤塔将水蒸气冷凝，并把粉尘洗涤下来。这部分工艺气体由工艺风机加压后，大部分进行循环，而少部分的气体抽出设备，使系统保持微负压状态，以避免臭气泄漏。而抽出的气体进行除臭处理后排放或送入焚烧炉燃烧。

干燥污泥再经过冷却装置进一步冷却后，输送进干污泥料仓中或转运车中。

5.9.3 卧式薄层污泥干化技术的经济性分析

涡轮薄层工艺是目前世界上唯一结合热传导和热对流两种热交换方式于一体，并且实现两种方式并重的干燥技术，可以获得最佳热能利用效率，是目前热能消耗最低的工业方案之一，蒸发每升水分仅需 680～720kcal 的热量（含干化系统内的热损耗，不含热源系统转换的损耗）。而且还具有极高的换热比表面积，涡轮转子高速旋转产生的强烈涡流使湿物料得到均匀的搅拌，湿物料干燥是通过每个颗粒不断地与热壁短暂接触的过程中完成的，薄层使得湿物料的换热均匀、频繁，每个湿物料颗粒均获得极高的换热比表面积。通过对出口温度的控制，可完美实现对整个干燥过程的精确控制，干燥时间极短，湿物料颗粒的换热极为强烈和高效。同时涡轮薄层工艺又避免了反复加热冷却的热损失，在绝大多数工艺应用中，由于避免了返混对大量干物料产品的反复加热冷却、采用了极少的工艺气体量、利用热传导和热对流结合的换热方式高速完成整个干燥过程而不造成系统内热介质的大量无谓热损失，因此，在整体性能上较其他系统更为节能。

由于是热传导和热对流两种主要换热形式结合并重的工艺，热干化过程中采用的 230～260℃的工艺气体，较一般的热对流系统减少 1/2～2/3。气体量低，意味着洗涤热损失减少。其工业可靠性高、回报快，且方案灵活性好带来低成本。该工艺是针对湿物料处理而开发的一套完整的专利技术。工艺的核心——涡轮薄层反应器，是一种已经广泛应用于化工、制药、食品和环保四大领域的成熟的工业设备，在全球的装机量数以百计。无论设备材质的选择，还是设备的加工精度，在所有干燥设备中均属上乘。短流程工艺，无干物料返混，可以任意调节处理干燥的深度（即所需要的产品含固率），以节省能源，并大大提高设备的处理能力，从而降低单位运行成本特别是经营成本。由于安全性较好，工艺中均无需氮气，也无需采取额外的安全保护措施等，节约设备投资和运行成本。而且涡轮薄层工艺可以实现模块化扩展并分期投资。VOMM 系统的处理规模配置极为灵活，具有模块化系统扩展的特点，对于处理量最大的市政湿物料来说，以最大单线每日 100～130t（根据进料和产品的最终取值范围变化）的规模为基础，可以覆盖全部湿物料领域的处理规模需求，并随时保持着对特殊湿物料处理量身定制的可能性。模块化多线方案从管理和可靠性角度看更为适合湿物料这种物料的处理概念。

除此之外，设备投资成本相对较低且设备材质高档，使用寿命长，其配套设施少，要求也较低，维护成本也低。VOMM 工艺路线极为简洁，一次性完成灭菌、干燥、造粒，无需干物料返混，因此节省了很大的物料混合、输送、贮存、筛分、粉碎、冷却，提高了整体投资效率；干燥气量小，由此降低了风机和输送线路的投资；总体设备投资相对较低；客户可以根据项目处理对象的具体情况，要求采用适当的钢材来制造设备。由于某些湿物料具有酸、碱腐蚀性，设备的使用中，尤其是任何死角都有可能造成腐蚀。涡轮薄层工艺实现了设备的极端紧凑性，因此同等商务条件下，在材料的选择上具有较大的灵活性；设备置于地面，具有极为便利的维护条件，预设的滑轨使得主轴可以非常方便地滑出进行维护清理；设备内物料量少、停留时间短、工艺条件均匀恒定，这些都有益于设备寿命的延长。VOMM工艺的设备占地较少，厂房、地面、辅助设施、现场制作和安装的工作量相比其他工艺来说，要求相对简单，由此可节约土地、厂房投资，缩短建设期。设备安装在一般的工业厂房地面，除干燥机需要简单的承重地基外，仅个别设备有一定高度，因此厂房的建设存在进一步简化的可能性。VOMM 工艺能耗较同类湿物料干化方案低，由此可减少热能和制冷设施的基础建设投资。设备材质好，部件的稳定性高，故障时间少，总体效率高，检修容易，维护费用相对较低。由此总体上可降低人员成本支出。

涡轮薄层干化工艺其低廉的运行成本更适合国内需求。而且可以采用各种廉价能源或废热，形成有竞争力的解决方案，并能有效解决燃煤利用中的高效脱硫问题。

截至目前，已经在欧洲装机超过 90 台，全部在生产运行中，尚未有过安全事故记录。主要安装在法国、西班牙和意大利，市场占有量均在 50% 以上。随着涡轮薄层污泥干化技术的发展，在污泥处置方面国内也逐渐开始引进和应用该项技术，如中石化天津污泥干化项目、北京水泥厂污泥干化项目和重庆市唐家沱污泥处理项目等，其部分应用项目见表 5-7。

表 5-7　涡轮薄层技术部分应用项目

单位名称	国别	投产时间	泥饼量/(kg/h)	处理量/(t/d)	处理产品
ECOSERDIANA	意大利	1999 年	1500	36	工业污泥
TANNERIES DU PUY	法国	1999 年	1000	24	制革污泥
M. W. W. T. P. PARIS	法国	2003 年	10000	240	市政污泥
M. W. W. T. P. ANDORRA	安道尔公国	2003 年	1600	38	市政污泥
M. W. W. T. P. TUBLI	巴林	2004 年	6500	156	市政污泥
M. W. W. T. P. VIC	西班牙	2004 年	6000	144	市政污泥
中石化天津污泥干化项目	中国	2009 年	2000	50	工业污泥
北京水泥厂污泥干化项目	中国	2011 年	20000	500	市政污泥

5.10　污泥干燥过程的辅助系统

在污泥的干燥过程中，主要的辅助系统有污泥接收及贮存系统、进出口输送系统、供热系统、除尘系统以及除臭系统。

5.10.1　污泥接收及贮存系统

5.10.1.1　封闭式污泥接收及贮存系统

当污泥的处理量相对较大，同时具有较大的可利用空间时，污泥贮存通常采用封闭式污泥贮存仓。这类污泥贮存仓的优点是污泥贮存量大，而且可以防止污泥产生的臭气外泄，避免污染空气。

5.10.1.2　槽罐式污泥接收及贮存系统

当污泥的处理量相对较小，同时缺少可利用的空间时，可以采用槽罐式贮存罐贮存污泥。这种污泥贮存方式的特点是占地面积相对较小，污泥释放气体量相对于封闭式污泥贮存库少很多，但是它不具备封闭式污泥贮存仓密闭性的优点。

5.10.2　进出口输送系统

污泥是具有一定黏性的物质，对于输送设备有一定的要求。目前，污泥干燥系统应用的主要设备为螺旋输送机和带式输送机。

5.10.2.1 螺旋输送机

（1）螺旋输送机的工作原理

螺旋输送机把经过的物料通过称重桥架进行重量检测，以确定胶带上的物料重量，装在尾部的数字式测速传感器，连续测量输送机的运行速度，该速度传感器的脉冲输出正比于输送机的速度，速度信号和重量信号一起送入输送机控制器，控制器中的微处理器进行处理，产生并显示累计量/瞬时流量。该流量与设定流量进行比较，由控制仪表输出信号控制变频器改变输送机的驱动速度，使输送机上的物料流量发生变化，接近并保持在所设定的输送流量，从而实现定量输送的要求。

（2）结构形式

螺旋输送机通常由螺旋输送机本体、进出装置、驱动装置三大部分组成。螺旋机本体由头节、中间节、尾节三部分组成。螺旋输送机已成为整个生产环节中的重要设备之一。螺旋输送机其主要结构均由驱动轮、张紧轮和挠性牵引构件组成，因此，通常称它们为具有挠性牵引构件的输送设备。螺旋输送机则不同，它是以一刚性的螺旋体作为主要构件而实现物料输送的，通常称它为具有刚性"牵引"构件的输送设备。

螺旋输送机从输送物料位移方向的角度划分，螺旋输送机分为水平式螺旋输送机和垂直式螺旋输送机两大类型，主要用于对各种粉状、颗粒状和小块状等松散物料的水平输送和垂直提升。

螺旋输送机按有无中间轴还可分为有轴螺旋输送机和无轴螺旋输送机。

无轴螺旋输送机在输送原理上与一般螺旋输送机基本相同，即如同一根旋转的螺旋轴，带动一个螺母沿其轴向移送一样，螺旋体相当于螺旋轴，物料相当于螺母，当螺旋体连续旋转时则物料也连续输送。无轴螺旋输送机其螺旋体为较厚的带状叶片，通过驱动端轴驱动，中间无轴，螺旋体与机壳内壁底部衬板接触。无轴螺旋输送机主要用于化工、食品、医药、造纸、饮料、环保等行业输送黏附性较强的物料、糊状黏稠物料以及易缠绕物料，具有独特优势。

5.10.2.2 带式输送机

（1）工作原理

带式输送机（belt conveyer）又称"皮带输送机"、"胶带输送机"，主要由两个端点滚筒及紧套其上的闭合输送带组成。带动输送带转动的滚筒称为驱动滚筒（传动滚筒）；另一个仅在于改变输送带运动方向的滚筒称为改向滚筒。驱动滚筒由电动机通过减速器驱动，输送带依靠驱动滚筒与输送带之间的摩擦力拖动。驱动滚筒一般都装在卸料端，以增大牵引力，有利于拖动。物料由喂料端喂入，落在转动的输送带上，依靠输送带摩擦带动运送袋卸料端卸出。

（2）结构形式

带式输送机由驱动装置拉紧输送带，中部构架和托辊组成输送带作为牵引和承载构件，用以连续输送散碎物料或成件品，其结构形式通常有固定式、移动式、可逆式和伸缩式。

1）固定式　机架位置固定不变，适用于将物料从一处输送到几处，或从多处装料输送到一处。

2）移动式　机架装有轮子和倾角调节机构，用于输送位置不固定的情况，可进行装卸、堆垛或输送。除单机使用外，还可多机连接使用以加长输送距离。

3）可逆式　输送带运行方向可作正反方向改变，多用于堆料场卸车机上，用于两侧堆料和扩大堆料范围的情况。

4) 伸缩式　机架可伸缩，同样多用于堆料场卸车机上，用于两侧堆料和扩大堆料范围的情况。

(3) 装置构件

带式输送机一般由输送带、托辊、滚筒及驱动、制动、张紧、改向、装载、卸载、清扫等装置组成。

1) 输送带　带宽和材质是带式输送机的主要指标。目前输送带材质除了橡胶外，还有PVC、PU、特氟龙、尼龙带等其他材料，常用的有橡胶带和塑料带两种。橡胶带适用于工作环境温度为 $-15\sim40℃$，物料温度不超过 $50℃$ 的情况，其向上输送散粒料的倾角为 $12°\sim24°$，对于大倾角输送可用花纹橡胶带。塑料带具有耐油、酸、碱等优点，但对于气候的适应性差，易打滑和老化。

2) 托辊　目前托辊的形式有槽形托辊、平形托辊、调心托辊、缓冲托辊。其中槽形托辊（由 $2\sim5$ 个辊子组成）支承承载分支，用以输送散粒物料；平形托辊，支承空载分支或运送成件物品的承载分支；调心托辊，用以调整带的横向位置，避免跑偏；缓冲托辊，装在受料处，以减小物料对带的冲击。

3) 滚筒　滚筒主要分驱动滚筒和改向滚筒两种形式。其中驱动滚筒是传递动力的主要部件，又可分单滚筒（胶带对滚筒的包角为 $210°\sim230°$）、双滚筒（包角达 $350°$）和多滚筒（用于大功率）等。

4) 张紧装置　其作用是使输送带达到必要的张力，以避免其在驱动滚筒上打滑，并保证输送带在托辊间的挠度维持在规定范围内。

5.10.3　供热系统

干燥设备的技术经济指标不仅取决于本身的设计和操作，而且在很大程度上还与所选用的热源种类、加热方式和热效率有关。干化工艺根据加热方式的不同，其可利用的热源有一定区别，一般来说间接加热方式可以使用所有的热源，其利用的差别仅表现在温度、压力和效率方面。直接加热方式则因热源种类不同而受到一定限制，其中燃煤炉、焚烧炉的烟气因量大和含有腐蚀性污染物而难以使用，蒸汽因其特性无法利用。

按照热源的成本，从低到高，分别如下。

1) 烟气　来自大型工业、环保基础设施（垃圾焚烧炉、电站、窑炉、化工设施）的废热烟气，由于其热源零成本，所以如果烟气温度足够高、输送距离相对短而便于加以利用时，则可作为热干化的最佳能源。

2) 燃煤　价格低廉，以烟气加热导热油或蒸汽，可以获得较高的经济可行性。

3) 热干气　来自化工企业的废能。

4) 沼气　价格低廉，也较清洁，可以直接燃烧供热，但供应不稳定。

5) 蒸汽　热源清洁且较经济，是目前应用最为广泛的热源，可以直接全部利用，但是将降低系统效率并提高折旧比例，所以可以采用部分利用的方案。

6) 燃油　较经济，以烟气加热导热油或蒸汽，或直接加热利用。

7) 天然气　热源虽然清洁，但是价格高，以烟气加热导热油或蒸汽，或直接加热利用。

所有的干化系统都可以采用废热烟气。采用以燃煤热风炉产生的热风作为烘干热源的污泥干化设备，烘干效率低，成本也比较高，干化后烟气中的水蒸气含量很大，存在污泥颗粒无法很好分离而导致总含尘量过高以及臭气浓度过高的问题。

其中，间接干化系统采用导热油进行换热，对烟气无限制性要求；在直接干化系统中，虽然该系统的换热效率高，但由于烟气与污泥直接发生接触，所以这就对烟气的含硫量、含尘量、流速和气量等方面提出一定要求。

只有间接加热工艺才能利用蒸汽进行干化，但由于蒸汽温度相对较低，必然在一定程度上影响干燥机的处理能力，所以并非所有的间接工艺都能获得较好的干化效率。

蒸汽的利用一般首先考虑过热饱和蒸汽，饱和蒸汽通过换热表面加热工艺气体（空气、氮气）或物料时，蒸汽冷凝为水，释放出全部汽化热，这部分能量就是蒸汽利用的主要能量。

此外，使用热电厂蒸汽作为烘干热源，与锅炉尾气相比，烘干效率有明显的提高。干化过程中的尾气通过生物除臭塔、物理吸附等方式进行单独处理。限于蒸汽价格，同样面临着成本偏高的问题。

目前，可以为干燥过程提供热源的加热装置有蒸汽加热器、电加热器、烟道气加热器等。加热介质对污泥的加热方式有直接加热和间接加热两种方式。

5.10.3.1 蒸汽加热器

蒸汽是一种清洁、安全和廉价的热源，蒸汽加热器是采用高温水蒸气来加热低温气体的一种换热器。利用蒸汽作为热源对污泥进行干燥既高效又环保。桨叶式干燥机就是利用蒸汽作为热源，采用间接加热的方式对污泥进行加热，其蒸汽压力大约为 0.8MPa，采用空气作为载气，可以将污泥加热到 95℃，湿载气的温度可达到 85～90℃。

（1）工作原理

蒸汽加热器利用金属在交变磁场中产生涡流而使本身发热，其工作原理是：处于交变磁场的金属内部会由于电磁感应现象而产生感应电流，而较厚的金属其产生电流后，电流会在金属内部形成螺旋形的流动路线，这样由于电流流动而产生的热量就会被金属本身吸收而使金属很快升温。

蒸汽加热器是一种对重油、沥青、清油等燃料油进行预先加热或二次加热的节能设备，安装在燃烧设备之前，实现对燃料油在燃烧前的加温，使其在高温（105～150℃）下达到降低黏稠度，并促进其充分雾化燃烧等作用，最终实现节约能源的目标。

（2）结构形式

在干燥系统中，常用的蒸汽加热器有两种主要形式：一种是 SRZ 型；另一种是 SRL 型。这两种结构形式用于干燥系统中空气的加热，热蒸汽都在管内流动，由于空气侧的换热系数要比管内侧热媒的换热系数低很多，所以管外侧都加工成翅片，用以提高管外空气湍流的程度以及增加单位管长上的换热面积，提高传热性能。热量通过管子外表面的翅片达到加热空气作用。散热器的热介质可采用蒸汽、热水或导热油，蒸汽压力一般不超过 0.8MPa。

1）SRZ 型蒸汽加热器　这种形式的传热单元组件是由顺空气流向的三排交叉排列螺旋翅片管束组成，其翅片管均用 φ21mm×2mm 的无缝钢管绕制上 15mm×0.5mm 的皱褶钢带，成螺旋状，片距有 5mm、6mm、8mm 三种，共 38 种规格，绕制完成后进行热镀锌。也可用不锈钢及不锈钢带制成不锈钢散热器。采用这种加工工艺的散热排管，翅片与管子紧密接触，热阻小，传热性能良好，稳定并且耐腐蚀。

2）SRL 型蒸汽加热器　这种散热器的传热单元组件有 37 种规格。顺气流方向有两排管交叉排列和三排管交叉排列。其翅片管是由钢管与铝翅片组成，因铝翅片与钢管接触紧密，换热性能好，实用可靠。

5.10.3.2 电加热器

电加热器是一种国际流行的高品质长寿命电加热设备。用于对流动的液态、气态介质的升温、保温、加热。加热介质在压力作用下通过电加热器加热腔，采用流体热力学原理均匀地带走电热元件工作中所产生的巨大热量，使被加热介质温度达到用户工艺要求。

（1）工作原理

电加热器是利用将电能转换为热能的过程，与空气进行辐射和对流传热的加热设备。用于加热空气的电加热器由多根管状电热元件组成。管状电热元件是在金属管中放入电阻丝，并在空隙部分紧密填充有良好耐热性、导热性和绝缘性的结晶氧化镁粉，再经其他工艺处理而制成。具有结构简单、机械强度高、热效率高、安全可靠、安装简便、易实现温控自动化等特点。用于加热无腐蚀性、无爆炸性、相对湿度不大于95%的气体。其工作电压不能大于其额定电压的1.1倍，加热空气温度不应超过300℃。既可以作为第二级加热设备，又可以独立使用。经常与蒸汽换热器组合使用。

（2）结构形式

电加热器主要由电热元件和方形壳体两部分组成，其中电热元件有两种：电阻丝和碳化硅棒，它在壳体（风管）中均为错列布置。

电加热器结构简单，制作成本低，使用方便，无环境污染，温度调节灵敏，控制精度高，但相对说来操作费用较高。

电加热器通常用于实验室规模或中试干燥装置系统中，对于工业生产干燥系统来说，往往将电加热器作为二级加热源接在蒸汽加热器后，用于加热、调节控制干燥机的进气温度，保证使之在一定温度范围内波动。

1）SRK2型电加热器 SRK2型电加热器适用于温度-30～40℃、湿度小于90%的系统中。选用电加热器时，一般按加热空气的温差5～10℃考虑。当温差大时可选用排数多的或多级串联使用。

2）SRQ型管状电热元件 SRQ型管状电热元件适用于湿度不大于90%、温度不超过360℃的无腐蚀性、无爆炸性的空气加热风管系统，电热元件一般错列布置在风管中。

5.10.3.3 烟道气加热器

烟道气加热器是采用燃料燃烧产生热风的加热设备。燃料分为气体燃料、液体燃料和固体燃料，其中气体燃料以煤气为主，液体燃料以重油为主，固体燃料以煤为主。

（1）RLY型燃油热风炉

燃油热风炉的工作原理是燃油通过燃烧器燃烧，产生高温燃气。热风炉具有强化的换热措施，可以将产生的高温燃气的热量传导给被加热的空气，在经过传热过程以后，高温燃气的温度会降至250℃以下，由引风机排入大气。需要加热的空气由鼓风机送入热风炉，从热风出口送出。当热风的温度达到额定上限值时，燃烧器会自动停止燃烧或者转为小火；当热风的温度降低到额定下限值时，燃烧器又会重新点燃或转为大火燃烧。热风炉的升温速度可通过进风阀门的调节来实现。

（2）JRF型燃煤热风炉

JRF型燃煤热风炉采用烟道气纵向冲刷散热片和负压式排烟方式，换热部位不会积累粉尘，并且该类型的热风炉配有二次风装置，使燃烧更加完全。

JRF型燃煤热风炉集燃烧与换热为一体，在热风炉的高温部位进行冷空气与烟道气的换热过程，其热效率可达到60%～75%。

5.10.4 除尘系统

干燥系统中，一些干燥机干燥完的产品采用除尘器进行回收，另外一些干燥机则是利用除尘器脱除在干燥过程中产生的粉尘，以净化环境。其中除尘一般采用钢制圆形管道。

目前，应用于干燥系统的除尘器主要有旋风除尘器、袋式除尘器和湿式除尘器等。

5.10.4.1 旋风除尘器

（1）工作原理

旋风除尘器是利用旋转气流所产生的离心力将尘粒从含尘气流中分离出来的除尘装置，具有结构简单、体积较小、造价较低、阻力中等优点，而且器内无运动部件，又不需特殊的附属设备，所以操作维修非常方便。旋风除尘器一般用于捕集 $5\sim15\mu m$ 以上的颗粒，除尘效率可达 80% 以上，近年来旋风除尘器不断改进，除尘效率又得到了进一步的提高。然而对于微粒粒径小于 $5\mu m$ 的颗粒，捕集效率不高。

旋风除尘器内，旋转气流的绝大部分沿器壁呈螺旋状由上而下向圆锥体底部运动，形成下降的外旋含尘气流，由于尘粒密度远大于气体，因此其在由强烈旋转过程所产生的离心力的作用下甩向器壁。当尘粒与器壁发生接触时，便会失去惯性力而靠入口速度的动量和自身的重力沿壁面下落，并进入集灰斗。而旋转气流在到达圆锥体底部后，又会沿除尘器的轴心部位转而向上，形成上升的内旋气流而通过除尘器的排气管排出。

而从进气口进入的另一小部分气流向旋风除尘器顶盖处流动，然后沿排气管外侧向下流动，当达到排气管下端时，即反转向上随上升的中心气流一起，从排气管排出，分散在其中的尘粒也随同被带走。

（2）结构形式

1）XLt/a 型旋风除尘器 XLt/a 型旋风除尘器是由旋风筒体、集灰斗和蜗壳（或集风帽）三部分组成，具有向下倾斜的螺旋切线型气体入口，顶板螺旋型的导向板，其导向板的角度为 15°，其筒体细长，锥体较长。它是最常用的一种型号。

按筒体个数区分，有单筒、双筒、三筒、四筒、六筒五种组合。排气形式分为水平（旁侧）排气和上部（正中）排气两种。水平形式排气的称为 X 型，一般用于负压操作；上部形式排气的称为 Y 型，用于正压或负压操作。这种除尘器主要处理粉尘颗粒比较大的灰尘，最大处理风量 $5\times10^4\,\mathrm{m^3/h}$。

旋风除尘器结构见图 5-86。

2）XLP 型旁路式旋风除尘器 XLP 型旁路式旋风除尘器是一种带有一旁路通道的高效旋风除尘器，其旁路位于旋风筒体外侧，它能使筒内壁附近含尘较多的一部分气体通过旁路进入旋风筒下部，以减少粉尘由排风口逸出的机会，尤其是对 $5\mu m$ 以上粒径的粉尘有较高的除尘效率。

XLP 型旁路式旋风除尘器比一般旋风除尘器进气口位置低，因此在除尘器顶部有充足的空间来形成上旋涡并形成粉尘环，从旁路分离室引至锥体部分，这样就会使不利

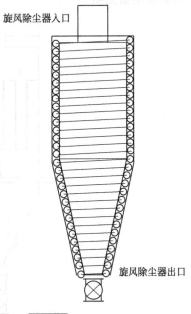

旋风除尘器入口

旋风除尘器出口

图 5-86 旋风除尘器结构

于除尘的二次气流变成有粉尘集聚作用的上旋涡气流。旁路分离室设计成螺旋形，使进入的含尘气流切向进入锥体，从而避免对锥体内壁气流的扰乱，防止尘化现象的再次发生。

按 XLP 型旁路式旋风除尘器出风方式，XLP 型旁路式旋风除尘器分为 X 型和 Y 型。其中 X 型为水平出风，吸出式除尘器位于风机吸入侧，并带有出口蜗壳，通常用于负压操作；Y 型为上部出风，压入式除尘器位于风机压入侧，通常用于正压或负压操作。

按回旋方向，XLP 型旁路式旋风除尘器可分为右回旋 S 型和左回旋 N 型两种，两型号除尘器有四种组合型式，分别是 XN 型、XS 型、YN 型和 YS 型。

按螺旋形旁路分离室，XLP 型旁路式旋风除尘器分为 XLP/A 型和 XLP/B 型。其中 XLP/A 呈半螺旋形，外形呈双锥体；XLP/B 呈全螺旋形，具有较小圆锥角的单锥体，锥体较长。在同样条件下，A 型的除尘效率高于 B 型，阻力也大于 B 型，但 B 型结构比 A 型简单，质量也较小。

3）CLK 型扩散式旋风除尘器　CLK 扩散式旋风除尘器主要特点是筒身呈倒圆锥形，因而减少了含尘气体自筒身中心短路到出口去的可能性，并装有圆锥形的反射屏，其角度一般为 60°，防止两次气流将已经分离下来的粉尘重新卷起，被上升气流带出，因而提高了除尘效率。此外，CLK 扩散式旋风除尘器还具有一个较大的灰斗，能分离出从锥体底部旋转进入灰斗的粉尘。此类型的除尘器具有除尘效率高、结构简单、加工制造容易、投资低和压力损失适中等优点。

5.10.4.2　袋式除尘器

（1）工作原理

袋式除尘设备采用了惯性除尘器和袋除尘器相结合的方式，具有二级除尘的作用。含尘气体首先进入预收尘室，碰到设置的障碍物，迫使含尘气流方向急剧改变。粗颗粒粉尘由于撞到障碍物而改变了原来的运动方向，一部分落入灰斗。余者随气流进入装有滤袋的过滤室。粉尘附着于滤袋的外表面，净气透过滤袋后经过上部净气室、排风道、风机排出。三室布袋除尘器见图 5-87。

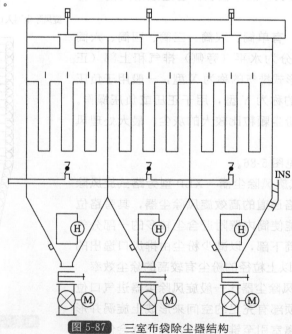

图 5-87　三室布袋除尘器结构

随着滤袋织物表面附着粉尘的增厚，除尘器阻力随即上升，需要进行清灰，附着在滤袋外表面的粉尘，利用吹入滤袋内部的脉动气流来进行清灰，清灰工作逐室进行。这种脉动气流在使滤袋整体获得均匀震动的同时，又可以从里向外吹透滤袋，因而有高效的清灰效果。清灰室的切换动作是由电磁阀控制，压缩空气带动气阀来完成的。整个清灰工作由反吹风机、脉动阀、汽缸阀及清灰控制系统完成。

清灰控制方式分为定时、定阻两种方式，定时控制根据达到设计阻力所需的时间调整清灰周期等时间参数，进行自动轮流清灰，周期运行。定阻控制按达到事先设定的收尘器阻力自动清灰。除尘器单室反吹风时间、每室之间的反吹时间间隔，卸灰动作时间、传送时间等参数都可以人为改变。

清灰控制装置分微处理机自动控制和手动控制两种，微机系统控制定时清灰、卸灰，手动控制也可以分为定时定阻两种。由操作工根据时间经验参数，按时间或压力显示仪表所示阻力值进行清灰操作。

（2）结构形式

1）MC-Ⅰ型脉冲袋式除尘器　MC-Ⅰ型脉冲袋式除尘器结构紧凑，占地面积小，滤袋寿命长，运行稳定可靠，维修保养方便，广泛应用于冶金、铸造、化工、医药、饲料、建材、粮食加工等行业的通风除尘和粉尘回收。

2）MC-Ⅱ型脉冲袋式除尘器　MC-Ⅱ型脉冲袋式除尘器是在MC-Ⅰ型的基础上，改进的新型高效脉冲袋式除尘器，为上揭盖式脉冲袋式除尘器，具有除尘效率高、处理气量大等特点，可露天设置。除尘器效率高达99％～99.5％，使含尘空气经过滤得到净化，以满足粉尘回收和现代环保要求，适合净化含细小干燥的非纤维性尘埃的空气，广泛应用于各个行业。

5.10.4.3　湿式除尘器

（1）工作原理

湿式除尘是用水或产品的稀溶液从含尘空气中除去粉尘的。粉尘与液体之间的接触有3种方式：a. 含尘气体通过雾状的液滴区而将其夹带的粉尘湿润，被液滴带走（喷雾型）；b. 含尘气体通过一块筛板或填料层，其上面保持一定高度的液体层，将粉尘拦截下来（撞击型）；c. 含尘气体通过一个文丘里管，洗涤液从文丘里管的喉部以切线方向喷射进入，与气体一起上升，并在管子内壁形成液膜，与含尘气体充分接触，而将粉尘湿润捕集下来（文丘里型）。

在喷雾干燥系统中，湿式除尘器总是作为二次回收粉尘的装置，以回收初级回收装置（旋风分离器）所没有除尽的少量粉尘。因此，安装湿式除尘器的主要目的在于净制含尘气体，以免产品排至大气中使大气污染，同时也回收了产品。因此，湿式除尘器也被称为洗涤器。

（2）结构形式

1）CLS/A型立式水膜除尘器　立式水膜除尘器是依靠含尘气体切向进入时产生的离心力使尘粒与在筒体内壁上所形成的水膜相接触而被水所黏附，来达到除尘目的的一类除尘器。相较于干式旋风除尘器，立式水膜除尘器的除尘效率要高得多，这是因为在该类除尘器中，尘粒只要在离心力的作用下被甩到器壁，就会为水膜所黏附而捕集，且捕集的尘粒不会再飞扬。而且随着气体进口速度的增加，或筒体直径的减小，其除尘效率还将会进一步提高。此外，筒体高度也会对除尘器的除尘效率有所影响，其高度一般不小于筒体直径的5倍。对于CLS/A型立式水膜除尘器，其在此基础之上还带有挡水圈，从而还减少除尘器的带水现象。

根据判定角度的不同，CLS/A 型立式水膜除尘器的分类也不同。根据出口方式，CLS/A 型立式水膜除尘器可分为两种：带有蜗壳形出口的 X 型和不带蜗壳形出口的 Y 型。根据气体进入除尘器内的旋转方向（顶视），可分为 N 型（逆时针）和 S 型（顺时针）两种。

2）CCJ 型冲激式除尘器 CCJ 型冲激式除尘器是含尘气体水平方向进入除尘器内以后，改变方向垂直向下冲击水面，并夹带着大量水滴，在离心力的作用下，冲击狭槽产生激烈的水花，含尘气与水再次充分接触而被净化。

CCJ 型冲激式除尘器带有机械排灰装置，由电机和减速器驱动链条和刮板，刮板以不超过 0.6m/min 的速度将沉积于除尘器底的粉尘扒出。其供水采用自控方式。

5.10.5　除臭系统

在污泥干化的整个过程中，通常需要经历污泥接收及贮存、干化和干污泥贮存 3 个主要阶段，每个阶段都会释放出异味气体，即臭气。其中包括《恶臭污染物排放标准》（GB 14554—1993）规定的 8 种恶臭物质。表 5-8 为 8 种恶臭物质的感觉阈值、识别阈值。

表 5-8　8 种恶臭物质的感觉阈值、识别阈值

序号	控制项目	感觉阈值/(μg/g)	识别阈值/(μg/g)
1	氨	0.1	0.6
2	硫化氢	0.0005	0.006
3	三甲胺	0.0001	0.001
4	甲硫醇	0.0001	0.0007
5	甲硫醚	0.0001	0.002
6	二甲二硫	0.0005	0.005
7	二硫化碳	0.017～0.88	
8	苯乙烯	0.03	0.2

由于恶臭物质在极低的浓度就能被人感知，给人造成不快，因此人们对恶臭气体的控制与处理给予高度的重视，迄今已建立了多种在技术上较为成熟的恶臭控制处理方法，以保证排放的气体不会污染大气。

5.10.5.1　臭气收集

风机是输送干燥介质的动力源，同时也用于污泥干燥各个阶段所产生的臭气的收集，进而对其进行处理。

风机在干燥系统中的布置方式主要有单台引风机和双台鼓-引风机结合两种。其中单台引风机布置方式中，将引风机放置在粉尘回收装置之后，以使干燥机处于负压状态，这样粉尘及有害气体就不会泄漏而污染大气环境。但由于干燥机内的负压较高，风机的频繁启动和停止会引起塔内局部失稳，且会使外部空气漏入干燥机内，因此单台引风机的布置方式仅适用于小型干燥系统。而对于大型干燥系统，主要采用双台鼓-引风机结合的布置方式。这种布置方式可以通过调节管路压力的分布来改善干燥机的操作条件，使之在接近大气压的微负压下工作，不仅保留了干燥系统负压的优点，避免了由高负压而引起的空气漏入干燥机而降低干燥效率的现象，微负压操作还可保证粉尘回收装置具有最高的回收率，因而具有很大的灵活性和优越性。

目前污泥干燥系统中的风机一般都采用离心式风机，且大多数是中高压离心式风机。离心式风机实质是一种变流量恒压装置，当转速一定时，其压力-流量特性曲线在理论上应是

一条直线，然而由于内部损失的存在，其压力-流量特性曲线实际上是一条曲线。同时，离心式风机中所产生的压力受进气温度或密度的影响也较大。进气量固定时，进气温度最高或空气密度最低时产生的压力最低，当风机恒速运行时，对于一个给定的流量，其功率随进气温度的降低而升高。

5.10.5.2　臭气处理技术

（1）生物法

生物法是通过天然滤料来吸附和吸收恶臭物质，然后由生长在滤料中的微生物来氧化降解恶臭物质的方法，主要有生物过滤池（可在地面以上或在地面以下）和生物过滤塔两种布置方式。

与传统的脱臭处理方法相比，生物法除了具有设备简单、二次污染小的优点以外，其运行费用也较低，尤其是对于低浓度、生物可降解的气态污染物的处理，其经济性更加明显。

土壤生物处理法也是其中一种，其基本原理是将含有恶臭物质的有害气体送入土壤中，当有害气体向上通过土壤层时，一部分水溶性的物质成分，如胺类、硫化氢、低脂肪酸等被土壤中的水分吸收去除；另一部分非溶性的物质成分被土壤颗粒表面物理吸附，继而被土壤微生物所吸收，并通过参与微生物代谢，最终被氧化为二氧化碳和水，从而达到净化含有恶臭物质的有害气体的目的。它是一种适合于处理大量低浓度废气的有效方法，对许多有机物和无机物都有有效的降解作用。

生物滤池结构见图 5-88。

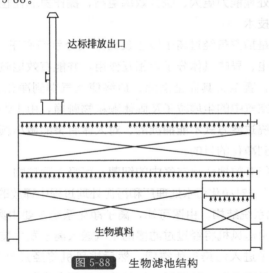

达标排放出口

生物填料

图 5-88　生物滤池结构

（2）吸附法

吸附法是利用某些多孔物质的吸附性能来净化气体的方法，对吸附剂的要求是吸附容量高、截留度高、阻力较低、无粉尘，通常可采用活性炭、两性离子交换树脂、硅胶、分子筛、活性氧化铝、活性白土等。由于吸附脱臭装置不宜频繁再生，否则将降低技术的经济性，所以入口的臭气浓度不能太高。

（3）吸收法

当恶臭气体在水中或其他溶液中溶解度较大，或恶臭物质能与之发生化学反应时，可采用液体吸收法，有物理吸收法和化学吸收法两种。物理吸收法一般是采用有机溶剂作为吸收剂，只需吸收塔、常压闪蒸罐和循环泵，不需蒸汽和其他热源；在化学吸收法中，被吸收的气体吸收质将与吸收剂中的一个或多个组分发生化学反应，适合处理低浓度大气量的废气。虽然物理吸收法的流程相对简单，但由于化学吸收法中化学溶剂吸收定量的恶臭气体所需接触的级数比物理溶剂少，而且去除恶臭气体比物理吸收法更加彻底，所以化学吸收法更为常用。

化学吸附塔结构见图 5-89。

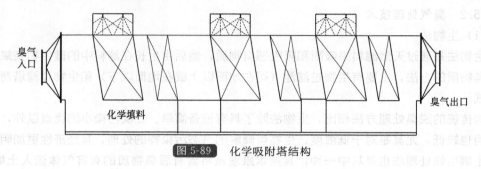

臭气入口

化学填料

臭气出口

图 5-89 化学吸附塔结构

（4）燃烧法

燃烧法是一种通过可燃性反应降解恶臭物质的方法。

（5）氧化法

氧化法是一种利用氧化剂氧化恶臭物质而脱臭的方法，有湿法氧化和干法氧化两种，其中在液相中进行氧化的过程称为湿法氧化，而在气相中进行氧化的过程则称为干法氧化。两者相比，湿法氧化法的处理能力更大、脱臭效率更高，操作灵活性也更大。

（6）高能离子净化技术

高能离子净化技术是指空气经过离子发生装置形成分别带有正、负电荷的氧离子，正、负氧离子与空气中的静电、异味气体分子等相互作用，并能有效地破坏空气中细菌生存的环境，降低室内细菌浓度，直至将其完全消除，最终使空气得到净化。离子发生装置发射的正、负氧离子还可以与空气中的尘埃粒子及固体颗粒物碰撞，由于颗粒荷电产生聚合作用而形成较大颗粒，使得传统过滤方式不能捕捉的、对人体有害的微小颗粒被捕集，并靠自身的重力沉降下来，从而达到净化的目的。

高能离子净化技术能有效地清除空气中的细菌、可吸入颗粒物、硫化物等有害物质。实践表明，高能离子净化系统对净化污水处理厂和污泥处理过程中释放的气体具有明显的效果。

图 5-90 为离子净化系统结构。由图可知，离子净化系统主要由离子发生装置、过滤器、送风机和排风机组成。由送风机将经过过滤器的空气送入离子发生装置，通过离子发生装置后产生的正、负高能离子进入污染气体空间，然后排风机将经过高能离子净化后的空气排出。其原理是空气在通过离子发生装置时，氧气分子受到发生装置发射出的高能量电子碰撞而形成分别带有正、负电荷的氧离子，这些正、负氧离子具有较强的活动性，在与空气中的有机挥发性气体分子（如 VOCs）接触后，能够有效地打开有机挥发性气体分子化学键，在一系列反应后使它们分解成二氧化碳和水，对于硫化氢、氨同样具有分解作用。

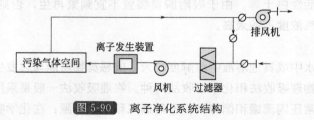

排风机

离子发生装置

污染气体空间

风机 过滤器

图 5-90 离子净化系统结构

5.10.5.3 除臭系统

（1）离子除臭系统

离子除臭系统主要由臭气收集系统、离子发生装置、离子反应箱、排放装置等组成。离子发生装置是由高新技术材料制作的发射电极，可产生高浓度的正、负氧离子（也叫活性氧），与臭气进行分解氧化反应，从根本上清除污染。采用高新材料制作的发射电极在正常情况下，使用寿命在15年以上，离子管寿命20000h。

将污泥处理过程中各环节产生的臭气收集到一起，送往离子反应箱。空气由蝶阀送入系统，经离子发生装置电离后形成离子风。在离子反应箱中臭气和释放的离子风接触并发生反应，臭气中的异味成分被高能氧离子氧化，分解甲硫醇、氨、硫化氢等污染因子，且在与VOCs分子相接触后打开有机挥发性气体的化学键，经过一系列的反应，最终生成二氧化碳和水等稳定无害的小分子。离子反应箱的容积保证臭气与离子风的接触时间大于5s。经净化后的气体通过管路、新风机等排放。排放的气体完全达到国家《恶臭污染物排放标准》二级排放标准值。离子除臭系统可根据实际情况连续或间断运行。

除臭设备需要放置在室内或者做保温措施，以避免冬季室内/外臭气温差较大而出现冷凝现象。

（2）植物液喷淋除臭系统

植物液喷淋除臭系统利用高压造雾技术喷洒植物液除臭剂，通过特殊的喷嘴，将植物除臭药剂雾化成颗粒，将异味分子捕获并与之发生中和反应，从而达到分解、消除、削弱臭味的目的。

控制系统可采用手动或自动两种控制模式，可以间歇运行，同时可以连续运行，雾化工作时间1～20s可任意调节，精确到秒。系统通过一个喷洒时间控制组成的电路系统（时间控制器），形成一个间歇雾化工作状态，雾化工作间隔时间1～10min可任意调节，精确到分。该控制系统具有操作简单、自动运行、可动部件少、运行稳定、基本上无需维护、保证喷淋效果，喷头所喷的水成雾状，能覆盖整个处理区，没有死角，安装运行不影响其他任何设施运行等优点。在污泥接收区、干化区配置喷淋系统。

（3）土壤生物滤床

在污泥干化处理工艺中，污泥在贮存预处理阶段及污泥干化后的冷却过程会释放出低浓度气体，对于这种气体来说，采用土壤生物处理的方法具有操作简单、运行稳定和经济高效的特点。

生物土壤滤床是为土壤生物降解恶臭气体而设计的一种处理装置，其结构如图5-91所示。生物土壤滤床主要由气体输送系统、布气管网、改性土壤、加湿系统、防渗层和集水系统等组成，需要处理的来自污泥预处理和干化污泥冷却过程释放的气体，通过引风机送入布气管网，由穿孔管构成的空气分布系统位于生物过滤器的底部，穿孔管周围布满砂砾层，气体进入穿孔管后，向上穿过活性土壤层，当气体中的有害成分接触含有大量微生物的透气土壤介质时被微生物完全氧化，并转化为二氧化碳、水和微生物细胞生物质，气体中的有害部分被土壤微生物吸收降解，污染气体得到净化后被排放。生物土壤滤床结构见图5-91。

生物土壤滤床对污染气体的处理效率完全取决于滤体的生态系统支持和完整性，完好的土壤滤体系统是一个高活性、旺盛的生态系统，为了使土壤保持活性且始终对污染气体具有较高的处理效果，需要采取特殊的技术，通过配置优良的土壤滤体，一次性配制活性土壤过滤层；加湿系统为生物土壤滤床提供必要的水分，不仅为了满足表面绿化草坪成长的需要，

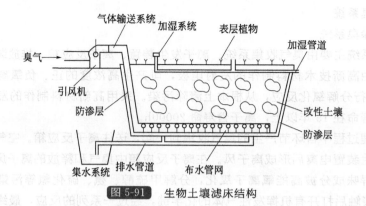

气体输送系统　加湿系统　表层植物　加湿管道

臭气→

引风机

防渗层

集水系统　排水管道　布水管网

改性土壤

防渗层

图 5-91　生物土壤滤床结构

更重要的是能够使生物土壤滤床保持适宜的水分；防渗层使生物土壤滤床成为一个独立的体系，并与周边环境隔开；集水系统将生物土壤滤床产生的水收集起来，并通过排水管道排出生物土壤滤床。生物土壤滤床表面种植的草坪要保持一定的倾斜度，作为防暴雨的措施。

由于土壤中存在的土壤胶粒和种类繁多的细菌、放线菌、霉菌、原生动物、藻类等微生物是降解有机成分的原动力，因此，腐殖土是实施土壤生物处理法最为理想的土壤。

土壤的有效厚度应不小于 50cm；水分保持在 40%～70%，水分过量会增加土壤的通气阻力，过少会降低处理效果；气体通过土壤的速度以 2～17mm/s 为宜。

土壤生物处理法具有维护管理费用低、处理效果与活性炭相当的特点，但是，它占地较多，而且不适合于多暴雨多雪地区，对于高温、高湿和含尘的气体需要进行预处理。

5.11　污泥干燥的安全性

在污泥热干化、运输及贮藏过程中，存在着严重的自燃与粉尘爆炸的危险。

污泥在全干状态下（含固率大于 80%）一般呈微细颗粒状，粒径较小，同时由于污泥之间、污泥和干燥机之间、污泥和介质之间的摩擦、碰撞，使得干化环境中可能产生大量粒径低于 150μm 的超细颗粒——粉尘。而这种有机质含量高的粉尘在一定氧气、温度等条件下就有可能发生爆炸，即"粉尘爆炸"。因此，欧盟早在 1994 年就制定了爆炸性气体设备和运行操作标准（ATEX），并于 2003 年的 7 月 1 日全面强制实施。这为污泥干化行业设备及运行操作的安全性提供了强有力的保障。所以，我国在推广污泥干化技术的同时，该工艺的安全性也是一个非常值得关注的焦点。

5.11.1　干化事故的原因

污泥干化过程和其他一些工业操作过程一样，潜伏着很大的危险性，也曾发生过不少事故，其可能造成安全事故的原因很多，将其归类，大致有以下 3 个方面。

1）工艺原因　因工艺的不合理性引发事故。这类情况初看似乎是设备的仪表不准、阀门失效、密封开裂、搅拌混合不均、机械异常、焊接断裂、磨蚀、腐蚀等。其实，所有的机械设备在处理废弃物方面都可能出现异常。但这些异常是否就可能导致危险状况，则在各个工艺之间可能形成很大的差别。对于工艺方面的认识实际上是讨论污泥干化安全性的最重要内容。

2）内在原因　有机粉尘，这是所有有机污泥的共性。污泥干化的工艺中可能存在大量的粉尘，这些粉尘在各种位置上都可能产生问题，具言之包括干燥机、斗式提升机、料仓、旋风分离器、过滤器、自动筛、造粒机甚至公用设施等。有机粉尘的爆炸和自燃是目前已知污泥干化问题的主要原因。

3）外来原因　污泥中混入可能引发干化异常的物质。由于污泥是污染治理的剩余物，混入各种危险物质的机会较多。如烃类（易燃气体，如甲烷是污泥本身的厌氧产物）、纤维（危险粉尘）、金属异物、石子、铁粉（均可能引发火花）、油脂（阻塞过滤器，挥发裂解）、单体或聚合物、溶剂（均可能遇氧自燃）等。甚至污泥的含水率变化也可能造成某些工艺的危险状况。

因此，首先要弄清楚干化系统的燃烧和爆炸特性，从工艺设计、干化过程的各个环节对干化系统采取必要的安全措施，还要加强安全生产的管理工作。

5.11.2　干化风险的形成机理及预防措施

5.11.2.1　干化风险的形成机理

干化导致的风险一般有4种。

（1）粉尘爆炸

污泥是一种高有机质含量的超细粉末，当污泥粉尘积聚到一定的浓度，在助燃空气和点燃能量等条件具备的情况下就会发生强烈的氧化，释放出热量，使温度急剧上升，导致粉尘在顷刻间完成燃烧，大量热能释放出来，引起一系列连锁反应，体积骤然膨胀而发生爆炸。发生粉尘爆炸的部位可能有干泥贮仓、粉尘仓、粉碎系统、筛分系统、输送系统、混合系统和干燥机等。

（2）焖燃

当污泥粉尘爆炸的基本条件具备，但供氧量不足时，粉尘局部产生燃烧，但不至于爆炸，这就形成了焖燃。焖燃处理不当时（如打开干燥机、料仓或管线），可能会导致明火燃烧。焖燃发生的部位一般在干泥料仓或停机的干燥机中。

（3）燃烧

污泥发生粉尘爆炸或焖燃后未能及时妥当地处理，或设备失火，以致明火燃烧，或由于干化设备故障，导致可燃工质（如导热油）泄漏，形成有氧燃烧。

（4）自燃

干污泥与环境中的氧气接触，随着时间推移而逐渐氧化，暴露出更大面积的氧化空洞和供氧孔隙，随着热量积聚，温度上升，氧气供给优化，自燃就产生了。自燃指发生于干化系统之外的干泥在贮存、堆放、弃置环节所产生的有氧燃烧。

不难看出，污泥粉尘的氧化特性是构成危险的机理，它有三个必要条件，即一定的粉尘浓度、一定的含氧量和一定的点燃能量[16]。

5.11.2.2　干化风险的预防措施

要避免形成危险环境，可从取消上述三个条件之一入手。但目前已知被采用的预防手段事实上只有一个，即降低含氧量。

作为污泥干化安全的预防性措施，上述三个要素及含湿量值得认真研究。

（1）粉尘浓度

发生粉尘爆炸必须达到一定的浓度，该浓度被称为该有机质的"粉尘爆炸浓度下限"，简称"粉尘浓度"（minimum explosible concentrations，MEC）。

采用热量进行干燥的污泥干化工艺具有产生粉尘的自燃倾向。当污泥含有较多水分时，污泥颗粒的温度上升较慢（因水分吸收潜热的缘故）。当失水到一定程度（如＞65％），特别是当这种产品失水速率不均匀时，与热表面（一般都超过160℃）和热气体（一般超过100℃）的接触，会使得部分先失去水分的污泥颗粒过热，过热颗粒与其他湿颗粒分离，因其细小且轻，会因搅拌或机械抄起作用而进入工艺气体，因沉降速度低而形成飘浮，众多类似微细颗粒的聚集就形成了粉尘云。这种粉尘云会存在于干燥机、旋风分离器、粉尘收集装置以及湿法除尘洗涤装置前的管线中。此外，对干泥进行操作的破碎、筛分、提升、输送、混合、造粒、冷却、贮存等环节都可能产生类似粉尘云，因其空间狭小，没有大量气体流动，存在死角，因此粉尘一旦生成，其沉降速度都很低。

粉尘细度没有统一规定，多数可燃性粉尘的粒径在 $1\sim150\mu m$ 范围内，粒径越小的粉尘比表面积越大，表面能也就大，其所需的点燃能就小，即越容易点爆。考虑到粉尘的危险性，一般以 $75/150\mu m$ 以下的粉尘/超细颗粒作为判断标准。

粉尘的细度不可能是均一的，污泥干化的产品粒度分布变化范围极广。根据有关粉体的研究，在粗粉（＞$150\mu m$）中掺入 5％～10％的细粉，就足以使有机粉尘混合物成为可爆炸的混合物，且爆炸组分几乎出现最大爆炸压力。混合比大大影响爆炸强度，只有当可燃粉尘的粒度均大于 $400\mu m$ 时，即使有强点燃源也不能使粉尘发生爆炸。

粉尘气体混合物具有爆炸性的条件是其浓度在爆炸上限和下限之间的范围内，一般来说，有机质粉尘的爆炸浓度的下限为 $20\sim60 g/m^3$，市政污泥的取值在 $40\sim60 g/m^3$，这一数据还要受到除了氧气含量以外其他因素如气体介质的含氧量、含湿量、产品含湿量、粉尘化学成分、其他易燃气体成分等的影响。而可燃性爆炸的浓度上限可达 $2\sim6 kg/m^3$。由于粉尘具有一定的沉降性，所以通常爆炸浓度的上限很少能达到，只需考虑其爆炸浓度下限即可。

（2）含氧量

氧气作为助燃气氛，是形成危险状况的基本要素之一。绝大多数干化工艺无法进一步降低粉尘浓度，因此，降低介质含氧量成为避开风险的主要乃至唯一手段。

含氧量的要求与干化系统内的粉尘浓度有着直接的关系，这种关系一般以粉尘爆炸的最低需氧浓度（limiting oxygen concentration，LOC）来表示，是对污泥粉尘性质的一种量化研究。在一定粉尘浓度和点燃能量下，能够引起燃烧的最低氧气含量称为"最低含氧量"。

采用惰性化气体作为惰性介质和空气进行混合配比，是降低含氧量的一种方法。其中蒸汽作为一种高效率的惰性化气体，在干燥工艺中被大量采用。但过高的蒸汽浓度，会降低蒸发效率。

惰性化的质量仅是一个方面，惰性化的成本特别是时间，对干化可能具有重要意义。惰性化要求越高，对氮气的纯度、流量要求就越高。由于干化装置不可能是完全密闭的，惰性化过程也不是通过静态置换完成的，因此，惰性化过程需要很长时间，并可能耗费大量氮气。

（3）点燃能量

粉尘爆炸尚需一定的能量才能点燃，摩擦、静电、炽热颗粒物、机械撞击、电焊、金属异物或石子等产生的火花均可成为点燃能量。

市政污泥粉尘所需的点燃能量非常低，其大小与污泥的温度有关，但一般来说只要粉尘浓度和含氧量超标，任何点燃源都可能造成粉尘爆炸危险。而干化工艺本身的运行基础就是高温，所以即使在静电、金属碰撞等条件都符合要求的情况下，粉尘爆炸都难以良好控制。

因此在这方面无法采取任何有效的预防措施。

（4）含湿量

在三个粉尘爆炸的基本条件之外，干燥产品的含湿量也值得关注。当干燥气体的湿度较大时，亲水性粉尘会吸附水分，从而使粉尘难以弥散和着火，传播火焰的速度也会减小。研究认为，有机粉尘的湿度超过 30％便不易起爆，超过 50％就是绝对安全的。水分的存在可大大提升粉尘爆炸的浓度下限。蒸发所产生的蒸汽是最有效的惰性气体，增加干燥系统的湿度可有效降低粉尘浓度，提高点燃能量，降低氧气含量，从而提高整体系统安全性。

所谓半干化正是利用了这一点，使得离开干燥机时的产品平均湿度低于 80％甚至 60％，此时，产品中尚有一定水分，由于这部分水分的存在，可以将可能导致产品升温过热（形成粉尘）的热量吸附过来，从而有效地避免粉尘形成。从经验可知，污泥干化时，物料失去水分的曲线较为平缓，而物料的升温速度在后期会变得越来越快，升温曲线的斜率变陡。这意味着在半干化条件下，产品不会过热，因此也不会或很少产生粉尘。

5.11.3　干化过程的安全管理问题

安全管理问题是一项复杂的系统工程，也是各个企业实行管理的一个重要组成部分，是为了保障安全生产而进行的有关组织、计划、控制、协调和决策等方面的活动。其基本任务是发现、分散和消除生产过程中的各种危险，以防止发生安全事故，避免各种不必要的损失，以及保障现场操作人员的人身安全。

对于污泥干化过程中安全管理问题，主要是干化过程中的安全操作程序、设备的维护和操作人员的培训等。

污泥干化设备的正常操作应该是在安全、有效和经济的情况下运行的操作。在干化工艺自身安全、干化设备合格、干化过程中各因素在安全范围之内的前提下，安全生产可以通过对设备的正确操作和维护而获得。如果设备操作人员没有进行培训、操作说明书不正确或者操作人员操作失误，即使设计的干化工艺本身及干化设备安全水平再高，安全事故还是会发生的。据统计，人为原因所引发的安全事故占到工业事故的 90％以上。因此，在污泥的干化过程中必须严格加强安全管理工作。

5.11.3.1　干化系统的安全操作

设备的操作说明书是将设备的提供者和使用者紧密联系在一起的纽带，为了保障干化设备的正常运行和安全生产，所有的干化设备都应该配备清楚规范的操作说明书。

干化设备的操作说明书一般包括开车前的准备工作（主要是单机调试）、开车程序、正常运行、正常停车、紧急停车五部分。在设备的开车及停车时，运行过程处于非平衡状态，处于一种特殊的危险期，失控的危险性很大。此时，对污泥和干燥介质的流速和温度的控制显得尤为重要。除此以外，在设备的正常运行期间必须定期地进行安全检查，尤其是在设备和操作条件发生变化时。

5.11.3.2　设备的维护

在日常的设备维护工作中，尤其在进行焊接、切割等热工操作时，必须严格遵守许可证制度，对于容易产生火源的设备尤其要注意定期的维护。

5.11.3.3　操作人员的培训

对于干化设备安全、有效和经济的运行来说，操作人员的培训是必需的。设备的现场操作人员应该认真仔细的学习该设备的操作说明书，不仅要弄清楚正常的操作顺序，同时还要了解并掌握操作过程中可能出现的各种危险情况，一旦出现了紧急情况应该清楚必要的采取应急安全措施。

5.12 工程实例

5.12.1 上海市竹园污泥处理工程桨叶式干燥工艺

5.12.1.1 应用工程简介

上海市竹园污泥处理工程位于浦东新区外高桥地区规划竹园污水厂用地范围内，总占地面积 5.83hm²。

本工程项目接收和处理来自上海市竹园一厂、二厂、曲阳和泗塘 4 座污水处理厂的脱水污泥，采用半干化焚烧处理工艺，焚烧灰渣进行建材综合利用的处置方式。按照上海市污泥处理处置规划，竹园污泥处理工程规模为 150tDS/d（DS 为污泥干基），进厂污泥的含固率范围为 20％～25％。设计年运行时间≥8000h，每天 24 小时连续工作。

5.12.1.2 应用工程的处理流程

上海市竹园污泥处理工程的污泥干化系统采用的是"桨叶式干燥机＋洗涤塔"工艺技术路线。工艺流程主要包括污泥接收系统、污泥贮存系统、污泥干化系统、污泥焚烧系统、余热利用系统、尾气处理系统，此外还包括碱液制备系统、离子除臭系统、气力输灰系统、砂循环系统、压缩空气系统、冷却水循环系统等辅助系统，工艺流程如图 5-92 所示。

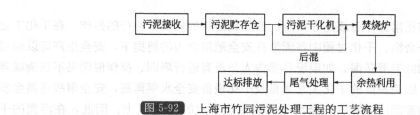

图 5-92 上海市竹园污泥处理工程的工艺流程

污泥贮存仓内的含水率为 80％～90％的脱水污泥由螺杆泵泵入桨叶式干燥机进行干燥，进入干燥机的污泥在受到中空桨叶搅拌、混合与分散作用的同时，还受到来自中空桨叶和夹套的双重加热作用，从而使水分被迅速蒸发出来，实现物料的蒸发和干燥过程。污泥边干燥边向出料口移动，符合要求的干燥产品由中空桨叶输送至出料口并排出机外。污泥的整个干燥过程在封闭状态下进行，有机挥发气体及异味气体在密闭氛围下送至尾气处理装置，避免环境污染。

本工程采用的机型是桨叶式干燥机，主要由带有夹套的 ω 形壳体和两根空心桨叶轴及传动装置组成。轴上排列着中空叶片，轴端装有旋转接头。中空叶片和轴中通入热介质。污泥干燥所需的热量由带有夹套的 ω 形槽的内壁和中空叶片壁传导，单位体积的传热面积较大，热效率高。

目前，桨叶式干燥机采用倾斜盘进行自清洁。在图 5-93 中，倾斜盘最初处于实线所表示的状态，随着轴回转半周之后，倾斜盘处在了图示虚线所表示的状态，而在转轴再次回转半周之后，倾斜盘恢复到了实线所表示的原始状态，于是倾斜盘的外沿端部做左右摇摆运动，从而自动除去黏附在箱体及转轴上的污泥，实现自我清洁。

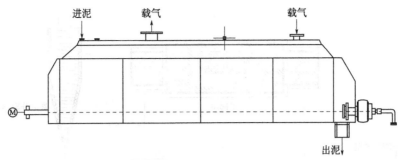

図 5-93 桨叶式干燥机工艺

干燥过程采用蒸汽供给系统产生的饱和蒸汽作为加热介质，通过空心热轴和空心夹套的器壁对湿物料进行间接加热干燥。蒸汽凝液经疏水阀排出并回收。为了将污泥蒸发出的水分快速带走，保证干燥机内污泥水分的蒸发速率和扩散速度，需向干燥机内通入载气。载气采用空气，干燥机出来的湿载气（85～90℃）经过洗涤塔洗涤脱除水分后，大部分送回干燥机进行循环使用，另一部分送入焚烧炉焚烧处理，处理量由干燥机压力决定，洗涤后的载气温度为 40～50℃。干燥机内污泥在达到含水率 40%，温度约 95℃时完成干化，然后经输送设备送至流化床焚烧处理。

污泥焚烧处理的热能通过余热锅炉进行利用，产生的蒸汽循环用于污泥干化。引入外高桥电厂供热管网蒸汽，作为污泥干化的热能补充。

污泥焚烧烟气处理系统采用"静电除尘器＋袋式除尘器＋两级洗涤"的技术路线，达到欧盟 2000 高空排放标准。静电除尘器灰分外运用于建材综合利用，袋式除尘器灰分外运按危险废物处置。

5.12.2 北京水泥厂污泥涡轮干燥工艺

5.12.2.1 应用工程介绍

北京水泥厂有限责任公司处置污水处理厂污泥工程是我国首个利用水泥窑余热干化处置污水处理厂污泥的示范项目，建设地点在北京水泥厂内，是北京市规划的几个污泥处置中心之一，是北京市污泥处置规划的一部分，也是目前实际运行的最大的污泥处置项目，由北京市市政工程设计研究总院和天津水泥设计研究院共同设计。该工程主要包括取热、干化、水处理三部分，工程总投资 1.7 亿元。该工程的污泥干燥采用污泥涡轮干燥技术，总处理规模 500t/d（平均含固率 20%），负责处理北京排水集团的酒仙桥厂所产生的污泥约 200t/d，其余为北京北部郊县十几个污水厂的污泥约 300t/d，于 2009 年 10 月 28 日建成投产。

5.12.2.2 应用工程的处理流程

北京水泥厂项目由 5 条独立的生产线构成，可生产含固率 65%～90% 的产品，所选干化工艺为 VOMM 涡轮干燥技术。根据最佳窑况、输送条件及其系统安全考虑，以 65% 为基本目标。实际运行含固率在 70%～75%。含水率为 80% 的湿污泥从污水厂送入水泥厂内，经计量后进入接收仓，然后通过输送设备送入湿污泥料仓，最终进入干化车间，利用水泥窑的余热，采用涡轮薄层热干化技术，对北京市城市污水处理厂的污泥进行干化。干化工艺具体流程如图 5-94 所示。

含水率 80% 的湿泥由污泥输送泵输送至干化车间内的喂料器的料斗中。喂料器装备有破拱器和喂料螺旋，可将污泥喂入干燥机中。

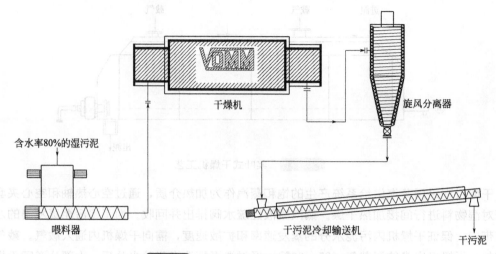

图 5-94　北京水泥厂涡轮干化工艺流程

　　来自水泥窑的热烟气与湿泥同侧进入卧式干燥机中。在干燥机中，湿污泥形成一个薄层，在设备内很强的涡流作用下，紧贴着圆柱形的内壁，连续地移动和很好的混合。这种薄层可以获得很高的换热效率和热利用效率。主要的热交换是靠与圆柱形容器同轴的夹套中循环的蒸汽热传导实现的，只有辅助加热和输送是靠预热的气体完成的。经过 2～3min 的干燥，污泥与蒸发所形成的湿分裹挟在干燥气体中一起离开干燥机。加热污泥进行干化处理的热源来自水泥窑烟气产生的热量，经过气液间接交换后，热量传递给导热油，导热油被循环加热，最终再将热量传递给污泥。

　　干燥的污泥离开涡轮干燥机，与水蒸气一起进入旋风分离器进行分离。在旋风分离器内干污泥和蒸汽因密度差别而被分离，干污泥收集在底部，而气体从顶部离开。在旋风分离器的底部，干污泥落入干污泥冷却输送机。气体从旋风除尘器的顶部离开。经过旋风分离和冷却，得到含水率 35%（半干化）或 10%（全干化）的干燥污泥。

　　干燥污泥可作为水泥生产过程中的掺合料，与水泥厂工艺用料一同进入水泥窑，从而得以最终处置。污泥干化过程中产生的臭气也直接送入水泥窑进行焚烧，而干化过程中产生的冷凝废水被排入配套新建的污水处理站进行处理，符合回用要求后，用作干化过程中的冷凝循环补充水。整个工艺过程中保持微负压，避免任何粉尘排放到环境中。该工艺实现了无干泥返混，同时具备气体排放量少、操作灵活、高效廉价的自惰性化及工业稳定性好的优点。

　　目前在国内，污泥涡轮干燥还属于较新型的工艺，且利用水泥窑协同处理处置污泥在国内外尚属首次，节能减排效果明显，可见本项目的实施将会为北京市乃至全国的污泥无害化处置和资源化利用寻找到新途径、新思路，符合国家循环经济的发展理念，具有突出的示范作用。

　　在运行成本方面，由于污泥在本项目中彻底处置，污泥具有一定的热值，以北京地区污泥平均干基热值 3000kcal/kg 考虑，污泥热值对项目有正贡献，即干化所需热能全部由污泥自身提供外，还略有盈余。就整个项目而言，电耗是项目的最大支出，但其中废水处理、取热的电耗相比之下所占比重并不大，仍可以一个典型的干化项目来评估。由于废水的处理实现 100% 回用和零排放，项目的水耗相对很低。由于涡轮薄层工艺可以以高温热水形式回收干化总热量的 60% 以上，所以，这一点在北方地区或有厌氧消化的项目上有重要意义。本项目的废热已代替了燃煤供暖锅炉,供应全厂冬季采暖和浴室热水,由此节约了燃煤消耗。根据以上特点,本项目在能源角度看是非常优秀的,直接运行成本远低于目前国内所有其他干化项目。

总体看来,本工程不仅达到了低成本运行,同时实现了污泥的稳定化、减量化、无害化和资源化。

5.12.3 重庆市唐家沱污泥处理项目组合式两级干化工艺

5.12.3.1 应用工程简介

重庆市唐家沱污泥处理项目位于唐家沱污水处理厂厂内西南角,占地面积150亩,主要处理本厂产生的脱水污泥。该工程所采用的污泥处理工艺为浓缩—消化—脱水—干化,污泥干化工艺采用3条得利满 INNODRY 2E 污泥处理线,是中部地区第一个达到一流技术水平的污泥处理工程项目。该工程项目总投资为2.06亿元,2010年时的污泥处理规模为240t/d(含水率80%),计划到2020年的建设规模增加为320t/d(含水率80%)。干化后污泥的处置方式为近期卫生填埋,远期资源化利用。

5.12.3.2 应用工程的处理流程

该工程采用了 INNODRY 2E 两段式污泥干化系统,其独创性在于其结合了一级间接干化(薄层蒸发器)和二级直接干化(带式干燥机)的优势以及专利能量回收系统,热干化处理减少了污泥体积并可提高生物固体质量。污泥在第一干化阶段具有可塑性,可形成颗粒,在第二干化阶段进行进一步的干燥处理。可塑性阶段形成颗粒污泥以及带式干燥机的独特设计,确保了此干化是一个无尘工艺,使冷凝水的处理成本降低,使设备安装更安全。其一体化的能量回收系统,一级干化阶段的部分能量经回收后用于二级阶段的加热。此外,该工艺低温操作、不含粉尘以及封闭的环境保证了绝对的安全性。该工艺防止了颗粒污泥自燃和爆炸的危险,无需采用特定的限制(充入惰性气体或其他限制)即可满足很多现行的国家规定。

其工艺流程如图5-95所示。

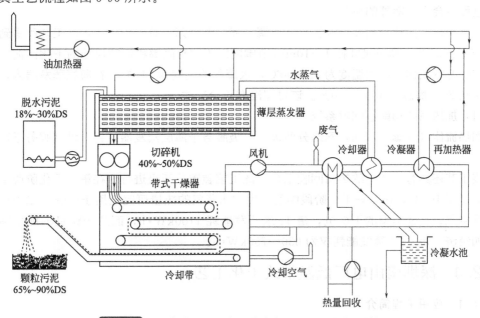

图 5-95 组合式两级干化工艺流程(DS——污泥干基)

（1）一级间接干化

该阶段的关键设备是薄层蒸发器，脱水后的污泥贮存在一个缓冲容器中，通过速度受控的偏心螺杆泵连续地向水平的薄层蒸发器进料。蒸发器的旋转叶片承载污泥，形成薄层的污泥沿加热表面（保护罩的圆柱体内壁）传输。在进料口的对面，蒸发器上设有一个切向开孔，即污泥团的出口。

通过加热流体（油或水蒸气）在保护罩的外壁和内壁之间循环，对保护罩的内壁进行加热，保护罩的外壁采取隔热措施。在薄层蒸发器出口，呈可塑状态并具有延展性的污泥直接落入一个挤压装置（切碎机）。污泥受到挤压并穿过一个有孔的格栅，形成直径为 6～10mm 的面条状长条，然后被均匀分布在缓慢移动的带式干燥机的上层运输带上。第一间接干化阶段的部分剩余能量回收后用于第二阶段的加热，干燥中提供最高的能量输送，在黏性阶段进行成品污泥的成形准备。

（2）二级直接干化

该阶段的主体设备是带式干燥机，包括一个或几个缓慢移动的带孔钢板传输带，传输带安装在一个完全隔热的保护罩中，且上下平行放置。保护罩处于较小的负压状态，以防止空气从保护罩中泄漏出去。切碎机形成的颗粒被均匀分布在上层输送带上。预成形的颗粒在传输带上形成颗粒层，热空气逆向扫过和穿透颗粒层，使其干燥并达到所要求的含固率。在传输带的前部，污泥温度保持在 90℃，水蒸气温度为 100℃，在颗粒污泥出口处设置有一个冷却区，采用冷空气使颗粒温度迅速下降至 40～50℃。在这一直接干化阶段，低温条件下，接触干燥机中污泥含固率从 40%～50% 逐渐达到 90%。

（3）颗粒污泥的排放和处置

带式干燥机直接将污泥排放至一个带式传输系统，该系统将颗粒污泥自动送至贮存容器中。如果必须将污泥装入罐车或大包装袋中，干燥厂内将配置一个斗式运输器和料仓。在切碎机内插入另一个格栅，或在带式干燥机出口下方安装破碎机。破碎机带有粒径调节装置，移动缓慢，可根据污泥的最终用途调节颗粒的大小。由于颗粒已经具有相当的硬度，所以该处理过程不会产生额外的粉尘。

最终干化污泥的含固率和颗粒尺寸可调。通过调整第二阶段的运行，此工艺可得到含固率在 65%～90%，颗粒尺寸在 1～10mm 范围内的不同含固率和颗粒尺寸的干化污泥。整个系统在低温下工作，污泥温度为 85～90℃，水蒸气的温度为 110℃。在薄层蒸发器内，污泥含固率从 20% 提高到 40%～50%。该过程没有粉尘形成。

（4）加热系统和能量回收系统

加热流体（水蒸气或油）网络分两级，一级服务于薄层蒸发器，另一级则服务于带式干燥机。

该工艺还具有一体化的热量回收系统。此工艺装置分两级进行，在第二干化阶段中的空气温度低于 100℃，在第一干化阶段中所产生的水蒸气的热量可完全用于加热第二干化阶段的干燥空气。其他类型的干燥机，每 1t 水蒸发能耗 1100kW·h，而此干燥机的能量回收系统更加经济，每 1t 水蒸发能耗仅为 650～750kW·h。

5.12.4 深圳南山电厂低温带式干化工艺

5.12.4.1 应用工程简介

深圳南山热电厂污泥处理项目位于南山电厂内部，一期完成日处理 400t 污泥（80% 含水率），建设 4 条日处理 100t 污泥干化线，占地面积 9467m²，设计概算为 1.9 亿元，结合南山热电厂的装机容量，项目两期建设完成后的污泥处理最终设计能力为 1200t/d（含水率80%）。本工程就近利用两套联合循环机组余热锅炉的烟气资源。这主要是由于南山热电厂所装备的燃气-蒸汽联合循环发电机组发电热效率高达 51%，所排出的烟气温度约为 130℃，无法回收用于发电生产，但因烟气量较大，可以利用其为污泥干化提供能源。这样不仅减少了热源损耗、提高污泥处理效率和污泥处理量，而且还可以充分利用南山热电厂排放的低品位烟气余热，大大降低工程总投资，因此该项目已被列为国家循环经济示范项目。

5.12.4.2 应用工程的处理流程

深圳南山电厂污泥处理项目的主体设备采用污泥带式干化机，用热水作为干化热源。带式干化机由若干个独立单元段组成，每个单元段均由加热装置、循环风机、单独或公用的新鲜空气抽入系统和尾气排放系统组成。

污泥经布料装置均匀地铺在带式干化机的网带上，传动装置拖动网带在干燥机内移动，在干燥机每一单元内，由热水换热产生的热气由上向下穿过网带上的污泥，从而使污泥得以干燥。热风加热污泥后，仅有小部分被排放，大部分则被循环使用。而被排放的气体进入除臭系统，经处理达到国家标准后排放。整个工艺系统如图 5-96 所示。

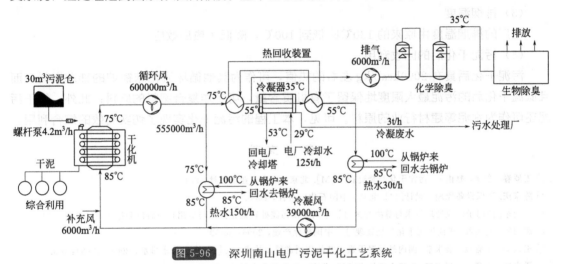

图 5-96 深圳南山电厂污泥干化工艺系统

（1）湿污泥贮存仓

进行干化处理前，湿污泥贮存在湿污泥贮存仓内，再被推入进料泵内，然后由底部安装的高压螺杆泵将湿污泥泵入干化装置。湿污泥贮存仓底部安装活底滑架系统，使仓底部可以通过刮泥板进行前后、左右的移动。其体积由工程要求的污泥贮存停留时间确定，起到平衡缓冲的作用。

（2）湿污泥布料装置

污泥面条机布料装湿污泥，然后按一定形状和厚度铺设，进行高效干化处理。

（3）带式污泥干化装置

干化装置内主要是由多层上下排列的烘干带组成。污泥由烘干带送入干化箱内，在这里因热气穿流污泥而实现干化。带式干化技术的特点有以下方面：a. 热源温度要求低，可提供低品质热源；b. 工艺简单；c. 需监视运行的参数较少，系统运行稳定，操作安全方便；d. 设备结构简单，便于维修且费用低廉；e. 运行灵活，根据污泥处理量、污泥含水率、目标干燥度等要求进行调节，可以满足后续各种不同污泥处置的需要。

（4）除臭装置

除臭装置分为二级：一级化学除臭系统和二级生物除臭系统。臭气首先进入由一个酸洗涤塔和一个碱洗涤塔组成的一级化学除臭系统进行处理，臭气分子从气体转变成液体并发生化学反应生成无机物。二级生物除臭系统设置在酸碱塔后的料仓间 2 层，进一步处理臭气以确保除臭效果最终达到国家标准。

深圳南山电厂污泥处理工程利用电厂烟气的余热来实现污泥的干化，可以产生以下效益。

（1）节能

该工程利用电厂烟气的余热使 400t/d 的污泥（含水 80%）达到理想的干化效果，年需消耗 $7790 \times 10^7 W$ 的热量，相当于节省标煤约 9570t。

（2）减排

该工程每年可以将 $14.6 \times 10^4 t$ 湿污泥干化至含水率 40% 以下，至少减少污泥排放量 97333t/a，污泥减排量为 66.7%。另外烟气废热产生的热水用于干化，如用标煤作为干化热源，则每年可减少二氧化碳排放量约 23860t。

（3）排烟温度

电厂的排烟温度由原来的 130℃ 降低到 100℃，降低了热岛效应。

（4）污泥干化后的回收利用

污泥干化后具有 2000kcal/kg 左右的热值，可作为其他循环流化床锅炉的辅助燃料；而且低温干化后的污泥最大限度地保留了有机质含量，可制作复合肥料的原料；此外，绝干污泥还可作为水泥等建材行业的原料。可见，本工程的污泥干化实现了切实有效的综合利用。

参 考 文 献

[1] 王罗春, 李雄, 赵由才. 污泥干化与焚烧技术[M]. 北京: 冶金工业出版社, 2010.

[2] 陈家庆. 环保设备原理与设计[M]. 北京: 中国石化出版社, 2008.

[3] 段荣东. 西门子污泥处理技术与解决方案[J]. 中国城镇污泥处理处置技术与应用高级研讨会论文集, 2010: 331-333.

[4] 裘伯钢, 赵美红. 浅谈污泥干化焚烧处理[J]. 中国环保产业, 2006: 38-39.

[5] 王兴润, 金宜英, 聂永丰. 国内外污泥干燥工艺的应用进展及技术要点[J]. 中国给水排水, 2007, 23(8): 5-8.

[6] 潘永康, 王喜忠, 刘相东. 现代干燥技术[M]. 北京: 化学工业出版社, 2007.

[7] 金国森. 干燥机[M]. 北京: 化学工业出版社, 2008.

[8] 郭淑琴, 孙孝然. 几种国外城市污水处理厂污泥干化技术及设备介绍[J]. 给水排水, 2004, 30(6): 34-37.

[9] 陈家庆. 环保设备原理与设计[M]. 北京: 中国石化出版社, 2008.

[10] 陈敏恒, 丛德滋, 方图南, 等. 化工原理. 第 3 版: 上册[M]. 北京: 化学工业出版社, 2006.

[11] 梁宝平. 干燥设备设计选型与应用实用手册[M]. 北京: 北方工业出版社, 2006.

[12] 刘广文. 干燥设备设计手册[M]. 北京: 机械工业出版社, 2009.

[13] 中国石化集团上海工程有限公司编. 化工工艺设计手册. 第 4 版[M]. 北京: 化学工业出版社, 2009.

[14] 潘永康, 王喜忠, 刘相东. 现代干燥技术[M]. 北京: 化学工业出版社, 2007.

[15] 徐强, 张春敏, 赵丽君. 污泥处理处置技术及装置[M]. 北京: 化学工业出版社, 2003.

[16] 朱有庭, 曲文海. 化工设备设计手册. 下卷[M]. 北京: 化学工业出版社, 2004.

第6章

污泥焚烧技术

6.1 污泥焚烧技术概述

6.1.1 污泥焚烧的发展及其技术特点

6.1.1.1 污泥焚烧技术的发展及现状

污泥减容的主要方法是浓缩、脱水以及焚烧，一般大型污水处理厂的污泥普遍通过焚烧达到减量化、无害化处理处置的目的。随着近年来世界各国的环境条件对废弃物处理处置要求的日益严苛，焚烧技术已逐步成为污泥处置的主流技术。

自20世纪90年代以来，英国、瑞士、德国、丹麦、日本等国家就开始将焚烧工艺作为处理市政污泥的主要方法。在20世纪70年代，英国就将焚烧法作为污泥处理处置的一个方法，并且抛海处置方式于1998年被禁止，土地填埋越来越贵，而流化床技术日益成熟，焚烧法已得到英国全社会的关注[1]；瑞士宣布从2003年1月1日起禁止污水厂污泥用于农业，并且所有污水厂污泥需进行焚烧处置；德国已经拥有多年的污泥焚烧工艺实际运行经验；丹麦每年约有25%的污泥采用焚烧进行处理；而日本1992年的污泥焚烧量就已占市政污泥总量的75%。

我国污泥处理处置行业起步较晚，由于许多城市没有将污泥处置场所纳入城市总体规划，从而造成很多处理厂难以找到合适的污泥处置方法和污泥处置场所。在污泥的焚烧处理方面，由于污泥焚烧设备复杂、设备投资和运行费用大，且对操作人员的专业素质和技术水平要求高，因此国内针对污泥焚烧开展的研究工作和工程实践就更加少。

面对我国污泥产生的处理处置状况，今后需要采取的策略是：首先，污水处理厂应该重视污泥处理和处置，加强污泥管理力度；其次，国家和行政管理部门应当加速建立和完善污泥处理处置的相关法规。由于我国存在大量中、小型污水处理厂，污泥产量小，处理技术低，所以建议由政府部门带头，广开融资渠道，组建一批按市场经济规律运转和管理的大型城市污泥处理处置中心[2]。

6.1.1.2 污泥焚烧技术特点

污泥焚烧技术以其显著的优越性受到世界各国的青睐，其优越性主要表现在：a. 可以最大限度地减小污泥量；b. 焚烧处置可彻底分解污泥中的有机物（含难降解有机物），消灭其中的病菌和虫卵，是相对比较安全的一种污泥处置方式，由于焚烧后仅剩下很少量的无机物，因而需要进行后续处置的物质很少，节省处置费用；c. 焚烧方式速度快，污泥不会因长期贮存而污染周边环境，且节省贮存费用；d. 焚烧方式可就地进行，不需要长距离运输；e. 可以回收能量用于发电和供热。

随着我国经济的不断发展以及环境保护意识的日益加强，污泥焚烧处置将会成为备受业内关注的一项新兴产业，同时也存在诸多挑战和难点：a. 目前在国内污泥焚烧技术还未发展成熟，有待进一步完善；同时也需要政府、企业和其他社会团体在政策、技术和资金等产业要素上的紧密配合；b. 污泥的含水率是制约污泥处置系统运行成本的关键因素；c. 污泥处理处置包括预处理、焚烧、余热回收和燃烧产物的处理几个环节，这几个环节必须配合紧密，形成有机整体，才能实现有效和完整的处理处置；d. 污泥焚烧会产生酸性烟气、灰渣和飞灰等污染物，必须严格控制并达标排放，需要进行后续处理，这也是污泥焚烧过程中存在的难点之一；e. 灰分的处理，根据重金属含量的不同，可以考虑将灰分进行直接填埋或加水泥制绿化砖、加重金属螯合剂后填埋等处理；f. 可靠的设计、高质量的产品设备和严格的施工调试是污泥焚烧系统能够有效运行的必要保证。

6.1.2 污泥焚烧的基本原理

6.1.2.1 焚烧原理

污泥的焚烧是指对脱水或干燥后的污泥，依靠其自身的热值或辅助燃烧，放入焚烧炉进行热处理的过程。污泥中含有大量的有机物和一定量的纤维素、木质素，焚烧法正是利用污泥中有机成分较高、具有一定热值等特点来处理污泥的，是使污泥减量化、资源化、无害化的有效方法。

焚烧可使污泥等废弃物经 $600\sim850℃$ 的高温热解燃烧，可有效地减容、无害化和资源化。在焚烧过程中，污泥表现出煤燃烧时所没有的性质。

污泥焚烧可以看作是污泥中有机物的氧化过程，在产生稳定化飞灰的同时排放出一定量烟气，在污泥烘干机中的污泥 C、H、S 成分或可能包含的 NH_3 等可以进行燃烧化学反应，并放出热量。在完全燃烧的情况下，污泥焚烧过程中应该排放出 CO_2、H_2O、N_2、NO_x 及 SO_2 等气体，但是实际上污泥不可能实现完全的焚烧，因此还会排放出不完全燃烧产物 CO。焚烧的反应条件很重要，有机物能在焚烧炉中充分燃烧的条件是碳和氢所需要的氧气能充分供给，反应系统有良好搅动从而使空气或氧气能与废物中的碳和氢良好地接触，并且污泥烘干机系统的操作温度必须足够高。表 6-1 为污泥中主要元素及化合物的燃烧方程。

表 6-1 污泥中主要元素及化合物的燃烧方程

可燃物	分子量	反应方程	释放热量/(kJ/kg)
碳	12	$C + O_2 \longrightarrow CO_2$	32750
氢	2	$H_2 + 0.5O_2 \longrightarrow H_2O$	141694
硫	32	$S + O_2 \longrightarrow SO_2$	9292
硫化氢	34	$H_2S + 1.5O_2 \longrightarrow SO_2 + H_2O$	16492
甲烷	16	$CH_4 + 2O_2 \longrightarrow CO_2 + 2H_2O$	55515
乙烷	30	$C_2H_6 + 3.5O_2 \longrightarrow 2CO_2 + 3H_2O$	51797
丙烷	44	$C_3H_8 + 5O_2 \longrightarrow 3CO_2 + 4H_2O$	49941

可燃物	分子量	反应方程	释放热量/(kJ/kg)
丁烷	58	$C_4H_{10} + 6.5O_2 \longrightarrow 4CO_2 + 5H_2O$	49477
戊烷	72	$C_5H_{12} + 8O_2 \longrightarrow 5CO_2 + 6H_2O$	51103

焚烧处理的产物是炉渣和烟气。炉渣主要由污泥中不参与反应的无机矿物质组成，同时也会含有一些未燃尽的残余有机物（可燃物），炉渣无腐败、发臭、含致病菌等卫生学危害的因素；污泥在焚烧时不挥发的重金属是炉渣影响环境的主要来源。污泥焚烧的另一部分固相产物是在燃烧过程中被气流携带存在于出炉的烟气中的固体颗粒，即飞灰。这些飞灰通过烟气除尘设备（如旋风分离器、静电除尘器或袋式过滤器）被分离。飞灰中的无机物除了污泥中的矿物质外，还可能包括处理烟气的药剂（如干式、半干式除酸气净化工艺中使用的石灰粉、石灰乳等），其中无机污染物以挥发性重金属 Hg、Cd、Zn 为主，这些挥发再沉积的重金属一般比炉渣中的重金属有更强的迁移性。飞灰是浸出毒性超标的有毒废物，其中所含的有机物多为耐热化学降解的毒害性物质，此外二噁英类高毒性物质也可吸附于飞灰之上，由此可见，污泥焚烧过程中的飞灰处置是涉及环境安全性的重要环节。

污泥焚烧的烟气，以对环境无害的 N_2、O_2、CO_2、H_2O 等为主，所含常规污染物为悬浮颗粒物（TSP）、NO_x、HCl、SO_2、CO 等；微量毒害性污染物包括重金属（Hg、Cd、Zn 及其化合物）和有机物（前述耐热降解有机物和二噁英等），焚烧烟气净化是污泥焚烧工艺的必要组成部分。

污泥焚烧还产生能量流，表现为高温烟气的湿热。烟气热回收系统也是污泥焚烧的组成部分。

6.1.2.2 焚烧过程[1]

污泥焚烧的过程比较复杂，通常包括干燥、热分解、蒸发和化学反应等传热、传质过程。根据不同可燃物质的种类，一般可分为分解燃烧（即挥发分燃烧）和固定碳燃烧两种。而从工程技术的观点看，污泥焚烧过程可分为三个阶段，分别为干燥加热阶段、焚烧阶段、燃尽阶段即生成固体残渣阶段。而从炉内实际过程看，这三个阶段的划分却没有一个严格的界限，炉内污泥中有的物质还在预热干燥，有的物质已开始燃烧，甚至已经到达燃尽阶段。从微观角度看也是如此，同一污泥颗粒的表面已经进入了焚烧阶段，而内部可能还处于干燥加热阶段。这就是说上述三个阶段只不过是焚烧过程的必由之路，其焚烧过程的实际工况将更为复杂。

（1）干燥加热阶段

污泥是有机物和无机物的综合，含水率较高，因此为了使焚烧阶段稳定进行，焚烧时的预热干燥任务很重。干燥加热阶段从污泥送入焚烧炉开始，随着污泥温度的逐步升高，其水分开始逐步蒸发，此时，物料温度基本稳定。随着加热的不断进行，水分大量析出，污泥开始干燥。当水分基本析出完毕后，温度开始迅速上升，直到着火，从而进入真正的燃烧阶段。

在干燥加热阶段，使污泥中的水分以蒸汽形态析出，这就需要吸收大量热量——水的汽化热，因此污泥含水率越高，干燥阶段持续时间也就越长，炉内温度也就下降得越低。而污泥水分过高，炉内温度将会大大降低，污泥燃烧就难以开始并进行，此时需投入辅助燃料燃烧，以提高炉温，改善干燥着火条件。有时也可采用干燥段与焚烧段分开设计，一方面使干燥段大量的水蒸气不与燃烧的高温烟气混合，以维持燃烧段烟气和炉墙的高温水平，保证燃烧段有良好的燃烧条件。另一方面干燥吸热是取自完全燃烧后产生的烟气，燃烧已经在高温下完成，再取其燃烧产物作为热源，就不致影响燃烧段本身了。

（2）焚烧阶段

干燥加热阶段基本完成后，如果焚烧炉内温度足够高，且又有足够的氧化剂，就会很顺利地进入真正的污泥焚烧阶段。焚烧阶段包括三个同时发生的化学反应模式。

1）强氧化反应 燃烧包括产热和发光二者的快速氧化过程。如果以空气做氧化剂，则可燃元素碳（C）、氢（H）、硫（S）的燃烧反应为：

$$C+O_2 \longrightarrow CO_2$$
$$2H_2+O_2 \longrightarrow 2H_2O$$
$$S+O_2 \longrightarrow SO_2$$

2）热解 热解是在无氧或近乎无氧条件下，利用热能破坏含碳高分子化合物元素间的化学键，使含碳化合物被破坏或者进行化学重组。为了使焚烧炉内的污泥能够与足够的氧气进行有效的接触，焚烧过程要求过剩空气量要在50%~150%内，但尽管如此，实际焚烧过程中仍有部分污泥没有机会与氧接触，这部分污泥就会在高温条件下发生热解，以常见的纤维素分子为例。

$$C_6H_{10}O_5 \longrightarrow 2CO+CH_4+3H_2O+3C$$

被热解后的组分常是简单的物质，如气态的CO、H_2O、CH_4，而C则以固态出现。

在焚烧阶段，大分子含碳化合物受热后，一般都是先进行热解反应，随即析出大量的气态可燃气体成分，诸如CO、CH_4、H_2或者分子量较小的挥发分。挥发分析出的温度区间在200~800℃内。但要注意热解过程也会产生某些有害的成分，这些成分如果没有充分被氧化（燃烧掉），则必然成为不完全燃烧物。

3）原子基团碰撞 焚烧过程出现的火焰，实质上是高温下富有原子基团的气流的电子能量跃进以及分子的旋转和振动产生的量子辐射，它包括红外线的热辐射、可见光以及波长更短的紫外线。火焰的形状取决于温度和气流组成。通常温度在1000℃左右就能形成火焰。气流包括原子态的H、O、Cl等元素，双原子的CH、CN、OH、C_2等以及多原子的基团HCO、NH_2、CH_3等极其复杂的原子基团气流。

（3）燃尽阶段

由于物料在主焚烧阶段发生了强烈的发热、发光氧化反应，而随后参与反应的物质浓度就会减少，反应生成的惰性物质，气态的CO_2、H_2O和固态的灰渣增加。由于灰层的形成和惰性气体比例的增加，剩余氧化剂要穿透灰层进入可燃物的深部与可燃成分反应也越困难。整个反应处于不利状况。因此，要使污泥中未燃的可燃成分反应燃尽，就必须保证足够的燃尽时间，从而使整个焚烧过程延长。该过程与焚烧炉的集合尺寸等因素直接相关。综上分析，燃尽阶段的特点可归纳为可燃物浓度减少，惰性物增加，氧化剂量相对较大，反应区温度降低。要改善燃尽阶段的工况，常采用翻动、拨火等办法来有效地减少物料外表面的灰层，或控制稍多一点的过剩空气量，增加物料在炉内的停留时间等。

在整个焚烧过程中，燃烧结果至少有以下3种可能情况：a. 污泥有机物中的主要部分在燃烧室内被氧化或被全部破坏，或者一部分在一级燃烧室被热解，而第二燃烧室或后燃室完全焚毁；b. 很少一部分污泥由于某种原因，在焚烧过程中热解析出气体，挥发分气体逃逸而未被销毁或只有部分销毁，在此情况下有害组分就达不到销毁要求；c. 可能会产生一些中间产物，这些中间产物可能更有害，在此情况下不完全燃烧产物很可能超标排放。

污泥焚烧过程的内容和进行方式如图 6-1 所示。

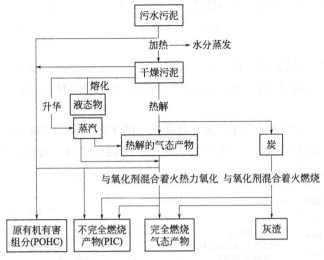

图 6-1 污泥焚烧过程的内容和进行方式

6.1.2.3 焚烧的影响因素

污泥焚烧过程的影响因素很多，其中污泥性质、焚烧温度、停留时间、过剩空气系数是主要的影响因素，也是反应焚烧炉性能的主要指标。

（1）污泥的性质

影响污泥焚烧效果的因素主要有污泥的热值、含水量、成分等。一般来说，含水量越低，热值越高，可燃成分越多，燃烧过程就越容易进行，燃烧效果也越好。表 6-2 所列为不同污泥的干基热值。

表 6-2 不同污泥的干基热值

1. 污泥种类	干基热值/(kJ/kg)
2. 初次沉淀池污泥	
新鲜污泥	15800～18162.1
消化污泥	7189.6
3. 初沉池污泥与腐殖污泥混合	
新鲜污泥	14880.8
消化污泥	6729.8～8109.2
4. 初沉池污泥与活性污泥混合	
新鲜污泥	16929
消化污泥	7440.4
新鲜活性污泥	14880.8～15190.12

根据经验，有机固体的干基热值（Q）与焚烧性存在以下关系：$Q < 3340kJ/kg$，可燃烧但需辅助燃料；$3340kJ/kg < Q < 4180kJ/kg$，可燃烧，但废热利用价值不大；$4180kJ/kg < Q < 5000kJ/kg$，焚烧供热、发电均可行；$5000kJ/kg\ Q < 6000kJ/kg$ 焚烧供热发电均可行，但不稳定；$Q > 6000kJ/kg$，可稳定燃烧供热或发电。

由表 6-2 可见，各类污泥的干基热值均大大超过 6000kJ/kg，所以干污泥具有很好的可焚烧性。但考虑到工程实际，脱水后的污泥含水率一般在 70％～80％，挥发性固体仅占 70％左右，因此，可对湿污泥的燃烧热值估计如下：

取干基热值高的新鲜污泥，干基热值平均约为 $Q_干＝16000kJ/kg$，当含水率为 80％时，热值 $Q_湿＝Q_干(1-80％)＝3200kJ/kg$；当含水率为 70％时，热值 $Q_湿＝Q_干(1-70％)＝4800kJ/kg$。

考虑到湿污泥焚烧时去除水分还需要消耗能量，因此，湿污泥的焚烧性并不理想，一般需要加辅助燃料方可稳定燃烧。新鲜污泥热值较高，消化污泥热值较低，一般需要加辅助燃料方可稳定焚烧。

污泥是有机物和无机物的综合，含有很高比例的水分，70％间隙水，20％左右的毛细结合水，7％左右的表面黏附水及 3％左右的内部水。污泥的热值与其水分密切相关。图 6-2 显示了含水量和热值之间的关系。

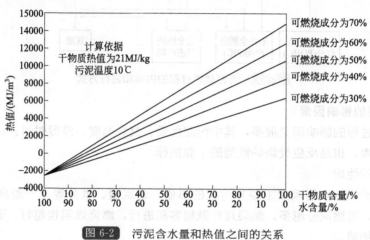

计算依据
干物质热值为21MJ/kg
污泥温度10℃

图 6-2　污泥含水量和热值之间的关系

（2）焚烧温度

污泥的焚烧温度一般是指污泥焚烧所能达到的最高温度，比其着火温度要高得多。通常来说，焚烧温度与污泥的燃烧特性有直接关系，污泥的水分越低热值越高，焚烧温度也就越高，燃烧速度越快，污泥焚烧就越完全，焚烧效果也越好。

但是，焚烧温度却不宜随意提高。因为，虽然提高焚烧温度有利于污泥的干燥和燃烧，并分解和破坏污泥中的有机毒物，但过高的焚烧温度不仅会增加燃料消耗量，而且会增加污泥中金属的挥发量及焚烧烟气中氮氧化物的数量，从而引起二次污染。

同时，污泥焚烧温度与污泥在焚烧设备内停留时间的长短有关，大多数有机物的焚烧温度范围为 800～1100℃，通常为 800～900℃。

（3）停留时间

污泥在焚烧炉内停留时间的长短直接影响焚烧的完全程度，停留时间也是决定炉体容积尺寸的重要依据。一般认为，为了使污泥实现完全燃烧，其在炉内的停留时间与其含水量有一定的关系，污泥含水量越大，干燥所需的时间就越长，污泥在炉内的停留时间也就越长。此外，良好地搅拌与混合有助于使污泥的水分更易蒸发，从而缩短其所需停留时间，同时，停留时间也意味着燃烧烟气在炉内所停留的时间，而此时间的长短决定了气态可燃物燃烧的完全程度。一般来说，燃烧烟气在炉内停留的时间越长，气态可燃物的完全燃烧程度就越高。

（4）过剩空气系数

在实际的燃烧系统中，仅供给理论空气量，氧气与可燃物质未必能达到完全混合及反应的程度，很难使其完全燃烧，故实际焚烧过程中必须送入多于理论空气量的助燃空气，以使污泥与空气更加充分的混合燃烧。

过剩空气系数（a）用于表示实际空气量与理论空气量的比值，定义为：

$$a = V/V_0 \tag{6-1}$$

式中，V_0 为理论空气量，m^3/h；V 为实际供应空气量，m^3/h。

过剩空气系数对污泥的燃烧状况有很大的影响，供给适量的过剩空气是有机物完全燃烧的必要条件。合理的过剩空气有利于污泥与氧气的充分接触，强化污泥的干燥和燃烧。但过剩空气系数却并非越大越好，过剩空气系数过大不仅会降低炉内的燃烧温度，增加了能耗，而且还增大了燃烧烟气的排放量[2]。

6.1.3　污泥焚烧技术的分类

污泥焚烧技术经过数十年的发展，根据不同地区的经济、技术、环境情况等因素，形成了许多技术工艺，概括起来主要有直接焚烧技术和混合焚烧技术两大类。

6.1.3.1　污泥直接干化焚烧

污泥干化焚烧处理流程如图 6-3 所示，主要包括污泥输送、污泥预处理、污泥焚烧和后处理三个阶段。

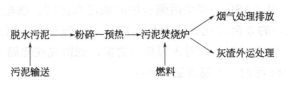

图 6-3　污泥干化焚烧处理流程

污水处理厂污泥的含水率很高，呈液态状，故输送设备一般采用无级调节的螺杆泵将其输送至离心机进行脱水。而格栅栅渣及脱水处理后的泥饼，含水率有所降低，一般呈糊状，故输送设备一般采用无轴螺旋输送机和皮带输送机这两大类。

污泥含水率是制约焚烧处置运行成本的关键，污泥含水率越高，热值就越低，系统耗能就越大，运行成本也就越高，所以污泥在焚烧前必须进行预处理，主要包括脱水、粉碎、预热等，方能保证焚烧更有效地进行。将污泥脱水，可降低其含水率，提高污泥的热值。常用的污泥脱水方式主要有带式压滤脱水、板框压滤脱水以及离心式脱水等，可将其含水率降低至 80％～85％。将污泥粉碎，可使投入炉内的污泥分布更加均匀，从而保证充分燃烧的进行。污泥预热，可进一步降低其含水率，同时保证焚烧炉内的温度不至于被明显降低，进而节省污泥焚烧时的能耗。

污泥焚烧是整个工艺的核心，污泥焚烧主要是在污泥焚烧炉中进行的，常用的焚烧炉有多膛式焚烧炉、流化床焚烧炉和回转窑焚烧炉。后处理主要指处理焚烧时产生的烟气和固体灰渣。通过分析现有资料，绝大多数国外污泥焚烧的烟气处理系统，已从过去的"静电除尘器＋干式洗涤"处理法向"高性能静电除尘器＋湿式洗涤设备＋脱硝设备"处理方法转变，有的工程还采用了袋式除尘器与其他设备相组合的方式，以达到更好的二噁英、呋喃等有毒物质的去除效果。此外，国际上除了采用袋式除尘器外，通过采用保持高温、燃烧时间和强制湍流等改善焚烧炉燃烧状态的方法来解决污泥充分燃烧问题的做法也很普遍。污泥焚烧后的固体灰渣可以在符合城镇污水处理厂污泥处置农用泥质或土地改良用泥质等标准前提下，以土地填埋的方法予以处置[3]。

6.1.3.2　污泥混合燃烧

除污泥单独焚烧处理技术外，在燃煤电厂、固体废弃物焚烧厂及其他工艺过程中，也可以利用混烧技术来处理污泥。

污泥混合燃烧是指将污泥与其他可燃物混合进行燃烧，既充分利用了污泥的热值，又达到了节省能源的目的。污泥的混合燃烧方式主要有发电厂污泥与煤的混合燃烧、污泥与固体废弃物的混合燃烧、其他形式的混合燃烧[3]。

（1）发电厂污泥与煤混合燃烧

污泥有机物含量高，具有一定的热值，因而国外有些发电厂将污泥与煤混合燃烧用于发电。但是将污泥和煤混合燃烧需要考虑到燃料准备、燃烧系统调整以及处理燃烧的污染副产物等。在大多数的混合燃料发电厂中，需要贮备污泥并将其颗粒化，以适应煤燃烧炉内的燃烧状况。对以煤为主要燃料的发电厂来说，干燥污泥会带来额外的经济负担，并且还需要技术、资金以及必要的设备来处理污泥干燥产生的灰尘和 CO 等。此外，污泥的运输、贮备，以及污泥燃烧产生的灰尘与空气混合易发生爆炸，这些都需要人们做好必要的准备。另外，还要严格控制污泥燃烧后的重金属含量，并确保烟气中的 SO_2 和 NO_x 达标排放，尽量降低对空气的二次污染。

德国路德维希港地区 BASF 公司采用煤粉炉混烧污水污泥。该电厂的混烧炉从 1984 年开始与 1974 年投入运行的 3 台流化床污泥焚烧炉一道运行至今。污泥在过滤器脱水之前，和煤一起用絮凝剂进行混合调湿。在进入煤粉炉之前，滤饼先在转筒干燥器中进行干燥，该煤粉炉每小时可混烧 16t 污泥（干基含量 25%）。

波兰学者 Jan Nadziakiewicz 和 Micha Kozio 研究了污泥与煤的混合燃烧。目前煤仍然是波兰的主要能源。在波兰的小城镇中有许多旧式的烧煤供暖厂，现在急需资金来翻修设备。而当地的污水处理厂每天处理大量的污水，产生的污泥可以与煤混合燃烧，热值又不减低，凭此就可以节省一大笔开支用来设备修护。

比利时 Aquafin 城市于 1995 年开始进行污泥与煤粉混烧，其中污泥比例约为 5%，对 Electabel 电厂的 11# 机组进行污泥混烧测试，该机组功率为 130MW，每天消耗 1000t 煤。混烧结果表明，过高的混烧比例（如 7.6% 干污泥）会造成尾部净化装置，特别是静电除尘器产生严重的结灰现象。另外，在黏结物中也会发现有硫化物金属，因此适当的混烧比例非常重要，一般建议将其控制在 5% 以下。另外，也曾在 300MW 发电机组中进行 4000t 干污泥混烧试验，试验持续了 2000h，加入的干污泥比例为 2%～20%，逐渐提高。结果表明，混合燃烧过程中，设备运行没有出现明显的偏离。和燃煤相比，在混合燃烧过程中炉渣没有明显变化，但污泥预处理设备中存在材料磨损等问题。

在长期运行中还发现过热器会产生高温腐蚀的现象，因为碱性硫化物容易结在受热面管上，并与氧化层进行反应生成复杂的碱性铁硫化物，因此在污泥与煤粉混烧时，污泥中的 Cl、S 及碱性金属的含量应严格控制。

（2）污泥与固体废弃物混合燃烧

污泥与固体废弃物混合燃烧的主要目的是降低分别燃烧污泥和固体废弃物的运营成本，

而燃烧过程中会产生足够的热量来干燥污泥并支持固体废弃物和污泥的燃烧。

自 20 世纪 70 年代以来，国内外就已开始了利用多膛炉对污泥与固体废弃物进行混烧的处理方式，其具体操作是污泥在多膛炉上部干燥，而固体废弃物则经过磨碎，除去金属颗粒后从炉膛中部挥发析出进入多膛炉内，以较低成本解决了两种废弃物的处理处置问题，得到了广泛关注。有的焚烧厂还利用多膛炉和链条炉组合的方式进行污泥与固体废弃物的混烧，多膛炉用于焚烧污泥，链条炉用于焚烧固体废弃物，而用来加热干燥并燃烧污泥的烟气则来自链条炉。例如在德国 Marktoberdorf 已建成的污泥与固体废弃物混烧项目中，每小时分别处理废弃物和污泥各 2.5t 和 1.0t。发达国家还将固体废弃物与污泥在流化床焚烧炉中进行混烧，污泥在粉碎干燥机内被粉碎、干燥，其所需的热气也来自固体废弃物焚烧，然后两者在流化床焚烧炉内进行混烧。

得利满公司开发的 Thermylis 是目前使用最广泛的一种混合燃烧工艺，将干度为 15%～35% 的脱水污泥以(1∶10)～(1∶5) 的混合比例与城市垃圾混合后，投入最低温度为 850℃ 的焚烧炉中迅速将有机物燃烧成无机灰烬。

Thermylis 具有适应范围广、运行费用低、污泥喷嘴无堵塞、系统灵活可调节、操作简单、系统自动化运行等优点，适用于污泥非农业使用、污泥和垃圾混合集中处理的场合。目前该工艺已在 Amsterdam、Cenon、Dinan、Sarcelles 等地的项目中应用，建成年处理量超过 20000t 干污泥的处理厂。

（3）其他形式的混合燃烧

将污泥和黏土混合燃烧可用来制砖。利用污泥燃烧的热量不仅可以节省能耗，还可以将有机成分、重金属、污泥灰和煤灰固化在成品砖中。在南非的伊丽莎白港，当地的污水处理厂每天将 45t 的污泥送到 15km 外的砖厂制砖。在砖厂，30% 的污泥与黏土混合制硬砖，5%～8% 的污泥与黏土混合制板砖。污泥和黏土的混合物被压碎，磨细后掺入砖中，将砖干燥后送入砖窑中进一步干燥。将温度升高至 150℃ 后，污泥中的有机物开始燃烧并迅速使温度升高到 800℃。砖窑内污泥燃烧充分后温度会有所下降，此时再加入少许燃料使温度达到 960℃。用这种工艺制成的砖的质量比较好。

另一种途径是在水泥窑中将污泥进行混合燃烧。这种水泥生产工艺一般有 5 个步骤：a. 将污泥和石灰石、黏土等依次干燥、粉碎和磨细，使 90% 的水泥材料颗粒直径≤90μm；b. 将处理好的水泥材料和尾气经过空气悬浮器送入静电除尘器中除尘，使尾气中的灰尘含量小于 50mg/m³；c. 分离后的水泥材料经灰-气悬浮器送入旋风分离器内，与高热值气体换热后进入回转窑；d. 水泥材料被预热至 800～850℃，高热值气体被冷却；e. 水泥材料进入回转窑后在 1800～2000℃ 下进行反应，制好的水泥再与先前被冷却的高热值气体换热。在这里采取了两次换热：一次换热与二次换热。一次换热为进入回转窑的水泥材料提供必要的热值，二次换热为在旋风分离器内换热的高热值气体提供热值[3]。

6.1.3.3　污泥焚烧最佳可行性技术

选择合理有效的污泥焚烧方法，应兼顾环境生态效益与处理成本、经济效益之间的均衡。一种适合本地具体情况的污泥处置方法应该是在环境卫生上、社会上及经济上被接受的有效方法。

我国目前推荐的污泥焚烧最佳可行技术为"干化＋焚烧"，其中干化工艺以利用烟气预热的间接式转盘干燥工艺为最佳，常规污水污泥焚烧的炉型以循环流化床炉为佳，重金属含量较多且超标的污水污泥焚烧的炉型以多膛炉为佳。

污泥焚烧关键技术设备设施包括干燥器、干污泥贮存仓、焚烧炉、烟气处理系统、烟气再循环系统、废水收集处理系统、灰渣及飞灰收集处理系统等，同时包括污泥干化预处理和污泥焚烧余热利用等设施。其中预除尘＋酸性气体去除技术＋末端除尘技术＋SCR 系统是焚烧烟气处理最佳可行性技术之一。

焚烧炉作为污泥焚烧的核心设备，其类型包括多膛式焚烧炉、流化床焚烧炉、回转窑焚烧炉、炉排式焚烧炉、电加热红外焚烧炉、熔融焚烧炉和旋风焚烧炉等多种。常用来焚烧污泥的炉型有多膛式焚烧炉、流化床焚烧炉、回转窑焚烧炉，尽管其他炉型也在使用，但所占市场份额不大。

6.2　多膛焚烧炉

多膛炉，又称多段炉，起源于美国，最初用于矿石焙烧，已有近百年的发展历史。1939年 Hankin-Nichols 公司为 Freeport 硫黄公司实验室设计建造了第一台 900mm×10 层多段炉。1950 年后，多膛炉开始应用于煤质活性炭的制造。在活性炭行业多膛炉常被称为"耙式炉"，它是目前活性炭生产的主要炉型，在欧洲、美国、日本及韩国等国家和地区尤为普遍，属于外热式移动床气固相反应装置，大多是由美国的 Hankin-Nichols 公司设计制造的。中国第一台活性炭活化多膛炉，其关键设备也是从美国 HANKIN 公司引进的，安装在大同三星力源碳素厂，于 2002 年 10 月投产。规格为 665mm×10 炉层，设计能力为年产 4000t。它集合了活性炭的炭化和活化两个工艺于一体。

6.2.1　多膛焚烧炉的工作原理和基本结构

6.2.1.1　多膛炉简介

多膛式焚烧炉是一个垂直的圆柱形耐火衬里钢制设备，内部炉膛由许多水平的耐火材料构成，自上而下布置有一系列水平的绝热炉膛，一层一层叠加。多膛焚烧炉内从焚烧炉底部到顶部有一个可旋转的中心轴，一般含有 4～14 个炉膛，每个炉膛上都有搅拌装置——搅拌臂，如图 6-4 所示。搅拌臂上有一定数量的齿，通常齿长为 100mm 左右。通过转动中心轴搅拌臂可以耙动污泥，使之以螺旋形轨道通过炉膛，炉膛内污泥厚度通常保持在 120mm 左右。辅助燃料的燃烧器也位于炉膛上。

多膛焚烧炉的工作过程是污泥由上而下逐层下落，从整体焚烧过程来看，可将多膛炉分为三个部分。上部为干燥区，绝大部分污泥的水分从中蒸发。顶部二层起污泥干燥作用，温度为 425～760℃，污泥在此处进行干燥，含水率降至 40% 以下；中部几层为污泥焚烧区，温度可达 760～925℃，该层又可分成中部挥发分气体及部分固态物燃烧区和下中部固定碳燃烧区域；多膛炉最下部几层为缓慢冷却区，温度为 260～350℃，主要作用是冷却并预热空气。

与烟煤相比，污泥挥发分的析出是在颗粒温度很低时开始的。对污泥以及多段锻造炉不同区域灰、气体的温度测量显示，当污泥由一个锻造炉流到另一个锻造炉时加热很缓慢，直到第 5 个锻造炉温度才到 100℃。此后，锻造炉内颗粒温度有一个快速增加的过程，这是烘干的结束，也可能是污泥颗粒周围挥发分的释放和燃烧的开始，这表明挥发分的析出过程是在这个温度左右开始的。而且，烘干结束的温度与挥发分析出开始的温度之间有明显的间隔。

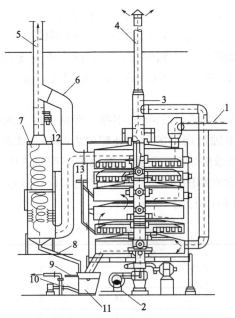

图 6-4 立式多膛焚烧炉截面图

1—泥饼；2—冷却空气鼓风机；3—浮动风门；4—废冷却气；5—清洁气体；6—无水时旁通风道；
7—旋风喷射洗涤器；8—灰浆；9—分离水；10—砂浆；11—灰斗；12—感应鼓风架；13—轻油

根据经验，燃烧值为17380kJ/kg的污泥，当含水量与有机物之比为3.5∶1时可以自持燃烧，否则，多膛炉应采用煤气、天然气、消化池沼气、丙烷气或重油等辅助燃料支持燃烧。多膛焚烧炉所需辅助燃料量与污泥自身热值和水分有关，当污泥水分较高时，所需辅助燃料量是相当大的[4]。

6.2.1.2　Hankin多膛焚烧炉

Hakin-Nichols多膛炉具有较为广泛的适用范围，适合于多种类型的热处理。除了针对特殊应用场合可进行诸多结构变化外，它还可对温度和滞留时间进行大范围的精确控制。温度可控制在10℉[华氏度，1℉=32+1.8(℃)]，空气氧含量可控制在0.1%。进料口可安置在任一炉层，热量能够被有效地使用。烟气可从顶部、底部或中间炉层以及这些炉层的组合排出。炉内气氛可以是氧化气氛、还原气氛或中性气氛，也可将同一多膛炉的不同炉层控制成不同的气氛。

Hakin多膛炉的特点在于它的灵活多变，在热能工业领域里有着明显的优势。它既可以用于焚烧污水处理厂的污泥，也可以用于有色金属（如钼、镍、铜、锌等）的焙烧、高岭土的煅烧以及活性炭的活化与再生等[5]。

6.2.2　多膛焚烧炉的工艺及设计要点

多膛式焚烧炉的横截面如图6-4所示，各层炉膛都有同轴的旋转齿耙，一般上层和下层的炉膛设有四个齿耙，中间层炉膛设两个齿耙。经过脱水的泥饼从顶部炉膛的外侧进入炉内，依靠齿耙翻动向中心运动并通过中心的孔进入下层，而进入下层的污泥向外侧运动并通过该层外侧的孔进入再下面的一层，如此反复，从而使得污泥呈螺旋形路线自上而下运动。铸铁轴内设套管，空气由轴心下端鼓入外套管，一方面使轴冷却，另一方面空气被预热，经过预热的部分或全部空气从上部回流至内套管进入到最底层炉腔，再作为燃烧空气向上与污泥逆向运动焚烧污泥。

多膛焚烧炉在高浓度过量空气（75%~100%）的工作条件下，能产生更多的热能。但通常多膛炉需要配置后燃区。正常工况下，150%~200%的空气过剩系数需要送入多膛炉中以保证充分燃烧的要求，如无充足的氧供应，则会产生不完全燃烧现象，排出大量的CO、煤烟和烃类化合物，但是过量的空气不仅会导致能量损失，而且会带出大量飞灰，给后续的除尘设备增加负担。

多膛焚烧炉的处理规模多为5~1250t/d不等，可将污泥含水率从65%~75%降至约0，污泥体积降到10%左右。多膛焚烧炉的污泥处理能力与其有效炉膛面积有关，特别是处理城市污水污泥时。焚烧炉有效炉膛面积为整个焚烧炉面积减去中间空腔体、臂及齿的面积。一般多膛炉焚烧处理20%含水率的污泥时焚烧速率为34~58kg/(m³·h)[2]。典型多膛炉尺寸及设计参数如表6-3、表6-4所列。

表 6-3　典型多膛炉尺寸

焚烧炉有效炉膛面积/m²	焚烧炉直径/m	多膛炉室数量/个
7.90	2.06	6
13.47	2.36	7
17.93	2.82	6
25.64	3.28	6
33.82	3.28	8
41.99	3.28	10
52.02	3.28	12
62.43	4.34	7
78.50	5.11	6
87.70	4.34	10
99.22	5.72	6
104.79	4.34	12
130.06	5.11	10
143.07	5.11	11
154.21	6.17	8
174.19	6.17	9
191.37	6.17	10
211.35	6.17	11
241.54	6.78	11
289.85	6.78	12

表 6-4　典型多膛炉设计参数

参数	焚烧速度		
	低	中	高
多膛炉焚烧速率(干污泥)/[kg/(h·m²)]	7.2	9.8	16.2
空气过剩系数/%	20	50	80

参数	焚烧速度		
	低	中	高
冷却空气排出温度/℃	95	150	195
排渣温度/℃	38	160	400
排烟温度/℃	360	445	740
污泥特性			
热值(挥发分)/(kJ/kg)	22191	23238	32491
挥发分含量(干污泥)/%	43.4	54.2	71.8
总能量输入(污泥加辅助燃料)			
约25%含固率(湿污泥)/(kJ/kg)	3391	4606	5673
约48%含固率(湿污泥)/(kJ/kg)	6678	7243	8047

6.2.3 多膛焚烧炉的平衡计算及控制参数

焚烧炉的热平衡是输入的热量等于有效利用的热量加各项热损失。热平衡计算是焚烧炉热力计算的一部分，它对焚烧炉的设计和运行具有重要作用。在焚烧炉设计中，通过热平衡计算可以确定其有效利用热量，估算各项热损失，求得焚烧炉热效率和燃料消耗量。对运行中的焚烧炉进行热平衡测算可以确定各项热损失的大小和焚烧炉热效率，以检查焚烧炉的设计质量、制造质量、安装质量和运行水平，并由此分析造成热损失的原因，找出节约燃料、提高焚烧炉热效率的途径和方法。

焚烧炉进行热平衡计算时，锅炉热效率是按反平衡法确定的，要假定排烟温度、气体未完全燃烧热损失、固体未完全燃烧热损失和散热损失，根据已有经验数据、推荐值或制造厂保证值选取的，可计算出排烟热损失和灰渣物理热损失、燃料消耗量（包括实际燃料消耗量和计算燃料消耗量）和保热系数。

6.2.3.1 质量平衡分析

根据质量守恒定律，输入的物料质量应等于输出的物料质量，即：

$$M_a + M_f - M_g - M_r = 0 \qquad (6-2)$$

式中，M_a 为进入焚烧系统助燃空气的质量；M_f 为进入焚烧系统污泥的质量；M_g 为排出焚烧系统烟气的质量；M_r 为排出焚烧系统飞灰的质量。

污泥中主要可燃元素为 C、H、S，其燃烧方程如下：

$$C + O_2 \longrightarrow CO_2$$
$$12.010 \quad 32.000 \quad 44.010$$
$$2H_2 + O_2 \longrightarrow 2H_2O$$
$$4.032 \quad 32.000 \quad 36.032$$
$$S + O_2 \longrightarrow SO_2$$
$$32.066 \quad 32.000 \quad 64.066$$

根据式（6-2）计算可得，理论上污泥中每 1kg C 完全燃烧需氧量为 2.6644kg，生成 CO_2 的量为 3.6644kg；污泥中 H 燃烧需氧量为 7.9365kg/kg，生成水蒸气的量为

$8.9365 kg/kg$；污泥中 S 燃烧需氧量为 $0.9979 kg/kg$，生成 SO_2 的量为 $1.9979 kg/kg$。

即 1kg 干污泥燃烧所需氧总量为：

$$需氧量 = 2.6644\omega(C) + 7.9365\omega(H) + 0.9979\omega(S) - 燃料中含氧量 \qquad (6-3)$$

式中，$\omega(C)$ 为 1kg 干污泥中 C 含量，kg；$\omega(H)$ 为 1kg 干污泥中 H 含量，kg；$\omega(S)$ 为 1kg 干污泥中 S 含量，kg。

换算为空气，则有：

$$需空气量 = 需氧量 \times 4.3197 \qquad (6-4)$$

1kg 干污泥燃烧生成的水蒸气量为：

$$生成的水蒸气量 = 8.9365\omega(H) \qquad (6-5)$$

1kg 干污泥燃烧生成的干气体量为：

$$生成干气体量 = 3.6644\omega(C) + 1.9979\omega(S) + 需氧量 \times 3.3197 + 燃料中含 N_2 量 \qquad (6-6)$$

根据 Dulong 方程，1kg 干污泥燃烧释放的热量为：

$$Q = 33829\omega(C) + 144277[\omega(H) - 0.125\omega(O) + 9420\omega(S)] \qquad (6-7)$$

以上各式中 C、H、S 的质量分数，单位为%；Q 的单位为 kJ/kg，需氧量、需空气量、生成水蒸气量和生成干气体量单位均为 kg/kg。

假设干污泥的元素组成为：$\omega(C) = 64.3\%$、$\omega(H) = 8.2\%$、$\omega(S) = 2.2\%$、$\omega(O) = 21\%$、$\omega(N) = 4.3\%$，将其代入式 (6-3)～式 (6-7) 中

1kg 干污泥燃烧的放热量为：

$$Q = 33829 \times 0.643 + 144277 \times (0.082 - 0.125 \times 0.21) + 9420 \times 0.022 \approx 30000 kJ$$

1kg 干污泥燃烧需氧量为：

$$需氧量 = 2.6644 \times 0.643 + 7.9365 \times 0.082 + 0.9979 \times 0.022 - 0.21 = 2.176 kg$$

换算为空气，则有：

需空气量 $= 2.176 \times 4.3197 = 9.400 kg$

1kg 干污泥燃烧生成的水蒸气量 $= 8.9365 \times 0.082 = 0.7328 kg$

1kg 干污泥燃烧生成的干气体量 $= 3.6644 \times 0.643 + 1.9979 \times 0.022 + 2.176 \times 3.3197 + 0.043 = 9.666 kg$

即 释放单位热量所生成的水分 $= 0.7328/30000 = 0.244 \times 10^{-4} kg/kJ \qquad (6-8)$

释放单位热量所生成的干气体 $= 9.666/30000 = 3.222 \times 10^{-4} kg/kJ \qquad (6-9)$

当助燃空气过剩率为 100% 时：

$$烟气中氧的质量分数 = \frac{1kg\ 污泥燃烧的需氧量}{1kg\ 污泥燃烧需干气体量 + 空气过剩率 \times 1kg\ 污泥燃烧需空气量}$$
$$= \frac{2.176}{9.666 + 9.400} = 11.413\% \qquad (6-10)$$

多膛焚烧炉污泥焚烧质量平衡分析见表 6-5[4]。

表 6-5 多膛焚烧炉污泥焚烧质量平衡分析

项目		计算依据	方案一	方案二
(1)湿污泥进料速度/(kg/h)		已知	5443.2	5443.2
湿污泥水分	(2)质量分数/%	已知	78	73
	(3)质量流率/(kg/h)	(1)×(2)	4245.7	3973.5

项目		计算依据	方案一	方案二
(4)干污泥进料速度/(kg/h)		(1)-(3)	1197.5	1469.7
灰分	(5)质量分数/%	已知	43	43
	(6)进料速度/(kg/h)	(4)×(5)	514.9	632
(7)挥发分进料速度/(kg/h)		(4)-(6)	682.6	837.7
燃烧生成的干气体	(8)单位质量释放热量/(kJ/kg)	式(6-7)	30000	30000
	(9)热量输入速度/(10⁶kJ/h)	(7)×(8)	20.5	25.1
	(10)单位热量产量/(10⁻⁴kg/kJ)	式(6-9)	3.222	3.222
	(11)产生速度/(kg/h)	(9)×(10)	6605.1	8087.2
燃烧生成的水分	(12)单位热量产量/(10⁻⁴kg/kJ)	式(6-8)	0.244	0.244
	(13)产生速度/(kg/h)	(9)×(12)	500.2	612.4
(14)(干气体+水分)燃烧产生速度/(kg/h)		(11)+(13)	7105.3	8699.6
(15)燃烧所需化学计量助燃空气进气速度/(kg/h)		(14)-(7)	6422.7	7861.9
燃烧所需总助燃空气量	(16)空气过剩系数/%	已知	2.0	2.0
	(17)进气速度/(kg/h)	(15)×(16)	12830.5	15746.3
(18)过剩助燃空气进气速度/(kg/h)		(17)-(15)	6407.8	7884.4
助燃空气水分	(19)质量分数/%	已知	1	1
	(20)进料速度/(kg/h)	(17)×(19)	128.3	157.5
(21)烟气中水分排出速度/(kg/h)		(3)+(13)+(20)	4874.2	4743.4
(22)烟气中干气体排出速度/(kg/h)		(11)+(18)	13012.9	15971.6

6.2.3.2 能量平衡分析

从能量转换的观点来看，焚烧系统是一个通过燃烧过程将污泥燃料的化学能转化成烟气热能的能量转换系统，烟气再通过导热、辐射、对流等传热方式将热能分配交换给工质或释放到大气环境中。在稳定工况条件下焚烧系统输入输出的热量处于平衡状态，即：

$$Q_f + M_a h_a - M_g h_g - M_r h_r = 0 \qquad (6-11)$$

式中，Q_f 为污泥燃烧放出的热量；h_a 为废气冷却质量流率；h_g 为烟气的质量流率；h_r 为飞灰的质量流率。

根据污泥的元素组成和质量平衡分析，利用表6-4中的相关数据，可得到多膛焚烧炉污泥焚烧的热平衡分析，如表6-6所列[4]。

表 6-6 多膛焚烧炉污泥焚烧的热平衡分析

项目		计算依据	方案一	方案二
废冷却空气	(1)排气速度/(kg/h)	已知	4536	4536
	(2)排气温度/℃	已知	232	232
	(3)质量比热值/(kJ/kg)	查得	218.6	218.6
	(4)热流率/(10⁶kJ/h)	(1)×(3)	0.99	0.99

	项目	计算依据	方案一	方案二
灰分	(5)质量流率/(kg/h)	表 6-5 中(6)	514.9	632
	(6)单位质量放热量/(kJ/kg)	已知	302.4	302.4
	(7)热流率/(10⁶kJ/h)	(5)×(6)	0.16	0.19
辐射热损失	(8)占焚烧炉热率的比例/%	查得	3	3
	(9)热流率/(10⁶kJ/h)	(8)×表 6-5 中(9)	0.62	0.75
助燃空气中水分	(10)质量流率/(kg/h)	表 6-5 中(20)	128.3	157.5
	(11)蒸发潜热为 2.256×10³kJ/kg 时,水分修正值/(10⁶kJ/h)	2.256×10³×(10)	0.29	0.36
(12)总损失热率/(10⁶kJ/h)		(4)+(7)+(9)+(11)	2.06	2.29
(13)总输入热率/(10⁶kJ/h)		表 6-5 中(9)	20.5	25.1
(14)不考虑辅助燃油的烟气锅炉出口热率/(10⁶kJ/h)		(13)-(12)	18.4	22.8
(15)烟气中干气体排出速度/(kg/h)		表 6-5 中(22)	13012.9	15971.6
(16)烟气中水分排出速度/(kg/h)		表 6-5 中(21)	4874.2	4743.4
(17)无辅助燃料时排出温度/℃		查得	299	445
(18)要求的排出温度/℃		已知	427	445
(19)要求的排出温度下总输入热率/(10⁶kJ/h)		(15)、(16)及干气体与水分焓值	21.6	22.8
(20)热净差量/(10⁶kJ/h)		(19)-(14)	3.2	0
辅助燃油	(21)助燃空气过剩系数/%	已知	1.2	0
	(22)427℃时燃油单位体积热值/(10⁶kJ/h)	查得	29.34	0
	(23)燃油体积流率/(m³/h)	(20)/(22)	0.109	0
	(24)单位体积助燃油所需助燃空气质量/(10³kg/m)	查得	15.01	0
	(25)助燃空气质量流率/(kg/h)	(23)×(24)	1636.1	0
	(26)单位体积助燃油燃烧生成的干气体量/(10³kg/m)	查得	15.07	0
	(27)生成的干气体质量流率/(kg/h)	(23)×(26)	1642.6	0
	(28)单位体积助燃油燃烧生成的水分量/(10³kg/m)	查得	1.05	0
	(29)生成的水分质量流率/(kg/h)	(23)×(28)	114.5	0
(30)烟气中干气体排出速度/(kg/h)		(27)+表 6-5 中(22)	14655.5	15971.6
(31)烟气中水分排出速度/(kg/h)		(28)+表 6-5 中(21)	4875.3	4743.4
(32)污泥和助燃油燃烧所需助燃空气进气速度/(kg/h)		(25)+表 6-5 中(17)	14466.6	15746.3
(33)考虑辅助燃油的锅炉出口烟气热率/(10⁶kJ/h)		由(30)、(31)查得	22.67	22.84
(34)参照温度/℃		查得	15.6	15.6

6.2.4　多膛焚烧炉的优缺点分析

　　较早的多膛炉存在怎样设计各个区域的困惑,即干燥、燃烧及燃尽/冷却区域的分配问题。如果在较上部区域燃烧,以保证污泥的干燥,那么污泥中挥发分难以完全析出,而且燃烧温度也不能保证使污泥焚烧。如果燃烧主要在多膛炉下部进行，以保证污泥的燃尽率，那么会使得灰分不能得到足够的冷却，对灰处理设备形成损害。目前，其最优解决方法为将干燥区的水蒸气再循环引向燃烧区域，并以较高的温度离开炉膛。

多膛式焚烧炉优点主要在于具有一个高效的内部热量利用系统，焚烧后的烟气能很好地同污泥进行接触加热，燃烧效率高，加之其对各种不同含水率的污泥的适应性强、燃烧温度易于控制等优点而一度得到了广泛的应用。但在长期的使用过程中，多膛炉的缺点也较为突出，主要有：a. 在污泥处理时需要不断地添加辅助燃料，故辅助燃料消耗较多，成本增加；b. 机械设备较多，故维修与保养较复杂；c. 搅拌杆、搅拌齿、炉床、耐火材料均易受损伤；d. 通常需设二次燃烧设备，以消除恶臭污染；e. 二次污染严重；f. 由于污泥自身热值的提高使炉温上升会产生搅拌臂消耗，进一步增加成本等。由于以上诸多原因，多膛炉越来越失去竞争力，促使流化床焚烧炉成为较受欢迎的污泥焚烧装置。

6.3 流化床焚烧炉

20 世纪 60 年代，欧洲逐渐发展起来一种新型的焚烧技术，即流化床焚烧技术；70 年代，该技术扩展至美国和日本；在最近几十年，流化床焚烧技术更是得到了快速的发展，应用范围从工业流化床锅炉发展到电站锅炉，流化床燃烧技术本身也由第一代的鼓泡流化床发展到第二代的循环流化床，目前其最大容量已达 250MW。

在污泥领域，采用流化床焚烧方式处理的污泥以污水厂污泥和造纸污泥为最多，其 SO_2、NO_x 排放均能满足较苛刻的环保要求。目前，国内工程项目采用的流化床焚烧炉有鼓泡流化床焚烧炉和循环流化床焚烧炉两种，一般根据工程项目自身的处理规模、工程条件等进行选择适合的炉型。

6.3.1 流化床焚烧炉的工作原理和基本结构

6.3.1.1 流化床焚烧炉简介

流化床的基本工作原理是利用炉底布风板吹出的热风，污泥通过载体（砂子）进行流化，再加入到流化床中与高温的砂子接触、传热进行燃烧，如图 6-5 所示。

流化床焚烧炉主体呈圆形塔体，内部衬有耐火材料，并装有耐热粒状载体。焚烧炉下部设有分配板，用于分配气体。气体分配板由多孔板做成，气体从流化床焚烧炉下部通入，并以一定速度通过分配板，使床体载体"沸腾"呈流化状态。部分分配板上带有一定形状和数量的专用喷嘴。污泥从塔侧或塔顶加入，在流化床层内进行干燥、粉碎、气化等，迅速燃烧。燃烧尾气从塔顶排出，其中夹带的载体粒子和灰渣用除尘器捕集后，可作为载气返回至流化床内。

流化床内气-固混合强烈，传热介质速率高，单位面积处理能力大，具有极好的着火条件。流化床炉采用石英砂作为热载体，蓄热量大，燃烧稳定性好，燃烧反应温度均匀，有效避免局部过热。

6.3.1.2 日本月岛（Tsukishima）流化床焚烧炉[6]

以下以日本月岛（Tsukishima）的焚烧炉为例进行流化床焚烧炉的简单介绍。

在该类型流化床炉膛内，有 1 个悬浮的焚烧区。当处于静止状态时，炉膛内有 1 个约 50cm 厚的细砂床置于喷嘴式气体分配板之上，载体为十几孔目的石英砂，在焚烧炉运转过

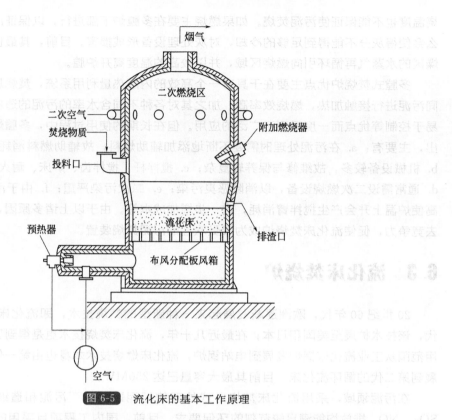

图 6-5 流化床的基本工作原理

程中，一次空气从炉膛下部通入，并以一定速度通过分配板，从而细砂床呈"沸腾"状态。一次风由污泥接收仓的循环风及部分新鲜风组成，保证石英砂流态化及物料燃烧。在燃烧室内通过载气循环风机通入洗涤后的部分载气作为二次风，以保证物料完全燃烧。焚烧炉有两个污泥进料口安装污泥给料设备，以便保证均匀进料及燃烧稳定。焚烧炉下部为锥形，便于出渣，灰渣通过焚烧炉的出渣口进入焚烧炉出渣系统。见图 6-6。

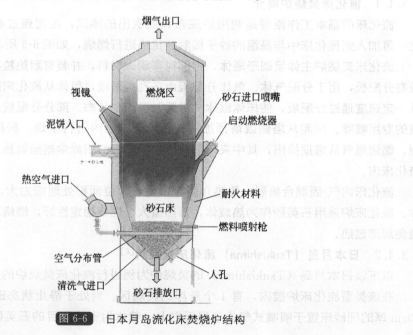

图 6-6 日本月岛流化床焚烧炉结构

此流化床焚烧炉是在鼓泡式流化床焚烧炉基础上的改良产品，专为焚烧污泥而开发，针对性强。除具有鼓泡式流化床的优点外，还具有以下优势：a. 炉型专为焚烧污泥而开发，针对性强；b. 炉体采用高耐磨、耐腐的耐火材料，寿命长；c. 一般不需排渣，热损失少；d. 通过独特的燃烧速度控制方式，以适应入炉污泥特性的波动，保证了燃烧过程的稳定；e. 污泥进料口设置可保证炉内污泥迅速完全燃烧及温度均匀；f. 炉底部结构设计，有利于不燃物的顺利排出；g. 耐火和绝热材料性能好、寿命长；h. 烟气停留时间：在850℃，停留时间2s以上，以确保烟气的充分燃烧，抑制二噁英的产生；i. 焚烧炉飞灰热灼减率1%～3%。

6.3.2 流化床焚烧炉的工艺及设计要点

6.3.2.1 污泥流化床焚烧工艺简介

污泥焚烧系统主要由污泥输送系统、污泥预处理系统、流化床焚烧系统、余热蒸汽锅炉、烟气处理系统、灰分收集及输送系统等操作单元组成。

（1）污泥输送系统

污泥输送系统用于对污泥的传输。污水处理厂污泥的含水率很高，呈液态，故输送设备一般采用无级调节的螺杆泵将其输送至脱水环节。而格栅栅渣及脱水处理后的泥饼，含水率有所降低，一般呈糊状，故输送设备一般采用无轴螺旋输送机和皮带输送机这两大类。

（2）污泥预处理系统

污泥预处理系统用于降低污泥含水率。污泥含水率是制约污泥焚烧处理处置运行成本的关键因素，一般来说，污泥含水率越高、热值就越低，燃烧过程就越难以进行，进行焚烧时的系统能耗就越大、运行成本也就越高，故需要对污泥进行脱水预处理。常用的污泥脱水方式有板框压滤脱水、带式压滤脱水以及离心式脱水。污泥经机械脱水降低含水率后，可根据其含水率情况选择适合的工艺。当含水率低于60%时，污泥能够实现自持燃烧，此时可以直接送入流化床焚烧炉进行焚烧；当污泥含水率不足以使其自持燃烧时，可将其送入污泥干化段继续降低其含水率，或在焚烧炉前与干污泥进行混合，混合污泥达到适宜含水率后再进入炉焚烧。

（3）流化床焚烧系统

流化床焚烧系统的核心设备为流化床焚烧炉。在焚烧炉的炉膛内，有1个悬浮的焚烧区。当处于静止状态时，炉膛内空气分布管层上部有一个1～1.5m厚的细砂床，载体为十几孔目的石英砂，在焚烧炉运转过程中，一次空气从焚烧炉下部空气分布管通入，并以一定速度由安装于空气分布管下方的喷嘴向下吹出，从而细砂床呈"沸腾"状态，产生了一个约2～2.5m的流化床。一次风由污泥仓的循环风及部分新鲜风组成，保证石英砂流态化及物料燃烧。在燃烧室内通入洗涤后的部分载气作为二次风，以保证物料完全燃烧。每座焚烧炉有两个污泥进料口，以便保证均匀进料及燃烧稳定。焚烧炉下部为锥形，便于出渣。

（4）余热蒸汽锅炉

利用余热锅炉，对焚烧产生的高温烟气进行余热回收，并产生饱和蒸汽。所设计的非标锅炉可适应污泥焚烧产物的特性。余热锅炉采用立式烟道设计，各烟道之间采用膜式水冷壁。高温烟气按顺序经过不同的烟道，水冷壁管内的水吸收烟气余热而变成湿蒸汽，再将其进行汽水分离后形成饱和干蒸汽，并进入蒸汽管网以供下游使用。如果污泥被定义为危险废物，则烟气在 500～600℃ 时就应当采用急冷降温，以防止产生二噁英，满足《危险废物集中焚烧处置工程建设技术要求》（环发 2004-15 号）的要求。

（5）烟气处理系统

用于对焚烧后烟气进行处理。烟气处理系统主要操作单元有降温、脱硫、灰尘捕集等，对污泥焚烧烟气中的各种受控污染物质如氮氧化物、硫化物、酸性物质、重金属以及烟尘甚至二噁英等进行处理，使其达到排放标准。

6.3.2.2 流化床焚烧炉的设计要点

（1）污泥输送和辅助燃料添加方式的选择

一般来说，欲选择污泥输送和辅助燃料添加方式，首先应确定系统需要的给料量、污泥成分、污泥含固率、干基污泥中的可燃量、污泥燃烧值及污泥中的一些化学物质量如石灰含量等。

一般输送污泥的方式有带式、泵送式、螺旋式以及提升式，其中带式输送机械结构简单可靠，通常可倾斜到 18°。而若要从中选择合适的输送方式，其主要的选择依据是输送装置尺寸、安装位置、运行成本及维修难易程度等。

许多情况下，湿污泥是通过一定的泵送装置来进行输送和给料的，通常采用的有柱塞泵、挤压泵、隔膜泵、离心泵等。泵送可实现稳定的给料速率，减少污染排放，有利于焚烧炉的稳定运行；系统易于布置，对周围布置条件要求低；可充分降低污泥臭味对环境的影响。不足的是，泵送污泥的压力损失较大。对于泵送污泥，其所需的起始压力为

$$\Delta P = \frac{4L\Gamma_0}{d_0} \tag{6-12}$$

式中，L 为输送长度，m；Γ_0 为起始剪切力，10^{-5}Pa；d_0 为管道直径，m。

在采用泵送方式时，起始剪切力可随着污泥在输送管道内静止停留时间的增长而增加。

比较而言，刮板式输送机械输送污泥更为适宜，这种方式有调节松紧的装置，但需考虑污泥的触变特性，即污泥在受到一定剪切力时其表面黏性力可急剧下降，使原来硬稠的污泥变为液状的污泥。污泥的水平输送通常使用螺旋输送机械，输送距离应不超过 6m，以防止机械磨损，方便机械的检修和维修。

给料量的范围主要取决于焚烧炉处理的最小负荷和最大负荷。

辅助燃料的添加可以有多种不同的方案，大多数的装置采用将污泥和辅助燃料煤或油分别给入床内的方法。这样可避免床内的燃烧不均匀，有利于污泥的燃烧和锅炉的安全运行。

（2）流化床焚烧炉的主要设计原则

1）污泥流化床内径的确定　所选流化床的内径取决于焚烧炉进料污泥中所含的水分量。假设预热空气进入焚烧炉的温度为 540℃，带空气预热的焚烧炉单位床面积每小时蒸发的水量为 215kg/($m^2 \cdot$h)，而不带空气预热时则为 171215kg/($m^2 \cdot$h)。由此可得流化床内径与进料污泥中水分总量的关系，见表 6-7。

假设焚烧炉湿污泥的含水率为 78%，进料速率为 5448kg/h，则由表 6-7 可知，如果选择用带空气预热器的流化床焚烧炉，则流化床的内径为 5.18m，如果选用不带空气预热的流化床焚烧炉，则流化床的内径应为 5.79m。

表 6-7　流化床内径与进料污泥中水分总量的关系
（假设预热空气进入焚烧炉的温度为 540℃）

流化床内径/m	污泥中水分总量/kg	
	有预热空气	无预热空气
2.74	1270	1016
3.05	1574	1256
3.35	1905	1520
3.66	2245	1787
3.96	2631	2096
4.27	3062	2427
4.57	3515	2790
4.88	3974	3175
5.18	4491	3583
5.49	5035	3946
5.79	5602	4423
6.10	6169	4899
6.40	6849	5398
6.71	7507	5942
7.01	8210	6486
7.32	8936	7031
7.62	9707	7620

2）污泥流化床静止床高的确定　典型的污泥流化床焚烧炉膨胀床高与静止床高之比一般介于 1.5～2.0，而静止床高可为 1.2～1.5m。污泥流化床焚烧处理能力与污泥水分之间的关系可表示为：

$$Q = 4.9 \times 10^{2.7-0.0222M} \tag{6-13}$$

式中，Q 为污泥处理量，$kg/(h \cdot m^2)$；M 为污泥水分含量，%。

焚烧速率为：

$$I_V = 2.71 \times 10^{5.947-0.0096M} \tag{6-14}$$

当污泥水分介于 70%～75% 时，Q 为 53～69$kg/(h \cdot m^2)$，I_V 为 (1.81～2.04)×$10^6 kJ/(h \cdot m^2)$。

流化床的热负荷为 (167～251)×$10^4 kJ/(h \cdot m^2)$（以炉床断面为基准）。若床层高度为 1m，焚烧炉容积热强度高达 (167～251)×$10^4 kJ/(h \cdot m^2)$。因此即使污泥进料量有所变动，炉内流化温度的波动幅度也不大。

3）床料粒度的选择　根据污泥流化床混合试验结果表明，物料的颗粒粒度和密度对物料在床内分布情况的影响最大。在流化床内，污泥一般为大粒度、低密度的物料，需选用小颗粒、高密度物料作为基本床料，此时床内颗粒的分布将主要受密度的影响。污泥流化床焚烧炉采用石英砂为床料时，对粒径的选择取决于其临界流化风速。为了达到较低的流化风速，选取的床料平均粒径在 0.5～1.5mm。

4）污泥流化床防止床料凝结的措施　如何防止床料的凝结，避免其对正常流化的影响，是流化床焚烧污泥的关键技术之一。污泥特别是城市污泥和一些工业污泥，本身带有一定量的低灰熔点的物质，如铁、钠、钾、磷、氯和硫等成分，这些物质的存在极易导致灰高温熔结成团，如磷和铁可进行反应 $PO_4^{3-} + Fe^{3+} \longrightarrow FePO_4$，并产生凝结现象。一种简单有效的方法是在流化床内添加钙基物质，通过 $3Ca^{2+} + 2FePO_4 \longrightarrow Ca_3(PO_4)_2 + 2Fe^{3+}$ 反应，来克服 $FePO_4$ 的影响。

另外，碱金属氯化物可与床料发生以下反应：

$$3SiO_2 + 2NaCl + H_2O \longrightarrow Na_2O \cdot 3SiO_2 + 2HCl$$
$$3SiO_2 + 2KCl + H_2O \longrightarrow K_2O \cdot 3SiO_2 + 2HCl$$

反应生成物的熔点可低至 635℃，从而影响灰熔点。

添加一定量钙基物质可使得上述反应生成物进一步发生以下反应：

$$Na_2O \cdot 3SiO_2 + 3CaO + 3SiO_2 \longrightarrow Na_2O \cdot 3CaO \cdot 6SiO_2$$
$$Na_2O \cdot 3SiO_2 + 2CaO \longrightarrow Na_2O \cdot 2CaO \cdot 3SiO_2$$

生成高灰熔点的共晶体，防止碱金属氯化物对流化的影响。

将高岭土应用于流化床中也可有效防止床料玻璃化和凝结恶化。高岭土在流化床中可以发生以下脱水反应：

$$Al_2O_3 \cdot 2SiO_2 \cdot 2H_2O \longrightarrow Al_2O_3 \cdot 2SiO_2 + 2H_2O$$
$$Al_2O_3 \cdot 2SiO_2 + 2NaCl + H_2O \longrightarrow Na_2O \cdot Al_2O_3 \cdot 2SiO_2 + 2HCl$$

而共晶体 $Na_2O \cdot Al_2O_3 \cdot 2SiO_2$ 的熔点高达 1526℃。高岭土与碱金属的比例，一般为 3.3∶1（对 K 而言）和 5.6∶1（对 Na 而言），以避免 Al_2O_3 和 SiO_2 过量。

考虑到污泥以挥发分为主，为防止流化恶化现象的产生，还可通过其他方式来控制，如低燃烧温度和异重流化方式。

6.3.2.3　流化床焚烧炉设计实例

经十余年的研究，浙江大学热能工程研究所于 1990 年成功地开发出了异重流化床污泥燃烧技术。1995 年，韩国进道公司受政府委托，承担清州污水处理厂污泥的焚烧处理项目，通过考察美、德、日、中等国有关焚烧炉的研制单位和生产厂商后，认为浙江大学的污泥流化床焚烧炉研究和设计水平具有国际先进水平，并于 1995 年年底会同浙江省机械设备进出口公司与浙江大学联合签署了购货合同。进道公司利用浙江大学的污泥流化床焚烧技术，由浙江大学热能工程研究所承担污泥焚烧炉的设计及供货任务。污泥焚烧炉要求能处理 65t/d，水分为 85.1% 的清州污水污泥（保证工况），同时处理废塑料和废橡胶各 2.5t/d，焚烧炉以废油为辅助燃料。

浙江大学热能工程研究所依据上述要求首先进行了系统的试验研究，针对高水分城市废水污泥与油混烧的特点，取得了一些具有价值的设计参数，进而开发制造了 65t/d 污泥焚烧炉。该流化床以油作辅助燃料，采用高料层、低风速、大粒度给料运行方式，有助于燃烧及床温的稳定；污泥的给料粒度在较大范围里变动时均能保证正常燃烧，适时补充床料。

根据设计条件，焚烧炉的负荷调节范围为 40%~100% 的污泥量，设计床温 859℃，蒸发量为 2.5t/h，辅助燃料油的需要量为 280kg/h。正常工况下的燃料分析数据见表 6-8。清州污泥焚烧炉的设计参数及主要热力计算汇总结果见表 6-9 和表 6-10。该焚烧炉已于 1996 年 6 月制造完成并运往韩国，得到了业主的好评并获得了认证证明。

表 6-8 清州焚烧炉燃料分析数据

燃料	元素分析(干基)/%									总计质量分数/%		干基高位热值/(kJ/kg)
	C	H	O	N	S	Cl	灰分	总计	干量	水分	
污泥	42.82	6.44	19.47	7.25	0.07	1.21	22.74	100	14.9	85.1	20231
废油	66.85	9.65	5.20	2.00			16.30	100	100	0	35489
混合塑料	60.00	7.20	22.60	0.50	1.34		8.36	100	98.0	2.00	26717
废橡胶	77.65	10.35			2.00		10.00	100	98.8	1.20	41280

表 6-9 清州城市废水污泥焚烧炉设计参数

名称	数值	名称	数值
蒸发量	(2.5±0.5)t/h	给水温度	70℃
蒸汽压力	0.7MPa	布置方式	室外
蒸汽温度	饱和		

表 6-10 65t/d 污泥焚烧炉主要热力计算汇总

序号	名称	符号	单位	床层	炉膛	管束	空预器
1	进口烟温	O'	℃	859.2	859.2	851.20	424.67
2	出口烟温	O''	℃	859.2	851.2	427.67	231.11
3	工质进口烟温	T'	℃	—	—	165.5	20
4	工质出口烟温	T''	℃	—	—	165.5	354.36

6.3.3 流化床焚烧炉的平衡计算及控制参数

根据 6.2.3 部分中质量、能量分析，流化床焚烧炉污泥焚烧的质量平衡分析见表 6-11[4]。

表 6-11 流化床焚烧炉污泥焚烧的质量平衡分析

项目		计算依据	方案一	方案二
(1)湿污泥进料速度/(kg/h)		已知	5443.2	5443.2
湿污泥水分	(2)质量分数/%	已知	78	78
	(3)质量流率/(kg/h)	(1)×(2)	4245.7	4245.7
(4)干污泥进料速度/(kg/h)		(1)-(3)	1197.5	1197.5
灰分	(5)质量分数/%	已知	43	43
	(6)进料速度/(kg/h)	(4)×(5)	514.9	514.9
(7)挥发分进料速度/(kg/h)		(4)-(6)	682.6	682.6
燃烧生成的干气体	(8)单位质量释放热量/(kJ/kg)	式(6-7)	30000	30000
	(9)热量输入速度/(10^6kJ/h)	(7)×(8)	20.48	20.48
	(10)单位热量产量/(10^{-4}kg/kJ)	式(6-9)	3.222	3.222
	(11)产生速度/(kg/h)	(9)×(10)	6598.7	6598.7
燃烧生成的水分	(12)单位热量产量/(10^{-4}kg/kJ)	式(6-8)	0.244	0.244
	(13)产生速度/(kg/h)	(9)×(12)	499.7	499.7
(14)(干气体＋水分)燃烧产生速度/(kg/h)		(11)+(13)	7098.4	7098.4
(15)燃烧所需化学计量助燃空气进气速度/(kg/h)		(14)-(7)	6415.8	6415.8

项目		计算依据	方案一	方案二
燃烧所需总助燃空气量	(16)空气过剩系数/%	已知	1.4	1.4
	(17)进气速度/(kg/h)	(15)×(16)	8982.1	8982.1
(18)过剩助燃空气进气速度/(kg/h)		(17)−(15)	2566.3	2566.3
助燃空气水分	(19)质量分数/%	已知	1	1
	(20)进料速度/(kg/h)	(17)×(19)	89.8	89.8
(21)烟气中水分排出速度/(kg/h)		(3)+(13)+(20)	4835.2	4835.2
(22)烟气中干气体排出速度/(kg/h)		(11)+(18)	9165	9165

流化床焚烧炉污泥焚烧的能量平衡分析表见表 6-12。

表 6-12　流化床焚烧炉污泥焚烧的能量平衡分析

项目		计算依据	方案一	方案二
辐射热损失	(1)占焚烧炉热率的比例/%	已知	3	4
	(2)热流率/(10^3 kJ/h)	(1)×表 6-11 中(9)	614.4	819.2
助燃空气中水分	(3)质量流率/(kg/h)	表 6-11 中(20)	89.8	89.8
	(4)蒸发潜热为 $2.256×10^3$ kJ/kg 时,水分修正值/(10^6 kJ/h)	$2.256×10^3$×(3)	0.203	0.203
(5)总损失热率/(10^6 kJ/h)		(2)+(4)	0.82	1
(6)总输入热率/(10^6 kJ/h)		表 6-11 中(9)	20.48	20.48
(7)不考虑辅助燃油的烟气锅炉出口热率/(10^6 kJ/h)		(6)−(5)	19.66	19.48
(8)烟气中干气体质量流率/(kg/h)		表 6-11 中(22)	9165	9165
(9)烟气中水分质量流率/(kg/h)		表 6-11 中(21)	4835.2	4835.2
(10)无辅助燃料时排出温度/℃		查得	421	412
(11)要求的排出温度/℃		已知	760	537
(12)要求的排出温度下总输入热率/(10^6 kJ/h)		(8)(9)	26.63	21.91
(13)热净差量/(10^6 kJ/h)		(12)−(7)	6.97	2.43
辅助燃油	(14)助燃空气过剩系数/%	已知	1.2	1.2
	(15)与要求烟气排放温度相对应的燃油单位体积热值/(10^6 kJ/m)	查得	22.98	27.29
	(16)燃油体积流率/(m³/h)	(13)/(15)	0.30	0.09
	(17)单位体积助燃油所需助燃空气质量/(10^3 kg/m)	查得	15.01	15.01
	(18)助燃空气质量流率/(kg/h)	(16)×(17)	450.3	1350.9
	(19)单位体积助燃油燃烧生成的干气体量/(10^3 kg/m)	查得	15.07	15.07
	(20)生成的干气体质量流率/(kg/h)	(16)×(19)	4521	1356.3
	(21)单位体积助燃油燃烧生成的水分量/(10^3 kg/m)	查得	1.05	1.05
	(22)生成的水分质量流率/(kg/h)	(16)×(21)	315	94.5
(23)烟气中干气体排出速度/(kg/h)		(20)+表 6-11 中(22)	13686	10521.3
(24)烟气中水分排出速度/(kg/h)		(22)+表 6-11 中(21)	5150.2	4929.7

项目	计算依据	方案一	方案二
(25)污泥和助燃油燃烧所需助燃空气进气速度/(kg/h)	(18)＋表 6-11 中(17)	9432.4	10333
(26)考虑辅助燃油的锅炉出口烟气热率/(10^6kJ/h)	由(23)、(24)查得	31.52	22.84
(27)参照温度/℃	查得	15.6	15.6

6.3.4　流化床焚烧炉的优缺点分析

流化床的燃烧温度处于 800～900℃ 之间，过剩空气系数小，氮氧化物生成量少，焚烧过程中在炉内产生的有害气体易于控制，极具发展前途。此外，流化床焚烧炉无运动部件，结构简单，故障少，投资维修费低。但工艺操作则比一般机械炉要求高一些。

对于污泥焚烧来说，不管什么来源的污泥，流化床只需满足干物质含量达到 45%（半干化）的要求，不需要额外的热能就可以自己燃烧，达到热平衡，而且焚烧产生的热量足够满足半干化干燥机。此外，流化床焚烧炉的优势还包括燃烧接触面积大、湍流强度高和停留时间长等。而且可以实现连续加料、连续出料，难以在多膛焚烧炉、炉排焚烧炉上焚烧的污泥，采用流化床焚烧技术是很合适的。

综上，流化床焚烧技术具有以下显著优点：a. 废物适应性好，可焚烧低热值、高水分并在其他燃烧装置中难以稳定燃烧的废弃物；b. 焚烧效率高，市政污泥属高水分、低热值废料，对于这种废料的焚烧，流化床相较于其他焚烧设备更具有显著优势；c. 燃烧强度高，单位截面的废物处理量大，结构紧凑，占地面积小；d. 炉内无活动部件，运行故障少；e. 能够满足严格的环保要求。

而流化床焚烧炉的缺点主要是压力损失或动力消耗大。此外，在流化床操作过程中，还应注意以下问题：a. 为了保持炉内的流化状态，切忌将体积或重量过大的废物直接投入到流化床内；b. 为了避免因气体分配板开孔设计不合理而引起的流化床层气流偏流、流化状态不稳定、尾气夹带粒子增多、载体逐渐减少、反应温度下降、燃烧不完全和尾气温度增高等不正常现象，分配板开孔率应保持均匀；c. 相较于其他类型的焚烧炉，流化床排出的粉尘量大，故其需要的除尘设施也较复杂；d. 为了避免因废物性质而造成燃烧不充分、产生黑烟的现象，应在反应塔上部以适当方法供给二次空气，并最好从切线方向通入，以使未燃成分和二次空气充分混合；e. 通入流化床层的空气必须经过预热，预热费用较高，通常占流化床焚烧炉操作费用的 7%～15%，并且需要经常维修与管理，进一步增加了运行费用。

6.4　回转窑焚烧炉

6.4.1　回转窑焚烧炉的工作原理和基本结构

6.4.1.1　回转窑焚烧炉简介

回转窑式焚烧炉炉体为采用耐火砖或水冷壁炉墙的圆柱形滚筒，是通过炉体整体转动，使固体废弃物均匀混合并沿倾角向倾斜端翻腾移动的焚烧设备。为了更好地实现固体废弃物的完全焚烧，回转窑式焚烧炉一般设有二燃室。回转窑式焚烧炉对焚烧物的适应性强，尤其是对于含水率较高的特种垃圾，均能实现较好的燃烧。

一般来讲，转炉内胆是由具有较高阻力的耐火材料组成，炉膛结构稍微倾斜并以较低的速度旋转，通过炉膛的旋转，带动污泥旋转，翻转换热，使得污泥在不同的温度区域内干燥、析出挥发分、燃烧并燃烧后冷却灰分。燃烧通常在800～1000℃范围内，烟气和灰分冷却的热量用于空气的预热和产生蒸汽。污泥的燃尽率不高，因为在污泥作旋转运动时，污泥外表面部分燃烧并烧结成团，而内部污泥并没有完全燃烧。

窑体的一端以螺旋加料器或其他方式进行加料，另一端将燃尽的灰烬排出炉外。污泥在回转窑内可同向或逆向与高温气流接触。当回转窑逆向流动时，进行污泥预热，实现了热量的充分利用，传热效率高。回转窑焚烧排气中常携带有从污泥中挥发出的有害臭气，故必须进行二次焚烧处理。当回转窑顺向流动时，一般在窑的后部设置燃烧器，进行二次焚烧。

污泥回转窑炉衬为混凝土结构和砖，混凝土部分设置内部构件结构。回转窑所配置的燃烧室做成带滚轮的结构，可移动并且方便检修。见图6-7。

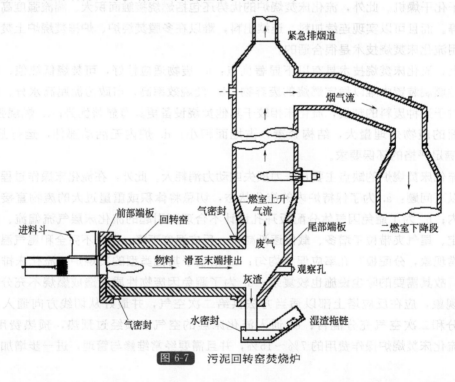

图 6-7　污泥回转窑焚烧炉

回转窑式焚烧炉的温度变化范围较大，为810～1650℃，温度控制通过窑头端燃烧器的燃料量来进行调节。燃烧器的燃料一般选用液体燃料或气体燃料，此外也可采用煤粉或废油。

6.4.1.2　HANKIN 回转窑焚烧炉

美国 HANKIN 公司是世界知名的环保工程公司，其拥有的回转窑焚烧炉技术经过多年的发展，技术水准在国际上遥遥领先。HANKIN 回转窑加二燃室的焚烧工艺，主要应用于焚烧工业废弃物、危险废弃物、医疗废弃物以及污泥等固、液废弃物。从20世纪80年代中期起，HANKIN 公司在世界范围内承建了25个此类项目，在工业固体废弃物焚烧领域积累了丰富的工程设计、设备制造与选型的实际经验，其所提供的焚烧设备具有独特的优异性能。其流程是污泥在回转窑内充分燃烧，残渣进行固化填埋。处置过程中烟气在二燃室的分解温度高达 1100℃，焚毁去除率达 99.99%，烟气排放各项指标均低于欧盟现行标准，从根本上保证不会产生二次污染。

（1）HANKIN 回转窑加二燃室的焚烧工艺特点

HANKIN 回转窑加二燃室的焚烧工艺具有以下特点。

① 适用性广。回转窑可同时处理各种不同性质、不同热值的工业固体废弃物。

② 成熟的回转窑加二燃室的焚烧工艺能组织良好的"3T"（温度、时间、扰动）焚烧工况，废弃物分解焚毁彻底。

③ 二燃室设计温度在 1100～1300℃，烟气停留时间大于 2s，能彻底分解二噁英。

④ 回转窑转速在 0.15～1.5r/min 内（可调），废弃物焚烧滞留时间在 24～180min 内（可调）。

（2）烟气净化工艺特点

烟气净化工艺：急冷塔＋干法脱酸＋布袋除尘＋酸吸收塔工艺。烟气余热采用蒸汽锅炉回收利用。该工艺具有以下特点。

① 干法脱酸加湿式洗涤，HCl 的去除率为 99.9%，SO_x 去除率为 99.3%。

② 干法脱酸，有效防止糊袋和金属结构腐蚀。

③ 布袋除尘器采用三分室设计，大布气比，可实现在线和离线清灰。

④ 石灰和活性炭注入定量供给，实现自动调节。

⑤ 酸吸收塔前置淬冷段的设计，将进入吸收塔的烟气温度降低到接近露点，既保证湿式脱酸的最佳温度，又避免低温腐蚀。

（3）焚烧控制系统的技术特点

① 使用先进的控制策略，实现最佳燃烧工况，节省辅助燃料，降低运营成本。

② 全自动化的烘炉温度控制、停炉/启炉温度升降速率控制。延长耐火材料的使用寿命。

③ 实现全系统的安全、可靠运行；紧急停炉过程全自动联锁、自动吹扫，保证系统及工作人员的安全。

④ 从进料至排放全过程自动监控、记录，以备环保部门的随时检查。

⑤ 精确控制各工艺段的烟气温度，防止设备及烟道发生高、低温腐蚀，延长其使用寿命。

6.4.2 回转窑焚烧炉的工艺及设计要点

6.4.2.1 回转窑焚烧炉工艺简介

污泥通过密闭卡车运送到焚烧厂贮库，通过进料机构输送至回转窑进料斗，进料斗下设有推料机构及锁风设施，以确保回转窑能够在负压状态下运行。

焚烧过程中，污泥在回转窑中翻转、搅拌、前进，于缺氧环境中完成预热、干化、热解阶段，在挥发气化的同时进行不完全燃烧，产生大量可燃气体及部分未燃尽物料，进入二燃室，而在过量燃烧空气的作用下，进行完全燃烧。窑内设置链式蒸发热交换器，温度在 400～500℃，废液可直接喷射到链条上，一方面可强化回转窑内的换热过程，加速蒸发及醇类挥发，另一方面对污泥也能起到传热、翻动及研磨作用。二燃室燃烧温度可达 1150℃，且烟气在高温区的停留时间大于 2s，保证了二噁英等有害物质的充分分解。而当温度低于 1150℃时，二燃室的燃烧器就会调节大小火开启，从而确保炉温稳定在 1150℃左右。为了使废物的燃烧状态能够达到最佳,回转窑和二燃室燃烧的所有空气均通过风机分别供给。污泥燃尽产生的灰渣由二燃室底部的回转炉蓖排出,同时在二燃室底部设有炉底三次风机,不但强化了灰渣的燃尽程度,还能冷却渣料,以实现冷态出渣。

为了实现对余热的利用,将二燃室出来的高温烟气送入热交换器,由换热产生的热空气部分可作一次风、二次风风源而鼓入回转窑。

高温烟气处理遵循"3T"原则——温度、湍流、停留,经热交换器后的烟气进入急冷湿式中和喷淋综合除尘器,在湿式喷淋塔除尘器装置内完成酸性物质中和、除尘过程的同时使高温烟气急冷至300℃以下。通过前道焚烧处理从源头上实现了高温烟气中二噁英的充分分解,又通过后道急冷大大缩短甚至避开了350～500℃的二噁英再生工况区。然后,烟气再经优化的活性炭吸附及袋式收尘器、除湿等综合除尘,最后处理达标后,由引风机通过烟囱排放。引风机的风量、风压根据回转窑炉膛的压力指示由变频器调节,其作用是当炉膛的负压小于－3mm H_2O 时,提高风机转速,而当炉膛内的负压过高时,则能相应降低风机转速,从而保证系统中的负压维持在一定水平上。图6-8为回转窑焚烧工艺流程。

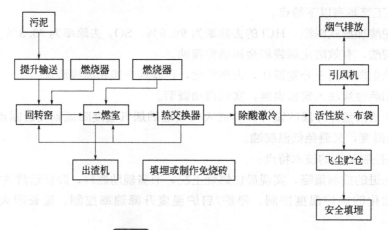

图 6-8 回转窑焚烧炉工艺流程

6.4.2.2 回转窑焚烧炉的设计要点[7]

若要进行焚烧炉的热工计算,需要考虑废弃物的种类和其本身的热值和水分,故较为复杂。这里只作一般的工程计算。

(1) 辅助燃料量的计算

污泥发热量低,需要添加辅助燃料才能使污泥烧尽,而其他类废弃物着火后均能稳定燃烧燃尽,不需要外加辅助燃料,即辅助燃料量为:

$$B = \frac{\left[14p \times 4.18 - \left(1 - \frac{p}{100}\right)Q_1\right]W_1}{Q_{DW}} \quad (kg/h) \qquad (6-15)$$

式中,p 为污泥含水率,%;Q_1 为干固体污泥燃烧发热量,kJ/kg;W_1 为需焚烧的污泥量,kg/h;Q_{DW} 为辅助燃料的发热量,kJ/kg。

(2) 焚烧所需的空气量计算

焚烧所需的空气量包括废弃物燃烧的空气耗量(L_f)和辅助燃料燃烧的空气耗量(L_k)两个部分。

废弃物焚烧每小时所需空气消耗量(L_k)经验公式:

$$L_k = \alpha \frac{1.01}{4180} \times \left[Q_1 W_1 (1 - \frac{p}{100}) + Q_2 W_2 + Q_3 W_3 + 0.5 \right] (m^3/h) \qquad (6-16)$$

式中，α 为焚烧废弃物所需的空气消耗系数，一般取 $1.5 \sim 2.2$；Q_1，Q_2，Q_3 为各类焚烧物的单位热值，kJ/kg；W_1，W_2，W_3 为每小时处理各类焚烧物的重量，kg/h；1.01，0.5 为经验系数；4180 为折算系数。

（3）燃烧后的总产气量计算

燃烧以后的总产气量等于各类废弃物焚烧后的产气量及污泥中水分蒸发量之和。

各类废弃物焚烧后的产气量（V_f）为：

$$V_f = 1.1 L_k (m^3/h) \qquad (6-17)$$

污泥中水分蒸发量（V_q）为：

$$V_q = 1.25 p W_1 / 100 \ (m^3/h) \qquad (6-18)$$

即燃烧后的总产气量为：

$$V_n = V_f + V_q = 1.1 L_k + 1.25 p W_1 / 100 \ (m^3/h) \qquad (6-19)$$

（4）回转窑焚烧炉尺寸的计算

回转窑焚烧炉包括干燥带和燃烧带。

干燥带所需容积（V_a）为：

$$V_a = 0.09 W_1 p / 1000 \ (m^3) \qquad (6-20)$$

燃烧带所需容积（V_b）为：

$$V_b = \frac{Q_1 W_1 \left[1 - \frac{p}{100} \right] + Q_2 W_2 + Q_3 W_3}{3.5 \times 10^5 \times 4.18} \quad (m^3) \qquad (6-21)$$

回转窑焚烧炉的总容积（V）为：

$$V = V_a + V_b \qquad (6-22)$$

按回转窑焚烧炉的直径与长度之比为 $1:(5 \sim 12)$ 进行设计，应视工业废弃物焚烧难易来确定取值大小。

6.4.2.3 回转窑焚烧炉设计实例[7]

某化工企业原工业废弃物进行分类后将污泥、树脂送至砖瓦厂，置于砖窑中进行协同焚烧，滤纸、滤袋则利用本企业内的立式焚烧炉进行焚烧处理。随着环保意识的提高以及砖瓦厂对该企业的废弃物处理费用的增加，该企业决定在厂内扩建焚烧设备，对本厂的工业废弃物进行分类统计，见表6-13。

表 6-13　企业工业废弃物分类表

工业废弃物种类	质量/(kg/d)	每小时产生量/(kg/h)	热值/(4.18kJ/kg)	质量分数/%
污泥(含水率50%)	6000	250	1200	20
滤纸、滤袋、塑料	22500	937.5	5000	75
树脂	1500	62.5	10000	5

日产生废弃物平均为 30t。

分析：为了确保污泥的焚烧处理效果，决定采用回转窑式焚烧炉，滤纸、滤袋、塑料和热固性树脂也在污泥加料口投料，热溶性树脂则加热后用燃油喷嘴喷入炉膛内焚烧处理。

（1）回转窑焚烧炉热工计算

辅助燃料量（B）的计算（使用柴油，热值为 9500×4.18 kJ/kg）：

$$B = \frac{\left[14p \times 4.18 - \left(1 - \dfrac{p}{100}\right)Q_1\right]W_1}{Q_{DW}}$$

$$= \frac{14 \times 70 \times 4.18 - \left(1 - \dfrac{70}{100}\right) \times 1200 \times 4.18 \times 250}{9500 \times 4.18}$$

$$= 16.3(\text{kg/h})$$

焚烧废弃物所需的实际空气量（L_k），取空气消耗系数 $\alpha = 1.8$，则：

$$L_k = \alpha \frac{1.01}{4180}\left[Q_1 W_1\left(1 - \frac{p}{100}\right) + Q_2 W_2 + Q_3 W_3\right]$$

$$= 1.8 \times \frac{1.01}{4180} \times \left[1200 \times 250 \times \left(1 - \frac{70}{100}\right) + 5000 \times 937.5 + 10000 \times 62.5\right] \times 4.18$$

$$= 9821.75(\text{m}^3/\text{h})$$

废弃物焚烧后的产气量（V_n）：

$$V_n = 1.1 L_k + 1.25\frac{p}{100}W_1 = 1.1 \times 9821.75 + 1.25 \times \frac{70}{100} \times 250 = 11022.67(\text{m}^3/\text{h})$$

回转窑尺寸的计算：包括干燥带所需容积（V_a）和燃烧带所需的容积（V_b）：

$$V_a = \frac{0.09 W_1 p}{1000} = \frac{0.09 \times 250 \times 70}{1000} = 1.58(\text{m}^3)$$

$$V_b = \frac{Q_1 W_1\left(1 - \dfrac{p}{100}\right) + Q_2 W_2 + Q_3 W_3}{3.5 \times 10^5 \times 4.18}$$

$$= \frac{\left[1200 \times 250 \times \left(1 - \dfrac{70}{100}\right) + 5000 \times 937.5 + 10000 \times 62.5\right] \times 4.18}{3.5 \times 10^5 \times 4.18} = 15.44(\text{m}^3)$$

回转窑焚烧炉总容积：

$$V = V_a + V_b = 1.58 + 15.44 = 17.02(\text{m}^3)$$

考虑到产量的增加，工业废弃物增多的可能性，在设计时加 20% 余量，回转窑式焚烧炉的设计容积为

$$V_s = V \times 1.2 = 17.02 \times 1.2 = 20.424(\text{m}^3)$$

在确定焚烧炉直径和长度比时，考虑到树脂是由端面喷嘴喷入的，因此取直径尽量大，便于布置燃烧器和废弃物加料口，取其给定范围的下限，确定直径：长度两者的比值为 1：5，设直径为 D，则长度为 $5D$，即：

$$V_s = \frac{1}{4}\pi D^2 \times (5D)$$

$$D = \sqrt{\frac{4V_s}{5\pi}} = \sqrt{\frac{4 \times 20.424}{5\pi}} = 1.73(\text{m})$$

长度 $L = 8.65\text{m}$，$D = 1.73\text{m}$

（2）焚烧系统各主要设备性能参数

1）回转窑焚烧炉（一燃室）　作用为工业废弃物热解、焚烧。有效尺寸：直径 1.73m；长度 8.65m；倾角 3°。回转窑转速 0.1～5r/min（采用变频电机调速）。固体废弃物进料方式：污泥破碎预处理，液压传动连续进料。固体废弃物在一燃室中的停留时间 0.5～1.5h。

一燃室空气消耗系数为 0.5~2。一燃室炉内设计温度 850~950℃。

2）二燃室　作用：使一燃室中未燃尽的可燃气体达到完全燃烧。有效尺寸：直径 2.6m，高度 6m。烟气在二燃室中的停留时间 1~3s。二燃室设计炉温 1000~1100℃，二燃室空气消耗系数 1.2~2。

3）余热锅炉　作用：有效利用烟气余热并降低烟气温度。选用余热锅炉形式：选用立式余热锅炉。余热锅炉工作压力 0.8MPa，余热锅炉处理能力 1.5t/h。

4）半干式喷淋除尘器　作用：净化废气，并使用碱性添加液中和烟气中酸性化合物。基本尺寸 ϕ1500mm×3000mm。循环水添加量 300~600kg/h。

5）排烟系统　作用：排放烟气。烟囱高度 35m，烟囱材料为 Q235 钢板，内涂防腐材料。排烟方式：排烟机强制排烟。

6.4.3　回转窑焚烧炉的平衡计算及控制参数

回转窑焚烧炉污泥焚烧的质量平衡分析见表 6-14。

表 6-14　回转窑焚烧炉污泥焚烧的质量平衡分析

项目		计算依据	方案一	方案二
(1)湿污泥进料速度/(kg/h)		已知	5443.2	5443.2
湿污泥水分	(2)质量分数/%	已知	80	82
	(3)质量流率/(kg/h)	(1)×(2)	4354.6	4463.4
(4)干污泥进料速度/(kg/h)		(1)-(3)	1088.6	979.8
灰分	(5)质量分数/%	已知	43	43
	(6)进料速度/(kg/h)	(4)×(5)	468.1	421.3
(7)挥发分进料速度/(kg/h)		(4)-(6)	620.5	558.5
	(8)单位质量释放热量/(kJ/kg)	式(6-7)	30000	30000
	(9)热量输入速度/(10^6kJ/h)	(7)×(8)	18.6	16.8
燃烧生成的干气体	(10)单位热量产量/(10^{-4}kg/kJ)	式(6-9)	3.222	3.222
	(11)产生速度/(kg/h)	(9)×(10)	5993.0	5398.5
燃烧生成的水分	(12)单位热量产量/(10^{-4}kg/kJ)	式(6-8)	0.244	0.244
	(13)产生速度/(kg/h)	(9)×(12)	453.8	409.9
(14)(干气体+水分)燃烧产生速度/(kg/h)		(11)+(13)	6446.8	5808.4
(15)燃烧所需化学计量助燃空气进气速度/(kg/h)		(14)-(7)	5826.3	5249.9
燃烧所需总助燃空气量	(16)空气过剩系数/%	已知	2.3	2.3
	(17)进气速度/(kg/h)	(15)×(16)	13400.5	12074.8
(18)过剩助燃空气进气速度/(kg/h)		(17)-(15)	7574.2	6824.9
助燃空气水分	(19)质量分数/%	已知	1	1
	(20)进料速度/(kg/h)	(17)×(19)	134	120.7
(21)烟气中水分排出速度/(kg/h)		(3)+(13)+(20)	4942.4	4994
(22)烟气中干气体排出速度/(kg/h)		(11)+(18)	13567.2	12223.4

回转窑焚烧炉污泥焚烧的能量平衡分析见表 6-15。

表 6-15　回转窑焚烧炉污泥焚烧的热平衡分析

项目		计算依据	方案一	方案二
辐射热损失	(1)占焚烧炉热率的比例/%	已知	5	5
	(2)热流率/(10^3kJ/h)	(1)×表 6-14 中(9)	930	840
助燃空气中水分	(3)质量流率/(kg/h)	表 6-14 中(20)	134	120.7
	(4)蒸发潜热为 $2.256×10^3$kJ/kg 时,水分修正值/(10^6kJ/h)	$2.256×10^3$×(3)	0.302	0.272
(5)总损失热率/(10^6kJ/h)		(2)+(4)	1.232	1.112
(6)总输入热率/(10^6kJ/h)		表 6-14 中(9)	18.6	16.8
(7)不考虑辅助燃油的烟气锅炉出口热率/(10^6kJ/h)		(6)−(5)	17.368	15.688
(8)烟气中干气体质量流率/(kg/h)		表 6-14 中(22)	13567.2	12223.4
(9)烟气中水分质量流率/(kg/h)		表 6-14 中(21)	4942.4	4994
(10)无辅助燃料时排出温度/℃		查得	421	412
(11)要求的排出温度/℃		已知	816	677
(12)要求的排出温度下总输入热率/(10^6kJ/h)		(8)(9)	26.63	21.91
(13)热净差量/(10^6kJ/h)		(12)−(7)	6.97	2.46
辅助燃油	(14)助燃空气过剩系数/%	已知	1.2	1.2
	(15)与要求烟气排放温度相对应的燃油单位体积热值/(10^6kJ/m)	查得	21.89	24.62
	(16)燃油体积流率/(m^3/h)	(13)/(15)	0.32	0.1
	(17)单位体积助燃油所需助燃空气质量/(10^3kg/m)	查得	15.01	15.01
	(18)助燃空气质量流率/(kg/h)	(16)×(17)	4803.2	1501
	(19)单位体积助燃油燃烧生成的干气体量/(10^3kg/m)	查得	15.07	15.07
	(20)生成的干气体质量流率/(kg/h)	(16)×(19)	4822.4	1507
	(21)单位体积助燃油燃烧生成的水分量/(10^3kg/m)	查得	1.05	1.05
	(22)生成的水分质量流率/(kg/h)	(16)×(21)	336	105
(23)烟气中干气体排出速度/(kg/h)		(20)+表 6-14 中(22)	18389.6	13730.4
(24)烟气中水分排出速度/(kg/h)		(22)+表 6-14 中(21)	5278.4	5099
(25)污泥和助燃油燃烧所需助燃空气进气速度/(kg/h)		(18)+表 6-14 中(17)	18203.7	13575.8
(26)考虑辅助燃油的锅炉出口烟气热率/(10^6kJ/h)		由(23)、(24)查得	37.56	29.01
(27)参照温度/℃		查得	15.6	15.6

6.4.4　回转窑焚烧炉的优缺点分析

(1) 回转窑式焚烧炉工艺特征

① 回转窑的转动有助于废物得到良好的混合而提高焚烧效率,更可使废物在窑内进行自动的输送;

② 回转窑焚烧系统可用于各种废弃物的混合焚烧,在危险废物焚烧领域用途最广,也

是最适于商业化集中处理中心的焚烧系统。

（2）回转窑式焚烧炉优点

① 温度可高达 1200℃ 以上，可以有效破坏大多数有害物质；

② 回转窑内气体流动程度高，气、固相接触良好，反应均匀；

③ 用途广泛，适应性好，可以处理各种不同形状、不同性质的废弃物；

④ 回转窑内固体的停留时间可以通过调整回转窑的转速予以调节和控制；

⑤ 给料周期短，实现了真正的连续给料。

（3）回转窑式焚烧炉缺点

① 对于处理规模小于 6～8t/d 的中小装置，投资成本较高，投资回收率较低；

② 过剩空气需求高于热解焚烧炉，排气中粉尘含量略高；

③ 整体焚烧系统的机械性零件复杂，维修费略高。

6.5 污泥焚烧炉辅助系统及设备

6.5.1 给料系统

多膛焚烧炉进料一般采用传送带，如图 6-9 所示。传送带可靠性好，基建费用和运行费用低，维护也较简单，需要定期进行。

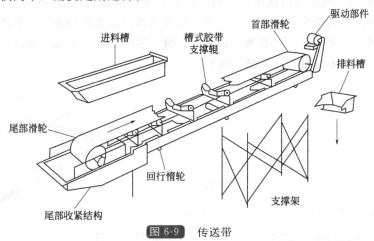

图 6-9 传送带

污泥饼从真空过滤器或离心机下落至传送带上，传送带将污泥饼送入焚烧炉中。在焚烧炉中，传送带将污泥滤饼直接卸入一个进料斜槽中或者卸入焚烧炉进料入口的螺旋式传送装置上。

顶部滑轮下配有刷子用来除去传送带上未被卸载的污泥饼。当一个传送带为一个以上的焚烧炉进料时，用一个可调的耙子为第一个焚烧炉进料。

耙子安装在可以扫到传送带一半的地方，剩余的污泥饼送入第二个焚烧炉。

由于传送带上污泥饼排列不均匀，用耙子调节 1/2 的进料，传送准确率只有 20%，不如通过定时器控制准确。耙子通过时间控制进行周期性的循环工作，如耙子每 4min 内工作 2min，刚好完成进料 1/2。

如果进料系统在焚烧炉的上方，则存在火灾危险。传送装置上掉落下来的污泥会被焚烧炉的高温烤干，污泥干化后就可能自燃。为了防止自燃，传送装置总是安置在焚烧炉的一侧，并且采用螺旋式进料装置，如图 6-10 所示。这种进料装置是密闭的，能防止掉下来的污泥落在焚烧炉上面。然而，螺旋式进料装置入口的设计，需要考虑污泥进入螺旋部位时的困难。如果污泥被充分烘干，则会从入口上方通过。

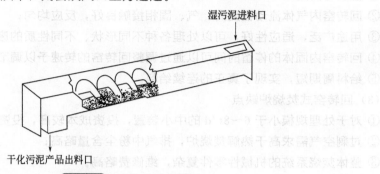

图 6-10　螺旋式进料装置

污泥由于重力掉落并聚集在重力闸门上。当污泥重量超过平衡锤的重量时，闸门将打开，这样的设计使污泥进口开启的时间最小，从而防止炉内排放热辐射。

流化床焚烧炉一般使用螺旋式进料装置，如前腔式泵。图 6-11 所示为一螺旋定子内（或罩内）带有螺旋转子（或转子旋转）的正位替换泵，它已经广泛用于密度大的半固态液体的输送。

图 6-12 所示为一典型的管状传送装置。这类装置可以是方形或圆形的，由一系列的段组成，它们在封闭的传送带内一个连着一个，可以用作污泥浆进料装置。但是这些装置难以维护和保持清洁，关闭时即传送装置不进料时，管内的残余污泥干燥变硬，会给启动带来问题，可能会引起驱动系统或者连接链的破裂。

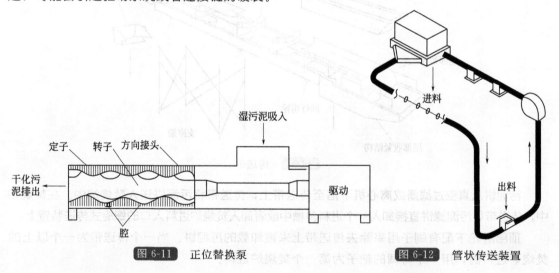

图 6-11　正位替换泵　　　　　　　　图 6-12　管状传送装置

6.5.2　辅助燃料

污泥焚烧的辅助燃料一般可分为固体燃料、液体燃料和气体燃料三大类。

6.5.2.1　固体燃料

在我国，焚烧使用的固体燃料有煤、油页岩、木柴、垃圾等。常使用的煤有无烟煤、烟煤、褐煤等。各地的固体燃料的成分很不相同，由于其运输困难、运行的劳动量大，特别是燃烧产生的烟尘和二氧化硫气体污染严重，在许多大、中城市已经被限制使用。

煤是一种成分极为复杂的混合化合物，它含有 C、H、O、S、N 等元素。煤的元素分析除了分析它所含的元素外，还要测定水分和灰分等。C 和 H 是煤最重要的可燃元素。含 C 量高的煤，发热量高，但着火点也高；含 H 量高的煤不仅发热量高，而且容易着火燃烧。S 分为可燃硫和不可燃硫，前者包含有机硫和无机硫，燃烧后形成 SO_2 或 SO_3，后者为硫酸盐，燃烧后存在于灰渣与粉尘中。O 是不可燃元素；N 是有害元素，燃烧时产生的 NO_x 气体污染大气，对人体和植物都不利。由于元素分析需要比较复杂的仪器和较高的技术，一般单位无条件进行这项工作，而煤的工业分析则比较简单。

煤的工业分析是测定煤的水分、挥发分、固定碳和灰分的含量，以确定它的某些燃烧特性。

煤中的水分属于杂质，它由内水分和外水分两部分组成。内水分是来自形成煤的植物，也称固有水分，只有将煤加热到 105～145℃时，才能去除。外水分是在煤炭的开采、贮运过程中受外界因素影响而吸附或凝聚在煤炭颗粒表面的水分，可以通过自然风干除去。燃烧时，水分蒸发，吸收热量，降低炉膛温度，使燃料着火困难，并增大排烟带走的热损失。水分在汽化时，体积增大几百倍，使煤疏松，孔隙增大，使煤容易完全燃烧，所以煤中应该含有适量的水分。煤中的水分含量变化很大，一般在 5％～60％。

挥发分是煤在加热到 500～600℃时释放出来的气态可燃物，它主要是 C、H、O 的化合物。含挥发分多的煤容易着火（即着火点低），燃烧速度快，易于完全燃烧；挥发分低的煤，着火温度高，不易点燃，也不易完全燃烧。

除去水分和挥发分后，煤中剩余的固体物质为焦炭，可燃成分为固定碳，不可燃成分为灰分。因焦炭的物理特性不同，煤又分为不焦结性煤（焦炭呈粉末状，燃烧层密实，通风不良，易从炉排下漏或随烟气进入大气，造成燃料不完全燃烧）、弱焦结性煤（焦炭呈松散状）、强焦结性煤（焦炭呈坚硬块状，在炉排上结成焦块，阻碍通风，不易烧透，排渣也困难）。灰分太大，煤不易燃烧，排渣与除尘量也大，造成受热面和引风机磨损，还污染环境；但灰分太少，炉排容易烧坏[8]。

6.5.2.2 液体燃料

液体燃料主要是石油冶炼产品，例如燃油（轻柴油、重油等）。

燃油的黏度反映燃油流动性的高低，影响燃油的运输和雾化质量。我国衡量油的黏度采用恩氏黏度，即在一定温度下，200mL 重油从恩氏黏度计中流出的时间与 20℃时同体积蒸馏水流出的时间的比值，用°E 表示。油的黏度在 30～80°E 时，才能保证油在罐中顺利输送。燃油按其黏度分为 20 号、60 号、100 号、200 号四种牌号。燃油的黏度与它的成分、温度、压力有关。燃油的平均分子量越大，其黏度越高；燃油的平均分子量越低，其黏度越低。燃油的黏度随温度的升高而降低，随温度的降低而升高。所以 100 号以上的燃油需要预热。

燃油的密度与其温度有关，以 20℃时的密度作为标准密度，它一般为 0.8～0.98t/m³。常用轻柴油的密度约为 0.8t/m³。

燃油的凝固点是指燃油丧失流动性开始凝固时的温度。取试样放在一定的试管中冷却，并将它倾斜 45°，若试管中的油面经过 1min 保持不变，这时的油温即为其凝固点。它根据易溶性分成不同的等级。易溶的燃油，在常温下黏稠度低；在燃烧前难溶的燃油要加热到 100～150℃才能达到足够的流动性。0 号柴油、100 号重油、200 号重油的凝固点分别为 0℃、25℃和 36℃。

将燃油加热，油面上油蒸气与空气的混合物与明火接触时发生短暂的闪光，一闪即灭，这时燃油的温度称为闪点。油面上的油气与空气的混合物遇明火能着火，连续燃烧时的最低温度称为油的燃点。一般油的燃点比它的闪点高 20～30℃，燃油的闪点为 80～130℃，油的加热温度必须低于油的闪点。

燃油的浑浊点是燃油刚开始产生浑浊时的温度。燃油的浑浊是由于析出能堵塞有关的固体状的成分引起的。轻柴油浑浊点一般在 3℃ 左右，在 −9℃ 时油泵就不能泵吸了，在 −12℃ 时就达到不可过滤的界限。

液体燃料主要由 C、H 元素组成，也含有少量的 S、O、N 等元素。燃油中含有极少量的水分和灰分。液化气主要由烃类化合物组成[8]。

6.5.2.3 气体燃料

气体燃料一般有天然气（来自地壳中的石油，主要成分为甲烷）、液化气（由丙烷和丁烷组成，产生于石油的冶炼）、人工煤气（对煤进行焦化时产生的）、水煤气（由水蒸气和炽热的焦炭产生）、城市煤气（由约 70% 的人工煤气和 30% 的水煤气等混合而成）。其中由于城市煤气在生产中污染大、耗能高，在经济发达的国家已经很少使用了，在我国也不再发展了。

一定量的燃气体积与当时的气体状态（压力和温度）有关。所以要得到燃气的准确数据，必须知道燃气的压力和温度，要考虑标准状态和运行状态。标准状态是指燃气温度为 0℃、气体绝对压力为 101.3kPa 时的状态。运行状态指燃气在使用点的状态，运行状态的温度通常在 0～20℃，运行的绝对压力由当地的大气压和燃气的计示压力得出。

气体燃料主要由 C、H 元素组成，含有少量的水分，几乎不含灰分。气体燃料中含有可燃和不可燃成分。天然气的主要成分是甲烷，城市煤气主要成分是烃类化合物、氢气、一氧化碳等[8]。

6.5.3 筑炉材料[8]

筑炉材料主要包括耐火材料、隔热材料及其他辅助材料。或者说筑炉材料主要有各种定型的耐火材料制品、隔热制品以及不定型的耐火材料制品、隔热制品，如耐火浇注料、可塑料、捣打料、填料、耐火砖、陶瓷纤维制品等。用于化学工业炉的耐火材料应具有足够的耐温性能和高温机械强度，且在高温下体积要稳定，并且具有良好的抗烟气冲刷的能力。化学工业炉的炉型多且复杂，炉衬材料的选择要特别注意应满足不同炉型、工艺特定的技术要求。为保证焚烧炉砌筑质量，所选用的材料性能指标应符合现行国家、行业标准规定或设计要求，具有良好的施工性能。

6.5.3.1 炉衬材料的基本要求

① 耐火度要求为适应高温操作，应具有足够的在高温下不软化、不熔融的性能。在实际使用中，由于要考虑高温机械强度，所以温度要比耐火度低。

② 荷重软化强度要求为承受焚烧炉载荷、热应力和时间的共同作用，不丧失结构强度、不发生软化变形和坍塌，其性能通常用制品的荷重软化开始温度来衡量。

③ 线膨胀率和加热永久线变化率要求在高温下或冷却到室温后的体积稳定，不致因膨胀和收缩使砌体变形或出现裂纹，通常用材料的线膨胀率和加热永久线变化率来衡量。

④ 热震稳定性要求当温度急变或受热不均匀时而不被崩裂破坏，要求制品具有一定的耐急冷/急热的性能。

⑤ 耐侵蚀能力要求对于液态熔液、气态及固态物质的化学作用，应具有一定的耐侵蚀能力。

⑥ 耐磨、抗冲刷要求应具有足够的高温强度和抗磨性能以承受高温火焰、烟尘及炉渣的冲刷。

⑦ 制品的外形尺寸要求为保证焚烧炉砌筑质量，制品的外形尺寸应符合有关标准或图纸规定。

总之，选用耐火、隔热材料时，应充分考虑到炉内最高操作温度、操作压力、炉内介质气氛、燃料化学成分、熔渣侵蚀与气流夹带物的冲刷、炉型结构及砌筑方法等因素，并应针对不同的工况选择不同的耐火、隔热材料。一般在化工生产中，生产具有连续性，要求工业炉窑能在较长期内连续运行，故在选用耐火、隔热材料时要有足够的安全系数。

6.5.3.2 常用的耐火制品的用途和使用温度

(1) 黏土质耐火砖

黏土质耐火砖广泛用于一般炉窑的耐火砌体、衬里材料、炉墙、炉底和烟道等。常用制品牌号为 N-1、N-2a、N-2b、N-3a、N-3b、N-4、N-5、N-6a，使用温度为 1250～1400℃。

(2) 高铝砖

高铝砖用于一般炉窑的耐高温、耐磨损区域或荷载较大区域的砌体、燃烧器砖以及有特殊要求的砌体，可用作大型竖式石灰窑内衬砖、燃烧室高温区的拱顶砖等。常用制品牌号为 LZ-75、LZ-65、LZ-55、LZ-48，使用温度为 1300～1450℃。

(3) 黏土质隔热耐火砖

黏土质隔热耐火砖可用于不受高温熔渣和侵蚀性气体侵蚀作用的炉窑内衬。常用牌号为 NG-1.5、NG-1.3a、NG-1.3b、NG-1.0、NG-0.9、NG-0.8、NG-0.7、NG-0.6、NG-0.5、NG-0.4，使用温度为 1150～1300℃。

(4) 高铝质隔热耐火砖

高铝质隔热耐火砖常用于使用温度低于 1200～1300℃ 的耐火、隔热衬里。常用牌号为 LG-1.0、LG-0.9、LG-0.8、LG-0.7、LG-0.6、LG-0.5、LG-0.4。

(5) 低硅刚玉砖

低硅刚玉砖用于高温炉衬衬里，特别是用于强还原性气氛、氢分压高、有高温水蒸气存在的大型合成氨装置中气化炉衬砖和二段转化炉衬砖等场合。使用温度在 1600～1670℃ 以下。

(6) 一般刚玉制品

一般刚玉制品可用于重油气化炉向火面衬里、含盐废水焚烧炉衬里的重要部位及在高温下工作的辐射式燃烧器的烧嘴砖等。

(7) 碳化硅耐火制品

碳化硅制品具有优异的耐酸性氧化物性能和耐磨性能，高温下强度高、热膨胀系数小、导热性强、抗热冲击性强、热震稳定性好。其缺点是耐碱性金属氧化物差，对碱性熔渣、金属侵蚀的抵抗性差。多用在工作条件极为苛刻且氧化性不显著的部位，常用作耐热耐磨衬里、电热元件及需要有很好的热震稳定性、导热性和抗还原性气氛的场合。使用温度为 1400～1600℃。

(8) 电石炉用自焙炭砖

电石炉用自焙炭砖用于砌筑大、中型电石炉炉底及熔池内衬。

(9) 高铬砖

高铬砖具有较好的抗煤熔渣的侵蚀性，在高温下及强还原性气氛下有优良的体积稳定性，高温强度好，具有抗高温高速气流冲刷的特点。高铬砖主要用于水煤浆加压气化炉内衬，并可用于油气化炉、粉煤气化炉等高温热工设备。

6.5.3.3 常用的隔热制品的用途和使用温度

（1）硅藻土隔热制品

硅藻土隔热制品主要用于炉窑的隔热层，常用牌号为 GG 0.7a、GG 0.76、GG 0.6、GG 0.5a、GG 0.56、GG 0.4，使用温度不大于 900℃。

（2）膨胀蛭石及膨胀蛭石制品

膨胀蛭石分为五类：1号、2号、3号、4号、5号。膨胀蛭石适用于使用温度不大于 900℃ 的部位作填充隔热材料。

膨胀蛭石制品按黏结剂的不同分为水泥膨胀蛭石制品、水玻璃膨胀蛭石制品、沥青膨胀蛭石制品。制品的外形分为板、砖、管壳、异形。水泥膨胀蛭石制品可用于使用温度不大于 800℃ 的隔热部位。

（3）膨胀珍珠岩及膨胀珍珠岩绝热制品

膨胀珍珠岩分为：70 号、100 号、150 号、200 号、250 号五个标号。膨胀珍珠岩用于使用温度不大于 800℃ 的部位作隔热材料及配制隔热制品、隔热耐火浇注料。

膨胀珍珠岩绝热制品分为四类：200 号、250 号、300 号、350 号。制品的形态为板、管壳。膨胀珍珠岩绝热制品用于使用温度不大于 900℃ 的隔热部位。

（4）岩棉及岩棉制品

岩棉制品分为棉、板、带、毡、缝毡、贴面毡、管壳。

岩棉制品具有体积密度小、热导率低、施工方便等优点，可用作隔音隔热材料，用于轻型炉墙、高温管道与设备隔热的场合。岩棉的使用温度不大于 650℃。

岩棉制品的使用温度由其体积密度决定。体积密度为 $80kg/m^3$ 的制品，使用温度应不大于 400℃；体积密度为 $100kg/m^3$、$120kg/m^3$、$150kg/m^3$、$160kg/m^3$、$200kg/m^3$ 的制品，使用温度应不大于 600℃。

岩棉毡用布或金属网作外覆材料的制品：岩棉玻璃布缝板，使用温度在 400℃ 以下；岩棉铁丝网缝板，使用温度宜在 600℃ 以下。

（5）矿渣棉及矿渣棉制品

矿渣棉制品分为棉、板、带、毡、缝毡、贴面毡和管壳。矿渣棉制品具有体积密度低、热导率小、吸湿性小的特点，可用于隔热材料。矿渣棉使用温度应不大于 650℃。

矿渣棉制品的使用温度由其体积密度决定。体积密度为 $80kg/m^3$ 的制品，使用温度不大于 400℃；体积密度为 $100kg/m^3$、$120kg/m^3$、$150kg/m^3$、$160kg/m^3$、$200kg/m^3$ 的制品，使用温度不大于 600℃。

（6）绝热用玻璃棉及其制品

绝热用玻璃棉分为 1 号、2 号、3 号三个种类。常用制品是指超细玻璃棉、无碱超细玻璃棉及高硅氧玻璃棉制品。其制品有棉、板、带、毯、毡、管壳。

玻璃棉及其制品具有体积密度特低、热导率很小的特点。绝热用玻璃棉及其制品用于使用温度为 300～400℃ 的隔热部位。

由于玻璃棉在加工、安装过程中对人的皮肤有刺激性，所以应慎重选用，并应以其他优良的隔热材料所代替。

（7）硅酸钙绝热制品

硅酸钙绝热制品具有体积小、强度高、热导率低、使用温度高、化学稳定性好、原料易得、施工方便且价格便宜等优点，用于在规定温度使用下的轻型炉墙、设备与管道及其附件需要隔热的部位。硅酸钙绝热制品在低于环境温度下使用时应采取特殊措施。

硅酸钙绝热制品按使用温度分为Ⅰ型（650℃）、Ⅱ型（1000℃）；按制品体积密度分为270号、240号、220号、170号、140号；按制品外形分为平板、弧形板、管壳。

（8）轻质氧化铝制品

轻质氧化铝制品用于高温炉窑的耐热、隔热衬里，特别是需要抗还原性气氛，受高温高压水蒸气侵蚀的衬里部位。一般可用于非向火面衬里。使用温度有1560℃、1700℃、1800℃三种。

6.5.3.4　耐火陶瓷纤维制品的用途和使用范围

（1）原棉

用于湿法成形或生产其他形式纤维制品（如毯、毡、板、纸真空浇注成形、分层制品等）的散状纤维原料。

在不同的高温场合下作为填充料和背衬材料，如膨胀缝、密封材料等。

（2）纤维毯

在不同的高温场合下作为填充料和背衬材料，作为炉内耐火或隔热衬里，如经预压缩制成折叠块、各种耐火炉衬的贴面等。

（3）纤维毡

作为隔热材料，可作为复合炉衬的背衬材料，湿毡可作为炉衬缝隙的填充料和局部修复。

（4）纤维纸

隔热耐火材料，高温密封衬垫和电绝缘材料。

（5）纤维绳

在不同的高温场合下作为填充料，如膨胀缝、高温密封材料、高温捆绑材料。

（6）纤维布

隔热和绝热材料；高温挠性密封结构材料或密封衬垫；作为耐高温包扎材料。

（7）纤维板

作为炉衬材料，可制成看火孔砖、搁砖和管套等。

（8）纤维浇注料

作为炉内衬里材料，可浇注成看火孔砖及炉衬的耐火层或隔热层的整体浇注、炉衬局部修复、炉门或看火门的耐火隔热材料等，可适用于气流冲刷较高的部位。

（9）纤维喷涂料

目前多作为炉衬的隔热层，在气流冲刷较小的部位可作为迎火面耐火衬里材料使用。

（10）纤维可塑料

用于非火焰冲刷部位的炉窑的捣打内衬和炉窑内衬的局部修补。

6.5.3.5　常用不定形耐火、隔热材料的用途和使用温度

（1）致密不定形耐火材料

致密不定形耐火材料主要用于工业炉向火面内衬、吊挂预制件、特殊形状的砌体以及需要特殊要求衬里的场合。

1）黏土质和高铝质致密耐火浇注料　根据使用结合剂性质的不同，黏土质和高铝质致密耐火浇注料分为五类，即黏土结合耐火浇注料、水泥结合耐火浇注料、低水泥结合耐火浇

注料、磷酸盐结合耐火浇注料、水玻璃结合耐火浇注料。

2）钢纤维增强耐火浇注料　钢纤维增强耐火浇注料是在耐火浇注料中掺入短而细的耐热钢丝，具有较好的热稳定性和抗机械冲击、抗磨损、抗机械振动等特性，其使用寿命比不掺入耐热钢纤维的同类浇注料提高 2～5 倍。目前，国产钢纤维用含 Cr15%～25%、Ni9%～35%的耐热钢制作，掺入量为 2%～8%（质量比），国外采用的最大值为 18%，钢纤维长度 L 与其平均有效直径 d 之比多在 50～70 范围内。此值大，增强效果好，但比值过大，纤维易打捆。钢纤维直径 d 在 0.4～0.5mm 范围内。因此，钢纤维增强耐火浇注料的使用温度取决于加入的钢纤维的熔融和氧化温度，而不取决于耐火浇注料本身的使用温度，一般使用温度为 1000～1200℃，用于加热炉、催化裂化炉等炉窑的关键部位。

钢纤维增强耐火浇注料的体积密度由所采用的耐火浇注料所具有的体积密度及钢纤维外加质量决定。品种有普通类和高强类等四种，型号分别为 FA、FC、FHA、FHC。

3）纯铝酸钙水泥耐火浇注料　纯铝酸钙水泥耐火浇注料具有荷重软化温度高、高温强度大、抗渣性好、化学稳定性好、抗还原性气体能力强及速凝等特点。

纯铝酸钙水泥耐火浇注料由纯铝酸钙水泥、烧结氧化铝粉、刚玉骨料和水组成，它的使用温度不大于 1650℃，常用于二段转化炉的耐火衬里、重油气化炉衬里及工业炉窑的特殊部位等，也可作为预制块使用。

4）耐热耐磨浇注料　耐热耐磨浇注料具有致密、高强、耐高温、抗介质高速气流冲刷、磨蚀的特点。常用于炉窑中需耐高温、抗磨损、抗冲刷的特殊部位。使用温度不能大于 1250℃。

5）耐火可塑料　黏土质和高铝质耐火可塑料与水泥耐火浇注料相比，具有可塑性好、中温强度不下降、高温强度高、热震稳定性好和抗剥落性强等特点。缺点是常温强度极低、施工效率低、劳动强度大。常用作炉窑的捣打内衬和炉窑内衬的局部修补。使用温度为 1300～1600℃。

（2）隔热不定形耐火材料

化学工业炉常用隔热不定形耐火材料包括硅酸盐水泥隔热浇注料、铝酸盐水泥隔热浇注料、纯铝酸钙水泥隔热浇注料。

隔热不定形耐火材料主要用作工业炉窑特殊形状内衬的隔热、隔热耐热层或低中温的直接向火面的砌体。如硅酸盐水泥隔热浇注料，一般用于使用温度不大于 900℃ 的对流段低温区、烟道衬里及吊顶、烟囱内衬；纯铝酸钙水泥隔热浇注料常用于 1400℃ 以下，作为炉窑的隔热层、二段转化炉的隔热衬里层和一般转化炉集气管内衬等；氧化铝空心球耐火浇注料常用于 1700℃ 以下，如水煤浆加压气化炉炉顶部位的隔热、耐火衬里层等；而铝酸盐水泥隔热浇注料则常常用在 850～1300℃ 的隔热耐热部位。

（3）耐火陶瓷纤维不定形材料

1）耐火陶瓷纤维浇注料　耐火陶瓷纤维浇注料具有热导率小、热容小、质量轻、体积稳定性好、炉衬整体性好、耐气流冲刷、易于施工等特点。采用浇注法或涂抹法施工。在现场可根据使用部位的形状浇注施工，经自然养护后即可使用。

耐火陶瓷纤维浇注料用于炉窑耐火砖背衬隔热层、热风管道内衬、看火孔、炉衬耐火层或隔热层的整体浇注及炉门，或看火孔的耐火隔热材料、炉衬工作层表面浇注与涂抹、炉衬局部修复等。

2）耐火陶瓷纤维喷涂料　耐火陶瓷纤维喷涂料具有热导率小、热容小、质量轻、体积稳定性好、炉衬整体性好、耐气流冲刷、易于施工等特点。采用专用喷涂装置将喷涂料直接喷涂于使用表面。适用于定形制品难以施工的部位。喷涂层经自然养护后即可使用。常用作炉窑耐火砖背衬隔热层、热风管道内衬、炉衬整体喷涂、炉衬工作层表面喷涂及炉衬局部修补。

3）耐火陶瓷纤维可塑料　耐火陶瓷纤维可塑料除具有一般耐火陶瓷纤维不定形材料的特点外，还有无污染、施工工艺简单、强度较喷涂料有较大提高、配合比稳定且可进行施工前预控等特点。相对而言，耐火陶瓷纤维可塑料施工时的劳动强度大、工期较长。耐火陶瓷纤维可塑料可在使用部位以捣固或捣打的方法进行施工。

耐火陶瓷纤维可塑料常用作炉窑耐火砖背衬隔热层、烟囱衬里、弯头箱衬里、附墙烧嘴附近，也常用于炉窑的耐高温部位，但不能用于火焰直接冲刷到的炉衬向火面部位。

6.5.4　烟囱和烟道

烟气产生的温度一般为 $550\sim820℃$。由于废水中含有一定量的氯化物（尤其是沿海地区的废水），而污泥中又含有少量的硫，所以烟气中除含有颗粒物外，也含有少量氯化物和硫氧化物。

烟气中盐酸的露点低于150℃，硫酸的实际凝结温度取决于气流中二氧化硫和三氧化硫的相对含量，通常低于150℃，所以烟气酸腐蚀的临界温度一般低于150℃（见图6-13），从图6-13中还可以看出，温度低于60℃或介于150～360℃时，烟气的酸腐蚀速率都较小。

烟道系统必须能耐高温、颗粒物侵蚀和酸腐蚀。

烟道一般由耐火砖、隔热砖和不锈钢烟道三层组成，设计烟道时，必须现根据烟道的热传递资料和各层的温度要求计算出各层的厚度。图6-14所示为烟道的热传递示意图，由于不锈钢的传热系数高达 $1000\text{kcal}/(\text{m}^2\cdot\text{h}\cdot℃)$，其内外温差小于0.5℃，所以图中忽略其温度的变化。

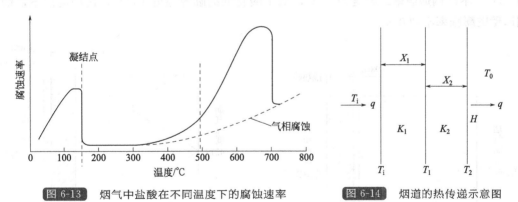

图 6-13　烟气中盐酸在不同温度下的腐蚀速率　　图 6-14　烟道的热传递示意图

图中的热传递满足以下三个等式：

$$q=\frac{K_1}{X_1}(T_i-T_1) \tag{6-23}$$

$$q=\frac{K_2}{X_2}(T_1-T_2) \tag{6-24}$$

$$q=H(T_2-T_0) \tag{6-25}$$

式中，q 为单位面积烟道所传递的热量；K_1、K_2 分别为耐火砖、隔热砖的传热系数；

X_1、X_2 分别为耐火砖、隔热砖层的厚度；T_i、T_1、T_2、T_0 分别为烟气与耐火砖界面、耐火砖与隔热砖界面、隔热砖与大气界面和大气环境温度；H 为辐射和对流综合传热系数。

由以上三个等式可得出：

$$T_1 = T_2 + \frac{X_2}{K_2} H(T_2 - T_0) \tag{6-26}$$

$$q = \frac{T_i - T_0}{\dfrac{X_1}{K_1} + \dfrac{X_2}{K_2} + \dfrac{1}{H}} \tag{6-27}$$

$$T_2 = T_0 + \frac{q}{H} \tag{6-28}$$

烟道系统有热壁和冷壁两种类型，其中热壁是将与不锈钢烟道接触的烟气温度控制在 150～360℃ 范围内，冷壁是将与不锈钢烟道接触的烟气温度控制在 60℃ 左右[4]。

6.5.4.1 热壁

如图 6-15 所示为热壁烟道设计，烟道壁被夹在耐火砖和隔热砖之间。

如已知烟气排出温度 T_i 为 427℃，环境温度 T_0 为 27℃，耐火砖的厚度 X_1 和传热系数 K_1 分别为 22.86cm 和 12.2kcal/(m²·h·℃)，隔热砖厚度 X_2 和传热系数 K_2 分别为 5.08cm 和 5.2kcal/(m²·h·℃)，辐射和对流综合传热系数为 366kcal/(m²·h·℃)。由此可计算出：$T_1 = 187$℃；$T_2 = 62$℃。耐火砖的平均温度为 307℃，隔热砖的平均温度为 124℃，不锈钢烟道温度为 187℃，所以不锈钢烟道不存在酸腐蚀问题[4]。

6.5.4.2 冷壁

如图 6-16 所示为冷壁烟道设计，冷壁的绝热材料在烟道壁内，当已知条件与热壁相同时，可计算得出：$T_1 = 63$℃、$T_2 = 63$℃。耐火砖的平均温度为 245℃，隔热砖的平均温度为 63℃。不锈钢烟道壁的温度为 63℃，低于酸腐蚀的临界温度 150℃。这种情况下，钢制烟道壁的膨胀率不到 0.6%。

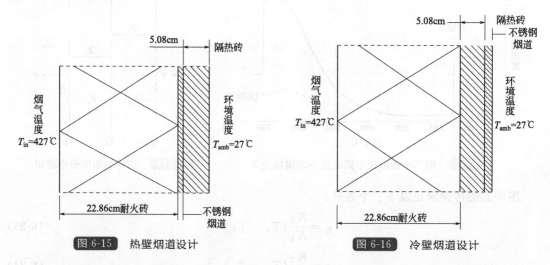

图 6-15　热壁烟道设计　　　　图 6-16　冷壁烟道设计

采用冷壁设计时，为热膨胀预留的空间较小，可节省基建费用，但耐热材料易损坏。

一般情况下，烟道的外部温度必须控制在 70℃ 以下，在有人员活动的地方最高温度为 50℃。

与烟气直接接触的耐火材料，应为耐火砖或者其他能够耐含颗粒物烟气腐蚀的高密度材料。烟道中烟气最高流速应控制在15.24m/s以下，以减少烟道耐热材料的侵蚀和腐蚀。

烟囱应内衬高密度可更换的耐热材料。高密度内衬耐热材料的碳钢能使烟气渗透至烟囱壁的泄漏量最小，可避免更换烟囱壁或使用特殊耐酸材料。

烟道调节阀一般是蝴蝶状或是单百叶式。百叶式调节阀的材质应采用耐热合金材料[4]。

6.5.5 飞灰排放[4]

在流化床焚烧炉和小型旋风焚烧炉中，飞灰随烟气排出焚烧炉；在电炉和旋风炉中，飞灰连续排放；在多膛炉中，飞灰间歇排放。

飞灰的排放形式可分为湿排和干排两种。

6.5.5.1 湿灰排放

洗涤器的出水排入灰浆池，水流入或从池侧壁（或底部）的喷嘴喷出形成湍流，以防止湿灰聚集、结块并沉积在池底。保持灰浆中飞灰的质量分数小于2%，使其泵入贮存池中并至少停留6h，在这段时间内，95%以上的飞灰沉积到池底，溢流的水可返回至污水处理厂。

飞灰排放至少需要两个池子，一个用于泥浆的排放，另一个用于飞灰的干燥。

灰浆流速要大于3.048m/s，以防止输灰管道的堵塞。灰浆流有很大的侵蚀作用，管道应为铬合金的，并带有强化的L形弯管和Y字形接头配件，而不应用直式铁管。

6.5.5.2 干灰排放

飞灰被排入一个有空气闸的漏斗中。当闸门打开时，飞灰掉落到一个密封室中。飞灰通过气流输送到达最后的处理场所。

干灰在装车前，一般需要用水润湿以减少灰尘飞扬。

以上排灰方法可以有一些改进。飞灰可以收集起来用泵抽吸，也可以不用抽吸泵而用喷射泵。喷射泵没有活动部件因而不存在泵叶轮的损耗问题，但它需要大量的水，通常还要用到研磨机，特别是用石灰和聚合物调理污泥时，需使飞灰粒径变得更均匀并除去渣块和灰球。

6.5.6 供水

通常，污水处理厂的焚烧系统不会缺少工艺水。最后出水量可达到出水泵的限值。二级出水通常适合选用出口带小孔的水泵，如直径为0.159cm的喷嘴等，此时，尽管出水通常不含什么杂质而且浊度都比较低，但还是应该使用滤网。初级出水水质一般都较差，含有杂质和较多悬浮固体，而且有很重的气味，浊度也较高，这时应该使用粗滤网和细滤网，初级出水水泵出口的直径应小于0.635cm，而无小孔[4]。

6.5.7 空气传送装置[4]

污泥焚烧需要对空气和烟气进行控制。以下介绍几种常用的气流输送设备。

1）助燃空气鼓风机　这类鼓风机主要用来提供初级助燃空气和辅助燃料枪的原子化。

2）轴式冷却空气鼓风机　冷却空气被用来保护多膛焚烧炉的中心轴。轴式冷却空气鼓风机是一种标准离心扇，可提供9.9632～14.9448kPa的压力。

3）抽风机　一般是具有大容量、高压力的径向风扇。根据空气污染控制系统的类型，它能产生超过124.54kPa的吸力，能在32～82℃下处理烟气中的水分。特别需要注意的是它需要防腐蚀保护。

4）流化空气鼓风机　流化床焚烧炉的运行需要一个高压、多级的单元。风扇的调气阀有进口处的进口叶片和出口处的百叶窗两种类型。叶片式进口调气阀效率更高，但更难控制。风扇位置稍有变化会引起极大的气流改变，叶片不会维持原来的状态，会发生偏离。而百叶窗式调气阀更稳定，能准确控制气流。

功率超过 18639W 的大型风扇需要特别考虑它的底座，它需要单独的惯性基座、带弹簧基座或两者皆有的组合基座；超过 223668W 时使用润滑型（球形、锥形、滚轴形）轴承即可，不需要外部冷却。更大的风扇则一般采用套管式轴承。任何超过 223668W 的风扇的轴承系统都需要不间断的提供冷却水。

6.5.8　备用设备

某些子系统在配备时应考虑备用设备。例如燃烧器设计为可以燃油或天然气的二元燃料燃烧器；配备两个空气压缩机，其中一个备用；配备三个空气压缩机，其中一个备用。通常应至少建造两个污泥脱水池，一个运行一个备用[4]。

6.5.9　其他系统[4]

1）空气压缩机　焚烧厂自动阀门开启器、减震器和许多仪表都要求配备压缩空气。空气压缩系统主要用来输送不含水分的干空气。

2）密封水　灰泵和其他处理泥浆或水质差的水的装置都需要利用密封水。密封水在泵密封管中的压力要高于泵输送液体的压力，因而密封水可能渗漏进泵中，而泵中的液体不可能渗漏出来。密封水通常以饮用水的形式被贮存在密封水罐里。电延迟和事件延迟确保了密封水泵在水密封前将箱内水排空。

3）控制室　当一个工厂有两个或更多个焚烧炉时，必须设置一个燃烧器操作的中心控制室。

4）预热　流化床焚烧炉通常需要空气预热。空气加热器呈管状，冷空气通过管壳，同时热气流通过管内。管壳中设有折流板，以确保气体形成强烈的湍流，从而提高冷热气流的交换效率。

6.6　污泥焚烧炉节能技术[8]

6.6.1　主要节能措施

焚烧炉的节能是降低燃料消耗、提高热能利用，即提高焚烧炉的热效率。因此焚烧炉的节能措施也就是提高焚烧炉热效率的措施，其主要措施如下。

6.6.1.1　回收烟气余热，降低排烟温度

排烟热损失是最主要的一项热损失，所以充分利用烟气热量，降低排烟温度，是最有效的节能措施。这也是提高焚烧炉热效率效果最显著的方法。具体的措施有以下几种。

1）设置余热回收设备即增加传热面积，使得烟气中的余热尽可能地回收，以达到降低烟气温度提高热效率的目的，应首先用来加热系统自身的工艺物料，当尚有多余热量再用作加热燃烧空气或加热水以产生蒸汽或加热锅炉给水等。增加传热面积，设置余热回收设备提

高热效率时，应注意以下几个问题。

① 设备投资费用随热效率的提高而增加，为此应做到先进性与合理性的统一。正因为如此，在焚烧炉热效率一节中提出了不同热负荷的热效率推荐值。对于过高的热效率要求，必然要较大地提高设备的投资费，如果增加的投资可以从节能所获得的效益中予以回收，那么是可以考虑的，否则就不应该再无限制的要求提高热效率。通常要求 3 年中的节能效益应与增加设备的投资费相抵，所以设计者应对设备造价，燃料热能及运行费用做经济比较后才能决定热效率究竟还能提高多少为合理。

② 增加传热面积、降低烟气温度时尚需注意系统的压力降，这对原考虑采用自然抽风的焚烧炉尤为重要。因为系统阻力若靠一定高度的烟囱来克服，过高的阻力会使烟囱太高而难以设计。否则要采用引风机，这不仅要增加设备，消耗电能，而且对风机安装位置亦需考虑。有时装在焚烧炉上部有困难，且对焚烧炉钢结构要求较高；而装在地面则要将烟道引至炉底，需再设一定高度烟囱将烟气排出。再者采用风机对负压的调控及风杯长期安全使用都有高要求。所以对原可以自然通风的焚烧炉改至强制通风时应需谨慎考虑，应该先进行经济比较后再做出决定。

③ 增设传热面积、降低烟气温度的时候，还需注意勿因温度降得太低而使传热面末端产生烟气低温露点腐蚀问题，这对燃料中含有较高硫元素时更需予以重视。烟气低温硫酸腐蚀不仅对增设的吸热设备产生腐蚀，而且还对焚烧炉壳板、烟道、烟囱及风机均产生腐蚀，这将影响焚烧炉使用寿命，导致焚烧炉操作周期缩短而能力降低，增加维修费用。对此设计者必须认真对待，而不能一味追求高热效率而得不偿失。

2）保持传热面的清洁，及时除去传热面上的污垢也是一种间接降低排烟温度提高热效率的方法。如果传热面被严重污染，不及时除去积垢则传热系数会急剧下降，使得传热面吸收热量减少，排烟温度上升，热效率下降。如要维持原有工艺条件势必要多耗燃料，即提高单位产量的消耗。所以清除传热面积灰是节能的一种方法。防止、减少传热面积灰或清除传热面积灰的方法有以下几种。

① 采用蒸汽吹灰器，这是常用的传统方法。利用蒸汽的冲击力定时吹扫传热面表面，以保持传热面的清洁。根据吹灰器安装位置所处温度情况设置可伸缩式吹灰器或固定旋转式吹灰器。目前大多数焚烧炉采用固定旋转式吹灰器。固定旋转式吹灰器在烟气温度小于900℃的场合采用，超过该温度应采用伸缩式吹灰器。吹灰器设置要求如下。a. 吹灰器应装设在焚烧炉对流室的侧墙上，与管长方向垂直；也可设置在端墙上，并与管长方向平行。b. 沿水平方向，在每两块管板之间至少应装设一台吹灰器，每台吹灰器吹扫管子的最大长度不大于 2m。c. 吹灰器宜水平安装。d. 吹灰器的吹灰区域内，不得采用无保护层的耐火纤维制品。e. 伸缩式吹灰器穿过炉墙的部位，应设置不锈钢衬管。f. 吹灰器的轴线应与烟气流向垂直。g. 吹灰管应装设在管束中间，且应使吹灰器内喷出的气流从管子中间通过，不得正对受热面管子的中心。h. 为防止冲刷炉管，吹灰管外径与被吹炉管外表面间的最小距离应不小于 130mm。i. 沿管排上下吹灰器设置数量：一般 76mm 以下炉管，在顺烟气方向上的翅片管或钉头管，考虑可清扫 6 排管子；在逆烟气流动方向上清扫 4 排管子。即两排吹灰器间可有 10 排炉管。但对炉管尺寸较大的（大于 101mm 管）宜减少炉管排数，以 6～8 排为好，以保证较好的吹灰效果；j. 吹灰器的蒸汽集管应倾斜布置以防冷凝水积聚，且在下部位置设置疏水器。k. 吹灰器的蒸汽入口支管应有一定挠性，以免管子热膨胀而使吹灰器蒸汽入口受力。

② 采用声波吹灰器，这是近年开发的新型吹灰技术。它利用特殊高声强波（频率达140dB的声波）使传热面上的附灰产生振动，破坏灰粒间及灰粒与传热面间结合力，使灰粒剥落呈悬浮状态而随气流被带走。该声波吹灰器结构简单，不像蒸汽吹灰器那样需机械传动装置而维修工作量大，现已推广应用。

③ 采用钢球除灰即喷丸清垢技术，这是用大量的 $\phi 3 \sim 6mm$ 的小钢丸定期经分配器打击传热面表面以达到清除灰垢的目的。该方法因设备设施复杂，技术要求高而未被广泛采用。

④ 采用化学清灰剂，它是一种以硝酸盐和铵盐为主的粉末药剂。将其投入炉中在高温下分解，由它产生的碱金属阳离子附在烟灰微粒表面，发生催化作用使烟灰中炭粒和油垢完全燃烧，清灰剂还起到降低灰垢翻性的作用，使之成为松散干裂易剥落的浮灰，而便于清除。化学清灰剂一般是 10t 燃料（煤）用 1kg 药剂，在 $1 \sim 2min$ 内喷入炉膛，结垢严重时加倍。中小型焚烧炉两天喷一次即可。每隔几周用压缩空气吹扫传热面。该法国外应用较多，国内有部分锅炉应用。

3）焚烧炉传热面烟气通道上设置防止烟气短路的结构（例如对流段炉壁上的凸缘结构或挡气流管等），避免部分高温烟气没被充分利用而窜至焚烧炉出口处，使得排烟温度有所提高而降低焚烧炉热效率。

4）将多台小型加热炉的烟气汇集起来集中利用其烟气的余热，即可以设置换热设备回收分散的烟气余热，以提高整个炉区的热量利用率。

5）将排出的烟气循环送入炉内以利用烟气的余热，某些加热炉需采用较低温度的烟气对传热面进行加热时，利用循环烟气代替冷空气冲淡风可以明显降低燃烧室的燃料用量。

6.6.1.2 减少炉壁散热损失

从热效率公式中清楚地看到，减少散热损失即可提高焚烧炉热效率、减少炉壁散热损失，是工业中的节能措施之一。为此设计者应尽可能地设计较低的炉壁温度，而降低炉壁温度就要求炉衬有良好的隔热效果。这就需要用隔热性好的耐火隔热材料，较厚的衬里厚度。增加衬里厚度及优良的衬里材料会增加衬里材料的费用，由此提高了焚烧炉的造价。所以过高要求降低炉壁温度并不合适，这不仅仅提高炉衬的投资而且会使炉衬质量增加而导致焚烧炉钢结构荷重及基础荷重的增加，这又将增加焚烧炉钢结构的费用。另外，由于焚烧炉内部温度要远高于一般设备和管道的温度，为此焚烧炉的炉壳表面温度不像设备或管道保温层外表的温度那么低。对于一般加热炉比较适当的炉壁温度已在焚烧炉设计规定中进行了说明：在无风、环境温度为 27℃（80℉）的条件下，辐射段、对流段和热烟风管道的外壁温度应不超过 80℃，辐射段底部的外壁温度应不超过 90℃。按此规定计算出炉衬的厚度，限制了焚烧炉的散热损失量。对已运行的焚烧炉若外壁温度较高应以此要求作炉衬改造，达到降低壁温，减少散热损失的目的。降低壁温，减少散热损失的具体措施如下。

① 采用隔热性能好的新型耐火隔热材料。当前耐火纤维材料是焚烧炉的优选材料，只要能够采用该材料的则尽量选用。目前耐火纤维的新品种不断开发，对焚烧炉的适应性更加广泛。该材料的优点突出，对焚烧炉的节能贡献巨大。

② 采用合理的炉衬设计结构；提高炉衬的施工质量；重视对炉衬的及时修补。

③ 工艺上采用大型单台炉或二合一炉，以减少炉壁的表面积，减少炉壁表面散热损失。

少数特殊的焚烧炉，采用高硫含量的燃料，为了防止烟气窜至炉壳处温度降至露点以下而使炉壳金属材料腐蚀，设计时应提高炉壁温度使该处壁温高于露点温度。这时可在炉壳外再包一隔热层，既隔热防烫又使接触烟气的炉壳壁温在露点温度以上。

6.6.1.3　减少空气过剩量

控制燃烧空气量即控制空气过剩系数，是节约焚烧炉能源的又一措施。在保证燃料完全燃烧的前提下，减少空气过剩量是提高焚烧炉热效率最经济最简便的方法。在设计及操作上均要设法控制进入炉内的空气量，通过焚烧炉烟道（烟囱）上的挡板开度来控制焚烧炉的负压值，从而控制进入炉内的风量。故设计上要设置烟气氧含量分析仪，由此来调控烟道挡板开度，即调控焚烧炉的负压值。当焚烧炉运行中负荷发生变化，即燃料量发生变化时空气量的调节尤为重要。这不仅是为了保证燃料完全燃烧所必需的，而且也是减少多余空气量，提高焚烧炉热效率所必需的。

关于控制空气过剩量对热效率的影响以往不易被人们所重视，因为它不像增加传热面、降低排烟温度及降低炉壁温度那样直观地反映出对热效率的影响。其实，空气过剩系数的大小对焚烧炉热效率影响还是很大的。如果焚烧炉的进风量失控（焚烧炉上没设置氧含量分析仪及不注意调节炉内负压），导致大量冷风进入炉膛时，因空气过剩系数的增加，焚烧炉热损失（排烟走的热损失）是相当大的，由此直接影响焚烧炉的热效率。例如排烟温度为300℃时，以空气过剩系数 $\alpha=1.1$ 与 $\alpha=1.6$ 相比较，热效率要从83％降至78％。由上可见当空气过剩量控制不好时会大大降低焚烧炉的热效率，这就白白损失了能耗。虽然增加氧分析仪及烟气的调节装置要花些费用，但可以控制适当的空气过剩量，特别是对大型焚烧炉，每提高1％的热效率都很不容易，其经济效益是很高的，不应该使多余空气量随便进入焚烧炉，导致热效率轻而易举地损失掉几个百分点。控制、减少空气过剩系数的方法如下。

① 采用低空气过剩系数的高效率燃烧器是降低空气量的主要途径。燃烧器配风结构的好坏是保证空气与燃料充分接触，达到完全燃烧的必要条件。这对燃烧器的供应商应提出较高的要求。而且为降低燃烧产物中氮氧化物的含量也需要降低过剩空气量，故在设计选型时需充分考虑这个因素。

② 焚烧炉负压需加以控制，通过烟囱的挡板或引风机前调节挡板保持炉内适当的负压。焚烧炉不应有过高的负压，以免焚烧炉的门孔及间隙处漏入过多的冷风。

③ 炉体结构设计密封性好，减少或防止炉体的某些结构处的间隙过大而漏入过多的冷风，例如炉管穿过炉体处的密封、焚烧炉部件间的连接、焚烧炉炉壳不连续焊缝、炉门缝隙等。

④ 自控上采用氧含量自动分析仪，以此来调控焚烧炉负压，从而调控进风量，这是减少过剩空气最有效的方法。有条件的可采用燃料空气自动比例调节，使之维持合理的空气过剩量，从而做到燃料既完全燃烧又使排烟散热损失最小。

6.6.1.4　减少不完全燃烧损失

减少不完全燃烧损失也是提高焚烧炉热效率的有效措施。采用高效、燃烧完全的燃烧器或燃烧装置不仅减少了空气过剩量，而且减少了不完全燃烧热损失。对于某些组分较重的燃料油，如果燃烧器雾化效果不好，喷出的液滴直径较大，难以迅速完全燃烧时，来不及燃烧的油滴会产生热解和裂化，形成石油焦，在炉内出现冒黑烟现象。不仅污染环境造成危害，而且会结在传热面上，造成较高热阻，减少传热量，导致烟气温度上升，热效率下降。在燃料不完全燃烧情况下要完成既定的发热量必然要多消耗燃料。

对于燃煤装置如炉排，漏失煤量多或将未燃完的煤当作煤渣过早排出炉外，也使得不完全燃烧损失加大，增加了能耗。

对燃用劣质燃料油，为减少不完全燃烧损失，可以采用重油掺水的燃烧技术。通过油掺水（掺水量 10%～25%），获得乳化油，使油的燃烧更加完全，从而可以节约燃料用量，达到节能的目的。油掺水技术需要用乳化器将油水混合物乳化成细小的油包水型的乳化油，该乳化油滴在炉内高温下会使油中的水珠蒸发，将油爆裂形成更细的油滴，即相当于二次雾化。这可使油雾与空气混合得更好，燃烧也更完全，从而减少了不完全燃烧损失，达到节能的效果。采用乳化油燃烧技术可明显减少燃烧产物中的烟尘量，故不仅节约了能耗，还改善了环境。

6.6.2　余热回收技术

充分利用焚烧炉的排烟余热是节约能源最主要的手段。节能技术的主攻方向与目标是增加传热面，充分吸收烟气热量，使排烟温度尽可能降低。

6.6.2.1　翅片管、钉头管的应用

增加传热面最简便有效的方式是增加焚烧炉的对流传热面积，以此来多吸收烟气热量降低排烟温度。采用翅片管和钉头管的方式能使传热面增加很多倍，它与增加光管数量相比投资小，所占空间少。由于环形翅片比钉头的表面积大，传热系数高，且在烟气流向上投影面积小、阻力不大，故它被优先推荐采用。以往考虑翅片管比钉头管易积灰，故对燃用重质燃料油积灰较严重的场合多采用钉头管。但事实上在钉头管的"小桥"区也是要积灰的，总体上虽然清除积灰比翅片管容易，但并不比宽间距翅片管容易。故国外在化学焚烧炉中多数采用环形翅片管，当使用燃料油时为了清灰容易，采用了片距较大的翅片管。只要所设置的吹灰器能正常工作，翅片管是可以用在燃油加热炉上的。

加热炉中翅片管的翅片厚度通常为 1.2～2.5mm，以 1.3～1.5mm 为常用。对于腐蚀性较严重的情况才用 2～2.5mm 厚的翅片。翅片高度为 10～25mm，国外较多使用 13mm、16mm 及 19mm（相当于英制 1/2in、5/8in 及 3/4in）。设计时应优先考虑尺寸较高的翅片，以求较大的扩展表面积。但需计算翅尖的偏度，当翅尖温度超过材料允许温度致使要采用高一档材料时，则适当降低翅片高度，以使翅片管的造价不要太高。翅片的间距为 5～15mm，这将视应用燃料情况而定。燃用干净的气体燃料时采用窄的间距；用油及含灰量较高的燃料及固体燃料要用较大的间距。国外较多的有 118 片/m、158 片/m、198 片/m（相当于片间距 8.47mm、6.33mm、5mm）。

翅片管的翅片材料应由其温度条件加以选取，由于翅片的尖端温度最高，故以该处的计算温度为依据。温度小于等于 450℃时采用碳钢；450～620℃采用含铬 11%～13% 的铬钢，对国内材料可取 0Cr13（以往有关规范所提 1Cr13 硬度偏高，应改为 0Cr13 或 00Cr12 为好）；620～800℃采用 Cr18Ni8 不锈钢。

对于管内物料温度较低，使管壁产生结露趋向时，为防止烟灰黏附于管壁而不易清灰，不宜采用扩大表面积的方法。因此有的对流段最末几排用光管，而不用翅片管。

纵向翅片用于烟气与炉管中心线平行流动的场合，该纵向翅片增加的面积显然要比螺旋翅片小，它用于少量的小型加热炉上，应用场合并不多，故在此不作介绍。

对于螺旋环状翅片管的翅片形式有整体式和切缝式两种。原则上对翅片高度的要求不太高，可以方便缠绕于炉管上的情况，应采用整体式的翅片，而不用切缝式的所谓齿形翅片。因为整体式翅片强度好，传热面积大（它不会因开缝缠制后少掉一块面积）。切缝式适用于翅片高度过高，对缠绕加工有困难的场合。有资料显示，在推广齿形翅片时因翅片有缺口，烟气在此发生搅流从而提高传热系数，但这一点效益将被面积的缺损所抵消，且开齿后烟气

流动阻力相对要大些，再者齿片强度、刚度均不如整体翅片好。所以除非翅片太高不便于整体缠制才采用切缝式，否则设计者一般都应采用整体不切缝的翅片。

对于翅片高度过高及翅片间距过小，无法采用高频焊的场合，可以采用钎焊翅片管；对于一些特殊材料钢种高频焊质量难以保证时，采用钎焊可以保证焊着率和焊接强度。

钉头管应用于燃料质量较差的场合，在炼油厂用的较多。常用的钉头规格为直径 $\phi 12 \sim 25mm$，高度 $25 \sim 38mm$，钉头间距不小于 $16mm$。钉头管材料的选取，与翅片管材料的选取原则相同。

为了提高钉头管的传热效果，有开发应用椭圆形钉头、滴状钉头等。有关技术应用可参阅专门的资料。

6.6.2.2 余热锅炉的应用

一般来说，若要回收被加热物料热量和回收焚烧炉系统烟气余热，设置余热锅炉来生产高、中、低不同等级的蒸汽以供利用则是目前最常用的方法。

（1）利用工艺物料热量的余热锅炉

由于工艺生产流程的不同及其自身的特殊性，故大多是根据工艺的特点开发与之相适应的余热锅炉，甚至锅炉名称也由其工艺流程中的作用不同而不同。例如，乙烯生产装置中的裂解气余热锅炉称为"急冷换热器"，或少数有按英文缩写 T. L. E. 直译为"输送管线换热器"；在合成氨装置中称为第一废热锅炉、第二废热锅炉等。这些余热锅炉往往是随着工艺装置的技术进步，其结构型式也相应与之适应，开发出新型更新换代产品。例如，乙烯工业中裂解气急冷换热器较早应用的螺旋盘管式三菱急冷换热器已被淘汰，目前较常应用的德国 Schmidt 型双套管椭圆集流板急冷换热器，是为适应近年来双程炉管构型需要较多的炉管组，在换热器入口处由单根进口管改为多根（2 根或 4 根），开发商根据进气室形状称之为"浴缸式"急冷换热器；德国 Borsig 公司多年采用列管式急冷换热器之后，也为适应多炉管组所需而开发了成排的"线性"单套管式急冷换热器等。由于这些设备结构有一定的特殊性，针对某一特定的应用场合，设备制造商往往是与工艺技术开发商共同研制的，且大多是申请了专利的。因此外商提供的工艺技术往往将该余热锅炉作为特殊专利设备加以选定。正因为这样，这种利用工艺物料热量的余热锅炉多数是作为专利设备从国外引进。国内研究、设计单位及制造厂除少数型式的余热锅炉技术尚未掌握外，多数余热锅炉是可以自行设计和制造的。已有很多焚烧炉上的余热锅炉是由国内设计、制造的。利用工艺物料为热源的余热锅炉具有以下特点。

① 余热锅炉的型式参数必须适应工艺的要求，其热负荷大小、规格尺寸更由工艺要求而定。随着装置规模的变化，余热锅炉能力、传热面积也随之变化。例如合成氨工业中的第一余热锅炉由年产 $10^5 t$ 装置的 $99.5m^2$ 到年产 $3 \times 10^5 t$ 装置的 $341.87m^2$，大 2 倍之多。又如乙烯装置中有 20 多根炉管汇集在一起流至一个能力较大的，由很多列管组成的余热锅炉；也有仅几根炉管接至一个单根套管式小能力的余热锅炉，然后将许多单根连成一排，组成排状余热锅炉组，其结构形状、能力大小很不一样。因此余热锅炉不像通常意义的蒸汽锅炉有较固定的型式和一定发汽量。

② 余热锅炉的工艺参数（温度、压力）也将由系统工艺的需要而定。当工艺本身需要某压力、温度的蒸汽则余热锅炉应由此确定其相应的参数。此外从节能出发，要求余热锅炉所产生的蒸汽成为系统的动力，即送入汽轮机工作，则需要产出高参数的蒸汽，同时工艺所需蒸汽还可从压缩机某段抽汽加以应用。所以高参数的余热锅炉往往是现代余热锅炉的首

选。这对余热锅炉本身及其系统的技术要求就要高多了。

③ 由于热源是工艺的物料，它的特性与燃料产生的烟气不一样，故设计、应用该种余热锅炉须充分注意到工艺物料的特殊性。例如乙烯工艺中由于应用的裂解原料油品不一样，裂解产物的特性有所不同，为了防止裂解气在余热锅炉管壁上结露而引起焦油结聚及腐蚀，故在余热锅炉设计压力的选取上要取较高值（即有较高的饱和温度）使得炉壁温度较高，乙烯裂解余热锅炉的工作压力高达 9.4~12.7MPa。再如硫酸工业的余热锅炉由于炉气中氧化硫含量高，导致高的露点（270~300℃），因此该余热锅炉的设计压力也要相应提高（取4~6.5MPa 以上）而不应用低压的余热锅炉（以往不注意该问题，取 0.7~1.2MPa，而使炉气出口的低温区发生腐蚀），当然使用优良耐腐蚀材料也是提高锅炉使用寿命的一个措施。

④ 余热锅炉的操作自控要求较高。由于该锅炉是安装在工艺生产流程上的，它的操作运行是整个工艺流程的一部分，必须保证安全、可靠且长期稳定地运行，因此在工艺流程中的自动调控十分重要。对余热锅炉的汽包液位自动调节、连续排污、安全阀起跳以及防止结垢而要求较高的水质等均需十分重视，以确保整个工艺流程的长期安全运行。此外，在工艺上也采用了某些新技术以保证锅炉较长的运行周期，例如乙烯装置中在线清焦技术就大大延长了余热锅炉的运行周期。

（2）利用焚烧炉烟气余热的余热锅炉

如焚烧炉系统没有过多的物料需被加热，即工艺物料被加热后尚有大量烟气余热可被利用的话，常常会采用烟气余热锅炉的设计方案。用烟气作热源来产生蒸汽的锅炉常称为烟道式余热锅炉，该种锅炉与利用工艺物料作热源的余热锅炉有很大的不同，它类似于一般意义的蒸汽锅炉。在石化行业中这类锅炉较多为 2 种型式。

① 在焚烧炉后面直接设置一个定型或非定型的水管式余热锅炉，也可设置火管式余热锅炉。该余热锅炉虽然可以根据锅炉热力计算标准进行设计计算，但由于工作量较大没有必要自行设计，一般可以把烟气和所需蒸汽的有关参数提供给锅炉专业制造厂，由他们选取一个与其负荷相适应的余热锅炉；当选型有困难时才作为非标设备，设计一个符合要求的余热锅炉。

② 在焚烧炉的本体上设置传热面，用其加热水或水汽混合物，依靠强制循环或部分自然循环维持系统运行。例如在焚烧炉对流段设置锅炉给水预热器、蒸汽过热器；在焚烧炉辐射段（焚烧炉）设置蒸发传热面等。对这种方式的余热利用，其传热面将同焚烧炉工艺物料加热段一样进行逐段传热计算，而不能像第一种方式那样可以比较独立地提交制造厂设计部门进行设计和选型。但相对于工艺物料而言，烟气的物理性质比较简单，故设计计算工作要比以工艺物料加热的余热锅炉容易些。

（3）余热锅炉的设计计算

① 热力计算（即传热计算）确定所需传热面积。

② 系统的阻力计算包括热源侧（物料或烟气）阻力及水汽侧阻力（即水循环）计算。

③ 锅炉结构计算包括锅炉筒体、封头、法兰、管板及集管与管件等受压元件计算以及有关钢结构强度计算。

④ 锅炉系统的上升、下降管强度计算包括应力计算以及锅炉汽包的容积尺寸确定和汽包强度计算等。

以上说明整套余热锅炉设计计算的工作量是很大的。在完成以上计算后还需对设备的结构（包括气流分配结构、管子管板连接结构、为吸收温差而需设置的膨胀节结构等）进行仔细、周到的考虑，以确保余热锅炉设计合理，稳妥可靠，正常运行。

对于传热计算，以工艺物料为热源的余热锅炉与换热器的传热计算原则上是相同的；烟道式余热锅炉可按锅炉热力计算标准方法予以计算，在此均略。有关系统阻力计算可参考本章阻力计算原则进行。对于强度计算则按压力容器设计规范及锅炉强度计算规范进行。对于汽包的容积尺寸常根据经验选取适当的蒸汽允许容积负荷再由蒸汽产量求得。

$$V = \frac{Dv}{R_V} \tag{6-29}$$

式中，V 为汽包内蒸汽容积（汽包容积通常为 $2V$），m^3；D 为蒸汽产量，kg/h；v 为蒸汽比体积，m^3/kg；R_V 为汽包内蒸汽空间容积负荷，$m^3/(m^3 \cdot h)$；蒸汽压力低于 4.3MPa，可取 $R_V = 800 m^3/(m^3 \cdot h)$；蒸汽压力为 $4.3 \sim 10.8$MPa，可取 $R_V = 400 m^3(m^3 \cdot h)$；蒸汽压力高于 $10.8 \sim 15.2$MPa，可取 $R_V = 220 m^3/(m^3 \cdot h)$，甚至取 $R_V = 160 m^3/(m^3 \cdot h)$。

为了保证蒸汽有一定的空间以防水滴随烟气夹带，要求蒸汽空间的高度不小于 500mm。通常工程上取 600mm 已足够了。

对于汽包的汽水分离结构是根据蒸汽的湿度要求来考虑的，常采用分离效果较好的不锈钢丝网除沫器，有时还另有其他型式分离结构与其组合，使蒸汽质量满足工艺要求。

此外，为使汽包有一定容积贮存水以保证万一失水时锅炉仍有一定的不断水时间，对汽包容积尺寸考虑时，还要满足低水位报警到水蒸发干的时间宜不小于 6min 的要求。

根据上述几个原则及余热锅炉布置上的需要可以确定出汽包的合适尺寸。如果有条件还应顾及上升、下降管管接头在汽包筒体上的开孔间距，使之开孔补强结构更加合理。

6.6.2.3 空气预热器的应用

设置空气预热器是焚烧炉常用的余热回收技术之一，它对焚烧炉的节能效果十分显著。预热空气加入炉内不仅可以提高燃烧温度、改善燃烧过程、减少化学不完全燃烧热损失，由此减少燃烧空气过剩量，使得在降低排烟温度的基础上进一步提高焚烧炉的热效率，更可以明显减少燃料用量。燃烧空气预热温度越高，节约的燃料量越多，节能效果越显著。

当某些被加热的工艺物料进料温度较高而无法降低排烟温度时，采用预热空气的方案十分有效。某有机热载体加热炉（热油炉），其进炉油温高达 260℃以上，排烟温度必然高于 300℃，所以焚烧炉热效率无法提高上去。此时设置空气预热器可把烟气温度降下来，并把热风送至燃烧系统，既提高了热效率又节约了燃料用量。例如当焚烧炉排烟温度为 370℃，用它加热空气，使烟气温度降至 210℃并将热空气加入炉内燃烧，可以提高焚烧炉效率达 8%。

空气预热器应用在低热值燃料时，对提高炉膛温度有重要作用。此外某些焚烧炉，像垃圾焚烧炉采用空气预热器还是必不可少的，否则将难以维持正常燃烧。

空气预热器有普通光管式空气预热器、板翅式空气预热器、翅片管热管式空气预热器、回转式（再生式）空气预热器、玻璃管空气预热器以及非金属陶瓷空气预热器、高温辐射式空气预热器、空气喷流式预热器等多种型式。前几种在石油化工上应用较多，后几种应用在冶金、机械行业中。石油化工生产中应用较多的几种空气预热器简介如下。

（1）普通光管式空气预热器

该预热器是将直径为 $\phi 15 \sim 120$mm 不等的钢管做成管束置于烟气通道内，通过对流将烟气热量传给空气。根据炉型及预热器结构型式的不同可以设计成烟气在管内空气在管外流动；也可空气在管内烟气在管外流动。鉴于空气必须用鼓风机送入，故相对而言空气的流速可高些，空气侧的流动阻力也允许大些。而烟气侧如不用引风机、靠烟囱抽力时必须注意其流阻不能太大，如果采用引风机，烟气侧也允许有较大的阻力降。

对于光管式空气预热器，当结构确定后按一般换热器的设计方法分别计算管内、外传热系数，然后求得总传热系数，由此再根据温差推动力来求得所需传热量下的传热面积。

普通光管式空气预热器传热系数小，计算面积较大，应注意在烟气温度较低时在预热器的空气进口端（冷端）烟气会结露而对设备材料产生腐蚀。

（2）热管式空气预热器

该预热器是采用特殊的高效传热元件（热管）组成的翅片式换热器，其烟气、空气分别在互不相通的通道，烟气通过翅片管内的工质将热量传给翅片管，然后再由翅片管内工质将热量传给空气。温度不大于350℃时可以用水作为工质，即碳钢-水热管换热器，这种热管元件成本低，技术成熟，故被广泛采用。

由于该种空气预热器烟气、空气通道分开，只要烟气温度不低于露点，翅片管是不会产生露点腐蚀的；而低温区在空气侧，空气中不含腐蚀成分故也不会产生腐蚀。因此热管式空气预热器在耐烟气低温腐蚀性方面要明显优于普通光管式空气预热器。热管式空气预热器可以把烟气温度降得更低些，烟气余热回收利用率更高、焚烧炉热效率可提得更高。这就是热管式空气预热器应用日益广泛的原因。

由于热管元件多为翅片管且工作原理多为重力式，其安装使翅片呈水平，故易于积灰，且较难清除。因此当烟气中含灰较多时，热管式空气预热器必须设置非常有效的除灰装置，以确保其长期有效运行。否则会由于积灰堵塞而迫使经常停炉，而不能发挥节能效益，甚至影响正常生产。

对于热管式空气预热器的设计选用，可以根据所需的预热空气温度、流量和烟气的温度、流量，向热管设备专业制造厂提出条件，由设备制造商设计计算后返回有关设备尺寸及荷重等资料，经确认后可作为设备布置及配管的依据并向土建、仪电专业提出有关条件，开展详细工程设计。

（3）回转式（再生式）空气预热器

回转式空气预热器是利用一组由特种成型金属板组成的转子式蓄热体，以1~5r/min转速不断缓慢旋转，交替通过烟气与空气的通道。经过烟气通道时，蓄热体吸收烟气热量，然后在空气通道中将热量传给空气。

应用回转式空气预热器有传热量大、结构尺寸小、金属消耗量少及比管式空气预热器的露点腐蚀小等优点，但也有漏风量大（达15%以上）、转动部件易损坏、维修工作量大及当燃料不完全燃烧时会有可燃物积存在蓄热体上发生着火的可能等缺点，故近年已较少使用，特别在中小焚烧炉上是不适用的。它只适合于少数大型加热炉的大烟气量的废热回收。

（4）玻璃管空气预热器

玻璃管空气预热器是针对烟气低温腐蚀而开发的，由于玻璃管耐腐蚀，故适用于烟气中氧化硫含量高的加热炉的余热回收。这种预热器比一般空气预热器的烟气热量回收率高，提高了焚烧炉的热效率，经济性更好。

玻璃管空气预热器所用的玻璃管既要耐热又要有较高的强度，且能耐温度的急变。它是以硼硅酸为原料制成的特种耐热玻璃管。通常用的玻璃管规格为$\phi32\sim36mm$，壁厚2mm及$\phi40mm$，壁厚2.3mm，长度小于4m。玻璃管空气预热器管子与管板之间的连接是关键，既要求良好的密封性又能使玻璃管自由膨胀，通常采用橡胶圈密封或特殊的石棉绒填料进行密封。

玻璃管空气预热器同样有积灰问题，通常可以用水冲洗，但此时应注意冲洗水温与玻璃管温差不能过大（小于100℃）以防温差大使玻璃管炸裂。对有压缩空气的工厂，可以用压缩空气吹灰。玻璃管空气预热器的管束以卧式布置为好，堵灰少，也易清除，管子与管板密封性好，管子破损少。因玻璃管易碰碎，要求运输安装时必须十分小心，故应用较少。

其他一些形式的空气预热器如非金属陶瓷空气预热器，辐射式空气预热器，喷流式空气预热器等大多用于冶金、机械行业中，在污泥焚烧行业应用较少，故在此不做介绍了。还有板翅式空气预热器，其传热效率高，结构紧凑，也有应用，但烟气必须很干净以防堵塞。

此外，对于烟气余热直接用来加热燃烧空气的自身预热烧嘴也是余热利用的一种方式，在机械、冶金行业中有所应用，但石油化工行业中并不适用，本节未做介绍。

6.7 污泥焚烧污染控制

污泥焚烧工艺各产污环节见图6-17。

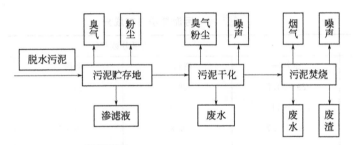

图 6-17 污泥焚烧工艺各产污环节

污泥焚烧有大量的烟气产生，每吨污泥产生的烟气体积一般在 $4500 \sim 6000 m^3$，其组成为颗粒物质、酸性和其他性质气体（包括 HCl、HF、HBr、HI、SO_2、NO_x、NH_3）、重金属（Hg、Cd、Ti、As、Ni、Pb 等）、含碳化合物（包括 CO、烃类化合物、PCDD/PCDF、PCB 等）、臭气等。

焚烧厂排放的烟气特性与所焚烧的物质组成和焚烧的技术条件有关，表6-16列出了不同流化床焚烧炉和多膛焚烧炉焚烧工艺排放的烟气特性。

表 6-16　污泥焚烧烟气特性

项目	流化床焚烧炉(100t/d)	多膛焚烧炉(180t/d)
过剩空气率	$1.3 \sim 1.5$	$1.5 \sim 2.5$
烟尘浓度/(g/m³)	$20 \sim 50$	$2 \sim 10$
$\omega(NO_x)/10^{-6}$	约50(聚合物泥饼) $200 \sim 500$(石灰泥饼)	$150 \sim 250$
$\omega(SO_x)/10^{-6}$	$500 \sim 1000$(聚合物泥饼) $200 \sim 500$(石灰泥饼)	$500 \sim 1000$(聚合物泥饼) $200 \sim 500$(石灰泥饼)
$\omega(CO)/10^{-6}$	约100	$1000 \sim 5000$(聚合物泥饼) 约500(石灰泥饼)
臭味浓度/10⁻⁶	$500 \sim 1000$(SO_x臭味)	$5000 \sim 10000$(聚合物泥饼) $1000 \sim 5000$(石灰泥饼)

污泥焚烧厂产生的废水大多含有很高浓度的盐、重金属和有机物，主要包括以下几类：进厂脱水污泥贮存及转运区产生的渗滤液和污泥水、锅炉排水、烟气净化装置（湿式或半干式）产生的废水、湿式冷却装置产生的冷却水、灰渣处理和贮存产生的废水、道路及其他路面冲洗水、雨水等。

污泥焚烧厂产生的固体残留物主要包括以下几类：由焚烧炉直接产生的飞灰和灰渣、由烟气处理设施产生的残留物、由废水处理过程中产生的污泥等。

噪声源主要包括：污泥运输和卸载噪声，机械预处理噪声，抽风机设备噪声，冷却系统噪声，涡轮产生的噪声，恶臭和烟气处理设备产生的噪声，固体残留物的处理设备产生的噪声等。

6.7.1 飞灰

6.7.1.1 飞灰的成分[4]

污泥种类、污泥化学性质及污泥的焚烧方式可以决定飞灰特性及飞灰量。表 6-17 给出了飞灰各组成成分的含量。

表 6-17 污泥焚烧飞灰成分

污泥焚烧飞灰成分	质量分数/%			
	资料一	资料二	资料三	资料四
SiO_2	29～31.5	20.3	26～37	30.3
Fe_2O_3	10.7～11.8	20.0	3～6	17.2
Al_2O_3	4.5～8.7	6.8	6～7	9.7
CaO	24.2～41.0	21.8	24～25	16.3
MgO	0.7～4.0	3.2	2～3	3.0
P_2O_5	4.0～12.8	22.5	17～23	17.7
SO_3	0.5～3.3	0.5	2	没有测定
Na_2O	3.0～9.5	0.5	0.4	没有测定
K_2O	1.4～1.5	1.3	0～3	没有测定

灰渣的主要成分是不溶性的硅酸盐、磷酸盐、硫酸盐和难治理的金属氧化物，其中有些物质可能会溶解。一些焚烧炉灰渣中的重金属含量见表 6-18。

表 6-18 污泥焚烧飞灰中重金属含量

重金属成分	含量(6 个焚烧厂数据)/(mg/kg)	含量(10 个焚烧厂数据)/(mg/kg)
Cd	70～145	4～900
Cr	505～7000	350～6560
Cu	1500～5719	1500～7000
Pb	830～3300	90～2080
Hg	1(1 个焚烧厂数据)	2～9
Ni	255～1831	270～3900
Zn	4000～16700	900～23800

表 6-19 给出了流化床污泥焚烧炉飞灰粒径分布及各粒径排放量的情况。

表 6-19　流化床污泥焚烧炉飞灰粒径分布及各粒径排放量

粒径/μm	小于该粒径的累积量/%	排放因子/(kg/t)
0.625	32	0.7264
1.0	60	0.1362
2.5	71	0.1589
5.0	78	0.1771
10.0	86	0.1952
15.0	92	0.2088

一般来说，在不考虑砂石等固体物因素时，湿污泥飞灰量占干基污泥量的20%~40%，而消化污泥的飞灰量将提高到35%~50%。污泥中含有的灰分导致污泥焚烧烟气中含有高浓度的飞灰，流化床焚烧污泥的一个特点是灰分100%作为灰分排出焚烧炉。

6.7.1.2　飞灰控制技术[1]

再通过洗涤系统前，不同类型的焚烧炉所排放的烟气中颗粒物浓度不一样，流化床焚烧炉最高，多膛焚烧炉烟气颗粒物浓度是可变的，但是一般低于流化床焚烧炉。颗粒物的去除按照去除机理有湿法（洗涤器）和干法（静电除尘器、布袋除尘器、旋风除尘器），可去除至标准状态 $10mg/m^3$。

表 6-20 所列为主要湿式除尘装置的性能和操作范围[4]。

表 6-20　主要湿式除尘装置的性能和操作范围

装置名称	气体流速	液气比/(L/m³)	压力损失/Pa	分割直径/μm
喷淋塔	0.1~2m/s	2~3	100~500	3.0
填料塔	0.5~1m/s	2~3	1000~2500	1.0
旋风洗涤器	15~45m/s	0.5~1.5	1200~1500	1.0
转筒洗涤器	300~750r/min	0.7~2	500~1500	0.2
冲击式洗涤器	10~20m/s	10~50	0~150	0.2
文丘里洗涤器	60~90m/s	0.3~1.5	3000~8000	0.1

注：分割直径是指分级效率为50%时颗粒的直径，它是除尘装置除尘效率的简明表示，除尘装置的分割直径越小，装置的除尘性能越好。

袋式除尘器最大的优点就是除尘效率高，其广泛用于污泥焚烧烟气处理系统中，滤袋上的残留物质充当额外的滤料，常作为烟气净化系统的末端设备，用于粉尘、重金属、二噁英等去除率要求较高的情况。

袋式除尘器可去除的颗粒物粒径范围非常宽，可清除粒径 $0.1\mu m$ 以上的尘粒，除尘效率达到99%，粉尘排放浓度可达到 $10mg/m^3$ 以下，气流压力损失为980~1960Pa，直径通常为16~20cm，长约10m，常用试剂为石灰和活性炭等。袋式除尘器还兼有一定的重金属、二噁英和 NO_x 的去除能力，对重金属的去除效率在80%以上。如果注入活性炭，金属 Hg 的去除效率通常可超过95%。如将其与石灰或碳酸氢钠等碱性试剂一起注入，二噁英排放可降到 $0.1ng/m^3$ 以下的水平。采用褐煤焦炭作为催化过滤袋吸附剂，二噁英去除效率达到99.9%。采用活性炭时，需与其他试剂相混合（如将90%的石灰和10%的活性炭混合）。采用催化反应袋吸附剂时，温度范围为180~260℃[4]。

6.7.2 灰渣

6.7.2.1 灰渣的成分

焚烧灰渣是焚烧系统所产生的固体灰渣，主要产生于焚烧炉、烟气除尘器和余热锅炉等处，是垃圾焚烧过程中必然产生的副产物。根据污泥组成及焚烧工艺的不同，灰渣的质量一般为焚烧前总质量的 5%～30%。

焚烧灰渣包含不可燃的无机物以及部分未燃尽的可燃有机物，其主要成分是金属或非金属的氧化物，其一般组成为：SiO_2 35%～40%、Al_2O_3 10%～20%、Fe_2O_3 5%～10%、CaO 10%～20%、MgO、Na_2O、K_2O 各占 1%～5%以及少量的 Zn、Cu、Pb、Cr 等金属及盐类。

焚烧灰渣既有污染性，又有一定的资源特性。一方面，由于灰渣中含有一定量的重金属等有害物质，若未经处理直接排放或处理不当，将会对周边环境造成危害；另一方面，灰渣中又含有 Fe、Al 等金属物质，可作为一种资源开发利用，故具有一定的回收利用价值。可见，焚烧灰渣的处理是污泥焚烧工艺的必要组成部分。

6.7.2.2 灰渣的利用[9]

根据焚烧温度的不同，焚烧炉排出的底灰可分为两种：一种是由 1000℃以下焚烧炉排出的残渣，称为普通焚烧残渣，一般可以回收铁、玻璃等物质之后作建筑材料；另一种是由 1500℃高温焚烧炉排出的熔融状态的残渣，呈块粒状，称为烧结残渣，由于玻璃化作用，而具有高密度、高强度、重金属浸出量少等特点，可用作建筑材料、混凝土骨料、筑路基材等。

（1）利用焚烧灰渣制造轻骨料

美国富兰克林研究所（费城）试验工厂用焚烧炉残渣作波特兰水泥混凝土和沥青混凝土的骨料，生产成本为每吨 4～5 美元，用于铺设试验公路的沥青路面，效果良好。用焚烧灰渣生产混凝土砌块，也是可行的。

美国和加拿大利用废玻璃在铺设沥青混合路面时作骨料，这种复合料通常被称作玻璃费尔特，它在美国和加拿大铺设的大量试验跑道中显示出良好的性能。

轻骨料的生产，首先要进行技术可行性研究，以确定生产的最佳方案。研究包括研磨焚烧物、骨料配方研究（即选定黏土的加入量）、烧结试验和混凝土试验。黏土的加入，不但便于加工成球，还能增加烧制陶粒的强度。

日本东京工业试验所对焚烧残渣作轻骨料进行了成功的研究，产品表现出良好的性能。研究结果表明，建筑混凝土的轻骨料完全可以用焚烧残渣作主要原料。

（2）利用焚烧灰渣制作墙砖和地砖

日本东京工业试验所在利用焚烧残渣制作墙砖和地砖方面进行了大量的研究。结果表明，烧制出的墙砖和地砖，性能完全符合日本国家标准 JIS A 5209 的要求。地砖和外墙砖一般是由硅石、长石、蜡石、瓷石及黏土作原料制成的。用垃圾焚烧残渣代替这些原料中的一部分，尽管质量有所下降，却可以使成本大大降低。

试验表明，可以用焚烧残渣和硅石黏土的 1∶1 配比物烧制成砖。烧制方法是：将配比物装入瓷制球模，湿粉全部通过 200 目网筛，经过一次脱水和干燥，加水 8%～10%，用油压机压挤成型，干燥后用电炉焙烧 24h，保温 2h。烧成温度为 1000℃，烧成后所得产品为褐色。我国贵阳、西安等地利用 80%～85%的垃圾灰，配上其他原料，制出了符合国家标准的硅酸蒸养垃圾砖。其工艺仅比普通蒸养砖多一道垃圾筛选工序，在价格上略高于普通蒸养砖。但这些地区对建筑砖的需求量大于供应量，因此在硅酸蒸养垃圾砖价格略高的情况下，还是能够销售出去的。

6.7.3 重金属

6.7.3.1 重金属种类及分配

废水处理厂中的重金属来源于工业企业，并且已经扩散到了家务、地表面活动、污水排泄管的侵蚀。污泥中重金属的浓度与相应的工业活动及污泥的来源有关。污泥中重金属的存在形式主要有氢氧化物、碳酸盐、磷酸盐、硅酸盐和硫酸盐，它们在废水处理过程中仍保持在污泥中，并与污泥结合在一起。

了解重金属的种类和含量，是对城市污泥进行合理处置利用的基础。对国内（1994~2001年）报道的城市污泥重金属的资料进行统计分析表明，我国城市污泥的 Ni、Pb、Cr、Cu、Zn 含量变化幅度很大，最高达几千毫克/千克，Zn 是含量最高的元素，均值为 1450mg/kg。这是因为我国城市大量使用镀锌管道，导致城市污水中 Zn 含量较高的缘故，含量次高的为 Cu，其次是 Cr；而毒性较大的元素 Hg、Cd、As 含量往往较低，通常在几到十几毫克/千克范围内。

城市生活垃圾中所含重金属物质，高温焚烧后除部分残留于灰渣中，大部分则会在高温下气化挥发进入烟气。部分金属元素在炉中参与反应，生成的氧化物或氯化物比原金属元素更易气化挥发。这些氧化物及氯化物因挥发、热解、还原及氧化等作用，可能进一步发生复杂的化学反应，最终产物包括元素态重金属、重金属氧化物及重金属氯化物等。

高温挥发进入烟气中的重金属物质，随着烟气温度降低部分饱和温度较高的元素态重金属（如汞等），会因达到饱和而凝结成均匀的小粒状物或凝结于烟气中的烟尘上。饱和温度较低的重金属元素虽然无法充分凝结，但会由于飞灰表面的催化作用而使其形成饱和温度较高且较易凝结的氧化物或氯化物，或因吸附作用易附着在烟尘表面。仍以气态存在的重金属物质，也有部分会被吸附于烟尘上。重金属本身凝结而成的小粒状物粒径都在 $1\mu m$ 以下，重金属凝结或吸附在烟尘表面，也多发生在比表面积大的小粒状物上，因此小粒状物上的金属浓度比大颗粒要高，从焚烧烟气中收集下来的飞灰通常被视为危险废物。

在较高的焚烧温度下，大部分金属都被蒸发了，当烟气冷却时它们凝固在飞灰的颗粒表面。研究表明，78%~98%的 Cd、Cr、Cu、Ni、Pb 和 Zn 固定在飞灰中，98%的 Hg 可能随着烟气一道被排放到大气中。灰分中金属的分布并不均匀，重金属如 Pb、Cd、Cu 和 Ni 一般位于灰核附近位置，而轻金属 Si、Al、Ca、Na、K 等则分布在飞灰颗粒的表面。试验表明，焚烧炉温度在低于 870℃时，对重金属挥发分排放量影响很小。污泥中氯含量的提高会促进焚烧温度对 Pb 和 Cd 排放的影响，这主要是由于高挥发性物质 $PbCl_2$ 和 $CdCl_2$ 的作用。一般来说，氯离子在干基污泥中的含量低于 0.5%，但如果污泥采用石灰和氯化铁进行脱水的话，氯离子在干基污泥中的含量可提高到 7%~9%。如处理这样的污泥，Pb 和 Cd 排放量将大大提高[1]。

污泥焚烧过程中重金属的分配规律见表 6-21。

表 6-21 污泥焚烧过程中重金属的分配规律　　　　　　　　　　　　　单位:%

重金属	飞灰中重金属比例	洗涤水中重金属比例	烟气中重金属比例
Zn	79	20	1

重金属	飞灰中重金属比例	洗涤水中重金属比例	烟气中重金属比例
Cu	78	21	1
Pb	87	12	1
Cr	95	4	1
Ni	80	20	未测
Hg	0.4	2	97.6
Cd	80	20	未测

6.7.3.2 重金属的控制技术[1]

焚烧厂排放尾气中所含的重金属量与污泥组成、性质、重金属存在形式、焚烧炉的操作及空气污染控制方式有密切关系。去除尾气中重金属污染物的机理有：a.重金属降温达到饱和，凝结成粒状物后被除尘设备收集而得以去除；b.饱和温度较低的重金属元素虽然无法完全凝结，但飞灰表面的催化作用会使重金属形成饱和温度较高且较易凝结的氧化物或氯化物，从而被除尘设备收集而得以去除；c.仍以气态物存在的重金属物质，因吸附于飞灰或喷入的活性炭粉末上而被除尘设备收集而得以去除；d.部分重金属的氯化物为水溶性，即使无法依靠上述的凝结及吸附作用来去除，也可以利用其溶于水的特性，由湿式洗涤塔的洗涤液自尾气中吸收下来而得以去除。

国内外对于由于焚烧引起的重金属污染的控制技术，可分为焚烧前控制、焚烧中控制以及焚烧后控制3个方面。

（1）焚烧前控制

焚烧前控制的最主要的方法就是从来源上减少，即在重金属进入市政污水排放系统前就减少。污泥中重金属主要来源于工业用水、城市生活用水、地表运动、排水设施等。如由英国环境署所统计的数据表明，严格控制行业排污系统的标准，促使各行业控制商业排水，减少排放废水的量，同时改进制造工业的用水工艺，从而使得排放到下水道中的重金属含量减少，在1982～1992年间，使污泥中的锌、铜、镍、镉、铅、铬的含量降低了26%～64%。对于来源于工业生产过程中的污泥，可通过工艺改造来降低污泥中重金属含量，如在Norddeutsche Affinerie公司，欧洲最大的铜冶炼厂，通过投资改进工艺，使灰尘和铁颗粒降低了58%，铅和SO_2的排放分别减少80%和87%。

（2）焚烧中控制——重金属的捕获技术

根据挥发-冷凝机理，金属在离开炉膛后将经历冷凝过程，当温度低于重金属露点温度时，金属会发生同类核化（形成重金属颗粒）或异相吸附（富集在飞灰颗粒上），其颗粒的大小取决于到达露点温度后的滞留时间。一般情形下，颗粒直径很小，尤其是对于金属的同类核化（<1μm）。常规的颗粒捕获设备对主要的微量元素如Sb、Be、Cd、Cr、Co、Pb、Mn等能有效捕集，且捕集率超过95%。而对于大部分富集在微小颗粒中或者以气体形式出现的Hg、As、Se等元素，捕集效率则很低。这些富集了有毒金属的微小颗粒将被排到大气中而污染大气环境，或最终被人类吸入体内而损害人体健康。

当金属碰到其他灰颗粒（典型的为吸附剂）时，两者相互作用，形成了有利于被捕集的金属化合物或络合物，从而避免了成核过程。

目前焚烧系统重金属排放的控制是使用传统的除灰装置，如文丘里除尘器、静电除尘器以及湿式电离除尘器。大部分固体废弃物和污泥焚烧电厂用静电除尘设备来控制飞灰排放，除尘效率一般需在 99% 以上，才能保证焚烧的飞灰达到排放控制要求。某些情况下，在除尘设备前安装旋风分离器分离粗颗粒，以减少粗颗粒对余热锅炉、热交换器、风机等设备的磨损。静电除尘器和洗涤设备的联合使用可以使烟气中的粉尘排放完全达。因此，控制气态重金属排放的措施是强化除尘器的除尘效率。

（3）焚烧后控制——灰处理技术

基于上述讨论，控制烟气中重金属排放的技术已逐渐转向怎样有效地将飞灰除去。在越来越严厉的颗粒物排放浓度标准限定下，重金属的问题正由空气污染问题转变成含重金属灰污染的处理。

由于污泥焚烧中的灰分含有高浓度的重金属，必须以特殊的填埋法进行填埋堆放。由于重金属可溶解和过滤，污染周围环境水体，故重金属溶解是非常危险的。在欧洲目前有三种填埋法，它们分别针对惰性废弃物、无危险的废弃物和危险的废弃物，具体填埋方式依据填埋废弃物中重金属的浓度而定。MSW 流化床焚烧试验表明，底层灰分是惰性的，旋风分离器灰分是无危害的，布袋式过滤器中的灰分是有危害性的，它们的重金属浓度也依次增加。

由于重金属的溶解和过滤会污染周围环境，而污泥的高温焚烧可以解决重金属的渗流问题，高温条件下形成的灰分是一种熔融状态，其中的重金属受到约束，渗滤性能将下降，从而可以在建筑行业进行再利用。在这方面日本走在前列。采用技术包括熔融物和熔渣的分离，灰分的粒化，重新回炉生成空隙以形成轻质混凝料，通过加压焙烧制造建筑用砖，也可以通过与石灰石在 1450℃ 下退火生产陶瓷玻璃。

利用固体废弃物焚烧炉（MSW 炉）混合焚烧固体废弃物与污泥，不会使灰分质量变差，因为固体废弃物中的重金属浓度与污泥相当甚至更高。或者利用污泥制砖时，重金属被固定在砖块中而不会渗滤，而在混合烧结过程中来源于污泥中的重金属被粒子吸收并经静电除尘器分离后返回炉窑。

6.7.4　二噁英

6.7.4.1　二噁英的产生及性质

二噁英是一类非常稳定的亲油性固体化合物，其熔点较高，分解温度大于 700℃，极难溶于水，可溶于大部分有机溶液，所以容易在生物体内积累。美国国家环保局（EPA）确认的有毒二噁英类物质有 30 种，其中包括 PCDDs7 种、PCDFs10 种、多氯联苯（PCBs）13 种，以毒性大、致癌作用强的 2,3,7,8-四氯代二苯并二噁英(2,3,7,8-TCDD) 为代表。不同的二噁英类取代衍生物具有不同的毒性，根据美国国家环保局 1995 年的报告，二噁英是迄今人类所发现的毒性最强的物质，可影响细胞分裂、组织再生、生长发育、代谢和免疫功能。因此，二噁英被称为"毒素传递素"，影响和危害正常人体系统，如内分泌、免疫、神经系统等。

通常认为燃烧含氯金属盐的有机物是产生二噁英的主要原因，其中金属起催化剂作用，如 $FeCl_3$、$CuCl_2$ 可以催化二噁英的生成。几乎在所有的燃烧过程中，如城市生活垃圾、废水污泥、医疗废物、危险废弃物、煤、木材、石油产品燃烧过程，以及建筑物燃烧过程中的产物烟气、飞灰、底渣和废水中都能发现二噁英（PCDD/Fs）的存在；而且污泥中包括家庭生活污水污泥普遍存在二噁英。焚烧过程中温度在 250～650℃ 时会生成二噁英，且在

300℃时生成量最大。

在污泥焚烧过程中,影响二噁英的形成和排放的主要因素包括污泥的成分及特性、燃烧条件、烟气成分、烟气中微粒的含量、烟气温度分布、粉尘去除装置的运行温度及酸性气体的控制方式。

污泥焚烧过程中二噁英和呋喃的形成有 3 个可能的途径:a. 包含 PCDDS/PCDFS 的化合物在燃烧室不完全的裂解;b. 二噁英和呋喃也可能通过炉膛中的氯酚和氯苯等氯化物形成;c. 由无机氯化物和有机物综合反应的结果,通常是在有催化剂存在的条件下发生,如温度范围为 250℃的余热锅炉及除尘器中的飞灰,所含的一般金属化合物有铜的氯化物、氧化物、硫酸盐以及铁、锌、镍、铝的氧化物。

6.7.4.2　二噁英的控制技术

由于焚烧在 600℃以上进行,二噁英类物质被完全破坏,因此控制二氧(杂)芑和呋喃排放的主要途径是避免它们在烟气中重新生成。

活性炭对 Hg 和 PCDD/PCDF 有很高的吸附效率。烟气到达喷雾干燥器-袋式除尘器/ESP 的组合工艺以前,向烟气中投加活性炭,二噁英将被吸附在活性炭上,再用布袋除尘器或 ESP 将其从气流中过滤出来。加入活性炭可使烟气中 POPs 的去除效率提高到 75%,这种技术也被称作"废气抛光"。

符合烟气净化要求的活性炭每吨价格 6000 元以上。每年正常的活性炭投加成本占整个烟气净化系统运行成本的 1/2。

6.7.5　其他污染物[1]

6.7.5.1　其他污染气体种类

污泥焚烧中还会产生 NO、SO_2、HCl、HF、N_2O、CO 等气体污染物。

这些气体与全球环境的变化有很大关系,比如酸雨、臭氧层的破坏和全球变暖。污泥中 N、Cl 等的含量直接影响到焚烧烟气的排放。污泥中 S 的含量与煤中 S 含量相当,并在污泥焚烧过程中全部转化为 SO_2,而 N 的含量是煤中的好几倍,因此污泥燃烧会产生更多的 NO_x 和 N_2O。由于 N_2O 是一种温室气体并且会导致臭氧层的破坏,人们对于 N_2O 的排放越来越关注,据报道,空气中 N_2O 的浓度从现在的 330g/L 以 0.18%~0.26%的年增长率增加。N_2O 与氧反应形成 NO 分子,这种分子严重地破坏臭氧层。在平流层(同温层)中,N_2O 是主要的氮氧化物,NO 和 NO_2 的浓度只有 0.01~0.03g/L,而 N_2O 的浓度达到 330g/L。N_2O 的半衰期为 170 年,NO_x 为 1~2min,空气中 NO_x 由于与低层潮湿空气反应,而使存在时间更短。而 N_2O 却没有类似的反应,因而扩散进入上层空气,在那里与氧反应形成 NO 而破坏臭氧层。

如果设备设计合理,湿空气均匀分布于整个锅炉,烟气中是不会存在 NO 的。

NO_x 的产生主要来自于燃烧空气中的高含量氮,NO 的产生量随温度的升高而增大,当温度下降时,NO 会转变为二氧化氮。在焚烧过程中,NO_x 和 NO 的排放浓度与焚烧温度密切相关。

6.7.5.2　气体污染物的控制技术

在固体废弃物及污泥焚烧厂中,燃烧后形成的酸性气体如 SO_2、HCl 和 HF 的去除通常通过同样的工艺进行,目前主要控制酸性气体的技术有湿式洗气、半干式洗气及干式洗气三种方法。

（1）湿式洗气法

焚烧烟气处理系统中最常用的湿式洗气塔是填料吸收塔。经静电除尘器或布袋除尘器去除颗粒物后的烟气由填料塔下部进入，首先喷入足量的液体以使烟气降到饱和温度，再与向下流动的碱性溶液在填料空隙及表面进行接触及发生反应，使烟气中的污染气体被有效吸收。

填料对吸收效率的影响非常大，所以要尽量选用比表面积大、对空气流动阻力小、防腐性好、密度轻、耐久性好、价格便宜的填料。较为传统的填料由陶瓷或金属制成，其防腐性高、密度小、液体分配性好，而近年来最常使用的填料则是由高密度聚乙烯、聚丙烯或由其他热塑胶材料制成的特殊填料。

吸收塔的构造材料必须能够经得起酸气或酸水的腐蚀，传统吸收塔采用碳钢外壳橡胶或聚氯乙烯内衬等防腐物质。近年来，玻璃纤维强化塑胶（FRP）在吸收塔中的应用逐渐得到普及，该种材质不仅质量轻，可以防止酸碱腐蚀，而且其韧性及强度也非常高，很适合作为吸收塔的外设及内部附属设备。

常用的碱性药剂有苛性钠（NaOH）溶液（质量分数，15%～20%）或石灰［$Ca(OH)_2$］溶液（质量分数，10%～30%）。苛性碱和酸性气体反应速率较石灰快，吸收效率高，其酸性气体的去除效果较好且用量较少，而且不会因 pH 值调节不当而产生管线结垢等问题。石灰虽然价格较低，但是在水中的溶解度不高，含有许多悬浮氧化钙粒子，容易导致液体分配器、填料及管线的堵塞及结垢，故一般采用苛性钠溶液作为碱性中和剂。

洗气塔的碱性洗涤溶液循环使用。为了保证循环碱性溶液始终维持一定的酸性气体去除效率，当其 pH 值或盐度超过一定标准时就需要排泄部分碱性溶液，并补充新鲜的碱性溶液。由于排泄出去的碱性溶液中往往含有很多 $HgCl_2$、$PbCl_2$ 等溶解性重金属盐类，氯盐浓度亦高达 3%，因此必须对其进行适当的处理。

石灰溶液洗气时，其化学方程式为：

$$2SO_2 + 2CaCO_3 + 2H_2O + O_2 \longrightarrow 2CaSO_4 \cdot 2H_2O + 2CO_2$$

其中对 $CaSO_4 \cdot 2H_2O$，可以进行回收再利用。

由于湿式洗气塔通常都采用填充吸收塔的设计形式，所以对粒状物质的去除几乎可被忽略。湿式洗气塔的最大优点为酸性气体的去除效率高，对 HCl 的去除率可高达 98%，SO_2 的去除率也在 90% 以上，并附带有去除 Hg 等高挥发性重金属物质的潜力。其缺点为造价较高，用电量及用水量亦较高，此外为避免烟气排放后产生白烟现象需另配备废气再热器，废水亦需加以妥善处理，从而增加了处理成本。由于在最佳去除效率时的 pH 值不同，目前改良型湿式洗气塔去除酸性气体的过程多分为两个阶段：第一阶段针对 SO_2；第二阶段针对 HCl。

此外，湿式洗气法产生的废水由于含有大量的重金属和高浓度氯盐，也需要进行处理。

（2）干式洗气法

干式洗气法是用压缩空气将碱性固体粉末（消石灰或碳酸氢钠）直接喷入烟气管道或烟道上的某段反应器内，使碱性消石灰粉与酸性废气充分接触和反应，从而达到中和废气中的酸性气体并加以去除的目的。

为提高干式洗气法对难以去除的一些污染物质的去除效率，用硫化钠（Na_2S）及活性炭粉末混合石灰粉末一起喷入，可以有效地吸收气态 Hg 及二噁英。干式洗气塔中发生的化学反应如下：a. 消石灰粉与 SO_2 及 HCl 发生中和反应；b. SO_2 可以减少 $HgCl_2$ 并转化为气态 Hg；c. 活性炭吸附现象将形成 H_2SO_4，而 H_2SO_4 与气态 Hg 可发生反应。因此当消石灰粉未去除 SO_2 时，会影响 Hg 的吸附，故需加入一些含硫的物质（如 Na_2S）。

干式洗气塔与布袋除尘器的组合工艺即 Flank 干式洗气法，是焚烧厂中烟气污染控制的常用方法，具有设备简单、造价便宜、维修容易、消石灰输送管线不易阻塞的优点。但其缺点也较为明显，主要包括整体的去除效率比其他两种方法低；药剂的消耗量大，究其原因是固相与气相的接触时间有限且传质效果不佳，故常需要超量加药；产生的反应物及未反应物量亦较多，增加了对其进行最终处置的费用。目前已有部分系统为了节省药剂消耗量而采用回收方式，即将由除尘器收集下来的飞灰、反应物与未反应物，按一定比例与新鲜的消石灰粉混合并再利用，但其成效并不显著，且会使药剂准备及喷入系统复杂化，管线系统亦会因飞灰及反应物的介入而增加了磨损或阻塞的频率，反而得不偿失。

（3）半干式洗气法

半干式洗气塔实际上是一个喷雾干燥系统，利用高效雾化器将消石灰泥浆从塔底向上或从塔顶向下喷入干燥吸收塔中。喷入的消石灰泥浆与烟气的流动方向可以为同向也可以为逆向，两者充分发生接触并产生中和作用。由于喷入消石灰泥浆的直径可低至 $30\mu m$ 左右，雾化效果佳，所以气液接触面积大，不仅可以有效降低气体温度，中和气体中的酸气，而且喷入的消石灰泥浆中的水分还可在喷雾干燥塔内实现完全的蒸发而不产生废水。其化学方程式为：

$$CaO + H_2O \longrightarrow Ca(OH)_2$$
$$Ca(OH)_2 + SO_2 \longrightarrow CaSO_3 + H_2O$$
$$Ca(OH)_2 + 2HCl \longrightarrow CaCl_2 + 2H_2O$$
$$SO_2 + CaO + \frac{1}{2}H_2O \longrightarrow CaSO_3 \cdot \frac{1}{2}H_2O$$

这种系统最主要的设备为雾化器，目前通常使用的雾化器为旋转雾化器及双流体喷嘴。本法同时结合了干式洗气法与湿式洗气法的优点，构造简单，投资低，能耗少，压差小，液体使用量远比湿式洗气法低，去除率比干式洗气法高，避免了湿式洗气法废水量产生过多的问题，而且由于其操作温度高于气体饱和温度，故烟气不产生白雾状水蒸气团。但是同样也具有缺点，主要有喷嘴易堵塞，洗涤塔的内壁容易附着并堆积固体化学物质，设计和操作中需要严格控制加水量。

这种旋转雾化器由高速电机驱动，转速可高达 $10000 \sim 20000 r/min$，液体由转轮中间进入，然后扩散至转轮表面，形成一层液体薄膜，并在高速离心作用下逐渐向转轮外缘移动，再在剪力作用下分裂成 $30 \sim 100\mu m$ 大小的液滴。液滴喷雾的轨迹及散体面决定了喷淋塔的大小。双流体喷嘴由压缩空气或高压蒸汽驱动，液滴直径一般为 $70 \sim 200\mu m$，由于其雾化面远小于旋转雾化面，所以喷淋室也相对较小。双流体喷嘴构造简单、不易阻塞，但液滴尺寸不均匀。相反，旋转雾化器产生的雾化液滴就较小，只要转速及转盘直径不变，液滴就会保持一定尺寸不变，液滴尺寸均匀，因而酸气去除效率较高，碱性反应剂使用量较少。旋转雾化器的缺点是构造复杂、容易阻塞、价格较贵、维护费用高，其最高与最低液体流量比为 $20:1$，远高于双流体喷嘴（约 $3:1$），但最高与最低气体流量比为 $2.5:1$，又远低于双流体喷嘴的 $20:1$，多用在待处理的废气流量较大的场合（一般 $Q > 340000 m^3/h$）。

6.8 工程实例

6.8.1 德国 HSM 污水处理厂流化床焚烧工艺[10]

6.8.1.1 应用工程简介

HSM 污水处理厂是德国第一个使用焚烧工艺来处理污水污泥的水厂，原来使用两台多段竖炉来处理污水污泥，但多段竖炉在运行过程中出现了很多弊端，主要有在多段竖炉的炉膛内部不能保证炉内栅后物质和悬浮污泥完全混合，从而实现理想的焚烧效果；烟气排放无法达到环保要求，对大气环境污染严重；此外，需要大量的热油和天然气助燃，运行费用高。于是 1982 年，德国 HSM 污水处理厂投入使用了 2 台流化床焚烧炉，取代了先前已有 20 年历史的多段竖炉。

采用流化床焚烧炉后，该厂污泥焚烧运行的主要技术参数如表 6-22 所列。

表 6-22 HSM 污水处理厂污泥焚烧运行的主要技术参数

处理污泥量(流化床焚烧炉)	4t/hGTS＋1t/h 栅后物质
残渣量	2040kg/h 粉末状灰＋200kg/h 盐
焚烧	无附加燃料
安装连接功率	1225kW
自烟囱排出的废气量	30800m³/h(74℃)
排放标准	$NO_x \leqslant 100mg/m^3$
运转方式	连续运行

6.8.1.2 应用工程的处理流程

HSM 污水处理厂污泥焚烧区的处理设备主要有 3 台污泥圆盘干燥机，1 台废气冷凝器，1 台污泥输送机，1 台格栅物质处理器，1 座流化床焚烧炉，1 座预热锅炉（饱和蒸汽压 9bar，1bar＝0.1MPa），1 台静电除尘器，100m 高烟囱等。

HSM 污水处理厂污泥焚烧系统的设备主要有离心脱水机、圆盘干燥机、流化床焚烧炉、余热锅炉、静电除尘器、灰尘贮房、准干燥烟气洗涤装置、烟囱等。其工艺流程如图 6-18 所示。

进入离心脱水机的污泥是由约 65％的消化污泥和 35％的剩余污泥所组成，经机械脱水和圆盘干燥机干燥处理后，含水率可达到 50％～55％，使其在流化床焚烧炉中能够自行燃烧，无需额外添加助燃剂，从而减少能源消耗，降低运行成本。

流化床焚烧炉是该污泥焚烧系统的核心部分。在流化床焚烧炉的炉膛内有一个细砂床置于喷嘴式气体分配板之上，当处于静止状态时厚度大约 50cm，当处于运转过程中时热空气从焚烧炉炉膛下部通入，并以一定速度通过分配板，从而使细砂床呈"沸腾"的流化状态，此时流化床厚度约 1.5～2.0m。污泥从塔侧的投料口投入，污泥便急速燃烧。在焚烧过程中，污泥中有机物所产生的能量可作为污泥中水分蒸发所需的能量，因此对于流化床一次燃烧区来说，可不需要附加燃烧室，从而使流化床的温度比烟气的出口低。而直接位于流化床区域上的炉区是二次燃烧区。燃烧过程中的过剩空气系数为 1.4。

燃烧过程中所产生的炉渣非常少，主要是很细的飞灰，散布在烟气中。这些高温烟气从

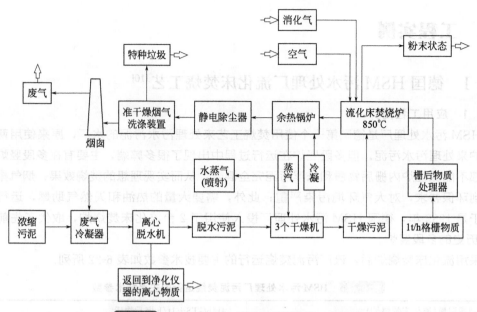

图 6-18　HSM 污水处理厂的污泥焚烧工艺流程

炉膛上部排出而进入余热锅炉，在这里烟气从温度 850～900℃ 被冷却至 210℃，在接下来的静电除尘器中进行脱尘，剩余的灰尘含量约为 $100mg/m^3$。然后烟气再经过准干燥烟气洗涤装置净化。该准干燥烟气洗涤装置是由喷射干燥机、静电除尘器、两个洗气池（分别为水和 NaOH 溶液洗气池）所构成，其处理流程如图 6-19 所示。这套装置是为了进一步去除烟气中尚存的灰尘、重金属和硫、氯、氟氧化物等有害物质，使烟尘量降至低于 $10mg/m^3$。值得注意的是，对于去除烟气中所含有的金属汞单质和汞离子，HSM 污水厂还使用了活性炭气流吸附法和在碱洗池添加 TMT15 药剂的方法。其具体操作是在静电除尘器 I 和喷射干燥机之间的连接管道中，放一种活性炭（KOH），目的是为了吸附烟气中所含有的金属汞单质，大约每立方米烟气需要活性炭（KOH）300～330g。这样含有汞的颗粒可以在静电除尘器 II 中与烟气完全分离。接着烟气流入到两个洗气池中：第一个为水洗池，主要用于吸附灰尘和一些硫氧化物、HCl、HI 等有害气体，pH<1；第二个为浓度 33％ 的 NaOH 溶液洗气池，主要用于去除 SO_2 等酸性气体，同时考虑到汞离子的去除，在碱洗池还添加了少量的 TMT15，使之与 Hg^{2+} 结合后去除。最终处理后的烟气以 74℃ 离开烟气洗涤设备，通过 100m 高的烟囱排入大气。而被吸收的汞颗粒和其他剩余物则从静电除尘器 II 中排出，作为特种垃圾被处理。

HSM 污水处理厂在保证污泥良好地脱水、干燥和焚烧的前提下，也非常注重能源的经济性，实现了对污泥焚烧流程中各个处理单元所产生热量的充分循环利用。干燥机在对含水率约为 75％ 的脱水污泥进行干燥时，将从污泥中所蒸发出来的水分的能量进一步通过废气冷凝器装置收集。对该能量的利用方向分为三部分：一部分作为工厂厂房的直接热源；第二部分是将消化污泥与来自废气冷凝器中的部分能量相混合，可将到达离心脱水机时的液态污泥预加热至 500℃，不但可使脱水污泥的含水率提高 2％，还能节省 10％ 的絮凝剂；第三部分，可通过热交换器将能量作为消化池的加热热源。流化床焚烧炉所产生的烟气在 850～900℃ 被排出，进入余热锅炉，在这里被冷却到 210℃，并产生 0.9MPa 的饱和蒸汽，以供给污泥干燥阶段使用。

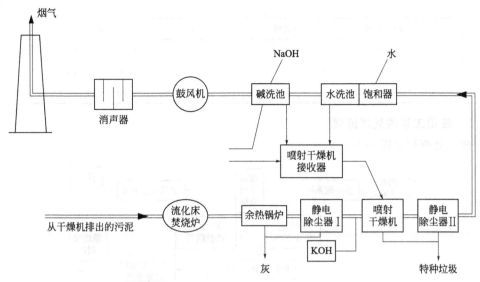

图 6-19 HSM 污水厂流化床焚烧炉工艺流程

6.8.2 萧山污水处理厂污泥焚烧工程

6.8.2.1 应用工程简介

2006 年 7 月，北京市环境保护科学研究院和浙江环兴机械有限公司在杭州萧山区临浦工业园建成了一座日处理能力为 60m³/d（含水率 80%）的污泥喷雾-回转窑焚烧工艺的示范工程，采用萧山污水处理厂的脱水污泥。整个系统的总投资为 650 万元，占地面积为 580m²，单位投资成本为 10.8 万元/吨，单位运行成本为 94.64 元/吨。

本工程中采用的污泥有机物含量较低，平均在 36%，这是由于萧山城市污水处理厂水质性质决定的，在这一水质情况下，对脱水污泥和干化污泥进行了全分析结果如表 6-23 所列。

表 6-23 污泥成分分析

名称	分析结果								
	水分 M_{ad} /%	灰分 A_{ad} /%	挥发分 V_{ad} /%	C_{RC} (1~8) /%	固定碳 F_{Cad} /%	分析基 Q_{adnet} /kcal	应用基 Q_{arnet} /kcal	全水分 MT /%	全硫 S_{ad} /%
干污泥	4.18	52.22	37.4	1	6.2	2310	1710	28.93	—
脱水污泥	6.33	54.78	35.27	1	3.62	1740	660	64.5	—

工程主要设备数量和尺寸见表 6-24。

表 6-24 主要设备数量和尺寸

序号	主要设备名称	数量	尺寸
1	新型喷雾干燥器	1	$\Phi \times H = 3.5m \times 37m$
2	回转式焚烧炉	1	$\Phi \times H = 1.7m \times 9m$（筒身），内径 1m，倾角 2°
3	热风炉	1	

序号	主要设备名称	数量	尺寸
4	二燃室	1	6m×1.85m×2m
5	旋风除尘器	1	Φ1320mm×5727mm
6	生物除臭喷淋洗涤塔	2	Φ5m×5m

6.8.2.2 应用工程的处理流程

系统工艺流程见图 6-20。

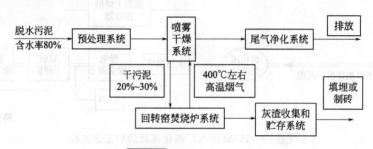

图 6-20 系统工艺流程

脱水污泥经过预处理后，通过高压泵进入喷雾干燥塔颈部，经过充分的热交换，污泥得到干化，干化后产生的含水率为 20%～30% 的干燥塔污泥从干燥机底部直接进入回转窑式焚烧炉焚烧，产生的高温烟气从喷雾干燥系统顶部导入，排出的尾气分别经过旋风分离器、喷淋塔和生物填料除臭喷淋塔处理后，经烟囱排放。

根据《生活垃圾焚烧污染控制标准》（GB 18485—2001）中规定的检测项目，对排放尾气进行了监测，监测结果如表 6-25 所列。

表 6-25 烟气监测结果

项目	单位	测定值			标准值（GB 18485—2001）
烟尘浓度	mg/m³	75.9			80
SO_2	mg/m³	6.5			260
HCl	mg/m³	8.5			75
Cd	mg/m³	0.032			0.1
Pb	mg/m³	$<1.4\times10^{-4}$			1.6
Hg	mg/m³	<0.021			0.2
CO	mg/m³	74.1			150
NO_x	mg/m³	265			400
烟气黑度（林格曼黑度）	级	<1			1
二噁英类	ng/m³	0.021	0.006	0.012	1.0

注：本表规定的各项标准值，均以标准状态下含 11%O_2 的干烟气为参考值换算。

试验结果表明，在连续运转过程中排放的各种大气污染物经旋风除尘、喷淋塔、生物填料除臭喷淋洗涤塔处理后均远低于《生活垃圾焚烧污染控制标准》（GB 18485—2001）中大气污染物排放限值的要求。

6.8.3　荷兰 SNB 污泥焚烧厂

6.8.3.1　应用工程简介

SNB 污泥处理中心位于荷兰 NoordBrabant（北布拉邦省），由荷兰的 5 个污水处理公司共同投资建设，由 BAMAG 下属的 THYSSEN 公司技术总包，荷兰 STORK 工程公司总承包基建与安装，总投资 7000 万欧元。该厂处理规模约为 300t/d（DS），处理量约占荷兰全国总污泥量的 27%，主要接纳并处理荷兰北部 50 余座污水处理厂的污泥，是目前欧洲最大的污泥处理中心，于 1997 年建成并投入运行。

6.8.3.2　应用工程的处理流程

处理工艺采用污泥干化＋焚烧的处理方案，其工艺流程见图 6-21。运达的脱水污泥经半干化后从焚烧炉上部进入，焚烧后的烟气经热交换回收热量，回收的热能用于污泥半干化。尾气处理系统包括电除尘、酸洗、碱洗、活性炭吸附和布袋除尘。

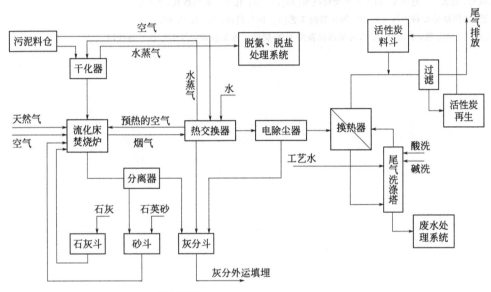

图 6-21　SNB 污泥焚烧厂工艺流程

污泥热干化过程以蒸汽作介质，间接给热，此过程相当于是对污泥进行 1～2h 的灭菌处理，使其处于稳定状态。污泥干化系统主要包括 8 个 AtlasStord 转盘干燥机（TST-70R）；单台干化机污泥进料量最大处理能力为 9500kg/h（DS）；单台干化机加热面积为 250m²；单台干化机额定功率为 132kW；干燥前的干污泥含固率为 24%～27%；干燥后的干污泥含固率为 43%～45%，此时即能使整个干化焚烧系统达到热平衡状态。

污泥焚烧系统主要包括 4 座流化床焚烧炉，以保证 2 台干化机可以对应 1 台焚烧炉，焚烧炉直径约为 8.0m，高 10.0m，焚烧炉炉膛温度为 850～900℃，采用炉顶喷水的超温调节温度措施；每座焚烧炉的污泥进料量为 3800kg/h（DS），并设 2 台启动燃烧器，每台燃烧器能力为 3.2MW，设 1 台助燃鼓风机 18500m³/h；采用布风管布风，焚烧炉一次风温度为 300℃；烟囱高度为 60m。焚烧炉在除冷启动、热启动、故障停机及重启状态的正常工作状态下，可保持自持燃烧状态。

SNB 污泥焚烧厂余热锅炉所产生的蒸汽，首先导入背压汽轮机用于发电，可满足约

70％的自用电量，经发电利用后的蒸汽为 2.5atm，约 140℃，此时再用于转盘干化机作为传热介质。烟气中的二氧化碳也可用于生产 $CaCO_3$，销售给造纸厂，不但实现了资源循环再利用，又降低了处理成本。该厂最终污泥处理成本为每年 400 万欧元用于焚烧，另外 200 万欧元用于运输与污泥脱水。

参 考 文 献

[1] 刘亮，张翠珍. 污泥燃烧热解特性及其焚烧技术[M]. 长沙：中南大学出版社，2006.

[2] 池涌，李晓东，严建华，等. 洗煤泥与污泥处理焚烧技术及工程实例[M]. 北京：化学工业出版社，2006.

[3] 刘森，陈鹏，喻健良. 污泥焚烧工艺与设备综述[J]. 中国材料科技与设备，2006，(5)：49-55.

[4] 王罗春，李雄，赵由才. 污泥干化与焚烧技术[M]. 北京：冶金工业出版社，2010：8-15.

[5] 陈家庆. 环保设备原理与设计：第二版[M]. 北京：中国石化出版社，2008.

[6] 钱惠国. 回转窑式废弃物焚烧炉的设计[J]. 动力工程，2002，22(3)：1819-1821.

[7] 中国石化集团上海工程有限公司. 化工工艺设计手册：上，第四版[M]. 北京：化学工业出版社，2009.

[8] 柴晓利，赵爱华，赵由才. 固体废物焚烧技术[M]，北京：化学工业出版社，2006.

[9] 李媛. 德国斯图加特市污水处理厂污泥焚烧工艺[J]. 国外科技，2004：38-40.

[10] 王凯军，俞金海，俞其林. 城市污水污泥新型干化-焚烧示范工程研究[OL]. 环卫科技网.

第7章

污泥堆肥与农用技术

7.1 污泥堆肥技术概述

污泥因其自身的氮磷含量很高，其中氮含量占 20~50g/kg、磷占 10~20g/kg，有机质含量占 30~600g/kg；另外，污泥中含有的水溶性有机物质、蛋白质、半纤维素等易分解成分含量较高，碳氮比低，供肥能力较强，适宜作为有机肥源使用。将城镇污水厂污泥进行堆肥化处理不仅可以实现污泥的稳定化、减量化和无害化，而且还可以实现污泥的资源化利用，使得污泥中的可用组分快速进入自然循环。

污泥堆肥是指在人工参与控制下，在特定的污泥水分、污泥中 C/N 和通风等条件下将污泥中的有机物转变为肥料的过程，在转变过程中，微生物发挥了主要的作用。污泥通常用于同其他废弃物料混合进行堆肥。污泥堆肥后的产品挥发性物质含量降低、臭气减少，经堆肥化处理后污泥的物理性状明显改善（如含水量降低，呈疏松、分散、粒状），便于贮存、运输和使用。此外，高温堆肥还可以杀灭堆料中的病原菌、虫卵和草籽，使堆肥产品更适合作为土壤改良剂和植物营养源使用。

利用有机固体废弃物生产堆肥，已有几千年的历史，随着生产力发展和科技进步，堆肥化技术已得到不断改进。自 20 世纪 30 年代英国农学家霍华德发明了班加罗堆肥法后，世界各国对固体废弃物的堆肥技术进行了大规模的系统化研究，并取得很大的进展。早在 19 世纪 60 年代初，美国就已经开始了污泥农用技术的研究。1954 年，日本建成了第一座污泥堆肥中心，截至 20 世纪 90 年代末共建成了 35 座。北海道的札幌市拥有日本最大的堆肥厂，其自动化、机械化程度极高，发酵仓等生产设备及生产线产品也具有较大规模。随后，欧美发达国家也相继研发出封闭仓式发酵系统，进料、通风与排料等都以机械方式运行，具有周期短、自动化程度高、日处理污泥量大和堆肥质量稳定等特点，还可以对臭气进行有效控制。我国 20 世纪 60 年代初首次在北京高碑店污水处理厂进行污泥自然通风的堆肥试验，并获得成功，由此确立了污泥好氧堆肥工艺的主导地位。此后在北京、天津、太原、唐山等地陆续进行多项堆肥工业化试验。万若（北京）环境工程技术有限公司根据我国污泥堆肥的具体应用条件经过研发、优化而形成了 ENS 污泥堆肥工艺，该工艺主要包括污泥微观混合预调理、静态条堆、柔和通风、氧温在线监测及通风抽风的智能化控制，青岛即墨污泥堆肥示范项目及北京庞各庄污泥堆肥工艺升级改造项目均采用了此工艺。唐山城市排水有限公司于

2011 年建成的污泥处置厂采用高温好氧发酵工艺，日处理污泥 400t，是目前我国好氧堆肥工艺一次性投入规模最大、自动化水平最高、除臭措施最为完善的污泥无害化处置厂，生产的堆肥产品可用于土壤改良、绿化、农作物施肥等[1]。

堆肥工艺存在多种分类方法，按照堆肥过程的机械化程度不同，可以分为露天堆肥和快速堆肥；按照物料状态的不同，堆肥系统可以分为静态和动态两种；根据微生物生长环境的不同，堆肥工艺可以分为好氧堆肥和厌氧堆肥；根据堆肥化系统复杂程度的不同，可以分为条垛式、强制通风静态垛式和反应器系统。

7.2 污泥的厌氧堆肥技术

厌氧堆肥技术的原理是在无氧条件下，将有机废弃物（包括城市垃圾、植物秸秆、人畜粪便、污水处理厂的剩余污泥等）进行发酵，制成有机肥料，使固体废弃物无害化。厌氧堆肥方式与好氧堆肥法相同，但堆内不设通风系统，堆肥温度较低，腐熟及无害化时间较长。厌氧堆肥方法具有简便、省时省工的特点，适用于不急需用肥或劳动力较少的情况。一般厌氧堆肥要求封堆后一个月左右翻堆一次，有利于微生物的繁殖和料堆的腐熟。

7.2.1 厌氧堆肥原理

污泥的厌氧堆肥是指污泥在无氧的条件下，利用厌氧微生物自身代谢作用分解污泥中的有机物质进行堆肥的过程。厌氧堆肥化实际上是微生物的固体发酵过程，对有机生物固体（污泥）进行降解与稳定化，需通过复杂的生物化学反应。厌氧堆肥堆内不设通气系统，反应过程实质是厌氧微生物在无氧状态下通过对污泥进行液化、酸性发酵、碱性发酵三个阶段后使有机物质转化并稳定化的过程。

（1）液化阶段

液化阶段起主导作用的微生物有纤维素分解菌、脂肪分解菌、蛋白质水解菌。在这些微生物的作用下，不溶性物质 $C_a H_b O_c N_d$ 或 $C_{a_1} H_{b_1} O_{c_1}$ 可转变成可溶性大分子物质。液化反应的微生物都需要消耗一定的 NH_4^+ 和碱度，当电子供体是含氮有机物时，还需要消耗一定的 H^+，且含氮有机物中的氮素会以 NH_4^+ 的形式释放出来（氨化作用）[2]。

$$\frac{1}{r}C_a H_b O_c N_d + \frac{\delta f_s}{s}NH_4^+ + \frac{d}{r}H^+ + \frac{\delta f_s}{s}HCO_3^- \longrightarrow \frac{\delta f_s}{s}C_\alpha H_\beta O_\varepsilon N_\delta +$$

$$\frac{1-f_s}{q_1}C_{a_1} H_{b_1} O_{c_1} + \frac{d}{r}NH_4^+ + \left[\frac{a}{r} - \frac{a_1(1-f_s)}{q_1} - \frac{(\alpha-\delta)f_s}{s}\right]CO_2 +$$

$$+ \left[\frac{(2a_1-c_1)(1-f_s)}{q_1} + \frac{(2\alpha+\delta-\varepsilon)f_s}{s} - \frac{2a-c}{r}\right]H_2O \qquad (7-1)$$

$$\frac{1}{r}C_a H_b O_c N_d + \frac{\delta f_s}{s}NH_4^+ + \frac{d}{r}H^+ + \left[\frac{(1-f_s)}{q_2} + \frac{\delta f_s}{s}\right]HCO_3^- \longrightarrow \frac{\delta f_s}{s}C_\alpha H_\beta O_\varepsilon N_\delta +$$

$$\frac{1-f_s}{q_1}C_{a_2} H_{b_2} O_{c_2} + \frac{d}{r}NH_4^+ + \left[\frac{a}{r} - \frac{a_2(1-f_s)}{q_2} - \frac{(\alpha-\delta)f_s}{s}\right]CO_2 +$$

$$+ \left[\frac{(2a_2-c_2)(1-f_s)}{q_1} + \frac{(2\alpha+\delta-\varepsilon)f_s}{s} - \frac{2a-c}{r}\right]H_2O \qquad (7-2)$$

$$\frac{1}{q_1}C_{a_1} H_{b_1} O_{c_1} + \frac{\delta f_s}{s}NH_4^+ + \left[\frac{(1-f_s)}{q_2} + \frac{\delta f_s}{s}\right]HCO_3^- \longrightarrow \frac{f_s}{s}C_\alpha H_\beta O_\varepsilon N_\delta +$$

$$\frac{1-f_s}{q_2}C_{a_2}H_{b_2}O_{c_2} + \left[\frac{a_1}{q_1} - \frac{(1-f_s)(a_2-1)}{q_2} - \frac{(\alpha-\delta)f_s}{s}\right]CO_2 +$$

$$\left[\frac{(2a_2-c_2)(1-f_s)}{q_1} + \frac{(2\alpha+\delta-\varepsilon)f_s}{s} - \frac{2a-c}{r}\right]H_2O \tag{7-3}$$

上式中，$r=4a+b-2c-3d$；$q_1=4a_1+b_1-2c_1$；$q_2=4a_2+b_2-2c_2+1$；$s=4\alpha+\beta-2\varepsilon-3\delta$。

（2）酸性发酵阶段

酸性发酵主要经历水解和酸化两个过程，水解过程主要将有机物分解成小分子物质，随后的酸化过程中，在特定的酸化菌和产氢产酸菌的作用下，进一步将小分子物质转化成乙酸等挥发性的脂肪酸，同步产生氨、醇、硫化氢和二氧化碳并释放出能量。在酸性发酵的过程初期，酸性物质大量积累，pH 值逐步下降。

此阶段主要是以上阶段产生的可溶性物质作电子供体，在醋酸分解菌和产氢细菌的作用下产生乙酸或氢气的过程。酸性发酵阶段都需要消耗一定的 NH_4^+ 和碱度。

产乙酸过程中的反应如下：

$$\frac{1}{q_1}C_{a_1}H_{b_1}O_{c_1} + \frac{\delta f_s}{s}NH_4^+ + \left[\frac{(1-f_s)}{8} + \frac{\delta f_s}{s}\right]HCO_3^- \longrightarrow \frac{f_s}{s}C_\alpha H_\beta O_\varepsilon N_\delta$$

$$+ \frac{1-f_s}{8}CH_3COO^- + \left[\frac{a_1}{q_1} - \frac{1-f_s}{8} - \frac{(\alpha-\delta)f_s}{s}\right]CO_2 +$$

$$\left[\frac{3(1-f_s)}{8} + \frac{(2\alpha+\delta-\varepsilon)f_s}{s} - \frac{2a_1-c_1}{r}\right]H_2O \tag{7-4}$$

$$\frac{1}{q_2}C_{a_2}H_{b_2}O_{c_2}^- + \frac{\delta f_s}{s}NH_4^+ + \left[\frac{(1-f_s)}{8} + \frac{\delta f_s}{s} - \frac{1}{q_2}\right]HCO_3^- \longrightarrow \frac{f_s}{s}C_\alpha H_\beta O_\varepsilon N_\delta$$

$$+ \frac{1-f_s}{8}CH_3COO^- + \left[\frac{a_2-1}{q_2} - \frac{1-f_s}{8} - \frac{(\alpha-\delta)f_s}{s}\right]CO_2 +$$

$$\left[\frac{3(1-f_s)}{8} + \frac{(2\alpha+\delta-\varepsilon)f_s}{s} - \frac{2a_2-c_2+1}{q_2}\right]H_2O \tag{7-5}$$

产氢过程的反应如下：

$$\frac{1}{q_1}C_{a_1}H_{b_1}O_{c_1} + \frac{\delta f_s}{s}NH_4^+ + \frac{\delta f_s}{s}HCO_3^- + \left[\frac{2a_1-c_1}{q_1} - \frac{(2\alpha+\delta-\varepsilon)f_s}{s}\right]H_2O$$

$$\longrightarrow \frac{f_s}{s}C_\alpha H_\beta O_\varepsilon N_\delta + \frac{1-f_s}{2}H_2 + \left[\frac{a_1}{q_1} - \frac{(\alpha-\delta)f_s}{s}\right]CO_2 \tag{7-6}$$

$$\frac{1}{q_2}C_{a_2}H_{b_2}O_{c_2}^- + \frac{\delta f_s}{s}NH_4^+ + \left[\frac{\delta f_s}{s} - \frac{1}{q_2}\right]HCO_3^- + \left[\frac{2a_2-c_2+1}{q_2} - \frac{(2\alpha+\delta-\varepsilon)f_s}{s}\right]H_2O$$

$$\longrightarrow \frac{f_s}{s}C_\alpha H_\beta O_\varepsilon N_\delta + \frac{1-f_s}{2}H_2 + \left[\frac{a_2-1}{q_2} - \frac{(\alpha-\delta)f_s}{s}\right]CO_2 \tag{7-7}$$

（3）碱性发酵阶段

此阶段是产甲烷菌以 H_2 或乙酸、甲醇等为电子供体进行的厌氧发酵过程。

以 H_2 为电子供体的反应：

$$\frac{1}{2}H_2 + \frac{\delta f_s}{s}NH_4^+ + \frac{\delta f_s}{s}HCO_3^- + \left[\frac{1-f_s}{8} - \frac{(\alpha-\delta)f_s}{s}\right]CO_2 \longrightarrow \frac{f_s}{s}C_\alpha H_\beta O_\varepsilon N_\delta$$

$$+ \frac{1-f_s}{8}CH_4 + \left[\frac{1-f_s}{4} + \frac{(2\alpha+\delta-\varepsilon)f_s}{s}\right]H_2O \tag{7-8}$$

以甲醇为电子供体的反应：

$$\frac{1}{6}CH_3OH + \frac{\delta f_s}{s}NH_4^+ + \frac{\delta f_s}{s}HCO_3^- + \left[\frac{3f_s-1}{12} - \frac{(2\alpha+\delta-\varepsilon)f}{s}\right]H_2O \longrightarrow$$

$$\frac{f_s}{s}C_\alpha H_\beta O_\varepsilon N_\delta + \frac{1-f_s}{8}CH_4 + \left[\frac{1}{24} + \frac{f_s}{8} - \frac{(\alpha-\delta)f_s}{s}\right]CO_2 \qquad (7-9)$$

产甲烷阶段的电子供体为 H_2 和甲醇，此时还需要消耗一定的 NH_4^+ 和碱度，当采用乙酸等为电子供体时，会产生一定量的碱度，此过程进行速率较慢，因此厌氧堆肥时间常是好氧堆肥化的 $3\sim4$ 倍甚至更多；而且厌氧堆肥化过程中易产生臭气，导致蚊虫滋生，卫生条件也相对较差，目前已逐渐被好氧堆肥所替代，所以通常堆肥化指的是好氧堆肥化[2]。

有机物和醇类物质在产甲烷菌作用下开始分解，生成甲烷和二氧化碳。随着分解过程的加长，产甲烷菌快速繁殖，污泥中的有机酸快速分解，pH 值快速升高，这一阶段就称为碱性发酵阶段。在厌氧菌的作用下，厌氧堆肥过程中的一部分氮转化成可溶性的易于被植物吸收的氨氮，厌氧菌的生长条件的好坏决定了氨氮生成的多少，因此可以用污泥中 NH_4^+-N 含量来间接反映污泥堆肥的腐熟程度，经过堆肥化处理后的污泥，其形态由黏结状逐渐变为分散的疏松态，且呈均匀的颗粒态，NH_4^+-N 含量也大大提高，污泥中含有的磷和钾，也更有利于植物吸收，因此发酵腐熟的污泥适合作为农业用肥或者土壤的改良剂。堆肥过程中所需能量可由消化产生的沼气提供，降低了处理费用。厌氧堆肥操作简便，其经济效益、社会效益显著。但是厌氧堆肥运行周期较长（一般需 $3\sim6$ 个月）、易产生恶臭且占地面积大，因此厌氧堆肥不适合大面积推广。

7.2.2 堆肥过程中碳、氮和磷的转化

7.2.2.1 碳的转化

堆肥过程中，微生物活动需要能源和碳源，其主要来自于污泥中的含碳物质。污泥中有机物降解产生的能量，有一部分用作微生物活动和生长，另一部分用作合成新的菌体。其分解的途径如下：污泥中含碳化合物先分解成单糖，然后在发酵细菌的作用下转化为小分子有机酸，有机酸在产甲烷菌的作用下再转化成 CO_2、CH_4 和能量，还产生一部分以褐腐酸和富里酸为主要成分的腐殖酸类物质。

在堆肥过程中，易降解和简单的有机物通过微生物的代谢作用和矿化首先被消耗掉，这些易降解的有机物包括可溶性糖类、部分有机酸和淀粉等；接着较难降解的有机物通过特殊分泌的水解酶被水解掉，这些分解反应主要是发生在这些物质的表面，受到有机物分解速度的影响，通常这些反应速率比较缓慢。

7.2.2.2 氮的转化

氮是微生物原生质的主要构成物质。污泥中的氮元素以蛋白质、尿素和胺类物质等有机氮为主要形式存在，还以氨氮、亚硝酸盐和硝酸盐等无机物的形式存在。在堆肥过程中，氮元素通过微生物的代谢作用实现转移和利用，氮元素的转化包括氮元素的固定和氮元素的释放两个过程；氮元素的固定指以氨氮作为氮源合成微生物，氮的释放指通过微生物的代谢作用使有机物转化为氨氮。

在氨化细菌的氨化作用下，蛋白质上的氨基被脱下，生成 NH_3，完成有机氨向 NH_3 的转化，转化后的 NH_3 除了可以作为微生物新细胞合成所必需的氮源供体，还具有一定的缓冲作用。在缺氧状态的反硝化作用下，硝酸盐被还原成亚硝酸盐并被进一步分解转化为

氮气。

7.2.2.3 磷的转化

随着含磷洗涤剂的大量使用，城市生活污水中的含磷量逐渐升高，因此城市污水污泥中的含磷量也相对较高。污泥中的磷有多种存在形式，主要是以磷酸盐状态存在，包括无机磷和有机结合磷酸盐。

在厌氧堆肥过程中，污泥中的大部分无机磷可被转化为有机磷形态，提高了磷的利用率。研究表明，堆肥过程中产生的腐殖酸类物质对无机磷有活化作用，其还可以抑制土壤对水溶性磷酸盐的固定作用，经过堆肥后，污泥中的磷不仅具有了较高的生物有效性，还能减少土壤对磷酸盐的固定，因此污泥农用可增加污泥和土壤中磷的有效性。

7.2.3 堆肥过程中含水率和温度的变化

厌氧堆肥过程中有机物的分解会产生一定的热量，这部分热量使堆肥污泥的温度升高，升高的温度使堆肥中的水分以水蒸气的形式被蒸发，污泥堆肥的含水率会逐渐降低。

7.2.4 堆肥过程中 pH 值的变化

按照美国环保局（US EPA）的规定，污泥与调理剂的 pH 值应维持在 6～9 之间。在堆肥过程中，含氮有机物分解会产生氨气，则会导致 pH 值升高，而有机物分解产生大量有机酸则会导致 pH 值降低，所以在整个厌氧堆肥过程中，pH 值波动情况主要与氨气和有机酸的产生量有关，过程中应控制保持在适宜的范围内。微生物生命活动受 pH 值高低的影响较大，适宜的 pH 值可以使微生物有效地发挥分解作用，保留堆肥中有效含氮成分，pH 值过高或者过低都会影响堆肥的效果。

7.2.5 堆肥过程中的 NH_4^+-N 变化

水溶性速效态铵（NH_4^+-N）在污泥中是以交换态存在的，可以立即被植物所吸收利用，厌氧堆肥过程中，在厌氧细菌的作用下，部分含氮物质转化为易被植物吸收的可溶性氨氮，其中厌氧细菌的生长状态越好，氨氮的转化量越大，污泥中 NH_4^+-N 含量的高低直接影响到污泥堆肥化程度的好坏。在堆肥反应的初始阶段，堆肥中氨氮含量大幅度上升，经过一段反应时间后氨氮含量上升到最大值后下降，主要是因为在密封环境下进行的污泥厌氧堆肥产生的甲烷、氢、二氧化碳等代谢产物不能及时排出，从而限制产氢产甲烷菌的活动，结果导致酸性发酵状态逐步结束，氨氮产量也由最大值逐渐下降，此时就可以认为污泥厌氧堆肥过程已经结束，氨氮可以作为污泥厌氧堆肥的控制参数。

污泥的厌氧堆肥实际上是一个厌氧发酵的过程，其中发酵（酸化）细菌、产氢产酸菌和产甲烷菌是相互制约且协同生长的，并且始终处于动态平衡，分别对有机物的酸性发酵和碱性发酵过程起着主导作用。首先，产甲烷菌分解的乙酸、氢等物质浓度增大（氢分压增大），从而使得产氢产乙酸菌无法正常发挥其分解发酵细菌所产生的小分子有机酸的作用，造成这些酸性物质的累积。

7.3 污泥的好氧堆肥技术

好氧堆肥的环境条件较好，过程中不会产生恶臭，因此目前的堆肥工艺一般采用好氧堆肥。与厌氧堆肥相比较，好氧堆肥过程中有机物的分解速度快，有机物降解得更为彻底，堆肥的周期相对较短，一般情况下好氧堆肥的一次发酵时间约为 4～12d，二次发酵时间为10～30d；因为好氧堆肥过程中堆体温度较高，可以有效灭活病原体、寄生虫卵以及污泥中的植物种子，所以使腐熟的堆肥达到无害化。

污泥的好氧堆肥，一般采用污泥作为基质，但需要加入一定量的调理剂或膨胀剂，通过微生物的发酵作用，将污泥转变为肥料。通过堆肥过程，可以将污泥中的有机物质由不稳定的状态转变为稳定的腐殖质状态，并且污泥中的重金属还可以得到固化和钝化。堆肥产品疏松、分散，呈细粒状，不含病原菌和杂草种子，而且无臭无蝇，可作为土壤改良剂和有机肥料。

7.3.1 好氧堆肥的操作原理

7.3.1.1 基本原理

好氧堆肥是好氧微生物在与空气充分接触的条件下，使堆肥原料中的有机物发生一系列放热分解反应，最终使有机物转化为简单而稳定的腐殖质过程。污泥的堆肥过程耗时短、温度高，温度范围在 50～60℃，最高可以达到 80～90℃。

堆肥过程中微生物的作用主要分为发热、高温、降温和腐熟几个阶段。其中发热阶段作为发酵的前期阶段，通常会持续 1～3d，期间主要微生物为中温菌和真菌，消耗污泥中易分解的淀粉等糖类物质，繁殖速度快，温度升高迅速。高温阶段存在于主发酵和二次发酵过程中，持续时间可达到 3～8d，温度上升至 50℃以上，此阶段主要起作用的微生物为嗜热性真菌和放线菌，60℃时，占主要地位的为嗜热性放线菌和细菌。

在污泥堆肥过程中，有机物可以被生物所吸收，其中溶解性有机物质主要透过微生物的细胞壁和细胞膜被微生物吸收，固体性和胶体性有机物先是附着在微生物体外，然后被生物所分泌的胞外酶分解为溶解性物质，然后再渗入细胞。微生物通过氧化、还原、合成等自身的生命活动过程，将一部分被吸收的有机物氧化成简单的无机物，并释放出生物生命活动所需能量，同时将另一部分有机物转化为生物体所必需的营养物质，合成新的细胞物质，微生物逐渐生长繁殖，从而产生更多的生物体，其过程如图 7-1 所示[3]。

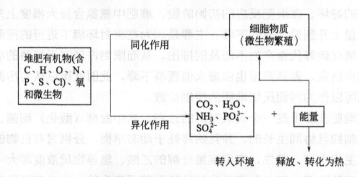

图 7-1 好氧堆肥过程基本原理

堆肥过程中有机物氧化分解的关系可用下式表示：

$$C_sH_tN_uO_v \cdot aH_2O + bO_2 \longrightarrow C_wH_xN_yO_z \cdot cH_2O +$$
$$dH_2O(g) + eH_2O(l) + fCO_2 + gNH_3 + 能量 \tag{7-10}$$

通常情况下，堆肥产品质量占堆肥原料质量的 30%～50%。这是由于氧化分解后减量化的结果。一般情况下，w、x、y、z 的取值范围为 $w=5\sim10$，$x=7\sim17$，$y=1$，$z=2\sim8$。

堆肥过程中有机物的氧化和合成如式（7-11）～式（7-14）所示：

（1）有机物的氧化过程

不含氮有机物（$C_xH_yO_z$）的氧化：

$$C_xH_yO_z+\left(x+\frac{1}{2}y-\frac{1}{2}z\right)O_2\longrightarrow xCO_2+\frac{y}{2}H_2O+能量 \tag{7-11}$$

含氮有机物（$C_sH_tN_uO_v\cdot aH_2O$）的氧化：

$$C_sH_tN_uO_v\cdot aH_2O+bO_2\longrightarrow C_wH_xN_yO_z\cdot cH_2O+dH_2O(g)+eH_2O(l)$$
$$+fCO_2+gNH_3+能量 \tag{7-12}$$

（2）细胞质的合成过程：

$$nC_xH_yO_z+NH_3+(nx+\frac{ny}{4}-\frac{nz}{2}-5)O_2\longrightarrow C_5H_7NO_2（细胞物质）$$

$$+(nx-5)CO_2+\frac{1}{2}(ny-4)H_2O+能量 \tag{7-13}$$

（3）细胞物质的氧化过程：

$$C_5H_7NO_2（细胞物质）+5O_2\longrightarrow 5CO_2+2H_2O+NH_3+能量 \tag{7-14}$$

7.3.1.2 堆肥过程

堆肥是堆肥原料矿质化和腐殖化的过程，也是一系列微生物活动的复杂过程。在堆肥过程中，堆料内的有机物和无机物发生着复杂的分解和合成变化，各种微生物的组成也发生着相应的变化，从堆肥过程来看主要分为潜伏阶段、中温阶段、高温阶段、腐熟阶段。

（1）潜伏阶段

此阶段指堆肥开始时微生物开始适应新环境的过程，又称为驯化过程。

（2）中温阶段

此阶段为嗜温性细菌、酵母菌和放线菌等嗜温微生物利用堆肥中最易分解的淀粉等可溶性糖类物质进行繁殖，它们在转化和利用化学能的过程中，有一部分变成热能，而堆料有良好的保温作用，致使堆料温度不断上升，当堆料温度升至 45℃ 以上时，进入高温阶段。

（3）高温阶段

堆肥进入高温阶段后，嗜温性微生物受到抑制甚至死亡，取代它们的是一系列嗜热性微生物（真菌、放线菌等）。堆料中剩余的和新形成的可溶性有机物继续分解转化，复杂的和难分解的有机化合物也逐渐开始被分解，开始形成腐殖质，堆肥物料进入到稳定状态。高温阶段，各种病原微生物都会死亡，各种种子也会被破坏失去活性，腐殖质和溶于弱碱的黑色物质开始形成，堆料 C/N 明显下降，堆料高度也随之降低，按我国高温堆肥卫生标准《粪便无害化卫生要求》（GB 7959—2012），要求堆肥最高温度达 50～55℃ 以上，持续 5～7d[4]。

（4）腐熟阶段

当高温持续一段时间后，易分解的有机物（包括纤维素等）已大部分降解，只剩下小部分较难降解的有机物和新合成的腐殖质，此时微生物活性下降，发热量减少，温度降低。此时嗜温菌会再次占据优势，对剩余的较难分解的有机物进行进一步的分解，腐殖质的产生量会不断增加且趋于稳定化。当堆料温度下降且稳定在 40℃ 左右时，堆肥基本达到稳定。

通常利用堆肥温度变化作为堆肥过程（阶段）的评价指标。完整的堆肥过程由上述四个阶段组成。

7.3.1.3　堆肥过程中污泥成分变化

在污泥堆肥过程中，微生物种群在人工控制反应条件的情况下发生一系列的生化反应，共同完成有机成分和部分污染物的代谢反应。反应过程中，污泥中微生物和酶类物质均发生了一定的转化，有机组分也在微生物作用下发生了一定的降解。

污泥堆肥过程中，在微生物和酶的作用下，大分子有机物质转化成低分子的有机化合物、腐殖质以及 CO_2、氨、水和无机盐等有利于植物吸收利用的成分，经施用于农田后，通过土壤微生物的进一步分解作用，迅速转化被植物所吸收利用，可使有益微生物菌群增加，有机污染物得以分解。另外，堆肥过程中的高温效应，可杀灭有害的病原菌、蛔虫卵、杂草种子等，对污泥中的重金属的存在形态或活性也有所影响。

（1）微生物的转化

在好氧堆肥系统中比较活跃且对发酵起作用的微生物主要有细菌、真菌及放线菌等。堆肥反应初期，由于有机物分解产热，使反应堆体温度上升迅速，堆层基本呈现中温状态，此时中温菌较为活跃。由于中温菌不断地分解有机物，堆体温度进一步升高，可以达到 $50\sim60℃$，此时酵母菌、霉菌及硝化细菌等随之减少，大量死亡，而耐高温菌大量繁殖。通常中温菌的适宜生长温度为 $30\sim40℃$，高温菌为 $45\sim60℃$。通常状况下，孢子细菌和无性繁殖细胞，如各种病原菌、蛔虫卵、寄生虫、孢子及杂草种子等，都可在 $60\sim70℃$ 下，经 $5\sim10min$ 被杀灭。实验表明，在温度为 $60℃$ 时，持续 $30min$ 后，大肠杆菌和沙门菌的数量可减少 6 个数量级。细胞的热死部分，是由于酶的灭活所致，而酶在高温下灭活是不可逆反应。高温菌对堆肥的分解速度快，减少了堆肥后的产品对动植物及人体的危害[5]。在发酵后期，温度继续降低，霉菌、亚硝酸菌、硝酸菌及可以分解纤维素的细菌再次增殖，但此时最多的优势菌为放线菌。

（2）蛋白质的降解

污泥中的蛋白质主要来源于污泥菌胶团的菌细胞及污泥所吸附的生活污水及工业废水，如食品加工、屠宰场、制革等废水中的蛋白质。蛋白质是由 20 多种不同的氨基酸相互连接而组成的巨大分子，其分子量大约从一万到数百万，构成极其复杂，蛋白质的主要组成元素是碳和氮。蛋白质本身是不能被植物和细菌直接利用的，其降解分为以下过程。

① 蛋白质的水解。首先在蛋白酶的作用下生成肽，在肽酶的作用下生成氨基酸。

② 氨基酸的降解。在污泥堆肥过程中，蛋白质在酶的作用下，分解成氨基酸，一部分作为细菌的营养成分，被微生物的生长所利用，另一部分分解为小分子的有机物（如酰胺）和无机物。其中小分子有机物施用于农田后，被土壤中的微生物分解转化为植物可吸收利用的硝酸盐类，从而被植物所利用。

（3）脂肪的降解

污泥中的脂肪主要是死亡的微生物菌体以及存在于生活污水和工业废水中的油脂。脂肪是比较稳定的有机物，所以在堆肥中应将脂肪充分降解，以减少施肥后对土壤微生物的负担。由于脂肪是青霉、曲霉和乳霉等真菌的营养和能量来源，因此，在堆肥中充分将脂肪降解，可以抑制施肥后农田中霉菌的大量繁殖。脂肪的分解过程属于放热反应，也是污泥堆肥中的主要热源。在污泥堆肥过程中，脂肪在细菌的作用下发生降解，降解过程主要是脂肪的水解及甘油、脂肪酸在细菌细胞内的氧化。

（4）糖类物质的降解

污泥中的糖类物质主要来源于污泥中的淀粉、纤维素、半纤维素、甲壳素、果胶质及木质素等，这些物质是由很多单细胞组成的复合糖。糖类物质是大多数细菌、微生物、动物和人类在生命活动过程中的主要能源和碳源。在污泥堆肥过程中，糖类物质的降解，可以为细菌和微生物提供营养和腐殖质。堆肥施用于农田后，其腐殖质可以改善土壤的耕作性质及结构。由于它的纤维状性质，使土壤具有易碎性和防止硬结成一团，增加土壤的孔隙度；由于与土壤胶体发生了化学结合，产生一种新的更亲水的表面，增加了土壤的保水能力。在污泥堆肥中，多糖类的降解主要是淀粉、纤维素和木质素的降解等。淀粉和纤维素降解的产物均为葡萄糖；而木质素却极难降解，污泥堆肥产生的腐殖质主要是由木质素构成。

（5）有机污染物的降解

采用活性污泥法处理污水过程的净化作用一般为两个阶段。第一阶段是吸附阶段，主要是对污废水中的有机物进行吸附作用，同时进行吸收和氧化作用，但吸附作用为主。第二阶段是氧化阶段，主要是继续分解氧化前阶段被吸附和吸收的有机物，同时也继续吸附前阶段未吸附和吸收的残余物质，其中多为对人体有害的污染物。污泥堆肥过程的主要目的就是将这些物质进行分解，使之无害化。污泥中有机污染物的降解，与前面所述的蛋白质、脂肪及糖类的降解过程类似，都是由微生物通过酶的作用，将其由大分子分解为小分子，最终分解成对植物无害及可被植物吸收的成分的过程。

7.3.2 好氧堆肥基本工艺

堆肥过程主要分为前处理、一次发酵、二次发酵和后处理四个过程，其一般的工艺流程如图 7-2 所示[1]。

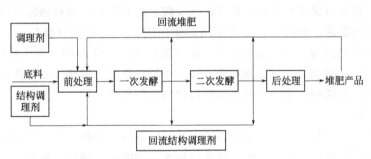

图 7-2 好氧堆肥工艺流程

（1）前处理

一般污水处理厂的脱水污泥含水率高，污泥呈片状或块状，结构紧密，通气性差；而加消石灰作助凝剂的脱水污泥则 pH 值高，不能正常发酵。因此，必须对污泥进行前处理，包括调整含水率、pH 值和粒度等参数，再利用成品进行接种发酵。

1）含水率调整 脱水污泥饼的含水率通常高达 75%～85%，过高的水分会堵塞堆料中的空隙，影响通风，导致厌氧发酵和温度的急剧下降。水分过低（低于 40%）则不利于微生物的生长。好氧堆肥化污泥含水率一般应调整到 60%～65%。调整含水率的方法有添加辅料、成品堆肥回流、干燥和二次脱水等[1]。

① 辅料添加法。由于前处理装置简单，且能显著改善脱水泥饼的通气性，因此被广泛应用于高含水率的污泥。一般在污泥中加入体积比 1∶1 的辅料后，即可得到含水率 60%～65%，通气性能良好的堆料。常用的辅料有木屑、米糠、稻草等，在选择辅料时必须注意木屑等木质材料与米糠、稻草等植物秸秆相比含有更多的难降解成分，若选用木质材料作为辅

料，则堆肥过程中二次发酵阶段会耗时更长。

② 成品堆肥回流法。在调整含水率的同时，还能调整 pH 值和进行接种，因此常用于添加消石灰处理后高 pH 值的脱水污泥。采用此种前处理方法时，堆料含水率必须调整到 50％左右，所以它适用于含水率较低的污泥，而含水率高的污泥则需要添加 3～5 倍体积的成品堆肥，这样会使发酵设备过大，投资和能耗增加。成品堆肥回流法的优点是不需要额外供给辅料，堆料中带入的难降解物质少，可不必进行二次发酵，堆肥发酵时间短。

③ 污泥干燥。通常采用气流式干燥或流化床式干燥，均需要有密闭的干燥设备和热源，设备投资多且能耗高。污泥二次脱水机性能目前还没有很好地解决，所以干燥和二次脱水目前很少应用于污泥堆肥的前处理中，一般作为成品堆肥回流方式的辅助手段。

2）pH 值调整　一般的脱水污泥不必进行 pH 值调整，但脱水时添加了消石灰的脱水污泥 pH 值可高达 11～13，不经过 pH 值调整通常不能发酵。脱水泥饼的 pH 值调整常用通过具有 pH 值缓冲能力的成品污泥回流来实现，这种方法还可以同时调整含水率，调整后的 pH 值在 10.0～10.5 即可。向发酵槽内通入含二氧化碳的废气，也是一种常用的调节污泥 pH 值的前处理方法。

3）粒度调整　污泥不同于生活垃圾，粒度较小，脱水污泥通常呈片状团块，比较密实，需将粒度调整至 1～2cm 内才可以应用。在实际工艺中添加辅料或进行成品堆肥回流混合时，大都已使污泥分散，其粒度降低到工艺要求，因此不必专门进行粉碎，但用叶片型或螺旋型混合机进行混合时形成的堆料还需进行粒度调整。

4）接种　脱水污泥中通常含有大量微生物，只要工艺条件合适，无需接种也能发酵，但在使用机械装置进行快速发酵时，为了加速反应，必须接种，接种通常采用成品堆肥回流来实现，按接种的要求，成品回流量占原污泥体积的 20％～30％（体积比）即可。有时为了加快污泥堆肥腐熟时间、减少氮素损失、提高堆肥品质，在堆肥过程中接种微生物菌剂，如接种固氮菌减少氮素损失，提高堆肥含氮量，接种纤维素分解菌以利于堆料中有机物质的快速分解，或接种解磷解钾菌及复合微生物以提高堆肥品质。

（2）一次发酵

将经前处理过的脱水污泥投入发酵装置，并开始通气，在微生物的作用下，开始好氧发酵，首先是易分解的物质分解，产生二氧化碳和水，同时产生热量，使堆料温度上升。

发酵初期主要是靠嗜温菌对污泥进行分解，随着堆温的升高，最适宜温度为 45～60℃的嗜热菌代替嗜温菌，在 60～70℃或更高温度下进行高效率的分解（高温分解比低温分解更迅速），此时堆料温度最高可达 65～75℃。这种状态的持续时间由通风量决定，通风量大，则持续时间短，通风量小，持续时间长。保持一定时间高温后，温度开始下降，逐渐达到常温，标志一次发酵结束。整个工艺过程一般需 10～12d，以高温阶段持续时间长。一次发酵过程中，主要是脂肪、蛋白质、碳水化合物等生物易降解物质发生转化成为较稳定的腐殖质和有机酸。因此，BOD 明显下降，改善了污泥的性能，消除了恶臭，同时由于较长时间使堆料温度保持在 65～75℃，也杀灭了致病菌、虫卵和草籽，卫生状况得到改善。一般一次发酵中若采用添加辅料方式，成品水分为 40％～50％，成品堆肥回流方式水分 30％～35％。一次发酵是完成堆肥过程的升温和高温发酵阶段（主发酵阶段），使堆肥物料达到初步生物稳定，其稳定的标志是好氧速率下降和温度下降。

（3）二次发酵

二次发酵是将一次发酵工序中尚未分解的易降解有机物及难降解有机物进一步分解，使之变成腐殖质、有机酸等比较稳定的有机物，得到完全腐熟的堆肥制品的过程。采用成品堆肥回流法一次发酵的堆料即可作为成品施用于农田，但采用添加辅料或与生活垃圾混合的堆料，经一次发酵后，仍有大量纤维素、木质素等难降解有机物残留，堆肥产品未熟化。而未熟化的堆肥施用于农田，对植物生长不利。碳氮比过高时，其进一步分解会消耗土壤中的氮，使土壤处于缺氮状态，而碳氮比过低，施于土壤中后会进一步分解放出 NH_3，阻碍植物生长，因此需要对未熟化的一次发酵产品进行二次发酵。二次发酵可在封闭的反应器内进行，由于二次发酵周期长，用机械装置的发酵槽体积过大，不够经济，所以二次发酵通常在敞开的场地、料仓内进行，物料堆积高度一般为 1~2m，有时还需要翻堆或通气，一般每周翻堆一次即可。

（4）后处理

经过二次发酵工序处理后的物料，几乎所有的有机物都被稳定化和减量化，但在前处理中带入的杂物还需经过一道分选工序去除。可采用回转式振动筛、磁选机、风选机等预处理设备分离去除上述杂质，并根据需要进行破碎（如生产精肥），也可依据农田的土壤条件，在散装堆肥中加入氮、磷、钾等添加剂后生产复合肥。

7.3.3 好氧堆肥的工艺控制参数

堆肥技术是资源的回收与利用技术，它产生的最终产品是有机肥，而有机肥的质量由发酵的工艺条件和污泥性质决定，因此操作和控制堆肥工艺在好氧堆肥过程中具有十分重要的作用。

7.3.3.1 原料

很多物料都可以作为堆肥的原料，但不是任何原料都可以通过好氧堆肥获得合格的有机肥产品。好氧堆肥过程是利用好氧微生物的活动来降解和转化有机物，所有影响好氧微生物生长繁殖的因素都会影响堆肥过程，最终也影响堆肥产品质量。在原料中需要控制的指标和参数主要有碳氮比、含水率、空隙率、pH 值和有毒有害物质的含量。

（1）碳氮比

碳和氮是维持微生物生命活动和进行细胞合成的重要原料和能量来源的元素，而微生物对有机物的降解和转化是堆肥化的核心，因此必须控制堆肥原料的碳氮比，确保微生物降解和转化的过程能顺利、高效地进行。一般碳氮比控制在 20~30 较为适宜。若是碳氮比过高，微生物在增殖时会出现氮源不足，从而使微生物生长受到限制，导致有机物的降解速度较为缓慢，还会容易引起杂菌感染。另外，没有足够的微生物产酶会造成碳源的浪费和酶产量的下降，同时也会造成成品堆肥的碳氮比过高，这样的堆肥进入土壤后会造成土壤进入到"氮饥饿"状态，影响作物的生长繁殖；若碳氮比过低，即氮源过多，会造成微生物生长过剩，导致碳源的供应不足，易引起菌体的衰老和自溶，这会造成有效成分氮的损失且对环境造成影响，会直接影响农作物生长。堆肥过程中可以通过添加各种辅料来调整碳氮比，几种常见辅料的碳氮比如表 7-1 所列。

表 7-1 常见辅料的碳氮比

物料	碳氮比	物料	碳氮比
稻草、麦秆	70~100	杂草	12~19
稻壳	70~100	木屑	200~1700

物料	碳氮比	物料	碳氮比
树皮	100～350	鸡粪	5～10
牛粪	8～26	厨余	20～25
猪粪	7～15		

磷也是堆肥时微生物所必需的营养元素之一，堆肥化所需碳磷比一般为75～150，因为污泥中含有较多的磷，所以一般不必进行堆料的碳磷比调整。

(2) 含水率

含水率是衡量好氧发酵需氧量的一个重要指标，其多少会影响好氧堆肥的反应速率，也会影响堆肥的最终质量，甚至还能影响堆肥工艺的正常运行。在堆肥过程中，水分主要起两方面的作用：一是溶解有机物质，促进微生物的新陈代谢；二是水分蒸发时可以带走堆料中的热量，能起到调节堆料温度的作用。

在堆肥期间，含水量过少会影响微生物的代谢活动，如果堆料含水率低于20%，细菌的代谢活动就会停止；含水率过高会使堆料内的自由空间减少，造成通气性差，会形成微生物的厌氧发酵，过程中产生臭味，且降解速率也会下降，导致堆肥腐熟时间延长。

在堆肥过程中，随着时间的推移，堆料温度逐渐升高，堆料水分不断蒸发。水分的快速蒸发发生在堆肥的前10d，之后随着污泥堆体温度的下降，水分蒸发速率则不断减慢。大量试验结果表明，污泥堆肥的适宜含水率上限为80%，下限为30%，最佳含水率为60%。污水厂机械脱水后的污泥含水率一般在80%左右，所以在污泥好氧堆肥前需要进行含水率的调节。在实际操作过程中，含水量大的污泥可通过加入吸湿性强的调理剂如木屑和稻草等来降低含水率，还可以采取掀开覆盖于堆体上的薄膜，增加翻堆频率，增大通气量来加快水分的散失。如果含水率超过80%，则只能通过添加有机物质，调整有机质含量来调节含水率。含水量过低的污泥则通过添加水分来使其含水率达到需要值。

(3) 空隙率

空隙率是指堆料中可被流体（空气、水）自由占据的空间体积与堆体总体积之比。污水厂的污泥一般都进行了机械脱水，脱水过程中还会添加部分絮凝剂，所以污水厂产生的污泥比较黏稠和致密，同时由于污泥堆积过程中的自身重力原因，也很容易压成较大的团块，所以污泥单独堆肥时基本无法保证堆肥空隙率的要求，需要添加秸秆、木屑等有机调理剂使其能达到正常发酵所需的空隙率。一般情况下，静态堆肥的空隙率控制在50%以上，动态堆肥控制在35%以上。

(4) pH值

在堆肥过程中微生物的降解活动需要一个微酸性或中性的环境条件，pH值过高或过低都不利于微生物的繁殖和有机物的降解。pH值对好氧堆肥影响较大，当pH值低于5.2或高于8.8时，堆肥无法进行，同时随着堆肥过程中pH值的变化，温度、耗氧量和质量也会随之变化。堆肥初期，污泥中的含氮化合物在微生物作用下氨化，产生大量氨气，不能及时散失，使得堆体pH值升高；堆肥后期，氮的氨化挥发作用减弱，同时氨可以作为有机质而被利用，硝化作用增强，有机物分解产生有机酸，pH值下降。

在堆肥过程中，适于操作的pH值为5.2～8.8，最佳pH值为7.6～8.7。实际操作过程中，调节污泥的pH值可以通过下列方式实现：通过调整碳氮比控制氨的产生量和损失量，进而控制 pH 值处于合适的区间；通过成品回流或者添加辅料，防止局部厌氧和有机酸的过量产生而使 pH 值下降。但在大多数情况下，污泥呈微弱碱性，为适宜的微生物生长环境，堆肥过程中无需进行 pH 值的调整。反应的 pH 值不仅取决于原料的组成，在堆肥过程中也会随着反应的进行发生变化。堆肥反应本身属于生化反应，因此 pH 值必须满足微生物的生长条件。污泥一般情况下呈中性，堆肥化时一般不需要调整其 pH 值，但是采用添加消石灰后机械脱水的污泥 pH 值一般在 11~12，这样的污泥需要在堆肥前先对 pH 值进行调节，可采用堆放一段时间或者掺入成品堆肥的方式，使其 pH 值下降后再进行堆肥。不管堆肥的物料如何，堆肥结束时的物料的 pH 值基本为 7~8，因此可以用 pH 值作为堆肥是否熟化的控制指标。

（5）有毒有害物质

污泥主要是由废水生物处理过程产生的，重金属会在处理过程中发生生物浓缩，所以污泥中重金属的浓度比废水中高。不过正常情况下污泥中重金属不会影响堆肥过程，受污染污泥需要考虑重金属的影响。重金属含量过高的"受污染污泥"不但会影响污泥堆肥效果，更重要的是会影响堆肥产品的质量。

7.3.3.2 通气量

污泥好氧堆肥需要良好的通风供氧条件，通风量的多少会影响到微生物的活动程度、有机物的分解速度、物料含水率以及颗粒的大小等。运行良好的污泥堆肥系统通常需要充足的供氧能力、氧气在物料各处的分布均匀以及通风与干化之间的关系等因素。好氧堆肥化过程需要大量空气，一方面生化反应需要氧气，另一方面排气又可将堆料中的热量和水分带出，维持适当的生化反应条件，因此控制通气量必须综合考虑各种因素。堆肥化的不同阶段，通气目的不同。堆肥初期堆料中易降解有机物含量高，有机物氧化分解迅速，料堆温度可上升到 70℃ 以上。增加通气量可以为微生物提供所需的氧和维持良好的生物生存环境，使堆体中的氧含量保持在 5%~15%，但如果通气量过大，则所产生的热量大部分被带走，使嗜热细菌活性降低，反而使生物降解速度减小；通气量过小，被带走的热量少，长时间保持高温，造成供氧不足，发生厌氧发酵，有机物分解量减少。当进入堆肥后期，有机物被基本分解完，通气主要是为了减少堆肥产品的水分，使产品便于贮存，可适当减少通气量。

由于堆肥不同阶段的优势微生物不同，各阶段主要发生的生化反应也不同，所以各阶段需要的通风量也不同。为了能尽量降低能耗且还能满足微生物需氧量要求，目前的堆肥工艺主要采用时间和温度联合控制的方式来调整通风量。有研究表明，发酵温度在 55℃ 时的氧气浓度以 5%~15% 为宜，此时通风量应设置在 1.5~2.0m³/min，堆肥后期的通风量需要加强，以减少臭气并降低肥堆的温度。

7.3.3.3 温度

温度是堆肥化过程需要重点操作控制的参数。不同的微生物适宜生产的温度范围是不同的，不同的温度情况下，可以生存的微生物种类和数量也不相同，这就造成不同温度情况下其对有机物的分解能力存在差异。

发酵反应的初期，主要是嗜温菌起作用，其适宜温度为 30~50℃，随着堆料温度的升高，逐渐被嗜热菌所取代，其适宜温度为 45~65℃，温度会直接影响有机物的降解速度，所以一般温度应控制在 45~65℃，微生物活性最大时的适宜温度为 55~60℃。微生物的分解活动还是一个放热过程，若不加以控制，堆料温度可达 75~80℃，此温度下微生物的活性会急剧降低，有机质会被过度消耗，产生的堆肥品质会降低。如果温度过低也不利于微生物的活性，例如微生物在 40℃左右的活性只有最适温度时的 2/3 左右，温度过低会导致发酵时间延长。

堆肥化温度控制的另一目的是杀灭堆料中的病原菌、寄生虫卵和杂草种子，堆肥化过程若能 24h 维持在 60℃以上，即可达到无害化目的，但根据美国环保局（EPA）的规定，深度灭菌的标准是条垛料堆内温度大于 55℃的时间至少 15d，且在操作过程中至少翻动 5 次；对强制通风静态垛系统和发酵槽系统，料堆内部温度大于 55℃的时间必须达到 3d。

堆肥化过程温度的控制常通过调节通气量来进行，堆料成熟后，料堆温度与环境温度趋于一致，一般不再有明显变化。

7.3.3.4 搅动频率

搅动的作用是使空气填充到堆料固体颗粒间的空隙内，使空气与堆料均匀接触，从而使微生物或者充足的养分，也可以促进水分的蒸发。搅动频率对堆肥过程有明显影响，在堆肥的开始阶段，氧气消耗量很大，理论上固体颗粒空隙间的氧气在 30min 内就会被耗尽，但在实际工艺操作中，每次发酵的持续时间只有几天，一般 2 天搅动 1 次，但实际的分解效率不会下降，发酵也能继续进行。但是对有机质含量比较高的污泥，在堆肥初期则需要较为频繁的搅动。

在堆肥后期的搅动会导致堆料温度下降，一般的搅动主要在加料开始到分解率下降这个阶段进行，不同的发酵装置，搅动的频次也不同，一般从连续搅动到 1～2d 进行 1 次搅动不等。温度也可以作为判断搅动的指标，一般当堆心温度在 55～60℃时可以开始搅动。

7.3.3.5 发酵时间

发酵时间主要是从加料开始到有机物分解停止，也就是 CO_2 停止产生的时间，通常可以以堆料温度达到最高温度作为标志。发酵时间会受污泥种类、机械脱水时加药种类以及堆料前处理方法影响而不同。采用常规发酵槽系统，正常发酵顺利的情况下，各发酵系统的时间相差不大，一般都为 10～15d 的发酵期。

7.3.4 堆肥化的质量控制指标

堆肥化的目的是要污泥达到无害化、稳定化和资源化的要求，堆肥后的产品符合相关标准。堆肥腐熟度是反映堆料中有机物降解和生物化学稳定度的重要指标。未腐熟的堆肥施入土壤后，会引起微生物的剧烈活动，从而形成厌氧环境，还会产生大量中间代谢产物（有机酸）及 NH_3、H_2S 等有害成分，这些物质会严重毒害植物的根系，影响作物的正常生长。

多年来，研究人员对堆肥腐熟度进行过各种研究和探讨，也提出过多种评判标准，总体来看可分为物理指标、化学指标和生物学指标三大类指标。

7.3.4.1 物理指标

（1）温度

微生物降解有机质时会放出热量，使料堆温度升高，当有机质基本被降解完后，放出的热量减少，料堆温度逐渐接近于环境温度，不再有明显变化。因此根据温度的变化，可以判断堆肥化进行的程度，判断堆肥是否腐熟，但料堆温度往往与通风量大小、热损失的多少有关，并且堆料不同区域的温度也不同，温度无法很准确地反映堆肥的腐熟程度，但是因为操作过程中温度的测量相对简便，因此温度是堆肥过程最常用的检测指标之一。

（2）气味

堆料通常具有令人不愉快的异味，运行良好的堆肥化过程中，这种异味逐渐减弱，腐熟度越高，气味越弱。完全熟化的堆肥产品往往具有潮湿泥土的气味。

（3）颜色

堆肥过程中堆料会逐渐变黑，熟化后的堆肥产品呈黑褐色或黑色，因此用简单的技术检测堆肥产品的色度，结合其他物理指标，可综合判断堆肥的腐熟程度。

7.3.4.2　化学指标

物理指标仅能从感官等方面间接判断堆肥的腐熟程度，无法定量表达堆料成分的变化，不能准确说明堆肥的腐熟程度，但是通过量化的化学指标分析，根据堆料化学成分和性质的变化，能更准确地判断堆肥的腐熟程度。

（1）挥发性固体

挥发性固体（VS）基本上能反映污泥中有机质的含量。在堆肥化过程中的不同阶段，堆料有机质变化幅度比较大，因此可利用 VS 的变化作为反映堆肥腐熟程度的指标。据有关研究表明，污泥堆肥的有机质含量大于 10％，挥发性固体的含量小于 40％，在此范围内可以认为污泥堆肥已经腐熟。

化学需氧量（COD）和生化需氧量（BOD）也是反映有机质变化的重要参数。COD 的变化主要发生在高温降解阶段，随后处于平稳。BOD 虽然不能代表堆料中的全部有机质，但代表了堆料中可生物降解的有机质，腐熟的堆肥产品中，BOD_5 值应小于 5mg/g 干堆肥，但 BOD 的测定比较复杂、测定时间长，作为堆肥腐熟控制指标，在实际应用中较为少见。

（2）含氮物质

污泥中除含有机质外，氮含量也相对较高。堆肥过程中随着有机质的分解，其中含氮的物质也发生分解而产生氨气，释放出的氨气散逸进入大气，或者生成亚硝酸盐和硝酸盐，或者被微生物吸收。大量研究表明，随着堆肥化过程的进行，污泥中氨态氮含量会逐渐降低，而硝态氮含量会逐渐增加，完全腐熟的堆肥，氮大部分以硝酸盐形式存在，而未腐熟的堆肥中则含有一定量的氨，基本上不含硝酸盐。因此通过检测堆肥中氨、硝酸盐是否存在及其比例，可判断堆肥腐熟程度，但目前尚未有一个定量指标，只能相对比较。

（3）碳氮比

碳氮比（C/N）是在评价堆肥腐熟程度中应用最多的一个指标。堆肥化过程中，碳作为微生物能源被转化成 CO_2 和腐殖质，氮作为微生物的营养被同化吸收或转变成氨、硝酸盐。因此碳和氮的变化也是堆肥化的基本特征之一。从理论上来说，当有机质完全变成腐殖质后 C/N 值应为 10，然而在实际应用中，C/N 从最初的 25～30 或更高降低到 15～20，表示堆肥已腐熟，达到稳定化程度。

7.3.4.3　生物学指标

在堆肥过程中，一些微生物的活性变化或者植物生长的变化可以作为指标来评价堆肥的腐熟程度，这些指标主要有呼吸作用、微生物活性、种子发芽率等。

（1）呼吸作用

通常根据堆肥过程中微生物吸收 O_2 和释放 CO_2 的强度来判断微生物代谢活动的强度及堆肥的稳定性。有研究者提出，当堆肥释放 CO_2 在 5mg(C)/g 以下时，堆肥相对稳定；达到 2mg(C)/g 以下时，堆肥腐熟。

（2）微生物活性

堆体中微生物量及种群的变化，也是反应堆肥代谢情况的依据，反映微生物活性变化的参数有酶活性、三磷酸腺苷（ATP）和微生物量。

（3）种子发芽率

未腐熟的堆肥中含有植物毒性物质，对植物的生长发育会产生抑制作用。多种植物种子在堆肥原料和未腐熟堆肥萃取液中生长受到抑制，而在腐熟的堆肥中生长得到促进，以种子发芽和根长度计算发芽指数 GI（germination index），可以用来评价堆肥的腐熟程度，当 GI 大于 50％时可认为堆肥中毒性物质降低到植物可承受的范围，当 GI≥85％时认为堆肥已完全腐熟。

7.3.5　几种好氧堆肥工艺

随着科学技术的发展，堆肥技术的理论研究及实际工程应用也日臻完善。根据发酵过程所采用的设备不同，堆肥工艺可具体划分为条垛式堆肥、静态强制通风堆肥、发酵槽（池）式堆肥及机械化程度较高的容器式堆肥工艺。

7.3.5.1　条垛式堆肥

条垛式堆肥是在露天或棚架下，将混合好的堆肥原料堆成条堆状，在好氧条件下进行分解的一种堆肥方式。在确定条堆的尺寸时，首先考虑微生物活动所需要的条件，同时也要考虑场地的有效使用面积。典型的堆宽为 4.5～7.5m，堆高为 3～3.5m，长度可根据厂区地形确定，但最佳尺寸受气候条件、翻堆设备、堆料性质等影响，需要视具体情况而定。条堆的断面有梯形、宽梯形和三角形等（见图 7-3）。

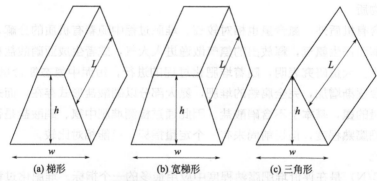

| (a) 梯形 | (b) 宽梯形 | (c) 三角形 |

图 7-3　条形堆断面的几种形式

条形堆的形状主要取决于气候条件以及翻堆设备的类型。在雨天多、降雪量大的地区宜采用便于遮雨的圆锥形或采用平顶长堆，平顶长堆的相对比表面积（外层表面积与体积之比）小于圆锥形，因此它的热损失少，能使更多的物料处于高温状态。

翻堆是用人工或机械方法进行堆肥物料的翻转和重堆。翻堆不仅能保证物料的好氧状态，有利于有机物的均匀降解；而且还能使所有的物料在堆肥内部高温区域停留一定时间，以满足物料杀菌和无害化的需要。翻堆过程既可以在原地进行，亦可将物料从原地移至附近或更远的地方重堆。

翻堆操作如图 7-4 所示。

在堆肥过程中，当堆体温度超过 60℃时就应进行翻堆。用稻草、谷壳、干草、干树叶、木片或锯屑作调节剂的污泥堆料含水率约为 60％，通常在堆体建好后的第 3 天进行翻堆，然后每隔一天翻堆一次，直至第 4 次，之后每隔 4d 或 5d 翻堆 1 次。在特殊情况下，如物料含水过高或物料被压实时，也可通过翻堆来促进水分蒸发和物料松散。因此，设计和配置翻

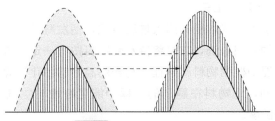

图 7-4　翻堆操作示意

堆设备时，都应保证每天一次的翻堆能力。

条剁式堆肥系统具有很多优点，例如其所需的设备简单，整体投资成本较低；翻堆操作时能加快污泥水分的蒸发，使堆料更容易干燥，堆肥产品的稳定性较好。其缺点是占地面积大，堆制周期比较长；需要翻堆以保证微生物活动所需的氧，因此需要大量的劳动力或者翻堆机械；翻堆操作时有臭味散发，特别是针对生活污泥，臭味更为严重，对周围的居民和环境产生不利影响。

7.3.5.2　静态强制通风堆肥

在发达国家普遍使用的是静态强制通风堆肥方式，该堆肥系统在条剁式堆肥的基础上进行了改进，目前世界上最大的污泥堆肥厂——美国污泥处理中心（SPDC）采用的就是静态强制通风堆肥系统的。它主要用于湿基质的堆肥，中间可采用膨胀材料在堆中形成孔隙。静态强制通风堆肥不同于条剁式堆肥系统，堆肥过程中不进行物料的翻堆，而是将堆料置于带有通风管道系统的地面上，通过高压风机的强制通风来提供堆肥过程所需的氧气。地面管路上通常先铺一层木屑或者其他松软性填料，可以达到均匀布气的目的，然后再在这层填料上堆放堆料体，最后在堆体最外层盖上约 30cm 厚的堆肥产品，用以减少臭味的扩散并保证堆体内维持较高的温度。加拿大和美国等还常在堆料上加盖一层堆肥覆盖纤维布，既能保证堆体氧气和二氧化碳通畅交换，又能促使过多水分蒸散。在雨天有阻水作用，可避免营养成分损失，在干热天气又能保证堆体水分过多散发。

静态强制通风堆肥系统中，通气系统是整个工艺的核心，包括鼓风机和通气管路。通风方式可采取正压鼓风或负压抽风，也可用由正压鼓风与负压抽风组成的混合通风。正压鼓风就是用鼓风机将空气鼓入堆肥物料中，该法输入空气均匀，有利于物料中气孔的形成，使物料保持蓬松，输气管不易堵塞，能有效地散热和去除水分，其效率比负压抽风高 1/3。而负压抽风则是将堆肥物料中的潮湿高温气体用风机抽出，易使物料压实过紧。若通风方式使用翻堆与强制通风结合的方式，则成为强制通风条堆系统。其操作除了定期翻堆外，其余与静态强制通风堆肥系统相似。

在实际操作中常用温度或时间来控制通风。如在堆体中安装温度反馈系统，堆体内部温度超过 60℃时，鼓风机自动开始工作，排出堆料热量和水蒸气，使堆体冷却下来。鼓风机也可以定时控制，每隔 15～20min（具体时间根据实际情况确定）通风供氧。

相比于条垛式堆肥系统，静态强制通风堆肥的温度可以通过调整通风来精确控制，产品的稳定性好；堆肥腐熟时间一般为 2～3 周，相对较短；由于堆肥腐熟期相对较短，底部填充料的用量少，占地相对较少，所以是目前主流的堆肥工艺。在实际操作中，若污泥料堆操作控制不当，会出现堆体通风口被堵，另外堆体设计高度至关重要，如果过高会影响通气，产生厌氧发酵现象。

7.3.5.3　发酵槽（池）式堆肥工艺

发酵槽式堆肥改变了条垛式堆肥的露天堆肥方式，把发酵槽放到了厂房。槽式堆肥系统是目前国内较流行的一种堆肥系统，它是将待发酵物料按照一定的堆积高度放在一条或多条发酵槽内。在堆肥化过程中根据物料腐熟程度与堆肥温度的变化每隔一定时期，通过翻堆设备对槽内的物料进行翻动，让物料在翻动的过程中能更好地与空气接触，并带走大量的水分，降低物料的温度与湿度。

发酵槽式堆肥系统由槽体装置、翻堆设备、翻堆机转运设备、布料及出料设备四部分组成。槽体装置是用来存放堆肥物料的场所，可以做成槽式的也可以做成地坑式的。槽式的出料方便，应用十分广泛，而地坑式的由于出料不方便，水位低的地区还要考虑防水，所以实际应用较少。

发酵槽式堆肥系统的投资少，产量高（可以实现年产 10×10^4 t、20×10^4 t 甚至更高产量的有机物料的堆肥化工程），堆肥化程度均匀，周期短，堆肥化过程中可以带走大量的水分。其缺点是占地面积大。

7.3.5.4　容器式堆肥工艺

自 20 世纪 80 年代开始，世界各国研发出大量的反应器堆肥系统，该系统是将物料放置在部分或全部封闭的发酵装置（如发酵仓、发酵塔等）内，通过控制通气和水分条件，使物料进行生物降解和转化。堆肥反应器设备在发酵过程中要进行翻堆、曝气、搅拌、混合、协助通风等操作，从而可以控制堆体的温度和含水率，同时在反应器中解决物料移动、出料的问题，最终达到提高发酵速率、缩短发酵周期，实现机械化生产的目的。

反应器堆肥系统的种类很多，大体可分为立式多层堆肥系统、卧式滚筒堆肥系统、筒仓式堆肥系统、箱式堆肥系统等。

（1）立式多层堆肥系统

该系统也称直落式发酵塔。发酵塔呈塔形，其内外层均由水泥或钢板制成。立式多层堆肥系统的工作原理如图 7-5 所示。物料经预处理后从发酵塔的底部经提升装置提到发酵塔的顶部，通过布料机械均匀地布到发酵塔的顶层。按照设定的翻转周期与发酵温度变化，各层

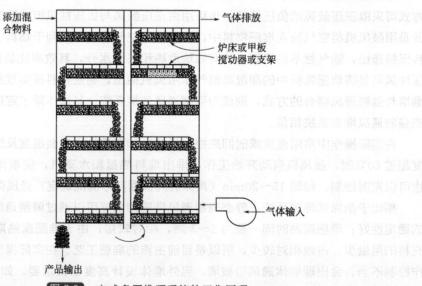

图 7-5　立式多层堆肥系统的工作原理

翻板按照一定的程序打开，发酵塔上各层物料因重力作用从上一层依次落入到下一层翻板上。经过一个堆肥化周期后，发酵成熟的物料从顶层最终落到发酵塔底部的输送装置上进行出料。在堆肥过程中还可增加一些辅助装置对整个塔体进行加温、通风。塔式发酵占地面积小，结构紧凑，自动化程度高，环境污染小，可以很方便地实现自动化上料和自动化出料。其缺点是产量低（单组发酵塔的是年产量最高为 4000t），设备投资大，耗用钢材多，翻动装置全部采用液压传动，设备维护费用相对而言较高，同时也不方便对翻板进行维修，所以往往用于年产量不超过 1×10^4 t 的小型堆肥厂。

（2）卧式滚筒堆肥系统

该系统利用一个水平滚筒来进行混合、通风并最终排出堆肥产品，滚筒的外形和结构类似于筒式烘干机，如图 7-6 所示。滚筒架在支座上，并且通过一个机械传动装置来翻动。设备内部设有扬料板及螺旋导料板，筒体转动时可以让物料扬起并沿筒体轴向移动。筒体设有加热装置、温控装置及抽风系统。堆肥时将物料一次性加入到发酵滚筒内，堆肥过程中适时开启滚筒正转和反转，物料在滚筒内被扬起，并顺着旋转方向沿筒体向下或向上运动。发酵周期结束后，沿出料方向转动筒体，物料从筒体内排出。在堆肥过程中根据工艺需要可以适时地对筒体内的物料进行升温，也可以通过管道将发酵过程中产生的废气抽走，集中进行除臭处理。

卧式滚筒堆肥系统的优点是周期短，污染小，可以很方便地实现自动化作业。缺点是单台滚筒式发酵机一次性投料一般不超过 60t，设备造价高。对于小型滚筒式堆肥系统而言，滚筒可由旧设备（如混凝土搅拌机、饲料混合机以及旧的水泥窑）等改造而成，尽管没有商业设备那么高级，但是其功能仍然相似。

（3）筒仓式堆肥系统

这种反应器不分层，堆料处于静态，物料的移动和搅拌靠槽内螺旋杆的运动进行，空气从槽下部强制送入。立式结构的物料层高，熟化后集中排出。由于堆料自重的原因，易发生压实现象，会使部分物料处于厌氧状态。

为了克服静态筒仓式堆肥系统的缺点，人们开发了动态筒仓式堆肥系统，见图 7-7。堆料从发酵筒上部加入，用一种固定在桥架上，与桥架一起旋转的螺旋管式搅拌装置进行移送、翻动，使堆料不断由四周向中心移动，物料由四周移向中心的时间为所设定的发酵时间，最后由中心出料口排出。螺旋管既自转又随架桥公转，堆料不会压实，供氧均匀，发酵效果好。

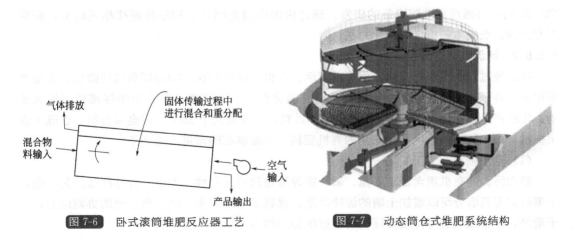

图 7-6　卧式滚筒堆肥反应器工艺　　图 7-7　动态筒仓式堆肥系统结构

（4）箱式堆肥系统

其堆肥化原理类似于筒仓式堆肥方式。按照处理的规模和技术复杂程度，可将箱式堆肥系统分为大型箱式堆肥系统和小型箱式堆肥系统两类。大型箱式堆肥系统通常带有水平流动的、强制通风和机械搅动装置。小型箱式堆肥反应器，又称堆肥箱，是由一组无底、无盖的箱子组成，每个箱子大小为 $50cm \times 50cm \times 100cm$。在冬季使用时，箱外体以厚度为 100mm 的岩棉板包被用于隔热。箱子高宽比例为 2:1，前后面板底端留有宽 5cm 的通气缝隙。新鲜的冷空气由箱体底部进入堆体内，然后依靠热堆料的烟囱效应实现自然通气来保持堆体内的好氧状态。

反应器堆肥系统的优点是设备占地面积小，能很好地进行过程控制，并且堆肥过程可以不受气候条件特别是恶劣天气的影响，堆肥过程中产生的废气还可以进行统一的收集处理，能有效防止环境的二次污染，同时也解决了厂区内的臭味问题，操作环节较好改善。其缺点是投资和运行成本很高，主要是堆肥设备的投资（设计、制造）、运行费用及维护费用，另外由于堆肥周期较短，堆肥产品会有潜在的不稳定性。而且完全依赖专门的机械设备，一旦设备出现问题，堆肥过程即受影响。由此可以看出，反应器堆肥系统各方面要求都比较高，这也是该系统在发达国家的应用广泛而在发展中国家尚未普及的主要原因。

7.3.6 污泥堆肥的应用前景及其市场分析

7.3.6.1 污泥堆肥应用前景与存在问题

污泥作为污水处理过程中的主要产物，需要及时的处理处置，污泥堆肥技术将污泥予以资源化利用，不仅解决了污泥处理处置方面的难题，也变害为利，将污泥作为一种有用的资源加以利用。我国幅员辽阔，各地污泥处置条件差异较大，污泥除了可以用于农业、林业以外，还可以因地制宜采用多种方法予以处置和综合利用，这样既可以达到保护环境的目的，也可以完善生态系统循环。

我国的污水处理行业起步较晚，城市污泥产生量大，增长迅速，建立一套适合国情的污泥堆肥施用标准可以很大程度上解决污泥处置难题。需要注意以下几点问题：a. 污泥中的污染物会影响堆肥污泥的土地施用性，在污水处理过程中进行污水的分类，以降低污泥中主要污染物的浓度，有利于污泥进一步的处理；b. 严格遵守污泥农用控制标准，严守污泥堆肥产品土地利用质量关，扩大污泥堆肥资源化利用的应用范围；c. 积极推进污泥堆肥化的基础研究工作，发挥污泥好氧堆肥技术优势，开发高效污泥好氧堆肥工艺技术，提高处置效率；d. 进行高效污泥堆肥设备的研发，通过污泥中重金属活动和迁移规律相关研究，研究开发高效、低成本的重金属钝化方法。

7.3.6.2 污泥堆肥市场

污泥经过好氧堆肥处理后，病原菌灭活、有机物腐殖质化、重金属有效性降低、植物可利用形态养分增加，其 C/N、物理性状、无毒化程度、溶解度、养分平衡等都得到很大改善。堆肥产品的氮、磷、钾总养分大于 4%，有机质含量大于 30%，重金属含量一般低于农用标准，是一种高效、优质、安全的有机肥料。污泥堆肥的常见用途如下。

（1）直接施用

城市污泥的有机质含量高，氮、磷、钾等微量营养元素种类齐全，养分释放持久，施入土壤后其有机组分可以增加土壤的缓冲容量，提高了土壤对水、肥、气、热的协调能力，对于增产、增收和农业可持续发展具有很好的促进作用[6]。

（2）制造有机-无机复混肥

污泥堆肥与无机化肥复混造粒后，其含水率进一步降低，有效成分浓度提高，更有利于包装运输和施用，且养分更全面。另外，针对不同的土壤及气候背景，不同作物的生长规律，可以灵活开发专用的有机-无机复混肥配方，此方式不仅能节省无机肥料用量，还能切实提高作物的产量和品质。

（3）作为栽培和育苗基质

基质栽培是近几十年逐渐发展起来的一项设施园艺技术，在荷兰、日本等发达国家的农业生产中占有重要地位。近年来我国的基质栽培也取得了快速发展，栽培面积也在迅速增加，对栽培基质的需求也逐年加大，但我国早期的栽培基质多是采用不可再生的有机矿产资源，如草炭、褐煤等，成本较高还不利于农业可持续发展。采用堆肥污泥为主要原料配置的栽培基质，不仅可以降低成本，而且肥效还比较好。

从发达国家的发展趋势和经验来看，工厂化的好氧堆肥是一种操作便利、运行稳定、经济合理的污泥处理方式。堆肥过程中可很好的控制臭气，腐熟后的污泥性质稳定，方便进行贮藏和运输，是一种比较好的肥源。总之，污泥农用不仅能实现污泥的无害化、减量化、稳定化，还能实现污泥的资源化，污泥堆肥在我国的污泥处理市场前景广阔。

7.4 污泥混合堆肥技术

7.4.1 污泥混合城市垃圾堆肥技术

7.4.1.1 污泥与城市垃圾混合堆肥的优点与作用

污泥与城市垃圾混合堆肥，既可以达到提高污泥挥发性有机物含量的目的，又能解决城市生活垃圾和污泥的出路问题。目前，我国城市生活垃圾和污水处理厂的污泥已成为城市环境治理的两大主要难题，因此该方法与技术在我国具有广阔的应用前景。

污水处理中产生的污泥容量大，易腐败发臭，既含有生物能源，又含有促进农植物生长的氮、磷、钾等营养物质。污泥与生活垃圾混合堆肥可相互补充两者的短处，污泥含水率、氮、磷含量高，个别重金属超标。而生活垃圾有机质丰富，氮、磷、钾含量与含水率较低。以生活垃圾作为堆肥物料的调理剂，可降低堆肥物料的含水率，同时可减少单位体积有机物稀释量。随着城市下水道的普及，旱厕逐渐改为水冲厕所，城市垃圾与污泥混合堆肥将成为必然趋势。

我国城市生活垃圾中有机物成分占 $40\%\sim60\%$，以燃煤气和电为主的城区，垃圾中有机物占 60% 以上；以燃煤为主的城市垃圾中，有机成分约占 40%。因此污泥可与城市生活垃圾混合堆肥，使污泥与城市垃圾两者都实现资源化。

7.4.1.2 污泥与城市垃圾混合堆肥技术

以天津纪庄子污水处理厂为例，天津纪庄子采用中温消化脱水技术，城市垃圾为某居民区新鲜生活垃圾。经人工挑选去除不可堆肥成分，按预定配比将污泥与垃圾混合，人工翻堆三次。发酵结束后，测定物料体积变化情况，在不同部位取样混合，搅拌均匀后分析预测试项目，最后称量总重，以确定物料发酵后重量的变化。称重后的物料呈条形堆肥，进行二次发酵。在堆肥过程中要测定物料的 C、N、P、H_2O、CO_2、O_2、重金属的含量，pH 值、大肠菌值、蛔虫卵死亡率、质量、体积等，测定渗出液的各项水质污染指标。

工程运行过程中,在夏、秋两季发酵效果好,升温达 70℃左右,且渗出液很少,最佳污泥投配率为 35% 左右。最终得到的城市污水污泥和城市垃圾混合堆肥的技术参数为:a. 一次发酵周期 7~10d;b. 二次发酵周期为 1 个月左右;c. 堆肥温度 50~65℃,最高 75℃;d. 通气量 3.5m³ 空气/(m³ 堆肥·h);e. pH 值为 7~8;f. C/N 值为 30~40;g. 污泥与垃圾物料配比为 30%~35%;h. 堆肥后物料无蛔虫卵残留,亦无蚊蝇滋生,二次堆肥后无臭味,外观为松散粒状物,达到腐熟程度。

7.4.1.3 混合堆肥工艺与堆肥使用情况

污泥与城市生活垃圾混合堆肥工艺流程如图 7-8 所示。城市生活垃圾经分选去除塑料、玻璃、金属、橡胶、纤维等不可堆肥成分,经粉碎后与污泥混合进行一级堆肥、二级堆肥制成肥料。一级堆肥在堆肥仓内进行,二级堆肥采用堆放方式。

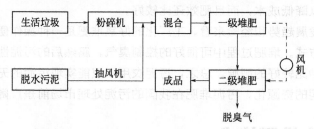

图 7-8　污泥与城市生活垃圾混合堆肥工艺流程

研究结果表明,由于城市生活垃圾中 C/N 高达 60%~80%,因此通过这两种物质的混合堆肥可以改善和提高污泥与垃圾的发酵效果。采用污泥与垃圾混合,垃圾作为膨胀剂与疏松剂,混合堆肥可以保证充氧过程良好进行。经施肥试验结果表明,每亩分别施加 2500kg、5000kg 混合肥时,春小麦比对照田每亩分别增产 54.1% 和 88.6%;大白菜分别增产 120% 和 153.3%。而且混合肥对提高春小麦的粒重和蛋白质含量也十分显著,每亩施 2500kg 混合肥的对照田小麦的蛋白质含量提高 14.6%,大白菜中维生素 C 含量提高 77.5%~93.8%,混合肥对农田土壤中的养分也有显著提高。

7.4.2 污泥与粉煤灰的混合堆肥工艺与技术

7.4.2.1 污泥与粉煤灰混合堆肥的优点与作用

粉煤灰中含有磷、钾、镁、硼、钼、钙、铁、硅等农作物所必需的营养元素,成分与复合肥料相似,能促进作物生长。另外,粉煤灰还能释放土壤中潜在的肥力,显著地增加土壤中易被植物吸收的速效养分,尤其是氮、磷。据济宁地区农科所测定,在施用粉煤灰的土壤中,速效氮比不施灰的土壤增加了 7 倍;山西省农科院测定,在每亩施粉煤灰 2t 的土壤中,五氧化二磷比不施灰的土壤增加 1 倍以上。因此粉煤灰与污泥的混合堆肥,既发挥了粉煤灰的肥效作用,又起到疏松剂与膨胀剂的作用。

污泥与粉煤灰的混合堆肥试验证明,污泥和粉煤灰中挥发性物质随堆肥阶段或堆肥时间而有所变化。所谓挥发性物质是指堆肥中有机物在 550℃ 的马弗炉中灼烧完全后损失的部分,其主要成分是 C、H、O、N 等,堆肥过程中变化较大的元素也主要是 C、H、O、N。

7.4.2.2 污泥与粉煤灰混合制肥的物料变化

城市污泥与粉煤灰混合堆肥时,其挥发性物质随堆肥时间的变化情况,如表 7-2 所列。

表 7-2　污泥与粉煤灰混合堆肥挥发性物质随堆肥时间的变化情况　　　　单位:%

堆肥情况	堆肥时间/d							
	0	7	14	21	35	49	63	100
CK	91.35	91.10	91.00	90.81	90.17	89.67	88.76	87.29
FA10	83.03	82.39	81.65	80.92	80.01	79.78	78.25	77.20
FA25	72.34	71.78	70.87	70.61	69.60	69.48	68.89	64.93
LA10	81.66	81.16	81.14	81.05	80.64	78.91	78.31	77.88
LA25	71.19	70.59	69.13	68.46	67.13	66.26	64.27	62.92

表中 CK 为纯污泥单独堆肥情况；FA10、FA25 分别为加入 10% 和 25% 的新鲜粉煤灰后与污泥混合堆肥情况；LA10、LA25 分别为加入 10% 和 25% 的海水浸泡过的粉煤灰与污泥混合堆肥情况。由表 7-2 可以看出，污泥与粉煤灰混合堆肥时，随堆肥时间的推移，各种堆肥方式中的挥发性物质均呈下降趋势，虽然添加粉煤灰对污泥堆肥中挥发性物质有明显稀释作用，但添加与不添加粉煤灰其挥发性物质的相对下降率基本相同，因此粉煤灰对污泥堆肥挥发性物质未产生较大影响。

7.4.2.3　污泥与粉煤灰混合堆肥生产工艺与使用效果

污泥与粉煤灰混合堆肥的生产工艺见图 7-9，目前已在唐山西郊污水处理厂投入使用，该厂污水处理能力为 $3.6 \times 10^4 \, m^3/d$。将处理后的污水污泥，经脱水后按 1∶0.6 的比例掺入粉煤灰，以降低原污泥的含水率，经自然堆肥发酵，用锯末和秸秆作为膨胀剂。工艺设计生产能力为 3t/d，年产混合肥约 1000t 以上，肥料粒径为 5mm，在农田以及葱、芥菜等蔬菜田施用肥效显著，无臭味产生。经试用认为，粉煤灰、污泥混合肥具有如下几种作用。

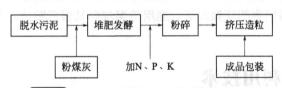

图 7-9　污泥与粉煤灰混合堆肥的生产工艺

（1）施用粉煤灰与污泥混合肥可改良土壤的物理结构

粉煤灰与污泥混合肥施用于生土地时，可以起到促进土地熟化；施用于黏土地，可以起到疏松土壤的作用，促进根系生长、利于作物生长；对于盐碱地，促进土壤疏松，提高脱盐效率；施用于砂土地时，可以减轻漏水跑肥的现象；粉煤灰与污泥混合肥有利于土壤密度减轻，孔隙度增加，对土壤中的水、肥、气、热均有较大程度的改善，有助于养分的转化和微生物的活动。

（2）施用粉煤灰与污泥混合肥可提高土壤保水能力

土壤施用粉煤灰后，地面温度得到提升，促进作物早发苗壮；土壤保水能力得到提高，有利于保墒抗旱。山西省农科院、西北农学院数据结果表明，每亩施入 7.5~20t 粉煤灰，早春低温期，在 5~10cm 的土层内，地温提高 0.7~2.4℃，较一般增温剂效果还好；西北农学院测定，在施用 1% 粉煤灰土中，在 0~20cm 厚度的土层中，田间持水量较生土增加 2%，就饱和水而言，在 0~20cm 厚的土层中相差 5.39%，故在 0~20cm 耕层中，每亩就能多容纳 10t 以上的水分，对于保墒十分有利。

（3）施用粉煤灰与污泥混合肥可增加农作物营养成分

粉煤灰中含有磷、钾、镁、硼、钼、锰、钙、铁、硅等植物必需的营养元素，近似一种复合肥料，能促进作物的生长。另外，粉煤灰还具有能释放土壤中潜在肥力的作用，显著地增加土壤中易被植物吸收的速效养分，特别是氮和磷。据济宁地区农科所测定，在施用粉煤灰的土壤中，速效氮比不施灰的土壤增加了 7 倍；山西省农科院测定，在每亩施灰 2t 的土壤中，五氧化二磷比不施灰的土壤增加 1 倍以上。

作物在生长期间除了需要氮、磷、钾外，还需要多种营养元素。据研究，每生产 100kg 小麦、玉米等谷类作物，需要从土壤中吸收 Zn 4.6g、Fe 6.6g、Mn 4g、B 1.4g、Cu 0.9g、Mo 0.06g。粉煤灰中含有作物生长所必需的大部分营养元素，只有氮、磷等少量元素在燃烧过程中因挥发而损失掉，若向粉煤灰中补充部分氮、磷、钾，可以将其制成一种营养全面、均衡的复合肥料。但是，由于粉煤灰中的微量营养元素与 SiO_2 和 Al_2O_3 结合成盐类，大部分以玻璃体的暂时介稳状态存在，在水中溶解度小，溶解速度缓慢，在土壤中难以发挥营养元素作用，通常解决方法是采用化学激发剂来破坏粉煤灰中的玻璃体结构，使粉煤灰得到活化。这种活化后的粉煤灰再与氮肥、磷肥、钾肥复合便得到粉煤灰复合肥[2]。

研究表明，在同样管理条件下，粉煤灰多效复合肥料中的氮、磷、钾的利用率均高于单一物料，如尿素中氮的利用率从 44％提高到 48％，磷肥中的 P_2O_5 利用率从 10％提高到 22％，氯化钾中 K_2O 利用率从 40％提高到 52％，粉煤灰复合肥使氮、磷、钾利用率提高，流失率减小，给这些肥料的使用、运输、保存都带来了方便。再加上粉煤灰本身有植物必需的多种微量元素及改土作用，使粉煤灰复合肥成为一种优良的肥料品种。粉煤灰复合肥的品种有高效粉煤灰复合肥、长效粉煤灰复合肥和含锌粉煤灰高效复合肥等。

（4）增加农作物的抗病能力

施用粉煤灰对小麦的麦锈病、苹果树的黄叶病、大白菜的烂心病和水稻的稻瘟病均有较好的抗病作用，对豆科植物的观察发现，施用粉煤灰后其根系发达，根瘤增大增多，固氮性能良好。

7.5 污泥农业利用技术

污泥农业利用技术属于污泥土地利用技术中的应用最为广泛的一种，污泥的土地利用分为直接施用和间接施用（如好氧与厌氧消化、堆肥化处理）两种方式。直接施用是将未经处理的生污泥直接施用在土地上，包括施用在农业用地、林业用地等，此施用方式严重破坏土地，这是发达国家最普遍采用的污泥农用方式。间接施用是将城市污泥作为肥料替代商业肥料，通过污泥的利用和补充化肥使农作物增产，是最直接的农用方式。污泥中富含的 N、P、K 是农作物必需的肥料成分，有机腐殖质是良好的土壤改良剂。污泥的土地施用率主要根据在某一特定土壤中所需的氮和磷来计算，同时，污泥的土地施用率也要符合国家、地方等关于重金属、有机污染物、病原菌和盐分等标准的规定。

土壤施用污泥后，土壤肥力可明显提高，可有效改善土壤物理性质，增加土壤中有机质和 N、P 的含量并提高土壤中生物的活性，但污泥中含有的重金属以及病原菌仍是污泥农用过程中最大的风险因素，如农作物果实对重金属富集，从而对人类健康造成严重危害。

7.5.1 污泥农用技术国内外研究现状

7.5.1.1 污泥农用技术国外研究现状

1993 年 2 月美国发布了 Part503 污水污泥规则（Part503-Standards For The USE Or Disposal

Of Sewage Sludge），该规则涵盖了污水处理厂在处理生活污水过程中产生的污水污泥的最终利用或处置的要求，其中包括一般要求、污染物限值、管理、操作标准等。在美国，污泥农用的比例一直比较高，2005 年美国污泥农用比例总体在 60％以上，不同地区污泥农用的比例有一定差异，如宾夕法尼亚州，其产生的污泥 75％应用于土地利用，尤其是污泥农用；美国马里兰州污泥农用的比例更是高达 88％，但是污泥土地利用，尤其污泥农用的安全性受到越来越多人的质疑。虽然污泥土地利用在美国受到很多人的反对，但仍然是当前美国污泥处置的主要方式。

在欧洲，专门的污泥法规有《欧洲污泥农用标准 Directive86/278/EEC》，不同成员国根据自己的情况，在 86/278/EEC 的基础上制定各自的标准。大多数国家对污泥中重金属含量的限值均比指令 86/278/EEC 规定的限值低。欧盟在 2000 年发布了"污泥行动文件"，目的是为了提高污泥农用的安全性。该文件对限制污泥农用的重金属和有机污染物提出了浓度限值。

在有些欧盟成员国当中，污泥农用是很受欢迎的一种处理方式，然而在另一些国家中污泥农用被禁止使用，造成如此差异的原因主要在于污泥中污染物的含量、农民和消费者的接受程度以及来自其他肥料竞争等方面因素。

2003 年欧洲各国污泥农用情况见图 7-10，由图可知 2003 年污泥在丹麦、西班牙、法国、爱尔兰和匈牙利的农用比例较高，均超过了 50％[7]。

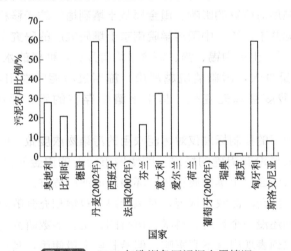

图 7-10　2003 年欧洲各国污泥农用情况

从 2003 年起，瑞士已禁止污泥作为庄稼和蔬菜的肥料进行施用，挪威在 1991 年就已经禁止污泥农用，比利时、卢森堡等国由于考虑污泥土地利用风险，也已经禁止污泥土地利用。

在英国和德国，由于得到农业组织的支持，污泥农用仍可以实施，但采用了比较严格的标准，例如德国，相比较《欧洲污泥农用标准 Directives6/278/EEC》，德国的污泥农用条例禁止在永久牧场和林业用地上施用污泥，欧洲污泥农用标准中则没有这样的规定；此外，出于预防的目的，德国新的污泥农用条例中首次给出了污泥中的 PCB、PCDD/PCDF、AOX的限值，而欧洲污泥农用标准中却没有此类规定。由于有严格的标准，德国污泥农用比例相对比较低，如德国的北莱茵-威斯特法伦州在 2004 年，其产生的 2.4×10^5 t 干污泥中有 64％进行焚烧、23％污泥进行农用。

对于污泥农用的争论在奥地利、法国、德国和瑞典尤为激烈，法国和瑞典两国的农业组织认为只要建立严格的质量控制体系，污泥农用是可以采用的，然而最近两个国家的农业组织要求禁止污泥农用，因为他们认为当前采用的方式不足以说明污泥农用是不是有风险。在2003年，法国污泥农用的比例大约为57%；奥地利1990年农业利用约占25%，1997年污泥农用比例为18%，2003年，约占28%[8]。

在爱尔兰和葡萄牙，污泥农用得到农民的支持，由于污泥农用在这两个国家施用时间不长，因而没有引起公众的过多关注和争论，爱尔兰污泥农用比例由1997年的12%上升到2003年的64%。

从国外的污泥农用发展历程来看，污泥农用在很多国家一直是环保工作者争论的焦点，污泥农用经历了由随意施用到更加严格、安全环保施用的发展历程。

7.5.1.2 我国污泥农用现状与存在的主要问题

20世纪80年代初，我国天津纪庄子污水处理厂建成投产后，所产污泥即由附近郊区农民用于农田，北京高碑店污水处理厂投产后的污泥也用作农肥被施用于附近郊区农田。据资料统计，2000年我国污泥农用比例约占44.83%。此外，根据不完全估计，2006年我国的污泥农用比例维持在50%左右。就我国目前污泥农用现状而言，污泥农用一直存在安全隐患和风险，尤其是没有稳定化、无害化的污泥，直接农用其风险更大。

目前，我国关于污泥农用风险的研究体系和控制标准尚不健全，对于污泥处置的风险研究主要涉及污泥土地施用对植物的影响、重金属从土壤到植物的迁移和重金属、氮、磷在土壤中的迁移，可用数据并不系统。中国科学院南京土壤研究所的研究发现，在其试验土地上连续施用污泥达10年后，土壤中锡、锌、铜含量均有升高，种植的水稻、蔬菜受到严重的污染，并且污泥施用量越大，污染情况越严重，施用过污泥的农田，虽然土壤有机质含量增加明显，但土壤酸度基本无变化，其中土壤中存在的汞、镉可引起小麦、玉米的污染。

此外，由于我国现行的控制标准仅对污泥农用的污染物浓度做了限制，而对污泥施用地中能容纳污染物的最大值没有明确的规定，即使城市污泥的重金属浓度没有超过其控制标准，如果过量施用也可能会对土壤性质和生态环境造成严重危害。

目前，我国还没有出台污泥农用规范，对风险缺乏科学和充分的研究，对污泥农用后可能造成的潜在污染问题还没一个系统、科学、可行的结论。多数研究也证明，污泥的有害成分进入土壤后，不会立刻表现出其不利影响，但若长期大量使用，其负面效应就会明显地表现出来。

7.5.1.3 污泥农用限制性因素

从国内外污泥农用发展状况来看，限制污泥农用的因素有很多，主要包括污泥中有毒有害物质及重金属的含量、大众对污泥产品的接受程度、国家相关政策标准以及相关的处置费用等几个方面。

污泥中含有的有机污染物易对水体与土壤造成二次污染，污泥中还可能含有苯、氯酚、多氯联苯（PCBs）、多氯二苯并呋喃和多氯二苯并二噁英（PCDD/F）等难降解的有毒有害物质。此外，有关污泥农业施用和疾病传播之间的关系始终是国内外研究的课题。污泥处理可灭活病原菌，但不能彻底杀死病原微生物。有研究发现，污泥中含有18种病毒、19种寄生生物、31种致病菌，其中包括可以引起食物中毒的菌株[8]。

污泥中的重金属问题也是限制污泥农用的一大关键性因素，Mantovi等在对污泥施用于农田的 15 年的研究发现，15 年的污泥施用明显增加了有机物含量，虽然施用污泥有利于作物的增产，但是磷流失造成水体的污染以及重金属如铜、锌在表层耕作土中累计到了一定程度，铬和镍的含量是没有施用前的 2 倍，污泥中的许多化学污染物和重金属（如 Cd）易于在脂肪组织和乳汁中累积。

农民和消费者对污泥产品的接受程度也是污泥农用的导向标，即使污泥农业施用上安全，国家政策也支持，但是如果农民和消费者对污泥农用，尤其是污泥农用产品存在质疑也将影响到污泥农用的实现。

此外，污泥农用需要严格的施用标准和法律法规作为保障，即使在法律法规和标准健全的欧美，他们在对待污泥农用方面也是相当谨慎的。任何国家关于污泥农用标准都是在逐步完善中发展的，所以污泥农业施用标准和相关法律法规的完善，也是污泥能否实现大规模农用的关键。

由于污泥农用费用比较低，所以在较长的一段时间内一直受到青睐，但是随着污泥农用标准越来越严格和运输距离的增加，污泥农用处置费用也将成为其一个主要的限制性因素。

7.5.1.4 污泥农用在我国的可行性分析

无论是污泥的干燥、堆肥，还是最新的污泥处理处置方案的提出，污泥的最终归属还是土地。对于我们这样一个发展中的农业大国，城市污水处理厂的污泥土地利用，尤其是污泥农用是处置污泥的一个重要的途径，这是毋庸置疑的，但是污泥如何安全、环保的施用是我国必须面临和解决的主要问题。

2009 年由建设部、环保部和科技部联合发布的《城镇污水处理厂污泥处理处置及污染防治技术政策（试行）》中已经明确规定："允许符合标准的污泥限制性农用"，不难理解，限制性农用不是限制农用，也不是禁止农用，而是在可行、安全、环保条件下的农用。那么如何限制性农用，我国却缺乏完善的标准和规范，对污泥风险和市场缺乏充分的把握，污泥在我国真正实现安全、环保条件下的农业利用，还有一段很长的路要走[9]。

7.5.2 污泥农用技术原则

污泥作为一种可利用性较高的二次资源，因其本身含有大量的 N、P、K 等营养元素和植物生长必需的微量元素如 Ca、Mg、Cu、Zn、Fe 等，以及较高的有机物浓度，作为土壤改良剂使用将会极大的提高土壤肥效，能有效改良土壤结构，因此污泥的农业利用技术具有十分广阔的应用前景。据调查，英法等欧洲国家城市污泥的农用率高达 50%，卢森堡地区污泥农用可达 80% 以上，我国污泥的农业利用率在 45% 左右，我国作为一个发展中国家和一个农业大国，污泥的农业利用是符合我国经济社会发展和国情的处理处置方法。污泥的农业利用技术需要遵循的原则主要有以下几类。

7.5.2.1 化学原则

污泥中含有大量成分复杂的化学物质，这些化学物质在污泥施用于土地过程中，会富集在土壤中，具有被植物、动物和人类食用的可能性。植物受到污泥中污染物质的影响而产量降低，称作污泥的植物毒性；动物或人类因食用含有污染物的植物而受到影响，称作污泥的动物毒性。污泥开始产生毒性的浓度即为极限毒性。其中部分化学成分，在动物毒性显现之前就明显影响了作物生长，如锌对于谷物的影响；而另一些化学物质如镉等，虽然可以促进稻米生长，但对人体的危害较大。

7.5.2.2 微生物准则

污泥中含有的有害微生物，包括一些有害致病菌，可能通过农用食物链进入生物体及人体，造成生物毒性。

7.5.2.3 美观准则

污泥极易产生臭味及视觉污染，用于农业的产品要避免这种使人产生不舒适感觉的发生。一般情况下，污泥经稳定化处理以后，不吸引害虫如老鼠、苍蝇等，才能施用于农田。

7.5.2.4 农学准则

当污泥作为农业肥料使用时，需要精确地计算肥料中各种营养成分所占的比例。通常状况下，污泥中含有较为丰富的磷酸盐，但钾的含量相对较低。经石灰处理后的污泥，其含有的石灰可以起到调节土壤pH值的作用，但是要注意的是污泥施用于农田的量不宜超过普通肥料的量。

7.5.2.5 市场准则和公众认可

在农民将污泥作为堆肥产品施用于土地之前，必须认为这种产品是安全的且对土壤有益的，公众也要对这种产品予以接受和认同。在污泥产品的提供商、农民和公众之间需要做好交流和有效沟通。随着污泥产品种类的增多，粒状或球状的干污泥产品比液体和淤泥类的污泥堆肥产品更易被使用者接受。

7.5.2.6 标准和法律法规准则

目前，许多发达国家已经对污泥农业利用制定了法律法规，包括污泥的标准、施用地点的选择、水源的保护、病原菌的控制、重金属的允许施入量、运输等都做了相应的规定。在英国制定的标准中，需要对污泥中各项有毒污染物含量进行测定，需要对污泥无害化、卫生化、稳定化处理后的各项指标值进行测定，需要对土地类型及其性质进行测定，不同污泥土地适用的范围等也有明确的定义。美国政府对城市污泥的土地利用也有严格的规定，在《有机固体废弃物（污泥部分）处置规定》中，将污泥分为A、B两大类。经脱水、高温堆肥无菌化处理的污泥，其中各项有毒有害物指标达到环境允许标准的称为A类，可作为肥料、园林植土、生活垃圾填埋坑覆盖土等所有土地类型；经脱水或部分脱水简单处理的为B类污泥，只能作为林业用土，不能直接用于改良粮食作物耕地。部分经济发达国家和地区污泥农用的重金属浓度限值见表7-3[10]。

表 7-3 部分经济发达国家和地区污泥农用的重金属浓度限值(按干固体计)　　　单位：mg/kg

重金属	欧盟	英国	德国	丹麦	美国
Zn	150～300	300	200	100	1500
Cu	50～140	135	60	40	775
Ni	30～75	75	50	15	230
Cd	1～3	3	1.5	0.5	20
Pb	50～300	300	100	40	190
Hg	1～1.5	1	1	0.5	9

7.5.3 污泥农用前处理技术

污泥农用之前需要进行无害化和稳定化处理以达到去除恶臭、抑制腐化、杀灭污泥中的有害病原菌、寄生虫卵以及致病微生物，去除污泥中的重金属和其他有毒有害物质的目的。污泥稳定化是通过微生物的代谢作用分解污泥中的有机组分，使可溶性有机物、淀粉、蛋白质等转化为稳定有机物的过程，而且不会对植物种子和苗期作物造成不利影响。污泥的无害化过程是指通过对污泥的灭菌，杀灭病原菌、虫卵和有害物质等实现污泥的无害化。污泥稳定化、无害化手段主要有碱性稳定、消化、堆肥和热处理等。污泥稳定程度常用的评价参数主要有污泥的耗氧速率、BOD/COD 值；稳定性评价方法有厌氧堆置试验、油脂含量、还原酶活性、污泥发臭试验等。

7.5.3.1 污泥农用前处理技术的发展

城市污泥的含水率很高，一般为 99.2%～99.8%，体积大，输送困难，要实现污泥资源化利用，必须进行浓缩、脱水等处理。按污泥含水率的大小可分为浓缩污泥、脱水污泥、堆肥污泥和干化（燥）污泥。污泥土地利用的直接施用常为前两种，后两种是经加工作为农肥或复合肥出售。污泥处理处置目的与技术发展状况和原则有四种：一是稳定化，通过稳定化处理消除恶臭；二是无害化，通过无害化处理，杀灭生物固体中（污泥）的虫卵及致病微生物；三是减量化，通过处理使之易于输送贮存；四是资源化，实现污泥有效利用。污泥处理处置技术的发展已经历 100 多年，可分如下发展阶段。

（1）起始阶段

19 世纪 90 年代至 20 世纪 20 年代，此阶段污水产生量很少，城市污水处理厂的规模相对较小，因此污泥的产生量很少，期间污泥的主要处置方式是简单堆积，或者用于填平洼地，或者简单脱水进行农田直接施用。

（2）发展阶段

20 世纪 20 年代至 80 年代，此阶段发展了污泥的厌氧消化技术，它使污泥可以得到稳定化与无害化处理，为后续减量化处理与利用创造了条件。另外，这一阶段还开发了好氧消化技术，同步的又发展了污泥的各种浓缩技术，污泥浓缩药剂处理技术，污泥机械脱水技术及污泥加热焚烧技术等，并将各种方法组合成综合处理工艺，使污泥的处理技术逐步走向成熟。以污泥消化技术为基础，形成消化后自然干化、机械脱水后热干化、机械脱水后焚烧等几大类污泥综合处理工艺。

（3）成熟阶段

20 世纪 80 年代至今，此阶段的特点有两个：一个是进一步完善污泥的处理技术；另一个是重视污泥的处置与资源化利用。在污泥处理技术方面，取得进一步发展，例如污泥消化工艺，逐步开发了好氧-厌氧两段消化酸性发酵-碱性发酵两相消化以及中温-高温双重消化等新工艺，但大多数工艺还处在试验阶段，达到生产规模且工程化应用的还不是很多。

污泥无害化技术除沿用厌氧消化或好氧消化技术外，还开发了辐射处理（β 射线、γ 射线）技术、微波技术等。在污泥的浓缩与脱水方面，除了传统的重力浓缩外，又研发了气浮浓缩，污泥脱水技术也由空气自然干燥脱水发展为机械脱水，而机械脱水设备也由真空过滤发展为板框压滤、离心脱水和带式压滤脱水等各种形式。

脱水预处理方法通常与污泥本身性质相关，污泥颗粒间的间隙水约占污泥水分的 70%～80%，与污泥颗粒之间的结合力较小，一般可以通过重力浓缩进行分离。附着水和毛细水与污泥颗粒之间的结合力较强，则需借助外力进行分离。吸附水则由于非常牢固地吸附在污泥颗粒的表面上，通常只能采用干燥和焚烧的方法去除。内部水必须事先破坏细胞，将内部水释放后才能被分离。水的结合强度取决于其单位水化合力和颗粒的大小（表面积）。

颗粒直径越小或者污泥絮体结构越细小及污泥含有的胶体颗粒越多，污泥越难脱水。例如城市污水处理厂污泥经中温消化后固体物质含量占 5％，污泥调理后各种脱水手段可达到的脱水程度为：a. 通过浓缩去除间隙水后，含固量可达 3％～7％；b. 通过机械脱水去除附着水和毛细水后，含固量可达 20％～45％；c. 通过污泥干燥去除吸附水和内部水后，含固量可达 95％。

不同含水率时污泥的特征情况详见表 7-4。

表 7-4　含水率与污泥特征关系

污泥含水率/%	污泥特征	污泥含水率/%	污泥特征
＞85	可流动	＜40～35	可干撒
75～65	压实的、可塑的、糊状的	＜15～10	粉尘状
＜65～60	块状的		

由于污泥资源化利用方式不同，因此污泥处理方法应根据污泥利用途径进行选择。

7.5.3.2　污泥农用前处理技术

按照处理方法的不同，污泥农用前处理技术可以有浓缩处理法、加碱稳定法、消化法和发酵法、热干化技术、生物淋滤等。

（1）浓缩处理法

城市污水污泥含水率很高，一般为 99.2％～99.8％，体积大，不利于后续处理、利用及输送，必须先进行浓缩。浓缩后的污泥近似糊状，含水率约为 95％～97％。污泥浓缩的脱水对象是间隙水，当污泥的含水率由 99％降为 96％时，体积可缩小到原来的 1/4，此时仍可保持其流动特性，可以用泵输送，运输方便，可大大降低运输和后续处理费用。污泥浓缩的方法主要有重力浓缩、气浮浓缩、离心浓缩等[2]。

1）重力浓缩法　重力浓缩法是利用重力沉降作用，使生物固体中的间隙水得以分离。在工程实际应用中，建造污泥浓缩池进行重力浓缩。重力浓缩池可分为间歇式和连续式两种，间歇式浓缩主要用于小型污水处理厂或工业企业的污水厂，连续式浓缩主要用于大中型污水处理厂。连续式重力浓缩池构造类似于辐射式沉淀池，可分为有刮泥机与污泥搅动装置、不带刮泥机以及带刮泥机的多层浓缩池 3 种。

2）气浮浓缩法　气浮浓缩与重力浓缩原理相反，依靠大量微小气泡附着于悬浮污泥颗粒表面，通过减小污泥颗粒的密度而强制其上浮，使污泥颗粒与水充分分离。气浮浓缩适用于粒子易于上浮的疏水性污泥，或悬浮液很难沉降且易于凝聚的情况。与重力浓缩法相比，此法具有浓缩度高、固体回收率高、浓缩速度快、操作弹性大和不易产生恶臭等多方面的优点，主要缺点是基建和操作费用较高。气浮法可有多种形式，除了普通溶气上浮外，还有真空气浮、加压上浮和生物上浮等。在美国使用较多的是加压上浮法，可用于剩余活性污泥的浓缩。

3）机械浓缩法　机械浓缩设备主要形式有转鼓式浓缩机、螺旋式浓缩机、带式浓缩机、离心式浓缩机等。前 3 种是借助于自然重力场的作用，属于重力式浓缩机，通过投加化学絮凝药剂来抵消水分子间结合力从而达到污泥浓缩的效果。采用这 3 种机械浓缩污泥时，必须根据污泥的性质在浓缩机之前设置相应的污泥和化学药剂混合絮凝反应装置。在混合反应装置内设置可无级调速的搅拌设备，以保证得到最优的絮凝效果，良好的絮凝反应效果对后续的机械浓缩效果有着重要的意义。后一种是借助于人工重力场的作用进行污泥"液相"和

"固相"分离的机械装置。由于其是靠所产生的离心力来克服水分子之间结合力，所以有可能在不投加化学药剂的情况下得到一定的浓缩效果，但是当要求得到较高的浓缩效率时，一般仍需要投加一定量的化学药剂。对于重力浓缩效果较差的剩余污泥通常采用机械浓缩。采用机械浓缩对于进泥的含固率没有严格限制，其进泥固体物浓度允许低于 5g/L。机械浓缩不仅可以用于新建污水处理厂的污泥浓缩，还可用于已建污水处理厂重力浓缩池的替换。关于机械浓缩法的几种设备原理参见本书第 3 章。

（2）加碱稳定法

污泥的加碱稳定是在污泥中投加石灰或水泥窑灰等碱性物质，使污泥 pH 值大于 12，利用强碱和石灰放出的大量热以达到杀灭病原体、除去恶臭和钝化重金属的作用，处理后污泥可直接用于农田施用。研究表明，采用石灰处理污泥使其 pH 值高于 12 并维持 24h，污泥中的大肠菌数量将低于 0.0001%，可见 pH 值对致病微生物与寄生虫卵有很大影响，将 pH 值提高到 12.5 时，伤寒沙门杆菌可在 2h 内被全部杀灭。当 pH 值维持在 11.5 时，经 2h 后可以杀灭病原菌。但由于石灰消毒不能破坏细菌生长所需的有机物，污泥应在 pH 值降低前处置完毕，以防堆料腐败发臭。污泥碱性稳定法实际上没有直接降解有机物，而且还增加了固体物质含量，增大了污泥的体积，一般较少采用。

（3）消化法

污泥消化技术属于污泥稳定化工艺，是通过微生物的代谢作用分解污泥中的有机物，从而去除臭味、杀灭寄生虫卵、减少污泥体积。污泥消化技术有利于污泥的稳定化，不易再腐化，一般污泥经脱水后直接作为农肥，或作他用，或焚烧做最终处理。污泥消化可分为厌氧消化和好氧消化两种。

污泥厌氧消化是在无氧条件下，依靠厌氧微生物分解有机物并达到稳定的一种生物处理方法，厌氧过程通过有机物的水解、产酸、产甲烷三个主要阶段完成有机物的分解，同时杀灭大部分致病菌或寄生虫卵。按厌氧消化温度，厌氧消化可被划分为高温消化和中温消化。

污泥好氧消化的实质是活性污泥法的延续，其基本原理属于污泥中的微生物有机体的内源代谢过程。通过曝气过程通入氧气，活性污泥中的微生物有机体自身经氧化分解作用，转化为二氧化碳、水、氨气等，使污泥稳定。在不添加底物的情况下，对污泥进行较长时间的曝气，使污泥中的微生物进行自身氧化，可生物降解的部分被氧化除去。好氧消化是在一个敞开或密闭的容器或污水池中（一般都在曝气池中）进行，曝气时间长达 10～20d，依靠有机物的好氧代谢和微生物的内源代谢使污泥中的有机组成达到稳定态。氧化率根据负荷不同可以达 40%～70%。通过处理，产生二氧化碳、水和氮以及硫酸盐、磷酸盐等。

经过好氧消化处理后上清液中的 BOD 浓度较低（10mg/L 以下），产物无臭味、类似腐殖质、肥效较高且运行安全，但是污泥好氧消化由于需要输入动力，所以运行成本较高。好氧消化的主要能耗为曝气阶段的电力消耗，目前常用的曝气方式有鼓风曝气和机械曝气两种。在污泥好氧消化反应中，1g 细胞物质的完全氧化需要 2.39g 氧，为保证污泥好氧消化的效果，消化池中溶解氧的浓度一般应大于 2.0mg/L。自动升温式高温好氧消化工艺（ATAD）的能量需求（按 DS 计）为 0.15～0.7kW·h/kg；其他好氧消化处理工艺的能量需求大于 1kW·h/kg[11]。此外，好氧消化不能有效杀灭污泥中的病原菌，污泥的脱水性能也较差，好氧消化工艺影响了后续污泥的处理处置，此工艺在我国应用较少。一般在污泥量较少的小型污水处理厂或由于受工业废水的影响，只有当污泥进行厌氧消化有困难时才会考虑采用好氧消化工艺。

（4）发酵法

污泥发酵是指在控制污泥堆体大小和一定空隙度的条件下，用微生物来降解有机质，通过升高温度来消灭多数致病菌的过程。根据目前国内发酵技术应用状况，污泥发酵工艺可分为以下 3 类：a. 条垛式发酵，可分为强制通风式静态发酵和动态发酵；b. 发酵槽（池）式发酵，可分为阳光棚发酵槽和隧道式发酵仓两类；c. 反应器发酵系统，可分为垂直固体流、水平固体流及倾斜固体流三类。

评价污泥好氧发酵稳定化的技术指标包括含水率、有机物降解率、蛔虫卵死亡率和粪大肠菌群菌值。我国《城镇污水处理厂污染物排放标准》（GB 18918—2002）中规定：城镇污水处理厂的污泥应进行稳定化处理，处理后应达到表 7-5 所规定的标准。

表 7-5　污泥发酵稳定控制指标

控制项目	控制指标
含水率/%	<65
有机物降解率/%	>50
蛔虫卵死亡率/%	>95
粪大肠菌群菌值 （含有一个粪大肠菌的被检样品克数或毫升数）	>0.01

（5）污泥热干化技术

污泥热干化技术利用热能将污泥烘干，目前所用的污泥干化器主要有直接干化器、间接干化器和多效蒸发干化器，可以使用蒸汽、电力、沼气、燃油、煤或红外装置作为热源。干化后的污泥呈颗粒或粉末状，全干化污泥含水率在 10% 以下，体积仅为原来的 1/5～1/4，微生物活性受到抑制，避免了因微生物繁殖而发霉发臭；半干化污泥含水率在 30%～40%，大部分病原菌被杀灭、重金属的滤出能力也受到抑制，可作为燃料，或用作肥料、营养土、建材等使用。

（6）生物淋滤处理技术

生物淋滤技术可用于污泥中重金属的去除。生物淋滤法起源于微生物湿法冶金，是指利用自然界中一些微生物的直接作用或其代谢产物的间接作用，包括氧化、还原、配合、吸附或溶解作用，将固相中某些不溶性成分（如重金属、硫及其他金属）分离浸提出来的一种技术。该技术最初应用于难浸提矿石或贫矿中金属的溶出与回收。污泥的生物淋滤主要利用氧化亚铁硫杆菌和氧化硫硫杆菌，将污泥中难溶性金属硫化物氧化成金属硫酸盐而溶出，再进行固液分离以达到去除重金属的目的。

不同类型污泥（初沉污泥、活性污泥、消化污泥）中重金属存在状态不同，污泥的种类和特性会影响生物淋滤效率。有学者利用驯化的内源亚铁氧化菌进行生物淋滤试验，10d 后发现厌氧消化污泥中铜去除率高于好氧消化污泥，去除率分别为 63%～75% 与 39%～65%。由于厌氧消化污泥中重金属有 70% 以难溶性的硫化物的形式存在，因此，污泥厌氧消化技术常与生物淋滤技术结合，控制其重金属含量。

最近的研究表明，通过加富培养与驯化污泥中内源的氧化亚铁硫杆菌，并导入外源无机铁（如工业废渣 $FeSO_4 \cdot 7H_2O$），对重金属污染的污泥进行生物淋滤，能有效地去除重金属，污泥脱水后可制成含铁量高达 6%～8% 的生物有机态铁肥，可作为石灰性土壤缺铁失绿的矫治剂。

生物淋滤法耗酸小，运行成本低、实用性强，是经济有效、具有开发潜力的重金属去除方法，它具有化学浸提法（酸或有机络合剂）不可替代的优越性。然而，生物淋滤法采用的主要细菌如硫杆菌，其增殖慢、生物淋滤滞留时间长，这是限制其大规模应用的主要障碍。而且，许多研究者采用的细菌是金属矿山酸性废水分离而来或商品化的菌株，驯化其适应污泥的环境并加富营养培养往往需要较长的时间（10～30d），并且效果不太稳定。

7.5.4　污泥堆肥农业回用的安全性要求

7.5.4.1　污泥堆肥对土壤生态的改良修复作用

污泥中含有丰富的氮、磷、钾等植物必需营养元素及有机质成分。污泥及污泥堆肥的施用均会对土壤结构、土壤水力学性质、土壤化学性质以及土壤生物学性质有良好的影响。

（1）改善土壤结构

因为污泥堆肥本身密度小，施入土壤后不仅能增加土壤的孔隙度，显著减少土壤的密度，还可增加土壤的孔隙容积，给土壤水分和空气提供快速进出的通道。黏重的土壤施入污泥堆肥后，可有利于团粒的形成，并提高团粒的稳定性。施入污泥堆肥后，增加了土壤的含水量，土壤的持水能力显著提高，有效减少了土壤地面冲刷，进而减少田间径流引起的土壤中植物养分的损失，并改善了土壤的三相容积分布，即固相减小、气相和液相相对增加。

（2）增加土壤养分

污泥或污泥堆肥含有相当于厩肥的氮、磷，也含有钾、钙、铁、硫、镁等大量元素营养成分，还含有锌、铜、硼、钼等微量元素营养成分，而且，氮、磷均为有机态，可以缓慢释放而具有长效性。污泥或污泥堆肥施入土壤后，可显著提高土壤的阳离子交换量（CEC），改善土壤对酸碱的缓冲能力，提供养分交换和吸附的活性点，从而提高肥料利用率。

（3）优化土壤微生物种群结构

施用污泥或污泥堆肥可显著提高土壤微生物的活性，使土壤中微生物总量及放线菌所占比例增加，土壤的代谢强度提高。施用污泥或污泥堆肥在改善了土壤的理化性质的同时，也为微生物的活动提供了更好的条件，土壤微生物的活动的加剧又能促进土壤肥力的提高。相关研究表明，随着污泥堆肥施用量的增加，植物根际土壤中的真菌类、放线菌类、细菌、纤维分解菌及亚硝酸氧化自养菌的数量显著增加，而放线菌对土壤腐殖质的形成和分解以及对土壤中其他微生物的调节，尤其对病原微生物的抑制都有重要的作用。施用污泥还可改变土壤微生物的种群结构，提高土壤硝化细菌的比例，提高酶活性，使土壤的基础肥力和土壤腐殖质的含量提高。

污泥还可以施用于各种严重受损的土地，如废弃采煤矿、尾矿坑、取土坑以及已退化的土地、垦荒地、滑坡及其他因自然灾害而需要恢复植被的土地。如美国芝加哥富尔顿的煤矿废弃地上施用污泥后，土壤可耕性和透水性明显提高，同时提高了土壤阳离子交换量（CEC），并提供了作物生长所需的有效养分。

7.5.4.2　污泥堆肥对土壤的可能危害性

在污泥形成过程中，重金属会通过微生物吸收、细菌和矿物颗粒表面吸附以及与无机盐共沉淀等多种途径进入污泥，造成污泥重金属浓度相对较高。重金属一般溶解度很小，在污泥中性质较稳定，不能通过微生物降解而去除。重金属也是限制污泥大规模农业利用的最重要的因素，而高的污泥施用量和重金属含量会对植物的生长产生抑制甚至毒害作用。

污泥中还有很多常见的有机污染物既包含传统的持久性污染物（POPs），如多环芳烃

（PAHs）、多氯联苯（PCBs）、多氯代二苯并二噁英（PCDDs）、多氯代二苯并呋喃（PCDFs）等，又包含新兴污染物，如抗生素（antibiotics）、多溴联苯醚（PBDEs）、全氟化合物（PFCs）等，这些物质在污水和污泥的处理过程中会得到一定程度的降解，但一般难以完全除去，这些有毒有机物不仅能在土壤中残留，还能够被作物吸收进入植株产生其他危害，在污泥的农业利用时需充分考虑其可能产生的危害。

当污泥经过稳定化处理后，大部分的病原菌可以被杀灭，进入土壤后的危害性将大大降低，但将未经稳定化处理的污泥施入土壤，会对土壤生态造成长期污染并传播病害。

污泥的含盐量通常很大，施加到土地上后会明显提高土壤的电导率，过高的盐分会破坏养分之间的平衡、抑制植物对养分的吸收，甚至对植物的根系会造成直接的伤害。并且，离子之间的拮抗作用也会加速土壤的有效养分如 K^+、NO_3^-、NH_4^+ 等的淋失，但经堆肥化处理后的污泥，盐分会明显降低，可用性提高。

7.5.4.3 污泥农业回用的安全性要求

污泥农业回用的安全性问题主要包括两个方面，即病原菌和有害物的限量与控制。污泥中的有害物质包括无机和有机两大类，无机成分主要是重金属物质，有机成分主要是有毒的有机物。部分污水处理厂因资金或技术原因，污泥未做消毒处理或消毒处理效果不佳，使得污泥卫生学效果不佳。在污泥（堆肥）农业土地利用时，病原物可能会通过气溶胶、土壤、农作物、地面水或渗滤进入地下水等多种途径而广泛传播，容易造成人畜、动物病害及流行性疾病，具有潜在和长期的危害，必须对病源污染进行源头控制，严格执行污泥处理要求。

（1）有关污泥农业安全回用的标准

2009 年国家住房和建设部发布了《城镇污水处理厂污泥处置：农用泥质》标准（CJ/T 309—2009），改变了根据土壤 pH 值确定金属浓度限值（表 7-6），而是根据污泥所含金属浓度将污泥分为 A、B 两级，明确了各级别污泥所含金属总量的限值、有机污染物（苯并［a］芘、多环芳烃及矿物油）的限值、适用作物范围，还增加了卫生学指标，即：粪大肠菌群菌值＞0.01；蠕虫卵死亡率＞95%。美国 EPA 将土地利用的污泥产品分为 A、B 两级：A 级要求污泥中的粪大肠菌浓度＜1000MPNs/g（干重）或沙门菌浓度＜3MPNs/g（干重）；B 级则要求粪大肠菌浓度几何平均值＜2×106MPNs/g（干重），A 级产品必须采用附加除病原体工艺。欧洲国家在污泥土地利用的病原体方面一般只考察沙门菌和肠虫卵。而目前对有机污染物还缺乏完善的限量控制标准，国外对二噁英/呋喃类、多氯联苯类等提出了一些限量建议，各国及各地区对农用污泥中有机污染物的控制项目和标准有较大的差异（表 7-7）[11]。

表 7-6　欧洲地区、国家及中国城市污泥土地利用重金属控制标准

国家或地区	重金属/(mg/kg)							
	Zn	Cu	Pb	Cr	Ni	Cd	Hg	As
欧盟①	2500	1000	750	1000	300	10	1	—
德国	3000	1000	800	1000	200	15	10	—
法国	2500	800	900	900	200	10	8	—
瑞典	800	600	100	100	50	2	2.5	—
中国 CJ/T 309—2009								
A 级	1500	500	300	500	100	3	3	30
B 级	3000	1500	1000	1000	200	15	15	75

① 欧盟 86/278/EEC 标准 2000 年修订版。

表 7-7　部分国家污泥农用的有机污染物控制标准　　　　单位：mg/kg 干物质

国家	二噁英、呋喃类（PCDD/Fs）	多氯联苯类（PCBs）	有机卤化合物（AOX）	NPE	多环芳烃（PAH）	甲苯	苯并[a]芘
法国	—	0.8①	—	—	2～5③	—	—
德国	100	0.2②	500	—	1.5～4④	—	—
瑞典	—	0.4	—	100	3	5	—
中国	—	—	—	—	5⑤	—	2⑤

① 所有 PCBs 的总量。
② 每一种 PCB 的量。
③ 指萤蒽。
④ 指当污泥用到牧场上。
⑤ A 级污泥。

　　污泥农业回用时，除了要严格按照标准控制污泥（堆肥）中致病原及有害物质的含量外，还应加强施用条件和场地的管理，常见的管理措施有：a. 严格限制污泥中重金属的含量，并根据其土壤背景值等情况，严格按照计算得到的污泥安全施用量进行施用；b. 严格执行施用场地的要求，如坡度应≤3%，地下水水位低且离饮用水水源较远，不施用于砂性土壤和渗透性强的土壤；c. 施用污泥（堆肥）的土壤不宜种植生吃果蔬，或者宜施用 3 年以后再种植；d. 施用过程中不与污泥（堆肥）直接接触，若采用喷灌方式，则喷灌设施应远离居民住宅或道路至少 50～100m；e. 一般来说农田使用污泥数量都有一定限度，当达到这一限度时污泥的农用就应停止一段时间再继续进行；f. 在整个施用区域建立严密的使用、管理、监测和监控体系，关注区域内的土壤、地下水、地表水、作物等相关因子的状态和变化，并根据发生的变化做出相应的调整，使得污泥的农用更加安全有效，促进农业的可持续发展。

　　1998 年美国城市污泥堆肥及土地利用占其污泥产量的 53%，而 2002 年美国约 60% 的污泥用来改善土壤或者作为生长作物的肥料；欧洲污泥农用更为广泛，大于 40% 用于农业土地，其中法国、西班牙、英国、丹麦和卢森堡的污泥农业利用率超过 50%。污泥农用率在北美和欧洲还在不断持续增加，而我国的污泥农用率不足 10%。2009 年由建设部、环保部和科技部联合发布的《城镇污水处理厂污泥处理处置及污染防治技术政策（试行）》中已经明确规定："允许符合标准的污泥限制性农用"。限制性农用不是指限制农用或禁止农用，而是在可行、安全、环保条件下的农用。

　　（2）有害物的限量与控制

　　1）污泥中重金属含量的控制　污泥中含有的重金属含量超标时，施用于土地会对土壤造成严重污染，并间接危害人类健康。污泥中的重金属以水溶态、交换态、有机结合态、碳酸盐、硫化物态和残渣态等形态存在，其中水溶态、交换态、有机结合态的生物有效性高，对周围环境和人体危害性大，另外污泥的组成、堆肥化条件等对污泥中重金属的形态也有显著影响。污泥的堆肥化处理会使污泥中水溶态重金属含量减少，交换态和有机结合态重金属含量增加，对残渣态的重金属的影响随重金属种类不同而不同，污泥经过堆肥处理之后，生物可利用成分增加，重金属的生物有效性降低。

　　重金属会对土壤中的微生物造成直接危害，虽然污泥中的有机质可以增加微生物的活性，但由于重金属含量的增加最终会导致微生物数量的下降，改变了微生物的种类，导致微生物固氮能力的下降。另外，据研究表明，污泥中重金属在土壤中的转移受土壤性质、污泥性质、植株属性等条件影响，由于土壤本身性质、利用方式的变化，重金属在土壤中的较长停留时间等的影响，所以对重金属在土壤中迁移转化的规律有待进一步的研究和监测。

污泥堆肥对土壤中重金属含量的影响主要是对重金属总量的影响和对重金属形态及生物有效性的影响。不同重金属和不同堆肥处理的重金属增加幅度不同，有研究认为，金属离子的溶解度随着 pH 值升高而降低，重金属有机络合稳定性随着环境 pH 值升高而增强。另外有研究发现，重金属可以与土壤有机质形成不溶性的有机络合物而被保持，相对植物的生物有效性降低，这样可以为络合反应降低重金属离子的毒害作用提供可能。

控制土壤中的重金属方法主要可以通过改变重金属存在形态，通过固定阻止重金属的迁移转化，另外就是从污泥中去除重金属。去除重金属的技术主要有通过污泥堆肥改变重金属形态、钝化剂钝化、化学滤取和生物淋滤法。

① 堆肥稳定化。研究表明，堆肥后污泥中重金属的形态发生很大变化，污泥堆肥化过程中污泥的组成、堆肥化条件等对重金属的形态影响显著，通常情况下，经堆肥处理后的污泥水溶态重金属含量下降，交换态和有机结合态重金属总量增加，不同重金属的含量变化不同，且相比之下不同浸提剂所提取的其他形态重金属总量相差很多。总体来说，经堆肥处理后的污泥中植物可利用成分增加，重金属的生物可用性下降。

② 钝化剂钝化。通常采用的重金属钝化剂种类主要有磷酸肥料、石灰类物质、吸附力强的硅铝酸盐材料等。以磷矿粉作为重金属的钝化剂，可以在钝化重金属的同时作为土壤缓释磷肥。石灰类物质包括石灰、硅钙酸炉渣和粉煤灰等碱性物质，由于重金属极易受环境的 pH 值控制，增加堆肥碱性可以使重金属生成碳酸盐、硅铝酸盐、氢氧化物沉淀，另外粉煤灰和石灰一样可以起到钝化污泥中的重金属并杀死病原菌的作用，利用粉煤灰作为重金属钝化剂不仅可以解决重金属污染的问题，也达到以废治废的目的。

在实际的生产过程中，需要利用钝化剂来处理污泥中的重金属。根据重金属的处理效果以及作物产量、钝化剂原料、来源、价格等因素考虑，粉煤灰、磷矿粉是比较合适的钝化剂原料。综上，最有效的重金属控制方法还是从源头上控制重金属，在污水处理过程中将工业废水和生活污水分开处置，可以很好地解决污泥中重金属的难题。

③ 化学滤取和生物淋滤法。近年来对化学滤取和生物淋滤法的研究和关注较多，厌氧消化的污泥中重金属主要以硫化物的形态存在，化学法采用酸调节污泥的 pH 值至 2，再用EDTA 等络合剂分离重金属。该法滤取率高达 70%，缺点是投资大，操作难度高，实际应用困难。生物淋滤法是利用细菌的新陈代谢实现对污泥中重金属的提取，可以采用的细菌主要有 Thiobacillus ferrooxodans、Thiobacillus thiooxidans，这些细菌可以在 Fe^{2+} 以及还原态硫化物的介质中生存，并通过细菌的代谢作用将难溶性的金属硫化物转化为可溶性金属硫酸盐，生物淋滤法虽费用相对化学滤取较低，但是实际运行中对 pH 值要求必须低于 4.5，需要大量加酸调节，增加了工艺的难度[6]。

2) 污泥中有机污染物的控制　目前对污泥中有机污染物的研究相对较少，污泥中存在的有机污染物可以通过食物链富集进入人体，并有致癌、致畸、致突变危险，已经逐渐引起人们的关注，城市污泥中污染物主要有多环芳烃 PAHs、邻苯二甲酸酯 PEs、多氯代二苯并二噁英/呋喃，多氯联苯、氯苯、氯酚等，目前还没有相应的规范和标准来控制污泥中的有机污染物，我国也只是对苯并芘有了控制标准，在堆肥过程中微生物可以通过代谢作用降解如硝基芳香烃、农药、多环芳烃等有机污染物，但是降解速率慢且数量有限，最有效的控制有机污染物的方法还是从源头上进行控制，杜绝有机污染物进入污泥是解决这一问题的根本方法。

7.5.5 污泥农业利用场地的设计

污泥农业利用的目的是在施用污泥不对土地造成二次污染的前提下,通过改善被施用土壤的理化性质,改善作物生长的环境条件,并利用污泥对作物的增产作用,实现污泥的可持续利用。其中,土壤、作物和污泥三者是互相联系、相互影响、相互制约的。污泥土地利用应当充分考虑三者之间的相互关系,针对土壤及植物的特性进行合理施肥。

7.5.5.1 施用方式

污泥及其复合肥产品土地施用的前提是必须确保污泥以机械方式或自然方式与土壤混合,再根据其物理状态以及施用途径的不同选择污泥灌溉、地表施用和地面下施用三种方式。

（1）污泥灌溉

污泥灌溉通常适用于浓缩污泥的直接利用,但是浓缩污泥利用因存在环境、安全风险而逐渐被淘汰,因此,直接利用方式也随之被弃用。

（2）地表施用

污泥地表施用适用于稳定化、无害化处理后污泥或污泥复混肥的施用,仅需使用常规机械均匀撒播即可,无需专用机械设备。

（3）地面下施用

地面下施用方式主要适用于浓缩和脱水污泥,也适用于稳定化、无害化污泥或污泥复混肥的施用,包括注入、沟施或施用圆盘犁犁地。污泥地面下施用可有效地阻止氨气挥发和蚊蝇滋生,污泥中的水分能够被土壤迅速吸收,可以减少污泥的生物不稳定性,但地面下施用会增加投资费用,且污泥施用的均匀性无法保证。

污泥农业利用的施用方法主要取决于污泥农用的土壤条件,需要考虑污泥施用地区的气候条件、植被类型,一般施用在植株种植前,还要避开降水期和夏季炎热时间段。施用前可将污泥或污泥与土壤混合物堆置一段时间（堆置时间一般大于 5d）。在直接施用时,应在种植前在土方上方均匀撒上污泥,然后结合整地翻入土内,使污泥和土壤均匀混合,有条件的可以再在污泥翻入土中后,浇少量水使土壤和污泥充分混合。作为园林绿化的草坪或花卉种植介质土的污泥,每平方米均匀撒 6～12kg 干污泥;作为小灌木栽培介质土的污泥,每平方米均匀撒 12～24kg 干污泥;作为乔木栽培介质土的污泥,每平方米均匀撒 10～80kg 干污泥。污泥作为苗圃基质介质土的形式主要有林圃、花圃以及草坪基质等。经过稳定化的污泥在不影响盆栽苗圃生产的情况下,可全部采用污泥产品作为苗圃基质种植介质土。

7.5.5.2 施用场地的评价与选择

国外的实践表明,在对污泥施用场地进行评价和选择时,应着重考虑地形、土壤特性、地下水水位深度、与水井等敏感区的距离等,防止污泥中的污染物污染地下水,避免威胁到人畜的安全。地形影响污泥施用的关键指标是坡度。当坡度较大时,施用污泥可能被地表径流侵蚀。因此,需要对施用地点的坡度进行限制。理想坡度为 0～0.03%。林地因为植被的保水性较好,不易形成径流,最高坡度限制可放宽至 0.3。

污泥土地利用场地的理想土壤特性包括渗透性中下、土壤深度大于 0.6m、排水性能良好等。尤其注意不得施用于沙性或者渗透性好的土壤。施用土壤呈现酸性还是碱性,对于污泥中的重金属允许施用量有非常大的区别,因此应该特别重视。

为防止施用的污泥污染地下水,污泥土地利用场地的地下水水位越深越好。通常,地下水水位至少应达到 1m，且季节性波动应小于 0.5m。污泥施用的地点，必须进行现场勘测，以掌握足够的地下水信息。

污泥土地利用场地必须用缓冲区或红线与敏感区有界分隔。敏感区指住宅、水井、道路、地表水等。表 7-8 为美国加利福尼亚州对污泥土地利用场地与敏感区的最短红线距离的规定。

表 7-8　美国加利福尼亚州对污泥土地利用场地与敏感区的最短红线距离

敏感区	最短红线距离/m
私人不动产的边界	3
居民用水井	100
非居民用水井	30
公路	15
地表水(湿地、溪流、池塘、湖泊、地表含水层、沼泽等)	30
农用灌溉系统的干管	10
满足居民用水的水库	120
居民供水的主要干管	60
地表水的引水口	750

《城镇污水处理厂污泥处置　农用泥质》(CJ/T 309—2009)规定，湖泊周围 1000m 范围内和洪水泛滥区禁止施用污泥。

7.5.5.3　施用量的计算

污泥及其复合肥产品的施用量受土壤需肥量和污染物承受能力两个因素的制约。污泥施用量应根据作物对各种营养元素的需求和土壤对污染物的承受能力来进行平衡，避免过量施用导致的二次污染。北京市环境保护科学研究院有学者根据多年研究成果并结合国内外经验，提出了计算污泥施用率的程序和计算模式，用以确定污泥施用率。污泥施用率的计算程序见图 7-11。

（1）按土壤环境标准确定施用率

按照给定的土壤环境质量标准、土壤中污染物的背景含量、污染物年残留率和污泥污染物限值可以确定污泥在该土壤中的施用率，计算方法见表 7-9。

表 7-9　供设计选择的污泥施用率类型

污泥施用率类型	代号	施用率
一次性污泥最大施用率	S_1	$S_g=(W_h-B)T_s/C$
安全污泥施用率	S_2	$S_a=W_b(1-K)T_s/C$
控制性安全污泥施用率	S_3	$S_k=(KW_h-BK^j)(1-K^j)\times T_s/C$

注：W_h 为给定的土壤环境质量标准，mg/kg；B 为该土壤污染物的背景含量，mg/kg；K 为该土壤污染物的年残留率，%；T_s 为耕层土壤干重，t/(km²·a)；C 为污泥限制性污染物含量，mg/kg；j 为给定年限，a。

（2）按作物吸收养分量确定施用率

按作物吸收养分量确定施用率，可以按氮量和需磷量分别计算确定，按计算中较低施用率控制，根据我国国情，一般以需氮量计算为主要依据。

1）污泥中可利用氮的计算　氮负荷率主要根据商业肥料中提供的有效氮来确定。由于城市污泥是一种释放较慢的有机肥料，因此，氨的化合物和有机氮量必须根据式（7-15）计算：

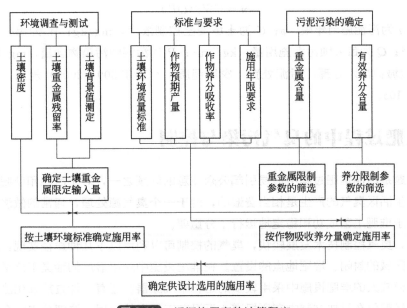

图 7-11　污泥施用率的计算程序

$$L_N = [w(NO_3^-) + K_{vw}(NH_4^+) + f_n \times N_o] \times F \tag{7-15}$$

式中，L_N 为污泥施用年内植物可利用氮量，g/kg；$w(NO_3^-)$ 为污泥中硝酸盐的质量分数（小数）；K_v 为氨的损失中挥发系数，对于液体污泥地表利用取 0.5，对脱水污泥地表利用取 0.75，对污泥地面下注入利用取 1.0；$w(NH_4^+)$ 为污泥中氨的质量分数（小数）；f_n 为有机氮的矿化系数，对于消化污泥，温暖天气情况下取 0.5，在凉爽天气情况下取 0.4 在寒冷天气或者堆肥污泥取 0.3；N_o 为污泥中有机氮的质量分数（小数）；F 为转化系数，1000g/kg 干基。

2）氮负荷率的污泥施用率的计算　氮负荷率的污泥施用率按式（7-16）计算：

$$L_{SN} = U/N_P \tag{7-16}$$

式中，L_{SN} 为氮负荷率的污泥施用率，kg/(hm²·a)；U 为单位土地作物的氮吸收典型值，kg/hm²；N_P 为污泥的含氮率，g/kg。

（3）国家标准的规定

《城镇污水处理厂污泥处置　园林绿化用泥质》（GB/T 23486—2009）规定，污泥园林绿化利用时，还应控制污泥中的盐分，避免对园林植物造成损害，要求污泥施用到绿地后土壤的 EC 值宜小于 1.5mS/cm，某些耐盐的园林植物可以适当放宽至 2.5mS/cm。

《城镇污水处理厂污泥处置　土地改良用泥质》（GB/T 24600—2009）规定，每年每万平方米土地施用干污泥量不大于 30000kg。

《城镇污水处理厂污泥处置　农用泥质》（CJ/T 309—2009）规定，农田施用污泥量不应超过 7.5 t/hm²。

7.5.5.4　污泥施用年限的计算

长期不合理地施用污泥，可能会导致重金属元素等污染物在土壤中积累，进而在作物可食用部位富集，因此，必须要严格控制污泥的施用量和施用年限。若不考虑土壤中污染物元素的输出，把土壤中的污染物积累量控制在允许浓度范围内，则污泥施用年限可按公式（7-17）计算。

$$n = CW/(QP) \tag{7-17}$$

式中，n 为污泥施用年限，a；C 为土壤安全控制浓度，mg/kg；W 为每公顷耕作层土重，kg/hm²；Q 为每公顷污泥施用量，kg/hm²；P 为污泥中污染物含量，mg/kg。

另外，《城镇污水处理厂污泥处置　农用泥质》（CJ/T 309—2009）规定，农田连续施用不应超过 10a。

7.6 堆肥过程中的臭气污染与控制

臭气问题是污泥堆肥过程中最易引起公众注意的问题之一，对于污泥和堆肥设施，无论是农场还是生活区臭气的产生是相当普遍的，对于一个臭气源处理，通常的做法是把臭气隔离开，这对于堆肥工艺成功和稳定地运行十分重要。

近几年，臭气控制技术发展较快，臭气的控制可以利用以下几种途径实现：堆肥工艺的控制、堆肥区域的封闭、堆肥地点的设置。在堆肥设施中应用最广的除臭工艺是生物过滤工艺，而在规模较大的堆肥设施中采用较多的是化学洗涤器。还有一种过热氧化法也可以用于污泥除臭，目前仅在科技文献中有所报道，而没有工程上的应用。这部分主要介绍了臭气产生的原因以及生物过滤除臭工艺方法。

7.6.1 臭气的来源

臭气是由于有机物没有被微生物完全氧化而产生的，主要组成为碳水化合物和蛋白质。碳水化合物是由碳、氢和氧元素构成的化合物，化学通式为—$(C_m H_2 O_n)$—，大部分的碳水化合物属于纤维素和糖类，它们几乎存在于所有的天然物质中。在堆肥过程中由于缺乏足够的氧气，碳水化合物裂解成乙醇、酯类、乙醛和有机酸等物质。这些化合物本身都具有特殊的气味，如香味、酸味和腐烂味等。蛋白质是由碳、氢、氧、氮和硫组成的化合物，在蛋白质降解过程中，由于缺乏足够的氧气而产生臭气，这些臭气主要由氨气、胺类、硫醇和其他一些物质所引起。一些氮和硫的化合物也含有强烈的臭味，而且要比碳水化合物产生的气味更令人难以忍受，在大气中的气体浓度单位通常记为"mg/L"。

由于微生物的代谢作用，污泥堆肥在好氧状态下也会产生一些臭味，这些臭味的强度和特性主要取决于混合原料的碳氮比、堆肥污泥的数量、气味稀释的能力、运行参数（如搅拌、堆肥的温度等）等因素。

预防是从源头上进行臭气控制，也是最具有优势的方法，堆肥初期通过控制通气条件可以很大程度上减少臭气的产生，但是这不能消灭所有的臭气源。可控制的臭气主要来源于易生物降解的调节剂存放的地点和清洁整理的过程。由于外观和气味的原因，用于堆肥的污泥存放在道路、停车场会产生较强烈的臭味，清洁过程的挥发性有机物的渗出会导致臭气的产生。在堆肥场所，需要防止不必要的臭气外溢，但是污泥不是臭气的唯一来源，其他如用于堆肥的杂草等也会产生一定的臭气，这些材料的混合堆放都会形成厌氧环境，在搅拌过程中易产生臭气。

一部分臭气来源被控制，下一步的重点就是减少臭气与人接触的机会，即堆肥设施的隔离、气味控制技术以及气味和空气的自然稀释。堆肥设施的隔离要在最初的设计阶段考虑，臭气的消除和稀释也是很关键的。

7.6.2 臭气控制技术

臭气控制技术包括使用除臭剂，利用臭氧、高锰酸钾和氯等氧化剂氧化产生臭气的原料；利用活性炭吸附、在燃烧室中热氧化以及利用生物过滤吸附、生物氧化等技术，这些技术都可以较好地去除臭气。由于生物过滤的主要优点是工艺简单，所以比较适合堆肥工艺中臭味的去除。

在工程领域，生物过滤工艺控制臭气已被广泛接受，生物过滤工艺的使用也在逐渐增长，它的主要优势就是建设、运行简单，无论管理水平如何都可以有效地去除臭气；生物过滤工艺可以去除的化学品种类较多，浓度范围也较宽；生物过滤的填料在当地都可以较容易的获得，滤床的管道和通风系统容易购买和安装，稳定运行时不需要添加化学品；在生物滤床中流动的水分中大部分是可溶性盐（硝酸盐、碳酸盐和硫酸盐），这种液体可以作为水分的来源回流到堆肥材料中；生物滤床对环境的变化有较强的适应能力，例如冷、热和雨、雪等；对于臭味安全稳定的去除，仅需要相对简单和少量的维护。

虽然生物滤床有很多的优点，但长期高效的运行还取决于生物滤床中填料的物理、化学和生物条件的维护。

7.6.2.1 生物过滤的基本原理

用于臭气控制的生物过滤工艺主要是通过填料表面的吸附和微生物的降解再生作用而实现的。

（1）吸附作用

生物过滤去除臭气的能力最初主要是由于填料表面的作用，这种作用包括以下几个方面：填料颗粒表面的吸附；水分的吸附或溶解；化学吸附；填料颗粒表面的接触反应；填料颗粒表面的离子交换。产生臭味的化合物通过填料的吸附作用，束缚在填料的颗粒表面上，气味被去除掉。由于这种作用主要发生在颗粒表面，颗粒的表面积就显得尤其重要。生物过滤去除臭气的效率与填料的物理、化学吸附作用有关，与滤床中填料颗粒的表面积有关。例如硫化氢可以生成铁或其他金属的硫化物沉积在颗粒表面，硫化氢首先解离成 HS^- 和 H^+，然后生成金属硫化物沉积下来；又如氨溶解在水中，解离成可被吸附的—NH_2 和羟基，羟基可以和土壤中的酸中和。挥发性、长链、亲脂性的大分子有机物大部分都可以被有效吸附。然而颗粒的吸附作用是有限的，只有对已吸附的化合物进行化学和生物氧化作用，填料的吸附能力才可以再生。当生物过滤长期使用后，吸附-再生过程就会达到一个稳定的状态。

（2）再生作用

吸附的化学物质被降解，使填料得以再生主要是通过微生物的生物降解、热作用和化学反应来完成的。热作用和化学反应在气味的去除过程中起到的作用比较小，因为它们需要较高的热量，而微生物的降解需要的能量较少，在去除臭气的过程中起到了重要作用。生物过滤的填料表面具有种类多样的微生物，它们都参与了这一过程。微生物要依靠土壤中的水分才能完成生物降解和氧化过程，因此填料中要有充足的水分。

例如硫化氢和 HS^- 被产硫酸杆菌（*Thiobacillus*）氧化成氢离子、硫酸盐和无臭的化学单体；NH_3 被亚硝化菌（*Nitrosomonas*）氧化成亚硝酸盐，之后又被硝化菌（*Nitrobactor*）转化成硝酸盐；产生有气味的丁酸（butyric acid）等挥发性有机物可以被一系列的菌群氧化成二氧化碳。

生物滤床的成功之处在于利用了填料物理、化学和生物的共同作用。臭气被颗粒状的填料吸附溶解在液体中，又被微生物降解。这个过程滤床是可以自身维持的，不需要外界补充其他成分，因此维护较少，再生的液体还可以回用。

7.6.2.2 生物过滤工艺的设计和运行

只要正确的计划并对设计和建设足够重视，生物滤床的建设和运行是简单的。在生物滤床的设计方面，关键的因素是填料的选择、气体停留时间、通过填料的压力损失和污染物的负荷率。为了使滤床具有较长的使用寿命、较高的碳氮比和较好的孔隙性、生物活性及吸附性，生物过滤工艺中的填料通常是由多种材料构成的。

填料中可能包括适合于堆肥的叶子或修剪庭院的碎屑、木屑、树皮、泥炭、砂子、土壤、含纤维的泥炭和火山灰等材料，填料的选择应立足于当地。填料填充好后，应该有32％～55％的空隙率和40％～60％的含水率，pH值应该在5.5～8.0。

气体需在滤床中停留足够长的时间才能达到最好的吸附效果。而停留时间还受到填料结构、渗透性和孔隙性的影响。设计滤床体积时要保证不被堵塞，气体在滤床的停留时间等于滤床的体积除以气体的负荷率。气体的流速在$0.15～9m^3/(m^2 \cdot min)$的范围内变化，比较常见的是$0.3～1.8m^3/(m^2 \cdot min)$。气体中臭气浓度较低时，停留时间至少30s，一般为45～60s，要达到这一停留时间，要有较大的滤床体积，比较常见的滤床高度是0.9～1.2m，常见的气体流速为$1m^3/(m^2 \cdot min)$。生物过滤工艺占地面积相当大，因此在土地稀缺的地区，这种工艺就没有优势了。

生物过滤工艺去除臭气的能力主要是利用吸附和再生的同时作用。因此，生物过滤工艺的一个限制性因素是气体通过滤床的速率，通过滤床的气流速率过高，会使滤床的负荷过高，超过生物滤床的最大去除能力，造成滤床的吸附速率小于污染物通过滤床的速率，去除臭气的能力就会迅速减弱。第二个限制性因素是微生物降解吸附污染物的再生速率，它必须等于或超过吸附速率。有毒物质会妨碍微生物对有机化合物的降解，但微生物群落会逐渐适应环境并能把有毒物质代谢掉。在多数情况下，生物滤床运行失败主要是由于滤床负荷过大，而不是微生物作用的削弱，这是因为土壤中细菌种类和数量较多。

7.6.2.3 生物过滤工艺的不足

生物过滤工艺有很多优点，同时也有一些不足，因此在设计、建设和运行时必须考虑到。生物滤床的填料通常被认为是具有均匀的孔隙性和湿度，这种性质对于气流的均衡性和气体的高效去除是很重要的，但实际上很难达到这一要求。因此在生物滤床建设和运行时要注意以下若干问题。

在放置填料的过程中，应注意以下的问题：填料是否压实；填料在分别放置时可能产生水平或垂直分界面；填料材料的不均匀混合；材料组成的不均匀性。因此在建设过程中，填料必须小心填充放置，不能压实。填充之后，填料必须用耙子小心整理平整。填料的压缩会降低孔隙度，导致气流的不均匀，降低臭气的去除效率。气体在滤床中的短路现象会降低气体的吸附效率。短路是由下面几个原因造成的：填料中生长的植物的主根造成；干燥区比邻近的湿润区具有更多的孔隙；由蚯蚓、啮齿动物和水流导致的较大气流通道；由于不正确的安装和密封，在滤床的边缘附近会导致渗漏。

我们通常对填料含水率过高比较关注，但填料的干化也是一个较普遍的问题。在滤床中流动的气体，如果含有的水分不饱和，就可能带走填料中的部分水分。滤床空隙中水分的去除提高了空隙率。具有较高空隙率的区域，气体就会优先通过而使那里的填料更加干燥，一旦在填料中形成一个干燥的通道，干化问题就会进一步恶化。因此只要发现填料出现干化现象，就要及时采取措施使填料重新润湿。

填料的重新润湿，可以通过下面的方法：对生物滤床中流动的气体进行加湿；利用水管进行表面灌溉；雨水尤其是雪水对于维持填料的含水率非常有效；在发生填料大范围干化的地方，干化的填料需要被挖出来，进行重新润湿后再放回滤床；关闭进入湿润区域的进气管道也可以改善水的渗透。现在的许多设计都是滤床中的水流出后直接进入集水槽，水中含有硝酸盐、碳酸盐、硫酸盐等，因此在回流到滤床表面或添加到堆肥材料之前应进行检测。即使堆肥材料具有较高的碳氮比，用于堆肥工艺的污泥也会产生数量不等的氨。氨被填料吸附后，微生物可以利用它作为氮源降解有机物。滤床中的填料可能随时间而被物理侵蚀。填料物理侵蚀的结果是收缩、裂缝和结构塌陷，会导致气体和液体的直接渗漏、缩短停留时间、增大压力损失、降低去除效率。填料的使用寿命受到下面几个因素的影响：通过滤床气体的性质和负荷率；滤床的维护程度。填料较普遍的使用寿命为 37 年。

7.6.3　填料状态的监测

在生物滤床运行期间要及时对填料的状态进行监测。每星期要记录填料的压力损失，检查表面的干化点，确定是否需要重新加湿，清除表面的杂草。压力损失的提高表明填料可能出现堵塞或塌陷，排出压力的减少可能暗示滤床出现渗漏现象。当出现降雨或其他情况时，排出压力出现一些波动是正常的，关键要看压力的改变是否是持续的、倾向性的和长时间的。将观察的数据绘制成图表有助于得到滤床排出压力变化的直观描述。每个月都应进行关于填料的集中调查，这包括空隙性、填料的水分含量、可能发展成短流的鼠洞以及臭气的泄漏等。每年应该检测填料的化学性质，如 pH 值、含氮化合物的浓度等指标，要取出并检测滤床从表面到底部的填料样品，评估它的物理状态。

7.6.4　气体质量的监测

应定期监测利用倒转的漏斗收集的气体样品。由于填料是不同质的，气体在填料中流动也是不均匀的，因此应在不同的高度收集数量多一些的样品。在每个取样口处，应检测气体的流速和温度，以准确的评估生物滤床中气体的流速和负荷。要对处理前和处理后的气体样品中某些特定的化学成分进行监测。

生物滤床的成功之处在于利用了填料物理、化学和生物的共同作用。臭气被颗粒状的填料吸附溶解在液体中，又被微生物降解。这个过程滤床是可以自身维持的，不需要外界补充其他成分，因此维护较少，再生的液体也可以回用。

在过去的 20 年里，污泥堆肥工艺已经发展成为成熟的工程技术，堆肥工艺机理的认识也有很大的深入，堆肥工艺机械操作的稳定性和简便性有了很大提高，工艺控制已经实现了计算机自动化，从而提高了堆肥效率、改善了堆肥微生物群落的环境条件，堆肥产品的质量也得到了有效的保证。

堆肥技术已经取得了巨大的进步，同时还有很大的提高潜力，也就是在堆肥的经济性和臭气的有效控制方面应该不断努力。因为堆肥产品市场存在巨大的增长潜力，所以应该进一步提高污泥用于堆肥的利用率。污泥堆肥的接受程度随着地域的不同而有所不同，我们在指导污泥堆肥的利用上，有许多规范和技术去评价它的风险和效益，为了改变人们的观念，还有很多工作要做。

在指导污泥堆肥的技术方面，首先应该清楚用于制作混合肥料的污泥和调节剂的质量，同时了解市场的需求，并比较它们之间的差异。一旦了解了原料和市场，就会确定合适的堆肥工艺。前处理和后处理工艺的选择要根据堆肥材料的特性、堆肥产品的质量和堆肥工艺来确定。

总之，要有对堆肥技术和工艺的深入理解，才能生产出高质量的堆肥产品，才能被使用者接受。

7.7 工程实例

7.7.1 秦皇岛市污泥处理厂CTB高温好氧工程

7.7.1.1 应用工程概况

城市污泥自动控制堆肥及其复合肥生产成套技术是由北京中科博联环境工程有限公司联合中国科学院地理科学与资源研究所环境修复中心开发，并在秦皇岛市污泥处理厂得到了工程应用，CTB自动控制污泥好氧发酵工程总造价为4950万元，占地面积为$2.67hm^2$，主厂房面积为$8900m^2$，附属车间面积$380m^2$，办公楼面积$1000m^2$，脱水污泥的投资成本为24.75万元/t。工程直接运行成本主要包括电费、油费、人工费和调理剂费用等，脱水污泥的直接运行成本为$80\sim120$元/t（不含设备折旧费）[12]。

7.7.1.2 应用工程的处理流程

工程采用的是CTB高温好氧发酵工艺，主要工艺流程如图7-12所示。

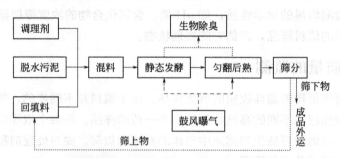

图 7-12 CTB高温好氧发酵工艺流程

脱水污泥与有机调理剂、干化回填料混匀后，对物料水分、孔隙率、C/N等参数进行调节，将混匀的物料运入发酵仓内，然后在堆体中插入温度和氧气监测探头，启动发酵程序，主发酵程序通过温度、氧气探头检测的数据由Compsoft 3.0软件进行控制，鼓风机对堆体供氧，后熟阶段进行匀翻后熟稳定化，消除发酵的死角区域，发酵结束后，物料进行筛分，筛上物作为回填料进入下一个循环，筛下物作为营养成分外运。发酵过程中会有一定的NH_3产生，发酵车间设有废气收集系统，废气经生物滤池收集处理后再排放。

（1）混料系统

混料系统的主要工艺设备及参数见表7-10。

表 7-10 混料系统主要工艺设备及参数

设备	数量	性能参数	备注
污泥料仓	1个	容积为$30m^3$	贮存脱水污泥，调节污泥出料速度

设备	数量	性能参数	备注
调理剂料仓	1个	容积为20m³	贮存有机调理剂,调节调理剂出料速度
回填料仓	1个	容积为20m³	贮存干化回填料,调节回料出料速度
皮带机1	1台	输送量为40m³/h	输送回填料及污泥
皮带机2	1台	输送量为30m³/h	输送有机调理剂
混料机	1台	混料量为50m³/h	混匀物料
皮带机3	1台	输送量为50m³/h	输送混匀后的物料

运进厂区的脱水污泥、筛分后的回填料、粉碎后的有机调理剂分别进入污泥料仓、回填料仓和调理剂料仓,料仓的出料速度可根据物料含水率及孔隙率状况进行调节。污泥料仓和回填料仓的出料落入皮带机1,调理剂料仓的出料落入皮带机2,皮带机1和皮带机2将脱水污泥、回填料和有机调理剂送入混料机,混料机将物料充分混匀,混匀的物料经皮带机3送入卡车运至发酵仓。

（2）自动监控发酵系统

高温发酵是污泥堆肥的核心环节,在好氧微生物作用下,堆体温度迅速升高到 $50 \sim 55℃$ 以上,保持 $5 \sim 7d$,病原菌、杂草种子被杀灭,不稳定有机物得到降解,达到污泥无害化的目的。发酵过程在发酵仓内完成,该工程共设 20 个发酵仓,为钢混结构,规格均为 $33m \times 5m \times 2.2m$（长×宽×高）,仓底穿孔板曝气,设计堆体最大高度为2.0m。3个发酵仓共用1台鼓风机,最大鼓风量为 $140m³/min$,鼓风量由变频器调节,鼓风机的开启时间及风量由堆体发酵状态决定,过程由 Compsoft 3.0 软件控制。

将混合均匀的物料经卡车运进发酵仓,槽式多功能机将堆体平整到适宜高度并铺设 $3 \sim 5cm$ 保温除臭层,插入 CTB 温度探头和氧气探头,然后启动堆肥发酵控制程序。根据堆体温度、氧气含量及耗氧速率等参数决定鼓风机开启时间及工作频率,使堆体温度和氧气含量处于最佳状态,促进嗜热微生物快速生长繁殖,并有效防止堆体出现厌氧状态而产生 H_2S 等恶臭气体。在好氧微生物作用下,堆体温度迅速升高,达到污泥无害化所需温度（55℃以上维持 $5 \sim 7d$）,在该阶段不稳定有机质得到降解,病原菌及杂草种子被杀灭,堆体含水率大幅下降。由于高温期堆体中大量易降解有机质被降解,在高温期结束后反应速率降低,堆体温度下降,堆体进入降温期,当堆体温度降低到30℃左右时,堆体进入后熟期,为了更加有效地降低物料含水率,避免高温期发酵的死角,后熟阶段采用匀翻机对堆体进行匀翻（频率为 1 次/d）。当堆体温度与环境温度接近时,堆肥发酵过程结束。

（3）筛分系统

发酵结束后,充分腐熟的物料进入筛分车间,并由皮带机输送进入筛分机,调理剂及大颗粒物料为筛上物,作为回填料进入下一个循环;筛下物为成品料,可作为营养土用于园林绿化、盆栽基质或有机肥原料,也可用于垃圾填埋场覆盖土。

（4）除臭系统

发酵车间是产生臭气的主要区域,该工程在发酵车间设有 2 套自主研发的 H_2S、NH_3 监测探头,探头采集的数据在线传输到控制室及车间环境状况监视屏,当车间的 H_2S、NH_3 浓度超过《工作场所有害因素职业接触限值 第 1 部分:化学有害因素》（GBZ 2.1—2007）时,启动报警系统,并开启发酵车间气体收集系统。发酵车间总面积为 5500m²,厂房高度为7m,其中发酵仓堆积物料所占空间约为6600m³,厂房净容积约为32000m³,设计换气次数为 3 次/h，故除臭系统处理规模为 100000m³/h，采用生物滤池除臭工艺，占地面积为 1000m²。该工程废气排放达到了《城镇污水处理厂污染物排放标准》（GB 18918—2002）的二级标准。

7.7.1.3 实际运行情况

发酵过程采用鼓风机曝气为主、匀翻机匀翻后熟为辅的供氧方式，保证了堆体的好氧状态，控制了恶臭气体的产生，车间及厂区空气质量均能满足设计标准；另外，发酵过程采用温度、氧气联合反馈控制，自动化程度高，减轻了操作人员的劳动强度。该工艺具有高效、低耗的特点，已经在多项示范工程中进行，现已通过权威机构的质量认证。

污泥处理厂经过处理后污泥的含水率可以降低到 40％左右，污泥中的病原菌和杂草种子均被消灭，成品可以用于园林绿化、垃圾填埋场覆盖土或者盆栽基质等。

7.7.2 北京庞各庄污泥堆肥厂 ENS 堆肥工艺

7.7.2.1 应用工程概况

本工程采用 ENS 堆肥工艺，土建简单，运行能耗低，作业方便且施工周期短。庞各庄的污泥堆肥升级改造工艺的试运行效果良好，与原有的工艺相比，处理能力得到了提升，污泥发酵速度、干化速度、发酵温度及气味控制等参数均得到了明显改善。

7.7.2.2 应用工程的处理流程

ENS 堆肥工艺简介：ENS 污泥堆肥技术由欧洲业内通过对堆肥动力学、热力学和反应工程研究与实践发展而来，主要工艺包括污泥堆肥的预混合技术，污泥堆肥的通风和布风技术，堆料的温度控制与反应加速技术，污泥的生物干化技术，堆肥的臭味源头控制技术，堆肥的氧气-温度在线监测与智能化控制技术。其主要工艺流程如图 7-13 所示。

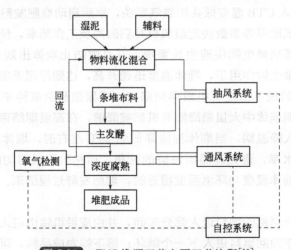

图 7-13 ENS 堆肥工艺主要工艺流程[13]

ENS 工艺的主要特点如下：a. 采用独特的检测和控制技术实现较高的发酵温度（50～70℃），周期短，可在 10～14d 内实现污泥无害化、稳定化；b. 采用智能化的控制系统，具有生物干化的优化功能，可在低能耗的基础上实现污泥加速干化，在工程周期内将含水率降至 40％；c. 通过独特的设计保证系统布气均匀，通风系统简单、可靠、维护量低；d. 采用较为先进的技术，实现氧气、温度的在线监测和联合控制；e. 通过优化设计和有效控制臭气的产生量，工程不需要除臭装置，优化的系统避免了半产物的吹脱，强化了再吸附和生物降解，让肥堆同时发挥生物过滤器的功效；f. 工艺对调理剂的短缺和水分高的物料有较大承受能力；g. 能耗低，可以实现通风电耗 $6\sim12kW\cdot h/t$ 污泥。

7.7.2.3 实际运行情况

实际运行情况参数见表7-11。

表 7-11 实际运行情况参数

种类	参数	种类	参数
污泥处理处置	好氧发酵(堆肥)	处理处置后含水率	40%
污泥稳定化率	100%	建设性质	改建
规模	250t/d	工程投资	1000万元
运行成本	60~100元/t	处理处置前含水率	80%

采用 ENS 堆肥工艺处理效果可以达到污泥减量 $50\%\sim90\%$，2d 内温度升至 $50\sim70℃$，快速生物干化，2 周内含水率降至 40%，每吨污泥通风电耗约 $10kW\cdot h$，臭气排放基本消除，绝大多数情况下不需除臭设施，处理后热值增加数倍[13]。

7.7.3 北京市密云污水处理厂污泥制肥工程

7.7.3.1 应用工程概况

密云污水处理厂设计处理能力为 $4.5\times10^4 m^3/d$，城市污水污泥生产有机复合肥示范工程由北京市环境保护科学研究院、密云区联合建设，工程应用的动态发酵器为自主研制，该工程设计并采用了以污泥动态发酵器为主的污泥复合肥技术新工艺路线，在国内城市污水处理厂建立了第一条复合肥生产线。自 1996 年 12 月运行以来，该工程设备状态稳定，取得了一定的成果和经济效益。

7.7.3.2 应用工程的处理流程

该工艺设计根据密云污水处理厂污泥成分的特点，进行人工堆放发酵风干，生产污泥有机肥；通过机械发酵，生产污泥颗粒肥；通过投加化肥，生产污泥颗粒有机复合肥 3 种污泥加工制肥方法，生产了 4 种型号的污泥肥料。研究结果证实，采用 A、B 两种配方，使用圆盘造粒法生产的污泥有机复合肥，经在小麦、油菜、玉米等作物上施用，配方 A（磷酸-链39.2%，氯化钾 7.5%、发酵污泥 53.3%）增产效果最好，污泥消纳量大，已被密云复合肥厂采用，可年产上千吨污泥复合肥。其生产的主要工艺流程如图 7-14 所示。

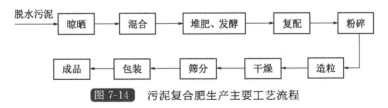

图 7-14 污泥复合肥生产主要工艺流程

7.7.3.3 实际运行情况

据统计，密云污水处理厂日处理污水量为 $3\times10^4 t$，每天可产生剩余污泥 $5\sim6t$ 干物质，原污泥含水率为 $80.6\%\sim85\%$，进入高效滚筒污泥堆肥装置，堆肥周期为 5d。出堆时配料加入氮肥、磷肥及钾肥，调整肥分比例，然后经搅拌、造粒、干燥、包装等工序制成复合肥成品，预处理费用为 27.30 元/t，复合肥加工费用为 109.56 元/t。

本试验制成的污泥肥在大兴区进行了冬小麦田间施肥试验，在北京市农林科学院进行了油菜、玉米盆栽施肥试验。结果证明，当冬小麦播种前每公顷施肥量为 40kg 时，用 3 种人工堆放发酵方法生产的污泥有机肥均对冬小麦具有显著的增产效果，可增产 33.8～369.4kg/hm²；油菜、玉米盆栽试验的结果与小麦区试验结果类似，油菜增产 85%～101.8%，玉米增产 14.8%～22.1%。

参 考 文 献

[1] 赵庆祥. 污泥资源化技术[M]. 北京：化学工业出版社，2002.

[2] 王绍文，秦华. 城市污泥资源利用与污水土地处理技术[M]. 北京：中国建筑工业出版社，2007.

[3] 张光明，张信芳，张盼月. 城市污泥资源化技术进展[M]. 北京：化学工业出版社，2006.

[4] 李季，彭生平. 堆肥工程实用手册[M]. 北京：化学工业出版社，2005.

[5] 黄雅曦. 城市污水污泥重金属控制机理及堆肥利用的研究[D]. 北京：中国农业大学，2004.

[6] 花莉. 城市污泥堆肥资源化过程与污染物控制机理研究[D]. 杭州：浙江大学，2008.

[7] 余杰，田宁宁，陈同斌，等. 污泥农用在我国污泥处置中的应用前景分析[J]. 给水排水，2010，36(10)：113-115.

[8] 罗景阳，冯雷雨，陈银广. 污泥中典型新兴有机物污染物的污染现状及对污泥土地利用的影响[J]. 化工进展，2012，31(8)，1820-1827.

[9] 李琼. 城市污泥农用的可行性及风险评价研究[D]. 北京：首都师范大学，2012.

[10] 李鸿江，顾莹莹，赵由才. 污泥资源化利用技术[M]. 北京：冶金工业出版社，2010.

[11] 陈俊，陈同斌，高定等. CTB 自动控制污泥好氧发酵工艺工程实践[J]. 中国给水排水，2010，26(9)，138-140.

[12] 张健，赵媛，吴溶，等. ENS 污泥堆肥工艺及应用实践[J]. 中国给水排水，2011，27(6)，21-24.

[13] 余化龙. 好氧堆肥工艺在北京城市污泥资源化处理中的应用[M]. 成都：西南给排水，2011，33(4)，20-23.

第 8 章
污泥建材利用技术

8.1 污泥的建材利用技术概况

8.1.1 污泥建材利用概述

污泥建材化利用技术和污泥农用技术都是具有较大发展潜力的污泥资源化利用技术，其中污泥建材化利用是污泥资源化技术重要发展方向之一。随着我国经济的快速发展，对建材的需求日益增大。由于建筑材料等行业领域生产过程对黏土需求量很大，致使黏土资源被大量开采，所以已严重影响到农田的数量和质量。

（1）污泥建材利用的国内外研究进展情况

污泥建材化利用，可以实现资源化利用和环境保护的目的。20 世纪 80 年代开始，国内外已经开始了对污泥制作建筑材料的相关研究，一些成功的研究成果与工程应用相继出现。据调查，日本有约 40% 以上的污泥进行建材化再利用，世界上第一个大规模的生产污泥砖的工厂于 1991 年在日本东京成立，日产污泥砖 5500 块，消耗污泥灰 15t，重金属浸出毒性检测结果合格；日本神户市已在 1995 年将污泥焚烧灰作为沥青混合料替代物，取得了良好效果；日本京都市采用熔融石料化设备，将污泥制成污泥石料化熔渣可替代天然碎石使用；日本东京市自 1985 年开始研究污泥制砖技术，现已通过烧结工艺实现规模化生产污泥黏土混合砖、污泥焚烧灰地砖和混凝土的填料等。新加坡理工大学利用污泥、石灰石和黏土进行黏结材料生产，经煅烧、磨碎等工艺，生产出的水泥优于美国材料试验学会规定的建筑用水泥标准[1]。

在我国，污泥用于建材资源化利用是一种有效的污泥减量化及资源化手段，目前北京、重庆及上海等地均进行过相应的生产性研究。我国上海水泥厂采用水泥窑，通过污泥均化、贮存、磨碎、煅烧等步骤生产出符合国家标准的水泥熟料，且排放的废气达到国家环保检测标准。我国湖南岳阳化工总厂污水处理厂通过干污泥粉碎后，掺入黏土和水混合搅拌均匀，制坯成形并进行烧结。当污泥与黏土以质量比为 1:10 混合时，制成砖的强度与普通红砖相当。

（2）污泥建材利用途径及方向

污泥作为建材原料的基本途径可按对污泥预处理方式的不同分为两类：其一是污泥脱

水、干化后，直接用于建材制造；其二是污泥进行以化学组成转化为特征的处理后，再用于建材制造，其中典型的处理方式是焚烧和熔融。

污泥熔融制得的熔融材料可以作路基，路面，混凝土骨料及地下管道的衬垫材料；微晶玻璃类似人造大理石，外观，强度，耐热性均比熔融材料优良，产品附加值高，可以作为建筑内外装饰材料应用；利用有害的城市垃圾焚烧灰和污泥制成有用的建筑材料——生态水泥，有效地利用了再生资源[2]。

（3）污泥建材利用优势及前景

目前污泥的建材利用已经被视为一种可持续发展的污泥处置方式在日本及欧美国家和地区迅速发展起来。据统计2002年年末日本污泥有效利用率高达63％，其中建材利用的比例为40％。

污泥的建材利用是一个起步不久、很有发展潜力的污泥处置及资源化的方法，不仅解决了污泥惯用处理处置方式的费用高、难处理、极易造成二次污染的问题，还使处理处置融入"循环经济"的体系，符合循环经济的"3R"原则之废弃物的再循环（recycle）原则：最大限度地减少废弃物排放，力争做到排放的无害化，实现资源再循环。

8.1.2 污泥建材利用的基本形式

8.1.2.1 污泥烧结制砖

污泥烧结制砖主要是由于污泥与黏土的化学成分较为相近，将污泥的焚烧灰或者干化后的污泥加入一定量的骨材，注入模具内，在900～1000℃下烧结成砖。烧制过程中，有毒重金属均被封存在污泥中，有害细菌及有机物得以去除，而且烧制成的污泥砖没有什么异味。

污泥焚烧灰制砖技术操作简单，产品可以直接销往市场，产生利润，从而处理成本得以平衡。因此，污泥焚烧灰制砖技术得到越来越多的重视。目前，污泥烧结制砖技术在国外如美国、德国、日本等得到了广泛的应用和推广，日本的污泥焚烧灰制砖技术，走在世界前列，制成的砖块被广泛用作广场及人行道的地面材料。

8.1.2.2 污泥烧结制陶粒

陶粒是一种人造轻质粗集料，外壳表面粗糙而坚硬，内部多孔，一般由页岩、黏土岩等经粉碎、筛分、再高温烧结而成。陶粒主要用于配制轻集料混凝土、轻质砂浆，也可作耐酸、耐热混凝土集料。常根据原料命名，如页岩陶粒、黏土陶粒等。由于污泥与黏土成分较为相似，20世纪80年代，利用生污泥或厌氧发酵污泥的焚烧灰造粒后烧结工艺制得陶粒的技术已经趋于成熟。但这一技术需要单独建设焚烧炉，污泥中的有效成分不能得到有效利用。近年来，直接以脱水污泥为原料的制陶粒工艺逐渐被开发和推广。

由于陶粒内部的多孔结构、密度小、强度高、施工适应性好等优良性能，污泥陶粒被用于制造建筑保温混凝土、陶粒空心砖及筑路等领域。人工轻质陶粒主要以污泥焚烧灰为原料，常用作路基材料及混凝土骨料，其制作工艺流程为：首先将水及少量酒精蒸馏残渣加入污泥焚烧灰中混合均匀，然后将混合物在离心造粒机中造粒；混合物质在270℃条件下干燥7～10min后输送到流化床烧结窑中烧结，在窑内干燥颗粒被迅速加热至1050℃，将加热后的颗粒体进行空气冷却，即可形成表面为硬质膜覆盖、内部为多孔状的污泥陶粒。该成品为球形，密度为1.4～1.5g/cm³[3]。

8.1.2.3 污泥烧结制水泥

污泥的化学特性与生成水泥所用的原料基本相似，可用干污泥或污泥焚烧灰作水泥原料，按一定比例添加煅烧生态水泥。污泥用于制水泥生产中的原料主要为高炉碎渣及粉煤灰，副产物主要包括石膏、炉渣、烟尘等，不仅具有焚烧减容、减量的特征，而且能够使得燃烧后的残渣成为水泥熟料的成分，并且水泥厂燃烧炉温高，处理量大，配有大量的环境自净能力很强的环保设施。

利用水泥窑处理污泥生产生态水泥在发达国家已有 20 余年的历史，拥有较为成熟的经验，而我国利用污泥等废弃物来生产水泥尚属起步阶段，有待进一步的发展。1996 年 4 月瑞士的 HCBRekingen 水泥厂成为世界上第一家具有利用废料的环境管理系统的水泥厂，并得到 ISO 14001 国际标准的认证，它为规划、实施和评价环境保护措施提供了可靠的框架[4]。

8.1.2.4　污泥烧结制纤维板

通常纤维板以木材和其他植物纤维为原料，通过铺装使纤维交织成型，利用纤维自有的胶黏性或辅以胶黏剂、防水剂等助剂，经热压制成的一种人造板。污泥中含有 30%～40% 的球形蛋白质和一定糖类物质，在加热加压下蛋白质凝固变性而将纤维胶合起来。通过一系列的调理、烘干、高温高压热压处理后可得生化纤维板[5]。

在我国辽宁等地采用剩余污泥生产生化纤维板，无变形，可任意着色，质量可达木质纤维板质量。日本将下水道污泥焚烧灰制成玻璃，用下水道污泥焚烧灰制沥青在日本也将被大规模应用。

8.2　污泥制砖

8.2.1　污泥制砖技术的基本原理

8.2.1.1　常规制砖原料分析

我国是黏土烧结砖生产大国，黏土是天然硅酸盐类的岩石经过长期风化而形成的多种矿物混合物，其成分是由如高岭石（$Al_2O_3 \cdot 2SiO_2 \cdot 2H_2O$）等具有层状结构的含水铝硅酸盐构成，主要化学成分有 SiO_2、Al_2O_3、Fe_2O_3、CaO、MgO、SO_3、TiO_2、K_2O 和 Na_2O 等。加上黏土中还含有石英、长石及含铁矿物质等，使其成为制砖的理想原料[7]。

二氧化硅（SiO_2）是烧结砖原料中的主要组成成分，最佳含量百分比为 55%～70%。SiO_2 含量过高导致烧结砖的塑性就大大降低，成型差，但若其含量过低则会导致烧结砖的强度大大下降。三氧化二铝（Al_2O_3）在原料中的含量控制在 10%～25% 范围内，含量过高会提高砖块的烧成温度，能耗升高，成品砖的颜色也会变淡，含量过低也会降低成品的强度，抗折性能差。

三氧化二铁（Fe_2O_3）是制砖原料中的着色剂，含量应控制在 3%～10% 范围内。其含量高低会直接影响成品砖的外观颜色和耐火度。氧化钙（CaO）是制砖过程中的有害成分，含量不得超过 10%。氧化镁（MgO）也是一种有害成分，它会使烧结砖产生泛霜，含量不得超过 3%。硫酐（SO_3）在原料中含量不应超过 1%，超过 1% 时会导致砖体膨胀、疏解粉碎，还会腐蚀各种机械设备。

8.2.1.2　污泥化学成分分析

污泥的成分主要包括 Fe_2O_3、Al_2O_3、SiO_2、CaO、MgO 等黏土矿物质，其性质近似黏土，具有可塑性、烧结性、耐热性和吸附性，并且污泥中含有的大量灰分和铝盐或铁盐等混凝剂成分在建筑材料中可以作为添加剂。有关污泥焚烧灰成分与制砖成分的对比见表8-1。

<table>
<tr><th colspan="6" align="center">表8-1 污泥焚烧灰的成分与制砖成分比较</th></tr>
<tr><th>项目</th><th>Fe_2O_3</th><th>Al_2O_3</th><th>SiO_2</th><th>CaO</th><th>MgO</th></tr>
<tr><td>污泥焚烧灰</td><td>8～20</td><td>8～14</td><td>17～30</td><td>4.6～38</td><td>1.3～3.2</td></tr>
<tr><td>制砖黏土成分要求</td><td>2.0～6.6</td><td>4.0～20.6</td><td>57～89</td><td>0.3～13.1</td><td>0.1～0.6</td></tr>
</table>

可以看出，污泥灰和黏土中主要成分均为 SiO_2，这一特性是污泥可作为制砖材料的基础。污泥制造烧结制品时，在高温焙烧过程中进行了无害化处理，且污泥中因为又含有一定发热量的有机物质可以为高温焙烧提供热量，同时降低了一定的能源消耗，既实现了废弃物处理的资源化利用，又满足了产业化生产的要求，同时也符合禁止毁田制砖、节约耕地黏土资源的原则。

8.2.2 污泥制砖技术的工艺过程

首先对污泥进行除臭处理，先加入铁盐、氯化物等分解其中产生臭味的有机物，进行除臭；然后投加化学药剂进行注水洗涤，使其中的含氮有机物得到处理，加水使其含水率达到90％以上，再投加使重金属稳定的化学药剂进行反应，使重金属发生形态转化转变为无害物质，对其进行去除处理，同时进行破胶处理（防止污泥胶结，影响后序脱水），助滤及颗粒分离，最后进行重力式真空分离，生产可利用的制砖原料用于制造各种类型的建筑砖。

在污泥制砖生产过程中，为了获得成形性能良好的坯料，除了选择适当的单一黏土外，还可以选择几种性能不同的原料进行合理混配，以达到就地取材、减少生产成本和运输成本的目的。因地制宜地采用各种原材料来制备污泥砖是国内污泥建材化制砖行业发展的新方向，这些原材料包括粉煤灰、煤矸石、河道淤泥、工业废渣、生活污泥、炉渣、泥灰岩、黏土及页岩等，作为添加剂的材料主要有泥砾土、黄土及砂等。

常见的污泥烧结制砖主要有两种方法。

（1）污泥经干化后直接制砖

用干化污泥直接制砖时，需要对污泥的成分进行适当的调整，使其成分与制砖黏土的化学成分相当。该污泥砖制造方式，由于受坯体有机成分含量的限制（达到一定限度会导致烧结开裂，影响砖块质量），污泥掺和比很低，在制砖过程中要对污泥成分进行调整，但是利用了污泥的热值，且价格较低。

（2）污泥焚烧处理后的灰渣用于制砖

由于灰渣的化学成分与制砖黏土的化学成分较为接近，比较适于制砖，可以与黏土等掺合料混合烧砖或者不掺加任何添加剂单独烧砖。

8.2.2.1 污泥焚烧灰及黏土混合砖

污泥焚烧灰制砖技术是将污泥焚烧后的灰渣作为原料，掺和黏土制得。污水污泥含水率通常较高，热值很低。因此污泥需经过浓缩脱水等工序降低含水率至80％左右。此时的污泥热值仍较低，需要进行进一步的预干燥处理，使得污泥含水率进一步降低，随着污泥含水率的降低，污泥的热值得到升高。将干化后的污泥送至炉膛进行焚烧处理，所得的焚烧灰与磨细后的黏土按一定比例混合，混合后的物料进行压力成型，送至烧结炉中进行一定的温度及时间的烧结，经冷却后即得污泥砖。污泥焚烧灰/黏土混合砖的制造流程如图8-1所示。

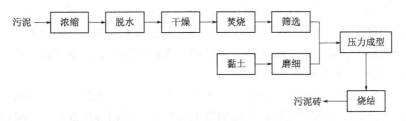

図 8-1　污泥焚烧灰/黏土混合砖的制造流程

污泥焚烧灰中的 SiO_2 含量较低，因此在利用污泥焚烧灰制砖时，需添加适量的黏土与硅砂，从而提高 SiO_2 含量，即可烧结制砖。一般较为适宜的质量配比为焚烧灰：黏土：硅砂＝1∶1∶（0.3～0.4），制成的污泥砖的物理性能见表 8-2。

表 8-2　污泥砖的一般物理性能

焚烧灰∶黏土	平均抗压强度/(kg/cm²)	平均抗折强度/(kg/cm²)	成品率/%	鉴定标号
2∶1	82	21	83	75
1∶1	106	45	90	75

污泥焚烧灰及黏土混合砖的制坯、烧成、养护等制造工艺均与黏土砖相近，烧制成品既可用于非承重结构，也可按标号用于承重结构，黏土砖制造厂的设施可利用现有黏土砖制造厂，但是对于非黏土制砖的地区不适用。污泥焚烧灰与黏土混合制成的砖的强度高于单独用干化污泥制成的砖。焚烧灰与黏土混合制砖的最大掺加比例是 50％。添加 10％的污泥焚烧灰制成砖的强度跟普通的黏土砖的强度一样。

干化污泥直接制砖是直接采用污泥作为主要原料。将浓缩及脱水后的污泥直接进行干化处理从而降低含水率，干化后的污泥经磨碎及筛分后与黏土按比例混合，进而经过压力成型、烧结等程序后便得到污泥砖。污泥干化后制砖工艺流程见图 8-2。

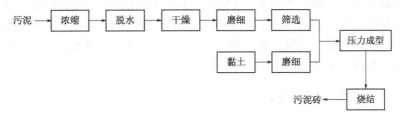

图 8-2　污泥干化后制砖工艺流程

干化后的污泥直接制砖时，为了使其成分与制砖黏土的化学成分相当，应对污泥中的成分进行适当的调节。当污泥砖的强度达到普通红砖的强度时，此时污泥与黏土的质量比为1∶10。此污泥砖的制造方式受坯体中有机挥发分含量的限制，当有机挥发物达到一定限度会导致烧结开裂，从而影响砖块的质量，污泥掺加比例较低。因此，从黏土砖限制要求来看，生污泥较难成为一种适宜的污泥建材方法。从实际技术应用与发展角度看，干污泥制砖技术使用较少[5]。

8.2.2.2　污泥与粉煤灰混合制砖技术

污泥与粉煤灰混合制砖技术，是将该污泥（含水率为 85％）与粉煤灰以 1∶3 比例混合，进行烧制建材产品。其工艺流程为：1 份 85％含水率污泥与 3 份干粉煤灰混合—搅拌—

造粒—烘干—焙烧—烧结砖。结果表明,粉煤灰有稀释作用,以污泥与粉煤灰混合烧结,制成品性优良、无臭味,基本符合卫生标准,且重金属含量大为降低,接近土壤。该法可将污泥烧制成普通烧结砖、隔热砖、耐火特种烧结砖,为污泥处理、利用提供新途径。

8.2.2.3 制砖工艺分类和比较

利用城市污泥制备烧结砖的方法和生产工艺与常规烧结砖工艺一致,只需要在原料的制备和成型工艺上稍做改进即可实现,因地制宜采用黏土、页岩等掺混材料一起制备烧结砖是国内制砖行业发展的新方向。

制砖工艺有干法制备和湿法制备之分。成型工艺有塑性成型和半干压成型之分。塑性成型是使可塑状态的泥料在外力作用下成为一定形状、尺寸、密度和必需强度的湿坯成型方法。塑性成型时,泥料含水率通常在12%～30%之间。半干压成型是指采用含水率低于10%的潮湿粉料,在较高压力(700～1500MPa)下压制成坯的方法。

焙烧工艺按燃料来源、操作方式和焙烧气氛等分为内燃或外燃等不同工艺。黏土砖坯在加热到一定温度后开始收缩。在450～850℃时黏土矿物质脱去结晶水,有机物逐渐氧化燃烧并完全分解。在继续升温至900～950℃时黏土中的杂质与黏土矿物质形成易熔物质,出现玻璃态液相,填塞于未熔颗粒空隙中,液相表面张力的作用使未熔颗粒紧密黏结,从而使坯体孔隙率下降、体积收缩,强度也相应增大,最后变得密实。

采用污泥焚烧灰混合黏土制砖技术工艺时需要采用焚烧方式将污泥进行焚烧处理获得焚烧灰。单独建立焚烧厂的费用较为昂贵,而且二次污染控制措施等投资较大,处理成本较高。干化污泥直接制砖工艺省去了焚烧过程,无论二次污染还是资金投入方面都得到了有效缓解,需要注意的是干化过程涉及的臭气污染及粉尘爆炸等问题,这些问题需要有效的预防和控制。

目前我国江苏、深圳、广州、南京等地的燃煤电厂开始了电厂锅炉掺烧污泥及利用电厂余热或者其他工业源余热干化污泥。我国火电厂系统分布广,年耗煤量多,混烧污泥的潜力大。在有效的监管及污染防治举措下,不但可以充分利用这一优势消纳污泥,大幅降低污泥处理费用,污泥还可以作为替代能源或原料,降低企业的生产成本,减少碳排放,实现废弃物处理和企业发展的双赢,并缓解人口增长及资源过度开发所带来的压力,同时可以促使燃煤发电的企业向循环经济模式转型。

8.2.3 污泥砖的产品指标

8.2.3.1 污泥砖性能指标

污泥砖性能的主要指标有砖的吸水率、烧成尺寸收缩率、烧成质量减少分数、烧成密度以及砖的强度等。

(1) 砖的吸水率

吸水率是影响砖耐久性的一个关键因素。砖的吸水率越低,其耐久性与对环境的抗腐蚀能力越强,所以砖的内部结构应尽可能地致密以避免水的渗入。随着污泥含量的增加和烧成温度的降低,砖的吸水率会逐步升高。

制砖过程中,污泥灰起造孔剂的作用,会导致污泥灰砖的吸水率比黏土砖高。干化污泥直接制得的砖中,污泥降低了混合样的塑性以及混合样颗粒间的黏结性能。混合样的黏结性能随着污泥的含量的升高而下降。由于干化污泥的有机杂质较多,会导致砖内部微孔尺寸和数量增加,因此其吸水率也较高。

（2）烧成尺寸收缩率

通常质量优良的砖的烧成收缩率低于8％，污泥灰砖的烧成收缩率基本低于8％。干化污泥制成的砖的烧成收缩率随污泥含量的增加而相应的增加，基本呈现类似的线性关系，从而污泥的掺加提高了烧成收缩率，致使砖的性能下降。

烧成温度也是影响烧成收缩率的重要参数。通常，提高烧成温度，烧成收缩率上升。烧成温度过高时会把砖烧成玻璃体。因此，污泥含量与烧成温度是控制烧成收缩率的两个关键因素。此外国家标准《烧结普通砖》（GB/T 5101— 2003）对砖的尺寸允许偏差规定见表8-3。

表 8-3 污泥砖尺寸允许偏差　　　　　　　　　　　　　　　　单位：mm

公称尺寸	优等品		一等品		合格品	
	样品平均偏差	样品极差≤	样品平均偏差	样品极差≤	样品平均偏差	样品极差≤
240	±2.0	6	±2.5	7	±3.0	8
115	±1.5	5	±2.0	6	±2.5	7
53	±1.5	4	±1.6	5	±2.0	6

（3）烧成质量减少分数

增加污泥含量与提高烧成温度的结果是提高了烧成质量减少分数。1999 年国家颁发的砖烧成质量减少分数标准是15％。研究表明，干化污泥含量少于10％时，所有的砖都符合标准。对于普通黏土砖而言，800℃时烧成后的质量损失主要由黏土中有机质燃烧引起[6]。混合样中加入干化污泥后，因为污泥中的有机质含量较大，导致烧成质量损失率明显增加。

（4）烧成密度

干污泥砖的密度与污泥含量成近似线性关系。因污泥中有机质含量较高，在烧结时有机质挥发必然留下空洞，粒径较粗，烧结体致密性差。烧成温度同样也影响颗粒的密度，结果显示，提高烧成温度会提高颗粒密度。在污泥灰砖中，污泥灰作为造孔剂，这个效果可由吸水率的提高与密度的降低来衡量。

（5）强度

抗压强度是衡量砖性能最重要的指标之一。抗压强度极大地依赖于污泥的含量与烧成温度。干化污泥砖的抗压强度随干污泥含量的增加而降低，随烧成温度的升高而升高。干化污泥含量为10％，在1000℃烧成时，其抗压强度为二级品。在污泥灰砖中，P_2O_5 含量越高，并且 SiO_2 含量越低，其软化性能越强。污泥砖的抗压强度还依赖于其中铁和钙的含量，随着铁的含量增加，砖体抗压强度提高，钙则相反。污泥灰含量低于10％用于制砖时，其抗压性能比干污泥砖和黏土砖都好。国家标准《烧结普通砖》（GB/T 5101—2003）将强度分为 5 个等级，MU30、MU25、MU20、MU15、MU10，抗压强度平均值分别为 30MPa、25MPa、20MPa、15MPa、10MPa[7]。

污泥与黏土混合物料中，污泥的掺量会对污泥砖性能的高低产生较大影响。污泥掺量增加时，污泥砖的抗压强度明显降低，吸水率增大，且成型砖坯密实度下降，在焙烧过程，污泥中重金属熔融固化，有机物挥发，所形成的气孔和孔洞降低了砖体抗压强度及热导率合理的掺量及成型压力时，污泥的抗压强度会得到改善，吸水率降低。此外，烧结温度为900～1100℃时，温度的升高有利于污泥砖抗压强度的增强，吸水率逐渐降低。随着保温时间的延长，污泥砖的抗压强度降低，吸水率也相应增大。

8.2.3.2 污泥烧结制砖产品质量

污泥焚烧灰地砖与传统黏土砖的质量指标比较如表8-4所列。

项目	污泥砖	黏土砖
抗压强度/(N/mm²)	15~40	4~17
吸水率(质量分数)/%	0.1~10	16
磨耗/g	0.01~0.1	0.05~0.1
抗折强度/(N/mm²)	80~200	35~120

表 8-4 污泥焚烧灰地砖与黏土砖的质量指标比较

从表中可以看出，污泥焚烧灰地砖各方面的指标均优于传统砖。因此利用城市污水污泥混合其他原料配置合适的物料配方再通过合理的生产工艺和烧结体系来制备烧结砖不但解决了污泥的减量及无害处理，并解决了二次污染问题，同时也生产出符合国家相关标准的建筑材料，实现了污泥的高效资源化处理处置。

但是，日本东京都下水道局将此工艺制成的地砖用于公共场合的人行道铺设后，仍暴露出 3 种弊端：a. 如果地砖铺设于潮湿、光照不充分的路面时，容易长苔藓；b. 冬季时表面容易结冰，行人行走较困难；c. 地砖表面出现 $CaCO_3$ 结晶易形成白斑，这种现象在铺设于混凝土和混合砂浆基础上的地砖中，出现的更为普遍，外观质量恶化。

8.2.4 国内外污泥制砖研究应用概况

利用城市污水污泥混合其他原料配置合适的物料配方再通过合理的生产工艺和烧结体系来制备污泥砖制品，一方面，使大量的城市污水处理厂的排放污泥得到处理处置和资源化利用；另一方面，污泥中有机质的自身燃烧产生的热量补充高温焙烧烧结制品的热量，既利用了污泥自身的热值，提高了污泥利用效率，又可以利用燃烧时的高温来分解污泥中的有毒有害及致癌物质，解决了城市污泥的二次污染问题，具有巨大的开发利用价值。因此，国内外对污泥制砖工艺的污泥掺烧量、成型压力、烧结温度、最佳配比、烧结时间等参数进行了大量的研究，并对污泥砖烧制过程中产品特性及污泥中重金属迁移规律、有机成分等变化情况进行了探讨。

8.2.4.1 国内研究应用现状

目前，我国已出现有关利用污泥焚烧灰制砖的研究报道，但是却缺乏实际的工程应用，所以在今后的研究中还要结合经济效益进行投资、收益的估算并大胆借鉴国外经验，开发污泥前处理及混合焙烧等成套工艺及配套设备，才能将污泥的制砖利用付诸实际。

中石化胜利油田规划设计研究院根据胜利乐安油田生产中污泥的理化性质特点，通过对污泥固化工艺及机理的研究，利用乐安油田污泥生产地面花砖，提高了油田污泥的附加值，降低了污泥处理成本，为油田污泥的可持续发展做出了贡献。同济大学环境科学与工程学院用城市排水管污泥预处理后与黏土混合烧制成砖，试验砖块的抗折和抗压强度达到了国标 50 号砖的要求，表明用排水管污泥制砖具有可行性，而且由于污泥中含有一部分有机物，烧制过程会产生热量，因此还能够节省一部分烧砖的能源。

南京制革厂采用制革脱水污泥（含水率 60%~70%）、煤渣、石粉、粉煤灰、水泥等参照制砖厂"水泥、炉渣空心砌块"生产工艺进行批量试验。从批量试验结果来看，制革污泥在常温下用水泥做结合剂成型。砌块的浸出液中含铬量是很低的，可视为无二次污染。砌块的物理性能检测虽不合格，但检测结果离标准值较为接近。只需经过适当的前处理，降低污泥中的油脂、有机物等含量，并提高砌块中的水泥比例，制革污泥是可以通过制砌块而得到综合利用的。

台湾有研究者研究用工业废水处理厂的干化污泥来制砖。试验结果表明，污泥的比例和焚烧的温度是决定砖的性质的两个关键性的因素。

8.2.4.2 国外研究应用现状

在日本，由于污泥焚烧灰在填埋过程中所必须面对的环境法规要求越来越严格，污泥焚烧灰的处理与再利用问题就日益凸显出来。而污泥焚烧灰制砖技术操作简单，产品可销往市场，从而平衡污泥处理成本。污泥焚烧灰制砖技术在日本受到越来越多的重视。东京市政府和 ChugaiRo 公司合作开发利用污泥焚烧灰制砖的技术，第一个完整规模的工厂于 1991 年在南部污泥处理厂投入运行，能每天用 15t 焚烧灰生产 5500 块砖。这项技术的优越性在于能利用的焚烧灰而不加任何添加剂，而且砖块在恶劣环境下也没有金属渗出[8]。目前，已经有 8 座完整规模的厂用 100% 的污泥焚烧灰制砖。制成的砖块被广泛用于公共设施，比如作为广场或人行道的地面材料。目前，日本的污泥焚烧灰制砖技术已走在世界前列，因此该技术在日本已实现大规模的应用，利用该技术处理的污泥比例不断上升。

其他国家也进行了污泥制砖相关研究，在新加坡，从 1984 年开始，已经有将污泥与黏土混合制砖的相关报道，将干化后污泥和黏土的混合物经碾磨、成型后在 1080℃ 的砖窑内焙烧 24h，得到的成品砖经密度、吸水率、收缩性等参数的测试，证明干化污泥与黏土混合制砖的最大掺杂比例为 40%[9]。英国斯塔福德大学的研究人员在制砖原料中加一定量的污泥焚烧灰替代沙子来造砖，将采用沙子烧制的砖进行对比试验，物理性能测试的结果证明加污泥灰对产品的陶瓷性质有所改善，烧成后砖产品的颜色也变化不明显[10]。不同污水处理工艺对污泥焚烧灰性质的影响、不同焚烧灰对砖块性质的影响在主要参数上有了结论。从美国 EPA 网站上可以发现有污泥制砖的市场需求，但是缺乏这方面的可以应用于市场的可行技术。所以对污泥制砖技术的进一步研究既可为污泥的处置找到一条很好的出路，也很具有经济意义[11]。

8.2.5 污泥制砖过程中污染物控制

8.2.5.1 污泥臭味控制

污泥中含有大量硫化物、胺类等引起臭味的物质，在其贮存和干燥过程也会散发出大量恶臭气体，需要对这些有害气体进行处理，以减轻臭味对环境的污染。中华人民共和国国家标准《恶臭污染物排放标准》（GB 14554—1993）定义恶臭为：一切刺激嗅觉器官引起人们不愉快及损坏生活环境的气体物质[12]。

常用的恶臭控制方法如表 8-5 所列，湿式吸收氧化法和生物过滤法两种技术是现今发展和应用的方向。湿式吸收氧化法工艺中，恶臭气体中的氨气在第一级吸收系统中被硫酸溶液吸收掉，在后续系统中使用 NaOH 提高 pH 值，用 $NaClO_2$ 等氧化剂氧化吸收其他恶臭气体，最后通过除雾装置再排放到大气中。该工艺最大限度地增加液气接触，增进传质速率，从而提高处理率。由于可处理的废气量大、浓度高、操作稳定、效率高和占地面积小等优点，所以已渐渐成为主流技术。

表 8-5　常用恶臭控制方法

技术方法	应用范围	成本	优势	劣势	去除率
填料式湿法吸收塔	中重度污染，中大型设施	中等投资和运行成本	有效和可靠，使用年限长	必须处理化学废水，消耗化学品	99%

技术方法	应用范围	成本	优势	劣势	去除率
细雾湿法吸收器	中重度污染，中大型设施	较上种方法投资多	化学品消耗低	需要软水用品，吸收器体积大	—
活性炭吸附器	低中度污染，小至大型设施	取决于活性炭填料的置换和再生次数	方法结构简易	只适用于相对低浓度的臭气，难以确定活性炭使用寿命	—
生物滤池	低中度污染，小至大型设施	低投资和运行成本	简易，运行维护最少	难以确定设计标准，不适合高浓度臭气	>95%
热氧化法	重度污染，大型设施	高投资和运行成本	对臭气和挥发性有机化合物有效	适合大型设施的高流量难处理的臭气	—
扩散至活性污泥处理池	低中度污染，小至大型设施	经济适用于有风机和扩散装置的设施	简易，低运行，维护，有效	易腐蚀风机，不适于高浓度臭气	90~95%
抗臭气剂	低中度污染，小至大型设施	取决于化学品的消耗量	低投资	臭气去除率有限（≤50%）	—

在污泥中投入含氯、铁、钙等的除臭添加剂，与污泥混合进行搅拌。污泥臭味来源于腐臭的蛋白质，氯离子可以分解蛋白质使有机物腐殖质分解成无臭无害的 CO_2、N_2、H_2O 等，并起杀菌的作用，铁、钙可以吸收味道，达到除臭的目的，实现消除污泥臭气。另外，污泥在脱水浓缩时用了絮凝剂，使污泥成为胶状物。加入添加剂可以使絮凝剂分解，除去黏结性，破坏污泥胶体，扩大污泥颗粒间隙，达到易于脱水的目的。

在污泥车运输过程中，拟采用密封、装除臭装置的方法，以除去运输过程产生的臭气。平面布置上，将污泥池、除臭处理区设置在远离厂前区的地方，以满足异味扩散距离的要求。厂前区和生产区设置绿化隔离带，种植高大常绿乔木。在污泥处理区周围宜以较高的灌木和阔叶常绿乔木相隔，以消除生产作业中化学反应产生的气体外泄。

由于污泥含有硫化物、氨、腐胺类等臭味物质，在污泥贮存和干燥过程中会产生恶臭气味，因此，为减轻污泥臭气对环境的影响，需对污泥贮存和干燥过程中散发的臭气进行处理。污泥臭气的去除方法主要有：化学除臭法、物化除臭法和生物除臭法。考虑到处理成本和工艺的可行性等因素，在污泥贮存池上方加装抽气罩，把污泥臭气抽入水（或石灰水）中，使臭味物质得到消除，可实现对污泥臭味处理控制。以此类推，在污泥干燥过程中产生的臭气可以采用同样方法处理，然后将除臭产生的污水排入下水道，最终进入污水处理厂集中处理，这样可消除臭味气体对环境的危害。污泥在砖烧结过程也会产生臭气，由于采用隧道窑工艺烧结，窑中气体逆流循环，臭气回流到焙烧段时经过高温处理，臭味物质可完全被分解，基本上不会对环境产生危害。

8.2.5.2　焙烧过程有害物质控制

污泥焙烧制砖过程中的主要污染物有氮氧化物、含硫化合物和二噁英类物质。

（1）氮氧化物

氮氧化物是指污泥砖焙烧过程中产生的 NO 和 NO_2 的总称。燃烧时主要生成 NO，NO_2 只占总氮氧化物的很小一部分，NO 和 NO_2 总称为 NO_x。燃烧过程中产生的 NO_x 分为两类：一类是废物中含氮的化合物由于燃烧被氧化生成 NO_x，称为燃烧型 NO_x；另一类是炉内空气中的氮在高温状态下（1300℃）氧化生成的 NO_x，称为热力型 NO_x。随着烟气温度和氧气浓度的升高，热力型 NO_x 也会增多，而对于温度低于 1000℃时，热力型 NO_x

几乎可以忽略不计。

（2）硫化物

污泥中硫以有机硫和无机硫两种形式存在。有机硫在氧化环境下可转化为 SO_2，而在还原环境中首先分解成 H_2S、COS 和 CS_2，然后再氧化为 SO_2，其反应产物与反应温度有关。污泥中的硫元素在燃烧过程中与氧化合生成的 SO_2 和 SO_3，总称为 SO_x。SO_3 的含量主要与烟气中的氧浓度有关，降低剩余氧的浓度可使 SO_3 的转化率降低。

（3）二噁英

城市污泥中含有机物 20%～40%，包括少量聚氯乙烯、氯苯、氯酚、纸张草木等含有有机氯的化合物，在污泥砖焙烧预热前期，上述部分有机物有可能转化为二噁英。二噁英其实是由很多同类的物质（异构体）组成，可简写成 PCDDs，二噁英的前体物有 HCl、O_2 以及各种氯代苯类物质，在 300～500℃ 时是二噁英的最佳生成温度。当温度继续升高至 750℃ 左右时其中键能最低的 C—Cl 键开始断裂，而到 800℃ 时 C—O 键断裂。二噁英完全分解的温度主要有三种说法，即 850℃ 时停留 2s，1000℃ 时停留 1s，或是 1200℃ 停留几微秒。而当温度再次降低至 250～500℃ 时，它又会以 Ullmann 缩合反应、自由基反应、邻苯二酚反应及取代反应等途径再次合成。二噁英具有低温特性，温度超过一定值时被分解。

在隧道窑焙烧过程中，预热阶段当温度低于 870℃ 时，可能生成少量二噁英等有害物质，在随后超过 870℃ 的高温焙烧中将被完全氧化分解，可以认为在生产过程中不会产生二噁英等有害气体。由于隧道窑的工作原理是逆流形式，即在焙烧过程产生的烟气被抽送回焙烧带，从而使烟气中夹杂的二噁英等有害物质在焙烧段再次被高温氧化分解，可以认为最终排出的烟气中二噁英的含量极低，几乎不会对环境产生危害。因此，污泥采用隧道窑焙烧制污泥砖的工艺是安全可行的。

8.2.6　污泥制砖技术发展中的问题

尽管污泥烧结制砖技术实现了污泥的高效资源化及减量化，并得到了有效的发展及推广，在污泥制砖工艺过程及产品质量方面也存在着一些问题有待解决。如焚烧过程的二次污染控制、污泥干化过程中干化效率及黏结问题等。

目前，污泥制砖还存在一些问题：一是污泥掺量低，干化污泥掺入量一般不超过 30%。污泥焚烧灰虽然掺入量高，但是污泥焚烧消耗能量也高，因此如何提高干污泥或湿污泥的掺入量有待进一步研究和探讨；二是污泥砖性能较市售砖性能较低，随着污泥掺量提高，污泥砖的抗压强度、抗折强度等都呈现下降趋势，因此，污泥砖原料应开发一些改性剂如熔融性原料等，改善污泥砖性能；三是各种污泥砖缺乏统一的制砖标准，致使污泥砖制作方式混乱，监测手段及数据不一致，没有针对性及对比性，因此应建立统一的污泥砖标准[13]。

8.2.7　污泥制砖的经济效益和环境效益

8.2.7.1　经济效益

污泥烧结制砖可以利用工业的余热资源和燃烧器，不需建设独立的污泥处理设施，从而降低污泥处理处置成本，从而实现了既经济又安全地处理处置城市污泥。污泥经过高温烧结制砖处理，使得其中的有机物完全氧化焚烧，从而得到最大程度的减容化、无害化和资源化处理处置，推动循环经济的健康发展，节约了社会资源，如处置场地、污泥设施投资资金和运行费用等，也可以解决困扰城市环境的大量污水污泥处理难题，具有较好的经济效益和社会效益。而且，污泥资源化制砖其投资与运行成本比焚烧处理投资低，见表8-6，处置效果和完全程度比其他处置方式更具优势，将有广阔的市场空间和产业化前景。

表 8-6　各种污泥处置方式投资与运行成本比较

处置方法	投资费用(75%含水率污泥)/[元/(m³·a)]	运行成本(75%含水率污泥)/[元/(m³·a)]
卫生填埋	350～420	约25
干燥填埋	800～850	约160
干燥制肥	350～400	创造净收入约130
焚烧	700～750	约200
制砖	300～350	创造净收入约30

8.2.7.2　环境效益

污泥制砖在高温焙烧条件下可以杀灭所有细菌等微生物，将有毒重金属都被很好地封存在坯料中，污泥烧结制砖技术的健康发展可以促进我国典型工业和城市固体废弃物的处理处置工作，在合理的处置方式及有效监管下，可实现处理过程和产品的安全性以及污泥的减量化、稳定化、无害化及资源化利用，避免二次污染和其他危害，具有明显的环境效益。

以年生产20%污泥砖的3000万块计，一年可用掉干污泥10000t左右、节约黏土24000m³，减少贮泥场地2000m²以上，节约烧砖用标准煤1200t[14]。从建筑节能角度来看，与现行的黏土砖相比，污泥砖热导率低，具有较好的保温隔热性能，保温效果提高了30%以上，从而大幅降低了制冷和采暖成本，一定程度上节约了能耗。将污泥用于制砖后，污泥不再进行填埋或农用，避免了病毒、寄生虫、有害细菌和重金属对环境的危害[15]。

总之，污泥制砖技术处理处置污泥量大，对环境没有不良影响，且可以产生显著经济效益和社会效益。因此污泥制砖技术是符合我国当前污泥处理处置和废弃物资源化利用政策的实用技术。

8.3　污泥制水泥制品

8.3.1　水泥生产的基本原理

8.3.1.1　污泥制水泥原理

污泥制水泥的理论是污泥灰分高，其化学特性与水泥生产所用的原料基本相似，将污泥干化和研磨后添加适量石灰即可制成水泥。此外，水泥窑具有燃烧炉温高和处理物料量大等特点，利用城市污泥烧制水泥同时兼具减量化、无害化和资源化的作用。利用水泥窑处理废弃物生产生态水泥在发达国家已经有20余年的历史，而在我国尚属起步阶段。

与普通硅酸盐水泥相比，利用污泥和污泥焚烧灰制造出的水泥在颗粒度、相对密度、波索来反应性能等方面基本相似，而在稳固性、膨胀密度、固化时间方面较好。污泥制水泥不仅具有焚烧法的减容、减量化特征，且燃烧后的残渣成为水泥熟料的一部分，不需要对焚烧灰进行填埋处置，是一种两全其美的水泥生产途径。干化颗粒污泥可输送至水泥窑预热器或直接入窑，干化时保留的有机质可为水泥烧制提供能量，污泥组分则替代部分原料；污泥灰分成为水泥熟料，其中的重金属最终也能有效地固定在水泥构件中。

利用污泥生产水泥原料的基本方式有3种：a. 脱水污泥作为生产水泥原料；b. 干化污

泥作为生产水泥原料；c. 污泥焚烧灰作为生产水泥原料。

作为水泥生产原料的污泥中的污泥成分必须符合生产水泥的要求，表 8-7 中列出了将污泥焚烧灰渣的矿物质成分与硅酸盐水泥成分的比较结果。从表中数据可知，除 CaO 含量较低、SiO_2 含量较高外，污泥焚烧灰其他成分含量与硅酸盐水泥含量相当。因此，污泥焚烧灰加入一定量的石灰或石灰石，经煅烧即可制成硅酸盐水泥。

表 8-7　污泥焚烧灰渣与硅酸盐水泥的矿物组成

组分	硅酸盐水泥/%	污泥焚烧灰/%	污泥水泥/%	质量要求限制/%
SiO_2	20.9	20.3	24.6	18～24
CaO	63.3	1.8	52.1	60～69
Al_2O_3	5.7	14.6	6.6	4～8
Fe_2O_3	4.1	20.6	6.3	1～8
K_2O	1.2	1.8	1.1	<2.0
MgO	1.0	2.1	2.1	<5.0
Na_2O	0.2	0.5	0.2	<2.0
SO_3	2.1	7.8	4.9	<3.0
热灼损失量(LOI)	1.9	10.5	0.3	<4.0

注：数据来自 Tay J H, and Show K Y. Resource Recovery of Sludge as a Building and Construction Material-a Future Trend in Sludge Management. Wat. Sci. Tech. 1997, 36 (11): 259～266。

8.3.1.2　水泥窑处置废物的优势与注意事项

水泥是现代社会生产生活中适用范围甚广而且不可缺少的一种建筑材料。特别是在我国经济飞速发展的今天，我国水泥产业也在飞速发展。2007 年我国水泥年产量已经发展到 13.6×10^8 t。我国水泥产量占全世界产量的 1/2 以上，成为名副其实的水泥生产大国，而且水泥生产已经成为处置固体废物的方式，特别是处置危险废物的重要方式，在国外有些国家甚至成为主要的处置方式。同时可以作为替代燃料和替代原料的主要来源，废物的共处置也为水泥生产的可持续发展带来新的机遇。欧洲水泥生产中废物处置的燃料替代率已经达到 17%，原料的替代率已经达到 30% 以上，以 3 亿多吨的水泥生产量可以处置各种废物约 1×10^8 t。

（1）焚烧温度高

水泥窑内物料温度一般高于 1450℃，气体温度则高于 1750℃，甚至可达 2200℃。在此高温下，废物中的有毒有害成分被彻底分解，对环境几乎没有不良影响。

（2）停留时间长

水泥回转窑筒体长，废物在水泥窑高温状态下持续时间长。物料从窑头到窑尾总停留时间在 40min 左右；当气体在温度大于 950℃ 以上时，停留时间在 8s 以上，当气体温度高于 1300℃ 以上，停留时间大于 3s。废物长时间处于高温之下，更有利于废物的燃烧和彻底分解。

（3）焚烧状态稳定

水泥工业回转窑是由回转窑金属筒体、窑内砌筑的耐火砖以及在烧成带形成的结皮和待煅烧的物料组成，是一个热惯性很大，十分稳定的燃烧系统。水泥回转窑不仅质量巨大，而且由于耐火材料具有的隔热性能，使得系统热惯性增大，不会因为废物投入量和性质的变化造成大的温度波动。水泥回转窑在处理能力上，由于大规模的水泥生产中系统具有很大的热容量，能允许进入的物料在数量及质量上的适度波动，因此能包容相对于整个物料处理量中占很小比例的垃圾加入所引起成分的微小改变，所以在废弃物的利用规模上可以远大于现有专业处理设备的处理能力。

（4）良好的湍流

水泥窑内高温气体与物料流动方向相反，湍流强烈，有利于气固相的混合、传热、传质、分解、化合、扩散。

（5）碱性的环境气氛

生产水泥采用的原料成分决定了在回转窑内是碱性气氛，水泥窑内的碱性物质可以和废物中的酸性物质中和为稳定的盐类，有效地抑制酸性物质的排放，便于其尾气的净化，而且可以与水泥工艺过程一并进行。

（6）没有废渣排出

在水泥生产的工艺过程中，只有生料和经过煅烧工艺所产生的熟料，没有一般焚烧炉焚烧产生炉渣的问题。

（7）固化重金属离子

利用水泥工业回转窑煅烧工艺处理危险废物，可以将废物成分中的绝大部分重金属离子固化在熟料中，最终进入水泥成品中，避免了再度扩散。

（8）减少社会总体废气排放量

由于可燃性废物对矿物质燃料的替代，减少了水泥工业对矿物质燃料（煤、天然气、重油等）的需要量。总体而言，比单独的水泥生产和焚烧废物产生的废气（CO_2、SO_2、Cl等）排放量大为减少。

（9）焚烧处置点多，适应性强

水泥工业不同工艺过程的烧成系统，无论是湿法窑、半干法立波尔窑、还是预热窑和带分解炉的旋风预热窑，整个系统都有不同的高温投料点，可适应各种不同性质和形态的废料。

（10）废气处理效果好

水泥工业烧成系统和废气处理系统，使燃烧之后的废气经过较长的路径和良好的冷却和收尘设备，有着较高的吸附、沉降和收尘作用，收集的粉尘经过输送系统返回原料制备系统可以重新利用。

（11）建设投资较小，运行成本较低

在投资方面，利用水泥回转窑来处置废物，虽然需新建废物贮存和预处理设施，并且对工艺设备和给料设施方面进行必要的改造，但与新建专用焚烧厂比较，还是大大节省了费用；在运行成本方面，尽管由于设备的折旧、电力和原材料的消耗，人工费用等使得费用增加，但是燃烧可燃性废物要可以节省燃料，降低燃料成本，燃料替代比例越高，经济效益越明显。根据水泥窑的上述特点以及与危险废物焚烧炉的比较可以看出，水泥回转窑非常适合用于危险废物的处置。

虽然利用水泥窑处理废物具有上述的优点与特点，但利用水泥窑处理与利用废物也有一定的限制，需要注意以下几个技术方面的问题。

（1）对水泥质量的影响

将废物流引入现有的水泥窑中有可能破坏工艺过程或影响产品的质量，如废物中过高的S、Cl、F等的含量会造成水泥窑运行上的问题，因而必须对废物流作仔细研究，并对适合处理的废物做出限定。影响了最终水泥产品的质量，限制了污泥水泥的应用范围。

（2）污染物排放达标

将废物流引入现有的水泥窑焚烧可能产生额外的或更高负荷的污染物排放，因此需要对用作燃料的废物进行严格的筛选和控制，对系统排放的气体进行更加严格的限制，增加必要的在线测量装置和收尘设备。

（3）配备化验、测量和安全设备

为了保证废物，尤其是废物在收集、贮存、运输、装卸、计量、投入过程中的安全，需要增加一系列化验、测量和安全设备，增加了操作、控制的难度和复杂性，同时也需要一定的人力资源消耗。

（4）增加预处理设施

为了便于工艺操作，提高废物处理效率，保证水泥厂的安全生产，必须对某些废物进行预处理。

8.3.2 污泥制水泥工艺过程

8.3.2.1 污泥制水泥流程

采用污泥制生态水泥的资源化利用方式近年来较为普遍。广义的生态水泥是相对于传统水泥，其生产过程能耗减少、废气和粉尘排放减少、节约黏土和石灰石等原料、利用城市垃圾或者工业废料的都可以称为生态水泥。生态水泥的生产工艺与普通水泥基本相同，包括生料制备、熟料煅烧和水泥制成等工序，如图 8-3 所示。

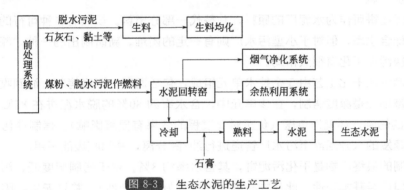

图 8-3 生态水泥的生产工艺

8.3.2.2 最大污泥充入量

硅酸盐水泥制造厂可以部分的接受污泥焚烧灰、干化污泥或脱水污泥饼作为生产原料，具体的污泥形态要求决定于预处理技术工艺。污泥的含量是衡量其能否作为水泥原料的决定因素。污泥添加较高会使硅酸盐水泥构件的抗压强度降低，同时，当污泥含量过高时，水泥的强度将急剧下降，因此将焚烧灰混入原料中的最大量不应超过 2%。

8.3.2.3 污泥预处理

图 8-4 中给出了污泥作为生产水泥原料时的预处理途径。

（1）焚烧灰

污泥焚烧灰的基本成分为 SiO_2、Al_2O_3、Fe_2O_3、CaO，因此制水泥时可以加入一定量的石灰或者石灰石，经煅烧即可制成灰渣硅酸盐水泥。利用污泥焚烧灰为原料制成的水泥，与普通硅酸盐水泥相比，在颗粒度、相对密度及反应性能等方面基本相似，而在稳固性、膨胀密度、固化时间方面较好。

（2）脱水污泥饼

硅酸盐水泥厂利用脱水污泥饼时，脱水污泥在水泥厂可直接放入烧结窑制造熟料。

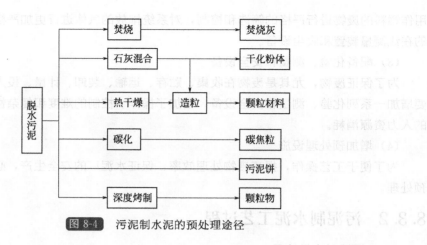

图 8-4　污泥制水泥的预处理途径

（3）石灰混合

石灰混合是另一种无需焚烧的污泥制水泥预处理工艺。脱水污泥与等量的石灰混合，利用石灰与水的反应释热来使污泥充分干化。此过程只需很少的加热，混合后的产物为干化粉体，可被水泥厂接受。

（4）泥饼干燥

干燥的污泥饼可作为水泥厂的原料，并替代一部分燃料。虽然有各种可行的工艺使脱水泥饼干燥至低含水率，但对于小型污水厂则有一定的困难。新研制出的一种"深度烤制"的技术会对解决污泥干化有很大帮助。

深度烤制污泥干化工艺由 5 个技术单元组成，包括调理、深度烤制、油回收、水分冷凝和脱臭。关键单元是深度烤制，在该单元中，含水率约 80％的脱水泥饼在 85℃的废油中进行约 70min 的烤制，环境为负压（负压对此过程的效率有显著影响）。烤制使污泥中的水分迅速蒸发，蒸发的水分回流至污水厂管道进行油/固分离，并回收废油再用。

深度烤制的最终产物是干化污泥饼，其含水率约 3％。由于烤制湿度低，污泥有机质氧化率很低，但已经基本变性。此产物有机物稳定性好（已变性），并且无臭，因此可应用性较佳，产物的热值达可达 22.2MJ/kg（包括残留油分）。

（5）造粒

污泥造粒作为脱水污泥制硅酸水泥的预处理方法，在欧洲和南非有多个应用实例，该处理方法的气流封闭化的工艺特征较好地解决了污泥干燥过程的臭气污染问题。此处理方法的工艺流程如图 8-5 所示。

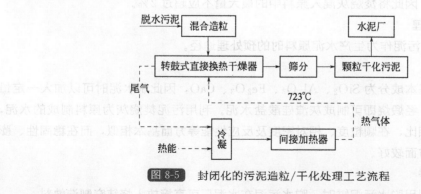

图 8-5　封闭化的污泥造粒/干化处理工艺流程

上述工艺的产物含水率为 10%，达到巴氏灭菌的卫生水平；颗粒粒径均匀（2～10mm）；堆积密度为 700～800kg/m³；颗粒热值为 10.46～14.65MJ/kg。干化颗粒耐贮存，运输方便，但能源浪费较高，以 60t/d 泥饼的处理能力计，能源成本达 30 美元/kg（以颗粒计算）。

8.3.3 污泥制水泥产品性能

制成的污泥水泥性质与污泥的比例、煅烧温度、煅烧时间和养护条件相关。污泥水泥的物理性质的测定结果见表 8-8。

表 8-8 污泥水泥物理性质

性质		污泥水泥	硅酸盐水泥
水泥细度/(m²/kg)		110	120
水泥体积固定性/mm		1.9	0.9
体积密度/(kg/m³)		690	870
相对密度		3.3	3.2
紧密度/%		82	27
硬凝活性指数/%		67	100
凝结时间/min	初始	40	180
	终止	80	270

8.3.4 国内外污泥制水泥研究应用现状

众所周知，水泥窑具有燃烧炉温高和处理物料量大等特点，且水泥厂均配备有大量的环保设施，是环境自净能力强的装备。而城市生活垃圾、污泥的化学特性与水泥生产所用的原料基本相似。垃圾焚烧灰的化学成分中一般有 80% 以上的矿物质是水泥熟料的基本成分（CaO、SiO₂、Al₂O₃ 和 Fe₂O₃）。利用水泥回转窑处理城市垃圾和污泥不仅具有焚烧法的减容、减量化特征，且燃烧后的残渣成为水泥熟料的一部分，不需要对焚烧灰进行处理、填埋，将是一种两全其美的水泥生产途径。此外，用污泥来生产生态水泥既拓宽了原材料来源，减少了天然资源的消耗，降低了水泥生产的成本，又为污泥的处理处置找到了一条合适的道路，减少了二次污染。这将是一条很有前途、有利于水泥工业和环境可持续发展的途径。

8.3.4.1 国内研究应用现状

我国的科研工作者在利用各种污泥制生态水泥方面也做了不少工作，但目前尚属起步阶段，有待进一步的发展。

张杰和谢时伟参照制砖厂"水泥、炉渣空心砌块"生产工艺，研究了制革脱水污泥（含水率 60%～70%）与煤渣、石粉、粉煤灰、水泥等混合烧制建筑砖的工艺参数。桂召龙等根据污泥的理化性质，通过研究污泥固化工艺及机理，成功利用乐安油田污泥生产出地面花砖。

浙江大学戴恒杰等利用杭州水业集团排放的污泥替代硅质原料烧制水泥熟料，并结合浙江钱潮控股集团有限公司的水泥生产工艺，研究了污泥对水泥熟料烧成和强度性能的影响。

戴恒杰等配置了相同率值、不同污泥掺量的生料，在 1400℃ 下煅烧。化学分析、XRD 分析和强度试验结果表明，掺入适量的污泥能降低熟料游离氧化钙(f-CaO)的含量，促进熟料的烧成，提高熟料强度，尤其是熟料的早期强度。污泥替代硅质原料烧制水泥，不仅实现了污泥的无害化处置和资源化利用，也是提高水泥性能的重要技术措施。

上海水泥厂用龙华水质净化厂污泥代替黏土生产水泥。水泥熟料的率值控制在与不掺污泥一样，熟料烧成制度与普通硅酸盐熟料也基本相同。对水泥进行的混凝土性能试验表明，掺污泥与不掺污泥所生产的水泥拌和的混凝土性能相近。对废气中部分污染物的浓度进行监测的结果表明，排放浓度低于排放标准。对混凝土做重金属浸出试验表明，重金属离子的浓度未超出国家标准。

在上海联合水泥有限公司，水泥熟料生产线污泥由封闭的车辆运送到厂指定的堆放处，工人在卸货时往污泥中掺入生石灰以消除恶臭。然后，污泥进入脱水装置，使其由湿基（含水75%）变为干基。接下来是根据化验室的化学成分分析，加入校正原料，再将它作为生料成分送入窑中，在1350~1650℃的高温中与其他原材料一起燃烧。

武汉理工大学材料学院的陈袁魁等对武汉市水果湖、南湖的淤泥的特性进行研究后，认为其代替黏土的设想是可以成立的，继而对用其制备的水泥熟料进行了试验研究，结果表明，利用淤泥、铁粉和石灰石进行配比，可以制备符合要求的硅酸盐水泥。

成都建材设计院的蔡顺华等对污泥进行了工业化学分析，发现其热值一般在10000~15000kJ/kg，相当于褐煤的热值，认为其可作为二次能源来使用。而且，水泥熟料生产线利用新型干法窑处理污泥的工艺，成都建材设计院进行过深入的研究。成都建材设计院从其20世纪末成熟的湿磨干烧工艺出发，提出了与之相似的烘干工艺，为我国用水泥窑处置污泥提供了装备和工艺支持。

此外，还有研究人员将苏州河底泥全部代替黏土质原料进行煅烧试验，烧成制度与普通熟料相同。生产出的熟料凝结时间正常，安定性合格。测试结果表明，制成的熟料具有优良熟料的特征。用等离子发射光谱仪进行了浸出液重金属浓度分析，表明浸出液中砷、铅、氟、铬的含量远低于国家标准规定。

8.3.4.2　国外研究应用现状

水泥窑是发达国家焚烧处理工业危险废物的重要设施，已经有20多年的历史，在发达国家得到了广泛的认可和应用。国外首先开始着手研究的多是将可燃性废料作为替代燃料应用于水泥生产，其次是将一些其他工业产生的废物或副产品作为生产水泥的替代原料。首次试验是于1974年在加拿大的Lawrence水泥厂进行的，随后在美国的Peerless、Lonestar、Alpha等十多家水泥厂先后进行了试验。欧洲水泥生产利用可燃废弃物的研究开始于70年代。欧洲水泥协会2006年公布的数据显示，橡胶/轮胎、动物骨粉/脂肪、废油/废溶剂和固体衍生燃料（RDF）在其二次燃料中占据的比例较大。现今西欧与北欧诸国水泥工业采用替代燃料的替代率已达70%左右，各种废料预处理及其在PC窑上的燃烧装备均已相当成熟可靠。欧洲国家在利用废物用作水泥生产的替代燃料和原料（AFR）方面取得了丰富的经验，并形成了产业规模。

在利用水泥窑处理污泥方面的研究方面，国外的研究结果与国内高校和设计院的研究基本相似。Peters、S. Christopher等使用水泥窑和专门的焚烧装置分别进行了来自水处理厂的污泥的焚烧处理，他们发现使用水泥窑处理污泥在污染的排放和能源的利用上具有很大的优势。国外利用污泥生产水泥熟料，无论是用来代替黏土质原料还是代替燃料，报道的资料较多。

1996年4月瑞士的HCB Rekingen水泥厂成为世界上第一家具有利用废料的环境管理系统的水泥厂，并得到ISO 14001国际标准的认证，它为规划、实施和评价环境保护措施提供了可靠的框架。瑞士 HOLCIM 公司 2001 年其水泥产量达到 7.5×10^7 t，占世界水泥总产量的约 5%，HOLCIM 公司从 20 世纪 80 年代起开始利用废物作为水泥生产的替代燃料，近几年内该公司在世界各大洲的水泥厂的燃料替代率都在迅速增长[16]。

德国自 20 世纪 80 年代以来，各种废物包括含重金属的危险废物在德国水泥工业中燃料替代率保持了迅猛增长势头。2006 年德国水泥厂的燃料替代率已接近 50%。德国 Heidelberg cement 公司的预热器窑，从 20 世纪 80 年代开始开展可燃性废物替代传统矿物质燃料工作，2000 年替代率达 40% 左右。

在荷兰 Maastricht 的 ENCI 水泥厂将污泥用作二次燃料和原料，不过是用在干法长窑（$\phi 5.5 \text{m} \times 180 \text{m}$）上，每年可处理 4×10^4 t 污泥，没有任何工艺和产品问题。ENCI 水泥厂在燃烧二次燃料方面久负盛名。2002 年窑系统共用过 10 种燃料，其中 8 种为二次燃料。值得一提的是，该厂 80% 的热量供应来自二次燃料。这个厂属于我们熟知的海德堡水泥集团。

在奥地利的 WOPFING 水泥厂对来自造纸厂的污泥的利用表明，使用污泥作为水泥的原料可以满足水泥生产的要求，同时它也可以作为水泥生产的辅助燃料提供热量（相当于泥炭或煤矸石）。

法国 Lafarge 公司是水泥产量位居世界第一位的跨国公司，从 20 世纪 70 年代便开始研究利用废物代替自然资源的工作。Lafarge 公司制定的 2002 年在世界各洲所属企业不同的燃料替代率指标为：欧洲达到 49% 以上，北美达到 26% 以上，同时在亚洲的日本、泰国、马来西亚、菲律宾等国的企业逐步开展燃料替代。

美国有 58 座水泥回转窑焚烧从社会上收集的废物，美国环保署有一项政策：每个工业城市保留一个水泥厂，在部分满足生产水泥需求的同时用于处理城市产生的有害废物。美国的水泥厂一年焚烧的有害工业废物是用焚烧炉处理有害废物的 4 倍。

由于日本资源匮乏，而水泥生产技术先进，日本水泥企业在废物利用和处理方面处于世界前列。日本拥有水泥生产企业 20 家，64 台窑体，全部为新型干法预热回转窑，熟料生产能力为 8.03×10^7 t。2001 年熟料实际生产量为 7.18×10^7 t，水泥生产量为 7.91×10^7 t，粉煤灰废物利用量达到 5.822×10^6 t，占全日本粉煤灰总量的 60%。日本有关研究人员将城市垃圾焚烧灰和下水道污泥一起作为原料来生产所谓"生态水泥"，不仅减小了废弃物处理的负荷，还有效利用了资源和能源。日本的一条日产 50t 生态水泥的干法回转窑生产线，垃圾焚烧灰和污泥及含铝的工业废料占原料的 60%，烧成温度只在 $1000 \sim 1200 \text{℃}$，节省了大量原料、燃料消耗。2001 年春，日本太平洋水泥（株）经过大量的研究工作，克服一般快硬型生态水泥含氯量高、会腐蚀钢筋的缺点，在千叶县市原市建成了世界上第一个利用城市固体废弃物来生产普通生态水泥的生产线。

8.3.5　污泥制水泥的经济效益和环境效益

国内外水泥专业人士对城市污水处理厂的污泥进行过大量的研究，一致认为污泥可用作水泥熟料生产的原料和燃料。水泥窑中使用污泥作为原料以及燃料的替代物，既可以提供一种措施来解决垃圾填埋和不当焚烧引起的环境问题，又能够缓解其所代替的原燃料的资源匮乏，同时可以完全避免在热焚烧炉中所产生的污染排放。

正是由于水泥生产过程中的这些得天独厚的特点，为污泥在水泥生产中进行处理提供了技术上的可行性，真正能够做到城市污泥的"零污染"处理，而且与单独建设专用焚化炉相比，具有建设投资省、运行费用低、经济效益好、无害化处理彻底等资源化环保处理的优点。

（1）经济效益

水泥作为建材利用的基础材料目前具有极其稳固的地位。我国每年的水泥产量呈不断增长的趋势。而水泥生产过程对资源、能源及黏土等的消耗量非常大，每吨熟料中平均含CaO约650kg，1t熟料需要消耗0.16t黏土及0.11t标准煤。因此水泥生产行业亟需节能产业模式。采用污泥制水泥时不仅节约了大量黏土，而且降低了生产成本。日本一些城市采用脱水污泥直接入水泥厂烧结窑制造熟料方法消纳污泥，需支付的成本为0.2～0.3美元/kg泥饼。采用石灰混合制水泥预处理工艺时的总成本约为0.33美元/kg泥饼（包括运输费用）。

对于水泥生产而言，由于回转窑的热容量大，利用前置的分解炉或增设垃圾焚烧装置并不会引起水泥工艺过程控制大的改变，也不存在对系统设备大的改进，因此在单位处置能力的投资上是极其低廉的。

（2）环境效益

利用水泥回转窑处理城镇污泥时，窑内的污泥中有害有机物可以充分燃烧，焚烧率可达99.999%，即使是稳定的有机物，如二噁英等也能被完全分解。污泥中的有机成分和无机成分都能得到充分利用，资源化利用效率高。而且水泥生产量大，需要的污泥量也大，水泥厂地域分布广，有利于污泥就地消纳，节省运费。此外在水泥混烧过程中，污泥灰渣中的重金属能够被固定在水泥熟料的结构中，从而达到被固定化的作用。同时，在水泥矿物的形成过程中会出现液相，因此焚烧的残渣可以被水泥矿物吸收或者固融，从而不存在残渣的处理问题。

8.4 污泥制纤维板

8.4.1 纤维板概况

8.4.1.1 纤维板定义和分类

纤维板又名密度板，是由木质纤维或其他植物素纤维为原料，通过铺装使纤维交织成型，并利用其固有的胶黏性或辅以胶黏剂、防水剂等助剂，经热压制成的人造板，具有材质均匀、纵横强度差小、不易开裂等优点。

参考的依据不同，纤维板的分类方式也不同。

通常纤维板按产品密度分类，此时可分为非压缩型和压缩型两大类。非压缩型产品为软质纤维板，密度小于$0.4g/cm^3$；压缩型产品有半硬质纤维板（或称中密度纤维板，密度$0.4～0.8g/cm^3$）和硬质纤维板（密度大于$0.8g/cm^3$）。软质纤维板质量轻，空隙率大，有良好的隔热性和吸声性，多用作公共建筑物内部的覆盖材料，经特殊处理可得到孔隙更多的轻质纤维板，具有吸附性能，可用于净化空气。半硬质纤维板结构均匀，密度和强度适中，产品厚度范围较宽，有较好的再加工性，具有多种用途，如家具用材、电视机的壳体材料等。硬质纤维板的厚度范围较小，在3～8mm之间，强度较高，3～4mm厚度的硬质纤维板可代替9～12mm锯材薄板使用，多用于建筑、船舶、车辆等。

此外，根据密度，纤维板可分为低、中和高密度纤维板；根据板坯成型工艺，纤维板可分为湿法纤维板、干法纤维板和定向纤维板；根据后期处理方法，纤维板可分为普通纤维板、油处理纤维板等。

8.4.1.2 纤维板的原料

组成纤维板的基本单元是分离的木质纤维或纤维束。通常，制取纤维的原料主要来自森林采伐剩余物、木材加工剩余物、可利用林产化学加工的废料以及其他植物秆茎。其中，森林采伐剩余物包括枝桠、梢头、小径材等；木材加工剩余物包括板边、刨花、锯末等；可利用林产化学加工的废料包括栲胶和水解的剩余物。

8.4.1.3 纤维板一般生产工艺

其生产工艺分湿法、干法和半干法3种。湿法生产工艺是以水作为纤维运输的载体，其机理是利用纤维之间相互交织产生摩擦力、纤维表面分子之间产生结合力和纤维含有物产生的胶结力等的作用下制成一定强度的纤维板。干法生产工艺以空气为纤维运输载体，纤维制备是用一次分离法，一般不经精磨，需施加胶黏剂，板坯成型之前纤维要经干燥，热压成板后通常不再热处理，其他工艺与湿法同。半干法生产工艺也用气流成型，纤维不经干燥而保持高含水率，不用或少用胶料，因而半干法克服了干法和湿法的主要缺点而保持其部分优点。

其基本工艺是纤维分离→浆料处理→板坯成型→热压→后期处理等，如图8-6所示。

木质纤维或其他植物素纤维原料 → 纤维分离 → 浆料处理 → 板坯成型 → 热压 → 后期处理 → 纤维板

图 8-6　纤维板基本工艺流程

（1）纤维分离

纤维分离又称制浆，是把制浆原料分离成纤维的过程。以纤维板制取原料中木材为例，针叶材的纤维含量高，纤维长度比阔叶材长30%～50%，若用阔叶材制取纤维板时，需先经过处理。处理方式可采用针阔叶材混合制浆的方式，或用化学方法处理木片，也可用热水、蒸汽。纤维分离前将原料用削片机切成长20～30mm、厚3～5mm、宽15～25mm的木片。然后，切削的木片经筛选、再碎、水洗等工序后送入料仓，以备纤维分离。切削后的木片尺寸对纤维的分离效果至关重要。如果木片过大，在预热处理和磨浆过程中难以软化或软化不匀、纤维分离度小；而当木片过短时，则被切断的纤维比例大，交织性能差，导致纤维板强度下降。

纤维分离方法可分机械法和爆破法两大类，其中机械法又分热力机械法、化学机械法和纯机械法。

热力机械法是先将原料用热水或饱和蒸汽处理，使纤维胞间层软化或部分溶解，在常压或高压条件下经机械力作用分离成纤维，再经盘式精磨机精磨。而在板坯成型工序采用干法成型方式时，纤维板制浆一般不经精磨。此法生产的纤维浆的纤维得率高，以针叶材为例，其浆料的纤维得率可达90%～95%。而且，通过此法生产的纤维浆的纤维形状完整、交织性强、滤水性好、耗电量小；纤维经精磨后长度变短，比表面积增加，外层和端部帚化，吸水膨胀性提高，柔软，塑性增高，交织性好。因此，热力机械法是国内外纤维板工业中所用的主要制浆方法。

化学机械法是用少量化学药品，如苛性钠、亚硫酸钠等对原料进行预处理，使木质素和半纤维素受到一定程度的破坏或溶解，然后再用机械力的作用分离成纤维。

纯机械法是将纤维原料用水浸泡后直接磨成纤维，根据原料形状又分原木磨浆法和木片磨浆，此法应用极少。

爆破法是用压力为 4MPa 的蒸汽将原料在高压容器中进行短时间（约 30s）的热处理，以达到木素软化、碳水化合物部分水解的目的。然后，将蒸汽压力升至 7～8MPa，保持 4～5s，然后迅速启阀，纤维原料即爆破成絮状纤维或纤维束。

（2）浆料处理

浆料处理即根据产品的用途，分别进行防水、增强、耐火和防腐等处理，以改善成品相应性能。施加防水剂可在浆池或连续施胶箱中进行。硬质、半硬质纤维板浆料可采用石蜡乳液作为防水剂对其进行处理，以提高防水性，而软质板浆料既可用松香乳液，也可用石蜡-松香乳液。用于增强处理的增强剂要能溶于水，能被纤维吸附，并能适应纤维板的热压或干燥工艺，硬质纤维板多用酚醛树脂胶。耐火处理以施加耐火药剂如 $FeNH_4PO_4$ 及 $MgNH_4PO_4$ 等较为普遍。在提升纤维板的防腐能力方面，可在浆料中加入五氯酚或五氯酚铜盐。

处理后的浆料，或经干燥后进行干法板坯成型，或在调整浓度后直接进入成型机进行湿法板坯成型。在纤维板板坯成型工序采用干法成型方式时，则要求热压时的纤维含水率为 6%～8%，施胶后的浆料含水率为 40%～60%，因此需在板坯成型前对含有纤维的浆料进行干燥处理。干燥可采用两种管道气流干燥方法，分别为一级干燥法和二级干燥法。其中，一级干燥法温度为 250～350℃，时间为 5～7s；在二级干燥法中第一级的干燥温度为 160～180℃，使浆料含水率降至 20%，第二级温度为 140～150℃，使其含水率进一步降至 6%～8%，两级干燥法所用的时间约 12s。而干燥设备的类型主要有直管型、脉冲型、套管型三类。

（3）板坯成型

板坯成型有湿法成型与干法成型两大类，一般来说，软质板和大部分硬质板用湿法成型，而中密度板及部分硬质板采用干法成型。

湿法成型用低浓度浆料，经逐渐脱水而成板坯，其基本方法有箱框成型、长网成型、圆网成型 3 种。箱框成型是把浓度约为 1% 的浆料由浆泵送入一个放在垫网上的无底箱框内，在箱底用真空脱水，箱框顶部用加压脱水，此法主要用于生产软质纤维板。长网成型所用设备是从造纸工业中移置过来的，与造纸工业中长网抄纸机类似。利用长网成型设备时，浓度为 1.2%～2.0% 的浆料从网前箱抄上长网，经自重脱水、真空脱水、辊筒压榨脱水后而形成湿板坯，此时含水率为 65%～70%。圆网成型同样也是从造纸工业中移置过来，在纤维板生产中常用的是真空式单圆网型，浆料浓度为 0.75%～1.5%，由真空作用浆料吸附于圆网上，经辊筒加压脱水并控制板坯厚度。

干法成型大都采用气流成型机。其主要处理过程是将施加石蜡和胶黏剂（酚醛树脂）的干燥纤维，由气流送入铺装头，借纤维自重和垫网下面真空箱的作用使干纤维均匀落在垫网上，从而形成板坯。

半干法成型多采用机械或气流成型机。凭借机械力或气流作用，使高含水率的结团纤维分散并均匀下落，形成渐变结构或混合结构的湿板坯。但因湿纤维的结团现象难以通过机械力或气流的作用而完全使其分散开来，因此在实际生产中，板坯密度的均匀性较差，进而对产品质量造成影响。20 世纪 70 年代初在美国研究成功干纤维静电定向成型。

软质纤维板和采用湿法成型干热压工艺（又称湿干法）的硬质纤维板，其板坯都要经过干燥。采用该工艺时，干燥 1kg 水需要消耗的蒸汽量为 1.6～1.8kg。软质纤维板坯干燥后的终含水率为 1%～3%。用湿干法制造硬质纤维板时，板坯含水率不宜过高，否则热压时易于发生鼓泡。该工艺的干燥设备主要有间歇式和连续式两大类。

（4）热压

对于不同的板坯成型工艺，热压阶段所需要的压力也不同。湿法生产硬质纤维板需要用的压力值为 5MPa；干法采用的压力值为 7MPa，超过此压力时会降低纤维板的抗弯强度；半干法所需压力介于二者之间，一般为 6MPa；而采用湿干法压成纤维板板坯，压力要高达 10MPa。

同时，对热压工序中的温度要求也有所差异。其中，湿压法所用温度为 200～220℃；干法加压时无干燥阶段，温度以能使胶黏剂快速固化为准，一般采用 180～200℃，以阔叶材为原料时，热压温度可适当提高，最高可达 260℃；半干法热压温度不宜超过 200℃，以防板坯中熔解的木质素及糖类热解焦化，使产品强度明显下降；用湿干法制硬质板要求温度达 230～250℃。在热压过程中，板坯的表层与芯层会出现温差，厚度较大的中密度板坯表芯层温差可达 40～60℃，温差的存在会对芯层树脂的固化率造成影响，可用常规加热和高频加热的方法来消除温差，并缩短热压周期[17]。

（5）后期处理

在热压后，由湿法及半干法制得的纤维板需要进行热处理及调湿处理，干法纤维板则不需经过热处理，而是直接进行调湿处理。半硬质纤维板表面需砂光，软质纤维板表面有时需开槽打洞，硬质纤维板作为内墙板使用时，表面可开"V"形槽或条纹槽。纤维板的表面加工，通常有涂饰和覆贴两种方法。而浮雕、压痕、模拟粗锯成材表面的深度压痕等过程大都与板坯热压过程一次完成，因此不属再加工范围。

8.4.2　污泥制纤维板的基本原理

目前，纤维板工业快速发展所面临的主要问题就是原料的供应和成本较高的问题。所以，现在出现了越来越多的以非木材为原料生产的人造纤维板。

污泥中含有大量的有机成分，粗蛋白（质量分数为 30%～40%）与球蛋白（酶）含量较高，污泥制取纤维板主要是利用活性污泥中所含的粗蛋白与球蛋白能溶解于水及稀酸、稀碱、中性盐的水溶液的性质。污泥在碱处理后可以作为胶凝原料成为制备纤维板的原料，且由于采用的是生化处理后的污泥，所以也称纤维板。该过程利用污泥中的大量蛋白质调制蛋白胶，使得污泥产生自身的胶结作用，且不用掺入黏结剂，而污泥中除蛋白外的泥渣为填料，再掺入少量纤维下脚料后压制成型，经热压处理，即成新型的建筑板材。

目前，国内外在污泥纤维板的制成工艺、反应条件及板材性能等方面均进行了大量的研究，并形成了一定的研究成果。高桥化工厂和复旦大学对以石油化工企业排放的活性污泥为原料所制成的纤维板进行了化学、色谱和光谱分析，结果显示，该纤维板无放射性元素，残留有机污染物质含量极微，所含微量重金属元素类同玻璃、石英等材料。

目前，已形成了一种利用造纸污泥生产中密度纤维板板的专利技术，是以造纸污泥为原料，经机械脱水、成型，复合成含水率为 60%～80% 的湿中密度板，然后将湿的中密度板放入压榨烘干机进一步脱水，在 0.3～0.6MPa 压力下高压定形，160～180℃高温烘干 20～30min 后制得成品。还有一种利用造纸污泥合成纤维板的专利技术。以该技术生产的纤维板产品的中间层为造纸污染物层，由 50%～65% 的造纸污泥、20%～30% 的造纸废纸渣、10%～20% 的白灰膏和 0～5% 的黏结剂组成。该技术从根本上解决了造纸污泥对环境所造成的污染，而且利用了造纸污泥中的有效成分，最终生产出来的污泥纤维板密实度高，强度大，隔音防潮效果也好，成本较低，在市场上有很好的推广价值和应用前景。

此外，有研究人员利用西安某纸业公司的脱墨废水处理产生的含水率为85%的污泥，并添加玉米秆、麦秆和胶黏剂以取代木材原料来制造半硬质纤维板，通过对各项工艺参数进行的试验研究发现，胶黏剂用量对半硬质纤维板的性能指标影响最大。并且最终确定了最优工艺参数：胶黏剂用量为13%、添加其他纤维量为12%、热压时间为6min、热压温度为175℃。

可见，利用活性污泥制纤维板在技术上是可行的。

8.4.3 污泥制纤维板的一般工艺流程

与纤维板的基本生产工艺类似，以污泥为原料制取纤维板是在碱性条件下，将污泥加热、干燥、加压后，污泥中的蛋白质会发生一系列物理和化学性质的改变。利用这种蛋白质的变性作用，制得活性污泥树脂（也称蛋白胶），再与经漂白、脱脂处理的废纤维胶合起来，压制成板材，即纤维板。

其具体工艺流程可分为脱水、树脂调制、填料（纤维）处理、搅拌、预压成型、热压、裁边7道工序，其工艺流程如图8-7所示。

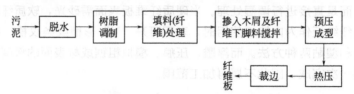

图 8-7 污泥制纤维板工艺流程

8.4.3.1 脱水

以污泥为原料制取纤维板时，首先需要对作为生产原料的污泥进行脱水处理。经脱水后，污泥含水率要求降至85%~90%。

8.4.3.2 树脂调制

为使其凝胶性好、经久耐用、无臭味、预压成型时容易脱水，可在调制中投加碱液、甲醛及混凝剂（如三氯化铁、硫酸亚铁、硫酸铝或聚合氯化铝），必要时，还可以加一些硫酸铜以提高除臭效果和加水玻璃以增加树脂的黏滞度及耐水性。

污泥树脂的调制可采用的方法是将污泥与氢氧化钠在反应器中搅拌均匀，然后通入蒸汽加热至90℃，反应20min后，再加入石灰，并保持在90℃条件下反应40min即可。其主要技术指标为干物质含量约22%，蛋白质含量约为19%~24%，pH值约为11，使蛋白质正负电荷相等时的pH值即等电点约为10.55。

在此过程中，发生了活性污泥的变性反应，其过程主要分两步：碱处理、脱臭处理。

（1）碱处理

在污水污泥中加入NaOH，蛋白质可在其稀溶液中生成水溶液蛋白质钠盐，其反应式为：

$$H_2N-R-COOH+NaOH \longrightarrow H_2N-R-COONa+H_2O$$

通过这一反应，可以延长污泥树脂的活性，破坏细胞壁，使胞腔内的核酸溶于水，以便去除由核酸引起的臭味，并洗脱污泥中的油脂。该反应完后的黏液不会凝胶，只有在水分蒸发后才能固化。

在污泥碱处理过程中，也可以投加氢氧化钙，使蛋白质生成不溶性易凝胶的蛋白质钙盐，以提高污泥树脂的耐水性、胶着力和亲水性能。氢氧化钙投加量越多，凝胶越快，其反应式为：

$$2H_2N-R-COOH+Ca(OH)_2 \longrightarrow Ca(H_2N-R-COO)_2+2H_2O$$

如果碱液浓度高，则蛋白质不仅溶解，而且会很快按肽键水解。

$$-R-CO-NH-R \longrightarrow R-COOH+R-NH_2$$

（2）脱臭处理

污泥中含有大量的有机物，在反应过程中，由于微生物的作用，常常散发出恶臭。为了消除恶臭，也为了进一步提高污泥树脂的耐水性与固化速度，可加入少量的甲醛，甲醛可与蛋白质反应生成氮次甲基化合物。

$$H_2N-R-COOH+HCHO \longrightarrow COOH-R-N=CH_2+H_2O$$

污泥中蛋白质的变性与凝胶过程是蛋白质分子逐渐交联增大的过程，在空间结构上形成网格结构。污水污泥中的一些多糖类物质也能起到一定的胶合作用。污泥蛋白质凝胶体系的流变特性随网格结构的发展而发生变化，可由牛顿型流体变成非牛顿型流体。

污泥树脂溶液等电点（所谓等电点是指蛋白质正、负电荷相等的 pH 值）的控制对纤维板的制作有重要作用。另外，污泥在碱性条件下制成树脂，有盐析现象产生，容易脱水，不易腐化，且在高温条件下稳定性较好，但当树脂溶液增稠后，盐析现象较弱。

8.4.3.3 填料处理

填料可以采用麻纺厂、印染厂、纺织厂的废纤维（下脚料），为了提高产品质量一般应对上述废纤维填料进行预处理。预处理的方法是将废纤维加碱蒸煮去油、去色，使之柔软，蒸煮时间为 4h，然后粉碎，使其纤维长短一致。预处理的投料质量比一般为麻：石灰：碳酸钠=1：0.15：0.05。

一般情况下，印染厂、纺织厂的下脚料长短一致，比较清洁，可以不做预处理。

8.4.3.4 搅拌

该步骤是将污泥树脂（干重）与纤维按质量比为 2.2：1 混合，搅拌均匀，其含水率为 75%～80%。

8.4.3.5 预压成型

搅拌料不应停留过久，应及时预压成型，以免停放时间过久而使脱水性能降低。预压要求压力在 1min 内自 1.372MPa 提高至 2.058MPa，并稳定 4min 后即预压成型，湿板坯的厚度为 8.5～9.0mm，含水率为 60%～65%。预压成型装置如图 8-8 所示。

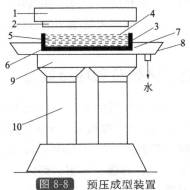

图 8-8　预压成型装置

1—上压板；2—框模盖板；3—框模框架；4—盖板；5—物料；
6—垫网；7—筛板；8—集水盘；9—下压板；10—压力缸

8.4.3.6 热压

热压的方法是采用电热升温，使上下板温度升至 160℃，压力为 3.43～3.92MPa，稳定时间为 3～4min，然后将压强逐渐降至 0.49MPa，让蒸汽逸出。如此反复热压 2～3 次。

经热压后，湿板坯的水分被蒸发，致使密度增加，机械强度提高，吸水率下降，颜色变浅。如果将湿板坯直接进行自然风干，则可制成软质纤维板。

8.4.3.7 裁边

最后的后续处理工序是对制成的纤维板实施裁边整理，即可得到成品。

8.4.4 污泥制纤维板的产品性能

与酚醛树脂制成的板材相比，纤维板的耐水性要差一些，这是蛋白胶的共性，若加适量的防水剂或将板材进行后处理，可以有所改善。此外纤维板还有一些异臭，但随着存放时间的增长，也会逐渐自然消失。经试验表明，将新鲜污泥及时加工，防止蛋白质分解，或掺入其他药剂，进行热处理，板面涂料装饰等均是行之有效的除臭措施。

纤维板与硬质纤维板的性能对比情况见表 8-9，而表 8-10 为污泥、活性污泥树脂及水泥的放射强度的比较。

表 8-9　纤维板与硬质纤维板的性能对比情况

名称	密度/(kg/m³)	抗折强度/MPa	吸水率/%
三级硬质纤维板	≥800	≥19.6	≤35
纤维板	1250	17.64～21.56	30
软质纤维板	<350	>1.96	50
软质纤维板	600	3.92	70

注：水中浸泡 24h。

表 8-10　污泥、活性污泥树脂及水泥的放射强度的比较

材料名称	β 放射性强度/(Bq/kg)
污泥	111
污泥树脂	52.91
水泥	57.35

利用污泥制纤维板在技术上是可行的，制得的纤维板可达到国家标准，其放射性能强度低于水泥，并符合卫生标准。

但制造过程有气味，需要脱臭。板材成品仍有一些气味，此外强度有待提高。将新鲜污泥及时进行加工处理防止蛋白质分解，或掺入其他药剂进行热处理，板面涂料装饰等措施均可以有效除臭。

8.4.5 污泥制纤维板的经济效益和环境效益

许多研究结果表明，污泥制得的纤维板由于利用污泥为基料具有以下优点：a. 有效地促进了污泥的减量化及资源化；b. 由于纤维板充分利用污泥为基料，所以材料成本低廉，其材料消耗费为硬质纤维板材料消耗费的 18%～50%；c. 质量好，物理力学性能可以达到国家三级硬质纤维板的标准；d. 质软、高强、可锯、可钉，能用来作各种建筑材料或家具，也可作包装板、畜箱板等，应用范围广泛，因而受到越来越多青睐；e. 一般用污泥制成的纤维板所含有机物质和无机物质中无放射性元素，残留的有机污染物质含量低于排放标准，

含极微量的重金属元素类同玻璃和石英等材料，对人体无害。

但污泥纤维板也具有一些明显的缺点，主要在于：a. 与用酚醛或脲醛树脂制成的板材相比，污泥纤维板的耐水性能较差，这是蛋白胶的特性，若加适量的防水剂或将板材进行后处理，将有所改善；b. 纤维板还有一些异臭，但随着存放时间也会逐渐自然消失。

所以在研制纤维板方面，还存在许多问题需要展开探索，今后在污泥制取纤维板的工艺条件、配料、成品强度及性能等方面均需做进一步的探讨，并对消除异臭、改进板面装饰、复合制品等方面进行深入研究；此外，对于扩大污泥纤维板制品的种类和应用范围也有待发展。

8.5 污泥制轻质陶粒

8.5.1 轻质陶粒概述

8.5.1.1 轻质陶粒定义及特征

陶粒是一种建筑材料，由黏土，泥质岩石（页岩、板岩等）、工业废料（粉煤灰、煤矸石）等作为主要原料，经加工、熔烧而成的颗粒状陶质物，通常用来取代混凝土中的碎石和卵石，能使混凝土在不减强度的前提下，大大减轻混凝土的自重。陶粒的物理力学性能常规要求见表 8-11。

表 8-11　陶粒的物理力学性能常规要求

性能指标		常规要求取值
密度/(kg/m³)	堆积	890
	密度	1500
	颗粒	261
空隙率/%		41
孔隙率/%		42
1h 吸水率/%		10.9
筒压强度/MPa		10.8~30.0

陶粒的粒径一般为 5~20mm，最大的粒径为 25mm。通常将粒径大于 5mm 的称为"陶粒"，小于 5mm 的称为"陶砂"。

陶粒形状、颜色因所采用的原料和工艺不同而各异。外观形状特征大部分呈圆形或椭圆形球体，但也有一些仿碎石陶粒不是圆形或椭圆形球体，而呈不规则碎石状。熔烧陶粒的颜色大多为暗红色、赭红色，也有一些特殊品种为灰黄色、灰黑色、灰白色、青灰色等，表面是一层坚硬的外壳，这层外壳呈陶质或釉质，具有隔水、保气的作用，并且内部多孔，呈灰黑色蜂窝状，因而使陶粒具有密度小、强度高的特点。

陶粒具有保温、隔热、隔声、防火、抗冻、耐化学腐蚀、耐细菌腐蚀、抗震性及施工适应性等优良性能，因而可用于建筑保温混凝土、结构保温混凝土、高层结构混凝土、陶粒空心砖块等，亦可用于筑路、桥涵、堤坝、水管等建筑领域，在农业上用于改良重质泥土和作为无土栽培基料，在环保行业可用作水处理滤料和生物载体等。

8.5.1.2 轻质陶粒分类

陶粒根据分类方法的不同可以分成多种类型。按形状，陶粒分为圆球形陶粒、圆柱形陶粒和碎石形陶粒；按原料，陶粒可分为黏土陶粒、页岩陶粒、铝矾土陶粒砂、垃圾陶粒、煤矸石陶粒、粉煤灰陶粒、生物污泥陶粒、河底泥陶粒等几类；按强度，分为高强陶粒和普通陶粒；按松散密度，陶粒可分为一般密度陶粒、超轻密度陶粒和特轻密度陶粒三类；按陶粒性能，可分为高性能陶粒和普通性能陶粒；按焙烧工艺，可分为膨胀型陶粒和烧结型陶粒。

（1）按原料类型

1）页岩陶粒　页岩陶粒又称膨胀页岩，为以黏土质页岩、板岩等经破碎、筛分，或粉磨后成球，烧胀而成的粒径在5mm以上的轻粗集料。根据工艺方法的不同，页岩陶粒又可细分为经破碎、筛分、烧胀而成的普通型页岩陶粒以及经粉磨、成球、烧胀而成的圆球形页岩陶粒。目前页岩陶粒既可用于保温用的、结构保温用的轻集料混凝土，也可用于结构用的轻集料混凝土。目前其主要用途是生产轻集料混凝土小型空心砌块和轻质隔墙板。

2）铝矾土陶粒砂　铝矾土陶粒砂也称石油支撑剂陶粒砂或石油压裂支撑剂陶粒砂，是目前我国需求量最大的陶粒砂品种之一。它主要是以优质铝矾土和煤等多种原材料为主，经过破碎、细碎、粉磨、制粒和高温烧结等多道工艺制作而成。陶粒砂具有耐高温、高压、强度高、导流能力强及耐腐蚀等特点，是天然石英砂、玻璃球、金属球等中低强度支撑剂的替代品，对增产石油天然气有良好效果，因此，主要用于石油支撑剂，是石油、天然气低渗透油气井开采、施工的关键材料。实践证明，铝矾土陶粒砂产品应用于深井压裂施工时，将其填充到低渗透矿床的岩层裂隙中，进行高闭合压裂处理，使含油气岩层裂开，起到支撑裂隙不因应力释放而闭合的作用，从而保持油气的高导流能力，使油井可提高产量30％～50％，还能延长油气井服务年限。

3）黏土陶粒　以黏土、亚黏土等为主要原料，经加工制粒，烧胀而成的，粒径在5mm以上的轻粗集料，称为黏土陶粒，既适用于保温用的、结构保温用的轻集料混凝土，也同样适用于结构用的轻集料混凝土。

4）粉煤灰陶粒　粉煤灰陶粒是以固体废弃物为主要原料，加入一定量的胶结料和水，经加工成球，烧结烧胀或自然养护而成的粒径在5mm以上的轻粗集料。此类陶粒也同样既可用于保温用的、结构保温用的轻集料混凝土，也可用于结构用的轻集料混凝土。

5）垃圾陶粒　随着城市不断发展壮大，城市的垃圾越来越多，成为一个亟待解决的难题。垃圾陶粒是将城市生活垃圾处理后，经造粒、焙烧生产出烧结陶粒，或将垃圾烧渣加入水泥造粒，自然养护生产出免烧垃圾陶粒，具有原料充足、成本低、能耗少、质轻高强等特点。垃圾陶粒除了可制成墙板、砌块、砖等新型墙体材料外，还可用作保温隔热、楼板、轻质混凝土、水处理净化等用途，具有广阔的市场。

6）煤矸石陶粒　煤矸石是采煤过程中排出的含碳量较少的黑色废石，是我国排放量最大的固体废弃物之一，其排放与堆积不仅占用大量耕地，同时对地表、大气环境造成了很大负面影响。煤矸石的化学成分与黏土比较相似，含有较高的碳及硫，烧失量较大，只有在一定温度范围内才能产生足够数量黏度适宜的熔融物质，具有膨胀性能。我国已根据其特点，研制出煤矸石陶粒，是将符合烧胀要求的煤矸石经破碎、预热、烧胀、冷却、分级、包装而生产出来的。得到的陶粒产品质量完全符合国家标准，部分技术指标超过国家标准，达到了国外同类产品质量。

7）生物污泥陶粒　污水处理生物污泥陶粒为以生物污泥为主要原材料，采用烘干、磨碎、成球、烧结成的陶粒。用生物污泥代替部分黏土来烧制陶粒既节省黏土，又保护农田，也起到了一定的环保作用。

8）河底泥陶粒　利用河底泥替代黏土，经挖泥、自然干燥、生料成球、预热、焙烧、冷却制成的陶粒称为河底泥陶粒。利用河底泥制造陶粒，不但会缓解建材制造业与农业争地的局面，而且还为河底泥找到了合理出路，解决了河底泥的二次污染问题，达到了废弃物资源化的目的。

（2）按松散密度分类

1）一般密度陶粒　密度大于 $500kg/m^3$ 的陶粒称为一般密度陶粒，其强度一般相对较高，常用于结构保温混凝土或高强混凝土。

2）超轻密度陶粒　密度在 $300\sim500kg/m^3$ 的陶粒称为超轻密度陶粒，一般用于保温隔热混凝土及其制品。

3）特轻密度陶粒　密度小于 $300kg/m^3$ 的陶粒称为特轻密度陶粒，其保温隔热性能非常优异，但强度较差。一般用于生产特轻保温隔热混凝土及其制品。

（3）按陶粒的强度分类

根据强度，陶粒可分为高强陶粒和普通陶粒。

1）高强陶粒　根据国家标准《轻集料及其试验方法　第 1 部分：轻集料》（GB/T 17431.1—2010），高强陶粒是指强度标号不小于 25MPa 的结构用轻粗集料。其技术要求除密度等级、筒压强度、强度标号、吸水率有特定指标外，其他指标（颗粒级配、软化系数、粒型系数、有害物质含量等）与超轻、普通陶粒相同。生产高强陶粒时耗能较大，产量较低，附加值高，销售价格比超轻陶粒、普通陶粒高出 50% 左右。

2）普通陶粒　根据国家标准《轻集料及其试验方法　第 1 部分：轻集料》（GB/T 17431.1—2010），普通陶粒是指强度标号小于 25MPa 的结构用轻粗集料。普通陶粒市场潜力较大，应用较为广泛。

（4）按陶粒形状分类

1）碎石形陶粒　碎石形陶粒的生产方法可以分为两种：一种是先将天然矿石石块粉碎、焙烧，然后进行筛粉；另一种是用天然及人工轻质原料如浮石、火山渣、煤渣、自然或煅烧煤矸石等，直接破碎筛分而得。

2）圆球形陶粒　采用圆盘造粒机来生产圆球形陶粒，其工艺流程是先将原料磨粉，然后加水造粒后制成圆球再进行焙烧或养护而成。目前，我国主要生产这种圆球形陶粒。

3）圆柱形陶粒　圆柱形陶粒的工艺流程是先将污泥制成泥条，再切割成圆柱形状。这种陶粒一般采用塑性挤出成型，适合于塑性较高的黏土等原料，产量相对较低。

（5）按陶粒性能分类

1）高性能陶粒　高性能陶粒是采用合适的原材料，经特殊加工工艺，所制造出的不同密度等级、强度较高、低孔隙率、低吸水率的人造轻集料。这种轻集料的某些性能与普通密实集料相似，与普通轻集料相比性能更为优越。轻集料有天然轻集料、固体废弃物轻集料和人造轻集料三种类型。根据它们的生成条件及性能看来，可以用来配制高性能混凝土的只有经特殊加工的高性能陶粒。国外一般称它为高性能轻集料，在我国也可称它为高强陶粒。

2）普通性能陶粒　相对于高性能陶粒，普通性能陶粒的强度比高性能陶粒略低，孔隙率略高，吸水率也较高。但它的综合性能仍优于普通集料。

（6）按焙烧工艺

根据焙烧工艺及其相应产品的密度与膨胀的特征，焙烧陶粒可分为烧结陶粒和烧胀陶粒两种。二者的不同就在于烧结陶粒在焙烧过程中，不发生较大的体积膨胀，而烧胀陶粒会发生较大的体积膨胀。这一不同也决定了二者结构的不同。烧结陶粒的内部只有少量气孔，并且有许多是连通或开放性的。然而烧胀陶粒的内部却有大量的气孔，这些气孔多是密闭的，互不连通的，开放性气孔极小。另外，烧胀陶粒和烧结陶粒的生产设备也有所不同，烧结陶粒一般多使用烧结机，也有少数生产过程使用回转窑，而烧胀陶粒大多使用陶粒回转窑。

1）烧结型陶粒　烧结陶粒是在高温下焙烧而成的，是具有坚硬玻璃质外壳的棕色球体。由于不具有膨胀性，所以烧结陶粒产品结构比较致密，孔隙率较低，密度较大，其堆积密度一般在 600kg/m³ 以上。烧结陶粒强度较高，所以一般用于结构混凝土或结构混凝土制品。密度低于 700kg/m³ 的烧结陶粒，配合其他轻质材料，也可用于结构保温混凝土或结构保温混凝土制品。其生产工艺一般是以粉煤灰或其他固体废弃物为主要原料，加入一定量的黏土等胶料，用水调和后，经造粒成球，利用烧结机或其他焙烧设备焙烧，从而制成烧结陶粒。进行烧结时，除了发生液相溶解沉析等物理作用外，参与烧结过程的硅酸盐和石英、方解石、长石、赤铁矿及白云石等矿物间会发生各种化学反应和晶相转换，并有新物质和新晶体相形成，所有这些反应对烧结陶粒的最终性质影响也很显著。

总体而言，烧结陶粒主要有以下技术特征。

① 结构特征　烧结陶粒结构坚实致密，内部有一些烧结中产生的少量气体和水分蒸发所造成的气孔，但数量很少。其主要成分是烧结中形成的晶体和玻璃体，呈棕红色或棕色。

② 物理性能

Ⅰ．强度。与烧胀陶粒相比，烧结陶粒的强度较高，其筒压强度达 3.0～7.0MPa，而烧胀陶粒的筒压强度一般低于 2.0MPa。高强烧结陶粒的强度标号可选 25～40MPa。

Ⅱ．吸水率。烧结陶粒的吸水率普遍低于免烧陶粒。普通型烧结陶粒的吸水率略高于烧胀陶粒，而高强烧结陶粒与烧胀陶粒相当。

Ⅲ．抗碳化性。烧结陶粒的抗碳化性能一般优于免烧型，而与烧胀型相当，不存在碳化问题。烧结陶粒在空气中二氧化碳作用下，强度不会降低，具有优异的抗碳化性能。

Ⅳ．堆积密度。烧结陶粒的堆积密度较大，一般大于 600kg/m³，大多数在 700～850kg/m³ 范围之间，也有些烧结陶粒的堆积密度甚至可高达 900kg/m³ 以上。

2）烧胀型陶粒　烧胀陶粒是目前我国产量和应用量最大，同时也是生产和应用都比较成功的陶粒类型，占我国陶粒总产量的 60% 以上。烧胀陶粒在焙烧过程中具有膨胀性，体积可膨胀 0.5～3 倍，因此其密度一般较小，堆积密度也较小，一般均小于 600kg/m³，超轻烧胀陶粒可达到 400kg/m³ 以下。

这种陶粒所应用原料的主要成分均以 SiO_2 和 Al_2O_3 为主，并含有可在高温不分解、释放出大量气体的成分。比较常用的原料主要有粉煤灰、海泥、河泥、污泥、黏土、页岩等。

由于烧胀陶粒是封闭微孔结构，且气孔率非常高，一般要占陶粒总体积的 48%～70%，所以它除了具有陶粒的共同特征之外，又具有由这种孔结构所赋予的独有特征，主要有以下几方面。

① 具有更加优异的保温性能　烧胀陶粒热导率一般只有 0.08～0.15W/(m·K)，类似于蒸压加气混凝土。因此，它的保温隔热性能十分优异，远高于烧结陶粒。正因如此，它常常被用来生产保温隔热型的墙体材料和保温混凝土。

② 堆积密度低　其堆积密度大多为 $300\sim500kg/m^3$，只有烧结陶粒的一半或一大半，质量更轻。因而，对于要求具有低密度的各种新型墙材及轻集料混凝土来说，烧胀陶粒更加适合被采用。而高性能烧胀陶粒还可大量地用于结构混凝土。

③ 优越的吸声隔声性能　在各种陶粒中，烧胀陶粒的吸声隔声性能最为突出，这也是由它的多孔性结构所决定的。其进行吸声隔声的作用机理为当声音穿越烧胀陶粒时，大量的声波被它的气孔吸收。因此，烧胀陶粒可用于生产轻集料混凝土小型空心砌块、多孔墙板以及结构轻集料混凝土等。

8.5.2　污泥制轻质陶粒的基本原理

烧制陶粒时，原料的化学成分是导致陶粒膨胀的主要因素，因此原料的化学组成及其各成分所占比例对陶粒的形成至关重要，合理的化学组成及含量是保证陶粒质量和性能的先决条件。对于此问题，国内外研究人员均进行了大量的研究。虽然研究结论并不完全一致，但也达成了一些共识。一般来说，按其作用可分为三类。

(1) 成陶成分

成陶成分有二氧化硅（SiO_2）和氧化铝（Al_2O_3），均为最难溶成分，在原料中占 3/4，是形成陶粒强度和结构的主要物质基础。二者在高温下产生熔融并经一系列复杂化学反应后形成陶质、瓷质及玻璃质等陶粒的技术特征。原料化学组成不但决定着原料的膨胀性能，也决定了生成陶粒的强度。增加 SiO_2 的含量会导致陶粒强度降低，而增加 Al_2O_3 含量可使强度提高。因此生产高强陶粒的原料，要求具有较低的 SiO_2 含量和较高的 Al_2O_3 含量。对于污水厂污泥来说，其化学组成处于良好发泡的黏土组成范围附近，其中 SiO_2、Fe_2O_3 含量适当，但 Al_2O_3 含量略低。

SiO_2 熔点为 1700℃，焙烧时易溶于液相中，冷却后是玻璃的主要成分，通常以石英的形式存在。当 SiO_2 含量越高时，颗粒越大，这可能会导致提高熔融温度，提高液相黏度，使熔烧困难，从而导致膨胀性能降低。

Al_2O_3 对土的塑性贡献较大，陶粒烧成温度和强度与 Al_2O_3 含量呈正相关，当熔点温度仅在 1100℃ 以内时，只有少量的 Al_2O_3 与助熔剂起作用，生成低共熔物；当熔点温度为 1400℃ 以上时，不仅能提高熔融温度，还能增加液相黏度。从烧成角度而言，Al_2O_3 含量低可能会使烧成温度有所降低，但会增加烧成难度。

(2) 助熔剂

原料中应该具有一定数量的对 SiO_2、Al_2O_3 起助熔作用的熔剂，使物料在高温下产生足够黏稠的熔融物。起助熔作用的助熔剂主要有铁的氧化物（Fe_2O_3 和 FeO）、Na_2O、K_2O、MgO 等。

各种助熔剂的助熔效果各有不同，Fe_2O_3、CaO、MgO 在低温条件下的助熔效果不佳，而在高温条件下，温度稍有提高，熔液量就会急剧增加；K_2O、Na_2O 属于强助熔剂，助熔效果很好。若要使陶粒膨胀过程中具有较高的工艺可操作性，则要求陶粒在高温下黏度-温度变化梯度不能过大。即在允许的黏度范围内，达到较宽的温度区间。适当增加 Fe_2O_3、MgO 的含量，而同时相应减少 CaO、K_2O、Na_2O 的含量，将有利于减小黏度-温度变化梯度。

铁的氧化物是黏土中的一种着色剂，主要成分包括 Fe_2O_3 和 FeO。高价铁使烧胀陶粒呈铁锈红色，富积于烧胀陶粒表面；低价铁呈黑灰色，存在于烧胀陶粒内部。黏土受热后产生的众多气体中起主要作用的气体是 Fe_2O_3 的分解与还原所产生的气体，黏土的强助溶剂是 Fe_2O_3 还原生成的 FeO，而液相的生成正好处在大量气体即将产生急需有适当黏度的液相量的良好时机，综上所述，能否烧制出合格的产品与 Fe_2O_3 含量多少关系很大。多数时候，原料中的铁以 FeO 形式存在，由于 FeO 黏度较低，能够降低烧成温度，但烧成范围较窄，性质类似碱土金属氧化物。当原料中的铁以 Fe_2O_3 状态存在时，液相黏度较大，烧成范围较宽，烧成温度略高；原料中的铁会还原成金属铁，在陶粒中会存在金属亮点，陶粒中液相量减少，即"热塑性"变差，烧成温度偏高，烧成范围变窄。铁的存在状态和烧成气氛有关，烧成气氛主要取决于原料中的含碳量，基于此，有的学者提出：只有控制碳铁比在一定范围内才能使陶粒膨胀。

此外，不论是碱性金属氧化物，还是碱土金属氧化物，在焙烧过程中主要起助溶剂作用。在助熔剂中，氧化钙（CaO）和氧化镁（MgO）会使熔液生成的温度提高，而稍为提高一点温度，就会使熔液量急剧增加，易产生黏结，焙烧温度范围减小，不利于控制焙烧。碱金属氧化物含量多，熔液黏度会变小，焙烧温度范围变大，不过可能在玻璃化过程之前就有气体释放出来，故要使玻璃化过程进行得好，应使 $(K_2O+Na_2O)/(CaO+MgO)$ 大于 1。

（3）发气物

陶粒在加热过程中可能产生气体的发气物有很多，如有机物、碳酸盐、硫化物、铁化物和某些矿物的结晶水等。而烧失量是指有机杂质量、碳酸盐等可溶盐分解量和结晶脱水量的总和。在焙烧过程中，烧失量会分解成大量气体逸出。一般来说，烧失量越大，有机质含量越高。为了使陶粒具有良好的膨胀性能，一般要求陶粒原料中的烧失量达 4%～13%。这些物质能够在坯体达到熔融温度时分解释放出水蒸气、O_2、CO_2、CO 和 H_2 等气体，或是与其他物质反应放出气体，有助于陶粒多孔结构的形成。

污水厂的污泥脱水干燥后烧失量仍很高，其中包括两部分：一是矿物组成中的结晶水；二是有机物含量。但从污泥的 X 射线衍射图谱来看，污水厂污泥中的矿物组成主要为晶态石英，其次为方解石和蓝晶石，且均不含结晶水，因此污泥的烧失量主要是由其中的有机物燃烧引起的。一方面，有机物高温煅烧时会释放出一定的热值，已形成内部燃烧，使制品烧成更均匀，从而有利于提高陶粒的强度；另一方面，有机物燃烧产生的高温气体可在陶粒内部形成大量微细孔隙，有利于降低陶粒的密度。

发气物种类不同，其在不同温度下产生气体的剧烈程度也各有不同，因此，在不同温度范围内，产生气体的种类也不固定。可能产生气体的发气物及相应的反应主要有以下几种。

1）有机物氧化　在 400～800℃，有机物析出其挥发物和干馏产物，而在快速升温或缺氧条件下，有机物要完全氧化，温度要接近其软化温度，其化学方式有：

$$C+O_2 \longrightarrow CO_2 \uparrow$$
$$2C+O_2 \longrightarrow 2CO \uparrow （缺氧条件下）$$
$$2CO+O_2 \longrightarrow 2CO_2 \uparrow （缺氧条件下）$$

2）碳酸盐分解

在 850～950℃条件下：

$$CaCO_3 \longrightarrow CO_2 \uparrow + CaO$$

在 400～500℃条件下：

$$MgCO_3 \longrightarrow CO_2 \uparrow + MgO$$

3）硫化物的分解和氧化

在将近 900℃ 的温度条件下：

$$FeS_2（黄铁矿）\longrightarrow FeS+S$$

$$S+O_2\longrightarrow SO_2\uparrow$$

在（1000±50）℃ 的温度条件下：

$$4FeS_2+11O_2\longrightarrow 2Fe_2O_3+8SO_2\uparrow（氧化气氛下）$$

$$2FeS+3O_2\longrightarrow 2FeO+2SO_2\uparrow$$

4）氧化铁的分解与还原

$$2Fe_2O_3+C\longrightarrow 4FeO+CO_2\uparrow$$

$$2Fe_2O_3+3C\longrightarrow 4Fe+3CO_2\uparrow$$

$$Fe_2O_3+C\longrightarrow 2FeO+CO\uparrow$$

$$Fe_2O_3+3C\longrightarrow 2Fe+3CO\uparrow$$

5）石膏的分解及硅酸二钙的生成

当温度约为 1100℃ 的条件下：

$$2CaSO_4\longrightarrow 2SO_2\uparrow+2CaO+O_2\uparrow$$

当温度约为 1100℃ 的条件下：

$$2CaCO_3+SiO_2\longrightarrow 2CO_2\uparrow+Ca_2SiO_4$$

6）火成岩含水矿物高温下析出结晶水蒸气　氯离子（Cl^-）也是非常值得关注的成分之一，在原料中一般以氯盐的形式存在。当焙烧温度升至大约为 500～600℃ 时，少部分氯盐开始分解；当温度升高至 1100℃ 时，Cl^- 被氧化成氯气，氯盐被完全分解，其中将近 99％ 的氯气会随烟气排出，而剩余 1％ 的氯气在温度冷却至 400℃ 左右时又会重新富集在烧胀陶粒表面，这时的含量极微，不超过 0.02％。此外，原料中的三氧化硫（SO_3）会对管道设备造成严重的腐蚀，故其含量越低越好。

对于以上化学成分在原料中所占含量的问题，研究人员研究得到的含量合理范围不同，这主要是由进行陶粒焙烧试验的原料、反应条件等差异造成的。Riley 在研究黏土陶粒烧胀性时发现，当所用陶粒原料的化学成分处于某一范围时，在某温度范围内所得陶粒均具有良好的烧胀性。基于此，他提出了 Riley 三角形，即用三元法表示原料化学的成分，具体如图 8-9 所示。并且具体圈定形成适宜黏度的原料化学成分范围，即：SiO_2 53％～79％、Al_2O_3 10％～25％、（Fe_2O_3+FeO）6％～10％、（K_2O+Na_2O）2％～5％、（$CaO+MgO$）2％～5％、烧失量 4％～10％。

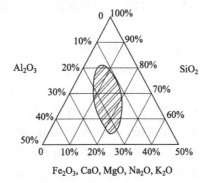

图 8-9　Riley 相图中适宜黏度的原料的化学成分范围

Keck Roy 等进行陶粒焙烧试验，得出类似的结论，适于生产陶粒的单组分或多组分原料化学成分的一般范围如下：SiO_2 48%～70%、Al_2O_3 8%～25%、Fe_2O_3 3%～12%、$(CaO+MgO)$ 1%～12%、(K_2O+Na_2O) 0.5%～7.0%、烧失量 3%～5%。迟培云通过对原料化学成分与坯料膨胀性能关系的研究，不但得出了与此相同的原料组成含量范围值，而且还认为 $(SiO_2+Al_2O_3)/(R_2O+RO+Fe_2O_3)=3\sim10$。式中，$R_2O$ 代表 K_2O、Na_2O；RO 代表 CaO、MgO、FeO。该比值较低时可降低坯料的烧成温度而使反应向有利于烧胀的方向发展。但是，若比值超过 10 时，烧成温度过高会对坯料的烧胀不利，同时黏度太大也不利于坯体的烧胀；若比值低于 3.5 时，液相黏度会过小，膨胀气体过于容易逸出，从而使发泡膨胀性能变坏。

此外还有研究人员认为，不添加助胀剂的原料化学成分多在以下范围：SiO_2 48%～68%，Al_2O_3 12%～18%，Fe_2O_3 5%～10%，(K_2O+Na_2O) 2.5%～7.0%。原料的化学成分如能控制在上述范围内，多数料球都能烧胀[18]。

污水厂污泥无机成分以 SiO_2、Al_2O_3 和 Fe_2O_3 为主，类似黏土的主要成分，是在一系列水处理工艺中从污水中分离出来的生物固体。污泥的化学组成范围见表 8-12。

表 8-12　污泥的化学组成

化学组成成分	含量/%	化学组成成分	含量/%
SiO_2	52～60	CaO	0.9～1.8
Fe_2O_3	16～17.5	MgO	1.2～1.9
Al_2O_3	6.9～9	烧失率	8.5～11

由表 8-25 可见，污泥的化学组成及其含量具有制取陶粒的条件，较为符合适宜烧制陶粒原料的要求。污泥陶粒是以城市污水厂污泥为主要原料，掺加适量黏结材料和助熔材料，经过加工成球、焙烧而成的，最早是由 S. Nakouzi 等提出。并且，污泥挥发的有机物有助于多孔轻质结构的形成，因此，相比黏土、页岩类纯无机组成的原材料，利用污泥烧结轻骨料不用控制产气过程，其工艺更加简便。而且，污泥中钾含量和可熔盐含量高，因此污泥烧结温度较低，用于烧结制陶更加有利于节约能耗。

8.5.3　污泥制轻质陶粒的工艺过程

由于污泥制陶粒可以使得污泥中的有机质及无机成分得到有效利用，且可以有效减少二次污染并节约土地资源和矿物资源，国内外针对陶粒配方及工艺过程及技术设备展开了大量的研究及工程分析。目前针对不同污泥特性，污泥制陶粒的主要工艺方法为两类，分别为烧结法及烧胀法。

在污泥制陶粒的过程中，工艺条件的控制将对轻质陶粒的性能产生重要影响。污泥原料的可塑性与陶粒的密度成反比关系，一般要求原料的塑性指数不低于 8。污泥颗粒越细对膨胀越有利，通常要求泥级颗粒占主要部分，含砂量越少越好。污泥原料的耐火度一般以 1050～1200℃为宜，这样软化温度范围大，对膨胀有利，便于热工操作。焙烧阶段的污泥颗粒粒径过大容易导致烧胀不透或过大超标。粒径小于 3mm 的污泥颗粒所占比例过多时，容易造成结块。污泥原料的含水率过高时会导致水分在窑内和预热带排出不尽，容易造成焙烧带不能膨胀或者因膨胀而产生炸裂，进而使陶粒出现裂纹。因此，通常含水率一般应控制在 8%～16%。

8.5.3.1 烧结法生产陶粒

（1）工艺原理

以烧结法生产陶粒是目前世界各国采用最为普遍的生产工艺。我国已经形成了具有特色的烧结陶粒工艺，其中立窑法生产工艺为其中一种。根据加热过程颗粒间的结合机制及是否有液相产生分类，可将烧结过程分为固相烧结和液相烧结两类。图 8-10 和图 8-11 分别描述了这二者烧结过程中的各个阶段及反应历程。

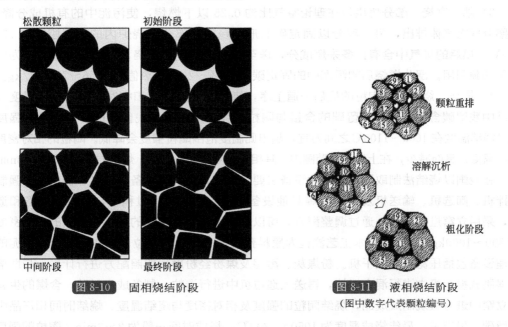

图 8-10　固相烧结阶段

图 8-11　液相烧结阶段
（图中数字代表颗粒编号）

烧结过程除发生液相溶解沉析等物理作用外，硅酸盐和石英、方解石、长石、赤铁矿、及白云石等矿物间会发生各种化学反应和晶相转换，新物质和新晶体相会形成，所有这些反应对烧结产品的最终性质影响也很显著。

烧结型污泥陶粒主要是粉煤灰陶粒，在原料的成分控制上，以粉煤灰作为提供 SiO_2 和 Al_2O_3 的主体组分，也可以选择污水处理厂的污泥。另外，选用城市污泥代替黏土作为黏结剂，既不影响陶粒成本又可以用全废弃物来生产陶粒。原料中还需助熔剂和燃料组分。助熔剂的掺加量根据 SiO_2 和 Al_2O_3 的总含量确定，硅铝的含量高，助熔剂掺加的比例就高，反之比例低。燃料组分通常采用燃烧煤粉，使污泥能顺利燃烧，这样在陶粒烧结过程中可以充分利用污泥中的热值。粉煤灰陶粒主要是烧结型，陶粒用此法烧出的密度偏大。

（2）工艺过程及设备

以烧结法生产污泥陶粒的工艺流程如图 8-12 所示。

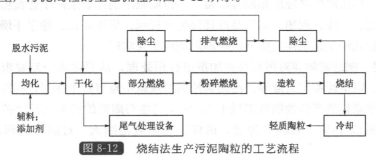

图 8-12　烧结法生产污泥陶粒的工艺流程

1）均化　湿污泥与预先干化好的干污泥一起进入污泥混合机，经混合、均匀化后形成颗粒，送至干化器干化。

2）干化　污泥干化装置多种多样。主要分为直接加热和间接加热。为了防止污泥在干化过程中结成大块，干化一般采用旋转干化器。热风进口温度为 $800\sim850℃$，排气温度为 $200\sim250℃$。污泥经干化后从含水率 80% 左右下降到 5% 左右。干化器的排气进入脱臭炉，炉温控制在 $650℃$ 左右，使排气中的恶臭成分全部分解，以防产生二次污染。

3）部分燃烧　部分燃烧是在理论空气比约 0.25 以下燃烧，使污泥中的有机成分降解，大部分成为气体排出，另一部分以固定碳的形式残留。部分燃烧炉内的温度控制在 $700\sim750℃$。燃烧的排气中含有许多未燃成分，送至排气燃烧炉再燃烧，产生的热风可作为污泥干化热源利用。部分燃烧后的污泥中的固定碳为 $10\%\sim20\%$，热值为 $1256\sim7536kJ/kg$。

4）烧结　烧结是制陶粒的最后一道工序，烧结陶粒的强度和相对密度与烧结温度以及产品中残留碳含量有关。残留碳的含量与陶粒的强度成反比，残留碳的含量越多，强度越低。烧结温度在 $1000\sim1100℃$ 之间为宜，超出此温度范围陶粒强度会降低。陶粒的相对密度随烧结温度升高而减少，在上述温度范围内，其相对密度为 $1.6\sim1.9$，烧结时间一般为 $2\sim3min$。

在我国以烧结法制取陶粒的主体设备主要是立窑，另外还配备造粒机、粉磨机、强制式搅拌机、筛选机、输送机及烘干机等其他设备。在立窑法生产过程中，经原料制备和造粒后，采用立窑进行煅烧。通过调整配方，可以制备不同堆积密度的产品，产品的堆积密度可达 $500\sim1000kg/m^3$。其基本工艺流程为原料预处理、配料、造粒、烧成及分选。污泥的预处理设备包括压滤机和烘干机。粉煤灰、污泥及煤粉经粉磨后按照配方进行计量，与助溶剂在强制式搅拌机中进行混合搅拌，再送入造粒机中进行造粒，制备成生料球，含煤的生料球在立窑中进行煅烧制成成品，烧结陶粒的强度及相对密度与烧结温度、烧结时间和产品中的残留碳含量有关，最佳烧成温度为 $1050\sim1200℃$，烧成时间一般为 $2\sim3min$，陶粒的强度为 $1.5\sim2.0kg/$个。

8.5.3.2　烧胀法生产陶粒

（1）工艺原理

原料中的氧化物组成需要满足一定的比例要求和对助熔起作用的一定数量的熔剂，从而使物料在高温下产生足够黏稠的熔融物。原料中应含有能够在坯体上达到熔融温度时分解释放气体或与其他物质反应放出气体的物质。SiO_2 和 Al_2O_3 均为难熔物质，SiO_2 的含量越高，熔液的黏度就越高，从而导致膨胀性能降低；Al_2O_3 的含量与陶粒烧成温度和强度呈正相关，即 Al_2O_3 的含量越高，则烧成陶粒的强度也越大，同时需要的烧成温度也相对较高。CaO、MgO、FeO 等是助熔剂，含量高的时候黏度下降，达到一定黏度时需要的温度也低。

（2）工艺过程及设备

通常都要用烧胀法生产轻质和超轻陶粒。陶粒烧胀法的主要生产工艺流程包括原料的预处理、制坯成型、干燥、预热、烧胀及冷却等生产过程，见图 8-13。除了干燥阶段可能在窑外进行外，其他几种工艺条件主要通过控制焙烧温度来实现。

1）预处理　制坯前需要对污泥及添加剂进行预处理，从而达成一定要求。主要的考核指标包括粒度、可塑性和耐火度等。污泥颗粒的粒度越小越有利于膨胀，同时含砂量也越少越好；一般要求原料的可塑性指数不低于 8，因可塑性与陶粒的密度成反比关系；而污泥原料的耐火度一般以 $1050\sim1200℃$ 为宜，这样软化温度范围大，对膨胀有利，也便于热工操作。

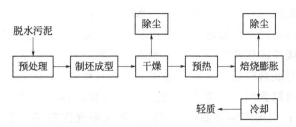

图 8-13 烧胀法生产陶粒工艺流程

2）干燥 同时，制成的坯料也需要满足一定的要求，方可进入烧胀阶段。料球的粒径与级配对烧胀性很重要。如果粒径过大时，会导致烧胀不透或者超过标准要求；如果粒径<3mm过多时，会导致易结窑或结块。一般级配为：3～5mm 占不到 15%，5～10mm 占40%～60%，10～15mm 占不到 30%。料球的含水率对陶粒的膨胀和表壳有影响，通常使最终颗粒的含水率控制在 8%～16% 的范围为宜。

3）预热 为有效减少料球由于温度急剧变化所引起的炸裂通常需要预热，这样也为多余气体的排除和生料球表层的软化提前做准备。预热温度过高或预热时间过长会导致膨胀气体在物料未到达最佳黏度时就已经逸出，使陶粒膨胀不佳，而预热不足容易造成高温烧胀时料球的炸裂。在实际生产中，预热温度和预热时间应通过试验确定

4）焙烧膨胀 在焙烧过程中，坯体在膨胀温度范围内的高温作用下出现两种变化：塑性变形和膨胀变形。塑性变形是坯体软化生成具有一定黏度的液相量，从而使坯体在外力作用下产生；膨胀变形是坯体内的发气物生成一定量的气体，形成一定的膨胀气压，促使坯体产生的。目前一般认为，陶粒发泡即产生气体的温度一般为 1100～1200℃。坯体膨胀并最终形成多孔陶粒的过程就是这两方面共同作用的结果。实际生产中，为了使陶粒具有较高的强度和较小的吸水率，必须使陶粒在膨胀温度范围内出现适宜黏度的液相及陶粒发气物产生的适宜膨胀气压在焙烧时间上达到较好的匹配，这个阶段一般称为烧胀阶段。此阶段为整个陶粒生产工艺过程中的关键，陶粒性能的优劣取决于适宜的塑性变形能力与适宜的膨胀气压匹配效果。

5）冷却 坯体的冷却速度对陶粒产品的结构和质量产生显著影响。一般情况下，冷却阶段的初期应采用快速冷却。陶粒出炉时，如果对其进行急速冷却，熔融的液相尚来不及析晶就已在表面形成了致密的玻璃相。这样生产出来的陶粒内部则为多孔结构，密度小、质轻，且具备一定的强度，因此此阶段的初期应该采用急速冷却。然后，在玻璃相由塑性状态转变为固态的临界温度时应该采用慢速冷却，以避免由玻璃相形态转变所产生的应力对坯体造成不良影响。此时的临界温度因玻璃相中 SiO_2 和 Al_2O_3 含量的不同而不同，一般在750～550℃范围之间。

8.5.4 不同污泥制取陶粒的研究及应用

8.5.4.1 污水处理厂污泥制陶粒

为了获得良好的膨胀能力，会对陶粒生产原料中烧失量所占的比例有所要求，其含量范围一般为 4%～13%。然而，目前国内多数陶粒厂的生产主原料均不能满足以上烧失量要求，因此都要添加适量的重油、废机油、渣油、煤粉或木屑等有机物辅料，以提升主原料中烧失量的含量。而污水处理厂污泥中有机质含量很高，将适量的污泥作辅料而加入主原料中

后，可节省辅料的使用成本，同时还能减少污水处理厂污泥产量，为污泥的处理处置与资源化利用提供新思路。污泥的添加量应由主原料以及污水处理厂污泥中的烧失量来确定。污泥不适当的添加会降低陶粒膨胀效果，进而影响陶粒性能。

陶粒焙烧前需要对混合料进行造粒，造粒方式有两种，分别为窑内造粒和窑外造粒。在这两种方式中，对混合料含水率的要求不同。当采用窑内造粒技术时，混合料相对含水率允许范围为20%～50%；当采用窑外造粒方式时，含水率允许范围为20%～33%。由于混合料中加入了污水处理厂污泥，而污泥中又含有絮凝剂，因此相对于未加污泥的情况，混合料造粒时允许的含水率较高。因此，污泥添加量的确定除了需要考虑烧失量因素之外，还需要从含水率方面加以考虑。实践证明，主原料含水率越低，污泥的添加量越高。由于混合料含水率越低，陶粒的焙烧热耗也相应减少，因此应尽量选用页岩、粉煤灰等含水率较低的主原料。

同时，多项试验证明，如要生产高强陶粒，污泥添加量不宜超过5%。除了污泥，是否还要添加石灰石、铁矿石或废铁渣、膨润土等其他辅料，取决于主原料的性能和对陶粒堆积密度的要求。

事实上，将污水厂污泥的元素成分和烧胀陶粒所需原料化学成分进行比较，确定所加的辅料物质，控制适宜的焙烧工艺所需的条件，完全有可能烧制出500级以下的轻质陶粒。

广州华穗轻质陶粒制品厂年产陶粒18.8万立方米，年产轻质陶粒砌块18万立方米。近年来，该厂成功地开展了采用城市污水厂污泥替代河道淤泥或部分黏土来烧制轻质陶粒。目前该技术日处理污泥量已达300t/d。其工艺流程如图8-14所示。

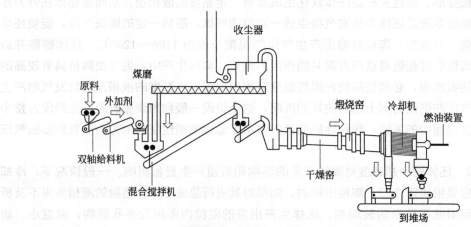

图 8-14　轻质陶粒生产工艺流程

在该陶粒烧制工艺中，将城市污水厂污泥脱水、铁矿石粉碎后，与河道淤泥或田泥、石灰石、粉煤灰等其他原料进行混合均匀，作为辅料污泥掺量超过30%。陶粒焙烧前需要对混合料进行造粒，入窑烘制进行干燥并预热，然后进入焙烧阶段。焙烧设备是整个生产系统的主体，采用丹麦F.L.SMIDTH公司生产的双筒回转窑，陶粒在窑中高温焙烧膨胀而成。

生产出来的陶粒外表玻化成坚硬瓷质，内部形成无毛细现象的蜂巢状多孔结构，经广州市建材产品质量监督检验站检验，陶粒性能全部合格。其性能主要有堆积密度390kg/m³，放射性比活度低于Ra60，筒压强度1.1MPa，软化系数0.82，吸水率14.9%，烧失量0.4%，硫化物和硫酸盐含量（以 SO_2 计）为0.17%，泥含量1.9%，有机质含量浅于标准色(天然砂)，全部符合国家标准，其中筒压强度达到一等品标准。

这说明，利用污泥作主要辅料生产陶粒在技术上完全可行，并且生产的产品质量有保证，与常规的陶粒商品一样具有密度小、质轻可浮于水、热导率低、吸水率小、强度高、耐高温、耐酸碱等特点。该技术在生产出符合质量要求陶粒的前提下，采用城市污水厂污泥代替部分陶粒生产原料，降低了陶粒的生产成本，同时还实现了污水厂污泥的减量化和资源化再利用，是能将经济效益和环境效益完美统一的新举措。

8.5.4.2 河底泥制陶粒

同济大学王中平和徐基璇以苏州河底泥为原料，成功地开展了用河底泥替代普通黏土来烧制陶粒的研究。

在试验研究中，首先对苏州河底泥的性能进行了化学成分分析以及污泥颗粒粒度分析。表8-13列出了苏州河浙江路桥底泥的化学成分，表8-14给出了泥样的颗粒分析。

表8-13　苏州河浙江路桥底泥化学成分　　单位:%

样品点	SiO$_2$	Fe$_2$O$_3$	Al$_2$O$_3$	CaO	MgO	K$_2$O	Na$_2$O
上层	60.32	3.95	9.05	5.72	2.54	2.06	1.75
中层	65.18	4.30	9.65	4.97	1.92	1.95	1.41
底层	86.65	1.05	2.65	1.61	1.25	1.02	1.04

表8-14　苏州河浙江路桥底泥样品颗粒分析

采样点	颗粒大小/μm					
	<5	5~10	10~25	25~50	50~100	>100
上层	10	4	31	20	15	20
中层	8	2	9	18	46	17
底层	5	1	2	9	19	64

由表中数据可知，苏州河底泥中的底层泥样几乎都是粉细砂，无机物含量较高，热值很低，完全不适合作为陶粒烧制的原料；上层泥样的烧失量较高，而由于污水厂污泥的烧失量主要是由其中有机物燃烧引起，因此说明上层泥样含有机物较多，有一定热值，有利于保证陶粒制品烧制过程中的温度；中层泥样介于两层之间，同样也可利用。苏州河中、上层的泥样均可作为陶粒烧制的原料，其矿物组成主要为伊利石和石英，另有少量的方解石、白云石和二水石膏等。

根据生产黏土陶粒的化学组成要求可知，苏州河泥样中SiO$_2$的含量偏高，颗粒偏大；Al$_2$O$_3$的含量略低，在含量较高的底泥上层部分也仅达到了9.05%，而在普通黏土中该含量一般为15%左右；而含Fe$_2$O$_3$较低，因此需要添加辅料用以提高Fe$_2$O$_3$的含量，方可保证陶粒产品的质量。而且，普通黏土只需要在料棚内陈化足够时间，经一道搅拌工序即可，而对于底泥，因含水量很高，必须经排泥场堆放，经滤水、自然干燥后才能进行下一步的操作。

利用苏州河底泥烧制陶粒的工艺流程见图8-15。

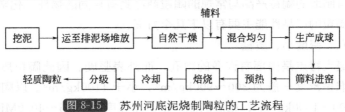

图8-15　苏州河底泥烧制陶粒的工艺流程

陶粒烧制方案采取了正交试验法，进行了6次重复试验，在此基础上，将该工艺在陶粒厂进行现场生产性能中试，所得产品按国家标准《轻骨料试验方法》（GB 2842—81）中关于黏土陶粒与陶砂的规定（目前该标准已废除）。

测试结果表明，经高温焙烧后，苏州河底泥中的重金属污染物被固熔于陶粒中，焙烧成品经王水（HCl+HNO₃）浸析1h后，重金属的溶出量均有大幅下降；在普通水中浸泡7d后，其Pb、Co、Ni、Cd等重金属含量测定结果如表8-15所列。

表8-15 苏州河底泥烧制陶粒的重金属含量测定结果 单位：$\mu g/g$

样品	处理方法	Pb	Co	Ni	Cd	Cr	As
底泥	HCl+HNO₃	19.5	13.6	100.8	0.58	58.1	37.2
	(HCl+HNO₃)浸1h	4.3	2.8	12.4	0.27	0	3.9
陶粒	蒸馏水浸7d	0	0	0	0	0	0

可见，重金属含量的浸出浓度均为0，无任何析出，不会对环境造成新的污染。可见，河底泥用于陶粒的烧制是具有技术可行性的，为河湖生态环境保护和治理提供了一条新的途径，值得进一步研究开发。

8.5.4.3 淤积海泥制陶粒

青岛四产新型建材有限公司位于青岛市城阳区河套街道，为青岛市首家利用海洋淤泥生产新型建材产品公司。通过多年以来与青岛某高校对胶州湾淤泥成分的跟踪分析和合作研究，找到了以其为原料生产陶粒的科学配方和方法，从而实现了该技术的产业化生产。

由于采用双筒挤压成球工艺和内设二道挡火墙的单筒回转窑烧结技术，该实用工程解决了常规生产陶粒过程中存在的陶粒级配难以控制、耗能高、效率低和窑炉内易结胶的难题。该成果填补了国内研究空白，其性能和生产工艺技术达到国内领先水平，开辟了利用淤积海泥烧制超轻质陶粒的新途径。

该技术提取淤泥中的有机成分，无需添加其他材料，而是直接通过高温处理即可加工制成轻质陶粒。这种超轻质陶粒产品的主要性能指标：粒径为5~25mm，堆积密度为400~500kg/m³，筒压强度为1~5MPa，Cl⁻含量仅有0.001%，完全可以达到甚至超过国家标准的有关要求。利用该种超轻质陶粒配制的轻骨料混凝土因为具有轻质高强、保温耐火、抗震性能强、措施适应性好等特点，所以不仅可以用来作围护结构，也可用于承重结构，并可起到减轻结构重量，减少地基荷载，节约材料用量及投资，提高构件运输和吊装效率，还可改善建筑功能的效果。该陶粒制取工程实现了淤泥的变废为宝，并将陶粒用于轻骨料混凝土及其墙体材料产品的制造，应用前景十分宽广。

8.5.5 污泥制轻质陶粒的产品性能

以污泥为原料制取的陶粒产品与常规的陶粒商品具有相同的物理、化学特性及其技术性能。污泥制轻质陶粒的产品性能主要有以下几个方面。

（1）内部多孔、密度小、质轻

污泥陶粒的最大特点是内部有许多的微孔，而外表坚硬。因此陶粒质量较轻、密度较小。陶粒自身的堆积密度一般为300~900kg/m³，小于1100kg/m³。以陶粒为骨料制作的混凝土密度为1100~1800kg/m³，相应的混凝土抗压强度为30.5~40.0MPa。而内部多孔、密度小、质轻的基本特征赋予了污泥基陶粒很多独特的优良性能。

1）保温、隔热　具有良好的保温隔热性，用其配制的混凝土热导率一般为 0.3～0.8W/(m·K)。相对于普通混凝土来说，大大降低了热导率，因此陶粒建筑都有良好的热环境。

2）抗震性能　弹性模量低，抗变形性能好，故具有较好的抗震性能。

（2）耐火性优异

耐火性能十分突出，是普通混凝土的 4 倍多。

（3）抗渗性和抗冻性能

陶粒混凝土吸水率低，抗渗性能优于普通混凝土。此外，陶粒混凝土还具有优异的抗冻性能。

（4）耐腐蚀性能

陶粒混凝土耐酸、碱腐蚀能力高，并且其中的重金属浸出率很低，这可以通过分别在酸性和碱性条件下进行的浸出试验得到证明，浸出试验结果如表 8-16 所列。而且，陶粒具有优异的抗碱集料反应能力，不会发生在混凝土使用过程中常见的由碱集料反应引起的建筑破坏。

表 8-16　陶粒浸出试验结果　　　　　　　　　　　　单位：mg/L

试验条件	Cr^{6+}	Cd	Pb	Zn	As
HCl	0.00	0.51	0.3	16.2	0.18
NaOH(pH=13)	0.00	0.00	0.0	0.04	0.06
水	0.00	0.00	0.0	0.01	0.04

（5）生产灵活、产品多样

为了适应不同用途和市场，可以生产不同堆积密度和粒度的多种陶粒产品，如超轻陶粒、结构保温用陶粒和结构用陶粒等，也可生产有特殊用途的陶粒，如耐高温陶粒、耐酸陶粒和花卉陶粒等，具有较强的生产灵活性和适应性。

根据我国颁发执行的《轻集料及其试验方法》（GB/T 17431—2010）的要求，对自制污泥陶粒进行了建材化性能分析测试，结果见表 8-17。

表 8-17　自制陶粒性能检测结果

序号	项目名称	自制陶粒	高强轻集料标准要求
1	粒型	碎石型	
2	堆积密度/(kg/m³)	745	800 级别
3	最大粒径/mm	15.4	16.2
4	筒压强度/MPa	6.3	＞6.0
5	强度标号	40	≥35
6	吸水率/%	2.9	≤8.0
7	含泥量/%	0.83	≤3.0
8	烧失量/%	3.1	≤5.0
9	硫化物和硫酸盐含量/%（按 SO_3 计）	0.72	≤1.0
10	颗粒级配	合格	略

从表中的检测结果可见，自制污泥陶粒的各项性能指标均符合我国国家标准《轻集料及其试验方法 第 2 部分：轻集料试验方法》（GB/T 17431.2—2010）对高强轻集料的要求，具有优越的使用性能。

8.5.6　污泥制轻质陶粒的经济效益和环境效益

根据前文所述，有选择地利用污泥为原料烧制陶粒具有技术可行性，并且相关工艺已经发展成熟，目前国内外市场上也已出现了较多的应用实例。同时，污泥烧制陶粒的方法还具有可观的经济效益和环境效益。

8.5.6.1　经济效益

以污泥为原料制取陶粒的环境效益主要包括：a. 不仅利用了污泥中有机质作为陶粒焙烧过程中的发气物，而且污泥中的无机成分则可以转化成为陶粒主要成分而得到利用，从而实现污泥的高效利用；b. 污泥烧制陶粒可充分利用现有陶粒生产设备和水泥窑等，降低了生产过程中的设备投入及其购置费用；c. 陶粒用途广泛，并已得到市场的接受，尤其是市场价值和发展前景好；d. 污泥作为黏土、页岩等自然资源的代替品用来生产陶粒，大大节约了黏土等不可再生自然资源的使用量，节约了土地和矿物资源，并缩减陶粒的生产成本；e. 由于经济社会的持续发展以及人口的不断增加，因此作为废弃物的各类污泥产生量只会越来越多，但若将其进行循环再利用，将是价格低廉、分布广泛、取材方便且不会枯竭的二次资源；f. 由于干污泥具有很高的热值，用来生产轻骨料减少燃料的消耗，并且还可对产生的高温烟气进行循环利用干燥污泥，整个系统的能量利用效率高，能耗费用少。

8.5.6.2　环境效益

应用污泥制取陶粒方式的环境效益主要包括以下几方面。

① 目前我国水库、湖泊、海岸、河道中淤泥沉积形势严峻，带来了河床抬高、库容减小、通航能力降低、引洪能力减弱、污染水体环境、水华现象频发等一系列问题。此外，国内污水处理能力的提高也增加了污水污泥的产生量，亦是一个棘手的环境难题。而有选择的利用污泥生产陶粒可大大消耗污水处理厂的污泥、河道淤泥等，从而减少了污泥量，减轻了由污泥引发的众多问题。

② 污泥中含有的有害物质，比如难降解有机物、病原体及重金属等，如果处置不当将很可能引起严重的二次污染，破坏大气、土壤和水环境，其中的有害物质进入食物链后还会对人类健康和食品安全造成威胁。而焙烧陶粒时的高温环境可以完全分解其中的难降解有机物，彻底杀死病原菌，并使重金属得到有效固定，有效地实现了污泥处理的无害化目标。

③ 通过污泥烧制陶粒技术的研发和应用，促进了污泥处理处置与资源化方式的多元化发展，保证了污泥的资源化。

综上所述，利用污泥烧制陶粒可带来巨大的经济效益和环境效益，是将污泥处理处置问题和陶粒原料来源问题合并解决的有效方法。

8.6　污泥其他建材利用技术

除了以上几种对污泥进行建材利用的方式，还存在其他一些建材利用技术，但相关研究和应用的报道很少。

8.6.1 污泥玻璃态骨料等产品生产技术

利用城市废水处理厂污泥、工业污泥和粉煤灰作为原料用于玻璃态骨料生产，该技术的工艺流程是：将污泥干燥到含水率为10%左右，然后将污泥在专门设计的熔炉中进行焚烧，焚烧温度为1200～13000℃，以使污泥中的有机质完全被氧化。而其他物质则被熔化为玻璃体，再经冷却后成为玻璃态骨料。同时回收该过程中的余热，并用于产生蒸汽发电或再用于干燥污泥，从而提高了能量利用率。

最终生成的玻璃态骨料产品颗粒密度约为$1.420kg/m^3$，松散密度为$700～1000kg/m^3$。玻璃态骨料用途广泛，可代替高性能混凝土中的普通砂，可制造抗磨陶瓷面砖，还可作为公路沥青骨料以增加其摩擦阻力。除了建筑行业以外，玻璃态骨料还可用于其他领域，比如作为研磨材料和过滤材料。目前，该种污泥处理技术已经在美国等北美国家得到了较广泛的采用，使用的设备性能先进，但价格较为昂贵。此外，日本还成功开发了下水道污泥焚烧灰制作玻璃的技术。

8.6.2 污泥聚合物复合材料生产技术

污泥经过适当处理后可以作为多种聚合物复合材料的生产原料，污泥热解的衍生物具有很好的吸附性，在650℃时对污泥进行热解碳化处理2h后，可获得比表面积为$309m^2/g$的优质吸附剂。

该技术的原料主要包括污泥、废塑料等固体废弃物，其工艺过程为：以经过清洁处理、接枝改性后的废塑料作为基体材料，并以经过脱水处理、表面处理和稳定化处理后的污泥作为填充材料，适量添加功能性添加剂（偶联剂、发泡剂、润滑剂、防老剂、交联剂等），经计量、混合、挤出、成型、冷却而形成聚合物复合材料。影响聚合物复合材料性能的主要因素为污泥形态、废塑料种类及两者的配比。目前，以自含水污泥为发泡剂制备微孔材料是一种经济、环保的技术路线，但很多关键技术问题尚未得到解决。

8.6.3 污泥作混凝土混料的细填料

此外，污泥焚烧灰还可以作为混凝土混料的细填料，污泥焚烧灰替代混凝土混料细填料的工艺流程见图8-16。一般认为，污泥灰最多可替代占总质量30%的细填料。

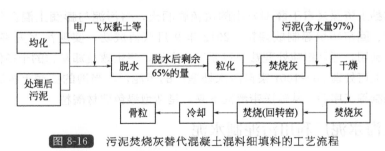

图 8-16 污泥焚烧灰替代混凝土混料细填料的工艺流程

对于替代混凝土细填料的污泥焚烧灰，应首先进行筛分、研磨等预处理，从而使其达到一定的粒径配比要求。同时，还需要对污泥焚烧灰中的有机质含量进行必要的控制，以保证其不会对混凝土结构和质量造成不良影响。该方法有利于降低混凝土的生产成本，因而具有较高的推广价值和市场前景。

8.6.4 污泥制造沸石

国内关于污泥制造沸石的报道较少。根据国外的研究，造纸污泥中的主要组成方解石、滑石和高岭土等无机物在煅烧过程中转化成钙黄长石、偏高岭土、偏滑石和石灰，可以采用向造纸污泥焚烧灰中添加硅的方法而合成人工沸石。在最佳合成条件下的工艺流程为：采用 1.75mol/L 的 Na_2SiO_3 溶液，在温度 120℃ 保持 2h 的高压，从而将造纸污泥灰分合成为 NaCl 型沸石。同时，国外研究人员还研究了这种合成人工沸石的化学和形态特性。

8.7 工程实例

8.7.1 江苏金坛污泥制陶粒

8.7.1.1 应用工程概况

金坛市博大陶粒制品有限公司占地面积 60 亩，位于江苏省金坛市。公司总投资 3680 万元，拥有两条目前国内规模最大，技术最先进的回转窑陶粒生产线年产陶粒及陶粒制品 20 万立方米。目前 2 条生产线每天可消化 80～100t 污泥，正常生产时日处理能力可达 150～200t，金坛市所有污水处理厂产生的污泥可日产日清，年生产 15 万立方米陶粒。

8.7.1.2 应用工程的处理流程

烧结陶粒主要采用的是回转窑烧制工艺。污泥烧结制陶粒的生产工艺流程见图 8-17。

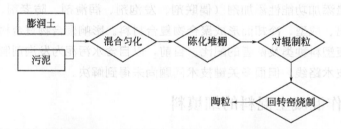

图 8-17 金坛污泥烧结制陶粒生产工艺流程

所采用的黏土资源来自于薛埠方山的黄色膨润土，将污泥与膨润土混合匀化、陈化堆棚、对辊制粒、回窑转烧等制成陶粒，2012 年 9 月获得成功，实现污泥无害化、资源化、效益化处理并利用，而且每吨处理费用只要五六十元，产生效益却是它的十多倍。

该工艺每天可处理 80～100t 来自污水处理厂的污泥，与当地的膨润土按比例混合，经 1200℃ 高温烧制等工序后，从输送带滑落下来，是新型绿色建材陶粒。

8.7.2 上海水泥厂利用污泥制水泥

8.7.2.1 应用工程概况

上海水泥厂创建于 1920 年，是中国建设的第一家湿法水泥厂，是国内的现代大型企业之一。厂址位于上海市龙华地区，濒临黄浦江西岸。厂区占地面积 30 多万平方米，沿江黄金岸线长达 1000m，该厂水泥商标为著名品牌"象牌"，年产硅酸盐水泥 120 多万吨及多种特种水泥，拥有两个硅酸盐水泥生产分厂及一家日产熟料 2000t 的新型窑外分解工艺生产线合资企业，全厂现年粉磨能力已达 $8×10^5$ t，近年散装水泥发货量占总产量 90% 以上。该厂开发了多种特种水泥，如硅酸盐水泥用持快硬外掺剂（简称 SR 外掺剂）和 SZ-1 型彩色硅酸盐水泥等。

8.7.2.2 应用工程的处理流程

污泥制水泥主要采用的是回转窑烧制工艺。污泥制水泥的生产工艺流程如图 8-18 所示。

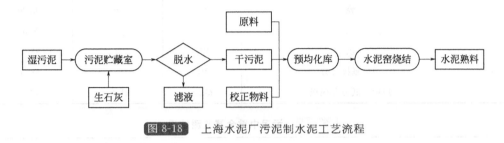

图 8-18 上海水泥厂污泥制水泥工艺流程

污泥由封闭的车辆运送到上海水泥厂指定的堆放处，污泥被卸下的过程中掺入生石灰以消除恶臭。然后，污泥被送入脱水装置，使含水率进一步降低。通过对污泥的理化特性分析后加入校正原料，然后将其作为生料成分送入窑中，在 $1350～1650℃$ 的高温中与其他原材料一起烧结。回转窑中的碱性气氛将污泥汇中的酸性有害成分变为盐类固定下来，例如：污泥中的硫化氢因氧的氢化和硫化物的分解后的产物被 CaO、R_2O 吸收形成二氧化硫循环，在回转窑的烧成带形成 $CaSO_4$、R_2O_4 固定在水泥中。

经回转窑煅烧后的污泥已变为熟料的成分，经权威机构检测结果符合质量标准。污泥中的重金属残渣跟其他物料发生液相和固相反应，重金属元素被固定在熟料矿物的晶格中，没有残渣单独排出。污泥经过水泥窑处理生产出的水泥经水化硬化成为水泥石，进行浸出毒性鉴别时的浸出液中重金属含量极少，不会造成污染。污泥掺加比例高达 20% 时生产的熟料可与混合材一起磨细，制成矿渣硅酸盐水泥和普通硅酸盐水泥，实践证明使用效果一样及质量完全可靠。

上海水泥厂采用污泥制备水泥过程中的各环节包括：生石灰除臭、加校正原料、人工费、管理费等费用约 60 元/t 污泥。而单独建焚烧厂处理污泥的费用较大，管理控制不当容易产生二次污染，采用水泥厂已有焚烧炉及二次污染防护设备及措施不仅有效地处理了产生量日益增大的污泥，而且可以作为水泥原料中的有效成分，节约经济成本。

8.7.3 常州光源热电有限公司掺烧污泥制砖

8.7.3.1 应用工程概况

常州广源热电厂的焚烧设备采用循环流化床焚烧技术混烧含水率为 75%～85% 的脱水污泥，脱水污泥被液压输送泵从污泥贮藏室底部经污泥输送系统喷射至循环流化床燃烧室中与煤混燃。炉膛内温度可达 $850～900℃$。烟气处理采用炉内石灰脱硫、静电除尘。锅炉的额定蒸发量为 75t/h，采样期间实际蒸发量为 71.1t/h，额定蒸汽压力为 5.3MPa，额定蒸汽温度为 485℃，生产负荷为 94.8%。实验设计最高湿污泥混烧比例为 30%，湿污泥实际投放量约为 80t/d，燃煤实际投放量为 248.4t/d，焚烧炉炉膛中心温度为 960℃。

所混烧污泥性质监测报告如表 8-18 及表 8-19 所列。

表 8-18　脱水污泥性质监测报告

序号	名称	符号	单位	结果
1	碳	C_y	%	5.18
2	氢	H_y	%	0.68
3	氧	O_y	%	2.5
4	氮	N_y	%	0.83
5	硫	S_y	%	0.30
6	灰	A_y	%	3.02
7	水	W_y	%	87.48
8	可燃基挥发分	V_r	%	88.51
9	应用基低位发热量	Q_{ydw}	kJ/kg	245.56

表 8-19　污泥中重金属监测结果

项目	监测结果/(mg/kg 干污泥)
镉及其化合物(以 Cd 计)	0.32
汞及其化合物(以 Hg 计)	5.17
铅及其化合物(以 Pb 计)	35
铬及其化合物(以 Cr 计)	348.5
砷及其化合物(以 As 计)	9.63
铜及其化合物(以 Cu 计)	755
镍及其化合物(以 Ni 计)	72

8.7.3.2　应用工程的处理流程

混烧污泥制砖工艺流程简图如图 8-19 所示。

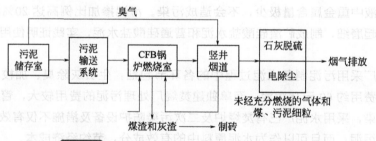

图 8-19　常州广源热电厂混烧污泥制砖工艺流程

（1）烟气排放特性

混烧比例为 25% 的污泥时烟气中的 SO_2、NO_x、二噁英及重金属等含量如表 8-20 及表 8-21 所列。

表 8-20　混烧比例为 25% 的污泥时烟气指标监测一览表(1)

项目	循环流化床固体废物焚烧炉
生产负荷(以蒸发量计算)	94.8%
测试断面位置	4# 循环流化床废气排放口
断面截面积/m²	3.045

项目	循环流化床固体废物焚烧炉
烟气温度/℃	129
采样点烟气流速/(m/s)	16.0
烟气流量 Q_s/(m³/h)	1.76×10^5
标准干烟气流量 Q_{snd}(m³/h)	1.12×10^5
烟气含氧量	$6.4\% \sim 9.3\%$
烟气含湿量/%	4.36

从表中可以看出，烟气中的含氧量与实验室混烧 25%湿污泥时烟气中的氧含量接近。

表 8-21 混烧比例为 25%污泥时烟气指标监测一览表(2)

污染物	排放浓度(11%O₂)/(mg/m³)	排放增加量/%	排放限值/(mg/m³)
HCl	0.156	3.43	75
SO₂	870	7.52	260
CO	50.1	3.71	150
NO$_x$	212	2.32	400
烟气黑度	<1	—	2
Cd	$<2.6 \times 10^{-3}$	0.16	0.1
Hg	$<3.0 \times 10^{-3}$	0.19	0.2
Pb	0.114	0.27	1.6
Cr	0.090	0.34	4
As	0.238	0.16	1
Cu	0.013	0.23	4
Ni	0.046	0.12	1
二噁英	0.004	0.01	1

各项指标限值参考《生活垃圾焚烧污染控制标准》（GB 18485—2014），从表 8-21 中可以看出，常规烟气污染物及重金属、二噁英均满足标准。湿污泥的含固率较低，仅为 15%，此外由于流化床炉特有的燃烧方式，所以湿污泥混烧比例为 25%时烟气中的污染物不足以对环境造成影响。

(2) 灰渣中重金属排放特性

1) 粉煤灰中重金属含量　湿污泥与煤混烧比例为 25%时，粉煤灰中重金属含量见表 8-22。

表 8-22 混烧比例为 25%时粉煤灰中重金属监测结果

项目	结果/(mg/kg)	标准值(CJJ131—2009)/(mg/kg)	
		一般场合建材	特殊场合(如公园等)
Cd	0.49	0.6	2.0
Hg	0.16	0.2	2.0
Pb	13.5	20	200
Cr	38.5	50	100

项目	结果/(mg/kg)	标准值(CJJ131—2009)/(mg/kg)	
		一般场合建材	特殊场合(如公园等)
As	2.4	20	30
Cu	148	100	1000
Ni	54	40	200

监测期间污泥实际投放量为 80t/d，燃煤实际投放量为 248.4t/d，二者比例约为 24∶76。粉尘产生量为投料量的 18%。从表 8-22 可以看出，当混烧比例为 25% 时产生的飞灰适用于各种场合建材使用。与一般场合建材标准相比，Cu 超出 48%，Ni 超出 35%，但可以用于特殊场合的建筑材料。其他重金属含量较低，均未超一般场合建材标准。

2）底渣中重金属含量　湿污泥与煤混烧比例为 25% 时，底渣中重金属含量见表 8-23。

表 8-23　混烧比例为 25% 时底渣中重金属监测结果

项目	结果/(mg/kg)	标准值(CJJ131—2009)/(mg/kg)	
		一般场合建材	特殊场合(如公园等)
Cd	0.14	0.6	2.0
Hg	0.02	0.2	2.0
Pb	3.65	20	200
Cr	77	50	100
As	0.35	20	30
Cu	42.5	100	1000
Ni	31	40	200

从表 8-23 中可以看出，底渣中的重金属含量达标，且远远低于标准中的数值。混烧比例为 25% 时，底渣可以用于各种场合的建材使用，同时可以用于特殊场合资源化利用。

粉煤灰及废渣可溶性重金属量测试，各项数据均优于《室内装饰装修材料中内墙涂料中有害物质限量》（GB 18582—2008）的限值，热电厂将循环流化床锅炉产生灰渣全部用于制砖，灰渣中重金属已固化，以稳定状态存在，彻底消除了污泥的二次污染。

参 考 文 献

[1] 尹军等.污水污泥处理处置与资源化利用[M].北京：化学工业出版社，2005.

[2] 何晶晶等.城市污泥处置与利用[M].北京：科学出版社，2003.

[3] 隋军，汪传新，牛樱，等.污水处理厂污泥处理、处置、综合利用现状及发展趋势[J].中国水污染防治技术装备论文集. 2003，(9)，20～34.

[4] 董庆海，罗继亨.污泥制建材产品的新技术[C].中国环境保护优秀论文集，2005，1374～1378.

[5] 李鸿江，顾莹莹，赵由才.污泥资源化利用技术[M].北京：冶金工业出版社，2010.

[6] 汪齐.城镇污水处理厂污泥建材利用工艺研究[D].西安：长安大学，2010.

[7] 殷念祖.烧结砖瓦工艺.北京：中国建筑工业出版社[M].1983.

[8] 汪靓，朱南文，张善发，等.污泥建材利用现状及前景探讨[J].给水排水，2005，31(3)：40～44.

[9] Joo Hwa Tay，Kuan Yeow Show. Resource recovery of sludge as a building and construction material-a future trend in sludge management[J]. Wat. Sci. Tech.，1997，36(11)：259～266.

[10] Michael Anderson，R Glynn Skerratt，Julian P Thomas，Stephen D Clay Case study involving using fluidized bed incinerator sludge ash as a partial clay substitute in brick manufacture [J]. Wat. Sct. Tech.，1996，34(3～4)：507～515.

[11] Bernd Wiebusch,Carl Franz Seyfried Utilization of sewage sludge ashes in the brick and tile industry[J]. Wat. Sct. Tech.,1997, 36(11):251~258.

[12] 马雯，呼世斌，樊恒辉，等. 污泥砖的研制及其影响因素研究[J]. 西北农林科技大学学报（自然科学版），2011,39(3)：141~145.

[13] 杨斌. 城市污泥资源化制备建材技术研究[M]. 武汉：华中科技大学. 2007.

[14] 赵友恒，于衍真,李玄. 利用污泥制砖的应用研究与现状[J]. 中国资源综合利用，2011, 29(3)：33~35.

[15] 刘帅霞. 城市污水处理厂污泥制砖的可行性研究[J]. 中原工学院学报. 2006, 17(1)：47~49.

[16] Espinosa D C R, Tenorio J A S. Thermal behavior of chromium electroplating sludge[J]. Waste Management，2001 (21)：405~410.

[17] Donald W Kirk，Chris C Y Chan，Hilary Marsh. Chromium behavior during thermal treatment of MSW fly ash[J]. Journal of Hazardous Materials , 2002,（B90）：39~49.

[18] Calvo L F, Otero M. Heating process characteristics and kinetics of sewage sludge in different atmospheres[J]. Thermochimica Acta. 2004,409(2)：127-135.

第 9 章

污泥能源利用系统与技术

污泥的能源利用是当今污泥处理处置与资源化研究的热门课题。尤其是 20 世纪 70 年代以来，全球正面临着巨大的能源供给与环境保护问题，化石能源和资源日益耗尽，使人们逐渐认识到寻找化石燃料的替代能源、开发环保型再生能源的重要性。

污泥富含有机质，为其能源利用提供了必要的物质基础，可以通过物理、化学或生物的手段转化为热量。随着社会经济的发展，污泥作为热值较高的一种可利用固体可燃物的价值日渐得到了全世界的关注。近几年来，一些污泥能源化利用技术，例如污泥制作燃料技术、污泥制油技术以及污泥生物产气利用技术等，就已成为国内外共同的热门研究课题。

9.1 污泥能源利用技术概述

9.1.1 污泥能源利用的理论基础

9.1.1.1 城市污泥产生状况

城市污泥产生量与该城市污水量、污水水质以及处理技术与设施水平有关。根据多年的统计资料，2004～2010 年间我国污水处理厂总处理量的年平均增长量为 272164.9 万立方米，如果"十二五"期间污水年处理量按此速度增长，并且国内污水处理厂的污泥产率按 1.5tDS/10^4t 污水计算，则我国"十二五"期间污水处理厂污泥产生量如图 9-1 所示。从图中可以看出，2004～2015 年间我国污水处理厂产生的干污泥量一直呈增加趋势，到 2015 年干污泥产生量增长到 2004 年的 3.6 倍。

9.1.1.2 污泥的热值与可燃性

污泥是污水处理过程的副产物，包括多种微生物及其死亡残体，同时富集了污水中的部分有机物和无机物。污泥中的有机质含量较高，具有一定的热值，是一种典型的生物质废物。所谓的污泥热值是指单位质量的污泥完全燃烧，并使反应产物温度回到燃烧前起始温度时所放出的热量。根据燃烧产物中水分存在状态的不同，污泥热值又可分为高位热值与低位热值。低位热值（简称低热值）是指单位质量有机污泥完全燃烧后，燃烧产物中的水冷却为 20℃的水蒸气时所放出的热量；如果将其水分冷凝为 0℃的液态水时所放出的热量则称为高位热值（简称高热值）。热值是污泥焚烧与能源利用的重要参数，是分析污泥是否可以作为燃料的重要依据。国内外城市污水处理厂产生的各类污泥的干基热值见表 9-1 和表 9-2。

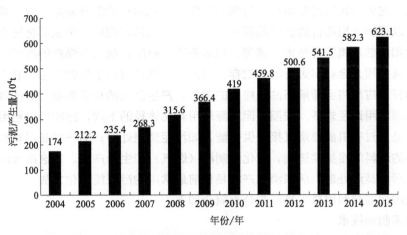

注：数据来源：《中国环境统计年鉴》

图 9-1　我国 2004～2015 年污水处理厂污泥产生量

表 9-1　美国不同污泥干基的典型热值

污泥类型	热值/(MJ/kg)	
	范围	典型值
生污泥	23～29	25.5
活性污泥	16～23	21
厌氧消化污泥	9～13	11
化学污泥	14～18	16
生物滤池污泥	16～23	19.5

表 9-2　不同污泥干基的燃烧热值

污泥种类	燃烧热值/(MJ/kg)
初沉污泥——生污泥	15～18
初沉污泥——经消化	7.2
初沉污泥与生物膜污泥混合——生污泥	14
初沉污泥与生物膜污泥混合——经消化	6.7～8.1
初沉污泥与活性污泥混合——生污泥	17
初沉污泥与活性污泥混合——经消化	7.4
生污泥	14.9～15.2
剩余污泥	13.3～24.0

由以上两表可以看出，污泥的热值较高，可以作为能源利用的重要来源。而且由于污泥中的有机质大部分可生物降解，因此可以通过厌氧微生物的作用将这些有机质转化为能量。同时，还可以通过燃烧、化学制油（气）等方法将污泥中的有机质转化为能量。

9.1.2　污泥能源利用技术途径

污泥中的有机物含有大量的潜在能量，其干物质的热值可达 3500～5000kcal/kg，可以用来制作燃料；由于污泥中含有脂肪族化合物和蛋白质，可通过低温热化学反应转化为油、碳和反应水，这种油可现场发电和作为燃料出售；污泥消化的沼气利用，应用两相厌氧生物制氢技术可以得到大量廉价的清洁能源——氢气，特别是污泥两相厌氧消化技术新发展——乙醇型发酵和持续产氢发酵技术。德国、日本等国已研制以氢气为燃料的汽车——氢气发动机汽车，并且采用合金材料进行氢气贮存。同时，氢气还可用于生物发电，制作氢电池。因此该技术的开发应用将会缓解石油类能源的需求，产生巨大的社会效益与经济效益。

污泥能源利用途径较多。按照污泥能源利用转化途径的不同，污泥能量利用的形式分为两种：一种是通过有机质燃烧直接提供热能，如污泥焚烧处理；另一种是将有机质转化为可供燃烧产热的燃料间接提供热能，如化学制油（燃气）和生物产气。在这两大污泥能量利用的形式中，污泥焚烧处理、厌氧消化产沼是目前最常用的污泥能源化方法。

下面就污泥能源利用技术特征与分类简介如下。

（1）污泥制油技术

目前的污泥制油技术以低温热解和直接液化两种技术为主。

1）污泥低温热解制油技术　热解在英文中使用"pyrolysis"一词，在工业上也称为干馏。它是将污泥在缺氧或无氧状态下加热，它的显著优点是操作系统封闭，减容效率高，无污染气体排放，而且几乎所有重金属颗粒都残留在固体剩余物中。更为重要的是，在热解过程的同时还可以制得宝贵的气体、液体燃料，实现能量的自给和资源再回收。分解产物分别为：a. 在常温下为液态的包括乙酸、丙酮、甲醇等化合物在内的燃烧油类；b. 以氢气、一氧化碳、甲烷等低分子烃类化合物为主的可燃性气体；c. 纯炭、金属物、土、砂等混合形成的炭黑等化学分解过程。因此，污泥热解是一种非常有前途的污泥处理方法和资源化技术[1]。

2）污泥直接热化学液化技术　污泥直接热化学液化技术又称污泥油化处理技术，属热化学反应，即在高温、高压、催化剂等条件下，通过加水分解、缩合、脱氢、环化等一系列反应使污泥中的高分子物质变为低分子油状物质的过程。该反应是在气相无氧条件下进行的，这就使它有别于一般的热解过程。污泥油化油化技术与污泥热解制油技术的主要区别如表 9-3 所列。

表 9-3　污泥油化技术与污泥热解制油技术的主要区别[1]

分类	主要生成物	污泥	反应温度/℃	压力/MPa	反应环境
热液化反应	油	脱水污泥	250～350	50～150	还原
热分解反应	油	干燥污泥	350～500	0.1	还原

（2）污泥焚烧发电及合成燃料技术

污泥焚烧技术起初的思路是实现污泥的稳定化、无害化、减量化，将该技术作为污泥能源化途径的候选技术之一，能否直接实现其焚烧发电，取决于污泥本身的热值和污泥的含水率。因为污泥的热值很低，为了提高其热值品质，需要降低含水率，消耗大量的能量，导致污泥中的含水率也将直接影响污泥焚烧热值。其中，以污泥焚烧为主要能源化利用途径的污泥的处理、处置过程如图 9-2 所示[2]。

由于机械干化很难把污泥的含水率降到 80% 以下，因此，高温法、低温加压法及冷冻法等均被作为一种污泥改性手段，以提高其脱水性。热干化法也被广泛应用于污泥焚烧的预处理。污泥热干化是一个能量净支出的过程，因此需要优化干化工艺，合理回收废热，内化环境成本。其中，经预干化处理的污泥可作为发电系统的燃料。

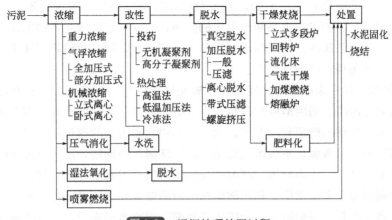

图 9-2 污泥处理处置过程

污泥焚烧技术也属于一种高温化学处置方式。该技术具有以下优点：有大量的工程实践，技术成熟；减量率可达到 95% 左右，使污泥达到最大限度的减容；适应性较强、反应时间短、占地面积小；可以杀死一切病原体；将该技术与发电系统结合起来具有系统合理配置和能源有效利用的双重优势，即发电系统为干化系统提供所需的热源和电力。同时，人们也清楚地认识到，该技术工艺复杂、一次性投资大、设备数量多、操作管理复杂、能耗高、运行管理费亦高，焚烧过程存在潜在的二噁英污染。因此，在国外，污泥焚烧法主要在如下3 种情况中得以应用：a. 现有的填埋处理场体积不足时；b. 由于污泥性质，如重金属过高，不能用于农业；c. 现有条件无法实施污泥能源回收时。

因为污泥中有机物含有大量潜在能量，可将污泥中掺入其他可燃物质制成一种能供锅炉用的"污泥合成燃料"，代替燃煤用于污水处理厂或其他工业、生活锅炉等。

RDF 技术，即 refuse derived fuel，简称 RDF，译为"从垃圾得到的燃料"，是将污泥制作燃料被利用，也就是将城市垃圾处理与资源化技术应用于城市污泥处理与资源化，而且省去城市垃圾的收集、分类、分拣与破碎的全过程，比城市垃圾在 RDF 燃料制作时更为容易、简单、经济。

(3) 污泥生物产气（沼气和氢气）技术

污泥生物产气是通过污泥的厌氧消化将有机质转化为沼气或氢气。生物处理成本相对较低，厌氧消化时污泥含水率一般为 95%～98%，因此污水厂污泥一般在脱水前进行消化，或者脱水污泥稀释后进行消化。然而，消化污泥含水率也很高，需要脱水后才能进一步处理处置。厌氧消化产生的沼气含有较多杂质，需要多步工艺净化提纯才能进行应用。

1) 污泥制沼气　人们对沼气的研究和利用，最初目的是解决能源问题，也就是用沼气解决燃料问题。污泥制沼气是指污泥在厌氧消化和其他适宜条件下，由兼性菌和专性厌氧菌（产甲烷菌）的联合作用降解有机物，产生以甲烷和二氧化碳为主体的混合气（简称沼气）的过程。沼气和天然气的主要成分相同，不仅可以用作城市居民日常生活的燃料，而且可以经过液化后作为汽油的替代品，还可以与发电系统组合发电。经过多年的研究，发展与推广沼气生产相关技术的条件已日趋成熟，沼气开发项目的经济性逐步体现，技术市场初具规模，这些为污泥制沼气的产业化奠定了良好的基础。

污泥沼气发电在我国具有广阔前景。一方面，目前我国污泥无害化处理率非常低，即使在经济相对发达的城市，污泥处理率也仅为 20%～25%，污泥隐患日益凸显，沼气发电可有效解决污泥的出路问题；另一方面，沼气发电是目前经济发达国家处理污泥最常用的途径，值得在我国推广。沼气不再是能源供应的配角，而变成了能源生产的主体，具备了与天然气、煤气相同的商品属性。污泥制沼气产品一旦产业化，便会找到真正属于自己的市场领域，并且具有不可忽视的市场地位[2]。

2) 污泥制氢 从未来能源的角度来看，氢能是最理想的清洁能源，具有资源丰富、燃烧热值高、清洁无污染、适用范围广等特点。以氢为燃料的燃料电池，具有高效性和环境友好性，将成为未来理想的能源利用形式。因为污泥中含有大量的有机质，可以作为获取氢能的来源。利用污泥来制取氢，不仅可以解决污泥的环境污染问题，还可以缓解能源危机。污泥制氢技术主要包括污泥生物制氢、高温气化制氢、超临界水气化制氢等技术。

污泥生物制氢是在常温常压下利用微生物进行酶催化反应制得氢气。但是，生物制氢技术的整体研究水平仍处于基础阶段，就国内外目前的研究水平来看，距生物制氢的工业化生产还有很大的差距。

污泥高温气化制氢一般是指通过热化学方式将污泥转化为高品位的合成气或气体燃气，然后再进一步分离出氢气。国内外的学者对污泥高温气化制氢技术进行了相当多的研究，试验结果表明，产氢率在 $30\sim80g/kg$。但是污泥气化制氢所面临的最大的难题是污泥气化气中含有相当多的焦油，对尾气处理造成一定程度的困难。

污泥超临界水气化制氢[2]是在水的温度和压力均高于其临界温度（374.3℃）和临界压强（22.05 MPa）时，以超临界水作为反应介质与溶解于其中的有机物发生强烈的化学反应生成氢气。理论上，该技术是一种新型、高效的可再生能源转化和利用技术，具有极高的生物质气化与能量转化效率、极强的有机物无害化处理能力、反应条件比较温和、产品的能级品位高等优点。超临界水能与空气、氧气和有机物以任意比例混溶形成均一相，即气-液相界面消失，消除了相间传质阻力，反应速率不再受氧的传质控制，从而加快了反应速率，缩短了反应时间。有研究表明，该技术可以实现碳的100％转换。但该技术目前还处于实验室阶段，不够成熟，如果用于工业还需要进一步的完善。

对比污泥的3个主要的能源化技术：a. 污泥焚烧技术存在诸多问题，其中核心问题是投资大、处理费用高、有机物燃烧产生二噁英等剧毒物质。相对于填埋和堆肥来说，焚烧系统的投资无疑是巨大的。填埋、堆肥、焚烧的投资比例一般为 1∶1.5∶3。b. 污泥发酵产沼气可以较好地缓解能源紧缺的问题，同时减轻对环境的污染。污泥发酵产沼气这种能量回收技术在国内发展较为成熟，应用也较为广泛。c. 污泥制氢技术在国内外都是比较前沿的污泥能量利用技术，但目前没有实际的工程经验可借鉴，还仅仅处于探索起步阶段，为此，需要进一步深入研究讨论。污泥主要能源利用技术的比较见表 9-4。

表 9-4　污泥主要能源利用技术比较

	燃烧产热	合成燃料产热	化学制油（燃气）	生物产气
反应类型	化学氧化放热	化学氧化放热	化学分解吸热	生物反应
能量转化设备	直接燃烧:焚烧炉 混合燃烧:工业窑炉(水泥窑、燃煤锅炉)	混合加工设备	反应釜	生物反应器
能量转化产品	二氧化碳、水、热量	合成燃料	燃油、燃气、焦炭或炭黑	甲烷或氢气
能量利用途径	热能直接利用;发电利用	燃烧产热利用	燃烧产热利用	燃烧产热利用

	燃烧产热	合成燃料产热	化学制油（燃气）	生物产气
产品适用范围	热力管道覆盖区域可发电上网	多种工业锅炉	燃油应用最广泛，燃气可通过管道或压缩后运输	应用广泛，可通过管道或压缩后运输
其他产物	灰渣	灰渣	无机残渣	消化污泥
能量转化成本	较高	较低	最高	最低
主要制约因素	污泥干燥成本较高；烟气治理复杂	污泥干燥成本较高；烟气需妥善处理	处理成本较高；二次污染物需妥善处理	处理周期较长；处理效率较低；沼气需净化提纯

除了上述以污泥焚烧发电、污泥制沼气、污泥制氢等为代表的 3 种污泥能源化利用技术之外，本章将综合分析国内外污泥能源化利用状况，从污泥热解制油技术、污泥制合成燃料技术对污泥能源化利用途径加以分析。

9.2　污泥制油能源利用系统与技术

9.2.1　污泥制油能源利用概述

污泥尤其是剩余活性污泥，其有机质含量可以达到 70%～85%，这些有机质通过特定条件下的化学反应，将污泥中的有机质转化为燃油将其制油可获得较高的油品收率。污泥制油技术具有污泥处理与能源利用的双重性质。由于油料或可燃性气体便于封装运输，适用范围更广。需要注意的是，污泥能源转化过程不仅产生能量，也需要消耗能量。要将污泥作为能量净输出源，不仅取决于污泥本身的性质，也取决于转化过程的能耗，因此要控制转化过程的能耗。此外，污泥化学制油或燃气过程中也会产生二次污染物。污泥能源化是污泥处理处置的方式之一，其首要目的在于减少污泥随意排放产生的环境危害，因此在污泥能源化过程中必须避免二次污染，在利用污泥释放能量的同时最小化其环境影响。利用污泥制油技术可以分为两种：污泥热解制油技术和污泥直接液化技术。

9.2.2　污泥低温热解技术

根据热解过程操作温度的高低可分为低温热解和高温热解。高温热解的热源是外加的，而低温热解的热量可以由污泥本身热解产生的热量提供。由于高温热解需要的能量支出较高，虽然在某些含能较高的生物质（木材加工残余）的能量利用中取得了商业性的成功，但其用在污泥处理中时，由于污泥的含能量相对低，所得的固、气、液产物中的含能量不足以达到高温热解的能量需求，目前国际上已基本放弃了高温（＞700℃）热解工艺在污泥处理中的应用。低温热解工艺维持过程所需温度的能量较低，从能量平衡的角度看较适合污泥处理的应用。因此污泥低温热解自 20 世纪 80 年代以来得到了持续发展。

9.2.2.1　污泥低温热解简介

低温热解起初主要用于原油的处理过程，是一种较为常见的污泥制油技术。随着人们对有机废物资源化的关注，有机废物如污泥的热解也逐步得到人们的重视。

污泥热解是利用污泥中有机物的热不稳定性，在无氧或缺氧条件下对其加热干馏，使有机物产生热裂解，经冷凝后产生利用价值较高的燃气、燃油及固体半焦，产品具有易贮存、易运输及使用方便等优点。污泥低温热解产生的衍生油黏度高、气味差，但发热量可达到29~42.1MJ/kg，而现在使用的三大能源，即石油、天然气、原煤的发热量分别为41.87MJ/kg、38.97MJ/kg、20.93MJ/kg。可见，污泥低温热解油具有较高的能源价值。另外，热解油的大部分脂肪酸可被转化为酯类，酯化后其黏度降低约4倍，热值可提高9%，气味得到很大改善，热解油的酯化工艺使得其更加易于处理和商业化。

污泥热解技术与污泥焚烧技术均为热化学处理技术。热解技术以污染小、产物利用价值高等优点而备受关注，也可作为生物污泥焚烧处理的替代技术。热解与焚烧相比是完全不同的两个过程，焚烧是放热的过程，而热解过程是吸热的。两者在产物上也完全不同，焚烧处理的产物主要是二氧化碳和水，热解的产物主要是可燃性的低分子化合物，其中包括气态的氢气、甲烷和一氧化碳，液态的甲醇、丙酮、乙醛等有机物及焦油、溶剂油等，固态的则主要是焦炭或炭黑。另外，焚烧产生的热能量大的可用于发电，量小的只可供加热水或产生蒸汽，但只能就近利用，而热解产物是燃料油及燃料气，能量便于贮藏及远距离输送。

其实，新兴污泥制油技术的本质原理就是污泥的热解技术。但在该技术还未广泛应用的情况下，污泥焚烧技术还是具有一定的优势，在可再生能源的财政、税收和信贷政策的激励下，有望实现其能源利用和节能，从而得到较广泛的应用。

9.2.2.2　污泥低温热解技术的应用及发展

热解技术应用于工业生产已有很长的历史，最早应用于煤的干馏而得到焦炭产品。20世纪70年代，世界性石油危机对工业化国家经济的冲击，使得人们逐渐认识到开发再生能源的重要性，热解技术开始用于固体废物资源化处理。

最早开展固体废物热解技术的国家是美国。1970年，美国将《固体废物法》改为《资源再生法》，这标志着热解技术作为城市污泥和垃圾中回收燃料气和燃料油等贮存性能源的再生能源新技术的研究开发得到大力推进。20世纪80年代，美国能源部又推出一套技术开发计划，主要是对固体废物实施资源和能源再利用。

世界最早开发城市污泥和垃圾焚烧技术并将焚烧余热广泛用于发电和区域性集中供热的地区是欧洲。为了减少焚烧造成二次污染，根据处理的对象的种类、反应器的类型和运行条件对热解处理系统进行分类，实施垃圾分类收集与预处理，研究不同条件下反应产物的性质和组成，尤其重视各种系统运行特点和问题。以城市污泥为对象的热解主要生成气体产物，伴生的油类凝聚物通过后续的反应器进一步裂解，也有一些系统将热解产物直接燃烧产生蒸汽。

日本对污泥热解技术的研究是从1973年开始的，在众多热解技术系统中，新日铁的城市污泥与垃圾热解熔融技术最早得到实用化。1979年8月在釜石市建成了两座处理能力50t/d的设备，1980年2月在茨木市建成了3座150t/d的移动床竖式炉，迄今已连续运行20多年，1996年又在该市兴建二期工程，该系统是将热解和熔融一体化的设备，通过控制炉温，使城市污泥或垃圾在同一炉体内完成干燥、热解、燃烧和熔融。干燥段温度约为300℃，热解段温度为300~1000℃，熔融段温度为1700~1800℃。城市污泥经过干燥阶段蒸发掉多余的水分后迅速进入热解阶段，控制炉内的条件，使其处于缺氧状态，将垃圾中的有机成分热解转化为可燃性的气体，将产生的可燃性的气体导入二燃室进行进一步的燃烧，产生的热量用来进行发电。在此阶段固定相中的炭黑产生的热量远远不能满足灰渣熔融所需的热量，还需要通过添加焦炭来保证燃烧熔融阶段的温度。灰渣经过熔融阶段转化成玻璃体，致使污泥的体积大大减少，同时重金属等有害成分被完全固定在固相中，可以直接被填埋或者作为建材来利用。日本开发的部分固体废物热解技术见表 9-5。

表 9-5　日本开发的部分固体废物热解技术

序号	系统	公司或机构	反应器形式	处理能力	目标产物
1	城市污泥热解系统	NGK	多段炉	50t/d	热解及燃烧
2	流化床系统	AIST & 日立	单塔流化床	5t/d	热解/气体
3	PyroX 系统	月岛机械	双塔循环流化床	150t/d	热解/气体、油
4	热解熔融系统	IHI Co. Ltd	单塔流化床	30t/d	燃烧/蒸汽
5	废物熔融系统	新日铁	移动床竖式炉	150t/d	燃烧/气体
6	熔融床系统	新明和工业	固定床电炉	实验室规模	燃烧/气体
7	竖窑热解系统	日立造船	移动床竖式炉	20t/d	燃烧/气体
8	热解气化系统	日立成套设备建设	移动床竖式炉	中试规模	燃烧/气体
9	Puro 系统	昭和电工	移动床竖式炉	75t/d	燃烧/气体
10	Torra 系统	田熊	移动床竖式炉	30t/d	燃烧/气体
11	Landgard 系统	川崎重工	回转窑	实验室规模	热解/气体、蒸汽
12	Occidental 系统	三菱重工	Flash Pyrolysis 反应器	23t/d	热解/油
13	破碎轮胎热解系统	神户制钢	外部加热式回转窑	40t/d	热解/气体、油
14	双塔循环流化床系统	AIST & 佳原制作所	双塔循环流化床	100t/d	热解/气体

纵观国际上早期对热解技术的开发过程，其目的主要集中在两个方面：一个是以美国为代表的，以回收贮存性能源（燃料气、燃料油和炭黑）为目的；另一个是以日本为代表的，减少焚烧造成的二次污染和需要填埋处置的废物量，以无公害型处理系统的开发为目的。

在传统热解工艺的基础上，近年来又开发了催化热解技术及微波热解技术，但这些技术目前还处于实验室研究阶段。污泥热解过程中加入钠、钾、钙等的化合物作催化剂后，不仅可以加快污泥中有机物的分解速度，而且可以改善热解油的性能，为后续利用创造条件[3]。与传统电加热及燃气加热热解工艺相比，微波热解所用的时间更短，且生成的液态油中氧、脂肪类物质含量较高，经检测油中不含有分子量较大的芳香族有害物质[4]。

根据国外的经验，污泥热解技术的投资成本和运行维护成本均比较高，工业处理项目还很少。在澳大利亚，投资成本为每吨污泥 1000～2000 澳元，运行和维护成本为 100～150 澳元[5]。另外，油化处理效率与污泥种类和性质等因素有关，油化过程所需要的操作条件比较繁琐，需要考虑诸多因素，例如，反应温度、反应时间、反应压力、催化剂种类、催化剂添加量等。污泥热解技术的社会效益和环境效益比较客观合理，可以充分回收其中的可以贮藏的液体燃油，可以获得 $700kW \cdot h/t$ 的纯能量，能够破坏有机氯化物等有害物质的生成，运输材料负荷较少，占用土地的面积较少，并且能够有效合理地控制重金属的生成和排放。

9.2.2.3　污泥低温热解原理

污泥热解制油是利用污泥中有机物的热不稳定性将其转化为燃料，脱水污泥经干燥去除水分后，进入热解反应器，在常压（或高压）和缺氧的条件下加热污泥至高温，借助污泥中所含的硅酸铝和重金属（尤其是铜）的催化作用将污泥中的脂类和蛋白质转化成烃类化合物，利用干馏和热分解作用使污泥最终转化为价值较高的燃料油、反应水、不凝性气体（NNG）和炭，产品具有易贮存、易运输及使用方便等优点。污泥热解转化的基本过程如图 9-3 所示。

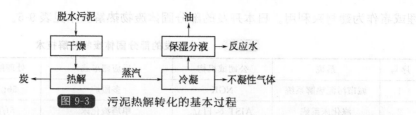

图 9-3　污泥热解转化的基本过程

目前，对于污泥热解转化的机理尚未完全明了。一般认为污泥的热解过程类似于石油的形成过程，主要是脂肪、蛋白质及其他碳水化合物的分解过程。一般认为反应机理如下：300℃以上蛋白质转化，200～450℃时脂肪族化合物蒸发，390℃以上糖类化合物开始转化，主要转化反应是肽键断裂、基团的转移变性以及支链断裂。

一般认为污泥热解是一级反应过程，通过计算频率因子和活化能，给出了污泥热解动力学方程式：

$$dw/dt = 4040 \exp(-8636/T) \tag{9-1}$$

式中，w 为固体反应速率；T 为温度；t 为时间。

根据热解温度一般可把热解过程分成 3 个阶段。

① 第一阶段为脱除表面吸附水阶段，温度介于 100～120℃，差热曲线上存在明显的吸热峰，产物主要为水。

② 第二阶段为污泥中脂肪类、蛋白质、糖类等有机物质的分解阶段，温度为 150～450℃，此温度范围为放热过程，320℃以下主要为脂肪类分解阶段，320℃以上为蛋白质、糖类的分解阶段，此阶段的热解产物为液态的脂肪酸类。

③ 第三阶段为第二阶段形成的大分子进一步分解及小分子的聚合阶段，温度范围为450～700℃，失重速率相对小于第二阶段，主要产物为气态小分子烃类化合物。对于热解的固体残留物，即使在 850℃的温度下，以含碳化合物形式存在的可挥发性物质仍有 4.6%，热解仍不能完全结束。

污泥热解产物主要包括热解气、焦油和半焦。

（1）热解气

热解气体中，主要有 H_2、CO、CH_4、CO_2、C_2H_4、C_2H_6 等以及一些带有强烈臭味的气体，不凝性气体热值较低，产率也不高。热解终温降到 300℃以下时，产生的气体成分主要为 CO_2，只有少量的 CO 和 CH_4 气体，因此得到的热解气不能燃烧。随着温度的上升，热解气的产量也逐渐增加，当热解终温超过 350℃时，热解气中产生 H_2、C_2H_4 和 C_2H_6，而且 H_2 的含量随着温度的升高而升高。在温度为 450～600℃时，H_2 和 CH_4 的产量显著增加，C_2H_4 和 C_2H_6 含量达到最高，因为随反应温度的增加及污泥中含有的重金属的催化作用，使脱氢反应加剧，越来越多的大分子烃类化合物分解释放出 H_2 和 CH_4。在 600～800℃区间，热解气的热值最高，当温度继续升高时，热值会有所降低。

（2）焦油

污泥低温热解的焦油产量随污泥不同而异，生活污泥产油率为 15%～36%（热值为35～39MJ/kg）。污泥热解焦油的主要成分是十五烷和十七烷，大部分为重油，还含有一定量的脂肪酸。焦油呈棕褐色、发黏、有异味，性质稳定，易被明火点燃。污泥低温热解得到的油类黏度高，需要经过处理后再作为燃料使用，气味差。这些气味主要来源于油中较多的挥发性有机组分，但是油品的酯化作用可以改善油品的气味，其中乙醇是酯化工艺的最佳溶剂。酯化后，焦油的大部分脂肪酸可被转化为酯类，油的热值可提高 9%，焦油黏度降低约

4 倍。酯化工艺使得焦油更加易于处理，并且用于商业中。

（3）半焦

半焦中含有丰富的碳元素和少量的金属元素。污泥在 850℃下热解产生的半焦中的金属元素含量较低，但种类较多，主要有 Cr、Fe、Ni、Cu、Zn、Sr 和 Pb 等，其中 Fe 的含量最多，可达 4.5%，相对最高；而非金属元素主要有 C、H、N 和极少量的 S，其中碳元素的含量最高，从 29.2% 到 35.3% 不等。污泥性质、热解条件和催化剂都会影响半焦中元素的种类、含量和半焦结构。污泥热解后半焦中的碳含量富集与污泥中富里酸的含量高低有一定的关系，富里酸含量越高，半焦中碳含量富集程度越高。因为目前污泥热解半焦主要研究用于作吸附剂，因此对半焦孔结构和比表面积的研究很多，研究表明，热解温度、活化工艺和污泥组成对孔结构形成与分布有着重要的影响。

9.2.2.4 污泥低温热解工艺

根据污泥低温热解工艺要求和热解过程技术特性，其生产工艺流程如图 9-4 所示[1]。

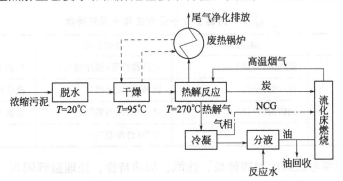

图 9-4 污泥低温热解生产工艺流程

目前已开发的污泥热解设备主要有带夹套的外热卧式反应器和流化床热解工艺，反应器的设计由最初的双区域反应器（一个反应器中存在有机物挥发区和催化反应区）发展到现在的带专用催化剂反应器的复合反应器，以达到提高油品质量和收率的目的。热解反应器及工艺流程如图 9-5 所示[6]。利用旋转炉热解反应器，在温度为 550℃、气体停留时间为 22min 时，可得到 22% 的最大产油率；利用流化床反应器，在温度为 525℃、气体停留时间为 1.5s 时，可得到 30% 的最大产油率；卧式搅拌反应器工艺中污泥在低温段热解后容易发生粘壁现象，而且热解油的产率也较低；利用流化床工艺热解，污泥的减量化达到 55% 左右，但热解产物的回收率也不太理想。目前尚缺乏操作简单、成本低、效率高的热解工艺技术[7]。

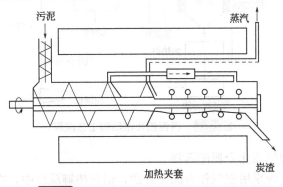

图 9-5 旋转窑污泥热解反应器及工艺流程

污泥经脱水后，干燥至含固率 90%，在反应器内热解成油、水、气体和炭；气体和炭及部分油在燃烧器中燃烧，高温燃气的产热先用于反应器加热，后在废热锅炉中产生蒸汽用于干燥；尾气净化排空，反应水（约为污泥干重的 5%）送污水处理厂处理。其热解工艺各阶段技术要求与控制条件如下。

（1）脱水

从污泥浓缩池排出的含水率为 96%～98% 的污泥经机械脱水后含水率降低 65%～80%。常用脱水设备有转鼓真空抽滤机、板框压滤机、带式压滤机和离心脱水机。在污泥热解工艺最常用的为离心脱水机，因为该脱水方式不需加药，且脱水效率高。脱水操作在常温下进行。

（2）干燥

低温热解要求污泥含水率在 13% 以下，污泥干燥处理是必需的，其目的是避免污泥中的水被带入生成油中。主要干燥方法和干燥机种类选择见表 9-6。

表 9-6 污泥主要干燥方法和干燥机种类

干燥方法	间接加热	直接加热	气流加热
干燥机种类	圆筒型(外热)	叶片搅拌型(搅拌通气)	气流干燥
	叶片搅拌型	回转窑(旋转通气)	流化床干燥
	回转窑(外热)	竖炉型(纵向通气)	喷雾干燥
		带型(台面通气)	

选择干燥机时要考虑到污泥的种类、性能、加热特性、处理量等因素，在国内采用回转窑干燥较多，窑内控制温度为 95℃。

（3）热解

热解设备的技术关键是要有很高的加热和热传导速率、严格控制中温以及热解气快速冷却，典型热解设备有流化床、沸腾床、双塔流化床和立窑。污泥流化床热解工艺流程如图 9-6 所示。

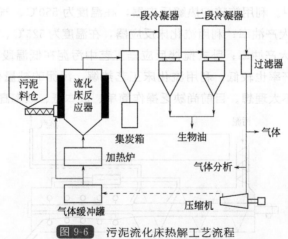

图 9-6 污泥流化床热解工艺流程

（4）流化床热解时的流化介质的选择

对于焚烧而言，一般采用空气作为流化介质，但在热解反应中，空气中的氧会与热解产生的气体发生化学反应，改变燃气组成，降低其发热值。用氮气等惰性气体作为流化介质时也会降低燃烧热值，而采用过热蒸汽作为流化介质则会因使燃气中 H_2 的含量升高而降低燃气热值。所以采用再循环气作为流化介质，其好处是对污泥热解过程无影响，产生的燃气不含惰性气体，燃气热值高。其参数控制为：反应时间为 $30\sim40min$，反应温度为 $270\sim300℃$。

（5）炭与灰的分离

因为炭在热解气体的二次裂解时会起催化作用，并且在液化油中产生不稳定的因素，所以必须快速分离。但由于污泥中的含碳量一般小于 5%，所以这个影响不会太大。分离装置一般采用旋风分离器。

（6）液体冷却

收集热解气停留时间越长，二次裂变成不凝气的可能越大，为了保证油产率，热解气的快速冷却具有重要作用。因此，选用传热快、易于冷凝和快速分离的冷凝器是热解气冷凝工艺选用第一目标。用于废气冷凝设备有接触冷凝器和表面冷凝器，其中以接触冷凝器选用较多。冷凝废液经收集后排入专设处理厂处理。由于污泥热解设施一般都是与污水处理站合建的，故可直接回流到污水处理站。参数控制：冷凝温度小于 $15℃$；后续冷凝液分离温度在 $60℃$ 左右。

（7）热量的回收利用

污泥热解产生的气体和炭由于品质问题，作为商品目前尚有难度，因此这部分能量用于污泥热解工艺本身所需的热量以及形成锅炉蒸汽使用是经济的、合理的。即将气体和炭以及部分产品油在燃烧器中燃烧，其高温燃气先用于反应器加热，而后在废热锅炉中产生蒸汽用于前段污泥干燥或作供热利用。

（8）二次污染防治

由于燃烧介质是热值高、颗粒小、污染物含量低、易于充分燃烧的气体、炭和部分产品油，因而尾气中的各项污染指数均较低，经袋式除尘处理后通常可达到国家排放要求。但本工艺产生的污水是属高浓度有机废水，必须妥善处理后方可排放。

9.2.2.5　工艺影响因素

污泥热解是一个复杂的物理化学反应过程，影响污泥热解的因素很多，主要包括污泥特性、反应温度、停留时间、加热方式、加热速率、含水率、催化剂、反应设备等。

（1）污泥特性

污泥特性是决定污泥热解制油效果的基础因素。例如对活性污泥、油漆污泥和消化污泥三种不同原料而言，碳含量从高到低依次为活性污泥为消化污泥＞油漆污泥，灰分含量从高到低依次是油漆污泥＞消化污泥＞活性污泥。经过低温热解之后，活性污泥、油漆污泥和消化污泥的产油率分别为 31.4%、14.0% 和 11.0%。活性污泥中有 2/3 碳转移到热解油产品中，热解油中含 26% 脂肪酸；消化污泥和油漆污泥热解油产品中脂肪酸含量仅为 3% 左右。因此，与油漆污泥和消化污泥相比，活性污泥更适于热解制油。一般每吨干污泥可回收油品 $200\sim300L$。

（2）反应温度

在低温热解条件下（＜700℃），热解温度的增加有利于有机质向气相转化，即减少固体残留，液体部分变化较少，而明显增加气体产率。在一定的温度范围内，有机质转化率随温度的升高而增加，但高温阶段增加趋势减小。依照不同温度条件下的产油率，最佳反应温度在 $400\sim550℃$。

（3）停留时间

热解反应停留时间在污泥热解工艺中也是重要的影响因素。污泥固体颗粒因化学键断裂而分解形成油类产物，经冷凝后形成热解油。随着时间的延长，上述挥发性产物在颗粒内部以均匀气相或不均匀气相与焦炭进一步反应，这种二次反应将对热解产物的产量及分布产生一定的影响。因此，污泥热解工艺中需要控制的重要因素是反应停留时间，随着停留时间的增加，油类产物产量会相应降低。经研究证明，污泥低温热解制油的反应温度在 $400 \sim 500℃$ 时，维持 $0.5h$ 的停留时间可获得最大的油品获得率。

（4）加热方式

污泥热解时的加热方式包括直接加热法和间接加热法。直接加热时，被热解物质部分直接燃烧或者向热解反应器提供补充燃料时所产生的热来供给污泥的热量。由于燃烧过程中产生的二氧化碳和水蒸气等惰性气体混合在热解可燃气中（若采用空气作氧化剂，热解气体中还会含有大量的氮气），降低了热解气的热值。但该加热方式的设备简单，可以采用高温，其处理量和产气率也较高。间接加热时，将污泥与供热介质分离开来，导热方式一般通过热壁面或者一种中间介质。采用间接加热方式也会有一定的缺点，例如壁面导热方式由于热阻大，可能会出现熔渣包覆传热壁面或者腐蚀等问题，并且不能采用更高的热解温度；而采用中间介质传热，虽然有可能出现固体传热或物料与中间介质分离等问题，但是综合考虑其比壁面导热方式要好一些。间接加热方式也有一定的优点，例如产品的品位较高，但是每千克物料产生的燃气量（产气率）大大低于直接法。

（5）加热速率

加热速率的影响具有阶段性，加热速率对低温段的热解影响较大，通常在 $450℃$ 以下产生的作用较大，在 $450℃$ 时，更高的加热速率会使热解效率更高，产生更多的液态成分和气态成分，而降低了固态剩余物的量。在较高的热解温度条件下（如 $600℃$ 以上），其加热速率的影响可以忽略不计。

（6）催化剂

在污泥低温热解过程中，催化剂的有效使用可以提高燃料的产率和质量、缩短热解时间、降低所需反应温度、提高热解能力、减少固体剩余物、影响热解产品分布的范围、提高热解效率、减少工艺成本。因此为了提高热解油的产量和质量，往往在污泥中添加催化剂。目前，已有许多价格较低且无害的催化剂被广泛用于污泥的催化热解。在催化剂的选择中要综合考虑以下几点。

① 含铝物质，如 Al、Al_2O_3 和 $AlCl_3$。污泥中存在的硅酸铝和重金属在污泥热解过程中具有催化作用，对推动污泥中有机物的分解起关键性作用。

② 含铁物质，如 Fe、Fe_2O_3、$FeSO_4 \cdot 7H_2O$、$FeCl_3$、$Fe_2(SO_4)_3 \cdot 12H_2O$。通过以上含铁催化剂对热解影响的测试发现，有最大催化活性的物质是 $Fe_2(SO_4)_3 \cdot nH_2O$，以 Fe_2O_3 和 $Fe_2(SO_4)_3 \cdot nH_2O$ 混合物为催化剂能有效提高热解油的质量。

③ 含钠或含钾化合物。催化剂对热解转化率的影响顺序依次为 $K_2CO_3 > KOH > NaOH > Na_2CO_3 > NaCl$。有催化剂的反应速率可达到 $1.03 \sim 1.45$，无催化剂条件下反应速率小于 1。催化剂对产物轻质汽油质量分数的影响顺序依次为 $KOH > K_2CO_3 > KCl > Na_2CO_3 > NaCl$，有催化剂轻质汽油质量分数为 $49.8\% \sim 57.2\%$，高于无催化剂条件下 43.9% 的轻质汽油质量分数。

④ 含铜化合物。以 $CuSO_4$ 为催化剂，可降低污泥裂解温度、提高油产量，污泥在

440℃时的挥发分转化率为无催化作用下的 1.15 倍。

⑤ 镍基催化剂。镍基催化剂可有效消除重质焦油，使氢气的产量提高 6%～11%。

⑥ 白云石及沸石。在流化床中可以添加白云石作为污泥热解催化剂，利于焦油含量的减少、气体产量的提高，但对气体烃类化合物的影响不大。当单位质量干污泥中沸石添加量大于 0.2g/g 时，在 500℃条件下，焦炭的产量随催化剂的增加而减少，焦油的产量变化并不明显，即催化剂的添加促进了固体焦炭向气体的转化，有利于产生更多的热解气。

9.2.2.6 工艺能量平衡及效益分析

污泥热解是复杂的化学反应过程，热量传递、质量传递及动量传递同时进行，导热、对流、辐射 3 种传热方式也同时发生，而且过程是非稳态传热过程。对于污泥固定床热解过程，系统的能量平衡如图 9-7 所示。若以环境状态为基准，不考虑环境状态下各种物料的显热，热平衡方程式用下式表示：

外界输入能量＋污泥的化学能＝产物中的能量＋热损失

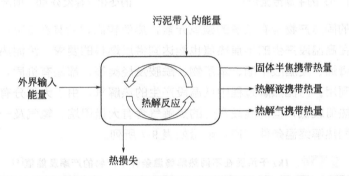

图 9-7 污泥固定床热解过程的能量收支平衡系统

由于热解过程物料发生炭化反应，主反应为吸热过程，因此该工艺要有外界能量的输入。污泥带入的能量为化学能，可用污泥的低位发热值表示。产物中的能量包括固、气、液产物的低位热值。此外，热解过程中还会产生各种热损失，主要包括炉子等设备的散热损失，系统的热容，冷却水带走的热量，热解固、气、液产物带走的显热等。

污泥热解的能耗受到热解温度、物料含水率及热解时间等多种因素的影响，其中热解终温对能耗的影响是最显著的。随着热解终温的增加，能耗也随之增大，如图 9-8 所示。在低温热解阶段，能耗量较低，而污泥中的有机质大量分解时，热解所需的能耗则迅速增加。在污泥的热解过程中也发现，在 400～450℃出现物料温度突然降低后又继续回升的现象，这证明了热解过程为吸热反应。此外，在高温段热解过程中散热损失也要增加，这也是造成能耗上升的一个重要原因。

污泥含水率对能耗的影响也很重要。干污泥热解时，外界输入的能量主要用于有机物的分解反应及热量损失；污泥含水较高时，水分蒸发及参与的反应都需要能量，因此整个热解过程的能耗也要随着污泥含水率的升高而增加。热解终温为 500℃，污泥含水率不同时，相应的能耗如图 9-9 所示。污泥含水率的增加与能耗的变化几乎呈直线关系，但从总体看，水分对能耗的影响远比热解终温对能耗的影响小。虽然热解过程中低含水率污泥可以降低热解能耗，但从污泥处理的整个系统分析，热解之前对脱水污泥的干燥也需要消耗大量能量，因此降低污泥处理能耗应统筹考虑。

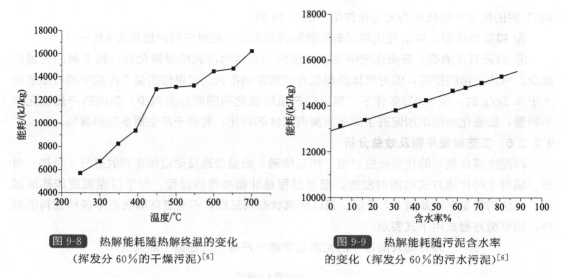

図 9-8 热解能耗随热解终温的变化
（挥发分 60％的干燥污泥）[6]

图 9-9 热解能耗随污泥含水率
的变化（挥发分 60％的污水污泥）[6]

污泥热解后的固态产物含有较多的碳氢元素，热值较高，尤其在 350℃时热值超过动力煤的热值，即使在高温段产生的半焦热值也能达到劣质燃料的要求。污泥热解液中含有脂肪酸、脂肪腈、沥青烯、硬脂酸甲酯、苯系物、酰胺及烃类等，都是有机质，也具有较高的热值，可作为燃料利用。污泥热解过程中低温段产生的热解气，由于大部分有机质还没有达到裂解温度，气体热值较低，但高温段产生的热解气含有大量甲烷、氢气及一氧化碳等，热值较高。污泥在不同热解终温条件下产物能量如表 9-7 所列。

表 9-7　1kg 干污泥在不同热解终温条件下产物的产率及能值[6]

热解终温 /℃	产物产率			产物能值/kJ			总产能量 /kJ
	固	气	液	固	气	液	
250	89	3.3	7.7	18868.87	5.94	—	18874.81
300	78.5	8.15	13.35	16552.29	51.24	1235.08	17838.61
350	69.9	9.9	20.2	15012.68	256.46	2231.47	17500.61
400	61.6	11.3	27.1	11585.78	495.63	3639.86	15721.27
450	46.6	11.4	41.65	5832.34	827.27	10172.51	16832.12
500	43.9	13.6	42.5	5108.25	1316.40	12442.43	18867.08
550	43.4	13.6	43.0	4993.61	1812.36	12124.72	18930.69
600	42.5	17.35	40.15	4889	2468.36	11634.76	18992.12
650	41.9	20.9	37.2	4642.32	2428.51	11100.63	18171.46
700	41.5	22.0	36.5	4576.2	2388.79	10583.28	17548.27

能量回收率是热工设备常用的能量平衡技术指标。污泥热解过程的能量平衡情况可以用下述公示计算：

$$能量回收率＝热解产物回收能量/（污泥带入能量＋外界输入能量）\qquad (9-2)$$

$$热解产物能耗比＝热解产物回收能量/外界输入能量\qquad (9-3)$$

由表 9-8 可知，污泥热解过程会产生较大的能量损失，尤其是随着热解温度的升高，能量损失也持续增加。损失能量主要是系统散热及冷却水带走的热量，而热解后产物的温度已接近环境温度，因此显热带走的部分能量很少。根据热解能量回收率，在低温热解条件下，热解过程回收的能量比需要的能量少。当热解终温低于 350℃时，产物中固体的产率及含能量高，这种固体燃料可作为动力燃料使用（受污泥无机质含量影响），例如可与其他燃料混烧来用于发电。温度在 450～600℃的热解产物中液态产物产率及能值较高，若以回收热解油为目的时，可采用该温度段进行热解。热解温度超过 350℃ 后的气体产物的热值很高，甚至可以直接点燃，因此气体产物的能量利用价值很高。

表 9-8　干污泥热解过程的能量回收率及热解产物能耗比[6]

温度/℃	250	300	350	400	450	500	550	600	650	700
能量回收率	0.75	0.68	0.64	0.55	0.52	0.58	0.58	0.56	0.53	0.50
热解产物能耗比	3.28	2.61	2.11	1.68	1.30	1.44	1.42	1.32	1.23	1.08

值得特别注意的是，污泥干燥过程的能耗很高，如将其也放在整个热解工艺过程中考察，将显著改变污泥热解的能量平衡。1kg 含水率 80% 的脱水污泥干燥至含水率 5% 以下，约需蒸发水分为 789g，而每千克水蒸发的能耗约为 $3.2 \times 10^3 kJ$，如锅炉热效率为 75%，则每千克干污泥所需的干燥能耗约为 $3.4 \times 10^3 kJ$，基本相当于 0.12t 标准煤的用量。如将其也纳入污泥热解所需的热量，污泥热解能耗如表 9-9 所列。

表 9-9　污泥干燥＋热解过程的能量回收率及热解产物能耗比

温度/℃	250	300	350	400	450	500	550	600	650	700
能量回收率	0.45	0.41	0.39	0.34	0.34	0.38	0.38	0.37	0.35	0.34
热解产物能耗比	0.83	0.75	0.69	0.59	0.56	0.62	0.62	0.60	0.57	0.53

根据表 9-9 可以发现，从整个污泥干燥＋热解过程的能耗看，污泥热解处理方式是一个能量净输入的过程，也即是说热解本身需要的能耗以及干燥过程需要的能耗大于产生的可供利用的能量。因此实现污泥的妥善处理并提供可利用的燃料，是这一处理过程的核心目的，而非提供廉价能源。这也是热解一般不用于市政污水污泥处理的重要原因。与污泥干燥焚烧处理的能量平衡相比，其主要差别在于热解本身和焚烧本身的能耗不同。

为了提高污泥热解的能量产出，增强这一处理过程的经济性，有两条主要途径：一是提高热解产物的能量，这就要求处理对象为高有机质含量污泥，因此目前污泥热解技术主要用于含油污泥的处理；二是降低污泥热解能耗，除了减少热解能量损失之外，可以通过强化脱水、太阳能干燥等方式降低污泥干燥的能耗。

与其他污泥处理方法相比，污泥低温热解技术显示出了能量经济性及二次污染可控性等显著优势，主要包括以下几点：a. 污泥的减量化效果好，可以实现及时处理、缓时利用，而生产的产品便于贮存和运输；b. 能量回收率及利用率高，该技术把污泥分解成固、气、液三种形式，再分别利用其中的能量，整个热解过程为净能输出过程，热解后回收的热解油的燃烧效率比直接焚烧高；c. 热解产生的气体通过焚烧处理，最终排放到环境的污染物少；d. 热解产物的可利用性好，液态产物由于热值较高，各种性能类似柴油，可作为重油类燃料使用，不凝结气态产物也可作为燃气加以利用，固体产物可作为工业吸附剂，热值高的也可作为劣质固体燃料。

9.2.3　污泥直接热化学液化技术

污泥直接热化学液化法是国外 20 世纪 80 年代开始发展的一项污泥处理兼资源化回收的新技术。

9.2.3.1　污泥直接液化简介

污泥直接液化制油技术无需使用还原性气体保护就能够处理高湿度生物污泥。在 5.0～

15 MPa 和 250~350℃条件下，污泥中的有机物通过水解、缩合、脱氢、环化等一系列反应转化为低分子油类物质。该技术的基本工艺流程如图 9-10 所示。在图 9-10 中，实线所示为基本步骤，虚线所示为在某些工艺中出现的步骤。

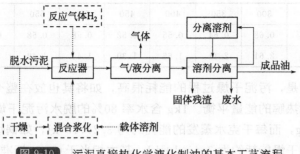

图 9-10　污泥直接热化学液化制油的基本工艺流程

　　污泥直接热化学液化技术可以将污泥中 40％以上的有机质转化为燃料油，相应的有机碳转化率达到 90％左右，热值达到 33MJ/kg 以上，并可以实现能量的净输出过程。在多国共同研究下，实现了污泥直接热化学液化技术的逐渐定型。目前，在英国、日本等国家对污泥直接液化制油方面已有较多研究，而我国研究相对较少。

9.2.3.2　污泥直接液化技术的应用及进展

　　热化学液化制油技术也是始于煤炭制油技术。1913 年德国人 F. Bergius 发明煤高温高压（400~450℃，20MPa）制燃料技术，这项技术后来被称作煤的直接液化技术。在 20 世纪 70 年代的"石油危机"以后，德国将这些技术用于从木屑、稻草和废纸等生物质中提取燃料油。1980 年以后，美国开始将该技术的工艺框架应用于污泥处理并发表了研究报告，之后其他国家也开始了这方面的研究，使得该技术的工艺过程逐渐定型成熟。

　　1984 年 W. L. Kranich 研究了污泥直接热化学液化的可能性，试验了 2 种基本工艺：a. 污泥干燥后用蒽油作为载体溶剂的高压加氢工艺；b. 以脱水污泥直接加氢或不加氢工艺。发现以蒽油为溶剂的工艺，占污泥有机质重量 50％的物质转化为油[8]。随后 1986 年，A. Suzuki 在 300℃条件下以水为载体溶剂，在不加氢的污泥液化制油工艺中，也获得了大于 40％的油得率[9]。1987 年 K. M. Lee 等进一步对比分析了反应污泥与未反应污泥可分离油量差距，证明至少 50％的油量是反应后产生的[10]，以此推进了水溶剂、不加氢条件下的污泥连续液化过程。由于以水为溶剂、不加氢的液化过程工艺简单，工业化前景较好，随后许多科学家围绕这一反应工艺进行了广泛研究。近年来，主要由德国 Bayer、Campbell 等的研究，污泥油化化学转化工艺逐步由试验室走向实用过程。然而到目前为止，热化学液化制油技术仍未实现大规模工业应用，主要是由于该工艺在高温高压下操作，工艺复杂，相对于产油率，生产成本过高。

9.2.3.3　污泥直接液化原理

　　污泥直接热化学液化法是在一定温度和压力下使污泥中的有机固体进行裂解反应。其实质是将经过机械脱水的污泥（含水率约为 70％~80％）在特定温度（一般在 250~350℃）和压力条件（5.0~15MPa）下，经数分钟至数小时的反应时间，使污泥中的有机物发生裂解反应转变为液态有机小分子的过程。

　　该工艺的过程特征是污泥颗粒悬浮于溶剂中，反应过程是气-液-固三相化学反应与能量传递过程的组合，反应为惰性气体环境。反应过程可得到热值约为 33MJ/kg 的液体燃料，同时产生大量不凝性气体和固体残渣。

污泥液化反应产物用溶剂萃取法分离，常采用二氯甲烷作有机溶剂，可获得几个不同馏分：油相、水相和固相。分离过程如图9-11所示。在污泥液化过程中，污泥中有近50%的有机物能通过加水分解、缩合、脱氢、环化等一系列反应转化为油状物，裂解油产品的组成和性质取决于催化剂的装填与反应温度。裂解油一般是深褐色或黑色的，具有植物油和石油类油的混合气味，常温下为黏稠状液体，且容易固化。热解油的成分十分复杂，主要有苯及苯的同系物、脂肪酸、硬脂酸甲酯、酚类、酰胺、脂肪腈、烃类、沥青烯等多种成分。

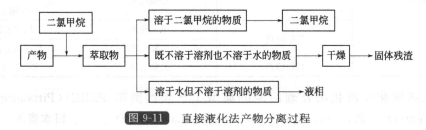

图 9-11　直接液化法产物分离过程

与热解技术相比，直接液化技术对生物质的利用率更高，而热解需要对原料先进行干燥。因此，对于一些含水量大的原料来说，例如污泥，直接液化技术更具有优势。但由于该工艺在高温高压并加催化剂条件下操作，工艺复杂，生产成本仍然较高。

9.2.3.4　污泥直接热化学液化工艺

污泥直接热化学液化制油技术的设备可分为间歇式反应装置和连续式反应装置两类。间歇式反应中，污泥脱水至含水率70%～80%即可满足相关反应要求，向高压釜中加入液化催化剂 Na_2CO_3 后，高压釜经过排气后充入氮气至所需压力，随后升温。随着温度的增加，工作压力随之增加。然后通过压力调节阀释放高压来使工作压力保持恒定，反应产生气体被气体贮罐收集。污泥连续液化制油的工业设施还未见报道，一般仅为中试规模。

（1）工艺类型及组成

污泥直接热化学液化法制油系统主要由热媒锅炉、反应器、凝缩器、冷却器以及装料系统等组成，如图9-12所示[1]。

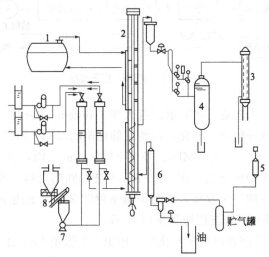

图 9-12　污泥直接热化学液化法制油系统

1—热媒锅炉；2—反应器；3—凝缩器；4—闪蒸罐；5—脱臭器；6—冷却器；7—压力泵；8—料斗

由于直接热化学液化技术源于煤和固体有机物的液化过程，而生物质的热解过程是相似的，后来逐渐进行适用于污泥特征的改进，因此形成了一些不同工艺流程。根据压力、溶剂的不同分为以下几类工艺，见表 9-10。

表 9-10　污泥热化学液化工艺分类[1]

高压	水溶剂	无催化剂	加氢工艺
			不加氢工艺
		有催化剂	加氢工艺
			不加氢工艺
	有机溶剂	无催化剂	加氢工艺
		有催化剂	加氢工艺
常压	有机溶剂	无催化剂	不加氢工艺

目前直接热化学液化法处理污泥的典型工艺包括美国 PERC（Pittsburgh Energy Research Center）工艺、LBL（Lawrence Berkeley Laboratory）工艺、日本资源环境技术综合研究所的液化工艺、荷兰 Shell 公司的 HTU（hydro thermal upgrading）工艺等[11]。

1）PERC 工艺　PERC 工艺是由美国矿山商开发的，其主要工艺是以油为介质的油化反应。木材干燥粉碎至 35 目后，与循环油、催化剂（Na_2CO_3）混合，制成浆状，用合成气加压至 28.4MPa，在反应塔（340~360℃）进行油化。油化所需的合成气依靠木材以及焦炭气化制造，主要成分为 CO。一部分气体和木材作为过程燃料加以利用，该过程的油收率大约是木材的 42%，以木材干基总质量为基准，能量回收率大约为 63%（以高位发热量为基准）。PERC 工艺流程如图 9-13 所示。

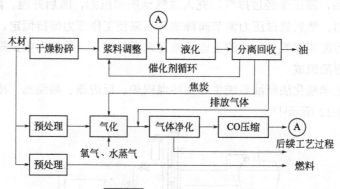

图 9-13　PERC 工艺流程

2）LBL 工艺　LBL 工艺是由加利福尼亚大学 Lawrence Berkeley 研究所开发的，其特点是木材首先经硫酸加水分解进行浆化，再使用催化剂和以 CO 为主要成分的合成气进行油化。加水分解温度 180℃、压力 1MPa、停留时间 45min 内，硫酸用量为木材质量的 0.17%。得到的浆状物质中和之后，在与 PERC 工艺相同的条件（28MPa，360℃）下，进行油化处理。商业规模下的油化收率大约为干基木材的 35%，能量回收率大约为 54%（以高位发热量为基准）。LBL 工艺流程如图 9-14 所示。

3）日本资源环境技术综合研究所液化法　PERC 工艺和 LBL 工艺都使用合成气，而日本资源环境技术综合研究所（现产业技术综合研究所）开发的液化法不使用还原性气体，催化剂为 Na_2CO_3。木粉与催化剂（与木材质量比约为 5%）一起在热水中（300℃，10MPa）

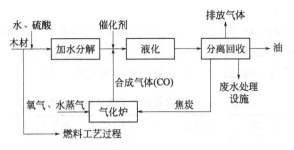

图 9-14　LBL 工艺流程

进行油化处理。油的收率约为 50%，能量回收率超过 70%（以高位发热量为基准）。另外，以这一液化法为基础，Orugano 公司以生活污泥为对象开发了油化技术，进行了污泥 500kg 的小试和 5t 的中试试验，在 10MPa、300℃下得到油产品。生活污泥中大约 50% 的有机物转变成油，能量回收率大约 70%（以高位发热量基准）。工艺流程如图 9-15 所示。

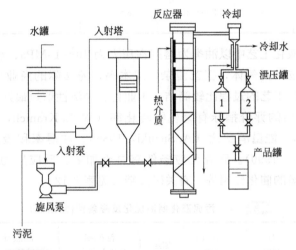

图 9-15　日本资源环境技术综合研究所液化法工艺流程

4）HTU 工艺　碱性催化剂可以抑制从油向焦炭的聚合，加强油的稳定性。荷兰生物燃烧公司和 Shell 公司开发了 HTU 工艺，其特点是在无催化剂条件下、不适用合成气的条件下，将木材浆料用水热方法加以液化，通过控制反应时间来控制聚合反应的进行。工艺流程如图 9-16 所示。

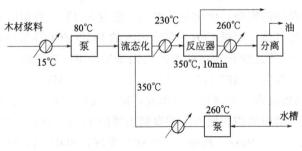

图 9-16　HTU 液化法工艺流程

（2）工艺条件与控制

1）反应条件　20世纪80年代中期，污泥直接热化学液化制油研究十分火热，众多研究者均对其反应条件对液化结果的影响进行研究比较，比较的标准是油得率、能量回收率或能量消费比（系统耗能与产能之比）。其主要研究结果见表9-11。

表9-11　污泥液化各种工艺适宜反应条件

工艺种类	催化剂	载气溶剂	反应温度/℃	压力/MPa	溶剂比(干泥/溶剂)	油得率(oil/VS)/%
有机溶剂 高压加氢	NiCO₃ (0)	蒽油	425	8.3(H₂)	0.33	63
有机溶剂 常压	无	沥青	300	—	0.1～0.3	43
	无	芳香族	250		0.5	48
水溶剂 催化液化	Na₂CO₃ 5%	水	275～300	8～14		>20
水溶剂 非催化液化	无	水	250～300	8～12	—	40～50

实验结果证明，液化工艺中以油类为溶剂在压力为10～15MPa、温度为300～450℃条件下，以 H_2 作为反应密封气体，工艺复杂，成本高，无实际的商业生产意义。以水为溶剂、不加氢的污泥液化工艺的过程比较简洁，工业化、经济性前景最好。在此条件下对污泥液化工艺研究中所使用的评价指标有有机物转化率（W. L. Kranich，1984）、能量回收率（P. M. Molton，1986）、能量消费比（A. Suzuki，1986）、油得率和废水可生化性（K. M. Lee，1987；A. Suzuki，1990）。研究反应条件有是否加氢、反应压力、温度、停留时间、碱金属和过渡金属盐类的催化作用等。有关研究结果见表9-12。

表9-12　污泥液化制油优化反应条件（水溶液）

反应温度/℃	催化剂	压力①/MPa	停留时间/min	加氢	油得率(oil/VS)/%	油热值/(MJ/kg)	废水性质
275～300	无	8～11	0～60	否	约50	33～35	BOD₅/COD>0.7

① 非独立变量，稍高于反应温度下的水的饱和蒸气压。

2）连续运行条件与控制要求　1986年 P. M. Molton 利用含水率80%～82%的初沉池污泥，经脱水后的泥饼和占污泥总量5%的 Na_2CO_3 进行污泥连续液化制油系统运行试验。运行参数为：温度275～300℃，压力11.0～15.0MPa，停留时间60～260min。经100h以上运行，设备无结焦和腐蚀的现象。优化试验得出：温度300℃、停留时间为1.5h，可使污泥有机质充分转化，产生气体主要是 CO_2，剩余废水的 BOD_5/COD 值属可生化性。

1992年 S. Itoh 所运行连续化装置处理能力为500kg/d，其试验装置见图9-17。使用污泥为脱水污泥。反应参数为：温度275～300℃，压力6～12MPa，停留时间0～60min。运行700h一切正常。装置设有一个高压蒸馏单元，能从反应混合物中连续分离出特性明显优于通常方式分离的油，燃料油的质量占污泥有机质质量11%～16%，油得率为40%～53%。热值为38MJ/kg，黏度0.05Pa·s。其废水可生化性极好，BOD_5/COD 约0.82。据此连续运行试验，S. Itoh 提出的建厂原则流程见图9-18。建议的反应条件为：温度300℃，压力9.8MPa，停留时间（指达到反应温度后的时间）0min。依据试验结果和建厂流程做的能量分析认为[12]：日处理含水率75％的脱水泥饼60t，过程无需外加能量（源）并且每天有1.5t剩余燃料油可供回收。

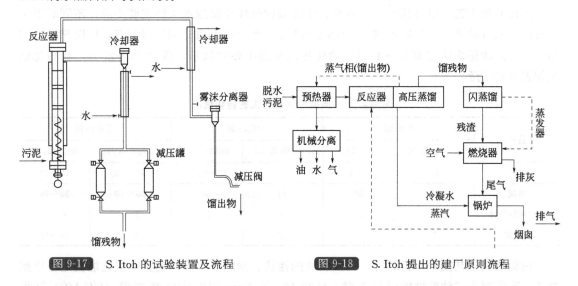

图 9-17　S. Itoh 的试验装置及流程　　　图 9-18　S. Itoh 提出的建厂原则流程

9.2.3.5　工艺影响因素

（1）污泥性质

与热解类似，不同的污泥经直接液化产生的油数量、品质也不同。高有机质含量的污泥或含油污泥会更有利于液化产油。

（2）催化剂

添加有效的催化剂能够缩短热解时间，降低所需反应温度，提高热解能力，减少固体剩余物，控制热解产品分布的范围。一般投加少量无水碳酸钠作为催化剂可提高产率，投加质量分数4％～5％可得到最高产率。也有的实验研究表明不投加催化剂对产率无影响，这可能是由于所用的污泥本身含有碳酸钠等能起到催化作用的碱金属盐和碱土金属盐类。大量催化剂的投加对产率影响不大，但是可以使油水的分离过程变得容易，且可以增加有机物的可生物降解性。

（3）处理温度

温度也是影响污泥直接液化制油的重要因素。污泥加热至275℃开始有重油产生，重油的产率随着温度的增加而增加，在300℃时产率达到最大值，约为50％。液体燃料的热值为29～33MJ/kg。

（4）停留时间

在不同温度范围内，停留时间对液化产物的影响不同。在275℃以下，液化产油收率随停留时间的增加而增加，但达到300℃时对产油收率几乎没有影响。停留时间为60min时，无论反应温度是多少，收率几乎恒定，但是停留时间越长，分离相会越明显，而且温度的升高或停留时间的延长也可增加水相中有机物的可生物降解性。

9.2.3.6　工艺能量平衡及效益分析

污泥直接液化本质上也是一种有机质热解反应，同时，热解产物还会存在一定程度的聚合反应，使反应产物保持在液态油状态，并避免继续向焦炭的聚合。因此，污泥直接液化制油的能量平衡和污泥热解制油具有类似的特点。由于直接热化学液化法原料不需要干燥，一般运行过程只要使用过程生产的 70%～80% 的油量就可以满足过程消耗的能量，20%～30% 的油量可以净输出。

污泥液化工艺可以转化成油、焦炭、非冷凝性气体和反应水 4 种主要产品，不同类型污泥其产油率（油得率）有所不同，生污泥中的挥发性固体含量比消化污泥高，所以产油率也高。生污泥油得率可达 30%～44%，消化污泥油得率相对较低，仅 20%～25%。其转化情况如表 9-13 所列。

表 9-13　典型污泥液化工艺转化情况

产品名称	生污泥		消化污泥		工业污泥	
	污泥能量/%	油得率/%	污泥能量/%	油得率/%	污泥能量/%	油得率/%
油	60	30～44	50	20～25	50～60	15～40
焦炭	32	50	41	60	30～40	30～70
非冷凝性气体	5	10	6	10	3～5	7～10
反应水	3	10	3	10	2～4	10～15

污泥液化工艺技术是否可行，与回收油的性状、油的发热量以及整个工艺能量是否平衡有关，因此对生成油的性能进行考察。1992 年，Y. Dote 以气相色谱-质谱（GC-MS）联机分析了油的化学组成，检定出了油中存在 77 种有机化合物，从油的元素组分进行定性定量分析的结果表明，油的主要成分为含氧化合物，其元素组成为碳 70%、氢 10%、氧 15%、氮 6%，发热量为 8000kcal/kg。其化学组成情况见表 9-14。

表 9-14　污泥液化法制油的成分组成（质量分数）

操作温度/℃	碳/%	氢/%	氧/%	氮/%	发热量/(kcal/kg)
250	68.3	9.1	5.6	17.0	7920
275	71.1	9.2	5.9	13.8	8350
300	72.1	9.4	5.8	12.7	8540

液化处理工艺的能量衡算是关系该工艺可行性的重要因素，现以液化处理 60t/d 为例分析：该污泥含水率 75%，有机物含量 70%，油得率 70%，苯得率 10%。发热量：油 8000kcal/kg，苯 1200kcal/kg。热损失方面：反应器、冷却器及废热锅炉等占交换热量的 20%，冷却器约占入热的 15%。根据以上分析和对参数进行热量衡算，除去全部热量支出外，每日可有 1500kg 油剩余量。也就是说，日处理 60t 污泥，除去全部能量消耗外，尚余 1.5t 油可作他用。因此，该工艺是一种产能型工艺。尤其是与其他热解工艺相比，该工艺由于脱水污泥的水无需在反应前或反应中蒸发，可节省占污泥总能量 40% 以上的能量。所以，污泥直接热化学液化法的优势为净能量输出过程。此外，处理过程排放气体以 CO_2 为主（占 95% 左右），废水具有良好的可生化性，对于环境而言，相对是"清洁的"。虽然它的操作温度与压力对设备要求较高，但没有超出现代化工技术设备可支持的范围。

20 世纪 80 年代，加拿大的 Campbell 和 Bridle 采用带加热夹套的卧式反应器进行了污泥热解中试实验；澳大利亚的珀斯和悉尼建立了第二代的试验厂，为大规模污泥低温热解油化技术的开发提供了大量数据和经验。虽然大部分污泥热解技术过程难以发展至生产性应用的水平，但 20 世纪 90 年代，世界上第一座商业规模的污泥直接热化学液化法制油厂在澳大利亚珀斯建成。该厂采用污泥转化发生在双层反应器中，在 12.0MPa 压力、缺氧和 450℃条件下，污泥中硅酸铝和重金属发生催化气相转化反应。精炼的油可用于现场发电或作燃料商品出售。该厂 1998 年正式投产，每天处理 17t 左右的干污泥，生产出 5.5t 油和 2.5t 灰。经济效益十分可观。

9.2.4 污泥热解制油技术与直接热化学液化制油技术对比

污泥热解制油技术与直接热化学液化制油技术相比，具有如下区别。

① 低温热解制油技术所采用的污泥需经干燥脱水，使其含水率在 5%～20% 以下，而直接热化学液化法所采用的污泥只需进行机械脱水。我国大部分污水厂采用机械脱水方式处理初沉污泥和剩余污泥，脱水污泥含水率为 70%～85%。由于直接热化学液化法避免了污泥干燥步骤，相比低温热解技术能耗较低。

② 低温热解制油技术无需很高的压力，常压即可，而直接热化学液化法则需要很高的压力，对设备的要求较高，同时也提高了处理成本，这也是直接热化学液化法相对应用更少的原因之一。

③ 低温热解制油技术产生的二次污染较少，特别是对重金属等固化作用显著，但是需要保证反应器中的温度尽量低，才能减少蒸气中金属的排放。

④ 低温热解制油技术的能量回收率较高，污泥中的炭有约 2/3 可以以油的形式回收，炭和油的总回收率占 80% 以上；而直接热化学液化法中油的回收率仅有 50%。但由于直接热化学液化法只需提供加热到反应温度的热量，省去了原料干燥所需的加热量。因此，综合考虑和比较，还是直接热化学液化法的能量剩余较高，大约为 20%～30%（一般在污泥含水率 80% 以下的情况下）。

9.3 污泥焚烧热能利用系统与技术

9.3.1 污泥焚烧热能利用概述

污泥的焚烧热能利用是指将污泥进行脱水或干燥，通过依靠其自身的热值或辅助燃料，在焚烧炉内进行焚烧的热处理及热能利用的过程。为了保证污泥的完全燃烧，在焚烧炉内必须保证一定的燃烧时间和温度，产生的高温烟气通过余热锅炉进行热能回收利用，最后再通过净化处理排入大气。

污泥通过污泥焚烧、与煤混烧或加工成合成燃料再燃烧等途径处理，其中的有机质焚烧时会释放出一定的热量，产生的热量可供直接利用或发电。这一过程除可以实现污泥的能源化利用外，还可以实现污泥的减量化、稳定化和无害化。有机质通过燃烧转化导致污泥质量的减少，同时病原菌和细菌在高温条件下被灭活，实现了污泥的稳定化，烟气处理系统和灰渣处理系统可捕获其他污染物并进行处置，从而保证污泥的无害化。

当污泥不符合环境卫生要求，其中有毒物质含量高，不能进行农副业利用时；或大城市对于卫生要求高；或污泥自身的燃烧热值高，可经自燃并利用燃烧热量进行发电；或有条件与城市垃圾混合焚烧并利用燃烧热气发电时，均可考虑采用污泥焚烧。当采用污泥焚烧工艺时，其前处理不必用污泥消化或其他稳定处理，以免由于挥发性物质减少而降低污泥的燃烧热值，但应通过脱水、干燥工艺。污水厂产生的污泥含水率通常在 80% 左右，通过燃烧产热利用的前提是要先去除污泥中的水分，在污泥焚烧热能利用过程中主要的能源消耗在水分的去除上。因此，污泥能源化实践的关键是低成本降低污泥含水率。

与污泥制油技术类似，污泥焚烧具有污泥处理与能源利用的双重性质。污泥焚烧产热方式包括直接焚烧、与煤混烧和合成燃料燃烧等几种类型。

9.3.2 污泥直接焚烧系统与技术

9.3.2.1 污泥直接焚烧简介

污泥直接焚烧是将污泥经过脱水等处理后送入焚烧炉，通过利用污泥本身所具有的有机物的热值，添加少量的助燃剂进行燃烧。

目前，污泥直接焚烧作为一种节能型的处理方式在污水处理厂内应用相对较多。污泥的含水率相对较低，热值较高，污泥添加少量的辅助燃料后即可直接入炉进行焚烧，这是污泥直接焚烧的前提条件。但是如果污泥含水率较高，热值较低，直接入炉焚烧则需要消耗大量的辅助燃料，导致运行成本较高，因此需要将污泥进行脱水后再进行加热干燥，以降低其含水率，提高入炉污泥的热值，使得在污泥焚烧的过程中不再需要辅助燃料。

9.3.2.2 污泥直接焚烧技术应用

污泥焚烧是起步较早的污泥能源利用技术之一，已有70多年的发展历史。世界上有记录的第一台用作污泥焚烧的多膛式焚烧炉是1934年美国密歇根州安装的污泥焚烧炉。20世纪60年代以前，污泥焚烧多采用多膛式焚烧炉，但后来由于辅助燃料成本上升和更加严格的气体排放标准导致逐渐失去竞争力，流化床焚烧炉逐渐成为受欢迎的污泥焚烧装置。流化床焚烧炉首先在20世纪60年代出现于欧洲，20世纪70年代出现于日本和美国。自20世纪60年代以来，美国已有125座流化床焚烧炉在运转，其中43座是20世纪90年代前后安装的[13]。该装置是较好的热氧化设备，焚烧气体外排较少，采用适当气体净化，即可满足严格的气体排放要求。此外，在焚烧工业污泥方面回转式焚烧炉也有大量的工程应用。目前污泥焚烧已经成为诸如德国、瑞典、丹麦、瑞士等国以及日本等发达国家污泥处理的主要方式，从20世纪90年代起就开始以焚烧工艺作为处理市政污泥的主要方法。

9.3.2.3 直接焚烧产热原理

污泥焚烧是污泥中的有机质在一定温度和氧气充分的条件下发生燃烧反应，使其转化为CO_2、N_2和H_2O等相应的气相物质，包括蒸发、挥发、分解、烧结、熔融和氧化还原反应以及相应的传质和传热的综合物理变化和化学反应过程。污泥焚烧可较大程度地迅速使污泥减量化，减量率达到95%左右，残留的灰渣可进行填埋处置，适应性相对较强、反应时间短、占地面积小，且在恶劣的天气条件下无需贮存设备，不会出现异味。不过污泥焚烧也存在一次性投资大、处理系统复杂、设备数量多、运行成本相对较高等缺点。

9.3.2.4 直接焚烧工艺

污泥直接焚烧工艺系统包括预处理、污泥焚烧和后处理3个子系统。

（1）预处理

预处理主要包括污泥的破碎和干化处理，一般污泥焚烧系统的原料主要是脱水污泥饼，需要对污泥进行干化或半干化以进一步脱除水分。考虑到焚烧对污泥热值的要求，在污泥前置处理流程中，拟焚烧的污泥不应再进行消化处理；在选用污泥脱水的调理剂时，既要考虑其对污泥热值的影响，也要考虑其对燃烧设备安全性和燃烧传递条件的影响，因此，腐蚀性强的氯化铁类调理剂应慎用，石灰有改善污泥焚烧传递性的作用，适量（量过大会使可燃分太低）使用是有利的。

（2）污泥焚烧

污泥焚烧是指污泥经烘干后（含水率降至 10％以下）送入焚烧炉焚烧，产生热能或电能等高品位能。燃烧系统的主要设备有污泥焚烧炉及其附属设备，具体焚烧设施的选择是一个综合性技术和经济问题，主要考虑污泥焚烧量、水分、热值、成分、周边热力设备情况等多个因素。干化污泥焚烧工艺稳定，可不掺加其他燃料，污泥无害化处置彻底。但若选择污泥干化焚烧工艺，则必须建污泥干化厂，干化厂工艺设备投资较大，运行管理较为复杂。污泥热干化是一个能量净支出的过程，因此需要优化干化工艺，合理回收废热，内化环境成本。在污泥干基热值较高时，也可以进行半干化至含水率减少到 50％或 30％以下，使半干化污泥能够维持自持燃烧，从而降低干化成本。将污泥焚烧技术与发电系统结合起来，则发电系统为干化系统提供所需的热能和电力，具有系统合理配置和能源有效利用的双重优势。污泥干化焚烧发电系统如图 9-19 所示[2]。

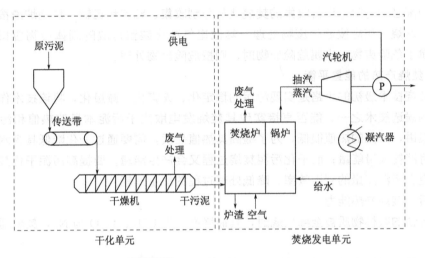

图 9-19　污泥干化焚烧发电系统

（3）后处理

后处理包括烟气处理与余热利用两个部分。烟气处理是污泥焚烧的重要环节。在 20 世纪 90 年代，污泥焚烧烟气处理子系统主要包含酸性气体（SO_2、HCl、HF）处理和颗粒物净化两个单元。大型污泥焚烧厂酸性气体净化多采用炉内加石灰共燃（仅适用于流化床焚烧）、烟气中喷入干石灰粉（干式除酸）、喷入石灰乳浊液（半干式除酸）3 种方法。颗粒物净化采用高效电除尘器或布袋式过滤除尘器。小型焚烧装置则多用碱溶液洗涤和文丘里除尘方式分别进行酸性气体和颗粒物脱出操作。后来为了达到对重金属蒸气、二噁英类物质和 NO_2 进行有效控制的目的，逐步加入了水洗（降温冷凝洗涤重金属）、喷粉末活性炭（吸附二噁英类物质）和尿素还原脱氮等单元环节。这些烟气净化单元技术的联合应用可以在污泥充分燃烧的前提下使尾气排放达到相应的排放标准。

对于焚烧烟气的治理，我国目前还没有专门的污泥焚烧烟气排放标准，实际工作中需要参照《大气污染物综合排放标准》（GB 16297—1996）、《生活垃圾焚烧污染控制标准》（GB 18485—2014）[14,15]。污泥焚烧炉大气污染物排放标准应符合表 9-15 的规定。

表 9-15 污泥焚烧炉大气污染物排放标准

序号	控制项目	单位	数值含义	限值
1	烟尘	mg/m^3	测定均值	65
2	烟气黑度	格林曼黑度	测定值	I 级
3	一氧化碳	mg/m^3	小时均值	150
4	氮氧化物	mg/m^3	小时均值	400
5	二氧化硫	mg/m^3	小时均值	260
6	氯化氢	mg/m^3	小时均值	75
7	汞	mg/m^3	测定均值	0.2
8	镉	mg/m^3	测定均值	0.1
9	铅	mg/m^3	测定均值	1.6
10	二噁英类	mg/m^3	测定均值	1.0

焚烧炉渣必须与除尘设备收集的焚烧飞灰分别收集、贮存和运输。焚烧炉渣按一般固体废物处理，焚烧飞灰应按危险废物处理。其他尾气净化装置排放的固体废物应按 GB 5085 判断是否属于危险废物；当属危险废物时，则按危险废物处理。

9.3.2.5 焚烧产热的能量平衡

污泥焚烧技术最初的思路是实现污泥的稳定化、无害化、减量化，将该技术作为污泥能源化途径的候选技术之一，能否直接实现其焚烧发电取决于污泥本身的热值和污泥的含水率。一般来讲，污泥的热值很低，为了提高其热值品质，需要通过干化降低其含水率，污泥干化过程将消耗大量能量；而干化污泥焚烧过程又会产生能量。要提高污泥干化焚烧的经济性，需要提高污泥能量的利用效率，降低处理过程的能量消耗。

（1）污泥焚烧产热能力

污泥所含的有机物质被全部焚烧时，其最终产物为 CO_2、H_2O 与 N_2，焚烧需氧量可用下式表达：

$$C_a O_b H_c N_d + (a+0.25c-0.5b)\ O_2 \longrightarrow a CO_2 + 0.5c H_2O + 0.5d N_2 \tag{9-4}$$

为了保证有机物质（$C_a O_b H_c N_d$）的完全焚烧需提供理论需氧量 1.5 倍的氧气量。

焚烧污泥的全部耗热量应包括有机物焚烧、水分蒸发、焚烧设备热损失、烟气与焚烧灰带走与回收预热的热量，可用下式计算：

$$Q = \sum c_p W_s (t_2 - t_1) + W_w \lambda \tag{9-5}$$

式中，Q 为总耗热量，kJ/h；c_p 为焚烧灰及烟气中各种物质的比热容，$kJ/(kg \cdot ℃)$；W_s 为各种物质的质量，kg；t_1、t_2 分别为焚烧前、后污泥温度，℃；W_w 为被蒸发的水分质量，kg；λ 为蒸发每千克水分的潜热，kJ/kg。

污泥热值是焚烧过程中技术可行性的关键性制约因素。由于污泥中存在大量有机质，故在污泥焚烧时，会产生燃烧热值，可用下式计算：

$$q = a \left[\frac{p_v}{100 - p_c} - b \right]^{1-p_c} \tag{9-6}$$

式中，q 为污泥燃烧热值，J/kg（干固体）；a 为系数，初沉污泥与消化污泥为 3×10^5，新鲜活性污泥为 2.5×10^5；b 为系数，初沉污泥为 10，活性污泥为 5；p_v 为污泥中挥发性固体百分率，%；p_c 为污泥机械脱水时加入的混凝剂（占干固体重量），%，如为有机高分子聚合电解质则 $p_c = 0$。

也可用直线方程式计算不同污泥的燃烧热值：

新鲜活性污泥，有：
$$Q = 169p_v^{1.085} \tag{9-7}$$

初次沉淀污泥，有：
$$Q = 197.7p_v^{1.085} - 1628.5 \tag{9-8}$$

据统计，污泥的干基热值范围为 7471.37~17931.37kJ/kg（一般生活污水处理厂生化工艺产生的污泥热值 14942.74kJ/kg 左右），所以干污泥具有很好的可焚烧性。而污水厂排放的脱水污泥含水率为 70%~80%，考虑到湿污泥焚烧时水分的去除还需消耗能量，因此，湿污泥的焚烧性并不理想，新鲜污泥热值相对较高，消化污泥热值偏低，一般需加辅助燃料才能稳定焚烧。

（2）焚烧产热利用

污泥焚烧产生的高温烟气的热量回收是靠锅炉来实现的，高温烟气通过锅炉将热量传递给蒸汽或导热油，蒸汽可以推动蒸汽轮机做功发电。因此保证锅炉产生最大蒸发量，提高锅炉热效率，同时充分利用以蒸汽形式回收的热量，是提高污泥焚烧热能利用效率的极为重要的因素。

对于干基低位发热量为 8374kJ/kg（2000kcal/kg）的污泥，若水分达 76.9% 时，其能量损失就达 100%，亦即无能量可用了。污泥水分高，焚烧时需加辅助燃料，因此，为减少能量损失，需要实现对污泥脱水乃至干燥，但这又涉及脱水和干燥的能耗问题。表 9-16 为两种城市污泥的基本工业分析及干基热值，从中可以看出，两种城市污泥的干基热值都在 16736kJ/kg 左右，但由于其含水率分别达到 80% 左右，因此，其低位热值还不到 1500kJ/kg。主要原因是污泥中存在的不同形式水分在污泥燃烧过程中先转变为蒸汽，并以汽化潜热的形式带走部分能量，引起污泥低位热值的降低。由此可见，污泥的含水率是影响污泥燃烧热值的一个重要因素。

表 9-16　两种城市污泥性质

序号	含水率/%	VS /%	元素含量/%					干基热值 /(kJ/kg)	低位热值 /(kJ/kg)
			C	H	N	S	O		
1	84.46	66.67	32.97	6.83	5.19	0.58	21.10	17185.36	557.73
2	78.71	64.83	32.72	5.95	5.38	0.81	19.98	16065.72	1451.01

（3）烟气余热利用

污泥焚烧烟气余热利用的主要方向是用于自身工艺过程，包括污泥预干燥或助燃空气（预热为主）。焚烧烟气余热用于污泥干燥等时，可采用直接换热方式或通过余热锅炉转化为蒸汽或热油能量间接利用的方式。以燃煤电厂为例，前者抽取部分锅炉蒸汽或汽轮机排汽用于干化污泥，锅炉及汽轮机抽汽回热系统需改造；后者利用锅炉烟道抽取的高温烟气或锅炉排烟，直接或间接干燥污泥，或换热后生成低压蒸汽干燥污泥。直接加热干燥时烟气与污泥直接接触，低速通过污泥层，处理后的干污泥与热介质进行分离，排出的废气需经无害化处理后排放，废气处理成本相对较高。常用设备有流化床干燥器、转鼓干燥器、闪蒸干燥器等类型。间接加热干燥是将烟气热能通过热交换器传递给湿污泥，干燥蒸发的水分在冷凝器中冷凝，一部分热介质回流到原系统中进行再利用。此种技术可以利用大部分烟气凝结后的潜热，热效率利用率高，不易产生二次污染，对气体的控制、净化及臭味的控制较容易，不存有爆炸或着火的危险。典型设备有机械流化床干燥器、顺流式干燥器、转鼓干燥器和垂直多段圆盘干燥器等。

9.3.3 污泥混合焚烧系统与技术

9.3.3.1 污泥混合焚烧技术简介

污泥混合焚烧是指在充分利用污泥的热值的同时达到节省能源的目的的基础上将污泥与其他可燃物进行混合燃烧。污泥混合焚烧的对象主要包括燃煤和可燃固体废弃物等,它的出现主要是可以解决由于污泥焚烧在单独建造大型污泥焚烧厂时所面临的诸多困难。虽然通过焚烧可以实现无害化、减量化和资源化,相比其他处理方式具有明显优势,但是单独建大型污泥焚烧厂也存在以下问题:a.投资成本大,污泥焚烧炉及烟气净化系统等设备价格相对昂贵,一套日处理500t的污泥焚烧系统需要投资达2亿~4亿元;b.运行成本高,污泥的含水率高、热值偏低,在燃烧过程中需要消耗大量的常规能源,目前国内焚烧污泥的成本一般在200~400元/t;c.建设周期长;d.运输成本高,城市污水处理厂的污泥含水率通常为80%左右,由于其体积庞大,且城市污水处理厂通常相对分散,几种焚烧处理势必带来高昂的运输费用;e.征地困难,与堆肥、填埋相比,污泥焚烧厂占地面积相对较小,但由于城市市政设施用地面积紧张,群众对焚烧设施较为敏感,因此焚烧厂选址也是污泥焚烧的制约因素之一。

由于单独建设污泥焚烧设施存在以上诸多问题,因此可以通过利用城市现有的燃煤电厂、垃圾焚烧厂、水泥厂等现有的燃烧设施协同焚烧处理污泥,不仅可以大幅降低污泥的处理费用,而且对于消纳污水污泥的工业企业而言,收取的污泥处理费和享受的相关优惠政策也可以增加企业收益,促进企业的可持续发展。

9.3.3.2 污泥混合焚烧技术应用

污泥混烧设施主要是燃煤电厂锅炉和水泥窑,污泥在这些工业窑炉里与煤混烧,实现无害化、资源化处置。燃煤电厂混烧污泥是欧美发达国家处理污泥的重要方式。欧洲超过100座电厂设施混烧包括污泥在内的生物固体废物,其中德国混烧污泥规模较大。德国电厂污泥的混烧情况如表9-17所列。德国电厂消纳污泥有两种方式——湿污泥直接掺煤混烧和干化后混烧。流化床锅炉掺加湿污泥比例(污泥与燃煤质量比,下同)在25%以下,煤粉炉掺加干污泥比例低于10%以下,一般在5%左右[16]。

表 9-17　德国电厂污泥的混烧情况[16]

电厂名称	混烧污泥锅炉类型
1. Berrenrath Rheinbraun	流化床
2. Boxberg Ⅲ VEAG	煤粉炉(固态排渣炉)
3. Braunsbedra EWAG	抛煤机炉
4. Buschhaus BKB	煤粉炉(固态排渣炉)
5. Duisburg H. Stadtwerke	煤粉炉(液态排渣炉)
6. Farge Bremen Preussen Elektra	煤粉炉(固态排渣炉)
7. Franken Ⅱ Bayernwerke	煤粉炉(液态排渣炉)
8. Heilbronn EnBW	煤粉炉(固态排渣炉)
9. Lausward Stadtw. Düsseld.	煤粉炉(液态排渣炉)
10. Lünen Innovatherm	流化床
11. Mumsdorf Mibrag	煤粉炉(固态排渣炉)
12. Karlsruhe RDK EnBW	煤粉炉(固态排渣炉)

电厂名称	混烧污泥锅炉类型
13. Voerde STEAG	煤粉炉(液态排渣炉)
14. Wahlheim Neckarwerke	煤粉炉(液态排渣炉)
15. Weiher II SaarEnergie	煤粉炉(液态排渣炉)
16. Weisweiler RWE	煤粉炉(固态排渣炉)

　　我国燃煤电厂分布广，耗煤量大，具有庞大的污泥处理潜力。2008 年仅前十大发电集团的火电煤耗就接近 6 亿吨，即使按湿污泥掺加比 5％计，也可消纳污泥 3000 万吨，与目前全国的污泥产生量相当。因此，利用电厂锅炉、水泥窑等工业设施混烧污泥已经成为解决我国城市污泥处理难题、实现污泥资源化利用的一条重要途径。

　　目前，我国江苏常州市有 600t/d 的污泥由电厂处理，此外，深圳、广州、南京、苏州、温州、徐州、淄博、宁波、烟台等多座城市已经建成或正在筹建污泥电厂处理系统。我国电厂主要采用流化床混烧湿污泥，少量电厂采用煤粉炉混烧干污泥。前者湿污泥掺烧比大约在 20％～25％，后者干污泥掺烧比在 1％～5％。水泥窑混烧废弃物也是欧美发达国家固体废物处理的重要方式。我国的北京金隅水泥厂、广州越堡水泥厂、宜昌华新水泥厂等水泥企业和部分城市的生活垃圾焚烧设施都进行了污泥混烧的实践，国内部分电厂污泥混烧情况见表9-18。

表 9-18　国内部分电厂污泥混烧情况[16]

电厂名称	投产时间	脱水污泥处理量/(t/d)	工艺类型
1. 江阴康顺热电厂	2006	100	干化污泥＋流化床
2. 常州广源热电厂	2006	500	脱水污泥＋流化床
3. 徐州坨城电力	2007	250	干化污泥＋煤粉炉
4. 南京协鑫热电厂	2007	400	脱水污泥＋流化床
5. 常州新港热电厂	2007	200	脱水污泥＋流化床
6. 扬州港口环保热电厂	2007	60	脱水污泥＋流化床
7. 枣矿八一水煤浆电厂	2009	140	脱水污泥＋流化床
8. 华电滕州新源热电	2009	110	干化污泥＋煤粉炉
9. 宁波正源电力	2009	240	脱水污泥＋流化床
10. 烟台清泉热电厂	2010	50	脱水污泥＋流化床

　　在混烧污泥的相关污染控制标准和政策方面，发达国家已经建立了相对完善的体系，如欧洲针对污泥焚烧的尾气控制有 Directive 2000/76/EC，以及 EN-450、EN-197-1 等，德国还增加了 Ordinance on waste incineration and co-incineration-17. BlmSchV (2003) 等法规，对焚烧前污泥的进料特性及焚烧后的尾气控制进行了规范，但目前我国还缺乏针对污泥混烧的专项排放标准，一般参照《生活垃圾焚烧污染控制标准》（GB 18485—2014）及《火电厂大气污染物排放标准》（GB 13223—2011）进行控制，相对国外标准还有差距，污染物总量排放可能增加，汞、二噁英污染风险增加，污泥干化过程中的尾气处理也难以得到有效管理。这些问题已经成为制约我国电厂混烧污泥技术推广乃至污泥处理事业发展的瓶颈。

9.3.3.3　污泥混烧原理

　　污泥处理处置设施在单独建设时存在投资成本及运行费用相对较高的问题，因此，采用工业窑炉协同焚烧污泥，不但可以大幅降低污泥处理的成本，而且污泥作为燃料或替代原料可以实现资源化利用。

污泥混烧有两种方式：一是湿污泥（脱水污泥）直接混烧；二是污泥干化后再混烧。

（1）湿污泥混烧

污泥直接焚烧工艺是将湿污泥不经干化直接送入热电厂锅炉、生活垃圾焚烧炉或水泥窑燃烧，根据锅炉规模和合适的掺烧比例掺烧一定量的煤来实现无害化处置的一种工艺路线。此种污泥焚烧方式仅需在热电厂内建设污泥贮存设施和污泥输送系统，并对原有锅炉和烟气处理设备进行部分改造，即可达到污泥无害化处置的要求。此种污泥焚烧方式不仅投资成本较低，而且具有良好的经济效益和环境效益。其缺点是为了保证不影响窑炉的正常工况，污泥掺烧比例相对较低。

（2）干污泥混烧

干污泥混烧是将污泥先进行干化，然后再送入热电厂锅炉、生活垃圾焚烧炉或水泥窑燃烧。此种方式需要建设污泥干化厂，投资相对较大，但是干化污泥对窑炉的影响较小，可以大幅提高污泥的掺烧比例，从而增强对城市污泥的消纳能力。同时可以利用工业窑炉的余热进行污泥干化，以降低污泥干化成本。

（3）污泥混烧存在的问题

在电厂混烧污泥发电实现资源化转化的过程中，如何高效地利用电厂余热资源进行污泥干化、干化污泥如何掺烧以减少对电厂生产过程的影响，是目前研究和实践中的焦点。此外，随着电厂混烧污泥技术的应用，消纳过程的环境安全性问题逐步凸显，如干化过程中的烟气和臭气，混烧后烟气中重金属、二噁英等污染物排放，以及混烧污泥后粉煤灰性质变化对后续建材利用的影响，这些问题已经成为企业和管理部门关注的焦点。除技术本身需要进一步研发改进外，缺乏污泥等固体废物混烧处理的相关标准也是限制该技术进一步健康发展的关键政策因素。

9.3.3.4 污泥混烧工艺

（1）水泥窑混烧工艺

水泥窑协同处置市政污泥的技术方案是在不改变现有水泥窑的生产工艺和运行参数、保证水泥产品的品质的条件下，将污泥按照一定比例和水泥生产原料一起进入回转窑，使污泥中有机物进行焚烧分解，重金属离子被固化到水泥熟料中，污泥中的无机物则参与水泥熟料矿物的形成。其水泥厂内流程为，将市政污泥从污水厂经过专门车辆运至水泥厂贮库，经过高压泵打入水泥回转窑，进料位置可以在窑头，也可以在窑尾。污泥在窑内和其他生料一并进行高温煅烧，形成熟料，如图 9-20 所示。

图 9-20 污泥水泥厂内处理流程示意

当污泥量较少时，湿污泥可以直接掺烧，但掺加量应严格限制。为了减少掺烧污泥水分的影响，一般先对污泥进行干化处理，然后干化污泥再进行掺烧。其工艺如图 9-21 所示。

项目新增处理工艺设备设施少，以节约基建投资，充分利用现有生产设施并尽可能不影响现有设施的正常生产。车辆消毒、焚烧、自动化控制部分利用现有的设备和技术。主要增加设备设施包括如下：a. 封闭式污泥贮库，可容纳 1～2d 污泥量，采取半密闭负压状态，防止臭气污染；b. 污泥干燥系统，利用水泥窑烟气余热干燥污泥；c. 污泥接收料仓 2 个，

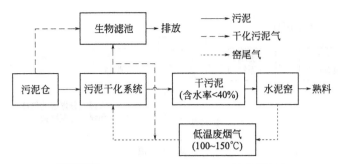

图 9-21 污泥水泥窑干化混烧处理技术路线

用于污泥输送、入水泥窑前的存料；d. 污泥进入水泥窑的输送设备，可采用高密度固体泵；e. 自动控制系统，污泥进料控制；f. 相关配套设施，主要是供电等公用工程。

污泥混烧可能对水泥窑运行造成一定影响，如果污泥中含有磷和氯可能造成水泥窑的结圈和结皮现象。日本干法窑焚烧固体废物的实践表明，危险废物中的磷不会造成此种现象，而当进入水泥窑中氯的含量不高于原料的 0.06％时，也不会出现这种现象。干法水泥回转窑中液相量大于 25％时，熟料在窑内结球，影响窑内通风量，当结球过多、过大时会阻塞篦冷机后端的锤式破碎机，造成停窑事故。

液相量的计算公式为：

$$C_3A + C_4AF + MgO + K_2O + Na_2O + SO_3 < 25\% \tag{9-9}$$

虽然干化污泥的成分和黏土相似，但其含量相对较少，每吨干化污泥中含有可转变为液相物质的量占污泥的量不到 8％。干化污泥进入水泥窑后，由于少量水分的引入导致窑内温度下降，因此此时需要适量增加热量，提高煤的供给量，加大进风量。宁波水泥厂在 2500t/d 的水泥窑中进行了 97 t/d 工业污泥焚烧中试，每小时煤增加量在 1.5t 时保证了窑系统稳定进行。目前水泥窑协同处理污泥最大的问题在于汞元素的限制。由于汞的物理和化学性质，水泥熟料对于汞不能进行固化，进入后即在高温下形成气态化合物，且不会停留在水泥窑和预热器中，该气态化合物会凝结在生料颗粒和收集系统中的尘埃上，其结果是水泥窑协同处理高汞物质时导致排入大气的汞含量超标。欧盟废物焚烧控制指令 2000/76/EC 及美国关于危险废物焚化 MACT 规则将汞的排放限制在 0.05mg/m³。在现有的水泥窑烟气处理设施条件下，需要根据污泥含汞量来限定污泥的掺烧量。

（2）燃煤电厂混烧工艺

实践证明，污泥占燃煤总量的 5％以内，对于尾气净化以及发电站的正常运转无不利影响。火电厂混烧污泥的主要优点是可以除臭，病原体不会传染，卫生；装车运输方便；仓储容易，与未磨碎煤的混合性及其燃烧性都得以改善[17]。

污泥在循环床锅炉中燃烧时，首先液压输送泵将污泥从污泥贮藏室底部经污泥输送系统喷射至循环流化床燃烧室中，污泥由于受气体摩擦阻力作用，被撕裂成小颗粒，从而增加了表面积，被瞬时汽化爆燃。污泥贮藏室中的臭气（沼气）在风机的引导下，被送入竖井烟道，与炉膛中排出的未被充分燃烧的污泥细粒和气体再次送入炉膛进行充分燃烧；由于炉膛内的煤和脱水污泥是沸腾燃烧，温度可达 850～900℃，脱水污泥中的有机物 100％被烧掉。循环流化床锅炉污泥混烧工艺如图 9-22 所示。

混烧污泥需要对系统进行适当改动，并尽可能不影响现有设施的正常生产。以某流化床锅炉混烧湿污泥为例，主要增加工艺步骤如下。

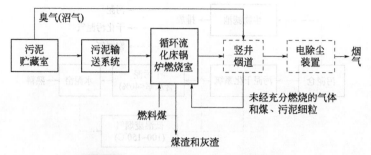

图 9-22　循环流化床锅炉污泥混烧工艺

脱水污泥运至热电厂污泥贮存池，贮存池为半地下室，池顶有可启闭的电动门，进料时开启，进完料关闭。池顶上方装有负压抽吸管道系统，出口接至锅炉送风机进口，利用风机进口负压将池内产生的沼气送至锅炉内焚烧，避免沼气的环境和安全隐患。

污泥进贮存池后，经池底下部的闸板阀进入预压双螺旋机输送至具有双活塞的浓料泵，由高压油泵提供 17MPa 的压力油作为两只活塞交替运动的动力，油泵出口压力最大 32MPa，不同的油压由不同的管路来调整，污泥由浓料泵升压至 2.5MPa，经污泥总管输送至焚烧炉。

① 污泥输送管路设计为单元母管切换制，2 台浓料泵可输送污泥至 3 台锅炉中任意一台，以保证任何一台锅炉故障或检修能确保焚烧量。

② 为了在管路检修中使用，污泥输送总管路沿途一般设有冲洗管路系统和冲洗排放系统。

③ 锅炉设 8 个污泥喷口，4 个喷口运行，4 个备用，在循环流化床锅炉的 c 相区接入，分别接于炉两侧上、下层。为了避免污泥中杂质较多，喷口易造成堵塞，在设计中加了蒸汽吹扫系统，由本锅炉的饱和蒸汽系统接入。污泥管与锅炉设计了柔性连接，以满足锅炉运行过程中的需要，从而保证了系统的安全运行。

④ 浓料泵房设置在地下 7m 处，由于有冷却水系统及打扫冲洗用水排出，泵房设有污水泵，实现水位自动控制，保证浓料泵等地下设施安全运行。

⑤ 整套污泥输送系统的自动化水平达到了运行人员在锅炉控制室内实现浓料泵的启、停及污泥量控制。

⑥ 浓料泵控制系统采用集散控制模式，采用西门子公司的可编程控制器 SIMATIC7-200 作为控制系统核心单元，人机操作界面就地采用 TD-200 进行参数显示及控制操作，与 S7-200 基于 SIMATIC-NET 通信（该系统由北京中矿机电技术研究所提供），在集控室采用硬线连接至锅炉控制网络 6000 分散控制系统（DCS）。

⑦ 通过 DCS 的操作界面对输送系统进行操作调整和参数显示，就地远控制的操作切换通过 TD-200 实现。

⑧ 在 DCS 系统实现当运行锅炉跳闸时联跳浓料泵的逻辑功能。

⑨ 预压螺旋的启、停均在集控室 DCS 界面上操作，实现泵停联跳预压螺旋的逻辑功能。

⑩ 在集控室模拟屏上实现浓料泵的故障及跳闸报警。

⑪ 在浓料泵房内安装全方位控制摄像头，在集控室监视。

电厂锅炉混烧污泥面临的最大问题是二次污染控制。电厂循环流化床锅炉过剩空气系数一般为 1.1～1.2，烟气中含氧量 3%～5%（体积比，下同）。而根据我国《生活垃圾焚烧污染控制标准》，烟气含氧量应在 6%～12%。掺烧污泥后，由于过剩空气系数调整、燃料水分含量增加等因素，锅炉烟气量会增加，导致烟气浓度降低，低于非混烧烟气污染物的实际浓度，最终无法严格控制排入大气的污染物浓度，而且我国混烧烟气中汞的浓度尚无相关标准及监测手段。污泥中重金属含量相对燃煤较高，混烧后除部分以气态形式存在于烟气中外，大部分进入飞灰和底渣中，而飞灰可被烟气处理系统捕集。混烧污泥后飞灰量增加，有利于对重金属的吸附。但与其他重金属不同，燃料中的 Hg 大部分以气态形式存在于烟气中，而电除尘器对 Hg 的捕集效率很低。废物焚烧时为减少二噁英类污染物的生成，要求烟气在 850℃ 以上高温下停留 2s 以上，由于混烧污泥时炉温降低，烟气流速增大，可能导致工况不符合避免二噁英产生的"3T＋E"❶ 条件。目前我国电厂普遍采用的脱硫、脱硝设备和电除尘器组合，对二噁英的捕集效率很低。此外，我国《生活垃圾焚烧污染控制标准》要求焚烧厂必须设置布袋除尘器[15]。

（3）生活垃圾焚烧厂混烧工艺

将污泥与城市垃圾混合焚烧是一种合理的处理途径。污泥在生活垃圾焚烧厂混烧时，和在燃煤电厂混烧类似。在垃圾焚烧厂待焚烧的污泥应预先脱水或先干燥。此种混合焚烧方式的主要优点在于：a. 用离心机适度预处理即可，可减少污泥脱水费用；b. 垃圾中蕴藏的多余热能可用于蒸发污泥中水分，可节省能源消耗量；c. 蒸汽锅炉、燃烧室及废气净化设备同时使用，可降低投资与成本。

相对而言，生活垃圾焚烧厂的烟气处理系统更加完善，更有利于混烧烟气污染物的控制。

9.3.3.5 污泥混烧的能量平衡

污泥混烧过程，相对于原系统而言，如考虑污泥干燥系统，则能耗变化为：

系统能耗变化＝污泥干燥能耗＋系统运行增加能耗－污泥燃烧释放的能量

混烧污泥后，烟气量增大，会导致热损失增加，锅炉热效率降低。如果锅炉综合热效率降低 4.5%～5.1%，可以通过增加少量燃煤弥补锅炉的热损失；如果综合热效率降低 10% 以上，那么补煤量将大幅度增加。以流化床混烧湿污泥（未干燥）为例，污泥不同掺加量时，对流化床系统能耗的影响如表 9-19 所列。由此可知，污泥量的增加将使减温幅度增加，热效率降低，耗煤、耗电量增加。如以 1t/h 的污泥焚烧量为例，排烟温度由 145.6℃ 上升至 166.3℃，上升幅度为 20.7℃；烟气量增大 9%，烟气侧阻力增加 200Pa，增加引风机电耗 18kW·h；污泥系统耗电量为 11kW·h；为保证原有蒸发量多耗煤 0.054t/h；热效率下降 2.5%。

表 9-19 不同污泥掺烧量对流化床系统能耗的影响

	煤炭	煤＋0.4t/h污泥	煤＋0.62t/h污泥	煤＋1t/h污泥
减温幅度/℃	6.69	25.22	26.66	28.52
减温焓/(kJ/kg)	19.93	76.50	80.83	86.45
热效率/%	87.8	86.5	86.02	85.3
增加耗煤量/(kg/t污泥)		25	40	54
增加耗电量/(kW·h)		12.8	20.5	29
泥煤比例		10.49	15.7	26.2

❶ "3T＋E" 控制法是国际上普遍采用的措施，即保证焚烧炉出口烟气的足够温度（temperature）、烟气在燃烧室停留足够时间（time）、燃烧过程中适当的湍流（turbulence）和过量空气（excess air）。

9.3.4　污泥合成燃料技术

9.3.4.1　污泥合成燃料技术简介

一般经过机械脱水后的污泥含水率仍然较高，一般在 70%～80%，在没有其他热源的情况下无法直接燃烧。因此，需要进一步降低污泥的含水率，必须对污泥进行干化处理，但是在脱水污泥进行干化的过程中，干化成干污泥需要消耗大量的能量，增加了工艺运行成本。由于污泥焚烧处理必须采用专用的焚烧炉，或者通过专门的预处理设施在燃煤电厂、生活垃圾焚烧厂和水泥窑混烧处理，限制了污泥能源化利用的领域。为了便于污泥能源化利用，便于污泥的运输，改善污泥的燃烧性能，可以通过向污泥中加入适当的添加剂，加工为合成燃料。

根据污泥合成燃料状态的不同，污泥燃料化技术可分为污泥合成固态燃料技术和污泥合成浆状燃料技术两大类。

9.3.4.2　污泥合成燃料技术应用

污泥中含有大量的有机物和一定的木质纤维素，均属于可燃成分，在热值水平上相当于贫煤或褐煤。由于污泥焚烧处理存在专用设施处理的限制因素，为了突破限制，可以通过适当预处理后，将污泥加工为人造燃料，便于污泥的能源化利用。

污泥合成燃料属于废物衍生燃料（RDF）的一种。一度认为 RDF 的概念最早是由英国于 1980 年提出并用于实践。其实，早在 20 世纪 70 年代前后，美国就已经利用燃煤锅炉混烧城市垃圾，已有发电站多达 37 座，占垃圾发电站的 21.6%，是世界上利用 RDF 发电最早的国家。

在 20 世纪 90 年代，日本政府开始支持 RDF 技术的引进和研发工作，并兴起了建设 RDF 的热潮，近几年已有十几家大公司，如日本川崎重工业公司、三菱重工业公司、日立造船公司等，对 RDF 工艺投入大量资金进行 RDF 资源化研究和开发，并且已取得很好的业绩。

废物衍生燃料在欧美国家制造和利用已经形成较完善的规范和标准。美国材料与实验协会（ASTM）按城市生活垃圾衍生燃料的加工程度、形状、用途等将 RDF 分成 7 类，如表 9-20 所列。

表 9-20　美国 ASTM 的 RDF 分类

分类	内容	备注
RDF-1	仅仅是将普通城市生活垃圾中的大件垃圾除去而得到的可燃固体废物	—
RDF-2	将垃圾中去除金属和玻璃,粗碎通过 152mm 的筛后得到的可燃固体废物	Coarse(粗)RDF,C-RDF
RDF-3	将垃圾中去除金属和玻璃,粗碎通过 50mm 的筛后得到的可燃固体废物	Fluff(绒状)RDF,F-RDF
RDF-4	将垃圾中去除金属和玻璃,粗碎通过 1.83mm 的筛后得到的可燃固体废物	Power(粉)RDF,P-RDF
RDF-5	将垃圾分拣出金属和玻璃等不燃物、粉碎、干燥、加工成型后得到的可燃固体废物	Densited(密)RDF,D-RDF
RDF-6	将垃圾加工成液体燃料	Liquid Fuel（液体燃料）
RDF-7	将垃圾加工成气体燃料	Gaseous Fuel(气体燃料)

美国所指 RDF 多指 RDF-2 和 RDF-3，日本所说 RDF 多指 RDF-5，其形状为 $\phi(10～20)mm×(20～80)mm$ 圆柱状。目前由瑞士卡特热（J-Caterl）公司和日本再生管理公司开发的两种工艺是目前世界上有代表性的生产工艺流程。国内已经开展了污泥合成燃料的研究工作，兰州、天津等地已经建设了污泥合成燃料的工厂。

9.3.4.3 污泥合成燃料原理

一般来讲,城市污泥发热量低,无法达到燃煤的水平,挥发分比较少,灰分含量比较高,因此难引燃,难满足直接合成燃料在锅炉中的燃烧条件。因此,合成燃料除向其中加入降低污泥含水率的固化剂(如 Fe^{3+})外,还需要掺入添加剂,以改善合成燃料在锅炉中的燃烧条件。添加剂主要包括催化剂、引燃剂、疏散剂和固硫剂。添加剂的引入通过提高合成燃料的挥发分,从而使燃料易着火燃烧;加快污泥的燃烧速度,使燃烧的发热值增加;提高合成燃烧的孔隙率,使污泥燃烧剧烈而且完全燃烧,使炉渣含碳量大大降低并减少硫化物向空气扩散,以满足环境保护的要求。最后添加煤、重油等以增加燃料的热值。污泥合成燃料可以满足普通固态燃料在固化效果、低位热值、燃烧臭气释放等方面的性能要求。污泥具有黏结性能,因此本身可以作为黏结剂,将无烟粉煤加工成型煤。污泥作为型煤黏结剂,可以改善在高温下型煤的内部孔结构,提高型煤的气化反应性,降低灰渣中的残炭。

9.3.4.4 污泥合成燃料工艺

(1) 污泥合成燃料基本工艺

由于污泥燃料加工技术取决于污泥性质、燃料要求和当地配料资源,加工技术存在较大差异。污泥制合成燃料的基本技术路线如图 9-23 所示。

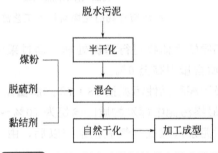

图 9-23 污泥制合成燃料的基本技术路线

污泥合成燃料方法较多,有的投加添加剂、催化剂、疏散剂,但主要掺入部分煤原料合成污泥燃料。采用合成燃料法可将污泥制成一种能供锅炉用的"污泥合成燃料",一般合成燃料的配比是煤 50%、消化污泥 35%、添加剂 15%。

城市污泥合成燃料的工业试验与应用实践表明,污泥合成燃料燃烧稳定,其烟尘排放量和二氧化硫排放量均可达到排放要求。

(2) 污泥质废弃物衍生燃料工艺

近年来,把城市污泥与城市垃圾进行固体燃料化、向污泥中添加含碳类工业废物或利用工业废油油炸污泥,通过降低其含水率、提高热值,改变污泥特性,促进污泥的燃料化利用等方面进行了很多研究和开发工作。

污泥含水率高,属于亲水性结构,水分不易进行自然挥发。通过掺入多种含碳类工业废物或添加剂后,使得污泥的大部分内部组成变成了疏水性物质,以往难以加工成形的污泥也因此改变了物理性质,为后期颗粒造型的生产奠定了基础,这种技术即是可代替矿石燃料的污泥质废弃物衍生燃料(RDF-5)技术。RDF-5 技术的基本工艺流程是首先污泥经过预处理,然后将预处理后的污泥与其他含碳类工业废物进行优化配比处理,最后进行机械成形工艺以达到一定程度的规模生产,污泥产品最终成为可以充分燃烧的锅炉燃料,即 RDF,提高了燃烧效率。

不同性质的污泥，为了提高燃料的耐水性和强度，可以通过不同的配方组合和掺入不同的添加剂的方式来进行，确保燃料的品质。充分利用多种含碳类工业废物掺入到污泥中，使其物理性质发生改变，采用免烘工艺可使下机的燃料直接入炉燃烧，仅这一项就可以节约大量的能源，减少气体净化机、烘燥机等设备的投资，节约人工和场地，同时在运行过程中无大量含甲烷（温室气体）的气体排放，减轻对环境的影响。

污泥质废弃物转化为燃料的系统工艺是由一系列互为连接的工序完成的，具体工艺流程如图 9-24 所示。

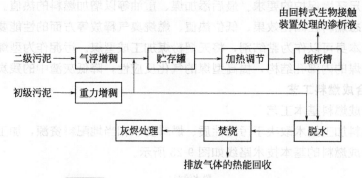

图 9-24　污泥质废弃物衍生燃料技术工艺流程

1）增稠　对活性污泥和原始固体物进行增稠处理。通过采用空气浮选法和在重力的作用下，使初级污泥的固体物质含量提高至 6%。

2）混合和均匀　将初级污泥和活性污泥按 28：72 的质量比进行充分混合。将混合物泵入贮存罐内使其更加均匀，最终污泥中挥发物质的含量为 70%～75%。

3）湿式空气氧化　将污泥泵入湿式空气氧化系统以后，由一个两级空气压缩机提供氧化过程所需要的空气。

4）倾析槽　在加热条件下经氧化分解，进一步降低污泥含水量和提高污泥的稠度，使污泥体积缩小。经加热调节后的污泥，在密封的倾析槽内，稠度进一步提高至 12%～18%。

5）脱水　污泥首先经倾析，然后被泵抽到板框式压滤机或滚筒压滤机，加工为含 40% 固体物质的泥饼。

6）燃烧　将泥饼送入一台多段膛式炉，一改传统根据泥饼的湿度和辅助燃料的供应控制温度的方法，通过调制燃烧空气流量对燃烧温度加以控制。

7）废热回收　废热回收锅炉来回收燃烧炉排出的废气，同时锅炉产生的蒸汽完全可以满足湿式空气氧化系统的需要。产生的多余蒸汽用来推动涡轮发电机，供锅炉系统的水泵、大型焚烧抽风机和辅助抽风机之用。

上述污泥质废弃物衍生燃料技术生产出的合成燃料，对其进行分析发现，其低位发热量为 12552kJ/kg 左右，挥发分高达 43.51%，全硫含量控制在 0.76%。按照 25%～30% 的比例将污泥质废弃物衍生燃料掺入矿石燃料中，经过多家印染厂导热油锅炉的试用，燃烧情况稳定，没有给操作带来任何的额外负担。而且，污泥质废弃物衍生燃料技术与该厂以往采用的污泥焚烧处理技术相比，不但节约成本，每年还可节约 90% 左右的燃料油（燃烧炉消耗），每年节约 72%～77% 的天然气（辅助燃料）。通过采用有效的污泥加温控制、脱水和自燃技术，可使污泥的处理过程不仅仅是能源的消耗过程，而是能源的生产过程。因此，通过这种途径可以在很高程度上减少污水处理厂对外部能源的依赖。

近年来，为了方便城市污泥或垃圾合成燃料的贮存和运输，并使性能得到部分稳定，欧、美、日等国也曾开发出 RDF 处理工艺，将城市垃圾或污泥破碎压缩成型，形变成高密度的圆柱形、球状或粒状固体燃料。该工艺的基本流程是：

$$破碎 \rightarrow 分选 \rightarrow 干燥 \rightarrow 成型 \rightarrow RDF$$

由于长期贮存时容易吸水变湿，通常采用加入高活性的添加剂并压实成型以解决此问题。

目前，世界上具有代表性的 RDF 的生产工艺是瑞士卡特热（J-Caterl）公司开发的生产工艺和日本再生管理公司的生产工艺，分别如图 9-25 和图 9-26 所示[1]。

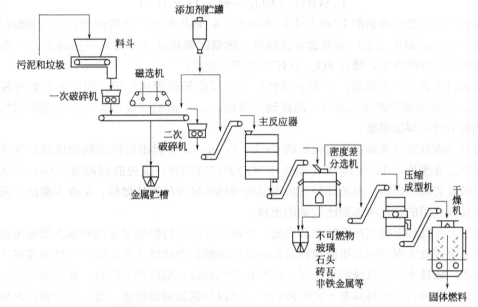

图 9-25　瑞士卡特热（J-Caterl）公司 RDF 生产工艺

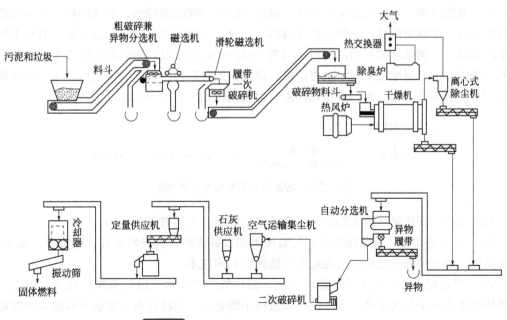

图 9-26　日本再生管理公司 RDF 生产工艺

两个工艺的基本流程都是：

$$破碎\rightarrow分选\rightarrow干燥\rightarrow添加化学药剂\rightarrow成型\rightarrow RDF$$

两个工艺的差别是在干燥之前或之后进行化学药剂的添加。

瑞士卡特热（J-Caterl）公司的生产工艺是在干燥之前进行生石灰（CaO）的添加，在混合反应器内污泥和垃圾中的水分与 CaO 发生以下化学反应：

$$CaO + H_2O \longrightarrow Ca(OH)_2 \tag{9-10}$$

$$Ca(OH)_2 + 污泥和垃圾中的有机物 \longrightarrow 有机钙酸盐 + NH_3$$

同时在干燥机内发生以下反应：

$$Ca(OH)_2 + CO_2 \longrightarrow CaCO_3 + H_2O \tag{9-11}$$

通过上述工艺而得到的 RDF 具有以下特点：a. 添加剂具有防腐作用，可以长期贮存而无臭气产生；b. RDF 工艺中氮元素含量减少，燃烧时氧化氮（NO_x）产量减少；c. 在燃烧时添加剂具有除酸作用，降低 SO_x 和 HCl 的产生浓度。

从装置上看有以下优点：a. 添加剂经过化学反应起到固化作用，因此不需要高压固化装置；b. 压缩成型机的容量减小，消耗动力降低；c. 干燥机可以小型化，内部的塑料等不会出现火苗或者熔融现象。

污泥油炸处理技术是由澳大利亚的 Carlos Peregrina 等提出的污泥制固体燃料技术。该技术采用工业废油在 140~160℃的条件下对污泥进行油炸，反应时间约为 100s，以获得热值相对较高的固体燃料。虽然此种方法可以获得热值较高的固体燃料，但存在废油来源的限制，在实际应用的过程中遇到比较多的困难。

除了上述几种以提高污泥的燃烧热值，在满足污泥自持燃烧要求的基础上提高污泥的燃烧性能，更好地实现产业化制取燃料为目标的固态燃料合成技术外，还有一种污泥浆状燃料合成技术。该技术是以机械脱水污泥、煤粉和燃料油以及脱硫剂为原料，通过混合研磨加工制成浆状。此种合成燃料具有一定的流动性，可以经管道用泵输送，可以进行雾化燃烧。原料中的煤粉可以选择一般的动力煤粉，也可以选择洗精煤粉。燃料油可以采用源自石油的重油，为了节约成本，也可以采用页岩油、煤焦油或各种回收的废油。合成燃料中所采用的固体脱硫剂粒度也非常微细，与燃料混合得相当充分，在浆状燃料内均匀地分散，有利于除硫效率的提高。根据条件的不同，燃料中约有 70%~90%的硫以硫酸盐的形式被固定在燃烧后的灰分中，很容易地用常规除尘方法将其除去。此种脱硫方法的成本明显低于一般烟道气温法和干法脱硫的成本。污泥浆状燃料发电供热流程如图 9-27 所示。

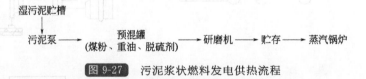

图 9-27 污泥浆状燃料发电供热流程

与污泥合成固体燃料技术相比污泥合成浆状燃料技术具有以下优势。

① 生产工艺简单，设备体积小；配套技术和设备成熟，生产效率高，投资少，成本低；易于实施，是一项先进适用的污泥处理与资源化利用技术。

② 生产过程没有污泥干燥和造粒工序，相对节约了成本。目前美国、日本、德国的污泥燃料技术的一个共同点是，湿污泥必须进行干燥处理，而污泥合成浆状燃料技术无需对脱水污泥进行干燥。必须指出：当污泥浆状燃料雾化时，水在高温下迅速汽化膨胀会把雾化形

成的燃料粒子"炸碎"，使燃料粒子更加细小，总表面积大大增加。加快了燃烧速率，并使燃烧充分彻底。在高温下水还会与碳发生"水煤气"反应，生成一氧化碳和氢气，使燃烧干净完全。因此，适量水的存在有利于燃料的燃烧。

③ 污泥燃料是浆状，可以进行雾化，使得燃烧更加充分。目前报道的美、日等国家或国内的固体颗粒状污泥燃料或人造型煤与之相比，具有难烧透、在炉内停留较长的时间等缺点。

9.3.4.5 工艺影响因素

污泥制合成燃料的影响因素主要是污泥含水率和添加剂。

（1）污泥含水率

污泥和其他添加剂混合后，一般经过一定时间自然干化，在这段时间里应给污泥堆翻堆，以加快混合体系中的水分蒸发。翻堆频率是指一段时间内翻堆的次数，而翻堆时间则着重指有翻堆操作的时间，一般是以天数为单位。总的来说，污泥混合体系的翻堆频率越高，翻抛时间越长，则堆料的含水率下降越明显，燃烧热值越高。

（2）添加剂

常用的催化剂是金属氧化物，在燃料中掺入适量的金属氧化物能促进炭粒完全燃烧，阻止被灼热的炭还原而造成化学热损。引燃剂改善了合成燃料的挥发分，使燃料易着火。疏松剂通过提高合成燃料的孔隙率，使得空气更容易深入燃料内部，最终反应剧烈而燃烧完全，炉渣的含碳量大大降低。固硫剂使硫的氧化物不扩散到空气中污染大气，这是充分考虑到环境保护的因素。

在污泥制固体燃料技术工艺中，通常添加固化剂来提升污泥的固化效果，一般用于固化的材料有膨润土、普通高岭土等，根据固化剂的加入是否有利于提高混合体系的热值以及固化效果来选择。污泥合成材料在制备、贮存和燃烧过程中会有令人不快的气味散出，加入泥土或者某些固化剂有利于臭味的减轻，同时有利于减缓合成燃料的燃烧速率。

除了上述的添加剂以外，工艺中经常会使用一些添加剂来提高污泥固体燃料的热值和固化效果。提高固化污泥热值的一般做法是向其中添加经过干燥的木屑、矿化垃圾和煤粉等掺加料，3种物质的热值分析见表9-21。

表 9-21　木屑、矿化垃圾和煤粉的热值

项目	含水率/%	元素分析/%					高位热值/(kJ/kg)	低位热值/(kJ/kg)
		C	H	N	S	O		
木屑	45.00	50.00	6.00	0	0	44.00	18660.64	9137.86
矿化垃圾	30.00	—	—	—	—	—	11953.69	7614.88
煤粉	3.01	—	—	—	—	—	21827.93	21097.82

矿化垃圾、木屑以及煤粉的含水率分别为45.00%、30.00%和3.01%，而3种掺加料中最小的低位热值都在7531.2kJ/kg以上，均属于高热值掺加料。

9.3.4.6 合成燃料掺烧的能量平衡

污泥合成燃料掺烧与污泥直接与煤混烧具有相同的原理，合成燃料的热值取决于污泥本身热值、含水率以及掺加剂的热值情况。

污泥合成燃料技术具有以下优势：a. 燃料配方相对灵活；b. 燃料固体粒度超细化，有

良好的黏温特性；c. 脱硫成本低，可在污泥混合体系中直接加入脱硫剂，脱硫效果良好；d. 重金属污染都集中在灰渣中，固定效果良好，既消除了重金属对空气的影响，又对灰渣进行了综合利用；e. 燃料充分燃烧和恰当添加剂的存在，基本可以消除二噁英的产生；f. 可减少干燥工艺，节省投资；g. 污泥制成人造型煤后运输方便，可用于燃烧发电供热或工业锅炉产生蒸汽，大大节省燃煤使用，节约资源。

9.3.5 污泥焚烧的热能利用

污泥或与城市垃圾混合焚烧所产生的热能（废热）有多种利用方式。但其方式的选择取决于热能（废热）的利用途径和特点、工艺设备的需求以及经济因素等。焚烧系统的运行是连续的，但供热需求具有高峰值和低峰值的特点，因此在污泥的焚烧热能利用过程中，需要考虑和妥善处理热能利用供应量与时间等问题。

经过污泥焚烧、合成燃料焚烧或与城市垃圾混合焚烧所产生热能回收利用方式见表9-22。

表 9-22　污泥焚烧厂热能回收利用方式[1]

种类	废热回收流程	方式	废热利用设备配置	废热回收形态
水冷却型	(A方式) 热水产生器　尾气冷却室　空气预热器　(C方式) 燃烧室 — 尾气处理设备 — 热水产生器 — 烟囱 (B方式) 空气　热水产生器 温水 热水	A方式（高温水）	燃烧室　高温水　废气冷却室　空气预热器　高温水发生器　除尘设备	温水及高温水
		B方式（温水）	尾气冷却室　空气预热器　除尘设备　温水产生器　温水	
		C方式（温水）	尾气冷却室　空气预热器　温水产生器　除尘设备　温水	
半废热回收型	尾气冷却室　空气预热器　蒸汽 燃烧室 — 废气处理设备 — 蒸汽产生器 — 烟囱	D方式	蒸汽　废气冷却室　空气预热器　燃烧室　除尘器　废热锅炉	低压蒸汽

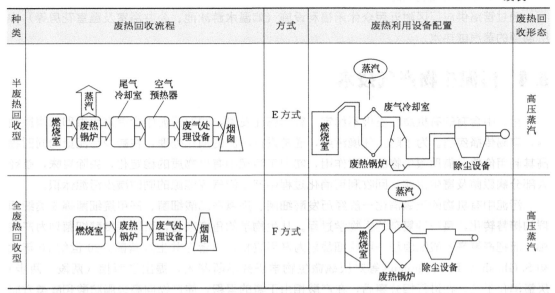

种类	废热回收流程	方式	废热利用设备配置	废热回收形态
半废热回收型	燃烧室 → 废热锅炉 → 尾气冷却室 → 空气预热器 → 废气处理设备 → 烟囱（蒸汽）	E方式	蒸汽、废气冷却室、燃烧室、废热锅炉、除尘设备	高压蒸汽
全废热回收型	燃烧室 → 废热锅炉 → 废气处理设备 → 烟囱	F方式	蒸汽、燃烧室、除尘设备、废热锅炉	高压蒸汽

从表9-22可以看出，污泥焚烧热能回收利用的方式有水冷却型、半废热回收型和全废热回收型三大类。所产生的温水或高温水，通常供厂内和周围居民或机关单位直接使用。对产生低压蒸汽及高压蒸汽的利用途径主要有以下方式。

（1）厂内发电

通常采用污泥焚烧厂产生的蒸汽推动汽轮发电机以产生电力，构成汽电共生系统，系统发电产生的电能会很容易输入至各地的公共电力供应系统。在所产生的电力中，约有10%～20%电力用于厂内使用，其余则供电力部门使用。

（2）厂内辅助设备自用

有时焚烧处理的污泥含水率相对较高、热值偏低，因此可采用蒸汽预热助燃空气，使其温度提升至150～200℃，提高燃烧效果；或利用蒸汽将废气温度于排放前再加热至130℃左右，避免因设置湿式洗烟装置而出现白烟现象。

（3）供应附近发电厂当作辅助蒸汽

可将系统产生的蒸汽送至附近的发电厂，配合发电使用。但焚烧厂产生的蒸汽条件必须与发电厂的蒸汽条件一致。此种利用方式在美国及欧洲地区应用较多。

（4）供应附近工厂或医院的加热或消毒用

当焚烧厂与用户的距离较近时，一般采用管路将蒸汽输送至厂区附近的工厂或医院，供其生产、生活、取暖以及消毒设备使用，凝结水则返回焚烧厂循环使用。但双方必须对蒸汽条件、供应时段、供应量、备用汽源、管线维护、收费标准及合约期限等相关事宜达成协定。此种利用方式在美国应用居多，其次为欧洲地区。

（5）供应区域性暖气系统蒸汽使用

此种利用可以通过2种方式进行使用：a. 蒸汽经热交换器后产生约80～120℃的热水，将热水送至区域性的暖气或热水管路网中；b. 直接将蒸汽输送至地区性热能供应站，经该厂的热交换器，会产生不同形式的热能，以供应社区取暖。此种利用方式主要用于寒冷地区，尤其是在已设有供应热水管路系统的地区，可直接进行并联操作，作为系统中的基本负载。

（6）供应休闲福利设施

通过管路供应厂区附近民众休闲福利设施（如温水游泳池、公共浴室及温室花房等）中所需要的蒸汽或热水。

9.4 污泥生物产气技术

污泥中含有的有机质性质极不稳定，容易腐化发臭，同时污泥中含有寄生虫卵和病原菌等，容易传播疾病。为了防止环境污染，通常进行污泥的消化处理，在减少污泥量的同时提高其利用价值。借助微生物的代谢作用，实现了污泥中有机物质的稳定化，去除臭味，杀死大部分病原菌及寄生虫卵，回收利用消化过程中产生沼气等能源的同时减少污泥体积。

污泥中有机物的厌氧消化一般经历发酵细菌、产氢产乙酸细菌、产甲烷细菌等3类细菌群的接替转化，是一种复杂的生物学过程。从生物学的角度来看，可以把发酵细菌划为产酸相，而把产氢产乙酸细菌和产甲烷细菌划为产甲烷相，二者为共生互营菌。20世纪70年代初 S. Ghosh 和 F. G. Pholand 等对厌氧微生物学研究不断深入，提出了两相（两段、两步）厌氧消化工艺。在进行相分离后，在产酸相由于氢的累积，使产物向高级脂肪酸和醇类方向进行，同时给产甲烷菌提供了更适宜的生长基质。

目前，对产酸发酵的研究表明，产酸发酵主要有丙酸型发酵和丁酸型发酵两种类型。在研究中还发现一种可以称为乙醇型发酵的产酸发酵类型。分析证实这种发酵类型相对丙酸型发酵和丁酸型发酵有较高的稳定性。其发酵末端为乙酸、乙醇、氢气和二氧化碳为主，具有相对较高的产氢能力；同时可提供产甲烷相最佳底物的组成，易于被产甲烷细菌所利用，并且降低了丙酸的产率，因此被认为是产酸相的最佳发酵类型。因此，污泥两相厌氧消化的新发展——乙醇型发酵和持续产氢发酵工艺，是一种经济、产能的工艺，此项发酵法生物制氢技术已具备了开发的价值与基础，具有良好的发展前景。

9.4.1 污泥厌氧消化的沼气利用系统与技术

污泥处理是一个高能耗、高投入的过程，正因为如此，目前污泥处理问题虽然得到了广泛的重视，但处理成本偏高仍是制约污泥处理问题的重要因素。污泥厌氧消化是在无氧的环境下，使污泥中所含的有机物在厌氧菌的作用下，经过水解酸性发酵阶段、乙酸化阶段和甲烷化阶段而发生分解。在有机质降解的同时，产生的沼气同样可以用于产生能量，实现污泥的能量化利用。污泥厌氧消化是实现污泥减量化的重要手段。

9.4.1.1 污泥消化沼气利用概述

1881年，法国工程师 Mouras 首先采用厌氧方式处理废水沉淀物。自20世纪60年代以来，脱胎于废水处理的厌氧消化技术获得了快速发展。在美国，有半数以上污水处理厂采用厌氧消化方法处理污泥。在德国，服务人口超过3万人（污水约9000 m^3/d）的污水处理厂大多数采用厌氧消化方法。20世纪90年代，我国开始建设污泥厌氧消化设施，如北京高碑店污水处理厂、杭州四堡污水处理厂等，目前全国还有多座污水处理厂正在建设新的污泥厌氧消化设施。

厌氧消化沼气利用方式包括直接燃烧产热、沼气发电以及提纯加工为压缩天然气。目前大型沼气工程的主要利用方式是发电利用，该技术相对成熟，沼气发电机组功率涵盖从几千瓦到数百千瓦。目前也有研究者在研究沼气燃料电池技术，但目前还主要处于小规模中试阶段。

9.4.1.2 污泥厌氧消化产沼原理

污泥厌氧消化是污泥中的有机质在无氧条件下被多种厌氧微生物分解，最终转化成甲烷和二氧化碳。这些微生物主要包括产酸细菌和产甲烷细菌两大类。产酸细菌大多数是厌氧菌，需要在厌氧条件下才能把复杂的有机物分解成简单的有机酸等，而产甲烷细菌是专性厌氧菌，氧对产甲烷细菌有毒害作用，因而需要严格的厌氧环境。在厌氧条件下，污泥中的有机物经历水解、酸化、产氢产乙酸、产甲烷等几个阶段实现降解，并产生沼气。

沼气的产生效率取决于污泥厌氧消化系统的有机质降解效率，因此受到厌氧条件、污泥成分、温度、pH 值、添加物和抑制物、接种物和搅拌等因素的影响。沼气的成分主要受到消化底物（污泥及添加剂）成分的影响。污水污泥有机质主要由蛋白质、腐殖酸、碳水化合物、脂类等组成，不同的污泥其有机物组成不一样，其产生的沼气量和甲烷含量也不一样。有机物含量高的污泥，沼气产气量也高；脂类多则沼气产量多，甲烷含量较高。

有机物经厌氧消化转化为沼气；产生沼气的数量和成分取决于被消化的有机物的化学组成，一般可以用下式表示（需考虑有机质降解率）：

$$C_nH_aO_b+\left(n-\frac{a}{4}-\frac{b}{2}\right)H_2O \longrightarrow \left(\frac{n}{2}-\frac{a}{8}+\frac{b}{4}\right)CO_2+\left(\frac{n}{2}+\frac{a}{8}-\frac{b}{4}\right)CH_4 \quad (9\text{-}12)$$

沼气中含有 CH_4、CO_2、H_2、H_2S、NH_3 等，其中 CH_4 含量约在 $40\%\sim60\%$，见表 9-23。

表 9-23 不同有机物的沼气产生量及其组成

有机物分类	沼气产生量及其组成			甲烷产生量 /(L/kg)
	体积/(L/kg)	$CH_4/\%$	$CO_2/\%$	
碳水化合物	790	50	50	395
脂肪	1250	68	32	850
蛋白质	704	71	29	500

厌氧发酵的原料也必须含有厌氧细菌生长所必需的 C、N、P 等营养元素，因此应控制适宜的碳氮比、碳磷比。研究表明，厌氧发酵的碳氮比以(16∶1)～(25∶1)为宜。碳氮比过小，细菌生长减慢，氮不能被充分利用，过剩的氮变成游离 NH_4^+，抑制产甲烷细菌的活动，进而抑制厌氧消化的进行。碳氮比过高，反应速率降低，产气量会下降。生物污泥特别是剩余活性污泥较难单独进行厌氧消化，一般适宜与初沉污泥或者其他碳氮比较高的有机废物混合消化。与其他有机废物混合后，受到成分变化的影响，沼气成分也会有所变化。

9.4.1.3 污泥消化沼气的收集利用

厌氧消化系统产生的沼气有很广泛的用途，如沼气发电、沼气锅炉、压缩甲烷气用于汽车加气（LNG）和居民用燃气等。在沼气利用之前，污水处理厂需要对沼气进行净化、输送和贮存。由于沼气属于易燃易爆气体，对设备和管路的安全性要求较高，实际运行中需要特别注意。

（1）沼气的收集和贮存

1）沼气的收集　消化池一般是圆池，四周为垂直墙体。平底或池底坡度较小时需要设置刮泥装置。大型消化池由现浇钢筋混凝土制成，体积较小的消化池一般用预制构件或钢板制成。传统消化池由集气罩、池盖、池体与下锥体 4 部分组成，见图 9-28。圆形消化池的直径一般在 6～30m，柱体的高约为直径的 1/2，而总高接近直径。消化池附属设备主要包括加热、搅拌和沼气收集系统。

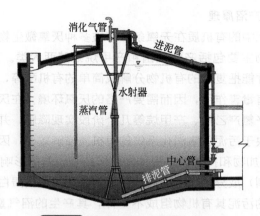

图 9-28　污泥厌氧消化池结构示意

在设计消化池时必须同时考虑相应的沼气收集、贮存和安全等配套设施，以及利用沼气加热入流污泥和池液的设备。沼气收集和分配系统必须维持正压，以避免沼气和周围空气混合引起爆炸。空气与沼气混合，甲烷浓度在 5%～20%时有爆炸性。所设计的气体贮槽、管路和阀门等在消化污泥体积变化时，应能使沼气被吸入，而不会被空气置换。

大多数消化系统在压力低于 3.5kPa 下操作，由于操作压力低，因此对管路压头损失、减压阀的安装及控制装置等必须做特别考虑，这些因素对确保气体收集系统成功运行是非常重要的。

通常用于收集沼气的主管道最小直径为 65mm，气体入口至少应位于消化池最高液位以上 1.2m，采用更大的距离有利于减少固体和泡沫进入沼气管路系统。收集消化气的主管线管径一般大于 65mm，管路的坡度设计为 1‰～2‰或者更大，以便排除冷凝水。对大型消化系统来说，气体收集系统可能要求管子直径为 200mm，甚至更大，具体的尺寸可由消化池流出的总气体流量而定。在使用气体搅拌的场合，循环气体流量必须估计在日产气量峰值中。消化气在管内的流速应限制在 3.4m/s 或 3.5m/s 以下，这种低流速对维持可接受的管路压力损失及防止夹带过多的水分是必需的。水分可能损坏仪表阀门压缩机电机及其他设备。管子与设备之间的连接要有柔性，埋于地下的管线要特别小心。

消化池中产生的沼气从污泥表面挥发出来，聚集于消化池顶部集气罩，总体来讲，消化池中沼气的收集需注意以下事项。a. 池顶的人孔，管件等钢制部件要完全密封。为了保证消化池池顶的气密性，需对混凝土的接缝进行特殊处理，避免有气体从消化池的缝隙中漏出。b. 在污泥泥位以上的消化池内壁需经特殊的涂料处理，并保证涂料和池内壁结合紧密，以免脱落，以防止沼气（饱和的湿态气体）中的硫化氢产生腐蚀作用。c. 污泥消化的状态、污泥的投加量以及消化污泥和消化液的排出发生变化，污泥消化池的产气量及气压都会发生明显的变化。池内若变为负压而混入空气，就有发生气体爆炸的危险。因此，污泥消化池内的气压，采用能保持常用的 100～300mm H_2O 以上的配管系统。d. 沼气输送时，从消化池出来的气体压力相对较低，但考虑到气体存在腐蚀性，应使用管壁相对较厚的钢管，焊缝须涂上耐腐蚀的沥青防腐，消化气配管的管径应在 100～300mm，并应考虑冷凝水和雾沫的附着、产气量的变化和安全阀的动作压力等，另外，在系统排出消化污泥和消化液时，出现液面异常降低，为防止污泥消化池内的气压变成负压，污泥消化池相互之间以及气罐之间的配管需采用足够大的管径；考虑到安全，气罐出口侧的气管管径多根据气体流速为 3～5m/s

来确定。由于温度降低，消化气中的饱和蒸汽会变成冷凝水积存于捕集管内，存在影响消化气流通的危险，因此，配管需按消化气流动的方向采用1/200左右的坡度进行安装，并在低的位置、坡度上升处之前设置排水口，在寒冷地区，为防止排水口等各种水封装置冻结，应考虑采用加温、防冻溶液以及连续给水等措施。室外配管要有保温措施。

2）沼气的贮存　为防止甲烷与空气混合而产生强烈爆炸的可能性，必须采取措施严防空气进入消化池系统。所以消化池必须采用密封顶盖，其形式有两种，包括浮动式顶盖及固定式顶盖。浮动式顶盖可以随着污泥体积和气体体积的变化而上下浮动，为了防止空气进入消化池，池顶也可作为浮动式贮气罐使用。固定式顶盖即顶盖与池体连为一体，不可移动。

沼气汇集在发酵池上部后，经沼气管收集进入沼气贮存设施。常用的两种类型贮气柜是重力柜和压力柜。低压、浮动集气盖采用重力柜，该气柜是浮动顶盖，这种变体积、恒压力气柜盖子内设有滑动导轨和止动装置，使得摩擦阻力最小，并对向上运动起限制作用。压力柜常为球形，所贮气的压力一般为140～150kPa。气体由消化气压缩机压入压力柜。按照沼气柜压力的不同，又可以分为高压干式、低压干式和低压湿式等方式。高压干式贮气柜为钢结构，低压干式贮气柜分为筒仓式贮气柜、低压单膜/双膜贮气柜和低压贮气袋，低压湿式贮气柜多采用钢筋混凝土水槽、钢浮罩。

为节省占地，有些污水厂采用浮盖式气柜，即在消化池顶设置上下浮动的气柜。这种气柜的防腐可以通过涂防锈油的方式，当气柜上下移动时自动涂油。这种气柜一般采用低压的运行方式，压力为$120～200mm\ H_2O$，如果高于$500mm\ H_2O$则为中压贮气柜。罐体直径：高度＝2：1。

由于污泥消化过程中气体的产量和用气量不相等，因此要设置贮气装置，可以既起到缓存沼气的作用又起到调节沼气的作用。国内的贮气装置一般采用低压湿式贮气罐，近年来，新建的沼气工程贮气开始采用低压干式柔性气囊或发酵贮气一体化装置。贮气罐的大小，可根据处理厂的日产气量和沼气的日用气量来决定。对于用气量变化，通常只做白天调整。贮气量一般为日产气量的25％～40％，即按6～10h的平均产气量计算，大型处理厂可设置贮存25％日产气量的贮气装置，小污水厂可设置贮存40％日产气量的贮气装置。在全部产气被均匀消耗情况下，可不设贮气装置。污泥的投入和排水等操作会影响污泥的产气量，为了操作时的均衡，通常设置贮气罐。在污泥消化池池数相对较多的情况下，总气量较为均匀。因此，一般贮气罐的贮存容量可按日平均产气量的1/2左右来考虑，但是在污泥消化池池数相对较少的情况下，或在最大限度利用消化气的情况下，应增大贮气罐的贮存容量。

低压式贮气罐内压力一般为$100～300mm\ H_2O$，而中压式贮气罐内压为$4～6kg/cm^2$。一般采用低压式贮气罐，但在设施规模较大时，也有采用中压式贮气罐。贮气罐的设置应符合气体工件技术标准，同时，对于中压贮气罐，适用锅炉及压力容器安全规则。管道和贮气罐静压，主要取决于罐体的自重、配重以及平面面积，最高不超过$400～500mm\ H_2O$，一般为$20mm\ H_2O$，高于此值时，则属于中压式贮气罐，在个别特殊情况下使用。一般将贮气装置建在室外，在寒冷地区需要有防冻措施。

沼气中一般含有$100～200mg/L$的硫化氢，但是根据处理的情况的不同，也有达到$400～600mg/L$的。在与粪便进行混合处理时，竟可高达$1000～2000mg/L$。硫化氢是一种具有臭鸡蛋气味的无色剧毒气体，相对密度（空气＝1）为1.2，具有腐蚀性。在潮湿环境中，硫化氢含量在$600mg/L$时，就会迅速地腐蚀金属。当燃烧时，还会产生腐蚀性很强的SO_2气体。因此，消化气一般需要进行脱硫。

（2）沼气的净化

沼气的主要成分是甲烷和二氧化碳，是厌氧生物处理系统中产生的一种混合气体。在混合系统中很难测定各种成分的浓度，在实践中通常根据经验数据进行估算。例如，甲烷一般是占45%～80%，通常以55%～60%常见，二氧化碳一般是占20%～45%，通常以30%常见，沼气中甲烷和二氧化碳的含量达85%～98%。厌氧消化装置新产出的沼气是含饱和水蒸气的混合气体，除含有气体燃料甲烷和惰性气体二氧化碳外，还含有一定比例的硫化氢、水蒸气，少量的 NH_3，痕量的 H_2、N_2、O_2、CO 以及 CH_4 以外的其他烃类化合物（C_mH_n），占2%左右。如表9-24所列，是国内外一些处理厂的沼气成分。

表 9-24　沼气成分(质量分数)　　　　　　　　　　　　单位:%

成分	CH_4	CO_2	CO	H_2	N_2	C_mH_n	O_2	H_2S
四川德阳园艺厂	59.28	38.14			2.12	0.039	0.40	0.021
北京市通州区苏庄	57.2	35.8			3.50	1.626	1.80	0.074
Antigo	62.0	31.4		2.6	3.4		0.6	
Milwaukee	67.5	30.0	0.6		1.7		0.2	
Aurora	51.8	32.3	2.1		13.4		0.4	

注：表中空白处为该值未曾测定。

氢气是厌氧消化过程中重要的中间产物，也是合成甲烷的主要前提之一，含量约占0.5%～3%，这是由于氢气与二氧化碳合成甲烷的生化反应较容易进行，因此，在沼气中氢气的含量非常有限。硫化氢是在厌氧条件下含硫有机物的脱硫产物。在中性条件下，一般沼气中硫化氢的含量很少，一般含量约为0.01%～0.05%。但当系统的pH值相对较低时，沼气中的硫化氢含量则会高达0.1%～0.2%，甚至更高。一氧化碳是少数生化反应的产物，其含量一般不会多于1.5%。N_2 一般是硝酸盐和亚硝酸盐的还原产物，也可能通过进料而引入，在温度升高后进入沼气，或者因集气室气密性不好而有空气渗入，含量约为1%～5%。O_2 一般由进料中的溶解氧升温逸出或空气渗入而来，含量一般为0～3%。除甲烷以外的其他烃类化合物可能由废水带入系统，升温后进入沼气。在厌氧消化反应器上方的沼气中的水蒸气处于饱和状态，在输送过程中，随温度的逐渐降低而不断冷凝析出。

沼气在使用过程必须注意安全，其各组分有关的理化特性见表9-25。

表 9-25　沼气各组分的理化特性

特性	CH_4	CO_2	H_2	H_2S	CO	标准沼气(60% CH_4 +40% CO_2)
相对密度(空气=1)	0.55	1.53	0.07	1.19	0.99	0.94
密度(标态)/(g/L)	0.72	1.98	0.09	1.54	1.25	1.224
气体常数 R/[J/(mol·K)]	52.87	19.27	420.63	34.96	30.27	
气味	无	无	无	臭鸡蛋味	微臭	
颜色	无	无	无	无	无	
热值/(kJ/L)	35.87～39.81(37.84)		10.87～12.74(11.76)	23.36～25.34(24.56)	12.63	21.52～23.89(22.7)
爆炸范围[①]/%	5.3～14	—	6～71	4～46		6～12

続表

特性	CH_4	CO_2	H_2	H_2S	CO	标准沼气 (60% CH_4 +40% CO_2)
毒性	—	—	—	剧毒	剧毒	—
水溶解度/(g/100mL)	0.00236	0.232	1.60×10^{-4}	0.385	2.84×10^{-3}	

① 爆炸范围指与空气混合时的体积分数。

沼气的净化是指去除沼气中甲烷之外的其他气体。沼气的用途决定沼气的净化程度。比如，沼气作汽车燃料需要脱硫化氢、水蒸气、有机卤化物、二氧化碳，沼气并网需要脱硫化氢、水蒸气、有机卤化物、二氧化碳以及金属，沼气供热需要脱硫化氢、水蒸气，沼气发电需要脱硫化氢、水蒸气、有机卤化物。但是，不管是什么用途，沼气中的水蒸气和硫化氢都要脱除。

沼气一般通过过滤和脱硫装置后再使用，比如过滤器、脱硫塔、贮气柜、压缩机，它们的主要作用是去除沼气中的硫化氢、冷凝水和杂质，因为硫化氢气体溶于水形成的氢硫酸会腐蚀管道和毁坏设备，固体杂质易堵塞管件和附件，冷凝水会缩小管道有效流通面积。

1) 沼气干燥　厌氧消化装置中产生的气相沼气经常处于水饱和状态，即沼气中携带大量水分，具有较高的湿度。沼气中的水分有很多不良的影响，比如，水分凝聚在检查阀、安全阀、流量计等设备的膜片上影响其准确性；水分与沼气中的硫化氢产生氢硫酸，腐蚀管道和设备；水分能增大管路的气流阻力；水分会降低沼气燃烧的热值。因此，沼气的输配系统中必须采取脱水措施。

2) 沼气脱硫　沼气中的硫以硫化氢的状态存在，硫化氢浓度为0.15‰~3‰（体积比）或更高，这取决于污泥组成。沼气中硫化氢是由消化池中的厌氧微生物还原硫酸盐形成的，硫化氢易溶于水，形成的氢硫酸对管道、设备（如锅炉、沼气发动机等）有腐蚀作用，影响设备寿命。硫化氢也是一种有毒空气污染物，并具有恶臭，燃烧含有高浓度硫化氢的沼气将使烟气中的二氧化硫增加，会导致空气污染，因此必须去除硫化氢。脱硫方法有干法脱硫、湿法脱硫、生物法脱硫等。

干法脱硫的原理是在吸收塔内填充吸收材料，将硫化氢吸收并去除。这类吸收材料需要定期更换，常用的是氧化铁或铁盐聚合物。沼气流速一般控制在0.6m/s以下，接触时间大于2min。该法的特点是占地面积小，运行管理简单，但脱硫效率较低。

① 氧化铁干法脱硫。脱硫剂是将Fe_2O_3屑（或粉）和木屑混合制成，以湿态（含水40%左右）填充于脱硫装置内。Fe_2O_3脱硫剂为多孔条状结构固体，可以对硫化氢进行快速的不可逆化学吸附，即瞬间可将硫化氢脱除到1mg/L以下。

沼气以低流速经过填料层，硫化氢生成硫化铁或硫化亚铁。当脱硫装置出口沼气中硫化氢含量超过20mg/L时，填料需进行再生，有水存在条件下，与空气中氧接触生成氧化铁和单质硫。其过程可表示为：

脱硫：$3H_2S+Fe_2O_3\cdot3H_2O\longrightarrow Fe_2S_3+6H_2O$ (9-13)

$3H_2S+Fe_2O_3\cdot3H_2O\longrightarrow 2FeS+S+6H_2O$ (9-14)

再生：$Fe_2S_3+\frac{3}{2}O_2+3H_2O\longrightarrow Fe_2O_3\cdot3H_2O+3S$ (9-15)

$2FeS+\frac{3}{2}O_2+3H_2O\longrightarrow Fe_2O_3\cdot3H_2O+2S$ (9-16)

第9章　污泥能源利用系统与技术　623

如在脱硫装置内进行再生，应控制压力为常压，床层温度 30～60℃，超温会引起硫升华和自燃；水分含量 35％，pH 值在 8～10；可在装置下部进气口处定时加入适量的浓氨水，造成弱碱性再生环境。当脱硫剂由黑褐色转为红棕色时，再生完成。再生次数一般 2～3 次，直至脱硫剂表面大部分空隙（硫容超过 30％）被硫等杂质覆盖为止。

氧化铁法的优点是 Fe^{3+} 具有很高的氧化还原电位，可以将 S^{2-} 转化为单质硫，但是不能将对整个吸收过程具有催化作用的单质硫进一步氧化为硫酸盐；此外氧化铁资源丰富，价廉易得，是目前使用最多的沼气脱硫方法。但其缺点是脱硫剂的吸收与再生需交替进行，从而增加了劳动强度，影响了设备运行的连续性。

② 活性炭干法脱硫。使用活性炭床吸附硫化氢，可选用单床或双床系统，硫化氢浓度较高时可用生物脱硫预处理来减少运行费用，浓度较小时可直接使用。活性炭在常温下具有加速硫化氢氧化为硫的催化作用并使之被吸附。可用质量分数为 12％～14％ 的硫化铵溶液萃取吸附在活性炭上的游离硫，从而使硫得以回收。每 1g 活性炭的贮氧能力为 500～700mg，形成的单质硫被吸附到活性炭上，反应方程式为：

$$2H_2S + O_2 \longrightarrow 2S + 2H_2O \tag{9-17}$$

当两个吸附床串联工作，第一个吸附床吸附硫化氢时，另一个吸附床并不起作用。当第一个吸附床吸附饱和时，硫化氢会穿过进入第二个吸附床被吸附。此时可更换后两个吸附床顺序，这可以最大利用活性炭吸附能力。

活性炭法适用于硫化氢含量小于 0.3％ 的沼气的脱硫要求，故可以使用活性炭法来净化大中型沼气工程的沼气，净化后气体的硫化氢含量小于 $10g/m^3$，其脱硫率可达 99％ 以上。其优点在于操作简单，得到的硫纯净度高。如果选择的活性炭合适，还可以达到除去有机硫化物的效果。硫化氢与活性炭的反应快（活性炭吸附硫化氢的速率比氢氧化铁快）、接触时间短、处理气量大。

③ 氧化锌吸收法。将氧化锌替换上述的氧化铁作为脱硫剂，就形成了氧化锌沼气脱硫法。氧化锌能将二氧化碳、二硫化碳等有机硫部分转化成硫化氢而吸收脱除，具有部分转化吸收的功能。氧化锌脱硫能力随温度升高而增加，但脱除硫化氢在较低温度下（200℃）即可进行，从而节约了能耗成本。该方法适合于处理硫化氢浓度较低的气体，脱硫效率高。氧化锌脱硫技术与氧化铁法相比，其脱硫效率高，吸附硫化氢的速率快。但是目前氧化锌在常温下硫容低，价格昂贵，且用氧化锌法脱硫后不能用简单的办法来恢复脱硫能力。

④ 铁锰锌复合氧化物吸收法。铁锰锌复合氧化物可称 MF.1 型脱硫剂，是一种新型催化剂，用于大型氨厂和甲醇厂的原料脱硫。这种催化剂的主要活性组分是铁、锰、锌等氧化物，添加少量助催化剂及润滑剂等后可以加工成型。铁锰锌复合氧化物脱硫法的优点如下：脱硫费用省，它的操作费用比通用的一些方法都省；效果好，脱硫精度高，可将天然气中总硫脱至 0.5mg/L 以下；设备简单，运行稳定，操作弹性大；压力降小，即使入口天然气的总压低至 $1kgf/cm^2$（表压，$1kgf/cm^2 = 98.0665kPa$），也不致引起减产停车；脱硫原理为热化学反应，在脱硫过程中，气体中的活性组分反应生成稳定的金属硫化物，对环境无二次污染。

铁锰锌复合氧化物脱硫法的缺点是脱硫过程中需加热设备。从反应机理方面来研究，铁锰锌复合氧化物脱硫法同样也可以应用于大中型沼气的脱硫净化过程中，但具体的工艺和数据尚有待进一步深入研究。

⑤ 湿法脱硫。湿法脱硫有直接氧化法、化学吸收法、化学氧化法、物理吸收法，吸收液体有 $NaOH$、$Ca(OH)_2$、Na_2CO_3、$FeSO_4$ 等溶液。氧化法是以碱性溶液为吸收剂，吸收

硫化氢并将其氧化成单质硫。湿法脱硫的特点是效率高，一般可达到90%脱除率，但占地面积较大，运行相对复杂。

目前国内常用的主要是直接氧化法脱硫，将硫化氢在液相中氧化成单质硫，流程比较简单，可以直接得到单质硫。这种方法主要用于处理量大、硫化氢浓度较低而二氧化碳浓度较高的气体。湿法脱硫的处理溶液循环量大、回收硫的处理量大、脱硫效率高、可连续操作，适用于脱硫量<10t/d的气体。大型脱硫工程一般先用湿法粗脱硫，再通过干法精脱硫。湿法脱硫设备可长期连续运行，但是湿法脱硫会产生大量废液需处理，需要定期保养，工艺复杂，需要专人值守，投资运行费用也高。同时，化学氧化法需要某些氧化剂将硫化物氧化为单质硫，如果所需要的氧化剂的氧化还原电位较高，那么产物中的单质硫会被进一步转化为硫酸盐，从而使硫元素继续以溶液的形式存在，从而影响脱硫的效率，使得脱硫工艺不彻底。

碳酸钠吸收法采用碳酸钠溶液吸收酸性气体，由于碳酸钠溶液具有弱碱性，缓冲溶液使pH不会很快发生变化，从而保证了系统的操作稳定性。此外，由于在沼气中同时存在二氧化碳和硫化氢，碳酸钠溶液吸收二氧化碳比吸收硫化氢慢，可以部分地选择吸收硫化氢。该法通常用于从气体中脱除大量二氧化碳，也可以用来脱除含二氧化碳和硫化氢的天然气及沼气中的酸性气体，净化气中硫化氢质量浓度下降到20mg/L。该方法的主要优点是设备操作简单、经济合理。主要缺点是一部分碳酸钠变成硫酸盐而被消耗，一部分变成碳酸氢钠而使吸收效率降低，因而需要及时补充碳酸钠，从而增加成本；实际运行中碳酸钠溶液的吸收受到流速、流量、温度等因素的影响，硫化氢的溶解度很可能达不到100%；此外，脱硫时易形成$NaHS$而非Na_2S，$NaHS$再生时会与O_2反应生成硫酸盐和硫代硫酸盐，有害物质在吸收液中富集，并使溶液的吸收能力降低，从而需不定期地排出脱硫循环液，浪费了原辅材料，也可能带来二次环境污染。

氨水吸收法采用碱性的氨水吸收沼气中的硫化氢。第一阶段是物理溶解过程，氨水溶液溶解气体中的硫化氢；第二阶段是化学吸收过程，氨水和硫化氢发生化学中和反应。氨水再生方法是往含硫氢化铵的溶液中吹入空气，以产生吸收反应的逆过程，使硫化氢气体解析出来。解析后的氨水溶液经补充新鲜氨水后，继续用于吸收硫化氢气体；再生时产生的硫化氢气体必须经过二次加工，以免造成环境污染。如果采用氨水液相催化法脱硫，借助溶液对苯二酚的氧化作用，使硫化氢氧化成单质硫而被分离，同时溶液获得再生。该方法的缺点是生成的单质硫颗粒由于比较细，不容易被过滤回收，反而对填料和器壁有很强的附着力，塔内易形成单质硫，堵塞管道，影响生产，此外氨法采用氨水作吸收剂，对设备腐蚀较大，并且污染环境。

三氯化铁吸收-电化学再生脱硫法。近年来在脱硫过程中，由于Fe^{3+}本身具有独特的化学性质和特点，电解电化学脱硫法给三氯化铁吸收电化学再生脱硫技术带来了新影响。三氯化铁吸收-电化学再生方法脱硫过程如下：

吸收过程：$H_2S(g) \longrightarrow H_2S(aq)$ (9-18)

$S^{2-}(aq) + 2Fe^{3+}(aq) \longrightarrow 2Fe^{2+}(aq) + S(s) \downarrow$ (9-19)

再生过程：$Fe^{2+}(aq) - e \longrightarrow Fe^{3+}(aq)$（阴极反应） (9-20)

有实验室研究表明，在室温15℃、2min的吸收时间的情况下，硫化氢的吸收率可以达到85%~92%，并且不受二氧化碳和氨的影响。而且，此阶段是完全在反应器内进行的，这种反应器是经过特殊配置的起电解电化学作用的。

该法的优点如下：操作简单，整个工艺的每一个环节都容易被控制；铁盐的价格比较便宜，成本比较低；再生速度很快，产生的副产品对环境没有不良的影响；可以利用钢渣中的铁补充吸收剂，以至于在硫的混凝、重力分离过程中吸收剂的流失不影响整个工艺的运行成本。

　　⑥ 生物脱硫。生物脱硫是替代化学脱硫的一种新技术，能够在很多方面克服化学脱硫的不足。生物脱硫法包括生物过滤法、吸附法和滴滤法，其原理是首先用弱碱液在吸收塔将 H_2S 吸收，然后进入充满嗜硫菌的生物反应池，通过生物处理，沼气中的 H_2S 被氧化成单质硫去除。生物脱硫需要控制溶解氧，以提高单位硫的产率。生物脱硫法可以与湿法脱硫技术相结合。生物脱硫法不需催化剂和氧化剂（空气除外），不需处理化学污泥，产生污染少，能耗低，效率高，可以回收硫，但过程控制难度大，条件要求苛刻。

　　在生物脱硫过程中，涉及两大类微生物，即光能自养型微生物和化能自养型微生物。光能自养型微生物主要指含有光合色素、可进行光能营养的硫细菌，它们从光获得能量，依靠体内的光合色素，通过光合作用同化二氧化碳。光能自养型硫细菌在进行光合作用时，能以 H_2S 作为同化 CO_2 的供氢体，H_2S 被氧化为硫或进一步氧化为硫酸，它们大都是厌氧菌。能代谢硫化物的光能自养型微生物主要有紫色硫细菌和绿色硫细菌。其中，绿色硫细菌是一种严格厌氧的光能自养型微生物。在有光照条件下，且无机营养物质存在的情况下，绿色硫细菌可以利用空气中的 CO_2 合成新的细胞物质，同时这种微生物的脱硫效率高，并且将代谢产物单质硫释放在细胞外部，比较容易分离。但是，光合细菌在转化过程中需要大量的辐射能，在经济技术上比较难以实现。因为废水中生成单质硫的微颗粒后，附着在细胞外，废水将变得浑浊，透光率将大大降低，进而影响脱硫效率。另外，光合细菌水力停留时间长，处理负荷偏低，要求光照与厌氧等苛刻条件。此外，光照不足会影响脱硫效果，光照过剩会导致 SO_4^{2-} 的生成，只有在光照适宜的条件下，硫化物才能完全地转化为单质硫而没有 SO_4^{2-} 产生，所以，在采用绿色硫细菌脱硫过程中必须严格控制反应条件。化能自养菌和化能异养菌均属于无色硫细菌，其中化能自养菌以 CO_2 为碳源，同时在氧化 S^{2-} 的过程中获得能量。在有机碳源存在的情况下，部分种类的自养型微生物可以利用有机碳源进行异养代谢。生存于含硫水体中的贝氏硫菌属和发硫菌属的丝状硫黄细菌也能将 H_2S 氧化为单质硫，在有氧和无氧的条件下均可以进行。在有氧的情况下氧分子作为电子受体，而在无氧的情况下可以利用硝化物作为电子受体。许多化能自养型微生物都能以单质硫、硫代硫酸盐、H_2S 以及有机硫化物为电子供体。在硫细菌的微生物类群中，并不是所有的硫细菌都能够来氧化硫化物。此外，还有很多因素会影响单质硫的分离，比如有些硫细菌将产生的硫积累于细胞内部，杂菌生长还会造成污泥在反应器中膨胀等原因。如果单质硫得不到及时有效的分离，就存在进一步氧化的问题，从而影响脱硫效率，所以在脱硫单元运行的过程中，还必须严格控制反应条件，以控制这类微生物的优势生长。

　　谢尔-帕克（Shell-Paques）脱硫技术是全球比较成熟的脱硫技术之一，它的工艺原理其反应的基本原理是将含 H_2S 的沼气和含有化能自养型微生物的苏打水溶液进行接触，H_2S 被碱性溶剂吸收后，经微生物催化生成单质硫或硫酸盐。谢尔-帕克脱硫技术的优点如下：a. 整个生物脱硫系统是封闭运行的，较为安全；b. 在吸收器的下游没有游离的硫化氢，沼气中的硫化氢被完全吸收；c. 没有环境污染，不会产生中毒或者伤亡事件；d. 主要的仪器和设备少，生产所需的操作人员少，投资成本、操作成本和维护成本均较低；e. 不需要化学催化剂，生物催化剂不会失活；f. 高效，操作弹性较大，适应硫化氢的浓度范围在

0.5%～100%之间，有很高的灵活性，能适应硫化氢的高峰负荷；g. 工艺流程简单，控制系统和监测系统很少，没有复杂的控制回路系统。

铁盐吸收生物脱硫法。基本原理是在吸收阶段 H_2S 被 Fe^{3+} 氧化成单质硫，而后在酸性条件下（pH＝1.2～1.8）借助氧化亚铁硫杆菌的代谢，将 Fe^{2+} 转化为 Fe^{3+}，并循环到吸收阶段重复利用。Fe^{3+} 的氧化还原电位很高，可以将 H_2S 转化为单质硫，而且不能将单质硫进一步氧化为硫酸盐。所生成的单质硫通过分离后回收，而后的 Fe^{2+} 又通过氧化亚铁硫杆菌的作用代谢为 Fe^{3+}，并循环使用。因此，这种方法投资少、能耗低、废物排放少，适合沼气脱硫。

3）沼气纯化　因为 CO_2 降低了沼气的能量密度，所以要去除沼气中的二氧化碳，这个过程称为沼气纯化。如果所用的沼气只作为一般的没有特殊要求的用途，就没有必要脱除 CO_2；如果所用的沼气需要被用作汽车燃料或者达到天然气标准，那么就必须对其中的 CO_2 进行去除。通过去除 CO_2 可以提高单位体积气体的能量值，提高沼气品质。

（3）沼气运输的安全

沼气运输过程的安全措施有两个：一个是压力控制；另一个是阻火控制。

1）压力控制　压力控制主要体现在两个方面：一是压力的大小要控制在合适的范围；二是压力的波动要控制在一定范围。低压湿式贮气柜的存在将有助于压力的控制，可通过调整配重将压力控制在合适范围内，一般为 300～400mm H_2O。但系统压力并不恒定，消化池压力会因为管道阻力而高于贮气柜压力。沼气系统无论处于超压还是负压，都影响系统正常运行，因此需要在系统内特定部位设置超压安全阀和负压安全阀。如消化池顶部或贮气柜浮盖上设置超压安全阀和负压防止阀。实际运行中要定期检查，使这些安全装置保持良好，并对系统压力进行在线监测。

2）阻火控制　沼气是易燃易爆气体，在有氧的环境下，遇明火或达到燃点温度均可以燃烧或爆炸。一般沼气系统会存在负压装置，负压系统使空气进入沼气混合，如果混合气送到沼气燃烧系统将会产生回火，回火使温度升高、气体膨胀，从而破坏管道和设备，严重时导致沼气泄漏并发生爆炸。因此，沼气系统需要设置阻火装置。

常用的阻火装置有三类：一是铝网阻火器；二是水封阻火罐；三是砾石阻火箱。铝网阻火器也称消焰器，即在管道内装设一个可拆卸铝网。其阻火原理是铝丝能迅速吸收和消耗热量，使正在燃烧的气体的温度低于其燃点，将火焰就此消灭，从而达到阻火的目的。当沼气内混入的空气较少时，在阻火器与燃烧点之间的管道内会很快将空气耗尽，火焰自动熄灭。但当沼气中混入的空气较多时，火焰会将单层铝网熔化，继续向前燃烧。因此，一些新型的阻火器由多层铝丝网组成，这些丝网一旦熔化会形成一个封堵，将火焰完全封住。多层铝丝网阻火器的缺点是阻力大，并且熔化后将使系统完全停止工作。阻火器的金属丝网应定期取出用洗涤剂清洗，目的是阻止其阻力增大，更重要的是丝网上污垢太多时，其吸收速度及效率降低，影响其阻火能力。一般要求离燃烧点不应超过 9m。水封阻火是沼气经过罐内水层而被阻火的作用，水封阻火的缺点是增大了管路的阻力损失，并有可能增加沼气的水分。运行管理中，应经常检查水封罐内的水位，随时补充蒸发掉或被沼气挟走的水分。进气管道口与水封液面的液位差不可太大，否则将增大管路气流阻力，使消化池气相压力增加。并可能由于补水不及时，导致液位下降，使进气管露出液面，失去阻火能力。进气管道口与水封液面的液位差一般应控制在 50～100mm 范围内。另外一些处理厂采用砾石阻火箱阻火，即在管线上设置一填满砾石的箱，沼气通过砾石时，砾石能有效地起到阻火作用。

（4）沼气的利用

在污泥处理处置过程中，厂内的沼气主要有以下应用。

1）沼气搅拌　搅拌的目的是使消化池内的物料混合，并使池内温度、pH值均匀，消化中间代谢产物及使中间产物分布均匀，使产生的气体及时溢出。搅拌系统的设计方法主要有输入功率法（一般为$0.005\sim0.008kW/m^3$）、速度梯度法（速度梯度范围是$50\sim80s^{-1}$）和周转时间（依混合情况而定，一般为$20\sim30min$）。在污泥消化池的实际运行中，通常每隔2h搅拌1次，约搅拌25min，每天搅拌12次。

通常沼气首先用于搅拌初级消化池中的污泥。搅拌前不需要对沼气进行脱硫净化，循环搅拌是一种非消耗利用，不会影响总气体的产量。气体搅拌系统包括一个正位移压缩机及压力控制系统，后者控制气体压力，防止压缩机过压或消化池抽真空。

2）污泥加热　要维持中温消化或高温消化，需要对消化池进行加热。消化池所收集的沼气是加热系统的主要热源之一，在沼气量较少或者气体产热值低的情况下还需要使用辅助能源，如天然气、电能，或者引入城市余热资源对消化池进行保温。用消化池加热与用天然气或商业气体加热相似，沼气可为本厂锅炉或换热器提供燃料加热污泥或取暖。未净化沼气中的硫化氢有潜在的腐蚀性，即硫化氢燃烧产物二氧化硫和三氧化硫在废气中凝结成酸，引起腐蚀。因此一是在燃烧前从气体中除去硫化氢，二是把使用未净化气体的温度保持在100℃以上，防止产生冷凝液。锅炉要尽量避免频繁开关，因为每次关闭时都会发生冷凝。

3）污泥干燥和焚化　沼气除了用于消化池搅拌、加热污泥外，更是一种经济的能源。沼气发电技术不仅可以提供清洁的电力能源，而且可以实现污泥的资源化和能源化利用，并且减少了温室气体的排放。沼气发电，如使用燃气内燃机，热电联产的热效率为70%～75%。在燃料充足的条件下，使用余热锅炉，热效率可以达到90%以上。

4）沼气发电和沼气锅炉　沼气在处理厂内的利用方式主要是作为燃料使用，可用于沼气发动机或沼气锅炉，多余沼气通过沼气火炬燃烧。在美国、欧洲、日本等国也有将沼气用于制燃料电池的研究，沼气的利用范围很广。

沼气发动机具体有两种方式：一种是驱动发电机发电，厂内自用或并入电网；另一种是直接驱动鼓风机或驱动污水提升泵，节约能源。这两种方式各有优缺点，沼气发电运行较为灵活，一般沼气发电仅作为用电的补充，沼气发电量的波动不会对污水厂的运行造成较大影响，而将沼气用于驱动鼓风机或水泵时，则要求发动机具有双燃料或备份电动机驱动的鼓风机组，否则当沼气不能满足鼓风机需求，将严重影响污水厂正常运行。另外，两种利用方式的机械效率不同。一般沼气发动机的机械效率为20%～30%，电动机的机械效率约为75%，因此可知沼气用于发电时，总的机械效率为15%～23%。而当沼气直接用于驱动鼓风机或水泵时，其总的机械效率为20%～30%。在沼气的能量分布上，20%～30%转化为机械能，30%～35%以热量的形式转化到冷水中，30%～35%以热量的形式随烟气带走，另有10%为设备自身能耗损失。可见有60%～70%的能量转化为热能，一般会将这部分热能用于消化池的加热，在进行热交换时，冷水中90%以上的热量和烟气中60%～70%的热量会被吸收，累计为47%～55%，则总利用率为67%～85%。沼气锅炉的主要用途是消化池污泥加热和污水厂用热，采用的锅炉有两种：一种是热水锅炉；另一种是蒸汽锅炉。锅炉的热效率一般很高，可以达到90%以上。

沼气发动机和沼气锅炉这两种利用方式各有优缺点，视实际情况而定。如在北方，由于污泥有机质较高，产气率大，沼气发动机余热在春、夏、秋三季均能满足污泥加热需求，但冬季由于气温较低，一般不能满足加热需求，还需另设燃煤锅炉。如果直接采用沼气锅炉，则一年四季均会满足用热需求，但春、夏、秋三季会产生过多余热，造成能源的浪费。这样，一些污水厂就既设有沼气发动机，又设有沼气锅炉，在冬季使用沼气锅炉进行消化池加热，在春、夏、秋三季使用沼气发动机发电。但在南方地区，由于气温高，沼气产生的余热一般可满足四季的污泥消化加热需求，可不设沼气锅炉，不过有些污水厂的污泥有机质偏低，沼气产量不一定满足后期需要。因此，在实际的运用中对沼气利用方式的选择需要根据实际情况而定。

在沼气火炬的选择上一般其燃烧能力为消化系统最大产气量，以保证在不利用沼气时也可将产生的沼气全部燃烧掉。污水厂广泛采用的燃烧器形式为自动点火混合式燃烧器。在实际运行中，应注意控制进入每台燃烧器的沼气流速小于火焰的传播速度，否则火焰将熄灭，导致沼气直接排入大气，一般火焰传播速度为 $0.65 \sim 0.70 m/s$。

5) 沼气发电机组　沼气发电机组包括发电机和沼气发动机。其中沼气发动机有压缩点火式双燃料发动机和火花点火式燃气发动机两种。

① 压缩点火式双燃料发动机。双燃料发动机是通过压缩吸入汽缸的沼气与空气，并采用柴油引火，沼气量不足时，可全部采用柴油。引火耗油量约占发动机总燃料量的 $8\% \sim 10\%$。一般发动机的耗热量为 $9629 \sim 10884 kJ/(kW \cdot h)$，若按平均 $10256.5 kJ/(kW \cdot h)$ 计，则每立方米沼气可发电约 $2.1 kW \cdot h$；每立方米甲烷可发电 $3.7 kW \cdot h$。

② 火花点火式燃气发动机。燃气发动机是通过压缩吸入汽缸的沼气与空气，并采用电火花引燃，以带动发电机发电。一般发动机的耗热量为 $10884 \sim 12141 kJ/(kW \cdot h)$，若按平均 $11512.5 kJ/(kW \cdot h)$ 计，每立方米沼气可发电约 $1.8 kW \cdot h$；每立方米甲烷可发电 $3.25 kW \cdot h$。

6) 沼气在农副业的应用

① 孵化禽类。与传统的炭敷、炕孵工艺相比，利用沼气进行禽类孵化可避免造成温度不稳定和一氧化碳中毒现象。一般沼气孵化技术孵化成本仅为电孵化的 $1/3$，节约能耗，且其操作方便可靠、无污染，孵化效率高。

② 蔬菜种植。将沼气通入蔬菜大棚或湿室内进行燃烧，利用燃烧产生的二氧化碳进行气体施肥，具有显著的增产效果，同时生产出无公害蔬菜。在蔬菜大棚内燃烧沼气，棚内温度也会有所提高，随着棚内二氧化碳浓度升高，蔬菜叶片光合作用强度也提高，增产明显。

③ 贮粮防虫。沼气中含氧量非常低，当向贮粮装置内输入适量的沼气并密闭保存一定时间，即可将空气排空形成缺氧的环境，会使害虫因缺氧而窒息死亡。通过此法可以保证粮食的品质，对粮食没有污染，对人体以及种子发芽均无任何影响。采用沼气贮粮技术可节约贮存成本达 60% 以上，减少粮食损失约 10%。

④ 动力燃料。沼气是一种很好的运输工具的动力燃料，其抗爆性能良好，辛烷值高达125。在使用沼气时采用容积相同的内燃机可获得不低于原机的功率。在内燃机（如煤气机、汽油机、柴油机等）中，可直接使用沼气，每千瓦小时约耗沼气 $0.82 \sim 1.36 m^3$。煤气机无需任何改装即可使用沼气，但为了获得更好的效果，需要改变煤气机的压缩比为12，此时燃烧的效果最好。在沼气应用于汽油机时，需要在原机的化油器前加一个沼气-空气混合器，混合器需适应沼气和空气 1:7 的混合比，但是由于汽油机的压缩比相对较低，一般为7，因此效率较低，能耗较大。在沼气应用于柴油机时，一般柴油机压缩终点的汽缸温度为700℃，而甲烷燃点是841℃，因此难以靠压缩进行点火，故除了增加沼气-空气混合器外，

还需另外增加一个点火装置或采用混烧的方法，即以沼气为主要燃料，添加少量柴油用于引燃，柴油量一般控制在10%~20%范围内。采用柴油机燃烧沼气的效率相对高于汽油机。

目前沼气除了通过上述几种应用途径外，国外还有用作与城市煤气混合、沼气燃料电池、进行切割式焊接、制造化工原料（如甲烷在光照作用下，可生成一氯甲烷、二氯甲烷、三氯甲烷、四氯甲烷和四氯化碳的混合物）等。

9.4.1.4 污泥消化系统的管控

（1）消化池的启动

消化池在运行启动前首先进行避水、避气试验以及相应管线的打压试验，然后进入清水联动试验阶段。待以上步骤完成后，进入污泥培养驯化阶段。在污泥培养驯化阶段首先进行氮气置换和搅拌的准备工作，然后向池内注入混合污泥，开启污泥循环泵，并控制消化池温度为设计温度范围，这一阶段投配的污泥负荷要小于设计值，以便于减少酸性衰退。

在此期间需要测定的消化池运行参数有：消化池进泥的有机分、含水率、pH值；消化池排泥的有机分、含水率、pH值；消化池内污泥的pH值、总碱度ALK、挥发性脂肪酸VFA；消化池上清液的SS；沼气的气体组成。当沼气中甲烷含量接近60%，氧气含量低于2%，脂肪酸/碱度<0.3，并稳定3~4d后可认为污泥培养阶段结束。

（2）消化池的运行控制

系统启动后，运行控制主要侧重于压力、温度、液位等几个要素。

1）消化池的压力控制　消化池的压力是浮动变化的，但要控制在一定范围内，压力的变化主要受进泥、排泥、搅拌等影响。

2）消化池的温度控制　运行中要求温度保持恒定，一般温度变化在±1℃。主要是因为产甲烷细菌对温度变化非常敏感。当温度变化超过±1℃会影响消化效果，延长消化时间。

3）消化池的液位控制　消化池液位的变化通过压力进行反馈，液位应作为重要的监控指标，液位的稳定是保证压力稳定的前提。在对液位控制上主要通过调节进泥、排泥，并定期校核液位计。

（3）消化的监控指标

表征污泥厌氧消化运行状况的指标主要有pH值、脂肪酸/碱度、有机物分解率、沼气产量和沼气中甲烷含量。脂肪酸/碱度是重要的监控指标，一般要求该指标小于0.3，否则认为脂肪酸富集，应减少进泥。有机物分解率是表征厌氧消化程度的指标，一般消化完毕的有机物分解率在40%~60%。沼气产量受进泥有机质、进泥量和消化运行状况影响，沼气产量不作为厌氧消化运行状况的指导性指标，因为存在进泥的波动以及计量装置的误差。沼气中甲烷含量是指导运行的重要指标，一般甲烷含量在55%~65%，如果小于这个数值说明厌氧消化不完全，产甲烷化仍在进行。

9.4.1.5 污泥产沼利用的能量平衡

污泥厌氧消化过程中，单位有机质的沼气产量取决于污泥有机质中可降解部分的比例，以及可降解有机物的成分组成，一般在0.3~0.9m³/kgVS（挥发性固体）。沼气热值取决于其成分，一般在20~25MJ/m³。沼气燃烧产热可供给消化池加热，根据消化池散热情况和热损失，可以估计消化加热所需能量。消化池散热由池体形状、传热系数等决定，沼气锅炉热效率约90%，管路热损失约3%，通常20%~30%的沼气产量可以满足消化加热所需。剩余70%~80%的沼气可用来发电。综合估算，理论上约0.14~0.18m³沼气即可发电1kW·h。然而受制于沼气发电机组的热效率，实际发电量远低于该值。德国、奥地利、美国、丹麦等国家的纯燃沼气发电机水平较先进，气耗率小于 $0.5m^3/kW \cdot h$（沼气热值为 25 MJ/m^3），我国"九五"、"十五"期间研制的纯燃沼气发电机气耗率一般在 $0.6 \sim 0.8m^3/kW \cdot h$（沼气热值大于 $21MJ/m^3$）。根据上述参数，可以对污泥厌氧消化产沼发电量进行估算。

不同浓度污泥消化，污泥有机质含量对沼气发电的影响如表 9-26 所列。其中，有机质降解率按 50％计，单位沼气产量按 $0.8m^3/kgVS$ 计，沼气自用量（加热）按 30％计，沼气发电量按 $2kW \cdot h/m^3$ 计。从表 9-26 中可以发现，适当提高消化污泥浓度，即提高污泥负荷，可以提高消化池单位容积产气率，同时，高污泥负荷会减少消化池体积乃至表面积，从而减少散热，节约更多沼气用于发电。另一方面，高有机质污泥可提供更多有机质用于转化沼气，而且一般来说，高有机质污泥的有机质降解率也更高。

表 9-26 污泥消化沼气产生量及发电量

消化进泥含水率	有机质含量	沼气产量/(m^3/m^3 进泥)	沼气发电量/($kW \cdot h/m^3$ 进泥)
98％	70％	5.6	7.84
98％	60％	4.8	6.72
98％	50％	4.0	5.60
96％	70％	11.2	15.68
96％	60％	9.6	13.44
96％	50％	8.0	11.20

虽然污泥厌氧消化沼气可以转化为能量，但污泥搅拌、输送等操作也会消耗电能，通常单位池容电耗为 $10 \sim 20kW \cdot h/m^3$，因此污泥消化产沼气发电不能满足自用电需求。虽然污泥浓度增加可以增加单位容积产气量，但随着污泥浓度的提高，污泥搅拌能耗也会相应增加。

9.4.2 污泥厌氧消化的氢气利用系统与技术

9.4.2.1 污泥消化氢气利用概述

在能源短缺备受关注的今天，氢能作为一种无污染、可再生的理想燃料，被认为是优秀的替代能源。氢是许多厌氧微生物以及少数好氧微生物代谢过程中一个重要的元素。当环境中存在氢时，许多有机体都具有利用它的能力，通过氧化氢得到电子并产生能量。在没有外部电子受体时，一些生物通过将 H^+ 转化为 H_2 来处理代谢过程中产生的过量电子。污泥中含有大量的有机质，有机质中含有大量氢元素（表 9-27 为华东某城市污泥元素含量情况），可以作为氢能的来源。氢能具有燃烧热值高、清洁无污染、适用范围广的特点。从未来能源利用的角度来看，氢是零排放、高能值的洁净燃料，尤其是以氢为燃料的燃料电池，具有环境友好性和高效性，将很可能成为未来理想的能源利用方式。

表 9-27 华东某城市污泥元素含量情况

污水厂编号	碳(C)	氢(H)	氮(N)	氧(O)	硫(S)	磷(P)
1	35.35	5.27	6.44	24.98	1.39	2.02
2	34.90	5.03	6.52	25.51	1.89	1.83
3	22.60	3.36	4.10	20.50	0.85	1.57
4	24.06	3.72	4.54	20.68	0.86	1.68
5	21.43	3.00	3.88	17.50	0.86	1.28
6	20.54	2.92	2.09	27.09	1.56	2.13

污水厂编号	碳(C)	氢(H)	氮(N)	氧(O)	硫(S)	磷(P)
7	8.83	1.22	1.40	19.32	1.12	4.42
8	11.37	2.80	1.85	17.78	2.08	5.07
10	12.36	1.81	2.05	13.30	0.59	0.92
11	23.26	3.38	4.35	19.88	0.75	2.22
12	15.87	2.58	3.00	16.25	0.67	1.13
13	4.92	1.72	0.38	20.15	0.87	5.37
14	7.67	1.50	1.07	10.61	1.19	0.69
15	34.20	5.00	5.02	24.39	1.17	2.08
16	12.93	1.74	2.31	13.40	0.49	0.85
17	22.85	3.38	3.68	18.03	1.73	1.62

人工制氢的方法有很多种，主要有物理化学法和生物法两种方法。物理化学法有太阳能制氢、水分解法制氢、水电解制氢、水煤气转化制氢及甲烷裂解制氢等方法，具有生产工艺复杂、基础能耗大、成本高等缺陷。生物化学制氢是利用微生物在常温常压下进行生物酶催化反应制得氢气，达到废物处理和产能同时进行的目的，因而具有极为广泛的应用前景。特别是污泥厌氧发酵制氢，发酵过程无需光照或其他能源输入，而且可以采用富含碳水化合物的废水或固体废物（如餐厨垃圾等）作为基质，原材料和能源的耗费均相对较少，同时还可以对废水和废物进行处理，是集废物减量化和能源化一体的技术。厌氧发酵制取氢气的研究最早开始于 20 世纪 70 年代，近年来随着对可再生能源需求的增加，这一技术逐渐被称为"绿色科技"，被广大的研究者关注。

9.4.2.2 国内外污泥厌氧消化产氢的研究

在生物制氢系统中，厌氧发酵制氢系统具有显著的优势，有望发展成为可工业化应用的生物制氢系统。目前，生物产氢工艺的不足之处在于氢气产量低，一般只有理论氢转化率的 20%～30%。一般来讲，只有当氢转化率达到 60%～80% 时才能认定为是一种经济可行的生物产氢技术。通过降低氢分压、优化生物制氢反应器的设计以及基因工程，可以明显提高厌氧发酵系统的产氢量。例如，通过喷射氩气或氮气将顶空抽成真空，可快速排出和分离气体，以降低氢分压。但是过度的喷射将会稀释氢，同时增加了氢的分离纯化难度。膜技术是一种有效地排除和纯化氢的方法，无论是在厌氧系统还是好氧系统中使用聚乙烯三甲基硅烷膜（PVTMS）来生产高纯氢气，均可以取得良好的效果。通过采用细胞固定化措施如固定床、添加载体或自絮凝等，再通过采用膜滤系统来维持较低的氢分压，进行反应器优化，就能够提高产氢量。

目前，国际上有关厌氧反应器的研发已进入一个相对平稳的阶段，研究的主要方向还是着眼于对现有反应器的改进。从美国专利局公布的有关厌氧反应器的发明专利来看，反应器的研究主要着眼于固液分离效果的提高，延长反应器内物料的停留时间等。另外，还需要转变构建厌氧反应器的理念，创造更加和谐的厌氧生物反应环境条件，比如通过利用环境仿生学技术，开发低能高效仿生反应器是未来厌氧反应器的一个发展趋势。

通过基因技术改良产氢菌，亦可极大程度地提高产氢量。利用基因修饰产氢菌，通过过度表达纤维素酶、木素酶和半纤维素酶，使底物的可用性达到最大化；通过过度表达产氢的氢化酶，并使其具有耐氧性。通过预处理办法可以去除吸氢酶，以减少其对氢的消耗，或者尽可能排除与产氢过程竞争并减少产氢量的代谢途径。

此外，经过厌氧发酵产氢处理后的固体废弃物或者污泥污水，即使再次经过产甲烷化过程，其中还会有一些污染物质存在，因此必须经过相应的再处理才能使其对环境没有二次污染。目前，国内有关固体废物或污泥污水产氢的工业化研究报道甚少。

污泥厌氧发酵制氢是一项符合长远发展的技术，相对于甲烷，氢气的优势在于能量密度高，燃烧只产生水分，而且氢燃料电池相对甲烷燃料电池更加成熟，而且便于小型化。然而目前关于污泥厌氧发酵制氢还只限于实验室研究，即便瞬间产氢率较高，长期运行能否获得高产量尚待讨论。此外，相对于污泥厌氧消化产沼气，污泥厌氧发酵制氢工艺操作更加复杂，能源转化率相对较低，而且氢气相对甲烷更易爆炸，保存和运输更加困难。因此，污泥厌氧发酵产氢工艺要想达到工业化生产水平还需要走很长的路，将来的发展和技术上的应用不但取决于科学研究的进步，而且取决于经济因素、社会的可接受程度和氢能利用系统的发展状况等诸多因素。

9.4.2.3 污泥厌氧消化制氢原理[18]

污泥污水的厌氧消化制氢是由一系列的酶、辅酶以及电子传递中间体共同参与完成的一种生物氧化的处理方式，在消化产氢过程中，生物氧化过程中的多余电子和还原力可以被消耗掉，从而可以对代谢进行调控。

污泥生物制氢主要是通过发酵细菌的作用来产氢。能够发酵污泥有机物产氢的细菌包括兼性厌氧菌和专性厌氧菌，如丁酸梭状芽孢杆菌、大肠埃希式杆菌、产气肠杆菌、褐球固氮菌、白色瘤胃球菌、根瘤菌等。发酵细菌能够利用多种底物在氢酶或固氮酶的作用下将底物分解生成氢气，这些底物包括乳酸、甲酸、丙酮酸、各种短链脂肪酸、淀粉、葡萄糖、纤维素二糖及硫化物等。一般认为发酵细菌的发酵类型是丙酸型和丁酸型，例如葡萄糖经丁酸梭菌和丙酮丁醇梭菌进行的丁酸-丙酮发酵，可伴随生成氢气。

（1）丙酮酸脱羧产氢

复杂碳水化合物经过水解作用生成单糖，单糖通过丙酮酸途径进行分解，在氢气产生的同时伴随着挥发酸或醇类物质的生成。微生物糖酵解途径经过丙酮酸的途径主要有 EMP（embden meyerhof parnas）途径、HMP（hexose monophosphate pathway）途径、ED（entner doudoroff）途径和 PK（phospho ketolase）途径。丙酮酸是在物质代谢中非常重要的中间产物，并且在能量代谢中起着关键作用，其经过发酵后可转化为乙醇、乙酸、丙酸、丁酸或乳酸等。在不同微生物种群的作用下，丙酮酸分解的产物不同，因此导致其产氢能力也不尽相同。在代谢过程中，许多微生物可产生分子氢，其中仅细菌就有二十多个属的种类。在丙酮酸各种不同代谢途径中，丁酸发酵、混合酸发酵以及细菌乙醇发酵均可以产生氢气，其中丁酸发酵和混合酸发酵报道相对较多，例如梭菌属是丁酸发酵中的主要产氢细菌，肠杆菌是混合酸发酵中的主要产氢细菌；细菌乙醇发酵也存在产氢和不产氢两种情况，目前已发现的产氢细菌相对较少，主要为梭菌属（Clostridium）、拟杆菌属（Bacteroides）、瘤胃球菌属（Ruminococcus）等。丙酮酸脱羧产氢途径和甲酸裂解产氢途径见图 9-29。

（2）辅酶Ⅰ的氧化与还原平衡调节产氢

在碳水化合物发酵的过程中，经过 EMP 途径而产生的还原型辅酶Ⅰ（$NADH + H^+$）需通过与乙酸、丙酸、丁酸、丙酮和乳酸等末端酸性产物相偶联得以氧化生成氧化型辅酶Ⅰ（NAD^+），以维持代谢过程中的 $NADH/NAD^+$ 的平衡。在生物体内，$NADH + H^+$ 与 NAD^+ 的比例是一定的，在 $NADH + H^+$ 的消耗量少于其生成量时，生物体就会通过采取一定的机制进行调节，以减少末端酸性产物的产率以降低 $NADH + H^+$ 的再生率。过多的

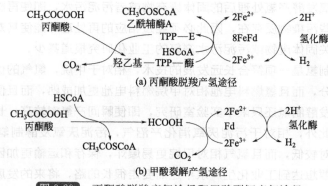

(a) 丙酮酸脱羧产氢途径

(b) 甲酸裂解产氢途径

图 9-29 丙酮酸脱羧产氢途径和甲酸裂解产氢途径

$NADH+H^+$ 可在厌氧氢化酶的作用下通过释放分子氢以使 $NADH+H^+$ 进行氧化再生。在标准状况下，虽然 $NADH+H^+$ 转化为 H_2 的过程不能自发地进行，但是当存在 NADH-铁氧还蛋白以及铁氧还蛋白氢化酶的条件下，它们作为催化剂，该反应是可以进行的。

（3）厌氧消化产氢的代谢过程

20 世纪 70 年代末，布赖恩特提出四阶段厌氧发酵理论，依次为水解阶段、酸化阶段、产氢产乙酸阶段和产甲烷阶段。

在水解阶段，大分子有机物在细菌胞外酶的作用下被分解为小分子水解产物，小分子水解产物可以溶解于水并透过细胞膜而被细菌所利用，其中包括蛋白质的水解、脂类和纤维素的水解以及碳水化合物的水解等。水解过程是一种酶促反应，发生相对缓慢，因此一般认为水解过程是对一些含有高分子有机物或悬浮物的污水进行厌氧降解的主要的限速步骤。

在酸化阶段，在发酵细菌细胞内水解产生的小分子化合物，其中包括糖类和氨基酸的厌氧氧化以及较高级脂肪酸和醇类的厌氧氧化产生的化合物，转化为更为简单的化合物并且分泌到细胞外部。酸化阶段的主要产物包括醇、醛、VFA、二氧化碳和氢气等。

在产氢产乙酸阶段，水解酸化阶段的产物在产氢和产乙酸细菌群的作用下进一步分解为乙酸、氢气、二氧化碳以及新的细胞物质，其中包括从中间产物中形成乙酸和氢气（产氢产乙酸）以及由二氧化碳和氢气形成乙酸（同型产乙酸）。主要的产氢产乙酸反应如下：

$$CH_3CH_2OH+H_2O \longrightarrow CH_3COOH+2H_2 \tag{9-21}$$
$$CH_3CH_2COOH+2H_2O \longrightarrow CH_3COOH+3H_2+CO_2 \tag{9-22}$$
$$CH_3CH_2CH_2COOH+2H_2O \longrightarrow 2CH_3COOH+2H_2 \tag{9-23}$$

在产甲烷阶段，有两组生理性质不同的专性厌氧产甲烷细菌群。其中一组可利用一氧化碳和氢气合成甲烷或利用二氧化碳和氢气合成甲烷；另一组则可利用甲酸、甲醇等裂解生成甲烷或乙醇脱羧生成甲烷和二氧化碳。

通过上述对厌氧发酵 4 个阶段的分析可以看出，氢气只是厌氧发酵过程中间步骤（产氢产乙酸阶段）的副产物。在厌氧环境中，有机底物发生氧化还原反应，辅酶 $NADP^+$ 或 NAD^+ 接受被脱氢酶作用而脱去的氢质子，进而生成 NADPH 或 NADH。在无氧外源氢受体的条件下，底物脱氢后产生的还原力 [H] 直接被内源性中间代谢产物所接受，从而产生 NADPH 或 NADH，再通过厌氧脱氢酶的作用脱去 NADPH 或 NADH 上的氢，其氧化后产生氢气。

氢气作为万能的电子供体，在产甲烷细菌存在且环境条件适宜时尤为明显的条件下，氢气产生后很容易被消耗掉。因此，如果想要通过厌氧发酵方法来获得氢气，就必须严格控制条件使产氢产乙酸阶段和产甲烷阶段断开，使上述反应成为一个不连续反应。通常可以通过改变环境条件，创造对产甲烷细菌产生抑制而同时对产氢细菌有利的生存环境。产氢细菌在极端热或者极端冷、强酸、强碱等极端的环境下可以形成芽孢，一旦条件适宜，芽孢又会重新恢复活性。但是由于产甲烷细菌等不能形成芽孢，因而，在极端的条件下会被杀死而失去活性。综上所述可通过极端环境处理的方式来达到菌种筛选的目的。

(4) 氢酶的催化机制

氢酶（hydrogenase）是一种催化产氢反应的关键性酶，不具专一性。氢酶除了在有足够的还原力时催化产氢外，还可以催化吸氢反应。氢酶是催化时伴有氢分子的吸收和释放的氧化还原反应酶，存在于肠道细菌群、梭菌、硫酸还原细菌、固氮菌属、氢单胞菌属等细菌和某些藻类中。根据氢酶种类的不同，由氢所还原的电子受体或放出 H_2 的电子供体有 NAD^+、Fd 铁氧还蛋白和细胞色素 C3（硫酸还原菌）3 种，它们直接或间接地通过氢酶参与色素、NAD^+ 及有机基质进行氧化还原反应。可以产氢的微生物都含有氢酶，它催化氢气与质子相互转化的反应：$H_2 \longrightarrow 2H^+ + 2e$。

按照所含金属原子的种类可以将现有的氢酶分成 [NiFe] 氢酶、[NiFeSe] 氢酶、[Fe] 氢酶和无任何金属原子的氢酶 4 种。[NiFe] 氢酶分为吸氢酶和放氢酶，广泛地存在于各种微生物中。[Fe] 氢酶催化产氢的活性比 [NiFe] 氢酶高 100 倍以上，对氧尤为敏感。虽然对 [NiFe] 氢酶和 [Fe] 氢酶的研究较多，并且晶体结构都已确定，但对核苷酸序列的分析表明，在结构上 [NiFe] 氢酶和 [Fe] 氢酶有很大差异。

[NiFe] 氢酶和 [Fe] 氢酶在结构的起源上虽有很大不同，但从结构上来讲均由电子传递通道、质子传递通道、氢气分子传递通道和活性中心 4 部分组成，二者在催化机制上基本是一致的。电子和质子分别通过电子传递通道和质子传递通道传递到酶内部的活性中心，形成的氢气分子再由其传递通道释放至酶表面。[NiFe] 氢酶的活性中心由 Ni 和 Fe 组成，异双金属原子中心以 4 个硫代半胱氨酸残基通过硫键连接在酶的分子上。[Fe] 氢酶的活性中心由两个 Fe 原子（Fe_1 和 Fe_2）组成双金属中心，该活性中心通过 Fe_1 上的一个硫代半胱氨酸与近端 [4Fe~4S] 簇相连而连接在酶分子上。在 [NiFe] 氢酶和 [Fe] 氢酶的活性中心都含有一个空的或是电位上空的位点，该位点可能与结合 H_2 有关。

9.4.2.4 污泥厌氧消化制氢的影响因素

污泥中含有丰富的蛋白质、多糖类和脂肪类有机质，将这些有机质转化为可利用的能源是资源回收利用的有效途径。在厌氧消化产氢的过程中，pH 值、温度、氮源、氢气分压、VFA 等各种产物、微量元素和严格的厌氧环境等是对反应过程中氢气的产量、浓度和延迟时间等有非常重要影响的因素。

几乎在所有的厌氧环境中都存在氢气。氢气很少会脱离厌氧环境，事实上，对人和其他一些动物而言，通过检测呼吸中氢气的浓度就可以判断它们肠道内的消化情况。在厌氧环境中，许多耗氢菌通过从氢气中得到电子而获得能量，能够利用二氧化碳和氢气生成甲烷或乙酸，利用硝酸盐和氢气生成亚硝酸盐和氮气，利用硫酸盐和氢气生成硫化物。另外，氢气还可以被用来将氮气还原成氨氮。当处于有氧环境时，微生物就会消耗氢气和氧气反应生成水。因此，无论在厌氧环境还是在有氧环境中，氢气很容易作为电子供体（electrons donor）而被消耗掉。因此，想要收集到氢气，需要创造一个氢气的保护环境，或者对消耗氢气的微生物的活性进行抑制，或者减少其他反应物的量，在实际操作中，通过控制环境条件来对耗氢菌的活性进行抑制是一种相对可行的办法。

（1）pH 值

1）pH 值对污泥厌氧消化的影响　在厌氧消化体系中，pH 值对污泥厌氧消化过程的影响主要表现在：a. pH 值的变化可对微生物体表面电荷的变化产生影响，从而对微生物的营养吸收产生影响；b. pH 值可以对培养基中有机化合物的离子化作用产生影响，由于多数非离子态化合物相对于离子态化合物更容易深入细胞，从而间接地影响微生物；c. 酶有最适宜的 pH 值，因而 pH 值会对酶的活性产生影响，从而对微生物细胞内的生物化学过程产生影响；d. pH 值过高或过低都会使微生物抵抗高温的能力下降。

2）pH 值对污泥厌氧消化产氢的影响　厌氧消化的过程中有能量的产生和转移，是氧化与还原的统一过程，产生的能量一部分为合成反应和其他活动提供所需，一部分以热量的形式散发，其余的能量则贮存于 ATP 中。在厌氧消化过程中，仅有部分有机物以中间代谢产物为最终电子受体发生氧化，生成低分子有机物。在这个过程中，pH 值和氧化还原电位（ORP）是两个非常关键的控制参数，可以影响生化反应的"进行方向和程度"。在厌氧生物处理过程中，pH 值是一个非常重要的控制条件，pH 值的高低会影响产氢微生物细胞内氢化酶的活性和代谢途径，另外还会影响细胞的氧化还原电位、基质可利用性、代谢产物和其形态等。在厌氧消化体系中，pH 值是体系中 H_2S 和 CO_2 等在气液两相间的溶解平衡、固液两相间的离子溶解平衡以及液相内的酸碱平衡等综合作用的结果，而这些过程又与反应器内发生的生化反应直接相关。

在厌氧消化过程中，消化液的 pH 值会随着厌氧微生物生长繁殖和代谢活动的进行而发生变化，pH 值变化的原因是多方面的：如果当基质为蛋白质或尿素等含氮化合物时，其代谢产生的 NH_3 等会使 pH 值上升；当基质为碳水化合物时，其代谢生成有机酸后会使 pH 值下降。同时，细胞对阴离子或阳离子的选择性吸收也会改变消化液的 pH 值。气/液相间的 CO_2 平衡、液相内的酸碱平衡以及固/液相间的溶解平衡共同作用来影响消化液的 pH 值。

污泥发酵产氢的初始 pH 值是一个非常重要的影响因素，但由于消化基质、微生物种群和来源的差异，以及污泥预处理工艺的不同，在以上条件不同的情况下，最优的初始 pH 值并非是一个确定不变的值。

污泥的厌氧消化产氢过程是在酸性条件下进行的，同时可以抑制甲烷的产生。通过对产酸发酵细菌的演替规律进行研究，发现 pH 值是影响发酵类型的一个重要因素。当 pH 值为 5 时，系统中进行被产甲烷细菌进一步利用的"丁酸型"发酵，产氢较多，或者是使降解过程恶化的"丙酸型"发酵，产气少。当 pH 值为 5.5 时，产氢较多的"丁酸型"发酵占优势，此时产氢能力最高，产出液中乙醇、乙酸和丁酸的体积分数分别是 10.17%、19.01%、69.13%。而当 pH 值降低至 4 时，部分产氢细菌失去活性，产氢能力下降。因此，消化污泥维持一定的 pH 值对于体系非常重要，pH 值过高或者过低均对产氢细菌不利，如果过高的话则会有大量的甲烷的生成，致使氢的产生率降低，pH 值过低会抑制产氢细菌的生长。

（2）NH_3-N 浓度

NH_3-N 是高含氮废物，包括污泥、厨余垃圾、食品加工废水等，对厌氧消化系统的稳定性有着重要影响。NH_3-N 是微生物重要的氮源，但是在污泥厌氧消化的过程中，大部分可进行生物降解的有机氮都被还原为消化液中的 NH_3-N，在反应过程中 NH_3-N 可以中和厌氧消化过程产生的挥发性有机酸，对系统的 pH 值具有一定的缓冲作用，而厌氧微生物细胞的繁殖很少，导致仅有少量的氮被转化成细胞物质。

随着体系 NH_3-N 浓度的减小，pH 值下降，挥发性有机酸的浓度升高。但是游离态氨可以很容易地通过细胞膜，从而对微生物产生毒害作用，因此如果 NH_3-N 浓度过高，将会对微生物的活性造成影响。许多研究者认为非离子化的氨是 NH_3-N 产生抑制作用的主要原因。NH_3-N 浓度和 pH 值都是对非离子化的氨浓度有重要影响的两个因素。当 pH 值上升为 8 时，游离态的氨则可占 NH_3-N 的 10%，当 pH 值为 7 时，游离态氨占 NH_3-N 的 1%。NH_3-N 的具体抑制浓度会随着反应条件、反应器类型和微生物种群的变化而有所不同，驯化后的微生物对 NH_3-N 的浓度也有很高的抵抗能力，而在两相厌氧消化系统中，则会对 NH_3-N 的抑制有更大的抵抗能力。在高含氮废物的厌氧消化产氢系统中，NH_3-N 浓度的最直接最有效的控制方法是通过对进料的有机负荷加以调节。

在高含氮废物（食物垃圾、污泥、食品加工废水等）的厌氧消化产氢系统，尤其是高固体浓度的系统中，由于微生物合成所需要的氮素含量有限，在反应的过程中，NH_3-N（蛋白质代谢生成）在反应器内会逐渐累积，从而对反应造成影响。液相中的主要副产物是乙酸和丁酸，随着系统 NH_3-N 浓度的提高，体系会进入一个相对稳定的抑制状态，体系最终只产生有机酸而没有氢气产生。因此，在厌氧发酵高含氮废物产氢的过程中，需对水体中的总 NH_4^+ 浓度进行检测和调控以达到较高的产氢效率。

（3）温度

影响污泥厌氧消化产氢的因素很多，在基质以及消化菌群一定的条件下，反应的温度对厌氧产氢过程有显著的影响。厌氧消化过程中，温度会产生多方面的影响，例如，温度的升高会导致液体黏度降低，这样使得污泥具有相对较好的沉降性；随着温度的升高，会使气体溶解度降低，出水中溶解有较少的氨气、氢气和甲烷等，因此可以降低出水的 COD 浓度，而且溶解的氢气浓度的降低可以减少产物（氢气）对产氢过程的产物抑制作用。同时，温度对酶的活性有重要影响，影响微生物的生长速率，从而对污泥处理效果产生一定的影响。在微生物的生长过程中，一般都会有一个最适温度，而产氢细菌一般都是中温微生物，在无法改变环境的条件下，必须事先对微生物进行驯化，以使其适应待处理污泥的温度范围。如果在污泥正式处理前没有对菌种生物进行高温驯化，而待处理的污泥温度偏高时则会影响微生物活力，导致产氢效果不佳，影响污泥的处理效率。

产氢微生物的种类有很多，不同种属的产氢细菌最适合的发酵产氢温度也存在较大的不同。在考虑操作方便和节约能耗的前提下，目前大多数研究多采用中温发酵进行产氢。实际上，部分产氢细菌，如 *Thermotoga elfii* 的产氢温度高达 65℃，甚至一些其他微生物在 70℃ 下仍能发酵产氢。在 15～36℃ 温度范围内变化时，*E.cloacae* 的氢气产量会随着温度的升高而增加，在 36℃ 时达到最大产氢率，但是当超过 36℃ 时，其产氢量则会开始下降。并不是所有产氢细菌的温度变化规律都是如此，在以蔗糖为基质进行产氢时，*E.aerogen* 的产氢率的增加可一直持续到 40℃。有实验表明，在采用沉淀池污泥中的混合菌群进行产氢时，在温度从 20℃ 升高到 55℃ 的过程中，氢产率和产氢速率均随着温度的升高而升高，因此最佳产氢温度可能在 55℃ 以上，这可能是由于接种物中同时存在中温和高温产氢细菌的原因造成的，随着温度的升高其中所含的优势菌逐渐从中温菌转变为高温菌。

（4）氢气分压

氢气的产生是由细菌将铁氧还蛋白和携带氢的辅酶再氧化的一种过程，根据气液平衡关系，如果在气相中积累了浓度相对较高的氢，就会使得液相中氢的浓度升高，从而对再氧化过程产生不利的影响，使产氢的过程进一步受到抑制。另外，氢气分压还会对发酵产物的组成及其含量产生影响。因此，如何在微生物的发酵产氢过程中减少氢气分压对产氢的抑制作用是发酵产氢的关键技术之一。

在厌氧发酵产氢过程中，发酵液中氢气分压的大小也会对产氢过程的顺利进行产生影响。由于氢气分压的增大会改变产氢的代谢途径，从而生成一些还原性相对更强的物质，如乳酸、乙醇、丙酮和丁醇等。可以通过采用连续释放氢气的方式或采用惰性气体吹脱的方式来减小氢气分压。

将惰性气体二氧化碳、氮气等鼓入厌氧消化产氢体系中进行吹脱，均可以提高氢气的产量，而且二氧化碳吹脱的效果要相对好于氮气，反应过程的主要产物是丁酸和氢气。二氧化碳最佳的吹脱速度为300mL/min，此时，每1mol葡萄糖的氢气的产量可以达到1.68mol，比氢气产率达到6.89L/(g·d)。与氮气的吹脱作用相比，采用二氧化碳进行吹脱，在降低氢气分压的同时可以提高二氧化碳分压，而二氧化碳分压的提高对产氢细菌没有抑制作用，却对其他微生物（如产酸细菌）有抑制作用，因此可以提高氢气的产量。

在厌氧发酵产氢过程中，要收集到更多的氢气，在防止产甲烷细菌消耗氢气的同时也要防止产乙酸细菌利用氢气和二氧化碳为原料进一步消耗氢气。在实际运行过程中，接种污泥经过热预处理等手段就可实现产甲烷细菌的灭活，但是同型产乙酸细菌的活性难以得到抑制，因此，需要通过减少反应物的浓度来减少氢气的消耗。一种方式是利用吹脱降低氢气分压，另一个方式则利用碱液吸收二氧化碳以降低二氧化碳的浓度，从而抑制反应的进行。此外，还可采用KOH溶液吸收反应体系内的二氧化碳，将体系中二氧化碳的体积分数从24.5%降低至5.2%，从而间接将氢气的体积分数提高至87.4%，这样在提高了氢气的体积分数的同时也将氢气的产量提高了43%，每1mol葡萄糖的氢气产量从1.4mol提高至2.0mol。

（5）发酵底物

厌氧发酵制氢采用的底物的范围比较广泛，从淀粉、葡萄糖、甘露醇、乳糖、纤维素等单质到加工废水、麦麸、米麸、废纸浆、餐厨垃圾、固体垃圾滤液、糖蜜废水等有机废物均可作为氢气转化的生物基质。不同的发酵底物对应的产氢量以及产氢速率都有所不同。国外研究人员采用马铃薯加工废水（COD21g/L）、苹果加工废水（COD9g/L）和两种糖果厂废水A（COD0.6g/L）和B（COD20g/L）4种食品加工废水为基质，进行厌氧消化产氢实验研究。结果发现，上述4种基质每1L废水的产氢量分别是2.1~2.8L、0.7~0.9L、0.1L和0.4~2.0L。

（6）营养物质

营养物质对厌氧消化产氢也有很大的影响。通常，向污泥中添加铁、磷酸盐等营养物质，可以提高系统氢气的产量。碳氮摩尔比的不同也会改变污泥厌氧消化的代谢路径，从而提高厌氧消化中氢气的产量。根据生物制氢理论和微生物营养学，在微生物生长过程中，产氢微生物一般需要铁、镍和镁等金属离子，这些金属离子在一定浓度下对产氢细菌的产氢能力有促进作用，而铜、汞等重金属则对许多氢酶产生强烈的抑制作用，各种金属离子的优化浓度也不尽相同，因此，在金属离子对厌氧消化制氢反应的影响方面还需要进一步研究。

（7）有机酸浓度

在产氢微生物利用有机营养物进行厌氧发酵的过程中，除了有氢气产生以外，还有挥发性脂肪酸、醇类物质等生成，一旦这些产物在微生物的体内或体外环境中过多积累，就会对微生物的活性及其生理过程产生重要的影响。在微生物发酵产氢过程中，有机酸的积累会降低系统的 pH 值,从而影响多数厌氧消化的产氢过程。通常认为丙酸的积累会抑制厌氧过程,因此,厌氧过程中应尽量避免丙酸的产生和积累。研究发现,在厌氧发酵过程中产生的乙醇可以减少酸性副产物的数量,维持细胞内正常生理的 pH 值,同时还可以通过产乙酸过程和乙醇发酵的偶联,以维持细胞内 $NADH/NAD^+$ 的动态平衡,避免丙酸的积累,从而有利于厌氧消化发酵产氢。

9.4.2.5 污泥厌氧消化制氢工艺

(1) 预处理工艺

污泥厌氧消化制氢与消化产甲烷在工艺条件上有所不同,从而导致有机物降解停留在不同阶段。通常情况下,有机质厌氧消化反应一般包括水解、酸化、产氢产乙酸和产甲烷等阶段。要想使反应停留在产氢产乙酸阶段时,可以通过有机质消化来产生氢气。此时 pH 值一般在 4.5~5.5 之间,消耗氢气的产甲烷细菌活动受到完全抑制,系统主要产生氢气和二氧化碳。存在于污泥中的大部分有机物是微生物的细胞物质,这些物质由微生物的细胞壁所包裹,从而难以被微生物所利用。研究表明,污泥的水解过程是污泥厌氧发酵产氢的限速步骤。为了提高污泥厌氧发酵的效率,加速污泥进行厌氧发酵,通常采用一些预处理方法来破坏污泥细胞的细胞壁,将污泥细胞内的物质释放出来以被微生物所利用。目前常用的预处理方法主要有热水解、化学处理、超声破碎、机械破碎、酶水解等。

1) 热水解预处理工艺 在热处理过程中,污泥中存在的固体有机物经历了溶解和水解两个过程。首先是微生物絮体的离散和解体,细胞内的有机物质不断地被释放出来并进行溶解;然后溶解性有机物不断发生水解,碳水化合物经过水解成为小分子的多糖或单糖,脂肪经过水解成为甘油和脂肪酸,蛋白质经过水解成为多肽、二肽和氨基酸,氨基酸进一步水解生成低分子有机酸、氨及二氧化碳。由于热水解预处理工艺加速了污泥的水解过程,污泥中含有的难以生化降解的固体有机物转化成易生化降解的小分子有机物,因此,通过热水解,污泥的厌氧消化性能得到了改善。同时,热水解处理后,污泥的碱度增大,可以提高后续厌氧消化体系的缓冲性能。

污泥在经过热水解预处理后,系统内的挥发性有机酸(VFA)和溶解性化学需氧量(SCOD)的浓度显著增大、pH 值降低、碱度增大。并且,在总化学需氧量(TCOD)中,热水解污泥溶解性化学需氧量的比率随着热水解温度和热水解时间的延长不断增大。通过热水解预处理工艺,可促使污泥固体的溶解和水解,进而提高污泥的厌氧消化性能。在 170℃ 的热水解进行 30min 时,污泥中 TCOD 去除率从预处理前的 38.11% 提高至 56.78%,污泥中 TCOD 的生物气产率从热水解前的 160mL/g 提高至 250mL/g。而当温度过高时,则会有中间产物生成,在一定程度上会抑制厌氧消化。污泥经过 30min、170℃ 的热水解预处理后,上清液容易进行厌氧消化,TCOD 去除率达到 89.50%,同时提高了悬浮固体的厌氧消化性能,TCOD 去除率为 44.47%。

2) 酸性预处理工艺 国内研究人员对市政污泥进行了不同 pH 值的酸性预处理,以酸性预处理的污泥作为基质,进行了厌氧发酵产氢的批量试验。研究发现,通过酸性预处理可以对耗氢菌起到抑制作用,最佳的酸性预处理条件为调整原污泥 pH 值至 3,放置 24h;经过 pH 值为 2 的酸性预处理,污泥对产氢菌和耗氢菌均有强烈的抑制作用,而当 pH 值高于 4 时,酸性预处理工艺对耗氢菌的抑制不再明显。酸性预处理具有一定的融胞作用,可以使污泥中溶解性的糖和蛋白质含量增加,不同的酸性预处理工艺对糖和蛋白质的溶解效果均随着 pH 值的升高而降低。在 pH 值为 2 的酸性预处理污泥过程中,可溶蛋白质和可溶糖的浓度分别达到了原污泥的 9.9 倍和 3.1 倍。在厌氧发酵产氢的过程中，酸性预处理污泥主要降解的有机物质为蛋白质，其中蛋白质降解率达 55.91%，糖降解率达 29.09%。经过 pH 值为 3 的酸性预处理后，在调节初始 pH 值为 11 时进行厌氧发酵产氢，其最大累积产氢量高达 14.66mL/g。

3) 碱性预处理工艺　水解步骤一般是废弃的活性污泥在厌氧反应的控制步骤。活性污泥通过碱性预处理后可以增加厌氧消化反应的速率，同时有机物的去除率和生物可生化降解程度均有所提高。污泥通过碱性预处理，不仅可以灭活耗氢菌，富集产氢菌，而且还具有一定的融胞作用，即将存在于污泥中的有机物（主要成分为蛋白质）释放出来，从而提高污泥的厌氧消化效率。采用碱性预处理工艺处理污泥，可以提高污泥厌氧消化过程中氢气的产量，但是加碱量并不是没有限制，如果碱性预处理过程中 pH 值过高，则会伴随着褐变反应的发生，反而降低了污泥的生物可降解度，从而降低了预处理的效果。

4) 微波预处理工艺　微波是指频率为 0.3～300GHz 的电磁波，微波具有穿透、反射、吸收 3 个特性。生物体内的一些分子在微波电磁场的作用下会产生振动和变形，从而影响细胞膜功能，使细胞膜内外的液体的状况发生变化，导致生物作用的改变。微波作用主要是通过电磁场的热效应和生物效应的共同作用进行，可以在短时间内产生热量，破坏细胞的结构，达到灭活细菌的目的，而部分产氢细菌由于具有芽孢结构而免遭破坏，从而提高了颗粒污泥的产氢性能。

5) 4 种预处理工艺的比较　在预处理时，可以从污泥中筛选出产氢微生物，因而，在污泥厌氧发酵过程中无需接种。污泥通过预处理可以明显提高生物产氢效率，但是不同的预处理工艺中污泥的氢气产率不同，在以上 4 种预处理（热水解预处理、酸水解预处理、碱水解预处理和微波预处理）工艺中，氢气产率最大的是碱水解预处理污泥，其次为热水解预处理污泥。由于在预处理过程中可以破坏污泥的絮体结构，有的甚至可以破坏污泥中微生物的细胞结构，通过预处理，一些微生物的细胞物质将被释放至液相，从不溶性变化为溶解性，这 4 种预处理工艺均可以增加污泥的溶解性化学需氧量、降低污泥的总固体物质和挥发性固体物质的含量，而预处理污泥的氢气产率与污泥的溶解性化学需氧量存在一定的相关性。另外，产甲烷菌的活性可通过污泥的碱水解预处理和热水解预处理得到完全抑制，而另外两种预处理工艺则不能实现。在厌氧消化产氢的过程中，重要的副产物挥发性有机酸（VFA）的产生量以污泥经过碱水解预处理后获得的最多，其次是经过热水解预处理的污泥。而酸水解预处理污泥和碱水解预处理污泥的氢气产率还与其初始 pH 值有关。

(2) 污泥消化添加剂工艺

通过上述 4 种预处理工艺均可以达到富集产氢菌的目的，这说明只要采取一定的措施抑制耗氢菌的生长，就可以收集到氢气。但是，通过预处理工艺富集产氢菌方法的操作过程相对繁琐，而且需要消耗一定的能量。如果采用加入添加剂的方式富集产氢菌，可以获得加入药剂即时生效的效果，则会使整个富集产氢菌的过程变得相对简单。

很多化学药品如酚、合成洗涤剂（阴离子型）、新洁尔灭、染料等具有杀毒灭菌的效果，也具有抑制耗氢菌生长、富集产氢菌的效果。在堆肥和厌氧消化中，阴离子表面活性剂因其独特的作用而获得越来越多的应用，一方面阴离子表面活性剂具有灭菌的作用，另一方面在环境中阴离子表面活性剂容易被微生物降解，不会给环境造成额外的负担。阴离子表面活性剂十二烷基苯磺酸钠与酶的混合物可以有效抑制耗氢菌的生长，提高水解酶的活性，从而提高氢气的产率和产量。

9.5 其他污泥能源化利用技术

除了污泥焚烧产能、污泥制油、污泥生物产气等能源化利用途径外，一些污泥能源利用新技术也获得了广泛关注，如燃料电池技术、湿式氧化技术、高温气化制氢技术等。这些新技术虽然尚未完全成型，还没有得到广泛的工程实践，但都显现了各自的优势，将获得进一步的发展和完善。除能源化利用技术本身之外，研究者还在关注污泥能源化利用中的环境保护、节能减排、经济成本等问题，以期促进污泥能源化利用在可再生能源开发中的作用。本节将简要介绍污泥制燃料电池技术、污泥高温气化制氢技术和污泥微波与等离子体处理等新技术。

9.5.1 污泥制燃料电池技术

微生物燃料电池（microbial fuel cell，MFC）是一种新型的生物反应器，是一种在电化学技术的基础上发展起来的以微生物为催化剂将贮存在有机物中的化学能转变为电能的装置，氧化有机物和无机物的同时可形成电流。MFC可利用很多不同的物质产生电能，可以通过有机物的厌氧降解，将化学能以最清洁的电能形式回收，这种电池不仅能够以单一的碳水化合物（如醋酸盐、丁酸盐、蛋白质等）作为燃料发电，而且能从复杂废水中的有机污染物（如生活污水、养猪废水等）中回收电能并同时处理废水。目前，已有研究者在底泥、废水等实际环境中构建MFC，并成功地收集MFC所产生的电能，为一些小型监测装置、机器人、移动电话等低电耗装置供电[19]。

9.5.1.1 微生物燃料电池的分类

微生物燃料电池有很多种分类方法，不论以何种方式进行分类，它们都具有微生物燃料电池的共同性质[20]。

（1）异养型MFC、光能异养型MFC和沉积物型MFC

根据微生物营养类型的不同，MFC技术可以分为异养型、光能异养型和沉积物型。异养型型MFC是指厌氧菌代谢有机底物以产生电能；光能异养型MFC是指采用光能异养菌（例如，藻青菌）利用光能和碳源作底物，以电极作为电子受体进行电能的输出；沉积物型MFC是指微生物通过利用沉积物相和液相间的电势差而产生电能。

（2）有介体MFC和无介体MFC

根据电子从细菌到电极转移方式的不同，MFC分为有介体MFC和无介体MFC。从理论上讲，各种微生物都可能成为有介体MFC的催化剂，其中有介体MFC又称为间接MFC。经常使用的细菌很多，比如普通变形菌、大肠埃希杆菌和枯草芽孢杆菌等。电池中的微生物可以把电子直接传递到电极，但是相比而言电子的传递速率相对较低。由于微生物的细胞膜含有类聚糖或肽键等不导电的物质，致使电子难以穿过，因此一般微生物燃料电池为了促进电子的传递需要氧化还原介体。作为氧化还原介体应具备以下条件：a. 较容易通过细胞壁；b. 较容易从细胞膜上的电子受体获得电子；c. 要有比较好的溶解度和稳定性等；d. 电极的反应快；e. 对微生物没有毒害作用；f. 不能被微生物食用，而成为微生物的营养物质。一般可以采用硫基、Fe(Ⅲ)EDTA和中性红等有机物或金属有机物作为MFC的氧化还原介体。

由于氧化还原介体大多容易分解并且有毒，因此在很大程度上阻碍了MFC的商业化进程。近几年来，陆续发现了几种特殊细菌，它们可以在无氧化还原介体存在的条件下将电子传递给电极产生电流。另外，从废水或海底沉积物中富集的微生物群落也可以用于直接构建 MFC。

9.5.1.2 微生物燃料电池的影响因素

目前，主要以输出功率作为衡量 MFC 性能优劣的重要标准。输出功率的大小主要取决于电子在微生物和电极之间的转移效率、电极表面积、电解液（阳极液和阴极液以及 PEM）的电阻和阴极区的反应动力学等因素。

影响微生物燃料电池性能的关键因素如下。

（1）底物转化率

底物转化率主要受生物量的多少、营养物的混合与传递、微生物生长动力学和质子传递效率等因素的影响。首先，为保证在最短时间内积累足够的生物量，需要保证微生物生长的最佳条件。其次，为保证微生物与营养物的充分接触，培养基的充分混合至关重要。由于接在微生物燃料电池的阳极室，这种情况下一般的混合方法行不通，为了弥补这种缺陷，采用通入氮气的方式是可行的，并且效果很好。另外，提高质子传递效率，选择优质的膜也可以提高底物的转化率。

（2）电池内阻

电池内阻包括两电极之间电解质的阻力和质子交换膜的阻力（Nafion™ 有最小的阻力），优化的角度来说，两电极之间的距离应尽可能短。质子的迁移严重影响了阻力相关的电势损失，充分的搅拌有利于减小这种损失。

（3）电池的电解质

电解质的 pH 值的选取十分关键，既要保证微生物生长处在最佳，又要保证质子高效的透过膜。如果 pH 值过高，质子倾向于在还原态，这对电子的产生和传递产生不利的影响。另外，为了保证质子交换膜的良好的性能，电解质对质子交换膜不能有腐蚀作用，同时电解质也是形成电池内阻的一部分，因此，应尽可能提高电解质的导电性。

（4）阴极室氧的供应

微生物燃料电池的阴极室较多采用开放式的，利用空气中的氧为氧化剂，仅靠正常大气压下的溶解氧是不足的，为了保证充足的氧的供应，一般采用空气饱和电解质，或向电解质中不断通入空气。当然，如果在条件允许的情况下也可以直接通入氧气。

（5）阳极室氧的去除

质子交换膜对氧气都有一定的透过性，如 Nafion™ 对氧的透过率为 9.3×10^{-12} mol/(cm·s)，而对于阳极室为厌氧菌来说，氧的存在对其代谢是极为不利的，可以提高氧化还原电势，终止厌氧菌的代谢。

（6）电池的外电阻

电池的负载较高时，电流较低且较稳定，内耗较小，外电阻成为主要的电子传递限速步骤；电阻较低时，电流变化是先达到峰值后降低，持续在某一固定值，内耗较大，分析其原因是电子消耗量小于电子传递量。

9.5.1.3 污泥制燃料电池工艺

（1）基本工艺原理

在 MFC 中，氧化底物的细菌通常在厌氧条件下通过电子传递中介体或者细菌自身的纳米导线将电子传递给阳极，然后通过连接阴阳两极的导线又将电子传递给阴极，而质子通过隔开两极的质子交换膜到达阴极，在含铂等的阴极催化下与电路传回的电子和 O_2 反应生成水。阴阳两极之间的电位差，通过在反应器上的集成，这样的低电压可以被转换成较高电压，从而获得可以被利用的电能。对于以葡萄糖为基质的情况，理论上 1/3 的电子可以用于产生电流，而 2/3 的电子存在于发酵产品如乙酸和丁酸中[21]。发酵过程中，在有催化剂的条件下，阴阳两极发生的反应分别如下所示。

阴极反应：

$$O_2 + 4e + 4H^+ \longrightarrow 2H_2O$$

阳极反应：

$$C_6H_{12}O_6 + 6H_2O \longrightarrow 6CO_2 + 24e + 24H^+$$

在微生物燃料电池中，影响电能产生最重要的生物因素是底物，很多物质可以用于制作微生物燃料电池底物，这些底物既可以是纯化合物，也可以是富含有机物质的废水、剩余污泥等废弃的生物质以及一些难处理的废弃物等。

（2）污泥制沼气燃料电池工艺

MFC 是一种清洁、高效、噪声低的发电装置，它所谓的"燃料"并不燃烧，而是直接产生电能。

1）沼气燃料电池（MFC）工作原理　沼气燃料电池系统一般由 3 个单元组成，它们分别是燃料处理单元、发电单元和电流转换单元。

① 燃料处理单元。该单元主要部件是改质器，它以镍为催化剂，将甲烷转化为氢气，反应式为：

$$2CH_4 + 3H_2O(g) \xrightarrow{Ni} 7H_2 + CO + CO_2 \qquad (9\text{-}24)$$

为了降低 CO 的浓度，在铜和锌的催化作用下，混合气体在改质器后的变成器中得到进一步的改良，反应如下：

$$7H_2 + CO + CO_2 + H_2O(g) \xrightarrow{Cu,Zn} 8H_2 + 2CO_2 \qquad (9\text{-}25)$$

其中参与反应的水蒸气来自发电单元。

② 发电单元。发电单元基本部件由两个电极和电解质组成，氢气和氧化剂（O_2）在两个电极上进行化学反应，电解质则构成电池的内回路，其工作原理见图 9-30。

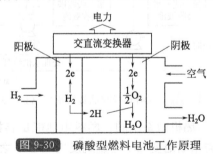

图 9-30　磷酸型燃料电池工作原理

电解质可采用磷酸，其发电效率虽较低，但温度低（约 200℃）。在磷酸电解质中，电池反应为：

阳极：$H_2(g) \longrightarrow 2H^+ + 2e$

阴极：$\frac{1}{2}O_2(g) + 2H^+ + 2e \longrightarrow 2H_2O$

电子通过导线时，形成直流电。

③ 电流转换系统。主要任务是把直流电转换为交流电。

燃料电池产生的和排出的热量可以用来加热消化池或者用来采暖。

2）沼气的预处理　甲烷是沼气中最主要的有用成分，在燃料电池中甲烷的浓度至少在90％以上，其他成分比如二氧化碳、硫化氢等的存在会对燃料电池产生不利的影响。沼气用作燃料电池各种气体含量的最高限值及超过此限值时对燃料电池的影响具体见表 9-28。

表 9-28　燃料电池对气体的限制值

有害物质	限制值	对燃料电池的影响
H_2S	$7.12mg/m^3$ 以下	缩短内部催化剂的寿命
HCl		使内部催化剂能力低下
SO_x		对内部催化剂有不利影响
NO_x	浓度尽可能低	对内部催化剂有不利影响
F 化合物		使内部催化剂能力低下
O_2	1.0％以下	对脱硫催化剂有不利影响
粉尘	$0.03g/m^3$ 以下	使催化剂压力损失增大
CO_2	浓度尽可能低	减少电池发出的电力
CH_4	浓度尽可能高	90％以上

沼气的提纯方法有：a. 用 NaOH 水溶液溶解吸收法；b. 沸石吸附法（PSA 法）；c. 膜法，利用 CH_4 和 CO_2 透过膜的速度差来提纯 CH_4。

用双塔式吸收法提纯沼气的装置的特点是组成简单、操作简便、成本低。第一吸收塔用处理水，主要来吸收大部分 CO_2 和 H_2S，第二吸收塔用 NaOH 溶液，这样可节省 NaOH 的用量。用此装置提纯沼气，运行稳定可靠，CH_4 的回收率高。装置见图 9-31。

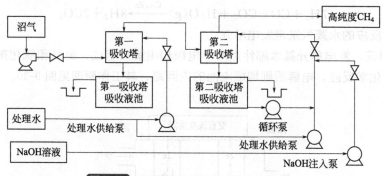

图 9-31　双塔式吸收法提纯沼气（日本）

3）沼气燃料电池效率　与热机效率不同，燃料电池能量转换的效率不受内燃机因素的限制，其值等于电池反应的吉布斯焓变 ΔG 与燃烧反应热 ΔH 之比，可达 90％左右。

4）燃料电池的优缺点

优点：a. 效率高，受卡诺循环的限制，一般内燃机效率可达 40％；b. 几乎没有污染物的排放；c. 当燃料电池工作时没有机械噪声和机械振动的困扰；d. 维护管理简单。

缺点：a. 缺少长期运行的实践经验；b. 排气中除了硫化氢外，还含有其他微量废气，比如磷酸等。

5）沼气燃料电池与发电机发电的比较　沼气燃料电池发电与沼气发电机发电相比具有很多优点，例如发电效率和能量利用率高，振动和噪声小，排出的废气氮氧化物和硫化物浓度低，因此沼气燃料电池是很有发展前途的沼气利用工艺。沼气燃料电池与沼气发电的经济分析比较，具体见表 9-29。

表 9-29 沼气燃料电池与沼气发电的经济比较

沼气用量/[m³(标)/d]	6804	
发电方式	燃料电池(200kW×4)	沼气发电(600kW)
年发电量/(kW·h/a)	$56.1×10^5$	$44.2×10^5$
发电设备耗电量/(kW·h/a)	$-3.3×10^5$	$-3.6×10^5$
年供电量/(kW·h/a)	$52.8×10^5$	$40.6×10^5$
年节省电费/(万日元/a)	7392	5684
建设费/万日元	72000	71000
年运行费/(万日元/a)	6248	5056
年盈利/(万日元/a)	1144	628

由表 9-29 可见，通过两者对比发现，沼气燃料电池基建投资和运行费用比沼气发电高，但是沼气燃料电池发电量高，年盈利高。

9.5.1.4 污泥制微生物燃料电池的应用与展望

微生物燃料电池不但对污泥中的有机物有一定的去除能力，而且能够利用剩余污泥来作为燃料产生电力，为微生物燃料电池处理污泥同步发电提供了可行性。相比传统的污泥厌氧消化处理工艺，微生物燃料电池具有以下特点：反应条件温和（常温，常压，中性）；无污染，无需尾气处理设备；无能量消耗；将污泥中的化学能直接以电能的形式回收，能量转化率高。但是，关于剩余污泥作为 MFC 燃料的研究也还存在一些缺陷：a. MFC 产生的电压低于 1V，输出功率密度为每平方米几十兆瓦到几百兆瓦，输出功率密度也较低，目前还不能在实践生产中得以广泛使用；b. 用剩余污泥作为 MFC 燃料，有机物利用率一般低于 30%，污泥减量效果有待进一步的提高；c. MFC 质子交换膜寿命有限，制造成本偏高，比如阴极催化剂和阴极材料价格较贵，使得 MFC 经济价值降低。

9.5.2 污泥湿式氧化技术

9.5.2.1 污泥湿式氧化技术概述

热处理是一种历史悠久的污泥调质工艺，它通过加热引起的分子运动现象、脱水收缩现象和液化现象将污泥固相中的有机污染物大量溶解转移到上清液中，以减小污泥的黏性，进而改善污泥的脱水性能。

湿式氧化法（wetoxidation）是一种物理化学法，这种方法在 20 世纪 50 年代提出，用于处理废水，在高温（下临界温度为 150～370℃）和一定压力下处理高浓度有机废水和生物处理效果不佳的废水是十分有效的。由于剩余污泥在物质结构上与高浓度有机废水十分相似，因此湿式氧化法也可用于处理污泥。

9.5.2.2 污泥湿式氧化技术原理

湿式氧化法不完全燃烧，又称污泥的湿式氧化，燃烧是不完全的，约 80%～90% 的有机物被氧化。

反应式为里奇（Rich）通式：

$$C_aO_bH_cN_d + 0.5(ny + 2s + r - c)O_2 \longrightarrow$$

$$nC_wH_xO_yN_z + sCO_2 + rH_2O + (d - nz)NH_3 \qquad (9\text{-}26)$$

式中 $\qquad\qquad\qquad r = 0.5[b - nx - 3(d - nz)]$

$$s = a - nw$$

湿式氧化处理污泥是将污泥置于密闭反应器中，在高温、高压条件下通入空气或氧气当氧化剂，可以维持在液体状态，按浸没燃烧原理使污泥中的有机物氧化分解，将有机物转化为无机物的过程。湿式氧化过程包括水解、裂解和氧化等过程。在污泥湿式氧化过程中污水厂污泥结构与成分被改变，脱水性能大大提高。

9.5.2.3 污泥湿式氧化工艺

（1）湿式氧化的处理指标——氧化度

湿式氧化对污泥中所含有机物及还原性无机物的去除效果，用氧化度表示：

氧化度＝[（湿式氧化前的 COD 值－湿式氧化后的 COD 值）/湿式氧化前的 COD 值]×100%

（2）湿式氧化的反应温度、压力与时间

在 1atm 下，水的沸点是 100℃，要氧化有机物是不可能的。湿式氧化必须在高温、高压下进行，所用的氧化剂为空气中的氧气或纯氧、富氧空气。

湿式氧化是在高温、高压下，以压缩空气作为氧化剂，氧化污泥中的有机物及还原性物质。由于必须保证在液相中进行，温度高则氧化速度快，氧化度也高，但若压力不随之增加，使大量氧化反应热被消耗于蒸发水蒸气，造成液相固化（即水分被全部蒸发），无法保持"湿式"。因此反应温度高，压力也相应要高。反应温度与相应的压力如表 9-30 所列。

表 9-30 **湿式氧化的反应温度与反应压力关系**[22]

反应温度/℃	反应压力/MPa	反应温度/℃	反应压力/MPa
230	4.5~6.0	300	14~16
250	7.0~8.5	320	20~21
280	10~12		

反应温度低于 200℃时，反应速率缓慢，反应时间再长，氧化度也不会提高。反应温度为 230~374℃时，反应时间约 1h 即可达到氧化平衡，继续延长反应时间，氧化度几乎不再增加。

（3）湿式氧化工艺的分类

根据湿式氧化所要求的氧化度、反应温度及压力的不同，湿式氧化可分为以下 3 种。

1）高温、高压氧化法 反应温度为 280℃，压力为 10.5~12MPa，氧化度为 70%~80%，氧化后残渣量很少，氧化分离液的 BOD_5 为 4000~5500mg/L，COD 为 8000~9500mg/L，$NH_3\text{-}N$ 为 1400~2000mg/L，氧化放热量大，可以由反应器夹套回收热量（蒸汽）发电，但设备费用高。

2）中温、中压氧化法 反应温度为 230~250℃，压力为 4.5~8.5MPa，氧化度为 30%~40%，不需要辅助燃料，设备费较低，但氧化分离液的浓度高，BOD_5 为 7000~8000mg/L。

3）低温、低压氧化法 反应温度为 200~220℃，反应压力为 1.5~3MPa，氧化度低于 30%，设备费更低，需要辅助燃料，残渣量多，氧化分离液 BOD_5 高。

（4）湿式氧化的应用特性

湿式氧化包括水解、裂解和氧化等过程。在污泥湿式氧化过程中污泥中部分有机物被氧化，从沉淀物中转移到污泥上清液，经湿式氧化后，灭菌率高，污泥脱水性能极佳。

从 20 世纪 60 年代美国出现工业化应用以来，截至 1979 年，世界各地共建造了 200 多座采用湿式氧化工艺的污水和污泥处理厂。城市污水厂剩余污泥通过湿式氧化处理，COD 去除率可达 70%～80%，不溶性挥发固体的去除率可达 80%～90%，处理温度 250～300℃。

湿式氧化优点主要有：a. 适应性强，难生物降解有机物可被氧化；b. 具有良好的灭菌效果，可达到完全杀菌；c. 反应在密闭的容器内进行，无臭，管理自动化；d. 反应时间短，仅约 1h，好氧与厌氧微生物难以在短时间内降解的物质如吡啶、苯类、纤维、乙烯类、橡胶制品等，都可被炭化；e. 残渣量少，仅为原污泥的 1% 以下，脱水性能好，分离液中 NH_3-N 含量高，有利于生物处理。

湿式氧化缺点主要有：a. 设备需用耐压不锈钢制造，造价昂贵，需要专门的高压作业人员管理；b. 高压泵与空压机电耗大，噪声大（一套湿式氧化设备的噪声总强度相当于 70～90 个高音喇叭）；c. 热交换器、反应塔必须经常除垢，前者每个月用 5% 硝酸清洗 1 次，后者每年清洗 1 次；d. 反应物料在高压氧化过程中，产生的有机酸与无机酸，对反应器壁有腐蚀作用；e. 需要有一套气体的脱臭装置。

9.5.2.4 污泥湿式氧化工艺的发展

湿式氧化工艺有向两个不同方向发展的趋势：一是应用极端反应条件，即超（近）临界湿式氧化；二是应用催化剂，使达到一定氧化度水平的操作温度和压力降低。

超临界湿式氧化的操作温度和压力达到或接近水的超临界状态条件（温度>370℃、压力>40MPa），利用有利的热化学转化（氧化）平衡条件和传递条件（超临界水的强烈溶剂作用），使污泥有机质完全被氧化，可基本免除处理产物的后续处理需要，达到简化技术体系的作用。代价是更高的设备投入与操作技术要求。

湿式氧化方法可以将有机物进行较彻底的氧化分解，使不溶性的高分子有机物转变成短链的低分子有机物，从而改变污泥的成分和结构，使脱水性能大大改善，同时还可以去除某些有机物的毒性。相对于焚烧法而言，它还可以减少蒸发水分的步骤，从而节省了能量，且大气污染较易于控制。湿式氧化有非常高的有机质去除率和能量回收、利用率，当污泥固体含量为 2% 时，一个小型的隔热良好的反应器就可以维持运转而不需要外加热量。与传统的污泥处理工艺，如厌氧消化相比，湿式氧化的优势在于处理时间短，处理效率高，可大大减少设备的占地面积。

但传统的湿式氧化，由于其工艺条件十分苛刻，要求在高温（300℃左右）、高压（100kgf/cm² 以上，1kgf=9.80665N）下进行反应，使得设备投资和运行费用都非常高，而且操作也比较困难，这些因素阻碍了湿式氧化技术的推广使用。

为解决这个问题，又出现了催化湿式氧化技术，其主要利用过渡系金属氧化物和盐对有机物氧化可能存在的催化作用，使一定温度和压力条件下的氧化反应速率提高，活化能降低，以提高相应氧化条件下的污泥氧化度，达到既简化后续处理要求，又不致过分增加投入的目的。如日本大阪煤气公司开发了有良好活性和耐久性的催化剂，并提出反应条件可降低到温度为 200～300℃，压力为 15～100kgf/cm²，对 COD 的去除率也大大提高。但即便使用催化剂，反应条件依然很高，而且催化剂的价格昂贵，限制了其在实际工程中的普及。湿式催化氧化在催化剂的研究方面已经取得了一定的进展，从已有的发展情况看，催化剂的可回收性与耐用性将是其实用化发展中应主要解决的关键问题。

用湿式氧化法处理剩余污泥，反应温度对剩余污泥氧化作用的影响大于活性污泥中溶解氧浓度的变化对湿式氧化效果的影响，尤其是反应温度对总 COD 的降解效果影响很大，比如在加热温度为 300℃时，30min 的停留时间的条件下，总 COD 去除率达到 80%。在特定的温度和压力下，氧化时间决定了总 COD 能否变成可溶性的有机物。由于剩余污泥由大量的细菌群组成，因此剩余污泥在高温下能够比较容易发生水解反应，从而导致大量可溶性有机物从细胞中释放出来。在加热温度为 300℃以上，30min 以上的停留时间，除一部分可溶性 COD 被氧化成 CO_2 和 H_2O 外，剩余可溶性有机物成分都是以乙酸和其他有机酸为主的难降解的有机物。在这一过程中，82%的 COD 降解（75%被氧化，7%转化成可溶性有机物），18%的 COD 以不溶性形式存在，70%以上的 MLSS 被去除，且使 MLVSS、MLSS 的比率明显降低。反应中灰分并不参与发生化学反应，它的减少主要原因是由于本身被溶解进入溶液中所致。

湿式氧化法处理城市污水厂活性污泥是十分有效的。VerTech（荷兰）已通过实现了次临界氧化技术条件，在 Apeldoorn 建立了一座深 1200m、直径 0.95m，内置套管和恒温器的深井，井底温度为 270℃时，通过深井后 COD 去除率达 70%[23]。

美国得克萨斯州哈灵根启动了采用超临界水氧化法（SCWO）处理城市污水污泥的处理场的首条作业线。该处理场可处理含 7%～8%固体的城市污水污泥的量是哈灵根水厂系统内的两个废水处理厂和工业废水处理厂每天产生的污泥总量。据称，这是 SCWO 法首次大规模应用于处理污水污泥。此法是由 Hydroprocessing 公司开发的。在此称作的 Hydrosolids 处理法中，有机物与 592℃高温和 23.47MPa 高压接触被氧化成 CO_2 和水，重金属一般被氧化成不可浸提的状态和盐，黏土或矿物保持惰性流往下游。

此处理装置的造价为 300 万美元，操作费用约为 180 美元/t 干污泥，用于农田和掩埋处理污泥的处理费用则为 295 美元/t 干污泥。然而，此处理装置产生的废热和 CO_2 产品可以出售，以每吨干污泥计，可销得 120 美元，使净操作费用减至 60 美元/t。

湿式氧化法自 20 世纪 70 年代开发应用以来，因设备耐压高、能耗大、操作水平高，故至今除高温高压以及特殊工程应用外，其他应用很少。

9.5.3 污泥高温气化制氢

生物质热化学气化是指将预处理过的生物质在空气、纯氧、水蒸气或这三者的混合物作为气化介质的物质中加热至 700℃以上，把生物质分解为合成气。污泥高温气化制氢过程是指在高温的条件下，通过热化学方式将污泥转化为高品位的气体燃气或合成气，然后再分离出氢气的过程。污泥气化时需要加入活性气化剂和水蒸气，活性气化剂一般为常规空气、富氧空气或氧气。具体包括 3 个过程，即生物质气化过程、合成气催化变换过程和氢气分离净化过程。污泥气化产生的混合气的成分组成因气化温度、压力、气化停留时间以及催化剂的不同而不同，其中主要产物为 H_2、CO_2、CO、CH_4。如表 9-31 所列。

表 9-31　污泥气化产生的典型气体组分

气体组分	体积分数/%	气体组分	体积分数/%
CO	6.28～10.77	C_2H_6	0.15～0.27
H_2	8.89～11.17	C_2H_2	0.62～0.95
CH_4	1.26～2.09		

在气化过程中会产生一部分的一氧化碳，因此在生物质气化中，需在气化介质中加入水蒸气，以便提高氢气产出量。只有在相当高的温度下，碳的气化反应才可能发生，包括与 C、H、O 有关的蒸汽重整反应（吸热反应）、甲烷生成反应（放热反应）、氢生成反应及水煤气转化反应。反应方程式如下所示。因此，通过催化剂的设计来降低碳的气化反应温度，促进碳的气化反应的进行是研究催化气化制氢的一个重要内容。

$$C + H_2O \longrightarrow CO + H_2 \quad (\Delta H = 131.3 kJ/mol) \tag{9-27}$$

$$CO + H_2O \longrightarrow CO_2 + H_2 \quad (\Delta H = -41.2 kJ/mol) \tag{9-28}$$

英国 Newcastle 大学的 Midillia 采用主要有下降流气化器、填充床式洗涤器、过滤器、增压风机和试验锅炉。污泥高温气化产生气体的主要成分是 H_2、CO_2、CO、CH_4 等。混合气体的发热量为 $4MJ/m^3$，气体中氢气的体积分数为 $10\% \sim 11\%$[24]。在高温、高压条件下发生式（9-27）、式（9-28）反应，向反应体系中添加 $Ca(OH)_2$ 可吸收并回收副产物 CO_2，从而促进氢生成反应的发生。污泥超临界水气化是高温气化条件的一种，是在水的温度和压力分别高于其临界温度（374.3℃）和临界压力（22.05MPa）时，以超临界水作为反应介质与溶解于其中的有机物发生剧烈的化学反应。

从技术方面讲，污泥高温气化制氢属于国内外目前关于提取污泥能量研究的新兴资源化方法，目前还不太成熟，主要是反应条件要求高、处理成本高、总的氢气产率较低，污泥气化气中含有相当多的焦油，对尾气处理造成困难，如果用于工业还需要进一步的完善。

9.5.4 污泥微波与等离子体处理技术

由于高湿物料的干燥和卫生学指标问题，传统的加热方法来处理污泥不但热效率低，而且由软至极硬的过渡段很窄，污泥受热不均匀，导致污泥结块，表面极硬，难以粉碎，干燥效果相当不好。微波与等离子体加热就是新兴的两种污泥加热技术，可对污泥进行灭菌、调理、干燥、裂解等处理。

（1）微波

微波是一种非电离的电磁能，以 $3 \times 10^5 km/s$ 的速度传播，其频率范围是 $3 \times 10^2 \sim 3 \times 10^5 MHz$，其中 $2450MHz$ 是家用微波炉最常用的频率。由于此瞬间变态是在被作用物质内部进行的，故常称为内加热（传统靠热传导和热对流过程的加热称为外加热），内加热具有加热速度快、反应灵敏、受热体系均匀等特点。其能量转化率的大小与分子的特征有关。由于加热的速度非常快，故可能出现局部过热[23]。

直接用微波对含水率为 98% 以上的污泥进行脱水，在经济上不可行。但在机械脱水后，以微波代替传统的热空气干燥方法，对污泥进行干燥裂解处理，在技术上是可行的，经济上与传统方法也有可比性。

与传统加热法相比，微波加热不是表面热传递过程，而是一种容积加热过程，因此没有热传递过程的热损失。从理论上说，微波加热的热效率比传统加热法高。由于污泥是典型的混合物，除了主要成分水以外，还有氧化物、无机盐和有机物。在微波场中，无机颗粒物提供了共沸中心，会出现局部过热现象，使污泥在达到水的沸点以前就开始沸腾，水从污泥混合物中进入气相。因此，微波加热过程中，污泥中的水开始蒸发的温度不是 100℃，而是低于 100℃，就是污泥的温度只要达到 70℃ 就与水浴加温到 80℃ 的过滤效果相接近。这可能是因为微波使水分子偶极高速变化所造成的。

微波干燥污泥能高效地脱去水分，减小污泥含水率和体积，有利于污泥的最终处置。同时还有很好的灭菌效果。微波辐照处理后的污泥含水率降至 60% 时，污泥中的大肠菌群数＜300 个/g。

研究表明，在普通的条件下，生污泥用微波处理只会发生干燥和脱水。但当污泥中混入少量合适的"微波吸收体"，例如干燥本身产生的炭粒时，裂解就会比干燥更容易发生，并且迅速而高效，产物是多孔的焦炭和可燃的气体。与传统加热裂解比较，用微波加热裂解污泥所用的时间和能量更少，并且得到的气体含有更多的 CO 和 H_2，但烃类化合物的量却较少。CaO 能够催化产生更多的 CO 和 H_2。微波加热裂解工艺简单，操作时间短，耗能低，设备构造简单，具有很好的应用前景。

（2）等离子体

等离子体是由大量相互作用的但仍处于非束缚状态下的带电粒子组成的非凝聚系统，是和固态、液态、气态处于同一层次的物质第四态。在污泥处理中应用的等离子体，主要是指低温非平衡等离子体，通常通过气体电离放电得到。利用电弧等离子体产生的瞬时高温突跃（T-jump），在数千度的高温下引起快速反应，使污泥中有机物质发生高温下的物理化学变化，如挥发、裂解、氧化、聚合等。

污泥在含水量 40%～45% 之间，碳的去除率达到最高，与 CO 的产率变化相当（碳元素去除率＝泥样在反应中失去的碳元素量/泥样的原始碳元素量，CO 的转化率＝泥样生成的 CO 数量/泥样的原始碳元素量）。

实际试验时，反应器的耗能很大一部分消耗于阴、阳极的冷却吸热，冷却水吸收的热量 $Q = c_p G_{水}(t_{出} - t_{入})T = 4.11\mathrm{MJ}$（$c_p$ 为比热容，$G_{水}$ 为流量，$t_{出} - t_{入}$ 为冷却水温差），占反应器耗能的 71%，表明电弧能量大部分被冷却水吸收，并未充分作用于污泥。考虑到既要提高反应程度和产气热值，又要避免产物的完全炭化分解，反应器的工作气体中可以适当掺入压缩空气，既促进反应又能提高能量得率[23]。

等离子体处理目前的问题主要有：投资和运行费用很高，多数能量消耗在污泥所含水分的蒸发上；同时为避免电极的损耗和创造缺氧条件，往往使用 N_2 作为气相反应场所，这样产物气体中混入 N_2，大大降低了热值，而且控制不当可能会产生大量 NO。国际上应用的实例也很少。

9.6 工程实例

9.6.1 Subiaco 污水处理厂污泥制油工程实例

9.6.1.1 应用工程概况

1999 年，第一座商业化的污泥炼油厂在澳大利亚的珀斯的 Subiaco 污水处理厂建成，该厂采用澳大利亚 Environment Solution International 公司开发的"Enersludge"污泥热解处理工艺，用来处理西澳大利亚水处理公司的污泥，处理规模（按干污泥计）为每天 25t，每吨污泥可产出 200～300L 生物柴油和 0.5t 烧结炭。

9.6.1.2 应用工程的处理流程

整个 Subiaco 污水处理厂的 Enersludge 工艺装置是完全封闭的，其中包括污泥处理工艺，如脱水、干化、转化、能量回收和气体清洗（见图 9-32）。这一非焚烧型热力装置处理该厂产生的初沉污泥和剩余活性污泥，目前处理干污泥量达 15～18t/d[24]。

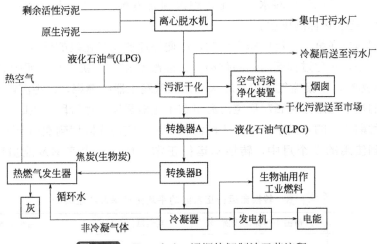

图 9-32 Enersludge 污泥热解制油工艺流程

Enersludge 工艺采用热解与挥发相催化改性两段转化反应器，使可燃油的质量提高到商品油的水平。污泥干燥过程中所需的能量主要由热解转化的可燃气体提供。反应中不凝气热值 2~9MJ/kg，污泥炭热值约 10MJ/kg，可为污泥干燥、反应器加热提供大部分热量。热解生成的油可以用来发电。热解产生的衍生油黏度高、气味差，但发热量可达到 29~42.1MJ/kg，而现在使用的三大能源，即石油、天然气、原煤的发热量分别为 41.87MJ/kg、38.97MJ/kg、20.93MJ/kg。可见，污泥低温热解油具有较高的能源价值。另外，热解油的大部分脂肪酸可转化为酯类，酯化后其黏度降低为原来的 1/4，热值可提高 9%，气味得到很大改善，热解油的酯化工艺使得其更加易于处理和商业化。污泥干燥过程主要由转化的其他含热能产物提供，全过程可由燃油发电回收能量；焦渣等以流化床燃烧。热解后的半焦通过流化床燃烧，尾气经简单处理排放，排放的尾气达到全球严格的废物焚烧尾气控制标准。

(1) 工艺组成

工艺的组成主要由污泥脱水、污泥热干燥、A·B 转化反应器、燃烧器、冷凝器等主要设备以及废水处理和废气净化等组成。如将油转化为电能，还应装备燃烧发电设施。

① 脱水机污泥从浓缩池排出时含水率很高，为 96%~98%，需用离心脱水机脱水。该脱水方式不需加药，且脱水效率高，并在常温下进行。因此，污泥脱水通常采用离心脱水。

② 干燥系统。低温热解要求污泥含水率在 13% 以下，污泥干燥是污泥低温热解制油的关键。本工艺选择由焦渣燃烧器的外排热燃气进行污泥干燥。油冷凝器的不凝性气体也进入燃烧器进行燃烧。

③ 热解系统。该系统是污泥低温热解制油的技术关键。本工艺采用热解与挥发相催化改性两段转化器，进一步提高油质。前段是污泥热解制油，后段是完善热解制油过程，以进行催化改性作用。

④ 冷凝系统。从转化反应器 B 排出的热解蒸气快速冷凝非常重要，停留时间越长，二次裂变成不凝性气体可能越大，因此，选用快速分离与冷凝的冷凝器具有重要作用。

⑤ 废热与焦渣回收利用。由于目前对污泥热解产生的气体和焦渣因品质问题作为商品利用尚有难度，因此这部分能量常用于污泥热干燥等进程。本工艺通过流化床燃烧器将热解焦渣和冷凝器的不凝性气体燃烧，实现废热与焦渣的热能利用。

⑥ 二次污染处理系统。污泥低温热化学法制油工艺的二次污染源主要为：a. 污泥离心

脱水以及污泥热干燥的尾气冷凝水，本工艺建议回流污水厂处理；b. 污泥热干燥尾气冷凝气体，经脱臭/净化后达标准排放。

热解气体和焦炭在第二个反应器内接触，以便加速催化气化段的反应，在这段提炼气体并产生烃类化合物，转化过程所需的催化剂（铝硅酸盐和重金属）在污泥中是自身存在的。3 种低级燃料（焦炭、不凝性气体和反应水）在热气发生器中燃烧，为污泥烘干提供能量。

值得注意的是，大部分用石灰稳定污泥是在干化器延期交付阶段产生的，而干污泥是在热气发生器交付期产生的，其中大部分干污泥和石灰稳定污泥回用到农田上[12]。

自运行起到使用的 6 个月中，转换器运行正常，其平均生产率及能量数据如表 9-32 所列。

表 9-32　转换器运行正常时的平均生产率及能量数据

产物	产量占干污泥的比例/%	毛热量值/(MJ/kg)	占污泥能量的比例/%
石油	29	30	45
焦炭	43	18	40
不凝性气体	14	15	11
反应水	14	6	4

转换工艺的特征是 4 种燃料中都回收了污泥中能量。

（2）能量平衡

运行调试期间对污泥转化厂进行了严密的监测，以便详细地记录物质和能量的平衡关系，根据监测数据，处理干污泥的简单能量分布如图 9-33 所示。

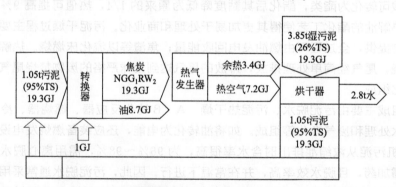

图 9-33　污泥燃烧能量分布

从获得的试验数据和经验来看，假如污泥脱水后形成 26％的 TS，那么从热气发生器中产生的能量足以满足干化器所需的能量。这可以从图 9-33 中看出，1t 干污泥所含能量为 19.3GJ。在转化器中有 45％的能量（8.7GJ）转移到石油中，剩余的 10.6GJ 转移到焦炭、不凝性气体和反应水中，其中 7.2GJ 经过空气对空气热交换器转移到干污泥中，这部分能量足以从 3.85t 26％TS 的污泥中脱掉 2.8t 水产生干污泥颗粒。因此，该污水厂的数据表明，工厂毛能量输出为 8.7GJ/t（干污泥）。反应器经过液化石油气加热，耗能为 1GJ/t（污泥），所以该工艺净能量输出为 7.7GJ/t。

（3）环境效益

与其他污泥处理工艺相比较，该工艺具有明显的环境效益，最重要的是污泥中存在的污染物质不需要控制。第一个单元操作是转换重金属的操作，该操作是在还原条件下，温度仅需 450℃，其中仅有金属汞蒸发，将其形成硫化汞，然后从精炼油的盘式离心机再次回收为工艺污泥，将它送到工业废物处理设施予以处理，因此这 4 种主要的转换燃料汞含量很低。污泥中存在的其他重金属，大部分都进入到焦炭中，如表 9-33 所列。

表 9-33 Enersludge 工艺中重金属的归属

重金属	典型污泥浓度/(mg/kg)	污泥中重金属在各成分中的比例/%				污泥中重金属在灰渣中的比例/%
		石油	焦炭	不凝性气体	反应水	
砷	1.0	<1	>99	<1	<1	>99
镉	1.5	<1	>99	<1	<1	>85
铜	900	<1	>99	<1	<1	>99
铬	35	<1	>99	<1	<1	>99
汞	2.5	5	5	0.5	2	0
镍	15	<1	>99	<1	<1	>99
铅	50	<1	>99	<1	<1	>95
锌	550	<1	>99	<1	<1	>99

在热气发生器中焦炭燃烧，其中大部分重金属进入灰渣中，仅有小部分镉和铅发生气化。灰渣中的重金属主要以硅酸盐和氧化物的形式存在，是非溶解性的，这样的灰渣就可以回用作为混凝土材料。在该工艺中，因为很好地控制了重金属（以及有机氯化物），所以产生的气体仅需进行简单清洗就可以满足气体排放标准。气体清洗主要是用文丘里洗涤器去除颗粒物，然后是 SO_2 洗脱装置。表 9-34 所列为 Enersludge 过程尾气排放状况

表 9-34 Enersludge 过程尾气排放状况

项目	测定值	德国 TALuft 标准
TSP	12	30
SO_2/(mg/L)	<36	200
CO/(mg/L)	45	50
HF/(mg/L)	—	4
HCl/(mg/L)	19	30
Cd/(mg/L)	0.01	0.05
Cu/(mg/L)	0.36	0.5
Cr/(mg/L)	<0.007	0.5
Hg/(mg/L)	0.008	0.05
Ni/(mg/L)	0.11	0.5
Pb/(mg/L)	0.08	0.5
Ti/(mg/L)	0.001	0.5
Zn/(mg/L)	0.1	—

污泥热解的环境效应主要有三个方面：一是无害化——热解破坏了污泥中的病原性污染，使其最终成为化学性质稳定的无害化灰渣及小分子无机物；二是减量化——可减少污泥体积的 80%～90%，同时由于燃烧是在热解产物上进行的，而污泥热解减容后的这些产物具有热值高、颗粒小、易于充分燃烧等特点，所以所产生的烟气量要比在完全燃烧时所产生的烟气量小得多；三是避免了二次污染——由于热解过程大部分污染物质滞留于底灰中，因而有效地避免了气相的转移和向大气排放。

第 9 章 污泥能源利用系统与技术 653

9.6.2 上海石洞口污泥干化焚烧处理工程

9.6.2.1 应用工程概况

上海市石洞口城市污水处理厂工程设计水量为 $4 \times 10^5 \mathrm{m}^3/\mathrm{m}^2$，工程用地 28.20hm²。采用具有除磷脱氮功能的一体化活性污泥法作为污水处理工艺，处理对象为城市污水和含有大量以化工、制药、印染废水为主的工业废水，比例为 1:1。产生的污泥量为 64t/d 干泥，经脱水后含水率为 70%，污泥体积为 213m³/d。工程采用流化床污泥干化和流化床焚烧工艺。2004 年底，污泥干化焚烧工程项目投入运行[25]。

在总结已有工程和现有技术的基础上，根据石洞口市污水处理厂的特点采取对脱水污泥进行低温干化＋高温焚烧联合处理的工艺方案。同时污泥焚烧装置能兼顾焚烧干化污泥和替代燃料。表 9-35～表 9-38 为该厂污泥的特性参数。

表 9-35　污泥元素分析

元素（可燃基）	C	H	O	N	S
含量/%	35～55	4～6	20～30	1.5～6	0.5～1.5
计算选用值/%	53.3	6.8	30.3	6.0	1.5

表 9-36　污泥工业分析

项目	可燃分	灰分	低位发热量
取值	65.63%	34.37%	12686kJ/kg

注：表中数据指干燥基；本工程污泥不经消化处理。

表 9-37　低位发热量测定值（2001 年 12 月）

样品	低位发热量/(kJ/kg)	样品	低位发热量/(kJ/kg)
1#	12125	4#	13716
2#	11882	5#	11468
3#	11078	6#	15818

注：平均值为 12681kJ/kg。

表 9-38　污泥成分测定值　　　　　　　　　　单位：mg/kg 干泥

元素 测定值	1#	2#	最高允许含量	
			酸性土壤	中性和碱性土壤
镉（Cd 计）	8.42	7.95	5	20
汞（Hg 计）	0.039	8.61×10^{-3}	5	15
铅（Pb 计）	157	140	300	1000
铬（Cr 计）	546	766	600	1000
砷（As 计）	53.2	2.85	75	75
硼（以水溶性 B 计）	8.71×10^3	1.06×10^4	150	150
铜（Cu 计）	1.72×10^3	1.50×10^3	250	500
锌（Zn 计）	9.12×10^3	6.59×10^3	500	1000
镍（Ni 计）	311	216	100	200

9.6.2.2 应用工程的处理流程

污泥处理采用机械浓缩和机械脱水工艺、脱水污泥料仓贮存，然后进行干化焚烧，实现污泥减量化和热资源利用。污泥干化焚烧联合处理工艺采用低温干化-高温焚烧两套系统串联运行。采用的流化床干化工艺可以将脱水污泥含水率从70%降低到10%（最低5%）。焚烧采用循环流化床焚烧炉通过焚烧干化污泥，以导热油（或蒸汽）形式回收烟气中热量，将回收的热量用于干化系统。该联合工艺可以基本达到能量的自平衡。污泥处理处置工艺流程如图9-34所示。

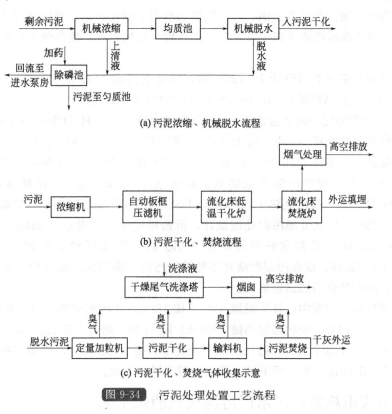

图 9-34 污泥处理处置工艺流程

（1）干化工艺

干化工艺是本系统的核心工艺。由于干化污泥具有易燃、易分解的特点，为保证安全和卫生，干化系统内必须保证低温、低氧状态。同时由于污泥在40%~60%含水率时具有易黏性，因此选用的设备必须能够防止污泥黏结在换热面上，影响系统运行。

经过多次方案比较和设备招标，最终选用了进口流化床低温干化系统。该系统干化温度为850℃，系统内控制含氧量<4%。流化床底部布置蒸汽盘管，空气从床底经过盘管加热后进入床身，热空气使床身中的污泥处于流动化，防止污泥黏结，另一方面也与污泥进行充分换热，蒸发其中的水分，蒸发出来的水分和空气一起被引入洗涤冷却塔内，经喷淋后，水分被去除，余下的干空气则循环使用。经干化后的污泥含水率降为8%。干化系统每蒸发1kg水分，消耗热能为2800kJ。

（2）焚烧工艺

经干化系统处理后的污泥贮存在脱水污泥料仓中，通过输料机送入焚烧炉，在投加污泥的同时，可以投加生石灰（用于脱硫）。投加的干污泥经炉内预置的床砂加热后迅速升温，并开始着火燃烧，经燃烧后的污泥被循环流化床内的高速气流带出，通过热旋风分离器，将其中比重较大的未燃尽颗粒收集下来，然后重新送入焚烧炉焚烧，燃尽后的轻小颗粒和高温烟气一起进入后续烟道。烟道内布置余热锅炉、空气预热器用于回收热量。

烟气排出前通过半干法脱硫和布袋除尘器除尘，参照《生活垃圾焚烧污染控制标准》(GB 18485—2014) 的排放标准排放。由于干化污泥燃烧特性接近褐煤，经过循环流化床焚烧炉现场试验，其焚烧特性良好，因此许多国内厂家均有能力配套，技术也相当成熟，采用国产的流化床焚烧炉。

污泥焚烧炉烟道内布置余热锅炉、空气预热器用于回收热量。通过导热油回收的热量用于干燥污泥。导热油流经流化床干燥机底部的盘管，加热空气，热空气上升推动污泥流动并干燥污泥。

由于进泥含水率达不到设计 70% 的标准，实处理污泥 150t/d（含水率 80%），运行费 230～250 元/t，外加燃料煤 6t/d，10%～15% 的炉渣需要填埋。

按 80% 含水率污泥干燥至含水率 8%，则蒸发水分 3.9kg H_2O/kg DS（干污泥），按项目提供的数据水蒸发能耗 2800kJ/kg H_2O 计，需消耗热能 10920kJ/kg DS。

污泥干基低位热值按 11700kJ/kg DS 计算，要考虑焚烧烟气对干燥部分的供热能力，需要扣除剩余水分在焚烧炉内的蒸发能耗。剩余水分 0.1kg/kg DS 在焚烧炉内蒸发，按 2260kJ/kg H_2O 计算，需消耗热能 226kJ/kg DS。而在实际运行过程中，焚烧炉内还要喷水 400kg/h，按焚烧炉 150t/d 湿污泥处理量计，折合单位干污泥喷水 0.32kg/kg DS，从而增加能耗 723kJ/kg DS。总共水分蒸发耗热 950kJ/kg，因此理论上污泥燃烧可向外供热 10750kJ/kg DS。这样，仅靠污泥燃烧并不能满足污泥干燥需求，而且由于锅炉散热、传热损失等原因，污泥焚烧供热量会更低。

因此，项目运行过程中，外加燃煤 6t/d，按 150t/d 湿污泥处理量计，折合单位干污泥耗煤量为 0.2kg/kg DS，按燃煤发热量 29000kJ/kg 计算，增加产热量为 5800kJ/kg DS，这样污泥焚烧供热量增加为 16550kJ/kg DS，考虑锅炉热损失 10%、管道热损失 3%，仍有 14400kJ/kg DS 的热量供给污泥干燥，满足污泥干燥的需求。

9.6.3 重庆市鸡冠石污水厂污泥厌氧消化工艺

9.6.3.1 应用工程概况

重庆市鸡冠石污水处理工程[26]是重庆市主城区排水工程项目之一，工程规模为日处理污水 6×10^5 t，采用 A^2/O 工艺，包括预处理、一级沉淀处理、二级生物处理、消毒、杀菌等工艺过程，使污水处理达到国家一级排放标准后，排入长江。

9.6.3.2 应用工程的处理流程

污泥处理采用重力-机械浓缩、中温厌氧消化、机械脱水、污泥料仓暂存、外运填埋工艺，其主要构（建）筑物包括重力浓缩池、机械浓缩机房、均质池、消化池操作楼、消化池、湿污泥池、脱水机房和污泥料仓。沼气系统采用脱硫净化、气柜贮存、燃气锅炉燃烧利用、余气燃烧工艺，其主要构（建）筑物包括脱硫塔、贮气柜、燃气锅炉房和余气燃烧塔。

厌氧消化方式为中温厌氧消化，消化温度为 33～36℃，卵型消化池，单池容量为 11800m³，四池总容量为 47200m³。消化系统的运行包括进泥、排泥、排上清液、搅拌和加热。进泥方式为正常情况下的上部进泥或空池时的下部进泥；排泥方式为正常情况下的下部溢流排泥或必要时的上部溢流排泥；加热方式为池外螺旋板式热交换器循环加热；搅拌方式为池内导流式水力循环搅拌，辅以池外泵循环式水力循环搅拌。该污泥处理工艺流程如图 9-35 所示。

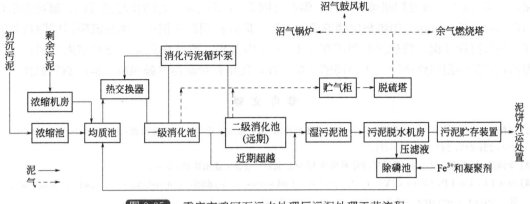

图 9-35　重庆市鸡冠石污水处理厂污泥处理工艺流程

（1）工艺基本操作

本系统试运行的操作步骤如下。

① 用二沉池出水注满消化池。这一操作步骤在消化池搅拌器清水联动调试中完成。它一方面为消化池搅拌器的带负荷调试创造条件，另一方面也是用水置换消化池中空气的操作，作为置换空气的第一步。

② 将消化池水加热至 33～36℃。这一操作步骤在消化池螺旋板式热交换器的联动调试中完成。

③ 向消化池逐渐投泥。在向消化池逐渐投泥的过程中，原注满二沉池出水的消化池内污泥浓度逐渐增大，有机物的投配负荷逐渐提高，有利于消化污泥的培养。

④ 消化池剩余空气置换。消化系统启动试运行初期，是污泥置换水的过程，消化池内混合液的污泥浓度逐步提高，有机物投配负荷也随之逐步提高。沼气中的 CH_4 含量很大程度上取决于消化系统的工艺控制和污泥成分，因此在该工艺控制条件下，消化池初期产生的沼气中 CH_4 含量较低，采用初期低 CH_4 含量沼气置换消化池中剩余空气，加上杜绝产生明火的各项措施，可以保证空气置换是安全、可行的。若 CH_4 含量高于 5％，则通过减少进泥量达到降低 CH_4 含量的目的。

（2）进泥和排泥控制

对不同含水率、不同性质的初沉污泥和剩余污泥分别进行浓缩：含水率为 97％的初沉污泥进入浓缩池浓缩，浓缩后含水率降为 95％；含水率为 99.3％的剩余污泥则进入浓缩机（防止释磷现象的发生）浓缩，浓缩后含水率降为 95％。两种污泥在均质池混合后进入消化池，相应地减少了消化池的体积。消化污泥排出后，进行调理脱水，脱水污泥含水率为 75％～80％。

（3）加热系统控制

系统采用螺旋板式热交换器，热交换器由螺旋体组成，螺旋体又由两条金属管带构成两条同心的螺旋流通道。热水和污泥在这两条通道中逆向流动，其中热水由中心向外流动，而污泥则由外向中心流动，从而完成热交换。本系统的热交换器提供温度自动控制系统，满足以下工况：冷侧（污泥）进口温度 28.8℃，出口温度 35.4℃；热侧（热水）进口温度 70℃，出口温度 50℃。

（4）搅拌系统控制

搅拌系统的运行方式有两种：一是连续搅拌；二是间隙搅拌。每天搅拌数次，搅拌时间保持在 6h 以上。进泥初期可不搅拌，但在进泥 5～15d 期间，为防止污泥沉积每班可在进泥后启动搅拌机 30min。加热与搅拌应同时进行，底部排泥时不搅拌。本系统采用间隙搅拌方式，每天搅拌 3 次，总搅拌时间可在 8.4～12h 内调整。搅拌在进泥、排泥结束后进行。污泥消化产生的沼气燃烧除用于污泥消化加热外，还用来带动沼气鼓风机，推动沼气搅拌。

参 考 文 献

[1] 王绍文，秦华. 城市污泥资源利用与污水土地处理技术[M]. 北京：中国建筑工业出版社，2007：38-186，48-50，167-220，221-235，247-267，269-271.

[2] 李鸿江，顾莹莹，赵由才. 污泥资源化利用技术[M]. 北京：冶金工业出版社，2010.

[3] Shie J L, Lin J P, Chang C Y, et. al. Pyrolysis of oil sludge with additives of sodium and potassium compounds[J]. Resources Conservation and Recycling, 2003, 39(1):51-64.

[4] Dommguez A, Menendez J A, Inguanzo M, et. al. Gas chromatographic-mass spectrometric study of the oil fractions produced by microwave-assisted pyrolysis of different sewage sludges[J]. Journal of Chromatography A, 2003, 1012(2):193-206.

[5] 周少奇. 城市污泥处理处置与资源化[M]. 广州：华南理工大学出版社，2002:63-67，150-168.

[6] 李海英. 生物污泥热解资源化技术研究[D]. 天津：天津大学，2006.

[7] 赵庆祥. 污泥资源化技术[M]. 北京：化学工业出版社，2002.

[8] Kranich W L, Eralp A E. Conversion of Sewage Sludge to Oil by Hydroliquefaction[R]. U. S. Environmental Protection Agency, Office of Research and Development, 1984.

[9] Suzuki A, Yokoyama S, Murakami M, et al. A new treatment of sewage sludge by direct thermochemical liquefaction[J]. Chemistry Letters, 1986: 1425-1428.

[10] Lee K M, Griffith P, Farrell J B, et al. Conversion of municipal sludge to oil[J]. Water Pollution Control Federation, 1987, 59(10):884-889.

[11] 李桂菊，王子曦，赵茹玉. 直接热化学液化法污泥制油技术研究进展[J]. 天津科技大学学报，2009, 24(2):74-78.

[12] 尹军，谭学军. 污水污泥处理处置与资源化利用[M]. 北京：化学工业出版社，2005.

[13] 谷晋川，蒋文举，雍毅. 城市污水厂污泥处理与资源化[M]. 北京：化学工业出版社，2008.

[14] 城乡建设环境保护部. GB 16297—1996 大气污染物综合排放标准[S]. 北京：中国环境科学出版社，1996.

[15] 城乡建设环境保护部. GB 18485—2014 生活垃圾焚烧污染控制标准[S]. 北京：中国环境科学出版社，2001.

[16] 李欢，李洋洋，金宜英. 国内外电厂混烧污泥的烟气污染控制标准比较[J]. 中国给水排水，2011, 27(24):1-5.

[17] 刘亮，张翠珍. 污泥燃烧热解特性及其焚烧技术[M]. 长沙：中南大学出版社，2006:33-140.

[18] 王星，赵天涛，赵由才. 污泥生物处理技术[M]. 北京：冶金工业出版社，2010:26-54.

[19] 杨永刚，孙国萍，许玫英. 微生物燃料电池在环境污染治理研究中的应用进展[J]. 微生物学报，2010, 50(7):847-852.

[20] 李登兰，洪义国，许玫英，等. 微生物燃料电池构造研究进展[J]. 应用与环境生物学报，2008, 14(1):147-152.

[21] Rabaey K, Verstraete W. Microbial fuel cells:Novel biotechnology for energy generation[J]. Trends in Biotechnology, 2005, 23(6):291-298.

[22] 何品晶，顾国维，李笃中. 城市污泥处理与利用[M]. 北京：科学出版社，2003.

[23] 张光明，张信芳，张盼月. 城市污泥资源化技术进展[M]. 北京：化学工业出版社，2006.

[24] Midillia A, Dagrub M, Akayb G, et al. Hydrogen production from sewage sludge via a fixed bed gasifier product gas[J]. International Journal of Hydrogen Energy, 2002, 27(10):1035-1041.

[25] 杨新海，张辰. 上海市石洞口城市污水处理厂污泥干化焚烧工程[J]. 给水排水，2003, 29(9):19-22.

[26] 张小燕. 鸡冠石污水处理厂污泥厌氧消化处理运行实践[J]. 自动化与仪器仪表，2009, (4):115-119.

索 引

(按汉语拼音排序)